数学分析中的问题与方法

李傅山　编著

科学出版社
北京

内 容 简 介

本书是在作者十余年讲授数学分析、考研辅导、数学竞赛材料的基础上多次修订而成的. 所选题目大部分是重点高校硕士研究生入学考试题目和重点高校教材中的经典题目, 部分题目是全国大学生数学竞赛试题. 本书采用分类讲解的方式, 在讲解题目时一般采用分析—解答—备注的方式, 使读者举一反三, 触类旁通, 有些题目给出多种解答方法以拓宽读者的思维. 本书内容包括极限论、函数的连续性、一元函数微分学、一元函数积分学、级数论、多元函数微分学、含参变量积分、多元函数积分学.

本书可供高等学校数学类各专业的学生学习数学分析课程及报考研究生复习使用, 也可供从事数学分析教学的年轻教师参考使用.

图书在版编目(CIP)数据

数学分析中的问题与方法/李傅山编著. —北京：科学出版社, 2016.7
ISBN 978-7-03-049366-8

Ⅰ. ①数… Ⅱ. ①李… Ⅲ. ①数学分析-研究 Ⅳ. ①O17

中国版本图书馆 CIP 数据核字 (2016) 第 159996 号

责任编辑: 王 静 / 责任校对: 张凤琴
责任印制: 吴兆东 / 封面设计: 迷底书装

科 学 出 版 社 出版
北京东黄城根北街 16 号
邮政编码：100717
http://www.sciencep.com
北京厚诚则铭印刷科技有限公司印刷
科学出版社发行 各地新华书店经销
*
2016 年 7 月第 一 版 开本: 787 × 1092 1/16
2024 年11月第十五次印刷 印张: 31 3/4
字数: 753 000
定价: 89.00 元
(如有印装质量问题, 我社负责调换)

前　言

《数学分析》是数学专业最基础课程, 它是学习后续课程的基础, 也是数学专业研究生入学考试的必考科目. 数学分析的内容丰富, 学生对内容的系统把握感觉困难. 为了读者复习数学分析的需要, 编著本书.

在编著本书时, 突出了以下四点:

第一, 把数学分析内容分成几块讲述, 对每部分的内容、思想和方法进行了系统梳理、归纳和总结, 在总结时注重各部分之间的联系, 对比较难掌握和容易出错的地方加上一些必要的备注和说明, 有些地方加入些形象直观的语言, 使读者轻松的理解和掌握.

第二, 在编著过程中特别注重前后的对比, 并分析出现差别的原因. 同时, 注重和后续课程的结合, 有助于读者系统深入的理解和掌握.

第三, 针对读者对多元微积分掌握相对薄弱的特点, 突出多元微积分的内容. 对重要的定理、公式进行了对比分析, 并以丰富的例题进行了阐释.

第四, 所选题目大部分是历届重点高校硕士研究生入学考试题目和重点高校教材中的经典题目, 部分题目是全国大学生数学竞赛试题. 采用分类讲解的方式, 在讲解题目时一般采用分析—解答—备注的方式, 以使读者举一反三, 触类旁通, 有些题目给出多种解答方法以拓宽读者的思维, 并在每类题目后面留有一定的练习.

建议读者在阅读本书时对内容概要很好地理解, 对里面的否定命题给出反例 (比较难的已经给出), 对里面的题目要先审题思考, 然后看分析过程, 对解答最好采用自己的语言写出, 再参阅备注归纳总结, 达到学习—消化—转化—创新的目的.

本书是在作者十余年讲授数学分析、考研辅导、数学竞赛材料的基础上多次修订而成的, 本书的编写参阅了多种教材和辅导资料, 并曾得到王培合、白玉真两位教授的热情帮助, 十余届考研同学提供了部分重点高校的试题, 对他们深表感谢.

由于作者的水平和视野所限, 书中的不足之处在所难免, 恳请读者提出宝贵意见.

请将您的意见及建议发至: fsli@qfnu.edu.cn.

李傅山

2015 年 4 月

目　　录

第1章 极 限 论

内容精析

极限是数学分析的基础, 贯穿于数学分析的始终. 连续、导数、微分、定积分、广义积分、级数、多元函数的微分和积分等都是用极限的观点定义并加以讨论的, 极限论以后的内容也不断丰富求证极限的方法. 可以说极限论是初等数学和高等数学的分界岭.

本章考察的重点是: 证明极限的存在和求极限. 解决问题的方法灵活, 注意和导数、积分、级数等知识点的结合, 要善于将所讨论问题适当变形、善于应用递推关系、善于将离散的问题连续化 (即归结原理). 具体处理问题的方法和技巧通过下面的题目体现.

一、 数列极限

1. *数列收敛的定义*

1^0 ε-N 定义. 设 $\{a_n\}$ 为数列, a 为定数. 若 $\forall\varepsilon>0,\exists N>0$, 当 $n>N$ 时, 有

$$|a_n-a|<\varepsilon, \tag{1}$$

称数列 $\{a_n\}$ 收敛于 a.

注 (1) 定义中 (1) 式可以改为 $|a_n-a|\leqslant\varepsilon$, 或 $|a_n-a|<M\varepsilon$, 或 $|a_n-a|\leqslant M\varepsilon$(M 为定数) 等.

(2) 定义中 N 依赖于 ε 但不唯一. 定义中的 $n>N$ 能否改为 $n\geqslant N$?

(3) 定义的几何意义: 所有下标大于 N 的项 a_n 都落在邻域 $U(a;\varepsilon)$ 内, 即对任何邻域 $U(a;\varepsilon)$ 数列中至多有有限项在该邻域之外.

用定义证明极限与 Cauchy 准则比较有哪些优点和不足?

2^0 描述性定义. $\forall\varepsilon>0$, 在 $U(a;\varepsilon)$ 之外至多有数列 $\{a_n\}$ 中的有限项, 则称数列 $\{a_n\}$ 收敛于 a.

定义的否定叙述:

$1'^0$ 设 $\{a_n\}$ 为数列, a 为定数. 若 $\exists\varepsilon_0>0,\forall N>0,\exists n_0>N$ 时, 使得

$$|a_{n_0}-a|\geqslant\varepsilon_0,$$

则称数列 $\{a_n\}$ 不收敛于 a.

如果对 $\forall a\in\mathbb{R},\exists\varepsilon_0>0,\forall N>0,\exists n_0>N$ 时, 使得

$$|a_{n_0}-a|\geqslant\varepsilon_0,$$

则称数列 $\{a_n\}$ 发散.

$2'^0$ $\exists\varepsilon_0>0$, 在 $U(a;\varepsilon_0)$ 之外有数列 $\{a_n\}$ 中的无限项, 则称数列 $\{a_n\}$ 不收敛于 a.

若对 $\forall a\in\mathbb{R},\exists\varepsilon_0>0$, 在 $U(a;\varepsilon_0)$ 之外有数列 $\{a_n\}$ 中的无限项, 则称数列 $\{a_n\}$ 发散.

2. 数列极限的性质

1^0 唯一性;

2^0 有界性;

3^0 保号性;

4^0 保不等式性;

5^0 迫敛性 (两边夹);

6^0 四则运算;

7^0 数列与子列的关系.

注 (1) 保号性中要求极限 $a>0(a<0)$, 若改成 $a\geqslant 0(a\leqslant 0)$ 结论是否成立?

(2) 保不等式性中 $a_n\leqslant b_n\Longrightarrow \lim\limits_{n\to\infty}a_n\leqslant \lim\limits_{n\to\infty}b_n$. 请问 $a_n<b_n$ 能否推出 $\lim\limits_{n\to\infty}a_n<\lim\limits_{n\to\infty}b_n$?

(3) 四则运算说明: 两个极限存在的数列, 四则运算后的数列极限存在 (作商时要求分母及其极限不为零), 但是两个极限不存在的数列, 四则运算后极限可能存在. 四则运算只适用于有限项的情形!

(4) 数列 $\{x_n\}$ 收敛 $\Longleftrightarrow$ 对 $\forall\{x_{n_k}\}\subset\{x_n\}$, $\{x_{n_k}\}$ 均收敛.

数列 $\{x_n\}$ 收敛于 $a\Longleftrightarrow\{x_{2n}\},\{x_{2n-1}\}$ 均收敛于 a.

要证明数列收敛只要证明 $\{x_{2n}\},\{x_{2n-1}\}$ 均收敛于同一个极限即可; 如果存在一个子列不收敛或者存在两个子列收敛于不同的极限, 则原数列发散.

(5) 若数列 $\{x_n\}$ 无界, 则 $\{x_n\}$ 不收敛. 若数列 $\{x_n\}$ 无上界, 则存在子列以 $+\infty$ 为极限; 若数列 $\{x_n\}$ 无下界, 则存在子列以 $-\infty$ 为极限. 无特殊说明情况下, 称数列收敛, 指的是收敛于有限数.

3. 数列极限存在的条件

1^0 单调有界定理: 实数系中, 单调有界数列一定收敛.

注 定理的逆命题不成立. 收敛数列一定有界, 但不一定单调; 但任何数列一定存在单调子列.

2^0 若数列 $\{x_n\}$ 单调而且存在收敛子列, 则数列 $\{x_n\}$ 收敛.

注 定理的逆命题不成立. 有收敛子列的数列不一定有界.

3^0 Cauchy 收敛准则: 数列 $\{a_n\}$ 收敛的充要条件为 $\forall\varepsilon>0,\exists N>0$, 当 $n,m>N$ 时, 有

$$|a_n-a_m|<\varepsilon.$$

Cauchy 收敛准则的等价描述: 数列 $\{a_n\}$ 收敛的充要条件为 $\forall\varepsilon>0,\exists N>0$, 当 $n>N$ 时, 对 $\forall p\in\mathbb{N}$ 有

$$|a_{n+p}-a_n|<\varepsilon.$$

注 Cauchy 收敛准则既可以用来证明数列收敛, 也可以用来证明数列的发散.

4^0 Heine 定理: 设 f 在 $U^o(x_0)$ 内有定义, $\lim\limits_{x\to x_0}f(x)$ 存在的充分必要条件是: 对任何含于 $U^o(x_0)$ 中且以 x_0 为极限的数列 $\{x_n\}$, 极限 $\lim\limits_{n\to\infty}f(x_n)$ 都存在 (且相等).

注　为了求数列极限可先对相应函数求极限, 然后利用 Heine 定理求出数列极限; 类似地, 给出 $\lim\limits_{x\to\infty,\pm\infty,x_0^\pm} f(x)$ 的归结原理.

练习　写出数列发散的充要条件.

4. 常用求证数列极限的方法

1^0 定义. 用定义求证极限, 一般要先预见极限值, 然后用定义证明.

2^0 四则运算. 一般用于数列通项可以分解成有限个简单项的四则运算.

3^0 迫敛性 (两边夹、夹逼) 定理. 一般使用于通项较复杂, 用两个极限相同的简单数列将该数列通项夹在中间.

4^0 数列与子列的关系. 数列 $\{a_n\}$ 收敛的充要条件为 $\{a_n\}$ 的任何非平凡子列收敛. 单调数列, 若有一子列收敛, 则数列收敛.

注　为了证明或求数列极限, 只要证明或求奇数列和偶数列的极限存在且相等即可.

5^0 单调有界定理. 单调递增且有上界的数列的极限值是数列的上确界; 单调递减且有下界的数列的极限值是数列的下确界.

注　"单调"与"有界"两个条件中缺少一个, 数列就不一定收敛."单调"与"有界"是两个平行条件, 根据具体问题可以先证单调也可以先证有界.

思考　证明数列单调性的方法主要有哪些? 收敛数列 $\{x_n\}$ 是否一定有上、下确界? 上、下确界是否至少有一个属于 $\{x_n\}$?

6^0 Cauchy 收敛准则.

Cauchy 收敛准则和极限定义比较有哪些优缺点? 若对 $\forall p\in\mathbb{N}$ 有 $\lim\limits_{n\to\infty}(a_{n+p}-a_n)=0$, 能否说明 $\{a_n\}$ 收敛?

7^0 Heine 定理 (归结原理). 对数列而言无法用 L'Hospital 法则等微分学工具求极限, 而函数极限可以应用微分学工具方便求极限. Heine 定理可以看成数列极限和函数极限的关系的"桥梁"定理.

若找到数列 $\{x_n\}: x_n\neq x_0, \lim\limits_{n\to\infty} x_n=x_0$ 使得 $\lim\limits_{n\to\infty} f(x_n)$ 不存在; 或者找到 $\{x_n'\},\{x_n''\}$ 均以 x_0 为极限, 但 $\lim\limits_{n\to\infty} f(x_n')\neq\lim\limits_{n\to\infty} f(x_n'')$, 则 $\lim\limits_{x\to x_0} f(x)$ 不存在.

8^0 常用的几个数列极限. 将已知数列凑成已知极限的数列的形式.

9^0 初等变形. 有时数列通项比较复杂, 可以先通过初等变形 (如: 分子、分母同乘、除一个因子或者有理化等) 将通项变成容易求极限的形式.

10^0 递推法. 递推有简单递推、复杂递推、耦合型递推等, 经常把递推数列和压缩数列、单调有界等结合使用.

11^0 平均收敛定理.

(算术平均收敛) 若 $\lim\limits_{n\to\infty} a_n=a$, 则 $\lim\limits_{n\to\infty}\dfrac{a_1+a_2+\cdots+a_n}{n}=a$.

(几何平均收敛) 设 $a_n>0$ 且 $\lim\limits_{n\to\infty} a_n=a$, 则 $\lim\limits_{n\to\infty}\sqrt[n]{a_1a_2\cdots a_n}=a$.

注　除了这两个常用的平均, 还有调和平均、积分平均等.

12^0 Stolz 公式.

设 $\{y_n\}$ 是单调递增的正无穷大量, 且 $\lim\limits_{n\to\infty}\dfrac{x_n-x_{n-1}}{y_n-y_{n-1}}=a$($a$ 可以是有限数和 $+\infty$,$-\infty$),

则

$$\lim_{n\to\infty}\frac{x_n}{y_n}=a.$$

证 (1) 若 $a=0$. 由 $\lim\limits_{n\to\infty}\dfrac{x_n-x_{n-1}}{y_n-y_{n-1}}=0$ 知 $\forall\varepsilon>0,\exists N_1>0$, 当 $n>N_1$ 时有

$$|x_n-x_{n-1}|<\varepsilon|y_n-y_{n-1}| \quad 且 \quad y_{N_1}>0,$$

于是

$$\begin{aligned}|x_n-x_{N_1}|&\leqslant|x_n-x_{n-1}|+|x_{n-1}-x_{n-2}|+\cdots+|x_{N_1+1}-x_{N_1}|\\&<\varepsilon(y_n-y_{n-1})+\varepsilon(y_{n-1}-y_{n-2})+\cdots+\varepsilon(y_{N_1+1}-y_{N_1})\\&=\varepsilon(y_n-y_{N_1}),\end{aligned}$$

即

$$\frac{|x_n-x_{N_1}|}{y_n-y_{N_1}}<\varepsilon,$$

又

$$\lim_{n\to\infty}\frac{x_{N_1}}{y_n}=0\Longrightarrow\exists N>N_1,\forall n>N:\left|\frac{x_{N_1}}{y_n}\right|<\varepsilon,$$

故此时

$$\left|\frac{x_n}{y_n}\right|=\left|\frac{x_n-x_{N_1}}{y_n-y_{N_1}}\cdot\frac{y_n-y_{N_1}}{y_n}+\frac{x_{N_1}}{y_n}\right|\leqslant\left|\frac{x_n-x_{N_1}}{y_n-y_{N_1}}\cdot\frac{y_n-y_{N_1}}{y_n}\right|+\left|\frac{x_{N_1}}{y_n}\right|<2\varepsilon,$$

即

$$\lim_{n\to\infty}\frac{x_n}{y_n}=0.$$

(2) 若 $a\neq0$. 要证 $\lim\limits_{n\to\infty}\dfrac{x_n}{y_n}=a$, 只要证明 $\lim\limits_{n\to\infty}\dfrac{x_n}{y_n}-a=\lim\limits_{n\to\infty}\dfrac{x_n-ay_n}{y_n}=0$. 记 $z_n=x_n-ay_n$, 则

$$\lim_{n\to\infty}\frac{z_n-z_{n-1}}{y_n-y_{n-1}}=\lim_{n\to\infty}\frac{x_n-x_{n-1}}{y_n-y_{n-1}}-a=0,$$

由情形 (1) 得

$$\lim_{n\to\infty}\frac{z_n}{y_n}=\lim_{n\to\infty}\frac{x_n}{y_n}-a=0,$$

即

$$\lim_{n\to\infty}\frac{x_n}{y_n}=a.$$

(3) 若 $a=+\infty$. 由 $\lim\limits_{n\to\infty}\dfrac{x_n-x_{n-1}}{y_n-y_{n-1}}=a$ 知 $\exists N>0$, 当 $n>N$ 时有

$$x_n-x_{n-1}>y_n-y_{n-1}>0 \quad 且 \quad x_n-x_N>y_n-y_N,$$

即当 $n>N$ 时, $\{x_n\}$ 为单调递增的正无穷大量. 对 $\left\{\dfrac{y_n}{x_n}\right\}$ 应用 (1) 的证明方法可得

$$\lim_{n\to\infty}\frac{y_n}{x_n}=\lim_{n\to\infty}\frac{y_n-y_{n-1}}{x_n-x_{n-1}}=0,$$

故

$$\lim_{n\to\infty}\frac{x_n}{y_n}=+\infty.$$

(4) 若 $a=-\infty$. 记 $z_n=-x_n$, 则

$$\lim_{n\to\infty}\frac{z_n-z_{n-1}}{y_n-y_{n-1}}=-\lim_{n\to\infty}\frac{x_n-x_{n-1}}{y_n-y_{n-1}}=+\infty,$$

由 (3) 知

$$\lim_{n\to\infty}\frac{x_n}{y_n}=-\lim_{n\to\infty}\frac{z_n}{y_n}=-\infty.$$

注 在 Stolz 定理中,

$$\lim_{n\to\infty}\frac{x_n-x_{n-1}}{y_n-y_{n-1}}=\infty \not\Longrightarrow \lim_{n\to\infty}\frac{x_n}{y_n}=\infty.$$

如: $x_n=(-1)^n n, y_n=n$.

$$\lim_{n\to\infty}\frac{x_n-x_{n-1}}{y_n-y_{n-1}}\text{不存在}\not\Longrightarrow \lim_{n\to\infty}\frac{x_n}{y_n}\text{不存在}.$$

如: $x_n=(-1)^n, y_n=n$.

Stolz 公式可以看成推广的“离散型 L'Hospital”.

13^0 利用上、下极限.

关于上、下极限, 有下面两种常用的定义方法.

定义 1 (1) 设 $\{a_n\}$ 是一数列.

(i) 如果 $\{a_n\}$ 有上界, 则去掉前 n 项后剩下的数列 $\{a_{n+1},a_{n+2},\cdots\}$ 仍有上界, 由确界原理定有上确界 β_n, 即 $\beta_n=\sup\{a_{n+1},a_{n+2},\cdots\}$, 显然 $\{\beta_n\}$ 单调递减.

(a) 当 $\{\beta_n\}$ 有下界时, 则 $\{\beta_n\}$ 收敛, 称 $\beta=\lim\limits_{n\to\infty}\beta_n$ 为 $\{a_n\}$ 的上极限, 记 $\overline{\lim\limits_{n\to\infty}}a_n$.

(b) 当 $\{\beta_n\}$ 无下界时, $\lim\limits_{n\to\infty}\beta_n=-\infty$, 此时规定 $\{a_n\}$ 的上极限为 $-\infty$.

(ii) 如果 $\{a_n\}$ 无上界, 规定 $\{a_n\}$ 的上极限为 $+\infty$.

(2) 设 $\{a_n\}$ 是一数列.

(i) 如果 $\{a_n\}$ 有下界, 则去掉前 n 项后剩下的数列 $\{a_{n+1},a_{n+2},\cdots\}$ 仍有下界, 由确界原理定有下确界 α_n, 即 $\alpha_n=\inf\{a_{n+1},a_{n+2},\cdots\}$, 显然 $\{\alpha_n\}$ 单调递增.

(a) 当 $\{\alpha_n\}$ 有上界时, 则 $\{\alpha_n\}$ 收敛, 称 $\alpha = \lim\limits_{n\to\infty} \alpha_n$ 为 $\{a_n\}$ 的下极限, 记 $\varliminf\limits_{n\to\infty} a_n$.

(b) 当 $\{\alpha_n\}$ 无上界时, $\lim\limits_{n\to\infty} \alpha_n = +\infty$, 此时规定 $\{a_n\}$ 的下极限为 $+\infty$.

(ii) 如果 $\{a_n\}$ 无下界, 规定 $\{a_n\}$ 的下极限为 $-\infty$.

定义 2　设 $\{a_n\}$ 是有界数列. 记 $E = \{\xi|\xi\text{ 为}\{a_n\}\text{的聚点}\}$, 称 $\beta = \max E, \alpha = \min E$ 分别为数列 $\{a_n\}$ 的上、下极限.

若 $\{a_n\}$ 无上界, 规定 $\varlimsup\limits_{n\to\infty} a_n = +\infty$. 若 $\{a_n\}$ 无下界, 规定 $\varliminf\limits_{n\to\infty} a_n = -\infty$.

关于上、下极限的几个重要定理.

定理 1　任意数列 $\{a_n\}$: $\varlimsup\limits_{n\to\infty} a_n, \varliminf\limits_{n\to\infty} a_n$ 均存在 (可为 $+\infty, -\infty$), 且

$$\lim_{n\to\infty} a_n \text{ 存在} \iff \varlimsup_{n\to\infty} a_n = \varliminf_{n\to\infty} a_n.$$

我们将知道, 函数在一点极限存在的充要条件是左右极限存在且相等; 函数连续的充要条件是左右连续; 函数可导的充要条件是左右导数存在且相等; 函数可积的充要条件 Darboux 大和、小和的极限相等. 这些结果形式非常类似.

定理 2　(1) 设 $\beta = \varlimsup\limits_{n\to\infty} a_n$ 是有限实数, 则 $\forall \varepsilon > 0, \exists N > 0$, 当 $n > N$ 时, 有 $a_n < \beta + \varepsilon$.

(2) 设 $\alpha = \varliminf\limits_{n\to\infty} a_n$ 是有限实数, 则 $\forall \varepsilon > 0, \exists N > 0$, 当 $n > N$ 时, 有 $a_n > \alpha - \varepsilon$.

上下极限的几条常用结论.

定理 3　设 $\{x_n\}, \{y_n\}$ 是两个有界数列, 则

(i) $\varlimsup\limits_{n\to\infty} (x_n + y_n) \leqslant \varlimsup\limits_{n\to\infty} x_n + \varlimsup\limits_{n\to\infty} y_n$, $\varliminf\limits_{n\to\infty} (x_n + y_n) \geqslant \varliminf\limits_{n\to\infty} x_n + \varliminf\limits_{n\to\infty} y_n$.

(ii) 若 $\lim\limits_{n\to\infty} x_n$ 存在, 则

$$\varlimsup_{n\to\infty} (x_n + y_n) = \lim_{n\to\infty} x_n + \varlimsup_{n\to\infty} y_n, \quad \varliminf_{n\to\infty} (x_n + y_n) = \lim_{n\to\infty} x_n + \varliminf_{n\to\infty} y_n.$$

定理 4　设 $\{x_n\}, \{y_n\}$ 是两个有界数列,

(i) 若 $x_n, y_n \geqslant 0$, 则

$$\varlimsup_{n\to\infty} (x_n y_n) \leqslant \varlimsup_{n\to\infty} x_n \cdot \varlimsup_{n\to\infty} y_n, \quad \varliminf_{n\to\infty} (x_n y_n) \geqslant \varliminf_{n\to\infty} x_n \cdot \varliminf_{n\to\infty} y_n.$$

(ii) 若 $\lim\limits_{n\to\infty} x_n > 0$, 则

$$\varlimsup_{n\to\infty} (x_n y_n) = \lim_{n\to\infty} x_n \cdot \varlimsup_{n\to\infty} y_n, \quad \varliminf_{n\to\infty} (x_n y_n) = \lim_{n\to\infty} x_n \cdot \varliminf_{n\to\infty} y_n.$$

注　$\varlimsup\limits_{n\to\infty} x_n = -\varliminf\limits_{n\to\infty} (-x_n)$.

14^0 Taylor 公式.

15^0 定积分. 利用定积分的定义, 有时将极限写成积分和的形式, 从而达到方便求出极限的目的. 有的数列是用积分的形式表示的, 可结合积分的性质求极限, 如: $\lim\limits_{n\to\infty} \int_0^{\frac{\pi}{2}} \sin^n x \mathrm{d}x$.

16^0 级数方法. 在数学分析中, 学习数列主要是为学习级数作准备, 利用级数收敛的必要条件 (级数收敛通项一定趋于零) 与 Cauchy 准则, 可以方便地求证极限. 同时, 有时数列的通项恰好是级数的前 n 项和, 利用级数的敛散性判别法达到求证极限的目的. 如: $\lim\limits_{n\to\infty} \left(1 + \dfrac{1}{2^2} + \cdots + \dfrac{1}{n^2}\right)$.

17^0 压缩原理. 若数列 $\{x_n\}$ 满足 $|x_n - x_{n-1}| \leqslant r|x_{n-1} - x_{n-2}|, n = 3, 4, \cdots (0 < r < 1)$, 则称它为压缩数列. 任意压缩数列一定收敛.

18^0 Fourier 级数. 对某个函数 Fourier 展开, 然后代入某点的值就是我们所求的数列. 如: $\lim\limits_{n\to\infty}\left(1+\dfrac{1}{2^2}+\dfrac{1}{3^2}+\cdots+\dfrac{1}{n^2}\right)=\dfrac{\pi^2}{6}$ 等.

注 这个结论告诉我们无限多个有理数的和不一定是有理数, 可见从有限到无限将产生质的飞跃.

二、 函数极限

1. *函数极限的定义*

1^0 ε-δ 定义. 设函数 $f(x)$ 在点 x_0 的某空心邻域内有定义, A 为定数. 若 $\forall\varepsilon > 0, \exists\delta > 0$, 当 $0 < |x - x_0| < \delta$ 时, 有

$$|f(x) - A| < \varepsilon.$$

则称函数 $f(x)$ 当 $x \to x_0$ 时以 A 为极限.

注 (1) 不等式 $0 < |x - x_0| < \delta$ 等价于 $x \in U^o(x_0, \delta)$, 而不等式 $|f(x) - A| < \varepsilon$ 等价于 $f(x) \in U(A, \varepsilon)$.

(2) 定义中的 δ 依赖于 ε, 但不唯一.

(3) $|f(x) - A| < \varepsilon$ 可改为 $|f(x) - A| \leqslant \varepsilon$ 或 $|f(x) - A| \leqslant M\varepsilon$ (M 为定数).

类似地可以定义函数 $f(x)$ 在 x_0 点的左右极限, 且

$$\lim_{x\to x_0} f(x) = A \Longleftrightarrow \lim_{x\to x_0^+} f(x) = \lim_{x\to x_0^-} f(x) = A. \tag{1}$$

应用 (1) 式可方便地求分段函数在分段点的极限.

定义的否定叙述: 设函数 $f(x)$ 在点 x_0 的某空心邻域内有定义, A 为定数. 若 $\exists\varepsilon_0 > 0, \forall\delta > 0, \exists x_1 : 0 < |x_1 - x_0| < \delta$ 使得

$$|f(x_1) - A| \geqslant \varepsilon_0.$$

则称函数 $f(x)$ 当 $x \to x_0$ 时不以 A 为极限.

2^0 $x \to +\infty$ 的极限定义. 设函数 $f(x)$ 在 $[a, +\infty)$ 上有定义, A 为定数. $\forall\varepsilon > 0, \exists M \geqslant a$, 当 $x > M$ 时, 有

$$|f(x) - A| < \varepsilon.$$

则称函数 $f(x)$ 当 $x \to +\infty$ 时以 A 为极限.

类似地可以定义 $x \to -\infty$ 和 $x \to \infty$ 时的极限, 且

$$\lim_{x\to\infty} f(x) = A \Longleftrightarrow \lim_{x\to+\infty} f(x) = \lim_{x\to-\infty} f(x) = A.$$

3^0 $\lim\limits_{x\to x_0} f(x) = \infty$ 的定义. $\forall G > 0, \exists\delta > 0$, 当 $0 < |x - x_0| < \delta$ 时, 有 $|f(x)| > G$.

类似地可以给出 $\lim\limits_{x\to x_0^+} f(x)=\infty$, $\lim\limits_{x\to x_0^-} f(x)=\infty$, $\lim\limits_{x\to+\infty} f(x)=+\infty$, $\lim\limits_{x\to+\infty} f(x)=-\infty$ 等的定义.

函数极限的形式 $\lim\limits_{x\to[6\text{种情形}]} = [4\text{种情形}]$, 共 24 个概念, 加上否定叙述共 48 个.

2. *函数极限的性质*

1^0 唯一性. 对两个常数 a,b, 若对 $\forall\varepsilon>0$, 有 $|a-b|<\varepsilon$, 则 $a=b$. 不能乱用这个结果, 在数列 $\{a_n\}$ 极限中 $|a_n-a|<\varepsilon$ 得不到 $a_n=a$.

2^0 局部有界性. 这和收敛数列一定有界有区别. 因为函数在 x_0 点的极限只是研究该点去心邻域内函数值的变化特征.

3^0 局部保不等式性 (保号). 这一性质和数列是极为类似. 但要注意 $f(x)<g(x), x\in U^o(x_0,\delta)$ 推不出 $\lim\limits_{x\to x_0} f(x)<\lim\limits_{x\to x_0} g(x)$.

4^0 迫敛性 (两边夹). 这一性质可帮助我们求函数极限. 常用的一个简单不等式 $x-1<[x]\leqslant x$.

5^0 四则运算. 四则运算是在函数极限都存在的前提下才成立! 同时, 这一性质只适用于有限个函数的情形.

3. *函数极限存在的条件*

1^0 单调有界定理. 设 f 为定义在 $U_+^o(x_0)$ 内的单调有界函数, 则右极限 $\lim\limits_{x\to x_0^+} f(x)$ 存在.

类似地, 可以得到 $U_-^o(x_0)$, $(x_0,+\infty)$, $(-\infty,x_0)$ 上的单调有界定理.

问题　若 f 为定义在 $U(x_0)$ 内的单调有界函数, 能否得到 $\lim\limits_{x\to x_0} f(x)$ 存在?

2^0 设 f 为 $U_-^o(x_0)$ 上的递增函数. 证明: 若存在数列 $\{x_n\}\subset U_-^o(x_0)$ 且 $\lim\limits_{n\to\infty} x_n=x_0$, 使得 $\lim\limits_{n\to\infty} f(x_n)=A$, 则有 $f(x_0-0)=\sup\limits_{x\in U_-^o(x_0)} f(x)=A$.

问题　类似地给出 f 在 $U_-^o(x_0)$ 上递减; f 在 $U_+^o(x_0)$ 上单调性的有关结果.

3^0 Cauchy 准则. $\lim\limits_{x\to x_0} f(x)$ 存在 (有限) $\Longleftrightarrow$ $\forall\varepsilon>0, \exists\delta>0$, 对 $\forall x_1,x_2\in D_f$, 当 $0<|x_1-x_0|<\delta, 0<|x_2-x_0|<\delta$ 时, 有 $|f(x_1)-f(x_2)|<\varepsilon$.

$\lim\limits_{x\to+\infty} f(x)$ 存在 (有限) $\Longleftrightarrow$ $\forall\varepsilon>0, \exists M>0$, 对 $\forall x_1,x_2>M$, 有 $|f(x_1)-f(x_2)|<\varepsilon$.

类似地可以给出 $\lim\limits_{x\to\infty} f(x)$ 存在 (有限), $\lim\limits_{x\to-\infty} f(x)$ 存在 (有限), $\lim\limits_{x\to x_0^\pm} f(x)$ 存在 (有限) 的 Cauchy 准则. 但要注意, 此定理中极限"有限"不可少, 请举例说明.

4^0 Heine 定理 (归结原理). 设 f 在 $U^o(x_0)$ 内有定义. $\lim\limits_{x\to x_0} f(x)$ 存在的充分必要条件是: 对任何含于 $U^o(x_0)$ 中且以 x_0 为极限的数列 $\{x_n\}$, 极限 $\lim\limits_{n\to\infty} f(x_n)$ 都存在 (且相等).

注　类似地, 给出 $\lim\limits_{x\to\infty,\pm\infty,x_0^\pm} f(x)$ 的归结原理.

练习　写出函数发散的充要条件.

4. *求函数极限的常用方法*

1^0 函数极限定义. 既可以证明极限存在也可以证明极限不存在. 但用定义必须预见函数的极限, 然后再用定义证明, 这是定义法的不足之处.

2^0 四则运算 (只适用于任意有限项).

3^0 两边夹定理. 找出两个极限相同的简单函数把要求极限的函数夹在中间.

4^0 单调有界原理.

5^0 Cauchy 收敛准则.

注 此定理的必要性证明可由极限定义得出, 充分性证明可由数列的 Cauchy 收敛准则及 Heine 定理得出. Cauchy 收敛准则不用预见函数的极限, 只要从函数本身入手即可证明极限是否存在. 但是这种方法不一定能方便地求出极限, 这是 Cauchy 收敛准则的不足之处.

6^0 Heine 定理.

7^0 证明左右极限存在且相等. 在求单侧极限时常用单调有界函数极限一定存在, 其极限就是它的确界.

8^0 常用的几个重要极限. 把所求极限凑成熟知的函数的极限的形式. 如: $\lim\limits_{x\to 0}\dfrac{\sin x}{x}=1$, $\lim\limits_{x\to\infty}\left(1+\dfrac{1}{x}\right)^x=\mathrm{e}$ 等, 其实这些极限用 L'Hospital 法则可立即得到.

9^0 无穷小量等价代换. 注意等价代换只使用于积、商. 为防止等价代换出错, 直接用 Taylor 公式展开. 如: $\lim\limits_{x\to 0}\dfrac{\tan x-\sin x}{\sin^3 x}$.

注 无穷小量等价代换的理论根据就是 Taylor 公式, 在处理某些极限问题时可以考虑用 Taylor 展开.

10^0 L'Hospital 法则. L'Hospital 主要有两种形式: $\dfrac{0}{0}$ 型和 $\dfrac{\infty}{\infty}$ 型, 其实这两种形式是可以互化. $\dfrac{\infty}{\infty}$ 型可以扩展为 $\dfrac{*}{\infty}$ 型. 常应用取对数等方法将函数化成上述形式.

11^0 Taylor 展开. Taylor 展开是用初等函数表示函数的一种有效方法, 在求极限时将复杂的函数展成初等函数, 为求极限带来很多方便.

12^0 变限积分、函数项级数和含参变量积分. 变限积分、函数项级数和含参变量积分是表示函数的重要方法, 利用它们的性质可帮助我们求极限.

13^0 函数上、下极限法.

函数子极限: 设 x_0 为集合 E 的一个聚点, 函数 $f(x)$ 在集合 E 上有定义. 数 a 称为 $f(x)$ 在 x_0 点处的子极限 (或部分极限), 当且仅当存在 $\{x_n\}\subset E(x_n\neq x_0, n=1,2,\cdots)$, $\lim\limits_{n\to\infty}x_n=x_0$ 使得 $\lim\limits_{n\to\infty}f(x_n)=a$.

上、下极限: 设函数 $f(x)$ 在集合 E 上有定义, x_0 是 E 的一个聚点, 当且仅当 β 为 $f(x)$ 在 x_0 处所有子极限的最大者, β 称为 $f(x)$ 在 x_0 处的上极限, 记 $\beta=\varlimsup\limits_{x\to x_0}f(x)$.

当且仅当 $f(x)$ 在 x_0 附近无上界, 规定 $\varlimsup\limits_{x\to x_0}f(x)=+\infty$.

类似地, 子极限的最小者 α 称为 $f(x)$ 在 x_0 处的下极限, 记 $\alpha=\varliminf\limits_{x\to x_0}f(x)$. 当且仅当 $f(x)$ 在 x_0 附近无下界, 规定 $\varliminf\limits_{x\to x_0}f(x)=-\infty$.

由此可以得到函数极限存在的一个充要条件: $\lim\limits_{x\to x_0}f(x)$ 存在 $\Longleftrightarrow \varlimsup\limits_{x\to x_0}f(x)=\varliminf\limits_{x\to x_0}f(x)$.

三、 实数系的基本理论

1. *确界的概念*

设 S 是 $\mathbb{R}$ 中的数集.

1^0 若 β 满足: $\begin{cases}\forall x\in S, & 有 x\leqslant\beta,\\ \forall\varepsilon>0, & 存在 x_0\in S 使得 x_0>\beta-\varepsilon.\end{cases}$ 则称 β 是数集 S 的上确界, 记

$\beta = \sup S$.

2^0 若 α 满足: $\begin{cases} \forall x \in S, & 有 x \geqslant \alpha, \\ \forall \varepsilon > 0, & 存在 x_0 \in S 使得 x_0 < \alpha + \varepsilon. \end{cases}$ 则称 α 是数集 S 的下确界, 记 $\alpha = \inf S$.

上确界就是上界中的最小者, 下确界就是下界中的最大者. 确界不一定属于 S, 若 S 有最值, 最值一定属于 S, 这时最大 (小) 值就是上 (下) 确界.

2. 实数系几个基本定理

1^0 确界原理. 设 S 是非空数集. 若 S 有上界, 则 S 一定有上确界; 若 S 有下界, 则 S 一定有下确界.

2^0 单调有界数列收敛定理. 单调递增 (递减) 且有上界 (下界) 数列必收敛.

3^0 闭区间套定理.

注　必须是闭区间才能套出唯一点, 开区间不一定成立.

4^0 Weierstrass 聚点原理. 实数轴上的有界无限点集 S 至少有一聚点.

此定理是很直观的, 向一个有界的小盒子里面不断投粒子, 至少会有一个地方堆积如山, 这个地方就对应一个聚点. 注意: 聚点不一定属于点集 S.

$4'^0$ 致密性定理. 有界的数列一定有收敛的子列.

5^0 Heine-Borel 有限覆盖定理. 开区间集覆盖闭区间, 一定能选出有限个开区间将闭区间覆盖.

从有限到无限是质的飞跃, 例如, 无限个有理数的和可能是无理数等. 此定理帮助实现从无限覆盖到有限覆盖的转变.

6^0 Cauchy 收敛准则.

实数系几个基本定理与闭区间连续函数性质定理总结如下.

I.

$$\text{连续函数根的存在定理} \Longleftarrow \text{确界原理} \Longrightarrow \text{单调有界定理} \Longrightarrow \text{区间套定理}$$
$$\Longrightarrow \begin{cases} \text{(1)聚点原理} \Longrightarrow \text{Cauchy 收敛准则}, \\ \text{(2)有限覆盖定理}, \\ \text{(3)连续函数根的存在定理}. \end{cases}$$

II.

$$\text{单调有界定理} \Longrightarrow \text{致密性定理} \Longrightarrow \begin{cases} \text{(1)连续函数有界性定理}, \\ \text{(2)一致连续性定理}, \\ \text{(3)Cauchy 收敛准则}. \end{cases}$$

III.

$$\text{区间套定理} \Longrightarrow \text{确界原理} \Longleftarrow \text{Cauchy 收敛准则}.$$

IV.

$$\text{有限覆盖定理} \Longrightarrow \begin{cases} (1)\text{聚点原理}, \\ (2)\text{连续函数有界性定理}, \\ (3)\text{连续函数根的存在定理}, \\ (4)\text{一致连续性定理}. \end{cases}$$

V.

$$\text{确界原理} \Longrightarrow \text{单调有界定理} \Longrightarrow \text{区间套定理} \Longrightarrow \text{有限覆盖定理}$$
$$\Longrightarrow \text{聚点原理} \Longrightarrow \text{Cauchy 收敛准则} \Longrightarrow \text{确界原理}.$$

典 型 例 题

一、 数列极限

例 1-1-1 求下列极限.

1. 求 $\lim\limits_{n\to+\infty}\sqrt[n]{n^2+a^n}\,(a>0)$.

解 分情况考察 n^2 与 a^n 的大小.

当 $0<a\leqslant 1$ 时,

$$\lim_{n\to+\infty}\sqrt[n]{n^2+a^n}=1;$$

当 $a>1$ 时,

$$\lim_{n\to+\infty}\sqrt[n]{n^2+a^n}=a. \quad ■$$

注 当 $a>1$ 时, $\lim\limits_{n\to+\infty}\dfrac{n^k}{a^n}=0$.

2. 求 $\lim\limits_{n\to\infty}\dfrac{c^n}{n!}\,(c>0)$.

解 (解一) (1) 当 $0<c\leqslant 1$, $0<\dfrac{c^n}{n!}<\dfrac{1}{n!}\leqslant\dfrac{1}{n}\to 0(n\to\infty)$;

(2) 当 $c>1$, 记 $[c]=k$, $0<\dfrac{c^n}{n!}=\dfrac{c^k}{1\cdot 2\cdots k}\dfrac{c}{k+1}\cdots\dfrac{c}{n-1}\dfrac{c}{n}<\dfrac{cM}{n}\to 0$, $M=\dfrac{c^k}{k!}$.

故 $\lim\limits_{n\to\infty}\dfrac{c^n}{n!}=0$.

(解二) 由比值判别法知级数 $\sum\limits_{n=1}^{\infty}\dfrac{c^n}{n!}$ 收敛, 再由级数收敛的必要条件知 $\lim\limits_{n\to\infty}\dfrac{c^n}{n!}=0$.

(解三) 记 $a_n=\dfrac{c^n}{n!}$, 则 $a_n=\dfrac{c}{n}a_{n-1}$, 当 $n>[c]$ 时 $\{a_n\}$ 单调递减有下界, 故 $\lim\limits_{n\to\infty}a_n$ 存在, 对 $a_n=\dfrac{c}{n}a_{n-1}$ 两边求极限得 $\lim\limits_{n\to\infty}a_n=0$. ■

3. 求 $\lim\limits_{n\to\infty}(n!)^{\frac{1}{n^2}}$.

解 (解一) 因为

$$1\leqslant(n!)^{\frac{1}{n^2}}\leqslant(n^n)^{\frac{1}{n^2}}=n^{\frac{1}{n}}\longrightarrow 1 \quad (n\to\infty).$$

由两边夹定理得

$$\lim_{n\to\infty}(n!)^{\frac{1}{n^2}}=1.$$

(解二) 记 $x_n=(n!)^{\frac{1}{n^2}}$, 则

$$\ln x_n=\frac{1}{n^2}(\ln 1+\ln 2+\cdots+\ln n),$$

所以

$$\lim_{n\to\infty}\ln x_n=\lim_{n\to\infty}\frac{\ln 1+\ln 2+\cdots+\ln n}{n^2}=\lim_{n\to\infty}\frac{\ln n}{n^2-(n-1)^2}=\lim_{n\to\infty}\frac{\ln n}{2n-1}=0,$$

故

$$\lim_{n\to\infty}(n!)^{\frac{1}{n^2}}=1.\quad ■$$

4. 求 $\lim\limits_{n\to\infty}(a^n+b^n+c^n)^{\frac{1}{n}}\ (a,b,c\geqslant 0)$.

解　令 $\alpha=\max\{a,b,c\}$, 由于

$$(\alpha^n)^{\frac{1}{n}}\leqslant(a^n+b^n+c^n)^{\frac{1}{n}}\leqslant(3\alpha^n)^{\frac{1}{n}}=\sqrt[n]{3}\alpha\longrightarrow\alpha\quad(n\to\infty).$$

由两边夹定理知

$$\lim_{n\to\infty}(a^n+b^n+c^n)^{\frac{1}{n}}=\alpha=\max\{a,b,c\}.\quad ■$$

注　此题也可以先取对数然后用 Heine 定理和 L'Hospital 法则求解.

5. 求 $\lim\limits_{n\to\infty}\left(\dfrac{\sin\frac{\pi}{n}}{n+1}+\dfrac{\sin\frac{2\pi}{n}}{n+\frac{1}{2}}+\cdots+\dfrac{\sin\pi}{n+\frac{1}{n}}\right)$.

解　由于

$$\frac{\sin\frac{\pi}{n}+\cdots+\sin\pi}{n+1}<x_n<\frac{\sin\frac{\pi}{n}+\cdots+\sin\pi}{n+\frac{1}{n}},$$

且

$$\lim_{n\to\infty}\frac{\sin\frac{\pi}{n}+\cdots+\sin\pi}{n+1}=\lim_{n\to\infty}\frac{n}{n+1}\frac{1}{\pi}\left[\frac{\pi}{n}\left(\sin\frac{\pi}{n}+\cdots+\sin\pi\right)\right]=\frac{1}{\pi}\int_0^{\pi}\sin x\mathrm{d}x=\frac{2}{\pi},$$

$$\lim_{n\to\infty}\frac{\sin\frac{\pi}{n}+\cdots+\sin\pi}{n+\frac{1}{n}}=\lim_{n\to\infty}\frac{n^2}{n^2+1}\frac{1}{\pi}\left[\frac{\pi}{n}\left(\sin\frac{\pi}{n}+\cdots+\sin\pi\right)\right]=\frac{2}{\pi}.$$

由两边夹定理得

$$\lim_{n\to\infty}\left(\frac{\sin\frac{\pi}{n}}{n+1}+\frac{\sin\frac{2\pi}{n}}{n+\frac{1}{2}}+\cdots+\frac{\sin\pi}{n+\frac{1}{n}}\right)=\frac{2}{\pi}.\quad ■$$

6. 求 $\lim\limits_{n\to\infty}\dfrac{1\cdot 3\cdot\cdots\cdot(2n-1)}{2\cdot 4\cdot\cdots\cdot(2n)}$.

解　由于

$$\frac{(2n-1)!!}{(2n)!!}<\frac{(2n)!!}{(2n+1)!!}\quad 且\quad \frac{(2n-1)!!}{(2n)!!}\cdot\frac{(2n)!!}{(2n+1)!!}=\frac{1}{2n+1},$$

故

$$0<\frac{1}{2}\cdot\frac{3}{4}\cdot\cdots\cdot\frac{2n-1}{2n}<\frac{1}{\sqrt{2n+1}}\longrightarrow 0\quad (n\to\infty).$$

由两边夹定理得

$$\lim_{n\to\infty}\frac{1\cdot 3\cdot\cdots\cdot(2n-1)}{2\cdot 4\cdot\cdots\cdot(2n)}=0.\quad ■$$

注　可以证明 $\lim\limits_{n\to+\infty}\displaystyle\int_0^{\frac{\pi}{2}}\sin^n x\mathrm{d}x=0$, 且

$$\int_0^{\frac{\pi}{2}}\sin^n x\mathrm{d}x=\begin{cases}\dfrac{(n-1)!!}{n!!}\dfrac{\pi}{2}, & n=偶数,\\ \dfrac{(n-1)!!}{n!!}, & n=奇数.\end{cases}$$

由此也可以证明此题目的极限为 0.

7. 判断极限 $\lim\limits_{n\to\infty}\dfrac{1}{n!}\displaystyle\sum_{k=1}^{n}k!$ 是否存在？并说明理由.

解　由于

$$n!\leqslant\sum_{k=1}^{n}k!<(n-1)(n-2)!+(n-1)!+n!\leqslant 2(n-1)!+n!,$$

因此

$$1\leqslant\frac{1}{n!}\sum_{k=1}^{n}k!\leqslant\frac{2}{n}+1,$$

由两边夹定理得 $\lim\limits_{n\to\infty}\dfrac{1}{n!}\displaystyle\sum_{k=1}^{n}k!=1$.　■

8. 设 $\lim\limits_{n\to\infty}a_n=a$. 求 (1) $\lim\limits_{n\to\infty}\dfrac{[na_n]}{n}$; (2) 若 $a>0, a_n>0$, 求 $\lim\limits_{n\to\infty}\sqrt[n]{a_n}$.

解　(1) 由于 $x-1<[x]\leqslant x$, 因此 $na_n-1<[na_n]\leqslant na_n$, 因此 $a_n-\dfrac{1}{n}<\dfrac{[na_n]}{n}\leqslant a_n$, 由 $\lim\limits_{n\to\infty}a_n=a$ 及两边夹定理可得 $\lim\limits_{n\to\infty}\dfrac{[na_n]}{n}=a$.

(2) $\lim\limits_{n\to\infty}a_n=a$, 因此存在 $N>0$, 当 $n>N$ 时有 $\dfrac{a}{2}<a_n<2a$, 从而 $\sqrt[n]{\dfrac{a}{2}}<\sqrt[n]{a_n}<\sqrt[n]{2a}$, 由两边夹定理可得 $\lim\limits_{n\to\infty}\sqrt[n]{a_n}=1$.　■

练习　(1) 判定极限 $\lim\limits_{n\to\infty}(n!)^{\frac{1}{n}}$ 是否存在?

(2) 设 $A=\max\{a_1,a_2,\cdots,a_m\}, a_k\geqslant 0(k=1,2,\cdots,m)$. 求

$$\lim_{n\to\infty}\sqrt[n]{a_1^n+a_2^n+\cdots+a_m^n}.$$

(3) 判定级数 $\sum\limits_{n=1}^{\infty}\dfrac{1\cdot 3\cdot\cdots\cdot(2n-1)}{2\cdot 4\cdot\cdots\cdot(2n)}$ 的敛散性.

例 1-1-2　求下列极限.

1. 设 $f_n(x)=\prod\limits_{k=1}^{n}\cos\dfrac{x}{2^k}=\cos\dfrac{x}{2}\cos\dfrac{x}{4}\cdots\cos\dfrac{x}{2^n}$, 求 $\lim\limits_{n\to\infty}f_n(x)$.

解　(1) 当 $x\neq 0$ 时. 因为

$$\left(\cos\frac{x}{2}\cos\frac{x}{4}\cdots\cos\frac{x}{2^n}\right)\sin\frac{x}{2^n}=\frac{1}{2^n}\sin x,$$

所以

$$\lim_{n\to\infty}\cos\frac{x}{2}\cos\frac{x}{4}\cdots\cos\frac{x}{2^n}=\lim_{n\to\infty}\frac{\frac{1}{2^n}\sin x}{\sin\frac{x}{2^n}}=\lim_{n\to\infty}\frac{\sin x}{x}\frac{\frac{x}{2^n}}{\sin\frac{x}{2^n}}=\frac{\sin x}{x}.$$

(2) 当 $x=0$ 时. 显然有

$$\lim_{n\to\infty}\cos\frac{x}{2}\cos\frac{x}{4}\cdots\cos\frac{x}{2^n}=1.\quad\blacksquare$$

2. 求 $\lim\limits_{n\to\infty}(1+x^2)(1+x^4)\cdots(1+x^{2^n})(|x|<1)$.

解　令 $f_n(x)=(1+x^2)(1+x^4)\cdots(1+x^{2^n})$, 则

$$(1-x^2)f_n(x)=1-x^{2^{n+1}},$$

故

$$f_n(x)=\frac{1-x^{2^{n+1}}}{1-x^2}\longrightarrow\frac{1}{1-x^2}\quad(n\to\infty).\quad\blacksquare$$

注　也可以先取对数然后两边同加上 $\ln(1-x^2)$.

3. 设 $x_n=\dfrac{1}{2}+\dfrac{3}{2^2}+\dfrac{5}{2^3}+\cdots+\dfrac{2n-1}{2^n}$, 求 $\lim\limits_{n\to\infty}x_n$.

解　(解一) 因为

$$\begin{aligned}x_n-\frac{1}{2}x_n&=\frac{1}{2}+\frac{3}{2^2}+\cdots+\frac{2n-1}{2^n}-\left(\frac{1}{2^2}+\frac{3}{2^3}+\cdots+\frac{2n-1}{2^{n+1}}\right)\\&=\frac{1}{2}+2\left(\frac{1}{2^2}+\cdots+\frac{1}{2^n}\right)-\frac{2n-1}{2^{n+1}}\\&=\frac{1}{2}+\left[1-\left(\frac{1}{2}\right)^{n-1}\right]-\frac{2n-1}{2^{n+1}}\longrightarrow\frac{3}{2}\quad(n\to\infty).\end{aligned}$$

故

$$\lim_{n\to\infty}x_n=3.$$

(解二) 要求 $\lim\limits_{n\to\infty} x_n$, 即求级数 $\sum\limits_{n=1}^{\infty} \dfrac{2n-1}{2^n}$. 构造幂级数帮助求此级数的和, 令

$$f(x) = \sum_{n=1}^{\infty} \frac{2n-1}{2^n} x^{2n-2},$$

只要求 $f(1)$ 即可. 事实上,

$$f(x) = \left(\sum_{n=1}^{\infty} \frac{1}{2^n} x^{2n-1}\right)' = \left(\frac{1}{x}\sum_{n=1}^{\infty}\left(\frac{x^2}{2}\right)^n\right)' = \left(\frac{1}{x}\frac{\frac{x^2}{2}}{1-\frac{x^2}{2}}\right)' = \frac{2+x^2}{(2-x^2)^2} \quad (|x| < \sqrt{2}),$$

故 $f(1) = 3$, 即 $\lim\limits_{n\to\infty} x_n = 3$. ■

注　如果数列 $\{x_n\}$ 的通项是 n 项的和, 可把 x_n 看成某级数的前 n 项的和, 借助级数求 $\{x_n\}$ 的极限.

4. 求 $\lim\limits_{n\to\infty} \sin^2(\pi\sqrt{n^2+n})$.

解　事实上,

$$\begin{aligned}\lim_{n\to\infty} \sin^2\left(\pi\sqrt{n^2+n}\right) &= \lim_{n\to\infty} \sin^2\left(\pi(\sqrt{n^2+n}-n)\right)\\ &= \lim_{n\to\infty} \sin^2 \frac{n\pi}{\sqrt{n^2+n}+n}\\ &= \sin^2\frac{\pi}{2} = 1.\end{aligned}$$ ■

5. 求 $\lim\limits_{n\to\infty} \dfrac{n^3\sqrt[n]{2}\left(1-\cos\dfrac{1}{n^2}\right)}{\sqrt{n^2+1}-n}$.

解　(解一) 因为 $\lim\limits_{n\to\infty} \sqrt[n]{2} = 1$, 且 $\lim\limits_{x\to\infty} \dfrac{x^3\left(1-\cos\dfrac{1}{x^2}\right)}{\sqrt{x^2+1}-x} \xlongequal{\text{Taylor 公式}} 1$, 由 Heine 定理得

$$\lim_{n\to\infty} \frac{n^3\sqrt[n]{2}\left(1-\cos\dfrac{1}{n^2}\right)}{\sqrt{n^2+1}-n} = 1.$$ ■

(解二) 将 $\cos\dfrac{1}{n^2}$ Taylor 展开, 将分母有理化并注意到 $\lim\limits_{n\to\infty} \sqrt[n]{2} = 1$, 得

$$\lim_{n\to\infty} \frac{n^3\sqrt[n]{2}\left(1-\cos\dfrac{1}{n^2}\right)}{\sqrt{n^2+1}-n} = 1.$$ ■

6. 求 $\lim\limits_{n\to\infty} \tan^n\left(\dfrac{\pi}{4}+\dfrac{1}{n}\right)$.

解　(解一) 令 $y = \tan^x\left(\dfrac{\pi}{4}+\dfrac{1}{x}\right)$, 则

$$\ln y = x\ln\tan\left(\frac{\pi}{4}+\frac{1}{x}\right),$$

所以

$$\lim_{x\to\infty}\ln y=\lim_{x\to\infty}\frac{\ln\tan\left(\dfrac{\pi}{4}+\dfrac{1}{x}\right)}{\dfrac{1}{x}}\xlongequal{\text{L' Hospital}}2,$$

即

$$\lim_{n\to\infty}y=\mathrm{e}^2.\quad ■$$

(解二) 由于

$$\tan\left(\frac{\pi}{4}+\frac{1}{n}\right)=\frac{1+\tan\dfrac{1}{n}}{1-\tan\dfrac{1}{n}},$$

因此

$$\lim_{n\to\infty}\tan^n\left(\frac{\pi}{4}+\frac{1}{n}\right)=\lim_{n\to\infty}\left(\frac{1+\tan\dfrac{1}{n}}{1-\tan\dfrac{1}{n}}\right)^n=\mathrm{e}^2.\quad ■$$

7. 求 $\lim\limits_{n\to\infty}\left(\dfrac{\sqrt[n]{a}+\sqrt[n]{b}}{2}\right)^n\ (a\geqslant 0,b\geqslant 0)$.

解　(1) 当 a,b 有一个为零, 不妨设 $a=0$, 则

$$\lim_{n\to\infty}\left(\frac{\sqrt[n]{a}+\sqrt[n]{b}}{2}\right)^n=\lim_{n\to\infty}\frac{b}{2^n}=0=\sqrt{ab}.$$

(2) 当 $a>0,b>0$ 时, 令 $y=\left(\dfrac{a^x+b^x}{2}\right)^{\frac{1}{x}}$, 则

$$\ln y=\frac{1}{x}\ln\left(\frac{a^x+b^x}{2}\right),$$

由 L'Hospital 法则得

$$\lim_{x\to 0}\ln y=\lim_{x\to 0}\frac{1}{x}\ln\left(\frac{a^x+b^x}{2}\right)=\lim_{x\to 0}\frac{2}{a^x+b^x}\left(\frac{a^x\ln a+b^x\ln b}{2}\right)=\frac{1}{2}(\ln a+\ln b)=\ln\sqrt{ab}.$$

所以

$$\lim_{x\to 0}\left(\frac{a^x+b^x}{2}\right)^{\frac{1}{x}}=\sqrt{ab},$$

由 Heine 定理得

$$\lim_{n\to\infty}\left(\frac{\sqrt[n]{a}+\sqrt[n]{b}}{2}\right)^n=\sqrt{ab}.\quad ■$$

8. 求 $\lim\limits_{n\to\infty}\dfrac{n^2}{2^n}$.

解　(解一) 由于

$$0<\frac{n^2}{2^n}=\frac{n^2}{(1+1)^n}<\frac{n^2}{\mathrm{C}_n^3}=\frac{6n^2}{n(n-1)(n-2)},$$

由两边夹定理得

$$\lim_{n\to\infty}\frac{n^2}{2^n}=0.$$

(解二) 由于 $\lim\limits_{x\to\infty}\dfrac{x^2}{2^x}=\lim\limits_{x\to\infty}\dfrac{2x}{2^x\ln 2}=0$, 由 Heine 定理得

$$\lim_{n\to\infty}\frac{n^2}{2^n}=0.$$

(解三) 由比值判别法知 $\sum\limits_{n=1}^{\infty}\dfrac{n^2}{2^n}$ 收敛, 由级数收敛的必要条件可知 $\lim\limits_{n\to\infty}\dfrac{n^2}{2^n}=0$. ■

9. 求 $\lim\limits_{n\to\infty}[(n+1)^\alpha-n^\alpha]$.

解　(1) 当 $\alpha\leqslant 0$, 由极限四则运算得 $\lim\limits_{n\to\infty}[(n+1)^\alpha-n^\alpha]=0$.

(2) 当 $\alpha=1$, $\lim\limits_{n\to\infty}[(n+1)^\alpha-n^\alpha]=1$.

(3) 当 $0<\alpha<1$,

$$(n+1)^\alpha=n^\alpha\left(1+\frac{1}{n}\right)^\alpha<n^\alpha\left(1+\frac{1}{n}\right)=n^\alpha+n^{\alpha-1}$$

$$\Longrightarrow 0<(n+1)^\alpha-n^\alpha<n^{\alpha-1}=\frac{1}{n^{1-\alpha}}\to 0,$$

即 $\lim\limits_{n\to\infty}[(n+1)^\alpha-n^\alpha]=0$.

(4) 当 $\alpha>1$, 由 Heine 定理及 L'Hospital 法则得

$$\lim_{n\to\infty}[(n+1)^\alpha-n^\alpha]=\lim_{n\to\infty}\frac{\left(1+\dfrac{1}{n}\right)^\alpha-1}{\dfrac{1}{n^\alpha}}=\lim_{x\to0^+}\frac{(1+x)^\alpha-1}{x^\alpha}=\lim_{x\to0^+}\frac{(1+x)^{\alpha-1}}{x^{\alpha-1}}=+\infty.$$ ■

10. 求 $\lim\limits_{n\to\infty}n\left[\mathrm{e}-\left(1+\dfrac{1}{n}\right)^n\right]$.

解　(解一) 令 $x=\dfrac{1}{n}$, 由 Heine 定理与 L'Hospital 法则得

$$\lim_{n\to\infty}n\left[\mathrm{e}-\left(1+\frac{1}{n}\right)^n\right]=\lim_{x\to0}\frac{\mathrm{e}-(1+x)^{\frac{1}{x}}}{x}=\frac{\mathrm{e}}{2}.$$

(解二) 由 Taylor 展式得

$$\lim_{n\to\infty}n\left[\mathrm{e}-\left(1+\frac{1}{n}\right)^n\right]=\lim_{x\to0}\frac{\mathrm{e}-\mathrm{e}^{\frac{\ln(1+x)}{x}}}{x}=\lim_{x\to0}\frac{\mathrm{e}-\mathrm{e}^{\frac{x-\frac{x^2}{2}+o(x^2)}{x}}}{x}$$

$$=\mathrm{e}\lim_{x\to0}\frac{1-\mathrm{e}^{-\frac{x}{2}+o(x)}}{x}=\mathrm{e}\lim_{x\to0}\frac{1-\left[1-\dfrac{x}{2}+o(x)\right]}{x}=\frac{\mathrm{e}}{2}.$$ ■

注　由于 $\left\{\left(1+\dfrac{1}{n}\right)^n\right\}$ 递增收敛于 e, 此题说明 $\mathrm{e}-\left(1+\dfrac{1}{n}\right)^n$ 是 $\dfrac{1}{n}$ 的同阶无穷小量.

练习　(1) 求 $\lim\limits_{n\to\infty}\dfrac{n^k}{2^n}$ (k 为任意正常数).

(2) 求 $\lim\limits_{n\to\infty}\dfrac{3^n+n^3}{3^{n+1}+(n+1)^3}$.

(3) 求 $\lim\limits_{n\to\infty}n^2\left(\arctan\dfrac{a}{n}-\arctan\dfrac{a}{n+1}\right)$.

提示　用微分中值定理、Heine 定理与 L'Hospital 法则.

(4) 求下面的等式中的常数 a,b:

$$\left(1+\frac{1}{n}\right)^n=\mathrm{e}+\frac{a}{n}+\frac{b}{n^2}+O\left(\frac{1}{n^3}\right).$$

(5) 设 $x_n=\left(1+\dfrac{1}{2}\right)\left(1+\dfrac{1}{4}\right)\cdots\left(1+\dfrac{1}{2^n}\right)$, 判断数列 $\{x_n\}$ 是否收敛? 并说明理由.

(6) 判断极限 $\lim\limits_{n\to\infty}\prod\limits_{k=2}^{n}\left(1-\dfrac{1}{k^2}\right)$ 是否存在? 若存在求出极限.

(7) 设 $x_n=\sum\limits_{k=1}^{n}\dfrac{k}{(k+1)!}$, 求 $\lim\limits_{n\to\infty}x_n$. (答案: 1)

例 1-1-3　求下列极限.

1. 求 $\lim\limits_{n\to\infty}\left(\dfrac{1}{n+1}+\dfrac{1}{n+2}+\cdots+\dfrac{1}{n+n}\right)$.

解　因为

$$\frac{1}{n+1}+\frac{1}{n+2}+\cdots+\frac{1}{n+n}=\frac{1}{n}\left(\frac{1}{1+\frac{1}{n}}+\frac{1}{1+\frac{2}{n}}+\cdots+\frac{1}{1+\frac{n}{n}}\right),$$

由定积分定义知

$$\lim_{n\to\infty}\left(\frac{1}{n+1}+\frac{1}{n+2}+\cdots+\frac{1}{n+n}\right)=\int_0^1\frac{1}{1+x}\mathrm{d}x=\ln 2.\quad\blacksquare$$

2. 设 $x_n=\dfrac{\sqrt[n]{n(n+1)\cdots(n+n)}}{n}$, 求 $\lim\limits_{n\to\infty}x_n$.

解　因为 $x_n=\dfrac{\sqrt[n]{n(n+1)\cdots(n+n)}}{n}=\sqrt[n]{\prod\limits_{k=1}^{n}\left(1+\dfrac{k}{n}\right)}$, 故

$$\ln x_n=\frac{1}{n}\sum_{k=1}^{n}\ln\left(1+\frac{k}{n}\right)\longrightarrow\int_0^1\ln(1+x)\mathrm{d}x\quad(n\to\infty),$$

且

$$\int_0^1\ln(1+x)\mathrm{d}x=x\ln(1+x)|_0^1-\int_0^1\frac{x}{1+x}\mathrm{d}x=2\ln 2-1,$$

所以

$$\lim_{n\to\infty} x_n = \mathrm{e}^{2\ln 2-1} = \frac{4}{\mathrm{e}}. \quad \blacksquare$$

3. 求 $\lim\limits_{n\to\infty} \dfrac{1}{n}\sqrt[n]{n(n+1)\cdots(2n-1)}$.

解 设 $x_n = \dfrac{1}{n}\sqrt[n]{n(n+1)\cdots(2n-1)}$, 则

$$\ln x_n = \frac{1}{n}\sum_{k=1}^{n-1}\ln\left(1+\frac{k}{n}\right) \longrightarrow \int_0^1 \ln(1+x)\mathrm{d}x = 2\ln 2 - 1,$$

所以

$$\lim_{n\to\infty} x_n = \mathrm{e}^{2\ln 2-1} = \frac{4}{\mathrm{e}}. \quad \blacksquare$$

4. 求 $\lim\limits_{n\to\infty} \dfrac{\sqrt[n]{n!}}{n}$.

解 设 $x_n = \dfrac{\sqrt[n]{n!}}{n}$, 则

$$\ln x_n = \frac{1}{n}\sum_{i=1}^{n}\ln\frac{i}{n} \longrightarrow \int_0^1 \ln x\mathrm{d}x = -1,$$

所以

$$\lim_{n\to\infty} \frac{\sqrt[n]{n!}}{n} = \frac{1}{\mathrm{e}}. \quad \blacksquare$$

注 由两边夹定理或者取对数后用 Stolz 公式得 $\lim\limits_{n\to\infty}(n!)^{\frac{1}{n^2}} = 1$. 取对数用 Stolz 公式或者倒数后用极限平均定理得 $\lim\limits_{n\to\infty}(n!)^{\frac{1}{n}} = +\infty$, 此题说明了 $(n!)^{\frac{1}{n}}$ 是 n 的同阶无穷大量.

5. 设 $\alpha > 0$, 极限 $\lim\limits_{n\to\infty} \dfrac{1^{\alpha-1}+2^{\alpha-1}+\cdots+n^{\alpha-1}}{n^\alpha}$ 是否存在? 并说明理由.

解 (解一) 令 $x_n = 1^{\alpha-1}+2^{\alpha-1}+\cdots+n^{\alpha-1}, b_n = n^\alpha$, 由 Stolz 公式得

$$\begin{aligned}\lim_{n\to\infty}\frac{1^{\alpha-1}+2^{\alpha-1}+\cdots+n^{\alpha-1}}{n^\alpha} &= \lim_{n\to\infty}\frac{(n+1)^{\alpha-1}}{(n+1)^\alpha - n^\alpha} = \lim_{n\to\infty}\frac{n^{\alpha-1}\left(1+\dfrac{1}{n}\right)^{\alpha-1}}{n^\alpha\left[\left(1+\dfrac{1}{n}\right)^\alpha - 1\right]} \\ &= \lim_{n\to\infty}\left(1+\frac{1}{n}\right)^{\alpha-1}\frac{\dfrac{1}{n}}{\left(1+\dfrac{1}{n}\right)^\alpha - 1} = \frac{1}{\alpha},\end{aligned}$$

这里用到

$$\lim_{x\to 0}\frac{x}{(1+x)^\alpha - 1} = \lim_{x\to 0}\frac{1}{\alpha(1+x)^{\alpha-1}} = \frac{1}{\alpha}.$$

(解二) 由定积分定义得

$$\lim_{n\to\infty}\frac{1^{\alpha-1}+2^{\alpha-1}+\cdots+n^{\alpha-1}}{n^{\alpha}}=\int_0^1 x^{\alpha-1}\mathrm{d}x=\frac{1}{\alpha}. \quad \blacksquare$$

6. 设 $x_n=\frac{n}{n^2+1}+\frac{n}{n^2+2^2}+\cdots+\frac{n}{n^2+n^2}$, 求

(1) $\lim\limits_{n\to\infty} x_n$; (2) $\lim\limits_{n\to\infty} n\left(\frac{\pi}{4}-x_n\right)$.

解 (1) 由于

$$x_n=\frac{n}{n^2+1}+\frac{n}{n^2+2^2}+\cdots+\frac{n}{n^2+n^2}=\frac{1}{n}\sum_{k=1}^{n}\frac{1}{1+\left(\frac{k}{n}\right)^2},$$

由定积分定义可知

$$\lim_{n\to\infty}x_n=\int_0^1\frac{1}{1+x^2}\mathrm{d}x=\arctan x|_0^1=\frac{\pi}{4}. \quad \blacksquare$$

(2) 记 $f(x)=\frac{1}{1+x^2}$, $x_k=\frac{k}{n}$, 由微分中值定理及积分中值定理得

$$\begin{aligned}
I_n:&=n\left(\frac{\pi}{4}-x_n\right)=n\left(\int_0^1\frac{1}{1+x^2}\mathrm{d}x-\frac{1}{n}\sum_{k=1}^{n}\frac{1}{1+\left(\frac{k}{n}\right)^2}\right)\\
&=n\sum_{k=1}^{n}\int_{\frac{k-1}{n}}^{\frac{k}{n}}\left(\frac{1}{1+x^2}-\frac{1}{1+\left(\frac{k}{n}\right)^2}\right)\mathrm{d}x\\
&=n\sum_{k=1}^{n}\int_{x_{k-1}}^{x_k}(f(x)-f(x_k))\,\mathrm{d}x=n\sum_{k=1}^{n}\int_{x_{k-1}}^{x_k}f'(\xi_k)(x-x_k)\mathrm{d}x\\
&=n\sum_{k=1}^{n}f'(\eta_k)\int_{x_{k-1}}^{x_k}(x-x_k)\mathrm{d}x=-\frac{1}{2}n\sum_{k=1}^{n}f'(\eta_k)(x_{k-1}-x_k)^2=-\frac{1}{2n}\sum_{k=1}^{n}f'(\eta_k),
\end{aligned}$$

再由定积分定义可知

$$\lim_{n\to\infty}I_n=-\lim_{n\to\infty}\frac{1}{2}\frac{1}{n}\sum_{k=1}^{n}f'(\eta_k)=-\frac{1}{2}\int_0^1 f'(x)\mathrm{d}x=-\frac{1}{2}f(x)\Big|_0^1=\frac{1}{4}. \quad \blacksquare$$

7. 设 $f(x)$ 为 $[a,b]$ 上的严格单调递增的非负连续函数, 且存在 $x_n\in[a,b]$ 使得

$$[f(x_n)]^n=\frac{1}{b-a}\int_a^b f^n(x)\mathrm{d}x.$$

求 $\lim\limits_{n\to\infty} x_n$.

解 由于

$$\frac{1}{b-a}\int_a^b f^n(x)\mathrm{d}x \leqslant f^n(b),$$

$$\frac{\varepsilon}{b-a}f^n(b-\varepsilon) \leqslant \frac{1}{b-a}\int_{b-\varepsilon}^b f^n(x)\mathrm{d}x \leqslant \frac{1}{b-a}\int_a^b f^n(x)\mathrm{d}x, \quad \forall\varepsilon > 0,$$

即

$$\frac{\varepsilon}{b-a}f^n(b-\varepsilon) \leqslant [f(x_n)]^n \leqslant f^n(b),$$

亦即

$$\sqrt[n]{\frac{\varepsilon}{b-a}}f(b-\varepsilon) \leqslant f(x_n) \leqslant f(b),$$

并注意到 $\lim\limits_{n\to\infty}\sqrt[n]{\dfrac{\varepsilon}{b-a}} = 1$, 得到

$$f(b-\varepsilon) \leqslant \lim_{n\to\infty} f(x_n) \leqslant f(b) \Longrightarrow b-\varepsilon \leqslant \lim_{n\to\infty} x_n \leqslant b,$$

再由 ε 的任意性得 $\lim\limits_{n\to\infty} x_n = b$. ■

8. 证明数列 $x_n = \dfrac{11\cdot 12\cdot 13\cdot\cdots\cdot(n+10)}{2\cdot 5\cdot 8\cdot\cdots\cdot(3n-1)}(n=1,2,\cdots)$ 有极限, 并求此极限.

解 (解一) 因为 $\lim\limits_{n\to\infty}\dfrac{x_{n+1}}{x_n} = \lim\limits_{n\to\infty}\dfrac{n+11}{3n+2} = \dfrac{1}{3} < 1$, 由比值判别法知 $\sum\limits_{n=1}^{\infty} x_n$, 收敛, 故

$$\lim_{n\to\infty} x_n = 0.$$

(解二) 由于 $\lim\limits_{n\to\infty}\dfrac{n+10}{3n-1} = \dfrac{1}{3}$, 故 $\exists N > 0$ 当 $n \geqslant N$ 时, 有

$$0 < x_n = \frac{n+10}{3n-1}x_{n-1} < \frac{2}{3}x_{n-1} < \cdots < \left(\frac{2}{3}\right)^{n-N} x_N,$$

由两边夹定理知 $\lim\limits_{n\to\infty} x_n = 0$. ■

9. 求 $\lim\limits_{n\to\infty}\dfrac{n^n}{n!3^n}$.

解 记 $x_n = \dfrac{n^n}{n!3^n}$, 因为

$$\lim_{n\to\infty}\frac{x_{n+1}}{x_n} = \lim_{n\to\infty}\frac{(n+1)^{n+1}}{(n+1)!3^{n+1}}\cdot\frac{n!3^n}{n^n} = \frac{1}{3}\lim_{n\to\infty}\left(1+\frac{1}{n}\right)^n = \frac{\mathrm{e}}{3} < 1,$$

由比值判别法知 $\sum\limits_{n=1}^{\infty}\dfrac{n^n}{n!3^n}$ 收敛, 故 $\lim\limits_{n\to\infty}\dfrac{n^n}{n!3^n} = 0$. ■

思考 当 α 为何值时, 极限 $\lim\limits_{n\to\infty}\dfrac{n^n}{n!\alpha^n}$ 存在?

10. 设数列 $\{x_n\}$ 满足 $|x_{n+1}| \leqslant q|x_n|(0<q<1), n=1,2,\cdots$. 证明 $\lim\limits_{n\to\infty} x_n = 0$.

解　(解一) 由于

$$0 < |x_n| \leqslant q|x_{n-1}| \leqslant q^2|x_{n-2}| \leqslant \cdots \leqslant q^{n-1}|x_1| \longrightarrow 0 \quad (n \to \infty),$$

由两边夹定理得

$$\lim_{n\to\infty} x_n = 0.$$

(解二)(1) 若存在 n_0 有 $x_{n_0}=0$, 则由条件知当 $n>n_0$ 时, $x_n=0$, 故 $\lim\limits_{n\to\infty} x_n = 0$.

(2) 若 $\forall n, x_n \neq 0$, 由条件可知级数 $\sum\limits_{n=1}^{\infty} x_n$ 绝对收敛, 从而收敛, 由收敛的必要条件知 $\lim\limits_{n\to\infty} x_n = 0$. ■

11. 设 $a_n > 0$, 证明 $\lim\limits_{n\to\infty} \dfrac{a_n}{(1+a_1)(1+a_2)\cdots(1+a_n)} = 0$.

解　因为

$$\frac{a_n}{(1+a_1)(1+a_2)\cdots(1+a_n)} = \frac{1}{(1+a_1)(1+a_2)\cdots(1+a_{n-1})} - \frac{1}{(1+a_1)(1+a_2)\cdots(1+a_n)}.$$

记 $x_n = \dfrac{a_n}{(1+a_1)(1+a_2)\cdots(1+a_n)}$, 则正项级数 $\sum\limits_{n=1}^{\infty} x_n$ 的前 n 项和 $\{s_n\}$ 单调上升且有上界, 所以此级数收敛.

由级数收敛的必要条件得

$$\lim_{n\to\infty} \frac{a_n}{(1+a_1)(1+a_2)\cdots(1+a_n)} = 0. \quad ■$$

12. 求 $\lim\limits_{n\to\infty} \left[\dfrac{1}{n} - \dfrac{1}{n+1} + \dfrac{1}{n+2} - \cdots + (-1)^n \dfrac{1}{n+n}\right]$.

解　由于 Leibniz 级数 $\sum\limits_{n=1}^{\infty} (-1)^n \dfrac{1}{n}$ 收敛, 由级数收敛的 Cauchy 收敛准则知

$$\lim_{n\to\infty} \left[\frac{1}{n} - \frac{1}{n+1} + \frac{1}{n+2} - \cdots + (-1)^n \frac{1}{n+n}\right] = 0. \quad ■$$

13. 求 $\lim\limits_{n\to\infty} \left(\dfrac{1}{a} + \dfrac{2}{a^2} + \cdots + \dfrac{n}{a^n}\right) (a>1)$.

解　令 $x = \dfrac{1}{a}$, 则 $|x|<1$, 对级数 $\sum\limits_{n=1}^{\infty} nx^n$, 因为 $\lim\limits_{n\to\infty} \dfrac{(n+1)x^{n+1}}{nx^n} = x < 1$, 由比较判别法知 $\sum\limits_{n=1}^{\infty} nx^n$ 收敛. 又

$$S(x) = \sum_{n=1}^{\infty} nx^n = x\sum_{n=1}^{\infty} nx^{n-1} = x\left(\sum_{n=0}^{\infty} x^n\right)' = x\left(\frac{1}{1-x}\right)' = \frac{x}{(1-x)^2}.$$

所以

$$\lim_{n\to\infty}\left(\frac{1}{a}+\frac{2}{a^2}+\cdots+\frac{n}{a^n}\right)=\frac{a^{-1}}{(1-a^{-1})^2}. \quad \blacksquare$$

练习　(1) 求 $\lim\limits_{n\to\infty}\dfrac{a^n}{n!}(a>1)$.

(2) 求 $\lim\limits_{n\to\infty}\dfrac{n^n}{n!}$.

(3) 求极限 $\lim\limits_{n\to\infty}\left(\dfrac{1}{\sqrt{4n^2-1^2}}+\dfrac{1}{\sqrt{4n^2-2^2}}+\cdots+\dfrac{1}{\sqrt{4n^2-n^2}}\right)$.

(4) 设 $\{x_n\}$ 为有界正实数列, 判断极限 $\lim\limits_{n\to\infty}\dfrac{x_n}{x_1+x_2+\cdots+x_n}$ 是否存在? 并说明理由.

提示　记 $S_n=x_1+x_2+\cdots+x_n$, 分 $\{S_n\}$ 是否有界讨论.

(5) 求极限 $\lim\limits_{n\to\infty}\left[\dfrac{2}{3}\cdot\dfrac{3}{5}\cdot\cdots\cdot\dfrac{n+1}{2n+1}\right]$.

(6) 设 $f(x)\in C[0,1]$ 是非负的严格递增函数.

(i) 证明对 $\forall n\in\mathbb{N}^+$, 存在唯一 $x_n\in[0,1]$ 使得

$$(f(x_n))^n=\int_0^1(f(x))^n\,\mathrm{d}x.$$

(ii) 求 $\lim\limits_{n\to\infty}x_n$.

例 1-1-4　解答下列极限问题.

1. 若 $\lim\limits_{n\to\infty}a_n=a$, 能否得到 $\lim\limits_{n\to\infty}\dfrac{a_1+a_2+\cdots+a_n}{n}=a$? 反之是否成立?

解　(解一)(1) 若 $a=0$, 则 $\forall\varepsilon>0,\exists N_1>0$, 当 $n>N_1$ 时, 有 $|a_n|<\dfrac{\varepsilon}{2}$. 又 $a_1+\cdots+a_{N_1}$ 是固定数, 可取 $N>N_1$, 使得当 $n>N$ 时, 有 $\left|\dfrac{a_1+a_2+\cdots+a_{N_1}}{n}\right|<\dfrac{\varepsilon}{2}$. 故, 当 $n>N$ 时, 有

$$\left|\frac{a_1+a_2+\cdots+a_n}{n}\right|\leqslant\frac{|a_1+a_2+\cdots+a_{N_1}|}{n}+\frac{|a_{N_1+1}+\cdots+a_n|}{n}<\frac{\varepsilon}{2}+\frac{\varepsilon}{2}=\varepsilon.$$

(2) 当 $a\neq0$, 则 $\lim\limits_{n\to\infty}(a_n-a)=0$, 由 (1) 证明可知

$$\lim_{n\to\infty}\left(\frac{a_1+a_2+\cdots+a_n}{n}-a\right)=\lim_{n\to\infty}\frac{(a_1-a)+\cdots+(a_n-a)}{n}=0.$$

综合 (1) 和 (2) 得

$$\lim_{n\to\infty}\frac{a_1+a_2+\cdots+a_n}{n}=a.$$

(解二) 记 $x_n=a_1+a_2+\cdots+a_n$, $y_n=n$, 则

$$\lim_{n\to\infty}\frac{x_n-x_{n-1}}{y_n-y_{n-1}}=\lim_{n\to\infty}a_n=a,$$

由 Stolz 公式得

$$\lim_{n\to\infty}\frac{a_1+a_2+\cdots+a_n}{n}=a. \quad \blacksquare$$

取 $a_n=(-1)^n$, 可知逆命题不成立! 但有下面的结果.

2. 若数列 $\{a_n\}$ 满足 $\lim\limits_{n\to\infty}\dfrac{a_1+a_2+\cdots+a_n}{n}=a(-\infty<a<+\infty)$, 则 $\lim\limits_{n\to\infty}\dfrac{a_n}{n}=0$.

证　因为

$$\frac{a_n}{n}=\frac{a_1+a_2+\cdots+a_n}{n}-\frac{a_1+a_2+\cdots+a_{n-1}}{n-1}\frac{n-1}{n},$$

所以

$$\lim_{n\to\infty}\frac{a_n}{n}=\lim_{n\to\infty}\left(\frac{a_1+a_2+\cdots+a_n}{n}-\frac{a_1+a_2+\cdots+a_{n-1}}{n-1}\frac{n-1}{n}\right)=a-a\cdot 1=0. \quad \blacksquare$$

注　(1) 可以将此结果称为算术平均收敛定理;

(2) 此结果也可以直接用定义证明.

类比　设函数 $f(x)$ 在任何有限区间上可积, 且 $\lim\limits_{x\to+\infty}f(x)=l$. 则

$$\lim_{x\to+\infty}\frac{1}{x}\int_0^x f(t)\mathrm{d}t=l.$$

此命题的逆命题不成立 (如:$f(t)=\sin t$).

若 $\lim\limits_{x\to+\infty}\dfrac{1}{x}\displaystyle\int_0^x f(t)\mathrm{d}t=l$ 附加一定条件 (如: $\lim\limits_{x\to+\infty}f(x)$ 存在或者 $f(x)$ 单调) 可得 $\lim\limits_{x\to+\infty}f(x)=l$.

例 1-1-5　解答极限问题.

$\lim\limits_{n\to\infty}\dfrac{a_1+a_2+\cdots+a_n}{n}=a$ 附加何条件可以得到 $\lim\limits_{n\to\infty}a_n=a$?

设 $\lim\limits_{n\to\infty}n(a_n-a_{n-1})=0$, 试证极限 $\lim\limits_{n\to\infty}\dfrac{a_1+a_2+\cdots+a_n}{n}$ 存在时, 有

$$\lim_{n\to\infty}a_n=\lim_{n\to\infty}\frac{a_1+a_2+\cdots+a_n}{n}.$$

证　因为

$$a_n=\left(a_n-\frac{a_1+a_2+\cdots+a_n}{n}\right)+\frac{a_1+a_2+\cdots+a_n}{n},$$

只需证明第一项等于零, 为利用 $\lim\limits_{n\to\infty}n(a_n-a_{n-1})=0$, 令 $b_1=a_1,b_2=a_2-a_1,\cdots,b_n=a_n-a_{n-1},\cdots$, 则 $\lim\limits_{n\to\infty}nb_n=0$, 所以

$$\begin{aligned}&\lim_{n\to\infty}\left(a_n-\frac{a_1+a_2+\cdots+a_n}{n}\right)\\&=\lim_{n\to\infty}\left[(b_1+\cdots+b_n)-\frac{b_1+(b_1+b_2)+\cdots+(b_1+\cdots+b_n)}{n}\right]\\&=\lim_{n\to\infty}\frac{b_2+2b_3+\cdots+(n-1)b_n}{n}=\lim_{n\to\infty}\frac{(n-1)b_n}{n-(n-1)}=\lim_{n\to\infty}\frac{n-1}{n}nb_n=0. \quad \blacksquare\end{aligned}$$

思考　(1) 若 $\lim\limits_{n\to\infty}(x_n-x_{n-1})=0$, 能否推出 $\{x_n\}$ 有界? 能否推出 $\lim\limits_{n\to\infty}x_n$ 存在? 并说明理由.

(2) 若 $\lim\limits_{n\to\infty} n(x_n - x_{n-1}) = 0$, 能否推出 $\lim\limits_{n\to\infty} x_n$ 存在?

算术平均收敛定理的推广

推广 1　若 $p_k > 0(k = 1, 2, \cdots)$, 且 $\lim\limits_{n\to\infty} \dfrac{p_n}{p_1 + p_2 + \cdots + p_n} = 0$, $\lim\limits_{n\to\infty} a_n = a$, 则

$$\lim_{n\to\infty} \frac{p_1 a_n + p_2 a_{n-1} + \cdots + p_n a_1}{p_1 + p_2 + \cdots + p_n} = a.$$

解　因为 $\lim\limits_{n\to\infty} a_n = a$, 则 $\forall \varepsilon > 0, \exists N_1 > 0$, 当 $n > N_1$ 时, 有

$$|a_n - a| < \frac{\varepsilon}{2}. \tag{1}$$

且 $\exists M > 0$ 使得 $|a_n - a| < M\,(n = 1, 2, \cdots)$. 所以

$$\begin{aligned}&\left|\frac{p_1 a_n + \cdots + p_n a_1}{p_1 + \cdots + p_n} - a\right| \\ \leqslant&\frac{1}{p_1 + \cdots + p_n}\left(p_1|a_n - a| + \cdots + p_{n-N_1}|a_{N_1+1} - a| + p_{n-N_1+1}M + \cdots + p_n M\right).\end{aligned} \tag{2}$$

又 $\lim\limits_{n\to\infty} \dfrac{p_n}{p_1 + p_2 + \cdots + p_n} = 0$, 所以 $\exists N_2 > 0$, 当 $n > N_2$ 时, 有

$$\frac{1}{p_1 + \cdots + p_n}\left(p_{n-N_1+1}M + \cdots + p_n M\right) < \frac{\varepsilon}{2}. \tag{3}$$

取 $N = \max\{N_1, N_2\}$, 当 $n > N$ 时, 由 (1)—(3) 得

$$\left|\frac{p_1 a_n + \cdots + p_n a_1}{p_1 + \cdots + p_n} - a\right| < \varepsilon. \quad \blacksquare$$

注　当 $p_n = 1$ 时, 就是算术平均收敛定理; 此题不能直接用 Stolz 公式.

推广 2　若 $\lim\limits_{n\to\infty} x_{2n-1} = a$, $\lim\limits_{n\to\infty} x_{2n} = b$, 则 $\lim\limits_{n\to\infty} \dfrac{x_1 + x_2 + \cdots + x_n}{n} = \dfrac{a + b}{2}$.

解　记 $y_n = \dfrac{x_1 + \cdots + x_n}{n}$, 由算术平均收敛定理

$$\begin{aligned}y_{2n} &= \frac{x_1 + \cdots + x_{2n}}{2n} = \frac{1}{2} \cdot \frac{x_1 + x_3 + \cdots + x_{2n-1}}{n} + \frac{1}{2} \cdot \frac{x_2 + x_4 + \cdots + x_{2n}}{n} \\ &\to \frac{1}{2}(a + b),\end{aligned} \tag{1}$$

$$\begin{aligned}y_{2n+1} &= \frac{x_1 + \cdots + x_{2n+1}}{2n + 1} = \frac{x_1 + \cdots + x_{2n+1}}{n + 1} \cdot \frac{n + 1}{2n + 1} + \frac{x_2 + \cdots + x_{2n}}{n} \cdot \frac{n}{2n + 1} \\ &\to \frac{1}{2}(a + b).\end{aligned} \tag{2}$$

由 (1), (2) 得

$$\lim_{n\to\infty} \frac{x_1 + x_2 + \cdots + x_n}{n} = \frac{a + b}{2}. \quad \blacksquare$$

注　证明数列收敛只要证明奇数列和偶数列均收敛到同一极限即可; 当 $a = b$ 时, 由此结果即可得到算术平均收敛定理.

思考　若 $\lim\limits_{n\to\infty} x_{3n}=a$, $\lim\limits_{n\to\infty} x_{3n-1}=b$, $\lim\limits_{n\to\infty} x_{3n-2}=c$, 求 $\lim\limits_{n\to\infty}\dfrac{x_1+x_2+\cdots+x_n}{n}$.

推广 3　已知 $\lim\limits_{n\to\infty} a_n=a$, $\lim\limits_{n\to\infty} b_n=b$, 求 $\lim\limits_{n\to\infty}\dfrac{a_1b_n+a_2b_{n-1}+\cdots+a_nb_1}{n}$.

解　令 $a_n=a+\alpha_n$, $b_n=b+\beta_n$, 则 $\lim\limits_{n\to\infty}\alpha_n=\lim\limits_{n\to\infty}\beta_n=0$, 从而存在 $M>0$ 使得 $|\alpha_n|\leqslant M$, $|\beta_n|\leqslant M$.

$$\frac{a_1b_n+a_2b_{n-1}+\cdots+a_nb_1}{n}=ab+\frac{a}{n}\sum_{k=1}^{n}\beta_k+\frac{b}{n}\sum_{k=1}^{n}\alpha_k+\frac{1}{n}\sum_{k=1}^{n}\alpha_k\beta_{n-k+1}. \tag{1}$$

由平均收敛定理得

$$\left|\frac{1}{n}\sum_{k=1}^{n}\alpha_k\beta_{n-k+1}\right|\leqslant\frac{M}{n}\sum_{k=1}^{n}|\alpha_k|\to 0, \tag{2}$$

$$\frac{a}{n}\sum_{k=1}^{n}\beta_k\to 0,\quad \frac{b}{n}\sum_{k=1}^{n}\alpha_k\to 0. \tag{3}$$

由 (1)—(3) 得 $\lim\limits_{n\to\infty}\dfrac{a_1b_n+a_2b_{n-1}+\cdots+a_nb_1}{n}=ab$. ■

例 1-1-6　解答下列问题.

1. 设 $a_n>0$ 且 $\lim\limits_{n\to\infty}a_n=a$, 能否得到 $\lim\limits_{n\to\infty}\sqrt[n]{a_1a_2\cdots a_n}=a$?

解　(1) 若 $a>0$, 由于

$$\frac{a_1+a_2+\cdots+a_n}{n}\geqslant\sqrt[n]{a_1a_2\cdots a_n}\geqslant\frac{n}{\dfrac{1}{a_1}+\cdots+\dfrac{1}{a_n}}=\frac{1}{\left[\dfrac{\dfrac{1}{a_1}+\cdots+\dfrac{1}{a_n}}{n}\right]}. \tag{1}$$

一方面, 由算术平均收敛定理知

$$\lim_{n\to\infty}\frac{a_1+a_2+\cdots+a_n}{n}=a. \tag{2}$$

另一方面, 由 $\lim\limits_{n\to\infty}a_n=a>0$ 及数列极限的四则运算知 $\lim\limits_{n\to\infty}\dfrac{1}{a_n}=\dfrac{1}{a}$, 故

$$\lim_{n\to\infty}\frac{1}{\left[\dfrac{\dfrac{1}{a_1}+\cdots+\dfrac{1}{a_n}}{n}\right]}=a. \tag{3}$$

由 (1)—(3) 及两边夹定理得

$$\lim_{n\to\infty}\sqrt[n]{a_1a_2\cdots a_n}=a.$$

(2) 若 $a=0$, 由于

$$0\leqslant\sqrt[n]{a_1a_2\cdots a_n}\leqslant\frac{a_1+a_2+\cdots+a_n}{n},$$

由算术平均收敛定理及两边夹定理得

$$\lim_{n\to\infty}\sqrt[n]{a_1a_2\cdots a_n}=0.\quad\blacksquare$$

注　(1) 此结果可简称为几何平均收敛定理;

(2) 当 $a>0$ 时的证明也可以先取对数再应用算术平均收敛定理.

2. 若 $x_n>0$, $\lim\limits_{n\to\infty}x_n=0$, 能否得到 $\lim\limits_{n\to\infty}\sup\limits_{k\geqslant 1}\left(\prod\limits_{i=1}^{n}x_{i+k}\right)^{\frac{1}{n}}=0$?

解　由于

$$0\leqslant\sup_{k\geqslant 1}\left(\prod_{i=1}^{n}x_{i+k}\right)^{\frac{1}{n}}\leqslant\left(\prod_{i=1}^{n}\sup_{k\geqslant 1}x_{i+k}\right)^{\frac{1}{n}}\leqslant\frac{\sum\limits_{i=1}^{n}\sup\limits_{k\geqslant 1}x_{i+k}}{n}.\tag{1}$$

令 $a_i=\sup\limits_{k\geqslant 1}x_{i+k}$, 由 $\lim\limits_{n\to\infty}x_n=0$ 可知 $\lim\limits_{n\to\infty}a_n=\overline{\lim\limits_{n\to\infty}}x_n=0$, 故

$$\lim_{n\to\infty}\frac{\sum\limits_{i=1}^{n}\sup\limits_{k\geqslant 1}x_{i+k}}{n}=\lim_{n\to\infty}\frac{a_1+a_2+\cdots+a_n}{n}=\lim_{n\to\infty}a_n=0.\tag{2}$$

由 (1),(2) 及两边夹定理知结论成立. $\blacksquare$

练习　若 $x_n>0$, $\lim\limits_{n\to\infty}x_n=0$, 问 $\lim\limits_{n\to\infty}\inf\limits_{k\geqslant 1}\left(\prod\limits_{i=1}^{n}x_{i+k}\right)^{\frac{1}{n}}$ 是否存在? 并证明你的结论.

例 1-1-7　解答下列极限.

1. 求 $\lim\limits_{n\to\infty}\dfrac{1+\frac{1}{2}+\cdots+\frac{1}{n}}{n}$.

解　(解一) 因为 $\dfrac{1}{n}\to 0$, 由算术平均收敛定理可知

$$\lim_{n\to\infty}\frac{1+\frac{1}{2}+\cdots+\frac{1}{n}}{n}=\lim_{n\to\infty}\frac{1}{n}=0.$$

(解二) 由 Stolz 公式. $\blacksquare$

注　由于级数 $\sum\limits_{n=1}^{\infty}\dfrac{1}{n}$ 发散, 所以

$$\lim_{n\to+\infty}\left(1+\frac{1}{2}+\cdots+\frac{1}{n}\right)=+\infty,$$

此例说明 $x_n:=1+\dfrac{1}{2}+\cdots+\dfrac{1}{n}$ 是 n 的低阶无穷大量.

思考　能否确定 $x_n:=1+\dfrac{1}{2}+\cdots+\dfrac{1}{n}$ 的同阶无穷大量? 能否确定 $\lim\limits_{n\to\infty}\dfrac{1+\frac{1}{2}+\cdots+\frac{1}{n}}{n^{\alpha}}$ $(\alpha>0)$ 存在? 并说明理由.

2. 求 $\lim\limits_{n\to\infty}\sqrt[n]{a}(a>0)$.

解 取 $a_1=a,\ a_i=1(i=2,3,\cdots)$, 则 $\lim\limits_{n\to\infty}a_n=1$. 由几何平均收敛定理可知

$$\lim_{n\to\infty}\sqrt[n]{a}=\lim_{n\to\infty}\sqrt[n]{a_1a_2\cdots a_n}=1. \quad ■$$

3. 求 $\lim\limits_{n\to\infty}\sqrt[n]{n}$.

解 (解一) 取 $a_1=1,a_n=\dfrac{n}{n-1}(n=2,3,\cdots)$, 则 $\lim\limits_{n\to\infty}a_n=1$. 由几何平均收敛定理得

$$\lim_{n\to\infty}\sqrt[n]{n}=\lim_{n\to\infty}\sqrt[n]{1\cdot\frac{2}{1}\cdot\frac{3}{2}\cdot\cdots\cdot\frac{n}{n-1}}=\lim_{n\to\infty}a_n=1.$$

(解二) 因为

$$1\leqslant\sqrt[n]{n}=(\sqrt{n}\cdot\sqrt{n}\cdot1\cdots1)^{\frac{1}{n}}\leqslant\frac{\sqrt{n}+\sqrt{n}+(n-2)}{n}<1+\frac{2}{\sqrt{n}},$$

由两边夹定理得 $\lim\limits_{n\to\infty}\sqrt[n]{n}=1$.

(解三) 记 $a_n=\sqrt[n]{n}=1+h_n$, 其中 $h_n>0(n>1)$, 则

$$n=(1+h_n)^n>\frac{n(n-1)}{2}h_n^2,$$

所以 $0<h_n<\sqrt{\dfrac{2}{n-1}}(n>1)$, 故

$$1\leqslant\sqrt[n]{n}=1+h_n\leqslant1+\sqrt{\frac{2}{n-1}}.$$

由两边夹定理得 $\lim\limits_{n\to\infty}\sqrt[n]{n}=1$.

(解四) 先对 $f(x)=\sqrt[x]{x}(x>0)$ 两边取对数, 然后应用 L'Hospital 法则及 Heine 定理可得 $\lim\limits_{n\to\infty}\sqrt[n]{n}=1$. ■

注 用解四可以得到 $\sqrt[n]{n}$ 当 $n>3$ 时递减.

4. 求 $\lim\limits_{n\to\infty}\dfrac{1+\sqrt{2}+\sqrt[3]{3}+\cdots+\sqrt[n]{n}}{n}$.

解 (解一) 设 $a_n=\sqrt[n]{n}\to1$ 由算术平均收敛定理得

$$\lim_{n\to\infty}\frac{1+\sqrt{2}+\sqrt[3]{3}+\cdots+\sqrt[n]{n}}{n}=\lim_{n\to\infty}a_n=1.$$

(解二) 由 Stolz 公式. ■

5. 若 $\lim\limits_{n\to\infty}\dfrac{b_{n+1}}{b_n}=a\,(b_n>0)$, 判断 $\lim\limits_{n\to\infty}\sqrt[n]{b_n}$ 存在性并给出理由.

解 取 $a_1=b_1,a_n=\dfrac{b_n}{b_{n-1}}(n=2,3,\cdots)$, 则 $\lim\limits_{n\to\infty}a_n=a$. 由几何平均收敛定理得

$$\lim_{n\to\infty}\sqrt[n]{b_n}=\lim_{n\to\infty}\sqrt[n]{a_1a_2\cdots a_n}=\lim_{n\to\infty}a_n=a. \quad ■$$

注 (1) 当 n 充分大时, $\{b_n\}$ 有“等比数列”之感. 由此也可以采用下面的证明方法.

由于 $\lim\limits_{n\to\infty}\dfrac{b_{n+1}}{b_n}=a$, 所以 $\forall\varepsilon>0,\exists N>0$, 当 $n\geqslant N$ 时, 有 $a-\varepsilon<\dfrac{b_n}{b_{n-1}}<a+\varepsilon$, 故

$$(a-\varepsilon)^{n-N}b_N<\cdots<(a-\varepsilon)b_{n-1}<b_n<(a+\varepsilon)b_{n-1}<\cdots<(a+\varepsilon)^{n-N}b_N,$$

而

$$\lim_{n\to\infty}\sqrt[n]{(a-\varepsilon)^{n-N}b_N}=a-\varepsilon;\quad \lim_{n\to\infty}\sqrt[n]{(a+\varepsilon)^{n-N}b_N}=a+\varepsilon,$$

故

$$a-\varepsilon\leqslant\lim_{n\to\infty}\sqrt[n]{b_n}\leqslant a+\varepsilon.$$

再由 ε 的任意性得

$$\lim_{n\to\infty}\sqrt[n]{b_n}=a.$$

(2) 正项级数的收敛性可以用比值判别法和根值判别法, 此题结果告诉我们, 能用比值判别法的级数一定能用根值判别法.

(3) 对比值极限和根值极限有下面结果: 设 $\{x_n\}$ 是正项数列, 则

$$\varliminf_{n\to\infty}\frac{x_{n+1}}{x_n}\leqslant\varliminf_{n\to\infty}\sqrt[n]{x_n}\leqslant\varlimsup_{n\to\infty}\sqrt[n]{x_n}\leqslant\varlimsup_{n\to\infty}\frac{x_{n+1}}{x_n}.$$

6. 若 $\lim\limits_{n\to\infty}(a_n-a_{n-1})=d$, 判断 $\lim\limits_{n\to\infty}\dfrac{a_n}{n}$ 的存在性并给出理由.

解　(解一) 设 $a_0=0,b_n=a_n-a_{n-1}(n=1,2,\cdots)$. 则 $\lim\limits_{n\to\infty}b_n=d$, 由算术平均收敛定理得

$$\lim_{n\to\infty}\frac{a_n}{n}=\lim_{n\to\infty}\frac{b_1+\cdots+b_n}{n}=\lim_{n\to\infty}b_n=d.$$

(解二) 记 $x_n=a_n, y_n=n$, 由于

$$\lim_{n\to\infty}\frac{x_n-x_{n-1}}{n-(n-1)}=\lim_{n\to\infty}(a_n-a_{n-1})=d,$$

由 Stolz 公式得

$$\lim_{n\to\infty}\frac{a_n}{n}=d.\quad\blacksquare$$

7. 求 $\lim\limits_{n\to+\infty}\dfrac{1}{\sqrt[n]{n!}}$.

解　由平均收敛定理得

$$\lim_{n\to+\infty}\frac{1}{\sqrt[n]{n!}}=\lim_{n\to+\infty}\sqrt[n]{1\cdot\frac{1}{2}\cdot\cdots\cdot\frac{1}{n}}=0.\quad\blacksquare$$

8. 求 $\lim\limits_{n\to+\infty}\dfrac{n}{\sqrt[n]{n!}}$.

解　(解一) 记 $b_n=\dfrac{n^n}{n!}$, 则 $\dfrac{b_n}{b_{n-1}}=\left(1+\dfrac{1}{n-1}\right)^{n-1}\to \mathrm{e}$, 由平均收敛定理知

$$\lim_{n\to+\infty}\frac{n}{\sqrt[n]{n!}}=\lim_{n\to+\infty}\sqrt[n]{b_n}=\lim_{n\to+\infty}\sqrt[n]{b_1\frac{b_2}{b_1}\cdots\frac{b_n}{b_{n-1}}}=\mathrm{e}.$$

(解二) 设 $x_n=\dfrac{\sqrt[n]{n!}}{n}$, 则

$$\ln x_n=\frac{1}{n}\sum_{i=1}^{n}\ln\frac{i}{n}\longrightarrow\int_0^1\ln x\mathrm{d}x=-1,$$

所以

$$\lim_{n\to\infty}\frac{\sqrt[n]{n!}}{n}=\frac{1}{\mathrm{e}},$$

即

$$\lim_{n\to\infty}\frac{n}{\sqrt[n]{n!}}=\mathrm{e}.\quad\blacksquare$$

注　说明了 n 与 $\sqrt[n]{n!}$ 是同阶的无穷大量.

9. 求 $\lim\limits_{n\to+\infty}\sqrt[n]{n!}\sin\dfrac{1}{n}$.

解　由于

$$\lim_{n\to\infty}\frac{n}{\sqrt[n]{n!}}=\mathrm{e}.$$

所以

$$\lim_{n\to+\infty}\sqrt[n]{n!}\sin\frac{1}{n}=\frac{\sqrt[n]{n!}}{n}\frac{\sin\dfrac{1}{n}}{\dfrac{1}{n}}=\frac{1}{\mathrm{e}}.\quad\blacksquare$$

思考　若 $\lim\limits_{n\to\infty}(a_n-a_{n-1})=0$, 能否推出 $\lim\limits_{n\to\infty}a_n$ 存在? 说明理由.

练习　证明:

(1) $\ln(1+n)<1+\dfrac{1}{2}+\cdots+\dfrac{1}{n}<1+\ln n$;

(2) $\lim\limits_{n\to\infty}\dfrac{1+\dfrac{1}{2}+\cdots+\dfrac{1}{n}}{\ln n}=1$.

例 1-1-8　解答问题.

设实数列 $\{x_n\}$ 满足 $x_n-x_{n-2}\to 0(n\to\infty)$, 则 $\lim\limits_{n\to\infty}\dfrac{x_n-x_{n-1}}{n}=0$.

解　(解一) 记 $y_n=|x_n-x_{n-1}|$, 则 $|x_n-x_{n-2}|\geqslant|y_n-y_{n-1}|$. 由条件知 $\forall\varepsilon>0$, $\exists N_1>0$, 当 $n>N_1$ 时有

$$|y_n-y_{n-1}|\leqslant|x_n-x_{n-2}|<\frac{\varepsilon}{2}.$$

对上述 $\varepsilon>0$, $\exists N_2>0$, 当 $n>N_2$ 时有 $\dfrac{y_{N_1}}{n}<\dfrac{\varepsilon}{2}$. 取 $N=\max\{N_1,N_2\}$, 当 $n>N$ 时有

$$\left|\frac{x_n-x_{n-1}}{n}\right|=\frac{y_n}{n}\leqslant\frac{|y_n-y_{n-1}|+\cdots+|y_{N_1+1}-y_{N_1}|+y_{N_1}}{n}<\frac{n-N_1}{n}\frac{\varepsilon}{2}+\frac{\varepsilon}{2}<\varepsilon.$$

(解二) 用 Stolz 公式得

$$\begin{aligned}\lim_{n\to\infty}\frac{x_{2n}-x_{2n-1}}{2n}&=\lim_{n\to\infty}\frac{(x_{2n}-x_{2n-1})-(x_{2n-2}-x_{2n-3})}{2n-2(n-1)}\\&=\frac{1}{2}\lim_{n\to\infty}[(x_{2n}-x_{2n-2})-(x_{2n-1}-x_{2n-3})]=0.\end{aligned}\tag{1}$$

同理可证

$$\lim_{n\to\infty}\frac{x_{2n+1}-x_{2n}}{2n+1}=0.\tag{2}$$

由 (1) 和 (2) 得

$$\lim_{n\to\infty}\frac{x_n-x_{n-1}}{n}=0.\quad ■$$

思考　若 $\lim\limits_{n\to\infty}(x_n-x_{n-2})=0$, 能否推出 $\{x_n\}$ 有界? 能否推出 $\lim\limits_{n\to\infty}(x_n-x_{n-1})$ 存在? 并说明理由.

例 1-1-9　设数列 $\{a_n\}$ 的一个子列收敛, 在何条件下能保证 $\{a_n\}$ 收敛?

1. 若 $a_n>0(n=1,2,\cdots)$, 且存在 $c>0$, 当 $m<n$ 时, 有 $a_n\leqslant ca_m$, 已知 $\{a_n\}$ 存在子列 $a_{n_k}\to 0(k\to\infty)$, 则 $\lim\limits_{n\to\infty}a_n=0$.

解　因为 $a_{n_k}\to 0$, 所以 $\forall\varepsilon>0,\exists K$, 当 $k>K$ 时, 有

$$a_{n_k}<\frac{\varepsilon}{c}.$$

令 $N=n_{K+1}$, 当 $n>N$ 时, 有

$$|a_n-0|=a_n\leqslant ca_{n_{K+1}}<c\frac{\varepsilon}{c}=\varepsilon,$$

即

$$\lim_{n\to\infty}a_n=0.\quad ■$$

注　若 $a_n>0$, 且 $a_n\leqslant\alpha a_{n-1}(0<\alpha<1)$, 则 $\lim\limits_{n\to\infty}a_n=0$.

2. 设数列 $\{a_n\}$ 有一个子列 $\{a_{n_k}\}$ 收敛, 且 $\{a_{n_k}\}\cap\{a_{2n}\}$ 及 $\{a_{n_k}\}\cap\{a_{2n+1}\}$ 都有无穷多个元素, 而 $\{a_{2n}\},\{a_{2n+1}\}$ 都为单调数列, 问 $\{a_n\}$ 是否收敛? 为什么?

解　收敛. 由于 $\lim\limits_{k\to\infty}a_{n_k}=l$, $\{a_{n_k}\}\cap\{a_{2n}\}$ 与 $\{a_{n_k}\}\cap\{a_{2n+1}\}$ 都有无穷多个元素, 故而 $\{a_{2n}\},\{a_{2n+1}\}$ 均有收敛的子列. 再由 $\{a_{2n}\}$ 和 $\{a_{2n+1}\}$ 都是单调数列. 所以 $\{a_{2n}\}$ 收敛于 l, 同理 $\{a_{2n+2}\}$ 收敛于 l, 故 $\lim\limits_{k\to\infty}a_n=l$.　■

3. 若数列 $\{a_n\}$ 为单调数列, 且存在一个子列收敛, 则 $\{a_n\}$ 收敛.

证 (方法一)　(单调有界原理) 不妨设 $\{a_n\}$ 是单调递增数列, $\{a_{n_k}\}$ 是其收敛子列, 因此 $\{a_{n_k}\}$ 有界, 即存在 $M>0$, 使得 $a_{n_k}\leqslant M,k=1,2,\cdots$. 对单调增加数列 $\{a_n\}$ 中的任一项 a_m 必有 $a_m\leqslant a_{m_k}\leqslant M$, 即 $\{a_n\}$ 单调增加有上界, 从而收敛.　■

(方法二) (数列收敛定义) 设 $\{a_{n_k}\}$ 为 $\{a_n\}$ 的收敛子列, 设 $\lim\limits_{k\to\infty} a_{n_k}=a$, 所以 $\forall\varepsilon>0,\exists K>0$, 当 $k>K$ 时有 $|a_{n_k}-a|<\varepsilon$, 即 $a-\varepsilon<a_{n_k}<a+\varepsilon$.

由于数列 $\{a_n\}$ 单调增加, 当 $n>n_K$ 时的任一项 a_n, 必有子列 $\{a_{n_k}\}(k>K)$ 中的两项 $a_{n_{k_0}},a_{n_{k_0+1}}$ 使得 $a_{n_{k_0}}\leqslant a_n\leqslant a_{n_{k_0+1}}$, 故 $a_{n_{k_0}}\leqslant a_n\leqslant a_{n_{k_0+1}}$, 即 $a-\varepsilon\leqslant a_n\leqslant a+\varepsilon$, 从而 $|a_n-a|<\varepsilon$. ■

例 1-1-10　判断极限 $\lim\limits_{n\to\infty}\sin n$ 是否存在? 并说明理由.

解　(解一) 取 $n_k=\left[2k\pi+\dfrac{3}{4}\pi\right]$, $m_k=\left[(2k+1)\pi+\dfrac{3}{4}\pi\right]$. 注意到 $x-1<[x]\leqslant x$, 有

$$2k\pi+\frac{1}{4}\pi<2k\pi+\frac{3}{4}\pi-1<n_k\leqslant 2k\pi+\frac{3}{4}\pi,$$
$$2k\pi+\frac{5}{4}\pi<(2k+1)\pi+\frac{3}{4}\pi-1<m_k\leqslant 2k\pi+\frac{7}{4}\pi,$$

因此

$$\sin n_k>\frac{\sqrt{2}}{2},\quad \sin m_k<-\frac{\sqrt{2}}{2},$$

所以 $\lim\limits_{n\to\infty}\sin n$ 不存在.

(解二) 假设 $\lim\limits_{n\to\infty}\sin n=a$, 则 $\lim\limits_{n\to\infty}\sin(n+2)=a$, 因此

$$0=\lim_{n\to\infty}[\sin(n+2)-\sin n]=2\sin 1\lim_{n\to\infty}\cos(n+1).$$

从而

$$\lim_{n\to\infty}\cos n=\lim_{n\to\infty}\cos(n+1)=0,$$
$$a=\lim_{n\to\infty}\sin 2n=2\lim_{n\to\infty}(\sin n\cdot\cos n)=0.$$

这与 $\sin^2 n+\cos^2 n=1$ 矛盾.

(解三) 不收敛. $\exists\varepsilon_0=1>0$, 对 $\forall N>0$, $\exists m=\left[(2N+1)\pi+\dfrac{3}{4}\pi\right]$, $n=\left[2N\pi+\dfrac{3}{4}\pi\right]$, 则 $m>n>N$, 但

$$|\sin m-\sin n|>\sqrt{2}>\varepsilon_0.\quad ■$$

例 1-1-11　设 $a_n\neq 0\,(n=1,2,\cdots)$ 满足 $\lim\limits_{n\to\infty}a_n=0$, 定义 $P=\{ka_i|k\in\mathbb{Z},i\in\mathbb{N}\}$, 求证: $\forall b\in\mathbb{Z},\exists b_k\in P$ 使得 $\lim\limits_{k\to\infty}b_k=b$.

解　由于 $x-1<[x]\leqslant x$, 其中 $[x]$ 表示不超过 x 的最大整数. 令

$$b_k=\left[\frac{b}{a_k}\right]a_k,$$

则

$$b-a_k=\left(\frac{b}{a_k}-1\right)a_k<\left[\frac{b}{a_k}\right]a_k\leqslant\frac{b}{a_k}a_k=b,$$

或

$$b=\frac{b}{a_k}a_k\leqslant\left[\frac{b}{a_k}\right]a_k<\left(\frac{b}{a_k}-1\right)a_k=b-a_k,$$

由两边夹定理及 $\lim\limits_{k\to\infty} a_k = 0$ 得 $\lim\limits_{k\to\infty} b_k = b$. ■

练习 (1) 求 $\lim\limits_{n\to\infty} \sqrt[n]{n+1} = 1$.

提示 可以用定义, 或者令 $x_n = \dfrac{n+1}{n}$, 然后用几何平均收敛定理.

(2) 已知 $\lim\limits_{n\to\infty} x_n = a$, 求证 $\lim\limits_{n\to\infty} \sqrt[3]{x_n} = \sqrt[3]{a}$.

提示 分 $a=0, a\neq 0$ 两种情况用定义证明.

(3) 设 $x_n > 0(n=1,2,\cdots)$ 及 $\lim\limits_{n\to\infty} x_n = a$, 用 ε-N 语言证明 $\lim\limits_{n\to\infty} \sqrt{x_n} = \sqrt{a}$.

提示 分 $a=0, a\neq 0$ 两种情况用定义证明.

例 1-1-12 解答下列问题.

1. 若数列 $\{a_n\}$ 收敛于 a, 且 $\sum\limits_{k=1}^{\infty} p_k = +\infty$, $p_k \geqslant 0(k=1,2,\cdots)$. 极限

$$\lim_{n\to\infty} \frac{\sum\limits_{k=1}^{n} p_k a_k}{\sum\limits_{k=1}^{n} p_k}$$

是否存在? 并说明理由.

解 由 Stolz 公式得

$$\lim_{n\to\infty} \frac{\sum\limits_{k=1}^{n} p_k a_k}{\sum\limits_{k=1}^{n} p_k} = a. \quad ■$$

2. 设 $\lim\limits_{n\to\infty} a_n = a$, 极限 $\lim\limits_{n\to\infty} \dfrac{a_1+2a_2+\cdots+na_n}{n^2}$ 是否存在? 并说明理由.

解 令 $x_n = a_1+2a_2+\cdots+na_n, y_n = n^2$. 由 Stolz 公式得

$$\lim_{n\to\infty} \frac{a_1+2a_2+\cdots+na_n}{n^2} = \lim_{n\to\infty} \frac{na_n}{2n-1} = \frac{a}{2}. \quad ■$$

例 1-1-13 解答下列问题.

设 $S_n = \sum\limits_{k=1}^{n} a_k$ 收敛, $\{p_n\}$ 为单调递增正数列, 且 $p_n \to \infty(n\to\infty)$. 极限

$$\lim_{n\to\infty} \frac{p_1a_1+p_2a_2+\cdots+p_na_n}{p_n}$$

是否存在? 并说明理由.

解 (解一) 令 $S = \sum\limits_{n=1}^{\infty} a_n$, 由于 $\sum\limits_{n=1}^{\infty} a_n$ 收敛, 故

$$\lim_{n\to\infty} S_n = S,$$

$$\begin{aligned}\frac{p_1a_1+\cdots+p_na_n}{p_n} &= \frac{p_1a_1+p_2(S_2-S_1)+\cdots+p_n(S_n-S_{n-1})}{p_n} \\ &= \frac{S_1(p_1-p_2)+S_2(p_2-p_3)+\cdots+S_{n-1}(p_{n-1}-p_n)}{p_n} + S_n \longrightarrow 0,\end{aligned}$$

这是因为, 由 Stolz 公式, 上式右边第一项的极限为

$$\lim_{n\to\infty}\frac{S_{n-1}(p_{n-1}-p_n)}{p_n-p_{n-1}}=\lim_{n\to\infty}(-S_{n-1})=-S.$$

(解二) 记 $S=\sum\limits_{n=1}^{\infty}a_n, S_n=\sum\limits_{k=1}^{n}a_k$, 故 $\lim\limits_{n\to\infty}S_n=S$.

由 Abel 变换

$$\sum_{k=1}^{n}p_ka_k=p_nS_n-\sum_{k=1}^{n-1}(p_{k+1}-p_k)S_k,$$

故

$$\lim_{n\to\infty}\frac{\sum\limits_{k=1}^{n}p_ka_k}{p_n}=\lim_{n\to\infty}\left(S_n-\frac{(p_2-p_1)S_1+(p_3-p_2)S_2+\cdots+(p_n-p_{n-1})S_{n-1}}{p_n}\right)=0,$$

这是因为, 由 Stolz 公式

$$\lim_{n\to\infty}\frac{(p_2-p_1)S_1+(p_3-p_2)S_2+\cdots+(p_n-p_{n-1})S_{n-1}}{p_n}=\lim_{n\to\infty}\frac{S_{n-1}(p_n-p_{n-1})}{p_n-p_{n-1}}$$
$$=\lim_{n\to\infty}S_{n-1}=S.\ ■$$

注 Abel 变换在分析中所起的作用和第二积分中值定理相同. 第二积分中值定理的重要作用是用来证明广义积分的 Abel 判别法和 Dirichlet 判别法, 因此 Abel 变换的重要作用是用来证明级数的 Abel 判别法和 Dirichlet 判别法. 此题若直接应用 Stolz 公式不能达到预期结果.

例 1-1-14 设 $0<\lambda<1$, $\lim\limits_{n\to\infty}a_n=a$, 求 $\lim\limits_{n\to\infty}(a_n+\lambda a_{n-1}+\cdots+\lambda^na_0)$.

解 (解一) 记 $k=\dfrac{1}{\lambda}$. 则

$$\lim_{n\to\infty}(a_n+\lambda a_{n-1}+\cdots+\lambda^na_0)=\lim_{n\to\infty}\frac{k^na_n+k^{n-1}a_{n-1}+\cdots+k^0a_0}{k^n}$$
$$\xlongequal{\text{Stolz 公式}}\lim_{n\to\infty}\frac{k^na_n}{k^{n-1}(k-1)}=\frac{a}{1-\lambda}.$$

(解二) 用定义 (详细过程略). ■

练习 (1) 设 $\sum\limits_{k=1}^{\infty}a_k$ 收敛, 证明 $\lim\limits_{n\to\infty}\dfrac{a_1+2a_2+\cdots+na_n}{n}=0$.

(2) 设正项级数 $\sum\limits_{k=1}^{\infty}a_k$ 收敛, 求 $\lim\limits_{n\to\infty}(n!a_1a_2\cdots a_n)^{\frac{1}{n}}=0$.

(3) 设 $\lim\limits_{n\to\infty}x_n=a$.

(i) 若 a 为有限数, 证明 $\lim\limits_{n\to\infty}\dfrac{x_1+2x_2+\cdots+nx_n}{n(n+1)}=\dfrac{a}{2}$;

(ii) 若 a 为 $+\infty$, 证明 $\lim\limits_{n\to\infty}\dfrac{x_1+2x_2+\cdots+nx_n}{n(n+1)}=+\infty$.

例 1-1-15 判断真伪.

1. 对数列 $\{a_n\}$ 和 $S_n=\sum\limits_{k=1}^{n}a_k$, 若 $\{S_n\}$ 有界, 则 $\{a_n\}$ 是有界数列.

分析 若 $|S_n|<M$, 则 $|a_n|=|S_n-S_{n-1}|\leqslant 2M$, 故命题正确. ■

2. 数列 $\{a_n\}$ 存在极限 $\lim\limits_{n\to\infty}a_n=a$ (有限) $\Leftrightarrow$ 任意自然数 p 有 $\lim\limits_{n\to\infty}|a_{n+p}-a_n|=0$.

分析 如:$a_n=\sqrt{n}$, $|a_{n+p}-a_n|=\dfrac{p}{\sqrt{n+p}-\sqrt{n}}\to 0(n\to\infty)$, 但 $\lim\limits_{n\to\infty}a_n$ 不存在, 故命题错误. ■

思考 (1) 若数列 $\{x_n\}$ 满足 $\lim\limits_{n\to\infty}|x_{n+1}-x_n|=0$, 能否得到 $\{x_n\}$ 收敛?

(2) 若数列 $\{x_n\}$ 满足 $|x_{n+1}-x_n|<\dfrac{1}{2^n}$ 能否得到 $\{x_n\}$ 收敛?

例 1-1-16 解答下列问题.

1. 若 $\{a_n\}$ 为递增数列, $\{b_n\}$ 为递减数列, 且 $\lim\limits_{n\to\infty}(b_n-a_n)=0$, 证明: $\lim\limits_{n\to\infty}a_n$, $\lim\limits_{n\to\infty}b_n$ 均存在而且相等.

解 (解一) 对闭区间列 $\{[a_n,b_n]\}$ 应用闭区间套定理知存在唯一 $\xi\in[a_n,b_n], n=1,2,\cdots$ 使得

$$\lim_{n\to\infty}a_n=\lim_{n\to\infty}b_n=\xi.$$

(解二) 由于 $\lim\limits_{n\to\infty}(b_n-a_n)=0$, 对 $\varepsilon=1, \exists N>0$, 当 $n>N$ 时有 $|b_n-a_n|<1$, 即 $-1<a_n-b_n<1$. 再由 $\{a_n\}$, $\{b_n\}$ 分别为递增数列与递减数列得

$$a_n<b_n+1<b_1+1,\quad b_n>a_n-1>a_1-1,$$

即 $\{a_n\}$ 递增有上界, $\{b_n\}$ 递减有下界, 故 $\lim\limits_{n\to\infty}a_n$, $\lim\limits_{n\to\infty}b_n$ 均存在, 再由 $\lim\limits_{n\to\infty}(b_n-a_n)=0$ 知 $\lim\limits_{n\to\infty}a_n=\lim\limits_{n\to\infty}b_n$. ■

2. 设 $f(x)$ 是 $[1,+\infty)$ 上的正的递减连续函数, 且 $d_n=\sum\limits_{k=1}^{n}f(k)-\int_1^n f(x)\mathrm{d}x$. 证明数列 $\{d_n\}$ 收敛.

解 因为 $f(x)$ 递减且连续, 由积分中值定理得

$$\begin{aligned}d_{n+1}-d_n&=\left[\sum_{k=1}^{n+1}f(k)-\int_1^{n+1}f(x)\mathrm{d}x\right]-\left[\sum_{k=1}^{n}f(k)-\int_1^{n}f(x)\mathrm{d}x\right]\\&=f(n+1)-\int_n^{n+1}f(x)\mathrm{d}x=f(n+1)-f(\xi)\leqslant 0,\quad \xi\in(n,n+1),\end{aligned}$$

即 $\{d_n\}$ 单调递减.

又因为

$$\begin{aligned}d_n&=f(1)+f(2)+\cdots+f(n)-\left[\int_1^2 f(x)\mathrm{d}x+\cdots+\int_{n-1}^{n}f(x)\mathrm{d}x\right]\\&=\left(f(1)-\int_1^2 f(x)\mathrm{d}x\right)+\cdots+\left(f(n-1)-\int_{n-1}^{n}f(x)\mathrm{d}x\right)+f(n)>0.\end{aligned}$$

所以 $\{d_n\}$ 单调递减且有下界, 故 $\{d_n\}$ 收敛. ■

注 如果负的 $f(x)$ 递增连续, 也可以得到 $\{d_n\}$ 收敛.

3. 设 $a_n=\frac{1}{2\ln 2}+\frac{1}{3\ln 3}+\cdots+\frac{1}{n\ln n}-\ln\ln n$. 证明 $\{a_n\}$ 收敛.

解 (解一) 记 $a_n=\sum_{k=2}^{n}\frac{1}{k\ln k}-\ln\ln n$. 由于

$$\begin{aligned}a_{n+1}-a_n&=\frac{1}{(n+1)\ln(n+1)}-[\ln\ln(n+1)-\ln\ln n]\\&=\frac{1}{(n+1)\ln(n+1)}-\int_n^{n+1}\frac{1}{x\ln x}\mathrm{d}x\\&<\frac{1}{(n+1)\ln(n+1)}-\int_n^{n+1}\frac{1}{(n+1)\ln(n+1)}\mathrm{d}x=0.\end{aligned}\tag{1}$$

因为 $f(x)=\frac{1}{x\ln x}$ 在 $(1,+\infty)$ 上非负且单调递减, 故

$$\ln\ln n-\ln\ln 2=\int_2^n\frac{1}{x\ln x}\mathrm{d}x<\int_2^{n+1}\frac{1}{x\ln x}\mathrm{d}x<\sum_{k=2}^{n}\frac{1}{k\ln k},$$

即

$$a_n=\sum_{k=2}^{n}\frac{1}{k\ln k}-\ln\ln n>-\ln\ln 2.\tag{2}$$

由 (1),(2) 知 $\{a_n\}$ 单调递减且有下界, 故 $\lim_{n\to\infty}\left[\sum_{n=2}^{n}\frac{1}{k\ln k}-\ln\ln n\right]$ 存在且有限.

(解二) 令 $a_1=0$, 记 $a_n=\sum_{k=2}^{n}\frac{1}{k\ln k}-\ln\ln n, n\geqslant 2$. 则

$$a_n=\sum_{n=2}^{n}(a_k-a_{k-1}).\tag{3}$$

当 $n\geqslant 3$ 时, 由于

$$\begin{aligned}a_k-a_{k-1}&=\frac{1}{k\ln k}-[\ln\ln k-\ln\ln(k-1)]=\frac{1}{k\ln k}-\int_{k-1}^{k}\frac{1}{x\ln x}\mathrm{d}x\\&<\frac{1}{k\ln k}-\int_{k-1}^{k}\frac{1}{k\ln k}\mathrm{d}x=0,\end{aligned}$$

故当 $k\geqslant 3$ 时

$$\begin{aligned}0<|a_k-a_{k-1}|=a_{k-1}-a_k&=-\frac{1}{k\ln k}-[\ln\ln(k-1)-\ln\ln k]\\&=-\frac{1}{k\ln k}+\int_{k-1}^{k}\frac{1}{x\ln x}\mathrm{d}x<-\frac{1}{k\ln k}+\frac{1}{(k-1)\ln(k-1)}.\end{aligned}$$

而 $\sum_{n=2}^{\infty}\left(-\frac{1}{k\ln k}+\frac{1}{(k-1)\ln(k-1)}\right)$ 收敛, 由比较判别法知 $\sum_{n=2}^{\infty}(a_{k-1}-a_k)$ 绝对收敛, 由 (3) 及级数收敛定义知结论成立. ■

4. 设 $x_n = 1 + \frac{1}{\sqrt{2}} + \cdots + \frac{1}{\sqrt{n}} - 2\sqrt{n}$. 证明 $\lim\limits_{n\to\infty} x_n$ 存在.

解　(解一) 记 $x_0 = 0$, 则 $x_n = \sum\limits_{k=1}^{n}(x_k - x_{k-1})$, 而

$$x_k - x_{k-1} = \frac{1}{\sqrt{k}} - 2(\sqrt{k} - \sqrt{k-1}) = -\frac{1}{\sqrt{k}(\sqrt{k}+\sqrt{k-1})^2} = O\left(\frac{1}{k^{\frac{3}{2}}}\right). \tag{1}$$

而 $\sum\limits_{k=1}^{\infty} \frac{1}{k^{\frac{3}{2}}}$ 收敛, 由级数收敛定义知 $\lim\limits_{n\to\infty} x_n$ 存在.

(解二) 由 (1) 知 $\{x_n\}$ 单调递减, 且

$$2\sqrt{n} - 2 = \int_1^n \frac{1}{\sqrt{x}}\mathrm{d}x < \int_1^{n+1} \frac{1}{\sqrt{x}}\mathrm{d}x \leqslant \sum_{k=1}^{n} \frac{1}{\sqrt{k}} \Longrightarrow \sum_{k=1}^{n} \frac{1}{\sqrt{k}} - 2\sqrt{n} > -2,$$

即 $\{x_n\}$ 单调递减有下界, 故 $\lim\limits_{n\to\infty} x_n$ 存在. ■

5. 设 $s_1 = \ln a$, $a > 0$, $s_n = \sum\limits_{k=1}^{n-1} \ln(a - s_k)$, $n = 2, 3, \cdots$, 极限 $\lim\limits_{n\to\infty} s_n$ 是否存在? 若存在求极限, 若不存在说明理由.

解　由于 $\ln(1+x) \leqslant x$, $x \in (-1, +\infty)$, 因此 $\ln x \leqslant x - 1\,(x > 0)$, 即 $x - \ln x \geqslant 1\,(x > 0)$, 从而 $k = 1$ 时, $a - s_1 = a - \ln a > 0$; 假设 $k \leqslant n$ 时, $a - s_k > 0$, 则 $s_{n+1} - s_n = \ln(a - s_n) \leqslant a - s_n - 1 \Longrightarrow s_{n+1} \leqslant a - 1$, 即 $\{s_n\}$ 有上界.

而 $s_{n+1} - s_n = \ln(a - s_n) \geqslant \ln(a - (a-1)) = 0$, 即 $\{s_n\}$ 单调递增. 故 $\lim\limits_{n\to\infty} s_n$ 存在, 对 $s_{n+1} - s_n = \ln(a - s_n)$ 两边求极限得 $\lim\limits_{n\to\infty} s_n = a - 1$. ■

6. 设 $x_n = \frac{\sin 1}{2} + \frac{\sin 2}{2^2} + \cdots + \frac{\sin n}{2^n}$, 判断 $\{x_n\}$ 是否收敛.

解　(解一) $\forall \varepsilon > 0$, $\exists N > 0$, 当 $n \geqslant N$ 时有 $\frac{1}{2^n} < \varepsilon$, 因此当 $n \geqslant N$ 时, 对 $\forall p \in \mathbb{N}$ 有

$$\begin{aligned}\left|\frac{\sin(n+1)}{2^{n+1}} + \frac{\sin(n+2)}{2^{n+2}} + \cdots + \frac{\sin(n+p)}{2^{n+p}}\right| &\leqslant \left(\frac{1}{2^{n+1}} + \frac{1}{2^{n+2}} + \cdots + \frac{1}{2^{n+p}}\right) \\ &< \frac{1}{2^n} < \varepsilon.\end{aligned}$$

由 Cauchy 收敛准则知 $\{x_n\}$ 收敛.

(解二) 由于 $\left|\frac{\sin n}{2^n}\right| \leqslant \frac{1}{2^n}$, 而级数 $\sum\limits_{n=1}^{\infty} \frac{1}{2^n}$ 收敛, 因此 $\sum\limits_{n=1}^{\infty} \frac{\sin n}{2^n}$ 绝对收敛, 从而收敛. 由级数收敛的定义知 $\{x_n\}$ 收敛.

(解三) 由于 $\sum\limits_{k=1}^{k} \sin k$ 有界, 且 $\left\{\frac{1}{2^n}\right\}$ 单调递减且收敛于零, 由级数收敛的 Dirichlet 判别法知级数 $\sum\limits_{n=1}^{\infty} \frac{\sin n}{2^n}$ 收敛. 由级数收敛的定义知 $\{x_n\}$ 收敛. ■

注　只要 $\{a_n\}$ 单调递减收敛零, 就可以断定 $x_n = a_1 \sin 1 + a_2 \sin 2 + \cdots + a_n \sin n$ 收敛.

7. 设数列 $x_n = 1 + \frac{1}{2^\alpha} + \cdots + \frac{1}{n^\alpha}$, 判断 $\{x_n\}$ 是否收敛.

解　(1) 当 $\alpha \leqslant 1$ 时, 由积分判别法知级数 $\sum_{n=1}^{\infty}\frac{1}{n^{\alpha}}$ 发散, 而 x_n 为级数的前 n 项和, 因此 $\{x_n\}$ 发散.

(2) 当 $\alpha > 1$ 时, $\{x_n\}$ 收敛.

(解一) 显然 $\{x_n\}$ 为单调递增数列. 下面考察 $\{x_n\}$ 的有界性, 当 $n \geqslant 2$ 时

$$\begin{aligned}x_{2n} &= \left(1+\frac{1}{3^{\alpha}}+\cdots+\frac{1}{(2n-1)^{\alpha}}\right)+\left(\frac{1}{2^{\alpha}}+\cdots+\frac{1}{(2n)^{\alpha}}\right)\\&< \left(1+\frac{1}{3^{\alpha}}+\cdots+\frac{1}{(2n+1)^{\alpha}}\right)+\left(\frac{1}{2^{\alpha}}+\cdots+\frac{1}{(2n)^{\alpha}}\right)\\&< 1+2\left(\frac{1}{2^{\alpha}}+\cdots+\frac{1}{(2n)^{\alpha}}\right)=1+2\frac{x_n}{2^{\alpha}}=1+\frac{x_n}{2^{\alpha-1}}.\end{aligned}$$

由于 $x_n < x_{2n}$, 因此有

$$x_n < \frac{1}{1-\dfrac{1}{2^{\alpha-1}}},$$

即 $\{x_n\}$ 为有界数列, 由单调有界定理知 $\{x_n\}$ 收敛.

(解二) 由积分判别法知级数 $\sum_{n=1}^{\infty}\frac{1}{n^{\alpha}}$ 收敛, 而 x_n 为级数的前 n 项和, 因此 $\{x_n\}$ 收敛.

(解三) 由积分判别法知级数 $\sum_{n=1}^{\infty}\frac{1}{n^{\alpha}}$ 收敛, 由级数收敛的 Cauchy 收敛准则知 $\forall\varepsilon > 0, \exists N > 0$, 当 $n > N$ 时, 对 $\forall p \in \mathbb{N}^{+}$ 有

$$\left|\frac{1}{(n+1)^{\alpha}}+\frac{1}{(n+2)^{\alpha}}+\cdots+\frac{1}{(n+p)^{\alpha}}\right| < \varepsilon,$$

即

$$|x_{n+p}-x_n| < \varepsilon,$$

由数列的 Cauchy 收敛准则知 $\{x_n\}$ 收敛. ■

8. 设数列 $\{x_n\}$ 满足条件 $|x_n-x_{n-1}|+|x_{n-1}-x_{n-2}|+\cdots+|x_2-x_1| \leqslant M(n=2,3,\cdots)$, 称数列 $\{x_n\}$ 为有界变差数列, 试证明任意有界变差数列一定收敛.

解　(解一) 令 $y_1=0, y_n=|x_n-x_{n-1}|+\cdots+|x_2-x_1|, n=2,3,\cdots$. 则数列 $\{y_n\}$ 单调上升数列, 且 $\{y_n\}$ 有界, 所以数列 $\{y_n\}$ 收敛. 所以 $\forall\varepsilon>0, \exists N$, 当 $n>m>N$ 时, 有

$$|y_n-y_m| < \varepsilon,$$

即

$$|x_n-x_{n-1}|+|x_{n-1}-x_{n-2}|+\cdots+|x_{m+1}-x_m| < \varepsilon,$$

从而

$$|x_n-x_m| \leqslant |x_n-x_{n-1}|+|x_{n-1}-x_{n-2}|+\cdots+|x_{m+1}-x_m| < \varepsilon.$$

由 Cauchy 收敛准则知数列 $\{x_n\}$ 收敛.

(解二) 由条件知级数 $\sum\limits_{i=1}^{\infty}|x_{i+1}-x_i|$ 收敛, 所以 $\sum\limits_{i=1}^{\infty}(x_{i+1}-x_i)$ 收敛, 由级数收敛定义可知 $\{x_n-x_1\}$ 收敛, 即得 $\{x_n\}$ 收敛. ■

注　在实变函数中已经知道有界变差函数一定是可积函数; 有界变差数列得到的级数 $\sum\limits_{i=1}^{\infty}(x_{i+1}-x_i)$ 收敛.

9. 若数列 $\{x_n\}$ 满足 $|x_n-x_{n-1}|\leqslant r|x_{n-1}-x_{n-2}|, n=3,4,\cdots(0<r<1)$, 则称它为压缩数列. 试证任意压缩数列一定收敛.

解　(解一) 由条件可得

$$|x_n-x_{n-1}|\leqslant r|x_{n-1}-x_{n-2}|\leqslant\cdots\leqslant r^{n-2}|x_2-x_1|,$$

所以

$$\begin{aligned}|x_n-x_{n-1}|+|x_{n-1}-x_{n-2}|+\cdots+|x_2-x_1|&\leqslant(r^{n-2}+r^{n-3}+\cdots+1)|x_2-x_1|\\&<\frac{|x_2-x_1|}{1-r}=M,\end{aligned}$$

即数列 $\{x_n\}$ 为有界变差数列, 由上题知 $\{x_n\}$ 收敛.

(解二) 由级数收敛的比值判别法知 $\sum\limits_{n=1}^{\infty}|x_{n+1}-x_n|$ 收敛, 所以 $\sum\limits_{n=1}^{\infty}(x_{n+1}-x_n)$ 收敛, 由级数收敛定义可知 $\{x_n-x_1\}$ 收敛, 即得 $\{x_n\}$ 收敛. ■

练习　设 $x_n=\sum\limits_{k=1}^{n}\frac{1}{k}-\ln n$, 证明 $\lim\limits_{n\to\infty}x_n$ 存在.

例 1-1-17　解答下列问题.

1. 设 $u_1=3, u_n=3+\dfrac{4}{u_{n-1}}, n=2,3,\cdots$, 判断数列 $\{u_n\}$ 是否收敛? 若收敛求出极限值, 若不收敛说明理由.

解　(解一) 由条件可知 $u_n>3$, 所以

$$|u_{n+1}-u_n|=\left|3+\frac{4}{u_n}-\left(3+\frac{4}{u_{n-1}}\right)\right|=\frac{4|u_n-u_{n-1}|}{u_nu_{n-1}}\leqslant\frac{4}{9}|u_n-u_{n-1}|,$$

所以 $\{u_n\}$ 是压缩数列, 故级数 $\sum\limits_{n=1}^{\infty}|u_{n+1}-u_n|$ 收敛, 所以 $\sum\limits_{n=1}^{\infty}(u_{n+1}-u_n)$ 收敛, 由级数收敛定义可知 $\{u_n-u_1\}$ 收敛, 即得 $\{u_n\}$ 收敛, 记 $\lim\limits_{n\to\infty}u_n=a$. 对 $u_n=3+\dfrac{4}{u_{n-1}}$ 的两边求极限得 $a=3+\dfrac{4}{a}$, 即 $a=4, a=-1$(舍), 所以 $\lim\limits_{n\to\infty}u_n=4$.

(解二) 由 $u_n=3+\dfrac{4}{u_n}$ 知 $u_n\geqslant3$. 记 $f(x)=3+\dfrac{4}{x}$, 则 $f'(x)=-\dfrac{4}{x^2}$. 由 Lagrange 微分中值定理得

$$|u_{n+1}-u_n|=|f(u_n)-f(u_{n-1})|=\left|-\frac{4}{\xi^2}\right||u_n-u_{n-1}|\leqslant\frac{4}{9}|u_n-u_{n-1}|,$$

所以 $\{u_n\}$ 是压缩数列, 故 $\{u_n\}$ 收敛, 记 $\lim\limits_{n\to\infty} u_n = a$. 对 $u_n = 3+\dfrac{4}{u_{n-1}}$ 的两边求极限得 $a=3+\dfrac{4}{a}$, 即 $a=4, a=-1$(舍), 所以 $\lim\limits_{n\to\infty} u_n = 4$. ■

注 由于 $u_{n+1}-u_n = -\dfrac{4}{u_n u_{n-1}}(u_n - u_{n-1})$, 因此数列 $\{u_n\}$ 非单调.

2. 设$f(x)=\dfrac{x+2}{x+1}$, 数列 $\{x_n\}$ 有如下的递推关系: $x_0=1, x_{n+1}=f(x_n)(n=0,1,\cdots)$, 求证 $\lim\limits_{n\to\infty} x_n=\sqrt{2}$.

解 由 $x_0=1, x_{n+1}=\dfrac{x_n+2}{x_n+1}=1+\dfrac{1}{x_n+1}\geqslant 1$, 且 $|f'(x)|=|-\dfrac{1}{(x+1)^2}|\leqslant\dfrac{1}{2}$ (当 $x\geqslant 1$), 所以

$$|x_{n+1}-x_n|=|f(x_n)-f(x_{n-1})|=|f'(\xi)||x_n-x_{n-1}|\leqslant\frac{1}{2}|x_n-x_{n-1}|,$$

即 $\{x_n\}$ 为压缩数列, 故级数 $\sum\limits_{n=1}^{\infty}|x_{n+1}-x_n|$ 收敛, 所以 $\sum\limits_{n=1}^{\infty}(x_{n+1}-x_n)$ 收敛, 由级数收敛定义可知 $\{x_n-x_1\}$ 收敛, 所以 $\{x_n\}$ 收敛. 对 $x_{n+1}=\dfrac{x_{n+2}}{x_{n+1}}$ 的两边取极限得 $l=\sqrt{2}$, 即 $\lim\limits_{n\to\infty} x_n=\sqrt{2}$. ■

注 数列 $\{x_n\}$ 非单调.

3. 设 $0<c<1, a_1=\dfrac{c}{2}, a_{n+1}=\dfrac{c}{2}+\dfrac{a_n^2}{2}$, 证明 $\{a_n\}$ 收敛并求其极限.

解 (解一) 显然 $0<a_1<c$, 假设 $0<a_n<c$, 则

$$a_{n+1}=\frac{c}{2}+\frac{a_n^2}{2}<\frac{c}{2}+\frac{c^2}{2}<c.$$

令 $f(x)=\dfrac{c}{2}+\dfrac{x^2}{2}$, 则 $f'(x)=x$, 所以

$$|a_{n+1}-a_n|=|f(a_n)-f(a_{n-1})|=|f'(\xi)||a_n-a_{n-1}|=\xi|a_n-a_{n-1}|,$$

其中 ξ 介于 a_n, a_{n-1} 之间, 由于 $0<c<1$, 且 $0<a_n<c$, 所以 $\{a_n\}$ 为压缩数列, 故级数 $\sum\limits_{n=0}^{\infty}|a_{n+1}-a_n|$ 收敛, 所以 $\sum\limits_{n=0}^{\infty}(a_{n+1}-a_n)$ 收敛, 由级数收敛定义可知 $\{a_n-a_0\}$ 收敛, 所以 $\{a_n\}$ 收敛. 对 $a_{n+1}=\dfrac{c}{2}+\dfrac{a_n^2}{2}$, 两边求极限可得 $l=1-\sqrt{1-c}$.

(解二) 由于

$$a_{n+1}-a_n=\frac{a_n^2}{2}-\frac{a_{n-1}^2}{2}=\frac{1}{2}(a_n+a_{n-1})(a_n-a_{n-1}),$$

且$a_n+a_{n-1}>0$, 因此 $a_{n+1}-a_n$ 与 a_2-a_1 同号, 而 $a_2>a_1$, 故 $\{a_n\}$ 单调递增. 由数学归纳法易证 $0<a_n<c$. 由单调有界定理知 $\{a_n\}$ 收敛, 对 $a_{n+1}=\dfrac{c}{2}+\dfrac{a_n^2}{2}$, 两边求极限可得 $l=1-\sqrt{1-c}$. ■

4. 设 $a \geqslant 0, x_1 = \sqrt{2+a}, x_{n+1} = \sqrt{2+x_n}, n = 1, 2, \cdots$. 证明极限 $\lim_{n\to\infty} x_n$ 存在, 并求其极限值.

解 (解一) 令$f(x) = \sqrt{2+x}, f'(x) = \dfrac{1}{2\sqrt{2+x}} \leqslant \dfrac{1}{2\sqrt{2}} < 1$, 所以 $\{x_n\}$ 为压缩数列, 故级数 $\sum_{n=1}^{\infty} |x_{n+1} - x_n|$ 收敛, 所以 $\sum_{n=1}^{\infty}(x_{n+1} - x_n)$ 收敛, 由级数收敛定义可知 $\{x_n - x_1\}$ 收敛, 故 $\lim_{n\to\infty} x_n$ 存在, 对 $x_{n+1} = \sqrt{2+x_n}$ 两边分别取极限得 $\lim_{n\to\infty} x_n = 2$.

(解二) 由于

$$x_{n+1} - x_n = \sqrt{2+x_n} - \sqrt{2+x_{n-1}} = \frac{x_n - x_{n-1}}{\sqrt{2+x_n} + \sqrt{2+x_{n-1}}},$$

且 $\sqrt{2+x_n} + \sqrt{2+x_{n-1}} > 0$, 因此 $x_{n+1} - x_n$ 与 $x_2 - x_1$ 同号, 故 $\{x_n\}$ 单调 (递增或递减决定于 $x_2 - x_1$ 的符号). 容易证明 $\{x_n\}$ 有界. 由单调有界定理知 $\{x_n\}$ 收敛, 对 $x_{n+1} = \sqrt{2+x_n}$ 两边分别取极限得 $\lim_{n\to\infty} x_n = 2$. ■

5. 设 $x_0 > 0, x_{n+1} = \dfrac{1}{2}\left(x_n + \dfrac{1}{x_n}\right)$. 证明 $\lim_{n\to\infty} x_n$ 存在并求此极限值.

解 (解一) 令 $f(x) = \dfrac{1}{2}\left(x + \dfrac{1}{x}\right)$, 则 $f'(x) = \left|\dfrac{1}{2} - \dfrac{1}{2x^2}\right| < \dfrac{1}{2}$ (由于 $x \geqslant 1$), 由微分中值定理可知 $\{x_n\}$ 为压缩数列, 故级数 $\sum_{n=0}^{\infty} |x_{n+1} - x_n|$ 收敛, 所以 $\sum_{n=0}^{\infty}(x_{n+1} - x_n)$ 收敛, 由级数收敛定义可知 $\{x_n - x_0\}$ 收敛, 故 $\lim_{n\to\infty} x_n$ 存在, 对 $x_{n+1} = \dfrac{1}{2}\left(x_n + \dfrac{1}{x_n}\right)$ 两边取极限得

$$\lim_{n\to\infty} x_n = 1.$$

(解二) 由条件 $x_n > 0 (n = 1, 2, \cdots)$, 有

$$x_{n+1} = \frac{1}{2}\left(x_n + \frac{1}{x_n}\right) \geqslant 1,$$

$$x_{n+1} - x_n = -\frac{1}{2}x_n + \frac{1}{2x_n} = \frac{1 - x_n^2}{2x_n} < 0,$$

所以数列 $\{x_n\}$ 单调递减有下界, 从而 $\lim_{n\to\infty} x_n$ 存在. 对 $x_{n+1} = \dfrac{1}{2}\left(x_n + \dfrac{1}{x_n}\right)$ 两边取极限得

$$\lim_{n\to\infty} x_n = 1. \quad ■$$

6. 设 $x_0 > 0, x_{n+1} = \dfrac{2(1+x_n)}{2+x_n} (n = 0, 1, \cdots)$, 证明数列 $\{x_n\}$ 收敛, 并求其极限值.

解 (解一) 因为 $x_0 > 0$, 所以 $x_n > 0 (n = 1, 2, \cdots)$, 令 $f(x) = \dfrac{2(1+x)}{2+x} (x > 0)$, 则

$$0 < f'(x) = \frac{2}{(2+x)^2} < \frac{1}{2},$$

所以

$$|x_{n+1} - x_n| = |f'(\xi)||x_n - x_{n-1}| \leqslant \frac{1}{2}|x_n - x_{n-1}|,$$

所以 $\{x_n\}$ 为压缩数列, $\sum\limits_{n=0}^{\infty}|x_{n+1}-x_n|$ 收敛, 所以 $\sum\limits_{n=0}^{\infty}(x_{n+1}-x_n)$ 收敛, 即 $S_n=\sum\limits_{k=0}^{n}(x_{k+1}-x_k)=x_{n+1}-x_0$ 收敛. 对递推式两边求极限得 $\lim\limits_{n\to\infty}x_n=\sqrt{2}$.

(解二) 由于

$$x_{n+1}-x_n=\frac{x_n}{2+x_n}-\frac{x_{n-1}}{2+x_{n-1}}=\frac{2}{(2+x_n)(2+x_{n-1})}(x_n-x_{n-1}),$$

且 $\frac{2}{(2+x_n)(2+x_{n-1})}>0$, 因此 $x_{n+1}-x_n$ 与 x_1-x_0 同号, 故 $\{x_n\}$ 单调 (递增或递减决定于 x_2-x_0 的符号). 容易证明 $0<x_n<2$. 由单调有界定理知 $\{x_n\}$ 收敛, 对递推式两边求极限得 $\lim\limits_{n\to\infty}x_n=\sqrt{2}$. ■

7. 对数列 $x_0=a,0<a<\frac{\pi}{2},x_n=\sin x_{n-1}(n=1,2,\cdots)$, 求证

(1) $\lim\limits_{n\to\infty}x_n=0$; (2) $\lim\limits_{n\to\infty}\sqrt{\frac{n}{3}}x_n=1$.

解　(1) 因为 $\sin x<x,x\in\left(0,\frac{\pi}{2}\right)$, 且 $0<a<\frac{\pi}{2}$, 故

$$0<x_n<\frac{\pi}{2}\quad(n=1,2,\cdots);\quad x_n=\sin x_{n-1}<x_{n-1}. \tag{1}$$

由 (1) 式知 $\{x_n\}$ 单调下降且有下界, 从而 $\lim\limits_{n\to\infty}x_n$ 存在. 设 $\lim\limits_{n\to\infty}x_n=l$, 对 $x_n=\sin x_{n-1}$ 两边求极限得 $l=\sin l\Longrightarrow l=0$.

(2) 要证 $\lim\limits_{n\to\infty}\sqrt{\frac{n}{3}}x_n=1$. 只要证 $\lim\limits_{n\to\infty}nx_n^2=3$. 事实上, 因为 $\lim\limits_{n\to\infty}x_n=0$, 所以 $\lim\limits_{n\to\infty}\frac{1}{x_n^2}=+\infty$, 由 Stolz 公式得

$$\lim_{n\to\infty}nx_n^2=\lim_{n\to\infty}\frac{n}{\frac{1}{x_n^2}}=\lim_{n\to\infty}\frac{1}{\frac{1}{x_n^2}-\frac{1}{x_{n-1}^2}}=\lim_{n\to\infty}\frac{1}{\frac{1}{\sin^2x_{n-1}}-\frac{1}{x_{n-1}^2}}=\lim_{n\to\infty}\frac{x_{n-1}^2\sin^2x_{n-1}}{x_{n-1}^2-\sin^2x_{n-1}}$$

$$=\lim_{u\to0}\frac{u^2\sin^2u}{u^2-\sin^2u}=\lim_{u\to0}\frac{u^2\left(u-\frac{u^3}{3!}+\frac{u^5}{5!}-\cdots\right)^2}{u^2-\left(u-\frac{u^3}{3!}+\frac{u^5}{5!}-\cdots\right)^2}=\lim_{u\to0}\frac{u^4+o(u^4)}{\frac{u^4}{3}+o(u^4)}=3,$$

故 $\lim\limits_{n\to\infty}\sqrt{\frac{n}{3}}x_n=1$. ■

注　此题说明 $x_n=O\left(\frac{1}{\sqrt{n}}\right)$, 从而 $\sum\limits_{n=1}^{\infty}x_n,\sum\limits_{n=1}^{\infty}\frac{x_n}{\sqrt{n}}$ 发散, $\sum\limits_{n=1}^{\infty}\frac{x_n}{n^{\frac{1}{2}+\delta}}(\forall\delta>0)$ 收敛.

思考　数列 $\{x_n\}$ 是否为压缩数列?

8. 设数列 $\{a_n\}$ 满足: $a_1=1,a_{n+1}=1+\frac{1}{a_n}$, 判定数列 $\{a_n\}$ 是否收敛? 若收敛求其极限, 若不收敛说明理由.

解　由于

$$a_{n+1}-a_n=\frac{1}{a_n}-\frac{1}{a_{n-1}}=\frac{1}{a_na_{n-1}}(a_{n-1}-a_n),$$

且 $a_na_{n-1}=a_{n-1}+1$, $a_n\geqslant 1$, 因此

$$|a_{n+1}-a_n|=\left|\frac{1}{a_na_{n-1}}(a_{n-1}-a_n)\right|\leqslant\frac{1}{2}|a_n-a_{n-1}|,$$

故 $\{a_n\}$ 为压缩数列, $\sum\limits_{n=1}^{\infty}|a_{n+1}-a_n|$ 收敛, 所以 $\sum\limits_{n=1}^{\infty}(a_{n+1}-a_n)$ 收敛, 即 $a_{n+1}-a_1$ 收敛. 对递推式两边求极限得 $\lim\limits_{n\to\infty}a_n=\dfrac{\sqrt{5}+1}{2}$. ■

9. 设 $f(x)$ 在 $(0,1)$ 内可微, 且满足 $|f'(x)|\leqslant M$. 证明 $\lim\limits_{n\to+\infty}f\left(\dfrac{1}{n}\right)$ 存在.

解 (解一) 令 $x_n=f\left(\dfrac{1}{n}\right)$, $\forall\varepsilon>0,\exists N>0$, 当 $n>N$ 时, 有 $\dfrac{1}{n}<\dfrac{\varepsilon}{M}$.

由 Cauchy 中值定理, $\forall p>0$,

$$|x_{n+p}-x_n|=\left|f\left(\frac{1}{n+p}\right)-f\left(\frac{1}{n}\right)\right|=\left|f'(\xi)\left(\frac{1}{n+p}-\frac{1}{n}\right)\right|\leqslant\frac{Mp}{n(p+n)}<\frac{M}{n}<\varepsilon,$$

由 Cauchy 收敛准则知 $\lim\limits_{n\to+\infty}f\left(\dfrac{1}{n}\right)$ 存在.

(解二) 因为 $|f'(x)|\leqslant M$, 由微分中值定理知 $f(x)$ 在 $(0,1)$ 上一致连续, 由 Cauchy 收敛准则知 $\lim\limits_{x\to 0}f(x)$ 存在, 再由 Heine 定理知 $\lim\limits_{n\to+\infty}f\left(\dfrac{1}{n}\right)$ 存在. ■

注 (1) 若 $f(x)$ 在 $(0,1)$ 内可微, 且 $f'(x)$ 有界, 则对 $(0,1)$ 中的任意 Cauchy 列 $\{t_n\}$ 的极限 $\lim\limits_{n\to\infty}f(t_n)$ 存在.

(2) 今后拿到一个由递推给出的数列除了利用单调有界一定有极限外, 很方便的方法就是证明数列是压缩数列.

练习 (1) 设 $f(x)$ 可微, 且 $|f'(x)|\leqslant r<1, r$ 是常数, 给定 x_0, 令 $x_n=f(x_{n-1})(n=1,2,\cdots)$. 证明数列 $\{x_n\}$ 收敛.

(2) 若 $f(x)$ 在 $\mathbb{R}$ 上可微, 且 $|f'(x)|\leqslant r<1$, 则存在 a 使得 $f(a)=a$.

(3) 设 $f(x)$ 在 $(-\infty,+\infty)$ 可微, 且 $|f'(x)|\leqslant q<1$, 任意取 x_0, 令 $x_n=f(x_{n-1})(n=1,2,\cdots)$. 证明 $\lim\limits_{n\to\infty}x_n=x^*$ 存在, 且 x^* 是方程 $x=f(x)$ 的根.

(4) 设 $x_0=2, x_{n+1}=\dfrac{1}{2}\left(x_n+\dfrac{2}{x_n}\right), n=0,1,2,\cdots$. 求 $\lim\limits_{n\to\infty}x_n$.

(5) 设 $x_1=\sqrt{2}$, $x_{n+1}=\dfrac{1}{2+x_n}\ (n=1,2,\cdots)$, 证明 $\{x_n\}$ 收敛, 并求其极限值.

(6) 设 $0<x_1<1, x_{n+1}=x_n(1-x_n), n=1,2,\cdots$. 证明 (i) $\lim\limits_{n\to\infty}x_n=0$; (ii) $\lim\limits_{n\to\infty}nx_n=1$.

例 1-1-18 解答下列问题.

1. 设 $a_{n+1}=a_n+a_n^{-1}(n>1), a_1=1$. 则 (1) $\lim\limits_{n\to\infty}a_n=+\infty$; (2) $\lim\limits_{n\to\infty}\sum\limits_{k=1}^{n}a_k^{-1}=+\infty$.

解 由条件知 $\{a_n\}$ 为单调递增数列.

(1) 若 $\{a_n\}$ 有界, 则 $\lim\limits_{n\to\infty}a_n=l$, 且 $l>0$, 对 $a_{n+1}=a_n+\dfrac{1}{a_n}$ 两边取极限得 $l=l+\dfrac{1}{l}$ 所以 $\dfrac{1}{l}=0$, 矛盾. 即 $\{a_n\}$ 无界, 又 $\{a_n\}$ 单调递增, 所以 $\lim\limits_{n\to\infty}a_n=+\infty$.

(2) 令 $S_n=\sum_{k=1}^{n}a_k^{-1}$, 则 $S_n=\frac{1}{a_1}+\frac{1}{a_2}+\cdots+\frac{1}{a_n}=(a_2-a_1)+(a_3-a_2)+\cdots+(a_{n+1}-a_n)=a_{n+1}-a_1$. 所以 $\sum_{n=1}^{\infty}a_n^{-1}=\lim_{n\to\infty}S_n=+\infty$. ■

2. 数列 $\{x_n\}:x_0=a,x_1=b,x_n=\frac{1}{2}(x_{n-1}+x_{n-2}),n\geqslant 2$. 求 $\lim_{n\to\infty}x_n$.

解　由于

$$x_n-x_{n-1}=\frac{1}{2}(x_{n-1}+x_{n-2})-x_{n-1}=-\frac{1}{2}(x_{n-1}-x_{n-2})\quad(n>1),$$

从而有

$$x_n-x_{n-1}=\left(-\frac{1}{2}\right)^{n-1}(x_1-x_0)=\left(-\frac{1}{2}\right)^{n-1}(b-a).$$

从而

$$\begin{aligned}x_n&=x_{n-1}+\left(-\frac{1}{2}\right)^{n-1}(b-a)=x_{n-2}+\left(-\frac{1}{2}\right)^{n-2}(b-a)+\left(-\frac{1}{2}\right)^{n-1}(b-a)=\cdots\\&=x_0+\left[1+\left(-\frac{1}{2}\right)^{1}+\cdots+\left(-\frac{1}{2}\right)^{n-1}\right](b-a).\end{aligned}$$

因此

$$\lim_{n\to\infty}x_n=\frac{1}{3}(a+2b).\quad ■$$

注　利用对递推关系两边求极限得不到所求的极限, 此题就是将递推关系改造后叠加求极限; 由 $x_n-x_{n-1}=-\frac{1}{2}(x_{n-1}-x_{n-2})=\left(-\frac{1}{2}\right)^{n-1}(b-a)$ 可得数列 $\{x_n\}$ 为压缩数列, 从而收敛, 但由递推关系式并不能求得极限值.

3. 讨论由 $x_1=a,x_n=px_{n-1}+q(p>0)$ 所定义的数列的收敛性.

解　记 $x_n=f(x_{n-1})$, 其中 $f(x)=px+q$. 由于 $f'(x)=p$, 因此当 $0<p<1$ 时, 数列 $\{x_n\}$ 为压缩数列, 从而 $\{x_n\}$ 收敛. 对递推关系两边求极限得 $\lim_{n\to\infty}x_n=\frac{q}{1-p}$.

下面讨论 p,q 其他情况时, 数列 $\{x_n\}$ 的敛散性. 由于

$$\begin{aligned}x_n&=px_{n-1}+q=p(px_{n-2}+q)+q=p^2(px_{n-3}+q)+pq+q=\cdots\\&=p^{n-1}x_1+p^{n-2}q+\cdots+pq+q=p^{n-1}x_1+q(1+p+p^2+\cdots+p^{n-2})\\&=\begin{cases}p^{n-1}x_1+q\dfrac{1-p^{n-1}}{1-p}, & p\neq 1,\\ x_1+(n-1)q, & p=1.\end{cases}\end{aligned}\tag{1}$$

故由 (1) 式知

(1) 当 $p=1,\ q\neq 0$ 时, $\{x_n\}$ 不收敛.

(2) 当 $p=1,\ q=0$ 时, $\lim_{n\to\infty}x_n=a$.

(3) 当 $p>1$ 时,

(a) 若 $a=0, q=0$ 时, $\lim\limits_{n\to\infty} x_n=0$;

(b) 若 $a=0, q\neq 0$ 时, $\{x_n\}$ 不收敛;

(c) 若 $a\neq 0, q=0$ 时, $\{x_n\}$ 不收敛;

(d) 若 $a\neq 0, q\neq 0$, 且 $q\neq 1-p$ 时,

$$\lim_{n\to\infty}\frac{x_n}{q\dfrac{1-p^{n-1}}{1-p}}=\lim_{n\to\infty}\frac{p^{n-1}}{q\dfrac{1-p^{n-1}}{1-p}}a+1=\infty,$$

因此 $\{x_n\}$ 不收敛;

(e) 若 $a\neq 0, q\neq 0$, 且 $q=1-p$ 时, 由 (1) 式得

$$\begin{aligned}x_n&=(x_1-1)p^{n-1}+1\\&=(a-1)p^{n-1}+1,\end{aligned}$$

因此当 $a=1$ 时 $\{x_n\}$ 收敛, 当 $a\neq 1$ 时 $\{x_n\}$ 发散. ■

4. 若 $a>0, a_1=(a+\sqrt[3]{a})^{\frac{1}{3}}, a_2=(a_1+\sqrt[3]{a})^{\frac{1}{3}},\cdots,a_n=(a_{n-1}+\sqrt[3]{a_{n-2}})^{\frac{1}{3}},\cdots$. 试证

(1) $\{a_n\}$ 单调有界; (2) $\{a_n\}$ 收敛于方程 $x^3=x+x^{\frac{1}{3}}$ 的一个正根.

解 (1) 分两种情况证明.

(i) 当 $a_1\geqslant a$, 下证

$$a_{n+1}\geqslant a_n\quad (n\in\mathbb{N}),\tag{1}$$

事实上, 当 $n=1$ 时,

$$a_2^3-a_1^3=(a_1+a^{\frac{1}{3}})-(a+a^{\frac{1}{3}})=a_1-a\geqslant 0.\tag{2}$$

由 $y=x^3$ 是增函数, 由 (2) 式知 $a_2>a_1$. 即 $n=1$ 时 (1) 式成立.

假设 $n\leqslant k$ 时成立, 即 $a_{k+1}-a_k\geqslant 0$, 下证 $k+1$ 时成立, 由假设得

$$a_{k+2}^3-a_{k+1}^3=(a_{k+1}-a_k)+(a_k^{\frac{1}{3}}-a_{k-1}^{\frac{1}{3}})\geqslant 0.$$

所以数列 $\{a_n\}$ 单调递增.

下证 $\{a_n\}$ 有上界. 若 $\{a_n\}$ 无上界, 由于 $\{a_n\}$ 单调递增, 则有 $\lim\limits_{n\to\infty}a_n=+\infty$, 从而当 n 充分大时有

$$\frac{a_n^3}{a_{n-1}+\sqrt[3]{a_{n-2}}}>\frac{a_n^3}{a_n+\sqrt[3]{a_n}}\geqslant\frac{a_n^3}{2a_n}>\frac{1}{2}a_n^2>2,\tag{3}$$

这与 $\dfrac{a_n^3}{a_{n-1}+\sqrt[3]{a_{n-2}}}=1$ 矛盾.

对 $a_n=(a_{n-1}+\sqrt[3]{a_{n-2}})^{\frac{1}{3}}$ 两边求极限即得结论 (2) 成立.

(ii) 当 $a_1<a$, 同理可证 $\{a_n\}$ 单调递减有下界.

(2) 由 (1) 可知 $\lim\limits_{n\to\infty} a_n = l$. 对递推公式两边求极限得 l 为 $x^3 = x + x^{\frac{1}{3}}$ 的正根. ■

5. 设 $f(x)$ 在 $[a,b]$ 上二次可微, 且 $f(a)f(b) < 0, f'(x) > 0, f''(x) > 0, \forall x \in [a,b]$. 证明序列 $x_{n+1} = x_n - \dfrac{f(x_n)}{f'(x_n)}, x_1 \in [a,b], n = 1,2,\cdots$ 有极限, 且此极限为方程 $f(x) = 0$ 的根.

解 由条件及连续函数的介值定理知存在唯一 $c \in (a,b)$ 使得 $f(c) = 0$.

(1) 当 $x_1 > c$ 时, 由 $f(x)$ 递增得 $f(x_1) > f(c) = 0$, 所以 $x_2 - x_1 = -\dfrac{f(x_1)}{f'(x_1)} < 0$, 即 $x_2 < x_1$. 由于

$$x_2 - c = (x_1 - c) - \frac{f(x_1) - f(c)}{f'(x_1)} > 0,$$

事实上, 因为 $f(x_1) - f(c) = f^{'}(\xi)(x_1 - c) < f^{'}(x_1)(x_1 - c)$(因为$f''(x) > 0$), 所以

$$c < x_2 < x_1.$$

由数学归纳法可知 $\{x_n\}$ 单调递减, 且 $x_n > c$.

(2) 若 $x_1 = c$ 时, $x_2 = x_1 - \dfrac{f(x_1)}{f'(x_1)} = c - \dfrac{f(c)}{f'(c)} = c$, 以此类推可得 $x_n = c\ (n = 1,2,\cdots)$.

(3) 若 $x_1 < c$ 时, 仿 (1) 可以证明 $x_2 > c$, 由数学归纳法可知 $\{x_n\}$ 满足: $n \geqslant 2$ 时单调递减, 且 $x_n > c$.

总之, $\{x_n\}$ 单调有界. 所以 $\lim\limits_{n\to\infty} x_n$ 存在. 设 $\lim\limits_{n\to\infty} x_n = l$. 对 $x_{n+1} = x_n - \dfrac{f(x_n)}{f'(x_n)}$ 两边取极限得 $f(l) = 0$. ■

注 此问题的几何背景是计算方法中的切线法求方程 $f(x) = 0$ 的根.

6. 设正项级数 $\sum\limits_{n=1}^{\infty} a_n$ 收敛, 数列 $\{y_n\}: y_1 = 1, 2y_{n+1} = y_n + \sqrt{y_n^2 + a_n}(n = 1,2,\cdots)$. 证明 $\{y_n\}$ 是递增收敛数列.

解 (解一) 由于

$$2y_{n+1} - 2y_n = \sqrt{y_n^2 + a_n} - y_n = \frac{a_n}{\sqrt{y_n^2 + a_n} + y_n} > 0,$$

所以 $y_{n+1} \geqslant y_n$, 即 $\{y_n\}$ 是单调递增数列.

又因 $y_1 = 1$, 由递推关系式得 $y_n \geqslant 1$, 从而

$$0 \leqslant y_{n+1} - y_n = \frac{a_n}{2(\sqrt{y_n^2 + a_n} + y_n)} \leqslant \frac{a_n}{4}. \tag{1}$$

设 $\sum\limits_{n=1}^{\infty} a_n = c$, 由 (1) 式知

$$\sum_{k=1}^{n}(y_{k+1} - y_k) \leqslant \frac{1}{4}\sum_{k=1}^{n} a_k < \frac{1}{4}\sum_{k=1}^{\infty} a_k = \frac{c}{4},$$

故 $y_{n+1} - y_1 < \dfrac{c}{4}$, 即 $y_{n+1} < y_1 + \dfrac{c}{4}$.

故 $\{y_n\}$ 是递增有上界数列, 所以结论成立.

(解二) 由 (1) 及级数比较判别法知正项级数 $\sum_{k=1}^{n}(y_{k+1}-y_k)$ 收敛 $\Longleftrightarrow \{y_n\}$ 收敛. ■

注 也可以有 (1) 式得

$$y_{n+1} \leqslant y_1 + \frac{1}{4}\sum_{k=1}^{n} a_k,$$

从而 $\{y_n\}$ 有上界.

7. 设 a_1, b_1 是任意两个正数数, 且 $a_1 < b_1$, 设 $a_n = \dfrac{2a_{n-1}b_{n-1}}{a_{n-1}+b_{n-1}}, b_n = \sqrt{a_{n-1}b_{n-1}}(n = 2, 3, \cdots)$. 证明序列 $\{a_n\}, \{b_n\}$ 均收敛且有相同的极限.

解 (解一) 由于

$$a_n = \frac{2}{\dfrac{1}{a_{n-1}} + \dfrac{1}{b_{n-1}}} \Longrightarrow a_n \leqslant b_n. \tag{1}$$

由 (1) 得

$$\frac{1}{b_{n-1}} \leqslant \frac{1}{a_{n-1}} \Longrightarrow a_n = \frac{2}{\dfrac{1}{a_{n-1}} + \dfrac{1}{b_{n-1}}} \geqslant \frac{2}{\dfrac{1}{a_{n-1}} + \dfrac{1}{a_{n-1}}} = a_{n-1}, \tag{2}$$

即 $\{a_n\}$ 是递增数列.

再由 (1) 得

$$b_n = \sqrt{a_{n-1}b_{n-1}} \leqslant \sqrt{b_{n-1}^2} = b_{n-1}, \tag{3}$$

即 $\{b_n\}$ 是递减数列.

由 (1)—(3) 知 $\{a_n\}$ 递增有上界 b_1, $\{b_n\}$ 递减有下界 a_1, 从而它们的极限均存在. 对 $a_n = \dfrac{2a_{n-1}b_{n-1}}{a_{n-1}+b_{n-1}}, b_n = \sqrt{a_{n-1}b_{n-1}}$ 分别求极限即得结论成立.

(解二) 令 $c_n = \dfrac{1}{a_n}, d_n = \dfrac{1}{b_n}$, 则

$$a_n = \frac{2a_{n-1}b_{n-1}}{a_{n-1}+b_{n-1}} \Longrightarrow c_n = \frac{c_{n-1}+d_{n-1}}{2} \geqslant \sqrt{c_{n-1}d_{n-1}} = d_n,$$

所以

$$c_n \geqslant d_n, \tag{4}$$

由 (4) 式得

$$c_n = \frac{c_{n-1}+d_{n-1}}{2} \leqslant \frac{2c_{n-1}}{2} = c_{n-1}, \tag{5}$$

$$d_n = \sqrt{d_{n-1}c_{n-1}} \geqslant d_{n-1}, \tag{6}$$

再由 (4) 式得

$$d_1 \leqslant d_2 \leqslant \cdots \leqslant d_n \leqslant c_n \leqslant c_{n-1} \leqslant \cdots \leqslant c_1. \tag{7}$$

综合 (5)—(7) 知 $\{c_n\}$ 单调下降有下界; $\{d_n\}$ 单调上升有上界. 设 $\lim\limits_{n\to\infty} c_n = c$, $\lim\limits_{n\to\infty} d_n = d$, 对$c_n = \dfrac{c_{n-1}+d_{n-1}}{2}, d_n = \sqrt{c_{n-1}d_{n-1}}$, 两边分别求极限得 $d = c$. 所以数列 $\{a_n\},\{b_n\}$ 均收敛且有相同的极限. ■

8. 设 $a_1 = \alpha, b_1 = \beta(\alpha > \beta), a_{n+1} = \dfrac{a_n + b_n}{2}, b_{n+1} = \dfrac{a_{n+1}+b_n}{2}(n = 1, 2, \cdots)$. 证明 $\lim\limits_{n\to\infty} a_n$, $\lim\limits_{n\to\infty} b_n$ 存在且相等, 并求其极限值.

解 因为

$$a_{n+1} = \frac{a_n + b_n}{2} \Longrightarrow b_n = 2a_{n+1} - a_n,$$

代入 $b_{n+1} = \dfrac{a_{n+1}+b_n}{2}$ 得

$$2a_{n+2} - a_{n+1} = \frac{1}{2}a_{n+1} + a_{n+1} - \frac{1}{2}a_n,$$

即

$$(a_{n+2} - a_{n+1}) = \frac{1}{4}(a_{n+1} - a_n), \tag{1}$$

即 $\{a_n\}$ 为压缩数列, 从而 $\lim\limits_{n\to\infty} a_n$ 存在. 结合 $b_n = 2a_{n+1} - a_n$ 得 $\lim\limits_{n\to\infty} b_n$ 存在且与 $\lim\limits_{n\to\infty} a_n$ 相等.

下面求极限值. 事实上, 由 (1) 知

$$\begin{aligned} a_n - a_{n-1} &= \frac{1}{4}(a_{n-1} - a_{n-2}) = \cdots = \frac{1}{4^{n-2}}(a_2 - a_1) \\ &= \frac{1}{4^{n-2}}\left(\frac{a_1+b_1}{2} - a_1\right) = \frac{1}{4^{n-2}}\left(\frac{\beta-\alpha}{2}\right), \end{aligned}$$

故

$$\begin{aligned} a_n &= a_{n-1} + \frac{1}{4^{n-2}}\left(\frac{\beta-\alpha}{2}\right) = a_{n-2} + \frac{1}{4^{n-3}}\left(\frac{\beta-\alpha}{2}\right) + \frac{1}{4^{n-2}}\left(\frac{\beta-\alpha}{2}\right) = \cdots \\ &= a_1 + \left(1 + \frac{1}{4} + \cdots + \frac{1}{4^{n-2}}\right)\frac{\beta-\alpha}{2}, \end{aligned}$$

两边取极限得

$$\lim_{n\to\infty} a_n = \alpha + \frac{1}{1-\dfrac{1}{4}}\frac{\beta-\alpha}{2} = \frac{\alpha+2\beta}{3}. \quad ■$$

练习 (1) 设 a_1, b_1 是两个正数, 令 $a_{n+1} = \sqrt{a_n b_n}, b_{n+1} = \dfrac{a_n+b_n}{2}$. 则 $\{a_n\}$, $\{b_n\}$ 均收敛且 $\lim\limits_{n\to\infty} a_n = \lim\limits_{n\to\infty} b_n$.

(2) 设 $a > 0, \sigma > 0$, $a_1 = \dfrac{1}{2}\left(a + \dfrac{\sigma}{a}\right)$, $a_{n+1} = \dfrac{1}{2}\left(a_n + \dfrac{\sigma}{a_n}\right)$, $n = 1, 2, \cdots$. 证明: 数列 $\{a_n\}$ 收敛, 且极限为 $\sqrt{\sigma}$.

例 1-1-19 解答下列问题.

1. 设 $\{a_n\}$ 为有界数列, 记

$$\alpha_n=\inf\{a_n,a_{n+1},\cdots\},\quad \beta_n=\sup\{a_n,a_{n+1},\cdots\}.$$

证明: (1) 对任何 $n\in\mathbb{N}^+$, $\alpha_n\leqslant\beta_n$;

(2) $\{\alpha_n\}$ 为递增有界数列, $\{\beta_n\}$ 为递减有界数列, 且任意 $n,m\in\mathbb{N}^+$ 有 $\alpha_n\leqslant\beta_m$;

(3) 设 α,β 分别为 $\{\alpha_n\}$, $\{\beta_n\}$ 的极限, 则 $\alpha\leqslant\beta$;

(4) $\{a_n\}$ 收敛的充要条件为 $\alpha=\beta$.

解 (1) 应用实数的传递性. 由于 $\alpha_n\leqslant a_n\leqslant\beta_n$, 因此有 $\alpha_n\leqslant\beta_n$.

(2) 由于

$$\{a_{n+1},a_{n+2},\cdots\}\subset\{a_n,a_{n+1},\cdots\},$$

因此 $\alpha_n\leqslant\alpha_{n+1}$, $\beta_n\geqslant\beta_{n+1}$. 而且 $\alpha_1\leqslant\alpha_n\leqslant\beta_n\leqslant\beta_1$, 即 $\{\alpha_n\}$ 为递增有界数列, $\{\beta_n\}$ 为递减有界数列.

对 $\forall n,m\in\mathbb{N}^+$.

(i) 当 $n=m$ 时, 由结论 (1) 知 $\alpha_n\leqslant\beta_m$;

(ii) 当 $n>m$ 时, $\alpha_n\leqslant\beta_n\leqslant\beta_m$, 从而 $\alpha_n\leqslant\beta_m$;

(iii) 当 $n<m$ 时, $\alpha_n\leqslant\alpha_m\leqslant\beta_m$, 从而 $\alpha_n\leqslant\beta_m$.

(3) 由结论 (2) 及单调有界原理知 $\{\alpha_n\}$ 和 $\{\beta_n\}$ 收敛. 对 $\alpha_n\leqslant\beta_n$ 两边求极限并应用极限保不等式定理得 $\alpha\leqslant\beta$.

(4) ($\Longleftarrow$) 如果 $\alpha=\beta$, 对不等式 $\alpha_n\leqslant a_n\leqslant\beta_n$ 应用两边夹定理知 $\{a_n\}$ 收敛.

($\Longrightarrow$) 若 $\lim\limits_{n\to\infty}a_n=a$, 则 $\forall\varepsilon>0,\exists N>0$, 当 $n\geqslant N$ 时, 有

$$a-\varepsilon<a_n<a+\varepsilon.$$

由 α_n,β_n 的定义可知

$$a-\varepsilon\leqslant\alpha_n\leqslant a_n\leqslant\beta_n\leqslant a+\varepsilon,$$

即

$$a-\varepsilon\leqslant\alpha_n\leqslant a+\varepsilon;\quad a-\varepsilon\leqslant\beta_n\leqslant a+\varepsilon.$$

所以

$$\lim_{n\to\infty}\alpha_n=\lim_{n\to\infty}\beta_n=a.\quad\blacksquare$$

2. 设 $\mathbb{R}$ 中数列 $\{a_n\},\{b_n\}$ 满足 $a_{n+1}=b_n-qa_n, n=1,2,\cdots$, 其中 $0<q<1$. 证明

(1) 若 $\{b_n\}$ 有界, 则 $\{a_n\}$ 有界; (2) 若 $\{b_n\}$ 收敛, 则 $\{a_n\}$ 收敛.

解 (1) 由 $a_{n+1}=b_n-qa_n$, 有

$$\begin{aligned}a_{n+1}&=b_n-qa_n=b_n-q(b_{n-1}-qa_{n-1})=b_n+(-q)b_{n-1}+(-q)^2a_{n-1}\\&=\cdots=b_n+(-q)b_{n-1}+(-q)^2b_{n-2}+\cdots+(-q)^{n-1}b_1+(-q)^na_1,\end{aligned}$$

故

$$a_n = b_{n-1} + (-q)b_{n-2} + (-q)^2 b_{n-3} + \cdots + (-q)^{n-2}b_1 + (-q)^{n-1}a_1. \tag{1}$$

若 $\{b_n\}$ 有界, 则存在 $M_1 > 0$ 使得 $|b_n| \leqslant M_1 (n \in \mathbb{N})$. 令 $M = \max\{M_1, |a_1|\}$, 由 (1) 式知

$$|a_n| \leqslant M(1 + q + q^2 + \cdots + q^{n-1}) \leqslant \frac{M}{1-q} \quad (n \in \mathbb{N}),$$

即 $\{a_n\}$ 有界.

(2) 由结论 (1) 可得 $\{a_n\}$ 有界, 故上、下极限存在. 记 A, α 分别为 $\{a_n\}$ 的上、下极限, 对 $a_{n+1} = b_n - qa_n$ 两边分别求上、下极限得

$$A = b - q\alpha, \quad \alpha = b - qA,$$

故 $A = \alpha$, 即 $\{a_n\}$ 收敛. ■

注 $\overline{\lim\limits_{n\to\infty}} x_n = -\underline{\lim\limits_{n\to\infty}}(-x_n)$.

3. **给定数列 $\{a_n\}$ 及常数 $\alpha \geqslant 2$, 令 $b_n = a_n + \alpha a_{n+1}, n = 1, 2, \cdots$. 证明数列 $\{b_n\}$ 收敛的充要条件是 $\{a_n\}$ 收敛.**

解 ($\Longrightarrow$) 因为 $\{b_n\}$ 收敛, 所以存在 $M > 0$ 使得 $|b_n| \leqslant M (n = 1, 2, \cdots)$, 且 $|a_1| \leqslant M$, 则

$$|a_2| = \left|\frac{1}{\alpha}b_1 - \frac{1}{\alpha}a_1\right| \leqslant \frac{2}{\alpha}M \leqslant M.$$

由数学归纳法可证 $|a_n| \leqslant M$.

记 $a = \underline{\lim\limits_{n\to\infty}} a_n, A = \overline{\lim\limits_{n\to\infty}} a_n$, 对 $a_n = b_n - \alpha a_{n+1}$ 分别取上、下极限得

$$A = b - \alpha a, \quad a = b - \alpha A,$$

故 $a = A$, 即 $\{a_n\}$ 收敛.

($\Longleftarrow$) 由数列极限的四则运算可知结论显然成立. ■

注 解法一只适用于 $\alpha \geqslant 2$ 的情形; 对 $\alpha \geqslant 1$, 由 $a_{n+1} = \dfrac{1}{\alpha}b_n - \dfrac{1}{\alpha}a_n = \cdots$, 仿上题可以证明 $\{a_n\}$ 有界.

4. (1) **若数列 $\{a_n\}$ 满足: $0 \leqslant a_{n+m} \leqslant a_n + a_m$, 则数列 $\left\{\dfrac{a_n}{n}\right\}$ 收敛.**

(2) **若数列 $\{a_n\}$ 满足: $0 \leqslant a_{n+m} \leqslant a_n \cdot a_m$, 则数列 $\{\sqrt[n]{a_n}\}$ 收敛.**

解 (1) (解一) 显然 $0 \leqslant a_n \leqslant na_1$, 从而 $\left\{\dfrac{a_n}{n}\right\}$ 为有界数列. 记 $\overline{\lim\limits_{n\to\infty}} \dfrac{a_n}{n} = A$, 且取 $\{n_k\}$ 使得 $\lim\limits_{k\to\infty} \dfrac{a_{n_k}}{n_k} = A$. 固定 n, 令 $n_k = ni_k + j_k, j_k \in \{0, 1, \cdots, n-1\}$, 则得

$$a_{n_k} \leqslant i_k a_n + a_{j_k}, \quad \frac{a_{n_k}}{n_k} \leqslant \frac{i_k}{ni_k + j_k}a_n + \frac{a_{j_k}}{n_k},$$

令 $k \to +\infty$, 则有 $A \leqslant \dfrac{a_n}{n} \Longrightarrow A \leqslant \underline{\lim\limits_{n\to\infty}} \dfrac{a_n}{n}$, 因此

$$\overline{\lim_{n\to+\infty}} \frac{a_n}{n} = \lim_{k\to\infty} \frac{a_{n_k}}{n_k} = A \leqslant \underline{\lim_{n\to\infty}} \frac{a_n}{n},$$

即得所证.

(解二) 记

$$\varlimsup_{n\to\infty}\frac{a_n}{n}=A,\quad \varliminf_{n\to\infty}\frac{a_n}{n}=a.$$

设

$$\lim_{k\to\infty}\frac{a_{n_k}}{n_k}=A,\quad \lim_{l\to\infty}\frac{a_{n_l}}{n_l}=a.$$

固定 m_l, 记 $n_k=i_km_l+j_k\,(j_k\in\mathbb{Z}^+,\,0\leqslant j_k<m_l)$, 则

$$\lim_{k\to\infty}\frac{i_k}{n_k}=\frac{1}{m_l},\quad \lim_{k\to\infty}\frac{j_k}{n_k}=0.$$

因此

$$\frac{a_{n_k}}{n_k}\leqslant\frac{i_ka_{m_l}}{n_k}+\frac{a_{j_k}}{n_k},$$

先令 $k\to\infty$, 再令 $l\to\infty$ 即得结论成立.

(2) 由 $a_{n+1}\leqslant a_na_1\leqslant\cdots\leqslant a_1^{n+1}$ 知 $0<\sqrt[n]{a_n}\leqslant a_1, n\in\mathbb{N}$. 记 $\varlimsup\limits_{n\to+\infty}\sqrt[n]{a_n}=\alpha$, $\varliminf\limits_{n\to\infty}\sqrt[n]{a_n}=\beta$, 且取 $\{n_k\}$, $\{m_l\}$ 使得

$$\lim_{k\to\infty}\sqrt[n_k]{a_{n_k}}=\alpha,\quad \lim_{l\to\infty}\sqrt[m_l]{a_{m_l}}=\beta.$$

固定 m_l, 记 $n_k=m_li_k+j_k\,(j_k\in\mathbb{Z}^+,\,0\leqslant j_k<m_1)$, 则

$$\lim_{k\to\infty}\frac{i_k}{n_k}=\frac{1}{m_l},\quad \lim_{k\to\infty}\frac{j_k}{n_k}=0.$$

因此

$$a_{n_k}\leqslant a_{m_li_k}\cdot a_{j_k}=a_{m_l}^{i_k}a_1^{j_k}\Longrightarrow\sqrt[n_k]{a_{n_k}}\leqslant a_{m_l}^{\frac{i_k}{n_k}}\cdot a_1^{\frac{j_k}{n_k}}.$$

令 $k\to\infty$ 得 $\alpha\leqslant\sqrt[m_l]{a_{m_l}}$, 再令 $l\to\infty$, 得 $\alpha\leqslant\beta$. 从而 $\alpha=\beta$, 即结论成立. ■

5. 设数列 $\{x_n\}$ 有界, 记 $L=\varlimsup\limits_{n\to\infty}x_n$, $l=\varliminf\limits_{n\to\infty}x_n$, 且 $L>l$. 再假设 $\lim\limits_{n\to\infty}(x_{n+1}-x_n)=0$. 证明: 区间 $[l,L]$ 中的任意一个数均是此数列的一个聚点.

证 显然 L,l 均是数列的聚点. 假设存在 $x_0\in(l,L)$ 不是数列的聚点, 则存在 $\delta_0>0$ 使得 $U(x_0,\delta_0)$ 至多含有数列 $\{x_n\}$ 中的有限项. 再由 L,l 均是数列的聚点, 因此 $\forall N>0$, $\exists n>N$ 使得 x_n,x_{n+1} 分别在区间 $[l,x_0-\delta_0]$, $[x_0+\delta_0,L]$ 内 (否则, 存在 $N_0>0$ 使得 $\forall n>N_0$ 都有 $x_n,x_{n+1}\in[l,x_0-\delta_0]$, 或 $x_n,x_{n+1}\in[x_0+\delta_0,L]$, 这与 L,l 均为聚点矛盾). 这样 $|x_{n+1}-x_n|>2\delta_0$, 这与 $\lim\limits_{n\to\infty}(x_{n+1}-x_n)=0$ 矛盾. 从而区间 $[l,L]$ 中的任意一个数均是此数列的一个聚点. ■

例 1-1-20 解答下列问题.

1. (1) 证明不等式 $x-\dfrac{x^2}{2}<\ln(1+x)<x\,(x>0)$.

(2) 由 (1) 计算 $\lim\limits_{n\to\infty}\left(1+\dfrac{1}{n^x}\right)\left(1+\dfrac{2}{n^x}\right)\cdots\left(1+\dfrac{n}{n^x}\right)$ $(x\geqslant 2)$.

解 (1) 用 Taylor 展开式可以预测不等式成立, 然后用求导判断函数单调性方法可得.

(2) 由于

$$\ln\left[\left(1+\frac{1}{n^x}\right)\left(1+\frac{2}{n^x}\right)\cdots\left(1+\frac{n}{n^x}\right)\right]=\sum_{k=1}^{n}\ln\left(1+\frac{k}{n^x}\right)\leqslant\sum_{k=1}^{n}\frac{k}{n^x}=\frac{1}{n^x}\frac{n(n+1)}{2},\tag{1}$$

且

$$\sum_{k=1}^{n}\ln\left(1+\frac{k}{n^x}\right)\geqslant\sum_{k=1}^{n}\left[\frac{k}{n^x}-\frac{1}{2}\left(\frac{k}{n^x}\right)^2\right]=\frac{1}{n^x}\frac{n(n+1)}{2}-\frac{1}{2}\frac{1}{n^{2x}}\frac{n(n+1)(2n+1)}{6}.\tag{2}$$

故 (i) 当 $x=2$ 时, 由 (1),(2) 式得

$$\lim_{n\to\infty}\ln\left[\left(1+\frac{1}{n^2}\right)\left(1+\frac{2}{n^2}\right)\cdots\left(1+\frac{n}{1+n^2}\right)\right]=\frac{1}{2}.$$

从而

$$\left(1+\frac{1}{n^2}\right)\left(1+\frac{2}{n^2}\right)\cdots\left(1+\frac{n}{1+n^2}\right)\longrightarrow \mathrm{e}^{\frac{1}{2}}\quad(n\to\infty).$$

(2) 当 $x>2$ 时, 由 (1),(2) 式得

$$\left(1+\frac{1}{n^x}\right)\left(1+\frac{2}{n^x}\right)\cdots\left(1+\frac{n}{1+n^x}\right)\longrightarrow \mathrm{e}^0=1\quad(n\to\infty).\quad\blacksquare$$

2. 证明: (1) $\left\{\left(1+\dfrac{1}{n}\right)^n\right\}$ 为递增数列.

(2) $\left\{\left(1+\dfrac{1}{n}\right)^{n+1}\right\}$ 为递减数列.

(3) $\left\{\left(1+\dfrac{1}{n+1}\right)^n\right\}$ 为递增数列.

(4) $\left|\mathrm{e}-\left(1+\dfrac{1}{n}\right)^n\right|<\dfrac{3}{n}$.

(5) $\dfrac{1}{n+1}<\ln\left(1+\dfrac{1}{n}\right)<\dfrac{1}{n}$.

解 (1) 由于

$$x_n=\left(1+\frac{1}{n}\right)^n\cdot 1\leqslant\left[\frac{\left(1+\frac{1}{n}\right)n+1}{n+1}\right]^{n+1}=\left(1+\frac{1}{n+1}\right)^{n+1}=x_{n+1},$$

即 $\left\{\left(1+\dfrac{1}{n}\right)^n\right\}$ 为递增数列.

(2) (解一) 因为

$$\frac{a_1+a_2+\cdots+a_n}{n}\geqslant\sqrt[n]{a_1a_2\cdots a_n}\quad(a_k\geqslant 0),\tag{1}$$

记 $y_n=\left(1+\dfrac{1}{n}\right)^{n+1}$, 由 (1) 式得

$$\frac{1}{y_n}=\left(\frac{n}{n+1}\right)^{n+1}\leqslant\left[\frac{(n+1)\dfrac{n}{n+1}+1}{n+2}\right]^{n+2}=\frac{1}{y_{n+1}},$$

所以 $\left\{\dfrac{1}{y_n}\right\}$ 单调递增, 即 $\{y_n\}$ 单调递减.

(解二) 令 $f(x)=\left(1+\dfrac{1}{x}\right)^{x+1}$ $(x>1)$, 可以证明 $f'(x)<0$, 所以 $f(x)$ 单调递减, 从而 $\{y_n\}$ 单调递减.

(3) 由 $\left\{\left(1+\dfrac{1}{n}\right)^n\right\}$ 为递增知

$$\begin{aligned}\left(1+\frac{1}{n+1}\right)^{n+1}&>\left(1+\frac{1}{n}\right)^n\\ &\Longrightarrow z_n=\left(1+\frac{1}{n+1}\right)^n=\frac{\left(1+\dfrac{1}{n+1}\right)^{n+1}}{1+\dfrac{1}{n+1}}\\ &>\frac{\left(1+\dfrac{1}{n}\right)^n}{1+\dfrac{1}{n}}=\left(1+\frac{1}{n}\right)^{n-1}=z_{n-1},\end{aligned}$$

即 $\left\{\left(1+\dfrac{1}{n+1}\right)^n\right\}$ 为递增数列.

(4) 由于 $\left\{\left(1+\dfrac{1}{n}\right)^n\right\}\uparrow \mathrm{e}$ 及 $\left\{\left(1+\dfrac{1}{n}\right)^{n+1}\right\}\downarrow \mathrm{e}$, 所以

$$\left|\mathrm{e}-\left(1+\frac{1}{n}\right)^n\right|=\mathrm{e}-\left(1+\frac{1}{n}\right)^n<\left(1+\frac{1}{n}\right)^{n+1}-\left(1+\frac{1}{n}\right)^n=\frac{1}{n}\left(1+\frac{1}{n}\right)^n<\frac{\mathrm{e}}{n}.$$

(5) (解一) 因为 $\left\{\left(1+\dfrac{1}{n}\right)^n\right\}$ 单调递增收敛于 e 且 $\left\{\left(1+\dfrac{1}{n}\right)^{n+1}\right\}$ 单调递减收敛于 e. 所以

$$\ln\left(1+\frac{1}{n}\right)^n<1,\quad \ln\left(1+\frac{1}{n}\right)^{n+1}>1,$$

故

$$\frac{1}{n+1}<\ln\left(1+\frac{1}{n}\right)<\frac{1}{n}.$$

(解二) 因为

$$\int_n^{n+1}\frac{1}{x}\mathrm{d}x=\ln(n+1)-\ln n=\ln\left(1+\frac{1}{n}\right),$$

且

$$\frac{1}{n+1}=\int_{n}^{n+1}\frac{1}{n+1}\mathrm{d}x<\int_{n}^{n+1}\frac{1}{x}\mathrm{d}x<\int_{n}^{n+1}\frac{1}{n}\mathrm{d}x=\frac{1}{n}.$$

故

$$\frac{1}{n+1}<\ln\left(1+\frac{1}{n}\right)<\frac{1}{n}. \quad \blacksquare$$

思考　不等式 $\dfrac{x}{1+x}<\ln(1+x)<x\,(x>0)$ 成立否?

3. 求出使下列不等式对任意自然数 n 都成立的最大数 α, 最小数 β.

$$\left(1+\frac{1}{n}\right)^{n+\alpha}\leqslant \mathrm{e}\leqslant\left(1+\frac{1}{n}\right)^{n+\beta}.$$

解　由

$$\left(1+\frac{1}{n}\right)^{n+\alpha}\leqslant \mathrm{e}\leqslant\left(1+\frac{1}{n}\right)^{n+\beta},$$

得

$$(n+\alpha)\ln\left(1+\frac{1}{n}\right)\leqslant 1\leqslant(n+\beta)\ln\left(1+\frac{1}{n}\right),$$

即

$$\alpha\leqslant\frac{1}{\ln\left(1+\dfrac{1}{n}\right)}-n\leqslant\beta.$$

令 $f(x)=\dfrac{1}{\ln(1+x)}-\dfrac{1}{x},x\in(0,1]$, 则

$$f'(x)=-\frac{\dfrac{1}{1+x}}{\ln^2(1+x)}+\frac{1}{x^2}=\frac{(1+x)\ln^2(1+x)-x^2}{x^2(1+x)\ln^2(1+x)},$$

令 $g(x)=(1+x)\ln^2(1+x)-x^2,x\in(0,1)$, 则

$$g'(x)=\ln^2(1+x)+2\ln(1+x)-2x,$$

$$g''(x)=2\ln(1+x)\frac{1}{1+x}+\frac{2}{1+x}-2=\frac{2[\ln(1+x)-x]}{1+x}<0,$$

所以 $\{g'(x)\}$ 单调递减, 因为 $g'(0)=0$, 所以 $g'(x)<0$; 又因为 $g(0)=0$, 所以 $g(x)<0$, 故 $f'(x)<0$, 所以

$$\max\alpha=\inf_{x\in(0,1]}f(x)=\lim_{x\to 1}\left[\frac{1}{\ln(1+x)}-\frac{1}{x}\right]=\frac{1}{\ln 2}-1,$$

$$\min\beta = \sup_{x\in(0,1]} f(x) = \lim_{x\to 0}\left[\frac{1}{\ln(1+x)} - \frac{1}{x}\right] = \frac{1}{2}.\ \blacksquare$$

4. 设 $a_n \neq 0(n=1,2,\cdots)$, 且 $\lim\limits_{n\to\infty} a_n = 0$, 若 $\lim\limits_{n\to\infty}\dfrac{a_{n+1}}{a_n} = l$. 证明 $|l| \leqslant 1$.

解 若 $|l|>1$, 取 $c:|l|>c>1$ 由题意 $\lim\limits_{n\to\infty}\left|\dfrac{a_{n+1}}{a_n}\right| = |l|$, 所以 $\exists N>0$, 当 $n>N$ 时, $\left|\dfrac{a_{n+1}}{a_n}\right| > c$. 所以

$$|a_{n+1}| > c|a_n| > c^2|a_{n-1}| > \cdots > c^{n-N+1}|a_N|. \tag{1}$$

由 $c>1$, 对 (1) 式两边取极限 $\Longrightarrow \lim\limits_{n\to\infty}|a_n| = +\infty$ 此与 $\lim\limits_{n\to\infty} a_n = 0$ 矛盾, 所以 $|l|<1$. ■

注 由级数理论知若 $\lim\limits_{n\to\infty}\dfrac{a_{n+1}}{a_n} \leqslant q < 1 \Longrightarrow \lim\limits_{n\to\infty} a_n = 0$, 但是 $\lim\limits_{n\to\infty} a_n = 0 \not\Longrightarrow \lim\limits_{n\to\infty}\dfrac{a_{n+1}}{a_n} \leqslant q < 1$.

5. 设函数 $f(x)$ 在 x_0 的空心邻域 U^o 内有定义, 并且对任意以 x_0 为极限且含于 U^o 的数列 $\{x_n\}$, 极限 $\lim\limits_{n\to\infty} f(x_n)$ 都存在 (有限数). 试证 (1) 相对于一切满足上述条件的数列 $\{x_n\}$ 来说, 数列 $\{f(x_n)\}$ 的极限是唯一的;

(2) 记 (i) 中 $\{f(x_n)\}$ 中有唯一确定的极限 A, 证 $\lim\limits_{x\to x_0} f(x) = A$.

解 (1) 若存在 $\{x_n\},\{x_n'\}, x_n\to x_0, x_n'\to x_0$, 设 $\lim\limits_{n\to\infty} f(x_n) = A$, $\lim\limits_{n\to\infty} f(x_n') = B, A\neq B$, 作新数列 $x_1, x_1', x_2, x_2', \cdots, x_n, x_n', \cdots$, 它以 x_0 为极限. 但

$$f(x_1), f(x_1'), f(x_2), f(x_2'), \cdots, f(x_n), f(x_n'), \cdots$$

的极限不存在, 与已知矛盾.

(2) 由 Heine 定理可证. ■

6. 证明从任意一数列 $\{x_n\}$ 中必可选出一个 (不一定严格) 单调的子列.

解 (解一)(1) 若 $\{x_n\}$ 存在递减子列, 即 $\forall n_1, \exists n_2 > n_1$ 使得 $x_{n_2} \leqslant x_{n_1}$, 则问题得证.

(2) 若 $\{x_n\}$ 不存在递减子列, 即存在 n_1 使得 $\forall n > n_1$ 时, 有 $x_n > x_{n_1}$. 因为 $\{x_n\}_{n>n_1}$ 中也不存在递减子列, 所以存在 $n_2 > n_1$ 使得 $\forall n > n_2$ 时, 有 $x_n > x_{n_2}$. 这样得到

$$x_{n_2} > x_{n_1}.$$

因为 $\{x_n\}_{n>n_2}$ 中也不存在递减子列, 所以存在 $n_3 > n_2$ 使得 $\forall n > n_3$ 时, 有 $x_n > x_{n_3}$. 这样得到

$$x_{n_1} < x_{n_2} < x_{n_3}.$$

这样继续下去, 可得到

$$\{x_{n_k}\}: x_{n_1} < x_{n_2} < \cdots < x_{n_k} < \cdots,$$

即 $\{x_{n_k}\}$ 是单调递增数列.

(解二)(1) 若对 $\forall k\in\mathbb{N}^+$, 数列 $\{a_{k+n}\}$ 有最大项. 设 $\{a_{1+n}\}$ 的最大项为 a_{n_1}, 因为 $\{a_{n_1+n}\}$ 也有最大项, 设其最大项为 a_{n_2}. 由于

$$\{a_{n_1+n}\}=\{a_1,a_2,\cdots,a_{n_1},a_{n_1+1},\cdots\}\setminus\{a_1,a_2,\cdots,a_{n_1}\},$$

因此 $n_2>n_1$, 且

$$a_{n_2}\leqslant a_{n_1};$$

同理存在 $n_3>n_2$ 使得

$$a_{n_3}\leqslant a_{n_2};$$

$$\cdots\cdots$$

这样就得到一个单调递减的子列 $\{a_{n_k}\}$.

(2) 若存在 $k_0\in\mathbb{N}^+$, 数列 $\{a_{k_0+n}\}$ 无最大项. 取 $n_1=k_0+1$, 因为 $\{a_{k_0+n}\}$ 无最大项, 故在 a_{n_1} 之后存在 $a_{n_2}\,(n_2>n_1)$ 使得

$$a_{n_2}>a_{n_1};$$

由于

$$\{a_{n_2+n}\}=\{a_1,a_2,\cdots,a_{n_2},a_{n_2+1},\cdots\}\setminus\{a_1,a_2,\cdots,a_{n_2}\}$$

也无最大项, 因此存在 $a_{n_3}\,(n_3>n_2)$ 使得

$$a_{n_3}>a_{n_2};$$

$$\cdots\cdots$$

这样就得到一个严格递增的子列 $\{a_{n_k}\}$. ■

注　(1) 解二也可以由无最小项为突破口.

(2) 由此可以证明有界序列一定存在收敛子列 (由于 $\{x_n\}$ 有界, 所以 $\{x_{n_k}\}$ 单调且有界, 从而收敛).

7. 设 $\{x_n\}$ 是一个无界的数列但非无穷大量. 证明存在两个子列一个为无穷大量, 另一个为收敛子列.

解　因为 $\{x_n\}$ 无界, 故 $\forall G>0, \{x_n\}$ 中绝对值大于 G 的元素一定有无穷多个.

(1) 若无上界, 则大于 G 的元素有无穷多个, 取 $x_{j_1}>G$, 则 $\{x_n\}$ 中大于 x_{j_1} 的元素有无穷多个, 取 $x_{j_2}>x_{j_1},\cdots$, 则 $x_{j_1}<x_{j_2}<\cdots<x_{j_m}<\cdots$, 由 G 的任意性得 $\lim\limits_{m\to\infty}x_{j_m}=+\infty$.

(2) 若无下界, 则小于 $-G$ 的元素有无穷多个, 可取 $-G>x_{j_1}>x_{j_2}>\cdots>x_{j_m}>\cdots$, 由 G 的任意性, 得 $\lim\limits_{m\to\infty}x_{j_m}=-\infty$.

综上所述存在 $\{x_n\}$ 中的一子列为无穷大量.

因为 $\{x_n\}$ 为非无穷大量, 所以存在 $M>0$ 使得 $[-M,M]$ 中含有 $\{x_n\}$ 中元素为无穷多个, 这无穷多个组成一个新数列, 记为 $\{x_{n_k}\}$, 因为有界数列一定存在收敛的子列, 故 $\{x_n\}$ 中存在收敛的子列. ■

8. 设数列 $\{x_n\}$ 满足: 当 $n<m$ 时, $|x_n-x_m|>\dfrac{1}{n}$. 证明数列 $\{x_n\}$ 无界.

解 假设数列 $\{x_n\}$ 有界, 则 $\left\{x_n\pm\dfrac{1}{n}\right\}$ 也有界, 故存在 $R>0$ 使得 $x_n\pm\dfrac{1}{n}\in[-R,R]$, 即 $\left[x_n-\dfrac{1}{n},x_n+\dfrac{1}{n}\right]\subset[-R,R]$, 这样

$$I_n=:\left[x_n-\frac{1}{2n},x_n+\frac{1}{2n}\right]\subset\left[x_n-\frac{1}{n},x_n+\frac{1}{n}\right]\subset[-R,R],\quad n=1,2,\cdots. \tag{1}$$

由条件可证明

$$I_n\cap I_m=\varnothing\quad(m\neq n), \tag{2}$$

事实上, 由条件知 $m\neq n$ 时 $x_m\neq x_n$. 当 $m>n$ 时,

若 $x_m>x_n$, 则

$$x_m-\frac{1}{2m}-\left(x_n+\frac{1}{2n}\right)=(x_m-x_n)-\left(\frac{1}{2m}+\frac{1}{2n}\right)>\frac{1}{n}-\left(\frac{1}{2n}+\frac{1}{2n}\right)=0.$$

若 $x_m<x_n$, 则

$$x_n-\frac{1}{2n}-\left(x_m+\frac{1}{2m}\right)=(x_n-x_m)-\left(\frac{1}{2n}+\frac{1}{2m}\right)>\frac{1}{n}-\left(\frac{1}{2n}+\frac{1}{2n}\right)=0.$$

由 (1),(2) 得 $\sum\limits_{n=1}^{\infty}|I_n|<2R$. 这与 $\sum\limits_{n=1}^{\infty}|I_n|=\sum\limits_{n=1}^{\infty}\dfrac{1}{n}=+\infty$ 矛盾. ■

思考 设数列 $\{x_n\}$ 满足: 当 $n<m$ 时, $|x_n-x_m|>\alpha_n$, 试问 $\{\alpha_n\}$ 满足什么条件可得 $\{x_n\}$ 无界? 若当 $n<m$ 时, $|x_n-x_m|\leqslant\beta_n$, 试问 $\{\beta_n\}$ 满足什么条件可得 $\{x_n\}$ 有界?

练习 (1) 有界而不收敛的数列一定存在两个收敛于不同数的子列.

(2) 设 $a_n>0$, 且 $\{a_n\}$ 非无穷大量. 证明数列 $\{a_n\}$ 存在收敛的子列.

(3) 若 $\{a_n\}$ 为无界数列, $\{b_n\}$ 为无穷大数列. 试问: $\{a_nb_n\}$ 必为无界数列? 必为无穷大数列? 并说明理由.

(4) 若 $\{a_n\}$, $\{b_n\}$ 为无界数列, 试问: $\{a_nb_n\}$ 必为无界数列? 并说明理由.

二、 函数极限

例 1-2-1 求下列极限.

1. 求 $\lim\limits_{x\to0}\dfrac{xe^x-\ln(1+x)}{x^2}$.

解 由 L'Hospital 法则得

$$\lim_{x\to0}\frac{xe^x-\ln(1+x)}{x^2}=\lim_{x\to0}\frac{(1+x)e^x-\dfrac{1}{1+x}}{2x}=\frac{3}{2}.\quad ■$$

注 用 Taylor 展开式也可以.

2. 求 $\lim\limits_{x\to1}(2-x)^{\tan\frac{\pi x}{2}}$.

解　令 $y=(2-x)^{\tan\frac{\pi x}{2}}$, 则由 L'Hospital 法则得

$$\ln y=\tan\frac{\pi x}{2}\ln(2-x)\longrightarrow\frac{2}{\pi}\quad(x\to 1),$$

故

$$\lim_{x\to 1}(2-x)^{\tan\frac{\pi x}{2}}=\mathrm{e}^{\frac{2}{\pi}}.\quad\blacksquare$$

3. 求 $\lim\limits_{x\to 0}\left(\dfrac{1}{x^2}-\dfrac{\cot x}{x}\right)$.

解　由 Taylor 展式得

$$\lim_{x\to 0}\left(\frac{1}{x^2}-\frac{\cot x}{x}\right)=\lim_{x\to 0}\frac{\sin x-x\cos x}{x^2\sin x}=\frac{1}{3}.\quad\blacksquare$$

4. 求 $\lim\limits_{x\to 0}\dfrac{x-\int_0^x\mathrm{e}^{t^2}\mathrm{d}t}{x^2\sin 2x}$.

解　由 L'Hospital 法则得

$$\lim_{x\to 0}\frac{x-\int_0^x\mathrm{e}^{t^2}\mathrm{d}t}{x^2\sin 2x}=-\frac{1}{6}.\quad\blacksquare$$

5. 验证 $x\to+\infty$ 时, $2x\int_0^x\mathrm{e}^{t^2}\mathrm{d}t$ 与 e^{x^2} 为等价无穷大量.

证　由于 $\lim\limits_{x\to+\infty}\dfrac{2x\int_0^x\mathrm{e}^{t^2}\mathrm{d}t}{\mathrm{e}^{x^2}}=1$, 故结论成立. $\blacksquare$

6. 求 $\lim\limits_{x\to 0}\dfrac{(a+x)^x-a^x}{x^2}, a>0$.

解　由于

$$((a+x)^x)'=(a+x)^x\left[\ln(a+x)+\frac{x}{a+x}\right],$$

然后用 L'Hospital 法则得

$$\lim_{x\to 0}\frac{(a+x)^x-a^x}{x^2}=\frac{1}{a}.\quad\blacksquare$$

7. 求 $\lim\limits_{x\to 0}\dfrac{\mathrm{e}^x-1-x}{\sqrt{1-x}-\cos\sqrt{x}}$.

解　因为

$$\mathrm{e}^x=1+x+\frac{x^2}{2}+o(x^2),\quad\sqrt{1-x}=1-\frac{x}{2}-\frac{x^2}{8}+o(x^2),$$

$$\cos\sqrt{x}=1-\frac{x}{2!}+\frac{x^2}{4!}+o(x^2),$$

所以

$$\lim_{x\to 0}\frac{e^x-1-x}{\sqrt{1-x}-\cos\sqrt{x}}=\lim_{x\to 0}\frac{\dfrac{x^2}{2}+o(x^2)}{-\left(\dfrac{1}{8}+\dfrac{1}{24}\right)x^2+o(x^2)}=-3.\quad\blacksquare$$

8. 求 $\lim\limits_{x\to+\infty}(\sqrt[6]{x^6+x^5}-\sqrt[6]{x^6-x^5})$.

解　由 Taylor 展式得

$$\lim_{x\to+\infty}(\sqrt[6]{x^6+x^5}-\sqrt[6]{x^6-x^5})=\lim_{x\to+\infty}x\left[\left(1+\frac{1}{x}\right)^{\frac{1}{6}}-\left(1-\frac{1}{x}\right)^{\frac{1}{6}}\right]$$

$$=\lim_{x\to+\infty}x\left[\left(1+\frac{1}{6x}+o\left(\frac{1}{x}\right)\right)-\left(1-\frac{1}{6x}+o\left(\frac{1}{x}\right)\right)\right]=\frac{1}{3}.\quad\blacksquare$$

9. 求 $\lim\limits_{x\to 0}\dfrac{\dfrac{x^2}{2}+1-\sqrt{1+x^2}}{(\cos x-e^{x^2})\sin x^2}$.

解　因为

$$\sqrt{1+x^2}=(1+x^2)^{\frac{1}{2}}=1+\frac{1}{2}x^2-\frac{1}{8}x^4+o(x^4),$$

$$\cos x=1-\frac{x^2}{2}+\frac{x^4}{24}+o(x^4),\quad e^{x^2}=1+x^2+\frac{1}{2}x^4+o(x^4),$$

$$\sin x^2=x^2-\frac{x^6}{6}+\cdots=x^2+o(x^4),$$

所以

$$\lim_{x\to 0}\frac{\dfrac{x^2}{2}+1-\sqrt{1+x^2}}{(\cos x-e^{x^2})\sin x^2}=\lim_{x\to 0}\frac{\dfrac{1}{8}x^4+o(x^4)}{\left[-\dfrac{3}{2}x^2-\dfrac{11}{24}x^4+o(x^4)\right][x^2+o(x^4)]}=-\frac{1}{12}.\quad\blacksquare$$

10. 求 $\lim\limits_{x\to+\infty}\dfrac{\sqrt{x+\sqrt{x+\sqrt{x}}}}{\sqrt{2x+1}}$.

解　分子、分母同除以 $\sqrt{x}$ 得

$$\lim_{x\to+\infty}\frac{\sqrt{x+\sqrt{x+\sqrt{x}}}}{\sqrt{2x+1}}=\lim_{x\to+\infty}\frac{\sqrt{1+\sqrt{\dfrac{1}{x}+\sqrt{\dfrac{1}{x^3}}}}}{\sqrt{2+\dfrac{1}{x}}}=\frac{\sqrt{2}}{2}.\quad\blacksquare$$

11. 求 $\lim\limits_{x\to\infty}\dfrac{x+\sin x}{x+\cos x}$.

解 分子、分母同除以 x 得

$$\lim_{x\to\infty}\frac{x+\sin x}{x+\cos x}=\lim_{x\to+\infty}\frac{1+\dfrac{\sin x}{x}}{1+\dfrac{\cos x}{x}}=1. \quad\blacksquare$$

12. 求 $\lim\limits_{x\to0}(\cos x+x\sin x)^{\frac{1}{x^2}}$.

解 (解一) 取对数后应用 L'Hospital 法则.

(解二) 由于 $\lim\limits_{t\to0}(1+t)^{\frac{1}{t}}=\mathrm{e}$, 故

$$\lim_{x\to0}(\cos x+x\sin x)^{\frac{1}{x^2}}=\lim_{x\to0}[1+(\cos x-1+x\sin x)]^{\frac{1}{\cos x-1+x\sin x}\frac{\cos x-1+x\sin x}{x^2}}=\mathrm{e}^{\frac{1}{2}}. \quad\blacksquare$$

13. 求 $\lim\limits_{x\to\infty}\left(\dfrac{x^2-2x}{x^2-2x+1}\right)^{x-1}\cdot\left(1+\dfrac{b}{100x}\right)^{x}$.

解 由于

$$\lim_{x\to\infty}\left(\frac{x^2-2x}{x^2-2x+1}\right)^{x-1}=\lim_{x\to\infty}\left[\left([1-\frac{1}{(x-1)^2}\right)^{(x-1)^2}\right]^{\frac{1}{x-1}}=\left(\mathrm{e}^{-1}\right)^0=1,$$

$$\lim_{x\to\infty}\left(1+\frac{b}{100x}\right)^{x}=\lim_{x\to\infty}\left(1+\frac{1}{\frac{100x}{b}}\right)^{\frac{100x}{b}\frac{b}{100}}=\mathrm{e}^{\frac{b}{100}},$$

故

$$\lim_{x\to\infty}\left(\frac{x^2-2x}{x^2-2x+1}\right)^{x-1}\cdot\left(1+\frac{b}{100x}\right)^{x}=\mathrm{e}^{\frac{b}{100}}. \quad\blacksquare$$

14. 已知 $\lim\limits_{x\to0}(1+x)^{\frac{c}{x}}=\displaystyle\int_{-\infty}^{c}t\mathrm{e}^t\mathrm{d}t$, 求 c.

解 因为

$$\lim_{x\to0}(1+x)^{\frac{c}{x}}=\mathrm{e}^c, \tag{1}$$

$$\int_{-\infty}^{c}t\mathrm{e}^t\mathrm{d}t=t\mathrm{e}^t|_{-\infty}^{c}-\int_{-\infty}^{c}\mathrm{e}^t\mathrm{d}t=c\mathrm{e}^c-\mathrm{e}^t|_{-\infty}^{c}=(c-1)\mathrm{e}^c, \tag{2}$$

由 (1),(2) 得 $\mathrm{e}^c=(c-1)\mathrm{e}^c$, 所以 $c=2$. $\blacksquare$

15. 计算 $\lim\limits_{x\to+\infty}\left(\dfrac{1}{x}\dfrac{a^x-1}{a-1}\right)^{\frac{1}{x}}$ $(a>0,a\neq1)$.

解 令 $y=\left(\dfrac{1}{x}\dfrac{a^x-1}{a-1}\right)^{\frac{1}{x}}$, 则

$$\ln y=\frac{1}{x}\ln\left(\frac{1}{x}\frac{a^x-1}{a-1}\right)=-\frac{\ln x}{x}+\frac{1}{x}\ln\frac{a^x-1}{a-1},$$

而

$$\lim_{x\to+\infty}\frac{\ln x}{x}=\lim_{x\to+\infty}\frac{1}{x}=0,$$

$$\lim_{x\to+\infty}\frac{1}{x}\ln\frac{a^x-1}{a-1}=\lim_{x\to+\infty}\frac{a-1}{a^x-1}\frac{1}{a-1}a^x\ln a=\begin{cases}\ln a, & a>1,\\ 0, & a\in(0,1).\end{cases}$$

故 $\lim\limits_{x\to+\infty}\left(\dfrac{1}{x}\dfrac{a^x-1}{a-1}\right)^{\frac{1}{x}}=\begin{cases}a, & a>1,\\ 1, & a\in(0,1).\end{cases}$ ■

16. 设 $f(x)$ 在 a 点可导, 且 $f(a)\neq 0$. 求 $\lim\limits_{n\to+\infty}\left[\dfrac{f\left(a+\frac{1}{n}\right)}{f(a)}\right]^n$.

解　因为

$$f\left(a+\frac{1}{n}\right)=f(a)+f'(a)\frac{1}{n}+o\left(\frac{1}{n}\right),$$

所以

$$\frac{f\left(a+\frac{1}{n}\right)}{f(a)}=1+\frac{f'(a)}{f(a)}\frac{1}{n}+o\left(\frac{1}{n}\right),$$

故

$$\lim_{n\to+\infty}\left[\frac{f\left(a+\frac{1}{n}\right)}{f(a)}\right]^n=\lim_{n\to+\infty}\left[1+\frac{f'(a)}{f(a)}\frac{1}{n}+o\left(\frac{1}{n}\right)\right]^n=\mathrm{e}^{\frac{f'(a)}{f(a)}}.$$ ■

练习　求下列极限.

(1) $\lim\limits_{n\to\infty}\left(\dfrac{n+x}{n-1}\right)^n$ (答案: e^{x+1}).

(2) $\lim\limits_{x\to a}\left(\dfrac{\sin x}{\sin a}\right)^{\frac{1}{x-a}}$ (答案: $\mathrm{e}^{\cot a}$).

(3) $\lim\limits_{n\to\infty}\tan^n\left(\dfrac{\pi}{4}+\dfrac{1}{n}\right)$(答案: e^2).

(4) 已知 $\lim\limits_{x\to0}\left(1+x+\dfrac{f(x)}{x}\right)^{\frac{1}{x}}=\mathrm{e}^3$, 求 $\lim\limits_{x\to0}\dfrac{f(x)}{x^2}$. (答案: 2)

例 1-2-2　求解下列各题.

1. 设函数 $f(x)$ 在 $x=0$ 处可微, 又设函数 $\varphi(x)=\begin{cases}x+\dfrac{1}{2}, & x<0,\\ \dfrac{\sin\frac{x}{2}}{x}, & x>0.\end{cases}$ 求

$$I=\lim_{x\to0}\frac{xf(x)(1+x)^{-\frac{x+1}{x}}+\varphi(x)\int_0^{2x}\cos t^2\mathrm{d}t}{x\varphi(x)}.$$

解 由于

$$I=\lim_{x\to 0}\left[\frac{f(x)}{\varphi(x)}\frac{1}{(1+x)(1+x)^{\frac{1}{x}}}+\frac{\displaystyle\int_0^{2x}\cos t^2\mathrm{d}t}{x}\right],$$

且

$$\lim_{x\to 0}\frac{f(x)}{\varphi(x)}=\frac{\lim\limits_{x\to 0}f(x)}{\lim\limits_{x\to 0}\varphi(x)}=\frac{f(0)}{\frac{1}{2}}=2f(0),$$

$$\lim_{x\to 0}(1+x)(1+x)^{\frac{1}{x}}=\mathrm{e},$$

$$\lim_{x\to 0}\frac{\displaystyle\int_0^{2x}\cos t^2\mathrm{d}t}{x}=\lim_{x\to 0}2\cos(2x)^2=2.$$

所以 $I=\dfrac{2f(0)}{\mathrm{e}}+2.$ ■

2. 设 f 为可微函数, $f(0)=0, f'(0)\neq 0$, 即 D_t 是以原点为圆心, 以 t 为半径的圆. 求

$$\lim_{t\to 0^+}\frac{\displaystyle\iint\limits_{D_t}f(\sqrt{x^2+y^2})\mathrm{d}x\mathrm{d}y}{at^k}=1,$$

求 a 与 k.

解 作变换 $T:\begin{cases}x=r\cos\theta,\\ y=r\sin\theta,\end{cases}$ 得 $\displaystyle\iint\limits_{D_t}f(\sqrt{x^2+y^2})\mathrm{d}x\mathrm{d}y=\int_0^{2\pi}\mathrm{d}\theta\int_0^t rf(r)\mathrm{d}r.$

由 L'Hospital 法则得

$$\lim_{t\to 0^+}\frac{\displaystyle\int_0^{2\pi}\mathrm{d}\theta\int_0^t rf(r)\mathrm{d}r}{at^k}=\lim_{t\to 0^+}\frac{2\pi tf(t)}{kat^{k-1}}=\lim_{t\to 0^+}\frac{2\pi f(t)}{kat^{k-2}}=\lim_{t\to 0^+}\frac{2\pi[f(0)+f'(0)t+o(t)]}{kat^{k-2}}=1,$$

所以

$$k=3,\quad \frac{2\pi f'(0)}{ka}=1\Longrightarrow a=\frac{2\pi}{3}f'(0).\quad ■$$

3. 当 $x\to 0$ 时, 求 $1-\cos(\sin x)+\alpha\ln(1+x^2)$ 是多少阶无穷小量 (α 为参数).

解 (解一) 记 $f(x)=1-\cos(\sin x)+\alpha\ln(1+x^2)$, 因为

$$\lim_{x\to 0}\frac{1-\cos(\sin x)+\alpha\ln(1+x^2)}{x^n}=\lim_{x\to 0}\frac{\sin(\sin x)\cos x+\dfrac{2\alpha x}{1+x^2}}{nx^{n-1}}$$

$$=\lim_{x\to 0}\frac{\cos(\sin x)\cos^2 x-\sin(\sin x)\sin x+\dfrac{2\alpha(1+x^2)-4\alpha x^2}{(1+x^2)^2}}{n(n-1)x^{n-2}},\tag{1}$$

而

$$\lim_{x\to 0}\left[\cos(\sin x)\cos^2 x-\sin(\sin x)\sin x+\frac{2\alpha(1+x^2)-4\alpha x^2}{(1+x^2)^2}\right]=1+2\alpha.$$

当 $\alpha\neq-\dfrac{1}{2}$ 时, 在 (1) 式中取 $n=2$, (1) 式 $=\dfrac{1+2\alpha}{2}\neq 0$, 即 $x\to 0$ 时, $f(x)$ 是二阶无穷小量.

当 $\alpha=-\dfrac{1}{2}$ 时, 因为 $1-\cos x\sim\dfrac{x^2}{2}, \ln(1+x)\sim x$, 所以

$$\begin{aligned}\lim_{x\to 0}\frac{f(x)}{x^m}&=\lim_{x\to 0}\frac{\dfrac{\sin^2 x}{2}-\dfrac{x^2}{2}}{x^m}=\lim_{x\to 0}\frac{\sin^2 x-x^2}{2x^m}\\&=\lim_{x\to 0}\frac{\sin 2x-2x}{2mx^{m-1}}=\lim_{x\to 0}\frac{2(\cos 2x-1)}{2m(m-1)x^{m-2}}=\lim_{x\to 0}\frac{-2\sin^2 x}{m(m-1)x^{m-2}},\end{aligned}\tag{2}$$

在 (2) 式中取 $m=4$, (2) 式 $=-\dfrac{1}{6}$, 所以 $\alpha=-\dfrac{1}{2}$ 时, $f(x)$ 是四阶无穷小量.

注　作等价代换时为防止出错, 最好用 Taylor 展开式.

(解二) 直接用 Taylor 展式. ■

4. 设 $f(x)$ 在 $[-1,1]$ 上连续且恒不为零, 求 $\displaystyle\lim_{x\to 0}\frac{\sqrt[3]{1+f(x)\sin x}-1}{3^x-1}$.

解　当 $x\to 0$ 时, 由于

$$3^x=e^{x\ln 3}=1+x\ln 3+o(x)\ \text{且}\ (1+f(x)\sin x)^{\frac{1}{3}}=1+\frac{1}{3}f(x)\sin x+o(x),$$

所以

$$\lim_{x\to 0}\frac{\sqrt[3]{1+f(x)\sin x}-1}{3^x-1}=\lim_{x\to 0}\frac{\dfrac{1}{3}f(x)\sin x+o(x)}{x\ln 3+o(x)}=\frac{f(0)}{3\ln 3}.\ ■$$

注　不能直接应用 L'Hospital 法则, 因为 $f(x)$ 不一定可导.

5. 设 $f(x), g(x), p(x)$ 具有三阶导数, 试求

$$\lim_{h\to 0}\frac{1}{h^3}\begin{vmatrix}f(x)&g(x)&p(x)\\f(x+h)&g(x+h)&p(x+h)\\f(x+2h)&g(x+2h)&p(x+2h)\end{vmatrix}.$$

解　对行列式中函数 Taylor 展开至 h^2, 由行列式性质及二阶导数连续性可知

$$\text{原式}=\begin{vmatrix}f(x)&g(x)&p(x)\\f'(x)&g'(x)&p'(x)\\f''(x)&g''(x)&p''(x)\end{vmatrix}.\ ■$$

6. 已知 $\displaystyle\lim_{x\to 2}\frac{x^2+ax+b}{x^2-x-2}=2$, 求 a, b.

解 因为 $\lim\limits_{x\to2}(x^2-x-2)=0$, 要使

$$0=\lim_{x\to2}(x^2+ax+b)=4+2a+b=0$$

必有

$$b=-4-2a, \tag{1}$$

再由

$$2=\lim_{x\to2}\frac{x^2+ax-4-2a}{x^2-x-2}=\lim_{x\to2}\frac{(x-2)(x+a+2)}{(x-2)(x+1)}=\lim_{x\to2}\frac{x+a+2}{x+1}=\frac{a+4}{3},$$

得 $a=2$, 代入 (1) 式得 $b=-8$. ■

7. 若 $\lim\limits_{x\to+\infty}(f(x)-ax-b)=0$, 求 a,b.

解 极限的几何意义是 $y=ax+b$ 是函数 $f(x)$ 图像的渐近线. 所以

$$a=\lim_{x\to+\infty}\frac{f(x)}{x},\quad b=\lim_{x\to+\infty}(f(x)-ax).\ ■$$

8. 设 $f(x)>0$, $\lim\limits_{x\to x_0}f(x)=A$. 证明: $\lim\limits_{x\to x_0}\sqrt[n]{f(x)}=\sqrt[n]{A}$.

证 由条件可知 $A\geqslant0$.

(1) 若 $A=0$, 由 $\lim\limits_{x\to0}f(x)=A$, 则 $\forall\varepsilon>0,\exists\delta>0$, 当 $0<|x-x_0|<\delta$ 时, 有 $|f(x)-A|=|f(x)|<\varepsilon^n$. 因此 $|\sqrt[n]{f(x)}-0|<\sqrt[n]{\varepsilon^n}$, 即 $\lim\limits_{x\to x_0}\sqrt[n]{f(x)}=0$.

(2) 当 $A>0$, 注意到

$$\begin{aligned}\left|\sqrt[n]{f(x)}-\sqrt[n]{A}\right|&=\frac{|f(x)-A|}{\sqrt[n]{f^{n-1}(x)}+\sqrt[n]{Af^{n-2}(x)}+\cdots+\sqrt[n]{A^{n-2}f(x)}+\sqrt[n]{A^{n-1}}}\\&\leqslant\frac{1}{\sqrt[n]{A^{n-1}}}|f(x)-A|.\end{aligned}$$

由于 $\lim\limits_{x\to x_0}f(x)=A$, 因此 $\forall\varepsilon>0,\exists\delta>0$, 当 $0<|x-x_0|<\delta$ 时, 有 $|f(x)-A|<\sqrt[n]{A^{n-1}}\varepsilon$, 从而有 $\left|\sqrt[n]{f(x)}-\sqrt[n]{A}\right|<\varepsilon$, 即 $\lim\limits_{x\to x_0}\sqrt[n]{f(x)}=\sqrt[n]{A}$. ■

9. 求 $\lim\limits_{x\to1}\left(\dfrac{m}{1-x^m}-\dfrac{n}{1-x^n}\right)$.

解 由于

$$\begin{aligned}&\frac{m}{1-x^m}-\frac{n}{1-x^n}\\=&\frac{m\left(1+x+\cdots+x^{n-1}\right)-n\left(1+x+\cdots+x^{m-1}\right)}{(1-x)\left(1+x+\cdots+x^{n-1}\right)\left(1+x+\cdots+x^{m-1}\right)}\\=&\frac{m\left[(x-1)+(x^2-1)+\cdots+(x^{n-1}-1)\right]-n\left[(x-1)+(x^2-1)+\cdots+(x^{m-1}-1)\right]}{(1-x)\left(1+x+\cdots+x^{n-1}\right)\left(1+x+\cdots+x^{m-1}\right)}\\=&\frac{n\left[1+(x+1)+\cdots+(x^{m-2}+\cdots+x+1)\right]}{\left(1+x+\cdots+x^{n-1}\right)\left(1+x+\cdots+x^{m-1}\right)}-\frac{m\left[1+(x+1)+\cdots+(x^{n-2}+\cdots+x+1)\right]}{\left(1+x+\cdots+x^{n-1}\right)\left(1+x+\cdots+x^{m-1}\right)},\end{aligned}$$

因此

$$\lim_{x\to1}\left(\frac{m}{1-x^m}-\frac{n}{1-x^n}\right)=\frac{n[1+2+\cdots+(m-1)]-m[1+2+\cdots+(n-1)]}{mn}$$
$$=\frac{mn(m-1)-mn(n-1)}{2mn}=\frac{m-n}{2}.\quad ■$$

10. 求 $\lim\limits_{n\to\infty}\int_0^1\frac{1}{\mathrm{e}^{\frac{x}{n}}\left(1+\frac{x}{n}\right)^n}\mathrm{d}x$.

解 令$f(x,y)=\dfrac{1}{\mathrm{e}^{xy}(1+xy)^{\frac{1}{y}}}$, 则对 $f(x,y)$ 适当补充在正方形 $[0,1]\times[0,1]$ 边界上的值, 可使得 $f(x,y)$ 在 $[0,1]\times[0,1]$ 上连续. 由含参变量积分的性质得

$$\lim_{y\to0^+}\int_0^1\frac{1}{\mathrm{e}^{xy}(1+xy)^{\frac{1}{y}}}\mathrm{d}x=\int_0^1\lim_{y\to0^+}\frac{1}{\mathrm{e}^{xy}(1+xy)^{\frac{1}{y}}}\mathrm{d}x=\int_0^1\frac{1}{\mathrm{e}^x}\mathrm{d}x=1-\frac{1}{\mathrm{e}}.$$

由 Heine 定理知

$$\lim_{n\to\infty}\int_0^1\frac{1}{\mathrm{e}^{\frac{x}{n}}\left(1+\frac{x}{n}\right)^n}\mathrm{d}x=1-\frac{1}{\mathrm{e}}.\quad ■$$

11. 求 $\lim\limits_{x\to0^+}\int_0^1\frac{x\cos t}{x^2+t^2}\mathrm{d}t$.

证 $\forall\varepsilon>0,\exists\delta>0$, 当 $t\in[0,\delta]$ 时有 $1-\varepsilon\leqslant\cos t\leqslant1$. 记 $f(x,t)=\dfrac{x\cos t}{x^2+t^2}$, 则 $f(x,t)\in C[0,1]\times[\delta,1]$, 由含参变量积分性质得

$$\lim_{x\to0^+}\int_\delta^1\frac{x\cos t}{x^2+t^2}\mathrm{d}t=\int_\delta^1\left(\lim_{x\to0^+}\frac{x\cos t}{x^2+t^2}\right)\mathrm{d}t=0.$$

而

$$\int_0^\delta\frac{x\cos t}{x^2+t^2}\mathrm{d}t\geqslant(1-\varepsilon)\int_0^\delta\frac{x}{x^2+t^2}\mathrm{d}t=(1-\varepsilon)\arctan\left(\frac{t}{x}\right)\Big|_0^\delta=(1-\varepsilon)\arctan\left(\frac{\delta}{x}\right)\to(1-\varepsilon)\frac{\pi}{2}.$$

$$\int_0^\delta\frac{x\cos t}{x^2+t^2}\mathrm{d}t\leqslant\int_0^\delta\frac{x}{x^2+t^2}\mathrm{d}t=\arctan\left(\frac{t}{x}\right)\Big|_0^\delta=\arctan\left(\frac{\delta}{x}\right)\to\frac{\pi}{2}.$$

因此

$$\lim_{x\to0^+}\int_0^1\frac{x\cos t}{x^2+t^2}\mathrm{d}t=\frac{\pi}{2}.\quad ■$$

例 1-2-3 求解下列各题.

1. 对 Riemann 函数

$$R(x)=\begin{cases}\dfrac{1}{q}, & x=\dfrac{p}{q}\left(p,q\in\mathbb{N}^+,\dfrac{p}{q}\text{为既约真分数}\right),\\ 0, & x=0,1\text{和}(0,1)\text{内的无理数}.\end{cases}$$

有 $\lim\limits_{x\to x_0} R(x)=0, \forall x_0\in[0,1]$ (当 $x_0=0$ 或 1 时, 考虑单侧极限).

证　对 $\forall\varepsilon>0$, 满足 $\dfrac{1}{q}\geqslant\varepsilon$ 的正整数 q 只有有限个, 从而使得 $R(x)\geqslant\varepsilon$ 的有理数也只有有限个. 设这有限个有理数为 $x_1,x_2,\cdots,x_k$, 则一定存在 $\delta>0$ 使得 $x_i\notin U^o(x_0)\cap[0,1]\ (i=1,2,\cdots,k)$. 而当 x 为无理数时 $R(x)=0$. 因此 $\forall x\in U^o(x_0)\cap[0,1]$, 有 $|R(x)-0|<\varepsilon$. ■

注　Riemann 函数在 $(0,1)$ 上的任意无理数连续, 关于 $x=1,0$ 分别左右连续; 而对 $(0,1)$ 内任何有理数均不连续, 而且这些有理点为可去间断点. Riemann 函数是没有原函数的 Riemann 可积函数, 从而也是有界函数.

2. 设 $k\in\mathbb{N}^+$. 若 $\lim\limits_{x\to0}f(x^k)$ 存在, 能否有 $\lim\limits_{x\to0}f(x)$ 存在且 $\lim\limits_{x\to0}f(x)=\lim\limits_{x\to0}f(x^k)$?

解　(1) 当 k 为偶数时, 结论不成立. 例如: $f(x)=\operatorname{sgn}x=\begin{cases}1, & x>0,\\ 0, & x=0,\\ -1, & x<0.\end{cases}$ 显然, $\lim\limits_{x\to0}f(x^k)=1$. 而 $\lim\limits_{x\to0^+}f(x)=1$, $\lim\limits_{x\to0^-}f(x)=-1$, 因此 $\lim\limits_{x\to0}f(x)$ 不存在.

(2) 当 k 为奇数时, 结论成立. 事实上, 设 $\lim\limits_{x\to0}f(x^k)=A$, 则 $\forall\varepsilon>0,\exists\delta_1>0$, 当 $0<|x-0|<\delta_1$ 时, 有 $|f(x^k)-A|<\varepsilon$. 记 $t=x^k$, 则当 $0<|t-0|<\delta_1^k$ 时, 有 $|f(t)-A|<\varepsilon$. 即 $\forall\varepsilon>0,\exists\delta=\delta_1^k>0$, 当 $0<|x-0|<\delta_1^k$ 时, 有 $|f(x)-A|<\varepsilon$. ■

3. 判断下列极限是否存在, 并说明理由.

(1) $\lim\limits_{x\to+\infty}\sin x$.　　(2) $\lim\limits_{x\to x_0}D(x)$.

解　(1)(解一) 取 $x_n=2n\pi$, $y_n=2n\pi+\dfrac{\pi}{2}$, 显然 $\lim\limits_{n\to\infty}x_n=\lim\limits_{n\to\infty}y_n=+\infty$, 但是

$$\lim_{n\to\infty}f(x_n)=0,\quad \lim_{n\to\infty}f(y_n)=1.$$

由 Heine 定理 (归结原理) 知 $\lim\limits_{x\to+\infty}\sin x$ 不存在.

(解二) $\exists\varepsilon_0=\dfrac{1}{2}$, 对 $\forall M>0$, 记 $n=[M]+1$, 取 $x_1=\left(n+\dfrac{1}{2}\right)\pi$, $x_2=n\pi$, 则 $x_1,x_2>M$, 但是

$$|\sin x_1-\sin x_2|=1>\varepsilon_0.$$

由 Cauchy 收敛准则知 $\lim\limits_{x\to+\infty}\sin x$ 不存在. ■

(2) (解一) 对 $\forall a\in\mathbb{R}$.

(i) 若 $a\neq1$. $\exists\varepsilon_0=\dfrac{|a-1|}{2}$, 对 $\delta>0$, 存在有理数 $r:|r-x_0|<\delta$ 使得 $|D(r)-a|=|1-a|>\varepsilon_0$.

(ii) 若 $a\neq0$. $\exists\varepsilon_0=\dfrac{|a|}{2}$, 对 $\delta>0$, 存在无理数 $\overline{r}:|\overline{r}-x_0|<\delta$ 使得 $|D(\overline{r})-a|=|a|>\varepsilon_0$. 由极限定义知 $\lim\limits_{x\to x_0}D(x)$ 不存在.

(解二) 取有理数列 $\{r_n\}$ 和无理数列 $\{\overline{r}_n\}$, 使得 $\lim\limits_{n\to\infty}r_n=x_0$, $\lim\limits_{n\to\infty}\overline{r}_n=x_0$. 但是

$$1=\lim_{n\to\infty}D(r_n)\neq\lim_{n\to\infty}D(\overline{r}_n)=0.$$

由 Heine 定理知 $\lim\limits_{x\to x_0}D(x)$ 不存在.

(解三) 存在 $\varepsilon_0=\dfrac{1}{2}$, 对 $\forall\delta>0$, 由实数稠密性存在有理数 $r\in U^o(x_0,\delta)$, 存在无理数 $\overline{r}\in U^o(x_0,\delta)$, 使得

$$|D(r)-D(\overline{r})|=1>\varepsilon_0.$$

由 Cauchy 准则知 $\lim\limits_{x\to x_0}D(x)$ 不存在. ■

4. **设** $\lim\limits_{x\to a}f(x)=A$, $\lim\limits_{u\to A}g(u)=B$, **能否推出** $\lim\limits_{x\to a}g(f(x))=B$?

解 不一定. 例如:

$$f(x)\equiv 0;\quad g(u)=\begin{cases}1, & u\neq 0,\\ 0, & u=0.\end{cases}$$

显然 $\lim\limits_{x\to 0}f(x)=0$; $\lim\limits_{u\to 0}g(u)=1$, 但是 $\lim\limits_{x\to 0}g(f(x))=0$.

当在 a 点的某邻域内 $f(x)\neq A$ 时, 结论成立. 事实上, 由于 $\lim\limits_{u\to A}g(u)=B$, 所以 $\forall\varepsilon>0$, $\exists\eta>0$, 当 $0<|u-A|<\eta$ 时有 $|g(u)-B|<\varepsilon$.

又 $\lim\limits_{x\to a}f(x)=A$, 对上述 $\eta>0,\exists\delta>0$, 当 $0<|x-a|<\delta$ 时有 $0<|f(x)-A|<\eta$. 从而有 $|g(f(x))-B|<\varepsilon$. ■

5. **设** $f(x)$ **在** $(0,+\infty)$ **上满足** $f(2x)=f(x)$ **且** $\lim\limits_{x\to+\infty}f(x)=A$, **证明** $f(x)\equiv A,\forall x\in(0,+\infty)$.

证 $\forall x_0\in(0,+\infty),\forall n$, 有

$$f(x_0)=f(2x_0)=\cdots=f(2^nx_0),$$

所以

$$f(x_0)=\lim_{n\to+\infty}f(2^nx_0)=A,$$

由 x_0 的任意性得 $f(x_0)=A,\forall x\in(0,+\infty)$. ■

思考 若将题目中的条件 $\lim\limits_{x\to+\infty}f(x)=A$ 改为 $\lim\limits_{x\to 0^+}f(x)=A$, 结论是否成立?

6. **证明: 若** f **为定义在实数域上的周期函数, 且** $\lim\limits_{x\to+\infty}f(x)=a$, **则** $f(x)\equiv a$.

证 (解一) 对 $\forall x_0\in\mathbb{R}$, 取 $T>0$ 为 f 的一个周期, 则

$$f(x_0)=f(x_0+nT).$$

注意到 $\lim\limits_{n\to\infty}(x_0+nT)=+\infty$, 对上式两边关于 n 求极限并由 Heine 定理得

$$f(x_0)=\lim_{n\to\infty}f(x_0+nT)=\lim_{x\to+\infty}f(x)=a.$$

由 x_0 的任意性知 $f(x)\equiv a$.

(解二) 反证法. 假设 $\exists\xi\in\mathbb{R}$ 使得 $f(\xi)\neq a$. 取 $T>0$ 为 f 的一个周期, 则

$$f(\xi)=f(\xi+nT).$$

注意到 $\lim\limits_{n\to\infty}(\xi+nT)=+\infty$, 对上式两边关于 n 求极限并由 Heine 定理得

$$f(\xi)=\lim_{n\to\infty}f(\xi+nT)=\lim_{x\to+\infty}f(x)=a.$$

这与 $f(\xi)\neq a$ 矛盾. ■

注 周期函数的定义域不一定为全体实数, 如: $\tan x$.

7. 设函数 $f(x)$ 是周期 $T\,(T>0)$ 的连续函数. 证明

$$\lim_{x\to+\infty}\frac{1}{x}\int_0^x f(t)\mathrm{d}t=\frac{1}{T}\int_0^T f(t)\mathrm{d}t.$$

证 (1) 当 $f(x)\geqslant 0$, 则 $\forall x,\exists n$, 使得 $nT\leqslant x\leqslant(n+1)T$, 由 $f(x)\geqslant 0$, 有

$$n\int_0^T f(t)\mathrm{d}t=\int_0^{nT}f(t)\mathrm{d}t\leqslant\int_0^x f(t)\mathrm{d}t\leqslant\int_0^{(n+1)T}f(t)\mathrm{d}t=(n+1)\int_0^T f(t)\mathrm{d}t,$$

从而有

$$\frac{n}{(n+1)T}\int_0^T f(t)\mathrm{d}t\leqslant\frac{1}{x}\int_0^x f(t)\mathrm{d}t\leqslant\frac{n+1}{nT}\int_0^T f(t)\mathrm{d}t.$$

由两边夹定理得

$$\lim_{x\to+\infty}\frac{1}{x}\int_0^x f(t)\mathrm{d}t=\frac{1}{T}\int_0^T f(t)\mathrm{d}t.$$

(2) 当 $f(x)$ 是任意以 T 为周期的连续函数, 则存在 $M,|f(x)|\leqslant M,\forall x\in[0,T]$, 再由 $f(x)$ 的周期性, 则 $|f(x)|\leqslant M,\forall x\in D_f$. 令 $g(x)=M-f(x)$, 则 $g(x)\geqslant 0$ 且以 T 为周期. 由 (1) 知

$$\lim_{x\to+\infty}\frac{1}{x}\int_0^x g(t)\mathrm{d}t=\frac{1}{T}\int_0^T g(t)\mathrm{d}t,$$

即

$$\lim_{x\to+\infty}\frac{1}{x}\int_0^x (M-f(t))\mathrm{d}t=\frac{1}{T}\int_0^T (M-f(t))\mathrm{d}t,$$

故

$$\lim_{x\to+\infty}\frac{1}{x}\int_0^x f(t)\mathrm{d}t=\frac{1}{T}\int_0^T f(t)\mathrm{d}t. \quad ■$$

8. 设函数列 $y_n=y_n(x)(0\leqslant x\leqslant 1),n=1,2,\cdots$, 由下述方程确定 $y_1=\dfrac{x}{2}$, $y_n=\dfrac{x}{2}+\dfrac{y_{n-1}^2}{2}(n=2,3,\cdots)$. 求 $\lim\limits_{n\to\infty}y_n$.

证 应用数学归纳法证明 $0\leqslant y_n\leqslant 1(n\in\mathbb{N})$. 事实上,

当 $n=1$ 时, $y_1=\dfrac{x}{2}\in\left[0,\dfrac{1}{2}\right]$, 即有 $0\leqslant y_1\leqslant 1$; 假设 n 时成立, 即 $0\leqslant y_n\leqslant 1$, 则

$$y_{n+1}=\frac{x}{2}+\frac{y_n^2}{2}\leqslant\frac{1}{2}+\frac{1}{2}=1,$$

总之 $0 \leqslant y_n \leqslant 1(n \in \mathbb{N})$.

再证 $\{y_n\}$ 单调 (x 固定). 事实上,

$$y_{n+1} - y_n = \frac{y_n^2}{2} - \frac{y_{n-1}^2}{2} = \frac{1}{2}(y_n + y_{n-1})(y_n - y_{n-1}).$$

所以 $(y_{n+1} - y_n)$ 与 $(y_n - y_{n-1})$ 同号, 而

$$y_2 - y_1 = \left(\frac{x}{2} + \frac{x^2}{8}\right) - \frac{x}{2} = \frac{x^2}{8} \geqslant 0,$$

故 $y_{n+1} - y_n \geqslant 0$, 即对任意固定 x, 数列 $\{y_n\}$ 单调上升.

这样, 对任意固定 x, $\{y_n\}$ 单调上升有上界, 设 $\lim\limits_{n\to\infty} y_n = a$, 对递推关系式两边求极限得

$$\lim_{n\to\infty} y_n = 1 - \sqrt{1-x}. \quad \blacksquare$$

9. 设 $f(x)$ 在 $[1, +\infty)$ 上有连续导数, 且 $\lim\limits_{x\to+\infty}[f'(x) + f(x)] = k$. 证明 $\lim\limits_{x\to+\infty} f(x) = k$.

证 由推广的 L'Hospital 法则, 得

$$\lim_{x\to+\infty} f(x) = \lim_{x\to+\infty} \frac{\mathrm{e}^x f(x)}{\mathrm{e}^x} = \lim_{x\to+\infty} \frac{\mathrm{e}^x[f'(x) + f(x)]}{\mathrm{e}^x} = \lim_{x\to+\infty}[f(x) + f'(x)] = k. \quad \blacksquare$$

思考 该命题反之是否成立? 并说明理由.

10. 设 $f(x)$ 满足 $f(0) = 0$ 且 $f'(0)$ 存在, 求 $\lim\limits_{x\to0^+} x^{f(x)}$.

解 记 $y(x) = x^{f(x)}$, 则由 Taylor 公式得

$$\ln y(x) = f(x)\ln x = [f(0) + f'(0)x + o(x)]\ln x \to 0,$$

故 $\lim\limits_{x\to0^+} x^{f(x)} = 1$. $\blacksquare$

注 由 L'Hospital 法则知 $\lim\limits_{x\to0^+} x^\delta(\ln x)^k = 0$ (任意 $\delta > 0$, k).

思考 此题能否取对数后直接用 L'Hospital 法则?

11. 设函数 $f(x)$ 定义在 $(a, +\infty)$, $f(x)$ 在每个有限区间 (a, b) 内有界且满足

$$\lim_{x\to+\infty}[f(x+1) - f(x)] = A.$$

证明: $\lim\limits_{x\to+\infty} \dfrac{f(x)}{x} = A$.

证 由于 $\lim\limits_{x\to+\infty}[f(x+1) - f(x)] = A$, 所以 $\forall \varepsilon > 0, \exists M_1 > a$, 当 $x > M_1$ 时有

$$|f(x+1) - f(x) - A| < \varepsilon.$$

$\forall x > M_1$, $\exists n \in \mathbb{N}_+$, $\exists x_0 \in (M_1, M_1+1]$ 使得 $x = x_0 + n$, 这样

$$\left|\frac{f(x)}{x} - A\right| = \left|\frac{[f(x) - f(x-1)] + \cdots + [f(x-n+1) - f(x-n)] + f(x-n)}{x} - A\right|$$

$$\leqslant \frac{|f(x) - f(x-1) - A| + \cdots + |f(x-n+1) - f(x-n) - A| + |f(x-n) - x_0 A|}{x}$$

$$\leqslant \frac{n}{x}\varepsilon + \frac{|f(x-n) - x_0 A|}{x} = \frac{n}{x}\varepsilon + \frac{|f(x_0) - x_0 A|}{x} < \varepsilon + \frac{|f(x_0) - x_0 A|}{x}.$$

而 $\lim_{x\to+\infty}\frac{|f(x_0)-x_0A|}{x}=0$, 对上述 $\varepsilon>0$, $\exists M_2>a$, 当 $x>M_2$ 时有 $\left|\frac{|f(x_0)-x_0A|}{x}\right|<\varepsilon$.

取 $M=\max\{M_1+1,M_2\}$, 当 $x>M$ 时有 $\left|\frac{f(x)}{x}-A\right|<2\varepsilon$, 即 $\lim_{x\to+\infty}\frac{f(x)}{x}=A$. ■

12. **设 $f(x)\in C[0,1]$ 且满足 $f(0)=0, f'(0)=a$, 求极限**

$$\lim_{n\to\infty}\left[f\left(\frac{1}{n^2}\right)+f\left(\frac{2}{n^2}\right)+\cdots+f\left(\frac{n}{n^2}\right)\right].$$

解 (解一) 由于 $\lim_{x\to0^+}\frac{f(x)}{x}=\lim_{x\to0^+}\frac{f(x)-f(0)}{x}=f'(0)=a$, 所以 $\forall\varepsilon>0,\exists\delta>0$, 当 $0<x<\delta$ 时有 $\left|\frac{f(x)}{x}-a\right|<\varepsilon$, 即 $|f(x)-ax|<x\varepsilon$. 取 $N_1=\left[\frac{1}{\delta}\right]+1$, 当 $n>N_1$ 时有

$$\begin{aligned}&\left|f\left(\frac{1}{n^2}\right)+f\left(\frac{2}{n^2}\right)+\cdots+f\left(\frac{n}{n^2}\right)-\frac{a}{2}\right|\\ \leqslant&\left|f\left(\frac{1}{n^2}\right)-\frac{a}{n^2}\right|+\cdots+\left|f\left(\frac{n}{n^2}\right)-\frac{na}{n^2}\right|+\left|\frac{n(n+1)a}{2n^2}-\frac{a}{2}\right|\\ \leqslant&\left(\frac{1}{n^2}+\cdots+\frac{n}{n^2}\right)\varepsilon+\left|\frac{n(n+1)a}{2n^2}-\frac{a}{2}\right|=\frac{n(n+1)}{2n^2}\varepsilon+\left|\frac{n(n+1)a}{2n^2}-\frac{a}{2}\right|.\end{aligned}\tag{1}$$

由于 $\lim_{n\to\infty}\frac{n(n+1)}{2n^2}=\frac{1}{2}$, 对上述 $\varepsilon>0$, 存在 N_2, 当 $n>N_2$ 时有 $\frac{n(n+1)}{2n^2}<1$, $\left|\frac{n(n+1)a}{2n^2}-\frac{a}{2}\right|<|a|\varepsilon$.

当 $n>\max\{N_1,N_2\}$ 时, 由 (1) 式知

$$\left|f\left(\frac{1}{n^2}\right)+f\left(\frac{2}{n^2}\right)+\cdots+f\left(\frac{n}{n^2}\right)-\frac{a}{2}\right|<(1+|a|)\varepsilon,$$

即

$$\lim_{n\to\infty}\left[f\left(\frac{1}{n^2}\right)+f\left(\frac{2}{n^2}\right)+\cdots+f\left(\frac{n}{n^2}\right)\right]=\frac{a}{2}.$$

(解二) 由 Taylor 公式得

$$f\left(\frac{k}{n^2}\right)=f(0)+f'(0)\frac{k}{n^2}+o\left(\frac{k}{n^2}\right)=\frac{ka}{n^2}+o\left(\frac{k}{n^2}\right)\quad(k=1,2,\cdots,n).$$

因此

$$\sum_{k=1}^{n}f\left(\frac{k}{n^2}\right)=\frac{n(n+1)}{2n^2}a+\sum_{k=1}^{n}o\left(\frac{k}{n^2}\right).$$

而

$$\left|\sum_{k=1}^{n}o\left(\frac{k}{n^2}\right)\right|\leqslant\sum_{k=1}^{n}\left|o\left(\frac{k}{n^2}\right)\right|\leqslant n\left|o\left(\frac{n}{n^2}\right)\right|\to0\quad(n\to\infty).$$

所以

$$\lim_{n\to\infty}\left[f\left(\frac{1}{n^2}\right)+f\left(\frac{2}{n^2}\right)+\cdots+f\left(\frac{n}{n^2}\right)\right]=\frac{a}{2}.\quad\blacksquare$$

练习　(1) 设函数 f 在 $(0,+\infty)$ 内满足 $f(x^2)=f(x)$, 且

$$\lim_{x\to+\infty}f(x)=\lim_{x\to0^+}f(x)=f(1).$$

证明:$f(x)\equiv f(1),\ x\in(0,+\infty)$.

(2) 设 $f(x)$ 在 $(a,+\infty)$ 内可导, $\lim\limits_{x\to+\infty}f'(x)=0$ 能否推出 $\lim\limits_{x\to+\infty}f(x)$ 存在? 反之成立否?

(3) 设 $f(x)$ 在 $(a,+\infty)$ 内可导, 且 $\lim\limits_{x\to+\infty}f'(x)=0$, 能否推出 $\lim\limits_{x\to+\infty}\dfrac{f(x)}{x}=0$? 并说明几何意义.

三、 实数系理论

例 1-3-1　解答下列各题.

1. 讨论下列函数的有界性、单调性、周期性、奇偶性、极限、连续性、可导性、是否存在原函数、可积性.

(1) Dirichlet 函数 $D(x)=\begin{cases}1, & x\text{为有理数},\\ 0, & x\text{为无理数}.\end{cases}$

(2) Riemann 函数 $R(x)=\begin{cases}\dfrac{1}{q}, & x=\dfrac{p}{q}\left(p,q\in\mathbb{N}^+,\dfrac{p}{q}\text{为既约真分数}\right),\\ 0, & x=0,1\text{和}(0,1)\text{内的无理数}.\end{cases}$

(3) Gauss 取整函数 $[x]$.

(4) Sgn 函数 $\mathrm{sgn}(x)$.

解　(1) Dirichlet 函数为有界、非单调、以任何有理数为周期且任何无理数均不是其周期的周期函数、偶函数、每一点极限均不存在 (因而每点均不连续、每点不可导)、在任何有限区间均不可积的函数.

(2) Riemann 函数为有界、非单调、每一点极限均为 0、(0,1) 中有理点不连续 (间断点为可去间断点)、(0,1) 中的无理点和 0,1 点连续、没有原函数、在 [0,1] 可积的函数.

(3) Gauss 取整函数为无界、非严格单调递增、非周期、非奇偶、间断点极限均不存在 (单侧极限存在)、某些点连续某些点不连续 (间断点为跳跃间断点)、某些点可导 (可导点导数为 0)、不存在原函数、在任何有限区间均可积的函数.

(4) Sgn 函数为有界、非严格单调递增、非周期、奇函数、仅在 0 点间断 (0 点为跳跃间断点) 、仅 0 点不可导、不存在原函数、在任何有限区间均可积的函数. ■

思考　① Dirichlet 函数是否存在原函数? ② Riemann 函数在连续点是否可导?

2. (1) 周期函数的和是否为周期函数?

(2) 周期函数是否一定存在最小正周期? 什么样的函数一定存在最小正周期?

(3) 是否存在定义在 $\mathbb{R}$ 上的函数, 它以任意有理数为周期且任意无理数不是其周期?

(4) 是否存在定义在 $\mathbb{R}$ 上的函数, 它以任意无理数为周期且任意有理数不是其周期?

(5) 设 $y=f(x)$ 定义在 $\mathbb{R}$ 上的函数, 若 $f(x)$ 为周期函数且可导, 试问 $f'(x)$ 是否为周期函数? 反之是否成立?

解　(1) 两个周期函数的和不一定是周期函数, 如: $\sin x + D(x)$.

(2) 周期函数不一定有最小正周期, 如: 常值函数, $D(x)$. 非常值的连续的周期函数一定有最小正周期 (证明见连续部分中的习题).

(3) 存在, 如: $D(x)$.

(4) 不存在. 假设存在这样的函数, 则对 $\forall r \in \mathbb{Q}$, 必存在 $x_r \in \mathbb{R}$ 使得

$$f(r + x_r) \neq f(x_r). \tag{1}$$

取 $y_r \in \overline{\mathbb{Q}}$, 则 $r + y_r \in \overline{\mathbb{Q}}$, 因此

$$f(r + x_r) = f((r + x_r) + y_r) = f((r + y_r) + x_r) = f(x_r),$$

这与 (1) 式矛盾.

(5) 若 f 为周期函数且可导, 则 f' 也为周期函数. 事实上, 设 T 为 f 的一个周期, 则

$$f(x + T) = f(x), \quad x \in \mathbb{R}.$$

对上式两边关于 x 求导得

$$f'(x + T) = f'(x), \quad x \in \mathbb{R},$$

即 f' 为周期函数.

反之不成立, 如: $\sin x + 1$ 为周期函数, 但 $-\cos x + x$ 为非周期函数. ■

3. 证明任意两个实数之间一定存在有理数和无理数.

证　对 $\forall a, b \in \mathbb{R}$, 不妨设 $a < b$.

(1) 先证 $[a, b]$ 内存在有理数. 由于 $a < b$, 则存在 n 使得

$$\overline{a}_n < b_n,$$

其中 $\overline{a}_n$ 为 a 的 n 位过剩近似 (有理数), b_n 为 b 的不足近似 (有理数). 取 $r = \dfrac{1}{2}(\overline{a}_n + b_n)$, 则 $r \in \mathbb{Q}$, 且 $a < r < b$.

(2) 再证 $[a, b]$ 内存在无理数. 事实上, 因为 $\sqrt{2}a < \sqrt{2}b$, 则存在 $r \in \mathbb{Q}$, 使得 $\sqrt{2}a < r < \sqrt{2}b$. 因此 $\dfrac{r}{\sqrt{2}} \in \overline{\mathbb{Q}}$, 且 $a < \dfrac{r}{\sqrt{2}} < b$. ■

4. 设

$$f(x) = \begin{cases} q, & x = \dfrac{p}{q}\left(p, q \in \mathbb{N}^+, \dfrac{p}{q}\text{为既约真分数}, 0 < p < q\right), \\ 0, & x\text{为}(0,1)\text{内的无理数}. \end{cases}$$

证明: 对 $\forall x_0 \in (0, 1)$, $\forall \delta$, $(x_0 - \delta, x_0 + \delta) \subset (0, 1)$, 有 $f(x)$ 在 $(x_0 - \delta, x_0 + \delta)$ 内无界.

证　假设 $f(x)$ 在 $(x_0 - \delta, x_0 + \delta)$ 内有界, 即存在 $M > 0$ 使得 $0 \leqslant f(x) \leqslant M$, $x \in (x_0 - \delta, x_0 + \delta)$. 由 f 的定义知在 $0 < q \leqslant M$. 而这样的 $q(q \in \mathbb{N}^+)$ 只有有限个, 从而对应的有理数 $x = \dfrac{p}{q}\left(\dfrac{p}{q}\text{为既约真分数}, 0 < p < q\right)$ 也只有有限个, 这表明在 $(x_0 - \delta, x_0 + \delta)$ 只有有限个有理数. 而有实数的稠密性知 $(x_0 - \delta, x_0 + \delta)$ 中含有无限多个有理数数, 矛盾! ■

例 1-3-2　解答下列各题.

1. 设 f 为定义 D 上的有界函数, 证明:

(1) $\sup\limits_{x\in D}\{-f(x)\}=-\inf\limits_{x\in D}\{f(x)\}$;　(2) $\inf\limits_{x\in D}\{-f(x)\}=-\sup\limits_{x\in D}\{f(x)\}$.

证　(1) 设 $\alpha=\inf\limits_{x\in D}\{f(x)\}$, 下面证明 $\sup\limits_{x\in D}\{-f(x)\}=-\alpha$. 事实上, 由下确界定义

(i) $\forall x\in D$, $f(x)\geqslant\alpha$;

(ii) $\forall\varepsilon>0$, $\exists x_0\in D$ 使得 $f(x_0)<\alpha+\varepsilon$.

因此 (i′)$\forall x\in D$, $-f(x)\leqslant-\alpha$;

(ii′) $\forall\varepsilon>0$, $\exists x_0\in D$ 使得 $-f(x_0)>-\alpha-\varepsilon$.

由上确界定义知 $\sup\limits_{x\in D}\{-f(x)\}=-\alpha$.

(2) 类似地, 可证 $\inf\limits_{x\in D}\{-f(x)\}=-\sup\limits_{x\in D}\{f(x)\}$.　■

2. 设 f 在区间 I 上有界, 记 $M=\sup\limits_{x\in I}f(x)$, $m=\inf\limits_{x\in I}f(x)$. 证明: $\sup\limits_{x',x''\in I}|f(x')-f(x'')|=M-m$.

证　对 $\forall x',x''\in I$ 有 $m\leqslant f(x')\leqslant M,m\leqslant f(x'')\leqslant M$, 故

$$m-M\leqslant f(x')-f(x'')\leqslant M-m\Longrightarrow|f(x')-f(x'')|\leqslant M-m.\tag{1}$$

下面证明 $\forall\varepsilon>0,\exists x_1,x_2\in I$ 使得 $M-m-\varepsilon<|f(x_1)-f(x_2)|$. 事实上, 由上、下确界的定义知 $\forall\varepsilon>0$, 存在 x_1,x_2 使得

$$f(x_1)>M-\frac{\varepsilon}{2},\quad f(x_2)<m+\frac{\varepsilon}{2}\Longrightarrow M-m-\varepsilon<f(x_1)-f(x_2)\leqslant|f(x_1)-f(x_2)|.\tag{2}$$

由 (1),(2) 知结论成立.　■

3. 设 S 为有界数集, 证明: 若 $\sup S=a\notin S$, 则存在严格递增数列 $\{x_n\}\subset S$ 使得 $\lim\limits_{n\to\infty}x_n=a$.

证　由上确界定义及 $a\notin S$ 知对 $\forall\varepsilon>0,\exists x\in S$ 使得

$$a-\varepsilon<x<a.$$

取 $\varepsilon_1=1$, 存在 $x_1\in S$ 使得 $a-\varepsilon_1<x_1<a$;

取 $\varepsilon_2=\min\left\{\dfrac{1}{2},a-x_1\right\}$, 存在 $x_2\in S$ 使得

$$a-\varepsilon_2<x_2<a\quad 且\quad x_2>a-\varepsilon_2\geqslant a-(a-x_1)=x_1;$$

$$\cdots\cdots$$

一般地, 取 $\varepsilon_n=\min\left\{\dfrac{1}{n},a-x_{n-1}\right\}$, 存在 $x_n\in S$ 使得

$$a-\varepsilon_n<x_n<a\quad 且\quad x_n>a-\varepsilon_n\geqslant a-(a-x_{n-1})=x_{n-1},$$

这样得到数列 $\{x_n\}$ 满足: ① 严格递增; ② $|x_n-a|\leqslant\dfrac{1}{n}$, 即 $\lim\limits_{n\to\infty}x_n=a$.　■

注 类似地可以证明: 若 $\inf S = a \notin S$, 则存在严格递减数列 $\{x_n\} \subset S$ 使得 $\lim\limits_{n\to\infty} x_n = a$.

4. 设 $\alpha = \sup\{f(x), a \leqslant x \leqslant b\}$. 证明存在 $\{x_n\}: a \leqslant x_n \leqslant b$ 使得 $\lim\limits_{n\to\infty} f(x_n) = \alpha$.

解 由上确界定义知 $\forall \varepsilon = \dfrac{1}{n}, \exists x_n \in [a,b]$ 使得

$$\alpha - \frac{1}{n} \leqslant f(x_n) \leqslant \alpha,$$

由两边夹定理可得 $\lim\limits_{n\to\infty} f(x_n) = \alpha$. ■

5. 设 A, B 是非空有界数集, $S = A \cup B$. 则

(1) $\sup S = \max\{\sup A, \sup B\}$;

(2) $\inf S = \min\{\inf A, \inf B\}$.

证 (1) 由于 $S = A \cup B$ 是非空的有界数集, 因此 S 的上、下确界都存在.

一方面, $\forall x \in S$, 有 $x \in A$ 或 $x \in B$, 故 $x \leqslant \sup A$ 或 $x \leqslant \sup B$, 从而 $x \leqslant \max\{\sup A, \sup B\}$, 由上确界定义可知 $\sup S \leqslant \max\{\sup A, \sup B\}$.

另一方面, 对 $\forall x \in A$, 有 $x \in S$, 故 $x \leqslant \sup S$, 从而 $\sup A \leqslant \sup S$; 同理, $\sup B \leqslant \sup S$. 这样 $\sup S \geqslant \max\{\sup A, \sup B\}$.

总上所述, $\sup S = \max\{\sup A, \sup B\}$.

(2) 类似可以证明. ■

6. 设 A, B 为非空的数集, 满足 $\forall x \in A, \forall y \in B$, 有 $x \leqslant y$. 则数集 A 有上确界, 数集 B 有下确界, 且 $\sup A \leqslant \inf B$.

证 由假设知 $\forall y \in B$ 是数集 A 的上界, $\forall x \in A$ 是数集 B 的下界, 由确界存在原理知 A 有上确界, B 有下确界.

对 $\forall y \in B$, y 是数集 A 的一个上界, 而上确界是上界中的最小者, 故

$$\sup A \leqslant y.$$

上式表明 $\sup A$ 是 B 的一个下界, 而下确界是下界中的最大者, 故

$$\sup A \leqslant \inf B. \quad ■$$

7. 设 f, g 为定义在 D 上的有界函数, 且满足 $f(x) \leqslant g(x), x \in D$. 证明

(1) $\sup\limits_D f(x) \leqslant \sup\limits_D g(x)$.

(2) $\inf\limits_D f(x) \leqslant \inf\limits_D g(x)$.

证 (1) 由于 $f(x) \leqslant g(x) \Longrightarrow f(x) \leqslant \sup\limits_D g(x)$, 即 $\sup\limits_D g(x)$ 为 $f(x)$ 在 D 上的一个上界, 由于上确界是上界中的最小者, 故 $\sup\limits_D f(x) \leqslant \sup\limits_D g(x)$.

(2) 由于 $f(x) \leqslant g(x) \Longrightarrow \inf\limits_D f(x) \leqslant g(x)$, 即 $\inf\limits_D f(x)$ 为 $g(x)$ 在 D 上的一个下界, 由于下确界是下界中的最大者, 故 $\inf\limits_D f(x) \leqslant \inf\limits_D g(x)$. ■

思考 $f(x) \leqslant g(x)$ 能否推出 $\sup\limits_D f(x) \leqslant \inf\limits_D g(x)$?

8. 设 $f(x)$ 为定义在 D 上的有界函数, 证明

(1) $\sup\limits_D [f(x) + g(x)] \leqslant \sup\limits_D f(x) + \sup\limits_D g(x)$.

(2) $\sup\limits_D f(x) + \inf\limits_D g(x) \leqslant \sup\limits_D [f(x)+g(x)]$.

(3) $\inf\limits_D [f(x)+g(x)] \geqslant \inf\limits_D f(x) + \inf\limits_D g(x)$.

(4) $\inf\limits_D [f(x)+g(x)] \leqslant \inf\limits_D f(x) + \sup\limits_D g(x)$.

证 (1) 由于

$$f(x) \leqslant \sup_D f(x), \quad g(x) \leqslant \sup_D g(x) \Longrightarrow f(x)+g(x) \leqslant \sup_D f(x) + \sup_D g(x),$$

即 $\sup\limits_D f(x) + \sup\limits_D g(x)$ 为 $f(x)+g(x)$ 在 D 上的一个上界, 由于上确界是上界中的最小者知

$$\sup_D [f(x)+g(x)] \leqslant \sup_D f(x) + \sup_D g(x).$$

(2) 只要证明

$$\sup_D f(x) \leqslant \sup_D [f(x)+g(x)] - \inf_D g(x).$$

由结论 (1) 知 $-\inf\limits_D g(x) = \sup\limits_D [-g(x)]$, 即证明

$$\sup_D f(x) \leqslant \sup_D [f(x)+g(x)] + \sup_D [-g(x)].$$

事实上, 由结论 (1) 知

$$\sup_D f(x) = \sup_D [f(x)+g(x)-g(x)] \leqslant \sup_D [f(x)+g(x)] + \sup_D [-g(x)].$$

类似地可以证明 (3) 和 (4). ■

注 上、下确界的性质类似于上、下极限的性质.

练习 设 E 是实数集 $\mathbb{R}$ 的子集, $\beta \in \mathbb{R}, \beta = \sup\{E\}$. 证明存在 $\{x_n\} : x_n \in E$ 使得 $\lim\limits_{n\to\infty} x_n = \beta$.

例 1-3-3 解答下列各题.

1. 举例说明: 在有理数集内, 确界原理、单调有界定理、聚点原理和 Cauchy 收敛准则一般不成立.

解 例如, 有理数列 $a_n = \left(1+\dfrac{1}{n}\right)^n$. ■

注 不成立的原因是有理数集不完备.

2. 用有限覆盖定理证明聚点原理.

分析 假设点集 S 有界, 则存在 $[a,b]$ 使得 $S \subset [a,b]$. 假设无聚点, 则对 $\forall x \in [a,b]$, 存在 x 点的一个邻域, 使得在此邻域内至多含有 S 中有限个点, $[a,b]$ 中所有点的开邻域覆盖 $[a,b]$, 再由有限覆盖定理定找出有限个点的开邻域覆盖 $[a,b]$, 而每个邻域中至多有 S 中有限个点, 这样 S 为有限点集, 矛盾! ■

3. 用聚点定理证明 Cauchy 收敛准则.

分析 Cauchy 收敛准则的必要性用数列收敛的定义即可证明. 只要用聚点原理证明充分性即可. 事实上, 先证明 Cauchy 列有界, 由聚点原理知存在聚点, 即存在收敛子列, 进而可证明数列收敛. ■

4. 用有限覆盖定理证明闭区间上连续函数介值性定理.

分析 假设无实根, 由连续函数的局部保号性, 对 $\forall x \in [a,b]$ 存在一个邻域使得在此邻域内都与 $f(x)$ 的符号相同, 这些邻域覆盖了 $[a,b]$, 由有限覆盖定理存在有限个邻域覆盖 $[a,b]$, 有限个邻域中相邻的两个定相交, 由此可推出 $f(a), f(b)$ 同号, 矛盾. ■

5. 证明有界闭区间上的连续函数一定一致连续.

分析 题目中的两个关键条件为"闭"和"连续". 常用的证明方法:

(1) 有限覆盖定理. 先写出连续函数定义; 缩小每点邻域半径不超过原来一半; 用有限覆盖定理得到所需的 δ.

(2) 致密性定理. 假设不一致连续得到两序列; 由致密性定理得到一聚点; 利用此聚点及函数连续性得到矛盾. ■

6. 是否存在数列 $\{x_n\}$, 其聚点为 (1)$[0,1]$; (2) $(0,1)$.

解 (1) 存在数列 $\{x_n\}$ 的聚点为 $[0,1]$. 因为 $[0,1]$ 中的有理点为 $[0,1]$ 中的可数稠密集.

(2) 任意数列的聚点不可能为 $(0,1)$. 若存在数列 $\{x_n\}$ 以 $(0,1)$ 中的点为聚点, 则 $(0,1)$ 中任意点的任意邻域内存在 $\{x_n\}$ 中的无限多项, 从而 0 点的任何邻域内含有 $\{x_n\}$ 中的无限多项, 所以 0 也是聚点. 同理 1 也为聚点, 矛盾. ■

7. 区间 $[0,1]$ 中的全体实数能否排成一个序列? 并说明理由.

解 不能. 如果能排成一个序列, 记

$$[0,1] = \{x_1, x_2, \cdots, x_n, \cdots\}.$$

取 $\varepsilon \in \left(0, \dfrac{1}{2}\right)$, 则开区间列

$$\left\{U\left(x_n, \frac{\varepsilon}{2^n}\right), n \in \mathbb{N}\right\}$$

是 $[0,1]$ 的一个开覆盖, 由有限覆盖定理知存在有限个开区间

$$U\left(x_{n_1}, \frac{\varepsilon}{2^{n_1}}\right), U\left(x_{n_2}, \frac{\varepsilon}{2^{n_2}}\right), \cdots, U\left(x_{n_k}, \frac{\varepsilon}{2^{n_k}}\right), \quad n_1 < n_2 < \cdots < n_k,$$

将 $[0,1]$ 覆盖, 从而 k 个开区间的长度应该大于区间 $[0,1]$ 的长度, 即有

$$1 < 2\sum_{i=1}^{k} \frac{\varepsilon}{2^{n_i}} < 2\varepsilon \sum_{i=1}^{n_k} \frac{1}{2^i} < 2\varepsilon < 1,$$

矛盾. ■

练习 (1) 设 $f(x) \in C[a,b], f(a)f(b) < 0$. 用区间套定理证明存在 $\xi \in (a,b)$ 使得 $f(\xi) = 0$ (也可以用有限覆盖定理、确界原理证明).

(2) 用闭区间套定理证明闭区间上连续函数的有界性定理 (也可以用有限覆盖定理、致密性定理证明).

(3) 假设 $\{a_n\}$ 是有界数列, 说明在什么条件下, 数列的聚点是唯一的?

例 1-3-4 解答下列各题.

1. 设 $f(x)$ 在 $[a,b]$ 上无界, 证明存在 $c \in [a,b]$ 使得对 $\forall \varepsilon > 0$, $f(x)$ 在 $(c-\varepsilon, c+\varepsilon) \cap [a,b]$ 上无界.

证 (证一) 对分区间 $[a,b]$ 应用区间套定理.

(证二) 用反证法及有限覆盖定理. ■

2. 设 $f(x)$ 在 $[a,b]$ 上有定义, 且在每点处函数的极限存在, 证明 $f(x)$ 在 $[a,b]$ 上有界.

证 $\forall x_0 \in [a,b]$, 由条件可设 $\lim\limits_{x\to x_0} f(x)=A$, 故存在 M_0 使得 $\forall x\in U(x_0,\delta_{x_0})$, 有

$$|f(x)|\leqslant M_0,$$

$\{U(x,\delta_x)|x\in(a,b)\}$ 是 $[a,b]$ 的开覆盖, 由有限覆盖定理知存在有限个, 不妨设 $U(x_1,\delta_{x_1}),\cdots,$ $U(x_m,\delta_{x_m})$ 覆盖 $[a,b]$, 且 $|f(x)|\leqslant M_i, \forall x\in U(x_i,\delta_{x_i})(i=1,2,\cdots)$.

令 $M=\max\{M_1,M_2,\cdots,M_m\}$, 则

$$|f(x)|\leqslant M,\quad \forall x\in[a,b]. \quad ■$$

3. 设 $f(x)$ 在有限区间 I 上有定义, 满足 $\forall x\in I, \exists \delta_x$ 使得 $f(x)$ 在 $(x-\delta_x, x+\delta_x)\cap I$ 上有界.

(1) 证明当 $I=[a,b](0<b-a<+\infty)$ 时, $f(x)$ 在 I 上有界.

(2) 当 $I=(a,b)$ 时, $f(x)$ 是否有界?

解 (1)$\forall x\in I, \exists\delta_x$, 令 $I_x=(x-\delta_x, x+\delta_x)\cap I$, 由假设 $f(x)$ 在 I_x 上有界, 则 $\{I_x|x\in[a,b]\}$ 为 $[a,b]$ 的开覆盖, 由有限覆盖定理知存在 $I_1,I_2,\cdots,I_m$ 使得 $[a,b]\subset\bigcup\limits_{i=1}^{m} I_i$.

记 M_i 使得 $|f(x)|\leqslant M_i$, $\forall x\in I_i$. 取 $M=\max\{M_1,M_2,\cdots,M_m\}$, 则 $\forall x\in[a,b]$, 有 $|f(x)|\leqslant M$.

(2) 不一定. 设 $I=(0,1), f(x)=\dfrac{1}{x}$. $f(x)$ 满足假设, 但 $f(x)$ 在 $(0,1)$ 上无界. ■

4. 设 $f(x)$ 在区间 $[a,b]$ 上有定义, 满足 $\forall x_0\in[a,b], \forall\varepsilon>0, \exists\delta>0$ 使得 $\forall x\in[a,b]\cap(x_0-\delta, x_0+\delta)$ 有 $f(x)<f(x_0)+\varepsilon$.

(1) 证明 $f(x)$ 有最大值.

(2) 说明 $f(x)$ 不一定有下界.

证 (1) 只要证明存在 M 与 $x_0\in[a,b]$ 满足:$\forall x\in[a,b]$ 有 $f(x)\leqslant M$; $f(x_0)=M$. 事实上, 取 $\varepsilon=1$, 记 $I_x=[a,b]\cap(x-\delta_x,x+\delta_x)$, 则 $[a,b]\subset\bigcup\limits_{x\in[a,b]} I_x$, 由有限覆盖定理知存在 $I_1,\cdots,I_m$ 使得 $[a,b]\subset\bigcup\limits_{i=1}^{m} I_i$, 其中 $I_i=(x_i-\delta_i, x_i+\delta_i)\cap[a,b]$, 由条件

$$f(x)<\max_{1\leqslant k\leqslant m} f(x_k)+1.$$

即 $f(x)$ 在 $[a,b]$ 有上界, 从而存在上确界 M, 由上确界定义知存在 $\{x_n\}\subset[a,b]$ 使得

$$\lim_{n\to\infty} f(x_n)=M. \tag{1}$$

下面证明 M 是 $f(x)$ 在 $[a,b]$ 上的最大值, 即存在 $x_0\in[a,b]$ 使得 $f(x_0)=M$. 事实上, 因为 $\{x_n\}$ 有界, 所以存在 $\{x_{n_k}\}\subset\{x_n\}$ 使得

$$\lim_{k\to\infty} x_{n_k}=x_0\in[a,b]. \tag{2}$$

下证 $f(x_0)=M$. 一方面, 由于 M 是 $f(x)$ 在 $[a,b]$ 上的上确界, 所以 $f(x_0)\leqslant M$; 另一方面, 由条件及 (1),(2) 式知 $\forall\varepsilon=\dfrac{1}{m}$, 存在 $x_{n_{k_m}}\in\{x_{n_k}\}$ 使得

$$M-\frac{1}{m}<f(x_{n_{k_m}})<f(x_0)+\frac{1}{m},$$

即

$$f(x_0)>M-\frac{2}{m},$$

由 m 的任意性得 $f(x_0)\geqslant M$, 这样 $f(x_0)=M$.

(2) 例如:

$$f(x)=\begin{cases}-\dfrac{1}{x}, & 0<x\leqslant 1,\\ 0, & x=0.\end{cases}\qquad\blacksquare$$

注　若条件改为 $f(x)>f(x_0)-\varepsilon$, 问: 证明 $f(x)$ 是否有最小值; 是否有上界?

第 2 章　函数的连续性

内 容 精 析

一、 连续函数

(一) 连续函数的概念

1. 函数 $f(x)$ 在 x_0 点连续的定义

设函数 $f(x)$ 在某邻域 $U(x_0)$ 内有定义, 若 $\lim\limits_{x\to x_0} f(x)=f(x_0)$, 则称 $f(x)$ 在 x_0 点连续.

函数 $f(x)$ 在 x_0 点连续的 ε-δ 定义: $\forall\varepsilon>0,\exists\delta>0$, 当 $|x-x_0|<\delta$ 时, 有 $|f(x_1)-f(x_0)|<\varepsilon$.

函数 $f(x)$ 在 x_0 点有定义但不连续: $\exists\varepsilon_0>0,\forall\delta>0,\exists x_1:|x_1-x_0|<\delta$ 使得 $|f(x_1)-f(x_0)|\geqslant\varepsilon_0$.

注 (i) 函数 $f(x)$ 在 x_0 点连续要求: (a) $f(x)$ 在 x_0 点有定义; (b) $f(x)$ 在 x_0 点极限 $\lim\limits_{x\to x_0} f(x)$ 存在; (c) $\lim\limits_{x\to x_0} f(x)=f(x_0)$.

(ii) $f(x)$ 在 x_0 点极限只要求函数 $f(x)$ 在某空心邻域 $U^o(x_0)$ 内有定义, 从而在极限的 ε-δ 定义中只要求 $0<|x-x_0|<\delta$.

(iii) $f(x)$ 在 x_0 点不连续也就是说 $f(x)$ 在 x_0 点间断, 这时 $f(x)$ 在 x_0 点可以没有定义, 上述函数间断 ε-δ 描述只使用于函数 $f(x)$ 在 x_0 有定义的情形.

(iv) 不连续点的极限点不一定是不连续点, 连续点的极限点不一定是连续点. 函数在一点 x_0 连续不能保证函数在 x_0 附近的每一点都连续, 如 Riemann 函数.

2. 类似地可以定义函数的左右连续

函数在一点连续的充要条件是函数左右均连续.

3. 函数在区间上连续的定义

若函数 $f(x)$ 在区间 I 上每一点都连续, 则称函数 $f(x)$ 在 I 上连续. 只要证明: $\forall x_0\in I,\lim\limits_{x\to x_0} f(x)=f(x_0)$ 即可, 若 x_0 是区间的端点, 只要证明 $\lim\limits_{x\to x_0^+} f(x)=f(x_0)$ 或 $\lim\limits_{x\to x_0^-} f(x)=f(x_0)$.

函数在区间上连续直观地说就是函数的图像可以不用“抬笔”一笔画出.

注 函数 $f(x)$ 在 x_0 点连续是点态行为, 是局部概念, 要和一致连续的概念区别开来. 函数在一点连续能否推出函数在该点附近连续?

(二) 连续函数的性质

1. 函数在一点连续的性质

1^0 局部有界性.

2^0 局部保号性.

3^0 四则运算.

这三条和函数极限性质是相同的.

4^0 两个连续函数的复合函数也是连续函数.

5^0 严格单调连续函数的反函数也是连续函数; 但一致连续函数的反函数不一定一致连续.

6^0 任何初等函数都是连续函数. 所谓初等函数是由五类基本初等函数 (幂函数、指数函数、对数函数、三角函数和反三角函数) 经过有限次四则运算和复合运算而得到的函数.

注 对于绝对值的七点说明.

(i) 函数连续 (一致连续、极限存在) 一定绝对连续 (绝对一致连续、绝对极限存在), 反之不成立.

(ii) 若 $\{a_n\}$ 收敛定有 $\{|a_n|\}$ 收敛, 反之不成立.

(iii) $f(x)$ 在 x_0 点可导与 $|f(x)|$ 在 x_0 点可导没有必然联系.

(iv) $f(x) \in R[a,b]$, 则 $|f(x)| \in R[a,b]$, 反之不成立.

(v) $\displaystyle\int_a^{\infty} |f(x)|\mathrm{d}x$ 收敛, 则 $\displaystyle\int_a^{\infty} f(x)\mathrm{d}x$ 收敛, 反之不成立.

(vi) $\displaystyle\sum_{n=1}^{\infty} |u_n|$ 收敛, 则 $\displaystyle\sum_{n=1}^{\infty} u_n$ 收敛, 反之不成立.

(vii) $\displaystyle\sum_{n=1}^{\infty} |u_n(x)|$ 一致收敛, 则 $\displaystyle\sum_{n=1}^{\infty} u_n(x)$ 一致收敛, 反之不成立.

由此可以得到① 若 $\{a_n\},\{b_n\}$ 均收敛, 则 $\max\{a_n, b_n\}$ 收敛. ② 若 $f(x), g(x)$ 在 x_0 点极限存在 (连续), 则 $\max\{f(x), g(x)\}$ 在 x_0 点极限存在 (连续). ③ 若 $f(x), g(x) \in R[a,b]$, 则 $\max\{f(x), g(x)\} \in R[a,b]$.

思考 (1) 若 $f(x), g(x)$ 在 x_0 点可导, $\max\{f(x), g(x)\}$ 是否在 x_0 点可导?

(2) 一致连续函数的反函数是否一致连续?

(3) 可导函数的反函数是否可导?

2. 闭区间连续函数的性质

1^0 有界性. 2^0 最值性. 3^0 介值性. 4^0 一致连续性.

可以用闭区间套定理、致密性定理 (反证法)、有限覆盖定理等方法证明有界性; 然后用有界性和确界原理可以证明最值性; 可以应用确界原理、闭区间套定理、有限覆盖定理 (结合反证法) 等证明介值性.

问题 开区间上的连续函数是否具有最值性和有界性? 有介值性的函数是否是连续函数? 具有介值性的函数在什么条件下是连续函数?

(三) 间断点及其分类

1. 函数 $f(x)$ 在 x_0 点连续

要求同时满足: (i) $f(x)$ 在 x_0 点有定义; (ii) $f(x)$ 在 x_0 点极限 $\lim\limits_{x\to x_0} f(x)$ 存在; (iii) $\lim\limits_{x\to x_0} f(x) = f(x_0)$, 三者缺一不可, 否则称 $f(x)$ 在 x_0 点不连续, x_0 称为 $f(x)$ 的不连续点或间断点.

2. **间断点的分类**

分类标准:

$$\begin{cases}(1)\ \lim\limits_{x\to x_0} f(x)=A,\ \text{但}f(x_0)\ \text{在}x_0\ \text{无定义或者有定义但}f(x_0)\neq A;\\ (2)\ \lim\limits_{x\to x_0^+} f(x),\ \lim\limits_{x\to x_0^-} f(x)\text{都存在但不相等};\\ (3)\ \lim\limits_{x\to x_0^+} f(x)\ \text{与}\ \lim\limits_{x\to x_0^-} f(x)\text{至少有一个不存在}.\end{cases}$$

1^0 可去间断点. 若 $\lim\limits_{x\to x_0} f(x)=A$, 而 $f(x)$ 在 x_0 点无定义或有定义但 $f(x_0)\neq A$, 称 x_0 为 $f(x)$ 的可去间断点. 可去间断是间断程度最弱的, 在间断点补充或改变函数值就可以使得函数连续.

2^0 跳跃间断点. 若函数 $f(x)$ 在 x_0 点的左右极限都存在但 $\lim\limits_{x\to x_0^+} f(x)\neq \lim\limits_{x\to x_0^-} f(x)$, 则称 x_0 为函数 $f(x)$ 的跳跃间断点.

可去间断点和跳跃间断点统称为第一类间断.

3^0 第二类间断点. 若函数 $f(x)$ 在 x_0 点至少一侧极限不存在, 则称 x_0 为函数 $f(x)$ 的第二类间断点.

说明单调函数、导函数间断点的类型?

(四) 一致连续函数

1. **一致连续的定义**

1^0 函数 $f(x)$ 在区间 I 上一致连续: 设函数 $f(x)$ 定义在区间 I 上. 若 $\forall\varepsilon>0,\exists\delta>0$, 对 $\forall x_1,x_2\in I$, 当 $|x_1-x_2|<\delta$ 时有 $|f(x_1)-f(x_2)|<\varepsilon$.

2^0 函数 $f(x)$ 在区间 I 上非一致连续: $\exists\varepsilon_0>0$, 对 $\forall\delta>0,\exists x_1,x_2\in I$, 虽然 $|x_1-x_2|<\delta$, 但是 $|f(x_1)-f(x_2)|\geqslant\varepsilon_0$.

一致连续是“整体”性概念, 找出的 δ 管住了所有的 x. 今后还有一致收敛、一致有界等概念要对比领会.

一致连续函数就是说当任意两个变量只要小于预先找到的 δ, 函数值的差别的绝对值可小于预先给定的 ε. 直观地说函数的图像不能“太陡峭”, 判断一个函数是否一致连续, 可先直观考察函数的图像.

2. **一致连续的性质**

1^0 有限区间上的一致连续函数一定是有界函数, 无限区间上的一致连续函数不一定有界.

2^0 一致连续函数的线性组合一定一致连续; 有限区间上两个一致连续函数的乘积一定一致连续, 无限区间上就不再成立; 两个一致连续函数的商不论在有限区间还是无限区间都不一定一致连续.

3^0 两个一致连续函数的复合函数一定一致连续.

4^0 一致连续函数一定内闭一致连续, 反之不成立.

3. **一致连续的判定**

1^0 用一致连续定义.

2^0 闭区间上的连续函数一定一致连续. 可用有限覆盖定理、致密性定理 (反证法) 等方法证明.

3^0 设 $f(x) \in C(a,b)$, 则 $f(x)$ 在 (a,b) 上一致连续的充要条件是 $f(a+0), f(b-0)$ 都存在.

4^0 若函数 $f(x)$ 在 $\langle a,c]$ 和 $[c,b\rangle$ 上一致连续, 则 $f(x)$ 在 $\langle a,b\rangle$ 上一致连续, 其中 $\langle,\rangle$ 表示可开可闭区间, a,b 可以为有限数也可为 ∞.

这个结果可用来判定分段函数的一致连续性. 上述结果中区间端点 c 必须是闭的, 否则不一定成立.

5^0 若 $f(x) \in C(a,+\infty)$ 且 $\lim\limits_{x\to+\infty} f(x), \lim\limits_{x\to a^+} f(x)$ 都存在, 则 $f(x)$ 在 $(a,+\infty)$ 上一致连续, 反之不成立.

6^0 导函数有界的函数一定一致连续, 反之不成立.

二、 连续与一致连续的应用

应用连续或者一致连续性可以帮助求函数极限、方程的根、函数的解析式等诸多问题, 具体应用在例题中得到体现.

典 型 例 题

一、 连续和一致连续判定

例 2-1-1　解答下列各题.

1. 严格叙述下列概念

(1) $f(x)$ 在 $[a,b]$ 上不一致连续;

(2) $f(x)$ 在 (a,b) 上一致连续.

解　(1) $\exists\,\varepsilon_0>0$, 对 $\forall\,\delta>0$, $\exists x,y\in[a,b]$, 虽然 $|x-y|<\delta$, 但 $|f(x)-f(y)|\geqslant\varepsilon_0$.

(2) $\forall\varepsilon>0$, $\exists\,\delta>0$, 对 $\forall x,y\in(a,b)$, 当 $|x-y|<\delta$ 时, 有 $|f(x)-f(y)|<\varepsilon$. ■

2. 已知 $f(x)=\begin{cases} x^{2x}, & x>0, \\ x+1, & x\leqslant 0. \end{cases}$

(1) 研究函数 $f(x)$ 在 $x=0$ 处的连续性.

(2) 当 x 为何值时, $f(x)$ 取得极值.

解　(1) 因为

$$\lim_{x\to0^-} f(x)=\lim_{x\to0^-}(x+1)=1=f(0),$$
$$\lim_{x\to0^+} f(x)=\lim_{x\to0^+} x^{2x}=\lim_{x\to0^+}\mathrm{e}^{2x\ln x}=\mathrm{e}^0=f(0),$$

故 $f(x)$ 在 $x=0$ 点连续.

(2) 可能的极值点为导数为零的点和导数不存在的点.

(i) 当 $x>0$ 时, $f'(x)=x^{2x}(2\ln x+2)$, 令 $f'(x)=0$, 得 $x=\mathrm{e}^{-1}$. 由于

$$f'(x)\begin{cases} <0, & 0<x<\mathrm{e}^{-1}, \\ >0, & x>\mathrm{e}^{-1}, \end{cases}$$

所以 $x=\mathrm{e}^{-1}$ 是 $f(x)$ 得极小值点, 且 $f(\mathrm{e}^{-1})=(\mathrm{e}^{-1})^{2\mathrm{e}^{-1}}$.

(ii) 当 $x<0$ 时, $f'(x)=1$, 当 $0<x<\mathrm{e}^{-1}$ 时, $f'(x)<0$, 所以 $x=0$ 是 $f(x)$ 的极大值点, 且 $f(0)=1$. ■

3. 讨论函数 $f(x)=\begin{cases} x(1-x), & x\text{为有理数}, \\ x(1+x), & x\text{为无理数} \end{cases}$ 的连续性与可微性.

解 先证 $f(x)$ 在 $x=0$ 处连续. 事实上, $\forall\varepsilon>0,\exists\delta=\min\left\{1,\dfrac{\varepsilon}{2}\right\}$, 当 $|x|<\delta$ 时, 则 $1+|x|<2$, 故

$$|f(x)-f(0)|\leqslant|x|(1+|x|)<\varepsilon.$$

再证 $f(x)$ 在任意非零点 x_0 均不连续. 事实上, 分别取有理数列 $\{r_n\}$ 和无理点列 $\{x_n\}$ 收敛于 x_0, 则

$$\lim_{n\to\infty}f(r_n)=\lim_{n\to\infty}r_n(1-r_n)=x_0(1-x_0),$$

$$\lim_{n\to\infty}f(a_n)=\lim_{n\to\infty}a_n(1-a_n)=x_0(1+x_0),$$

故 $f(x)$ 在 x_0 点不连续.

由于 $f(x)$ 在 $x\neq0$ 点不连续, 从而不可微.

最后证明 $f(x)$ 在 $x=0$ 处可微. 事实上,

$$0\leqslant\left|\frac{f(x)-f(0)}{x-0}-1\right|=\left|\frac{f(x)-x}{x}\right|=|x|\longrightarrow0\quad(x\to0).$$

故

$$\lim_{x\to0}\frac{f(x)-f(0)}{x-0}=1. \quad ■$$

4. 设 $f(x)=\begin{cases} 1, & x\geqslant0, \\ -1, & x<0, \end{cases}$ $g(x)=\sin x$, 讨论 $f[g(x)]$ 的连续性.

解 由于 f 的间断点为 0 点, 因此 $f[g(x)]$ 的可能间断点为 $g(x)=0$ 的点.

当 $2k\pi\leqslant x\leqslant(2k+1)\pi$ 时, 有 $\sin x\geqslant0$; 当 $(2k+1)\pi<x<(2k+2)\pi$ 时, 有 $\sin x<0$. 故

$$f[g(x)]=\begin{cases} 1, & 2k\pi\leqslant x\leqslant(2k+1)\pi, \\ -1, & (2k+1)\pi<x<(2k+2)\pi. \end{cases}$$

这样

$$\lim_{x\to2k\pi^-}f[g(x)]=-1\neq f[g(2k\pi)]=1;$$

$$\lim_{x\to(2k+1)\pi^+}f[g(x)]=-1\neq f[g((2k+1)\pi)]=1.$$

所以 $f(x)$ 在 $x=k\pi(k\in\mathbb{Z})$ 点均不连续, 其他点连续. ■

5. 已知 $f(x)=\begin{cases} x, & 0\leqslant x<1, \\ k+1, & k\leqslant x<k+1\ (k=1,2,\cdots). \end{cases}$ 求函数 $g(y)=\sup\limits_{f(x)\leqslant y} x$ 在 $y\geqslant 0$ 时的具体表达式, 并指出 $g(y)$ 在各点处的左右连续性.

解　因为

$$f(x)=\begin{cases} x, & 0\leqslant x<1, \\ 2, & 1\leqslant x<2, \\ 3, & 2\leqslant x<3, \\ & \cdots\cdots \end{cases}$$

故

$$g(y)=\sup_{f(x)\leqslant y} x=\begin{cases} y, & 0\leqslant y<1, \\ 1, & 1\leqslant y<2, \\ 2, & 2\leqslant y<3, \\ & \cdots\cdots \end{cases}$$

即

$$g(y)=\begin{cases} y, & 0\leqslant y<1, \\ k, & k\leqslant y<k+1. \end{cases}$$

所以 $g(y)$ 的连续点集为 $[0,2)\cup(2,3)\cup(3,4)\cup\cdots$, 不连续点为 $y=k\,(k=2,3,\cdots)$. ■

6. 设 $f_1(x),f_2(x),f_3(x)$ 均为 $[a,b]$ 上连续函数. 证明

(1) $g(x)=\max\{f_1(x),f_2(x)\}$ 为 $[a,b]$ 上连续函数.

(2) 定义 $h(x)$ 为 $f_1(x),f_2(x),f_3(x)$ 三者中间值, 则 $h(x)$ 在 $[a,b]$ 上连续函数.

证　(1) 因为 $g(x)=\dfrac{1}{2}\{f_1(x)+f_2(x)+|f_1(x)-f_2(x)|\}$. 由条件知 $|f_1(x)-f_2(x)|\in C[a,b]$, 由连续函数的四则运算知 $g(x)\in C[a,b]$.

注　若 $f_k(x)\in C[a,b](k=1,2,\cdots,m)$, 由数学归纳法可以证明

$$\max\{f_1(x),f_2(x),\cdots,f_m(x)\}\in C[a,b].$$

(2) 因为

$$h(x)=f_1(x)+f_2(x)+f_3(x)-\varphi(x)-\psi(x),$$

其中

$$\varphi(x)=\max\{f_1(x),f_2(x),f_3(x)\},\quad \psi(x)=\min\{f_1(x),f_2(x),f_3(x)\}.$$

由于 $f_1(x),f_2(x),f_3(x),\varphi(x),\psi(x)$ 均连续, 由连续函数的四则运算知 $h(x)\in C[a,b]$. ■

练习　(1) 求下列函数的连续范围和间断点类型.

(i) $y=[x]\ln(1+x)$; (ii) $y=\left[\dfrac{1}{x}\right]$; (iii) $y=\operatorname{sgn}(\sin x)$; (iv) $f(x)=\begin{cases} x, & x\in\mathbb{Q}, \\ -x, & x\overline{\in}\mathbb{Q}. \end{cases}$

(2) 若对 $\forall\delta>0$, $f(x)\in C[a+\delta,b-\delta]$, 能否推出 (i) $f(x)\in C(a,b)$? (ii) $f(x)\in C[a,b]$?

(3) 试举出满足下列条件函数的例子.

(i) 仅在一点连续; (ii) 仅在一点可导; (iii) 每点均连续; (iv) 每点均不连续; (v) 无限多个点连续且无限多个点不连续.

例 2-1-2　解答下列各题.

1. 用 ε-δ 语言证明若 $y=f(\mu)$ 在 μ_0 点连续, $\mu=\varphi(x)$ 在 x_0 点连续, 且 $\mu_0=\varphi(x_0)$, 则 $f[\varphi(x)]$ 在 x_0 点连续.

证　由条件知 $\forall\varepsilon>0,\exists\delta_1>0$ 当 $|\mu-\mu_0|<\delta_1$ 时, 有

$$|f(\mu)-f(\mu_0)|<\varepsilon.$$

对上述 $\delta_1>0,\exists\delta>0$, 当 $|x-x_0|<\delta$ 时, 有

$$|\mu-\mu_0|<\delta_1.$$

故, 此时有

$$|f(\varphi(x))-f(\varphi(x_0))|=|f(\mu)-f(\mu_0)|<\varepsilon.\quad\blacksquare$$

2. 证明: 若 $f(x)$ 在 $[a,b]$ 上连续, 则函数 $m(x)=\min\limits_{a\leqslant\xi\leqslant x}\{f(\xi)\}$ 在 $[a,b]$ 上连续.

证　显然 $m(x)$ 为单调递减函数, 而且 $f(x)\geqslant m(x)$. $\forall x_0\in[a,b]$. 先证 $\lim\limits_{x\to x_0^+}m(x)=m(x_0)$.

因为 $f(x)\in C[a,b]$, 所以 $\forall\varepsilon>0,\exists\delta>0$, 当 $|x-x_0|<\delta$ 时, 有

$$f(x_0)-\varepsilon<f(x)<f(x_0)+\varepsilon.$$

故 $\forall x\in(x_0,x_0+\delta)$, 有

$$f(x)>f(x_0)-\varepsilon\geqslant m(x_0)-\varepsilon.\tag{1}$$

由 x 在 $(x_0,x_0+\delta)$ 中的任意性及 $m(x)$ 的定义 (思考为什么?) 知, 当 $x\in(x_0,x_0+\delta)$ 时, 有

$$m(x)\geqslant m(x_0)-\varepsilon.\tag{2}$$

再由 $m(x)$ 单调递减及 (2) 可知 $\forall x\in(x_0,x_0+\delta)$ 有

$$m(x_0)-\varepsilon\leqslant m(x)\leqslant m(x_0).$$

即

$$|m(x)-m(x_0)|<\varepsilon.$$

类似地可以证明 $\lim\limits_{x\to x_0^-}m(x)=m(x_0)$.

由 x_0 在 $[a,b]$ 上的任意性知 $m(x)\in C[a,b]$.　$\blacksquare$

3. 设 $\{f_n(x)\}$ 是 $[a,b]$ 上的连续函数序列, 对 $\forall n \in \mathbb{N}, \forall x \in [a,b]$ 有 $|f_n(x)| \leqslant M$, 问 $F(x) = \inf\limits_n \{f_n(x)\}$ 在 $[a,b]$ 上是否连续?

解　考察函数 $f_n(x) = x^n$, $x \in [0,2]$, 则

$$F(x) = \inf_n \{f_n(x)\} = \begin{cases} 0, & x \in [0,1), \\ x, & x \in [1,2], \end{cases}$$

显然 $F(x)$ 在 $x=1$ 点不连续. ■

4. 设函数 $f(x)$ 只有可去间断点, 定义 $g(x) = \lim\limits_{y \to x} f(y)$, 证明 g 为连续函数.

证　对 $\forall x_0 \in D(f)$, 因为 $g(x_0) = \lim\limits_{y \to x_0} f(y)$, 所以 $\forall \varepsilon > 0, \exists \delta > 0$ 当 $y \in U(x_0, \delta)$ 时, 有

$$|f(y) - g(x_0)| < \varepsilon.$$

对 $\forall x \in U(x_0, \delta)$, 因为 $g(x) = \lim\limits_{y \to x} f(y)$, 所以 $\exists \delta_1 > 0$, 当 $y \in U(x, \delta_1) \subset U(x_0, \delta)$ 时, 有

$$|f(y) - g(x)| < \varepsilon.$$

此时有

$$|g(x) - g(x_0)| \leqslant |f(y) - g(x)| + |f(y) - g(x_0)| < 2\varepsilon. \quad ■$$

5. 设 f 为 $\mathbb{R}$ 上的连续函数, 常数 $c > 0$, 记

$$F(x) = \begin{cases} -c, & f(x) < -c, \\ f(x), & |f(x)| \leqslant c, \\ c, & f(x) > c. \end{cases}$$

则 F 为 $\mathbb{R}$ 上的连续函数.

证　由于

$$f(x) < -c \Longrightarrow f + c < 0,\ f - c < 0, \tag{1}$$

$$|f(x)| \leqslant c \Longrightarrow -c \leqslant f(x) \leqslant c \Longrightarrow f + c \geqslant 0, f - c \leqslant 0, \tag{2}$$

$$f(x) > c \Longrightarrow f - c > 0,\ f + c > 0. \tag{3}$$

由 (1)—(3) 得

$$F(x) = \frac{1}{2}\left[|f+c| - |f-c|\right] \Longrightarrow F(x) \in C(\mathbb{R}). \quad ■$$

注　同理

$$\frac{1}{2}\left[|f+c| + |f-c|\right]; \quad \frac{1}{2}\left[|f-c| - |f+c|\right]$$

也为连续函数.

6. 讨论 Riemann 函数 $R(x)=\begin{cases}\dfrac{1}{q}, & x=\dfrac{p}{q}\left(p,q\text{为正整数},\dfrac{p}{q}\text{既约真分数}\right),\\ 0, & x=0,1\text{及}(0,1)\text{中的无理数}\end{cases}$ 在 $[0,1]$ 上不连续点的类型.

解 先证 $\forall x_0\in[0,1]$, $\lim\limits_{x\to x_0}R(x)=0$. 事实上, $\forall\varepsilon>0$, 满足 $q\leqslant\dfrac{1}{\varepsilon}$ 的自然数至多有有限个. 于是在 $(0,1)$ 内至多有有限个既约分数 $\dfrac{p}{q}$ 使得 $R\left(\dfrac{p}{q}\right)=\dfrac{1}{q}\geqslant\varepsilon$. 故 $\exists\delta>0$ 使得 $\forall x\in U^o(x_0,\delta)$ 有

$$|R(x)-0|<\varepsilon.$$

由连续函数的定义及 $R(x)$ 的定义知, $R(x)$ 在 $[0,1]$ 上的无理点及 $x=0,1$ 都连续, 且 $(0,1)$ 内的有理点均为可去间断点. ■

注 此题说明函数在连续点的任何邻域内可能有不连续点, 间断点的任何邻域内可能有连续点; 连续点和间断点均不具有“裙带”效应.

7. 是否存在在有理点不连续, 无理点连续的函数? 并证明你的结论.

解 考察 Riemann 函数

$$R(x)=\begin{cases}\dfrac{1}{q}, & x=\dfrac{p}{q}\left(q\in\mathbb{N}_+,p\in\mathbb{Z},\dfrac{p}{q}\text{为既约真分数}\right),\\ 0, & x\text{为无理数}.\end{cases}$$ ■

8. 设 $f(x)\in C[a,b]$, 说明存在函数 $\varphi(x)$ 在 $(0,+\infty)$ 有如下性质:

(i) $\varphi(x)$ 单调递增, 且当 $t\geqslant b-a$ 时, $\varphi(t)\equiv$ 常数;

(ii) $\forall x',x''\in[a,b]$, 有 $|f(x')-f(x'')|\leqslant\varphi(|x'-x''|)$;

(iii) $\lim\limits_{t\to0^+}\varphi(t)=0$.

解

$$\varphi(t)=\begin{cases}M-m, & t>b-a,\\ \sup\limits_{|t_1-t_2|\leqslant t}\{|f(t_1)-f(t_2)|\}, & 0<t<b-a,\end{cases}$$

其中 $M=\sup\limits_{x\in[a,b]}f(x)$, $m=\inf\limits_{x\in[a,b]}f(x)$. ■

思考 是否存在在无理点不连续, 在有理点连续的函数? 并证明你的结论.

例 2-1-3 解答下列各题.

1. 设 f 为区间 I 上的单调函数. 证明: 若 $x_0\in I$ 为 f 的间断点, 则 x_0 必为 f 的跳跃间断点.

证 不妨设 f 单调递增 (如果 f 单调递减, 考虑 $-f$ 即可). 取 $U^o(x_0)\cap I$, 则 $\forall x\in U^o(x_0)\cap I$, $\exists x_1,x_1\in I$, 使得 $x_1<x<x_2$, 从而 $f(x_1)\leqslant f(x)\leqslant f(x_2)$, 即 $f(x)$ 为 $U^o(x_0)\cap I$ 内的有界函数. 因此 (若 x_0 为间断点, 仅考虑单侧极限)

$$f(x_0+0)=\inf_{x\in U_+^o(x_0)\cap I}f(x),\quad f(x_0-0)=\sup_{x\in U_-^o(x_0)\cap I}f(x),$$

即 f 在 x_0 点的左、右极限存在.

下面说明 $f(x_0+0)\neq f(x_0-0)$. 事实上, 由于 $f(x_0-0)\leqslant f(x)\leqslant f(x_0+0)$, 如果 $f(x_0+0)=f(x_0-0)$, 则

$$f(x_0+0)=f(x)=f(x_0-0)\Longrightarrow f(x_0+0)=f(x_0)=f(x_0-0),$$

因此 $f(x)$ 在 x_0 点连续, 这与条件中 x_0 为间断点矛盾.

综上所述, f 在 x_0 点的左、右极限存在且 $f(x_0+0)\neq f(x_0-0)$, 故 x_0 为 f 的跳跃间断点. ■

2. 设 f 为 $\mathbb{R}$ 上的单调函数, 定义 $g(x)=f(x+0)$. 证明 g 为 $\mathbb{R}$ 上的右连续函数.

证 设 f 单调递增. 对 $\forall x_0\in D(f)$, 因为 $g(x_0)=\lim\limits_{y\to x_0^+}f(y)$, 所以 $\forall\varepsilon>0,\exists\delta>0$ 当 $y\in U_0^+(x_0,\delta)$ 时, 有

$$|f(y)-g(x_0)|<\varepsilon.$$

对 $\forall x\in U_0^+(x_0,\delta)$, 因为 $g(x)=\lim\limits_{y\to x^+}f(y)$, 所以 $\exists\delta_1>0$ 当 $y\in U(x,\delta_1)\subset U_0^+(x_0,\delta)$ 时, 有

$$|f(y)-g(x)|<\varepsilon.$$

因此

$$|g(x)-g(x_0)|\leqslant|f(y)-g(x)|+|f(y)-g(x_0)|<2\varepsilon.\quad ■$$

3. 设 f 为 $[a,b]$ 上的递增函数, 其值域为 $[f(a),f(b)]$. 证明 $f\in C[a,b]$.

证 (证一) 对 $\forall x_0\in[a,b]$, 只要证明 $\lim\limits_{x\to x_0}f(x)=f(x_0)$ (若 $x_0=a,b$, 只要求单侧极限). 由于 f 在 $[a,b]$ 上单调递增, 取 $U(x_0)\cap[a,b]$, 对 $\forall x\in U(x_0)\cap[a,b]$, 则 $\exists x_1,x_2\in U(x_0)\cap[a,b]$, 使得 $x_1\leqslant x\leqslant x_2$, 从而 $f(x_1)\leqslant f(x)\leqslant f(x_2)$, 即 $f(x)$ 为 $U(x_0)\cap[a,b]$ 上的有界函数. 因此 $f(x_0+0),f(x_0-0)$ 均存在 (若 $x_0=a,b$, 只要求单侧极限), 且

$$f(x_0-0)\leqslant f(x_0)\leqslant f(x_0+0).$$

下面证明 $f(x_0-0)=f(x_0+0)=f(x_0)$. 若不然, 则 $f(x_0)<f(x_0+0)$ 或 $f(x_0-0)<f(x_0)$. 从而 $\forall\mu\in(f(x_0),f(x_0+0))\subset[f(a),f(b)]$ 或 $\forall\mu\in(f(x_0-0),f(x_0))\subset[f(a),f(b)]$, 不 $\exists x\in[a,b]$ 满足 $f(x)=\mu$, 这与 $[f(a),f(b)]$ 为 $f(x)$ 的值域矛盾.

这样

$$f(x_0-0)=f(x_0+0)=f(x_0),$$

即 $f(x)$ 在 x_0 点连续, 由 x_0 的任意性知 $f(x)\in C[a,b]$.

(证二) 假设 $f(x)$ 在 $[a,b]$ 上不连续, 则 $f(x)$ 在 $[a,b]$ 上一定存在跳跃间断点, 设 $x_0\in[a,b]$ 为间断点, 则 $\forall\mu\in(f(x_0-0),f(x_0+0))\subset[f(a),f(b)]$ (或 $\forall\mu\in(f(a),f(a+0))$ 或 $\forall\mu\in(f(b_0),f(b))$) 不存在 $x\in[a,b]$ 满足 $f(x)=\mu$, 这与 $[f(a),f(b)]$ 为 $f(x)$ 的值域矛盾. ■

例 2-1-4 解答下列各题.

1. 判断下列函数的一致连续性.

(1) $f(x)=\dfrac{1}{x}$, $(0,1)$;

(2) $f(x)=x^2$, $(0,+\infty)$;

(3) $\sin^2 x$, $(-\infty,+\infty)$;

(4) $\sin x^2$, $(-\infty,+\infty)$.

证 (1) $\exists\varepsilon_0=\dfrac{1}{2}$, 对 $\forall\delta>0$, $\exists N\in\mathbb{N}^+$ 满足 $\left|\dfrac{1}{N+1}-\dfrac{1}{N}\right|<\delta$. 取 $x'=\dfrac{1}{N+1}$, $x''=\dfrac{1}{N}\in(0,1)$, 虽然 $|x'-x''|<\delta$, 但是 $\left|\dfrac{1}{x'}-\dfrac{1}{x''}\right|>\varepsilon_0$. 所以 $f(x)=\dfrac{1}{x}$ 在 $(0,1)$ 内非一致连续.

(2) $\exists\varepsilon_0=\dfrac{1}{3}$, 对 $\forall\delta>0$ $\left(不妨设\ \delta<\dfrac{1}{2}\right)$, 取 $x'=\left[\dfrac{1}{\delta}\right]$, $x''=\left[\dfrac{1}{\delta}\right]+\dfrac{\delta}{2}\in(0,+\infty)$, 虽然 $|x''-x'|=\dfrac{\delta}{2}<\delta$, 但是

$$|x''^2-x'^2|=\frac{\delta^2}{4}+\delta\left[\frac{1}{\delta}\right]>\frac{\delta^2}{4}+\delta\left(\frac{1}{\delta}-1\right)>1-\delta>\frac{1}{2}>\varepsilon_0.$$

所以 $f(x)=x^2$ 在 $(0,+\infty)$ 内非一致连续.

(3) 由于对 $\forall x',x''\in(-\infty,+\infty)$, 有

$$\left|\sin^2 x'-\sin^2 x''\right|\leqslant 2\left|\sin x'-\sin x''\right|=2\left|2\cos\frac{x'+x''}{2}\sin\frac{x'-x''}{2}\right|\leqslant 2|x'-x''|,$$

因此 $\forall\varepsilon>0,\exists\delta=\dfrac{\varepsilon}{2}>0$, 对 $\forall x',x''\in(-\infty,+\infty)$, 当 $|x'-x''|<\delta$ 时, 有 $\left|\sin^2 x'-\sin^2 x''\right|<\varepsilon$. 所以 $\sin^2 x$ 在 $(-\infty,+\infty)$ 内一致连续.

(4) $\exists\varepsilon_0=\dfrac{1}{2}$, 对 $\forall\delta>0$, $\exists N\in\mathbb{N}^+$ 满足 $\left|\sqrt{\left(N+\dfrac{1}{2}\right)\pi}-\sqrt{N\pi}\right|<\delta$. 取

$$x'=\sqrt{\left(N+\frac{1}{2}\right)\pi},\quad x''=\sqrt{N\pi}\in(-\infty,+\infty).$$

虽然 $|x'-x''|<\delta$, 但 $\left|\sin x'^2-\sin x''^2\right|>\varepsilon_0$. 所以 $\sin x^2$ 在 $(-\infty,+\infty)$ 内非一致连续. ■

注 类似地可以证明 $f(x)=x^\alpha\,(\alpha>1)$ 在 $\mathbb{R}$ 上非一致连续; $f(x)=\sin\dfrac{1}{x}$ 在 $(0,1)$ 内非一致连续.

2. 设 $f(x),g(x)$ 在区间 I 上一致连续且有界, 证明 $F(x)=f(x)g(x)$ 在 I 上一致连续.

证 用一致连续的定义即可. ■

注 若无有界条件, 结论不一定成立. 如: $f(x)=g(x)=x$ 在 $(0,+\infty)$ 上. 若 I 为有限区间, 可将有界条件去掉.

3. 若函数 $f(x)$, $g(x)$ 在区间 I 上一致连续, 试问

(1) 函数 $f(x)$, $g(x)$ 是否在 I 有界?

(2) 函数 $f(x)$, $g(x)$ 是否在 I 是否能取得最值?

(3) 函数 $f(x)\cdot g(x)$ 在 I 上是否一致连续?

解　(1) 若 $I=(a,b)$ 为有限区间, 则 $f(x),g(x)$ 在 I 上有界. 事实上, 因为 $f(x)$ 在 (a,b) 上一致连续, 由 Cauchy 收敛准则 $f(a+0)=\lim\limits_{x\to a^+}f(x), f(b-0)=\lim\limits_{x\to b^-}f(x)$ 都存在.

令 $F(x)=\begin{cases} f(x), & x\in(a,b), \\ f(a+0), & x=a, \\ f(b-0), & x=b, \end{cases}$ 则 $F(x)\in C[a,b]$, 所以 $F(x)$ 在 $[a,b]$ 上有界, 从而 $f(x)$ 在 (a,b) 上有界. 同理可证 $g(x)$ 在 (a,b) 上也有界.

若 I 为无限区间, $f(x),g(x)$ 在 I 上不一定有界. 如: $f(x)=g(x)=x$ 在 $(-\infty,+\infty)$.

(2) 不一定能取得最值. 如: $f(x)=g(x)=x$ 在 $(0,a)$ 或 $(-\infty,+\infty)$.

(3) 若 $I=(a,b)$ 为有限区间. 由一致连续函数定义可知 $f(x)\cdot g(x)$ 在 I 上一致连续.

若 I 为无限区间, $f(x)\cdot g(x)$ 在 I 上不一定一致连续. 如: $f(x)=g(x)=x, x\in(0,+\infty)$.■

4. **设函数 $f(x)$ 在 $[a,b]$ 上一致连续, 在 $[b,c]$ 上也一致连续 $(a<b<c)$, 用定义证明 $f(x)$ 在 $[a,c]$ 上一致连续.**

证　(证一) 由于 $f(x)$ 在 $[a,b]$ 上一致连续, 故 $\forall\varepsilon>0,\exists\delta_1>0$, 对 $\forall x,y\in[a,b]$, 当 $|x-y|<\delta_1$ 时, 有

$$|f(x)-f(y)|<\frac{\varepsilon}{2}. \tag{1}$$

同理, 对上述 $\varepsilon>0,\exists\delta_2>0$, 对 $\forall x,y\in[b,c]$, 当 $|x-y|<\delta_2$ 时, 有

$$|f(x)-f(y)|<\frac{\varepsilon}{2}. \tag{2}$$

取 $\delta=\min\{\delta_1,\delta_2\}$, 对 $\forall x,y\in[a,c]$, 当 $|x-y|<\delta$ 时:

(1) 若 $x,y\in[a,b]$, 由 (1) 式有 $|f(x)-f(y)|<\dfrac{\varepsilon}{2}<\varepsilon$.

(2) 若 $x,y\in[b,c]$, 由 (2) 式有 $|f(x)-f(y)|<\dfrac{\varepsilon}{2}<\varepsilon$.

(3) 若 $x\in[a,b],y\in[b,c]$, 由 (1),(2) 式得

$$|f(x)-f(y)|\leqslant|f(x)-f(b)|+|f(b)-f(y)|<\varepsilon.$$

故 $f(x)$ 在 $[a,c]$ 上一致连续.

(证二) 因为 $f(x)\in C[a,b], f(x)\in C[b,c]$, 所以 $f(x)\in C[a,c]$, 由闭区间上的连续函数一定一致连续可知 $f(x)$ 在 $[a,c]$ 上一致连续.　■

5. **若函数在区间 (a,b) 和 $[b,c)$ 上一致连续, 试问 $f(x)$ 是否在 (a,c) 上一致连续?**

解　不一定. 如: $f(x)=\begin{cases} x, & x\in(a,b), \\ \dfrac{b+c}{2}, & x\in[b,c). \end{cases}$　■

例 2-1-5　解答下列各题.

1. **设 $f(x)$ 在有限开区间 (a,b) 上连续, 证明 $f(x)$ 在 (a,b) 上一致连续 $\Longleftrightarrow \lim\limits_{x\to a^+}f(x)$ 与 $\lim\limits_{x\to b^-}f(x)$ 都存在.**

证　($\Longleftarrow$) 设 $\lim\limits_{x\to a^+} f(x)=c$, $\lim\limits_{x\to b^-} f(x)=d$. 令

$$F(x)=\begin{cases} c, & x=a, \\ f(x), & x\in(a,b), \\ d, & x=b. \end{cases}$$

则 $F(x)\in C[a,b]$, 从而在 $[a,b]$ 上一致连续, 故 $f(x)$ 在 (a,b) 上一致连续.

($\Longrightarrow$) 由假设知对 $\forall\varepsilon>0,\exists\delta>0$, 对 $\forall x,y\in(a,b)$, 当 $|x-y|<\delta$ 时, 有

$$|f(x)-f(y)|<\varepsilon,$$

由 Cauchy 收敛准则知 $\lim\limits_{x\to a^+} f(x)$ 与 $\lim\limits_{x\to b^-} f(x)$ 都存在. ■

2. 若 $f(x)$ 在 $[a,+\infty)$ 上连续, $\lim\limits_{x\to+\infty} f(x)=A$. 则

(1)$f(x)$ 在 $[a,+\infty)$ 上一致连续.

(2)$f(x)$ 在 $[a,+\infty)$ 上有界.

(3)$f(x)$ 在 $[a,+\infty)$ 上必有最大值或者最小值.

解　(1) 因为 $\lim\limits_{x\to+\infty} f(x)=A$, 由 Cauchy 收敛准则知 $\forall\varepsilon>0,\exists M>0$, 当 $x,y>M$ 时, 有

$$|f(x)-f(y)|<\varepsilon. \tag{1}$$

因为 $f(x)\in C[a,M+1]$, 从而一致连续, 故对上述 $\varepsilon>0,\exists\delta_1>0$, 对 $\forall x,y\in[a,M+1]$, 当 $|x-y|<\delta_1$ 时, 有

$$|f(x)-f(y)|<\varepsilon. \tag{2}$$

取 $\delta=\min\{\delta_1,1\}$, 对 $\forall x,y\in[a,\infty)$, 当 $|x-y|<\delta$ 时, 由 (1), (2) 式有

$$|f(x)-f(y)|<\varepsilon.$$

(2) 因为 $\lim\limits_{x\to+\infty} f(x)=A$, 对 $\varepsilon=1,\exists M>0$, 当 $x>M$ 时, 有 $|f(x)-A|<1$, 即

$$|f(x)|\leqslant|A|+1.$$

又因为 $f(x)\in C[a,M]$, 所以 $\exists B>0$ 使得 $\forall x\in[a,M]$, 有

$$|f(x)|\leqslant B.$$

取 $G=\max\{|A|+1,B\}$, 对 $\forall x\in[a,+\infty)$, 有

$$|f(x)|\leqslant G.$$

(3) (i) 若 $A>f(a)$, 则 $\exists X_1>a$, 当 $x>X_1$ 时, 有 $f(x)>f(a)$. 而 $f(x)\in C[a,X_1]$, 由闭区间连续函数的最值定理知存在 $\xi_1\in[a,X_1]$ 使得 $f(\xi_1)=\min\limits_{[a,X_1]} f(x)$. 故 $\forall x\in[a,+\infty)$ 有 $f(x)\geqslant f(\xi_1)$, 即 $f(\xi_1)$ 是 $f(x)$ 在 $[a,+\infty)$ 上的最小值.

(ii) 若 $A < f(a)$, 则存在 $X_2 > a$, 当 $x > X_2$ 时有 $f(x) < f(a)$. 而 $f(x) \in C[a, X_2]$, 由闭区间连续函数的最值定理知存在 $\xi_2 \in [a, X_2]$ 使得 $f(\xi_2) = \max\limits_{[a,X_2]} f(x)$. 故 $\forall x \in [a, +\infty)$ 有 $f(x) \leqslant f(\xi_2)$, 即 $f(\xi_2)$ 是 $f(x)$ 在 $[a, +\infty)$ 上必有最大值.

(iii) 若 $A = f(a)$.

(a) 若 $\forall x \in [a, +\infty)$, $f(x) = A$, 则 $f(x)$ 在 $[a, +\infty)$ 上必有最大值与最小值 A.

(b) 若存在 $x_0 \in [a, +\infty)$ 使得 $f(x_0) > A$, 则存在 $X_3 > a$, 当 $x > X_3$ 时有

$$f(x) - A < \frac{f(x_0) - A}{2} \Longrightarrow f(x) < \frac{A + f(x_0)}{2} < f(x_0).$$

而 $f(x) \in C[a, X_3]$, 且显然 $x_0 \leqslant X_3$ 由闭区间连续函数的最值定理知存在 $\xi_3 \in [a, X_3]$ 使得 $f(\xi_3) = \max\limits_{[a,X_3]} f(x)$. 故 $\forall x \in [a, +\infty)$ 有 $f(x) \leqslant f(\xi_3)$, 即 $f(\xi_3)$ 是 $f(x)$ 在 $[a, +\infty)$ 上的最大值.

(c) 若 $\exists x_0 \in [a, +\infty)$ 使得 $f(x_0) < A$, 则存在 $X_4 > a$, 当 $x > X_4$ 时有

$$A - f(x) < \frac{A - f(x_0)}{2} \Longrightarrow f(x) > \frac{A + f(x_0)}{2} > f(x_0).$$

而 $f(x) \in C[a, X_4]$, 且显然 $x_0 \leqslant X_4$, 由闭区间连续函数的最值定理知存在 $\xi_4 \in [a, X_4]$ 使得 $f(\xi_4) = \min\limits_{[a,X_4]} f(x)$. 故 $\forall x \in [a, +\infty)$ 有 $f(x) \leqslant f(\xi_4)$, 即 $f(\xi_4)$ 是 $f(x)$ 在 $[a, +\infty)$ 上的最小值. ■

思考　说明此题反之成立否?

3. 设 $f(x)$ 在 $[a, +\infty)$ 上一致连续, $\varphi(x)$ 在 $[a, +\infty)$ 上连续, 且 $\lim\limits_{x \to +\infty} [f(x) - \varphi(x)] = 0$, 证明 $\varphi(x)$ 在 $[a, +\infty)$ 上一致连续.

证　因为 $\lim\limits_{x \to +\infty} [f(x) - \varphi(x)] = 0$, 所以 $\forall \varepsilon > 0, \exists M > 0$, 当 $x > M$ 时, 有

$$|f(x) - \varphi(x)| < \frac{\varepsilon}{3}.$$

又因为 $f(x)$ 在 $[a, +\infty)$ 上一致连续, 对上述 $\varepsilon > 0, \exists \delta > 0$, 对 $\forall x, y \in [a, +\infty)$, 当 $|x - y| < \delta$ 时, 有

$$|f(x) - f(y)| < \frac{\varepsilon}{3}.$$

故当 $x, y > M$, 且 $|x - y| < \delta$ 时, 有

$$|\varphi(x) - \varphi(y)| \leqslant |\varphi(x) - f(x)| + |f(x) - f(y)| + |\varphi(y) - f(y)| < \varepsilon.$$

所以 $\varphi(x)$ 在 $[M + 1, +\infty)$ 上一致连续, 而 $\varphi(x)$ 在 $[a, M + 1]$ 上一致连续, 故 $\varphi(x)$ 在 $[a, +\infty)$ 一致连续. ■

注　此题的几何意义是一个连续函数如果和一致连续的函数充分接近, 则此函数也一致连续. 条件 $\lim\limits_{x \to +\infty} [f(x) - \varphi(x)] = 0$ 改为 $\lim\limits_{x \to +\infty} [f(x) - \varphi(x)] = k$ 结论也成立.

4. 设函数 $f(x)$ 在 $[a, +\infty)$ 上连续, 且 $\lim\limits_{x \to +\infty} [f(x) - cx - d] = 0$ (c, d 为常数). 求证 $f(x)$ 在 $[a, +\infty)$ 上一致连续.

证　因为 $\varphi(x)=cx+d$ 在 $[a,+\infty)$ 上一致连续, 且 $\lim\limits_{x\to+\infty}[f(x)-cx-d]=0$, 由上题可知 $f(x)$ 在 $[a,+\infty)$ 上一致连续. ■

注　条件 $\lim\limits_{x\to+\infty}[f(x)-cx-d]=0$, 说明函数 $f(x)$ 有渐近线 $y=cx+d$.

练习　(1) 求证 $f(x)=\dfrac{x^{314}}{\mathrm{e}^x}$ 在 $[a,+\infty)$ (其中 $a>0$) 上一致连续.

(2) 证明 $f(x)=\dfrac{1}{x}$ 在 $[a,+\infty)$ (其中 $a>0$) 上一致连续; $g(x)=\sin\dfrac{1}{x}$ 在 $(0,1)$ 上非一致连续.

(3) 设 $f(x)$ 在 $(0,1)$ 上一致连续, 则存在 $F(x)$ 使得 $F(x)$ 在 $[0,1]$ 上连续, 且 $\forall x\in(0,1), F(x)=f(x)$.

(4) 讨论 $f(x)=\dfrac{\sin x}{x}$ 在 $(0,\pi)$ 上一致连续性.

(5) 设 $f(x)$ 在有限区间 (a,b) 单调有界且连续. 证明 $f(x)$ 在 (a,b) 上一致连续.

思考　若 $f(x)$ 在有限区间 (a,b) 连续且有界, 问函数 $f(x)$ 在 (a,b) 上是否一致连续?

(6) 设 $f(x)\in C(a,b)$, 若 $\lim\limits_{x\to a^+}f(x)=1$, $\lim\limits_{x\to b^-}f(x)=2$. 则

(A) $f(x)$ 在 $[a,b]$ 上一致连续;　　(B) $f(x)$ 在 $[a,b]$ 上可微;

(C) $f(x)$ 在 (a,b) 上一致连续;　　(D) $f(x)$ 在 (a,b) 上可微.

(7) 证明函数 $f(x)=\dfrac{|\sin x|}{x}$ 在 $J_1=\{x|-1<x<0\}, J_2=\{x|0<x<1\}$ 内一致连续, 当 $J=\{x|0<|x|<1\}$ 非一致连续.

(8) 设 $f(x)=\dfrac{x+2}{x+1}\sin\dfrac{1}{x}, a>0$ 为任意正常数. 证明 $f(x)$ 在 $(0,a)$ 上非一致连续, 在 $[a,+\infty)$ 上一致连续.

(9) 证明若 $f(x)\in C(-\infty,+\infty)$, 且 $\lim\limits_{x\to+\infty}f(x)=A$, $\lim\limits_{x\to-\infty}f(x)=B$. 则 $f(x)$ 在 $(-\infty,+\infty)$ 上一致连续.

(10) 证明 $f(x)=x\mathrm{e}^{-x^2}\displaystyle\int_0^x \mathrm{e}^{t^2}\mathrm{d}t$ 在 $[0,+\infty)$ 上一致连续.

(11) 证明 $f(x)=x^k\mathrm{e}^{-x^2}(k>0)$ 在 $\mathbb{R}$ 上一致连续且有界.

例 2-1-6　解答下列各题.

1. 函数 $f(x)$ 在 (a,b) 上有连续的导函数, 且 $\lim\limits_{x\to a^+}f'(x)$ 与 $\lim\limits_{x\to b^-}f'(x)$ 均存在有限, 证明

(1) $f(x)$ 在 (a,b) 上一致连续;

(2) $\lim\limits_{x\to a^+}f(x)$ 与 $\lim\limits_{x\to b^-}f(x)$ 均存在.

证　(1) 由条件知 $f'(x)\in C(a,b)$, 定义

$$F(x)=\begin{cases} f'(x), & x\in(a,b),\\ \lim\limits_{x\to a^+}f'(x), & x=a,\\ \lim\limits_{x\to b^-}f'(x), & x=b.\end{cases}$$

则 $F(x)\in C[a,b]$, 所以存在 $L>0$ 使得 $|F(x)|\leqslant L, \forall x\in[a,b]$, 从而

$$|f'(x)|\leqslant L,\quad \forall x\in(a,b),$$

故 $\forall x,y\in(a,b)$, 有 $|f(x)-f(y)|\leqslant L|x-y|$, 从而 $f(x)$ 在 (a,b) 上一致连续.

(2) 由于 $f(x)$ 在 (a,b) 上一致连续, 由 Cauchy 收敛准则知 $\lim\limits_{x\to a^+} f(x)$ 与 $\lim\limits_{x\to b^-} f(x)$ 均存在. ■

2. 证明函数 $f(x)=\sqrt{x}\ln x$ 在 $[1,+\infty)$ 上一致连续.

解 因为 $f'(x)=\dfrac{\ln x+2}{2\sqrt{x}}$, $x\in[1,+\infty)$, $\lim\limits_{x\to+\infty} f'(x)=0$, 所以 $f'(x)$ 在 $[1,+\infty)$ 上有界, 设 $|f'(x)|\leqslant M$, $x\in[1,+\infty)$.

所以 $\forall\varepsilon>0,\exists\delta=\dfrac{\varepsilon}{M}$, 对 $\forall x,y\in[1,+\infty)$, 当 $|x-y|<\delta$ 时, 有

$$|f(x)-f(y)|=|f'(\xi)(x-y)|<M\frac{\varepsilon}{M}=\varepsilon,$$

故 $f(x)$ 在 $[1,+\infty)$ 上一致连续. ■

3. 设 $f'(x)\in C(0,a]$ 且 $\lim\limits_{x\to0^+}\sqrt{x}f'(x)$ 存在, 则 $f(x)$ 在 $(0,a]$ 上一致连续.

解 由于 $\sqrt{x}f'(x)\in C(0,a]$ 且 $\lim\limits_{x\to0^+}\sqrt{x}f'(x)$ 存在得 $\exists M>0$ 使得 $\forall x\in(0,a]$ 有 $|\sqrt{x}f'(x)|\leqslant M$.

对 $\forall x_1,x_2\in(0,a]$, 由 Cauchy 微分中值定理得

$$\left|\frac{f(x_1)-f(x_2)}{\sqrt{x_1}-\sqrt{x_2}}\right|=|2\sqrt{\xi}f'(\xi)|\leqslant 2M,\tag{1}$$

其中 ξ 介于 x_1,x_2 之间, 即

$$|f(x_1)-f(x_2)|\leqslant 2M|\sqrt{x_1}-\sqrt{x_2}|,$$

再结合一致连续定义知 $f(x)=\sqrt{x}\ln x$ 在 $[1,+\infty)$ 上一致连续. ■

注 (1) 将条件 $\lim\limits_{x\to0^+}\sqrt{x}f'(x)$ 存在改为 $\lim\limits_{x\to0^+}x^{1-p}f'(x)$ 存在 $(p>0)$, 结论仍然成立.

(2) 判断一个函数在无穷区间 $[a,+\infty)$ 上连续的函数是否一致连续, 首先考察 $\lim\limits_{x\to+\infty}f(x)$ 是否存在有限, 若存在且有限即可得到 $f(x)$ 在 $[a,+\infty)$ 上一致连续; 若不然, 考察 $f'(x)$ 在 $[a,+\infty)$ 上是否有界, 若有界即可得到 $f(x)$ 在 $[a,+\infty)$ 上一致连续.

4. 设 $f(x)$ 在 $[0,+\infty)$ 满足 Lipchitz 条件, 即存在 $L>0$ 对 $\forall x,y\in[0,+\infty)$, 有 $|f(x)-f(y)|\leqslant L|x-y|$. 证明 $f(x^\alpha)(0<\alpha<1$ 为常数) 在 $[0,+\infty)$ 上一致连续.

解 只要证明 $g(x)=x^\alpha$ 在 $[0,+\infty)$ 内一致连续即可. 因为 $\alpha\in(0,1)$, 令 $g(x)=x^\alpha$, 所以 $g'(x)=\alpha x^{\alpha-1}\to0\ (x\to+\infty)$, 这样 $g(x)=x^\alpha$ 在 $[1,+\infty)$ 上一致连续, 显然 $g(x)$ 在 $[0,1]$ 上一致连续, 故 $g(x)$ 在 $[0,+\infty)$ 上一致连续, 即 $\forall\varepsilon>0,\exists\delta>0$, 对 $\forall x,y\in[0,+\infty)$, 当 $|x-y|<\delta$ 时, 有

$$|x^\alpha-y^\alpha|<\frac{\varepsilon}{L}.$$

这时有

$$|f(x^\alpha)-f(y^\alpha)|\leqslant L|x^\alpha-y^\alpha|<\varepsilon.\quad ■$$

思考 使得上述结论成立的 α 的最大范围是什么?

5. 设函数 $f(x)$ 在 $[0,+\infty)$ 上连续, 在 $(0,+\infty)$ 内可微, 且 $\lim\limits_{x\to+\infty}|f'(x)|=A$, 证明当且仅当 $A<+\infty$ 时, $f(x)$ 在 $[0,+\infty)$ 上一致连续.

证　($\Longrightarrow$) 设 $\lim\limits_{x\to+\infty}|f'(x)|=A<+\infty$, 下证 $f(x)$ 在 $[0,+\infty)$ 上一致连续.

因为 $\forall\varepsilon>0$ (不妨设 $\varepsilon<1$), $\exists M>0$, 当 $x\geqslant M$ 时, 有 $||f'(x)|-A|<\varepsilon$, 故

$$|f'(x)|<A+1.$$

对上述 $\varepsilon>0$,存在$\delta_1=\dfrac{\varepsilon}{A+1}$, 对 $\forall x,y\geqslant M$, 当 $|x-y|<\delta_1$ 时, 有

$$|f(x)-f(y)|=|f'(\xi)(x-y)|<\frac{\varepsilon}{A+1}\cdot(A+1)=\varepsilon, \tag{1}$$

其中 ξ 介于 x,y 之间. 所以 $f(x)$ 在 $[M,+\infty)$ 上一致连续.

因为 $f(x)$ 在 $[0,M+1]$ 上一致连续, 所以对 $\forall\varepsilon>0,\exists\delta_2>0$, 对 $\forall x,y\in[0,M+1]$, 当 $|x-y|<\delta_2$ 时, 有

$$|f(x)-f(y)|<\varepsilon. \tag{2}$$

取 $\delta=\min\{\delta_1,\delta_2,1\}$, 对 $\forall x,y\in[0,+\infty)$, 当 $|x-y|<\delta$ 时, 有

$$|f(x)-f(y)|<\varepsilon.$$

($\Longleftarrow$) 假设

$$\lim_{x\to+\infty}|f'(x)|=A=+\infty. \tag{3}$$

取 $\varepsilon_0=\dfrac{1}{2}$, 对 $\forall\,\delta>0$, 取 $G=\dfrac{1}{\delta}$, 由 (3) 式知 $\exists M_1$, 当 $x>M_1$ 时, 有 $|f'(x)|>G$.

取 $x,y>M_1$ 且 $|x-y|=\dfrac{\delta}{2}<\delta$, 但是

$$|f(x)-f(y)|=|f'(\xi)(x-y)|>G\cdot\frac{\delta}{2}=\frac{1}{2}. \quad ■$$

注　导函数有界一定一致连续 (由微分中值定理), 但是导函数无界不一定不一致连续. 如: $f(x)=\sqrt{x}\ln x,\ x\in(0,1]$.

练习　(1) 证明 $y=\sin\sqrt{x}$ 在 $(0,+\infty)$ 上一致连续.

(2) 证明 $y=\sqrt{x}$ 在 $(0,+\infty)$ 上一致连续.

(3) 设函数 $f(x)$ 定义在区间 I 上. 试对“函数在 I 上不一致连续”含义作一肯定语气叙述. 并证明 $f(x)=x\ln x$ 在 $(0,+\infty)$ 上不一致连续.

(4) 设 $f(x)$ 在 $[1,+\infty)$ 上可导, 且 $\lim\limits_{x\to+\infty}f'(x)=+\infty$. 证明 $f(x)$ 在 $[1,+\infty)$ 上非一致连续.

(5) 已知 $f(x)=x^2$, 证明

(i) 任意实数 $a>0, f(x)$ 在 $[0,a]$ 上一致连续;

(ii) $f(x)$ 在 $[0,+\infty)$ 上非一致连续.

(6) 设 $f(x)$ 在 (a,b) 上可导. 若 $f'(x)$ 在 (a,b) 上有界, 问 $f(x)$ 是否在 (a,b) 上有界? 若将 (a,b) 改为 $(-\infty,+\infty)$ 结论如何?

例 2-1-7　解答下列各题.

1. 证明 $f(x)$ 在 (a,b) 上一致连续 $\Longleftrightarrow$ 对 (a,b) 中的任意两数列 $\{x_n\},\{y_n\}$, 只要 $x_n - y_n \to 0$, 有 $f(x_n)-f(y_n)\to 0$.

证　($\Longrightarrow$) 设 $f(x)$ 在 (a,b) 一致连续, 所以 $\forall \varepsilon>0, \exists \delta>0$, 对 $\forall x,y\in(a,b)$, 当 $|x-y|<\delta$ 时, 有

$$|f(x)-f(y)|<\varepsilon.$$

对 $\forall \{x_n\},\{y_n\}\subset(a,b)$, 因为 $x_n-y_n\to 0$, 所以对上述 $\delta>0$, $\exists N>0$, 当 $n>N$ 时, 有 $|x_n-y_n|<\delta$, 从而有

$$|f(x_n)-f(y_n)|<\varepsilon.$$

($\Longleftarrow$) 反证法. 若 $f(x)$ 在 (a,b) 上非一致连续, 即 $\exists \varepsilon_0>0$, 对 $\forall \delta=\dfrac{1}{n}, \exists x_n,y_n\in(a,b)$, 虽然 $|x_n-y_n|<\dfrac{1}{n}$, 但是

$$|f(x_n)-f(y_n)|\geqslant \varepsilon_0,$$

这样得到数列 $\{x_n\},\{y_n\}\subset(a,b)$, 显然 $x_n-y_n\to 0$, 但是

$$|f(x_n)-f(y_n)|\geqslant \varepsilon_0.$$

这与已知条件矛盾. ■

2. 设函数列 $\{f_n(x)\}$ 在区间 I 上一致收敛于 $f(x)$ 且 $f_n(x)$ 在 I 上一致连续 $(n\in\mathbb{N})$. 证明 $f(x)$ 在 I 上一致连续.

证　由条件知 $\forall\varepsilon>0, \exists N_0>0$, 当 $n\geqslant N_0$ 时, 对 $\forall x\in I$, 有

$$|f_n(x)-f(x)|<\frac{\varepsilon}{3}.$$

又因为 f_{N_0} 在 I 上一致连续, 所以对上述 $\varepsilon>0, \exists\delta>0$, 对 $\forall x,y\in I$, 当 $|x-y|<\delta$ 时, 有

$$|f_{N_0}(x)-f_{N_0}(y)|<\frac{\varepsilon}{3}.$$

此时有

$$|f(x)-f(y)|\leqslant|f(x)-f_{N_0}(x)|+|f_{N_0}(x)-f_{N_0}(y)|+|f_{N_0}(y)-f(y)|<\varepsilon. \quad ■$$

注　(i) 类似可以证明, 如果函数项级数 $\sum\limits_{n=1}^{\infty}u_n(x)$ 在 I 上一致收敛于 $f(x)$, 且通项 $u_n(x), n\in\mathbb{N}$ 在 I 上一致连续, 则 $f(x)$ 在 I 上一致连续.

(ii) 一般教材上的结论是: 若函数列 $\{f_n(x)\}$ 在区间 I 上一致收敛于 $f(x)$ 且 $f_n(x)$ 在 I 上连续 $(n\in\mathbb{N})$. 则 $f(x)$ 在 I 上连续.

练习　设 $f(x)$ 在 (a,b) 上有定义. 证明: 若对 (a,b) 上任意收敛的数列 $\{x_n\}$, 极限 $\lim\limits_{n\to\infty}f(x_n)$ 都存在, 则 $f(x)$ 在 (a,b) 上一致连续.

提示　用反证法及致密性定理.

二、 函数连续性与一致连续性的应用

例 2-2-1　解答下列各题.

1. 若 $f(x)$ 在 $[0,1]$ 连续, $f(0)=f(1)$, 则 $\forall n\in\mathbb{N}(n\geqslant 2)$, $\exists\xi\in(0,1)$ 使得 $f\left(\xi+\dfrac{1}{n}\right)=f(\xi)$.

解　(解一) 对 $\forall n\in\mathbb{N}(n\geqslant 2)$, 令 $g(x)=f\left(x+\dfrac{1}{n}\right)-f(x)$, $x\in\left[0,1-\dfrac{1}{n}\right]$.

(1) 若存在$x_1,x_2\in\left[0,1-\dfrac{1}{n}\right]$ 使得 $g(x_1)g(x_2)<0$, 有连续函数的介值定理知存在 $\xi\in\left(0,1-\dfrac{1}{n}\right)$ 使得 $g(\xi)=0$, 从而结论成立.

(2) 若 $g(x)>0,\forall x\in\left[0,1-\dfrac{1}{n}\right]$, 则

$$g(0)=f\left(\frac{1}{n}\right)-f(0)>0,\quad 即\quad f\left(\frac{1}{n}\right)>f(0);$$

$$g\left(\frac{1}{n}\right)=f\left(\frac{2}{n}\right)-f\left(\frac{1}{n}\right)>0,\quad 即\quad f\left(\frac{2}{n}\right)>f\left(\frac{1}{n}\right);$$

$$\cdots\cdots$$

$$g\left(1-\frac{1}{n}\right)=f(1)-f\left(1-\frac{1}{n}\right)>0,\quad 即\quad f(1)>f\left(1-\frac{1}{n}\right),$$

这样

$$f(0)<f\left(\frac{1}{n}\right)<f\left(\frac{2}{n}\right)<\cdots<f\left(\frac{n-1}{n}\right)<f(1),$$

这与 $f(0)=f(1)$ 矛盾.

(3) 若 $g(x)<0,\forall x\in\left[0,1-\dfrac{1}{n}\right]$, 则仿 (ii) 可得

$$f(1)<f\left(\frac{n-1}{n}\right)<\cdots<f\left(\frac{1}{n}\right)<f(0),$$

这与 $f(0)=f(1)$ 矛盾.

(解二) 令 $g(x)=f\left(x+\dfrac{1}{n}\right)-f(x)$, $x\in\left[0,1-\dfrac{1}{n}\right]$, 则

$$g(0)+g\left(\frac{1}{n}\right)+\cdots+g\left(\frac{n-1}{n}\right)=f(1)-f(0)=0.$$

(i) 若 $\exists k\in\{0,1,\cdots,n-1\}$ 使得 $g\left(\dfrac{k}{n}\right)=0$, 即 $f\left(\dfrac{k}{n}+\dfrac{1}{n}\right)=f\left(\dfrac{k}{n}\right)$, 则结论成立.

(ii) 若 $\forall k\in\{0,1,\cdots,n-1\}$ 使得 $g\left(\dfrac{k}{n}\right)\neq 0$, 由 (1) 式知存在 $i,j\in\{0,1,\cdots,n-1\}$ 使得$g\left(\dfrac{i}{n}\right)g\left(\dfrac{j}{n}\right)<0$, 由连续函数的介值定理存在介于$\dfrac{i}{n},\dfrac{j}{n}$ 之间的 ξ 使得 $g(\xi)=0$, 即

$f\left(\xi+\dfrac{1}{n}\right)=f(\xi)$. ■

2. 设 $f(x)$ 在 $[a,a+2\alpha]$ 上连续. 证明存在 $x\in[a,a+\alpha]$ 使得

$$f(x+\alpha)-f(x)=\frac{1}{2}[f(a+2\alpha)-f(a)].$$

证　令 $g(y)=f(y+\alpha)-f(y)-\dfrac{1}{2}[f(a+2\alpha)-f(a)]$, 则

$$g(a)=f(a+\alpha)-\frac{1}{2}[f(a+2\alpha)+f(a)];\quad g(a+\alpha)=\frac{1}{2}[f(a+2\alpha)+f(a)]-f(a+\alpha).$$

所以 $g(a)\cdot g(a+\alpha)\leqslant 0$. 由连续函数的介值定理知结论成立. ■

3. 设 $f(x)$ 在 $[0,1]$ 上非负且连续, 且 $f(0)=f(1)=0$, 则 $\forall l(0<l<1)$, $\exists x_0\in[0,1]$ 使得 $f(x_0)=f(x_0+l)$.

证　令 $F(x)=f(x)-f(x+l)$, 则

$$F(0)=f(0)-f(l)=-f(l)\leqslant 0\quad 且\quad F(1-l)=f(1-l)-f(1)=f(1-l)\geqslant 0.$$

(i) 若 $F(0)=0$, 取 $x_0=0$ 即可;

(ii) 若 $F(1-l)=0$, 取 $x_0=1-l$ 即可;

(iii) 若 $F(0)<0, F(l-l)>0$, 由于 $F(x)\in C[0,1-l]$, 由连续函数的介值定理知存在 $x_0\in(0,1-l)$ 使得 $F(x_0)=0$, 即 $f(x_0)=f(x_0+l)$. ■

4. 设 $f(x)$ 在 (a,b) 上连续, 且 $f(a+0), f(b-0)$ 存在, 则 $f(x)$ 可以取到 $f(a+0)$ 与 $f(b-0)$ 之间的一切值, 但可能取不到 $f(a+0)$ 与 $f(b-0)$.

证　令

$$F(x)=\begin{cases} f(x), & x\in(a,b),\\ f(a+0), & x=a,\\ f(b-0), & x=b.\end{cases}$$

则 $F(x)\in C[a,b]$, 由连续函数介值定理知 $F(x)$ 可取得 $F(a), F(b)$ 之间的一切值, 由 $F(x)$ 的定义可知 $f(x)$ 可取得 $f(a-0)$ 与 $f(b-0)$ 之间的一切值.

如: $f(x)=x, \forall x\in(0,1)$, 则 $f(0+0)=0, f(1-0)=1$, 但 $f(x)$ 在 $(0,1)$ 上不能取到 $f(0+0), f(1-0)$. ■

5. 设 $f_n(x)=x+x^2+\cdots+x^n(n=2,3,\cdots)$. 证明

(1) 方程 $f_n(x)=1$ 在 $[0,+\infty)$ 上有唯一实根 x_n.

(2) 数列 $\{x_n\}$ 有极限, 并求出 $\lim\limits_{n\to\infty}x_n$.

证　(1) 令 $F(x)=f_n(x)-1$, 即 $F(x)=x^n+x^{n-1}+\cdots+x^2+(x-1), x\in[0,+\infty)$.

当 $x\geqslant 1$ 时, $F(x)>0$, 所以 $F(x)$ 在 $[1,+\infty)$ 上无实根;

当 $x\in[0,1]$ 时, 由于 $F(0)=-1<0$, $F(1)>0$, 由连续函数介值定理知存在 $\xi\in(0,1)$ 使得 $F(\xi)=f_n(\xi)-1=0$. 下面说明 $F(x)$ 实根仅有一个. 事实上

$$F'(x)=nx^{n-1}+(n-1)x^{n-2}+\cdots+2x+1>0,\quad \forall x\in[0,1],$$

即 $F(x)$ 严格递增, 即 $F(x)$ 仅有一个零点, 即 $f_n(x)=1$ 只有一个根.

(2) 对 $\forall x\in[0,+\infty)$, $f_n(x)>f_{n-1}(x)$, 所以 $\{x_n\}$ 单调递减且有下界, 故 $\lim\limits_{n\to\infty}x_n$ 存在, 设为 l, 则

$$1=x_n^n+x_n^{n-1}+\cdots+x_n=\frac{x_n(1-x_n^n)}{1-x_n}\longrightarrow\frac{l}{1-l},$$

即 $l=\dfrac{1}{2}$. ■

6. 设 $f_n(x)=\sin x+\sin^2 x+\cdots+\sin^n x$. 证明

(1) $\forall n\in\mathbb{N}$ 方程 $f_n(x)=1$ 在 $\left(\dfrac{\pi}{6},\dfrac{\pi}{2}\right]$ 内有且只有一个根.

(2) 设 $x_n\in\left(\dfrac{\pi}{6},\dfrac{\pi}{2}\right]$ 是 $f_n(x)=1$ 的根, 则 $\lim\limits_{n\to+\infty}x_n=\dfrac{\pi}{6}$.

证　(1) 令 $F_n(x)=f_n(x)-1$, 则 $F_n(x)\in C\left[\dfrac{\pi}{6},\dfrac{\pi}{2}\right]$. 因为

$$F_n\left(\frac{\pi}{2}\right)\geqslant 0,\quad F_n\left(\frac{\pi}{6}\right)=\frac{1}{2}+\cdots+\frac{1}{2^n}-1<0.$$

所以存在 $\xi\in\left(\dfrac{\pi}{6},\dfrac{\pi}{2}\right]$ 使得

$$F_n(\xi)=0.$$

因为

$$F_n'(x)=\cos x+2\sin x\cos x+\cdots+n\sin^{n-1}x\cos x>0,\quad x\in\left(\frac{\pi}{6},\frac{\pi}{2}\right].$$

所以 $F_n(x)$ 严格单调递增, 故 $F_n(x)$ 在 $\left(\dfrac{\pi}{6},\dfrac{\pi}{2}\right]$ 内有且只有一个根.

(2) 设 x_n 是 $f_n(x)=1$ 的根. 因为 $f_n(x)>f_{n-1}(x)$, 所以 $x_{n-1}>x_n$, 即 $\{x_n\}$ 单调递减且有下界. 设 $\lim\limits_{n\to+\infty}x_n=l$, 再对

$$1=\sin x_n+\sin^2 x_n+\cdots+\sin^n x_n=\frac{\sin x_n(1-\sin^n x_n)}{1-\sin x_n},$$

两边取极限得

$$1=\frac{\sin l}{1-\sin l}\Longrightarrow\sin l=\frac{1}{2}\Longrightarrow l=\frac{\pi}{6}.\quad ■$$

7. 设 $f(x)$ 在 $[a,b]$ 上连续, 且 $f(x)>0$, 令 $F(x)=\displaystyle\int_a^x f(t)\mathrm{d}t+\int_b^x\frac{1}{f(t)}\mathrm{d}t$. 证明

(1) $F'(x)\geqslant 2$;

(2) $F(x)=0$ 在 $[a,b]$ 上仅有一实根.

证　(1) $F'(x)=f(x)+\dfrac{1}{f(x)}\geqslant 2$.

(2) 因为 $F'(x)\geqslant 2>0$, 所以 $F(x)$ 严格递增, 故 $F(x)=0$ 至多有一个实根.

又因为$F(a)=\displaystyle\int_b^a\frac{1}{f(t)}\mathrm{d}t<0$ (由于$f(x)>0$); $F(b)=\displaystyle\int_a^b f(t)\mathrm{d}t>0$, 由连续函数介值定

理知存在唯一 $x \in [a,b]$ 使得 $F(x)=0$. ■

8. 对椭圆内任意一点 P, 存在椭圆过 P 点的弦使得 P 为弦的中点.

证　设过 P 点的弦与 x 轴的夹角为 $\theta \in [0,\pi]$, P 点将弦分成长度为 $L_1(\theta)$, $L_2(\theta)$ 两段. 令 $f(\theta)=L_1(\theta)-L_2(\theta)$, 下面证明存在 $\theta_0 \in [0,\pi]$ 使得 $f(\theta_0)=0$. 事实上, $f(0)=-f(\pi) \Longrightarrow f(0)f(\pi) \leqslant 0$, 由连续函数的介值定理知 $\exists \theta_0 \in [0,\pi]$ 使得 $f(\theta_0)=0$, 即 $L_1(\theta_0)=L_2(\theta_0)$. ■

9. 设 $f \in C[a,b]$, 且 $\exists q \in (0,1)$ 使得 $\forall x \in [a,b]$, $\exists y \in [a,b]$ 满足

$$|f(y)| \leqslant q|f(x)|.$$

证明存在 $\xi \in [a,b]$ 使得 $f(\xi)=0$.

证　因为 $f \in C[a,b]$, 所以 $|f| \in C[a,b]$. 设 $|f(x_0)| = \min\limits_{x\in[a,b]} |f(x)|$,

(1) 若 $|f(x_0)|=0$, 取 $\xi = x_0$ 即可;

(2) 若 $|f(x_0)|>0$, 由条件知存在 $y \in [a,b]$ 满足 $|f(y)| \leqslant q|f(x_0)| < |f(x_0)|$, 这与

$$|f(x_0)| = \min_{x\in[a,b]} |f(x)|$$

矛盾.

总之, $|f(x_0)|=0$, 故结论成立. ■

练习　(1) 设 $f(x) \in C[0,2]$, 且 $f(0)=f(2)$. 证明: 存在 $x,y \in [0,2], y-x=1$ 使得 $f(x)=f(y)$.

(2) 设 $f_n(x)=\cos x+\cos^2 x+\cdots+\cos^n x$. 证明

(i) $\forall n \in \mathbb{N}$ 方程 $f_n(x)=1$ 在 $\left[0,\dfrac{\pi}{3}\right)$ 内有且只有一个根;

(ii) 设 $x_n \in \left[0,\dfrac{\pi}{3}\right)$ 是 $f_n(x)=1$ 的根, 则 $\lim\limits_{n\to+\infty} x_n = \dfrac{\pi}{3}$.

(3) 设 $f(x) \in C[0,1]$, $f(x)>0$. 则

(i) 存在唯一 $a \in (0,1)$ 使得 $\displaystyle\int_0^a f(t)\mathrm{d}t = \int_a^1 \frac{1}{f(t)}\mathrm{d}t$;

(ii) 对 $\forall n \in \mathbf{N}, n>2$, 存在唯一 $x_n \in (0,1)$ 使得 $\displaystyle\int_{\frac{1}{n}}^{x_n} f(t)\mathrm{d}t = \int_{x_n}^1 \frac{1}{f(t)}\mathrm{d}t$, 且 $\lim\limits_{n\to+\infty} x_n = a$.

例 2-2-2　解答下列各题.

1. 设 $f(x)$ 在 $[a,b]$ 上连续, 且 $f([a,b]) \subset [a,b]$. 则存在 $x_0 \in [a,b]$ 使得 $f(x_0)=x_0$.

证　由条件

$$a \leqslant f(x) \leqslant b, \quad \forall x \in [a,b]. \tag{1}$$

令 $F(x)=f(x)-x$, 则 $F(x) \in C[a,b]$.

(i) 若 $F(a)=0$, 取 $x_0=a$ 即可;

(ii) 若 $F(b)=0$, 取 $x_0=b$ 即可;

(iii) 若 $F(a)>0$, $F(b)<0$, 由连续函数的介值定值知存在 $x_0 \in (a,b)$ 使得 $F(x_0)=0$, 即 $f(x_0)=x_0$. ■

2. 设 $f(x)$ 满足 $f([a,b]) \subset [a,b]$, 且 $|f(x)-f(y)| \leqslant |x-y|, \forall x,y \in [a,b]$. $\forall x_1 \in [a,b]$,

令$x_{n+1}=\dfrac{1}{2}[x_n+f(x_n)], n=1,2,\cdots$. 证明数列 $\{x_n\}$ 有极限 x_0, 且 $f(x_0)=x_0$.

证　由条件可得 $x_n\in[a,b]$ 且 $f(x)$ 连续, 故下面考察 $\{x_n\}$ 单调, 对递推式两边求极限即可. 因为 $x_1\in[a,b]$.

(i) 若 $x_1\geqslant f(x_1)$, 则 $x_2-x_1=\dfrac{1}{2}[f(x_1)-x_1]\leqslant 0$, 由数学归纳法可以证明 $\{x_n\}$ 递减. 事实上, $n=1$ 时, $x_2-x_1=\dfrac{1}{2}[f(x_1)-x_1]\leqslant 0$, 假设 $x_{k+1}\leqslant x_k$, 则

$$\begin{aligned}x_{k+2}-x_{k+1}&=\frac{1}{2}[x_{k+1}+f(x_{k+1})]-\frac{1}{2}[x_k-f(x_k)]\\&=\frac{1}{2}(x_{k+1}-x_k)+\frac{1}{2}[f(x_{k+1})-f(x_k)]\\&\leqslant\frac{1}{2}(x_{k+1}-x_k)+\frac{1}{2}|x_{k+1}-x_k|=0;\end{aligned}$$

(ii) 若 $x_1<f(x_1)$, 类似地可得 $\{x_n\}$ 递增, 同上可得数列 $\{x_n\}$ 有极限 x_0, 且 $f(x_0)=x_0$. ■

注　如果仅为了得到 $f(x)$ 的不动点, 条件可以适当放宽.

3. 设 $f(x)\in C[0,+\infty)$ 且 $0\leqslant f(x)\leqslant x$, 设 $a_1\geqslant 0, a_{n+1}=f(a_n)$. 证明:

(1) $\{a_n\}$ 为收敛数列.

(2) 设 $\lim\limits_{n\to\infty}a_n=t$, 则 $f(t)=t$.

(3) 若 $0\leqslant f(x)<x$, $x\in(0,+\infty)$, 则 $t=0$.

证　(1) 由 $0\leqslant f(x)\leqslant x\Longrightarrow 0\leqslant a_{n+1}=f(a_n)\leqslant a_n$, 即 $\{a_n\}$ 单调递减有下界, 故 $\{a_n\}$ 为收敛数列.

(2) 对 $a_{n+1}=f(a_n)$ 两边求极限得 $t=f(t)$.

(3) 若 $t\neq 0$, 则有 $0\leqslant f(t)<t$ 这与 (2) 中结论矛盾. ■

4. 若 $f(x)$ 在 $\mathbb{R}$ 上可微, 且 $|f'(x)|\leqslant r<1$, 证明: 存在 a 使得 $f(a)=a$.

证　(证一) 取 $x_1\in\mathbb{R}$. 若 $f(x_1)=x_1$. ■

若 $x_1\neq f(x_1)$, 令 $x_{n+1}=\dfrac{1}{2}[x_n+f(x_n)], n=1,2,\cdots$, 所以

$$|x_{n+1}-x_n|\leqslant\frac{1}{2}|x_n-x_{n-1}|+\frac{1}{2}|f(x_n)-f(x_{n-1})|\leqslant\frac{1}{2}(1+r)|x_n-x_{n-1}|,$$

由于$\dfrac{1}{2}(1+r)<1$, 所以 $\{x_n\}$ 为压缩数列, 故 $\{x_n\}$ 收敛, 记 $\lim\limits_{n\to\infty}x_n=a$, 对递推关系式两边求极限并由 $f(x)$ 的连续性得 $f(a)=a$.

(证二) 构造数列 $x_n=f(x_{n-1})$ 也可证明. ■

5. 设 $f(x)$ 为区间 $[a,b]$ 上增函数, 但不一定连续, 若 $f(a)\geqslant a, f(b)\leqslant b$. 证明存在 $x_0\in[a,b]$ 使得 $f(x_0)=x_0$.

证　将区间 $[a,b]$ 二等分, 若 $f\left(\dfrac{a+b}{2}\right)=\dfrac{a+b}{2}$, 结论成立;

否则, 由条件知存在$[a_1,b_1]\in\left\{\left[a,\dfrac{a+b}{2}\right],\left[\dfrac{a+b}{2},b\right]\right\}$ 使得 $(a_1,f(a_1)),(b_1,f(b_1))$ 分别在 $y=x$ 的上、下方, 这样的过程一直进行下去得到 $\{[a_n,b_n]\}$ 满足

(1) $[a,b]\supset[a_1,b_1]\supset\cdots\supset[a_n,b_n]\supset\cdots$;

(2) $\lim\limits_{n\to\infty}(b_n-a_n)=0$;

(3) $(a_n,f(a_n)),(b_n,f(b_n))\,(n=1,2,\cdots)$ 分别在 $y=x$ 的上、下方.

由闭区间套定理知存在唯一 $\xi\in[a_n,b_n](n=1,2,\cdots)$, 使得 $\lim\limits_{n\to\infty}a_n=\lim\limits_{n\to\infty}b_n=\xi$. 因为 $\xi\geqslant a_n$, $f(a_n)\geqslant a_n,\forall n\in\mathbb{N}$, 且 $f(x)$递增, 所以

$$f(\xi)\geqslant\xi. \tag{1}$$

事实上, 由于 $\{a_n\}$ 递增地收敛于 ξ, 所以 $a_n\leqslant\xi$, 再由 $f(x)$ 递增, 故 $f(\xi)\geqslant f(a_n)\geqslant a_n$, 从而 $f(\xi)\geqslant\sup\limits_n\{a_n\}=\xi$.

同理, 由 $\xi\leqslant b_n$, $f(b_n)\leqslant b_n,\forall n\in\mathbb{N}$, 且 $f(x)$递增, 得

$$f(\xi)\leqslant\xi. \tag{2}$$

由 (1),(2) 式知 $f(\xi)=\xi$. ■

注　此题是在单调而非连续的条件下得到的结果, 这里使得 $f(x)=x$ 的点不一定唯一; 如果 $f(x)\in C[a,b]$ 可直接应用连续函数的介值定理而得到结果.

练习　设 $f(x)$ 在 $[0,1]$ 上单调不减, 且 $f(0)>0,f(1)<1$. 证明存在 $x_0\in(0,1)$ 使得 $f(x_0)=x_0^2$.

提示　只要将上述证明中的直线 $y=x$ 改为 $y=x^2$ 即可.

思考　总结求方程根的常用方法?

例 2-2-3　解答下列各题.

1. 设函数 $f(x)$ 在 $[0,1]$ 上连续. 证明 $\lim\limits_{t\to+\infty}\int_0^1 t\mathrm{e}^{-t^2x^2}f(x)\mathrm{d}x=\frac{\sqrt{\pi}}{2}f(0)$.

证　因为 $\int_0^{+\infty}\mathrm{e}^{-u^2}\mathrm{d}u=\frac{\sqrt{\pi}}{2}$, 即 $\forall\varepsilon>0,\exists T>0$ 使得

$$\int_T^{+\infty}\mathrm{e}^{-u^2}\mathrm{d}u<\varepsilon. \tag{1}$$

令 $tx=u$, 则 $\int_0^1 t\mathrm{e}^{-t^2x^2}f(x)\mathrm{d}x=\int_0^t\mathrm{e}^{-u^2}f\left(\frac{u}{t}\right)\mathrm{d}u$, 只要证明

$$\lim_{t\to+\infty}\int_0^t\mathrm{e}^{-u^2}\left[f\left(\frac{u}{t}\right)-f(0)\right]\mathrm{d}u=0.$$

因为 $f(x)\in C[0,1]$, 对上述 $\varepsilon>0,\exists\delta>0$, 当 $\left|\frac{u}{t}\right|<\delta$, 时, 有

$$\left|f\left(\frac{u}{t}\right)-f(0)\right|<\varepsilon, \tag{2}$$

且存在 $M>0$ 使得

$$|f(x)|\leqslant M,\quad\forall x\in[0,1]. \tag{3}$$

由 (1)—(3) 得当 t 充分大时, 有

$$\left|\int_0^t \mathrm{e}^{-u^2}\left[f\left(\frac{u}{t}\right)-f(0)\right]\mathrm{d}u\right| \leqslant 2M\int_T^t \mathrm{e}^{-u^2}\mathrm{d}u+\int_0^T \mathrm{e}^{-u^2}\left|f\left(\frac{u}{t}\right)-f(0)\right|\mathrm{d}u \leqslant 2M\varepsilon+\varepsilon\frac{\sqrt{\pi}}{2}.$$

故结论成立. ■

2. **证明若 $f(x)$ 在区间 I 上处处连续且为一一映射, 则 $f(x)$ 在 I 上必为严格单调函数.**

证　若 $f(x)$ 在 I 上不严格单调, 则存在 $x_1,x_2,x_3\in I, x_1<x_2<x_3$ 使得 ① $f(x_1)\leqslant f(x_2)\geqslant f(x_3)$ 或 ② $f(x_1)\geqslant f(x_2)\leqslant f(x_3)$.

对情形①: 若 $f(x_1)\leqslant f(x_3)(\leqslant f(x_2))$, 由连续函数介值定理知存在 $\xi\in[x_1,x_2]$ 使得 $f(\xi)=f(x_3)$, 与 $f(x)$ 为一一映射矛盾;

若 $f(x_3)\leqslant f(x_1)(\leqslant f(x_2))$, 由连续函数介值定理知存在 $\eta\in[x_2,x_3]$ 使得 $f(\eta)=f(x_1)$ 与 $f(x)$ 为一一映射矛盾.

对情形②同样可证与 $f(x)$ 为一一映射矛盾. ■

注　说明如果没有连续性条件结论是否成立?

3. **是否存在 $\mathbb{R}$ 上连续函数 $f(x)$ 使得 $f(f(x))=\mathrm{e}^{-x}$?**

解　假设存在这样的连续函数 $f(x)$, 由于 e^{-x} 为严格递减函数, 所以 $f(x)$ 一定为非单调函数 (由于单调递函数的自身复合函数为单调增函数). 故存在 $x_1\neq x_2$ 使得 $f(x_1)=f(x_2)$, 从而 $\mathrm{e}^{-x_1}=f(f(x_1))=f(f(x_2))=\mathrm{e}^{-x_2}$, 矛盾. ■

4. **设函数 f 在区间 I 上连续, 证明:**

(1) 若任意有理数 $r\in I$, 有 $f(r)=0$, 则 $f(x)\equiv 0$.

(2) 若任意有理数 $r_1,r_2\in I, r_1<r_2$ 有 $f(r_1)<f(r_2)$, 则 $f(x)$ 在 I 上严格单调递增.

证　(1) $\forall x_0\in I$, 下证 $f(x_0)=0$. 事实上, ① 若 x_0 为有理数, 则 $f(x_0)=0$; ② 若 x_0 为无理数, 由有理数的稠密性知存在有理数列 $\{r_n\}$ 使得 $\lim\limits_{n\to\infty} r_n=x_0$, 再由 $f(x)$ 的连续性得 $f(x_0)=\lim\limits_{n\to\infty} f(r_n)=0$.

(2) $\forall x_1,x_2\in I, x_1<x_2$, 下证 $f(x_1)<f(x_2)$. 由有理数的稠密性知存在严格单调递减的有理数列 $\{r_n'\}\subset\left[x_1,\dfrac{x_1+x_2}{2}\right)$ 使得 $\lim\limits_{n\to\infty} r_n'=x_1$. 同时存在严格单调递增的有理数列 $\{r_n''\}\subset\left(\dfrac{x_1+x_2}{2},x_2\right]$ 使得 $\lim\limits_{n\to\infty} r_n''=x_2$. 由 $f(x)$ 的连续性知

$$\lim_{n\to\infty} f(r_n')=f(x_1),\quad \lim_{n\to\infty} f(r_n'')=f(x_2).$$

又

$$r_n'<r_1'<r_1''<r_n''\Longrightarrow f(r_n')<f(r_1')<f(r_1'')<f(r_n'').$$

令 $n\to\infty$ 得 $f(x_1)\leqslant f(r_1')<f(r_1'')\leqslant f(x_2)$, 即 $f(x_1)<f(x_2)$. ■

注　若对 I 中的无理点 $f(x)=0$ 且连续 $\Longrightarrow f(x)$ 在 I 上恒为零. 若任意有理数 $r_1,r_2\in I, r_1<r_2$ 有 $f(r_1)>f(r_2)$, 则 $f(x)$ 在 I 上严格单调递减.

例 2-2-4　解答下列各题.

1. **设 $f(x)$ 在 (a,b) 上连续, 且 $\lim\limits_{x\to a^+} f(x)=-\infty$, $\lim\limits_{x\to b^-} f(x)=-\infty$. 证明 $f(x)$ 在 (a,b) 有最大值.**

证 对 $\forall G>0$, 不妨设 $G>-f\left(\dfrac{a+b}{2}\right)$, 由题意存在 $\delta>0$ 使得 $\forall x\in(a,a+\delta)\cup(b-\delta,b)$, 有

$$f(x)<-G<f\left(\frac{a+b}{2}\right). \tag{1}$$

而$f(x)\in C[a+\delta,b-\delta]$, 设 $f(x)$ 在 $[a+\delta,b-\delta]$ 上的最大值为 $f(x_0)$, 显然 $f(x_0)\geqslant f\left(\dfrac{a+b}{2}\right)$, 再由 (1) 知 $f(x_0)$ 即为 $f(x)$ 在 (a,b) 有最大值. ■

2. 设 $f(x)$ 在 $(-\infty,+\infty)$ 上连续, 若 $\lim\limits_{x\to\pm\infty}f(x)=+\infty$, 且 $f(x)$ 在 a 处达到最小值, 若 $f(a)<a$, 证明 $F(x)=f(f(x))$ 至少有两点达到 $f(x)$ 的最小值 $f(a)$.

证 由条件 $f(x)$ 在 $[a,+\infty)$ 上值域为 $[f(a),+\infty)$. 因为 $a\in[f(a),+\infty)$, 故存在 $x_1\in(a,+\infty)$ 使得 $f(x_1)=a$.

再由 $f(x)$ 在 $(-\infty,a]$ 上值域也为 $[f(a),+\infty)$. 因为 $a\in[f(a),+\infty)$, 故存在 $x_2\in(-\infty,a)$ 使得 $f(x_2)=a$.

显然 $x_1\neq x_2$, 且 $F(x_1)=f(f(x_1))=f(a)$, $F(x_2)=f(f(x_2))=f(a)$, 即 $F(x)$ 至少有两点达到最小值 $f(a)$. ■

3. 设 f 为 $[a,b]$ 上连续的非常值的函数, 记 $M=\max\limits_{x\in[a,b]}f(x)$, $m=\min\limits_{x\in[a,b]}f(x)$. 证明: 存在 $[\alpha,\beta]\subset[a,b]$ 满足

(1) $m<f(x)<M$, $x\in(\alpha,\beta)$;

(2) $f(\alpha)=m$, $f(\beta)=M$ (或 $f(\alpha)=M$, $f(\beta)=m$).

证 (证一) 记

$$E=\{x|f(x)=m,x\in[a,b]\},\quad F=\{x|f(x)=M,x\in[a,b]\},$$

则 E,F 均为非空有界集, 因此存在上、下确界. 记 $a_1=\sup E$, $b_1=\sup F$, 下面证明 $a_1\in E$, $b_1\in F$. 事实上, 由确界定义可知存在 $\{x_n\}\subset E$, 使得 $\lim\limits_{n\to\infty}x_n=a_1$, 由 E 的定义及 f 的连续性得 $f(a_1)=\lim\limits_{n\to\infty}f(x_n)=m$, 因此 $a_1\in E$, 即 $f(a_1)=m$. 同理可知 $b_1\in F$.

不妨设 $a_1<b_1$, 取 $\alpha=a_1$, $\beta=\inf\{x|f(x)=M,\ x\in[a_1,b_1]\}$, 同上可知 $f(\beta)=M$.

因此在 $[\alpha,\beta]$ 上满足 (2). 下面再说明在 $[\alpha,\beta]$ 上满足 (1), 如不然, $\exists x_0\in(\alpha,\beta)$ 使得 $f(x_0)=m$ 或 $f(x_0)=M$. 若 $f(x_0)=m$, 这与 $\alpha=a_1=\sup E$ 矛盾; 若 $f(x_0)=M$, 这与 $\beta=\inf\{x|f(x)=M,\ x\in[a_1,b_1]\}$ 矛盾. 因此 $[\alpha,\beta]$ 上满足 (1).

(证二) 设 $\alpha_1,\beta_1\in[a,b]$ 满足 $f(\alpha_1)=m$, $f(\beta_1)=M$. 不妨设 $\alpha_1<\beta_1$, 记

$$G=\{x|f(x)=m,x\in[\alpha_1,\beta_1]\},\quad H=\{x|f(x)=M,x\in[\alpha_1,\beta_1]\},$$

则 E,F 均为非空有界集, 因此存在上、下确界. 记 $\alpha=\sup G$, $\beta=\inf H$, 不妨设 $\alpha<\beta$.

下面证明 $\alpha\in G$, $\beta\in H$. 事实上, 由确界定义可知存在 $\{x_n\}\subset G$, 使得 $\lim\limits_{n\to\infty}x_n=\alpha$, 由 G 的定义及 f 的连续性得 $f(\alpha)=\lim\limits_{n\to\infty}f(x_n)=m$, 因此 $\alpha\in G$, 即 $f(\alpha)=m$. 同理可知 $\beta\in H$. 因此在 $[\alpha,\beta]$ 上满足 (2).

下面再说明在 $[\alpha,\beta]$ 上满足 (1), 如不然, 存在 $x_0\in(\alpha,\beta)$ 使得 $f(x_0)=m$ 或 $f(x_0)=M$. 若 $f(x_0)=m$, 这与 $\alpha=\sup G$ 矛盾; 若 $f(x_0)=M$, 这与 $\beta=\inf H$ 矛盾. 因此 $[\alpha,\beta]$ 上满足 (1). ■

例 2-2-5　解答下列各题.

1. 设 $f(x)$ 为 $(-\infty,+\infty)$ 上的周期函数, 其周期可以小于任意小的正数. 证明: 若 $f(x)$ 在 $(-\infty,+\infty)$ 上连续, 则 $f(x)\equiv$ 常数.

证　设 $M=\{f(x)\text{的正周期}\}$. 由假设知 $\inf M=0$, 所以存在 $\{T_n\}\subset M$ 使得 $\lim\limits_{n\to\infty}T_n=0$.

$\forall x\in\mathbb{R}$, 令

$$x_n=\left[\frac{x}{T_n}\right]T_n\in M,$$

则

$$x-T_n=\left(\frac{x}{T_n}-1\right)T_n<\left[\frac{x}{T_n}\right]T_n\leqslant\frac{x}{T_n}T_n=x,$$

由两边夹定理及 $\lim\limits_{n\to\infty}T_n=0$ 得 $\lim\limits_{n\to\infty}x_n=x$. 再由 $f(x)$ 的连续性得

$$f(x)=f\left(\lim_{n\to\infty}x_n\right)=\lim_{n\to\infty}f(x_n)=\lim_{n\to\infty}f(0+x_n)=f(0),$$

即 $f(x)\equiv$ 常数. ■

注　此题告诉我们非常数的连续函数一定存在最小正周期. 如果没有连续性条件, 结论不成立. 如: Dirichlet 函数.

2. 证明非常数的连续周期函数必有最小正周期.

证　如果没有最小正周期, 由 $f(x)$ 的连续性可知 $f(x)\equiv$ 常数, 这与题设矛盾. ■

例 2-2-6　解答下列各题.

1. 若函数 $f(x)$ 在 $x=0$ 处连续, 且 $f(x+y)=f(x)+f(y),\forall x,y\in\mathbb{R}$. 则

(1) $f(x)$ 在 $\mathbb{R}$ 上连续.

(2)$f(x)=kx$, 其中 (k 为常数).

证　由 $f(x+y)=f(x)+f(y),\forall x,y\in\mathbb{R}$ 可知 $f(x)$ 为奇函数, $f(0)=0$.

(1) 由条件 $\lim\limits_{t\to0}f(t)=f(0)$ 且 $f(0)=0$, 所以对 $\forall x_0\in\mathbb{R}$, 有

$$\lim_{x\to x_0}f(x)=\lim_{x\to x_0}[f(x-x_0)+f(x_0)]=\lim_{t\to0}f(t)+f(x_0)=f(0)+f(x_0)=f(x_0),$$

即 $f(x)$ 在 x_0 点连续, 由 x_0 的任意性得 $f(x)$ 在 $\mathbb{R}$ 上连续.

(2) (i) 容易证明

$$f(mx)=mf(x),\quad m\in\mathbb{N}.\tag{1}$$

再由 f 为奇函数可知

$$f(mx)=mf(x),\quad m\in\mathbb{Z}.\tag{2}$$

(ii) 再证

$$f\left(\frac{n}{m}x\right)=\frac{n}{m}f(x),\quad\forall n,m\in\mathbb{Z},\ x\in\mathbb{R}.\tag{3}$$

事实上, 由 (1) 式知对 $\forall m,n\in\mathbb{N}$ 有

$$f(x)=f\left(m\frac{x}{m}\right)=mf\left(\frac{x}{m}\right)\Longrightarrow f\left(\frac{x}{m}\right)=\frac{1}{m}f(x).$$

因此

$$f\left(\frac{n}{m}x\right)=\frac{1}{m}f(nx)=\frac{n}{m}f(x).$$

由于 $f(x)$ 为奇函数,$f(0)=0$, 所以, 当 $n\in\mathbb{Z},m\in\mathbb{N}$, 且 $n<0$, 有

$$f\left(\frac{n}{m}x\right)=f\left(-\frac{|n|}{m}x\right)=-f\left(\frac{|n|}{m}x\right)=\frac{n}{m}f(x).$$

故 (2) 式成立.

(iii) 再证 $f(\alpha x)=\alpha f(x)$, α 为无理数.

$\forall\alpha$ 无理数, 存在有理数列 $\{r_n\}$ 使得 $\lim\limits_{n\to\infty}r_n=\alpha$.

由 (ii) 知 $f(\alpha x)-r_nf(x)=f[(\alpha-r_n)x]$, 又因为 $f(x)$ 在 $x=0$ 连续, 且 $f(0)=0$, 故

$$\lim_{n\to\infty}(f(\alpha x)-r_nf(x))=f(\lim_{n\to\infty}(\alpha-r_n)x)=f(0)=0,$$

所以

$$f(\alpha x)=\lim_{n\to\infty}r_nf(x)=\alpha f(x).$$

(iv) $\forall x\in\mathbb{R}$, 由 (iii) 知

$$f(x)=f(x\cdot 1)=xf(1)=kx,$$

其中 $k=f(1)$. ■

注 函数在一点连续不能推出函数在该点的附近连续, 但如果函数的解析式满足一定条件可得函数的连续性, 甚至可以得到函数的具体表达式.

2. 若 $f(x)$ 在 $\mathbb{R}$ 上连续, $\forall x,y\in\mathbb{R}$, 有 $f(x+y)=f(x)f(y)$. 证明 $f(x)$ 在 $\mathbb{R}$ 上可微.

证 (i) 若 $f(x)\equiv 0$, 则 $f(x)$ 在 $\mathbb{R}$ 上可微.

(ii) 若 $f(x)\neq 0$, 则存在 $a\in\mathbb{R}$ 使得 $f(a)\neq 0$, 所以

$$f(x)\cdot f(a-x)=f(a)\neq 0,\quad \forall x\in\mathbb{R},$$

所以 $f(x)$ 恒不为零, 从而有

$$f(x)=f\left(\frac{x}{2}+\frac{x}{2}\right)=f\left(\frac{x}{2}\right)\cdot f\left(\frac{x}{2}\right)>0,\quad \forall x\in\mathbb{R}.$$

令 $F(x)=\ln f(x),\forall x,y\in\mathbb{R}$, 有

$$F(x+y)=\ln f(x+y)=\ln[f(x)\cdot f(y)]=F(x)+F(y).$$

由上题可知 $F(x)=kx$, $k=F(1)=\ln f(1)$, 故 $f(x)=\mathrm{e}^{kx}=a^x$, 其中 $a=\mathrm{e}^k=f(1)$. ■

注　函数连续推不出函数的可微性, 但如果函数的解析式且满足一定条件, 可得到函数的可导性和具体解析式.

3. 设 f 为定义在 $\mathbb{R}$ 的函数, 且在 $x=0,1$ 点连续, 对 $\forall\in\mathbb{R}$ 有 $f(x^k)=f(x)\,(k为偶数)$. 证明: f 为常值函数.

证　显然 $f(x)$ 为偶函数, 且 $f(x)=f\left(x^{\frac{1}{k}}\right)$. 只要证明 $\forall x\in[0,+\infty)$, $f(x)$ 为常值. 事实上, $\forall x\in(0,+\infty)$,

$$f(x)=f\left(x^{\frac{1}{k}}\right)=f\left(x^{\frac{1}{k^2}}\right)=\cdots=f\left(x^{\frac{1}{k^n}}\right),$$

因此, 由 f 在 $x=1$ 点连续得

$$f(x)=\lim_{n\to\infty}f\left(x^{\frac{1}{k^n}}\right)=f(1).$$

再由 f 在 $x=0$ 点连续得

$$f(0)=\lim_{x\to 0}f\left(x\right)=\lim_{x\to 0}f(1)=f(1).$$

总之, $\forall x\in[0,+\infty)$, 有 $f(x)=1$. ■

例 2-2-7　解答下列各题.

1. 设函数 $f(x)$ 在 $[0,+\infty)$ 上一致连续, 且 $\forall x>0$, 有 $\lim\limits_{n\to\infty}f(x+n)=0\,(n\in\mathbb{N}^+)$. 证明 $\lim\limits_{x\to+\infty}f(x)=0$.

证　条件 $\forall x>0$, $\lim\limits_{n\to\infty}f(x+n)=0\Longrightarrow\forall\varepsilon>0,\exists N(x)$, 当 $n>N(x)$ 时, 有 $|f(x+n)-0|<\varepsilon$.

要证结论: $\forall\varepsilon>0,\exists G>0$, 当 $x>G$ 时, 有 $|f(x)-0|<\varepsilon$, 即

$$|f(\tilde{x}+n)-0|<\varepsilon,\quad \tilde{x}\in[0,1].$$

因为 $f(x)$ 在 $[0,+\infty)$ 上一致连续, 所以 $\forall\varepsilon>0,\exists\delta>0$, 对 $\forall x,y\in[0,+\infty)$, 当 $|x-y|<\delta$ 时, 有

$$|f(x)-f(y)|<\varepsilon. \tag{1}$$

$\forall x\in[0,1]$, 作 $U(x,\delta)$ 满足 $[0,1]\subset\bigcup\limits_{x\in[0,1]}U(x,\delta)$, 由有限覆盖定理知存在有限个 $U(x_i,\delta)$ $(i=1,2,\cdots,m)$ 覆盖 $[0,1]$, 所以 $\forall x\in[0,+\infty),\exists n$ 及 x_i 使得 $|x-n-x_i|<\delta$, 故由 (1) 式有

$$|f(x)-f(x_i+n)|<\frac{\varepsilon}{2}. \tag{2}$$

因为 $\lim\limits_{n\to+\infty}f(x+n)=0$, 所以对上述 $\varepsilon>0,\exists N>0$, 当 $n>N$ 时, 有

$$|f(x_i+n)|<\frac{\varepsilon}{2}\quad(i=1,2,\cdots,m). \tag{3}$$

因此, 当 $x>N+1$ 时, 由 (2),(3) 得

$$|f(x)|\leqslant|f(x_i+n)|+|f(x)-f(x_i+n)|<\varepsilon. \quad ■$$

注 此题也可以采用对 $[0,1]$ 等分区间的方法证明.

2. 设 $f(x)$ 在 $\mathbb{R}$ 上一致连续, 则 $\exists a,b\in\mathbb{R}^+$ 使得 $|f(x)|\leqslant a|x|+b, \forall x\in\mathbb{R}$.

证 因为 $f(x)$ 在 $(-\infty,+\infty)$ 上一致连续, 对 $\varepsilon=1$, 存在$\delta>0$, 对 $\forall x,y\in(-\infty,+\infty)$, 当 $|x-y|<\delta$ 时, 有

$$|f(x)-f(y)|<1. \tag{1}$$

$\forall x\in\mathbb{R}$, 且 $x\neq 0, \exists n\in\left(\dfrac{|x|}{\delta},\dfrac{|x|}{\delta}+1\right]$ 使得

$$\frac{1}{n}|x|<\delta\leqslant\frac{1}{n-1}|x|. \tag{2}$$

用点 $\dfrac{1}{n}x,\dfrac{2}{n}x,\cdots,\dfrac{n-1}{n}x$ 分线段 $[0,x]$ (当 $x<0$, 分线段 $[x,0]$), 由 (1),(2) 得

$$|f(x)-f(0)|\leqslant\left|f(x)-f\left(\frac{n-1}{n}x\right)\right|+\cdots+\left|f\left(\frac{1}{n}x\right)-f(0)\right|<n,$$

即

$$|f(x)|\leqslant|f(0)|+n.$$

由于 $\delta\leqslant\dfrac{1}{n-1}|x|$, 故 $n\leqslant\dfrac{|x|}{\delta}+1$, 从而有

$$|f(x)|\leqslant\frac{1}{\delta}|x|+|f(0)|+1,$$

令 $a=\dfrac{1}{\delta}$, $b=|f(0)|+1$, 则对 $\forall x\in(-\infty,+\infty)$, 有 $|f(x)|\leqslant a|x|+b$. ■

注 此题说明一致连续函数变化率可以由有限常数控制.

思考 若 $f(x)\in C(-\infty,+\infty)$, 且存在非负实数 a,b 使得 $\forall x\in(-\infty,+\infty)$, 有 $|f(x)|\leqslant a|x|+b$, 能否推出 $f(x)$ 在 $(-\infty,+\infty)$ 上一致连续?

练习 (1) 若 $f(x)$ 在 $[1,+\infty)$ 上一致连续, 求证 $\dfrac{f(x)}{x}$ 在 $[1,+\infty)$ 上有界.

(2) 设 $f(x)$ 在 $[0,+\infty)$ 上一致连续, 且对 $\forall\delta>0$, $\lim\limits_{n\to\infty}f(n\delta)=0$, 求证 $\lim\limits_{x\to+\infty}f(x)=0$.

第 3 章　一元函数微分学

内 容 精 析

一、 导数与微分

(一) 导数

1. 导数的概念

1^0 设函数 $f(x)$ 在 x_0 点某邻域内有定义, 若极限

$$\lim_{x\to x_0}\frac{f(x)-f(x_0)}{x-x_0}\text{存在,} \tag{1}$$

则称 $f(x)$ 在 x_0 点可导, 并称极限值为函数 $f(x)$ 在 x_0 的导数, 记 $f'(x_0), f'(x)|_{x=x_0}$.

若 (1) 式极限不存在, 则称 $f(x)$ 在 x_0 点不可导.

同理, 若

$$\lim_{x\to x_0^-}\frac{f(x)-f(x_0)}{x-x_0}\text{存在,}$$

则称 $f(x)$ 在 x_0 点左可导, 并称极限值为函数 $f(x)$ 在 x_0 的左导数, 记 $f'_-(x_0), f'_-(x)|_{x=x_0}$.

若

$$\lim_{x\to x_0^+}\frac{f(x)-f(x_0)}{x-x_0}\text{存在,}$$

则称 $f(x)$ 在 x_0 点右可导, 并称极限值为函数 $f(x)$ 在 x_0 的右导数, 记 $f'_+(x_0), f'_+(x)|_{x=x_0}$.

注 (i) 导数就是函数值的差值除以相应自变量差值的极限, 导数本身即为极限问题. 由此可以得到下面的结论.

(a) 若存在 $\{x_n\}$ 满足 $\lim\limits_{x_n\to x_0}\dfrac{f(x_n)-f(x_0)}{x_n-x_0}$ 存在, 不能推出 $f(x)$ 在 x_0 点可导 (只要用 Heine 定理即可得知).

(b) $f(x)$ 可导 $\Longrightarrow(\not\Longleftarrow)f^2(x)$ 可导 $\not\Longrightarrow(\Longleftarrow)$ $|f(x)|$ 可导 $\not\Longrightarrow(\not\Longleftarrow)f(x)$ 可导.

如果 $f(x)$ 在 x_0 点连续且 $f(x_0)\neq 0$, 则 $f(x)$ 在 x_0 点可导和 $|f(x)|$ 在 x_0 点可导等价 (由连续函数的局部保号性和导数定义即可), 若 $f(x)$ 在 x_0 点连续且 $|f(x)|$ 在 x_0 点可导, 则 $f(x)$ 在 x_0 点可导.

(c) 若 $f(x)$ 在 $U^o(x_0)$ 内可导, 且 $\lim\limits_{x\to x_0}f'(x)$ 存在 $\not\Longrightarrow f(x)$ 在 x_0 点可导.

(ii) 导数、函数极限、连续都是逐点概念, 它们之间有密切关系, 可导的一定是连续的, 反之不成立. 只要 $f(x)$ 在 x_0 点的左右导数存在 (不必相等) 就可推出 $f(x)$ 在 x_0 点连续. 而一致连续、一致收敛等都是“整体”概念.

(iii) 函数在一点可导不能推出函数在该点的某邻域内可导.

(iv) 导数的几何意义就是曲线切线的斜率, 反映函数曲线的"陡峭"程度. 直观地说, 用手触摸曲线, 如果曲线不棘手就是可导的, 由此可知那些锯齿型的曲线一定是不可导的.

(v) 符号 $f'(2x)$ 与 $(f(2x))'$ 意义不一样. 前者是导函数在 $2x$ 点的值, 而后者是函数 $f(2x)$ 的导函数.

2^0 函数可导的充要条件是函数左、右导数存在且相等.

2. 导函数的性质

1^0 **导函数极限定理**　设函数 $f(x)$ 在 $U(x_0)$ 内连续, 在 $U^o(x_0)$ 可导, 且 $\lim\limits_{x\to x_0} f'(x)$ 存在, 则 $f(x)$ 在 x_0 点可导, 且 $f'(x_0)=\lim\limits_{x\to x_0} f'(x)$.

用导数定义及 Lagrange 微分中值定理即可证明.

2^0 **导函数介值性定理、Darboux 定理**　若函数 $f(x)$ 在 $[a,b]$ 上可导, 且 $f'_+(a)\cdot f'_-(b)<0$, 则至少存在 $\xi\in(a,b)$ 使得 $f'(\xi)=0$.

用连续函数的极值定理及 Fermat 定理即可证明. 虽然导函数不一定连续但仍然有介值性, 这要和连续函数的介值性区别开来.

推论　如果函数 $f(x)$ 在 I 内可导且 $f'(x)\neq 0, \forall x\in I$, 则 $f(x)$ 在 I 内一定严格单调.

3^0 **定理**　导函数至多有第二类间断点, 即具有第一类间断点的函数一定没有原函数.

4^0 **命题**　若 $f(x)$ 在 (a,b) 内可导且 $f'(x)$ 在 (a,b) 内单调, 则 $f'(x)$ 在 (a,b) 内连续.

5^0 可导的奇偶函数与周期函数的导函数性质: 奇 (偶) 函数的导函数是偶 (奇) 函数; 周期函数的导函数一定是周期函数; 周期函数的原函数不一定是周期函数.

思考　奇 (偶) 函数的原函数是否为偶 (奇) 函数? 周期函数的原函数是否为周期函数?

3. 函数求导法则

1^0 用定义.

2^0 四则运算.

注　这里只适用于有限个函数的四则运算, 对无限个函数就不成立了, 如函数项级数.

3^0 反函数求导法则.

4^0 复合函数求导 (链式法则). 注意对多重复合函数求导时不要漏掉链节.

5^0 对数求导法. 对有些复合函数可能需要先取对数然后求导 (有的函数不取对数无法求导, 有的函数取对数求导会更简单).

6^0 隐函数求导.

7^0 参变量函数求导. 特别要注意参变量函数高阶导数的求法.

8^0 递推关系求导. 建立递推关系是常用的方法, 如求积分、求极限等.

9^0 Leibniz 公式

$$(fg)^{(n)}=\sum_{k=0}^{n} \mathrm{C}_n^k f^{(n-k)} g^{(k)}.$$

10^0 Taylor 展式求导.

(二) 微分

1. 微分的定义

一阶微分定义　若存在常数 A 使得 $f(x_0+\Delta x)-f(x_0)=A\Delta x+o(\Delta x)$, 则称 $f(x)$ 在 x_0 点

可微, 并成 $A\Delta x$ 为 $f(x)$ 在 x_0 点的微分, 记 $\mathrm{d}f(x)|_{x=x_0}=A\Delta x=A\mathrm{d}x$.

注　(i) 当 x 为自变量时 $\mathrm{d}x=\Delta x$. 由导数定义可以证明 $A=f'(x_0)$.

(ii) 可微的定义就是 $f(x)=f(x_0)+f'(x_0)(x-x_0)+o(x-x_0)$, 即 $f(x)$ 等于线性函数 (直线) 加上 x 与 x_0 距离的高阶无穷小量.

(iii) 对一元函数而言, 可导与可微是等价的. 但描述的几何意义不同, 导数描述的是变化率, 微分其实就是在局部可“以直代曲”.

(iv) 一阶微分的定义其实就是 Taylor 公式的特殊情况, Taylor 公式是用多项式局部逼近函数, 而微分是用线性函数 (一次多项式) 局部逼近函数.

高阶微分定义　n 阶微分是 $n-1$ 阶微分的微分, 记 $\mathrm{d}^nf(x)$, 即

$$\mathrm{d}^nf(x)=\mathrm{d}(\mathrm{d}^{n-1}f(x))=\mathrm{d}(f^{(n-1)}\mathrm{d}x^{n-1})=f^{(n)}(x)\mathrm{d}x^n.$$

注　(i) $\mathrm{d}x^2$ 是指 $(\mathrm{d}x)^2$; $\mathrm{d}^2(x)$ 是指 x 的二阶微分 ($\mathrm{d}^2x=0$); $\mathrm{d}(x^2)$ 是指 x^2 的一阶微分 ($\mathrm{d}(x^2)=2x\mathrm{d}x$).

(ii) 一阶微分具有微分形式的不变性, 即 $\mathrm{d}y=f'(u)\mathrm{d}u$ 不论 u 自变量还是另一个可微函数的因变量均成立. 而高阶微分不具有微分形式的不变性.

2. 微分的求法

为求 $f(x)$ 的 n 阶微分, 只要求出 $f(x)$ 的 n 阶导数 $f^{(n)}$, 即可得到 n 阶微分 $\mathrm{d}^nf(x)=f^{(n)}(x)\mathrm{d}x^n$, 这样求微分就转化成了求导数.

3. 微分的应用

1^0 近似计算.

2^0 误差估计.

二、 微分中值定理及其应用

1. 微分中值定理

1^0 **Rolle 定理**　设 $f(x)$ 满足

(i) $f(x)\in C[a,b]$;

(ii) $f(x)$ 在 (a,b) 内可导;

(iii) $f(a)=f(b)$,

则至少存在 $\xi\in(a,b)$ 使得 $f'(\xi)=0$.

注　(i) 定理的条件只是充分条件.

(ii) 定理的几何意义就是 (a,b) 的某点存在水平的切线.

(iii) 此定理可以用 Fermat 定理证明,

(iv) 应用此定理判定方程的根 (连续函数的介值定理也常用来判定方程的根). 作为 Rolle 定理的推广, 有下面结果.

命题　设 $f(x)$ 在 (a,b)(有穷或无穷区间) 中任意点有有限导数, 且 $\lim\limits_{x\to a^+}f(x)=\lim\limits_{x\to b^-}f(x)$. 证明存在 $\xi\in(a,b)$ 使得 $f'(\xi)=0$.

2^0 **Lagrange 中值定理**　设 $f(x)$ 满足 (i)$f(x)\in C[a,b]$; (ii)$f(x)$ 在 (a,b) 内可导. 则至

少存在 $\xi \in (a,b)$ 使得

$$f'(\xi) = \frac{f(b)-f(a)}{b-a},$$

即

$$f(b)-f(a) = f'(\xi)(b-a).$$

注　(i) 定理的条件只是充分条件.

(ii) 定理的几何意义就是 (a,b) 的某点存在平行于直线 $y-f(a)=\dfrac{f(b)-f(a)}{b-a}(x-a)$ 的切线.

(iii) 此定理可以用于构造辅助函数然后用 Rolle 定理证明, 需要说明的是辅助函数的构造不是唯一的.

(iv) Rolle 定理是 Lagrange 中值定理的特例.

(v) 由此定理可知导函数有界的函数一定一致连续, 证明导函数至多有第二类间断点 (即具有第一类间断点的函数一定没有原函数), 证明函数的单调性、导函数的极限定理等.

3^0 **Cauchy 中值定理**　设 $f(x),g(x)$ 满足

(i) $f(x),g(x) \in C[a,b]$;

(ii) $f(x),g(x)$ 在 (a,b) 内可导;

(iii) $\forall x \in (a,b), g'(x) \neq 0$,

则至少存在 $\xi \in (a,b)$ 使得

$$\frac{f'(\xi)}{g'(\xi)} = \frac{f(b)-f(a)}{g(b)-g(a)}.$$

注　(i) 条件 $\forall x \in (a,b), g'(x) \neq 0$ 表明 $g(x)$ 在 (a,b) 上严格单调.

(ii) Cauchy 中值定理与 Rolle 定理、Lagrange 中值定理有类似的几何意义.

(iii) 此定理可以用于构造辅助函数然后用 Rolle 定理证明, 需要说明的是辅助函数的构造不是唯一的.

(iv) 应用此定理可证明一些关于导函数的恒等式, 用来证明 L'Hospital 法则.

4^0 **Taylor 定理**　(1) 设函数 $f(x)$ 在 x_0 点存在直至 n 阶导数, 则

$$f(x) = f(x_0) + f'(x_0)(x-x_0) + \frac{f''(x_0)}{2!}(x-x_0)^2 + \cdots + \frac{f^{(n)}(x_0)}{n!}(x-x_0)^n + o((x-x_0)^n).$$

此结果可以用 L'Hospital 法则证明.

(2) 若函数 $f(x)$ 在 $[a,b]$ 上存在直至 n 阶的连续导函数, 在 (a,b) 内存在 $(n+1)$ 阶导函数, 则对 $\forall x, x_0 \in [a,b]$, 至少存在 $\xi \in (a,b)$ 使得

$$f(x) = f(x_0) + f'(x_0)(x-x_0) + \frac{f''(x_0)}{2!}(x-x_0)^2 + \cdots + \frac{f^{(n)}(x_0)}{n!}(x-x_0)^n + \frac{f^{(n+1)}(\xi)}{(n+1)!}(x-x_0)^{(n+1)}.$$

此结果可以用 Cauchy 中值定理证明. 特别地, 当 $n=0$, 由上述 Taylor 公式就得到 Lagrange 中值定理.

情形 (1) 是 Peano 余项; 情形 (2) 是 Lagrange 余项, 根据具体情况灵活选择应用. 除了上述的余项形式外, 还有下面积分型余项 Taylor 公式.

(3) 若 $f(x)$ 在 x_0 点某邻域 $U(x_0)$ 有 $n+1$ 阶连续导函数, 则

$$f(x)=f(x_0)+f'(x_0)(x-x_0)+\frac{f''(x_0)}{2!}(x-x_0)^2+\cdots+\frac{f^{(n)}(x_0)}{n!}(x-x_0)^n$$
$$+\frac{1}{n!}\int_{x_0}^{x}f^{(n+1)}(t)(x-t)^n\mathrm{d}t,\quad x\in U(x_0).$$

事实上, 由于

$$f(x)=f(x_0)+\int_{x_0}^{x}f'(t)\mathrm{d}t=f(x_0)+\int_{x_0}^{x}(x-t)^0f'(t)\mathrm{d}t,$$

由分部积分公式

$$\int_{x_0}^{x}(x-t)^0f'(t)\mathrm{d}t=-\int_{x_0}^{x}f'(t)\mathrm{d}(x-t)=-(x-t)f'(t)|_{x_0}^{x}+\int_{x_0}^{x}(x-t)f''(t)\mathrm{d}t$$
$$=(x-x_0)f'(x_0)+\int_{x_0}^{x}(x-t)f''(t)\mathrm{d}t$$
$$=(x-x_0)f'(x_0)-\frac{1}{2}(x-t)^2f''(t)|_{x_0}^{x}+\frac{1}{2}\int_{x_0}^{x}(x-t)^2f'''(t)\mathrm{d}t$$
$$=(x-x_0)f'(x_0)+\frac{1}{2}(x-x_0)^2f''(x_0)+\frac{1}{2}\int_{x_0}^{x}(x-t)^2f'''(t)\mathrm{d}t$$
$$=(x-x_0)f'(x_0)+\frac{1}{2}(x-x_0)^2f''(x_0)-\frac{1}{3!}(x-t)^3f'''(t)|_{x_0}^{x}+\frac{1}{4!}\int_{x_0}^{x}(x-t)^3f^{(4)}(t)\mathrm{d}t$$
$$=(x-x_0)f'(x_0)+\frac{1}{2}(x-x_0)^2f''(x_0)+\frac{1}{3!}(x-x_0)^3f'''(x_0)+\frac{1}{4!}\int_{x_0}^{x}(x-t)^3f^{(4)}(t)\mathrm{d}t$$
$$=\cdots.$$

将上式继续分部积分即得结论成立.

注　(i) 求函数的 Taylor 展开式常用方法: 一是直接展开, 即求 Taylor 系数; 二是间接展开, 即用已知简单函数的 Taylor 展开式求复合函数的展式; 可先求导或者先积分, 然后展开并进行逆运算.

(ii) Taylor 公式就是将复杂函数表示成幂函数, 由此可以方便地研究函数的性质. 可以用 Taylor 公式求极限、近似计算, 判定级数的敛散性也常用到.

(iii) 用 Taylor 公式可以方便地证明 e 是无理数, 用 e^x 的 Taylor 公式可说明无限多个有理数的和可能是无理数.

2. 微分中值定理的应用.

1^0 函数单调性.

设 $f(x)$ 在区间 I 上可导, 则

(1) $f(x)$ 在 I 上递增（减）$\Longleftrightarrow$ $f'(x)\geqslant 0(\leqslant 0)$.

(2) $f'(x)>0(<0),\forall x\in I\Longrightarrow f(x)$ 在 I 上严格递增 (减).

(3) $f(x)$ 在 I 上严格递增（减）$\Longleftrightarrow$ $f'(x)\geqslant 0(\leqslant 0)$且在$I$ 内任意子区间上$f'(x)\neq 0$.

2^0 函数极值.

(1) 极值的概念.

极大 (小) 值就是函数图像的“山峰” (“峡谷”) 所对应的函数值 (所对应的自变量的值就是极值点).

注　(i) 极值是“局部”性概念, 极值点要求为定义域的内点; 最值是“整体”性概念. 求函数的最值一般是求出函数的所有极值和区间端点的函数值, 其中的最大者就是最大值, 最小者就是最小值.

(ii) 极值问题有许多应用, 它可以帮助求最值, 在函数列 (级数) 的一致收敛性判定中常用到极值.

(2) 极值的判定.

(i) 若函数在点 x_0 左增右减, 则 x_0 为极大值点; 若函数在 x_0 左减右增, 则 x_0 点为极小值点. 关于函数增减性在函数可导的前提下可以用一阶导数判定.

(ii) 设函数 $f(x)$ 在 x_0 点的某邻域 $U(x_0)$ 内一阶可导, 在 x_0 点有二阶导数, 且 $f'(x_0)=0$, $f''(x_0)\neq 0$, 则若 $f''(x_0)<0\Longrightarrow f(x)$ 在 x_0 点取得极大值; 若 $f''(x_0)>0\Longrightarrow f(x)$ 在 x_0 点取得极小值.

注　(i) 此判定方法可以用 Taylor 公式证明.

(ii) 若 $f''(x_0)=0$ 不能确定 x_0 是否为极值点. 如:$f(x)=x^3$ 在 $x=0$ 点不取极值; $f(x)=\pm x^4$ 在 $x_0=0$ 点取得极小 (大) 值.

(iii) 设 $f(x)$ 在 x_0 点某邻域内存在 $n-1$ 阶导函数, 在 x_0 处 n 阶可导, 且 $f^{(k)}(x_0)=0(k=1,2,\cdots,n-1)$, $f^{(n)}(x_0)\neq 0$, 则若 n 为偶数且 $f^{(n)}(x_0)<0(>0)\Longrightarrow f(x)$ 在 x_0 点取得极大 (小) 值; 若 n 为奇数 $\Longrightarrow f(x)$ 在 x_0 点不取极值.

(3) 极值点的性质.

定理(Fermat)　可导函数在极值点的导数为零, 该命题的逆命题不成立. 如:$y=x^3$ 在 $x=0$ 点.

思考　在什么条件下导数为零的点一定为极值点? 什么条件下函数一定没有极大 (小) 值点? 什么条件下极值点一定是唯一的?

命题　设 x_0 是 f 在区间 I 上唯一极值点. 若 x_0 是 f 在区间 I 上极大值点, 则存在 $\delta>0$, 使得 $\forall x\in U^o(x_0;\delta)$ 有 $f(x)<f(x_0)$.

3^0 函数的凸性.

(1) 凸函数的概念.

设函数 $f(x)$ 为定义在区间 I 上的函数, 若对 $\forall x_1,x_2\in I$, $\forall\lambda\in(0,1)$, 有

$$f(\lambda x_1+(1-\lambda)x_2)\leqslant(<)\lambda f(x_1)+(1-\lambda)f(x_2),$$

则称 $f(x)$ 为 I 上的下凸 (严格下凸) 函数. 反之若

$$f(\lambda x_1+(1-\lambda)x_2)\geqslant(>)\lambda f(x_1)+(1-\lambda)f(x_2),$$

则称 $f(x)$ 为 I 上的上凸 (严格上凸) 函数.

注　若 $f(x)$ 为 I 上的上凸函数, 则 $-f(x)$ 为 I 上的下凸函数. 用下凸函数的定义可以证明: 若 $f(x),g(x)$ 为区间 I 上的下凸函数, 则 $af(x)(a\geqslant 0)$, $f(x)+g(x)$, $\max\limits_{x\in I}\{f(x),g(x)\}$ 均为下凸函数.

思考　若 x_0 为 $f(x),g(x)$ 的极值点, 问 x_0 是否为 $\max\{f(x),g(x)\}(\min\{f(x),g(x)\})$ 的极值点? 若 $f(x),g(x)$ 在 I 上单调, 问 $\max\{f(x),g(x)\}(\min\{f(x),g(x)\})$ 在 I 上是否单调? 两下凸函数的复合是否为下凸函数?

(2) 凸函数的判定.

定理 1(用一阶导数判定)　设 $f(x)$ 为区间 I 上的可导函数, 则下列论断等价:

(i) 对 $\forall x_1,x_2,x_3\in I, x_1<x_2<x_3$, 有

$$\frac{f(x_3)-f(x_2)}{x_3-x_2}\geqslant\frac{f(x_2)-f(x_1)}{x_2-x_1}$$

或

$$\frac{f(x_3)-f(x_2)}{x_3-x_2}\geqslant\frac{f(x_3)-f(x_1)}{x_3-x_1}\geqslant\frac{f(x_2)-f(x_1)}{x_2-x_1};$$

(ii) $f(x)$ 为 I 上的下凸函数;

(iii) $f'(x)$ 为 I 上的增函数;

(iv) 对 $\forall x_1,x_2\in I$ 有 $f(x_2)\geqslant f(x_1)+f'(x_1)(x_2-x_1)$.

注　条件 (iv) 表明下凸函数的的图像总在任意点切线 (若切线存在) 的上方.

定理 2(用二阶导数判定)　(i) 设函数 $f(x)$ 在区间 I 上二阶可导, 则 $f(x)$ 在 I 上下凸 (上凸) $\Longleftrightarrow f''(x)\geqslant 0(f''(x)\leqslant 0), x\in I$.

(ii) 函数 $f(x)$ 在区间 I 上二阶可导, 则 $f(x)$ 在 I 上严格下 (上) 凸 $\Longleftrightarrow f''(x)\geqslant 0(f''(x)\leqslant 0)$ 且在 I 的任意子区间上 $f''(x)\neq 0$.

注　定理 2 由定理 1 和函数严格单调的判定定理得到. 我们既可以用二阶导数判定函数的极值, 也可以用二阶导数判定函数的凸性. 可类比下面的结果:

$f''(x)>0(f''(x)<0),\forall x\in I\Longrightarrow f(x)$ 在 I 上严格下 (上) 凸;

$f''(x_0)>0(f''(x_0)<0), f'(x_0)=0 \Longrightarrow x_0$ 为 $f(x)$ 的严格极小 (大) 值点;

$f''(x)\geqslant 0(f''(x)\leqslant 0),\forall x\in I\Longrightarrow f(x)$ 在 I 上下 (上) 凸;

$f''(x_0)\geqslant 0(f''(x_0)\leqslant 0), f'(x_0)=0 \not\Longrightarrow x_0$ 为 $f(x)$ 的极小 (大) 值点.

(3) 凸函数的性质.

定理 1(Jensen 不等式)　若 $f(x)$ 为 $[a,b]$ 上的下凸函数, 则对 $\forall x_i\in[a,b],\lambda_i>0(i=1,2,\cdots,n),\sum\limits_{i=1}^{n}\lambda_i=1$ 有

$$f\left(\sum_{i=1}^{n}\lambda_i x_i\right)\leqslant\sum_{i=1}^{n}\lambda_i f(x_i).$$

注　(i) Jensen 不等式可以用数学归纳法证明, 用此不等式可以证明许多不等式.

(ii) 若 $f''(x)>0$, 可以用 Taylor 公式容易证明此不等式.

命题 1　设 $f(x)$ 为开区间 I 上的下 (上) 凸函数, 则 $f(x)$ 在 I 内任意点 x_0 都存在左、右导数, 从而在 x_0 点连续.

思考　若 I 为闭区间, 结论成立否? 并说明理由.

命题 2　若函数 f 为定义在开区间 (a,b) 内的可导的下 (上) 凸函数, 则 $x_0\in(a,b)$ 为 f 的极小 (大) 值点的充要条件是 $f'(x_0)=0$.

命题 3 开区间 (a,b) 内的非常值的下 (上) 凸函数不能取到最大 (小) 值.

注 闭区间 $[a,b]$ 上的连续下 (上) 凸函数 f 的最大 (小) 值一定在区间端点取到.

命题 4 区间 I 上的严格下 (上) 凸函数 f 的极小 (大) 值点 (如果存在) 一定是唯一的.

思考 开区间上的严格下凸函数是否一定有极小值点? 并说明理由.

4^0 函数的拐点.

(1) 拐点的概念.

如函数 $y=f(x)$ 在 $(x_0,f(x_0))$ 点两侧的凸性相反, 则称 $(x_0,f(x_0)$ 为函数的拐点.

(2) 拐点的判定.

命题 1 设 $f(x)$ 在 $U(x_0)$ 内有三阶连续导函数, 且 $f''(x_0)=0, f'''(x_0)$ 存在且 $f'''(x_0)\neq 0$, 则 $(x_0,f(x_0))$ 是 $y=f(x)$ 的拐点.

定理 2 设 $f(x)$ 在 x_0 点可导, 在 $U^o(x_0)$ 内二阶可导. 若在 $U_+(x_0)$ 和 $U_-(x_0)$ 上 $f''(x)$ 的符号相反, 则 $(x_0,f(x_0))$ 为曲线 $y=f(x)$ 的拐点.

此结果可由凸函数的等价定理 1(iii) 而得到.

(3) 拐点的性质.

定理 1 若函数 $f(x)$ 在 x_0 点二阶可导, 则 $(x_0,f(x_0))$ 为曲线 $y=f(x)$ 的拐点的必要条件为 $f''(x_0)=0$.

此结果证明可由反证法及凸函数的等价定理 1(iv) 得到, 也可以由 Taylor 公式得到, 也可以由凸函数等价定理 1(iii) 及导函数的极限定理得到.

注 (i) 此定理的逆命题不成立. 如:$f(x)=x^4$ 在 $x=0$ 点.

(ii) 函数可能的拐点为二阶导数为零的点或者二阶导数不存在的点, 前面提到函数可能的极值点为一阶导数为零的点和一阶导数不存在的点.

5^0 函数的图像.

作图步骤: (1) 先确定函数的定义域;

(2) 讨论函数的奇偶性、周期性;

(3) 求函数某些特殊点 (如: 与坐标轴的交点、不连续点、不可导点);

(4) 考察函数的渐近线 (用极限知识);

(5) 求函数的极值点与单调区间 (一般用一阶导数);

(6) 求函数的凸性与拐点 (一般用二阶导数);

(7) 绘图.

典 型 例 题

一、 导数与微分

例 3-1-1 解答下列各题.

1. 已知 $f(x)=(x-a)^2\varphi(x)$, 其中 $\varphi'(x)$ 在 $x=a$ 的某邻域内连续. 求 $f''(a)$.

解 因为 $f'(x)=2(x-a)\varphi(x)+(x-a)^2\varphi'(x)$, 故 $f'(a)=0$. 由二阶导数定义得

$$f''(a)=\lim_{x\to a}\frac{f'(x)-f'(a)}{x-a}=\lim_{x\to a}\frac{2(x-a)\varphi(x)+(x-a)^2\varphi'(x)}{x-a}=2\varphi(a). \quad ■$$

注 此题不能对二阶导数用四则运算法则, 因为 $\varphi''(x)$ 不一定存在.

2. 设函数 $f(x)$ 连续, $f'(0)$ 存在, 且 $\forall x,y\in\mathbb{R}$, 有 $f(x+y)=\dfrac{f(x)+f(y)}{1-4f(x)f(y)}$.

(1) 求证 $f(x)$ 在 $\mathbb{R}$ 上可微;

(2) 若 $f'(0)=\dfrac{1}{2}$, 求 $f(x)$.

解 (1) 令 $x=y=0$, 由条件知 $f(0)=\dfrac{2f(0)}{1-4f^2(0)}$, 即 $f(0)=0$, 所以

$$f'(0)=\lim_{h\to 0}\frac{f(h)-f(0)}{h}=\lim_{h\to 0}\frac{f(h)}{h}. \tag{1}$$

由 (1) 式, 对 $\forall x\in\mathbb{R}$, 有

$$\begin{aligned}\lim_{h\to 0}\frac{f(x+h)-f(x)}{h}&=\lim_{h\to 0}\frac{\dfrac{f(x)+f(h)}{1-4f(x)f(h)}-f(x)}{h}\\&=\lim_{h\to 0}\frac{f(h)[1+4f^2(x)]}{h[1-4f(x)f(h)]}=f'(0)[1+4f^2(x)],\end{aligned}$$

所以

$$f'(x)=f'(0)[1+4f^2(x)]. \tag{2}$$

(2) 若 $f'(0)=\dfrac{1}{2}$, 则由 (2) 式知 $\dfrac{\mathrm{d}f}{\mathrm{d}x}=\dfrac{1}{2}[1+4f^2(x)]$, 即

$$\frac{\mathrm{d}f}{1+4f^2}=\frac{1}{2}\mathrm{d}x,$$

即

$$\frac{1}{2}\arctan(2f)=\frac{1}{2}x+c\Longrightarrow 2f(x)=\tan(x+c_1).$$

由 $f(0)=0$ 知 $c_1=k\pi$, 所以

$$f(x)=\frac{1}{2}\tan x. \quad ■$$

注 连续函数在一点可微且满足一定条件可得到函数每点可微.

3. 设 $f(x)=\begin{cases}\mathrm{e}^{-\frac{1}{x^2}}, & x\neq 0,\\ 0, & x=0.\end{cases}$ 求 $f^{(n)}(0)\,(n=1,2,\cdots)$.

解 由于

$$f'(0)=\lim_{x\to 0}\frac{\mathrm{e}^{-\frac{1}{x^2}}-0}{x-0}=\lim_{t\to+\infty}\frac{t}{\mathrm{e}^{t^2}}=0.$$

假设 $f^{(k)}(0)=0$, 下面证 $f^{(k+1)}(0)=0$. 事实上,

$$f^{(k)}(x)=p_k\left(\frac{1}{x}\right)\mathrm{e}^{-\frac{1}{x^2}}\quad (x\neq 0),$$

其中 $p_k\left(\frac{1}{x}\right)$ 是 $\frac{1}{x}$ 的某个多项式, 则当 $n=k+1$ 时, 由导数定义知

$$f^{(k+1)}(0)=\lim_{x\to 0}\frac{f^{(k)}(x)-f^{(k)}(0)}{x-0}=\lim_{x\to 0}\frac{p_k\left(\frac{1}{x}\right)\mathrm{e}^{-\frac{1}{x^2}}}{x}=\lim_{t\to+\infty}\frac{tp_k(t)}{\mathrm{e}^{t^2}}=0.$$

故由数学归纳法可知

$$f^{(k)}(0)=0.\quad \blacksquare$$

4. 在什么条件下, 函数 $f(x)=\begin{cases} x^n\sin\frac{1}{x}, & x\neq 0,\\ 0, & x=0\end{cases}\quad (n\in\mathbb{N}).$

(1) 在 $x=0$ 点连续; (2) 在 $x=0$ 点可导; (3) 在 $x=0$ 点导函数连续.

解　(1) 由连续函数的定义易知 $n>0$ 时 $f(x)$ 连续.

(2) 由导数定义易知 $n>1$ 时 $f(x)$ 可导.

(3) 由于

$$f'(x)=\begin{cases} nx^{n-1}\sin\frac{1}{x}-x^{n-2}\cos\frac{1}{x}, & x\neq 0,\\ 0, & x=0,\end{cases}$$

所以 $n>2$ 时, $f'(x)$ 在 $x=0$ 处连续. $\blacksquare$

5. 试作一函数在 $(-\infty,+\infty)$ 内二阶可导使得 $f''(x)$ 在 $x=0$ 不连续, 其余处处连续.

解　受上题启发, 可设函数

$$f(x)=\begin{cases} x^n\sin\frac{1}{x}, & x\neq 0,\\ 0, & x=0\end{cases}\quad (n\in\mathbb{N}),$$

由导数定义可以验证当 $n=4$ 时满足要求. $\blacksquare$

6. 讨论函数

$$f(x)=\begin{cases} \frac{x}{2}+x^2\sin\frac{1}{x}, & x\neq 0,\\ 0, & x=0.\end{cases}$$

(1) 在 $x=0$ 点是否可导?

(2) 是否存在 $x=0$ 的一个邻域, 使得 f 在该邻域内单调?

证　(1) 由导数定义

$$\lim_{x\to 0}\frac{f(x)-f(0)}{x-0}=\lim_{x\to 0}\frac{\frac{x}{2}+x^2\sin\frac{1}{x}}{x}=\frac{1}{2}.$$

(2) 由于

$$f'(x)=\begin{cases} \frac{1}{2}+2x\sin\frac{1}{x}-\cos\frac{1}{x}, & x\neq 0,\\ \frac{1}{2}, & x=0.\end{cases}$$

因此

$$f'\left(\frac{1}{2k\pi}\right)=-\frac{1}{2}<0,\quad f'\left(\frac{1}{2k\pi+\dfrac{\pi}{2}}\right)=\frac{1}{2}+\frac{2}{2k\pi+\dfrac{\pi}{2}}>0,\quad k\in\mathbb{N}^+,$$

即 f 在 $x=0$ 的任何一个邻域内不单调. ■

7. 设函数 $f(x)$ 在 $x=0$ 连续, 并且 $\lim\limits_{x\to 0}\dfrac{f(2x)-f(x)}{x}=A$. 求证: $f'(0)$ 存在, 且 $f'(0)=A$.

证　因为 $\lim\limits_{x\to 0}\dfrac{f(2x)-f(x)}{x}=A$, 所以

$$f(2x)-f(x)=Ax+o(x),$$

从而

$$\begin{cases}f(x)-f\left(\dfrac{x}{2}\right)=A\dfrac{x}{2}+o\left(\dfrac{x}{2}\right),\\ f\left(\dfrac{x}{2}\right)-f\left(\dfrac{x}{2^2}\right)=A\dfrac{x}{2^2}+o\left(\dfrac{x}{2^2}\right),\\ \cdots\cdots\\ f\left(\dfrac{x}{2^n}\right)-f\left(\dfrac{x}{2^{n+1}}\right)=A\dfrac{x}{2^{n+1}}+o\left(\dfrac{x}{2^{n+1}}\right).\end{cases}$$

这样

$$f(x)-f\left(\frac{x}{2^{n+1}}\right)=Ax\left(\frac{1}{2}+\frac{1}{2^2}+\cdots+\frac{1}{2^{n+1}}\right)+\sum_{k=1}^{n+1}o\left(\frac{x}{2^k}\right).\tag{1}$$

由于 $f(x)$ 在 $x=0$ 连续, 对 (1) 式两边令 $n\to\infty$, 得 $f(x)-f(0)=Ax+o(x)$, 故

$$\lim_{x\to 0}\frac{f(x)-f(0)}{x}=A.\quad ■$$

注　可导一定连续, 连续不一定可导, 此题说明连续函数加上一定条件可使得函数可导. 此题中, 如果没有 $f(x)$ 在 $x=0$ 点连续条件, 结论不成立.

8. 已知函数 $f(x)\in C[0,1]$ 且 $f(0)=0$. 证明: 若存在 $\alpha>\beta>0$ 使得

$$\lim_{x\to 0^+}\frac{f(\alpha x)-f(\beta x)}{x}=c\quad (c\in\mathbb{R}\text{为常数}),$$

则 $f(x)$ 在 $x=0$ 点可导.

证　由于

$$\lim_{x\to 0^+}\frac{f(\alpha x)-f(\beta x)}{x}\xlongequal{\alpha x=t}\alpha\lim_{t\to 0^+}\frac{f(t)-f\left(\dfrac{\beta}{\alpha}t\right)}{t}=c,$$

即

$$\lim_{x\to 0^+}\frac{f(x)-f\left(\dfrac{\beta}{\alpha}x\right)}{x}=\frac{c}{\alpha},$$

亦即

$$f(x)-f\left(\frac{\beta}{\alpha}x\right)=\frac{c}{\alpha}x+o(x).$$

从而

$$\begin{cases} f(x)-f\left(\dfrac{\beta}{\alpha}x\right)=\dfrac{c}{\alpha}x+o(x), \\ f\left(\dfrac{\beta}{\alpha}x\right)-f\left(\dfrac{\beta^2}{\alpha^2}x\right)=\dfrac{c}{\alpha}\dfrac{\beta}{\alpha}x+o\left(\dfrac{\beta}{\alpha}x\right), \\ \cdots\cdots \\ f\left(\dfrac{\beta^n}{\alpha^n}x\right)-f\left(\dfrac{\beta^{n+1}}{\alpha^{n+1}}x\right)=\dfrac{c}{\alpha}\dfrac{\beta^n}{\alpha^n}x+o\left(\dfrac{\beta^n}{\alpha^n}x\right), \end{cases}$$

这样

$$f(x)-f\left(\frac{\beta^{n+1}}{\alpha^{n+1}}x\right)=\frac{c}{\alpha}x\left(1+\frac{\beta}{\alpha}+\frac{\beta^2}{\alpha^2}+\cdots+\frac{\beta^n}{\alpha^n}\right)+\sum_{k=0}^{n}o\left(\frac{\beta^k}{\alpha^k}x\right). \tag{1}$$

由于 $f(x)$ 在 $x=0$ 连续, 对 (1) 式两边令 $n\to\infty$, 得 $f(x)-f(0)=\dfrac{c}{\alpha-\beta}x+\dfrac{\alpha}{\beta-\alpha}o(x)$, 故

$$\lim_{x\to 0}\frac{f(x)-f(0)}{x}=\frac{c}{\alpha-\beta}. \quad \blacksquare$$

9. **设 $f(x)$ 在 $(x_0-\delta,x_0+\delta)(\delta>0)$ 内有定义.**

(1) 若 $f'(x_0)$ 存在, 证明 $\lim\limits_{h\to 0}\dfrac{f(x_0+h)-f(x_0-h)}{2h}=f'(x_0)$.

(2) 若上式左端极限存在, $f(x)$ 在 x_0 点是否可导? 若结论成立证明之, 若不成立举反例.

解　(1) 由于

$$\lim_{h\to 0}\frac{f(x_0+h)-f(x_0-h)}{2h}=\lim_{h\to 0}\left[\frac{f(x_0+h)-f(x_0)}{2h}+\frac{f(x_0)-f(x_0-h)}{2h}\right]=f'(x_0).$$

(2) 不一定. 如:$f(x)=|x|$, $x_0=0$.　$\blacksquare$

10. **设 $f(x)$ 在 a 点连续且 $|f(x)|$ 在 a 点可导. 证明:$f(x)$ 在 a 点可导.**

证　(i) 若 $f(a)=0$. 当 $x>a$ 时, $\dfrac{|f(x)|}{x-a}\geqslant 0$; 当 $x<a$ 时, $\dfrac{|f(x)|}{x-a}\leqslant 0$. 所以

$$\lim_{x\to a}\frac{|f(x)|-|f(a)|}{x-a}=\lim_{x\to a}\frac{|f(x)|}{x-a}=0\Longrightarrow \lim_{x\to a}\frac{f(x)-f(a)}{x-a}=0.$$

(ii) 若 $f(a)>0$. 因为 $f(x)$ 在 $x=a$ 点连续, 所以存在 $\delta>0$, 当 $|x-a|<\delta$ 时, 有 $f(x)>\dfrac{f(a)}{2}>0$. 故

$$\lim_{x\to a}\frac{|f(x)|-|f(a)|}{x-a}=\lim_{x\to a}\frac{f(x)-f(a)}{x-a},$$

即 $f(x)$ 在 $x=a$ 点可导.

(iii) 同理, 若 $f(a)<0$, 有

$$\lim_{x\to a}\frac{|f(x)|-|f(a)|}{x-a}=-\lim_{x\to a}\frac{f(x)-f(a)}{x-a},$$

即 $f(x)$ 在 $x=a$ 点可导. ■

注　若无条件“$f(x)$ 在 $x=a$ 点连续”结论不成立. 如:$f(x)=\begin{cases}1, & x\text{为有理数},\\ -1, & x\text{为无理数}.\end{cases}$ 此问题的逆问题也不成立. 如:$f(x)=x$ 在 $x=0$ 点.

11. 设函数 $f(x)$ 在 $x=0$ 点可导, 在什么情况下 $|f(x)|$ 在 $x=0$ 点可导?

解　(1) 当 $f(0)=c\neq 0$, 不妨设 $f(0)>0$, 由连续函数的保号性, 存在 $\delta>0$, 当 $|x-0|<\delta$ 时有 $f(x)>0$, 此时

$$\frac{|f(x)|-|f(0)|}{x-0}=\frac{f(x)-f(0)}{x-0}\to f'(0).$$

(2) 当 $f(0)=0$ 时,

$$\frac{|f(x)|-|f(0)|}{x-0}=\left|\frac{f(x)-f(0)}{x-0}\right|\operatorname{sgn}x\to\begin{cases}-|f'(0)|, & x\to 0^-,\\ |f'(0)|, & x\to 0^+.\end{cases}$$

所以函数可导的充分必要条件是 $f'(0)=0$. ■

12. 设 $f(x)$ 为定义在 $\mathbb{R}$ 上的函数, 且 $\forall x_1,x_2\in\mathbb{R}$ 有 $f(x_1+x_2)=f(x_1)\cdot f(x_2)$, 若 $f'(0)=1$, 证明: $\forall x\in\mathbb{R}$ 有 $f'(x)=f(x)$.

证　由

$$f(x_1+x_2)=f(x_1)\cdot f(x_2),\quad f'(0)=1$$

知

$$\lim_{\Delta x\to 0}\frac{f(x+\Delta x)-f(x)}{\Delta x}=\lim_{\Delta x\to 0}f(x)\frac{f(\Delta x)-f(0)}{\Delta x}=f(x)f'(0)=f(x),$$

即

$$f'(x)=f(x).\quad ■$$

注　若 $f'(x)=f(x)$, 则 $f(x)=Ce^x$.

13. 设函数 $f(x)$ 在 x_0 的邻域 I 内有定义. 证明: $f'(x_0)$ 存在 $\Longleftrightarrow$ 存在函数 $g(x)$, 它在 I 内有定义, 在 x_0 点连续, 且在 I 内恒成立 $f(x)=f(x_0)+g(x)(x-x_0)$.

证　($\Longrightarrow$) 令 $g(x)=\begin{cases}\dfrac{f(x)-f(x_0)}{x-x_0}, & x\neq x_0,\\ f'(x_0), & x=x_0,\end{cases}$ $x\in I$, 显然 $g(x)$ 在 I 内有定义, 因为 $f'(x_0)$ 存在, 故

$$\lim_{x\to x_0}g(x)=\lim_{x\to x_0}\frac{f(x)-f(x_0)}{x-x_0}=f'(x_0)=g(x_0),$$

所以 $g(x)$ 在 x_0 点连续, 且 $\forall x \in I$, 有

$$f(x)=f(x_0)+(x-x_0)g(x).$$

($\Longleftarrow$) 因为 $f(x)=f(x_0)+g(x)(x-x_0)$, 故

$$g(x)=\frac{f(x)-f(x_0)}{x-x_0},\quad x\neq x_0, x\in I.$$

又因为 $g(x)$ 在 x_0 点连续, 所以 $g(x)$ 在 x_0 点极限存在, 即

$$\lim_{x\to x_0}\frac{f(x)-f(x_0)}{x-x_0}=\lim_{x\to x_0}g(x)=g(x_0),$$

即 $f'(x_0)$ 存在, 且 $f'(x_0)=g(x_0)$. ■

例 3-1-2 解答下列各题.

1. 已知 $f'(x)=k\mathrm{e}^x, k$ 为常数. 求 $f(x)$ 的反函数的二阶导数.

解 (解一) 设 $y=f(x)$, 则 $\dfrac{\mathrm{d}x}{\mathrm{d}y}=\dfrac{1}{k\mathrm{e}^x}$, 由复合函数的求导法则得

$$\frac{\mathrm{d}^2x}{\mathrm{d}y^2}=\frac{\mathrm{d}}{\mathrm{d}x}\left(\frac{1}{k\mathrm{e}^x}\right)\frac{\mathrm{d}x}{\mathrm{d}y}=-\frac{1}{k^2\mathrm{e}^{2x}}.$$

(解二) 先求出反函数再求导.

2. 设函数 $f(y)$ 的反函数 $f^{-1}(x)$ 以及 $f'[f^{-1}(x)], f''[f^{-1}(x)]$ 都存在, 且 $f'[f^{-1}(x)]\neq 0$, 证明 $\dfrac{\mathrm{d}^2f^{-1}(x)}{\mathrm{d}x^2}=-\dfrac{f''[f^{-1}(x)]}{[f'[f^{-1}(x)]]^3}$.

证 令 $x=f(y)$, 则 $y=f^{-1}(x)$, 将 $x=f(y)$ 两边关于 x 求导, 有

$$\frac{\mathrm{d}y}{\mathrm{d}x}=\frac{1}{f'(y)}\quad (f'(y)=f'[f^{-1}(x)]\neq 0). \tag{1}$$

对 (1) 式两边对 x 求导, 有

$$\frac{\mathrm{d}^2y}{\mathrm{d}x^2}=-\frac{f''(y)\dfrac{\mathrm{d}y}{\mathrm{d}x}}{[f'(y)]^2}=-\frac{f''(y)}{[f'(y)]^3}=-\frac{f''[f^{-1}(x)]}{(f'[f^{-1}(x)])^3}.\quad ■$$

3. 设 $f_n(x)=f(f(f(\cdots f(x))))(n$ 个 $f)$, $f(x)=\dfrac{x}{\sqrt{1-x^2}}$. 求 $\dfrac{\mathrm{d}f_n(x)}{\mathrm{d}x}$.

解 因为 $f(x)=\dfrac{x}{\sqrt{1-x^2}}$, 所以 $f_2(x)=f(f(x))=\dfrac{x}{\sqrt{1-2x^2}},\cdots,f_n(x)=\dfrac{x}{\sqrt{1-nx^2}}$, 故

$$\frac{\mathrm{d}f_n(x)}{\mathrm{d}x}=\left(\frac{x}{\sqrt{1-nx^2}}\right)'=\frac{1}{\sqrt{(1-nx^2)^3}}.\quad ■$$

注 对某些复合函数求导数, 可先求出函数的解析式.

例 3-1-3 解答下列各题.

1. 设 $g(x)$ 是 $[-1,1]$ 上无穷次可微函数, $\exists M>0$ 使得 $|g^{(n)}(x)|\leqslant M$, 且 $g\left(\dfrac{1}{n}\right)=\ln(1+2n)-\ln n, n=1,2,\cdots$. 求 $g^{(k)}(0), k=0,1,\cdots$.

分析　这是不知道函数解析式的求导问题, 用导数定义、四则运算都行不通. 而 Taylor 展开式中含有函数在某点的各阶导数, 为此我们采用 Taylor 展开的方法.

解　由 Taylor 展式得

$$g\left(\frac{1}{n}\right)=g(0)+g'(0)\frac{1}{n}+\frac{1}{2!}g''(0)\frac{1}{n^2}+\cdots+\frac{1}{k!}g^{(k)}(0)\frac{1}{n^k}+\cdots,$$

$$\ln\left(2+\frac{1}{n}\right)=\ln 2+\ln' 2\frac{1}{n}+\frac{1}{2!}\ln'' 2\frac{1}{n^2}+\cdots+\frac{1}{k!}\ln^{(k)} 2\frac{1}{n^k}+\cdots,$$

因为 $g\left(\frac{1}{n}\right)=\ln\left(2+\frac{1}{n}\right)$, 由 Taylor 展开式的唯一性知

$$g^{(k)}(0)=\ln^{(k)} 2=\begin{cases}\ln 2, & k=0,\\ (-1)^{k-1}\dfrac{(k-1)!}{2^k}, & k=1,2,\cdots.\end{cases}\qquad\blacksquare$$

2. 设 $f(x)$ 在 $(-\infty,+\infty)$ 上无穷次可微且满足

(1) $\exists M>0$, 对 $\forall x\in\mathbb{R}$, 有 $|f^{(k)}(x)|\leqslant M(k=0,1,2,\cdots)$;

(2) $f\left(\frac{1}{2^n}\right)=0(n=1,2,\cdots)$.

证明: $f(x)\equiv 0,\forall x\in(-\infty,+\infty)$.

证　(i) 由 Taylor 定理

$$f(x)=\sum_{n=0}^{\infty}\frac{f^{(n)}(0)}{n!}x^n,$$

事实上, 由条件 (1) 知对 $\forall x\in(-\infty,+\infty)$, 有

$$\lim_{n\to\infty}|R_n(x)|=\lim_{n\to\infty}\left|\frac{f^{(n+1)}(\xi)}{(n+1)!}x^{n+1}\right|\leqslant\lim_{n+\infty}\frac{M}{(n+1)!}|x|^{n+1}=0.$$

(ii) 由条件 (2) 得 $f(0)=\lim\limits_{n\to\infty}f\left(\frac{1}{2^n}\right)=0$. 由 (i) 简记

$$f(x)=a_0+a_1x+a_2x^2+\cdots+a_nx^n+\cdots,$$

由 $f(0)=0$ 得 $a_0=0$, 所以

$$f(x)=x(a_1+a_2x+\cdots+a_nx^{n-1}+\cdots).$$

记 $g(x)=a_1+a_2x+\cdots+a_nx^{n-1}+\cdots$, 因为 $f\left(\frac{1}{2^n}\right)=0$, 所以 $g\left(\frac{1}{2^n}\right)=0$, 同上可知 $a_1=0$, 依此类推可得 $\forall n\in\mathbb{N},a_n=0$, 故 $f(x)\equiv 0,\forall x\in(-\infty,+\infty)$.　$\blacksquare$

注　在复变函数中我们知道非恒为零的解析函数的零点是孤立的, 也就是说如果解析函数存在非孤立的零点则函数一定恒为零. 条件无穷次可微函数和导函数一致有界表明 $f(x)$ 是解析函数, 条件 (2) 说明 $x=0$ 是非孤立零点, 从而 $f(x)$ 一定恒为零.

3. 设 $f(x)=\begin{cases}\dfrac{\sin x}{x}, & x\neq 0,\\ 1, & x=0.\end{cases}$ 求 $f^{(k)}(0)$.

解 由于 $x\neq 0$ 时,

$$f(x)=\frac{\sin x}{x}=1-\frac{x^2}{3!}+\frac{x^4}{5!}+\cdots+(-1)^n\frac{x^{2n}}{(2n+1)!}+\cdots, \tag{1}$$

又

$$f(x)=f(0)+f'(0)x+\frac{1}{2!}f''(0)x^2+\cdots+\frac{1}{n!}f^{(n)}(0)x^n+\cdots. \tag{2}$$

由 Taylor 级数展开式的唯一性, 比较 (1), (2) 式的系数可得

$$f^{(k)}(0)=\begin{cases}(-1)^{\frac{k}{2}}\dfrac{1}{k+1}, & k\text{为偶数},\\ 0, & k\text{为奇数}.\end{cases}$$ ■

注 由 $f(x)$ 是偶函数知 $f(x)$ 的奇数阶导数在 $x=0$ 点的值为零.

4. (1) 设 $y=\arctan x$, 求 $y^{(n)}(0)$.

(2) 设 $y=\arcsin x$, 求 $y^{(n)}(0)$.

解 (1) 由 Taylor 公式得

$$y'=\frac{1}{1+x^2}=1-x^2+x^4-\cdots+(-1)^k x^{2k}+\cdots, \quad |x|<1,$$

所以

$$y=x-\frac{1}{3}x^3+\frac{1}{5}x^5-\cdots+(-1)^k\frac{1}{2k+1}x^{2k+1}+\cdots, \quad |x|<1,$$

由 Taylor 展开的唯一性及 Taylor 系数公式得

$$\frac{1}{n!}y^{(n)}(0)=\begin{cases}0, & n=2k\\ (-1)^k\dfrac{1}{2k+1} & n=2k+1\end{cases} \Longrightarrow y^{(n)}(0)=\begin{cases}0, & n=2k,\\ (-1)^k(2k)!, & n=2k+1.\end{cases}$$

(2) 由于 $y'=\dfrac{1}{\sqrt{1-x^2}}=(1-x^2)^{-\frac{1}{2}}$ 及

$$(1+t)^{-\frac{1}{2}}=1-\frac{1}{2}t+\cdots+\frac{1}{k!}\left(\frac{1}{2}\cdot\frac{3}{2}\cdot\cdots\cdot\frac{2k-1}{2}\right)(-1)^k t^k+\cdots,$$

所以

$$y'=(1-x^2)^{-\frac{1}{2}}=1+\frac{1}{2}x^2+\cdots+\frac{1}{k!}\left(\frac{1}{2}\cdot\frac{3}{2}\cdot\cdots\cdot\frac{2k-1}{2}\right)(-1)^{2k}x^{2k}+\cdots,$$

从而

$$y=\arcsin x=x+\frac{1}{2}\cdot\frac{1}{3}x^3+\cdots+\frac{1}{k!}\cdot\frac{1}{2k+1}\cdot\frac{(2k-1)!!}{2^k}x^{2k+1}+\cdots.$$

由 Taylor 展开的唯一性及 Taylor 系数公式得

$$\frac{1}{n!}y^{(n)}(0)=\begin{cases}0, & n=2k\\ \dfrac{1}{k!}\dfrac{1}{2k+1}\dfrac{(2k-1)!!}{2^k}, & n=2k+1\end{cases}\Longrightarrow y^{(n)}(0)=\begin{cases}0, & n=2k\\ \dfrac{(2k-1)!!}{(2k)!!}, & n=2k+1\end{cases}$$ ■

例 3-1-4 解答下列各题.

1. 设 $f(x)$ 是定义在 $(-\infty,+\infty)$ 上的函数, 证明:

(1) 若 $f(x)$ 是奇函数, 则其奇数阶导数是偶函数, 偶数阶导数是奇函数.

(2) 若 $f(x)$ 是偶函数, 则其奇数阶导数是奇函数, 偶数阶导数是偶函数.

(3) 若 $f(x)$ 是奇函数, 则 $f(0)=0$, $f^{(2k)}(0)=0$(k 是自然数).

(4) 若 $f(x)$ 是偶函数, 则 $f^{(2k+1)}(0)=0(k=0,1,\cdots)$.

解 (1) 因为 $f(x)=-f(-x)$, 两边求导得 $f'(x)=f'(-x)$, $f''(x)=-f''(-x)$, 一般地有

$$f^{(k)}(x)=\begin{cases}f^{(k)}(-x), & k\text{为奇数},\\ -f^{(k)}(-x), & k\text{为偶数}.\end{cases}$$

故结论成立.

(2) 因为 $f(x)=f(-x)$, 同上可得

$$f^{(k)}(x)=\begin{cases}-f^{(k)}(-x), & k\text{为奇数},\\ f^{(k)}(-x), & k\text{为偶数}.\end{cases}$$

故结论成立.

(3) 因为 $f(x)=-f(-x)$, 令 $x=0$ 得 $f(0)=0$. 由 (1) 可知 $f^{(2k)}(0)=0$.

(4) 由 (2) 可知 $f^{(2k+1)}(0)=0$. ■

注 利用此结果可以方便地求某些函数在某点的高阶导数.

2. 设 $f(x)=\dfrac{x^5}{\sqrt{1+x^2}}\dfrac{\sin^4 x}{1+\cos^2 x}$, 求 $f^{(6)}(0)$, $\displaystyle\int_{-1}^{1}f^{(6)}(x)\mathrm{d}x$.

解 因为 $f(x)$ 是奇函数, 所以 $f^{(6)}(x)$ 为奇函数, 故

$$f^{(6)}(0)=0,\quad \text{且}\quad \int_{-1}^{1}f^{(6)}(x)\mathrm{d}x=0.$$ ■

练习 连续奇函数的一切原函数为偶函数; 连续偶函数的一个原函数为奇函数.

例 3-1-5 设 $y=\dfrac{1}{\sqrt{1-x^2}}\arcsin x$, 求 $y^{(n)}(0)$.

分析 直接由表达式求高阶导数比较困难, 下面将采取递推法求高阶导数.

解 令 $f(x)=(\arcsin x)^2$, 则

$$f'(x)=2\frac{\arcsin x}{\sqrt{1-x^2}}. \tag{1}$$

故

$$(1-x^2)f'^2(x)=4f(x). \tag{2}$$

对 (2) 式两边关于 x 求导得

$$-2xf'^2(x)-2(1-x^2)f'(x)f''(x)=4f'(x),$$

即

$$-xf'(x)+(1-x^2)f''(x)=2. \tag{3}$$

应用 Leibniz 公式, 对 (3) 式两边关于 x 求 n 阶导数得

$$-xf^{(n+1)}(x)-nf^{(n)}(x)+(1-x^2)f^{(n+2)}(x)-2nxf^{(n+1)}(x)-n(n-1)f^{(n)}(x)=0. \tag{4}$$

由 (1),(3),(4) 式得

$$f'(0)=0,\quad f''(0)=2,\quad f^{(n+2)}(0)=n^2f^{(n)}(0)\quad (n\geqslant 1). \tag{5}$$

由 (5) 式得

$$f^{(2k+1)}(0)=0. \tag{6}$$

(也可以应用前面的结果:$f(x)$ 为偶函数, 故 $f^{(2k+1)}(0)=0$) 且

$$f^{(2k)}(0)=(2k-2)^2\cdot(2k-4)^2\cdot\cdots\cdot 2^2\cdot 2. \tag{7}$$

由 (1) 式得

$$y^{(n)}(x)=\left[\frac{1}{2}f'(x)\right]^{(n)}=\frac{1}{2}f^{(n+1)}(x). \tag{8}$$

由 (6)—(8) 式得

$$y^{(n)}(0)=\begin{cases}0, & n=2k,\\ (2k-2)^2\cdot(2k-4)^2\cdot\cdots\cdot 2^2, & n=2k-1.\end{cases}$$ ■

例 3-1-6　解答下列各题.

1. 证明曲线 $\begin{cases}x=a(\cos t+t\sin t),\\ y=a(\sin t-t\cos t)\end{cases}$ 上任意一点法线到原点的距离等于 a.

解　$\forall P(x_0,y_0)=(x(t_0),y(t_0))$, 则 $\left.\dfrac{\mathrm{d}y}{\mathrm{d}x}\right|_{t=t_0}=\left.\dfrac{[a(\sin t-t\cos t)]'}{[a(\cos t+t\sin t)]'}\right|_{t=t_0}=\tan t_0$, 所以法线的斜率为 $-\cot t_0$, 过 $P(x_0,y_0)=(x(t_0),y(t_0))$ 点的法线的方程为

$$y-a(\sin t_0-t\cos t_0)=-\cot t_0[x-a(\cos t_0+t\sin t_0)],$$

即

$$x\cos t_0+y\sin t_0=a,$$

由点到直线的距离公式得法线到原点的距离为 a.　■

2. 求心脏线 $r=a(1+\cos\theta)$ 的切线与切点径向之间的夹角.

解　设所求的夹角为 φ, 则

$$\tan\varphi=\frac{r(\theta)}{r'(\theta)}=-\cot\left(\frac{\theta}{2}\right)=\tan\left(\frac{\theta+\pi}{2}\right),$$

当 $\theta\in[0,\pi)\Longrightarrow\varphi=\dfrac{\theta+\pi}{2}$, 当 $\theta\in[\pi,2\pi)\Longrightarrow\varphi=\dfrac{\theta+\pi}{2}-\pi=\dfrac{\theta-\pi}{2}$. ■

练习　(1) 在曲线 $y=x^3$ 上取出一点 P, 过 P 点的切线与该曲线交于 Q, 证明: 曲线在 Q 点切线的斜率正好是 P 处切线斜率的 4 倍.

(2) 设 $f(x)=a_nx^n+a_{n-1}x^{n-1}+\cdots+a_1x+a_0$ 的最大零点为 x_0. 讨论 $f'(x_0)$ 的符号.

(3) 求下面函数的导数.

(i) $y=x^{\sin x}\ (x>0)$.

(ii) $y=x^{x^x}\ (x>0)$.

(iii)$y=\log_{\varphi(x)}\psi(x)\ (\varphi,\psi>0,\varphi\neq1)$.

(iv) $y=(x-a_1)^{\alpha_1}(x-a_2)^{\alpha_2}\cdots(x-a_n)^{\alpha_n}$, $x>\max\{a_1,a_2,\cdots,a_n\}$.

二、 微分中值定理及其应用

例 3-2-1　解答下列各题.

1. 设 $f(x),g(x),p(x)$ 在 $[a,b]$ 上连续, 在 (a,b) 内可导. 证明: 存在 $\xi\in(a,b)$ 使得

$$\begin{vmatrix} f(a) & g(a) & p(a)\\ f(b) & g(b) & p(b)\\ f'(\xi) & g'(\xi) & p'(\xi)\end{vmatrix}=0.$$

证　令

$$F(x)=\begin{vmatrix} f(a) & g(a) & p(a)\\ f(b) & g(b) & p(b)\\ f(x) & g(x) & p(x)\end{vmatrix}.$$

因为 $F(a)=F(b)=0$, 由 Rolle 定理知存在 $\xi\in(a,b)$ 使得

$$0=F'(\xi)=\begin{vmatrix} f(a) & g(a) & p(a)\\ f(b) & g(b) & p(b)\\ f'(\xi) & g'(\xi) & p'(\xi)\end{vmatrix}. \tag{1}$$

特别地, 若 $p(x)\equiv1$, 由 (1) 知

$$0=\begin{vmatrix} f(a) & g(a) & 1\\ f(b) & g(b) & 1\\ f'(\xi) & g'(\xi) & 0\end{vmatrix}=\begin{vmatrix} f(a) & f(b) & 1\\ f(b)-f(a) & g(b)-g(a) & 0\\ f'(\xi) & g'(\xi) & 0\end{vmatrix},$$

由此可得 Cauchy 中值定理 $\dfrac{f(b)-f(a)}{g(b)-g(a)}=\dfrac{f'(\xi)}{g'(\xi)}$. 当 $p(x)=1,g(x)=x$, 即得到 Lagrange 中值定理. ■

2. 设 $f(x)$ 在 $[a,b]$ 上连续, 在 (a,b) 内可导, 且 $f(a)<0, f(b)<0$, 又存在 $c\in(a,b), f(c)>0$. 证明: 存在 $\xi\in(a,b)$ 使得 $f(\xi)+f'(\xi)=0$.

证　令 $g(x)=f(x)\mathrm{e}^x$, 由条件

$$g(a)<0,\quad g(c)>0,\quad g(b)<0.$$

由零点存在定理知存在 $x_1\in(a,c), x_2\in(c,b)$ 使得

$$g(x_1)=g(x_2)=0,$$

由 Rolle 定理知存在 $\xi\in(x_1,x_2)\subset(a,b)$ 使得

$$g'(\xi)=\mathrm{e}^{\xi}[f(\xi)+f'(\xi)]=0,$$

所以 $f(\xi)+f'(\xi)=0$. ■

注　令 $g(x)=f(x)\mathrm{e}^{-x}$ 可得到 $f(\xi)-f'(\xi)=0$. 若令 $g(x)=\mathrm{e}^{h(x)}f(x)$ 可得到更一般的结果.

3. 设 $f(x)$ 在 (a,b)(有穷或无穷区间) 中任意点有有限导数, 且 $\lim\limits_{x\to a^+}f(x)=\lim\limits_{x\to b^-}f(x)$. 证明: 存在 $\xi\in(a,b)$ 使得 $f'(\xi)=0$.

证　(1) 当 (a,b) 为有限区间, 设 $c=\lim\limits_{x\to a^+}f(x)=\lim\limits_{x\to b^-}f(x)$, 令

$$F(x)=\begin{cases} f(x), & x\in(a,b),\\ c, & x=a\text{或}x=b.\end{cases}$$

则 $F(x)$ 在 $[a,b]$ 内连续, 且在 (a,b) 内可导, $F(a)=F(b)$, 由 Rolle 定理知存在 $\xi\in(a,b)$ 使得 $F'(\xi)=f'(\xi)=0$.

(2) 若 $a=-\infty, b=+\infty$, 可设 $x=\tan t, t\in\left(-\dfrac{\pi}{2},\dfrac{\pi}{2}\right)$, 令 $G(t)=f(\tan t), t\in\left(-\dfrac{\pi}{2},\dfrac{\pi}{2}\right)$, 由条件知存在 $t_0\in\left(-\dfrac{\pi}{2},\dfrac{\pi}{2}\right)$ 使得

$$G'(t_0)=f'(\tan t_0)\sec^2 t_0=0.$$

因为 $\sec^2 t_0\neq 0$, 所以 $f'(\tan t_0)=0$, 故取 $\xi=\tan t_0$ 即可.

(3) 若 a 有限, $b=+\infty$, 令 $G(t)=f(\tan t), t\in\left(\arctan a,\dfrac{\pi}{2}\right)$ 即可.

(4) 若 $a=-\infty, b$ 有限, 类似 (3) 的讨论, 存在 $\xi\in(-\infty,0)$ 使得 $f'(\xi)=0$. ■

注　此结果可看成 Rolle 定理的推广.

特例(北京师范大学)　设 $f(x)$ 在 $(0,+\infty)$ 中任意点有有限导数, 且 $\lim\limits_{x\to 0^+}f(x)=\lim\limits_{x\to+\infty}f(x)=A$. 证明: 存在 $\xi\in(0,+\infty)$ 使得 $f'(\xi)=0$.

4. 设 $f(x)$ 在 $[0,+\infty)$ 内可微, 且 $0\leqslant f(x)\leqslant\ln\dfrac{2x+1}{x+\sqrt{1+x^2}}, \forall x\in[0,+\infty)$. 证明: 存在 $\xi\in(0,+\infty)$ 使得 $f'(\xi)=\dfrac{2}{2\xi+1}-\dfrac{1}{\sqrt{1+\xi^2}}$.

证　(证一) 由于

$$0\leqslant f(x)\leqslant\ln\frac{2x+1}{x+\sqrt{1+x^2}}.\tag{1}$$

因为

$$\lim_{x\to+\infty}\ln\frac{2x+1}{x+\sqrt{1+x^2}}=\ln 1=0,\quad \ln\frac{2x+1}{x+\sqrt{1+x^2}}\bigg|_{x=0}=0,$$

故

$$f(0)=0,\quad \lim_{x\to+\infty}f(x)=0. \tag{2}$$

令 $F(x)=f(x)-\ln\dfrac{2x+1}{x+\sqrt{1+x^2}}$, 则由 (2) 得

$$F(0)=0,\quad \lim_{x\to+\infty}F(x)=0. \tag{3}$$

再由 (1) 知

$$F(x)\leqslant 0,\quad x\in[0,+\infty). \tag{4}$$

由 (3),(4) 式知 $F(x)$ 在 $(0,+\infty)$ 存在极小值点 ξ, 由 Fermat 定理知 $F'(\xi)=0$, 即

$$f'(\xi)=\frac{2}{2\xi+1}-\frac{1}{\sqrt{1+\xi^2}}.$$

(证二) 令 $F(x)=f(x)-\ln\dfrac{2x+1}{x+\sqrt{1+x^2}}$, 由于 $0\leqslant f(x)\leqslant\ln\dfrac{2x+1}{x+\sqrt{1+x^2}}, \forall x\in[0,+\infty)$, 故

$$F(0)=0,\quad \lim_{x\to+\infty}F(x)=0.$$

由推广的 Rolle 定理知存在 $\xi\in(0,+\infty)$ 使得 $F'(\xi)=0$, 即

$$f'(\xi)=\frac{2}{2\xi+1}-\frac{1}{\sqrt{1+\xi^2}}.\quad ■$$

5. 设 $f(x)\in C[0,1]$, 在 $(0,1)$ 内可导, 且 $f(0)=f(1)=0, f\left(\dfrac{1}{2}\right)=1$. 证明: $\forall\lambda, \exists\eta\in(0,1)$ 使得

$$f'(\eta)-\lambda[f(\eta)-\eta]=1.$$

证　记 $F(x)=f(x)-x$, 由 $F\left(\dfrac{1}{2}\right)>0, F(1)<0$ 及连续函数介值定理得存在 $\xi\in\left(\dfrac{1}{2},1\right)$ 使得 $F(\xi)=0$, 即 $f(\xi)=\xi$.

令 $G(x)=\mathrm{e}^{-\lambda x}[f(x)-x]$, 则 $G(0)=f(0)=0, G(\xi)=0$, 由 Rolle 定理知存在 $\eta\in(0,\xi)$ 使得 $G'(\eta)=0$, 即 $f'(\eta)-\lambda[f(\eta)-\eta]=1$. ■

6. 设 $f(x)$ 在 $[0,1]$ 上可导且 $\displaystyle\int_0^1 xf(x)\mathrm{d}x=f(1)$. 证明: 存在 $\xi\in(0,1)$ 使得

$$f'(\xi)=-\frac{f(\xi)}{\xi}.$$

证　由积分中值定理知存在 $c \in (0,1)$ 使得

$$\int_0^1 xf(x)\mathrm{d}x = cf(c) = f(1). \tag{1}$$

令 $g(x) = xf(x) - f(1)$, 显然 $g(1) = 0$, 由 (1) 可得 $g(c) = 0$, 由 Rolle 定理知存在 $\xi \in (c,1) \subset (0,1)$ 使得

$$g'(\xi) = f(\xi) + \xi f'(\xi) = 0,$$

即结论成立. ■

7. 设 $f(x)$ 在 $[a,b]$ 上非负且有三阶导数, 方程 $f(x)=0$ 在 (a,b) 有两个不同的实根. 证明: 存在 $\xi \in (a,b)$ 使得 $f'''(\xi)=0$.

证　设 $x_1, x_2 \in (a,b), x_1 < x_2$ 使得 $f(x_1) = f(x_2) = 0$, 由 Rolle 定理知存在 $c \in (x_1, x_2)$ 使得

$$f'(c) = 0. \tag{1}$$

又 $f(x_1), f(x_2)$(因为 $f(x) \geqslant 0$) 是极小值, 由 Fermat 定理知

$$f'(x_1) = f'(x_2) = 0. \tag{2}$$

由 (1), (2) 式及 Rolle 定理知存在 $x_3 \in (x_1, c), x_4 \in (c, x_2)$ 使得

$$f''(x_3) = f''(x_4) = 0. \tag{3}$$

再由 Rolle 知存在 $\xi \in (x_3, x_4)$ 使得

$$f'''(\xi) = 0. \quad ■$$

注　一般地, 设 f 为 n 阶可导函数, 若方程 $f(x) = 0$ 有 $n+1$ 个互异实根, 则方程 $f^{(n)}(x) = 0$ 至少有一个根.

8. 设 $f(x)$ 在 $[a,b]$ 上三阶可导, $f'(a) = f'(b) = 0$, 并存在 $c \in (a,b)$ 使得 $f(c) = \max\limits_{a \leqslant x \leqslant b} f(x)$. 证明: 方程 $f'''(x) = 0$, 在 (a,b) 至少有一个根.

证　由 Fermat 定理知 $f'(c) = 0$, 这样 $f'(a) = f'(c) = f'(b) = 0$. 由 Rolle 定理知存在 $\xi_1 \in (a,b), \xi_2 \in (c,b)$ 使得

$$f''(\xi_1) = f''(\xi_2).$$

再由 Rolle 定理知存在 $\xi_3 \in (\xi_1, \xi_2)$ 使得

$$f'''(\xi_3) = 0,$$

即方程 $f'''(x) = 0$ 至少有一个根. ■

9. **证在 $(-1,1)$ 至少存在三点使得 $\dfrac{\mathrm{d}^2}{\mathrm{d}x^2}[(x^2-1)^n x]=0$($n$ 为大于 1 的正整数).**

证　令 $F(x)=(x^2-1)^n x$, 则 $F(-1)=F(0)=F(1)=0$. 由 Rolle 定理知存在 $\xi_1\in(-1,0),\xi_2\in(0,1)$ 使得

$$F'(\xi_1)=F'(\xi_2)=0.$$

而 $F'(x)=(x^2-1)^n+2n(x^2-1)^{n-1}x^2$, 所以

$$F'(-1)=F'(1)=0.$$

这样

$$F'(-1)=F'(\xi_1)=F'(\xi_2)=F'(1)=0.$$

由 Rolle 定理知存在 $\eta_1\in(-1,\xi_1),\eta_2\in(\xi_1,\xi_1),\eta_3\in(\xi_2,1)$ 使得

$$F''(\eta_1)=F''(\eta_2)=F''(\eta_3)=0.$$

再由 Rolle 定理知结论成立. ■

10. **设 a,b,c 为三个实数, 证明: 方程 $\mathrm{e}^x=ax^2+bx+c$ 的根不超过 3 个.**

证　令 $F(x)=\mathrm{e}^x-(ax^2+bx+c)$, 则

$$F'(x)=\mathrm{e}^x-2ax-b,\quad F''(x)=\mathrm{e}^x-2a,\quad F'''(x)=\mathrm{e}^x.$$

设原方程的根至少有四个, 不妨设 $x_1<x_2<x_3<x_4$. 由 Rolle 定理知存在 $\xi_1\in(x_1,x_2)$, $\xi_2\in(x_2,x_3)$, $\xi_3\in(x_3,x_4)$ 使得

$$F'(\xi_1)=F'(\xi_2)=F'(\xi_3)=0.$$

再由 Rolle 定理知存在 $\eta_1\in(\xi_1,\xi_2),\eta_2\in(\xi_3,\xi_4)$ 使得

$$F''(\eta_1)=F''(\eta_2)=0.$$

再由 Rolle 定理知存在 $\sigma\in(\eta_1,\eta_2)$ 使得 $F'''(\sigma)=\mathrm{e}^\sigma=0$, 这是不可能的. ■

11. **证明: 当 $\dfrac{a_0}{n+1}+\dfrac{a_1}{n}+\cdots+\dfrac{a_{n-1}}{2}+a_n=0$ 时, 方程 $a_0x^n+a_1x^{n-1}+\cdots+a_n=0$ 在 $(0,1)$ 内至少有一个实根.**

证　令

$$F(x)=\frac{a_0}{n+1}x^{n+1}+\frac{a_1}{n}x^n+\cdots+a_nx.$$

显然 $F(0)=0$, 由条件 $F(1)=0$. 由 Rolle 定理知存在 $\xi\in(0,1)$ 使得 $F'(\xi)=0$, 即结论成立. ■

12. **设 $f_n(x)=1+x+\dfrac{x^2}{2!}+\cdots+\dfrac{x^n}{n!}$, 其中 n 为正整数, 求证: 方程 $f_n(x)f_{n+1}(x)=0$ 在实数域内有唯一实根.**

证　当 $x\geqslant 0$ 时, $f_n(x)\geqslant 1$, 故 $f_n(x)f_{n+1}(x)=0$ 无非负实根.

当 $x<0$ 时,

(i) 当 n 为偶数时, $f_n(x)>0\left(\text{因为 } f_n(x)=\mathrm{e}^x-\dfrac{\mathrm{e}^\xi}{(n+1)!}x^{n+1}>0\right)$.

(ii) 当 n 为奇数时, 因为 $\lim\limits_{x\to-\infty}f_n(x)=-\infty$, 故存在 $a<0$ 使得 $f_n(a)<0$, 而 $f_n(0)=1>0$. 由连续函数介值定理知存在 $x_0\in(a,0)$ 使得 $f_n(x_0)=0$.

由 (i),(ii) 知对任意自然数 $n, f_n(x)f_{n+1}(x)=0$ 有实根.

下证唯一性: 若存在 $x_1\neq x_0$, 不妨设 $x_0<x_1$ 使得 $f_n(x_1)f_{n+1}(x_1)=0$.

(iii) 当 n 为奇数时, 由 (ii) 知 $f_n(x_1)=f_n(x_0)=0$, 由 Rolle 定理知存在 $\xi\in(x_0,x_1)$ 使得 $f_n'(\xi)=0$, 即 $f_{n-1}(\xi)=0$. 但 $n-1$ 为偶数与 (i) 矛盾.

(iv) 当 n 为偶数时, 由 (ii) 知 $f_{n+1}(x_0)=f_{n+1}(x_1)=0$. 所以存在 $\xi\in(x_0,x_1)$ 使得 $f_{n+1}'(\xi)=0$, 即 $f_n(\xi)=0$, 但 n 为偶数也与 (i) 矛盾.

综上所述, $f_n(x)f_{n+1}(x)=0$ 在实数域内有唯一实根. ■

练习 (1) 以 $S(x)$ 表示由 $(a,f(a))$, $(b,f(b))$, $(x,f(x))$ 三点围成的三角形的面积, 试通过 $S(x)$ 应用 Rolle 定理证明 Lagrange 定理.

提示 $S(x)=\begin{vmatrix}1 & a & f(a)\\ 1 & b & f(b)\\ 1 & x & f(x)\end{vmatrix}$.

(2) 设 $f(x)$ 在 $[0,1]$ 上可导且 $f(1)-2\displaystyle\int_0^{\frac{1}{2}}xf(x)\mathrm{d}x=0$. 证明存在 $\xi\in(0,1)$ 使得 $f'(\xi)=-\dfrac{f(\xi)}{\xi}$.

(3) 设 $f(x)$ 在 $[0,1]$ 上连续, 在 $(0,1)$ 上可导. 证明存在 $\xi\in(0,1)$ 使得 $f'(\xi)f(1-\xi)=f(\xi)f'(1-\xi)$.

(4) 设 $g(0)=g'(0)=0$, 且

$$f(x)=\begin{cases}g(x)\sin\dfrac{1}{x}, & x\neq0,\\ 0, & x=0,\end{cases}$$

判断 $f'(0)$ 是否存在? 若存在试求出其值, 若不存在说明理由.

例 3-2-2 解答下列各题.

1. 设 $0<b\leqslant a$. 证明: $\dfrac{b-a}{b}\leqslant\ln\dfrac{b}{a}\leqslant\dfrac{b-a}{a}$.

证 (i) 当 $a=b>0$ 时, 显然成立.

(ii) 当 $0<b<a$ 时, 只要证明 $\dfrac{1}{a}\leqslant\dfrac{\ln b-\ln a}{b-a}\leqslant\dfrac{1}{b}$. 令 $f(x)=\ln x$, 则 $f(x)$ 在 $[a,b]$ 满足 Lagrange 中值定理条件, 故存在 $\xi\in(b,a)$ 使得

$$\frac{\ln a-\ln b}{a-b}=\frac{1}{\xi}.$$

由于 $0<b<\xi<a$, 所以 $\dfrac{1}{b}>\dfrac{1}{\xi}>\dfrac{1}{a}$, 从而

$$\frac{1}{a}<\frac{\ln a-\ln b}{a-b}<\frac{1}{b},$$

即结论成立. ■

注　可以用函数的单调性证明 $\dfrac{x-a}{x}\leqslant \ln\dfrac{x}{a}\leqslant \dfrac{x-a}{a},\ x\in(0,a]$.

2. 设 $f(x)$ 在 $[a,b]$ 上连续, 在 (a,b) 上可导 $(b>a>0)$. 证明: 存在 $\xi\in(a,b)$ 使得

$$\frac{bf(b)-af(a)}{b-a}=f(\xi)+\xi f'(\xi).$$

证　(证一) 令 $F(x)=xf(x)$, 由 Lagrange 中值定理知存在 $\xi\in(a,b)$ 使得

$$F(b)-F(a)=F'(\xi)(b-a),$$

即

$$bf(b)-af(a)=\left[f(\xi)+\xi f'(\xi)\right](b-a),$$

即结论成立.

(证二) 令 $g(x)=xf(x),h(x)=x$, 用 Cauchy 中值定理. ■

3. 设 $f(x)$ 在 $[a,b]$ 上二阶可导, 过点 $A(a,f(a)),B(b,f(b))$ 的直线与 $y=f(x)$ 交于 $C(c,f(c))$, $a<c<b$. 证明: 存在 $\xi\in(a,b)$ 使得 $f''(\xi)=0$.

证　(证一)$f(x)$ 在 $[a,c],[b,c]$ 分别用 Lagrange 中值定理知存在 $\xi_1\in(a,c),\xi_2\in(b,c)$ 使得

$$f'(\xi_1)=\frac{f(c)-f(a)}{c-a},\quad f'(\xi_2)=\frac{f(b)-f(c)}{b-c}.$$

因为 $(c,f(c))$ 在过 $(a,f(a)),(b,f(b))$ 的直线上, 故

$$f'(\xi_1)=f'(\xi_2).$$

对 $f'(\xi)$ 在 $[\xi_1,\xi_2]$ 中应用 Rolle 定理知存在 $\xi\in(\xi_1,\xi_2)\subset(a,b)$ 使得 $f''(\xi)=0$.

(证二) 反证法. 若结论不成立, 由 Darboux 定理 (导函数的介值定理) 知 $f''(x)>0$ 或 $f''(x)<0$, 即 $f(x)$ 为严格下凸函数或严格上凸函数, 这与假设条件矛盾. ■

4. 设二次函数 $H(x)=a+bx+cx^2$, 且 $H(0)=H_1,H(t)=H_2,H(2t)=H_3$($t$ 为定值). 证明 $H(x)$ 在 x_0 处取得极小值的充要条件为 $H_3+H_1>2H_2$.

证　因为 $H(x)$ 为二次函数, 故只要证明 $c>0$ 即可.

令 $F(x)=H(x+t)-H(x)$, 由 Lagrange 中值定理及 H 定义知,

$$F(t)-F(0)=H_3+H_1-2H_2=F'(\xi)t=[H'(\xi+t)-H'(\xi)]t=H''(\xi+\eta)t^2=2ct^2,$$

其中 $\xi,\eta\in(0,t)$.

或由 $H(x)$ 的定义易知 $H_3+H_1-2H_2=2ct^2$.

由上式知 $H_3+H_1>2H_2\Longleftrightarrow c>0\Longleftrightarrow H(x)$ 在某点 x_0 取极值 (因为 H 是二次函数, $c>0$ 必有极小值). ■

5. 设 $f(x)$ 在 $[0,1]$ 上可微, $f(0)=0,f(1)=1,k_1,k_2,\cdots,k_n$ 为 n 个正数. 证明: 在 $[0,1]$ 内存在一组互不相同的点 $x_1,x_2,\cdots,x_n$ 使得 $\displaystyle\sum_{i=1}^{n}\frac{k_i}{f'(x_i)}=\sum_{i=1}^{n}k_i$.

证　令 $A=\sum\limits_{i=1}^{n}k_i$, 只要证明

$$\sum_{i=1}^{n}\frac{k_i}{Af'(x_i)}=1.$$

记 $\dfrac{k_i}{A}=a_i$, 则

$$0<a_i<1,\quad 且\quad a_1+\cdots+a_n=1.$$

因为 $f(0)=0, f(1)=1$, $f(x)\in C[0,1]$, 对 $a_1\in(0,1)$, 由连续函数介值定理得

$$\exists b_1\in(0,1),\quad f(b_1)=a_1.$$

又 $0<a_1<a_1+a_2<1$, 由连续函数介值定理得

$$\exists b_2\in(b_1,1),\quad f(b_2)=a_1+a_2.$$

这样可得 $0<b_1<b_2<\cdots<b_{n-1}<b_n=1$ 使得

$$f(b_i)=a_1+\cdots+a_i,\quad i=1,2,\cdots,n.$$

取 $b_0=0$, 对 $f(x)$ 在 $[b_{i-1},b_i](i=1,2,\cdots)$ 应用 Lagrange 中值定理知存在 $x_i\in(b_{i-1},b_i)$ 使得

$$f'(x_i)=\frac{f(b_i)-f(b_{i-1})}{b_i-b_{i-1}}=\frac{a_i}{b_i-b_{i-1}},$$

即 $\dfrac{a_i}{f'(x_i)}=b_i-b_{i-1}$, 从而

$$\sum_{i=1}^{n}\frac{a_i}{f'(x_i)}=\sum_{i=1}^{n}(b_i-b_{i-1})=b_n-b_0=1.\quad ■$$

注　此题在变形后应用了连续函数的介值定理和微分中值定理.

6. 证明: 若 $x>0$, 则

(1) $\sqrt{x+1}-\sqrt{x}=\dfrac{1}{2\sqrt{x+\theta(x)}}$, 其中 $\dfrac14<\theta(x)<\dfrac12$;

(2) $\lim\limits_{x\to0^+}\theta(x)=\dfrac14$, $\lim\limits_{x\to+\infty}\theta(x)=\dfrac12$.

证　(1) 由 Lagrange 中值定理得

$$\sqrt{x+1}-\sqrt{x}=\frac{1}{2\sqrt{x+\theta(x)}}\Longrightarrow\frac{1}{2\sqrt{x+\theta(x)}}=\frac{1}{\sqrt{x+1}+\sqrt{x}},$$

即

$$\begin{aligned}\theta(x)&=\left(\frac{\sqrt{x+1}+\sqrt{x}}{2}\right)^2-x=\frac{2x+1+2\sqrt{x(x+1)}}{4}-x=\frac{1+2\sqrt{x(x+1)}-2x}{4}\\&=\frac14+\frac12\left[\sqrt{x(x+1)}-x\right]=\frac14+\frac12\frac{x}{\sqrt{x(x+1)}+x}=\frac14+\frac12\frac{1}{\sqrt{1+\dfrac1x}+1}.\end{aligned}$$

而

$$0<\frac{1}{2}\frac{1}{\sqrt{1+\frac{1}{x}}+1}<\frac{1}{4},$$

故

$$\frac{1}{4}<\theta(x)<\frac{1}{2}.$$

(2) 由

$$\theta(x)=\frac{1}{4}+\frac{1}{2}\frac{x}{\sqrt{x(x+1)}+x}=\frac{1}{4}+\frac{1}{2}\frac{1}{\sqrt{1+\frac{1}{x}}+1},$$

得

$$\lim_{x\to 0^+}\theta(x)=\frac{1}{4},\quad \lim_{x\to+\infty}\theta(x)=\frac{1}{2}.\quad \blacksquare$$

7. 设函数 $f(x)$ 在 $[a,\infty)$ 上连续, 且 $x>a$ 时, $f'(x)>k>0$(k 为常数). 证明: 当 $f(a)<0$ 时, 方程 $f(x)=0$ 在区间 $\left(a,a-\dfrac{f(a)}{k}\right)$ 内只有一个根.

证　因为 $f'(x)>k>0$, 故 $f(x)$ 在 $\left[a,a-\dfrac{f(a)}{k}\right]$ 上严格单调递增, 故 $f(x)$ 在 $\left[a,a-\dfrac{f(a)}{k}\right]$ 内至多有一个根. 因为 $f(a)<0$, 再证 $f\left(a-\dfrac{f(a)}{k}\right)>0$ 即可. 由 Lagrange 定理,

$$f\left(a-\frac{f(a)}{k}\right)-f(a)=f'(\xi)\left(-\frac{f(a)}{k}\right)>-f(a).$$

所以 $f\left(a-\dfrac{f(a)}{k}\right)>0$.

由连续函数的介值定理知存在 $\xi\in\left(a,a-\dfrac{f(a)}{k}\right)$ 使得 $f(\xi)=0$.　$\blacksquare$

8. 设 $f(x)$ 在 $(-\infty,+\infty)$ 上具有二阶导数, 且 $f''(x)>0$, $\lim\limits_{x\to+\infty}f'(x)=\alpha>0$, $\lim\limits_{x\to-\infty}f'(x)=\beta<0$, 又存在 x_0 使得 $f(x_0)<0$. 证明: 方程 $f(x)=0$ 在 $(-\infty,+\infty)$ 上仅有两个实根.

证　由于 $f(x)$ 在 $(-\infty,+\infty)$ 上有二阶导数, 故 $f'(x),f(x)\in C(-\infty,+\infty)$.

因为 $\lim\limits_{x\to+\infty}f'(x)=\alpha>0$, 故存在 $c>0$, 当 $x>c$ 时, 有 $f'(x)>\dfrac{\alpha}{2}$.

在 $[c,x]$ 上用 Lagrange 中值定理知存在 $\xi\in(c,x)$ 使得

$$f(x)=f(c)+f'(\xi)(x-c)>f(c)+\frac{\alpha}{2}(x-c),$$

所以

$$\lim_{x\to+\infty}f(x)=+\infty.$$

因为 $f(x_0)<0$, 故由连续函数介值定理知 $f(x)=0$ 在 $(x_0,+\infty)$ 内至少存在一个实根.

同理, 由 $\lim\limits_{x\to-\infty}f'(x)=\beta<0$ 可知

$$\lim_{x\to-\infty}f(x)=+\infty.$$

所以 $f(x)=0$ 在 $(-\infty,x_0)$ 内也至少有一个实根.

再证 $(-\infty,+\infty)$ 内实根不超过两个. 若不然, 至少有三个实根, 不妨设 $x_1<x_2<x_3, f(x_1)=f(x_2)=f(x_3)=0$. 由 Rolle 定理知存在 $\xi_1\in(x_1,x_2),\xi_2\in(x_2,x_3)$ 使得

$$f'(\xi_1)=f'(\xi_2)=0.$$

再由 Rolle 定理知存在 $\xi_3\in(\xi_1,\xi_2)$ 使得

$$f''(\xi_3)=0.$$

这与 $f''(x)>0$ 矛盾. ■

9. 设 f 在 $[0,+\infty)$ 内可微, 且 $0\leqslant f'(x)\leqslant f(x)$, $f(0)=0$. 证明: $f(x)\equiv0$, $x\in[0,+\infty)$.

证　由条件知 $f'(x)-f(x)\leqslant0$, 因此 $\mathrm{e}^{-x}[f'(x)-f(x)]\leqslant0$, 即 $(\mathrm{e}^{-x}f(x))'<0$, 因此 $F(x):=\mathrm{e}^{-x}f(x)$ 在 $[0,+\infty)$ 内单调递减, 从而 $0\leqslant F(x)\leqslant F(0)=f(0)=0$, 所以 $F(x)\equiv0$, 即 $f(x)\equiv0$. ■

思考　**将命题中的 $0\leqslant f'(x)\leqslant f(x)$ 改为 $0\leqslant f'(x)\leqslant kf(x)$, $k>0$ 结论是否成立?**

10. 设 $f(x)$ 在 $[0,+\infty)$ 上可微且 $f(0)=0$, 并假设有实数 A 使得 $|f'(x)|\leqslant A|f(x)|,x\in(0,+\infty)$. 证明: $f(x)\equiv0,x\in(0,+\infty)$.

证　因为 $f(x)\in C\left[0,\dfrac{1}{2A}\right]$, 所以 $|f(x)|\in C\left[0,\dfrac{1}{2A}\right]$. 故存在 $c\in\left[0,\dfrac{1}{2A}\right]$ 使得

$$|f(c)|=M=\max_{x\in[0,\frac{1}{2A}]}|f(x)|.$$

由 Lagrange 中值定理及 $f(0)=0$ 知

$$M=|f(c)|=|f(0)+f'(\xi)(c-0)|=|f'(\xi)c|\leqslant A|f(\xi)|c\leqslant\frac12|f(\xi)|\leqslant\frac12M.$$

所以 $M=0$, 即 $f(x)\equiv0,x\in\left[0,\dfrac{1}{2A}\right]$.

由数学归纳法可证, 在一切 $\left[\dfrac{k-1}{2A},\dfrac{k}{2A}\right]$ $(k=1,2,\cdots)$ 上恒有 $f(x)\equiv0$, 故 $f(x)\equiv0$, $x\in[0,+\infty)$. ■

注　**一般是用函数的导数控制函数, 如果函数能控制函数的导数, 只能是特殊的函数.**

11. 设 $f(x),g(x)$ 在 $[a,b]$ 上连续, $g(x)$ 在 (a,b) 上可导, 且 $g(a)=0$, 若有实数 $\lambda>0$ 使得 $|g(x)f(x)+\lambda g'(x)|\leqslant|g(x)|,x\in(a,b)$. 证明: $g(x)\equiv0$.

证　由 $f(x)\in C[a,b]$, 所以存在 $c>0$ 使得 $|f(x)|\leqslant c$, $x\in[a,b]$.

由条件 $|g(x)|\geqslant|\lambda||g'(x)|-|g(x)||f(x)|$, 从而

$$|\lambda||g'(x)|\leqslant|g(x)|+|f(x)||g(x)|\leqslant(1+c)|g(x)|,$$

即

$$|g'(x)| \leqslant \frac{1+c}{|\lambda|}|g(x)|.$$

又因为 $g(a)=0$, 仿上题可证结论成立. ■

12. **若** $f(x)$ **在** $[0,1]$ **上连续, 且** $\forall x\in[0,1]$ **有** $\int_0^x f(t)\mathrm{d}t \geqslant f(x) \geqslant 0$. **证明:** $f(x)\equiv 0$.

解　(解一) 令 $F(x)=\int_0^x f(t)\mathrm{d}t$, 由条件得 $0\leqslant f(x)=F'(x)<F(x)$, 类似于上题证明可得结论成立.

(解二) 因为 $f(x)\in C[0,1]$, 只要证明 $\forall x_0\in(0,1)$, 有 $f(x_0)=0$ 即可. 事实上,

$$0\leqslant f(x_0)\leqslant \int_0^{x_0} f(t)\mathrm{d}t = f(\xi_1)x_0,\quad \xi_1\in[0,x_0]. \tag{1}$$

对 ξ_1 有

$$0\leqslant f(\xi_1)\leqslant \int_0^{\xi_1} f(t)\mathrm{d}t = f(\xi_2)\xi_1,\quad \xi_2\in[0,\xi_1]. \tag{2}$$

由 (1),(2) 得

$$0\leqslant f(x_0)\leqslant f(\xi_2)\xi_1 x_0 \leqslant f(\xi_2)x_0^2.$$

依次进行下去得 $\exists\xi_n\in[0,x_0]$ 使得

$$0\leqslant f(x_0)\leqslant f(\xi_n)x_0^n \leqslant [\max_{[0,1]} f(x)]\cdot x_0^n \longrightarrow 0\quad (n\to\infty),$$

这里用到 $x_0\in(0,1)$. 所以 $f(x_0)=0$, 再由 $f(x)\in C[0,1]$ 得 $f(x)\equiv 0$, $\forall x\in[0,1]$. ■

13. **设** $f(x)$ **在** $[a,b]$ **上连续, 在** (a,b) **内二阶可微, 且** $f(a)=f(b)=0$. **证明: 若存在** $c\in(a,b)$ **使得** $f(c)>0$, **则存在** $\xi\in(a,b)$ **使得** $f''(\xi)<0$.

证　(证一) 分别在 $[a,c],[c,b]$ 上应用 Lagrange 定理知存在 $\xi_1\in(a,c),\xi_2\in(c,b)$ 使得

$$f(c)-f(a)=f'(\xi_1)(c-a),$$
$$f(b)-f(c)=f'(\xi_2)(b-c).$$

因为 $f(a)=f(b)=0$, 且 $f(c)>0$, 故

$$f'(\xi_1)>0,\quad f'(\xi_2)<0. \tag{1}$$

在 $[\xi_1,\xi_2]$ 上应用 Lagrange 中值定理知存在 $\xi\in(\xi_1,\xi_2)$ 使得

$$f'(\xi_2)-f'(\xi_1)=f''(\xi)(\xi_2-\xi_1). \tag{2}$$

由 (1),(2) 及 $\xi_2>\xi_1$ 知 $f''(\xi)<0$.

(证二) 由条件得存在 $x_1\in(a,b)$ 使得 x_1 为 $f(x)$ 在 $[a,b]$ 的最大值点且 $f(x_1)>0$, 故 $f'(x_1)=0$, 由 Taylor 公式有

$$f(a)=f(x_1)+\frac{1}{2}f''(\xi)(a-x_1)^2\Longrightarrow f''(\xi)<0.$$

(证三) 反证法. 若结论不成立, 则 $f(x)$ 在 $[a,b]$ 上为下凸函数. $\forall x\in(a,b),\exists\lambda\in(0,1)$ 使得 $x=\lambda a+(1-\lambda)b$, 由下凸函数定义

$$f(x)\leqslant\lambda f(a)+(1-\lambda)f(b)=0,$$

这与 $f(c)>0$ 矛盾. ■

思考　若 $f(c)<0$, 能否得到存在 $\xi\in(a,b)$ 使得 $f''(\xi)>0$?

14. 设 $f(x)$ 在 $[0,1]$ 上有连续的二阶导数, $f(0)=f(1)=0$ 且 $f(x)\neq 0,\forall x\in(0,1)$. 证明: $\displaystyle\int_0^1\left|\frac{f''(x)}{f(x)}\right|\mathrm{d}x\geqslant 4$.

证　因为 $f(x)\in C[0,1]$, 从而 $|f(x)|\in C[0,1]$, 所以 $|f(x)|$ 在 $[0,1]$ 上有最大值, 设 $y_0=|f(x_0)|=\max\limits_{x\in[0,1]}|f(x)|$. 因为 $f(x)\neq 0,\forall x\in(0,1)$, 所以

$$x_0\neq 0,\quad x_0\neq 1,\quad y_0>0. \tag{1}$$

(i) 若 $y_0=f(x_0)$, 由 Lagrange 定理

$$\frac{f(x_0)-f(0)}{x_0-0}=f'(\xi)=\frac{y_0}{x_0}\quad(0<\xi<x_0),$$

$$\frac{f(1)-f(x_0)}{1-x_0}=f'(\eta)=\frac{-y_0}{1-x_0}\quad(x_0<\eta<1).$$

所以

$$\begin{aligned}\int_0^1\left|\frac{f''(x)}{f(x)}\right|\mathrm{d}x&\geqslant\int_0^1\frac{|f''(x)|}{y_0}\mathrm{d}x\geqslant\frac{1}{y_0}\int_\xi^\eta|f''(x)|\,\mathrm{d}x\geqslant\frac{1}{y_0}\left|\int_\xi^\eta f''(x)\mathrm{d}x\right|\\&=\frac{1}{y_0}|f'(\eta)-f'(\xi)|=\frac{1}{y_0}\left|\frac{-y_0}{1-x_0}-\frac{y_0}{x_0}\right|=\frac{1}{x_0(1-x_0)}.\end{aligned}\tag{2}$$

由 (1) 知 $x_0\in(0,1)$, 所以 $0\leqslant x_0(1-x_0)\leqslant\dfrac{1}{4}$, 即

$$\frac{1}{x_0(1-x_0)}\geqslant 4. \tag{3}$$

由 (2), (3) 知结论成立.

(ii) 若 $y_0=-f(x_0)$, 由 Lagrange 定理

$$\frac{f(x_0)-f(0)}{x_0-0}=f'(\xi)=\frac{-y_0}{x_0}\quad(0<\xi<x_0),$$

$$\frac{f(1)-f(x_0)}{1-x_0}=f'(\eta)=\frac{y_0}{1-x_0}\quad (x_0<\eta<1).$$

所以

$$\int_0^1\left|\frac{f''(x)}{f(x)}\right|\mathrm{d}x\geqslant\int_0^1\frac{|f''(x)|}{y_0}\mathrm{d}x\geqslant\frac{1}{y_0}\int_\xi^\eta|f''(x)|\,\mathrm{d}x\geqslant\frac{1}{y_0}\left|\int_\xi^\eta f''(x)\mathrm{d}x\right|$$
$$=\frac{1}{y_0}|f'(\eta)-f'(\xi)|=\frac{1}{y_0}\left|\frac{y_0}{1-x_0}+\frac{y_0}{x_0}\right|=\frac{1}{x_0(1-x_0)}.$$

同情形 (i) 可证明结论成立. ■

15. **设 f 在 $[0,a]$ 上具有二阶导数, 且 $|f''(x)|\leqslant M$, f 在 $(0,a)$ 内取得最大值. 证明:**

$$|f'(0)|+|f'(a)|\leqslant Ma.$$

证　记 $x_0\in(0,a)$ 为最大值点, 从而也为极大值点, 由 Fermat 定理知 $f'(x_0)=0$. 由 Lagrange 定理得

$$|f'(0)|+|f'(a)|=|f'(0)-f'(x_0)|+|f'(a)-f'(x_0)|=|f''(\xi_1)|x_0+|f''(\xi_2)|(a-x_0)\leqslant Ma.\ ■$$

16. **判断: 设 $f(x)$ 在 $[a,b]$ 上连续, 在 (a,b) 上可导, 若存在极限 $\lim\limits_{x\to a^+}f'(x)=l$, 则右导数 $f'_+(a)$ 存在且等于 l.**

解　由导数定义及 Lagrange 中值定理得

$$\lim_{h\to 0^+}\frac{f(a+h)-f(a)}{h}=\lim_{x\to 0^+}f'(a+x)=l,$$

所以 $f'_+(a)$ 存在且 $f'_+(a)=l$. ■

注　**此结果为导函数的极限定理, 若在 a 无连续条件结论不成立. 用类似方法可证导函数至多有第二类间断点.**

17. **导函数至多有第二类间断点.**

证　假设 x_0 是 $f'(x)$ 的任意一个间断点, 只要证明 $\lim\limits_{x\to x_0^+}f'(x)$ 与 $\lim\limits_{x\to x_0^-}f'(x)$ 至少有一个不存在. 事实上, 若 $\lim\limits_{x\to x_0^+}f'(x)$ 与 $\lim\limits_{x\to x_0^-}f'(x)$ 均存在, 则由导数定义及 Lagrange 中值定理知

$$f'(x_0)=f'_+(x_0)=\lim_{x\to x_0^+}\frac{f(x)-f(x_0)}{x-x_0}=\lim_{x\to x_0^+}f'(\xi)=\lim_{\xi\to x_0^+}f'(\xi),$$

$$f'(x_0)=f'_-(x_0)=\lim_{x\to x_0^-}\frac{f(x)-f(x_0)}{x-x_0}=\lim_{x\to x_0^-}f'(\eta)=\lim_{\eta\to x_0^+}f'(\eta),$$

即

$$\lim_{x\to x_0^+}f'(x)=\lim_{x\to x_0^-}f'(x)=f'(x_0),$$

这与 x_0 是 $f'(x)$ 的间断点矛盾. ■

18. 判断是非: 若函数 $f(x)$ 在 I 上有原函数且单调, 则 $f(x)$ 在 I 上连续.

解 因为导函数至多有第二类间断点, 单调函数至多有跳跃间断点, $f(x)$ 在 I 上有原函数且单调说明函数没有间断点, 从而连续. ■

注 设 $f(x)$ 在 (a,b) 可导, 且 $f'(x)$ 单调, 则 f' 在 (a,b) 内连续.

19. 设 $f(x)=\begin{cases}|x|, & x\neq 0,\\ 1, & x=0.\end{cases}$ 证明: 不存在函数以 $f(x)$ 为其导函数.

证 (证一) **分析** 一个命题和其逆否命题等价, 只要证明逆否命题即可, 自然就用反证法.

假设存在 $F(x)$ 使得 $F'(x)=f(x)$, 即

$$F'(x)=\begin{cases}x, & x>0,\\ 1, & x=0,\\ -x, & x<0,\end{cases}$$

则当 $x>0$ 时, $F(x)=\dfrac{1}{2}x^2+C_1$; 当 $x<0$ 时, $F(x)=-\dfrac{1}{2}x^2+C_2$.

由于 $F(x)$ 连续, 故 $C_1=C_2=F(0)$, 即

$$F(x)=\begin{cases}\dfrac{1}{2}x^2+C_1, & x>0,\\ C_1, & x=0,\\ -\dfrac{1}{2}x^2+C_1, & x<0.\end{cases}$$

所以 $\lim\limits_{x\to 0^+}\dfrac{F(x)-F(0)}{x}=0$, 即 $F'(0)=0$, 这与 $F'(x)$ 表达式矛盾.

(证二) 导函数至多有第二类间断点, 而 $x=0$ 是 $f(x)$ 的可去间断点, 故无原函数. ■

注 连续函数一定有原函数, 反之不成立.

20. 设 $f'(\ln x)=\begin{cases}1, & 0<x\leqslant 1,\\ x, & x>1,\end{cases}$ 且 $f(0)=0$. 求 $f(x)$.

解 由于 (i) 当 $x>1$ 时, $f'(\ln x)=x$, 令 $t=\ln x$, 有 $f'(t)=\mathrm{e}^t\ (t>0)$, 即 $f(t)=\mathrm{e}^t+C_1$. (ii) 当 $0<x\leqslant 1$ 时, $f'(\ln x)=1$, 令 $t=\ln x$, 有 $f'(t)=1\,(-\infty<t\leqslant 0)$, 即 $f(t)=t+C_2$. 所以 $f(t)=\begin{cases}t+C_2, & t\leqslant 0,\\ \mathrm{e}^t+C_1, & t>0.\end{cases}$

由 $f(0)=0$ 知 $C_2=0$; 又 $0=f(0)=\lim\limits_{t\to 0^+}f(t)=1+C_1$ 得 $C_1=-1$, 所以

$$f(t)=\begin{cases}t, & t\leqslant 0,\\ \mathrm{e}^t-1, & t>0,\end{cases}\quad \text{即}\quad f(x)=\begin{cases}\mathrm{e}^x-1, & x>0,\\ x, & x\leqslant 0.\end{cases}$$ ■

21. 证明: 当 $s>0$ 时, $\dfrac{n^{s+1}}{s+1}<1^s+2^s+\cdots+n^s<\dfrac{(n+1)^{s+1}}{s+1}$.

证　令 $f(x)=x^{s+1}$, 则 $f'(x)=(s+1)x^s$ 分别在 $[0,1],[1,2],\cdots,[n-1,n],[n,n+1]$ 上对 $f(x)$ 应用 Lagrange 中值定理有

$$(*)\begin{cases}1^{s+1}-0^{s+1}=(s+1)\xi_1^s, & \xi_1\in(0,1),\\ 2^{s+1}-1^{s+1}=(s+1)\xi_2^s, & \xi_2\in(1,2),\\ \cdots\cdots \\ n^{s+1}-(n-1)^{s+1}=(s+1)\,\xi_n^s, & \xi_n\in(n-1,n),\\ (n+1)^{s+1}-n^{s+1}=(s+1)\,\xi_{n+1}^s, & \xi_{n+1}\in(n,n+1).\end{cases}$$

因为 $s>0,x>0$, 显然

$$(s+1)(k-1)^s<(s+1)\xi_k^s<(s+1)k^s,\quad k=1,2,\cdots,n+1.$$

代入 $(*)$ 式有

$$\begin{aligned}&0<1^{s+1}-0^{s+1}<(s+1)1^s,\\&(s+1)1^s<2^{s+1}-1^{s+1}<(s+1)2^s,\\&\cdots\cdots\\&(s+1)(n-1)^s<n^{s+1}-(n-1)^{s+1}<(s+1)n^s,\\&(s+1)n^s<(n+1)^{s+1}-n^{n+1}<(s+1)(n+1)^s.\end{aligned}$$

前 $n+1$ 个式子左边相加, 有

$$(s+1)[0^s+1^s+\cdots+n^s]<(n+1)^{s+1},$$

即结论第二个不等式成立.

前 n 个式子右端相加, 有

$$n^{s+1}<(s+1)(1^s+2^s+\cdots+n^s),$$

即结论第一个不等式成立. ■

练习　(1) 求极限 $\lim\limits_{n\to\infty}n^2\left(\arctan\dfrac{a}{n}-\arctan\dfrac{a}{n+1}\right)$, $a\neq 0$.

(2) 证明: $\dfrac{h}{1+h^2}<\arctan h<h$, $h>0$.

(3) 设函数 $f(x)$ 在 $[0,1]$ 上可微且 $f(0)=0$, 在 $(0,1)$ 中 $|f'(x)|\leqslant|f(x)|$. 证明 $f(x)\equiv 0$.

(4) 判断 Riemann 函数是否有原函数, 并说明理由.

(5) 判断极限 $\lim\limits_{n\to\infty}\dfrac{1}{n^\beta}(1^\alpha+2^\alpha+\cdots+n^\alpha)$ 是否存在?

例 3-2-3　解答下列各题.

1. 设 $f(x)$ 在 $[a,b]\,(ab>0)$ 上连续, 在 (a,b) 内可导. 证明: 存在 $\xi\in(a,b)$ 使得

$$\frac{1}{b-a}\begin{vmatrix}b & a\\ f(b) & f(a)\end{vmatrix}=f(\xi)-\xi f'(\xi).$$

证 令

$$F(x)=\frac{f(x)}{x},\quad G(x)=\frac{1}{x}.$$

因为 $ab>0$, 所以 $F(x)$, $G(x)$ 满足 Cauchy 中值定理条件, 故存在 $\xi\in(a,b)$ 使得

$$\frac{F(b)-F(a)}{G(b)-G(a)}=\frac{F'(\xi)}{G'(\xi)},$$

即

$$\frac{\dfrac{f(b)}{b}-\dfrac{f(a)}{a}}{\dfrac{1}{b}-\dfrac{1}{a}}=\frac{\dfrac{\xi f'(\xi)-f(\xi)}{\xi^2}}{-\dfrac{1}{\xi^2}},$$

故

$$\frac{1}{b-a}\begin{vmatrix} b & a \\ f(b) & f(a)\end{vmatrix}=f(\xi)-\xi f'(\xi).\quad ■$$

2. 设 $f(x)$ 在 $[a,b]$ 上连续, 在 (a,b) 内可微, $b>a>0, f(a)\neq f(b)$. 证明: 存在 $\xi,\eta\in(a,b)$ 使得 $f'(\xi)=\dfrac{a+b}{2\eta}f'(\eta)$.

证 由 Lagrange 定理知存在 $\xi\in(a,b)$ 使得

$$f'(\xi)=\frac{f(b)-f(a)}{b-a}=(b+a)\frac{f(b)-f(a)}{b^2-a^2}.\tag{1}$$

令 $g(x)=x^2$, 因为 $b>a>0$, 所以 $f(x),g(x)$ 满足 Cauchy 中值定理条件, 故存在 $\eta\in(a,b)$ 使得

$$\frac{f(b)-f(a)}{b^2-a^2}=\frac{f(b)-f(a)}{g(b)-g(a)}=\frac{f'(\eta)}{g'(\eta)}=\frac{f'(\eta)}{2\eta}.\tag{2}$$

将 (2) 代入 (1) 有

$$f'(\xi)=\frac{a+b}{2\eta}f'(\eta).\quad ■$$

注 此题多次应用微分中值定理.

3. 设 $f(x)$ 在 $[a,b]$ 上连续, 在 (a,b) 内可微, $b>a>0$. 证明: 存在 $x_1,x_2,x_3\in(a,b)$ 使得

$$\frac{f'(x_1)}{2x_1}=(b^2+a^2)\frac{f'(x_2)}{4x_2^3}=\frac{\ln b-\ln a}{b^2-a^2}x_3f'(x_3).$$

证 只要证明

$$(b^2-a^2)\frac{f'(x_1)}{2x_1}=\frac{f'(x_2)}{4x_2^3}(b^4-a^4)=x_3f'(x_3)(\ln b-\ln a).$$

(1) 令 $F(x)=f(x), G(x)=x^2$, 由 Cauchy 中值定理知存在 $x_1\in(a,b)$ 使得

$$\frac{f(b)-f(a)}{b^2-a^2}=\frac{f'(x_1)}{2x_1},$$

即

$$f(b)-f(a)=\frac{f'(x_1)}{2x_1}(b^2-a^2). \tag{1}$$

(2) 令 $G(x)=x^4$, 由 Cauchy 中值定理知存在 $x_2\in(a,b)$ 使得

$$f(b)-f(a)=\frac{f'(x_2)}{4x_2^3}(b^4-a^4). \tag{2}$$

(3) 令 $G(x)=\ln x$, 由 Cauchy 中值定理知存在 $x_3\in(a,b)$ 使得

$$f(b)-f(a)=x_3f'(x_3)(\ln b-\ln a). \tag{3}$$

由 (1)—(3) 知结论成立. ■

4. **设 $f(x)$ 在 $[a,b]$ 上有三阶导数. 证明: 存在 $\xi\in(a,b)$ 使得**

$$f(b)=f(a)+\frac{1}{2}(b-a)[f'(a)+f'(b)]-\frac{1}{12}(b-a)^3f'''(\xi).$$

证　(证一) 令

$$F(x)=f(x)-f(a)-\frac{1}{2}(x-a)[f'(a)+f'(x)],\quad G(x)=(x-a)^3.$$

下面只要证明

$$F(b)=-\frac{1}{12}f'''(\xi)(b-a)^3.$$

事实上, 显然

$$F(a)=0,\quad G(a)=0,$$

$$F'(x)=\frac{1}{2}[f'(x)-f'(a)]-\frac{1}{2}f''(x)(x-a),\quad G'(x)=3(x-a)^2\Longrightarrow F'(a)=G'(a)=0.$$

由 Cauchy 中值定理得

$$\frac{F(b)}{G(b)}=\frac{F(b)-F(a)}{G(b)-G(a)}=\frac{F'(\eta)}{G'(\eta)}=\frac{F'(\eta)-F'(a)}{G'(\eta)-G'(a)}=\frac{F''(\xi)}{G''(\xi)}=-\frac{1}{12}f'''(\xi),$$

即

$$F(b)=-\frac{1}{12}f'''(\xi)(b-a)^3.$$

(证二) 令

$$H(x)=f(x)-f(a)-\frac{1}{2}(x-a)[f'(a)+f'(x)]+\frac{1}{12}(x-a)^3K,$$

其中 K 满足 $H(b)=0$. 则 $H(a)=H(b)=0$, 且

$$H'(x)=\frac{1}{2}[f'(x)-f'(a)]-\frac{1}{2}(x-a)f''(x)+\frac{1}{4}(x-a)^2K\Longrightarrow H'(a)=0.$$

由 Rolle 定理知存在 $\eta\in(a,b)$ 使得 $H'(\eta)=0$. 再由 Rolle 定理得存在 $\xi\in(a,\eta)$ 使得 $H''(\xi)=0$, 即

$$\frac{1}{2}f''(\xi)-\frac{1}{2}f''(\xi)-\frac{1}{2}(\xi-a)f'''(\xi)+\frac{1}{2}(\xi-a)K=0,$$

即 $K=f'''(\xi)$, 故结论成立. ■

5. 设 $f(x)\in C[1,+\infty)$ 上连续, 在 $(1,+\infty)$ 内可导, $\mathrm{e}^{-x}f'(x)$ 在 $(1,+\infty)$ 内有界, 则 $\mathrm{e}^{-x}f(x)$ 在 $(1,+\infty)$ 内有界.

证 因为 $\mathrm{e}^{-x}f'(x)$ 在 $(1,+\infty)$ 内有界知存在 $M>0$ 使得 $|\mathrm{e}^{-x}f'(x)|\leqslant M$. 故对 $\forall x\in(1,+\infty)$

$$\begin{aligned}|\mathrm{e}^{-x}f(x)|&<\frac{|f(x)-f(1)|}{\mathrm{e}^x}+\frac{|f(1)|}{\mathrm{e}^1}<\frac{|f(x)-f(1)|}{\mathrm{e}^x-\mathrm{e}^1}+\frac{|f(1)|}{\mathrm{e}^1}=|\mathrm{e}^{-\xi}f'(\xi)|+\frac{|f(1)|}{\mathrm{e}}\\&\leqslant M+\frac{|f(1)|}{\mathrm{e}}.\end{aligned}$$ ■

练习 (1) 设 $f(x)$ 在 $[a,b]$ 上连续, 在 (a,b) 内可微, $b>a>0$, 证明存在 $x_1,x_2,x_3\in(a,b)$ 使得

$$f'(x_1)=(b+a)\frac{f'(x_2)}{2x_2}=(b^2+ab+a^2)\frac{f'(x_3)}{3x_3^2}.$$

(2) 设函数 $f(x)$ 在 $[1,2]$ 上连续, 在 $(1,2)$ 上可导. 证明存在 $\xi\in(1,2)$ 使得

$$f(2)-f(1)=\frac{1}{2}\xi^2f'(\xi).$$

(3) 设 $f\in C[a,b]$, 且在 (a,b) 内可导. 证明: 存在 $\xi\in(a,b)$ 使得

$$2\xi\,[f(b)-f(a)]=\left(b^2-a^2\right)f'(\xi).$$

(4) 设 f 在点 a 的某个邻域上具有二阶导数. 证明: 对充分小的 h, 存在 $\theta\in(0,1)$ 使得

$$\frac{f(a+h)+f(a-h)-2f(a)}{h^2}=\frac{f''(a+\theta h)+f''(a-\theta h)}{2}.$$

(5) 设 $f(0)=0$, $f(x)$ 在 $U(0)$ 内连续可导, 且 $f'(0)=0$. 求 $\lim\limits_{x\to0^+}x^{f(x)}$.

例 3-2-4 解答下列各题.

1. 设 $h>0$, 函数 f 在 $U(a;h)$ 上具有 $n+2$ 阶连续导数, 且 $f^{(n+2)}(a)\neq0$, f 在 $U(a;h)$ 上的 Taylor 公式为

$$f(a+h)=f(a)+f'(a)h+\cdots+\frac{f^{(n)}(a)}{n!}h^n+\frac{f^{(n+1)}(a+\theta h)}{(n+1)!}h^{n+1},\quad 0<\theta<1.$$

求 $\lim\limits_{h\to 0}\theta$.

解　由 Taylor 公式知

$$\begin{aligned}f(a+h)=&f(a)+f'(a)h+\cdots+\frac{f^{(n)}(a)}{n!}h^n\\&+\frac{f^{(n+1)}(a)}{(n+1)!}h^{n+1}+\frac{f^{(n+2)}(a+\theta_1h)}{(n+2)!}h^{n+2},\quad 0<\theta_1<1,\\f^{(n+1)}(a+\theta h)=&f^{(n+1)}(a)+f^{(n+2)}(a+\theta_2\theta h)\theta h,\quad 0<\theta_2<1.\end{aligned}$$

由条件及上述各式得

$$\frac{f^{(n+1)}(a)}{(n+1)!}h^{n+1}+\frac{f^{(n+2)}(a+\theta_2\theta h)}{(n+1)!}\theta h^{n+2}=\frac{f^{(n+1)}(a)}{(n+1)!}h^{n+1}+\frac{f^{(n+2)}(a+\theta_1h)}{(n+2)!}h^{n+2},$$

即

$$\frac{f^{(n+2)}(a+\theta_2\theta h)}{(n+1)!}\theta h^{n+2}=\frac{f^{(n+2)}(a+\theta_1h)}{(n+2)!}h^{n+2}\Longrightarrow\theta=\frac{1}{n+2}\frac{f^{(n+2)}(a+\theta_1h)}{f^{(n+2)}(a+\theta_2\theta h)},$$

由此及条件得

$$\lim_{h\to 0}\theta=\frac{1}{n+2}.\quad ■$$

2. 设 $f(x)$ 在 $[a,b]$ 上具有二阶连续导数. 证明: 存在 $\xi\in(a,b)$ 使得

$$\int_a^b f(x)\mathrm{d}x=(b-a)f\left(\frac{a+b}{2}\right)+\frac{1}{24}(b-a)^3f''(\xi).$$

证　由 Taylor 公式得

$$f(x)=f\left(\frac{a+b}{2}\right)+f'\left(\frac{a+b}{2}\right)\left(x-\frac{a+b}{2}\right)+\frac{1}{2}f''(\eta)\left(x-\frac{a+b}{2}\right)^2.\tag{1}$$

两边在 $[a,b]$ 上积分, 并由积分中值定理得

$$\frac{1}{2}\int_a^b f''(\eta)\left(x-\frac{a+b}{2}\right)^2\mathrm{d}x=\frac{1}{2}f''(\xi)\int_a^b\left(x-\frac{a+b}{2}\right)^2\mathrm{d}x=\frac{1}{24}f''(\xi)(b-a)^3.\tag{2}$$

由 (1),(2) 知结论成立.　■

3. 设 $f(x)$ 在 $[a,b]$ 上连续, 在 (a,b) 上有二阶导数. 证明: 存在 $\xi\in(a,b)$ 使得

$$f(b)-2f\left(\frac{a+b}{2}\right)+f(a)=\frac{(b-a)^2}{4}f''(\xi).$$

证　(证一) 令 $F(x)=f\left(x+\dfrac{b-a}{2}\right)-f(x),x\in\left[a,\dfrac{a+b}{2}\right]$. 由 Lagrange 中值定理存在 $\theta\in\left(a,\dfrac{a+b}{2}\right)$ 使得

$$\begin{aligned}&f(b)-2f\left(\frac{a+b}{2}\right)+f(a)=F\left(\frac{a+b}{2}\right)-F(a)=F'(\theta)\left(\frac{a+b}{2}-a\right)\\=&\left[f'\left(\theta+\frac{b-a}{2}\right)-f'(\theta)\right]\frac{b-a}{2}=f''(\xi)\left(\frac{b-a}{2}\right)^2,\quad\xi\in\left(\theta,\frac{b-a}{2}+\theta\right).\end{aligned}$$

(证二) 由 Taylor 公式得

$$f(a)=f\left(\frac{a+b}{2}\right)+f'\left(\frac{a+b}{2}\right)\left(\frac{a-b}{2}\right)+\frac{1}{2}f''(\xi_1)\left(\frac{a-b}{2}\right)^2, \tag{1}$$

$$f(b)=f\left(\frac{a+b}{2}\right)+f'\left(\frac{a+b}{2}\right)\left(\frac{b-a}{2}\right)+\frac{1}{2}f''(\xi_2)\left(\frac{b-a}{2}\right)^2. \tag{2}$$

将 (1),(2) 两式相加并由导函数介值定理 (Darboux 定理) 得

$$f(a)-2f\left(\frac{a+b}{2}\right)+f(b)=\frac{1}{2}[f''(\xi_1)+f''(\xi_2)]\left(\frac{b-a}{2}\right)^2=f''(\xi)\left(\frac{b-a}{2}\right)^2.$$

(证三) 令 M 满足

$$f(b)=2f\left(\frac{a+b}{2}\right)-f(a)+\frac{(b-a)^2}{4}M. \tag{1}$$

再令

$$F(x)=f(x)-2f\left(\frac{a+x}{2}\right)+f(a)-\frac{(x-a)^2}{4}M.$$

显然 $F(a)=0$, 由 (1) 知 $F(b)=0$.

由 Rolle 定理知存在 $c\in(a,b)$ 使得

$$0=F'(c)=f'(c)-f'\left(\frac{a+c}{2}\right)-\frac{(c-a)}{2}M,$$

即

$$f'(c)=f'\left(\frac{a+c}{2}\right)+\frac{(c-a)}{2}M. \tag{2}$$

由 Taylor 公式知存在 $\xi\in(a,c)\subset(a,b)$ 使得

$$f'(c)=f'\left(\frac{a+c}{2}\right)+f''(\xi)\left(\frac{c-a}{2}\right). \tag{3}$$

由 (2),(3) 得 $M=f''(\xi)$, 代入 (1) 知结论成立.

(证四) 令

$$F(x)=f(x)-2f\left(\frac{a+x}{2}\right)+f(a)\Longrightarrow F(a)=0,\ F'(a)=0.$$

$$G(x)=(x-a)^2\Longrightarrow G(a)=0,\ G'(a)=0.$$

则由 Cauchy 中值定理得

$$\frac{F(b)}{G(b)}=\frac{F(b)-F(a)}{G(b)-G(a)}=\frac{F'(\xi)}{G'(\xi)}=\frac{f'(\xi)-f'\left(\dfrac{a+\xi}{2}\right)}{2(\xi-a)},$$

然后对 $f'\left(\dfrac{a+\xi}{2}\right)$ 在 ξ 处 Taylor 展开即得结论成立. ■

4. 设 $f(x)$ 在 $[0,+\infty)$ 上具有二阶导数, 又设 $f(0)>0, f'(0)<0, f''(x)<0, x\in[0,+\infty)$. 证明: 在 $\left(0,-\dfrac{f(0)}{f'(0)}\right)$ 内至少存在一点 ξ 使得 $f(\xi)=0$.

证　$\forall x\in[0,+\infty)$, 由 Taylor 公式知

$$f(x)=f(0)+f'(0)x+\frac{1}{2!}f''(\xi)x^2,\quad \xi\in(0,x),$$

所以

$$f\left(-\frac{f(0)}{f'(0)}\right)=f(0)-f(0)+\frac{1}{2!}f''(\xi)\left(-\frac{f(0)}{f'(0)}\right)^2<0.$$

而 $f(0)>0$, 由连续函数介值定理知存在 $\xi\in\left(0,-\dfrac{f(0)}{f'(0)}\right)$ 使得 $f(\xi)=0$. ■

思考　题目中的"至少"是否能改为"只有"?

5. 设 $f(x)$ 在 $\mathbb{R}$ 上二次连续可微, 且对任意 $x\in\mathbb{R}, h>0$ 有 $f(x+h)+f(x-h)-2f(x)\geqslant 0$. 证明: 对 $\forall x\in\mathbb{R}$, 有 $f''(x)\geqslant 0$.

解　$\forall x\in\mathbb{R},\forall h>0$, 有

$$f(x+h)=f(x)+f'(x)h+\frac{1}{2}f''(x)h^2+o(h^2),$$
$$f(x-h)=f(x)-f'(x)h+\frac{1}{2}f''(x)h^2+o(h^2),$$

故

$$f(x+h)+f(x-h)=2f(x)+f''(x)h^2+o(h^2).$$

因为 $f(x+h)+f(x-h)-2f(x)\geqslant 0$, 所以

$$f''(x)h^2+o(h^2)\geqslant 0\Longrightarrow\frac{f''(x)h^2+o(h^2)}{h^2}\geqslant 0,$$

令 $h\to 0$ 有 $f''(x)\geqslant 0$. ■

注　此结论的几何意义是图像为下凸的. 此命题的逆命题是否成立?

6. 设 $f(x)$ 在 $[0,2]$ 上二次可微, 且 $|f(x)|\leqslant 1, |f''(x)|\leqslant 1$. 证明: $|f'(x)|\leqslant 2$.

证　由 Taylor 公式知

$$f(2)=f(x)+f'(x)(2-x)+\frac{1}{2!}f''(\xi)(2-x)^2,\quad \xi\in(x,2),$$
$$f(0)=f(x)+f'(x)(0-x)+\frac{1}{2!}f''(\eta)(0-x)^2,\quad \eta\in(0,x).$$

两式相减得

$$f(2)-f(0)=2f'(x)+\frac{1}{2}f''(\xi)(2-x)^2-\frac{1}{2}f''(\eta)x^2.$$

所以

$$|f'(x)| \leqslant \frac{1}{2}\left[|f(2)|+|f(0)|+\frac{1}{2}(2-x)^2+\frac{1}{2}x^2\right] \leqslant \frac{1}{2}\left[1+1+\frac{1}{2}(2-x)^2+\frac{1}{2}x^2\right] \leqslant 2. \quad \blacksquare$$

7. 设 $f(x)$ 在 $(0,+\infty)$ 内二次可导, M_0, M_1, M_2 分别为 $|f(x)|, |f'(x)|, |f''(x)|$ 的上确界. 证明: $M_1^2 \leqslant 4M_0M_2$.

证　(证一)$\forall x \in (0,+\infty), \forall h>0$, 由 Taylor 公式得

$$f(x+h)=f(x)+f'(x)h+\frac{1}{2}f''(\xi)h^2, \quad x<\xi<x+h,$$

所以

$$f'(x)=\frac{1}{h}[f(x+h)-f(x)]-\frac{1}{2}f''(\xi)h,$$

所以

$$|f'(x)| \leqslant \frac{2M_0}{h}+\frac{hM_2}{2}, \quad \forall h>0. \tag{1}$$

令 $\frac{2M_0}{h}=\frac{hM_2}{2}$ 得 $h=2\sqrt{\frac{M_0}{M_2}}$. 将 $h=2\sqrt{\frac{M_0}{M_2}}$ 代入 (1) 得

$$|f'(x)| \leqslant 2(M_0M_2)^{\frac{1}{2}} \Longrightarrow |f'(x)|^2 \leqslant 4M_0M_2.$$

(证二) 由于

$$f(x+h)=f(x)+f'(x)h+\frac{1}{2}f''(\xi)h^2, \quad f(x-h)=f(x)-f'(x)h+\frac{1}{2}f''(\eta)h^2,$$

所以

$$2f'(x)h=f(x+h)-f(x-h)-\frac{1}{2}h^2\left[f''(\xi)-f''(\eta)\right].$$

从而

$$|f'(x)| \leqslant \frac{M_0}{h}+\frac{hM_2}{2}.$$

取 $h=\sqrt{2\frac{M_0}{M_2}}$, 代入上式得

$$|f'(x)| \leqslant (2M_0M_2)^{\frac{1}{2}} \Longrightarrow |f'(x)|^2 \leqslant 2M_0M_2. \quad \blacksquare$$

8. 若 $f(x)$ 在 $[0,1]$ 上二次可微, 且 $f(0)=f(1), |f''(x)| \leqslant 1$. 证明: $|f'(x)| \leqslant \frac{1}{2}$.

证　设 $x \in [0,1]$, 由 Taylor 公式得

$$f(0)=f(x)+f'(x)(0-x)+\frac{1}{2}f''(\xi_1)(0-x)^2, \quad \xi_1 \in (0,x),$$

$$f(1)=f(x)+f'(x)(1-x)+\frac{1}{2}f''(\xi_2)(1-x)^2, \quad \xi_2 \in (x,1).$$

两式相减得

$$f'(x)=\frac{1}{2}\left[f''(\xi_1)x^2-f''(\xi_2)(1-x)^2\right].$$

再由 $|f''(x)|\leqslant 1$ 得

$$|f'(x)|\leqslant\frac{1}{2}[x^2+(1-x)^2]\leqslant\frac{1}{2}.\quad\blacksquare$$

9. 设 $f(x)$ 在 $[0,1]$ 上两次可导, $|f''(x)|\leqslant M, x\in[0,1], M>0, f(0)=f(1)=f\left(\frac{1}{2}\right)=0$. 证明 $|f'(x)|<\frac{M}{2}$.

证 仿上题可证

$$|f'(x)|\leqslant\frac{M}{2}.$$

当 $x=0$ 或 $x=1$ 时等号可能成立.

下面证等号不成立.

若 $|f'(0)|=\frac{M}{2}$, 则 $f'(0)=\frac{M}{2}$ 或 $f'(0)=-\frac{M}{2}$.

若 $f'(0)=\frac{M}{2}$, 代入

$$0=f\left(\frac{1}{2}\right)=f(0)+f'(0)\frac{1}{2}+\frac{1}{2}f''(\xi)\left(\frac{1}{2}\right)^2,\tag{1}$$

得 $\frac{M}{4}+\frac{1}{8}f''(\xi)=0$, 即 $f''(\xi)=-2M$. 这与 $|f''(x)|\leqslant M, x\in[0,1]$ 矛盾.

若 $f'(0)=-\frac{M}{2}$, 与 $|f'(1)|=\frac{M}{2}$ 代入 (1) 同样得出矛盾. $\blacksquare$

注 假设 $f(x)$ 表示在时间 $[a,b]$ 内的位移, 则 $f'(x), f''(x)$ 分别表示速度和加速度, 此问题的物理意义是: 如果位移和加速度为有界量, 那么这段时间内的速度一定有界. 前面几个题目都是用函数本身及二阶导数控制函数的一阶导数.

10. 证明 $f(x)$ 在有限区间 (a,b) 内可导但无界, 则其导数 $f'(x)$ 在 (a,b) 内无界.

证 反证法. 设 $f'(x)$ 在 (a,b) 内有界, 即存在 $M>0$ 使得

$$|f'(x)|\leqslant M,\quad \forall x\in(a,b).$$

对任意固定的 $x_0\in(a,b)$, 由 Taylor 公式对 $\forall x\in(a,b)$ 有

$$f(x)=f(x_0)+f'(\xi)(x-x_0),$$

其中 ξ 介于 x_0 与 x 之间. 所以

$$|f(x)|\leqslant|f(x_0)|+M(b-a),\quad \forall x\in(a,b).$$

取 $c=|f(x_0)|+M(b-a)$, 则

$$|f(x)|\leqslant c,\quad \forall x\in(a,b),$$

这与 $f(x)$ 在 (a,b) 内无界矛盾. ■

思考　若 $f'(x)$ 在 (a,b) 无界能否得到 $f(x)$ 在 (a,b) 上无界? 并说明理由.

11. 设函数 f 在 $[a,b]$ 上二阶可导, $f'(a)=f'(b)=0$. 证明: 存在 $\xi\in(a,b)$ 使得

$$|f''(\xi)|\geqslant\frac{4}{(b-a)^2}|f(b)-f(a)|.$$

证　由 Taylor 公式得

$$f(x)=f(a)+f'(a)(x-a)+\frac{1}{2}f''(\xi_1)(x-a)^2=f(a)+\frac{1}{2}f''(\xi_1)(x-a)^2,\quad \xi_1(a,x),$$

$$f(x)=f(b)+f'(b)(x-b)+\frac{1}{2}f''(\xi_2)(x-b)^2=f(b)+\frac{1}{2}f''(\xi_2)(x-b)^2,\quad \xi_2(b,x).$$

在上式中取 $x=\dfrac{a+b}{2}$, 并相减得

$$f(b)-f(a)=\frac{1}{8}(b-a)^2\left[f''(\xi_1)-f''(\xi_2)\right],\quad a<\xi_1<\frac{a+b}{2}<\xi_2<b,$$

从而

$$|f(b)-f(a)|\leqslant\frac{1}{8}(b-a)^2\left[|f''(\xi_1)|+|f''(\xi_2)|\right]\leqslant\frac{1}{4}(b-a)^2\max\{|f''(\xi_1)|,|f''(\xi_2)|\}.$$

记 $|f''(\xi)|:=\max\{|f''(\xi_1)|,|f''(\xi_2)|\}$, 即得结论成立. ■

12. 设 $f(x)$ 在 $[0,1]$ 上二次连续可导, $f(0)=f(1)=0$, $\min\limits_{0\leqslant x\leqslant 1}f(x)=-1$. 证明:

$$\max_{0\leqslant x\leqslant 1}f''(x)\geqslant 8.$$

证　设 $f(x)$ 在 $x=a$ 点 $(0<a<1)$ 处取最小值, 即 $f(a)=-1$. 由 Fermat 定理知 $f'(a)=0$. 由 Taylor 公式

$$f(x)=f(a)+f'(a)(x-a)+\frac{f''(\xi)}{2!}(x-a)^2=-1+\frac{1}{2}f''(\xi)(x-a)^2. \tag{1}$$

将 $f(0)=f(1)=0$ 分别代入 (1) 式得

$$-1+\frac{1}{2}f''(\xi_1)a^2=0,\quad -1+\frac{1}{2}f''(\xi_2)(1-a)^2=0,$$

即

$$f''(\xi_1)=\frac{2}{a^2},\quad f''(\xi_2)=\frac{2}{(1-a)^2}. \tag{2}$$

当 $a<\dfrac{1}{2}$, 由 (2) 式 $f''(\xi_1)>8$; 当 $a\geqslant\dfrac{1}{2}$, $1-a<\dfrac{1}{2}$, 由 (2) 式 $f''(\xi_2)>8$. 故结论成立. ■

13. 设 $g(x)$ 在 $[a,b]$ 上连续, 在 (a,b) 上二阶可导, 且 $|g''(x)|\geqslant m>0$(m 为常数), 又 $g(a)=g(b)=0$. 证明: $\max\limits_{[a,b]}|g(x)|\geqslant\dfrac{m}{8}(b-a)^2$.

证　因为 $|g''(x)|>0$, 所以 $g(x)$ 在 $[a,b]$ 内不是常数. 所以存在 $\xi\in(a,b)$ 使得

$$|g(\xi)|=\max_{[a,b]}|g(x)|>0.$$

由 Fermat 定理知 $g'(\xi)=0$(思考为什么?), 由 Taylor 公式知

$$g(x)=g(\xi)+g'(\xi)(x-\xi)+\frac{1}{2}g''(\eta)(x-\xi)^2=g(\xi)+\frac{1}{2}g''(\eta)(x-\xi)^2, \tag{1}$$

其中 η 介于 x,ξ 之间. 所以

(i) 若 $\xi<\dfrac{a+b}{2}$, 把 $x=b$ 代入 (1) 有

$$0=g(b)=g(\xi)+\frac{1}{2}g''(\eta_1)(b-\xi)^2,$$

即

$$-g(\xi)=\frac{1}{2}g''(\eta_1)(b-\xi)^2,$$

所以

$$\max_{[0,1]}|g(x)|=|g(\xi)|=\frac{1}{2}|g''(\eta_1)|(b-\xi)^2\geqslant\frac{1}{2}m\left(\frac{b-a}{2}\right)^2=\frac{m}{8}(b-a)^2.$$

(ii) 若 $\xi\geqslant\dfrac{a+b}{2}$, 在 (1) 中令 $x=a$ 得

$$-g(\xi)=\frac{1}{2}g''(\eta_2)(a-\xi)^2.$$

所以

$$\max_{[a,b]}|g(x)|=|g(\xi)|\geqslant\frac{1}{2}m\left(\frac{b-a}{2}\right)^2=\frac{m}{8}(b-a)^2. \quad ■$$

14. 设 $f(x)$ 在 $\mathbb{R}$ 上有二阶导函数, 且 $f(x)$, $f'(x)$, $f''(x)$ 均大于零, 假设存在正常数 a,b 使得 $f''(x)\leqslant af(x)+bf'(x)$ 对一切 $x\in\mathbb{R}$ 成立.

(1) 求证 $\lim\limits_{x\to-\infty}f'(x)=0$;

(2) 求证: 存在常数 c 使得 $f'(x)\leqslant cf(x)$;

(3) 求上面不等式成立的最小常数 c.

证　(1) 由于 $f(x)$, $f'(x)$, $f''(x)$ 均大于零, 所以 $f(x)$, $f'(x)$ 单调递增有下界, 从而 $\lim\limits_{x\to-\infty}f(x)$ 与 $\lim\limits_{x\to-\infty}f'(x)$ 均存在.

对 $\forall x\in\mathbb{R}$, 由微分中值定理有

$$f(x+1)-f(x)=f'(x+\theta(x))>f'(x)>0.$$

在上式中令 $x\to-\infty$, 由两边夹定理得 $\lim\limits_{x\to-\infty}f'(x)=0$.

(2) 只要证明 $F(x):=f'(x)-cf(x)\leqslant 0$, 由 $f''(x)\leqslant af(x)+bf'(x)$ 得

$$\alpha\left(f'(x)-cf(x)\right)\geqslant\left(f''(x)-cf'(x)\right), \tag{1}$$

其中 $c=\dfrac{b+\sqrt{b^2+4a}}{2}>0$, $\alpha=b-c=\dfrac{b-\sqrt{b^2+4a}}{2}<0$.

即 $H(x)=\mathrm{e}^{-\alpha x}F(x)$, 由 (1) 得 $H'(x)\leqslant 0$, 即 $H(x)$ 单调递减. 由于 $\lim\limits_{x\to-\infty}H(x)=0$, 因此 $H(x)\leqslant 0$, 从而 $F(x):=f'(x)-cf(x)\leqslant 0$.

(3) $c=\dfrac{b+\sqrt{b^2+4a}}{2}$ 是最小正常数. 因为此时 c 恰好使得

$$\alpha\left(f'(x)-cf(x)\right)=\left(f''(x)-cf'(x)\right),$$

由 $f''(x)\leqslant af(x)+bf'(x)$ 知上式 $\alpha<0$, 当 c 越小, 上式右边越大, 左边越小, 因此条件中的不等式不成立, 矛盾! 所以上述 c 就是最小的正数. ■

练习 (1) 设 $f(x)$ 在 $[0,1]$ 上有二阶导数, 且满足 $f(0)=f(1)$ 及 $|f''(x)|\leqslant M$. 证明 $|f'(x)|\leqslant\dfrac{M}{2}$.

(2) 设 $f(x)$ 在 $[0,2]$ 上二次可微, 且 $|f(x)|\leqslant 1, |f''(x)|\leqslant 2$. 证明: $|f'(x)|\leqslant 3$.

(3) 设 $f(x)$ 在 $[0,1]$ 上二阶可导, 且存在正常数 A, B 使得 $|f(x)|\leqslant A$, $|f''(x)|\leqslant B$. 证明: $\forall x\in[0,1]$ 有

$$|f'(x)|\leqslant 2A+\frac{1}{2}B.$$

(4) 设函数 $f(x)$ 在有限区间 (a,b) 内可导且 $f'(x)$ 在有限区间 (a,b) 内有界. 证明: $f(x)$ 在 (a,b) 内有界.

(5) 设 $f(x)\in C^\infty(-1,1)$, 且 $f(0)=1$, $|f'(0)|\leqslant 2$, 令 $g(x)=\dfrac{f'(x)}{f(x)}$, 若 $|g^n(0)|\leqslant 2n!$, 证明 $\forall n\in\mathbb{N}$, $|f^{(n)}(0)|\leqslant(n+1)!$.

(6) 设函数 f 在 a 点具有连续的二阶导数, 求:

$$\lim_{h\to 0}\frac{f(a+h)+f(a-h)-2f(a)}{h^2}.$$

(7) 证明 e 是无理数.

例 3-2-5 解答下列各题.

1. 设 $k>0$, 试问 k 为何值时, 方程 $\arctan x-kx=0$ 有正根.

解 记 $f(x)=\arctan x-kx$, 显然 $f(0)=0$ 且 $\lim\limits_{x\to+\infty}f(x)=-\infty$.

(i) 若方程有正根 x_0, 在 $[0,x_0]$ 上由 Rolle 定理知存在 $\xi\in(0,x_0)$ 使得

$$f'(\xi)=\frac{1}{1+\xi^2}-k=0\Longrightarrow 0<k<1,$$

即 $k\geqslant 1$ 时方程没有正根.

(ii) 下面考察 $0<k<1$ 时方程是否有正根. 由于 $f'(x)=\dfrac{1}{1+x^2}-k$, 因此

$$f'(x)\begin{cases} >0, & x\in\left[0,\sqrt{\dfrac{1}{k}-1}\right), \\ =0, & x=\sqrt{\dfrac{1}{k}-1}, \\ <0, & x\in\left(\sqrt{\dfrac{1}{k}-1},+\infty\right). \end{cases}$$

由此并结合 $\lim\limits_{x\to+\infty}f(x)=-\infty$ 及连续函数的介值定理得

(a) $f(x)>0,\ x\in\left(0,\sqrt{\dfrac{1}{k}-1}\right)$; (b) 存在唯一 $\eta\in\left(\sqrt{\dfrac{1}{k}-1},+\infty\right)$ 使得 $f(\eta)=0$. ■

2. 证明: 对任意多项式函数 $P(x)$, 一定存在 x_1,x_2 使得 $P(x)$ 在 $(-\infty,x_1)$ 与 $(x_2,+\infty)$ 内分别单调.

证　设 $P(x)=a_0x^n+a_1x^{n-1}+\cdots+a_n$, 其中 $a_0\neq0$. 不妨设 $a_0>0$, 则

$$P'(x)=na_0x^{n-1}+(n-1)a_1x^{n-2}+\cdots+a_{n-1}.$$

(i) $n=1$ 时, $P'(x)=a_0>0$, 因此 $P(x)$ 在 $\mathbb{R}$ 上单调递增.

(ii) $n>1$ 时,

(a) 当 n 为偶数时,

$$\lim_{x\to+\infty}P'(x)=+\infty,\quad \lim_{x\to-\infty}P'(x)=-\infty,$$

因此存在 x_1,x_2 使得

$$P'(x)<0,\ x\in(-\infty,x_1);\quad P'(x)>0,\ (x_2,+\infty),$$

即 $P(x)$ 在 $(-\infty,x_1)$ 内单调递减, 在 $(x_2,+\infty)$ 内单调递增.

(b) 当 n 为奇数时,

$$\lim_{x\to+\infty}P'(x)=+\infty,\quad \lim_{x\to-\infty}P'(x)=+\infty,$$

因此存在 x_1,x_2 使得

$$P'(x)>0,\ x\in(-\infty,x_1);\quad P'(x)>0,\ (x_2,+\infty),$$

即 $P(x)$ 在 $(-\infty,x_1)$ 内单调递增, 在 $(x_2,+\infty)$ 内单调递增. ■

3. 证明: 函数 $f(x)=\left(\dfrac{2}{\pi}-1\right)\ln x-\ln 2+\ln(1+x)$ 在 $(0,1)$ 内只有一个零点.

证　由 $f'(x)=\left(\dfrac{2}{\pi}-1\right)\dfrac{1}{x}+\dfrac{1}{x+1}$ 得

$$f'(x)\begin{cases} >0, & x>\dfrac{\pi}{2}-1, \\ =0, & x=\dfrac{\pi}{2}-1, \\ <0, & x<\dfrac{\pi}{2}-1, \end{cases}\tag{1}$$

所以 $x=\dfrac{\pi}{2}-1$ 是 $f(x)$ 的极小值 (最小值) 点. 又

$$\lim_{x\to0^+}f(x)=+\infty,\quad \lim_{x\to1^-}f(x)=0. \tag{2}$$

由 (1),(2) 知存在 $x_0\in\left(0,\dfrac{\pi}{2}-1\right)$ 使得 $f(x_0)>0$, 且 $f\left(\dfrac{\pi}{2}-1\right)<0$ 及连续函数介值定理知存在 $\xi\in\left(x_0,\dfrac{\pi}{2}-1\right)$ 使得 $f(\xi)=0$. 再由 (1) 可推出零点是唯一的. ■

4. 设 $f(x)=1-x+\dfrac{x^2}{2}-\dfrac{x^3}{3}+\cdots+(-1)^n\dfrac{x^n}{n}$. 证明: 方程 $f(x)=0$ 当 n 为奇数时恰好有一根, 当 n 为偶数时无实根.

证 由于当 $x\leqslant0$ 时, $f(x)>0$, 因此 $f(x)=0$ 的根仅可能分布在 $(0,+\infty)$, 而

$$f'(x)=-\frac{1-(-x)^n}{1+x}. \tag{1}$$

因此分 n 的奇偶性讨论.

(i) 当 n 为奇数时, 因为 $f(0)=1$, $\lim\limits_{x\to+\infty}f(x)=-\infty$, 故存在 $x_0>0$ 使得 $f(x_0)<0$. 由连续函数介值定理知存在 $\xi\in(1,x_0)$ 使得 $f(\xi)=0$.

由于当 $x\leqslant0$ 时, $f(x)>0$; 当 $x>0$ 时, $f'(x)=-\dfrac{1+x^n}{1+x}<0$, 故仅有一个根.

(ii) 当 n 为偶数时

$$f'(x)=-1+x-x^2+\cdots-x^{n-2}+x^{n-1}.$$

所以

$$f'(x)=\begin{cases}-n, & x=-1\\ \dfrac{x^n-1}{1+x}, & x\neq-1\end{cases}\Longrightarrow f'(x)\begin{cases}<0, & x<1,\\ >0, & x>1,\end{cases}$$

所以 $f(1)$ 是最小值.

而

$$f(1)=(1-1)+\left(\frac{1}{2}-\frac{1}{3}\right)+\left(\cdots+\frac{1}{n-2}-\frac{1}{n-1}\right)+\frac{1}{n}>0\quad(n>1),$$

所以 $f(x)\geqslant f(1)>0$, 故 n 为偶数时无实根. ■

注 要证明方程根的存在性一般用连续函数的介值定理和微分中值定理, 证明根的唯一性一般用函数的单调性. 证明方程无根只要证明最小值大于零或者最大值小于零.

5. 设 $f(x)$ 在 $[a,b]$ 上连续, $f(a)=f(b)=0$, 且 $f'(a)f'(b)>0$. 证明: 存在 $\xi\in(a,b)$ 使得 $f(\xi)=0$.

证 (i) 若 $f'(a)>0$, $f'(b)>0$, 因为 $f'(a)=\lim\limits_{x\to a^+}\dfrac{f(x)-f(a)}{x-a}>0$, 所以存在 $\delta_1>0$, 当 $x\in(a,a+\delta_1)$ 时, 有 $\dfrac{f(x)-f(a)}{x-a}>0$, 即 $\dfrac{f(x)}{x-a}>0\Longrightarrow f(x)>0\Longrightarrow\forall x_1\in(a,a+\delta_1)$, 有 $f(x_1)>0$.

同上, 存在 $\delta_2>0$, 当 $x\in(b-\delta_2,b)$ 有 $\dfrac{f(x)-f(b)}{x-b}>0$, 即 $\dfrac{f(x)}{x-b}>0\Longrightarrow f(x)<0\Longrightarrow$ $\forall x_2\in(b-\delta_2,b)$, 有 $f(x_2)<0$.

由连续函数介值定理知存在 $\xi \in (x_1, x_2) \subset (a, b)$ 使得 $f(\xi) = 0$.

(ii) 若 $f'(a) < 0, f'(b) < 0$, 类似 (i) 也可证存在 $\eta \in (a, b)$ 使得 $f(\eta) = 0$. ■

6. 证明 (1) 存在唯一 $c \in (0, 1)$ 使得 $c = \mathrm{e}^{-c}$.

(2)$\forall x_1 \in (0, 1)$ 定义 $x_{n+1} = \mathrm{e}^{-x_n}$. 则

$$\lim_{n\to+\infty} x_n = c.$$

证　(1) 令 $f(x) = x - \mathrm{e}^{-x}$, $x \in [0, 1]$. 因为 $f(0) = -1 < 0, f(1) = 1 - \dfrac{1}{\mathrm{e}} > 0$, 由连续函数介值定理知存在 $\xi \in (0, 1)$ 使得 $f(\xi) = 0$.

又因为 $f'(x) = 1 + \mathrm{e}^{-x} > 0$, 所以 $f(x)$ 严格单调递增, 所以零点唯一.

(2) **分析**

$$|x_{n+1} - x_n| = |\mathrm{e}^{-x_n} - \mathrm{e}^{-x_{n-1}}| = \mathrm{e}^{-\xi}|x_n - x_{n-1}|,$$

其中 ξ 介于 x_n 与 x_{n-1} 之间, 自然希望证明数列 $\{x_n\}$ 是压缩的.

令 $f(x) = \mathrm{e}^{-x}$, $x \in (0, 1)$, 则 $x_2 = \mathrm{e}^{-x_1} \in (\mathrm{e}^{-1}, 1)$.

若 $x_n \in (\mathrm{e}^{-1}, 1)$, 则

$$x_{n+1} = \mathrm{e}^{-x_n} < \mathrm{e}^{-\mathrm{e}^{-1}} \in (\mathrm{e}^{-1}, 1), \quad n \geqslant 2.$$

故由归纳法知

$$|f'(\xi)| = \mathrm{e}^{-\xi} < \mathrm{e}^{-\mathrm{e}^{-1}} = r < 1,$$

其中 ξ 介于 x_n 与 x_{n-1} 之间, 所以 x_n 为压缩数列, 故 x_n 收敛. 设 $\lim\limits_{n\to+\infty} x_n = l, 0 < l < 1$. 对 $x_{n+1} = \mathrm{e}^{-x_n}$ 两边求极限得 $l = \mathrm{e}^{-l}$, 由结论 (1) 知 $l = c$. ■

思考　能否用单调有界数列必收敛定理证明结论 (2)?

7. 设 $0 < \alpha < 1, x, y \geqslant 0$. 证明: $x^\alpha y^{1-\alpha} \leqslant \alpha x + (1-\alpha)y$.

证　(i) 当 $y = 0$ 时, 结论显然成立.

(ii) 当 $y > 0$ 时, 只要证明

$$\left(\frac{x}{y}\right)^\alpha \leqslant \alpha\frac{x}{y} + (1-\alpha).$$

令 $t = \dfrac{x}{y}$, 只证

$$t^\alpha \leqslant \alpha t + (1-\alpha).$$

令 $f(t) = \alpha t + (1-\alpha) - t^\alpha$, 只证 $f(t) \geqslant 0$.

(证一) 事实上, 由于

$$f'(t) = \alpha - \alpha t^{\alpha-1} \begin{cases} \leqslant 0, & 0 \leqslant t \leqslant 1, \\ > 0, & t > 1, \end{cases} \quad \text{且 } f(1) = 0,$$

故 $f(t) \geqslant 0$, 即结论成立.

(证二) 由于

$$f'(t) = \alpha(1 - t^{\alpha-1}) = 0 \Longrightarrow t = 1.$$

且

$$f(0)=1-\alpha>0,\quad \lim_{t\to+\infty}f(t)=+\infty.$$

所以 $f(1)=0$ 是最小值, 即 $f(t)\geqslant f(1)=0$. 故结论成立. ■

注　上题中的结果(1) 和此题结果是在泛函分析中学习的 Young 不等式的特例. 由 $xy\leqslant \frac{1}{p}x^p+\frac{1}{q}y^q\left(\frac{1}{p}+\frac{1}{q}=1\right)$, 特取 $p=\frac{1}{\alpha},q=\frac{1}{1-\alpha}$ 即得结论成立.

8. 设 $0<x<y<1$ 或 $1<x<y$, 则 $\frac{y}{x}>\frac{y^x}{x^y}$.

证　只要证 $x^{y-1}>y^{x-1}$, 即 $\frac{y-1}{\ln y}>\frac{x-1}{\ln x}$. 令 $f(x)=\frac{x-1}{\ln x}$, 只证 $f(x)$ 严格单调递增.

因为

$$f'(x)=\frac{\ln x-\dfrac{x-1}{x}}{\ln^2 x}=\frac{x\ln x-(x-1)}{x\ln^2 x}. \tag{1}$$

令 $g(x)=x\ln x-(x-1)$, 则

$$g'(x)=\ln x+1-1=\ln x\begin{cases}>0, & x>1,\\ <0, & 0<x<1,\end{cases}\quad 且\ g(1)=0.$$

故

$$g(x)\begin{cases}>0, & x>1,\\ >0, & 0<x<1.\end{cases} \tag{2}$$

由 (1), (2) 得

$$f'(x)\begin{cases}>0, & x>1,\\ >0, & 0<x<1.\end{cases}$$

故当 $0<x<y<1$ 或 $1<x<y$ 时, 有 $\frac{y-1}{\ln y}>\frac{x-1}{\ln x}$, 即结论成立. ■

9. 设 $f(x)$ 在 $[a,b]$ 上可微, 若存在 $x_0\in[a,b]$ 使得 $f(x_0)>0,(x-x_0)f'(x)\geqslant 0$. 证明: $f(x)>0,\forall x\in[a,b]$.

证　由条件知 $f(x)$ 在 $[a,x_0]$ 内单调递减, 在 $[x_0,b]$ 内单调递增, 即 $f(x_0)$ 为最小值. 再由 $f(x_0)>0$ 知对 $\forall x\in[a,b]$, 有 $f(x)>0$. ■

10. 求证: $\frac{\tan x}{x}>\frac{x}{\sin x},\forall x\in\left(0,\frac{\pi}{2}\right)$.

证　(证一) 只要证 $\sin x\tan x>x^2$. 令 $f(x)=\sin x\tan x-x^2$, 则

$$f'(x)=\cos x\tan x+\sin x\sec^2 x-2x,$$

$$f''(x)=-\sin x\tan x+2\cos x\sec^2 x-2\sin x\sec^2 x\tan x-2,$$

$$f'''(x) = \sin x(5\sec^2 x - 1) + 6\sin x \sec^4 x > 0, \quad x \in \left(0, \frac{\pi}{2}\right).$$

由于 $f(0) = f'(0) = f''(0) = 0$, 由 Taylor 公式得

$$f(x) = f(0) + f'(0)x + \frac{f''(0)}{2!}x^2 + \frac{f'''(\xi)}{3!}x^3 = \frac{f'''(\xi)}{3!}x^3 > 0, \quad \forall x \in \left(0, \frac{\pi}{2}\right).$$

(证二) 令 $f(x) = \sin x \tan x - x^2$, 则

$$f(0) = f'(0) = f''(0) = 0, \quad f'''(x) > 0, \quad x \in \left(0, \frac{\pi}{2}\right) \Longrightarrow f''(x) > 0, x \in \left(0, \frac{\pi}{2}\right),$$

故 $f'(x)$ 在 $\left(0, \frac{\pi}{2}\right)$ 内单调递增. 再由 $f'(0) = 0$ 得

$$f'(x) > 0, \quad x \in \left(0, \frac{\pi}{2}\right).$$

故 $f(x)$ 在 $\left(0, \frac{\pi}{2}\right)$ 内单调递增. 再由 $f(0) = 0$ 得

$$f(x) > 0, \quad x \in \left(0, \frac{\pi}{2}\right),$$

即结论成立. ■

11. **已知在 $x > -1$ 上定义的可微函数 $f(x)$ 满足条件**

$$f'(x) + f(x) - \frac{1}{x+1}\int_0^x f(t)\mathrm{d}t = 0, \quad f(0) = 1.$$

(1) **求** $f'(x)$;

(2) **证明: 当 $x \geqslant 0$ 时,** $\mathrm{e}^{-x} \leqslant f(x) \leqslant 1$.

解　由

$$f'(x) + f(x) - \frac{1}{x+1}\int_0^x f(t)\mathrm{d}t = 0, \tag{1}$$

可知 $f(x)$ 二阶可微. 对 (1) 式两边关于 x 求导

$$f''(x) + f'(x) + \frac{1}{(x+1)^2}\int_0^x f(t)\mathrm{d}t - \frac{f(x)}{x+1} = 0. \tag{2}$$

(1) 式 $\cdot \frac{1}{x+1}$+(2) 式有

$$f''(x) + \frac{x+2}{x+1}f'(x) = 0.$$

解此常微分方程得

$$f'(x) = c\frac{\mathrm{e}^{-x}}{1+x}. \tag{3}$$

在 (1) 式中令 $x = 0$ 有 $f'(0) + f(0) = 0$, 即 $f'(0) = -f(0)$. 再由 (3) 式及 $f(0) = 1$ 得

$$f'(0) = c = -f(0) = -1.$$

故

$$f'(x) = -f(0)\frac{e^{-x}}{1+x} = -\frac{e^{-x}}{1+x}. \tag{4}$$

(2) 当 $x \geqslant 0$, 由 (4) 式知 $f'(x) < 0$, 即 $f(x)$ 单调递减. 所以

$$f(x) \leqslant f(0) = 1 \quad (x \geqslant 0). \tag{5}$$

下面再证 $e^{-x} \leqslant f(x)$. 令 $F(x) = f(x) - e^{-x}$, 故

$$F'(x) = f'(x) + e^{-x} = -\frac{e^{-x}}{x+1} + e^{-x} = \frac{xe^{-x}}{x+1} \geqslant 0 \quad (x \geqslant 0).$$

所以 $F(x)$ 单调递增. 而 $F(0) = f(0) - 1 = 0$, 故 $F(x) \geqslant 0$, 即

$$f(x) \geqslant e^{-x}. \tag{6}$$

由 (5) 式, (6) 式知 $e^{-x} \leqslant f(x) \leqslant 1$. ■

12. 设 $f(x)$ 在 $[a,b]$ 上连续, 在 (a,b) 内可微, $f(x)$ 不是线性函数, 且 $f(b) > f(a)$. 证明: 存在 $\xi \in (a,b)$ 使得 $f'(\xi) > \dfrac{f(b)-f(a)}{b-a}$.

证　令

$$F(x) = f(x) - f(a) - \frac{f(b)-f(a)}{b-a}(x-a), \quad x \in [a,b]. \tag{1}$$

显然 $F(a) = F(b) = 0$.

下面用反正法证明结论. 事实上, 若 $f'(x) \leqslant \dfrac{f(b)-f(a)}{b-a}, \forall x \in (a,b)$. 由 (1) 知 $F'(x) \leqslant 0$.

因为 $f(x)$ 不是线性函数, 所以 $F(x)$ 非常数, 故存在 $x_0 \in (a,b)$ 使得 $F'(x_0) < 0$. 再由 $F(a) = 0$ 得 $F(b) < 0$, 这与 $F(b) = 0$ 矛盾. ■

思考　在何条件下, 能否得到存在 $\eta \in (a,b)$ 使得 $f'(\eta) < \dfrac{f(b)-f(a)}{b-a}$?

13. 设 $f(x)$ 在 $(0,+\infty)$ 上单调下降且可微, 若当 $x \in (0,+\infty)$ 时, $0 < f(x) < |f'(x)|$ 成立, 则当 $0 < x < 1$ 时, 有 $xf(x) > \dfrac{1}{x}f\left(\dfrac{1}{x}\right)$.

证　因为 $f(x)$ 在 $(0,+\infty)$ 上单调下降, 所以 $f'(x) < 0$. 由 $0 < f(x) < |f'(x)|$ 知 $0 < f(x) < -f'(x)$, 即

$$f(x) + f'(x) < 0 \Longrightarrow (e^x f(x))' < 0 \Longrightarrow e^x f(x)\text{严格单调递减},$$

故 $e^{\frac{1}{x}} f\left(\dfrac{1}{x}\right) < e^x f(x)\,(0 < x < 1)$, 即

$$\frac{f\left(\dfrac{1}{x}\right)}{f(x)} < e^{x-\frac{1}{x}}.$$

要证 $xf(x)>\frac{1}{x}f\left(\frac{1}{x}\right)$, 即证

$$\frac{f\left(\frac{1}{x}\right)}{f(x)}<x^2, \tag{2}$$

只要证 $\mathrm{e}^{x-\frac{1}{x}}\leqslant x^2$, 即证 $x-\frac{1}{x}\leqslant 2\ln x$.

令 $g(x)=x-\frac{1}{x}-2\ln x$, 则 $g'(x)=1+\frac{1}{x^2}-\frac{2}{x}=\frac{(x-1)^2}{x^2}\geqslant 0$, 所以 $g(x)$ 单调递增, 而 $g(1)=0$, 所以 $g(x)\leqslant 0$, 即 $x-\frac{1}{x}\leqslant 2\ln x$, 故结论成立. ■

14. **已知 $f(x)$ 在 $[2,+\infty)$ 上可导, $f(x)>0$, $\frac{\mathrm{d}}{\mathrm{d}x}(xf(x))\leqslant -kf(x)$, k 为常数. 证明:**

$$f(x)\leqslant Ax^{-(k+1)},$$

其中 A 是与 x 无关的常数.

证　(证一) 由条件得

$$xf'(x)+f(x)\leqslant -kf(x)\Longrightarrow \left(x^{k+1}f(x)\right)'\leqslant 0,$$

即 $x^{k+1}f(x)$ 在 $[2,+\infty)$ 内单调递减, 故

$$x^{k+1}f(x)\leqslant 2^{k+1}f(2)\Longrightarrow f(x)\leqslant Ax^{-(k+1)},$$

其中 $A=2^{k+1}f(2)$.

(证二) 由条件得 $xf'(x)+f(x)\leqslant -kf(x)$, 即 $xf'(x)\leqslant -(k+1)f(x)$, 由于 $f(x)>0$, 故

$$\frac{f'(x)}{f(x)}\leqslant -(k+1)\frac{1}{x},$$

所以

$$\int_2^x \frac{f'(t)}{f(t)}\mathrm{d}t\leqslant -(k+1)\int_2^x \frac{1}{t}\mathrm{d}t,$$

即

$$\ln f(x)-\ln f(2)\leqslant -(k+1)[\ln x-\ln 2],$$

故

$$\ln f(x)\leqslant \ln x^{-(k+1)}+(k+1)\ln 2+\ln f(2). \tag{1}$$

记 $\ln A=(k+1)\ln 2+\ln f(2)$, 由 (1) 式得

$$f(x)\leqslant Ax^{-(k+1)},$$

显然 A 与 x 无关. ■

15. 设 $f(x)$ 在 $(0,+\infty)$ 上连续可微, 且 $f(0)=1, x\geqslant 0$ 时, $|f'(x)|<f(x)$. 证明 $x>0$ 时 $f(x)<\mathrm{e}^x$.

解 (解一) 令 $F(x)=\mathrm{e}^{-x}f(x)$, 则 $F'(x)=\mathrm{e}^{-x}(f'(x)-f(x))<0$, 所以 $F(x)$ 单递减, 而 $F(0)=1$, 故 $F(x)<1$, 即 $f(x)<\mathrm{e}^x$.

令 $G(x)=\mathrm{e}^x f(x)$, 同上可证 $f(x)>\mathrm{e}^{-x}$.

(解二) 由条件知, 当 $x\geqslant 0$ 时有

$$f(x)>0, \quad 且 \quad -f(x)<f'(x)<f(x),$$

即

$$-1<\frac{f'(x)}{f(x)}<1,$$

所以

$$-\int_0^x \mathrm{d}t<\int_0^x \frac{f'(t)}{f(t)}\mathrm{d}t<\int_0^x \mathrm{d}t,$$

即

$$-x<\ln f(x)-\ln f(0)<x,$$

再由 $f(0)=1$ 知

$$\mathrm{e}^{-x}<f(x)<\mathrm{e}^x. \quad ■$$

注 在题目条件下, 结论可写成 $\mathrm{e}^{-x}<f(x)<\mathrm{e}^x$.

16. 设函数 $f(x)$ 在区间 $[a,b]$ 上满足 $|f(x)-f(y)|\leqslant M|x-y|^\alpha, \forall x,y\in[a,b]$, 其中 $M>0, \alpha>1$. 证明 $f(x)$ 在 $[a,b]$ 上恒为常数.

证 由条件知

$$0\leqslant \frac{|f(x)-f(y)|}{|x-y|}\leqslant M|x-y|^{\alpha-1}. \tag{1}$$

故 $\forall x\in[a,b]$, 固定 x, 令 $y\to x$, 由 (1) 式知

$$\lim_{y\to x}\left|\frac{f(x)-f(y)}{x-y}\right|=0.$$

故

$$\lim_{y\to x}\frac{f(x)-f(y)}{y-x}=0.$$

即 $f'(x)=0$, $x\in[a,b]$, 由 Lagrange 中值定理知 $f(x)$ 在 $[a,b]$ 内为常数. ■

注 当 $\alpha>0$ 时函数一致连续, α 越大说明函数的连续性“越好”, 函数的连续性“好”倒能使得当 $\alpha>1$ 时函数就为常数了.

17. 设函数 $f(x)$ 在 $[a,b]$ 上连续, 在 (a,b) 上可微, $f(a)=f(b)$. 证明: 若 $f(x)$ 在 $[a,b]$ 上不恒等于一常数, 则存在 $\xi,\eta\in(a,b)$ 使得 $f'(\xi)>0$, $f'(\eta)<0$.

证　(证一) 只要证明 $f'(x)\geqslant 0$ 和 $f'(x)\leqslant 0$ 在 (a,b) 均不能恒成立即可.

事实上, 若 $f'(x)\geqslant 0,\forall x\in(a,b)$, 则 $f(x)$ 单调递增, 即

$$f(a)\leqslant f(x)\leqslant f(b),\quad \forall x\in(a,b).$$

所以

$$f(x)\equiv f(a)\equiv f(b),$$

这与条件矛盾. 故存在 $\eta\in(a,b)$ 使得

$$f'(\eta)<0. \tag{1}$$

若 $f'(x)\leqslant 0,\forall x\in(a,b)$, 则 $f(x)$ 单调递减, 即

$$f(b)\leqslant f(x)\leqslant f(a),\quad \forall x\in(a,b).$$

所以

$$f(x)\equiv f(a)\equiv f(b),$$

这与条件矛盾. 故存在 $\xi\in(a,b)$ 使得

$$f'(\xi)>0. \tag{2}$$

由 (1),(2) 知结论成立.

(证二) 由条件知存在 $x_0\in(a,b)$ 使得 x_0 为最值点且 $f(x_0)\neq f(a)=f(b)$, 这样

$$\left[\frac{f(x_0)-f(a)}{x_0-a}\right]\cdot\left[\frac{f(b)-f(x_0)}{b-x_0}\right]<0.$$

由 Lagrange 中值定理知存在 $\xi\in(a,x_0),\eta\in(x_0,b)$ 使得

$$f'(\xi)f'(\eta)<0.\quad \blacksquare$$

(证三) 由条件知存在 $x_0\in(a,b)$ 使得 x_0 使得 $f(x_0)\neq f(a)=f(b)$, 不妨设 $f(x_0)>f(a)=f(b)$, 在 $[a,x_0]$, $[x_0,b]$ 分别用 Lagrange 中值定理知结论成立.

18. (1) 设 p, q 为大于 1 的常数, 且 $\dfrac{1}{p}+\dfrac{1}{q}=1$. 证明: $\dfrac{1}{p}x^p+\dfrac{1}{q}\geqslant x\,(x>0)$.

(2) 设 $f''(x)>0,f(0)=0$. 证明 $f(x_1+x_2)>f(x_1)+f(x_2)\,(x_1,x_2>0)$.

证　(1)(证一) 令 $g(x)=\dfrac{1}{p}x^p+\dfrac{1}{q}-x$, 则

$$g'(x)=x^{p-1}-1\begin{cases}\geqslant 0, & x\in[1,+\infty),\\ \leqslant 0, & x\in(0,1],\end{cases}\quad 且\ g(1)=0,$$

故 $g(x) \geqslant 0$, 即结论成立.

(证二) 利用 Jensen 不等式. 因为 $-\ln x$ 在 $(0,+\infty)$ 内为下凸函数, 故

$$-\ln\left(\frac{1}{p}x^p+\frac{1}{q}y^q\right) \leqslant -\frac{1}{p}\ln x^p-\frac{1}{q}\ln y^q \Longrightarrow xy \leqslant \frac{1}{p}x^p+\frac{1}{q}y^q.$$

特取 $y=1$ 得结论成立.

(2) (证一) 只要证 $f(x_1+x_2)-f(x_2)>f(x_1)$. 不妨设 $0<x_1 \leqslant x_2$, 由 Lagrange 中值定理得

$$f(x_1+x_2)-f(x_2)=f'(\eta)x_1, \quad x_2<\eta<x_1+x_2, \tag{1}$$

$$f(x_1)-f(0)=f'(\xi)x_1, \quad 0<\xi<x_1. \tag{2}$$

因为 $f''(x)>0$, 所以

$$f'(\eta)>f'(\xi). \tag{3}$$

由 (1)—(3) 式及 $f(0)=0$ 知结论成立.

(证二) 对固定 $x_1>0$. 令

$$F(x)=f(x_1+x)-f(x)-f(x_1), \quad x>0.$$

由微分中值定理及 $f''(x)>0$ 得

$$F'(x)=f'(x_1+x)-f'(x)=f''(\xi)x_1>0, \quad \xi \in (x, x_1+x),$$

所以 $F(x)$ 在 $(0,+\infty)$ 上递增. 而 $F(0)=f(0)=0$, 故 $F(x)>0$, 即结论成立. ■

19. 设 $f(x)$ 在 $[a,+\infty)$ 上一阶可微, 且 $f(0)=0$, $f'(x)$ 在 $(0,+\infty)$ 上单调递减. 证明: $\dfrac{f(x)}{x}$ 在 $(0,+\infty)$ 上单调递减.

证　由于

$$\left(\frac{f(x)}{x}\right)'=\frac{xf'(x)-f(x)}{x^2}, \quad \forall x \in (0,+\infty). \tag{1}$$

由 Lagrange 中值定理得

$$f(x)-f(0)=f'(\xi)(x-0), \quad 0<\xi<x. \tag{2}$$

因为 $f'(x)$ 单调递减且 $f(0)=0$, 由 (2) 得

$$f(x)>f'(x)x. \tag{3}$$

将 (3) 式代入 (1) 式, 有

$$\left(\frac{f(x)}{x}\right)' \leqslant 0, \quad \forall x \in (0,+\infty),$$

故 $\dfrac{f(x)}{x}$ 在 $(0,+\infty)$ 内单调递减. ■

20. 设 $\varphi(x)=\displaystyle\int_0^x \frac{\ln(1-t)}{t}\mathrm{d}t\,(-1<x<1)$. 证明: $\varphi(x)+\varphi(-x)=\dfrac{1}{2}\varphi(x^2)$.

解　令 $F(x)=\varphi(x)+\varphi(-x)-\dfrac{1}{2}\varphi(x^2)$. 则

$$F'(x)=\frac{\ln(1-x)}{x}+\frac{\ln(1+x)}{x}-\frac{\ln(1-x^2)}{x}=0,$$

所以 $F(x)=C$. 又 $F(0)=0$, 故 $F(x)\equiv 0$, 即结论成立. ■

注　由于计算积分 $\varphi(x)=\displaystyle\int_0^x \frac{\ln(1-t)}{t}\mathrm{d}t\,(-1<x<1)$ 比较困难, 一般不采用先计算出积分再证明等式的方法. 计算上述积分可以先将 $\ln(1-t)$Taylor 展开再逐项积分.

21. 证明下列恒等式.

(1) $\arcsin x+\arccos x=\dfrac{\pi}{2}$, $x\in[0,1)$.

(2) $3\arccos x-\arccos(3x-4x^3)=\pi$, $x\in\left[-\dfrac{1}{2},\dfrac{1}{2}\right]$.

解　(1) 令 $f(x)=\arcsin x+\arccos x$, 则 $f'(x)=0$, 故

$$f(x)=f(0)=\frac{\pi}{2}.$$

(2) 同理可证结论 (2). ■

练习　(1) 若 $f(x)\in C[a,b], f(a)=f(b)=k, f'_+(a)f'_-(b)>0$, 则存在 $\xi\in(a,b)$ 使得 $f(\xi)=k$.

(2) 设 $f(x)$ 定义在 $[0,c]$ 且 $f(0)=0, f'(x)$ 存在且单调下降, 使用 Lagrange 中值定理证明对于 $0\leqslant a\leqslant b\leqslant a+b\leqslant c$, 恒有 $f(a+b)\leqslant f(a)+f(b)$.

(3) 求证 $2^n\geqslant 1+n\sqrt{2^{n-1}}$.

提示　只要证明 $x\geqslant 1$ 时, $2^x\geqslant 1+x\sqrt{2^{x-1}}$.

(4) 设 $P(x)$ 为多项式, α 为 $P(x)=0$ 的 r 重根. 判定 α 是否为 $P'(x)=0$ 的根? 若是, 说明是几重根, 若不是说明理由.

例 3-2-6　解答下列各题.

1. 证明: 对 $\forall m>0, n>0, \forall x\in\left[0,\dfrac{\pi}{2}\right]$ 有

$$0\leqslant \sin^n x\cos^m x\leqslant \frac{n^{\frac{n}{2}}m^{\frac{m}{2}}}{(m+n)^{\frac{m+n}{2}}}.$$

证　令 $f(x)=\sin^n x\cos^m x$, 则

$$f(x)\geqslant 0,\quad x\in\left[0,\frac{\pi}{2}\right]. \tag{1}$$

令

$$f'(x)=\sin^{n-1}x\cos^{m-1}x(n\cos^2 x-m\sin^2 x)=0\Longrightarrow x=0,\ \frac{\pi}{2},\ \arctan\sqrt{\frac{n}{m}}.$$

而

$$f(0)=f\left(\frac{\pi}{2}\right)=0,\quad f\left(\arctan\sqrt{\frac{n}{m}}\right)=\frac{n^{\frac{n}{2}}m^{\frac{m}{2}}}{(n+m)^{\frac{n+m}{2}}}.$$

所以 $x=\arctan\sqrt{\frac{n}{m}}$ 是 $f(x)$ 在 $\left[0,\frac{\pi}{2}\right]$ 上最大值点. 故

$$\sin^n x\cos^m x\leqslant\frac{n^{\frac{n}{2}}m^{\frac{m}{2}}}{(n+m)^{\frac{n+m}{2}}}.\tag{2}$$

由 (1),(2) 知结论成立. ■

2. (Darboux 定理) 若函数 $f(x)$ 在 $[a,b]$ 内可导, 且 $f'(a)f'(b)<0$. 则 $\exists c\in(a,b)$ 使得 $f'(c)=0$.

证　(1) 若 $f'(a)<0, f'(b)>0$, 由

$$f'(a)=\lim_{x\to a^+}\frac{f(x)-f(a)}{x-a}<0,\quad f'(b)=\lim_{x\to b^-}\frac{f(x)-f(b)}{x-b}>0,$$

得存在 $\delta>0$, 使得 $\forall x\in(a,a+\delta)$, 有 $f(x)<f(a)$, $\forall x\in(b-\delta,b)$, 有 $f(x)<f(b)$.

因此 $f(x)$ 在 $[a,b]$ 上的最小值在 (a,b) 内某点 c 取到, 由 Fermat 定理 $f'(c)=0$.

同理, 若 $f'(a)>0, f'(b)<0, f(x)$ 在 $[a,b]$ 上最大值在 (a,b) 内某点 c 取到, 由 Fermat 定理 $f'(c)=0$. ■

3. 设 $f(x)$ 在 $[a,b]$ 上可导. 证明 $f'(x)$ 可取得介于 $f'(a)$ 与 $f'(b)$ 之间的任何值.

证　(i) 若 $f'(a)=f'(b)$, 则结论成立.

(ii) 若 $f'(a)\neq f'(b)$, 不妨设 $f'(a)>f'(b)$. 对 $\forall c\in[f'(b),f'(a)]$, 令 $F(x)=f(x)-cx, x\in[a,b]$. 则 $F(x)$ 在 $[a,b]$ 上也可导, 且 $F'(a)=f'(a)-c>0, F'(b)=f'(b)-c<0$. 由 Darboux 定理知存在 $\xi\in(a,b)$ 使得 $F'(\xi)=0$, 即 $f'(\xi)=c$. ■

注　2, 3 题统称为 Darboux 定理, 也就是导函数的介值定理. 连续函数具有介值定理, 导函数虽然不一定连续, 但仍具有介值定理. Darboux 定理和导函数的极限定理都是导函数的重要性质. 由 Darboux 定理可知若 $f'(x)\neq 0$, 则函数一定是严格单调函数.

4. 设 f 在 $\mathbb{R}$ 上二阶可导. 若 f 在 $\mathbb{R}$ 上有界, 则存在 $\xi\in\mathbb{R}$ 使得 $f''(\xi)=0$.

证　(证一) 由 Darboux 定理 (导函数介值定理), 只要证明存在 $\alpha,\beta\in\mathbb{R}$ 使得 $f''(\alpha)f''(\beta)\leqslant 0$.

(i) 若 $f'(x)\equiv 0$, $x\in\mathbb{R}$, 结论显然成立.

(ii) 若存在 $x_0\in\mathbb{R}$ 使得 $f'(x_0)\neq 0$. 不妨设 $f'(x_0)>0$. 由 Lagrange 定理知

$$\frac{f(2x)-f(x)}{x}=f'(\xi_x),\quad \xi_x\text{介于}x,2x\text{之间}.$$

由于 f 有界得

$$\lim_{x\to+\infty}f'(\xi_x)=\lim_{x\to+\infty}\frac{f(2x)-f(x)}{x}=0,$$
$$\lim_{x\to-\infty}f'(\xi_x)=\lim_{x\to-\infty}\frac{f(2x)-f(x)}{x}=0,$$

因此存在 $x_1, x_2 \in \mathbb{R}$ 满足 $x_1 < x_0 < x_2$, 且 $f'(x_1) < f'(x_0) > f'(x_2)$.

由 Lagrange 中值定理得

$$f''(\alpha) = \frac{f'(x_0) - f'(x_1)}{x_0 - x_1} > 0, \quad f''(\beta) = \frac{f'(x_2) - f'(x_0)}{x_2 - x_0} < 0.$$

因此, 由 Darboux 定理 (导函数的介值定理) 知存在 $\xi \in \mathbb{R}$, 使得 $f''(\xi) = 0$.

(证二) 反证法. 若 $f''(x) \neq 0, \forall x \in \mathbb{R}$, 由 Darboux 定理 (导函数介值定理) 可知 $f''(x) > 0, \forall x \in \mathbb{R}$ 或 $f''(x) < 0, \forall x \in \mathbb{R}$.

(i) 若 $f''(x) > 0, \forall x \in \mathbb{R}$, 则存在 $x_0 \in \mathbb{R}$ 使得 $f'(x_0) \neq 0$. 由 Taylor 公式得

$$f(x) = f(x_0) + f'(x_0)(x - x_0) + f''(\xi)(x - x_0)^2 > f(x_0) + f'(x_0)(x - x_0).$$

(a) 若 $f'(x_0) > 0$, 则

$$\lim_{x \to +\infty} f(x) = \lim_{x \to +\infty} (f(x_0) + f'(x_0)(x - x_0)) = +\infty.$$

(b) 若 $f'(x_0) < 0$, 则

$$\lim_{x \to -\infty} f(x) = \lim_{x \to -\infty} (f(x_0) + f'(x_0)(x - x_0)) = +\infty.$$

这与 f 在 $\mathbb{R}$ 上有界矛盾.

(ii) 若 $f''(x) < 0, \forall x \in \mathbb{R}$, 考察 $g(x) := -f(x)$ 同样得出矛盾. ■

5. 设 f 在区间 I 上连续, 且 x_0 为 f 在 I 内的唯一极值点. 若 x_0 为 f 在 I 内为极大 (小) 值点, 则 x_0 为 f 在 I 上的最大 (小) 值点.

证　(i) 若 x_0 是 f 在区间 I 上唯一极大值点, 则存在 $\delta > 0$, 使得

$$f(x) < f(x_0), \quad \forall x \in U^o(x_0; \delta). \tag{1}$$

假设 x_0 不是最大值点, 则存在 $x_1 \in I$ 使得

$$f(x_1) > f(x_0). \tag{2}$$

不妨设 $x_1 > x_0$, 由于 $f(x) \in C[x_0, x_1]$ 及 (1),(2) 式知存在 $x' \in (x_0, x_1)$ 使得 $f(x') = \min\limits_{[x_0,x_1]} f(x)$, 从而 x' 为极小值点, 这与 x_0 为唯一极值点矛盾.

(ii) 若 x_0 为极小值点, 令 $g(x) = -f(x)$, 则 x_0 为 $g(x)$ 的唯一极大值点. 由 (i) 知 x_0 为 $g(x)$ 的最大值点, 从而 x_0 为 $f(x)$ 的最小值点. ■

注　最值点不一定是极值点, 极值点也不一定是最值点; 极值点如果唯一, 则极值点一定是最值点.

6. 设 f 满足

$$f''(x) + f'(x)g(x) - f(x) = 0,$$

其中 $g(x)$ 为任意函数. 证明: 若 $f(x_0) = f(x_1) = 0 (x_0 < x_1)$, 则 f 在 $[x_0, x_1]$ 上恒等于 0.

证 (证一) 假设 f 在 $[x_0,x_1]$ 上不恒为零. 由于 $f(x_0)=f(x_1)=0$, 则存在 $x'\in(x_0,x_1)$ 使得 $f(x')\neq 0$. 不妨设 $f(x')>0$, 则存在 $\eta\in(x_0,x_1)$ 使得 $f(\eta)=\max\limits_{x\in[x_0,x_1]}f(x)>0$, 由 Fermat 定理知 $f'(\eta)=0$ 且 $f''(\eta)\leqslant 0$.

再由

$$f''(x)+f'(x)g(x)-f(x)=0$$

知

$$f''(\eta)+f'(\eta)g(\eta)-f(\eta)=f''(\eta)-f(\eta)=0\Longrightarrow f''(\eta)=f(\eta)>0,$$

这与 $f''(\eta)\leqslant 0$ 矛盾.

(证二) 由闭区间连续函数的性质知 f 在 $[x_0,x_1]$ 取最大值和最小值. 记

$$f(\xi)=\min_{x\in[x_0,x_1]}f(x),\quad f(\eta)=\max_{x\in[x_0,x_1]}f(x).$$

下面证明 $f(\xi)=0$ 且 $f(\eta)=0$. 事实上,

若 $f(\xi)\neq 0$, 则由 $f(x_0)=f(x_1)=0$ 知 $f(\xi)<0$ 且 $\xi\in(x_0,x_1)$, 由 Fermat 定理知 $f'(\xi)=0$ 且 $f''(\xi)\geqslant 0$. 再由

$$f''(x)+f'(x)g(x)-f(x)=0$$

知

$$f''(\xi)+f'(\xi)g(\xi)-f(\xi)=f''(\xi)-f(\xi)=0\Longrightarrow f''(\xi)=f(\xi)<0,$$

这与 $f''(\xi)\geqslant 0$ 矛盾.

若 $f(\eta)\neq 0$, 则由 $f(x_0)=f(x_1)=0$ 知 $f(\eta)>0$ 且 $\eta\in(x_0,x_1)$, 由 Fermat 定理知 $f'(\eta)=0$ 且 $f''(\eta)\leqslant 0$. 再由

$$f''(x)+f'(x)g(x)-f(x)=0$$

知

$$f''(\eta)+f'(\eta)g(\eta)-f(\eta)=f''(\eta)-f(\eta)=0\Longrightarrow f''(\eta)=f(\eta)>0,$$

这与 $f''(\eta)\leqslant 0$ 矛盾. ■

注 此题中任意 $g(x)$ 改为某一个 $g(x)$, 对某个 $k>0$ 成立 $f''(x)+f'(x)g(x)-kf(x)=0$ 即可.

练习 求在抛物线 $y^2=2px$ 上一点 Q, 使得该点的法线被抛物线所截得的线段最短. (答案: $Q(p,\pm\sqrt{2}p)$)

例 3-2-7 解答下列各题.

1. 若 f 为区间 I 上的凸函数, g 为 $J\supset f(I)$ 上的凸增函数, 则 $g\circ f$ 为 I 上的凸函数.

解　由于 f 是凸函数, 所以对 $\forall x_1,x_2\in I,\forall\lambda\in(0,1)$ 有

$$f(\lambda x_1+(1-\lambda)x_2)\leqslant\lambda f(x_1)+(1-\lambda)f(x_2)\leqslant\max\{f(x_1),f(x_2)\}\in J.$$

再由 g 为凸函数且递增得

$$g\circ f(\lambda x_1+(1-\lambda)x_2)\leqslant g\left(\lambda f(x_1)+(1-\lambda)f(x_2)\right)\leqslant\lambda g\circ f(x_1)+(1-\lambda)g\circ f(x_2).\quad\blacksquare$$

思考　凸函数的数乘、和差、积、商是否为凸函数?

2. 证明 f 为区间 I 上的凸函数 $\Longleftrightarrow$ 对 $\forall x_1,x_2\in I$, 函数 $\varphi(\lambda)=f(\lambda x_1+(1-\lambda)x_2)$ 为 $[0,1]$ 上的凸函数.

证　$(\Longrightarrow)$ 若 f 为凸函数, 对 $\forall t_1,t_2\in[0,1],\alpha\in(0,1)$ 有

$$\begin{aligned}\varphi(\alpha t_1+(1-\alpha)t_2)&=f\left([\alpha t_1+(1-\alpha)t_2]x_1+[1-(\alpha t_1+(1-\alpha)t_2)]x_2\right)\\&=f\left(\alpha[t_1x_1+(1-t_1)x_2]+(1-\alpha)[t_2x_1+(1-t_2)x_2]\right)\\&\leqslant\alpha f(t_1x_1+(1-t_1)x_2)+(1-\alpha)f(t_2x_1+(1-t_2)x_2)\\&=\alpha\varphi(t_1)+(1-\alpha)\varphi(t_2).\end{aligned}$$

$(\Longleftarrow)$ 若 φ 为 $[0,1]$ 上的凸函数, 则对 $\forall x_1,x_2\in I,\forall\lambda\in(0,1)$ 有

$$\begin{aligned}f(\lambda x_1+(1-\lambda)x_2)&=\varphi(\lambda)=\varphi(\lambda\cdot1+(1-\lambda)\cdot0)\leqslant\lambda\varphi(1)+(1-\lambda)\varphi(0)\\&=\lambda f(x_1)+(1-\lambda)f(x_2).\quad\blacksquare\end{aligned}$$

3. 证明不等式 $(abc)^{\frac{a+b+c}{3}}\leqslant a^ab^bc^c$, 其中 a,b,c 均为正数.

证　由于 $\sqrt[3]{abc}\leqslant\dfrac{a+b+c}{3}$, 故只要证明 $\left(\dfrac{a+b+c}{3}\right)^{a+b+c}\leqslant a^ab^bc^c$, 即证

$$\frac{a+b+c}{3}\ln\frac{a+b+c}{3}\leqslant\frac{1}{3}(a\ln a+b\ln b+c\ln c).$$

令 $f(x)=x\ln x\ (x>0)$, 则 $f'(x)=\ln x+1,f''(x)=\dfrac{1}{x}>0$, 故 $f(x)=x\ln x$ 是 $(0,+\infty)$ 上的严格下凸函数. 由 Jensen 不等式得

$$f\left(\frac{a+b+c}{3}\right)\leqslant\frac{1}{3}(f(a)+f(b)+f(c)),$$

即

$$\frac{a+b+c}{3}\ln\frac{a+b+c}{3}\leqslant\frac{1}{3}(a\ln a+b\ln b+c\ln c),$$

故

$$\left(\frac{a+b+c}{3}\right)^{a+b+c}\leqslant a^ab^bc^c.\quad\blacksquare$$

4. 证明:$1+x^2\leqslant2^x\leqslant1+x,\ x\in[0,1]$.

证　(i) 记 $f(x)=1+x^2-2^x$, 下面只要证明 $f(x)\leqslant 0$ 即可. 显然 $f(0)=f(1)=0$,

$$f'(x)=2x-2^x\ln 2,\quad f''(x)=2-2^x(\ln 2)^2\geqslant 0,$$

因此 f 为 $[0,1]$ 上的下凸函数, 从而 $\forall x\in[0,1]$, $\exists\lambda=1-x\in[0,1]$, 使得

$$f(x)\leqslant \lambda f(0)+(1-\lambda)f(1)=0.$$

(ii) 记 $g(x)=2^x-x-1$, 同上可以证明 $g(x)\leqslant 0$. ■

5. 设 $f(x)$ 在 (a,b) 内二次可微, 且 $f''(x)>0,\lambda_i>0$, 且 $\sum\limits_{i=1}^{n}\lambda_i=1,x_1,x_2,\cdots,x_n$ 为 (a,b) 中的 n 个点. 证明 $f\left(\sum\limits_{i=1}^{n}\lambda_i x_i\right)<\sum\limits_{i=1}^{n}\lambda_i f(x_i)$.

证　令 $\alpha=\sum\limits_{i=1}^{n}\lambda_i x_i$, 因为 $f''(x)>0$, 由 Taylor 公式得

$$f(x_i)=f(\alpha)+f'(\alpha)(x_i-\alpha)+\frac{1}{2}f''(\xi_i)(x_i-\alpha)^2>f(\alpha)+f'(\alpha)(x_i-\alpha),\quad i=1,2,\cdots,n.$$

用 λ_i 分别乘以上述各式后相加, 得

$$\sum_{i=1}^{n}\lambda_i f(x_i)>f(\alpha)+\sum_{i=1}^{n}f'(\alpha)\lambda_i(x_i-\alpha).$$

注意到 $\sum\limits_{i=1}^{n}f'(\alpha)\lambda_i(x_i-\alpha)=0$, 故

$$\sum_{i=1}^{n}\lambda_i f(x_i)>f\left(\sum_{i=1}^{n}\lambda_i x_i\right).\quad ■$$

注　若 $f''(x)<0$, 则 $f\left(\sum\limits_{i=1}^{n}\lambda_i x_i\right)>\sum\limits_{i=1}^{n}\lambda_i f(x_i)$. 此为 Jensen 不等式, 可以用来证明许多不等式.

6. 设 $f(x)$ 在 $[a,b]$ 上连续, 且对 $\forall x_1,x_2\in[a,b],\lambda\in(0,1)$ 恒有 $f(\lambda x_1+(1-\lambda)x_2)\leqslant\lambda f(x_1)+(1-\lambda)f(x_2)$. 证明 $f\left(\dfrac{a+b}{2}\right)\leqslant\dfrac{1}{b-a}\displaystyle\int_a^b f(x)\mathrm{d}x\leqslant\dfrac{f(a)+f(b)}{2}$.

证　$\forall t\in[a,b],\exists\lambda\in[0,1]$ 使得 $t=\lambda b+(1-\lambda)a=a+\lambda(b-a)$ 或 $t=\lambda a+(1-\lambda)b=b-\lambda(b-a)$, 所以

$$\frac{1}{b-a}\int_a^b f(t)\mathrm{d}t=\int_0^1 f(a+\lambda(b-a))\mathrm{d}\lambda=\int_0^1 f(\lambda b+(1-\lambda)a)\mathrm{d}\lambda,\tag{1}$$

$$\frac{1}{b-a}\int_a^b f(t)\mathrm{d}t=\int_0^1 f(b-\lambda(b-a))\mathrm{d}\lambda=\int_0^1 f(\lambda a+(1-\lambda)b)\mathrm{d}\lambda.\tag{2}$$

故由条件可得

$$\begin{aligned}\frac{1}{b-a}\int_a^b f(t)\mathrm{d}t &= \frac{1}{2}\int_0^1 [f(a+\lambda(b-a))+f(b-\lambda(b-a))]\,\mathrm{d}\lambda \\ &= \frac{1}{2}\int_0^1 [f(\lambda b+(1-\lambda)a)+f(\lambda a+(1-\lambda)b)]\,\mathrm{d}\lambda \\ &\geqslant f\left(\frac{a+b}{2}\right). \end{aligned} \tag{3}$$

再由 (1) 及条件可得

$$\frac{1}{b-a}\int_a^b f(t)\mathrm{d}t = \int_0^1 f((1-\lambda)a+\lambda b)\mathrm{d}\lambda \leqslant \int_0^1 [(1-\lambda)f(a)+\lambda f(b)]\mathrm{d}\lambda = \frac{f(a)+f(b)}{2}. \tag{4}$$

由 (3),(4) 式知结论成立. ■

7. 若函数 f 为定义在开区间 (a,b) 内的可导的下 (上) 凸函数, 则 $x_0 \in (a,b)$ 为 f 的极小 (大) 值点的充要条件是 $f'(x_0)=0$.

证　下面仅证明 f 为下凸函数情形 (若 f 为上凸函数, 考虑 $-f$ 即可).

($\Longrightarrow$) 由 Fermat 定理可得.

($\Longleftarrow$) 由凸函数的充要条件知对 $\forall x \in (a,b)$ $(x \neq 0)$, 有

$$f(x) \geqslant f(x_0) + f'(x_0)(x-x_0).$$

由于 $f'(x_0)=0$, 故

$$f(x) \geqslant f(x_0), \quad \forall x \in (a,b),$$

即 x_0 为 f 在 (a,b) 内的极小值点, 且为最小值点. ■

注　若 x_0 为可导函数的极值点, 则 $f'(x_0)=0$, 但反之不成立! 如果 $f(x)$ 为可导上 (下) 凸函数, 上面结论反之也成立.

8. 开区间 (a,b) 内的非常值的下 (上) 凸函数不能取到最大 (小) 值.

证　下面仅证明 f 为下凸函数情形 (若 f 为上凸函数, 考虑 $-f$ 即可).

反证法. 若存在 $x_0 \in (a,b)$ 使得 $f(x_0)$ 为最大值, 因为 f 非常值, 所以 $\forall x \in (a,b)$ 有 $f(x) \leqslant f(x_0)$, 且存在 $x_1 \in (a,b)$ 使得 $f(x_1) < f(x_0)$. 不妨设 $x_1 < x_0$, 任取 $x_2 \in (a,b)$ 满足 $x_1 < x_0 < x_2$, 由凸函数的定义知存在 $\lambda = \dfrac{x_2-x_0}{x_2-x_1} \in (0,1)$ 使得

$$f(x_0) \leqslant \lambda f(x_1) + (1-\lambda)f(x_2) < \lambda f(x_0) + (1-\lambda)f(x_0) = f(x_0),$$

即 $f(x_0) < f(x_0)$, 这是不可能的! 所以 f 在 (a,b) 不能取最大值. ■

注　闭区间 $[a,b]$ 上的连续下 (上) 凸函数 f 的最大 (小) 值一定在区间端点取到.

9. 设 f 为区间 I 上的严格下凸函数, 若 $x_0 \in I$ 为 f 的极值点, 则 x_0 为 $f(x)$ 在 I 上的唯一极小值点.

证　(i) 先证 x_0 是极小值点. 若 x_0 是极大值点, 则存在 $\delta > 0$, 使得

$$f(x) \leqslant f(x_0), \quad \forall x \in U^o(x_0;\delta).$$

任取 $x_1,x_2\in U^o(x_0;\delta)$ 满足 $x_1<x_0<x_2$, 由下凸函数的定义知存在 $\lambda=\dfrac{x_2-x_0}{x_2-x_1}\in(0,1)$ 使得

$$f(x_0)<\lambda f(x_1)+(1-\lambda)f(x_2)\leqslant\lambda f(x_0)+(1-\lambda)f(x_0)=f(x_0),$$

即 $f(x_0)<f(x_0)$, 这是不可能的! 所以 x_0 是极小值点.

(ii) 再证 x_0 是唯一的极小值点. 设 x' 为 $f(x)$ 在 I 上的另一个极小值点, 则存在 $\delta>0$ 使得 $\forall x\in U^o(x',\delta)$ 有 $f(x)\geqslant f(x')$.

记 $a=\min\{x_0,x'\}$, $b=\max\{x_0,x'\}$, 对 $\forall c\in[a,b]$, 存在 $\lambda=\dfrac{b-c}{b-a}$ 使得 $c=\lambda a+(1-\lambda)b$. 由假设知 $f(x)$ 也为 $[a,b]$ 上的严格下凸函数, 故

$$f(c)=f(\lambda a+(1-\lambda)b)<\lambda f(a)+(1-\lambda)f(b)\leqslant\max\{f(a),f(b)\},$$

不妨设 $f(b)\geqslant f(a)$, 由上式及 c 的任意性知 b 点左邻域的任意点 x 满足 $f(x)<f(b)$, 这与 b 为极小值点矛盾. ■

注　严格上、下凸函数的极大 (小) 值点唯一.

10. 设 $y=f(x)$ 在 x_0 处某邻域内有三阶连续导函数, 且 $f'(x_0)=f''(x_0)=0, f'''(x_0)\neq0$. 问 x_0 是否 $f(x)$ 的极值点? $(x_0,f(x_0))$ 是否为拐点?

解　(1) x_0 不一定是极值点. 如:$f(x)=x^3$ 在 $x_0=0$ 点.

(2) 是拐点. 不妨设 $f'''(x_0)>0$, 由连续函数的局部保号性知 $\exists\delta>0,\forall x\in(x_0-\delta,x_0+\delta)$, 有 $f'''(x)>0$, 即 $f''(x)$ 在 $(x_0-\delta,x_0+\delta)$ 内单调递增.

又 $f''(x_0)=0$, 所以 $\begin{cases}f''(x)>0, & x\in(x_0,x_0+\delta),\\ f''(x)<0, & x\in(x_0-\delta,x_0).\end{cases}$ 由拐点定义知 $(x_0,f(x_0))$ 为 $y=f(x)$ 的拐点. ■

练习　(1)设 f,g 为区间 I 上的凸函数, 试问: $\max\{f,g\}$, $\min\{f,g\}$ 是否为凸函数? 并说明理由.

(2) 证明: f 为区间 I 上凸 (严格凸) 函数的充要条件是对 I 上的任意三点 $x_1<x_2<x_3$, 有

$$J=\begin{vmatrix}1 & x_1 & f(x_1)\\ 1 & x_2 & f(x_2)\\ 1 & x_3 & f(x_3)\end{vmatrix}\geqslant0\,(>0).$$

(3) 证明不等式

(i) $\dfrac{x^n+y^n}{2}\geqslant\left(\dfrac{x+y}{2}\right)^n$, $x,y>0,n>1$;

(ii) $\dfrac{\mathrm{e}^x+\mathrm{e}^y}{2}>\mathrm{e}^{\frac{x+y}{2}}$, $x\neq y$;

(iii) $2\arctan\left(\dfrac{a+b}{2}\right)\geqslant\arctan a+\arctan b\,(a,b\geqslant0)$;

(iv) 设 $a,b>0$, 则 $ab\leqslant\dfrac{1}{p}a^p+\dfrac{1}{q}b^q\left(\dfrac{1}{p}+\dfrac{1}{q}=1\right)$.

(v) 设 $a_i>0, b_i>0(i=1,2,\cdots,n)$, 则

$$\sum_{i=1}^{n} a_i b_i < \left(\sum_{i=1}^{n} a_i^p\right)^{\frac{1}{p}} \left(\sum_{i=1}^{n} b_i^q\right)^{\frac{1}{q}};$$

(vi) 设 $a_i>0(i=1,2,\cdots,n)$; 则

$$\frac{n}{\dfrac{1}{a_1}+\dfrac{1}{a_2}+\cdots+\dfrac{1}{a_n}} \leqslant \sqrt[n]{a_1a_2\cdots a_n} \leqslant \frac{a_1+a_2+\cdots+a_n}{n};$$

(vii) 证明: $\sin \pi x \leqslant \dfrac{\pi^2}{2}x(1-x)$, $x\in[0,1]$.

例 3-2-8　解答下列各题.

1. 问题:$f(x)$ 在 $(a,+\infty)$ 具有连续导函数, 若 $\lim\limits_{x\to+\infty} f(x)=A$,

(1) 能否推出 $\lim\limits_{x\to+\infty} f'(x)=0$?

(2) 再加上何条件可以推出 $\lim\limits_{x\to+\infty} f'(x)=0$?

解　(1) $\lim\limits_{x\to+\infty} f(x)=A$, 推不出 $\lim\limits_{x\to+\infty} f'(x)=0$. 如:$f(x)=\dfrac{\sin x^2}{x}$, 易知

$$\lim_{x\to+\infty} f(x)=0, \quad f'(x)=2\cos x^2-\frac{\sin x^2}{x^2},$$

显然 $\lim\limits_{x\to+\infty} f'(x)$ 不存在.

(2) 若 $\lim\limits_{x\to+\infty} f(x)=A$, 且满足下面条件之一, 则有 $\lim\limits_{x\to+\infty} f'(x)=0$.

(i) $f''(x)$ 在 $(0,+\infty)$ 内有界;

(ii) $\lim\limits_{x\to+\infty} f'(x)$ 存在.

证　(i) 记 $F(x)=f(x)-A$, 则 $\lim\limits_{x\to+\infty} F(x)=0$. 对 $\forall x\in(0,+\infty)$, $h>0$, 由 Taylor 公式

$$F(x+h)=F(x)+F'(x)h+\frac{1}{2}F''(\xi)h^2, \quad x<\xi<x+h,$$

所以

$$F'(x)=\frac{1}{h}[F(x+h)-F(x)]-\frac{1}{2}F''(\xi)h. \tag{1}$$

由条件知存在 $c>0$ 使得 $|F''(x)|=|f''(x)|\leqslant c$.

因为 $\lim\limits_{x\to+\infty} F(x)=0$, 所以 $\forall\varepsilon>0, \exists X>0$, 当 $x>X$ 时有

$$|F(x)|<\varepsilon.$$

结合 (1) 式知, 当 $x>X$ 时有

$$|F'(x)|\leqslant \frac{1}{h}2\varepsilon+\frac{1}{2}ch. \tag{2}$$

取 $h=\sqrt{\varepsilon}$, 由 (2) 式知

$$|F'(x)| \leqslant 2\sqrt{\varepsilon}+\frac{1}{2}c\sqrt{\varepsilon}.$$

所以

$$\lim_{x\to+\infty} F'(x)=0 \Longrightarrow \lim_{x\to+\infty} f'(x)=0.$$

(ii) (证一) 因为 $\lim\limits_{x\to+\infty} f(x)$ 与 $\lim\limits_{x\to+\infty} f'(x)$ 存在, 所以 $\forall\varepsilon>0, \exists M>0$, 当 $x_1, x_2>M$ 时有

$$|f(x_1)-f(x_2)|<\frac{\varepsilon}{2}, \quad |f'(x_1)-f'(x_2)|<\frac{\varepsilon}{2}. \tag{1}$$

$\forall x>M$, 由 Lagrange 中值定理得

$$|f(x)-f(x+1)|=|f'(\xi)|<\frac{\varepsilon}{2},$$

即

$$-\frac{\varepsilon}{2}<f'(\xi)<\frac{\varepsilon}{2} \quad (x<\xi<x+1). \tag{2}$$

由 (1) 式知

$$|f'(x)-f'(\xi)|<\frac{\varepsilon}{2}.$$

所以

$$f'(\xi)-\frac{\varepsilon}{2}<f'(x)<f'(\xi)+\frac{\varepsilon}{2}. \tag{3}$$

由 (2),(3) 式得

$$-\varepsilon<f'(x)<\varepsilon, \quad \forall x>M.$$

所以

$$\lim_{x\to+\infty} f'(x)=0.$$

(证二) 若 $\lim\limits_{x\to+\infty} f'(x)=A\neq 0$, 不妨设 $A>0$, 则存在 $M>0$ 当 $x>M$ 时, 有

$$f'(x)>\frac{A}{2}>0.$$

故当 $x>M$ 时,

$$f(x)-f(M)=f'(\xi)(x-M)>\frac{A}{2}(x-M).$$

从而

$$f(x)>\frac{A}{2}(x-M)+f(M)\longrightarrow+\infty \quad (x\to+\infty),$$

这与 $\lim\limits_{x\to+\infty} f(x)=k$(常数) 矛盾.

(证三) 对 $\forall n\in\mathbb{N}^+$, 由 Lagrange 定理知存在 $\xi_n\in(n,n+1)$ 使得

$$f(n+1)-f(n)=f'(\xi_n).$$

由于 $\lim\limits_{x\to+\infty} f(x)$ 存在知

$$\begin{aligned}\lim_{n\to+\infty} f'(\xi_n)&=\lim_{n\to+\infty}(f(n+1)-f(n))\\&=\lim_{n\to+\infty} f(n+1)-\lim_{n\to+\infty} f(n)=0.\end{aligned}$$

(证四) 由 L'Hospital 法则得

$$\lim_{x\to+\infty} f(x)=\lim_{x\to+\infty}\frac{\mathrm{e}^x f(x)}{\mathrm{e}^x}=\lim_{x\to+\infty}[f(x)+f'(x)]=\lim_{x\to+\infty} f(x)+\lim_{x\to+\infty} f'(x),$$

故 $\lim\limits_{x\to+\infty} f'(x)=0$. ■

2. 问题:$f(x)$ 在 $(a,+\infty)$ 具有连续导函数, 若 $\lim\limits_{x\to+\infty} f(x)=A$, 则

(i) 存在 $x_n\in(a,+\infty)$ 使得 $\lim\limits_{n\to+\infty} x_n=+\infty$, 且 $\lim\limits_{n\to+\infty} f'(x_n)=0$.

(ii) 再若 $f(x)$ 在 $(a,+\infty)$ 具有二阶连续导函数, 且 $\lim\limits_{x\to+\infty} f(x)=\lim\limits_{x\to a^+} f(x)$, 则存在 $\xi\in(a,+\infty)$ 使得 $f''(\xi)=0$.

证　(i) 由 Lagrange 中值定理知

$$f(n+1)-f(n)=f'(x_n)[(n+1)-n]=f'(x_n),\quad n<x_n<n+1.$$

显然

$$\lim_{n\to+\infty} x_n=+\infty.$$

再由 $\lim\limits_{x\to+\infty} f(x)=A$ 知

$$\lim_{n\to+\infty} f'(x_n)=0.$$

(ii) 反证法. 若 $\forall x\in(a,+\infty), f''(x)\neq 0$, 由 Darboux 定理知 $f''(x)<0$ 或 $f''(x)>0, \forall x\in(a,+\infty)$.

若 $f''(x)>0$, 则 $f'(x)$ 在 (a,∞) 内严格单调递增. 由 (i) 知 $f'(x)<0, \forall x\in(a,+\infty)$, 所以 $f(x)$ 在 $(a,+\infty)$ 内严格单调递减, 这与 $\lim\limits_{x\to a^+} f(x)=\lim\limits_{x\to+\infty} f(x)=0$ 矛盾 (或用推广 Rolle 定理知存在 $\eta\in(a,+\infty)$ 使得 $f'(\eta)=0$, 这与 $f'(x)<0$ 矛盾).

同理, 若 $f''<0$, 也将得出矛盾.

故存在 $\xi\in(a,+\infty)$ 使得 $f''(\xi)=0$. ■

3. 问题: 设 f 在 $(a,+\infty)$ 上 n 阶可导. 若 $\lim\limits_{x\to+\infty} f(x)$ 和 $\lim\limits_{x\to+\infty} f^{(n)}(x)$ 存在, 试问能否推出

$$\lim_{x\to+\infty} f^{(k)}(x)=0\quad(k=1,2,\cdots,n)?$$

证 能! (证一) 对 n 用数学归纳法.

(i) 由问题 1 中的结论知当 $n=1$ 结论成立.

(ii) 假设 $n-1$ 时结论成立, 即若 $\lim\limits_{x\to+\infty} f(x)$ 和 $\lim\limits_{x\to+\infty} f^{(n-1)}(x)$ 都存在, 则

$$\lim_{x\to+\infty} f^{(k)}(x)=0 \quad (k=1,2,\cdots,n-1).$$

(iii) 下面证明 n 时结论成立, 即若 $\lim\limits_{x\to+\infty} f(x)$ 和 $\lim\limits_{x\to+\infty} f^{(n)}(x)$ 都存在, 则

$$\lim_{x\to+\infty} f^{(k)}(x)=0 \quad (k=1,2,\cdots,n-1,n).$$

事实上, 由于

$$f^{(n-2)}(x+1)=f^{(n-2)}(x)+f^{(n-1)}(x)+\frac{1}{2}f^{(n)}(\xi_x), \quad \xi_x\in(x,x+1),$$

从而

$$\lim_{x\to+\infty} f^{(n-1)}(x)=\lim_{x\to+\infty}\left(f^{(n-2)}(x+1)-f^{(n-2)}(x)-\frac{1}{2}f^{(n)}(\xi_x)\right). \tag{1}$$

记 $F(x)=f(x+1)-f(x)$, 则 $F(x)$ 在 $(0,+\infty)$ 内 n 阶可导, 而

$$F^{(n-1)}(x)=f^{(n-1)}(x+1)-f^{(n-1)}(x)=f^{(n)}(\eta_x), \quad \eta_x\in(x,x+1).$$

由 $\lim\limits_{x\to+\infty} f^{(n)}(x)$ 存在, 因此

$$\lim_{x\to+\infty} F^{(n-1)}(x)=\lim_{x\to+\infty}\left(f^{(n-1)}(x+1)-f^{(n-1)}(x)\right)=\lim_{x\to+\infty} f^{(n)}(\eta_x), \tag{2}$$

即 $\lim\limits_{x\to+\infty} F^{(n-1)}(x)$ 存在, 对 F 由归纳假设 (ii) 知

$$\lim_{x\to+\infty} F^{(k)}(x)=0 \quad (k=1,2,\cdots,n-1). \tag{3}$$

由 (1) 知 $\lim\limits_{x\to+\infty} f^{(n-1)}$ 存在, 由归纳假设得

$$\lim_{x\to+\infty} f^{(k)}(x)=0 \quad (k=1,2,\cdots,n-1). \tag{4}$$

从而由 (2),(3) 式及 Heine 定理得

$$\lim_{x\to+\infty} f^{(n)}(x)=\lim_{x\to+\infty} f^{(n)}(\eta_x)=\lim_{x\to+\infty} F^{(n-1)}(x)=0.$$

(证二) 只要证明

$$\lim_{x\to+\infty} f^{(k)}(x)\text{存在} \quad (k=1,2,\cdots,n-1,n).$$

将问题 1 中结论依次应用于 $f^{(k)}(x)(k=1,2,\cdots,n-1,n)$, 即得

$$\lim_{x\to+\infty} f^{(k)}(x)=0 \quad (k=1,2,\cdots,n-1,n).$$

事实上, 由 Taylor 公式得

$$f(x+k)=f(x)+f'(x)k+\frac{1}{2!}f''(x)k^2+\cdots+\frac{1}{(n-1)!}f^{(n-1)}(x)k^{n-1}+\frac{1}{n!}f^{(n)}(\xi_k)k^n,$$

其中 $\xi_k\in(x,x+k)$, $k=1,2,\cdots,n-1$. 将上面展开式视为 $f'(x),f''(x),\cdots,f^{(n-1)}(x)$ 的方程组, 且系数矩阵行列式

$$\begin{vmatrix} 1 & \frac{1}{2!} & \cdots & \frac{1}{(n-1)!} \\ 2 & \frac{2^2}{2!} & \cdots & \frac{2^{n-1}}{(n-1)!} \\ \vdots & \vdots & & \vdots \\ n-1 & \frac{(n-1)^2}{2!} & \cdots & \frac{(n-1)^{n-1}}{(n-1)!} \end{vmatrix}$$

$$=\frac{1}{1!\cdot 2!\cdot 3!\cdot\cdots\cdot(n-1)!}\begin{vmatrix} 1 & 1 & \cdots & 1 \\ 2 & 2^2 & \cdots & 2^{n-1} \\ \vdots & \vdots & & \vdots \\ n-1 & (n-1)^2 & \cdots & (n-1)^{n-1} \end{vmatrix}\neq 0.$$

因此 $f'(x),f''(x),\cdots,f^{(n-1)}(x)$ 可唯一地表示为 $f(x+k)-f(x)$, $f^{(n)}(\xi_k)\,(k=1,2,\cdots,n-1)$ 的线性组合. 由条件及 Heine 定理知

$$\lim_{x\to+\infty}(f(x+k)-f(x))=0,\quad \lim_{x\to+\infty}f^{(n)}(\xi_k)=\lim_{x\to+\infty}f^{(n)}(x)\text{存在}.$$

由此可知

$$\lim_{x\to+\infty}f^{(k)}(x)\text{存在}\quad(k=1,2,\cdots,n-1,n).$$

将问题 1 中的结论依次应用于 $f^{(k)}(x)\,(k=1,2,\cdots,n-1,n)$, 即得

$$\lim_{x\to+\infty}f^{(k)}(x)=0\quad(k=1,2,\cdots,n-1,n).\quad ■$$

4. **问题:$f(x)$ 在 $(0,+\infty)$ 内可微, 若 $\lim\limits_{x\to+\infty}f'(x)=0$,**

(1) 能否推出 $\lim\limits_{x\to+\infty}f(x)=k$(常数)?

(2) 你从此结论可以得到何结果?

解 (1) 不能. 如 $f(x)=\sqrt{x}$ 或 $f(x)=\ln x$. 显然 $\lim\limits_{x\to+\infty}f'(x)=0$, 但 $\lim\limits_{x\to+\infty}f(x)=+\infty$.

(2) 可以得到: $\lim\limits_{x\to+\infty}\dfrac{f(x)}{x}=0$.

证 因为 $\lim\limits_{x\to+\infty}f'(x)=0$. 所以 $\forall\varepsilon>0,\exists M>0$, 当 $x>M$ 时有 $|f'(x)|<\varepsilon$.

当 $x>M$ 时, 由微分中值定理 $\dfrac{f(x)-f(M)}{x-M}=f'(\xi)$, $\xi\in(M,x)$, 所以

$$|f(x)|\leqslant|f'(\xi)|(x-M)+|f(M)|.$$

故

$$\frac{|f(x)|}{|x|} \leqslant |f'(\xi)| \frac{x-M}{|x|} + \frac{|f(M)|}{|x|}. \tag{1}$$

因为 $\lim\limits_{x\to+\infty} \dfrac{|f(M)|}{|x|} = 0$, 故存在 $L>0$, 当 $x>L$ 时有 $\dfrac{|f(M)|}{|x|} < \varepsilon$, $\dfrac{x-M}{|x|} = \dfrac{M}{|x|} + 1 < 2$. 取 $X = \max\{L, M\} < 0$, 当 $x > X$ 时, 由 (1) 式得 $\dfrac{|f(x)|}{|x|} \leqslant 3\varepsilon$, 即

$$\lim_{x\to-\infty} \frac{f(x)}{x} = 0. \quad \blacksquare$$

注　设 $f(x)$ 在 $(a,+\infty)$ 内可微, 且 $\lim\limits_{x\to+\infty} f'(x) = A$. 证明 $\lim\limits_{x\to+\infty} \dfrac{f(x)}{x} = A$.

提示　令 $F(x) = f(x) - Ax$.

思考　设 $f(x)$ 在有限区间 (a,b) 内可导. 试问

(1) 若 $\lim\limits_{x\to a^+} f(x) = \infty$ 能否推出 $\lim\limits_{x\to a^+} f'(x)$ 存在? 若 $\lim\limits_{x\to a^+} f'(x)$ 存在能否推出 $\lim\limits_{x\to a^+} f'(x) = \infty$?

(2) 若 $\lim\limits_{x\to a^+} f'(x) = +\infty$ 能否推出 $\lim\limits_{x\to a^+} f(x) = \infty$?

第4章　一元函数积分学

内容精析

一、 不定积分

1. 不定积分的概念

若在某个区间 I 上, 有 $F'(x)=f(x)$, 则称 $F(x)$ 是 $f(x)$ 在区间 I 上的一个原函数.

2. 研究原函数必须解决的重要问题

1^0 原函数的存在性 $\begin{cases}\text{原函数存在的充分条件?}\\ \text{原函数存在的必要条件?}\\ \text{是否有原函数存在的充要条件?}\end{cases}$

2^0 原函数如果存在是否唯一? 若不唯一, 不同原函数之间有何关系?

3^0 如何求原函数?

3. 关于原函数的命题

命题　(1) 连续函数一定具有原函数, 它的一个原函数可以用可变上限的积分表示.

(2) 有原函数的函数一定没有可去间断点或跳跃间断点, 即有具有第一类间断点 (可去间断点或跳跃间断) 的函数不存在原函数.

(3) 原函数如果存在一定不唯一, 在同一区间上的不同原函数相差一个常数.

注　(1) 导函数至多具有第二类间断点, 单调函数至多有跳跃间断点.

(2) ① 原函数是相对区间而言; ② 同一函数在同一区间上的不同原函数相差一个常数, 不同区间上的原函数就不一定相差一个常数. 例如, $x\neq 0$ 时, $G(x)=\begin{cases}\ln x, & x>0,\\ \ln(-x)+2, & x<0\end{cases}$ 都是 $f(x)=\dfrac{1}{x}$ 的原函数, 两个原函数不在同一区间上, 所以可以不相差一个常数.

4. 不定积分的计算

1^0 基本公式表. 原函数分别为下列函数的积分表共 17 个:

(1) 幂函数 1 个;

(2) 指数函数 2 个;

(3) 对数函数 2 个;

(4) 三角函数 4 个;

(5) 反三角函数 4 个;

(6) 双曲函数 4 个.

2^0 不定积分的线性运算: 该性质对应于求导的线性运算法性质（极限、连续、可导都具有线性性质）.

注　此线性性质适用于任意有限个函数的线性组合，对无限多个函数的和不成立.

3^0 换元积分. (i) 第一换元积分 (凑微分, 即把函数换成一个新变量);

(ii) 第二换元积分 (即把变量换成一个函数). 第二换元积分较多地运用于无理函数的积分, 通过适当的变换去掉被积函数的根号, 简化积分. 是同一个积分可以用不同的变量替换, 要灵活考虑.

4^0 分部积分. 分部积分主要用于被积函数中含有幂函数、指数函数、对数函数、三角函数和反三角函数 (即含基本初等函数) 因子的情形. 被积函数是两个函数乘积时, 先把那个函数 d 进去? 指数函数、三角函数、幂函数、反三角函数的顺序优先 d 进去.

5^0 有理函数的积分 $\int \frac{p(x)}{q(x)}\mathrm{d}x$. 处理这种类型的积分的一般步骤:

(i) 一般把假分式化成真分式;

(ii) 将分母 $q(x)$ 因式分解 (最难的一步);

(iii) 用待定系数表示成几个简单分式之和 (易出错的一步);

(iv) 求出待定系数 (求系数的方法: 解线性方程组; 根据特点代入 x 的某几个特殊值先确定部分系数, 然后解一个自变量较少的方程组;

(v) 再求出每个分式的积分.

6^0 三角函数有理式的积分 $\int R(\sin x, \cos x)\mathrm{d}x$.

三角函数有理函数:指形如 $R(\sin x, \cos x)$ 的函数, 由 $\sin x, \cos x, \tan x, \cot x$ 通过有限次四则运算 (加减乘除) 所得到的函数. 如:$\frac{1}{\sqrt{\sin^2 x + 2\cos^2 x}}, \sin x^2, \frac{\sin x}{x}, \frac{\cos x}{x}$ 等都不是三角有理式.

这种形式的积分一般可采用: ① 万能变换, 但这个方法一般来说比较麻烦; ② 积化和差法; ③ 根据三角有理函数的特点灵活选取更简便快捷的方法:

(i) 若 $R(-\sin x, \cos x) = -R(\sin x, \cos x)$, 令 $t = \cos x$;

(ii) 若 $R(\sin x, -\cos x) = -R(\sin x, \cos x)$, 令 $t = \sin x$;

(iii) 若 $R(-\sin x, -\cos x) = R(\sin x, \cos x)$, 令 $t = \tan x$.

7^0 某些无理根式的不定积分.

(i) 形如: $\int R\left(x, \sqrt[m]{\frac{ax+b}{cx+d}}\right)\mathrm{d}x(ad-bc\neq 0)$, 其中 $R(u,v)$ 为二元有理函数. 令 $t = \sqrt[m]{\frac{ax+b}{cx+d}}$ 化为有理函数的积分.

(ii) 形如: $\int x^m(a+bx^n)^p\mathrm{d}x$, 其中 a, b 为常数, m, n, p 为有理数. 令 $t = x^n$, 则

$$\int x^m(a+bx^n)^p\mathrm{d}x = \frac{1}{n}\int t^q(a+bt)^p\mathrm{d}t = \frac{1}{n}\int t^{p+q}\left(\frac{a+bt}{t}\right)^p\mathrm{d}t,\quad q = \frac{m+1}{n} - 1.$$

当 p 为整数, $q = \frac{r}{s}(r, s\in\mathbb{Z})$, 令 $z = \sqrt[s]{t}$ 化为有理函数的积分.

当 q 为整数, $p = \frac{\mu}{\lambda}(\mu, \lambda\in\mathbb{Z})$, 令 $z = \sqrt[\lambda]{a+bt}$ 化为有理函数积分.

当 $p+q$ 为整数, $p = \frac{\mu}{\lambda}(\mu, \lambda\in\mathbb{Z})$, 令 $\sqrt[\lambda]{\frac{a+bt}{t}}$ 化为有理函数积分.

(iii) 形如:$\int R\left(x, \sqrt{ax^2+bx+c}\right)\mathrm{d}x(a>0, b^2-4ac\neq 0; a<0, b^2-4ac\neq 0)$.

(法一) 化为 $\int R\left(x, \sqrt[m]{\dfrac{\alpha x+\chi}{\mu x+\nu}}\right)\mathrm{d}x$;

(法二) 若 $a>0$, 令 $\sqrt{ax^2+bx+c}=\sqrt{a}x+t$; 若 $c>0$, 令 $\sqrt{ax^2+bx+c}=tx+\sqrt{c}$;

(法三) 根号下配方后用三角公式变换.

8^0 递推关系求不定积分.

二、 定积分

1. 定积分的定义

分割、作和、求极限. 注意定积分的定义中有两个任意: 任意分、任意取.

注　应用定义可以证明函数的可积性; 采取不同的分法 (若有一种分法使得函数可积, 则函数一定可积) 或取法可以证明函数的不可积.

2. 定积分的几何意义

设 $f(x)$ 为区间 $[a,b]$ 上的连续函数, 定积分 $\int_a^b f(x)\mathrm{d}x$ 的值是由曲线 $y=f(x)$ 在 x 轴上方所有曲边梯形的正面积与 x 轴下方部分所有曲边梯形的负面积的代数和.

注　定积分的几何意义可以帮助我们理解某些积分恒等式.

3. 函数可积的必要条件

命题　$f(x)\in R[a,b]\Longrightarrow f(x)$ 在 $[a,b]$ 上有界. 反之不成立, 如: Dirichlet 函数.

注　闭区间上的无界函数一定不可积. 开区间和无限区间上的无界函数可能是收敛的广义积分.

4. 函数可积的充要条件

设 $f(x)$ 在 $[a,b]$ 上有界, 则

1^0 (第一充要条件) $f(x)\in R[a,b]\Longleftrightarrow \forall\varepsilon>0,\exists\delta>0$, 对 $[a,b]$ 上的任意分法 T, 当 $\lambda(T)<\delta$ 时, 有 $\sum\limits_{i=1}^{n}\omega_i\Delta x_i<\varepsilon$.

2^0 (第二充要条件) $f(x)\in R[a,b]\Longleftrightarrow\forall\varepsilon>0$, 存在分法 T, 使得相应振幅满足 $\sum\limits_{T}\omega_i\Delta x_i<\varepsilon$.

3^0 (第三充要条件) $f(x)\in R[a,b]\Longleftrightarrow\forall\varepsilon>0,\sigma>0,\exists\delta>0$, 对 $[a,b]$ 上的任意分法 T, 当 $\lambda(T)<\delta$ 时, 对应于振幅 $\omega_k'\geqslant\varepsilon$ 的那些区间长度之和 $\sum\limits_{\omega_k'\geqslant\varepsilon}\Delta x_i<\sigma$.

5. 可积函数类 (可积的充分条件)

1^0 $f(x)\in C[a,b]\Longrightarrow f(x)\in R[a,b]$. 反之不成立, 如: Riemann 函数.

2^0 $[a,b]$ 上的单调函数一定是可积函数.

3^0 $[a,b]$ 上有有限个间断点的有界函数一定是可积函数.

4^0 若 $f(x)$ 在 $[a,b]$ 上有界, $x_n(n=1,2,\cdots)$ 是 $f(x)$ 在 $[a,b]$ 上的不连续点, 且 $\lim\limits_{n\to\infty}x_n=x_0$ (由于 $[a,b]$ 是闭集, x_0 一定属于 $[a,b]$), 则 $f(x)\in R[a,b]$. 反之不成立, 如: Riemann 函数.

思考　将 $[a,b]$ 改成 (a,b) 上面的结论成立否?

6. 由可积函数的充要条件容易得到 $f(x)$, $f^2(x)$, $|f(x)|$ 可积性的关系如下

$$f^2(x)\in R[a,b]\Longleftarrow(\not\Longrightarrow)f(x)\in R[a,b]\Longrightarrow(\not\Longleftarrow)|f(x)|\in R[a,b],$$

$$f^2(x) \in R[a,b] \Longleftrightarrow |f(x)| \in R[a,b].$$

不成立的反例, 如: Dirichlet 函数. 这些 Riemann 积分的关系在广义积分一般不成立, 在广义积分部分我们再给出三个函数广义积分关系.

7. *定积分的性质*

由积分的定义, 我们可以得到如下的性质.

1^0 $f(x), g(x) \in R[a,b] \Longrightarrow [\alpha f(x) \pm \beta g(x)] \in R[a,b]$, 且

$$\int_a^b [\alpha f(x) + \beta g(x)]\mathrm{d}x = \alpha \int_a^b f(x)\mathrm{d}x + \beta \int_a^b g(x)\mathrm{d}x.$$

注 这个性质可以帮助我们计算一些线性组合函数的积分.

2^0 $f(x), g(x) \in R[a,b] \Longrightarrow f(x) \cdot g(x) \in R[a,b]$.

注 这个性质是 Riemann 可积函数对乘法的封闭性, 这条性质根据可积函数一定有界及可积的充要条件可以得到. 注意到 $\int_a^b f(x)g(x)\mathrm{d}x = \int_a^b f(x)\mathrm{d}x \int_a^b g(x)\mathrm{d}x$ 一般不成立, 而成立下面 Cauchy 不等式

$$\left(\int_a^b f(x)g(x)\mathrm{d}x\right)^2 \leqslant \left(\int_a^b f^2(x)\mathrm{d}x\right) \cdot \left(\int_a^b g^2(x)\mathrm{d}x\right).$$

这个不等式可以看成是"连续型" Cauchy 不等式, 在中学和高等代数欧氏空间中的 Cauchy 不等式可看成是"离散型" Cauchy 不等式. 一般地, 有下面 Hölder 积分不等式

$$\int_a^b f(x)g(x)\mathrm{d}x \leqslant \left(\int_a^b f^p(x)\mathrm{d}x\right)^{\frac{1}{p}} \cdot \left(\int_a^b g^q(x)\mathrm{d}x\right)^{\frac{1}{q}},$$

其中 $p, q > 1$ 且 $\frac{1}{p} + \frac{1}{q} = 1$.

函数可导、连续对乘法封闭、一致连续在有限区间对乘法封闭, 在无限区间不一定封闭. 注意到, 广义积分对乘积不封闭.

3^0 $f(x) \in R[a,b] \Longrightarrow \forall c \in [a,b], f(x) \in R[a,c], f(x) \in [c,b]$, 且

$$\int_a^b f(x)\mathrm{d}x = \int_a^c f(x)\mathrm{d}x + \int_c^b f(x)\mathrm{d}x.$$

注 这条性质主要帮助我们计算一些分段函数的积分.

4^0 $\int_a^b f(x)\mathrm{d}x = -\int_b^a f(x)\mathrm{d}x$.

注 这条性质可以认为 Riemann 积分是与积分路径有关的积分, 类比多元函数部分各种积分与路径的关系.

5^0 若 $f(x) \in R[a,b]$ 且 $f(x) \geqslant 0 \Longrightarrow \int_a^b f(x)\mathrm{d}x \geqslant 0$.

注 (i) $f(x) \in R[a,b], f(x) \geqslant 0$, 且 $f(x) \not\equiv 0 \not\Longrightarrow \int_a^b f(x)\mathrm{d}x > 0$, 由于可积函数改变有限个点的函数值不影响函数的积分值, 如: Riemann 函数.

(ii) $f(x) \in C[a,b], f(x) \geqslant 0$, 且 $f(x) \not\equiv 0 \Longrightarrow \int_a^b f(x)\mathrm{d}x > 0$, 这一点根据连续函数的局部保号性立即可以得到.

(iii) $f(x) \in R[a,b]$ 且 $f(x) > 0 \Longrightarrow \int_a^b f(x)\mathrm{d}x > 0$, 这一点可由可积函数一定有连续点而得到.

(iv) $f(x) \in R[a,b]$ 且 $\int_a^b f(x)\mathrm{d}x > 0 \Longrightarrow \exists [c,d] \subset [a,b]$ 使得 $\forall x \in [c,d]$, 有 $f(x) > 0$. 这一点可用反证法及定积分定义而得到.

6^0 $f(x) \in R[a,b]$, 则 $|f(x)| \in R[a,b]$, 且 $\left|\int_a^b f(x)\mathrm{d}x\right| \leqslant \int_a^b |f(x)|\mathrm{d}x$.

注　此不等式可以看成简单不等式 $\left|\sum_{k=1}^n a_k\right| \leqslant \sum_{k=1}^n |a_k|$ 在积分中的推广. 此不等式主要用来估计积分值, 有广泛的应用. 假设 $f(x) \in C[a,b]$, 在什么条件下上述不等式可改成严格小于号, 何时上述不等式成为恒等式?

7^0 **第一积分中值定理**　若 $f(x) \in C[a,b]$, $g(x) \in R[a,b]$ 且 $g(x)$ 在 $[a,b]$ 上不变号, 则至少 $\exists \xi \in [a,b]$ 使得 $\int_a^b f(x)g(x)\mathrm{d}x = f(\xi)\int_a^b g(x)\mathrm{d}x$.

特别地, 当 $g(x) \equiv 1$, 上述中值定理就变成 $\int_a^b f(x)\mathrm{d}x = f(\xi)(b-a)$. 切记, 如果 $f(x)$ 不连续, 上述等式不成立. 值得注意的是, 对微分中值定理 ξ 是属于开区间的.

第一积分中值定理′　若 $f(x), g(x) \in C[a,b]$ 且 $g(x)$ 在 $[a,b]$ 上不变号, 则至少存在 $\xi \in (a,b)$ 使得 $\int_a^b f(x)g(x)\mathrm{d}x = f(\xi)\int_a^b g(x)\mathrm{d}x$.

8^0 **第二积分中值定理**　设 $f(x) \in R[a,b]$.

(i) 若函数 $g(x)$ 在 $[a,b]$ 上递减且 $g(x) \geqslant 0$, 则存在 $\xi \in [a,b]$ 使得

$$\int_a^b f(x)g(x)\mathrm{d}x = g(a)\int_a^\xi f(x)\mathrm{d}x.$$

(ii) 若函数 $g(x)$ 在 $[a,b]$ 上递增且 $g(x) \geqslant 0$, 则存在 $\xi \in [a,b]$ 使得

$$\int_a^b f(x)g(x)\mathrm{d}x = g(b)\int_\xi^b f(x)\mathrm{d}x.$$

(iii) 若函数 $g(x)$ 在 $[a,b]$ 上单调, 则存在 $\xi \in [a,b]$ 使得

$$\int_a^b f(x)g(x)\mathrm{d}x = g(a)\int_a^\xi f(x)\mathrm{d}x + g(b)\int_\xi^b f(x)\mathrm{d}x.$$

注　由第二积分中值定理很方便地证明广义积分的 Dirichlet 判别法和 Abel 判别法.

8. **变限积分**

1^0 $f(x) \in R[a,b] \Longrightarrow F(x) = \int_a^x f(t)\mathrm{d}t \in C[a,b]$.

注　这条性质说明可积函数的可变上限的积分成为连续函数. 一般地, 函数积分一次光滑性就提高些, 求导一次其光滑性降低些.

2^0 $f(x)\in C[a,b]\Longrightarrow F(x)=\displaystyle\int_a^x f(t)\mathrm{d}t\in C^1[a,b]$, 即 $F(x)$ 是连续可导函数, 且 $F'(x)=f(x)$.

注 这条性质既回答了前面所说的连续函数一定存在原函数, 也给出了原函数的表示. 前面已经指出具有第一类间断点的函数不存在原函数, 结合前面可积函数类的讨论, 我们可以推断可积函数不一定存在原函数, 如 Riemann 函数. 反过来, 有原函数的函数也不一定是可积函数 (先举出一个可导函数, 求导以后无界, 这个导函数就是我们要找的函数).

3^0 若 $f(x)\in C[a,b],\varphi(x),\psi(x)$ 在 $[a,b]$ 上可导, 且 $a\leqslant\varphi(x),\psi(x)\leqslant b$, 则

$$\left(\int_{\varphi(x)}^{\psi(x)} f(t)\mathrm{d}t\right)'=f(\psi(x))\psi'(x)-f(\varphi(x))\varphi'(x).$$

注 2^0 是 3^0 的特殊情形, 而且由 3^0 可得到可变下限积分的求导公式. 在含参变量积分部分, 我们发现还有比 3^0 更一般的含参变量的可变积分限求导公式.

9. 定积分的计算

1^0 用定积分的定义.

2^0 Newton-Leibniz 公式: 设 $f(x)$ 在 $[a,b]$ 上有定义, 且满足

(i) $f(x)\in R[a,b]$;

(ii) $f(x)$ 在 $[a,b]$ 上存在原函数 $F(x)$, 则 $\displaystyle\int_a^b f(t)\mathrm{d}t=F(b)-F(a)$.

注 Newton-Leibniz 公式是高等数学乃至整个数学领域中最优美的结论之一, 它不仅通过建立了不定积分与定积分的关系, 深刻地揭示了微分与积分的关系, 同时还“指点迷津”, 给出了利用原函数便捷计算积分的途径. 人们通常称该公式为微积分基本定理.

3^0 若 $f(x)\in R[a,b],F(x)\in C[a,b]$ 且除有限个点外 $F'(x)=f(x)$, 则

$$\int_a^b f(t)\mathrm{d}t=F(b)-F(a).$$

注 用定积分的定义, 只要用这有限个使得 $F'(x)=f(x)$ 不成立的点作分点, 然后用微分中值定理即可得证.

4^0 分部积分.

5^0 换元积分.

6^0 递推公式计算积分.

7^0 利用函数性质计算积分 (如周期性、奇偶性等).

注 除了上述常用的积分方法外, 还常用下面技巧和方法:

(i) 将被积函数分子、分母除以一个函数或乘以一个函数就达到简化积分的目的;

(ii) 将被积函数展成幂级数然后逐项积分求和;

(iii) 用 Euler 公式;

(iv) 可以适当引入参变量, 用含参变量积分的性质计算积分, 如: Dirichlet 广义积分 $\displaystyle\int_0^{+\infty}\frac{\sin x}{x}\mathrm{d}x$ 等就是采取引入参变量的方法;

(v) 对被积函数比较复杂的积分先将被积函数化为某个简单函数在适当区间上的积分, 然后交换积分次序, 达到计算积分的目的;

(vi) 有时候我们利用重积分来计算定积分或广义积分, 如: 计算 $\int_{-\infty}^{+\infty} \mathrm{e}^{-x^2}\mathrm{d}x$ 等;

(vii) 复变函数中的残数定理对计算一些定积分或广义积分会带来很大方便.

10. 定积分的应用

我们可以用定积分计算平面图形的面积、平面曲线的弧长、旋转体的体积和侧面积. 这些应用经常和多元微积分中各种积分结合起来.

1^0 平面曲线弧长.

曲线的弧长计算公式是由“分割曲线, 以弦长代替弧长并求极限”而得到的.

(i) (参数形式曲线) 设 $C_1:\begin{cases} x=\varphi(t), \\ y=\psi(t), \end{cases}$ $t\in[\alpha,\beta]$ 为光滑曲线, 则弧长计算公式为

$$L=\int_\alpha^\beta \sqrt{\varphi'^2(t)+\psi'^2(t)}\mathrm{d}t.$$

(ii) (直角坐标系曲线) 设 $f(x)\in C^1[a,b]$, 则曲线 $C_2: y=f(x), x\in[a,b]$ 的弧长为

$$L=\int_a^b \sqrt{1+f'^2(t)}\mathrm{d}t.$$

(iii) (极坐标曲线) 设 $r(\theta)\in C^1[\alpha,\beta]$, 曲线 $C_3: r=r(\theta), \theta\in[\alpha,\beta]$ 弧长的计算公式为

$$L=\int_\alpha^\beta \sqrt{r^2(\theta)+r'^2(\theta)}\mathrm{d}\theta.$$

注 由于曲线 C_1 是光滑曲线, 所以 $\varphi'^2(t)+\psi'^2(t)\neq 0$, 即在曲线上任意点存在切向量 $\boldsymbol{\tau}(t)=(\varphi'(t),\psi'(t))$, 因此弧长的计算公式又可以写成 $L=\int_\alpha^\beta |\tau(t)|\mathrm{d}t$, 即弧长就是切向量长度的积分. 只要将曲线 C_2, C_3 分别化为参数形式, 然后代入参数形式弧长计算公式就可得到 (ii) 和 (iii) 中的计算公式.

这里给出曲率的计算公式, 曲线 C_1 曲率的计算公式为

$$K=\frac{|\varphi'\psi''-\varphi''\psi'|}{(\varphi'^2(t)+\psi'^2(t))^{\frac{3}{2}}}.$$

曲线 C_2 的计算公式为

$$K=\frac{|y''|}{(1+y'^2)^{\frac{3}{2}}}.$$

2^0 平面图形面积.

(i) (直角坐标曲线) 由连续曲线 $C_2: y=f(x)$ 及两条直线 $x=a, x=b\,(a<b)$ 所围成平面图形的面积计算公式为

$$S=\int_a^b |f(x)|\mathrm{d}x. \tag{1}$$

注 由两条连续曲线 $y=f_1(x)$ 与 $y=f_2(x)$ 以及两条直线 $x=a, x=b(a<b)$ 所围成平面图形的面积计算公式为

$$S=\int_a^b |f_2(x)-f_1(x)|\mathrm{d}x.$$

(ii) (参数形式曲线) 设 $C_1:\begin{cases} x=\varphi(t), \\ y=\psi(t), \end{cases}$ $t\in[\alpha,\beta]$ 为连续曲线且 $\varphi\in C^1[\alpha,\beta],\varphi'(t)\neq 0$. 记 $a=x(\alpha),b=x(\beta)$, 则由曲线 C_1 及直线 $x=a,x=b$ 和 x 轴所围成图形的面积计算公式为

$$S=\int_\alpha^\beta |\psi(t)\varphi'(t)|\mathrm{d}t.$$

由于 $\varphi'(t)\neq 0$, 由 Darboux (导函数介值) 定理知 $\varphi'(t)$ 恒正或恒负, 代入公式 (1) 即可.

(iii) (极坐标曲线) 由连续曲线 $C_3: r=r(\theta),\theta\in[\alpha,\beta],\beta-\alpha\leqslant 2\pi$ 与两条射线 $\theta=\alpha,\theta=\beta$ 所围成的平面图形面积计算公式为

$$S=\frac{1}{2}\int_\alpha^\beta r^2(\theta)\mathrm{d}\theta.$$

平面图形的面积也可以由二重积分计算, 只要令二重积分计算公式中的被积函数 $f(x,y)\equiv 1$ 即可.

3^0 几何体的体积.

(i) 设几何体 Ω 别夹在两平面 $x=a$ 与 $x=b$ 之间 $(a<b)$, 垂直于 x 轴的界面面积函数为 $A(x)$, 则几何体的体积计算公式为

$$V=\int_a^b A(x)\mathrm{d}x.$$

(ii) 绕 x 轴旋转所得旋转体的体积.

(a) (直角坐标曲线) 连续曲线 $C_2: y=f(x),x\in[a,b]$ 及两条直线 $x=a,x=b\,(a<b)$ 所围成平面图形的面积绕 x 轴旋转一周所得旋转体的体积的计算公式为

$$V_x=\pi\int_a^b f^2(x)\mathrm{d}x. \tag{2}$$

(b) (参数形式曲线) 设 $C_1:\begin{cases} x=\varphi(t), \\ y=\psi(t), \end{cases}$ $t\in[\alpha,\beta]$ 为连续曲线且 $\varphi\in C^1[\alpha,\beta],\varphi'(t)\neq 0$. 记 $a=x(\alpha),b=x(\beta)$, 则由曲线 C_1 及直线 $x=a,x=b$ 和 x 轴所围成图形的面积绕 x 轴旋转一周所得旋转体的体积的计算公式为

$$V_x=\pi\left|\int_\alpha^\beta \psi^2(t)\varphi'(t)\mathrm{d}t\right|.$$

此公式可由公式 (2) 换元而得到.

(c) (极坐标曲线) 由连续曲线 $C_3: r=r(\theta),\theta\in[\alpha,\beta]\subset[0,\pi]$ 所表示的面积绕极轴旋转一周所得几何体的体积计算公式为

$$V=\frac{2\pi}{3}\int_\alpha^\beta r^3(\theta)\sin\theta\mathrm{d}\theta.$$

(iii) 曲边梯形 $0\leqslant y\leqslant f(x),a\leqslant x\leqslant b$ 绕 y 轴旋转所得几何体的体积的计算公式为

$$V=2\pi\int_a^b xf(x)\mathrm{d}x.$$

旋转体的体积也可以由三重积分计算, 只要令三重积分计算公式中的被积函数 $f(x,y)\equiv 1$ 即可.

4^0 旋转曲面的面积.

(i) (直角坐标曲线) 平面曲线 $C_2: y=f(x), x\in[a,b]$ (不妨设 $f(x)\geqslant 0$) 绕 x 轴旋转一周得到旋转曲面的面积公式为

$$S=2\pi\int_a^b f(x)\sqrt{1+f'^2(x)}\mathrm{d}x.$$

(ii) (参数形式曲线) 设 $C_1:\begin{cases}x=\varphi(t),\\ y=\psi(t),\end{cases}$ $t\in[\alpha,\beta]$ 为光滑曲线, 且 $\psi(t)\geqslant 0$, 由曲线 C_1 绕 x 轴旋转所得旋转曲面的面积为

$$S=2\pi\int_\alpha^\beta \psi(t)\sqrt{\varphi'^2(t)+\psi'^2(t)}\mathrm{d}t.$$

(iii) (极坐标曲线) 设 $r(\theta)\in C^1[\alpha,\beta]$, 曲线 $C_3: r=r(\theta), \theta\in[\alpha,\beta]$ 绕极轴旋转一周所得旋转曲面的面积为

$$S=2\pi\int_\alpha^\beta r(\theta)\sin\theta\sqrt{r^2(\theta)+r'^2(\theta)}\mathrm{d}\theta.$$

三、 广义积分

(一) 无穷限广义积分

1. 定义、Cauchy 准则

1^0 设 $f(x)$ 在 $[a,+\infty)$ 上有定义, 且对任何有限区间 $[a,A]$ 上可积. 若 $\lim\limits_{A\to+\infty}\int_a^A f(x)\mathrm{d}x=I$, 则称 I 为 $f(x)$ 在 $[a,+\infty)$ 上无穷限反常积分 (简称无穷积分), 并称 $\int_a^{+\infty} f(x)\mathrm{d}x$ 收敛.

记 $F(A)=\int_a^A f(x)\mathrm{d}x$, 广义积分的定义本质上是函数的极限问题. 若

$$\lim_{(B,A)\to(+\infty,-\infty)}\int_A^B f(x)\mathrm{d}x$$

存在则称 $\int_{-\infty}^{+\infty} f(x)\mathrm{d}x$ 收敛, 这里 A,B 是独立变化的.

注 我们可以由定义判断广义积分的敛散性, 不过用定义判断收敛性一般要求出被积函数在任意有限区间上的积分, 然后再求极限. 很多函数是不容易求出积分的, 所以定义判断收敛性又有其不足之处.

2^0 Caychy 准则.

无穷积分 $\int_a^{+\infty} f(x)\mathrm{d}x$ 收敛, $\Longleftrightarrow \forall\varepsilon>0, \exists A>a$, 当 $A_1,A_2>A$ 时, 有 $\left|\int_{A_1}^{A_2} f(x)\mathrm{d}x\right|<\varepsilon$.

无穷积分 $\int_a^{+\infty} f(x)\mathrm{d}x$ 发散 $\Longleftrightarrow \exists\varepsilon_0>0, \forall A>a, \exists A_1,A_2>A$ 使得 $\left|\int_{A_1}^{A_2} f(x)\mathrm{d}x\right|\geqslant\varepsilon_0$.

注 可以用 Cauchy 准则判断广义积分的敛散性, 这种判定方法有时可以不求出积分, 这是相对于用定义判定的优点. 但此方法只能判定敛散性, 在收敛的情况下未能求出积分值.

2. 无穷积分的性质

1^0 设 $\int_a^{+\infty} f(x)\mathrm{d}x$ 与 $\int_a^{+\infty} g(x)\mathrm{d}x$ 都收敛, 则对任意常数 α, β, $\int_a^{+\infty} [\alpha f(x) + \beta g(x)]\mathrm{d}x$ 收敛, 且 $\int_a^{+\infty} [\alpha f(x) + \beta g(x)]\mathrm{d}x = \alpha \int_a^{+\infty} f(x)\mathrm{d}x + \beta \int_a^{+\infty} g(x)\mathrm{d}x$.

注　这一性质对应于函数极限的线性性质. 这一性质主要运用于通过线性组合而得到的相对复杂函数积分的收敛性.

2^0 $\int_a^{+\infty} f(x)\mathrm{d}x = \int_a^{c} f(x)\mathrm{d}x + \int_c^{+\infty} f(x)\mathrm{d}x, \forall c \in [a, +\infty)$.

注　这个性质主要应用于分段函数, 以及 a 是 $f(x)$ 瑕点的收敛性判断.

3^0 设 $\int_a^{+\infty} f(x)\mathrm{d}x$ 与 $\int_a^{+\infty} g(x)\mathrm{d}x$ 都收敛, 且 $f(x) \leqslant g(x), \forall x \in [a, +\infty)$, 则

$$\int_a^{+\infty} f(x)\mathrm{d}x \leqslant \int_a^{+\infty} g(x)\mathrm{d}x.$$

4^0 若 $\int_a^{+\infty} f(x)\mathrm{d}x$ 绝对收敛, 则 $\int_a^{+\infty} f(x)\mathrm{d}x$ 收敛, 且 $\left|\int_a^{+\infty} f(x)\mathrm{d}x\right| \leqslant \int_a^{+\infty} |f(x)|\mathrm{d}x$.

注　这一性质可以看成简单不等式 $\left|\sum\limits_{n=1}^{\infty} a_n\right| \leqslant \sum\limits_{n=1}^{\infty} |a_n|$ 的推广. 这条性质和定积分有差别了. 定积分中可积一定绝对可积, 即 $f(x) \in R[a,b] \Longrightarrow |f(x)| \in R[a,b]$, 定积分的这条性质是根据可积的充要条件以及 $||f(x)| - |f(y)|| \leqslant |f(x) - f(y)|$ 得到的. 而这里的无穷积分是绝对收敛一定收敛, 这一性质是根据无穷积分收敛的 Cauchy 准则而得到的, 广义积分的这条性质和级数中的绝对收敛一定收敛是一致的. 广义积分的性质和级数的性质很多是一致, 常用广义积分作工具来研究级数 (例如级数的积分判别法等), 所以我们应该把广义积分和级数结合起来理解.

若 $\int_a^{+\infty} f(x)\mathrm{d}x$ 绝对收敛, $\int_a^{+\infty} g(x)\mathrm{d}x$ 条件收敛, 可以得到 $\int_a^{+\infty} [f(x) + g(x)]\mathrm{d}x$ 条件收敛.

$\int_a^{+\infty} f(x)\mathrm{d}x$ 绝对收敛的含义是: $f(x)$ 在 $[a, +\infty)$ 有定义, 对 $\forall [a, A] \subset [a, +\infty)$, $f(x) \in R[a, A]$, 且 $\int_a^{+\infty} |f(x)|\mathrm{d}x$ 收敛.

5^0 $\int_a^{+\infty} f(x)\mathrm{d}x$ 与 $\int_a^{+\infty} g(x)\mathrm{d}x$ 收敛 $\not\Rightarrow \int_a^{+\infty} f(x)g(x)\mathrm{d}x$ 收敛.

注　这一性质说明无穷积分对乘法不封闭, 例如 $\int_1^{+\infty} \frac{\sin x}{\sqrt{x}}\mathrm{d}x$ 收敛, 但 $\int_1^{+\infty} \frac{\sin^2 x}{x}\mathrm{d}x$ 发散. 前面说过, 定积分对乘法封闭.

6^0 对定积分而言, 我们有 $f^2(x) \in R[a,b] \Longleftarrow (\not\Longrightarrow) f(x) \in R[a,b] \Longrightarrow (\not\Longleftarrow) |f(x)| \in R[a,b]$, $f^2(x) \in R[a,b] \Longleftrightarrow |f(x)| \in R[a,b]$. 但对无穷积分就不同了.

$$\int_a^{+\infty} f^2(x)\mathrm{d}x\text{收敛} \not\Longleftarrow (\not\Longrightarrow) \int_a^{+\infty} f(x)\mathrm{d}x\text{收敛} \not\Longrightarrow (\Longleftarrow) \int_a^{+\infty} |f(x)|\mathrm{d}x\text{收敛},$$

$$\int_a^{+\infty} f^2(x)\mathrm{d}x\text{收敛} \not\Longleftarrow (\not\Longrightarrow) \int_a^{+\infty} |f(x)|\mathrm{d}x\text{收敛}.$$

上面不成立的反例从下面几个例子就可得到: $\int_1^{+\infty}\frac{\sin x}{\sqrt{x}}\mathrm{d}x$ 收敛; $\int_1^{+\infty}\frac{|\sin x|}{\sqrt{x}}\mathrm{d}x$ 发散; $\int_1^{+\infty}\frac{\sin^2 x}{x}\mathrm{d}x$ 发散; $\int_1^{+\infty}\frac{1}{x}\mathrm{d}x$ 发散; $\int_1^{+\infty}\frac{1}{x^2}\mathrm{d}x$ 收敛. 对 $f(x)=\begin{cases} n^2, & n\leqslant x<n+\frac{1}{n^4},\\ 0, & n+\frac{1}{n^4}\leqslant x<n+1,\end{cases}$ $\int_1^{+\infty}f(x)\mathrm{d}x$ 收敛, $\int_1^{+\infty}f^2(x)\mathrm{d}x$ 发散.

注　假设 $f(x)$ 在 $[a,+\infty)$ 上非负, 无穷积分 $\int_a^{+\infty}|f(x)|\mathrm{d}x$ 收敛, 也推不出 $\int_a^{+\infty}f^2(x)\mathrm{d}x$ 收敛. 广义积分收敛的函数甚至可以是无界的.

对级数 $\sum_{n=1}^{\infty}a_n(a_n\geqslant 0)$, 如果 $\sum_{n=1}^{\infty}a_n$ 收敛, 则由 Cauchy 准则可得 $\sum_{n=1}^{\infty}a_n^2$, $\sum_{n=1}^{\infty}(a_n)^n$ 收敛.

级数和广义积分出现这种差别的原因在于 $\sum_{n=1}^{\infty}a_n(a_n\geqslant 0)$收敛 $\Longrightarrow \lim_{n\to+\infty}a_n=0$; 但对于 $\int_a^{+\infty}f(x)\mathrm{d}x(f(x)\geqslant 0)$收敛$\not\Longrightarrow \lim_{x\to+\infty}f(x)$ 存在.

思考　(i) 如果 $f(x)$ 在 $[a,+\infty)$ 上为连续正值函数, 且 $\int_a^{+\infty}f(x)\mathrm{d}x$ 收敛, 能否推出 $f(x)$ 有界?

(ii) 设 $f(x)$ 在 $(a,+\infty)$ 内有定义, a 不是 $f(x)$ 的瑕点, 且 $\int_a^{+\infty}f(x)\mathrm{d}x$ 收敛, 试再附加合适条件保证 $f(x)$ 在 $(a,+\infty)$ 内有界.

3. *无穷积分收敛性判定*

无穷积分敛散与否主要是看当积分变量充分大以后的积分状况, 所以主要考察积分变量充分大以后被积函数的特点即可.

1^0 (比较判别法) 设 $0\leqslant f(x)\leqslant g(x), x\in[a,+\infty)$. 则

(i) $\int_a^{+\infty}g(x)\mathrm{d}x$ 收敛 $\Longrightarrow \int_a^{+\infty}f(x)\mathrm{d}x$ 收敛;

(ii) $\int_a^{+\infty}f(x)\mathrm{d}x$ 发散 $\Longrightarrow \int_a^{+\infty}g(x)\mathrm{d}x$ 发散.

注　比较判别法要求函数是非负的, 这里的结论简单记“大的收敛小的收敛, 小的发散大的发散”. 这和后面正项级数的比较判别法是一致的, 这里积分看成“连续型”求和, 级数看成“离散型”求和. 遗憾的是, 用比较判别法要判断无穷积分的敛散性必须找出另外一个作陪衬, 这也是此判别法的不足之处.

上面的判别法中只要 x 充分大以后 $0\leqslant f(x)\leqslant kg(x)$($k$ 为常数) 成立即可.

比较判别法的极限形式: 设 $f(x)\geqslant 0, g(x)>0, x\in[a,+\infty)$, $\lim_{x\to+\infty}\frac{f(x)}{g(x)}=l$.

(i) 若 $0<l<\infty$ 时, $\int_a^{+\infty}f(x)\mathrm{d}x$ 与 $\int_a^{+\infty}g(x)\mathrm{d}x$ 同时敛散;

(ii) 若 $l=0$ 时, $\int_a^{+\infty}g(x)\mathrm{d}x$ 收敛 $\Longrightarrow\int_a^{+\infty}f(x)\mathrm{d}x$ 收敛;

(iii) 若 $l=+\infty$ 时, $\int_a^{+\infty}g(x)\mathrm{d}x$ 发散 $\Longrightarrow \int_a^{+\infty}f(x)\mathrm{d}x$ 发散.

注 由于无穷积分绝对收敛一定收敛, 用 $|f(x)|$ 和非负函数 $g(x)$ 比较, 若 $\int_a^{+\infty}|f(x)|\mathrm{d}x$ 收敛, 就断定 $\int_a^{+\infty}f(x)\mathrm{d}x$ 收敛, 如果 $\int_a^{+\infty}|f(x)|\mathrm{d}x$ 发散, 仍需要其他方法判断 $\int_a^{+\infty}f(x)\mathrm{d}x$ 的敛散性.

2^0 运用 $\int_1^{+\infty}\frac{1}{x^p}\mathrm{d}x$ 作为比较对象, 就可以得到 Cauchy 判别法, Cauchy 判别法本质上也是比较判别法. 我们知道: $p>1$ 时, $\int_1^{+\infty}\frac{1}{x^p}\mathrm{d}x$ 收敛; $p\leqslant 1$ 时, $\int_1^{+\infty}\frac{1}{x^p}\mathrm{d}x$ 发散.

Cauchy 判别法: 设 $f(x)$ 定义在 $[a,+\infty)(a>0)$, 且在任意有限区间 $[a,A]$ 上可积, 则有

(i) $|f(x)|\leqslant\frac{1}{x^p}, x\in[a,+\infty)$, 且$p>1\Longrightarrow\int_a^{+\infty}|f(x)|\mathrm{d}x$收敛 $\Longrightarrow\int_a^{+\infty}f(x)\mathrm{d}x$收敛.

(ii) $|f(x)|\geqslant\frac{1}{x^p}, x\in[a,+\infty)$, 且$p\leqslant 1\Longrightarrow\int_a^{+\infty}|f(x)|\mathrm{d}x$发散.

对于上述的判别方法只要对所有充分大 x 成立 $|f(x)|$ 和 $\frac{1}{x^p}$ 的上述不等式就可以.

Cauchy 判别法的极限形式：设 $f(x)$ 定义在 $[a,+\infty)(a>0)$, 且在任意有限区间 $[a,A]$ 上可积, 且 $\lim\limits_{x\to+\infty}x^p|f(x)|=\lim\limits_{x\to+\infty}\frac{|f(x)|}{\frac{1}{x^p}}=l$. 则有

(i) 当 $p>1, 0\leqslant l<+\infty\Longrightarrow\int_a^{+\infty}|f(x)|\mathrm{d}x$收敛 $\Longrightarrow\int_a^{+\infty}f(x)\mathrm{d}x$收敛.

(ii) 当 $p\leqslant 1, 0<l\leqslant+\infty\Longrightarrow\int_a^{+\infty}|f(x)|\mathrm{d}x$发散.

在 Cauchy 判别法的 (ii) 情形下, $\int_a^{+\infty}f(x)\mathrm{d}x$ 的敛散性需要进一步判定.

3^0 Abel 判别法与 Dirichlet 判别法.

Abel 判别法: 若 (i) $\int_a^{+\infty}f(x)\mathrm{d}x$ 收敛; (ii) $g(x)$ 在 $[a,+\infty)$ 上单调; (iii) $g(x)$ 在 $[a,+\infty)$ 上有界. 则 $\int_a^{+\infty}f(x)g(x)\mathrm{d}x$ 收敛.

Dirichlet 判别法: 若 $F(A)=\int_a^{A}f(x)\mathrm{d}x$ 在 $[a,+\infty)$ 上有界; (ii) $g(x)$ 在 $[a,+\infty)$ 上单调; (iii) $\lim\limits_{x\to+\infty}g(x)=0$. 则 $\int_a^{+\infty}f(x)g(x)\mathrm{d}x$ 收敛.

今后我们还要学习数项级数收敛的 Abel 判别法与 Dirichlet 判别法, 可以说这两种判别法没有本质的差别, 只是将积分中的 $F(A)=\int_a^{A}f(x)\mathrm{d}x$ 改成级数中前 n 项和组成的数列就行. 对于函数项级数和含参变量广义积分一致收敛的 Abel 判别法与 Dirichlet 判别法, 只是将收敛改为一致收敛, 有界改为一致有界, 趋于零改为一致趋于零, 关于单调就是对那个量积分或求和就要求关于那个量单调.

4^0 用分部积分或变量替换法, 变成其他形式, 看是否能判定它的敛散性.

5^0 用级数方法判定. 设 f 为 $[1,+\infty)$ 上非负减函数, 则正项级数 $\sum\limits_{n=1}^{\infty}f(n)$ 与反常积分 $\int_1^{+\infty}f(x)\mathrm{d}x$ 同时敛散.

4. 广义积分的计算

由于反常积分是通过变限定积分的极限来定义的, 所以依然可以利用 Newton-Leibniz 公式、换元积分、分部积分、递推、Euler 积分等方法计算反常积分, 此外还可以根据具体情况灵活地运用其他方法, 可以参考定积分的计算方法.

5. 广义积分 $\int_a^{+\infty} f(x)\mathrm{d}x$ 收敛与 $\lim\limits_{x\to+\infty} f(x)=0$ 的关系

$\int_a^{+\infty} f(x)\mathrm{d}x$ 收敛推不出 $\lim\limits_{x\to+\infty} f(x)=0$, 也推不出 $f(x)$ 有界, 也推不出 $f(x)$ 连续, 如:

$$f(x)=\begin{cases} n^2, & n\leqslant x<n+\dfrac{1}{n^4}, \\ 0, & n+\dfrac{1}{n^4}\leqslant x<n+1, \end{cases} \quad x\in[1,+\infty).$$

反之 $\lim\limits_{x\to+\infty} f(x)=0$, 且连续也推不出 $\int_a^{+\infty} f(x)\mathrm{d}x$ 收敛, 如: $\int_1^{+\infty}\frac{1}{\sqrt{x}}\mathrm{d}x$.

思考　广义积分 $\int_a^{+\infty} f(x)\mathrm{d}x$ 收敛, 加上什么条件能推出 $\lim\limits_{x\to+\infty} f(x)=0$?

可以证明再附加下列条件之一即可:

(1) $\lim\limits_{x\to+\infty} f(x)$ 存在;

(2) $\int_a^{+\infty} f'(x)dx$ 收敛;

(3) $f(x)$ 单调 (这时得到更强的结果 $\lim\limits_{x\to+\infty} xf(x)=0$);

(4) $f(x)$ 在 $[a,+\infty)$ 上一致连续;

(5) $f'(x)$ 在 $[a,+\infty)$ 上有界.

(二) 瑕积分

1. 定义、Cauchy 准则

1^0 设 $f(x)$ 在 $[a,b)$ 上有定义, b 是 $f(x)$ 的唯一瑕点, 若 $\forall\eta\in(0,b-a), f(x)\in R[a,b-\eta]$, 且极限 $\lim\limits_{\eta\to0^+}\int_a^{b-\eta} f(x)\mathrm{d}x=I$, 则称反常积分 (瑕积分) $\int_a^b f(x)\mathrm{d}x$ 收敛, 并称 I 为 $f(x)$ 在 $[a,b]$ 上的瑕积分.

瑕积分本质上是函数的极限.

2^0 Cauchy 准则.

$\int_a^b f(x)\mathrm{d}x$ 收敛 $\Longleftrightarrow \forall\varepsilon>0,\exists\delta>0$, 当 $\forall\eta,\eta'\in(0,\delta)$, 有 $\left|\int_{b-\eta}^{b-\eta'} f(x)\mathrm{d}x\right|<\varepsilon$.

$\int_a^b f(x)\mathrm{d}x$ 发散 $\Longleftrightarrow \exists\varepsilon_0>0,\forall\delta>0, \exists\eta,\eta'\in(0,\delta)$ 使得 $\left|\int_{b-\eta}^{b-\eta'} f(x)\mathrm{d}x\right|\geqslant\varepsilon_0$.

2. 瑕积分的性质

无穷积分的前 5 条性质瑕积分同样具有. 瑕积分和无穷积分不同的是: (b 为 $f(x)$ 唯一瑕点) $\int_a^b f^2(x)\mathrm{d}x$ 收敛 $\Longrightarrow\int_a^b f(x)\mathrm{d}x$ 收敛. 这是因为 $|f(x)|\leqslant\dfrac{1+f^2(x)}{2}$.

3. 瑕积分收敛性判定

比较判别法和无穷积分相同. 下面仅说明 Cauchy、Abel、Dirichlet 判别法: 在无穷积分中 $\int_a^{+\infty}\frac{1}{x^p}\mathrm{d}x\begin{cases}收敛, & p>1,\\ 发散, & p\leqslant 1.\end{cases}$ 而瑕积分 $\int_a^b\frac{1}{(b-x)^p}\mathrm{d}x\begin{cases}收敛, & p<1,\\ 发散, & p\geqslant 1.\end{cases}$

1^0 Cauchy 判别法: 设 $f(x)$ 在 $[a,b)$ 上有定义, b 是 $f(x)$ 的唯一瑕点, 若 $\forall\eta\in(0,b-a), f(x)\in R[a,b-\eta]$, 则有

(i) $|f(x)|\leqslant\frac{1}{(b-x)^p}$, 且$0<p<1\Longrightarrow\int_a^b|f(x)|\mathrm{d}x$收敛$\Longrightarrow\int_a^{+\infty}f(x)\mathrm{d}x$收敛.

(ii) $|f(x)|\geqslant\frac{1}{(b-x)^p}$, 且$p\geqslant 1\Longrightarrow\int_a^b|f(x)|\mathrm{d}x$发散.

2^0 Cauchy 判别法的极限形式: 设 $f(x)$ 在 $[a,b)$ 上有定义, b 是 $f(x)$ 的唯一瑕点, 若 $\forall\eta\in(0,b-a), f(x)\in R[a,b-\eta]$, 且 $\lim\limits_{x\to+\infty}(x-b)^p|f(x)|=\lim\limits_{x\to+\infty}\dfrac{|f(x)|}{\dfrac{1}{(b-x)^p}}=l$. 则有

(i) 当 $0<p<1, 0\leqslant l<+\infty\Longrightarrow\int_a^b|f(x)|\mathrm{d}x$收敛$\Longrightarrow\int_a^b f(x)\mathrm{d}x$收敛.

(ii) 当 $p\geqslant 1, 0<l\leqslant+\infty\Longrightarrow\int_a^b|f(x)|\mathrm{d}x$发散.

在 Cauchy 判别法的 (ii) 情形下, $\int_a^b f(x)\mathrm{d}x$ 的敛散性需要进一步判定.

3^0 Abel 判别法与 Dirichlet 判别法.

Abel 判别法: 若 (i) $\int_a^b f(x)\mathrm{d}x$ 收敛; (ii) $g(x)$ 在 $[a,b)$ 上单调; (iii) $g(x)$ 在 $[a,b)$ 上有界. 则 $\int_a^b f(x)g(x)\mathrm{d}x$ 收敛.

Dirichlet 判别法: 若 (i) $F(\eta)=\int_a^{b-\eta}f(x)\mathrm{d}x$ 在 $[a,b)$ 上有界; (ii) $g(x)$ 在 $[a,+\infty)$ 上单调; (iii) $\lim\limits_{x\to b^-}g(x)=0$. 则 $\int_a^b f(x)g(x)\mathrm{d}x$ 收敛.

我们经常将瑕积分通过变换变成无穷积分讨论.

4. 瑕积分的计算

瑕积分的计算类似于无穷限积分, 特别注意 Euler 积分有助于方便地计算瑕积分.

典 型 例 题

一、 不定积分

例 4-1-1　解答下列各题.

1. 据理说明含有第一类间断点的函数是否有原函数?

解　一定没有原函数! 由于导函数至多有第二类间断点, 因此含有第一类间断点的函数一定没有原函数. ■

2. 据理说明含有第二类间断点的函数是否有原函数?

解　不一定!

例如:

$$f(x)=\begin{cases}2x\sin\dfrac{1}{x}-\cos\dfrac{1}{x}, & x\neq 0,\\ 0, & x=0,\end{cases}$$

显然 $x=0$ 是 $f(x)$ 的第二类间断点, 但有原函数

$$F(x)=\begin{cases}x^2\sin\dfrac{1}{x}, & x\neq 0,\\ 0, & x=0.\end{cases}$$

例如:

$$D(x)=\begin{cases}1, & x\in\mathbb{Q},\\ -1, & x\,\overline{\in}\,\mathbb{Q}.\end{cases}$$

显然此函数每一点均是 $D(x)$ 的第二类间断点. 由于 $D(x)$ 没有介值性, 由导函数的介值定理知 $D(x)$ 没有原函数. ■

3. 据理说明连续函数是否有原函数?

解　一定有原函数! 如果 $f(x)$ 连续, 则 $F(x)=\int_a^x f(t)\mathrm{d}t$ 就是 $f(x)$ 的一个原函数. ■

4. 据理说明周期函数的原函数是否为周期函数?

解　不一定! 例如: $f(x)=\cos x+1$ 是周期函数, 但其原函数 $F(x)=\sin x+x+C$ 不是周期函数. ■

注　可导的周期函数的导函数一定是周期函数.

例 4-1-2　解答下列各题.

1. 求 $I=\int\dfrac{4x^3+x^7}{x^8+9}\mathrm{d}x$.

解　由于

$$\begin{aligned}I&=\int\frac{4x^3+x^7}{x^8+9}\mathrm{d}x=\int\frac{4x^3}{x^8+9}\mathrm{d}x+\int\frac{x^7}{x^8+9}\mathrm{d}x\\&=\frac{1}{3}\int\frac{1}{\left(\dfrac{x^4}{3}\right)^2+1}\mathrm{d}\left(\frac{x^4}{3}\right)+\frac{1}{8}\int\frac{1}{x^8+9}\mathrm{d}(x^8+9)\\&=\frac{1}{3}\arctan\frac{x^4}{3}+\frac{1}{8}\ln\left(9+x^8\right)+C.\end{aligned}$$ ■

2. 设 $f'(\arctan x)=x^2$, 求 $f(x)$.

解　记 $u=\arctan x$, 则

$$f'(u)=\tan^2 u,$$

因此

$$f(u)=\int\tan^2 u\mathrm{d}u=\int\left(\sec^2 u-1\right)\mathrm{d}u=\tan u-u+C,$$

于是

$$f(x)=\tan x-x+C.\quad\blacksquare$$

3. 计算 $\int\frac{\sqrt{x^4+x^{-4}+2}}{x^3}\mathrm{d}x.$

解　事实上,

$$\int\frac{\sqrt{x^4+x^{-4}+2}}{x^3}\mathrm{d}x=\int\frac{x^2+x^{-2}}{x^3}\mathrm{d}x=\int\left(\frac{1}{x}+\frac{1}{x^5}\right)\mathrm{d}x=\ln|x|-\frac{1}{4x^4}+C.\quad\blacksquare$$

4. 计算 $\int|x-1|\,\mathrm{d}x.$

解　由于

$$f(x):=|x-1|=\begin{cases}x-1, & x\in[1,+\infty),\\ 1-x, & x\in(-\infty,1)\end{cases}\in C(\mathbb{R}),$$

因此 $f(x):=|x-1|$ 存在原函数. 为使

$$F(x)=\begin{cases}\frac{1}{2}x^2-x, & x\in[1,+\infty),\\ -\frac{1}{2}x^2+x+C_1, & x\in(-\infty,1)\end{cases}$$

为 $f(x)$ 的一个原函数, 由导函数极限定理只要求 $F(x)$ 在 $x=1$ 连续即可, 即满足

$$\lim_{x\to1^+}F(x)=\lim_{x\to1^-}F(x)=F(1)\Longrightarrow C_1=-1,$$

因此有

$$\int|x-1|\,\mathrm{d}x=\begin{cases}\frac{1}{2}x^2-x, & x\in[1,+\infty),\\ -\frac{1}{2}x^2+x-1, & x\in(-\infty,1)\end{cases}+C.\quad\blacksquare$$

注　类似地,

$$\int\mathrm{e}^{-|x|}\mathrm{d}x=\begin{cases}-\mathrm{e}^{-x}, & x\geqslant0,\\ \mathrm{e}^x-2, & x<0\end{cases}+C.$$

5. 计算 $\int|\sin x|\,\mathrm{d}x.$

解　由于

$$f(x):=|\sin x|=\begin{cases}\sin x, & x\in[2k\pi,(2k+1)\pi),\\ -\sin x, & x\in[(2k+1)\pi,(2k+2)\pi]\end{cases}\in C(\mathbb{R}).$$

因此 $f(x):=|\sin x|$ 存在原函数. 为使 $F(x)$ 为 $f(x)$ 在 $\mathbb{R}$ 上的一个原函数, 由导函数极限定理只要求 $F(x)$ 在 $x=\pm n\pi,\ n\in\mathbb{N}^+$ 连续即可, 即满足

$$
F(x)=\begin{cases}
\cdots\cdots & \\
-\cos x-n\times 4, & x\in[-2n\pi,(-2n+1)\pi),\\
\cos x-(n-1)\times 4-2, & x\in[(-2n+1)\pi,(-2n+2)\pi),\\
\cdots\cdots & \\
-\cos x-2\times 4, & x\in[-4\pi,-3\pi),\\
\cos x-4-2, & x\in[-3\pi,-2\pi),\\
-\cos x-4, & x\in[-2\pi,-\pi),\\
\cos x-2, & x\in[-\pi,0),\\
-\cos x, & x\in[0,\pi),\\
\cos x+2, & x\in[\pi,2\pi),\\
-\cos x+4, & x\in[2\pi,3\pi),\\
\cos x+4+2, & x\in[3\pi,4\pi),\\
-\cos x+4\times 2, & x\in[4\pi,5\pi),\\
\cos x+4\times 2+2, & x\in[5\pi,6\pi),\\
\cdots\cdots & \\
-\cos x+4\times k, & x\in[2n\pi,(2n+1)\pi),\\
\cos x+4\times k+2, & x\in[(2n+1)\pi,(2n+2)\pi),\\
\cdots\cdots &
\end{cases}
$$

又可以写成

$$
F(x)=\begin{cases}
-\cos x+4k, & x\in[2k\pi,(2k+1)\pi),\\
\cos x+4k+2, & x\in[(2k+1)\pi,(2k+2)\pi],
\end{cases}\quad k\in\mathbb{Z}.
$$

故

$$
\int|\sin x|\,\mathrm{d}x=F(x)+C.
$$

注　类似地,

$$
\int|\cos x|\mathrm{d}x=F(x)+C,
$$

其中

$$
F(x)=\begin{cases}
\sin x+4k, & x\in\left[2k\pi-\dfrac{\pi}{2},2k\pi+\dfrac{\pi}{2}\right),\\
-\sin x+4k+2, & x\in\left[2k\pi+\dfrac{\pi}{2},2k\pi+\dfrac{3\pi}{2}\right].
\end{cases}
$$

■

例 4-1-3　导出下列不定积分的递推公式.

1. $I_n=\displaystyle\int\frac{1}{\cos^n x}\mathrm{d}x.$

解　由于

$$\begin{aligned}I_n &= \int \frac{1}{\cos^n x}\mathrm{d}x = \int \sec^n x\mathrm{d}x = \int \sec^{n-2} x \sec^2 x\mathrm{d}x = \int \sec^{n-2} x\mathrm{d}\tan x \\ &= \sec^{n-2}\tan x - (n-2)\int \tan x \sec^{n-3} x \sec x \tan x\mathrm{d}x \\ &= \sec^{n-2}\tan x - (n-2)\int \sec^{n-2} x(\sec^2 x - 1)\mathrm{d}x \\ &= \frac{\sin x}{\cos^{n-1} x} - (n-2)\left[I_n - I_{n-2}\right],\end{aligned}$$

因此

$$I_n = \frac{\sin x}{(n-1)\cos^{n-1} x} + \frac{n-2}{n-1}I_{n-2}. \quad ■$$

2. $I_n = \displaystyle\int \frac{1}{\sin^n x}\mathrm{d}x.$

解　由于

$$\begin{aligned}I_n &= \int \frac{1}{\sin^n x}\mathrm{d}x = \int \csc^n x\mathrm{d}x = \int \csc^{n-2} x \csc^2 x\mathrm{d}x = -\int \csc^{n-2} x\mathrm{d}\cot x \\ &= -\csc^{n-2}\cot x - (n-2)\int \cot x \csc^{n-3} x \csc x \cot x\mathrm{d}x \\ &= -\csc^{n-2}\cot x - (n-2)\int \csc^{n-2} x(\csc^2 x - 1)\mathrm{d}x \\ &= -\frac{\cos x}{\sin^{n-1} x} - (n-2)\left[I_n - I_{n-2}\right],\end{aligned}$$

因此

$$I_n = -\frac{\cos x}{(n-1)\sin^{n-1} x} + \frac{n-2}{n-1}I_{n-2}. \quad ■$$

3. $I_n = \displaystyle\int \tan^n x\mathrm{d}x.$

解　由于

$$\begin{aligned}I_n &= \int \tan^n x\mathrm{d}x = \int \tan^{n-2}(\sec^2 x - 1)x\mathrm{d}x = \int \tan^{n-2}\sec^2 x\mathrm{d}x - I_{n-2} \\ &= \int \tan^{n-2}\mathrm{d}\tan x - I_{n-2} = -I_{n-2} + \frac{1}{n-1}\tan^{n-1} x,\end{aligned}$$

即

$$I_n = -I_{n-2} + \frac{1}{n-1}\tan^{n-1} x. \quad ■$$

4. $I(m,n) = \displaystyle\int \cos^m x \sin^n x\mathrm{d}x.$

解　由于

$$\begin{aligned}I(m,n) &= \int \cos^m x \sin^n x\mathrm{d}x = \int \cos^{m-1} x \sin^n x\mathrm{d}\sin x \\ &= \cos^{m-1} x \sin^{n+1} x - \int \left[-(m-1)\cos^{m-2} x \sin^{n+1} x + n\cos^m x \sin^{n-1} x\right] \sin x\mathrm{d}x \\ &= \cos^{m-1} x \sin^{n+1} x - nI(m,n) + (m-1)\int \cos^{m-2} x \sin^n x(1-\cos^2 x)\mathrm{d}x \\ &= \cos^{m-1} x \sin^{n+1} x + (1-m-n)\, I(m,n) + (m-1)I(m-2,n),\end{aligned}$$

因此

$$I(m,n) = \frac{1}{m+n}\cos^{m-1} x \sin^{n+1} x + \frac{m-1}{m+n}I(m-2,n). \quad \blacksquare$$

注 由

$$I(m,n) = -\int \cos^m x \sin^{n-1} x\mathrm{d}\cos x$$

可得到

$$I(m,n) = -\frac{1}{m+n}\cos^{m+1} x \sin^{n-1} x + \frac{n-1}{m+n}I(m,n-2).$$

5. $I_n = \int x^n \mathrm{e}^{kx}\mathrm{d}x$.

解 由于

$$I_n = \int x^n \mathrm{e}^{kx}\mathrm{d}x = \frac{1}{k}\int x^n \mathrm{d}\mathrm{e}^{kx} = \frac{1}{k}x^n\mathrm{e}^{kx} - \frac{n}{k}\int x^{n-1}\mathrm{e}^{kx}\mathrm{d}x,$$

即

$$I_n = \frac{1}{k}x^n\mathrm{e}^{kx} - \frac{n}{k}I_{n-1}. \quad \blacksquare$$

6. $I_n = \int (\ln x)^n \mathrm{d}x$.

解 由于

$$I_n = \int (\ln x)^n \mathrm{d}x = x(\ln x)^n - n\int (\ln x)^{n-1}\mathrm{d}x,$$

即

$$I_n = x(\ln x)^n - nI_{n-1}. \quad \blacksquare$$

7. $I_n = \int (\arcsin x)^n \mathrm{d}x$.

解 由于

$$\begin{aligned}I_n &= \int (\arcsin x)^n \mathrm{d}x = x(\arcsin x)^n - n\int \frac{x}{\sqrt{1-x^2}}(\arcsin x)^{n-1}\mathrm{d}x \\ &= x(\arcsin x)^n + n\int (\arcsin x)^{n-1}\mathrm{d}\sqrt{1-x^2} \\ &= x(\arcsin x)^n + n\sqrt{1-x^2}(\arcsin x)^{n-1} - n(n-1)\int (\arcsin x)^{n-2}\mathrm{d}x,\end{aligned}$$

即

$$I_n = x(\arcsin x)^n + n\sqrt{1-x^2}(\arcsin x)^{n-1} - n(n-1)I_{n-2}. \quad \blacksquare$$

注　也可以先换元再分部积分.

8. $I_n = \int \mathrm{e}^{ax}\sin^n x\mathrm{d}x$.

解　由于

$$\begin{aligned}I_n &= \int \mathrm{e}^{ax}\sin^n x\mathrm{d}x = \frac{1}{a}\int \sin^n x\mathrm{d}\mathrm{e}^{ax} = \frac{1}{a}\mathrm{e}^{ax}\sin^n x - \frac{n}{a}\int \mathrm{e}^{ax}\sin^{n-1}x\cos x\mathrm{d}x\\&= \frac{1}{a}\mathrm{e}^{ax}\sin^n x - \frac{n}{a^2}\int \sin^{n-1}x\cos x\mathrm{d}\mathrm{e}^{ax}\\&= \frac{1}{a}\mathrm{e}^{ax}\sin^n x - \frac{n}{a^2}\mathrm{e}^{ax}\sin^{n-1}x\cos x + \frac{n}{a^2}\int \mathrm{e}^{ax}\left[(n-1)\sin^{n-2}x\cos^2 x - \sin^n x\right]\mathrm{d}x\\&= \frac{1}{a}\mathrm{e}^{ax}\sin^n x - \frac{n}{a^2}\mathrm{e}^{ax}\sin^{n-1}x\cos x + \frac{n(n-1)}{a^2}\int \mathrm{e}^{ax}\sin^{n-2}x\mathrm{d}x\\&\quad - \frac{n(n-1)}{a^2}\int \mathrm{e}^{ax}\sin^n x\mathrm{d}x - \frac{n}{a^2}\int \mathrm{e}^{ax}\sin^n x\mathrm{d}x,\end{aligned}$$

即

$$I_n = \frac{1}{a}\mathrm{e}^{ax}\sin^n x - \frac{n}{a^2}\mathrm{e}^{ax}\sin^{n-1}x\cos x + \frac{n(n-1)}{a^2}I_{n-2} - \frac{n^2}{a^2}I_n,$$

亦即

$$I_n = \frac{1}{n^2+a^2}\left[a\mathrm{e}^{ax}\sin^n x - n\mathrm{e}^{ax}\sin^{n-1}x\cos x\right] + \frac{n(n-1)}{n^2+a^2}I_{n-2}. \quad \blacksquare$$

9. $I_n = \int \frac{\mathrm{d}x}{x^n\sqrt{x^2+1}}$.

解　由于

$$\begin{aligned}I_n &= \int \frac{1}{x^{n+1}}\mathrm{d}\sqrt{x^2+1} = \frac{\sqrt{x^2+1}}{x^{n+1}} + (n+1)\int \frac{\sqrt{x^2+1}}{x^{n+2}}\mathrm{d}x\\&= \frac{\sqrt{x^2+1}}{x^{n+1}} + (n+1)\int \frac{x^2+1}{x^{n+2}\sqrt{x^2+1}}\mathrm{d}x = \frac{\sqrt{x^2+1}}{x^{n+1}} + (n+1)(I_n + I_{n+2}),\end{aligned}$$

即

$$I_{n+2} = -\frac{\sqrt{x^2+1}}{(n+1)x^{n+1}} - \frac{n}{n+1}I_n,$$

亦即

$$I_n = -\frac{\sqrt{x^2+1}}{(n-1)x^{n-1}} - \frac{n-2}{n-1}I_{n-2}. \quad \blacksquare$$

注　若 $I_n = \int \frac{x^n}{\sqrt{1-x^2}}\mathrm{d}x$, 则有

$$I_n = -\frac{1}{n}x^{n-1}\sqrt{1-x^2} + \frac{n-1}{n}I_{n-2}.$$

10. $I_n=\int\frac{\sin nx}{\sin x}\mathrm{d}x$.

解 由于

$$\begin{aligned}I_n&=\int\frac{\sin nx}{\sin x}\mathrm{d}x=\int\frac{\sin(n-2)x\cos 2x+\sin 2x\cos(n-2)x}{\sin x}\mathrm{d}x\\&=\int\frac{\sin(n-2)x(1-2\sin^2 x)+2\sin x\cos x\cos(n-2)x}{\sin x}\mathrm{d}x\\&=\int\left\{\frac{\sin(n-2)x}{\sin x}+2\left[\cos(n-2)x\cos x-\sin(n-2)x\sin x\right]\right\}\mathrm{d}x\\&=I_{n-2}+2\int\cos(n-1)x\mathrm{d}x=I_{n-2}+\frac{2}{n-1}\sin(n-1)x,\quad n\geqslant 2.\end{aligned}$$

即

$$I_n=I_{n-2}+\frac{2}{n-1}\sin(n-1)x,\quad n\geqslant 2.\ ■$$

二、 定积分

例 4-2-1 解答下列各题.

1. 设 $f(x),g(x)\in C[a,b]$ 上连续. 证明:

$$\lim_{d\to 0}\sum_{i=1}^{n}f(\xi_i)g(\theta_i)\Delta x_i=\int_a^b f(x)g(x)\mathrm{d}x,$$

其中 $\xi_i,\theta_i\in[x_{i-1},x_i],i=1,2,\cdots,n,\Delta x_i=x_i-x_{i-1},x_0=a,x_n=b,d=\max\limits_{1\leqslant i\leqslant n-1}\Delta x_i$.

证 设 $|f(x)|\leqslant M(M>0),x\in[a,b]$, 且 $I=\int_a^b f(x)g(x)\mathrm{d}x$, 则对 $[a,b]$ 上任意分割 T, 有

$$\begin{aligned}\left|\sum_{n=1}^{n}f(\xi_i)g(\theta_i)\Delta x_i-I\right|&=\left|\sum_{n=1}^{n}[f(\xi_i)g(\theta_i)-f(\xi_i)g(\xi_i)]\Delta x_i+\sum_{n=1}^{n}f(\xi_i)g(\xi_i)\Delta x_i-I\right|\\&\leqslant\sum_{n=1}^{n}|f(\xi_i)||g(\xi_i)-g(\theta_i)|\Delta x_i+\left|\sum_{n=1}^{n}f(\xi_i)g(\xi_i)\Delta x_i-I\right|\\&\leqslant M\sum_{n=1}^{n}|g(\xi_i)-g(\theta_i)|\Delta x_i+\left|\sum_{n=1}^{n}f(\xi_i)g(\xi_i)\Delta x_i-I\right|.\end{aligned}\tag{1}$$

由条件可知 $g(x)$ 在 $[a,b]$ 上一致连续, 再由积分定义可知 $\forall\varepsilon>0,\exists\delta>0$, 当 $d<\delta$ 时, 有

$$\left|\sum_{n=1}^{n}f(\xi_i)g(\xi_i)\Delta x_i-I\right|<\frac{\varepsilon}{2},\quad\left|\sum_{n=1}^{n}|g(\xi_i)-g(\theta_i)|\Delta x_i\right|<\frac{\varepsilon}{2M}.$$

从而

$$\left|\sum_{n=1}^{n}f(\xi_i)g(\theta_i)\Delta x_i-I\right|<M\cdot\frac{\varepsilon}{2M}+\frac{\varepsilon}{2},$$

即

$$\lim_{d\to 0}\sum_{n=1}^{n} f(\xi_i)g(\theta_i)\Delta x_i=\int_a^b f(x)g(x)\mathrm{d}x. \quad ■$$

思考　将条件 $f(x),g(x)\in C[a,b]$ 改为 $f(x),g(x)\in R[a,b]$ 上题的结论是否成立? 考察上面的 (1) 式, 对 (1) 式右边的第一项应用可积的第一充要条件可使其小于 ε, 对 (1) 右边第二项应用可积定义可使其小于 ε, 故上题的结论仍然成立.

2. 设 $f(x)$ 在 $[a,b]$ 上 Riemann 可积, 且具有原函数 $F(x)$. 证明 $F(b)-F(a)=\displaystyle\int_a^b f(x)\mathrm{d}x$.

证　对 $[a,b]$ 的任意分割 $T: a=x_0<x_1<\cdots<x_n=b$, 由于 $F(x)\in C[x_{i-1},x_i]$ 且在 (x_{i-1},x_i) 上可导, 由 Lagrange 中值定理得

$$F(x_i)-F(x_{i-1})=F'(\xi_i)\Delta x_i=f(\xi_i)\Delta x_i\Longrightarrow F(b)-F(a)=\sum_{i=1}^{n} f(\xi_i)\Delta x_i,$$

由于 $f(x)\in R[a,b]$, 令 $\|T\|\to 0$ 得 $F(b)-F(a)=\displaystyle\int_a^b f(x)\mathrm{d}x$.　■

注　有原函数的函数不一定可积, 可积的函数也不一定有原函数.

3. 求 A,B 使得 $A\leqslant\displaystyle\int_0^1\sqrt{1+x^4}\mathrm{d}x\leqslant B$, 要求 $B-A<0.1$.

解　令 $f(x)=\sqrt{1+x^4}$, 将区间 $[0,1]$ n 等分, 由定积分定义得

$$\int_0^1\sqrt{1+x^4}\mathrm{d}x=\lim_{n\to\infty}\frac{1}{n}\sum_{i=1}^{n} f(\xi_i),\quad \xi_i\in\left[\frac{i-1}{n},\frac{i}{n}\right].$$

由于 $f(x)=\sqrt{1+x^4}$ 递增, 所以 $f\left(\dfrac{i-1}{n}\right)\leqslant f(\xi_i)\leqslant f\left(\dfrac{i}{n}\right)$, 故

$$\frac{1}{n}\sum_{i=1}^{n} f\left(\frac{i-1}{n}\right)\leqslant\int_0^1\sqrt{1+x^4}\mathrm{d}x\leqslant\frac{1}{n}\sum_{i=1}^{n} f\left(\frac{i}{n}\right).$$

而

$$\frac{1}{n}\sum_{i=1}^{n} f\left(\frac{i}{n}\right)-\frac{1}{n}\sum_{i=1}^{n} f\left(\frac{i-1}{n}\right)=\frac{1}{n}[f(1)-f(0)]=\frac{1}{n}(\sqrt{2}-1),$$

故取 $n=5$, 令 $A=\dfrac{1}{5}\displaystyle\sum_{i=1}^{5} f\left(\dfrac{i-1}{5}\right)$, $B=\dfrac{1}{5}\displaystyle\sum_{i=1}^{5} f\left(\dfrac{i}{5}\right)$, 则有

$$A\leqslant\int_0^1\sqrt{1+x^4}\mathrm{d}x\leqslant B,\quad 且\ B-A<0.1. \quad ■$$

练习　设 $f(x)\in R[a,b]$, $F(x)\in C[a,b]$, 且除有限个点外 $F'(x)=f(x)$, 则

$$\int_a^b f(x)\mathrm{d}x=F(b)-F(a).$$

例 4-2-2　解答下列各题.

1. 设函数 $f(x)$ 在 $[a,b]$ 上有定义, 证明 $f(x)\in R[a,b]$ 的充分必要条件是: 存在 $I\in\mathbb{R}$, 对于 $\forall\varepsilon>0$, $\exists[a,b]$ 的一个分割 $T: a=x_0<x_1<\cdots<x_n=b$, 对于 $\forall\xi_i\in[x_{i-1},x_i]$ $(i=1,2,\cdots,n)$ 有

$$\left|\sum_{i=1}^{n} f(\xi_i)\Delta x_i - I\right|<\varepsilon.$$

证　$(\Longrightarrow)$ 由可积的定义可得.

$(\Longleftarrow)$ 只要证明 $\forall\varepsilon>0$, 存在 $[a,b]$ 的一个分割 T 使得 $\sum\limits_{i=1}^{n}\omega_i\Delta x_i<k\varepsilon$ 即可. 事实上, 记 $M_i=\sup\limits_{[x_{i-1},x_i]}f(x)$, $m_i=\inf\limits_{[x_{i-1},x_i]}f(x)$, 由确界定义知 $\forall\varepsilon>0$, $\exists\xi_i',\ \xi_i''\in[x_{i-1},x_i]$ 使得

$$\begin{aligned}
&f(\xi_i')>M_i-\frac{\varepsilon}{(b-a)},\ f(\xi_i'')<m_i+\frac{\varepsilon}{(b-a)}\Longrightarrow\sum_{i=1}^{n}f(\xi_i')\Delta x_i>\sum_{i=1}^{n}M_i\Delta x_i-\varepsilon,\\
&\sum_{i=1}^{n}f(\xi_i'')\Delta x_i<\sum_{i=1}^{n}m_i\Delta x_i+\varepsilon\Longrightarrow\left|\sum_{i=1}^{n}f(\xi_i')\Delta x_i-\sum_{i=1}^{n}M_i\Delta x_i\right|<\varepsilon,\\
&\qquad\left|\sum_{i=1}^{n}f(\xi_i'')\Delta x_i-\sum_{i=1}^{n}m_i\Delta x_i\right|<\varepsilon\\
&\Longrightarrow\left|\sum_{i=1}^{n}M_i\Delta x_i-I\right|\leqslant\left|\sum_{i=1}^{n}M_i\Delta x_i-\sum_{i=1}^{n}f(\xi_i')\Delta x_i\right|+\left|\sum_{i=1}^{n}f(\xi_i')\Delta x_i-I\right|<2\varepsilon,
\end{aligned}$$

且

$$\begin{aligned}
&\left|\sum_{i=1}^{n}m_i\Delta x_i-I\right|\\
\leqslant&\left|\sum_{i=1}^{n}m_i\Delta x_i-\sum_{i=1}^{n}f(\xi_i'')\Delta x_i\right|+\left|\sum_{i=1}^{n}f(\xi_i'')\Delta x_i-I\right|<2\varepsilon\\
\Longrightarrow&\sum_{i=1}^{n}\omega_i\Delta x_i=\sum_{i=1}^{n}M_i\Delta x_i-\sum_{i=1}^{n}m_i\Delta x_i\leqslant\left|\sum_{i=1}^{n}M_i\Delta x_i-I\right|+\left|\sum_{i=1}^{n}m_i\Delta x_i-I\right|<4\varepsilon.\quad\blacksquare
\end{aligned}$$

2. 若 $f(x)\in R[a,b]$, 则 $f(x)$ 在 $[a,b]$ 内必有无限多个处处稠密的连续点.

证　先证在 $[a,b]$ 上存在连续点. 由 $f(x)\in R[a,b]$ 及可积的充要条件知对 $\varepsilon=b-a>0$, 存在 $[a,b]$ 的分法 T_1 满足 $\lambda(T_1)<\dfrac{b-a}{2}$ 使得

$$\sum_{T_1}\omega_i\Delta x_i<b-a\Longrightarrow\text{存在}T_1\text{中的小区间}[x_{k-1},x_k]\text{使得}\omega_k<1;$$

记 $[a_1,b_1]:=[x_{k-1},x_k]$(T_1中的小区间), 则 $f(x)\in R[a_1,b_1]$, 对 $\dfrac{b-a}{2}>0$, 存在 $[a,b]$ 的分法 T_2 满足 $\lambda(T_2)<\dfrac{b_1-a_1}{2}<\dfrac{b-a}{2^2}$ 使得

$$\sum_{T_2}\omega_i\Delta x_i<\frac{b-a}{2}\Longrightarrow\ \text{存在 }T_2\text{中的小区间}[x_{k-1},x_k]\text{使得}\omega_k<\frac{1}{2};$$

记 $[a_2,b_2]:=[x_{k-1},x_k]$(T_2中的小区间), 则 $f(x)\in R[a_2,b_2]$, 对 $\dfrac{b-a}{3}>0$, $\exists[a,b]$ 的分法 T_3 满足 $\lambda(T_3)<\dfrac{b_2-a_2}{2}<\dfrac{b-a}{2^3}$ 使得

$$\sum_{T_3}\omega_i\Delta x_i<\frac{b-a}{3}\Longrightarrow \text{存在 } T_3\text{中的小区间}[x_{k-1},x_k] \text{ 使得 } \omega_k<\frac{1}{3};$$

依次下去得到区间序列 $\{[a_n,b_n]\}$ 满足:

(i) $[a_n,b_n]\subset[a_{n+1},b_{n+1}](n=1,2,\cdots)$;

(ii) $b_n-a_n<\dfrac{b-a}{2^n}$;

(iii) $\omega^f[a_n,b_n]<\dfrac{1}{n}$.

由闭区间套定理存在唯一点 x_0 使得 $x_0\in[a_n,b_n]\,(n=1,2,\cdots)$. 下面证明 $f(x)$ 在 x_0 点连续. 事实上, 对 $\forall\varepsilon>0$, $\exists n\in\mathbb{N}$ 使得 $\dfrac{1}{n}<\varepsilon$. 取 $\delta=\min\{x_0-a_n,b_n-x_0\}\left(\text{当 } x_0 \text{ 为区间端点时, 取 } \delta=\dfrac{b_n-a_n}{2}\right)$, 则 $\delta>0$ 使得 $U(x_0,\delta)\subset[a_n,b_n]$, 当 $x\in U(x_0,\delta)$ 时, 有 $|f(x)-f(x_0)|\leqslant\omega^f[a_n,b_n]<\dfrac{1}{n}<\varepsilon$, 故 $f(x)$ 在 x_0 点连续.

再证连续点的稠密. 只要证明 $\forall[\alpha,\beta]\subset[a,b]$, 在 $[\alpha,\beta]$ 上存在 $f(x)$ 的连续点. 事实上, $\forall[\alpha,\beta]\subset[a,b]$, 则 $f(x)\in R[\alpha,\beta]$, 由上述证明可知在 $[\alpha,\beta]$ 上存在 $f(x)$ 的连续点. ■

3. 设函数 $f(x)\in R[a,b]$, 证明: 对 $\forall\varepsilon>0$,

(1) 存在 $[a,b]$ 上的阶梯函数 $h(x)$, 使得 $\displaystyle\int_a^b|f(x)-h(x)|\mathrm{d}x<\varepsilon$;

(2) 存在 $[a,b]$ 上的连续函数 $g(x)$, 使得 $\displaystyle\int_a^b|f(x)-g(x)|\mathrm{d}x<\varepsilon$.

证　由于 $f(x)\in R[a,b]$, 由可积的充要条件知 $\forall\varepsilon>0$, $\exists[a,b]$ 的分割

$$T:a=x_0<x_1<x_2<\cdots<x_n=b,$$

使得

$$\sum_{i=1}^{n}\omega_i\Delta x_i<\varepsilon,$$

其中 M_i,m_i,ω_i 分别为 $f(x)$ 在 $[x_{i-1},x_i](i=1,2,\cdots,n)$ 上的上、下确界和振幅.

(1) 定义阶梯函数

$$\overline{f}(x)=\begin{cases}M_i, & x\in[x_{i-1},x_i),\quad i=1,2,\cdots,n-1,\\ M_n, & x\in[x_{n-1},b],\end{cases}$$

$$\underline{f}(x)=\begin{cases}m_i, & x\in[x_{i-1},x_i),\quad i=1,2,\cdots,n-1,\\ m_n, & x\in[x_{n-1},b],\end{cases}$$

则 $\overline{f}(x)$, $\underline{f}(x)$ 均为区间 $[a,b]$ 上的阶梯函数. 为了证明 $\overline{f}(x)$, $\underline{f}(x)$ 满足结论 (1), 令

$$\overline{f}_1(x)=\begin{cases}\overline{f}(x), & x\in[a,b],x\neq x_i,\\ f(x_i), & x=x_i\end{cases}\qquad(i=1,2,\cdots,n).$$

$$\underline{f}_1(x)=\begin{cases}\underline{f}(x), & x\in[a,b],x\neq x_i,\\ f(x_i), & x=x_i\end{cases}\qquad (i=1,2,\cdots,n).$$

由于 $\overline{f}(x)$, $\underline{f}(x)$, $\overline{f}_1(x)$, $\underline{f}_1(x)$ 均有有限个间断点, 所以它们均在 $[a,b]$ 上可积. $\overline{f}(x)$ 与 $\overline{f}_1(x)$, $\underline{f}(x)$ 与 $\underline{f}_1(x)$ 只有有限个点的函数值不同, 所以有

$$\int_a^b|f(x)-\overline{f}(x)|\mathrm{d}x=\int_a^b|f(x)-\overline{f}_1(x)|\mathrm{d}x,$$

$$\int_a^b|f(x)-\underline{f}(x)|\mathrm{d}x=\int_a^b|f(x)-\underline{f}_1(x)|\mathrm{d}x.$$

由振幅定义, 对于 $\forall x\in[x_{i-1},x_i](i=1,2,\cdots,n)$ 有

$$|f(x)-\overline{f}_1(x)|\leqslant\omega_i,\quad |f(x)-\underline{f}_1(x)|\leqslant\omega_i,$$

从而有

$$\int_a^b|f(x)-\overline{f}_1(x)|\mathrm{d}x=\int_a^b|f(x)-\overline{f}_1(x)|\mathrm{d}x=\sum_{i=1}^n\int_{x_{i-1}}^{x_i}|f(x)-\overline{f}_1(x)|\mathrm{d}x\leqslant\sum_{i=1}^n\omega_i\Delta x_i<\varepsilon,$$

$$\int_a^b|f(x)-\underline{f}_1(x)|\mathrm{d}x=\int_a^b|f(x)-\underline{f}_1(x)|\mathrm{d}x=\sum_{i=1}^n\int_{x_{i-1}}^{x_i}|f(x)-\underline{f}_1(x)|\mathrm{d}x\leqslant\sum_{i=1}^n\omega_i\Delta x_i<\varepsilon.$$

取 $h(x)=\underline{f}(x)$ (或 $\overline{f}(x)$), 即得 (1).

(2) 作折线依次连接 $(x_{i-1},f(x_{i-1}))$ 和 $(x_i,f(x_i))\,(i=1,2,\cdots,n)$ 所得到的函数 $g(x)$ 为 $[a,b]$ 上的分段线性函数. 由振幅的定义, 对于 $\forall x\in[x_{i-1},x_i](i=1,2,\cdots,n)$ 有

$$|f(x)-g(x)|\leqslant\omega_i\Longrightarrow\int_a^b|f(x)-g(x)|\mathrm{d}x<\varepsilon,$$

从而 (2) 得证. ■

思考　在证明结论 (1) 中为什么作辅助函数 $\overline{f}_1(x)$, $\underline{f}_1(x)$?

4. 设函数 $f(x)$ 在 $\mathbb{R}$ 上有定义, 且在任何有限闭区间上可积, 证明: 对任何闭区间 $[a,b]$ 有

$$\lim_{h\to0}\int_a^b|f(x+h)-f(x)|\mathrm{d}x=0.$$

证　不妨预设 $|h|<1$, 则存在 $[\alpha,\beta]$ 满足: $[\alpha,\beta]\supset[a,b]$, 当 $x\in[a,b]$ 时, 有 $x+h\in[\alpha,\beta]$. 由于 $f(x)\in R[\alpha,\beta]$, 故 $\forall\varepsilon>0$, $\exists g(x)\in C[\alpha,\beta]$ 使得

$$\int_\alpha^\beta|f(x)-g(x)|\mathrm{d}x<\frac{\varepsilon}{4}.\tag{1}$$

$$\begin{aligned}&\int_a^b |f(x+h)-f(x)|\mathrm{d}x\\ \leqslant&\int_a^b |f(x+h)-g(x+h)|\mathrm{d}x+\int_a^b |g(x+h)-g(x)|\mathrm{d}x+\int_a^b |f(x)-g(x)|\mathrm{d}x\\ \leqslant&2\int_\alpha^\beta |f(x)-g(x)|\mathrm{d}x+\int_a^b |g(x+h)-g(x)|\mathrm{d}x. \end{aligned}\tag{2}$$

由 $g(x)\in C[\alpha,\beta]$ 知 $g(x)$ 在 $[\alpha,\beta]$ 上一致连续, 故对上述 $\varepsilon>0,\exists\delta>0$, 当 $|h|<\delta$ 时, 对 $\forall x\in[a,b]$ 有

$$|g(x+h)-g(x)|<\frac{\varepsilon}{2(b-a)}.\tag{3}$$

此时由 (1)—(3) 得

$$\int_a^b |f(x+h)-f(x)|\mathrm{d}x\leqslant 2\int_\alpha^\beta |f(x)-g(x)|\mathrm{d}x+\int_a^b |g(x+h)-g(x)|\mathrm{d}x<\varepsilon. \quad ■$$

5. **讨论 $f(x)$, $f^2(x)$, $|f(x)|$ 在 $[a,b]$ 上可积性的关系.**

证　由可积的充要条件与 Riemann 积分关于函数乘积的封闭性知

$$f^2(x)\in R[a,b]\Longleftarrow f(x)\in R[a,b]\Longrightarrow |f(x)|\in R[a,b],$$

由 Riemann 积分关于函数乘积的封闭性知

$$|f(x)|\in R[a,b]\Longrightarrow f^2(x)\in R[a,b].$$

由于 $\sqrt{u}$ 在 $[0,+\infty)$ 上一致连续及可积的第三充要条件知

$$f^2(x)\in R[a,b]\Longrightarrow |f(x)|\in R[a,b].$$

以 $f(x)=\begin{cases}1, & x\in Q,\\ -1, & x\overline{\in} Q\end{cases}$ 为例可以说明

$$f^2(x)\in R[a,b]\not\Longrightarrow f(x)\in R[a,b]\not\Longleftarrow |f(x)|\in R[a,b]. \quad ■$$

6. **设 $s(x)=4[x]-2[2x]+1$, 其中 $[x]$ 表示 x 的整数部分 (即不超过 x 的最大整数), n 代表自然数, $f(x)$ 在 $[0,1]$ 上可积. 证明 $\lim\limits_{n\to\infty}\int_0^1 f(x)s(nx)\mathrm{d}x=0$.**

证　因为 $s(x+1)=4[x+1]-2[2(x+1)]+1=4[x]+4-2[2x]-4+1=s(x)$, 所以 $s(x)$ 是以 1 为周期的函数且

$$s(x)=\begin{cases}1, & 0\leqslant x<\dfrac{1}{2},\\ -1, & \dfrac{1}{2}\leqslant x<1.\end{cases}$$

所以 $s(nx)$ 以 $\dfrac{1}{n}$ 为周期. 将 $[0,1]$ 分成 $2n$ 等份, 则

$$s(nx)=4[nx]-2[2nx]+1=\begin{cases}1, & x\in\left[\dfrac{2(k-1)}{2n},\dfrac{2k-1}{2n}\right),\\ -1, & x\in\left[\dfrac{2k-1}{2n},\dfrac{2k}{2n}\right),\end{cases}\qquad k=1,2,\cdots.$$

所以

$$\int_0^1 f(x)s(nx)\mathrm{d}x=\sum_{k=1}^{n}\left[\int_{\frac{2(k-1)}{2n}}^{\frac{2k-1}{2n}}f(x)\mathrm{d}x-\int_{\frac{2k-1}{2n}}^{\frac{2k}{2n}}f(x)\mathrm{d}x\right]=\int_0^1 f(x)\mathrm{d}x-2\sum_{k=1}^{n}\int_{\frac{2k-1}{2n}}^{\frac{2k}{2n}}f(x)\mathrm{d}x. \tag{1}$$

记 $f(x)$ 在 $\left[\dfrac{2(k-1)}{2n},\dfrac{2k}{2n}\right]$ 上的上、下确界分别为 M_k,m_k, $f(x)$ 在 $\left[\dfrac{2k-1}{2n},\dfrac{2k}{2n}\right]$ 上的上、下确界分别为 M_k',m_k', 则

$$\begin{aligned}&\int_0^1 f(x)\mathrm{d}x\leftarrow\frac{1}{n}\sum_{k=1}^{n}m_k\leqslant\frac{1}{n}\sum_{k=1}^{n}m_k'\leqslant 2\sum_{k=1}^{n}\int_{\frac{2k-1}{2n}}^{\frac{2k}{2n}}f(x)\mathrm{d}x\\ \leqslant&\frac{1}{n}\sum_{k=1}^{n}M_k'\leqslant\frac{1}{n}\sum_{k=1}^{n}M_k\to\int_0^1 f(x)\mathrm{d}x.\end{aligned}\tag{2}$$

由 (1), (2) 得 $\lim\limits_{n\to\infty}\displaystyle\int_0^1 f(x)s(nx)\mathrm{d}x=0.$ ■

7. **讨论函数在 $[0,1]$ 上的可积性.**

(1) $f(x)=\begin{cases}\dfrac{1}{x}-\left[\dfrac{1}{x}\right], & x\neq 0,\\ 0, & x=0.\end{cases}$

(2) $f(x)=\begin{cases}\operatorname{sgn}\left(\sin\dfrac{\pi}{x}\right), & x\neq 0,\\ 0, & x=0.\end{cases}$

(3) $f(x)=\begin{cases}\dfrac{1}{x}, & x\neq 0,\\ 0, & x=0.\end{cases}$

解　(1) 函数的不连续点为 $\dfrac{1}{n}(n=1,2,\cdots)$, 且不连续点收敛于 0, 所以 $f(x)\in R[0,1]$.

(2) 类似地可以证明 $f(x)\in R[0,1]$.

(3) 由于 $f(x)$ 在 $[0,1]$ 上无界, 故 $f(x)$ 在 $[0,1]$ 上不可积. ■

练习　(1) 设函数 $f(x)\in R[a,b]$, 且 $f(x)>0(x\in[a,b])$, 能否得到 $\displaystyle\int_a^b f(x)\mathrm{d}x>0$?

(2) 设 $f(x)\in R[a,b]$, 则对于 $\forall\varepsilon>0$, $\exists\, g(x)\in C[a,b]$ 使得

$$\int_a^b|f(x)-g(x)|^2\mathrm{d}x<\varepsilon.$$

(3) 证明 Riemann 函数在 $[0,1]$ 可积.

(4) 证明函数 $f(x)=\begin{cases}\sin\dfrac{1}{x}, & x\neq 0,\\ 0, & x=0\end{cases}$ 在任何区间 $[a,b]$ 上可积.

(5) 设函数 $f(x)$ 在 $[a,b]$ 上有定义, 记 $f^+(x)=\max\{f(x),0\}$, $f^-(x)=-\min\{f(x),0\}$. 证明: $f(x)\in R[a,b]$ 充要条件是 $f^+(x)\in R[a,b]$ 且 $f^-\in R[a,b]$.

(6) 设函数 $g(x)\in R[a,b]$, $f(u)\in C[A,B]$, 其中 $A=\inf\limits_{[a,b]}g(x)$, $B=\sup\limits_{[a,b]}g(x)$. 证明: $f(g(x))\in R[a,b]$.

(7) 设 $f(x)\in R[a,b]$, 且存在 $\alpha>0$ 使得 $f(x)\geqslant\alpha$, $x\in[a,b]$. 证明: (i) $\dfrac{1}{f(x)}\in R[a,b]$; (ii)$\ln f(x)\in R[a,b]$.

(8) 设函数 $f(x)$ 在区间 $[a,b]$ 上有界, 且它在 $[a,b]$ 上不连续点集只有有限个聚点. 证明: $f(x)\in R[a,b]$.

思考　两个可积函数的复合是否为可积函数?

例 4-2-3　解答下列各题.

1. 设 $f(x),g(x)$ 在 $[a,b]$ 上连续, 且 $f(x)\leqslant g(x)$, $\int_a^b f(x)\mathrm{d}x=\int_a^b g(x)\mathrm{d}x$. 证明 $f(x)\equiv g(x), x\in[a,b]$.

解　反证法. 若存在 $x_0\in[a,b]$ 使得 $f(x_0)<g(x_0)$, 由连续函数的性质得, 存在 $\delta>0$ 使得 $\forall x\in U(x_0,\delta)$ 有 $f(x)<g(x)$, 这样 $\int_a^b f(x)\mathrm{d}x<\int_a^b g(x)\mathrm{d}x$, 矛盾. ■

2. 设 $f(x)$ 在 $[0,2]$ 可积, $\int_0^2 f(x)\mathrm{d}x=0$, 证明: 存在 $\alpha\in[0,1]$ 使得 $\int_\alpha^{\alpha+1}f(x)\mathrm{d}x=0$.

证　令 $F(x)=\int_x^{x+1}f(t)\mathrm{d}t$, 则 $F(x)\in C[0,1]$. 我们希望证明 $F(x)$ 在两个点异号. 由条件

$$F(0)+F(1)=\int_0^2 f(t)\mathrm{d}t=0\Longrightarrow F(0)=F(1)=0\text{或}F(0)F(1)<0.$$

(1) 若 $F(0)=F(1)=0$, 结论显然成立;

(2) 若 $F(0)F(1)<0$, 由连续函数介值性定理知存在 $\alpha\in[0,1]$ 使得 $\int_\alpha^{\alpha+1}f(x)\mathrm{d}x=0$. ■

3. 设 $f(x)$ 在 $[a,b]$ 上连续, 且 $\int_a^b f(x)\mathrm{d}x=0$, $\int_a^b xf(x)\mathrm{d}x=0$. 证明至少存在两个点 $x_1,x_2\in(a,b)$ 使得 $f(x_1)=f(x_2)=0$.

解　(i) 若 $f(x)\equiv 0$, 结论显然成立;

(ii) 若 $f(x)\not\equiv 0$, 因为 $f(x)\in C[a,b]$ 且 $\int_a^b f(x)\mathrm{d}x=0$, 所以 $f(x)$ 不能在 (a,b) 上保持同号, 由连续函数的介值定理知存在 $x_1\in(a,b)$ 使得 $f(x_1)=0$.

若 x_1 是 $f(x)$ 在 (a,b) 内的唯一零点, 则 $(x-x_1)f(x)$ 在 (a,b) 上保持同号, 故

$$0\neq\int_a^b(x-x_1)f(x)\mathrm{d}x=\int_a^b xf(x)\mathrm{d}x-x_1\int_a^b f(x)\mathrm{d}x=\int_a^b xf(x)\mathrm{d}x,$$

这与已知条件矛盾. ■

4. **设函数 $f(x)\in C[a,b]$, 若积分 $\int_a^b f(x)\varphi(x)\mathrm{d}x=0$ 对所有具有连续一阶导函数且 $\varphi(a)=\varphi(b)=0$ 的函数 φ 均成立, 则 $f(x)\equiv 0$.**

证　假设存在 $x_0\in[a,b]$ 使得 $f(x_0)\neq 0$, 不妨设 $f(x_0)>0$, 由连续函数的局部保号性知, 存在 $[c,d]\subset[a,b]$ 使得 $x_0\in[c,d]$, 且 $f(x)>\frac{1}{2}f(x_0), x\in[c,d]$. 作函数

$$\varphi(x)=\begin{cases}0, & x\in[a,c),\\ (x-c)^2(x-d)^2, & x\in[c,d],\\ 0, & x\in(d,b],\end{cases}$$

显然 φ 具有连续一阶导函数且 $\varphi(a)=\varphi(b)=0$, 故有

$$\begin{aligned}\int_a^b f(x)\varphi(x)\mathrm{d}x&=\int_c^d f(x)(x-c)^2(x-d)^2\mathrm{d}x>\frac{1}{2}f(x_0)\int_c^d(x-c)^2(x-d)^2\mathrm{d}x\\&=\frac{(d-c)^2}{60}f(x_0)>0,\end{aligned}$$

这与条件矛盾. ■

5. **把满足 (i) $f(x)$ 在 $[0,1]$ 上连续且非负; (ii) $f(0)=0, f(1)=1$ 的实函数 $f(x)$ 全体记为 F. 证明 $\inf\limits_{f\in F}\int_0^1 f(x)\mathrm{d}x=0$, 但不存在 $\varphi\in F$ 使得 $\int_0^1\varphi(x)\mathrm{d}x=0$.**

解　令

$$f_n(x)=\begin{cases}0, & 0\leqslant x\leqslant 1-\frac{1}{n},\\ nx-(n-1), & 1-\frac{1}{n}<x\leqslant 1.\end{cases}$$

显然 $f_n(x)\in F, n\in\mathbb{N}$. 而

$$0\leqslant\int_0^1 f_n(x)\mathrm{d}x=\int_{1-\frac{1}{n}}^1[nx-(n-1)]\mathrm{d}x=\frac{1}{2n}\longrightarrow 0\quad(n\to\infty).\tag{1}$$

故 $\inf\limits_{f\in F}\int_0^1 f(x)\mathrm{d}x=0$.

对 $\forall\varphi\in F$, 因为 $\varphi\in C[0,1]$, 且 $\varphi(1)=1$, 对 $\varepsilon_0=\frac{1}{2}$, 存在 $\delta>0$, 当 $x\in[1-\delta,1]$, 有 $\varphi(x)\geqslant\frac{1}{2}$, 故

$$\int_0^1\varphi(x)\mathrm{d}x\geqslant\int_{1-\delta}^1\varphi(x)\mathrm{d}x>\int_{1-\delta}^1\frac{1}{2}=\frac{\delta}{2}>0.\ \blacksquare$$

6. **设 $f(x)=\int_0^x(t-t^2)(\sin t)^{2n}\mathrm{d}t\ (n\in\mathbb{N}_+)$. 证明:**

$$\max_{x\geqslant 0}f(x)\leqslant\frac{1}{(2n+2)(2n+3)}.$$

证　因为

$$f'(x)=(x-x^2)(\sin x)^{2n}:\begin{cases}>0, & 0<x<1,\\ \leqslant 0, & x\geqslant 1\text{且导数为零的点不充满区间}.\end{cases}$$

所以 $f(1)$ 是 $f(x)$ 的最大值. 而

$$f(1)=\int_0^1 (t-t^2)(\sin t)^{2n}\mathrm{d}t \leqslant \int_0^1 (t-t^2)t^{2n}\mathrm{d}t=\frac{1}{(2n+2)(2n+3)},$$

故结论成立. ■

7. **设 $f(x)$ 在 $[0,1]$ 上可微, 且 $\forall x\in(0,1)$, 有 $|f'(x)|\leqslant M$. 证明: 对 $\forall n\in\mathbb{N}_+$, 有**

$$\left|\int_0^1 f(x)\mathrm{d}x-\frac{1}{n}\sum_{i=1}^n f\left(\frac{i}{n}\right)\right|\leqslant \frac{M}{n},$$

其中 M 是与 x 无关的常数.

证　由定积分的定义与积分中值定理得

$$\int_0^1 f(x)\mathrm{d}x=\sum_{i=1}^n \int_{\frac{i-1}{n}}^{\frac{i}{n}} f(x)\mathrm{d}x=\sum_{i=1}^n f(\xi_i)\left(\frac{i}{n}-\frac{i-1}{n}\right)=\frac{1}{n}\sum_{i=1}^n f(\xi_i),\quad \xi_i\in\left[\frac{i-1}{n},\frac{i}{n}\right].$$

故由微分中值定理得

$$\left|\int_0^1 f(x)\mathrm{d}x-\frac{1}{n}\sum_{i=1}^n f\left(\frac{i}{n}\right)\right|=\left|\frac{1}{n}\sum_{i=1}^n f(\xi_i)-\frac{1}{n}\sum_{i=1}^n f\left(\frac{i}{n}\right)\right|=\frac{1}{n}\left|\sum_{i=1}^n f'(\eta_i)\left(\xi_i-\frac{i}{n}\right)\right|$$
$$\leqslant\frac{1}{n}\sum_{i=1}^n |f'(\eta_i)|\left(\frac{i}{n}-\xi_i\right)\leqslant\frac{1}{n}\sum_{i=1}^n M\frac{1}{n}=\frac{M}{n}.$$ ■

注　此不等式给出了积分与积分和之间的误差估计.

8. **设 $f(x)$ 在 $[0,1]$ 上连续, 且 $f(x)>0$. 证明: $\ln\int_0^1 f(x)\mathrm{d}x\geqslant\int_0^1 \ln f(x)\mathrm{d}x$.**

证　(证一) 记 $A=\int_0^1 f(x)\mathrm{d}x$, 由于 $f(x)>0$, 所以 $A>0$. 只要证明

$$\int_0^1 \ln f(x)\mathrm{d}x-\ln\int_0^1 f(x)\mathrm{d}x=\int_0^1 \ln f(x)\mathrm{d}x-\ln A=\int_0^1 [\ln f(x)-\ln A]\,\mathrm{d}x$$
$$=\int_0^1 \ln\frac{f(x)}{A}\mathrm{d}x\leqslant 0.$$

即证

$$\ln\frac{f(x)}{A}=\ln\left[1+\left(\frac{f(x)}{A}-1\right)\right]<\frac{f(x)}{A}-1.$$

一般地, 当 $x\in(-1,+\infty)$ 时, 有 $\ln(1+x)\leqslant x$. 事实上, 令 $F(x)=\ln(1+x)-x$, 则

$$F'(x)=\frac{1}{1+x}-1:\begin{cases}<0, & x>0,\\ >0, & -1<x<0\end{cases}\Longrightarrow F(x)<F(0),$$

即 $\ln(1+x)<x$. 故

$$\ln\frac{f(x)}{A}=\ln\left[1+\left(\frac{f(x)}{A}-1\right)\right]<\frac{f(x)}{A}-1,$$

而

$$\int_0^1\left(\frac{f(x)}{A}-1\right)\mathrm{d}x=\frac{1}{A}\int_0^1 f(x)\mathrm{d}x-1=0,$$

从而结论成立.

(证二) 因为 $(\ln x)''=-\dfrac{1}{x^2}<0,\ x\in(0,1]$, 所以 $\ln x$ 是上凸函数, 故

$$\frac{\ln x_1+\ln x_2+\cdots+\ln x_n}{n}\leqslant \ln\left(\frac{x_1+x_2+\cdots+x_n}{n}\right),$$

令 $x_i=f\left(\dfrac{i}{n}\right)$, 即有

$$\frac{1}{n}\sum_{i=1}^n \ln f\left(\frac{i}{n}\right)\leqslant \ln\left[\frac{1}{n}\sum_{i=1}^n f\left(\frac{i}{n}\right)\right],$$

令 $n\to\infty$, 并由定积分定义知结论成立.

(证三) 只要证明 $e^{\int_0^1 \ln f(x)\mathrm{d}x}\leqslant\int_0^1 f(x)\mathrm{d}x$. 事实上, 将 $[0,1]$ 分成 n 等份, 对 $\forall\xi_k\in[x_{k-1},x_k], k=1,2,\cdots$, 由定积分定义知

$$\lim_{n\to\infty}\frac{1}{n}\sum_{k=1}^n \ln f(\xi_k)=\int_0^1 \ln f(x)\mathrm{d}x.$$

由平均不等式得

$$\mathrm{e}^{\frac{1}{n}\sum\limits_{k=1}^n \ln f(\xi_k)}=\left[\prod_{k=1}^n f(\xi_k)\right]^{\frac{1}{n}}\leqslant\frac{1}{n}\sum_{k=1}^n f(\xi_k),$$

令 $n\to\infty$ 得

$$\mathrm{e}^{\int_0^1 \ln f(x)\mathrm{d}x}\leqslant\int_0^1 f(x)\mathrm{d}x. \quad ■$$

注 (i) 一般地, 可以证明 $\ln\left(\dfrac{1}{a}\displaystyle\int_0^a f(t)\mathrm{d}t\right)\geqslant\dfrac{1}{a}\displaystyle\int_0^a \ln f(t)\mathrm{d}t$.

(ii) 若 $\varphi(x)\in C[0,a], f(x)$ 二阶可导, 且 $f''(x)\geqslant(\leqslant)0$, 则有

$$\frac{1}{a}\int_0^a f(\varphi(t))\mathrm{d}t\geqslant(\leqslant)f\left(\frac{1}{a}\int_0^a\varphi(t)\mathrm{d}t\right).$$

9. 设 $f(x),g(x)$ 在 $[a,b]$ 上连续. 证明 (Schwarz) 不等式

$$\left(\int_a^b f(x)g(x)\mathrm{d}x\right)^2\leqslant\left(\int_a^b f^2(x)\mathrm{d}x\right)\left(\int_a^b g^2(x)\mathrm{d}x\right).$$

证 (证一) 令

$$F(t)=\int_a^t f^2(x)\mathrm{d}x\cdot\int_a^t g^2(x)\mathrm{d}x-\left(\int_a^t f(x)g(x)\mathrm{d}x\right)^2,$$

则

$$F'(t) = f^2(t)\int_a^t g^2(x)\mathrm{d}x - 2f(t)g(t)\int_a^t f(x)g(x)\mathrm{d}x + g^2(t)\int_a^t f^2(x)\mathrm{d}x$$
$$= \int_a^t [f(x)g(t) - f(t)g(x)]^2\mathrm{d}x \geqslant 0.$$

所以 $F(t)$ 递增, 而 $F(a)=0$, 所以 $F(b)\geqslant 0$, 即结论成立.

(证二) 对任意 $\lambda\in\mathbb{R}$, 有

$$\int_a^b [f(x)+\lambda g(x)]^2\mathrm{d}x = \int_a^b f^2(x)\mathrm{d}x + 2\lambda\int_a^b f(x)g(x)\mathrm{d}x + \lambda^2\int_a^b g^2(x)\mathrm{d}x \geqslant 0,$$

此为关于 λ 的一元二次方程, 所以判别式满足

$$\Delta = 4\left(\int_a^b f(x)g(x)\mathrm{d}x\right)^2 - 4\int_a^b f^2(x)\mathrm{d}x\cdot\int_a^b g^2(x)\mathrm{d}x \leqslant 0,$$

即结论成立.

(证三) 记 $D=[a,b]\times[a,b]$. 由于

$$f^2(x)g^2(y)+f^2(y)g^2(x)\geqslant 2f(x)g(x)f(y)g(y),$$

所以

$$\iint\limits_D f^2(x)g^2(y)\mathrm{d}x\mathrm{d}y + \iint\limits_D f^2(y)g^2(x)\mathrm{d}x\mathrm{d}y \geqslant 2\iint\limits_D f(x)g(x)f(y)g(y)\mathrm{d}x\mathrm{d}y,$$

即

$$2\iint\limits_D f^2(x)g^2(y)\mathrm{d}x\mathrm{d}y \geqslant 2\left(\int_a^b f(x)g(x)\mathrm{d}x\right)^2,$$

亦即

$$\left(\int_a^b f(x)g(x)\mathrm{d}x\right)^2 \leqslant \left(\int_a^b f^2(x)\mathrm{d}x\right)\left(\int_a^b g^2(x)\mathrm{d}x\right). \quad ■$$

注 我们已经熟悉 Cauchy 不等式

$$\left(\sum_{i=1}^n a_ib_i\right)^2 \leqslant \left(\sum_{i=1}^n a_i^2\right)\left(\sum_{i=1}^n b_i^2\right).$$

相对于此不等式上题中的不等式可以看成是“连续型”Cauchy 不等式. 若条件改为 $f(x),g(x)\in R[a,b]$, 上述证一不再适用.

10. 设 $h(x)$ 是 $[a,b]$ 上正的连续函数. 证明 $\displaystyle\int_a^b h(t)\mathrm{d}t\int_a^b \frac{1}{h(t)}\mathrm{d}t \geqslant (b-a)^2$.

证　(证一) 令 $f(t)=\sqrt{h(t)}$, $g(t)=\dfrac{1}{\sqrt{h(t)}}$, 由 Schwarz 不等式即可得证.

(证二) 记 $D=[a,b]\times[a,b]$. 由于

$$\int_a^b h(x)\mathrm{d}x\int_a^b\frac{1}{h(x)}\mathrm{d}x=\iint\limits_D\frac{h(x)}{h(y)}\mathrm{d}x\mathrm{d}y=\iint\limits_D\frac{h(y)}{h(x)}\mathrm{d}x\mathrm{d}y,$$

所以

$$2\int_a^b h(x)\mathrm{d}x\int_a^b\frac{1}{h(x)}\mathrm{d}x=\iint\limits_D\left[\frac{h(x)}{h(y)}+\frac{h(y)}{h(x)}\right]\mathrm{d}x\mathrm{d}y\geqslant 2\iint\limits_D\mathrm{d}x\mathrm{d}y=2(b-a)^2,$$

即

$$\int_a^b h(x)\mathrm{d}x\int_a^b\frac{1}{h(x)}\mathrm{d}x\geqslant(b-a)^2.\quad\blacksquare$$

11. **设** $f(x)$ **在** $[a,b]$ **上连续. 证明:** $\left(\displaystyle\int_a^b f(x)\mathrm{d}x\right)^2\leqslant(b-a)\displaystyle\int_a^b f^2(x)\mathrm{d}x.$

证　令 $g(x)=1$, 由 Schwarz 即得结论成立. $\blacksquare$

12. **设** $f(x)\geqslant 0$ **且在** $[a,b]$ **上连续,** $\displaystyle\int_a^b f(x)\mathrm{d}x=1$, k **为实数, 证明:**

$$\left(\int_a^b f(x)\cos kx\mathrm{d}x\right)^2+\left(\int_a^b f(x)\sin kx\mathrm{d}x\right)^2\leqslant 1.$$

证　(证一) 记 $D=[a,b]\times[a,b]$, 则

$$\begin{aligned}&\left(\int_a^b f(x)\cos kx\mathrm{d}x\right)^2+\left(\int_a^b f(x)\sin kx\mathrm{d}x\right)^2\\&=\int_a^b f(x)\cos kx\mathrm{d}x\int_a^b f(y)\cos ky\mathrm{d}y+\int_a^b f(x)\sin kx\mathrm{d}x\int_a^b f(y)\sin ky\mathrm{d}y\\&=\iint\limits_D f(x)f(y)[\cos kx\cos ky+\sin kx\sin ky]\mathrm{d}x\mathrm{d}y\\&=\iint\limits_D f(x)f(y)\cos k(x-y)\mathrm{d}x\mathrm{d}y\\&\leqslant\iint\limits_D f(x)f(y)\mathrm{d}x\mathrm{d}y=\int_a^b f(x)\mathrm{d}x\int_a^b f(y)\mathrm{d}y=1.\end{aligned}$$

(证二) 由 $\displaystyle\int_a^b f(x)\cos kx\mathrm{d}x=\int_a^b\sqrt{f(x)}\left(\sqrt{f(x)}\cos kx\right)\mathrm{d}x$ 得

$$\left(\int_a^b f(x)\cos kx\mathrm{d}x\right)^2\leqslant\int_a^b f(x)\mathrm{d}x\int_a^b f(x)\cos^2 kx\mathrm{d}x.$$

同理

$$\left(\int_a^b f(x)\cos kx\mathrm{d}x\right)^2 \leqslant \int_a^b f(x)\mathrm{d}x\int_a^b f(x)\sin^2 kx\mathrm{d}x.$$

两式相加得到

$$\begin{aligned}\left(\int_a^b f(x)\cos kx\mathrm{d}x\right)^2+\left(\int_a^b f(x)\sin kx\mathrm{d}x\right)^2 &\leqslant \int_a^b f(x)\mathrm{d}x\int_a^b f(x)(\cos^2 kx+\sin^2 kx)\mathrm{d}x\\ &=\left(\int_a^b f(x)\mathrm{d}x\right)^2=1. \quad ■\end{aligned}$$

注　若 $f(x)\leqslant 0, \displaystyle\int_a^b f(x)\mathrm{d}x=\alpha$, 则

$$\left(\int_a^b f(x)\cos kx\mathrm{d}x\right)^2+\left(\int_a^b f(x)\sin kx\mathrm{d}x\right)^2 \leqslant \alpha^2.$$

13. 设 $y=f(x)$ 是区间 $[0,+\infty)$ 上严格递增的连续函数, 且满足 $f(0)=0$, 证明: 对于任意 $a>0, b>0$, 有

$$ab\leqslant \int_0^a f(x)\mathrm{d}x+\int_0^b f^{-1}(y)\mathrm{d}y.$$

证　由于 $f(x)$ 为 $[0,a]$ 上的非负的严格递增连续函数, 由定积分的几何意义得

$$af(a)=\int_0^a f(x)\mathrm{d}x+\int_{f(0)}^{f(a)} f^{-1}(y)\mathrm{d}y=\int_0^a f(x)\mathrm{d}x+\int_0^{f(a)} f^{-1}(y)\mathrm{d}y, \tag{1}$$

左边为矩形的面积, 右边第一项为 $y=f(x), x=a, x$ 轴围成图形的面积, 第二项为 $x=f^{-1}(y), y=f(a), y$ 轴围成的平面图形的面积.

(i) 若 $b=f(a)$, 由 (1) 式即得

$$ab=af(a)=\int_0^a f(x)\mathrm{d}x+\int_{f(0)}^{f(a)} f^{-1}(y)\mathrm{d}y=\int_0^a f(x)\mathrm{d}x+\int_0^b f^{-1}(y)\mathrm{d}y.$$

(ii) 若 $0<b<f(a)$, 由于

$$af(a)=ab+a[f(a)-b],$$

$$af(a)=\int_0^a f(x)\mathrm{d}x+\int_0^{f(a)} f^{-1}(y)\mathrm{d}y=\int_0^a f(x)\mathrm{d}x+\int_0^b f^{-1}(y)\mathrm{d}y+\int_b^{f(a)} f^{-1}(y)\mathrm{d}y.$$

由于 $x=f^{-1}(y)$ 严格递增 (因为严格递增函数的反函数一定严格递增) 得

$$\int_b^{f(a)} f^{-1}(y)\mathrm{d}y<f^{-1}(f(a))[f(a)-b]=a[f(a)-b].$$

将此三式代入 (1) 即得

$$ab < \int_0^a f(x)\mathrm{d}x + \int_0^b f^{-1}(y)\mathrm{d}y.$$

(iii) 若 $b > f(a)$, 由于

$$af(a) = ab + a[f(a) - b].$$

$$af(a) = \int_0^a f(x)\mathrm{d}x + \int_0^{f(a)} f^{-1}(y)\mathrm{d}y = \int_0^a f(x)\mathrm{d}x + \int_0^b f^{-1}(y)\mathrm{d}y - \int_{f(a)}^b f^{-1}(y)\mathrm{d}y.$$

由于 $x = f^{-1}(y)$ 严格递增 (因为严格递增函数的反函数一定严格递增) 得

$$\int_{f(a)}^b f^{-1}(y)\mathrm{d}y > f^{-1}(f(a))[b - f(a)] = a[b - f(a)] \Longrightarrow -\int_{f(a)}^b f^{-1}(y)\mathrm{d}y < a[f(a) - b].$$

将此三式代入 (1) 即得

$$ab < \int_0^a f(x)\mathrm{d}x + \int_0^b f^{-1}(y)\mathrm{d}y. \quad \blacksquare$$

14. 设 $f(x)$ 在 $[a,b]$ 上二次可微, $f\left(\frac{a+b}{2}\right) = 0$. 证明

$$\left|\int_a^b f(x)\mathrm{d}x\right| \leqslant \frac{M(b-a)^3}{24},$$

其中 $M = \max\limits_{[a,b]} |f''(x)|$.

解　由 Taylor 展开式得

$$f(x) = f\left(\frac{a+b}{2}\right) + f'\left(\frac{a+b}{2}\right)\left(x - \frac{a+b}{2}\right) + \frac{1}{2!}f''(\xi)\left(x - \frac{a+b}{2}\right)^2,$$

所以

$$\begin{aligned}\left|\int_a^b f(x)\mathrm{d}x\right| &\leqslant \left|\int_a^b f'\left(\frac{a+b}{2}\right)\left(x - \frac{a+b}{2}\right)\mathrm{d}x\right| + \frac{M}{2!}\int_a^b \left(x - \frac{a+b}{2}\right)^2 \mathrm{d}x \\ &= \frac{1}{24}M(b-a)^3.\end{aligned}$$

思考　下面的证明对否?

$$\begin{aligned}\left|\int_a^b f(x)\mathrm{d}x\right| &\leqslant \left|\frac{1}{2}f'\left(\frac{a+b}{2}\right)\left(x - \frac{a+b}{2}\right)^2\Big|_a^b + \frac{1}{6}f''(\xi)\left(x - \frac{a+b}{2}\right)^3\Big|_a^b\right| \\ &= \frac{1}{24}(b-a)^3|f''(\xi)| \leqslant \frac{1}{24}M(b-a)^3. \quad \blacksquare\end{aligned}$$

例 4-2-4　解答下列各题.

1. 若 $f(x), g(x) \in C[a,b]$ 且 $g(x)$ 在 $[a,b]$ 上不变号, 则至少存在 $\xi \in (a,b)$ 使得

$$\int_a^b f(x)g(x)\mathrm{d}x = f(\xi)\int_a^b g(x)\mathrm{d}x.$$

解　记$M=\max\limits_{x\in[a,b]}f(x), m=\max\limits_{x\in[a,b]}f(x)$, 不妨设$g(x)\geqslant 0$ (否则考虑$-g(x)$), 则$\int_a^b g(x)\mathrm{d}x\geqslant 0$, 且

$$m\int_a^b g(x)\mathrm{d}x\leqslant\int_a^b f(x)g(x)\mathrm{d}x\leqslant M\int_a^b g(x)\mathrm{d}x. \tag{1}$$

(i) 若 $M=m$, 则 $f(x)$ 恒为常数, 由 (1) 式得

$$\int_a^b f(x)g(x)\mathrm{d}x=M\int_a^b g(x)\mathrm{d}x=m\int_a^b f(x)g(x)\mathrm{d}x,$$

故任取 $\xi\in(a,b)$ 有结论成立.

(ii) 若 $\int_a^b g(x)\mathrm{d}x=0$, 则由 (1) 式知

$$\int_a^b f(x)g(x)\mathrm{d}x=0,$$

故任取 $\xi\in(a,b)$ 有结论成立.

(iii) 若 $M>m$ 且 $\int_a^b g(x)\mathrm{d}x>0$, 则由 (1) 式得 $\mu:=\dfrac{\int_a^b f(x)g(x)\mathrm{d}x}{\int_a^b g(x)\mathrm{d}x}\in[m,M]$,

(a) 若 $\mu\in(m,M)$, 由连续函数的介值定理知存在 $\xi\in(a,b)$ 使得结论成立.

(b) 若 $\mu=m$, 必存在 $\xi\in(a,b)$ 使得 $f(\xi)=\mu(=m)$, 否则任意 $x\in(a,b)$, $f(x)>\mu$, 从而 $(f(x)-\mu)g(x)\geqslant 0$, 且 $(f(x)-\mu)g(x)\not\equiv 0\Longrightarrow\int_a^b(f(x)-\mu)g(x)\mathrm{d}x>0$, 这与 μ 的定义矛盾.

(c) 若 $\mu=M$, 必存在 $\xi\in(a,b)$ 使得 $f(\xi)=\mu(=M)$, 否则任意 $x\in(a,b)$, $f(x)<\mu$, 从而 $(f(x)-\mu)g(x)\leqslant 0$ 且 $(f(x)-\mu)g(x)\not\equiv 0\Longrightarrow\int_a^b(f(x)-\mu)g(x)\mathrm{d}x<0$, 这与 μ 的定义矛盾. ■

2. 设 $f(x)$ 为 $[a,b]$ 上的连续递增函数, 证明有不等式

$$\int_a^b xf(x)\mathrm{d}x\geqslant\frac{a+b}{2}\int_a^b f(x)\mathrm{d}x.$$

证　(证一) 只要证明 $\int_a^b\left(x-\dfrac{a+b}{2}\right)f(x)\mathrm{d}x\geqslant 0$. 事实上, 由积分中值定理及 $f(x)$ 单调递增, 存在 $\xi\in\left[a,\dfrac{a+b}{2}\right]$, $\eta\in\left[\dfrac{a+b}{2},b\right]$ 使得

$$\begin{aligned}\int_a^b\left(x-\frac{a+b}{2}\right)f(x)\mathrm{d}x&=\int_a^{\frac{a+b}{2}}\left(x-\frac{a+b}{2}\right)f(x)\mathrm{d}x+\int_{\frac{a+b}{2}}^b\left(x-\frac{a+b}{2}\right)f(x)\mathrm{d}x\\&=-f(\xi)\frac{1}{2}\left(\frac{b-a}{2}\right)^2+f(\eta)\frac{1}{2}\left(\frac{b-a}{2}\right)^2=\frac{1}{8}(b-a)^2[f(\eta)-f(\xi)]\geqslant 0.\end{aligned}$$

故结论成立.

(证二) 由第二积分中值定理得

$$\begin{aligned}\int_a^b\left(x-\frac{a+b}{2}\right)f(x)\mathrm{d}x&=f(a)\int_a^{\xi}\left(x-\frac{a+b}{2}\right)\mathrm{d}x+f(b)\int_{\xi}^b\left(x-\frac{a+b}{2}\right)\mathrm{d}x\\&=f(a)\int_a^b\left(x-\frac{a+b}{2}\right)\mathrm{d}x+[f(b)-f(a)]\int_{\xi}^b\left(x-\frac{a+b}{2}\right)\mathrm{d}x\\&=[f(b)-f(a)]\left[\frac{b^2-\xi^2}{2}-\frac{a+b}{2}(b-\xi)\right]\\&=[f(b)-f(a)]\frac{b-\xi}{2}(\xi-a)\geqslant 0.\end{aligned}$$

(证三) 令 $F(t)=\int_a^t xf(x)\mathrm{d}x-\frac{a+t}{2}\int_a^t f(x)\mathrm{d}x$, 则由 $f(x)$ 递增得

$$F'(t)=tf(t)-\frac{1}{2}\int_a^t f(x)\mathrm{d}x-\frac{a+t}{2}f(t)=\frac{t-a}{2}f(t)-\frac{1}{2}\int_a^t f(x)\mathrm{d}x\geqslant 0.$$

而 $F(a)=0$, 所以 $F(b)\geqslant F(a)=0$, 故结论成立. ■

思考 如果 $f(x)$ 在 $[a,b]$ 上单调递增, 题目中结论成立否? 上述证明方法是否适用?

3. 设 $a>0$, 函数 $f(x)$ 在 $[0,a]$ 上连续可微. 证明

$$|f(0)|\leqslant\frac{1}{a}\int_0^a|f(x)|\mathrm{d}x+\int_0^a|f'(x)|\mathrm{d}x.$$

证 由积分中值定理

$$\int_0^a f(x)\mathrm{d}x=f(\xi)a,\quad f(\xi)-f(0)=\int_0^{\xi}f'(x)\mathrm{d}x,\quad \xi\in[0,a],\tag{1}$$

故由 (1) 式得

$$|f(0)|=\left|f(\xi)-\int_0^{\xi}f'(x)\mathrm{d}x\right|\leqslant|f(\xi)|+\left|\int_0^{\xi}f'(x)\mathrm{d}x\right|\leqslant\frac{1}{a}\int_0^a|f(x)|\mathrm{d}x+\int_0^a|f'(x)|\mathrm{d}x.\ ■$$

4. $f(x)$ 在 $[a,b]$ 上连续可微. 证明: 对任意 $x\in[a,b]$, 有

$$|f(x)|\leqslant\left|\frac{1}{b-a}\int_a^b f(x)\mathrm{d}x\right|+\int_a^b|f'(x)|\mathrm{d}x.$$

证 由积分中值定理知存在 $\xi\in(a,b)$ 使得

$$\frac{1}{b-a}\int_a^b f(x)\mathrm{d}x=f(\xi),\quad f(\xi)-f(x)=\int_x^{\xi}f'(t)\mathrm{d}t,$$

故有

$$|f(x)|=\left|f(\xi)-\int_x^{\xi}f'(t)\mathrm{d}t\right|\leqslant|f(\xi)|+\left|\int_x^{\xi}|f'(t)|\mathrm{d}t\right|\leqslant\left|\frac{1}{b-a}\int_a^b f(x)\mathrm{d}x\right|+\int_a^b|f'(x)|\mathrm{d}x.\ ■$$

5. 求 $\lim\limits_{x\to\infty}\int_x^{x+2} t\sin\left(\frac{3}{t}\right)f(t)\mathrm{d}t$, 其中 $f(t)$ 可微且 $\lim\limits_{x\to\infty}f(x)=1$.

解　由积分中值定理知存在 $\xi\in[x,x+2]$ 使得

$$\int_x^{x+2} t\sin\left(\frac{3}{t}\right)f(t)\mathrm{d}t=2\xi\sin\left(\frac{3}{\xi}\right)f(\xi).$$

故

$$\lim_{x\to\infty}\int_x^{x+2} t\sin\left(\frac{3}{t}\right)f(t)\mathrm{d}t=\lim_{\xi\to\infty}2\xi\sin\left(\frac{3}{\xi}\right)f(\xi)=6. \quad \blacksquare$$

注　此问题主要应用积分中值定理和特殊极限, 题目中的积分上限和 $f(x)$ 的极限值为非本质要求.

6. 设 $f(x)$ 在 $[a,b]$ 上非负、连续、严格递增, $g(x)$ 在 $[a,b]$ 上处处大于零、连续且 $\int_a^b g(x)\mathrm{d}x=1$. 由积分中值定理, 对 $\forall n\in\mathbb{N}$, $\exists x_n\in[a,b]$ 使得

$$f(x_n)=\left[\int_a^b f^n(x)g(x)\mathrm{d}x\right]^{\frac{1}{n}},$$

求 $\lim\limits_{n\to\infty}x_n$.

证　对 $g(x)$ 用闭区间连续函数的最小值定理知存在 $c>0$ 使得 $g(x)\geqslant c$. 对任意 $\varepsilon>0$,

$$\begin{aligned}f(b)\geqslant f(x_n)&\geqslant\left(\int_{b-\varepsilon}^b f^n(x)g(x)\mathrm{d}x\right)^{\frac{1}{n}}>\left(f^n(b-\varepsilon)\int_{b-\varepsilon}^b g(x)\mathrm{d}x\right)^{\frac{1}{n}}\\&=f(b-\varepsilon)\left(\int_{b-\varepsilon}^b g(x)\mathrm{d}x\right)^{\frac{1}{n}}\geqslant f(b-\varepsilon)\sqrt[n]{c\varepsilon},\end{aligned}$$

而 $\lim\limits_{n\to\infty}\sqrt[n]{c\varepsilon}=1$, 故存在 $N>0$ 当 $n>N$ 时, 有

$$f(b-2\varepsilon)\leqslant f(x_n)\leqslant f(b)\Longleftrightarrow b-2\varepsilon\leqslant x_n\leqslant b,$$

即 $\lim\limits_{n\to\infty}x_n=b$. $\blacksquare$

注　能否用第二积分中值定理证明此题? 如果删除条件 $\int_a^b g(x)\mathrm{d}x=1$, 能否得到 $\lim\limits_{n\to\infty}x_n=b$?

7. 设函数 $f(x)$ 在区间 $[a,b]$ 上单调, $g(x)$ 是 $\mathbb{R}$ 上以 $T>0$ 为周期的连续函数, 且 $\int_0^T g(x)\mathrm{d}x=0$. 求:

$$\lim_{\lambda\to\infty}\int_a^b f(x)g(\lambda x)\mathrm{d}x.$$

证　由第二积分中值定理存在 $\xi\in[a,b]$ 使得

$$\int_a^b f(x)g(\lambda x)\mathrm{d}x=f(a)\int_a^\xi g(\lambda x)\mathrm{d}x+f(b)\int_\xi^b g(\lambda x)\mathrm{d}x=\frac{f(a)}{\lambda}\int_{\lambda a}^{\lambda\xi}g(t)\mathrm{d}t+\frac{f(b)}{\lambda}\int_{\lambda\xi}^{\lambda b}g(t)\mathrm{d}t,$$

结合 g 的周期性及 $\int_0^T g(x)\mathrm{d}x = 0$ 可得 $\int_{lT}^{mT} g(x)\mathrm{d}x = 0\,(l, m \in \mathbb{Z})$, 再注意到任意 $\mu \in \mathbb{R}$, $\mu = kT + p\,(k \in \mathbb{Z}, p \in [0, T))$, 从而

$$\left|\int_a^b f(x)g(\lambda x)\mathrm{d}x\right| \leqslant \left[\left|\frac{f(a)}{\lambda}\right| + \left|\frac{f(b)}{\lambda}\right|\right]\int_0^T |g(t)|\mathrm{d}t,$$

故

$$\lim_{\lambda\to\infty}\int_a^b f(x)g(\lambda x)\mathrm{d}x = 0. \quad ■$$

8. 设函数 $f(x) = \begin{cases} \int_0^x \sin\frac{1}{t}\mathrm{d}t, & x \neq 0, \\ 0, & x = 0, \end{cases}$ **试问: $f(x)$ 在 $x = 0$ 处是否可导? 若可导求 $f'(0)$.**

解　注意到积分 $\int_0^x \sin\frac{1}{t}\mathrm{d}t$ 中被积函数在 0 点没有定义, 根据改变有限个点的函数值不影响被积函数的可积性也不影响其积分值, 任意补充被积函数在 0 点的值知 $\int_0^x \sin\frac{1}{t}\mathrm{d}t$ 有意义. 根据导数的定义，只要考察极限: $\lim\limits_{x\to0}\dfrac{\int_0^x \sin\frac{1}{t}\mathrm{d}t}{x}$, 虽然用 L'Hospital 法则

$$\lim_{x\to0}\frac{\int_0^x \sin\frac{1}{t}\mathrm{d}t}{x} = \lim_{x\to0}\sin\frac{1}{x}$$

不存在, 但并不能否认 $\lim\limits_{x\to0}\dfrac{\int_0^x \sin\frac{1}{t}\mathrm{d}t}{x}$ 存在的可能.

事实上, (i) 当 $x > 0$ 时, 由于 $\int_0^x \sin\frac{1}{t}\mathrm{d}t = \lim\limits_{\delta\to0^+}\int_\delta^x \sin\frac{1}{t}\mathrm{d}t$. 令 $u = \frac{1}{t}$, 并结合第二积分中值定理知存在 $\xi_\delta \in \left[\frac{1}{x}, \frac{1}{\delta}\right]$ 使得

$$\int_\delta^x \sin\frac{1}{t}\mathrm{d}t = \int_{\frac{1}{x}}^{\frac{1}{\delta}} \frac{\sin u}{u^2}\mathrm{d}u = x^2\int_{\frac{1}{x}}^{\xi_\delta}\sin u\mathrm{d}u \Longrightarrow \left|\int_\delta^x \sin\frac{1}{t}\mathrm{d}t\right| < 2x^2,$$

令 $\delta\to0^+$ 得 $\left|\int_0^x \sin\frac{1}{t}\mathrm{d}t\right| < 2x^2$.

(ii) 当 $x < 0$ 时, $\int_0^x \sin\frac{1}{t}\mathrm{d}t = -\lim\limits_{\delta\to0^-}\int_x^\delta \sin\frac{1}{t}\mathrm{d}t$. 令 $u = \frac{1}{t}$, 并结合第二积分中值定理知存在 $\xi_\delta \in \left[\frac{1}{\delta}, \frac{1}{x}\right]$ 使得

$$-\int_x^\delta \sin\frac{1}{t}\mathrm{d}t = -\int_{\frac{1}{\delta}}^{\frac{1}{x}} \frac{\sin u}{u^2}\mathrm{d}u = -x^2\int_{\xi_\delta}^{\frac{1}{x}}\sin u\mathrm{d}u \Longrightarrow \left|-\int_x^\delta \sin\frac{1}{t}\mathrm{d}t\right| < 2x^2,$$

令 $\delta\to0^-$ 得 $\left|-\int_x^\delta \sin\frac{1}{t}\mathrm{d}t\right| < 2x^2$.

故

$$0\leqslant \lim_{x\to 0}\left|\frac{\displaystyle\int_0^x \sin\frac{1}{t}\mathrm{d}t}{x}\right|\leqslant \lim_{x\to 0}\left|\frac{2x^2}{x}\right|=0\Longrightarrow \lim_{x\to 0}\frac{\displaystyle\int_0^x \sin\frac{1}{t}\mathrm{d}t}{x}=0.\quad\blacksquare$$

练习　(1) 设 $f(x)\in C[a,b]$ 且非负, 记 $M=\sup\limits_{[a,b]}f(x)$. 求:

$$\lim_{n\to\infty}\left[\int_a^b f^n(x)\mathrm{d}x\right]^{\frac{1}{n}}.$$

(2) 设 $f(x)\in C[0,1]$ 在 $(0,1)$ 内可导, 且满足 $f(1)=2\displaystyle\int_0^{\frac{1}{2}}\mathrm{e}^{1-x}f(x)\mathrm{d}x$. 证明: 存在 $\xi\in(0,1)$, 使得 $f(\xi)=f'(\xi)$.

(3) 若 $f(x)$ 为定义在 $\mathbb{R}$ 上的连续周期函数, 周期为 T, 证明

$$\lim_{x\to+\infty}\frac{1}{x}\int_0^x f(t)\mathrm{d}t=\frac{1}{T}\int_0^T f(x)\mathrm{d}x.$$

例 4-2-5　解答下列各题.

1. 设 $f(x)$ 处处连续, $F(x)=\dfrac{1}{2\delta}\displaystyle\int_{-\delta}^{\delta}f(x+t)\mathrm{d}t$, 其中 δ 为任意正数. 证明:

(1) $F(x)$ 对任意 x 有连续导函数.

(2) 在任意闭区间 $[a,b]$ 上, δ 足够小时, 可使 $F(x)$ 与 $f(x)$ 一致逼近 (即 $\forall\varepsilon>0,\exists\sigma>0$, 当 $\delta<\sigma$ 时, 对 $\forall x\in[a,b]$ 有 $|F(x)-f(x)|<\varepsilon$).

证　(1) 因为 $f(x)$ 连续, 所以存在原函数, 设 $f(x)$ 的原函数为 $H(x)$. 令 $x+t=u$, 则

$$F(x)=\frac{1}{2\delta}\int_{x-\delta}^{x+\delta}f(u)\mathrm{d}u=\frac{1}{2\delta}[H(x+\delta)-H(x-\delta)],$$

由复合函数求导法则得

$$F'(x)=\frac{1}{2\delta}[f(x+\delta)-f(x-\delta)].\tag{1}$$

由于 $f(x)$ 处处连续, 由 (1) 式知 $F'(x)$ 处处连续.

(2) 由条件知 $f(x)$ 在 $[a-1,b+1]$ 上一致连续, 即 $\forall\varepsilon>0,\exists\sigma>0$(不妨设 $\sigma<1$), 对 $\forall t_1,t_2\in[a-1,b+1]$, 当 $|t_1-t_2|<\sigma$ 时有

$$|f(t_1)-f(t_2)|<\varepsilon.$$

故当 $\delta<\sigma$ 时, 对任意 $x\in[a,b]$ 有

$$|F(x)-f(x)|=\left|\frac{1}{2\delta}\int_{-\delta}^{\delta}[f(x+t)-f(x)]\mathrm{d}t\right|\leqslant\frac{1}{2\delta}\int_{-\delta}^{\delta}|f(x+t)-f(x)|\mathrm{d}t<\varepsilon.\quad\blacksquare$$

2. 设 $f(x)$ 连续, $f(x)>0$, 且 $x \geqslant 0$ 时, 有 $f(x)=\sqrt{\int_0^x f(t)\mathrm{d}t}$. 求 $f(x)(x \geqslant 0)$.

解　由条件得 $f^2(x)=\int_0^x f(t)\mathrm{d}t$, 两边对 x 求导得

$$2f(x)f'(x)=f(x). \tag{1}$$

由于 $x>0$ 时, $f(x)>0$, 由 (1) 得

$$f'(x)=\frac{1}{2} \Longrightarrow f(x)=\frac{1}{2}x+c,$$

而 $f(0)=0$, 故 $x \geqslant 0$ 时, $f(x)=\frac{1}{2}x$.　■

3. 设 $f(x)$ 在 $[0,+\infty)$ 上可微, 且满足 $\int_0^x tf(t)\mathrm{d}t=\frac{x}{3}\int_0^x f(t)\mathrm{d}t, x>0$. 求 $f(x)$.

解　对 $\int_0^x tf(t)\mathrm{d}t=\frac{x}{3}\int_0^x f(t)\mathrm{d}t$ 两边关于 x 求导得

$$xf(x)=\frac{1}{3}\int_0^x f(t)\mathrm{d}t+\frac{x}{3}f(x),$$

即 $2xf(x)=\int_0^x f(t)\mathrm{d}t \Longrightarrow 2xf'(x)=-f(x)$, 解此方程得

$$f(x)=\frac{c}{\sqrt{x}}.$$

再由 $f(x)$ 在 $x=0$ 点的连续性知 $c=0$, 即 $f(x)\equiv 0$.　■

注　我们经常将积分方程化成微分方程处理.

4. 设 $f(x)$ 在 $\mathbb{R}$ 上连续, 又 $\varphi(x)=f(x)\int_0^x f(t)\mathrm{d}t$ 单调递减. 证明 $f(x)\equiv 0, x\in\mathbb{R}$.

解　记 $F(x)=\frac{1}{2}\left(\int_0^x f(t)\mathrm{d}t\right)^2$, 则 $F'(x)=\varphi(x)=f(x)\int_0^x f(t)\mathrm{d}t$. 由于 $\varphi(x)$ 单调递减且 $\varphi(0)=0$, 故

$$F'(x)=\varphi(x)=\begin{cases} \geqslant 0, & x<0, \\ 0, & x=0, \\ \leqslant 0, & x>0, \end{cases}$$

所以 $F(x)$ 在 $x=0$ 点取得最大值, 即 $0 \leqslant F(x) \leqslant F(0)=0, \forall x\in\mathbb{R}$. 再由 $F(x)$ 的定义得

$$\int_0^x f(t)\mathrm{d}t=0 \Longrightarrow f(x)=\left(\int_0^x f(t)\mathrm{d}t\right)'=0, \quad \forall x\in\mathbb{R}.\ ■$$

5. 设函数 $f(x)$ 在 $[a,b]$ 上连续, $f(x)>0$, 又 $F(x)=\int_a^x f(t)\mathrm{d}t+\int_b^x \frac{1}{f(t)}\mathrm{d}t$. 证明: (1) $F'(x)\geqslant 2$. (2) $F(x)$ 在 $[a,b]$ 上仅有一个实根.

证　(1) 事实上

$$F'(x)=f(x)+\frac{1}{f(x)} \geqslant 2\sqrt{f(x)\cdot\frac{1}{f(x)}}=2.$$

(2) 因为 $F'(x) \geqslant 2 > 0$, 所以 $F(x)$ 严格单调递增. 而 $F(a) < 0, F(b) > 0$, 由连续函数介值定理及 $F(x)$ 严格递增知 $F(x)$ 在 $[a,b]$ 上仅有一个实根. ■

注　一般地, 证明方程根的存在性用连续函数介值定理, 证明根的唯一性用函数的严格单调性.

6. 设 $f(x)$ 为 $[0,1]$ 上的非负连续函数, 且满足 $f^2(x) \leqslant 1 + 2\int_0^x f(t)\mathrm{d}t$. 证明

$$f(x) \leqslant 1 + x, \quad x \in [0,1].$$

证　记 $F(x) = \int_0^x f(t)\mathrm{d}t$, 则有 $F(x) \geqslant 0$, $F(0) = 0$, $F'(x) = f(x) \geqslant 0$, 且

$$F'^2(x) \leqslant 1 + 2F(x) \Longrightarrow \frac{F'(x)}{\sqrt{1+2F(x)}} \leqslant 1,$$

即

$$\begin{cases} \left(\sqrt{1+2F(x)}\right)' \leqslant 1 \\ F(0) = 0 \end{cases} \Longrightarrow \sqrt{1+2F(x)} - \sqrt{1+2F(0)} \leqslant x \Longrightarrow \sqrt{1+2F(x)} \leqslant 1 + x,$$

故由已知条件及上式得

$$f^2(x) \leqslant 1 + 2F(x) \leqslant (1+x)^2 \Longrightarrow f(x) \leqslant 1 + x, \quad x \in [0,1]. \quad ■$$

7. 设函数 $f(x)$ 在任何有限区间上可积, 且 $\lim\limits_{x\to+\infty} f(x) = l$. 证明

$$\lim_{x\to+\infty} \frac{1}{x}\int_0^x f(t)\mathrm{d}t = l.$$

证　由条件知 $\forall \varepsilon > 0, \exists M > 0$, 当 $x > M$ 时, 有

$$|f(x) - l| < \frac{\varepsilon}{2}.$$

故

$$\begin{aligned}\left|\frac{1}{x}\int_0^x f(t)\mathrm{d}t - l\right| &= \left|\frac{1}{x}\int_0^x f(t)\mathrm{d}t - \frac{1}{x}\int_0^x l\mathrm{d}t\right| \leqslant \frac{1}{x}\left|\int_0^M [f(t)-l]\mathrm{d}t\right| + \frac{1}{x}\int_M^x |f(t)-l|\mathrm{d}t \\ &\leqslant \frac{1}{x}\left|\int_0^M [f(t)-l]\mathrm{d}t\right| + \frac{\varepsilon}{2}\frac{x-M}{x}, \end{aligned} \tag{1}$$

而

$$\lim_{x\to+\infty} \frac{1}{x}\left|\int_0^M [f(t)-l]\mathrm{d}t\right| = 0, \quad \lim_{x\to+\infty} \frac{x-M}{x} = 1. \tag{2}$$

故存在 $X > M > 0$, 当 $x > X$ 时, 由 (1), (2) 得

$$\left|\frac{1}{x}\int_0^x f(t)\mathrm{d}t - l\right| < \varepsilon, \quad 即 \lim_{x\to+\infty} \frac{1}{x}\int_0^x f(t)\mathrm{d}t = l. \quad ■$$

注　此题不能直接用 L'Hospital 法则, 因为分子不一定可导. 此结果可看成"连续型"的平均收敛定理. 附加什么条件可使得逆命题成立?

8. 设 $f(x)$ 在 $[0,+\infty)$ 上单调递增, 对任意 $T>0, f(x)\in R[0,T]$, 且 $\lim\limits_{x\to+\infty}\dfrac{1}{x}\displaystyle\int_0^x f(t)\mathrm{d}t=a$, 证明: $\lim\limits_{x\to+\infty}f(x)=a$.

证　(证一) 因为 $f(x)$ 在 $[0,+\infty)$ 上单调递增, 所以

$$\frac{1}{x}\int_0^x f(t)\mathrm{d}t\leqslant f(x)\leqslant\frac{1}{x}\int_x^{2x}f(t)\mathrm{d}t,$$

下面只要证明

$$\lim_{x\to+\infty}\frac{1}{x}\int_0^x f(t)\mathrm{d}t=\lim_{x\to+\infty}\frac{1}{x}\int_x^{2x}f(t)\mathrm{d}t=a.$$

事实上,

$$\begin{aligned}\lim_{x\to+\infty}\frac{1}{x}\int_x^{2x}f(t)\mathrm{d}t&=\lim_{x\to+\infty}\frac{1}{x}\left[\int_0^{2x}f(t)\mathrm{d}t-\int_0^x f(t)\mathrm{d}t\right]\\&=\lim_{x\to+\infty}\frac{2}{2x}\int_0^{2x}f(t)\mathrm{d}t-\lim_{x\to+\infty}\frac{1}{x}\int_0^x f(t)\mathrm{d}t=2a-a=a.\end{aligned}$$

同理

$$\lim_{x\to+\infty}\frac{2}{x}\int_{\frac{x}{2}}^{x}f(t)\mathrm{d}t=a.$$

故结论成立.

(证二) 由条件可知 $f(x)$ 单调递增有上界, 所以 $\lim\limits_{x\to+\infty}f(x)$ 存在, 用上题证明方法得 $\lim\limits_{x\to+\infty}f(x)=a$.　■

9. 设 $f(x)=\displaystyle\int_x^{x^2}\left(1+\frac{1}{2t}\right)^t\sin\frac{1}{\sqrt{t}}\mathrm{d}t(x>0)$. 求 $\lim\limits_{n\to\infty}f(n)\sin\dfrac{1}{n}$.

解　由推广 L'Hospital 法则得

$$\begin{aligned}\lim_{x\to+\infty}f(x)\sin\frac{1}{x}&=\lim_{x\to+\infty}\frac{\displaystyle\int_x^{x^2}\left(1+\frac{1}{2t}\right)^t\sin\frac{1}{\sqrt{t}}dt}{\dfrac{1}{\sin\dfrac{1}{x}}}\\&=\lim_{x\to+\infty}\frac{\left(1+\dfrac{1}{2x^2}\right)^{x^2}\sin\dfrac{1}{x}\cdot 2x-\left(1+\dfrac{1}{2x}\right)^x\sin\dfrac{1}{\sqrt{x}}}{\dfrac{\dfrac{1}{x^2}\cos\dfrac{1}{x}}{\sin^2\dfrac{1}{x}}}=2\sqrt{\mathrm{e}}.\end{aligned}$$

由 Heine 定理知 $\lim\limits_{n\to\infty}f(n)\sin\dfrac{1}{n}=2\sqrt{\mathrm{e}}$.　■

练习　(1) 设函数 $f(x)\in C(-\infty,+\infty)$, $f'(0)$ 存在, 且 $\displaystyle\int_0^x f(t)\mathrm{d}t=\frac{1}{2}xf(x)$. 证明: $f(x)=cx$, 其中 $c\in\mathbb{R}$.

提示 (解一) $x\neq 0$ 时, $f(x)=\dfrac{2}{x}\displaystyle\int_0^x f(t)\mathrm{d}t$, 从而 $f(x)$ 在任意点可导, 然后对等式两边求导化为微分方程.

(解二) 令 $F(x)=\displaystyle\int_0^x f(t)\mathrm{d}t$, 则有 $F(x)=\dfrac{1}{2}xF'(x)$, 解此微分方程得 $F(x)=\alpha x^2\Longrightarrow f(x)=2\alpha x,\ x\neq 0$. 再由 $f(x)$ 的连续性得 $f(0)=0$, 由此得结论成立 (解二没用到 $f'(0)$ 存在条件).

(2) 设函数 $f(x)$ 在闭区间 $[a,b]$ 上连续, 证明

$$\lim_{h\to 0}\frac{1}{h}\int_a^x[f(t+h)-f(t)]\mathrm{d}t=f(x)-f(a),\quad x\in(a,b).$$

例 4-2-6 解答下列各题.

1. 计算 $I=\displaystyle\int_0^{\pi}\frac{1}{1+\sin^2 x}\mathrm{d}x$.

解 (解一) 令 $t=\tan\dfrac{x}{2}$, 则 $\mathrm{d}x=\dfrac{2}{1+t^2}\mathrm{d}t, \sin x=\dfrac{2t}{1+t^2}$, 故

$$\int_0^{\pi}\frac{1}{1+\sin^2 x}\mathrm{d}x=\int_0^{+\infty}\frac{1}{1+\left(\dfrac{2t}{1+t^2}\right)^2}\frac{2}{1+t^2}\mathrm{d}t=\int_0^{+\infty}\frac{2(1+t^2)}{t^4+6t^2+1}\mathrm{d}t$$

$$=2\int_0^{+\infty}\frac{1+\dfrac{1}{t^2}}{t^2+\dfrac{1}{t^2}+6}\mathrm{d}t=2\int_0^{+\infty}\frac{\mathrm{d}\left(t-\dfrac{1}{t}\right)}{\left(t-\dfrac{1}{t}\right)^2+8}=\frac{1}{\sqrt{2}}\arctan\left(\frac{t-\dfrac{1}{t}}{2\sqrt{2}}\right)\Bigg|_0^{+\infty}=\frac{\pi}{\sqrt{2}}.$$

(解二) 由于

$$I=\int_0^{\frac{\pi}{2}}\frac{1}{1+\sin^2 x}\mathrm{d}x+\int_{\frac{\pi}{2}}^{\pi}\frac{1}{1+\sin^2 x}\mathrm{d}x=2\int_0^{\frac{\pi}{2}}\frac{1}{1+\sin^2 x}\mathrm{d}x,$$

令 $t=\tan x$ 可得 $I=\dfrac{\pi}{\sqrt{2}}$. ■

2. 计算 $\displaystyle\int_{\frac{1}{2}}^{\frac{3}{4}}\frac{\arcsin\sqrt{x}}{\sqrt{x(1-x)}}\mathrm{d}x$.

解 (解一) 令 $t=\arcsin\sqrt{x}$, 则 $x=\sin^2 t$, $\mathrm{d}x=\sin 2t\mathrm{d}t$, 则

$$\int_{\frac{1}{2}}^{\frac{3}{4}}\frac{\arcsin\sqrt{x}}{\sqrt{x(1-x)}}\mathrm{d}x=\int_{\frac{\pi}{4}}^{\frac{\pi}{3}}\frac{t}{\sqrt{\sin^2 t\cos^2 t}}\sin 2t\mathrm{d}t=2\int_{\frac{\pi}{4}}^{\frac{\pi}{3}}t\mathrm{d}t=\frac{7\pi^2}{144}.$$

(解二) 因为 $\mathrm{d}(\arcsin\sqrt{x})=\dfrac{1}{2}\dfrac{1}{\sqrt{1-x}}\dfrac{1}{\sqrt{x}}\mathrm{d}x$, 所以

$$\int_{\frac{1}{2}}^{\frac{3}{4}}\frac{\arcsin\sqrt{x}}{\sqrt{x(1-x)}}\mathrm{d}x=2\int_{\frac{1}{2}}^{\frac{3}{4}}\arcsin\sqrt{x}\mathrm{d}\arcsin\sqrt{x}=(\arcsin\sqrt{x})^2\Big|_{\frac{1}{2}}^{\frac{3}{4}}=\frac{7\pi^2}{144}.\quad ■$$

3. 设在 $[-1,1]$ 上的连续函数 $f(x)$ 满足如下条件: 对 $[-1,1]$ 上的任意偶函数 $g(x)$, 有 $\displaystyle\int_{-1}^1 f(x)g(x)\mathrm{d}x=0$. 证明 $f(x)$ 是 $[-1,1]$ 上的奇函数.

证　由于

$$0=\int_{-1}^{1} f(x)g(x)\mathrm{d}x \xlongequal{x=-t} \int_{-1}^{1} f(-t)g(-t)\mathrm{d}t \xlongequal{g(x)\text{偶}} \int_{-1}^{1} f(-t)g(t)\mathrm{d}t,$$

故

$$\int_{-1}^{1}[f(x)+f(-x)]g(x)\mathrm{d}x=0. \tag{1}$$

特取 $g(x)=f(x)+f(-x)$, 显然 $g(x)$ 为偶函数, 代入 (1) 式得

$$\int_{-1}^{1}[f(x)+f(-x)]^2\mathrm{d}x=0,$$

再结合 $f(x)$ 连续性得 $f(-x)=-f(x)$, 即 $f(x)$ 为奇函数. ■

注　该命题的逆命题显然成立.

4. 设 $f(x)$ 是 $[0,1]$ 上的连续函数, 令 $I=\int_0^{\pi} xf(\sin x)\mathrm{d}x$.

(1) 证明 $I=\dfrac{\pi}{2}\int_0^{\pi} f(\sin x)\mathrm{d}x$;

(2) 求 $\int_0^{\pi}\dfrac{x\sin x}{1+\cos^2 x}\mathrm{d}x$.

解　(1) 令 $t=\pi-x$, 则

$$\begin{aligned}I&=\int_0^{\pi} xf(\sin x)\mathrm{d}x=-\int_{\pi}^{0}(\pi-t)f[\sin(\pi-t)]\mathrm{d}t\\&=\pi\int_0^{\pi} f(\sin t)-\int_0^{\pi} tf(\sin t)\mathrm{d}t=\pi\int_0^{\pi} f(\sin x)\mathrm{d}x-I,\end{aligned}$$

所以

$$I=\frac{\pi}{2}\int_0^{\pi} f(\sin x)\mathrm{d}x.$$

(2) 由 (1) 得

$$\int_0^{\pi}\frac{x\sin x}{1+\cos^x}\mathrm{d}x=\frac{\pi}{2}\int_0^{\pi}\frac{\sin x}{1+\cos^2 x}\mathrm{d}x=-\frac{\pi}{2}\arctan(\cos x)|_0^{\pi}=\frac{\pi^2}{4}. \ ■$$

5. 设函数 $f(x)$ 在 $[0,a]$ 上严格递增且连续, $f(0)=0$, $g(x)$ 为 $f(x)$ 的反函数. 证明

$$\int_0^{a} f(x)\mathrm{d}x=\int_0^{f(a)}[a-g(x)]\mathrm{d}x.$$

解　设 $y=f(x)$, 则 $x=g(y)=f^{-1}(y)$, 则

$$\begin{aligned}\int_0^{a} f(x)\mathrm{d}x &\xlongequal{y=f(x)} \int_{f(0)}^{f(a)} y\mathrm{d}g(y)=yg(y)\Big|_{f(0)}^{f(a)}-\int_{f(0)}^{f(a)} g(y)\mathrm{d}y\\&=af(a)-\int_0^{f(a)} g(y)\mathrm{d}y=\int_0^{f(a)}[a-g(y)]\mathrm{d}y. \ ■\end{aligned}$$

6. 试证: 对任意 $n\in\mathbb{N}_+$ 有 $\displaystyle\int_0^{\frac{\pi}{2}}\sin^n x\cos^n x\mathrm{d}x=\frac{1}{2^n}\int_0^{\frac{\pi}{2}}\cos^n x\mathrm{d}x$.

证　事实上,

$$\int_0^{\frac{\pi}{2}}\sin^n x\cos^n x\mathrm{d}x=\frac{1}{2^n}\int_0^{\frac{\pi}{2}}\sin^n(2x)\mathrm{d}x\xlongequal{2x=t}\frac{1}{2^{n+1}}\int_0^{\pi}\sin^n t\mathrm{d}t$$

$$=\frac{1}{2^{n+1}}\int_{-\frac{\pi}{2}}^{\frac{\pi}{2}}\cos^n u\mathrm{d}u=\frac{1}{2^n}\int_0^{\frac{\pi}{2}}\cos^n u\mathrm{d}u.\quad\blacksquare$$

7. 证明

$$\int_1^a f\left(x^2+\frac{a^2}{x^2}\right)\frac{\mathrm{d}x}{x}=\int_1^a f\left(x+\frac{a^2}{x}\right)\frac{\mathrm{d}x}{x}.$$

证　令 $x^2=t$, 则 $\mathrm{d}t=2x\mathrm{d}x$, 故

$$\int_1^a f\left(x^2+\frac{a^2}{x^2}\right)\frac{\mathrm{d}x}{x}=\int_1^{a^2} f\left(t+\frac{a^2}{t}\right)\frac{1}{2t}\mathrm{d}t \tag{1}$$

$$=\int_1^a f\left(t+\frac{a^2}{t}\right)\frac{1}{2t}\mathrm{d}t+\int_a^{a^2} f\left(t+\frac{a^2}{t}\right)\frac{1}{2t}\mathrm{d}t. \tag{2}$$

而

$$\int_a^{a^2} f\left(t+\frac{a^2}{t}\right)\frac{1}{2t}\mathrm{d}t\xlongequal{\frac{a^2}{t}=u}\int_1^a f\left(u+\frac{a^2}{u}\right)\frac{1}{2u}\mathrm{d}u. \tag{3}$$

由 (1), (2) 知结论成立. $\blacksquare$

8. 设函数 $f(x)$ 在 $[0,1]$ 上单调递减. 证明: 对任意 $a\in(0,1)$ 有 $\displaystyle\int_0^a f(x)\mathrm{d}x\geqslant a\int_0^1 f(x)\mathrm{d}x$.

证　因为 $0<a<1$, 对 $t>0$ 有 $0<at<t$. 因为 $f(x)$ 递减, 所以 $f(at)\geqslant f(t)$. 若令 $x=at$, 则

$$\int_0^a f(x)\mathrm{d}x=a\int_0^1 f(at)\mathrm{d}t\geqslant a\int_0^1 f(t)\mathrm{d}t=a\int_0^1 f(x)\mathrm{d}x.\quad\blacksquare$$

注　此结果说明递减函数在小区间上的平均值不小于大区间上的平均值. 若 $f(x)$ 递增, 对任意 $a\in(0,1)$ 有 $\displaystyle\frac{1}{a}\int_0^a f(x)\mathrm{d}x\leqslant\int_0^1 f(x)\mathrm{d}x$; 若 $a\leqslant b$ 且 $f(x)$ 递减, 则

$$\frac{1}{a}\int_0^a f(x)\mathrm{d}x\geqslant\frac{1}{b}\int_0^b f(x)\mathrm{d}x.$$

9. 设 $f(x)$ 为 $[0,1]$ 上的非负单调非增连续函数, 利用积分中值定理证明: $0<\alpha<\beta<1$ 时, 有 $\displaystyle\int_0^{\alpha} f(x)\mathrm{d}x\geqslant\frac{\alpha}{\beta}\int_{\alpha}^{\beta} f(x)\mathrm{d}x$.

证　只要证明 $\displaystyle\frac{1}{\alpha}\int_0^{\alpha} f(x)\mathrm{d}x\geqslant\frac{1}{\beta}\int_{\alpha}^{\beta} f(x)\mathrm{d}x$. 仿上题可以证明

$$\frac{1}{\alpha}\int_0^{\alpha} f(x)\mathrm{d}x\geqslant\frac{1}{\beta}\int_0^{\beta} f(x)\mathrm{d}x\geqslant\frac{1}{\beta}\int_{\alpha}^{\beta} f(x)\mathrm{d}x,$$

即结论成立. ■

10. 设 $f(x)$ 在 $[0,+\infty)$ 上单调递增, 且只有有限个间断点, 则函数 $F(x)=\dfrac{1}{x}\displaystyle\int_0^x f(t)\mathrm{d}t$ 在 $(0,+\infty)$ 内 (　　).

A. 连续单调;　B. 连续但不单调;　C. 单调但不连续;　D. 既不连续也不单调.

解　由上题可知 $F(x)$ 递增, 由连续函数四则运算知 $F(x)$ 在 $(0,+\infty)$ 内连续. 故应选择 A. ■

11. 设 $f(x)=\displaystyle\int_x^{x+1}\sin t^2\mathrm{d}t$. 证明: 当 $x>0$ 时, 有 $|f(x)|<\dfrac{1}{x}$.

证　令 $t=\sqrt{u}$, 则

$$
\begin{aligned}
f(x)&=\int_x^{x+1}\sin t^2\mathrm{d}t=\int_{x^2}^{(x+1)^2}\frac{1}{2\sqrt{u}}\sin u\mathrm{d}u=\frac{1}{2}\int_{x^2}^{(x+1)^2}\frac{1}{\sqrt{u}}\mathrm{d}(-\cos u)\\
&=\frac{1}{2x}\cos x^2-\frac{1}{2(x+1)}\cos(x+1)^2-\frac{1}{4}\int_{x^2}^{(x+1)^2}\frac{\cos u}{u^{\frac{3}{2}}}\mathrm{d}u.
\end{aligned}
$$

因此, 当 $x>0$ 时, 有

$$
|f(x)|<\frac{1}{2x}+\frac{1}{2(x+1)}+\frac{1}{4}\int_{x^2}^{(x+1)^2}u^{-\frac{3}{2}}\mathrm{d}u=\frac{1}{2x}+\frac{1}{2(x+1)}-\frac{1}{2}\left(\frac{1}{x+1}-\frac{1}{x}\right)=\frac{1}{x}. \quad ■
$$

注　若函数 $f(x)$ 满足上述题目条件, 则 $\displaystyle\sum_{n=1}^{\infty}\frac{f(n)}{n^{\varepsilon}}(\varepsilon>0)$ 收敛; $\displaystyle\lim_{x\to\infty}f(x)=0$; 直接计算出 $f(x)$ 再估计比较困难.

练习　证明:

$$
\int_{\frac{1}{a}}^{a}f(x)\mathrm{d}x=\frac{1}{2}\int_{\frac{1}{a}}^{a}\left[f(x)+\frac{1}{x^2}f\left(\frac{1}{x}\right)\right]\mathrm{d}x.
$$

例 4-2-7　解答下列各题.

1. 设 $f(x)$ 有连续的二阶导数, 且 $f(\pi)=2$, $\displaystyle\int_0^{\pi}(f(x)+f''(x))\sin x\mathrm{d}x=5$, 求 $f(0)$.

解　事实上,

$$
\int_0^{\pi}[f(x)+f''(x)]\sin x\mathrm{d}x=\int_0^{\pi}f(x)\sin x\mathrm{d}x+\int_0^{\pi}f''(x)\sin x\mathrm{d}x=5, \tag{1}
$$

$$
\begin{aligned}
\int_0^{\pi}f''(x)\sin x\mathrm{d}x&=\int_0^{\pi}\sin x\mathrm{d}f'(x)=f'(x)\sin x|_0^{\pi}-\int_0^{\pi}f'(x)\cos x\mathrm{d}x\\
&=-\left(f(x)\cos x|_0^{\pi}+\int_0^{\pi}f(x)\sin x\mathrm{d}x\right)\\
&=f(\pi)+f(0)-\int_0^{\pi}f(x)\sin x\mathrm{d}x.
\end{aligned} \tag{2}
$$

由条件及 (1), (2) 式得 $f(0)=3$. ■

2. 若 $f(x)\in C[a,b]$, 证明 $2\displaystyle\int_a^b f(x)\left(\int_x^b f(t)\mathrm{d}t\right)\mathrm{d}x=\left(\int_a^b f(x)\mathrm{d}x\right)^2$.

证　(证一) 因为 $f(x)\in C[a,b]$, 令 $F(x)=\int_x^b f(t)\mathrm{d}t$, 则 $F'(x)=-f(x)$, 故

$$2\int_a^b f(x)\left[\int_x^b f(t)\mathrm{d}t\right]\mathrm{d}x=2\int_a^b -F'(x)F(x)\mathrm{d}x=-2\int_a^b F(x)\mathrm{d}F(x)$$
$$=F^2(a)-F^2(b).$$

而

$$F(a)=\int_a^b f(t)\mathrm{d}t,\quad F(b)=0,$$

故结论成立.

(证二) 记 $F(x,t)=f(x)f(t)=F(t,x)$, $\Omega:=[a,b]\times[a,b]$, 则

$$2\int_a^b f(x)\left[\int_x^b f(t)\mathrm{d}t\right]\mathrm{d}x=\int_a^b\int_x^b F(x,t)\mathrm{d}t\mathrm{d}x+\int_a^b\int_t^b F(t,x)\mathrm{d}x\mathrm{d}t=\iint\limits_{\Omega} F(x,t)\mathrm{d}x\mathrm{d}t,$$

且

$$\left(\int_a^b f(x)\mathrm{d}x\right)^2=\int_a^b f(x)\mathrm{d}x\int_a^b f(t)\mathrm{d}t=\iint\limits_{\Omega} F(x,t)\mathrm{d}x\mathrm{d}t.$$

故结论成立. ■

3. **若** $f(x)$ **在** $[a,b]$ **上有连续的导函数,** $f(a)=f(b)=0$ **且** $\int_a^b f^2(x)\mathrm{d}x=1$. **证明:**

(1) $\int_a^b xf(x)f'(x)\mathrm{d}x=-\dfrac{1}{2}$;

(2) $\int_a^b [f'(x)]^2\mathrm{d}x\cdot\int_a^b [xf(x)]^2\mathrm{d}x\geqslant\dfrac{1}{4}$.

证　(1) 由分部积分公式得

$$\int_a^b xf(x)f'(x)\mathrm{d}x=\frac{1}{2}\int_a^b x\mathrm{d}f^2(x)=\frac{x}{2}f^2(x)|_a^b-\frac{1}{2}\int_a^b f^2(x)\mathrm{d}x$$
$$=\frac{b}{2}f^2(b)-\frac{a}{2}f^2(a)-\frac{1}{2}=-\frac{1}{2}.$$

(2) 由 (1) 及 Cauchy 积分不等式得

$$\frac{1}{4}=\left(\int_a^b xf(x)f'(x)\mathrm{d}x\right)^2\leqslant\int_a^b [f'(x)]^2\mathrm{d}x\cdot\int_a^b [xf(x)]^2\mathrm{d}x.\quad ■$$

4. **设** $f(x)$ **的一阶导函数在** $[0,1]$ **上连续, 且** $f(0)=f(1)=0$. **证明**

$$\left|\int_0^1 f(x)\mathrm{d}x\right|\leqslant\frac{1}{4}\max_{[0,1]}|f'(x)|.$$

证　因为 $f(0)=f(1)=0$, 故

$$\int_0^1 f(x)\mathrm{d}x=\int_0^1 f(x)\mathrm{d}(x-l)=-\int_0^1 (x-l)f'(x)\mathrm{d}x,$$

由积分中值定理得

$$\left|\int_0^1 f(x)\mathrm{d}x\right|\leqslant |f'(\xi)|\int_0^1 |x-l|\mathrm{d}x,\quad \xi\in[0,1].$$

而

$$\int_0^1 |x-l|\mathrm{d}x=\int_0^l (l-x)\mathrm{d}x+\int_l^1 (x-l)\mathrm{d}x=\frac{1}{2}(2l^2-2l+1)=\left(l-\frac{1}{2}\right)^2+\frac{1}{4}\geqslant\frac{1}{4},$$

当且仅当 $l=\dfrac{1}{2}$ 时上式等号成立.

特取 $l=\dfrac{1}{2}$, 得

$$\left|\int_0^1 f(x)\mathrm{d}x\right|\leqslant |f'(\xi)|\int_0^1 \left|x-\frac{1}{2}\right|\mathrm{d}x\leqslant\frac{1}{4}\max_{[0,1]}|f'(x)|. \quad ■$$

注　这里 $\dfrac{1}{4}$ 是最佳估计系数; 若用 Taylor 公式, 只能得到系数为 $\dfrac{1}{2}$ 的估计.

例 4-2-8　解答下列各题.

1. 计算 $\displaystyle\int_0^{2\pi}\sqrt{1+\cos x}\mathrm{d}x$.

解　事实上,

$$\int_0^{2\pi}\sqrt{1+\cos x}\mathrm{d}x=\int_0^{2\pi}\sqrt{2}\left|\cos\frac{x}{2}\right|\mathrm{d}x=\sqrt{2}\left[\int_0^{\pi}\cos\frac{x}{2}\mathrm{d}x-\int_{\pi}^{2\pi}\cos\frac{x}{2}\mathrm{d}x\right]=4\sqrt{2}. \quad ■$$

注　如直接令 $\sqrt{1+\cos x}=u$ 或者直接用万能公式比较烦琐.

2. 计算 $I=\displaystyle\int_0^{N\pi}\sqrt{1-\sin 2x}\mathrm{d}x$, 其中 N 为正整数.

解　因为 $\left|\sin\left(x-\dfrac{\pi}{4}\right)\right|$ 以 π 为周期, 故

$$\begin{aligned}\int_0^{N\pi}\sqrt{1-\sin 2x}\mathrm{d}x&=\int_0^{N\pi}|\sin x-\cos x|\mathrm{d}x=\sqrt{2}\int_0^{N\pi}\left|\sin\left(x-\frac{\pi}{4}\right)\right|\mathrm{d}x\\&=\sqrt{2}N\int_0^{\pi}\left|\sin\left(x-\frac{\pi}{4}\right)\right|\mathrm{d}x=2\sqrt{2}N. \quad ■\end{aligned}$$

3. 计算 $I=\displaystyle\int_0^{\frac{\pi}{2}}\frac{\sin x}{\sin x+\cos x}\mathrm{d}x$.

解　令 $t=x-\dfrac{\pi}{2}$, 则

$$\begin{aligned}I=\int_0^{\frac{\pi}{2}}\frac{\sin x}{\sin x+\cos x}\mathrm{d}x=\int_0^{\frac{\pi}{2}}\frac{\cos t}{\cos t+\sin t}\mathrm{d}t\Longrightarrow 2I=\int_0^{\frac{\pi}{2}}\frac{\sin x+\cos x}{\sin x+\cos x}\mathrm{d}x=\frac{\pi}{2}\\\Longrightarrow I=\frac{\pi}{4}. \quad ■\end{aligned}$$

4. 设 $f(x)\in R[0,1]$, 且满足 $x-f(x)=2\int_0^1 f(x)\mathrm{d}x$. 求 $\int_0^1 f(x)\mathrm{d}x$.

解　记 $a=\int_0^1 f(x)\mathrm{d}x$. 则 $f(x)=x-2a$, 从而 $a=\int_0^1 (x-2a)\mathrm{d}x \Longrightarrow a=\frac{1}{6}$, 即

$$\int_0^1 f(x)\mathrm{d}x=\frac{1}{6}. \quad ■$$

5. 已知 $\sum_{n=1}^{\infty}\frac{1}{n^2}=\frac{\pi^2}{6}$. 求 $\int_0^1 \frac{\ln(1-x)}{x}\mathrm{d}x$.

解　因为

$$\frac{1}{1-x}=1+x+x^2+\cdots+x^n+\cdots, \quad |x|<1,$$

所以

$$\ln(1-x)=-\sum_{n=1}^{\infty}\frac{x^n}{n}.$$

故

$$\int_0^1 \frac{\ln(1-x)}{x}\mathrm{d}x=-\sum_{n=1}^{\infty}\int_0^1 \frac{x^{n-1}}{n}\mathrm{d}x=-\sum_{n=1}^{\infty}\left(\frac{1}{n^2}x^n\Big|_0^1\right)=-\sum_{n=1}^{\infty}\frac{1}{n^2}=-\frac{\pi^2}{6}. \quad ■$$

注　对级数 $\sum_{n=1}^{\infty}\frac{1}{n^2}$ 可以用构造幂级数求和, 也可以用某个函数的 Fourier 级数展开式求得. 此题所求积分其实是广义积分.

6. 在极坐标系下, 由 $0\leqslant\alpha\leqslant\theta\leqslant\beta$, $0\leqslant r\leqslant r(\theta)$ 所表示的区域绕极轴旋转一周所成的旋转体的体积为

$$V=\frac{2\pi}{3}\int_\alpha^\beta r^3(\theta)\sin\theta\mathrm{d}\theta.$$

证　以 r 为半径与极轴成 θ 角的扇形绕极轴一周所得几何体的体积为

$$V=\frac{\pi}{3}(r\sin\theta)^2 r\cos\theta+\pi\int_{r\cos\theta}^{r}(r^2-x^2)\mathrm{d}x=\frac{2\pi}{3}r^3(1-\cos\theta). \tag{1}$$

作 $[\alpha,\beta]$ 的分割 $T:\alpha=\theta_0<\theta_1<\cdots<\theta_n=\beta$, 由微分中值定理知存在 $\varphi_i\in(\theta_{i-1},\theta_i)$ 使得 $\cos\theta_{i-1}-\cos\theta_i=\sin\varphi_i\Delta\theta_i$. 以 $r(\varphi_i)$ 为半径作扇形, 由 (1) 式知此扇形绕极轴一周所得几何体的体积为

$$\Delta V_i=\frac{2\pi}{3}r^3(\varphi_i)(1-\cos\theta_i)-\frac{2\pi}{3}r^3(\varphi_i)(1-\cos\theta_{i-1})=\frac{2\pi}{3}r^3(\varphi_i)\sin\varphi_i\Delta\theta_i.$$

由定积分定义得所求体积为

$$V=\lim_{\lambda(\Delta\theta)\to 0}\sum_{i=1}^{n}\frac{2\pi}{3}r^3(\varphi_i)\sin\varphi_i\Delta\theta_i=\frac{2\pi}{3}\int_\alpha^\beta r^3(\theta)\sin\theta\mathrm{d}\theta. \quad ■$$

练习　计算下列积分.

(1) $\int_0^{n\pi} x|\sin x|\mathrm{d}x$;　(2) $\int_0^{\pi} \mathrm{e}^x\cos^2 x\mathrm{d}x$;　(3) $\int_0^{2\pi}\frac{\mathrm{d}\theta}{2+\cos\theta}$;　(4) $\int_0^{\frac{\pi}{2}}\cos^n x\mathrm{d}x$;

(5) 设 $n\in\mathbb{N}^+$, 计算 $\int_{\mathrm{e}^{-2n\pi}}^{2}\left|\frac{\mathrm{d}}{\mathrm{d}x}\cos\left(\ln\frac{1}{x}\right)\right|\mathrm{d}x$ (答案: $4n$).

例 4-2-9　解答下列各题.

1. 设 $I_n=\int_0^1(1-x^2)^n\mathrm{d}x$. 证明: 当 $n\geqslant 2$ 时成立: (1) $I_n=\frac{2n}{2n+1}I_{n-1}$; (2) $I_n\geqslant\frac{2}{3\sqrt{n}}$.

证　(1) (证一) 由分部积分得

$$\begin{aligned}I_n&=\int_0^1(1-x^2)^n\mathrm{d}x=\int_0^1(1-x^2)(1-x^2)^{n-1}\mathrm{d}x\\&=\int_0^1(1-x^2)^{n-1}\mathrm{d}x-\int_0^1x^2(1-x^2)^{n-1}\mathrm{d}x=I_{n-1}-\left[-\frac{1}{2n}\int_0^1x\mathrm{d}(1-x^2)^n\right]\\&=I_{n-1}+\frac{1}{2n}x(1-x^2)^n\Big|_0^1-\frac{1}{2n}\int_0^1(1-x^2)^n\mathrm{d}x=I_{n-1}-\frac{1}{2n}I_n,\end{aligned}$$

即

$$I_n=\frac{2n}{2n+1}I_{n-1}.$$

(证二) 已经知道

$$J_n=\int_0^{\frac{\pi}{2}}\sin^n\theta\mathrm{d}\theta=\begin{cases}\dfrac{(n-1)!!}{n!!}\dfrac{\pi}{2}, & n\text{为偶数},\\ \dfrac{(n-1)!!}{n!!}, & n\text{为奇数},\end{cases}\quad \text{且 } J_n=\frac{n-1}{n}J_{n-2}. \tag{1}$$

令 $x=\cos\theta$, 由 (1) 式得

$$I_n=\int_0^{\frac{\pi}{2}}\sin^{2n+1}\theta\mathrm{d}\theta=\frac{2n}{2n+1}I_{n-1}.$$

(2) 由于 $I_1=\int_0^1(1-x^2)\mathrm{d}x=\frac{2}{3}$, 故

$$I_n=\frac{2n}{2n+1}I_{n-1}=\frac{2n}{2n+1}\frac{2n-2}{2n-1}I_{n-2}=\cdots=\frac{2n}{2n+1}\cdot\frac{2n-2}{2n-1}\cdot\cdots\cdot\frac{4}{5}\cdot\frac{2}{3}. \tag{2}$$

记

$$a=\frac{2n}{2n+1}\cdot\frac{2n-2}{2n-1}\cdot\cdots\cdot\frac{4}{5},\quad b=\frac{2n-1}{2n}\cdot\frac{2n-3}{2n-2}\cdot\cdots\cdot\frac{3}{4}\Longrightarrow a>b>0,$$

故

$$a^2>ab=\frac{3}{2n+1}\geqslant\frac{3}{3n}=\frac{1}{n}.$$

再由 (2) 式得

$$I_n=a\cdot\frac{2}{3}\geqslant\frac{2}{3\sqrt{n}}.\quad ■$$

注　对上述定义的 I_n, 级数 $\sum\limits_{n=1}^{\infty} I_n$ 发散; 可以证明 $\lim\limits_{n\to\infty} I_n = 0$.

2. (1) 计算 $I_n = \int_0^{\frac{\pi}{2}} \sin^n x\mathrm{d}x$;

(2) 求 $\lim\limits_{n\to+\infty}\int_0^{\frac{\pi}{2}} \sin^n x\mathrm{d}x$;

(3) 求 $\lim\limits_{m\to+\infty}\left[\dfrac{(2m)!!}{(2m-1)!!}\right]^2\dfrac{1}{2m+1}$.

解　(1) 显然

$$I_0=\int_0^{\frac{\pi}{2}}\mathrm{d}x=\frac{\pi}{2},\quad I_1=\int_0^{\frac{\pi}{2}}\sin x\mathrm{d}x=1,$$

当 $n\geqslant 2$ 时, 由分部积分公式得

$$\begin{aligned}I_n&=\int_0^{\frac{\pi}{2}}\sin^n x\mathrm{d}x=\int_0^{\frac{\pi}{2}}\sin^{n-1}x\mathrm{d}(-\cos x)\\&=-\sin^{n-1}x\cos x\Big|_0^{\frac{\pi}{2}}+\int_0^{\frac{\pi}{2}}\cos x\mathrm{d}(\sin^{n-1}x)=(n-1)\int_0^{\frac{\pi}{2}}\sin^{n-2}x(1-\sin^2 x)\mathrm{d}x\\&=(n-1)I_{n-2}-(n-1)I_n,\end{aligned}\tag{1}$$

即

$$I_n=\frac{n-1}{n}I_{n-2},$$

因此得

$$I_{2k}=\frac{(2k-1)!!}{(2k)!!}\frac{\pi}{2},\quad I_{2k+1}=\frac{(2k)!!}{(2k+1)!!}\quad(k=1,2,\cdots).$$

(2) (解一) 对 $\forall\varepsilon>0$, 有

$$0\leqslant\int_0^{\frac{\pi}{2}}\sin^n x\mathrm{d}x=\int_0^{\frac{\pi}{2}-\varepsilon}\sin^n x\mathrm{d}x+\int_{\frac{\pi}{2}-\varepsilon}^{\frac{\pi}{2}}\sin^n x\mathrm{d}x\leqslant\left(\frac{\pi}{2}-\varepsilon\right)\sin^n\left(\frac{\pi}{2}-\varepsilon\right)+\frac{\varepsilon}{2}.\tag{2}$$

由于 $\lim\limits_{n\to\infty}\sin^n\left(\dfrac{\pi}{2}-\varepsilon\right)=0$, 故存在 $N>0$, 当 $n>N$ 时有

$$\sin^n\left(\frac{\pi}{2}-\varepsilon\right)<\frac{\varepsilon}{\pi}.\tag{3}$$

由 (2), (3) 式, 当 $n>N$ 时, 有 $0\leqslant\int_0^{\frac{\pi}{2}}\sin^n x\mathrm{d}x<\varepsilon$, 即 $\lim\limits_{n\to+\infty}\int_0^{\frac{\pi}{2}}\sin^n x\mathrm{d}x=0$.

(解二) 由于

$$\frac{(2k-1)!!}{(2k)!!}=\frac{1\cdot3\cdot5\cdot\ \cdots\ \cdot2k-1}{2\cdot4\cdot6\cdot\ \cdots\ \cdot2k}<\frac{2\cdot4\cdot6\cdot\ \cdots\ \cdot2k}{1\cdot3\cdot5\cdot7\cdot\ \cdots\ \cdot(2k+1)}=\frac{(2k)!!}{(2k+1)!!},$$

所以

$$\left(\frac{(2k-1)!!}{(2k)!!}\right)^2<\frac{(2k-1)!!}{(2k)!!}\cdot\frac{(2k)!!}{(2k+1)!!}=\frac{1}{2k+1}\Longrightarrow\frac{(2k-1)!!}{(2k)!!}<\frac{1}{\sqrt{2k+1}},$$

故

$$\lim_{k\to+\infty}\frac{(2k-1)!!}{(2k)!!}=0. \tag{4}$$

由 I_n 的表达式得

$$\frac{(2k)!!}{(2k+1)!!}<\frac{(2k-1)!!}{(2k)!!}\cdot\frac{\pi}{2}\Longrightarrow\left(\frac{(2k)!!}{(2k+1)!!}\right)^2<\frac{(2k)!!}{(2k+1)!!}\cdot\frac{(2k-1)!!}{(2k)!!}\cdot\frac{\pi}{2}=\frac{1}{2k+1}\cdot\frac{\pi}{2}$$
$$\Longrightarrow\frac{(2k)!!}{(2k+1)!!}<\sqrt{\frac{1}{2k+1}\cdot\frac{\pi}{2}},$$

故

$$\lim_{k\to+\infty}\frac{(2k)!!}{(2k+1)!!}=0. \tag{5}$$

由 (4), (5) 式 I_n 的表达式得

$$\lim_{n\to+\infty}\int_0^{\frac{\pi}{2}}\sin^n x\mathrm{d}x=0.$$

(3) 由于

$$\int_0^{\frac{\pi}{2}}\sin^{2m+1}x\mathrm{d}x<\int_0^{\frac{\pi}{2}}\sin^{2m}x\mathrm{d}x<\int_0^{\frac{\pi}{2}}\sin^{2m-1}x\mathrm{d}x,$$

即

$$\frac{(2m)!!}{(2m+1)!!}<\frac{(2m-1)!!}{(2m)!!}\frac{\pi}{2}<\frac{(2m-2)!!}{(2m-1)!!},$$

故

$$\left[\frac{(2m)!!}{(2m-1)!!}\right]^2\frac{1}{2m+1}<\frac{\pi}{2}<\left[\frac{(2m)!!}{(2m-1)!!}\right]^2\frac{1}{2m},$$

所以

$$0<\frac{\pi}{2}-\left[\frac{(2m)!!}{(2m-1)!!}\right]^2\frac{1}{2m+1}<\left[\frac{(2m)!!}{(2m-1)!!}\right]^2\frac{1}{2m(2m+1)}<\frac{1}{2m}\frac{\pi}{2}\to 0\quad(m\to\infty),$$

由两边夹定理得 $\lim\limits_{m\to+\infty}\left[\frac{(2m)!!}{(2m-1)!!}\right]^2\frac{1}{2m+1}=\frac{\pi}{2}$. ■

3. 设 $I_n=\int_0^{\frac{\pi}{4}}\tan^n x\mathrm{d}x, n$ 为大于 1 的整数.

(1) 计算 I_n+I_{n-2};　　(2) 证明 $\frac{1}{2(n+1)}<I_n<\frac{1}{2(n-1)}$.

解　(1) 因为

$$I_n+I_{n-2}=\int_0^{\frac{\pi}{4}}[\tan^n x+\tan^{n-2}x]\mathrm{d}x=\int_0^{\frac{\pi}{4}}\tan^{n-2}x\sec^2 x\mathrm{d}x$$
$$=\int_0^{\frac{\pi}{4}}\tan^{n-2}x\mathrm{d}\tan x=\frac{1}{n-1}\tan^{n-1}x\Big|_0^{\frac{\pi}{4}}=\frac{1}{n-1}.$$

(2) 当 $0<x<\dfrac{\pi}{4}$ 时, $0<\tan x<1$, 故

$$\tan^{n+2}x<\tan^n x<\tan^{n-2}x,$$

即

$$I_{n+2}<I_n<I_{n-2},$$

从而

$$I_n+I_{n+2}<2I_n<I_n+I_{n-2},$$

由 (1) 得

$$\frac{1}{2(n+1)}<I_n<\frac{1}{2(n-1)}. \quad ■$$

注 若记 $u_n=\displaystyle\int_0^{\frac{\pi}{4}}\tan^n x\mathrm{d}x$, 则级数 $\displaystyle\sum_{n=1}^{\infty}u_n$ 发散, 对任意 $\delta>0$, 级数 $\displaystyle\sum_{n=1}^{\infty}\frac{u_n}{n^\delta}$ 收敛. 由此也可以证明 $\lim\limits_{n\to\infty}I_n=0$.

练习 证明下列各题.

(1) $\displaystyle\lim_{n\to+\infty}\int_0^{\pi}(\sin x)^{\frac{1}{n}}\mathrm{d}x=\pi$.

(2) $\displaystyle\lim_{n\to\infty}\int_0^1 \mathrm{e}^{x^n}\mathrm{d}x=1$.

(3) (i) $\displaystyle\lim_{n\to\infty}\int_a^{\frac{\pi}{2}}(1-\sin x)^n\mathrm{d}x=0, a\in(0,1)$;　(ii) $\displaystyle\lim_{n\to\infty}\int_0^{\frac{\pi}{2}}(1-\sin x)^n\mathrm{d}x=0$.

三、 广义积分

例 4-3-1 解答下列各题.

1. 设 $f(x)$ 在 $[0,+\infty)$ 上连续, $\displaystyle\int_A^{+\infty}\frac{f(x)}{x}\mathrm{d}x\,(A>0)$ 存在. 证明:

$$\int_0^{+\infty}\frac{f(ax)-f(bx)}{x}\mathrm{d}x=f(0)\ln\frac{b}{a}\quad(a,b>0).$$

证 记 $g(A)=\displaystyle\int_A^{+\infty}\frac{f(ax)-f(bx)}{x}\mathrm{d}x$. 则

$$\begin{aligned}g(A)&=\int_A^{+\infty}\frac{f(ax)}{x}\mathrm{d}x-\int_A^{+\infty}\frac{f(bx)}{x}\mathrm{d}x=\int_{aA}^{+\infty}\frac{f(t)}{t}\mathrm{d}t-\int_{bA}^{+\infty}\frac{f(t)}{t}\mathrm{d}t\\&=\int_{aA}^{bA}\frac{f(t)}{t}\mathrm{d}t=f(\xi)\int_{aA}^{bA}\frac{1}{t}\mathrm{d}t=f(\xi)\ln\frac{b}{a},\end{aligned}$$

故

$$\int_0^{+\infty}\frac{f(ax)-f(bx)}{x}\mathrm{d}x=\lim_{A\to0+}g(A)=\lim_{\xi\to0+}f(\xi)\ln\frac{b}{a}=f(0)\ln\frac{b}{a}. \quad ■$$

思考　下面解法错在何处?

$$\int_0^{+\infty}\frac{f(ax)-f(bx)}{x}\mathrm{d}x=\int_0^{+\infty}\frac{f(ax)}{x}\mathrm{d}x-\int_0^{+\infty}\frac{f(bx)}{x}\mathrm{d}x=\int_0^{+\infty}\frac{f(t)}{t}\mathrm{d}t-\int_0^{+\infty}\frac{f(t)}{t}\mathrm{d}t=0.$$

2. 设 $f(x)$ 在 $[0,+\infty)$ 上连续, 且 $\lim\limits_{x\to+\infty}f(x)=k$. 证明: 对任意 $b>a>0$, 有

$$\int_0^{+\infty}\frac{f(ax)-f(bx)}{x}\mathrm{d}x=[f(0)-k]\ln\frac{b}{a}.$$

证　设 $0<A<B$, 记 $g(A,B)=\displaystyle\int_A^B\frac{f(ax)-f(bx)}{x}\mathrm{d}x$. 则

$$\begin{aligned}g(A,B)&=\int_A^B\frac{f(ax)}{x}\mathrm{d}x-\int_A^B\frac{f(bx)}{x}\mathrm{d}x=\int_{Aa}^{Ba}\frac{f(t)}{t}\mathrm{d}t-\int_{Ab}^{Bb}\frac{f(t)}{t}\mathrm{d}t\\&=\int_{Aa}^{Ab}\frac{f(t)}{t}\mathrm{d}t-\int_{Ba}^{Bb}\frac{f(t)}{t}\mathrm{d}t=f(\xi)\int_{Aa}^{Ab}\frac{1}{t}\mathrm{d}t-f(\eta)\int_{Ba}^{Bb}\frac{1}{t}\mathrm{d}t\\&=f(\xi)\ln\frac{b}{a}-f(\eta)\ln\frac{b}{a},\end{aligned}$$

故

$$\int_0^{+\infty}\frac{f(ax)-f(bx)}{x}\mathrm{d}x=\lim_{(A,B)\to(0^+,+\infty)}g(A,B)=[f(0)-k]\ln\frac{b}{a}.\quad\blacksquare$$

3. 设 $f(x)$ 在每个有限区间 $[a,b]$ 上可积, 且 $\lim\limits_{x\to+\infty}f(x)=A$, $\lim\limits_{x\to-\infty}f(x)=B$ 存在. 求证: 任意 $a>0$, $\displaystyle\int_{-\infty}^{+\infty}[f(x+a)-f(x)]\mathrm{d}x$ 存在, 并求其值.

解　对任意 $\alpha,\beta\in(-\infty,+\infty),\alpha<\beta$, 有

$$\begin{aligned}\int_\alpha^\beta[f(x+a)-f(x)]\mathrm{d}x&=\int_\alpha^\beta f(x+a)\mathrm{d}x-\int_\alpha^\beta f(x)\mathrm{d}x=\int_{\alpha+a}^{\beta+a}f(t)\mathrm{d}t-\int_\alpha^\beta f(x)\mathrm{d}x\\&=\int_\beta^{\beta+a}f(x)\mathrm{d}x-\int_\alpha^{\alpha+a}f(x)\mathrm{d}x\\&=Aa+\int_\beta^{\beta+a}[f(x)-A]\mathrm{d}x-Ba-\int_\alpha^{\alpha+a}[f(x)-B]\mathrm{d}x.\end{aligned}\tag{1}$$

因为 $\lim\limits_{x\to+\infty}f(x)=A$, $\lim\limits_{x\to-\infty}f(x)=B$, 所以 $\forall\varepsilon>0,\exists M>0$, 当 $x>M$ 时, 有 $|f(x)-A|<\dfrac{\varepsilon}{a}$, 当 $x<-M$ 时, 有 $|f(x)-B|<\dfrac{\varepsilon}{a}$. 故当 $\alpha+a<-M,\beta>M$ 时, 有

$$\left|\int_\beta^{\beta+a}[f(x)-A]\mathrm{d}x\right|\leqslant\int_\beta^{\beta+a}|f(x)-A|\mathrm{d}x<\varepsilon.$$

$$\left|\int_\alpha^{\alpha+a}[f(x)-B]\mathrm{d}x\right|\leqslant\int_\alpha^{\alpha+a}|f(x)-B|\mathrm{d}x<\varepsilon.$$

由 (1) 式及广义积分收敛定义知

$$\int_{-\infty}^{+\infty}[f(x+a)-f(x)]\mathrm{d}x=\lim_{(\alpha,\beta)\to(-\infty,+\infty)}\int_{\alpha}^{\beta}[f(x+a)-f(x)]\mathrm{d}x=(A-B)a. \quad ■$$

例 4-3-2　解答下列各题.

1. 判断积分 $\int_1^{+\infty}\left[\ln\left(1+\frac{1}{x}\right)-\frac{1}{1+x}\right]\mathrm{d}x$ 的敛散性.

解　由于当 $x>1$ 时, 有 $\frac{1}{1+x}\leqslant\ln\left(1+\frac{1}{x}\right)<\frac{1}{x}$. 所以有

$$0\leqslant\ln\left(1+\frac{1}{x}\right)-\frac{1}{1+x}<\frac{1}{x}-\frac{1}{1+x}=\frac{1}{x(1+x)}<\frac{1}{x^2}.$$

而 $\int_0^{+\infty}\frac{1}{x^2}\mathrm{d}x$ 收敛, 由比较判别法知 $\int_1^{+\infty}\left[\ln\left(1+\frac{1}{x}\right)-\frac{1}{1+x}\right]\mathrm{d}x$ 收敛. ■

注　利用函数单调性可证 $\ln(1+t)<t,\ t\in(-1,+\infty)$.

2. 积分 $\int_0^{+\infty}\left[\left(1-\frac{\sin x}{x}\right)^{-\frac{1}{3}}-1\right]\mathrm{d}x$ 是否收敛? 是否绝对收敛? 证明所述结论.

解　事实上,

$$\begin{aligned}&\int_0^{+\infty}\left[\left(1-\frac{\sin x}{x}\right)^{-\frac{1}{3}}-1\right]\mathrm{d}x\\=&\int_0^{1}\left[\left(1-\frac{\sin x}{x}\right)^{-\frac{1}{3}}-1\right]\mathrm{d}x+\int_1^{+\infty}\left[\left(1-\frac{\sin x}{x}\right)^{-\frac{1}{3}}-1\right]\mathrm{d}x,\end{aligned}$$

由于 $x=0$ 是 $\left(1-\frac{\sin x}{x}\right)^{-\frac{1}{3}}$ 的瑕点, 所以 $\int_0^{1}\left[\left(1-\frac{\sin x}{x}\right)^{-\frac{1}{3}}-1\right]\mathrm{d}x$ 是广义积分.

先考察 $\int_0^{1}\left[\left(1-\frac{\sin x}{x}\right)^{-\frac{1}{3}}-1\right]\mathrm{d}x$.

(i) 由于

$$\left(1-\frac{\sin x}{x}\right)^{-\frac{1}{3}}=\left[\frac{1}{3!}x^2+o(x^2)\right]^{-\frac{1}{3}}\sim\frac{1}{x^{\frac{2}{3}}},$$

所以 $\int_0^{1}\left[\left(1-\frac{\sin x}{x}\right)^{-\frac{1}{3}}-1\right]\mathrm{d}x$ 收敛.

(ii) 当 $x\in(0,1]$ 时, $\left(1-\frac{\sin x}{x}\right)^{-\frac{1}{3}}-1>0$, 从而 $\int_0^{1}\left[\left(1-\frac{\sin x}{x}\right)^{-\frac{1}{3}}-1\right]\mathrm{d}x$ 绝对收敛.

再考察 $\int_1^{+\infty}\left[\left(1-\frac{\sin x}{x}\right)^{-\frac{1}{3}}-1\right]\mathrm{d}x$.

$$\left(1-\frac{\sin x}{x}\right)^{-\frac{1}{3}}-1=\frac{1}{3}\frac{\sin x}{x}+O\left(\frac{1}{x^2}\right),$$

而 $\int_1^{+\infty}\frac{\sin x}{x}\mathrm{d}x$ 条件收敛, $\int_1^{+\infty}O\left(\frac{1}{x^2}\right)\mathrm{d}x$ 绝对收敛, 故 $\int_1^{+\infty}\left[\left(1-\frac{\sin x}{x}\right)^{-\frac{1}{3}}-1\right]\mathrm{d}x$ 条件收敛.

总之, $\int_0^{+\infty}\left[\left(1-\frac{\sin x}{x}\right)^{-\frac{1}{3}}-1\right]\mathrm{d}x$ 条件收敛. ■

注　若 $\int_1^{+\infty}f(x)\mathrm{d}x$ 条件收敛, $\int_1^{+\infty}g(x)\mathrm{d}x$ 绝对收敛, 则 $\int_1^{+\infty}[f(x)+g(x)]\mathrm{d}x$ 条件收敛. 利用 Taylor 展式不仅可以用来求极限、求高阶导数, 也可以方便地用来判定广义积分的敛散性.

3. 判断积分 $\int_0^{+\infty}\frac{1}{x^p+x^q}\mathrm{d}x$ 的敛散性, 其中 p,q 是参数.

解　(1) 当 $p=q$ 时.

$$\int_0^1\frac{1}{x^p+x^q}\mathrm{d}x=\frac{1}{2}\int_0^1\frac{1}{x^p}\mathrm{d}x:\begin{cases}\text{收敛}, & p<1,\\ \text{发散}, & p\geqslant 1,\end{cases}$$

$$\int_1^{+\infty}\frac{1}{x^p+x^q}\mathrm{d}x=\frac{1}{2}\int_1^{+\infty}\frac{1}{x^p}\mathrm{d}x:\begin{cases}\text{收敛}, & p>1,\\ \text{发散}, & p\leqslant 1.\end{cases}$$

故当 $p=q$ 时, $\int_0^{+\infty}\frac{1}{x^p+x^q}\mathrm{d}x$ 发散.

(2) 当 $p<q$ 时,

$$\int_0^1\frac{1}{x^p+x^q}\mathrm{d}x:\begin{cases}\text{收敛}, & p<1,\\ \text{发散}, & p\geqslant 1,\end{cases}\quad\text{且}\quad\int_1^{+\infty}\frac{1}{x^p+x^q}\mathrm{d}x:\begin{cases}\text{收敛}, & q>1,\\ \text{发散}, & q\leqslant 1.\end{cases}$$

故

$$\int_0^{+\infty}\frac{1}{x^p+x^q}\mathrm{d}x:\begin{cases}\text{收敛}, & p<1<q,\\ \text{发散}, & p<q\leqslant 1\text{或}1\leqslant p<q.\end{cases}$$

(3) 当 $q<p$ 时, 同 (2) 可得

$$\int_0^{+\infty}\frac{1}{x^p+x^q}\mathrm{d}x:\begin{cases}\text{收敛}, & q<1<p,\\ \text{发散}, & q<p\leqslant 1\text{或}1\leqslant q<p.\end{cases}$$ ■

4. 判断积分 $\int_0^{+\infty}\frac{\ln(1+x)}{x^p}\mathrm{d}x$ 的敛散性.

解　$\lim\limits_{x\to 0}\frac{\ln(1+x)}{x}=1$, 且 $\lim\limits_{x\to+\infty}\frac{\ln(1+x)}{x^\delta}=0\,(\forall\delta>0)$. 故

$$\int_1^{+\infty}\frac{\ln(1+x)}{x^p}\mathrm{d}x:\begin{cases}\text{收敛}, & p>1,\\ \text{发散}, & p\leqslant 1,\end{cases}\quad\text{且}\quad\int_0^1\frac{\ln(1+x)}{x^p}\mathrm{d}x:\begin{cases}\text{收敛}, & p<2,\\ \text{发散}, & p\geqslant 2.\end{cases}$$

故

$$\int_0^{+\infty}\frac{\ln(1+x)}{x^p}\mathrm{d}x:\begin{cases}\text{收敛}, & 1<p<2,\\ \text{发散}, & p\geqslant 2\text{或}p\leqslant 1.\end{cases}$$ ■

5. **说明积分** $\int_0^{+\infty}\frac{\sqrt{x}\cos x}{x+100}\mathrm{d}x$ **绝对收敛或条件收敛.**

解　(1) 由于 (i) 任意 $A\in(0,+\infty)$, $\left|\int_0^A\cos x\mathrm{d}x\right|\leqslant 2$; (ii) $\frac{\sqrt{x}}{x+100}$ 单调递减; (iii) $\lim\limits_{x\to+\infty}\frac{\sqrt{x}}{x+100}=0$. 由 Dirichlet 判别法知 $\int_0^{+\infty}\frac{\sqrt{x}\cos x}{x+100}\mathrm{d}x$ 收敛.

(2) 由于

$$\left|\frac{\sqrt{x}\cos x}{x+100}\right|\geqslant\frac{\sqrt{x}\cos^2 x}{x+100}=\frac{1}{2}\left(\frac{\sqrt{x}}{x+100}+\frac{\sqrt{x}\cos 2x}{x+100}\right).$$

由于 $\int_0^{+\infty}\frac{\sqrt{x}}{x+100}\mathrm{d}x$ 发散 (比较判别法), $\int_0^{+\infty}\frac{\sqrt{x}\cos 2x}{x+100}\mathrm{d}x$ 收敛 (Dirichlet 判别法), 故广义积分 $\int_0^{+\infty}\left|\frac{\sqrt{x}\cos x}{x+100}\right|\mathrm{d}x$ 发散.

由 (1), (2) 知 $\int_0^{+\infty}\frac{\sqrt{x}\cos x}{x+100}\mathrm{d}x$ 条件收敛. ■

6. **证明广义积分的敛散性** (1) $\int_1^{+\infty}\frac{\sin x}{x}\mathrm{d}x$; (2) $\int_1^{+\infty}\frac{|\sin x|}{x}\mathrm{d}x$.

解　(1) 由于① 任意 $A\in(0,+\infty)$, $\left|\int_0^A\sin x\mathrm{d}x\right|\leqslant 2$; ② $\frac{1}{x}$ 在 $[1,+\infty)$ 上单调递减; ③ $\lim\limits_{x\to+\infty}\frac{1}{x}=0$. 由 Dirichlet 判别法知 $\int_1^{+\infty}\frac{\sin x}{x}\mathrm{d}x$ 收敛.

(2) 因为

$$\left|\frac{\sin x}{x}\right|\geqslant\frac{\sin^2 x}{x}=\frac{1-\cos 2x}{2x}=\frac{1}{2x}-\frac{\cos 2x}{2x}.$$

由 Dirichlet 判别法知 $\int_1^{+\infty}\frac{\cos 2x}{2x}\mathrm{d}x$ 收敛; 而 $\int_1^{+\infty}\frac{1}{2x}\mathrm{d}x$ 发散, 故 $\int_1^{+\infty}\left|\frac{\sin x}{x}\right|\mathrm{d}x$ 发散. ■

7. **说明积分** $\int_0^{+\infty}\frac{\sin x^2}{1+x^p}\mathrm{d}x(p\geqslant 0)$ **的敛散性.**

解　令 $t=x^2$, 则 $\mathrm{d}x=\frac{1}{2\sqrt{t}}\mathrm{d}t$, 故

$$\int_0^{+\infty}\frac{\sin x^2}{1+x^p}\mathrm{d}x=\frac{1}{2}\int_0^{+\infty}\frac{\sin t}{\sqrt{t}(1+t^{\frac{p}{2}})}\mathrm{d}t,$$

显然 $t=0$ 不是瑕点.

由于 ① 任意 $A\in(0,+\infty)$, $\left|\int_0^A\sin t\mathrm{d}t\right|\leqslant 2$; ② $\frac{1}{\sqrt{t}(1+t^{\frac{p}{2}})}$ 单调递减; ③ $\lim\limits_{t\to+\infty}\frac{1}{\sqrt{t}(1+t^{\frac{p}{2}})}=0$. 由 Dirichlet 判别法知 $\int_0^{+\infty}\frac{\sin x^2}{1+x^p}\mathrm{d}x(p\geqslant 0)$ 收敛. ■

8. **讨论广义积分** $\int_1^{+\infty}\frac{\sin x}{x^\alpha+\sin x}\mathrm{d}x$ **的敛散性.**

解　(i) $\alpha\leqslant 0$ 时, 由 Cauchy 准则知 $\int_1^{+\infty}\frac{\sin x}{x^\alpha+\sin x}\mathrm{d}x$ 发散.

(ii) $\alpha > 0$ 时, 由于

$$\int_1^{+\infty} \frac{\sin x}{x^\alpha + \sin x}\mathrm{d}x = \int_1^{+\infty} \frac{\sin x}{x^\alpha}\mathrm{d}x - \int_1^{+\infty} \frac{\sin^2 x}{x^\alpha(x^\alpha + \sin x)}\mathrm{d}x, \tag{1}$$

而

$$\int_1^{+\infty} \frac{\sin x}{x^\alpha}\mathrm{d}x : \begin{cases} \text{绝对收敛}, & \alpha > 1, \\ \text{条件收敛}, & 0 < \alpha \leqslant 1. \end{cases} \tag{2}$$

注意到

$$0 \leqslant \frac{\sin^2 x}{x^\alpha(x^\alpha + \sin x)} \leqslant \frac{1}{x^\alpha(x^\alpha + \sin x)} \leqslant \frac{A}{x^{2\alpha}},$$

$$\frac{\sin^2 x}{x^\alpha(x^\alpha + \sin x)} = \frac{1}{2x^\alpha(x^\alpha + \sin x)} - \frac{\cos 2x}{2x^\alpha(x^\alpha + \sin x)},$$

知

$$\int_1^{+\infty} \frac{\sin^2 x}{x^\alpha(x^\alpha + \sin x)}\mathrm{d}x : \begin{cases} \text{绝对收敛}, & \alpha > \dfrac{1}{2}, \\ \text{发散}, & 0 < \alpha \leqslant \dfrac{1}{2}. \end{cases} \tag{3}$$

由 (1)—(3) 知

$$\int_1^{+\infty} \frac{\sin x}{x^\alpha + \sin x}\mathrm{d}x : \begin{cases} \text{绝对收敛}, & \alpha > 1, \\ \text{条件收敛}, & \dfrac{1}{2} < \alpha \leqslant 1, \\ \text{发散}, & \alpha \leqslant \dfrac{1}{2}. \end{cases} \quad \blacksquare$$

9. 讨论广义积分 $\displaystyle\int_0^{+\infty} \frac{\sin\left(x + \frac{1}{x}\right)}{x^p}\mathrm{d}x$ 的敛散性.

解　(1) 先考察 $\displaystyle\int_1^{+\infty} \frac{\sin\left(x + \frac{1}{x}\right)}{x^p}\mathrm{d}x$.

(i) 当 $p > 0$ 时,

$$\int_0^{+\infty} \frac{\sin\left(x + \frac{1}{x}\right)}{x^p}\mathrm{d}x = \int_0^{1} \frac{\sin\left(x + \frac{1}{x}\right)}{x^p}\mathrm{d}x + \int_1^{+\infty} \frac{\sin\left(x + \frac{1}{x}\right)}{x^p}\mathrm{d}x,$$

而

$$\int_1^{+\infty} \frac{\sin\left(x + \frac{1}{x}\right)}{x^p}\mathrm{d}x = \int_1^{+\infty} \frac{\left(1 - \frac{1}{x^2}\right)\sin\left(x + \frac{1}{x}\right)}{x^p\left(1 - \frac{1}{x^2}\right)}\mathrm{d}x,$$

由于当 $p>0$ 时,

$$\left|\int_1^{+\infty}\left(1-\frac{1}{x^2}\right)\sin\left(x+\frac{1}{x}\right)\mathrm{d}x\right|=\left|\int_1^{+\infty}\sin\left(x+\frac{1}{x}\right)\mathrm{d}\left(x+\frac{1}{x}\right)\right|\leqslant 2,$$

$\dfrac{1}{x^p\left(1-\dfrac{1}{x^2}\right)}$ 递减, 且 $\dfrac{1}{x^p\left(1-\dfrac{1}{x^2}\right)}\to 0(x\to+\infty)$, 由 Dirichlet 判别法知 $\displaystyle\int_1^{+\infty}\frac{\sin\left(x+\frac{1}{x}\right)}{x^p}\mathrm{d}x$ 收敛.

(ii) 当 $p\leqslant 0$ 时, 由 Cauchy 准则可知 $\displaystyle\int_1^{+\infty}\frac{\sin\left(x+\frac{1}{x}\right)}{x^p}\mathrm{d}x$ 发散.

(2) 再考察 $\displaystyle\int_0^{1}\frac{\sin\left(x+\frac{1}{x}\right)}{x^p}\mathrm{d}x$.

(i) 由于

$$\int_0^{1}\frac{\sin\left(x+\frac{1}{x}\right)}{x^p}\mathrm{d}x\xlongequal{t=\frac{1}{x}}\int_1^{+\infty}\frac{\sin\left(t+\frac{1}{t}\right)}{t^{2-p}}\mathrm{d}t,$$

同上讨论知 $2-p>0\Longrightarrow p<2$ 时, $\displaystyle\int_0^{1}\frac{\sin\left(x+\frac{1}{x}\right)}{x^p}\mathrm{d}x$ 收敛.

(ii) 当 $p\geqslant 2$ 时, 由 Cauchy 准则可知 $\displaystyle\int_0^{1}\frac{\sin\left(x+\frac{1}{x}\right)}{x^p}\mathrm{d}x$ 发散.

总之, $0<p<2$ 原积分收敛, 其他情况原积分发散. ■

10. 讨论 $\displaystyle\int_0^{+\infty}\frac{\mathrm{d}x}{1+x^\alpha|\sin x|^\beta}$ 的敛散性, 其中 $\alpha>\beta>1$.

解 设 m 为自然数, 则

$$\begin{aligned}\int_0^{+\infty}\frac{\mathrm{d}x}{1+x^\alpha|\sin x|^\beta}&=\lim_{m\to+\infty}\int_0^{m\pi}\frac{\mathrm{d}x}{1+x^\alpha|\sin x|^\beta}=\sum_{n=0}^{\infty}\int_{n\pi}^{(n+1)\pi}\frac{\mathrm{d}x}{1+x^\alpha|\sin x|^\beta}\\&=\sum_{n=0}^{\infty}\int_0^{\pi}\frac{1}{1+(n\pi+t)^\alpha\sin^\beta t}\mathrm{d}t\\&=\sum_{n=0}^{\infty}\left[\int_0^{\frac{\pi}{2}}\frac{1}{1+(n\pi+t)^\alpha\sin^\beta t}\mathrm{d}t+\int_{\frac{\pi}{2}}^{\pi}\frac{1}{1+(n\pi+t)^\alpha\sin^\beta t}\mathrm{d}t\right].\end{aligned}$$

记

$$A_n=\int_0^{\frac{\pi}{2}}\frac{1}{1+(n\pi+t)^\alpha\sin^\beta t}\mathrm{d}t,\quad B_n=\int_{\frac{\pi}{2}}^{\pi}\frac{1}{1+(n\pi+t)^\alpha\sin^\beta t}\mathrm{d}t.$$

注意到不等式

$$\sin x\geqslant\frac{2}{\pi}x,\quad x\in\left[0,\frac{\pi}{2}\right].$$

故对于 A_n：

$$(n\pi+t)^{\alpha}\sin^{\beta}t\geqslant(n\pi)^{\alpha}\left(\frac{2}{\pi}t\right)^{\beta}=n^{\alpha}t^{\beta}\left[\pi^{\alpha}\left(\frac{2}{\pi}\right)^{\beta}\right].$$

记 $\pi^{\alpha}\left(\frac{2}{\pi}\right)^{\beta}=b^{\beta}$, 于是

$$\begin{aligned}A_n&\leqslant\int_0^{\frac{\pi}{2}}\frac{\mathrm{d}t}{1+n^{\alpha}t^{\beta}b^{\beta}}=\int_0^{\frac{\pi}{2}}\frac{1}{1+(n^{\frac{\alpha}{\beta}}bt)^{\beta}}\mathrm{d}t\\&\xlongequal{n^{\frac{\alpha}{\beta}}bt=u}\frac{1}{n^{\frac{\alpha}{\beta}}b}\int_0^{\frac{\pi}{2}n^{\frac{\alpha}{\beta}}b}\frac{\mathrm{d}u}{1+u^{\beta}}\leqslant\frac{1}{n^{\frac{\alpha}{\beta}}b}\int_0^{+\infty}\frac{\mathrm{d}u}{1+u^{\beta}}.\end{aligned}$$

因为 $\beta>1$, 故 $\int_0^{+\infty}\frac{\mathrm{d}u}{1+u^{\beta}}$ 收敛, 记 $a=\frac{1}{b}\int_0^{+\infty}\frac{\mathrm{d}u}{1+u^{\beta}}$, 则 $A_n\leqslant\frac{a}{n^{\frac{\alpha}{\beta}}}$, 因为 $\frac{\alpha}{\beta}>1$, 所以 $\sum\limits_{n=0}^{+\infty}\frac{1}{n^{\frac{\alpha}{\beta}}}$ 收敛, 由比较判别法知 $\sum\limits_{n=0}^{\infty}A_n$ 收敛.

对于 B_n, 作变换 $u=\pi-t$ 之后, 类似可得 $\sum\limits_{n=0}^{+\infty}B_n$ 收敛.

总之, $\int_0^{+\infty}\frac{\mathrm{d}x}{1+x^{\alpha}|\sin x|^{\beta}}$ 收敛. ■

11. **证明** (1) 当 $s>0$ 时, $\int_1^{+\infty}\frac{x-[x]}{x^{s+1}}\mathrm{d}x$ 收敛.

(2) 当 $s>1$ 时, $\int_1^{+\infty}\frac{x-[x]}{x^{s+1}}\mathrm{d}x=\frac{1}{s-1}-\frac{1}{s}\sum\limits_{n=1}^{\infty}\frac{1}{n^s}$, 其中 $[x]$ 表示 x 的整数部分.

证 (1) 由于 $x\geqslant1$ 时

$$x-1<[x]\leqslant x\Longrightarrow0\leqslant x-[x]<1\Longrightarrow0\leqslant\frac{x-[x]}{x^{s+1}}<\frac{1}{x^{s+1}}.$$

又当 $s>0$ 时, $\int_1^{+\infty}\frac{1}{x^{s+1}}\mathrm{d}x$ 收敛, 由比较判别法知 $\int_1^{+\infty}\frac{x-[x]}{x^{s+1}}\mathrm{d}x$ 收敛.

(2) 当 $s>1$ 时,

$$\begin{aligned}\int_1^{+\infty}\frac{x-[x]}{x^{s+1}}\mathrm{d}x&=\int_1^{+\infty}\frac{1}{x^s}\mathrm{d}x-\int_1^{+\infty}\frac{[x]}{x^{s+1}}\mathrm{d}x\\&=\frac{1}{s-1}-\sum_{n=1}^{\infty}n\int_n^{n+1}\frac{1}{x^{s+1}}\mathrm{d}x=\frac{1}{s-1}+\frac{1}{s}\sum_{n=1}^{\infty}n\left[\frac{1}{(n+1)^s}-\frac{1}{n^s}\right]\\&=\frac{1}{s-1}+\frac{1}{s}\left[\sum_{n=1}^{\infty}\frac{n}{(n+1)^s}-\sum_{n=1}^{\infty}\frac{1}{n^{s-1}}\right]\\&=\frac{1}{s-1}+\frac{1}{s}\left[\sum_{n=1}^{\infty}\frac{1}{(n+1)^{s-1}}-\sum_{n=1}^{\infty}\frac{1}{(n+1)^s}-\sum_{n=1}^{\infty}\frac{1}{n^{s-1}}\right]\\&=\frac{1}{s-1}-\frac{1}{s}\left[\sum_{n=1}^{\infty}\frac{1}{(n+1)^s}+1\right]=\frac{1}{s-1}-\frac{1}{s}\sum_{n=1}^{\infty}\frac{1}{n^s}.\end{aligned}$$ ■

注　上述两题是借助级数判定广义积分或求广义积分, 级数和广义积分有机结合会为讨论问题带来很大方便.

12. 判断下列广义积分是否收敛, 若收敛求出积分值.

(1) $\int_{-\infty}^{+\infty}\frac{\mathrm{d}x}{(x^2+2x+2)^n}, n\in\mathbb{N}^+$;　(2) $\int_0^{+\infty}x^n\mathrm{e}^{-ax}\mathrm{d}x$, 其中 n 为正整数, a 为正常数;

(3) $I=\int_0^{+\infty}\frac{\mathrm{d}x}{1+x^4}$;　(4) $\int_0^{+\infty}\frac{\sin x\cos xt}{x}\mathrm{d}x$;　(5) $\int_0^{+\infty}\frac{\ln x}{1+x^2}\mathrm{d}x$.

解　(1) 由于 $(x^2+2x+2)^n$ 在实数域内无零点, 因此被积函数 $\frac{1}{(x^2+2x+2)^n}$ 在实数域内无瑕点. 而

$$\lim_{x\to\infty}\frac{x^{\frac{3}{2}}}{(x^2+2x+2)^n}=0,$$

由比较判别法知 $\int_{-\infty}^{+\infty}\frac{\mathrm{d}x}{(x^2+2x+2)^n}$ 收敛.

下面计算积分值. 令 $t=x+1$, 则

$$\int_{-\infty}^{+\infty}\frac{\mathrm{d}x}{(x^2+2x+2)^n}=\int_{-\infty}^{+\infty}\frac{\mathrm{d}(x+1)}{[(x+1)^2+1]^n}=\int_{-\infty}^{+\infty}\frac{\mathrm{d}t}{(t^2+1)^n}. \tag{1}$$

记 $I_n=\int_{-\infty}^{+\infty}\frac{\mathrm{d}t}{(t^2+1)^n}$, 则

$$\begin{aligned}I_n&=\frac{t}{(t^2+1)^n}\Big|_{-\infty}^{+\infty}+2n\int_{-\infty}^{+\infty}\frac{t^2}{(t^2+1)^{n+1}}\mathrm{d}t=2n\int_{-\infty}^{+\infty}\left[\frac{1}{(t^2+1)^n}-\frac{1}{(t^2+1)^{n+1}}\right]\mathrm{d}t\\&=2n(I_n-I_{n+1}),\end{aligned}$$

即

$$I_{n+1}=\frac{2n-1}{2n}I_n\Longrightarrow I_n=\frac{2n-3}{2n-2}I_{n-1}.$$

再由 $I_1=\int_{-\infty}^{+\infty}\frac{1}{t^2+1}\mathrm{d}t=\pi$, 得

$$I_n=\frac{(2n-3)!!}{(2n-2)!!}\pi.\quad\blacksquare$$

注　用递推公式计算积分是常用的方法, 在求极限、求高阶导数时也常用到递推公式; 在 (1) 式中右边令 $t=\tan u$ 亦可.

(2) 显然被积函数无瑕点, 而

$$\lim_{x\to+\infty}x^2\left(x^n\mathrm{e}^{-ax}\right)=0,$$

由比较判别法知 $\int_0^{+\infty}x^n\mathrm{e}^{-ax}\mathrm{d}x$ 收敛.

下面计算积分值. 由分部积分公式得

$$\int_0^{+\infty} x^n \mathrm{e}^{-ax}\mathrm{d}x = -\frac{1}{a}x^n\mathrm{e}^{-ax}\Big|_0^{+\infty} + \frac{n}{a}\int_0^{+\infty} x^{n-1}\mathrm{e}^{-ax}\mathrm{d}x = \frac{n}{a}\int_0^{+\infty} x^{n-1}\mathrm{e}^{-ax}\mathrm{d}x,$$

即

$$I_n = \frac{n}{a}I_{n-1} = \cdots = \frac{n!}{a^n}\int_0^{+\infty}\mathrm{e}^{-ax}\mathrm{d}x = \frac{n!}{a^{n+1}}. \quad ■$$

(3) 显然被积函数无瑕点, 而

$$\lim_{x\to+\infty}\frac{x^2}{1+x^4} = 0,$$

由比较判别法知 $I = \int_0^{+\infty}\frac{\mathrm{d}x}{1+x^4}$ 收敛.

下面计算积分值. 令 $x = \frac{1}{t}$, 则

$$\int_0^{+\infty}\frac{\mathrm{d}x}{1+x^4} = \int_0^{+\infty}\frac{t^2}{1+t^4}\mathrm{d}t.$$

故

$$2I = \int_0^{+\infty}\frac{1+x^2}{1+x^4}\mathrm{d}x = \int_0^{+\infty}\frac{1+\frac{1}{x^2}}{x^2+\frac{1}{x^2}}\mathrm{d}x = \int_0^{+\infty}\frac{\mathrm{d}\left(x-\frac{1}{x}\right)}{\left(x-\frac{1}{x}\right)^2+2} \xlongequal{x-\frac{1}{x}=t} \int_{-\infty}^{+\infty}\frac{\mathrm{d}t}{2+t^2}$$

$$= \frac{1}{\sqrt{2}}\arctan\frac{t}{\sqrt{2}}\Big|_{-\infty}^{+\infty} = \frac{\pi}{\sqrt{2}},$$

即

$$\int_0^{+\infty}\frac{\mathrm{d}x}{1+x^4} = \frac{\pi}{2\sqrt{2}}. \quad ■$$

(4) 由 Dirichlet 判别法知 $\int_0^{+\infty}\frac{\sin x}{x}\mathrm{d}x$ 收敛, 且 $\int_0^{+\infty}\frac{\sin x}{x}\mathrm{d}x = \frac{\pi}{2}$, 由此可得

$$\int_0^{+\infty}\frac{\sin\alpha x}{x}\mathrm{d}x = \begin{cases}\frac{\pi}{2}, & \alpha>0,\\ 0, & \alpha=0,\\ -\frac{\pi}{2}, & \alpha<0.\end{cases}$$

由于

$$I(t) = \int_0^{+\infty}\frac{\sin x\cos xt}{x}\mathrm{d}x = \int_0^{+\infty}\frac{\sin(x(1+t))+\sin(x(1-t))}{2x}\mathrm{d}x$$
$$= \frac{1}{2}\int_0^{+\infty}\frac{\sin(x(1+t))}{x}\mathrm{d}x + \frac{1}{2}\int_0^{+\infty}\frac{\sin(x(1-t))}{x}\mathrm{d}x,$$

因此 $\int_0^{+\infty}\frac{\sin x\cos xt}{x}\mathrm{d}x$ 收敛.

下面计算积分值. 由于

$$\begin{aligned}I(t)&=\int_0^{+\infty}\frac{\sin x\cos xt}{x}\mathrm{d}x=\int_0^{+\infty}\frac{\sin(x(1+t))+\sin(x(1-t))}{2x}\mathrm{d}x\\&=\frac{1}{2}\int_0^{+\infty}\frac{\sin(x(1+t))}{x}\mathrm{d}x+\frac{1}{2}\int_0^{+\infty}\frac{\sin(x(1-t))}{x}\mathrm{d}x=I_1+I_2.\end{aligned}$$

(i) 当 $t=1$ 时, $I_1=\frac{\pi}{4}$, $I_2(t)=0$, 所以 $I(t)=\frac{\pi}{4}$;

(ii) 当 $t=-1$ 时, $I_1=0$, $I_2(t)=\frac{\pi}{4}$, 所以 $I(t)=\frac{\pi}{4}$;

(iii) 当 $|t|<1$ 时, $I_1(t)=I_2(t)=\frac{\pi}{4}$, 所以 $I(t)=\frac{\pi}{2}$;

(iv) 当 $t>1$ 时, $I_1(t)=\frac{\pi}{4}$, $I_2(t)=-\frac{\pi}{4}$, 所以 $I(t)=0$;

(v) 当 $t<-1$ 时, $I_1(t)=\frac{1}{2}\int_{-\infty}^{0}\frac{\sin u}{u}\mathrm{d}u=-\frac{\pi}{4}$, $I_2(t)=\frac{\pi}{4}$, 所以 $I(t)=0$.

综上所述, 有

$$\int_0^{+\infty}\frac{\sin x\cos xt}{x}\mathrm{d}x=\begin{cases}\frac{\pi}{4}, & t=\pm1,\\ \frac{\pi}{2}, & |t|<1,\\ 0, & |t|>1.\end{cases}\quad ■$$

注　积分 $\int_0^{+\infty}\frac{\sin x}{x}\mathrm{d}x$ 为 Dirichlet 积分, 可以通过引入参变量而求得.

(5) 由于 $x=0$ 是被积函数 $\frac{\ln x}{1+x^2}$ 的瑕点, 且 $\lim\limits_{x\to0^+}\frac{\sqrt{x}\ln x}{1+x^2}=0$, 因此 $\int_0^1\frac{\ln x}{1+x^2}\mathrm{d}x$ 收敛.

又 $\lim\limits_{x\to+\infty}\frac{x^{\frac{3}{2}}\ln x}{1+x^2}=0$, 因此 $\int_1^{+\infty}\frac{\ln x}{1+x^2}\mathrm{d}x$ 收敛.

因此, $\int_0^{+\infty}\frac{\ln x}{1+x^2}\mathrm{d}x=\int_0^1\frac{\ln x}{1+x^2}\mathrm{d}x+\int_1^{+\infty}\frac{\ln x}{1+x^2}\mathrm{d}x$ 收敛.

下面计算积分值. 由于

$$\int_0^{+\infty}\frac{\ln x}{1+x^2}\mathrm{d}x=\int_0^1\frac{\ln x}{1+x^2}\mathrm{d}x+\int_1^{+\infty}\frac{\ln x}{1+x^2}\mathrm{d}x.$$

而

$$\int_0^1\frac{\ln x}{1+x^2}\mathrm{d}x\xlongequal{t=\frac{1}{x}}-\int_1^{+\infty}\frac{\ln t}{1+t^2}\mathrm{d}t.$$

故

$$\int_0^{+\infty}\frac{\ln x}{1+x^2}\mathrm{d}x=0.\quad ■$$

13. 计算下列积分值.

(1) $\int_0^{+\infty}\frac{e^{-ax}-e^{-bx}}{x}dx(b>a>0)$;　　(2) $\int_0^{+\infty}\frac{e^{-ax^2}-e^{-bx^2}}{x^2}dx(b>a>0)$.

解　(1) 因为 e^{-xy} 在 $[0,+\infty)\times[a,b]$ 上连续, 且 $e^{-xy}\leqslant e^{-ax}$, 由 Weierstrass 判别法知 $\int_0^{+\infty}e^{-xy}dy$ 关于 $y\in[a,b]$ 一致收敛.

由含参变量广义积分一致收敛的性质得

$$\int_0^{+\infty}\frac{e^{-ax}-e^{-bx}}{x}=\int_0^{+\infty}\left(\frac{1}{x}e^{-yx}\Big|_b^a\right)dx=-\int_0^{+\infty}\int_b^a e^{-xy}dxdy$$
$$=\int_a^b dy\int_0^{+\infty}e^{-xy}dx=\int_a^b\frac{1}{y}dy=\ln\frac{b}{a}.\quad ■$$

(2) 因为 e^{-x^2y} 在 $[0,+\infty)\times[a,b]$ 上连续, 且 $e^{-x^2y}\leqslant e^{-ax^2}$, 由 Weierstrass 判别法知 $\int_0^{+\infty}e^{-x^2y}dx$ 关于 $y\in[a,b]$ 一致收敛.

由含参变量广义积分一致收敛的性质得

$$\int_0^{+\infty}\frac{e^{-ax^2}-e^{-bx^2}}{x^2}dx=\int_0^{+\infty}\left(\frac{1}{x^2}e^{-yx^2}\Big|_b^a\right)dx=-\int_0^{+\infty}\int_b^a e^{-x^2y}dxdy$$
$$=\int_a^b dy\int_0^{+\infty}e^{-x^2y}dx,\tag{1}$$

$$\int_0^{+\infty}e^{-yx^2}dx\overset{\sqrt{y}x=t}{=\!=\!=}\int_0^{+\infty}e^{-t^2}\frac{1}{\sqrt{y}}dt=\frac{\sqrt{\pi}}{2}\frac{1}{\sqrt{y}}.\tag{2}$$

由 (1), (2) 式得

$$\int_0^{+\infty}\frac{e^{-ax^2}-e^{-bx^2}}{x^2}dx=\sqrt{\pi}y^{\frac{1}{2}}\Big|_a^b=\sqrt{\pi}(\sqrt{b}-\sqrt{a}).\quad ■$$

练习 I　讨论无穷积分的敛散性.

(1) $\int_1^{+\infty}\left[\frac{1}{x^p}-\ln\left(1+\frac{1}{x^p}\right)\right]dx$ 的敛散性. $\left(答案: p>\frac{1}{2}收敛;\ p\leqslant\frac{1}{2}发散\right)$

(2) $\int_1^{+\infty}\ln\left(1+\frac{\sin x}{x^p}\right)dx(p>0)$ 的敛散性 (含绝对收敛和条件收敛).

$\left(答案: 0<p\leqslant\frac{1}{2}发散;\ \frac{1}{2}<p\leqslant 1条件收敛;\ p>1绝对收敛\right)$

(3) $\int_1^{+\infty}\ln\left(\cos\frac{1}{x}+\sin^p\frac{1}{x}\right)dx(p>1)$ 的敛散性.

提示　$\ln\left(\cos\frac{1}{x}+\sin^p\frac{1}{x}\right)=\ln\left(1-\left(1-\cos\frac{1}{x}\right)+\sin^p\frac{1}{x}\right)$, 然后 Taylor 展开知收敛.

(4) $\int_1^{+\infty}\frac{\cos x\sin\frac{1}{x}}{x}$ 的敛散性.

提示　$\left|\frac{\cos x\sin\frac{1}{x}}{x}\right|\leqslant\frac{1}{x}\sin\frac{1}{x}$, 然后用比较判别法知绝对收敛.

(5) $\int_0^{+\infty}\frac{x^\alpha\sin x}{1+x^\beta}\mathrm{d}x$ 的敛散性 (含绝对收敛与条件收敛).

提示

$$\int_0^{+\infty}\frac{x^\alpha\sin x}{1+x^\beta}\mathrm{d}x=\int_0^1\frac{\alpha\sin x}{x}\frac{1}{x^{-\alpha-1}(1+x^\beta)}\mathrm{d}x+\int_0^{+\infty}\frac{\sin x}{x^{-\alpha}(1+x^\beta)}\mathrm{d}x.$$

当 $\beta\geqslant 0$ 时:$\begin{cases}\text{绝对收敛}, & \alpha>-2,\beta>\alpha+1,\\ \text{条件收敛}, & \alpha>-2,\alpha<\beta\leqslant\alpha+1,\end{cases}$

当 $\beta<0$ 时:$\begin{cases}\text{绝对收敛}, & \alpha-\beta>-2,\alpha<-1,\\ \text{条件收敛}, & \alpha-\beta>-2,-1\leqslant\alpha<0.\end{cases}$

(6) 讨论反常积分 $\int_0^{+\infty}\frac{x^{p-1}}{1+x}\mathrm{d}x(p>0)$ 的敛散性.

练习 II　(1) 判断 $\int_0^{+\infty}x^{10}\mathrm{e}^{-x}\mathrm{d}x$ 是否收敛? 若收敛求其值.

(2) 设 m,n 为自然数, 判断 $\int_0^1 t^n(\ln t)^m\mathrm{d}t$ 是否收敛? 若收敛求其值.

(3) 判断 $\int_0^{\frac{\pi}{2}}\ln(\tan\theta)\mathrm{d}\theta$ 是否收敛? 若收敛求其值.

(4) 计算积分 $\int_0^{+\infty}\frac{\cos x-\cos(2x)}{x}\mathrm{d}x$.

例 4-3-3　解答下列各题.

1. 证明: 若 $\int_a^{+\infty}|f(x)|\mathrm{d}x$ 收敛, 且 $\lim\limits_{x\to+\infty}f(x)=0$, 则 $\int_a^{+\infty}f^2(x)\mathrm{d}x$ 收敛.

证　注意到 $\int_a^{+\infty}f(x)\mathrm{d}x$ 绝对收敛的含义: $f(x)$ 在 $[a,+\infty)$ 有定义, 对任意 $[a,A]\subset[a,+\infty)$, $f(x)\in R[a,A]$, 且 $\int_a^{+\infty}|f(x)|\mathrm{d}x$ 收敛.

因为 $\lim\limits_{x\to+\infty}f(x)=0$, 所以存在 $A>a$, 当 $x\geqslant A$ 时, 有 $|f(x)|<1$, 这时 $f^2(x)<|f(x)|<1$, 由比较判别法知 $\int_A^{+\infty}f^2(x)\mathrm{d}x$ 收敛.

因为 $f(x)\in R[a,A]$, 由定积分的性质知 $\int_a^A f^2(x)\mathrm{d}x$ 可积.

故 $\int_a^{+\infty}f^2(x)\mathrm{d}x$ 收敛. ■

注　若没有条件 $\lim\limits_{x\to+\infty}f(x)=0$, 结论不成立.

2. 证明下列命题

(1) 设 $f(x)\in C[a,+\infty)$ 且非负, 若 $\int_a^{+\infty}xf(x)\mathrm{d}x$ 收敛, 则 $\int_a^{+\infty}f(x)\mathrm{d}x$ 也收敛.

(2) 设 $f(x)\in C^1[a,+\infty)$ 且 $x\to+\infty$ 时, $f(x)$ 单调递减趋于零, 则

$$\int_a^{+\infty}f(x)\mathrm{d}x\text{收敛}\Longleftrightarrow\int_a^{+\infty}xf'(x)\mathrm{d}x\text{收敛}.$$

证　(1) (证一) 令 $M=\max\{|a|,1\}$, 当 $x\geqslant M$ 时, 有 $0\leqslant f(x)\leqslant xf(x)$. 由 $\int_a^{+\infty}xf(x)\mathrm{d}x$

收敛知 $\int_M^{+\infty} xf(x)\mathrm{d}x$ 也收敛. 由比较判别法可知 $\int_M^{+\infty} f(x)\mathrm{d}x$ 收敛. 而 $\int_a^M f(x)\mathrm{d}x$ 是 Riemann 可积 (由于 $f(x)\in C[a,M]$). 故 $\int_a^{+\infty} f(x)\mathrm{d}x$ 收敛.

(2) 由于

$$\int_a^{+\infty} xf'(x)\mathrm{d}x = xf(x)|_a^{+\infty} - \int_a^{+\infty} f(x)\mathrm{d}x. \tag{1}$$

($\Longrightarrow$) 因为 $\int_a^{+\infty} f(x)\mathrm{d}x$ 收敛, 所以 $\forall\varepsilon>0, \exists A>a$, 当 $A_1, A_2 > A$ 时, 有

$$\left|\int_{A_1}^{A_2} f(x)\mathrm{d}x\right| < \varepsilon. \tag{2}$$

由于 $x\to+\infty$ 时, $f(x)$ 单调递减趋于零, 故

$$f(x)\geqslant 0. \tag{3}$$

由 (2), (3) 式知任意 $x>2A$, 有 $\frac{x}{2}f(x) < \int_{\frac{x}{2}}^{x} f(t)\mathrm{d}t < \varepsilon$, 即

$$\lim_{x\to+\infty} xf(x) = 0. \tag{4}$$

由 (1), (4) 式知 $\int_a^{+\infty} xf'(x)\mathrm{d}x$ 收敛.

($\Longrightarrow$) 若 $\int_a^{+\infty} xf'(x)\mathrm{d}x$ 收敛, 则 $\forall\varepsilon>0, \exists A>|a|$, 当 $A_2>x>A$ 时, 并由积分中值定理得

$$\left|\int_x^{A_2} tf'(t)\mathrm{d}t\right| = |\xi(f(A_2)-f(x))| < \varepsilon.$$

这里注意 $f'(x)\leqslant 0$ (因为 $f(x)$ 递减), 保证满足积分中值定理条件.

故

$$x|f(A_2)-f(x)| \leqslant |\xi(f(A_2)-f(x))| < \varepsilon.$$

令 $A_2\to+\infty$, 有 $x|f(x)|\leqslant\varepsilon$, 即

$$\lim_{x\to+\infty} xf(x) = 0, \tag{5}$$

由 (1), (5) 式知 $\int_a^{+\infty} f(x)\mathrm{d}x$ 收敛. ■

3. 设 $f(x)$ 在 $(-\infty,+\infty)$ 上有定义, $f(x)>0$ 且在任意有限区间 $[-A,B](A,B>0)$ 上可积, 又存在定数 M 使得 $\int_{-\infty}^{+\infty} f(x)\mathrm{e}^{-\frac{|x|}{k}}\mathrm{d}x < M$, 对任意的 $k>0$ 成立. 证明 $\int_{-\infty}^{+\infty} f(x)\mathrm{d}x$ 收敛.

证 由条件可知 $M>0$. 对任意 $A,B>0$, 取 $C=\max\{A,B\}$, 当 $k>C$ 时, 有

$$0\leqslant\int_{-A}^{B}f(x)\mathrm{d}x\leqslant\int_{-A}^{B}f(x)\mathrm{e}^{\frac{C-|x|}{k}}\mathrm{d}x=\mathrm{e}^{\frac{C}{k}}\int_{-A}^{B}f(x)\mathrm{e}^{-\frac{|x|}{k}}\mathrm{d}x\leqslant\mathrm{e}^{\frac{C}{k}}M<\mathrm{e}M.$$

即 $\int_{-A}^{B}f(x)\mathrm{d}x$ 对任意 A,B 有界, 且 $f(x)>0$, 故 $\int_{-\infty}^{+\infty}f(x)\mathrm{d}x$ 收敛. ■

注 正项级数的部分和有界, 则级数一定收敛, 利用级数和广义积分的关系对广义积分也可使用此方法. 本题关键是对任意 k 都成立, 若 k 不是任意的结论不成立.

4. 设 (i) 函数 $f(x)$ 在 $[0,+\infty)$ 上单调; (ii) $g(x)$ 是 $\mathbb{R}$ 上以 $T>0$ 为周期的连续函数, 且 $g(x)\neq 0\,(x\in\mathbb{R})$. 证明:

$$\int_{0}^{+\infty}f(x)\mathrm{d}x\text{ 收敛}\Longleftrightarrow\int_{0}^{+\infty}f(x)|g(x)|\mathrm{d}x\text{ 收敛}.$$

证 ($\Longrightarrow$) 不妨设 $f(x)$ 单调递减 (否则考虑 $-f(x)$), 由 $\int_{0}^{+\infty}f(x)\mathrm{d}x$ 收敛可知 $f(x)\geqslant 0$. 由条件 (ii) 可知 $|g(x)|$ 在 $\mathbb{R}$ 上存在最大值和最小值, 且

$$M:=\max_{\mathbb{R}}|g(x)|=\max_{[0,T]}|g(x)|>0,\quad m:=\min_{\mathbb{R}}|g(x)|=\min_{[0,T]}|g(x)|>0,$$

因此

$$f(x)|g(x)|\leqslant Mf(x);\quad f(x)|g(x)|\geqslant mf(x)\Longrightarrow f(x)\leqslant\frac{1}{m}f(x)|g(x)|,$$

从而由比较判别法得

$$\int_{0}^{+\infty}f(x)\mathrm{d}x\text{ 收敛}\Longleftrightarrow\int_{0}^{+\infty}f(x)|g(x)|\mathrm{d}x\text{ 收敛}.\ \blacksquare$$

练习 (1) 设 $f(x)$ 在 $[0,+\infty)$ 上非负可微, 满足: (i) $f'(x)$ 在 $[0,+\infty)$ 上递增, 且 $f'(f(0))\neq 0$, $\lim\limits_{x\to+\infty}f'(x)=+\infty$; (ii) $g(x)\in C(0,+\infty)$ 且存在 $M>0$, 对任意 $X>0$, 有 $\left|\int_{0}^{X}g(x)\mathrm{d}x\right|\leqslant M$. 证明: $\int_{0}^{+\infty}g(f(x))\mathrm{d}x$ 收敛.

提示 令 $u=f(x)$, 然后用 Dirichlet 判别法.

(2) 设 $f(x)$ 为 $\mathbb{R}$ 上的以 $T>0$ 为周期的周期函数, 且 $\int_{0}^{T}f(x)\mathrm{d}x=0$. 证明: 对任意 $\alpha>0$, 积分 $\int_{1}^{+\infty}x^{-\alpha}f(x)\mathrm{d}x$ 收敛.

(3) 设函数 $f(x)$ 在 $[0,+\infty)$ 的任何有限区间上可积, 且 $f(x)$ 的 Laplace 变换

$$L(s)=\int_{0}^{+\infty}\mathrm{e}^{-sx}f(x)\mathrm{d}x$$

在 $s=s_0\geqslant 0$ 收敛. 证明: $L(s)$ 在 $s>s_0$ 时收敛.

(4) (i) 设非负函数 $f(x)$ 在 $[a,+\infty)$ 的任何有限子区间上可积, 且无穷积分 $\int_{a}^{+\infty}f(x)\mathrm{d}x$ 收敛. 试问: $\int_{a}^{+\infty}f^2(x)\mathrm{d}x$ 是否收敛?

(ii) 设 $a_n \geqslant 0$, 且 $\sum\limits_{n=1}^{+\infty} a_n$ 收敛. 试问: $\sum\limits_{n=1}^{+\infty} a_n^2$ 是否收敛?

(5) $f(x)$ 在 $[1,+\infty)$ 上连续, 对任意 $x \in [1,+\infty)$, 有 $f(x)>0$, 且 $\lim\limits_{x\to+\infty} \dfrac{\ln f(x)}{\ln x} = -\lambda$. 证明: 若 $\lambda > 1$, 则 $\displaystyle\int_1^{+\infty} f(x)\mathrm{d}x$ 收敛.

例 4-3-4　解答下列各题.

1. 设 $F(x)=\mathrm{e}^{\frac{x^2}{2}}\displaystyle\int_x^{+\infty}\mathrm{e}^{-\frac{t^2}{2}}\mathrm{d}t, x\in[0,+\infty)$. 证明 (1) $\lim\limits_{x\to+\infty} F(x)=0$. (2) $F(x)$ 在 $[0,+\infty)$ 内单调递减.

解　(1) 由 L'Hospital 法则

$$\lim_{x\to+\infty} F(x) = \lim_{x\to+\infty} \frac{\displaystyle\int_x^{+\infty}\mathrm{e}^{-\frac{t^2}{2}}\mathrm{d}t}{\mathrm{e}^{-\frac{x^2}{2}}} = \lim_{x\to+\infty}\frac{-\mathrm{e}^{-\frac{x^2}{2}}}{-x\mathrm{e}^{-\frac{x^2}{2}}} = 0.$$

(2) 由于

$$F'(x) = x\mathrm{e}^{\frac{x^2}{2}}\int_x^{+\infty}\mathrm{e}^{-\frac{t^2}{2}}\mathrm{d}t - 1 < \mathrm{e}^{\frac{x^2}{2}}\int_x^{+\infty} t\mathrm{e}^{-\frac{t^2}{2}}\mathrm{d}t - 1 = 0,$$

所以 $F(x)$ 在 $[0,+\infty)$ 内单调递减. ■

注　结论 (2) 其实是严格递减.

2. 设 $f(x)$ 为连续实值函数, 并且任意 x, 有 $f(x)\geqslant 0$ 且 $\displaystyle\int_0^{+\infty} f(x)\mathrm{d}x<\infty$. 证明

$$\lim_{n\to\infty}\frac{1}{n}\int_0^n xf(x)\mathrm{d}x = 0.$$

证　由于 $\displaystyle\int_0^{+\infty} f(x)\mathrm{d}x<\infty$ 且 $f(x)\geqslant 0$, 则 $\forall\varepsilon>0, \exists A>0$, 当 $A_1>A$ 时, 有

$$0 \leqslant \int_{A_1}^{+\infty} f(x)\mathrm{d}x < \frac{\varepsilon}{2}. \tag{1}$$

当 $n>A+1$ 时,

$$\frac{1}{n}\int_0^n xf(x)\mathrm{d}x = \frac{1}{n}\int_0^{A+1} xf(x)\mathrm{d}x + \frac{1}{n}\int_{A+1}^n xf(x)\mathrm{d}x. \tag{2}$$

而

$$\lim_{n\to\infty}\frac{1}{n}\int_0^{A+1} xf(x)\mathrm{d}x = 0. \tag{3}$$

由 (1) 得

$$\frac{1}{n}\int_{A+1}^n xf(x)\mathrm{d}x = \frac{1}{n}\xi\int_{A+1}^n f(x)\mathrm{d}x < \int_{A+1}^n f(x)\mathrm{d}x < \frac{\varepsilon}{2}. \tag{4}$$

由 (2)—(4) 知对上述 $\varepsilon>0$, 存在 $N>A+1>0$, 当 $n>N$ 时, 有

$$0\leqslant\frac{1}{n}\int_0^{A+1}xf(x)\mathrm{d}x<\varepsilon,\quad \text{即}\quad \lim_{n\to\infty}\frac{1}{n}\int_0^n xf(x)\mathrm{d}x=0. \blacksquare$$

3. 设函数 $f(x)$ 在区间 $[a,+\infty)$ 上单调, 且 $\int_a^{+\infty}f(x)\mathrm{d}x$ 收敛. 证明:

$$\lim_{\lambda\to+\infty}\int_a^{+\infty}f(x)\sin\lambda x\mathrm{d}x=0.$$

证 不妨设 $f(x)$ 单调递减否则考虑 $-f(x)$, 由 $\int_a^{+\infty}f(x)\mathrm{d}x$ 收敛可知 $f(x)\geqslant 0$. 对任意 $\varepsilon>0$, 由 $\int_a^{+\infty}f(x)\mathrm{d}x$ 收敛知存在 $A>0$ 使得

$$0\leqslant\int_A^{+\infty}f(x)\mathrm{d}x<\varepsilon\Longrightarrow\left|\int_A^{+\infty}f(x)\sin\lambda x\mathrm{d}x\right|\leqslant\int_A^{+\infty}|f(x)\sin\lambda x|\mathrm{d}x\leqslant\int_A^{+\infty}f(x)\mathrm{d}x<\varepsilon. \tag{1}$$

由第二积分中值定理得

$$\begin{aligned}&\left|\int_a^A f(x)\sin\lambda x\mathrm{d}x\right|=\left|f(a)\int_a^{\xi}\sin\lambda x\mathrm{d}x+f(A)\int_{\xi}^{A}\sin\lambda x\mathrm{d}x\right|\\ \leqslant&\left|f(a)\int_a^{\xi}\sin\lambda x\mathrm{d}x\right|+\left|f(A)\int_{\xi}^{A}\sin\lambda x\mathrm{d}x\right|=\left|\frac{f(a)}{\lambda}\int_{\lambda a}^{\lambda\xi}\sin t\mathrm{d}t\right|+\left|\frac{f(A)}{\lambda}\int_{\lambda\xi}^{\lambda A}\sin t\mathrm{d}t\right|\\ \leqslant&\frac{2}{|\lambda|}\left[f(a)+f(A)\right],\end{aligned}$$

所以, 对上述 $\varepsilon>0$, 存在 $\Lambda>0$, 当 $\lambda>\Lambda$ 时, 有

$$\left|\int_a^A f(x)\sin\lambda x\mathrm{d}x\right|\leqslant\frac{2}{|\lambda|}\left[f(a)+f(A)\right]<\varepsilon. \tag{2}$$

此时, 由 (1), (2) 得

$$\left|\int_a^{+\infty}f(x)\sin\lambda x\mathrm{d}x\right|\leqslant\left|\int_A^{+\infty}f(x)\sin\lambda x\mathrm{d}x\right|+\left|\int_a^A f(x)\sin\lambda x\mathrm{d}x\right|<2\varepsilon. \blacksquare$$

4. 试回答下列问题.

(1) 若 $\int_0^{+\infty}f(x)\mathrm{d}x$ 收敛, 能否推出 f 在 $[0,+\infty)$ 上有界? 能否推出 $\lim\limits_{x\to+\infty}f(x)=0$? 并说明理由.

(2) 若 f 在 $[0,+\infty)$ 上连续, 且 $\int_0^{+\infty}f(x)\mathrm{d}x$ 收敛, 能否推出 f 在 $[0,+\infty)$ 上有界? 能否推出 $\lim\limits_{x\to+\infty}f(x)=0$? 并说明理由.

(3) 若 f 在 $[0,+\infty)$ 上连续且 $f>0$, 且 $\int_0^{+\infty}f(x)\mathrm{d}x$ 收敛, 能否推出 f 在 $[0,+\infty)$ 上有界? 能否推出 $\lim\limits_{x\to+\infty}f(x)=0$? 并说明理由.

(4) 若 $\int_0^{+\infty} f(x)\mathrm{d}x$ 收敛, 再附加什么条件可以推出 $\lim\limits_{x\to+\infty} f(x)=0$, 并说明理由.

(5) 若 f 在 $[0,+\infty)$ 上连续, 且 $\lim\limits_{x\to+\infty} f(x)=0$, 能否推出 $\int_0^{+\infty} f(x)\mathrm{d}x$ 收敛? 并说明理由.

解　(1) 推不出有界, 也推不出 $\lim\limits_{x\to+\infty} f(x)=0$. 如:

$$f(x)=\begin{cases} n^3\left(x-n+\dfrac{1}{n^3}\right), & n-\dfrac{1}{n^3}\leqslant x\leqslant n,\\ -n^3\left(x-n-\dfrac{1}{n^3}\right), & n<x<n+\dfrac{1}{n^3},\\ 0, & \text{其他}. \end{cases}$$

(2) 推不出有界, 也推不出 $\lim\limits_{x\to+\infty} f(x)=0$. 例子同上.

(3) 推不出有界, 也推不出 $\lim\limits_{x\to+\infty} f(x)=0$. 如: $f(x)=g(x)+\mathrm{e}^{-x}$, 其中

$$g(x)=\begin{cases} n^3\left(x-n+\dfrac{1}{n^3}\right), & n-\dfrac{1}{n^3}\leqslant x\leqslant n,\\ -n^3\left(x-n-\dfrac{1}{n^3}\right), & n<x<n+\dfrac{1}{n^3},\\ 0, & \text{其他}. \end{cases}\qquad ■$$

(4) 若 $\int_0^{+\infty} f(x)\mathrm{d}x$ 收敛, 且满足下列条件之一, 则有 $\lim\limits_{x\to+\infty} f(x)=0$.

(i) $\lim\limits_{x\to+\infty} f(x)$ 存在;

(ii) $f(x)$ 连续可微, 积分 $\int_a^{+\infty} f(x)\mathrm{d}x$ 和 $\int_a^{+\infty} f'(x)\mathrm{d}x$ 都收敛;

(iii) $f(x)$ 单调 (这时得到更强的结果 $\lim\limits_{n\to+\infty} xf(x)=0$);

(iv) $f(x)$ 在 $[0,+\infty)$ 上一致连续;

(v) $f'(x)$ 在 $[a,+\infty)$ 上有界.

证　(i) 设 $\lim\limits_{x\to+\infty} f(x)=\alpha$.

若 $\alpha>0$, 则存在 $M>0$, 当 $x\geqslant M$ 时, $f(x)>\dfrac{\alpha}{2}$, 从而 $A>M$ 时, $\int_A^{2A} f(x)\mathrm{d}x>\dfrac{\alpha}{2}A\to+\infty$, 这与 $\int_a^{+\infty} f(x)\mathrm{d}x$ 收敛矛盾; 若 $\alpha<0$, 同理与 $\int_a^{+\infty} f(x)\mathrm{d}x$ 收敛矛盾. 故 $\alpha=0$, 即 $\lim\limits_{x\to+\infty} f(x)=0$.

(ii) 由 $\int_a^{+\infty} f'(x)\mathrm{d}x$ 收敛知 $\lim\limits_{x\to+\infty} f(x)$ 存在, 设 $\lim\limits_{x\to+\infty} f(x)=\alpha$. 以下同 (i).

(iii) 不妨设 $f(x)$ 单调递增, 则 $f(x)\leqslant 0$, 任意 $x\in[0,+\infty)$. 否则, 存在 $x_0\in[0,+\infty)$ 使得 $f(x_0)>0$, 则任意 $x>x_0$ 有 $f(x)\geqslant f(x_0)>0$, 这样 $\int_0^{+\infty} f(x)\mathrm{d}x$ 发散, 这与已知条件矛盾.

由于 $\int_0^{+\infty} f(x)\mathrm{d}x$ 收敛, 对 $\forall\varepsilon>0, \exists A_0>0$, 当 $A_2>A_1>A_0$ 时, 有

$$-\int_{A_1}^{A_2} f(x)\mathrm{d}x<\frac{\varepsilon}{2},$$

故当 $x>2A_0$ 时, 有

$$0\leqslant -xf(x)=-2\int_{\frac{x}{2}}^{x}f(x)\mathrm{d}t\leqslant -2\int_{\frac{x}{2}}^{x}f(t)\mathrm{d}t<\varepsilon,$$

即 $\lim\limits_{x\to+\infty}xf(x)=0$, 即 $f(x)=o\left(\dfrac{1}{x}\right)$.

注　此问题的结论要比前面两题结论强. 注意在 $f(x)$ 在 $[0,+\infty)$ 单调的条件下, $f(x)=o\left(\dfrac{1}{x}\right)$ 不能保证 $\displaystyle\int_0^{+\infty}f(x)\mathrm{d}x$ 收敛, 如: $f(x)=\dfrac{1}{1+x\ln(1+x)}$.

(iv) (证一) 若 $\lim\limits_{x\to+\infty}f(x)\neq 0$, 则存在 $\varepsilon_0>0$, 对任意 $A>a$, 存在$x_1>A$ 使得

$$|f(x_1)|>\varepsilon_0.$$

不妨设 $f(x_1)>0$, 因为 $f(x)$ 在 $[0,+\infty)$ 上一致连续, 对 $\dfrac{\varepsilon_0}{2}>0$, 存在 $\delta>0$ 对任意 $x',x''\in[0,+\infty)$, 当 $|x'-x''|<\delta$ 时, 有

$$|f(x')-f(x'')|<\frac{\varepsilon_0}{2},$$

且 $\forall x\in[x_1,x_1+\delta]$ 有 $f(x)>0$. 存在 $\sigma_0=\dfrac{1}{2}\varepsilon_0\delta>0$, 故当 $x\in[x_1,x_1+\delta)$ 时, 有

$$|f(x)|\geqslant|f(x_1)|-|f(x)-f(x_1)|>\frac{\varepsilon_0}{2}.$$

所以

$$\int_{x_1}^{x_1+\delta}f(x)\mathrm{d}x>\sigma_0=\frac{1}{2}\varepsilon_0\delta,$$

由 Cauchy 收敛准则知 $\displaystyle\int_0^{+\infty}f(x)\mathrm{d}x$ 发散, 这与假设矛盾, 从而 $\lim\limits_{x\to+\infty}f(x)=0$.

(证二) 因为 $f(x)$ 在 $[a,+\infty)$ 上一致连续, 则 $\forall\varepsilon>0,\exists\delta>0$ (不妨设 $\delta<\varepsilon$), 对 $\forall x',x''\in[a,+\infty)$, 当 $|x'-x''|\leqslant\delta$ 时, 有

$$|f(x')-f(x'')|<\frac{\varepsilon}{2}.$$

因为 $\displaystyle\int_a^{+\infty}f(x)\mathrm{d}x$ 收敛, 由 Cauchy 收敛准则知对上述 $\delta>0$, 存在 $T>0$, 对任意 $x_1,x_2\geqslant T$, 有

$$\left|\int_{x_1}^{x_2}f(x)\mathrm{d}x\right|<\frac{\delta^2}{2},$$

故当 $x>T$ 时, 有

$$\begin{aligned}|f(x)|&\leqslant\left|f(x)-\frac{1}{\delta}\int_T^{T+\delta}f(t)\mathrm{d}t\right|+\frac{1}{\delta}\left|\int_T^{T+\delta}f(t)\mathrm{d}t\right|\\&\leqslant\frac{1}{\delta}\int_T^{T+\delta}|f(x)-f(t)|\mathrm{d}t+\frac{1}{\delta}\left|\int_T^{T+\delta}f(t)\mathrm{d}t\right|\leqslant\frac{\varepsilon}{2}+\frac{\delta}{2}<\varepsilon,\end{aligned}$$

即 $\lim\limits_{x\to+\infty} f(x)=0$.

(v) 因为导数有界, 由微分中值定理 $f(x)$ 在 $[0,+\infty)$ 上一致连续. 以下同 (iv). ■

注　(1) 导函数有界一定一致连续, 但导函数无界也可能一致连续.

(2) 设 $f(x)$ 在 $[0,+\infty)$ 上连续, 且 $\displaystyle\int_0^{+\infty} f^2(x)\mathrm{d}x<+\infty$, 若 $|f'(x)|\leqslant C\,(x>0)$, 其中 C 是一常数. 证明: $\lim\limits_{x\to+\infty} f(x)=0$.

思考　在上述五个条件下, 哪些条件推出 f 有界?

例 4-3-5　解答下列各题.

1. 判断反常积分 $\displaystyle\int_0^1 \frac{\ln x}{1-x}\mathrm{d}x$ 的敛散性.

解　因为 $\lim\limits_{x\to1^-}\dfrac{\ln x}{1-x}=-1$, $\lim\limits_{x\to0^+}\dfrac{\ln x}{1-x}=-\infty$. 故 $x=0$ 是瑕点, $x=1$ 不是瑕点.

对任意 $0<\delta<1$, 有 $\lim\limits_{x\to0^+}\dfrac{x^\delta\ln x}{1-x}=0$, 而 $\displaystyle\int_0^1\frac{1}{x^\delta}\mathrm{d}x$ 收敛, 由比较判别法知 $\displaystyle\int_0^1\frac{\ln x}{1-x}\mathrm{d}x$ 收敛. ■

2. 如果积分 $\displaystyle\int_a^b |f(x)|\mathrm{d}x$($a$ 是瑕点) 收敛, 那么 $\displaystyle\int_a^b f(x)\mathrm{d}x$ 收敛, 并举例说明命题的逆命题不成立.

解　因为 $\displaystyle\int_a^b |f(x)|\mathrm{d}x$ 收敛, 由 Cauchy 收敛准则, $\forall\varepsilon>0,\exists\delta>0$, 当 $\mu_1,\mu_2\in(a,a+\delta),\mu_1<\mu_2$, 有

$$\int_{\mu_1}^{\mu_2}|f(x)|\mathrm{d}x<\varepsilon.$$

此时

$$\left|\int_{\mu_1}^{\mu_2}f(x)\mathrm{d}x\right|\leqslant\int_{\mu_1}^{\mu_2}|f(x)|\mathrm{d}x<\varepsilon.$$

故 $\displaystyle\int_a^b f(x)\mathrm{d}x$ 收敛.

例如: $\displaystyle\int_1^{+\infty}\frac{\sin t}{t}\mathrm{d}t$ 收敛但非绝对收敛. 而

$$\int_1^{+\infty}\frac{\sin t}{t}\mathrm{d}t\overset{t=\frac{1}{x}}{=\!=\!=}\int_0^1\frac{1}{x}\sin\frac{1}{x}\mathrm{d}x,$$

故 $\displaystyle\int_0^1\frac{1}{x}\sin\frac{1}{x}\mathrm{d}x$ 收敛但非绝对收敛. ■

3. (1) 设函数 $f(x)$ 在 $(0,1]$ 上单调, 并且积分 $\displaystyle\int_0^1 f(x)\mathrm{d}x$ 收敛. 证明:

$$\int_0^1 f(x)\mathrm{d}x=\lim_{n\to\infty}\frac{1}{n}\sum_{k=1}^n f\left(\frac{k}{n}\right).$$

(2) 如果去掉单调性条件, 结论是否还一定成立? 据理说明你的结论.

证　(1) 不妨设 $f(x)$ 单调递减否则考虑 $-f(x)$, 且 $f(x)\geqslant 0$ 否则考虑 $g(x)=f(x)-f(1)$. 由于

$$\begin{aligned}\int_0^1 f(x)\mathrm{d}x&=\sum_{k=0}^{n-1}\int_{\frac{k}{n}}^{\frac{k+1}{n}} f(x)\mathrm{d}x=\int_0^{\frac{1}{n}} f(x)\mathrm{d}x+\sum_{k=1}^{n-1}\int_{\frac{k}{n}}^{\frac{k+1}{n}} f(x)\mathrm{d}x\\&\leqslant\int_0^{\frac{1}{n}} f(x)\mathrm{d}x+\sum_{k=1}^{n} f\left(\frac{k}{n}\right)\frac{1}{n},\end{aligned}\tag{1}$$

又因为

$$\int_0^1 f(x)\mathrm{d}x=\sum_{k=1}^{n}\int_{\frac{k-1}{n}}^{\frac{k}{n}} f(x)\mathrm{d}x,\quad f\left(\frac{k}{n}\right)\frac{1}{n}\leqslant\int_{\frac{k-1}{n}}^{\frac{k}{n}} f(x)\mathrm{d}x,$$

所以

$$\sum_{k=1}^{n} f\left(\frac{k}{n}\right)\frac{1}{n}\leqslant\int_0^1 f(x)\mathrm{d}x,\tag{2}$$

由 (1), (2) 式知

$$0\leqslant\int_0^1 f(x)\mathrm{d}x-\sum_{k=1}^{n} f\left(\frac{k}{n}\right)\frac{1}{n}\leqslant\int_0^{\frac{1}{n}} f(x)\mathrm{d}x,\tag{3}$$

由 $\int_0^1 f(x)\mathrm{d}x$ 收敛知 $\lim\limits_{n\to\infty}\int_0^{\frac{1}{n}} f(x)\mathrm{d}x=0$, 从而由 (1) 式得

$$\int_0^1 f(x)\mathrm{d}x=\lim_{n\to\infty}\frac{1}{n}\sum_{k=1}^{n} f\left(\frac{k}{n}\right).$$

(2) 结论不一定成立, 如: $f(x)=\begin{cases} n^2, & x=\dfrac{1}{n},\\ 0, & \text{其他},\end{cases}$ 则

$$\int_0^1 f(x)\mathrm{d}x=0\neq\lim_{n\to\infty}\frac{1}{n}\sum_{k=1}^{n} f\left(\frac{k}{n}\right)=+\infty.\quad\blacksquare$$

练习　设函数 $g(x)\in C(a,b]$, $g(x)(x-a)^2$ 在 $(a,b]$ 上单调, 且 $\lim\limits_{x\to a^+} g(x)(x-a)^2=0$. 证明: 瑕积分 $\int_a^b g(x)\sin\dfrac{1}{x-a}\mathrm{d}x$ 收敛.

第5章 级 数 论

内 容 精 析

一、 数项级数

(一) 数项级数收敛的定义、Cauchy 收敛准则及其简单性质

1. 级数敛散定义

设数项级数 $\sum_{n=1}^{\infty} u_n$, 记 $S_n = \sum_{k=1}^{n} u_k$, 若数列 $\{S_n\}$ 收敛, 则称级数收敛, 否则称级数发散.

级数的敛散性本质上是级数的部分和数列的敛散性问题, 所以可用数列敛散性判定方法判断级数的敛散性. 但是, 大部分级数的前 n 项和不容易求出, 所以用定义判定级数的敛散性有其不足之处.

2. Cauchy 收敛准则

数项级数 $\sum_{n=1}^{\infty} u_n$ 收敛 $\Longleftrightarrow \forall \varepsilon > 0, \exists N > 0$, 当 $n > N$ 时, 对 $\forall p \in \mathbb{N}$, 有

$$|u_{n+1} + u_{n+2} + \cdots + u_{n+p}| < \varepsilon.$$

直观地说, 收敛的级数在某 N 项之后任意连续地取若干项, 这些项和的绝对值可以任意小.

Cauchy 收敛准则是找到的 N 对 $\forall p \in \mathbb{N}$ 上述不等式都成立, 也就是找到的 N 能管住所有自然数 p. 切莫理解成 $\forall p \in \mathbb{N}$ 能找到一个 N.

数项级数 $\sum_{n=1}^{\infty} u_n$ 发散 $\Longleftrightarrow \exists \varepsilon_0 > 0, \forall N > 0, \exists n_0 > N, \exists p_0 \in \mathbb{N}$ 使得

$$|u_{n_0+1} + u_{n_0+2} + \cdots + u_{n_0+p_0}| \geqslant \varepsilon_0.$$

直观地说, 发散的级数在任意项后面都存在某几项, 它们和的绝对值大于等于某一预先给定的正数.

Cauchy 收敛准则不需要求出级数的前 n 项和, 比用定义有一定的优越性, 但是用此方法不能方便地求出收敛级数的和, 这是此方法的不足之处!

3. 级数收敛的必要条件

命题 $\sum_{n=1}^{\infty} u_n$ 收敛的必要条件是 $\lim_{n\to\infty} u_n = 0$.

拿到一个数项级数后先考察通项是否趋于零, 若不趋于零, 立即断定级数发散, 若通项趋于零, 再采用其他判别方法.

4. 简单性质

1^0 若级数 $\sum\limits_{n=1}^{\infty}u_n$ 与 $\sum\limits_{n=1}^{\infty}v_n$ 都收敛, 则任意常数 α,β, 级数 $\sum\limits_{n=1}^{\infty}(\alpha u_n+\beta v_n)$ 也收敛.

这一性质对应于数列极限的线性性质. 利用这个性质可以将通项复杂的级数分解成几个通项简单的级数来考虑. 但一定切记, 若级数 $\sum\limits_{n=1}^{\infty}u_n$ 与 $\sum\limits_{n=1}^{\infty}v_n$ 都发散, 级数 $\sum\limits_{n=1}^{\infty}(u_n+v_n)$ 不一定发散.

2^0 去掉、删除或改变级数的有限项, 不影响级数的敛散性 (一般会改变级数的和).

判断级数的敛散性关键是考察充分靠后的项的性质, 前有限项不改变级数的敛散性. 所以, 今后常用的判别法都可以只考察某一充分大的 N 以后的项.

3^0 在收敛的级数项中任意加括号, 既不改变级数的收敛性, 也不改变它的和.

我们还常用上述性质的逆否命题, 如果按某种方式加括号后级数发散则原级数发散. 加括号后的级数的部分组成的数列是原级数部分组成数列的子列, 由数列敛散性质可知上述性质是显然的.

思考 级数加括号后收敛, 再加上什么条件能保证原级数收敛?

(二) 数项级数的判别法

除用级数敛散定义和 Cauchy 收敛准则可以判断级数的敛散性外, 还有下面的判定方法.

1. 正项级数的判别法

1^0 部分和有界原理.

正项级数 $\sum\limits_{n=1}^{\infty}u_n$ 收敛 $\Longleftrightarrow\{S_n\}$ 有上界.

这个结论和“单调上升的数列收敛的充要条件是该数列有上界”本质上是一回事. 不过, 这个方法只能使用于部分和比较容易求的正项级数.

2^0 比较判别法.

(1) 设 $\sum\limits_{n=1}^{\infty}u_n,\sum\limits_{n=1}^{\infty}v_n$ 是两个正项级数, 若 $\exists N>0$, 当 $n>N$ 时, 都成立 $u_n\leqslant kv_n$(k 为正常数). 则

(i) $\sum\limits_{n=1}^{\infty}v_n$ 收敛 $\Longrightarrow\sum\limits_{n=1}^{\infty}u_n$ 收敛;

(ii) $\sum\limits_{n=1}^{\infty}u_n$ 发散 $\Longrightarrow\sum\limits_{n=1}^{\infty}v_n$ 发散.

(2) 比较判别法的极限形式.

设 $\sum\limits_{n=1}^{\infty}u_n,\sum\limits_{n=1}^{\infty}v_n$ 是两个正项级数, 若 $\lim\limits_{n\to\infty}\dfrac{u_n}{v_n}=l$. 则

(i) 当 $0<l<+\infty$ 时, $\sum\limits_{n=1}^{\infty}u_n$ 和 $\sum\limits_{n=1}^{\infty}v_n$ 敛散性一致;

(ii) 当 $l=0$ 时, $\sum\limits_{n=1}^{\infty}v_n$ 收敛 $\Longrightarrow\sum\limits_{n=1}^{\infty}u_n$ 收敛;

(iii) 当 $l=\infty$ 时, $\sum\limits_{n=1}^{\infty}u_n$ 收敛 $\Longrightarrow\sum\limits_{n=1}^{\infty}v_n$ 收敛.

这个方法仅适用于正项级数! 比较判别法可以简单记为"大的收敛则小的收敛, 小的发散则大的发散". 但要注意, 此方法要求掌握一些敛散性已知的级数去和待判定的级数比较, 从这个角度讲, 这个方法又有其明显的不足.

(3) 设正数列 $\{a_n\}$, $\{b_n\}$ 满足

$$\frac{a_{n+1}}{a_n} \leqslant \frac{b_{n+1}}{b_n} \quad (n \geqslant 1),$$

则 $\sum\limits_{n=1}^{\infty} b_n$ 收敛 $\Longrightarrow \sum\limits_{n=1}^{\infty} a_n$ 收敛.

3^0 D'Alembert 判别法 (比值判别法).

(1) 设 $\sum\limits_{n=1}^{\infty} u_n (u_n \neq 0)$ 为正项级数, 且存在 $N > 0$.

(i) 若当 $n > N$ 时, 有 $\dfrac{u_{n+1}}{u_n} \leqslant q < 1$, 则 $\sum\limits_{n=1}^{\infty} u_n$ 收敛;

(ii) 若当 $n > N$ 时, 有 $\dfrac{u_{n+1}}{u_n} \geqslant 1$, 则 $\sum\limits_{n=1}^{\infty} u_n$ 发散.

注意, 在 (i) 中如果改成 $\dfrac{u_{n+1}}{u_n} < 1$ 结论不成立, 如: $\sum\limits_{n=1}^{\infty} \dfrac{1}{n}$.

(2) D'Alembert 判别法的极限形式.

设 $\sum\limits_{n=1}^{\infty} u_n (u_n \neq 0)$ 为正项级数, 且 $\lim\limits_{n\to\infty} \dfrac{u_{n+1}}{u_n} = l$.

(i) 当 $l < 1$ 时, $\sum\limits_{n=1}^{\infty} u_n$ 收敛;

(ii) 当 $l > 1$ 时, $\sum\limits_{n=1}^{\infty} u_n$ 发散;

(iii) 当 $l = 1$ 时, 判别法失效, 即 $\sum\limits_{n=1}^{\infty} u_n$ 可能收敛也可能发散.

(3) 设 $\sum\limits_{n=1}^{\infty} u_n (u_n \neq 0)$ 为正项级数, 则

(i) 当 $\overline{\lim\limits_{n\to\infty}} \dfrac{u_{n+1}}{u_n} = \overline{r} < 1$ 时, $\sum\limits_{n=1}^{\infty} u_n$ 收敛;

(ii) 当 $\underline{\lim\limits_{n\to\infty}} \dfrac{u_{n+1}}{u_n} = \underline{r} > 1$ 时, $\sum\limits_{n=1}^{\infty} u_n$ 发散;

(iii) 当 $\overline{r} \geqslant 1$ 或 $\underline{r} \leqslant 1$ 时, 判别法失效, 即 $\sum\limits_{n=1}^{\infty} u_n$ 可能收敛也可能发散.

上述判别法 2^0 包含在 3^0 之中, 在 $\lim\limits_{n\to\infty} \dfrac{u_{n+1}}{u_n}$ 不存在的情况下再使用 3^0. D'Alembert 判别法一般适用通项中含有阶乘的级数.

4^0 Cauchy 判别法 (根值判别法).

(1) 设 $\sum\limits_{n=1}^{\infty} u_n$ 为正项级数, 且存在 $N > 0$.

(i) 若当 $n > N$ 时, 有 $\sqrt[n]{u_n} \leqslant q < 1$, 则 $\sum\limits_{n=1}^{\infty} u_n$ 收敛;

(ii) 若当 $n>N$ 时, 有 $\sqrt[n]{u_n}\geqslant 1$, 则 $\sum\limits_{n=1}^{\infty}u_n$ 发散.

注意, 在 (i) 中如果改成 $\sqrt[n]{u_n}<1$, 结论不成立, 如: $\sum\limits_{n=1}^{\infty}\dfrac{1}{n}$.

(2) Cauchy 判别法的极限形式.

设 $\sum\limits_{n=1}^{\infty}u_n(u_n\neq 0)$ 为正项级数, 且 $\lim\limits_{n\to\infty}\sqrt[n]{u_n}=l$.

(i) 当 $l<1$ 时, $\sum\limits_{n=1}^{\infty}u_n$ 收敛;

(ii) 当 $l>1$ 时, $\sum\limits_{n=1}^{\infty}u_n$ 发散;

(iii) 当 $l=1$ 时, 判别法失效, 即 $\sum\limits_{n=1}^{\infty}u_n$ 可能收敛也可能发散.

(3) 设 $\sum\limits_{n=1}^{\infty}u_n(u_n\neq 0)$ 为正项级数, $\overline{\lim\limits_{n\to\infty}}\sqrt[n]{u_n}=r$, 则

(i) 当 $r<1$ 时, $\sum\limits_{n=1}^{\infty}u_n$ 收敛;

(ii) 当 $r>1$ 时, $\sum\limits_{n=1}^{\infty}u_n$ 发散;

(iii) 当 $r=1$ 时, 判别法失效, 即 $\sum\limits_{n=1}^{\infty}u_n$ 可能收敛也可能发散.

上述判别法 2^0 包含在 3^0 之中, 在 $\lim\limits_{n\to\infty}\sqrt[n]{u_n}$ 不存在的情况下再使用 3^0. Cauchy 判别法一般适用于通项中含有乘方的级数.

D'Alembert 判别法与 Cauchy 判别法只需要自身项进行判断, 不像比较判别法需要找个“第二者”来陪衬. 但是, D'Alembert 判别法与 Cauchy 判别法本质上是比较判别法, 与之比较的是几何级数 $\sum\limits_{n=1}^{\infty}q^n$: 在判断收敛时, 要求级数的通项受到 $q^n(0<q<1)$ 的控制; 而在判定级数发散时, 则是根据通项不趋于零. 这两个判别法在许多情况下会失效, 即便对 $\sum\limits_{n=1}^{\infty}\dfrac{1}{n^p}$ 它们也是无能为力!

命题 设 $\{x_n\}$ 是正项数列, 则

$$\underline{\lim_{n\to\infty}}\frac{x_{n+1}}{x_n}\leqslant\underline{\lim_{n\to\infty}}\sqrt[n]{x_n}\leqslant\overline{\lim_{n\to\infty}}\sqrt[n]{x_n}\leqslant\overline{\lim_{n\to\infty}}\frac{x_{n+1}}{x_n}.$$

证 设 $\overline{r}=\overline{\lim\limits_{n\to\infty}}\dfrac{x_{n+1}}{x_n}$, 由上极限的性质得 $\forall\varepsilon>0,\exists N>0$, 当 $n>N$ 时, 有 $\dfrac{x_{n+1}}{x_n}<\overline{r}+\varepsilon$, 即

$$x_n<(\overline{r}+\varepsilon)^{n-N}x_N\quad(n>N),$$

故

$$\overline{\lim_{n\to\infty}}\sqrt[n]{x_n}\leqslant\overline{\lim_{n\to\infty}}\sqrt[n]{(\overline{r}+\varepsilon)^{n-N}x_N}=\overline{r}+\varepsilon,$$

由 ε 的任意性得

$$\overline{\lim_{n\to\infty}}\sqrt[n]{x_n}\leqslant\overline{r}=\overline{\lim_{n\to\infty}}\frac{x_{n+1}}{x_n}.$$

类似地可以证明 $\underline{\lim_{n\to\infty}}\frac{x_{n+1}}{x_n}\leqslant\underline{\lim_{n\to\infty}}\sqrt[n]{x_n}$.

可以看出：若一个正项级数敛散性可以用 D'Alembert 方法判别，则它一定可以用 Cauchy 方法判别. 能用 Cauchy 方法判定的，却未必能用 D'Alembert 方法判定. 但不能否定 D'Alembert 方法，有时候 D'Alembert 方法比 Cauchy 方法更方便.

思考 (1) D'Alembert 判别法中上极限大于 1 时级数是否发散? 下极限小于 1 时级数是否收敛?

(2) Cauchy 判别法中下极限小于 1 时级数是否收敛? 下极限大于 1 时级数是否发散?

答 (1) 比值判别法中，上极限大于 1 的级数不一定发散，如:

$$1+\frac{1}{2}+\frac{1}{3}+\frac{1}{2^2}+\frac{1}{3^2}+\cdots+\frac{1}{2^n}+\frac{1}{3^n}+\cdots$$

上极限为 $+\infty$，但仍然收敛.

下极限小于 1 的级数不一定收敛，如:

$$1+\frac{1}{2^2}+\frac{1}{2}+\frac{1}{3^2}+\cdots+\frac{1}{n^2}+\frac{1}{n}+\cdots$$

的下极限为 0，但级数发散.

(2) 根值判别法中，下极限小于 1 的级数不一定收敛，如：

$$1+0+1+0+1+\cdots$$

下极限为零，但级数发散.

下极限大于 1 的级数一定发散，因为下极限大于 1 时通项一定不趋于零，从而发散.

5^0 Raabe(拉贝) 判别法.

设 $\sum\limits_{n=1}^{\infty}u_n(u_n\neq 0)$ 是正项级数，$\lim\limits_{n\to\infty}n\left(\frac{u_n}{u_{n+1}}-1\right)=r$. 则

(i) 当 $r>1$ 时，$\sum\limits_{n=1}^{\infty}u_n$ 收敛;

(ii) 当 $r<1$ 时，$\sum\limits_{n=1}^{\infty}u_n$ 发散;

(iii) 当 $r=1$ 时，此方法失效，即 $\sum\limits_{n=1}^{\infty}u_n$ 可能收敛也可能发散.

以后我们应用的时候会看到，Raabe 判别法虽然判别的范围广了些，但当 $r=1$ 时仍失效! 可以建立比 Raabe 判别法更有效的方法，当然这个过程是无限的. 虽然每次得到新的判别范围更广的判别法，但这些判别法也更复杂!

6^0 Cauchy 积分判别法.

设 $f(x)$ 为 $[1,+\infty)$ 上非负的递减函数，那么正项级数 $\sum\limits_{n=1}^{\infty}f(n)$ 与反常积分 $\int_1^{+\infty}f(x)\mathrm{d}x$ 同时收敛或同时发散.

这个方法揭示了级数与广义积分的关系, 我们常常用广义积分研究级数, 同时也用级数研究广义积分. 级数可以看成是离散型求和, 而广义积分可以看成连续型求和, 这个方法揭示了离散和与连续和的关系, 此定理的作用类似于 Heine 定理的作用.

2. **变号级数敛散性判断**

设 $\sum\limits_{n=1}^{\infty} u_n$ 为变号级数, 判断其收敛性, 常用的方法是:

1^0 比值、根值判别法.

对 $\sum\limits_{n=1}^{\infty} |u_n|$ 应用 D'Alembert 判别法或 Cauchy 判别法, 若 $\sum\limits_{n=1}^{\infty} |u_n|$ 收敛, 则 $\sum\limits_{n=1}^{\infty} u_n$ 绝对收敛. 用此两判别法时, 若 $\sum\limits_{n=1}^{\infty} |u_n|$ 发散, 则意味着 $\lim\limits_{n\to\infty} u_n \neq 0$ 从而 $\sum\limits_{n=1}^{\infty} u_n$ 发散.

2^0 Leibniz 判别法.

若交错级数 $\sum\limits_{n=1}^{\infty}(-1)^n u_n$ 满足 (i) $u_n \geqslant 0$; (ii) 数列 $\{u_n\}$ 单调递减; (iii) $\lim\limits_{n\to\infty} u_n = 0$. 则 $\sum\limits_{n=1}^{\infty}(-1)^n u_n$ 收敛.

定理中的单调性不可少, 否则结论不成立.

3^0 Abel 变换 (分部求和公式).

设 $\{a_n\}, \{b_n\}$ 是两数列, 记 $B_k = \sum\limits_{i=1}^{k} b_i, k = 1, 2, \cdots$. 则

$$\sum_{k=1}^{p} a_k b_k = a_p B_p - \sum_{k=1}^{p-1}(a_{k+1} - a_k) B_k.$$

事实上, Abel 变换就是离散形式的分部积分公式. 记 $G(x) = \int_a^x g(t)\mathrm{d}t$, 则分部积分公式可以写成

$$\int_a^b f(x)g(x)\mathrm{d}x = f(b)G(b) - \int_a^b G(x)\mathrm{d}f(x).$$

将数列的通项类比于函数, 求和类比于求积分, 求差类比于求微分, $a_{k+1} - a_k$ 对应于 $\mathrm{d}f(x)$, 两者是一致的.

应用此变换与 Cauchy 准则结合可以判断一些级数的敛散性.

4^0 Abel 判别法、Dirichlet 判别法.

要证明级数 $\sum\limits_{n=1}^{\infty} u_n$ 收敛, 关键是将通项写成两个因子相乘, 使之符合判别法的条件, 即 $u_n = a_n b_n$.

Abel 判别法: (i) $\sum\limits_{n=1}^{\infty} a_n$ 收敛; (ii) $\{b_n\}$ 单调; (iii) $\{b_n\}$ 有界, 即存在 $M > 0$, 使得对任意 n, 有 $|b_n| \leqslant M$. 则 $\sum\limits_{n=1}^{\infty} a_n b_n$ 收敛.

Dirichlet 判别法: (i) $B_n=\sum\limits_{k=1}^{n}b_k$ 有界; (ii) $\{a_n\}$ 单调; (iii) $\{a_n\}$ 收敛于零. 则 $\sum\limits_{n=1}^{\infty}a_nb_n$ 收敛.

要类比理解数项级数的 Abel、Dirichlet 判别法与广义积分以及函数项级数的 Abel、Dirichlet 判别法. 函数项级数因为通项是函数, 所以要一致收敛、一致单调、一致趋于零, 广义积分 A–D 判别法只是将这里的离散和改成积分.

(三) 数项级数的性质

1. 结合律

定理　设 $\sum\limits_{n=1}^{\infty}a_n$ 是收敛级数, 则对 $\sum\limits_{n=1}^{\infty}a_n$ 任意加括号后得到的级数 $\sum\limits_{k=1}^{\infty}b_k$ 也收敛, 且 $\sum\limits_{n=1}^{\infty}a_n=\sum\limits_{k=1}^{\infty}b_k$.

注　(1) 正项级数加括号后收敛, 则原级数收敛, 对一般级数不一定成立.

(2) 若数项级数 $\sum\limits_{n=1}^{\infty}a_n$ 满足: (i) $\lim\limits_{n\to+\infty}a_n=0$; (ii) 加上括号收敛而且每个括号里项的个数小于某个定数 L. 则原级数 $\sum\limits_{n=1}^{\infty}a_n$ 收敛.

(3) 如果级数 $\sum\limits_{n=1}^{\infty}a_n$ 加入括号后收敛且每个括号里项的符号相同, 则原级数 $\sum\limits_{n=1}^{\infty}a_n$ 收敛.

2. 交换律 (重排)

定理 1　设 $\sum\limits_{n=1}^{\infty}a_n$ 为一数项级数: (i) $f(n):\mathbb{N}\to\mathbb{N}$ 为自然数的一个重排; (ii) 存在 $M>0$ 使得任意 $n\in\mathbb{N}:|f(n)-n|\leqslant M$. 则

(1) $\sum\limits_{n=1}^{\infty}a_n$ 收敛 $\Longleftrightarrow\sum\limits_{n=1}^{\infty}a_{f(n)}$ 收敛;

(2) 当它们收敛时, $\sum\limits_{n=1}^{\infty}a_n=\sum\limits_{n=1}^{\infty}a_{f(n)}$.

注　此定理是描述每项离原来位置不远的情况下, 不改变级数的敛散性也不改变级数的和.

定理 2　设 $\sum\limits_{n=1}^{\infty}a_n$ 绝对收敛, 则它的任意一个重排级数 $\sum\limits_{n=1}^{\infty}a_{f(n)}$ 绝对收敛, 且 $\sum\limits_{n=1}^{\infty}a_n=\sum\limits_{n=1}^{\infty}a_{f(n)}$.

定理 3 (Riemann 定理)　设级数 $\sum\limits_{n=1}^{\infty}a_n$ 条件收敛, 则对任意 S (有限数或 $\pm\infty$), 都存在 $\sum\limits_{n=1}^{\infty}a_n$ 的重排级数 $\sum\limits_{n=1}^{\infty}a_{f(n)}$, 使得 $\sum\limits_{n=1}^{\infty}a_{f(n)}=S$.

思考　对于数项级数 $\sum_{n=1}^{\infty} a_n$ 任意重排后是否保持收敛性和它的和数呢?

3. 级数乘积 (分配律)

定义　设 $\sum_{n=1}^{\infty} a_n$ 与 $\sum_{n=1}^{\infty} b_n$ 为两个数项级数, 级数的乘积矩阵 (两个级数各项所有可能乘积组成的矩阵):

$$\begin{pmatrix} a_1b_1 & a_1b_2 & \cdots & a_1b_n & \cdots \\ a_2b_1 & a_2b_2 & \cdots & a_2b_n & \cdots \\ \vdots & \vdots & & \vdots & \\ a_nb_1 & a_nb_2 & \cdots & a_nb_n & \cdots \\ \vdots & \vdots & & \vdots & \end{pmatrix}.$$

任何将该矩阵中的元素排成一个序列的方法都是 $\sum_{n=1}^{\infty} a_n$ 与 $\sum_{n=1}^{\infty} b_n$ 乘积的一个表示. 显然这种排列方式有无限多种, 常用的两种排序方法如下.

(1) 对角线方法 (Cauchy 乘积): $\sum_{n=1}^{\infty} a_n$ 与 $\sum_{n=1}^{\infty} b_n$ 乘积为 $\sum_{n=1}^{\infty} c_n$, 其中

$$c_n = \sum_{i+j=n+1} a_ib_j = a_1b_n + a_2b_{n-1} + \cdots + a_nb_1.$$

(2) 正方形乘积: $\sum_{n=1}^{\infty} a_n$ 与 $\sum_{n=1}^{\infty} b_n$ 乘积为 $\sum_{n=1}^{\infty} d_n$, 其中

$$\begin{aligned} &d_1 = a_1b_1, \\ &d_2 = a_1b_2 + a_2b_2 + a_2b_1, \\ &\cdots\cdots \\ &d_n = a_1b_n + a_2b_n + \cdots + a_nb_n + a_nb_{n-1} + \cdots + a_nb_1. \end{aligned}$$

思考　(1) 两个级数 $\sum_{n=1}^{\infty} a_n$ 与 $\sum_{n=1}^{\infty} b_n$ 收敛时, 它们的乘积矩阵元素的排序得到的级数是否一定收敛呢? 若不一定, 满足什么条件能保证乘积矩阵元素的任意一个排列得到的级数收敛? 新级数和原级数的和有何关系?

(2) 两个级数 $\sum_{n=1}^{\infty} a_n$ 与 $\sum_{n=1}^{\infty} b_n$ 收敛时, 它们 Cauchy 乘积与矩形乘积是否收敛?

定理　设级数 $\sum_{n=1}^{\infty} a_n$ 与 $\sum_{n=1}^{\infty} b_n$ 都绝对收敛, 则其乘积矩阵中所有元素的任意一个排列构成的级数也绝对收敛, 并且它的和为 $\sum_{n=1}^{\infty} a_n \cdot \sum_{n=1}^{\infty} b_n$.

二、 函数项级数

(一) 一致收敛性的判断

证明一致收敛性一般有如下方法: ① 定义; ② Cauchy 准则; ③ 几个判别法; ④ 一致收敛的性质.

1. 函数列的一致收敛性

1^0 定义法

(1) "ε-N" 法.

(i) 要用定义证明函数列 $\{f_n(x)\}$ 在区间 I 上一致收敛, 应首先设法求出极限函数 $f(x)$, 然后对任意 $\varepsilon>0$, 找出与 x 无关的 $N=N(\varepsilon)$, 当 $n>N$ 时, 对任意 $x\in I$, 有

$$|f_n(x)-f(x)|<\varepsilon.$$

(ii) $f_n(x)$ 在 I 上非一致收敛于 $f(x)\iff\exists\varepsilon_0>0,\forall N>0,\exists n_0>N,\exists x_0\in I$ 使得 $|f_{n_0}(x_0)-f(x_0)|\geqslant\varepsilon_0\iff\exists\varepsilon_0>0,\exists\{x_n\}\subset I$ 使得 $|f_n(x_n)-f(x_n)|\geqslant\varepsilon_0$.

(2) 确界法.

$$f_n(x)\text{ 在 } I \text{ 上一致收敛于 } f(x)\iff\lim_{n\to\infty}\sup_{x\in I}|f_n(x)-f(x)|=0.$$

应用此方法时, 一般先应用 $(f_n(x)-f(x))'=0$ 求出极值点, 若对于任意极值点 x_0, $\lim\limits_{n\to\infty}(f_n(x_0)-f(x_0))=0$, 则 $\lim\limits_{n\to\infty}\sup\limits_{x\in I}|f_n(x)-f(x)|=0$.

注 若对 $\forall n,\exists\alpha_n$ 使得 $|f_n(x)-f(x)|\leqslant\alpha_n(\forall x\in I)$ 且 $\lim\limits_{n\to\infty}\alpha_n=0$, 则 $\{f_n(x)\}$ 在 I 上一致收敛于 $f(x)$; 若 $|f_n(x)-f(x)|\geqslant\beta_n$, 而 $\lim\limits_{n\to\infty}\beta_n\neq0$, 则 $\{f_n(x)\}$ 在 I 上非一致收敛于 $f(x)$.

2^0 Cauchy 收敛准则.

用 Cauchy 收敛准则判断函数列是否一致收敛完全取决于充分靠后的任意两个函数的差能否一致地很小, 而无须求出极限函数, 这一点比定义方法优越!

$\{f_n(x)\}$ 在 I 上一致收敛 $\iff\forall\varepsilon>0,\exists N>0$, 当 $n,m>N,\forall x\in I$, 有

$$|f_n(x)-f_m(x)|<\varepsilon.$$

$\{f_n(x)\}$ 在 I 上非一致收敛 $\iff\exists\varepsilon_0>0,\forall N>0,\exists n_0,m_0>N,\exists x_0\in I$ 使得

$$|f_{n_0}(x_0)-f_{m_0}(x_0)|\geqslant\varepsilon_0.$$

3^0 Dini 定理.

设函数列 $\{f_n(x)\}$ 在闭区间 $[a,b]$ 上逐点收敛于 $f(x)$, 若 (i) $f_n(x)\in C[a,b](n=1,2,\cdots)$; (ii) $f(x)\in C[a,b]$; (iii) $\forall x\in[a,b]$, $\{f_n(x)\}$ 关于 n 单调. 则 $\{f_n(x)\}$ 在闭区间 $[a,b]$ 上一致收敛于 $f(x)$.

思考 将 $[a,b]$ 改为无限区间或者开区间结论是否成立? 考察 $f_n(x)=\dfrac{x}{n},x\in(0,+\infty)$ 与 $f_n(x)=x^n,x\in(0,1)$.

2. 函数项级数的一致收敛性

1^0 定义法.

(1) “ε-N” 法.

(i) 要用定义证明函数列 $\sum\limits_{n=1}^{\infty}u_n(x)$ 在区间 I 上一致收敛, 应首先设法求出和函数 $S(x)=\sum\limits_{n=1}^{\infty}u_n(x)$, 然后对任意 $\varepsilon>0$, 找出与 x 无关的 $N=N(\varepsilon)$, 当 $n>N$ 时, 对任意 $x\in I$, 有 $|S_n(x)-S(x)|<\varepsilon$.

(ii) $S_n(x)$ 在 I 上非一致收敛于 $S(x)\iff\exists\varepsilon_0>0,\forall N>0,\exists n_0>N,\exists x_0\in I$ 使得 $|S_{n_0}(x_0)-S(x_0)|\geqslant\varepsilon_0\iff\exists\varepsilon_0>0,\exists\{x_n\}\subset I$ 使得 $|S_n(x_n)-S(x_n)|\geqslant\varepsilon_0$.

(2) 确界法. $S_n(x)$ 在 I 上一致收敛于 $S(x)\iff\lim\limits_{n\to\infty}\sup\limits_{x\in I}|S_n(x)-S(x)|=0$.

注　若对 $\forall n,\exists\alpha_n$ 使得 $|S_n(x)-S(x)|\leqslant\alpha_n(\forall x\in I)$, 且 $\lim\limits_{n\to\infty}\alpha_n=0$, 则 $\{S_n(x)\}$ 在 I 上一致收敛于 $S(x)$; 若 $|S_n(x)-S(x)|\geqslant\beta_n$, 而 $\lim\limits_{n\to\infty}\beta_n\neq0$, 则 $\{S_n(x)\}$ 在 I 上非一致收敛于 $S(x)$.

2^0 Cauchy 收敛准则.

用 Cauchy 收敛准则判断函数项级数是否一致收敛完全取决于充分靠后的“片断”能否一致地很小, 而无须求出和函数, 这一点比定义法优越!

$\sum\limits_{n=1}^{\infty}u_n(x)$ 在 I 上一致收敛 $\iff\forall\varepsilon>0,\exists N>0$, 当 $n>N$, 对 $\forall p\in\mathbb{N},\forall x\in I$, 有

$$|u_{n+1}(x)+u_{n+2}(x)+\cdots+u_{n+p}(x)|<\varepsilon.$$

$\sum\limits_{n=1}^{\infty}u_n(x)$ 在 I 上非一致收敛于 $\iff\exists\varepsilon_0>0,\forall N>0,\exists n_0>N,\exists x_0\in I,\exists p_0\in\mathbb{N}$ 使得

$$|u_{n_0+1}(x_0)+u_{n_0+2}(x_0)+\cdots+u_{n_0+p_0}(x_0)|\geqslant\varepsilon_0.$$

注　函数项级数 $\sum\limits_{n=1}^{\infty}u_n(x)$ 在 I 一致收敛的必要条件是 $\{u_n(x)\}$ 在 I 上一致趋于零. 常常用此结论判断 $\sum\limits_{n=1}^{\infty}u_n(x)$ 在 I 上非一致收敛. 但要注意, $u_n(x)$ 一致趋于零不能保证 $\sum\limits_{n=1}^{\infty}u_n(x)$ 一致收敛, 如: $u_n(x)=\dfrac{\sin nx}{n},x\in[0,\pi]$ (可由 Cauchy 准则证明).

3^0 常用的判别方法.

(1) M 判别法 (Weierstrass 判别法).

根据 M 判别法, 要证明级数 $\sum\limits_{n=1}^{\infty}u_n(x)$ 在 I 上一致收敛, 只要找到收敛的优级数. 即通项 $u_n(x)$ 放大, 使 $|u_n(x)|\leqslant M_n,\ \forall x\in I$. 若级数 $\sum\limits_{n=1}^{\infty}M_n$ 收敛, 则 $\sum\limits_{n=1}^{\infty}u_n(x)$ 在 I 上一致收敛 $\left(\text{其实}\sum\limits_{n=1}^{\infty}|u_n(x)|\text{在}I\text{上一致收敛}\right)$.

求优级数的方法, 除有些可以用观察法之外, 通常还可以用如下方法: ① 求 $u_n(x)$ 在 I 上的最大值; ② 利用已知不等式; ③ 用 Taylor 公式、微分中值定理等各种方法变形再放大.

思考　一致收敛的函数项级数一定有优级数?

(2) Abel 判别法与 Dirichlet 判别法.

根据 Abel 判别法和 Dirichlet 判别法, 要证明级数 $\sum\limits_{n=1}^{\infty} u_n(x)$ 在 I 上一致收敛, 关键是将通项写成两个因子相乘, 使之符合判别法的条件, 即 $u_n(x)=a_n(x)b_n(x)$.

Abel 判别法　(i) $\sum\limits_{n=1}^{\infty} a_n(x)$ 在 I 上一致收敛; (ii) 对于任意 $x\in I$, $\{b_n(x)\}$ 单调; (iii) $\{b_n(x)\}$ 在 I 上一致有界, 即存在 $M>0$, 使得对 $\forall n,\forall x\in I$, 有 $|b_n(x)|\leqslant M$. 则 $\sum\limits_{n=1}^{\infty} u_n(x)$ 在 I 上一致收敛.

Dirichlet 判别法　(i) $A_n(x)=\sum\limits_{k=1}^{n} a_k(x)$ 在 I 上一致有界; (ii) 对于 $\forall x\in I$, $\{b_n(x)\}$ 单调; (iii) $\{b_n(x)\}$ 在 I 一致收敛于零. 则 $\sum\limits_{n=1}^{\infty} u_n(x)$ 在 I 上一致收敛.

(3) Dini 判别法.

设 $\sum\limits_{n=1}^{\infty} u_n(x)$ 在 $[a,b]$ 上逐点收敛于 $S(x)$, 若 (i)$u_n(x)(n=1,2,\cdots)$ 在 $[a,b]$ 上连续; (ii) $S(x)\in C[a,b]$; (iii) 对任意固定 $x\in[a,b]$, $\sum\limits_{n=1}^{\infty} u_n(x)$ 是正项级数或负项级数, 则 $\sum\limits_{n=1}^{\infty} u_n(x)$ 在 $[a,b]$ 上一致收敛于 $S(x)$.

我们可以将函数列 $\{f_n(x)\}$ 化成函数项级数来讨论, 显然, 可以将函数项级数 $\sum\limits_{n=1}^{\infty} u_n(x)$ 的前 n 项和 $\{S_n(x)\}$ 作为函数列来研究函数项级数.

(4) 应用一致收敛性质.

若函数项级数的通项连续, 但和函数不连续, 则函数项级数不一致收敛.

(二) 一致收敛的性质

1. **一致收敛函数列的性质**

1^0 极限次序交换.

设 x_0 是数集 I 的聚点, 若 (i)$\{f_n(x)\}$ 在 $I\backslash\{x_0\}$上一致收敛于 $f(x)$; (ii) 任意 n, $\lim\limits_{x\to x_0} f_n(x)=a_n$. 则 $\lim\limits_{x\to x_0} f(x)$, $\lim\limits_{n\to\infty} a_n$ 均存在且相等, 即

$$\lim_{x\to x_0}\lim_{n\to\infty} f_n(x)=\lim_{n\to\infty}\lim_{x\to x_0} f_n(x).$$

2^0 连续性.

设 (i) $f_n(x)\in C(I), n=1,2,\cdots$; (ii) $\{f_n(x)\}$ 在 I 上一致收敛于 $f(x)$. 则 $f(x)\in C(I)$.

注　(1) (i) 若 $f_n(x)\in R[a,b], n=1,2,\cdots$; (ii) $\{f_n(x)\}$ 在 $[a,b]$ 上一致收敛于 $f(x)$, 则 $f(x)\in R[a,b]$.

(2) 设函数列 $\{f_n(x)\}$ 在区间 I 上一致收敛于 $f(x)$, 且 $\{f_n(x)\}$ 在 I 上一致连续 $(n\in\mathbb{N})$. 证明 $f(x)$ 在 I 上一致连续.

(3) 讨论 $\{f_n(x)\}$ 的极限函数 $f(x)$ 在区间 I 上的连续性时, 一般这样处理, 对任意 $x_0\in I$, 取 $[a,b]\subset I$ 使得 $x_0\in[a,b]$, 如能证明 $\{f_n(x)\}$ 在 $[a,b]$ 上一致收敛于 $f(x)$, 由连续性质知 $f(x)$ 在 x_0 点连续, 再由 x_0 的任意性可得 $f(x)$ 在区间 I 上连续.

(4) 可以用此性质来否定一致收敛性, 如果 $f_n(x)\in C[a,b]$, 而 $f(x)$ 在 $[a,b]$ 上不连续, 则 $\{f_n(x)\}$ 在 $[a,b]$ 上一定不一致收敛于 $f(x)$.

3^0 可积性、极限号和积分号交换.

设 (i) $f_n(x)\in C[a,b], n=1,2,\cdots$; (ii) $\{f_n(x)\}$ 在 $[a,b]$ 上一致收敛于 $f(x)$. 则 $f(x)\in R[a,b]$, 且 $\lim\limits_{n\to\infty}\int_a^b f_n(x)=\int_a^b\lim\limits_{n\to\infty}f_n(x)\mathrm{d}x=\int_a^b f(x)\mathrm{d}x$.

4^0 可微性、极限号和求导号交换.

设函数序列 $\{f_n(x)\}$ 满足 (i) $f_n(x)(n=1,2,\cdots)$ 在 $[a,b]$ 上连续可导; (ii) $\{f_n(x)\}$ 在 $[a,b]$ 上逐点收敛于 $f(x)$; (iii) $\{f_n'(x)\}$ 在 $[a,b]$ 上一致收敛于 $\sigma(x)$. 则 $f(x)$ 在 $[a,b]$ 上可导, 且 $f'(x)=\sigma(x)$, 即 $(\lim\limits_{n\to\infty}f_n(x))'=\lim\limits_{n\to\infty}f_n'(x)$.

若给出的区间不是闭区间, 我们像处理连续性一样, 采取先任取一点, 再取闭区间包含此点的方法.

注 4^0 中的条件 (ii) 可以改为 $\{f_n(x)\}$ 在某点 $x_0\in[a,b]$ 收敛. 在条件 (i)—(iii) 下可以推出 $\{f_n(x)\}$ 在 $[a,b]$ 上一致收敛.

2. **一致收敛的函数项级数的性质**

1^0 逐项取极限定理.

设 x_0 是数集 I 的聚点, 若 (i) 级数 $\sum\limits_{n=1}^{\infty}u_n(x)$ 在 $I\setminus\{x_0\}$ 上一致收敛于 $S(x)$; (ii) 任意 n, $\lim\limits_{x\to x_0}u_n(x)=a_n$. 则 (1) 数项级数 $\sum\limits_{n=1}^{\infty}a_n$ 收敛; (2) $\lim\limits_{x\to x_0}\sum\limits_{n=1}^{\infty}u_n(x)=\sum\limits_{n=1}^{\infty}\lim\limits_{x\to x_0}u_n(x)$.

2^0 和函数的连续性定理.

和函数连续性定理常以以下三种形式出现.

(1) 若函数项级数 $\sum\limits_{n=1}^{\infty}u_n(x)$ 在闭区间 $[a,b]$ 上一致收敛, 且每一项都在 $[a,b]$ 上连续. 则 $s(x)=\sum\limits_{n=1}^{\infty}u_n(x)$ 在 $[a,b]$ 上连续.

(2) 若函数项级数 $\sum\limits_{n=1}^{\infty}u_n(x)$ 在 x_0 点的某邻域内一致收敛, 且每一项都在 x_0 上连续. 则 $s(x)=\sum\limits_{n=1}^{\infty}u_n(x)$ 在 x_0 点连续.

(3) 若函数项级数 $\sum\limits_{n=1}^{\infty}u_n(x)$ 在闭区间 (a,b) 上内闭一致收敛, 且每一项都在 (a,b) 内连续. 则 $s(x)=\sum\limits_{n=1}^{\infty}u_n(x)$ 在 (a,b) 内连续.

我们常采用连续性质否定级数的一致收敛. 如果级数的通项连续, 而和函数不连续, 则此级数一定不一致收敛. 此时, 一般使用于和函数容易求出的级数.

3^0 逐项积分.

若函数项级数 $\sum\limits_{n=1}^{\infty} u_n(x)$ 在闭区间 $[a,b]$ 上一致收敛, 且每一项都在 $[a,b]$ 上连续. 则 $\int_a^b \sum\limits_{n=1}^{\infty} u_n(x)\mathrm{d}x = \sum\limits_{n=1}^{\infty} \int_a^b u_n(x)\mathrm{d}x$.

4^0 逐项求导.

要证明 $\sum\limits_{n=1}^{\infty} u_n(x)$ 在 I 上的可微性, 且逐项求导, 即在 I 上 $\left(\sum\limits_{n=1}^{\infty} u_n(x)\right)' = \sum\limits_{n=1}^{\infty} u_n'(x)$ 只要证明如下三个条件:

(i) 级数 $\sum\limits_{n=1}^{\infty} u_n(x)$ 在 I 上逐点收敛;

(ii) $u_n(x)$ 在 I 上有连续导函数 $(n=1,2,\cdots)$;

(iii) 级数 $\sum\limits_{n=1}^{\infty} u_n'(x)$ 在 I 上一致收敛 (或内闭一致收敛).

三、 幂级数

古往今来, 众多大数学家们, 一直在孜孜不倦地寻找用简单函数较好地近似代替复杂函数的途径. 人们最熟悉的简单函数无非两类: 幂函数和三角函数. 英国数学家 Taylor 在 17 世纪初找到了用幂函数的 (无限) 线性组合表示一般解析函数 $f(x)$ 的方法. 即通过 Taylor 展开将它化成幂级数的形式. 经过理论上的完善之后, 它很快成为微分学 (乃至整个函数论) 基石之一. 遗憾的是对函数幂级数展开要求函数要有若干阶导数, 对被展开函数的要求比较高; 同时 Taylor 多项式仅在所按展开点的附近与 $f(x)$ 吻合得较理想, 也就是说, 它只有局部逼近性质.

幂级数是特殊的函数项级数. 因为幂级数的通项性质比较好, 所以幂级数有很多好的性质. 利用这些性质帮助我们解决许多问题.

(一) 收敛区域和收敛半径

1. Abel 第一定理

对于幂级数 $\sum\limits_{n=1}^{\infty} a_n x^n$:

(i) 若此级数在 $x = x_0 \neq 0$ 点收敛, 则在 $|x| < |x_0|$ 的任意一点都收敛而且绝对收敛;

(ii) 若此级数在 $x = x_1$ 点发散, 则在 $|x| > |x_1|$ 的任意点都发散.

在复变函数中的复级数也有同样的结论.

注 若 $|x| < |x_0|$ 或 $|x| > |x_1|$, $|x| \geqslant |x_1|$ 结论不成立.

2. 收敛半径的求法

设幂级数 $\sum\limits_{n=1}^{\infty} a_n x^n$ 的收敛半径为 R.

1^0 Cauchy 公式: 若 $\overline{\lim\limits_{n\to\infty}} \sqrt[n]{|a_n|}$ 存在 (可为 $+\infty$), 则 $R = \dfrac{1}{\overline{\lim\limits_{n\to\infty}} \sqrt[n]{|a_n|}}$.

2^0 Cauchy-Hadamard 公式: $R=\dfrac{1}{\overline{\lim\limits_{n\to+\infty}}\sqrt[n]{|a_n|}}$.

3^0 D'Alembert 公式: 设幂级数 $\sum\limits_{n=1}^{\infty}a_nx^n, a_n\neq 0$, 则 $R=\lim\limits_{n\to\infty}|\dfrac{a_n}{a_{n+1}}|$.

这三个求半径的公式, 根据级数的 Cauchy 判别法与 D'Alembert 判别法立即可以得到.

3. 求导、积分后的收敛半径不变性

设幂级数 $\sum\limits_{n=1}^{\infty}a_nx^n$ 的收敛半径为 R, 则

(i) 幂级数各项导数组成的新幂级数的收敛半径为 R;

(ii) 幂级数的各项积分组成的幂级数的收敛半径为 R.

注　幂级数逐项求导或逐项积分后收敛半径不变, 但收敛区域可能要变化.

(二) 幂级数与和函数性质

1. 幂级数的性质

1^0 (Abel 第二定理) 设幂级数 $\sum\limits_{n=1}^{\infty}a_nx^n$ 的收敛半径为 $R>0$, 则此幂级数在区间 $(-R,R)$ 内的任何闭区间上一致收敛 (即内闭一致收敛).

2^0 设幂级数 $\sum\limits_{n=1}^{\infty}a_nx^n$ 的收敛半径为 $R>0$,

(i) 若幂级数 $\sum\limits_{n=1}^{\infty}a_nx^n$ 在 $x=R$ 收敛, 则它在任意闭区间 $[a,R]\subset(-R,R]$ 上一致收敛, 其和函数 $s(x)$ 在 $x=R$ 点左连续;

(ii) 若幂级数 $\sum\limits_{n=1}^{\infty}a_nx^n$ 在 $x=-R$ 收敛, 则它在任意闭区间 $[-R,b]\subset[-R,R)$ 上一致收敛, 其和函数 $s(x)$ 在 $x=R$ 点右连续.

2. 幂级数和函数的性质

1^0 设幂级数 $\sum\limits_{n=1}^{\infty}a_nx^n$ 的收敛半径为 $R>0$, 则和函数 $s(x)$ 在 $(-R,R)$ 上连续.

2^0 设幂级数 $\sum\limits_{n=1}^{\infty}a_nx^n$ 的收敛半径为 $R>0$, 则它在 $(-R,R)$ 上可以逐项求导, 且求导后所得到的幂级数的收敛半径也为 R.

3^0 幂级数在包含于收敛域中的任意闭区间上可以逐项积分.

幂级数的这些性质可由一般函数项级数的性质和 Abel 第二定理立即得到. 这些性质可以帮助我们方便地求级数的和, 一般的方法是: 对数项级数要先引入变量, 根据幂级数的性质先逐项求导或积分求出和函数, 然后再积分或求导就可以得到所求的和函数.

(三) 幂级数的展开

1^0 直接展开——求幂级数的各项系数.

2^0 间接展开.

(1) 用简单函数的幂级数展开求复合函数的幂级数展开;

(2) 将被展开的函数先求导或积分得到新函数展开, 然后再逐项积分或求导.

注　(i) 幂级数展开后要注明幂级数的收敛域;

(ii) 要熟悉下列几个函数的 Taylor 展式: e^x, $\sin x \cos x$, $(1+x)^\alpha$, $\dfrac{1}{1\pm x}$, $\ln(1\pm x)$ 等;

(iii) 可以借助幂级数求函数的极限、积分、导数等;

(iv) 注意 Taylor 公式、Taylor 多项式展开概念关系.

(四) 幂级数的应用

1^0 近似计算; 2^0 幂级数求和; 3^0 数项级数求和.

四、 Fourier 级数

我们已学习了用幂函数表示解析函数的方法. 到 18 世纪, 法国数学家和工程师 Fourier 在研究热传导问题时, 才找到了用另一类简单函数——三角函数的 (无限) 线性组合表示有限区间上一般函数的方法, 即把 $f(x)$ 展开成所谓的 Fourier 级数 (三角级数).

与 Taylor 级数展开相比, Fourier 展开对 $f(x)$ 要求要宽松得多, 并且它的部分和在整个区间上都与 $f(x)$ 吻合得比较理想, 因此, Fourier 级数是比幂级数更有力、使用性更广的工具. 遗憾的是, 在收敛问题上 Taylor 级数比较简单——只要讨论余项的收敛情况, 并确定收敛半径就行了, 而 Fourier 级数却要复杂得多.

这部分只介绍 Fourier 级数的一些基本知识, 大致包括三个方面. 如何将一给定函数展为 Fourier 级数; Fourier 级数的收敛条件; Fourier 的性质及其相关问题.

(一) Fourier 级数的展开

1. 正交函数系

函数列 $\{f_n(x)\}$ 定义在区间 $[a,b]$ 上, 每个 $f_n(x)$ 在 $[a,b]$ 上可积不恒为零, 若函数列 $\{f_n(x)\}$ 中任意两个不同的函数 $f_n(x), f_m(x)$, 有 $\int_a^b f_n(x)f_m(x)\mathrm{d}x=0$, 则称函数列 $\{f_n(x)\}$ 为 $[a,b]$ 上的正交函数系.

特别地, 三角函数系 $1, \cos x, \sin x, \cos 2x, \sin 2x, \cdots, \cos nx, \sin nx, \cdots$ 是 $[-\pi,\pi]$ 上的正交函数系. 简单地说, 就是两个不同函数在 $[a,b]$ 上的内积为零, 这和 Euler 空间向量的正交本质上是一致的.

2. Fourier 级数

设函数 $f(x)$ 在区间 $\langle a, a+T\rangle$ 上可积和绝对可积 (其中 a 为常数, $T>0$ 常数). 令

$$a_n=\frac{2}{T}\int_a^{a+T} f(x)\cos n\frac{2\pi}{T}x\mathrm{d}x \quad (n=0,1,2,\cdots);$$

$$b_n=\frac{2}{T}\int_a^{a+T} f(x)\sin n\frac{2\pi}{T}x\mathrm{d}x \quad (n=1,2,\cdots),$$

称三角级数

$$\frac{a_0}{2}+\sum_{n=1}^{\infty}\left(a_n\cos n\frac{2\pi}{T}x+b_n\sin n\frac{2\pi}{T}x\right)$$

为函数 $f(x)$ 关于三角函数列的 Fourier 级数, 记为

$$f(x) \sim \frac{a_0}{2} + \sum_{n=1}^{\infty}\left(a_n \cos n\frac{2\pi}{T}x + b_n \sin n\frac{2\pi}{T}x\right),$$

之所以不用等号, 因为级数不一定收敛, 如果收敛也不一定收敛于 $f(x)$.

需要指出的是, 函数可积且绝对可积是保证 Fourier 系数的积分有意义. 如果函数有界只要可积就可以, 如果函数无界只要绝对可积就可以.

1^0 以 2π 为周期的 Fourier 展开.

2^0 奇函数的正弦级数和偶函数的余弦级数.

3^0 以 $2T$ 为周期函数的 Fourier 级数展开.

注　Fourier 级数的系数是被展开的函数和相应正交函数系乘积积分平均值的 2 倍.

3. 两个关系式

1^0 Bessel 不等式: 设 $f(x)$ 在 $[-T,T]$ 上可积, 则

$$\frac{a_0^2}{2} + \sum_{n=1}^{\infty}(a_n^2 + b_n^2) \leqslant \frac{1}{T}\int_{-T}^{T} f^2(x)\mathrm{d}x.$$

2^0 Parseval 等式: 设 $f(x)$ 在 $[-T,T]$ 上可积, 则

$$\frac{a_0^2}{2} + \sum_{n=1}^{\infty}(a_n^2 + b_n^2) = \frac{1}{T}\int_{-T}^{T} f^2(x)\mathrm{d}x.$$

注　Fourier 系数的平方和组成一个收敛的级数, 由此可以得到 $\lim\limits_{n\to\infty} a_n = \lim\limits_{n\to\infty} b_n = 0$.

4. Riemann 引理

设 $\varphi(x)$ 在 (a,b) 上可积且绝对可积, 则成立

$$\lim_{p\to\infty}\int_a^b \varphi(x)\sin px\mathrm{d}x = \lim_{p\to\infty}\int_a^b \varphi(x)\cos px\mathrm{d}x = 0.$$

需要说明的是, 若 $\varphi(x)$ 在 (a,b) 上有界, 由 Riemann 积分的性质可得, $\varphi(x)$ 在 (a,b) 上可积一定绝对可积. 若 $\varphi(x)$ 在 (a,b) 上无界, 由瑕积分的性质可得 $\varphi(x)$ 在 (a,b) 上绝对可积一定可积. 所以 Riemann 引理的证明要分 $\varphi(x)$ 在 (a,b) 上有界和无界两种情况证明.

(二) 收敛性判定

定理　设函数 $f(x)$ 在 $[-\pi,\pi]$ 上可积且绝对可积, 且满足下列两个条件之一, 则 $f(x)$ 的 Fourier 级数在 x 收敛于 $\dfrac{f(x+0)+f(x-0)}{2}$.

(1) Dirichlet-Jordan 判别法: $f(x)$ 在某个区间 $[x-\delta, x+\delta](\delta>0)$ 上是分段单调函数或者分段单调函数之和.

(2) Dini-Lipchitz 判别法: $f(x)$ 在 x 点满足指数为 α 的 Hölder 条件, 即 $f(x)$ 在 x 点连续或 x 为第一间断点, 对充分小的正数 $\delta>0$, 存在常数 $L>0$ 和 $\alpha\in(0,1]$ 使得 $|f(x\pm u)-f(x\pm 0)|<Lu^{\alpha}(0<u<\delta)$.

当 $\alpha=1$ 时, 称为 Lipchitz 条件.

Dini-Lipchitz 判别法的通俗叙述:

若以 2π 为周期的函数 $f(x)$ 在 $[-\pi,\pi]$ 上分段光滑, 则在每一点 $x\in[-\pi,\pi]$, $f(x)$ 的 Fourier 级数收敛于 $f(x)$ 的左右极限的算术平均值, 即

$$\frac{f(x+0)+f(x-0)}{2}=\frac{a_0}{2}+\sum_{n=1}^{\infty}(a_n\cos nx+b_n\sin nx),$$

其中 a_n,b_n 为 $f(x)$ 的 Fourier 系数.

若 $f(x)$ 的导函数在 $[a,b]$ 上连续, 则称 $f(x)$ 在 $[a,b]$ 上光滑.

(三) Fourier 级数的性质

1. Fourier 系数的极限定理

系数极限定理 设 $f(x)$ 在 $[-\pi,\pi]$ 可积, 则 $f(x)$ 的 Fourier 系数 $a_n\to 0, b_n\to 0(n\to\infty)$. 由 Bessel 不等式或 Parseval 等式或者 Riemann 引理可知.

2. 逐项积分定理

设 $f(x)$ 在 $[-\pi,\pi]$ 可积且绝对可积, 且

$$f(x)\sim\frac{a_0}{2}+\sum_{n=1}^{\infty}(a_n\cos nx+b_n\sin nx),$$

则 $f(x)$ 的 Fourier 级数可以逐项积分, 即 $\forall c,x\in[-\pi,\pi]$, 有

$$\int_c^x f(t)\mathrm{d}t=\int_c^x\frac{a_0}{2}\mathrm{d}t+\sum_{n=1}^{\infty}\int_c^x(a_n\cos nt+b_n\sin nt)\mathrm{d}t.$$

注 (i) 我们还可以顺便得到一个三角级数是否为 Fourier 级数的另一个 (性质 1 可算为一个) 必要条件, 即 $\frac{a_0}{2}+\sum\limits_{n=1}^{\infty}(a_n\cos nx+b_n\sin nx)$ 是某个可积且绝对可积函数的 Fourier 级数的必要条件是 $\sum\limits_{n=1}^{\infty}\frac{b_n}{n}$ 收敛.

(ii) 并不是一个收敛的三角级数就能说它一定是某个函数的 Fourier 级数, 比如 $\sum\limits_{n=2}^{\infty}\frac{\sin nx}{\ln n}$ 收敛 (Dirichlet 判别法), 但由于 $\sum\limits_{n=2}^{\infty}\frac{1}{n\ln n}$ 发散, 所以它不可能是任何可积和绝对可积函数的 Fourier 级数.

Fourier 级数的逐项微分的结果就没有这么好了. 一般来说, Fourier 级数是不能逐项微分的, 除非加上特殊的条件.

3. 逐项微分定理

设 $f(x)$ 在 $[-\pi,\pi]$ 上连续, 且

$$f(x)\sim\frac{a_0}{2}+\sum_{n=1}^{\infty}(a_n\cos nx+b_n\sin nx),$$

$f(\pi)=f(-\pi)=0$, 且除了有限个点外 $f(x)$ 可微, $f'(x)$ 可积且绝对可积, 则 $f'(x)$ 的 Fourier 级数可由 $f(x)$ 的 Fourier 级数逐项微分而得到, 即

$$f'(x)\sim \frac{\mathrm{d}}{\mathrm{d}x}\left(\frac{a_0}{2}\right)+\sum_{n=1}^{\infty}\frac{\mathrm{d}}{\mathrm{d}x}\left(a_n\cos nx+b_n\sin nx\right)=\sum_{n=1}^{\infty}(-a_nn\sin nx+b_nn\cos nx).$$

典型例题

一、数项级数

例 5-1-1 解答下列问题.

1\. 令 $a_1=2,\ a_{n+1}=\dfrac{1}{2}\left(a_n+\dfrac{1}{a_n}\right)\ (n=1,2,\cdots)$. 证明: $\displaystyle\sum_{n=1}^{\infty}\left(\frac{a_n}{a_{n+1}}-1\right)$ 收敛.

证 因为

$$a_{n+1}=\frac{1}{2}\left(a_n+\frac{1}{a_n}\right)\geqslant 1,$$

$$a_{n+1}-a_n=\frac{1}{2}\left(\frac{1}{a_n}-a_n\right)=\frac{1}{2}\frac{1-a_n^2}{a_n}\leqslant 0,$$

即 $\{a_n\}$ 单调递减有下界, 故 $\lim\limits_{n\to\infty}a_n$ 存在, 由级数收敛与函数列收敛的关系知 $\displaystyle\sum_{n=1}^{\infty}(a_n-a_{n+1})$ 收敛且

$$0\leqslant\frac{a_n}{a_{n+1}}-1=\frac{a_n-a_{n+1}}{a_{n+1}}\leqslant a_n-a_{n+1}. \tag{1}$$

由比较判别法知结论成立. ■

2\. 设 $f(x)$ 在 $(1,+\infty)$ 上非负且单调递减. 证明: $\displaystyle\sum_{n=1}^{\infty}\left[f(n)-\int_n^{n+1}f(x)\,\mathrm{d}x\right]$ 收敛.

证 由条件知

$$0\leqslant f(n)-\int_n^{n+1}f(x)\,\mathrm{d}x\leqslant f(n)-f(n+1). \tag{1}$$

由比较判别法只要证明 $\displaystyle\sum_{n=1}^{\infty}[f(n)-f(n+1)]$ 收敛即可. 事实上, 由单调有界原理知

$$\lim_{n\to\infty}f(n)\ \text{存在}. \tag{2}$$

由级数收敛与函数列收敛的关系知 $\displaystyle\sum_{n=1}^{\infty}[f(n)-f(n+1)]$ 收敛. ■

3\. 设 $f(x)$ 满足: (i) $f(x)$ 在 $[0,+\infty)$ 上单调递增且二次可导; (ii) $\lim\limits_{x\to+\infty}f(x)=A$; (iii) $f''(x)<0, x\in[0,+\infty)$. 证明: (1) $\displaystyle\sum_{n=1}^{\infty}[f(n+1)-f(n)]$ 收敛; (2) $\displaystyle\sum_{n=1}^{\infty}f'(n)$ 收敛.

证　(1) 由条件 (ii) 及 Heine 定理知 $\lim\limits_{n\to\infty} f(n)=A$, 故由级数收敛与函数列收敛的关系知 $\sum\limits_{n=1}^{\infty}[f(n+1)-f(n)]$ 收敛.

(2) 由条件 (i) 知 $f'(x)\geqslant 0$, 由条件 (iii) 知 $f'(x)$ 单调递减, 故由 Lagrange 中值定理得

$$f(n+1)-f(n)=f'(\xi_n)\geqslant f'(n+1)\geqslant 0.$$

由结论 (1) 及比较判别法知 $\sum\limits_{n=1}^{\infty} f'(n)$ 收敛. ■

4. 设 $\{a_n\}$ 为递减正数列. 证明: $\sum\limits_{n=1}^{\infty} a_n$ 与 $\sum\limits_{m=0}^{\infty} 2^m a_{2^m}$ 同时敛散.

证　记 $S_n=\sum\limits_{k=1}^{n} a_k$, $T_m=\sum\limits_{k=0}^{m} 2^k a_{2^k}$. 由单调有界原理, 只要证明 S_n, T_m 同时有界或无界.

对 $\forall n\in\mathbb{N}^+$, 取 $m\in\mathbb{N}^+$ 使得 $2^m>n$, 由于 $\{a_n\}$ 递减知

$$\begin{aligned}S_n &< S_{2^m}=a_1+a_2+\cdots+a_{2^m}\\ &< a_1+(a_2+a_3)+\cdots+(a_{2^m}+a_{2^m+1}+\cdots+a_{2^{m+1}-1})\\ &< a_1+2a_2+2^2a_{2^2}+\cdots+2^m a_{2^m}=T_m.\end{aligned}$$

对 $\forall m\in\mathbb{N}^+$, 取 $n\in\mathbb{N}^+$ 使得 $n>2^m$, 因此

$$\begin{aligned}S_n &> S_{2^m}=a_1+a_2+\cdots+a_{2^m}\\ &= a_1+a_2+(a_3+a_4)+\cdots+(a_{2^{m-1}+1}+\cdots+a_{2^m})\\ &> a_1+a_2+2a_4+\cdots+2^{m-1}a_{2^m}>\frac{1}{2}T_m.\end{aligned}$$

综上所述, S_n, T_m 同时有界或无界. ■

5. 设定义在 $[a,b]$ 上的连续函数列 $\{\varphi_n(x)\}$ 满足:

$$\int_a^b \varphi_n(x)\varphi_m(x)\,\mathrm{d}x=\begin{cases}0, & m\neq n,\\ 1, & m=n.\end{cases}$$

对 $f(x)\in R[a,b]$, 定义

$$a_n=\int_a^b f(x)\varphi_n(x)\,\mathrm{d}x,\quad n=1,2,\cdots.$$

证明: (1) $\lim\limits_{n\to\infty} a_n=0$; (2) $\sum\limits_{n=1}^{\infty} a_n^2$ 收敛.

证　(1) 对 $\forall m\in\mathbb{N}^+$, 记 $s_m=\sum\limits_{n=1}^{m} a_n\varphi_n(x)$, 则

$$\int_a^b (f(x)-s_m)^2\,\mathrm{d}x=\int_a^b f^2(x)\,\mathrm{d}x-2\int_a^b f(x)s_m(x)\,\mathrm{d}x+\int_a^b s_m^2(x)\,\mathrm{d}x,$$

而

$$\int_a^b f(x)\,s_m(x)\,\mathrm{d}x=\sum_{n=1}^{m}a_n^2,\quad \int_a^b s_m^2(x)\,\mathrm{d}x=\sum_{n=1}^{m}a_n^2,$$

故

$$0\leqslant\int_a^b (f(x)-s_m)^2\,\mathrm{d}x=\int_a^b f^2(x)\,\mathrm{d}x-\sum_{n=1}^{m}a_n^2,$$

即 $\sum\limits_{n=1}^{\infty}a_n^2\leqslant\int_a^b f^2(x)\,\mathrm{d}x$, 因此 $\lim\limits_{n\to\infty}a_n=0$.

(2) 由于 $f(x)\in R[a,b]$, 因此 $f^2(x)\in R[a,b]$. 由结论 (1) 及级数收敛的定义知 $\sum\limits_{n=1}^{\infty}a_n^2$ 收敛. ■

6. 设 $\{u_n\}$ 是正的单调增加的数列, 证明

(1) 当 $\{u_n\}$ 有界时, 级数 $\sum\limits_{n=1}^{\infty}\left(1-\dfrac{u_n}{u_{n+1}}\right)$ 收敛;

(2) 当 $\{u_n\}$ 无界时, 级数 $\sum\limits_{n=1}^{\infty}\left(1-\dfrac{u_n}{u_{n+1}}\right)$ 发散.

证　(1) (解一) 若 $\{u_n\}$ 有界, 则存在 $M>0$ 使得 $|u_n|\leqslant M,\ \forall n\in\mathbb{N}$. 由于 $\{u_n\}$ 是正的单调增加的数列, 故级数 $\sum\limits_{n=1}^{\infty}\left(1-\dfrac{u_n}{u_{n+1}}\right)$ 为正项级数. 下面只要证明 $S_n=\sum\limits_{n=1}^{n}\left(1-\dfrac{u_k}{u_{k+1}}\right)$ 的部分和有上界即可. 事实上,

$$\sum_{k=1}^{n}\left(1-\frac{u_k}{u_{k+1}}\right)=\sum_{k=1}^{n}\left(\frac{u_{k+1}-u_k}{u_{k+1}}\right)\leqslant\frac{1}{u_1}\sum_{k=1}^{n}(u_{k+1}-u_k)=\frac{u_{n+1}}{u_1}-1\leqslant\frac{M}{u_1}-1.$$

(解二) 由于

$$0<1-\frac{u_k}{u_{k+1}}=\frac{u_{k+1}-u_k}{u_{k+1}}\leqslant\frac{u_{k+1}-u_k}{u_1},$$

由于 $\sum\limits_{k=1}^{\infty}(u_{k+1}-u_k)$ 收敛等价于 $\{u_n\}$ 收敛, 由比较判别法知 $\sum\limits_{n=1}^{\infty}\left(1-\dfrac{u_n}{u_{n+1}}\right)$ 收敛.

(2) 若 $\{u_n\}$ 无界, 由于 $\{u_n\}$ 是正的单调增加的数列, 故 $\lim\limits_{n\to\infty}u_n=+\infty$, 从而存在 $\varepsilon_0=\dfrac{1}{2}$, 对任意 $N>0$, 取定 $n_0>N$, 存在 $p_0\in\mathbb{N}$ 使得 $\dfrac{u_{n_0+1}}{u_{n_0+p_0+1}}<\dfrac{1}{2}$, 从而

$$\begin{aligned}&\left(1-\frac{u_{n_0+1}}{u_{n_0+2}}\right)+\left(1-\frac{u_{n_0+2}}{u_{n_0+3}}\right)+\cdots+\left(1-\frac{u_{n_0+p_0}}{u_{n_0+p_0+1}}\right)\\=&\frac{u_{n_0+2}-u_{n_0+1}}{u_{n_0+2}}+\frac{u_{n_0+3}-u_{n_0+2}}{u_{n_0+3}}+\cdots+\frac{u_{n_0+p_0+1}-u_{n_0+p_0}}{u_{n_0+p_0+1}}\\\geqslant&1-\frac{u_{n_0+1}}{u_{n_0+p_0+1}}>\frac{1}{2}.\end{aligned}$$

由 Cauchy 收敛准则知级数 $\sum_{n=1}^{\infty}\left(1-\frac{u_n}{u_{n+1}}\right)$ 发散. ■

思考 若 $\{u_n\}$ 变号, 级数 $\sum_{n=1}^{\infty}\left(1-\frac{u_n}{u_{n+1}}\right)$ 是否一定发散?

7. 设 $\sum_{n=1}^{\infty}a_n$ 为正项级数, 满足: (i) $\sum_{k=1}^{n}(a_k-a_n)$ 对 n 有界; (ii) $\{a_n\}$ 单调递减且 $\lim_{n\to\infty}a_n=0$. 证明 $\sum_{n=1}^{\infty}a_n$ 收敛.

证 只要证明 $\exists M>0$, 对 $\forall n\in\mathbb{N}$, 有 $s_n=\sum_{k=1}^{n}a_k\leqslant M$. 事实上, 因为 $\sum_{k=1}^{m}(a_k-a_m)$ 对 m 有界, 故 $\exists M>0$, 对 $\forall n\in\mathbb{N}$ (固定), 注意到 (ii), 当 $m>n$ 时, 有

$$\sum_{k=1}^{n}a_k=\sum_{k=1}^{n}(a_k-a_m)+na_m\leqslant\sum_{k=1}^{m}(a_k-a_m)+na_m\leqslant M+na_m,$$

令 $m\to+\infty$ 得 $\sum_{k=1}^{n}a_k\leqslant M$. 由级数收敛定义知 $\sum_{n=1}^{\infty}a_n$ 收敛. ■

思考 $\sum_{n=1}^{\infty}a_n, \sum_{n=1}^{\infty}b_n$ 均收敛与 $\sum_{n=1}^{\infty}a_nb_n$ 收敛的关系.

8. 设 $a_1=1, a_2=2, a_n=a_{n-1}+a_{n-2}\ (n=3,4,\cdots)$, 证明:

(1) $\lim_{n\to\infty}a_n=+\infty$; (2) $\sum_{n=1}^{\infty}\frac{1}{a_n}$ 收敛.

证 (1) (证一) 显然 $\{a_n\}$ 单调递增, 又

$$a_{n-1}=a_{n-2}+a_{n-3}<2a_{n-2}\Longrightarrow a_{n-2}>\frac{1}{2}a_{n-1}\Longrightarrow a_n>\frac{3}{2}a_{n-1},$$

从而

$$a_n>\frac{3}{2}a_{n-1}>\left(\frac{3}{2}\right)^2a_{n-2}>\cdots>\left(\frac{3}{2}\right)^{n-3}a_3\to+\infty\quad(n\to\infty).$$

所以 $\lim_{n\to\infty}a_n=+\infty$.

(证二) 显然 $\{a_n\}$ 单调递增, 因此 $a_n>2a_{n-2}$, 于是

$$a_{2n+1}>2a_{2n-1}>\cdots>2^na_1\Longrightarrow\lim_{n\to\infty}a_{2n+1}=+\infty,$$

再结合 $\{a_n\}$ 单调递增知 $\lim_{n\to\infty}a_{2n}=+\infty$. 故 $\lim_{n\to\infty}a_n=+\infty$.

(2) (证一) 要证 $\sum_{n=1}^{\infty}\frac{1}{a_n}$ 收敛, 只要证明 $\sum_{n=3}^{\infty}\frac{1}{a_n}$ 收敛即可. 事实上, 记 $S_n=\sum_{k=1}^{n}\frac{1}{a_k}$, 由于

$$\begin{aligned}a_n>\frac{3}{2}a_{n-1}\ (n\geqslant3)&\Longrightarrow\sum_{k=3}^{n}\frac{1}{a_k}<\frac{2}{3}\sum_{k=3}^{n}\frac{1}{a_{k-1}}=\frac{2}{3}\sum_{k=2}^{n-1}\frac{1}{a_k}\\&\Longrightarrow S_n-1-\frac{1}{2}<\frac{2}{3}S_n-\frac{2}{3}-\frac{2}{3}\frac{1}{a_n}\Longrightarrow S_n<\frac{5}{2}-\frac{2}{a_n}<\frac{5}{2},\end{aligned}$$

即 $\{S_n\}$ 单调上升有上界, 故 $\{S_n\}$ 收敛, 由级数收敛定义知 $\sum\limits_{n=1}^{\infty}\frac{1}{a_n}$ 收敛.

(证二) 由于

$$a_{2n}>2a_{2(n-1)}>\cdots>2^{n-1}a_2,\quad a_{2n+1}>2a_{2n-1}>\cdots>2^na_1,$$

由比较判别法知 $\sum\limits_{n=1}^{\infty}\frac{1}{a_{2n}}, \sum\limits_{n=1}^{\infty}\frac{1}{a_{2n+1}}$ 收敛, 因此 $\sum\limits_{n=1}^{\infty}\frac{1}{a_n}$ 收敛. ■

9. 设对任意 $n\in\mathbb{N}$, $a_n>0$, 且级数 $\sum\limits_{n=1}^{\infty}\frac{1}{a_n}$ 收敛. 证明: 级数 $\sum\limits_{n=1}^{\infty}\frac{n}{a_1+a_2+\cdots+a_n}$ 收敛.

证 (i) 若 $\{a_n\}$ 单调递增, 当 $n\geqslant 2$ 时

$$a_1+a_2+\cdots+a_n\geqslant a_{\left[\frac{n}{2}\right]}+a_{\left[\frac{n}{2}\right]+1}+\cdots+a_n\geqslant\left[\frac{n}{2}\right]a_{\left[\frac{n}{2}\right]}\geqslant\frac{n}{4}a_{\left[\frac{n}{2}\right]}>0,$$

从而有

$$0<\frac{n}{a_1+a_2+\cdots+a_n}\leqslant\frac{4}{a_{\left[\frac{n}{2}\right]}},$$

由条件知

$$\sum_{n=2}^{\infty}\frac{1}{a_{\left[\frac{n}{2}\right]}}=\frac{1}{a_1}+\frac{1}{a_1}+\frac{1}{a_2}+\frac{1}{a_2}+\cdots$$

收敛 (因为每个有两项), 由比较判别法知 $\sum\limits_{n=1}^{\infty}\frac{n}{a_1+a_2+\cdots+a_n}$ 收敛.

(ii) 若 $\{a_n\}$ 非单调递增, 由绝对收敛级数重排不改变级数的敛散性也不改变级数的和, 可以重排级数使得 $\{a_n\}$ 单调递增, 然后应用 (i) 即可得 $\sum\limits_{n=1}^{\infty}\frac{n}{a_1+a_2+\cdots+a_n}$ 收敛. ■

注 此题说明如果正项数列的倒数组成的级数收敛, 则该数列算术平均的倒数也收敛.

练习 设 $a_n>0$, (1) 级数 $\sum\limits_{n=1}^{\infty}\frac{a_n}{a_1+a_2+\cdots+a_n}$ 是否收敛?

(2) $\sum\limits_{n=1}^{\infty}\frac{a_n}{(1+a_1)(1+a_2)\cdots(1+a_n)}$ 是否收敛?

例 5-1-2 解答下列问题.

1. 据理回答下列问题.

设 $a_n>0$, 试回答

(1) 若 $\sum\limits_{n=1}^{\infty}a_n$ 收敛, (i) 能否推出 $\lim\limits_{n\to\infty}na_n=0$? (ii) 能否推出 $\lim\limits_{n\to\infty}n(a_n-a_{n+1})=0$?

(2) 若 $\lim\limits_{n\to\infty}na_n=0$ 或者 $\lim\limits_{n\to\infty}n(a_n-a_{n+1})=0$, 能否推出 $\sum\limits_{n=1}^{\infty}a_n$ 收敛?

(3) 若 $\lim\limits_{n\to\infty}na_n=0$, 证明:

(i) $\sum\limits_{n=1}^{\infty}n(a_n-a_{n+1})$ 敛散性与 $\sum\limits_{n=1}^{\infty}a_n$ 敛散性等价;

(ii) 若 $\sum_{n=1}^{\infty} n(a_n - a_{n+1})$ 与 $\sum_{n=1}^{\infty} a_n$ 有一个收敛, 则 $\sum_{n=1}^{\infty} n(a_n - a_{n+1}) = \sum_{n=1}^{\infty} a_n$.

解 (1) 对 $\sum_{n=1}^{\infty} \frac{1}{n^2}$ 作如下调整: 只对 $n = 4, 9, 16, 25, 36, \cdots$ 进行调整, 即得到新级数

$$\sum_{n=1}^{\infty} a_n = 1 + \frac{1}{2^2} + \frac{1}{3^2} + \frac{1}{4} + \frac{1}{5^2} + \frac{1}{6^2} + \frac{1}{7^2} + \frac{1}{8^2} + \frac{1}{9} + \cdots.$$

即

$$a_n = \begin{cases} \frac{1}{n}, & n \text{ 为完全平方数}, \\ \frac{1}{n^2}, & n \text{ 不是完全平方数}. \end{cases}$$

显然 $\sum_{n=1}^{\infty} a_n$ 收敛但 $\lim_{n\to\infty} na_n \neq 0$ 且 $\lim_{n\to\infty} n(a_n - a_{n+1}) \neq 0$.

注 可以得到

$$\lim_{n\to\infty} a_n = 0$$
$$\Longrightarrow \lim_{n\to\infty} \sqrt[n]{a_1 a_2 \cdots a_n} = \lim_{n\to\infty} \frac{a_1 + a_2 + \cdots + a_n}{n} = \lim_{n\to\infty} \frac{n}{\frac{1}{a_1} + \frac{1}{a_2} + \cdots + \frac{1}{a_n}} = 0.$$

(2) 考察 $a_n = \frac{1}{n \ln n}$, 显然 $\lim_{n\to\infty} na_n = 0$, 由积分判别法知 $\sum_{n=1}^{\infty} a_n$ 发散.

考察 $a_n - a_{n+1} = \frac{1}{n \ln n}$, 显然 $\lim_{n\to\infty} n(a_n - a_{n+1}) = 0$, 但是

$$a_n = a_2 - \sum_{k=2}^{n-1} \frac{1}{k \ln k} \to -\infty \quad (n \to \infty),$$

因此 $\sum_{n=2}^{\infty} a_n$ 发散.

(3) **证** 由于

$$\begin{aligned}\sum_{k=1}^{n} k(a_k - a_{k+1}) &= (a_1 - a_2) + 2(a_2 - a_3) + \cdots + n(a_n - a_{n+1}) \\ &= a_1 + a_2 + \cdots + a_n - na_{n+1} \\ &= \sum_{k=1}^{n+1} a_k - (n+1) a_{n+1}.\end{aligned}$$

由条件 $\lim_{n\to\infty} na_n = 0$, 对上式两边求极限得:

(i) $\sum_{n=1}^{\infty} n(a_n - a_{n+1})$ 敛散性与 $\sum_{n=1}^{\infty} a_n$ 敛散性等价.

(ii) 若 $\sum_{n=1}^{\infty} n(a_n - a_{n+1})$ 与 $\sum_{n=1}^{\infty} a_n$ 有一个收敛, 则

$$\sum_{n=1}^{\infty} n(a_n - a_{n+1}) = \sum_{n=1}^{\infty} a_n. \quad \blacksquare$$

2. 若正项级数 $\sum_{n=1}^{\infty} a_n$ 收敛. 证明:

(1) $\lim\limits_{n\to\infty} \dfrac{1}{n}\sum_{k=1}^{n} ka_k = 0$.

(2) 再若 $\{a_n\}$ 单调下降, 则 $\lim\limits_{n\to\infty} na_n = 0$.

证　(1) (证一) 记 $s = \sum_{n=1}^{\infty} a_n, s_n = \sum_{k=1}^{n} a_k$, 故 $\lim\limits_{n\to\infty} s_n = s$.

由 Abel 变换

$$\sum_{k=1}^{n} ka_k = ns_n - \sum_{k=1}^{n-1} s_k,$$

故由算术平均收敛定理得

$$\lim_{n\to\infty} \frac{\sum\limits_{k=1}^{n} ka_k}{n} = \lim_{n\to\infty}\left(s_n - \frac{s_1 + s_2 + \cdots + s_{n-1}}{n}\right) = 0.$$

(证二) 记 $s = \sum_{n=1}^{\infty} a_n, s_n = \sum_{k=1}^{n} a_k$, 则由平均收敛定理得

$$\frac{\sum\limits_{k=1}^{n} ka_k}{n} = \frac{a_1 + 2(s_2 - s_1) + \cdots + n(s_n - s_{n-1})}{n} = -\frac{s_1 + s_2 + \cdots + s_{n-1}}{n} + s_n \to 0. \quad \blacksquare$$

思考　能否用 Stolz 公式证明? 此结果类比函数积分的相关性质.

(2) 只要证明 $\lim\limits_{n\to\infty} 2na_{2n} = 0$ 且 $\lim\limits_{n\to\infty} (2n+1)a_{2n+1} = 0$ 即可.

因为 $\sum_{n=1}^{\infty} a_n$ 收敛, 所以 $\forall \varepsilon > 0, \exists N > 0$, 当 $n > N$ 时, 有

$$|a_{n+1} + a_{n+2} + \cdots + a_{2n}| < \frac{\varepsilon}{2}.$$

由于 $\{a_n\}$ 单调递减, 此时有

$$0 < na_{2n} \leqslant a_{n+1} + a_{n+2} + \cdots + a_{2n} < \frac{\varepsilon}{2}.$$

故

$$\lim_{n\to\infty} 2na_{2n} = 0. \tag{1}$$

由 (1) 式及 $a_n \to 0$ 得

$$0 < (2n+1)\,a_{2n+1} \leqslant 2na_{2n} + a_{2n+1} \to 0\,(n\to\infty) \Longrightarrow \lim_{n\to\infty}(2n+1)\,a_{2n+1} = 0. \tag{2}$$

由 (1), (2) 式知结论成立. ■

注 此例说明在 $\{u_n\}$ 单调递减的条件下, 若 $\sum\limits_{n=1}^{\infty} u_n$ 收敛, 则 $\{u_n\}$ 是 $\left\{\dfrac{1}{n}\right\}$ 的高阶无穷小量. 若 $\{u_n\}$ 不单调递减, 结论不一定成立.

3. (1) 设 $\lim\limits_{n\to\infty} u_n = 0, \sum\limits_{n=1}^{\infty}(u_{2n-1}+u_{2n})$ 收敛. 证明 $\sum\limits_{n=1}^{\infty} u_n$ 收敛.

(2) 证明下列更一般的结果.

(i) 若数项级数 $\sum\limits_{n=1}^{\infty} a_n$ 满足: ① $\lim\limits_{n\to+\infty} a_n = 0$; ② 加上括号收敛而且每个括里项的个数小于某个定数 L. 则原级数 $\sum\limits_{n=1}^{\infty} a_n$ 收敛.

(ii) 如果级数 $\sum\limits_{n=1}^{\infty} a_n$ 加上括号后收敛且每个括号里项的符号相同, 则原级数 $\sum\limits_{n=1}^{\infty} a_n$ 收敛.

证 (1) 记 $S_n = \sum\limits_{k=1}^{n} u_k$. 因为 $\sum\limits_{n=1}^{\infty}(u_{2n-1}+u_{2n})$ 收敛知 $\lim\limits_{n\to\infty} S_{2n}$ 存在, 不妨设

$$\lim_{n\to\infty} S_{2n} = a. \tag{1}$$

由 $\lim\limits_{n\to\infty} u_n = 0$ 得

$$\lim_{n\to\infty} S_{2n+1} = \lim_{n\to\infty}[S_{2n} + u_{2n+1}] = a. \tag{2}$$

由 (1), (2) 式知

$$\lim_{n\to\infty} S_n = a \Longrightarrow \sum_{n=1}^{\infty} u_n \text{收敛}. \quad ■$$

(2) (i) 记 $S_n = \sum\limits_{k=1}^{n} a_k\ (n=1,2,\cdots)$. 由于加括号后的级数收敛, 因此存在 $\{S_n\}$ 的一个子列 $\{S_{n_k}\}$ 收敛. 对 $\forall n > n_1$, $\exists n_k$ 使得 $n_k \leqslant n < n_{k+1}$, 因此

$$|S_n - S_{n_k}| \leqslant \sum_{j=1}^{L} |a_{n_k+j}|,$$

由于 $n\to+\infty$ 必有 $n_k \to +\infty$, 且 $\lim\limits_{n_k\to+\infty}\sum\limits_{j=1}^{L}|a_{n_k+j}| = 0$, 由上式可得 $\lim\limits_{n\to+\infty} S_n$ 存在, 即 $\sum\limits_{n=1}^{\infty} a_n$ 收敛.

(ii) 设 $\sum_{n=1}^{\infty} a_n$ 加括号后的级数 $\sum_{k=1}^{\infty} b_k := \sum_{k=1}^{\infty} \left(a_{n_k+1} + a_{n_k+2} + \cdots + a_{n_{k+1}}\right)$ $(n_1 = 0)$ 收敛, 则

$$\lim_{k\to+\infty} b_k = \lim_{k\to+\infty} \left(a_{n_k+1} + a_{n_k+2} + \cdots + a_{n_{k+1}}\right) = 0,$$

由于括号里项的符号相同, 从而

$$\lim_{k\to+\infty} (a_{n_k+1} + a_{n_k+2} + \cdots + a_{n_k+j}) = 0, \quad n_k < n_k + j \leqslant n_{k+1},$$

对 $\forall n \in \mathbb{N}, \exists k \in \mathbb{N}$ 使得 $n = n_k + j \leqslant n_{k+1}$, 从而

$$\begin{aligned} S_n &= \sum_{l=1}^{n} a_l = \sum_{i=1}^{k-1} \left(a_{n_i+1} + a_{n_i+2} + \cdots + a_{n_{i+1}}\right) + \left(a_{n_k+1} + a_{n_k+2} + \cdots + a_{n_k+j}\right) \\ &= S'_{k-1} + \left(a_{n_k+1} + a_{n_k+2} + \cdots + a_{n_k+j}\right), \end{aligned}$$

其中 S'_{k-1} 表示 $\sum_{n=1}^{\infty} b_n$ 的前 $k-1$ 项和. 当 $n \to +\infty \Longleftrightarrow k \to +\infty$, 从而

$$\begin{aligned} \lim_{n\to+\infty} S_n &= \lim_{n\to+\infty} S'_{k-1} + \lim_{n\to+\infty} (a_{n_k+1} + a_{n_k+2} + \cdots + a_{n_k+j}) \\ &= \lim_{k\to+\infty} S'_{k-1} + \lim_{k\to+\infty} (a_{n_k+1} + a_{n_k+2} + \cdots + a_{n_k+j}) \\ &= \lim_{k\to+\infty} S'_{k-1}. \quad \blacksquare \end{aligned}$$

注　(1) 此题说明了在 $\lim_{n\to\infty} u_n = 0$ 的条件下, 若按某种方式加括号后收敛, 则原级数收敛.

(2) 上面三个结果反之亦然.

4. 解答下列问题.

(1) $\sum_{n=1}^{\infty} a_n$ 收敛的充分必要条件为对任意正整数列 $\{r_n\}$, 有

$$\lim_{n\to\infty} (a_{n+1} + a_{n+2} + \cdots + a_{n+r_n}) = 0.$$

(2) 若 $\lim_{n\to\infty} a_{n+1} = 0, \lim_{n\to\infty} (a_{n+1} + a_{n+2}) = 0, \cdots, \lim_{n\to\infty} (a_{n+1} + a_{n+2} + \cdots + a_{n+p}) = 0.$ 试问级数 $\sum_{n=1}^{\infty} a_n$ 是否一定收敛? 并说明理由.

解　(1) ($\Longrightarrow$) 若 $\sum_{n=1}^{\infty} a_n$ 收敛, 由 Cauchy 收敛准则知 $\forall \varepsilon > 0, \exists N > 0$ 当 $n > N$ 时, 对 $\forall p \in \mathbb{N}$ 有

$$|a_{n+1} + a_{n+2} + \cdots + a_{n+p}| < \varepsilon.$$

当然有

$$|a_{n+1} + a_{n+2} + \cdots + a_{n+r_n}| < \varepsilon,$$

即

$$\lim_{n\to\infty}(a_{n+1}+a_{n+2}+\cdots+a_{n+r_n})=0.$$

($\Longleftarrow$) 反证法. 若 $\sum\limits_{n=1}^{\infty}a_n$ 发散, 由 Cauchy 收敛准则知 $\exists\varepsilon_0>0,\forall N>0,\exists n>N,\exists p\in\mathbb{N}$ 使得

$$|a_{n+1}+a_{n+2}+\cdots+a_{n+p}|\geqslant\varepsilon_0.$$

特别地, 对 $N_1=1,\exists n_1>1$ 及 $r_1\in\mathbb{N}$ 使得

$$|a_{n_1+1}+a_{n_1+2}+\cdots+a_{n_1+r_1}|\geqslant\varepsilon_0,$$

对 $N_2=\max\{N_1,2\},\exists n_2>N_2,r_2\in\mathbb{N}$ 使得

$$|a_{n_2+1}+a_{n_2+2}+\cdots+a_{n_2+r_2}|\geqslant\varepsilon_0,$$

$$\cdots\cdots$$

这与 $\lim\limits_{n\to\infty}(a_{n+1}+a_{n+2}+\cdots+a_{n+r_n})=0$ 矛盾. ■

(2) 不一定. 例如级数 $\sum\limits_{n=1}^{\infty}\dfrac{1}{n}$. 事实上, 对 $\forall p\in\mathbb{N}$ 有

$$0<\frac{1}{n+1}+\frac{1}{n+2}+\cdots+\frac{1}{n+p}<\frac{p}{n+1},$$

且 $\lim\limits_{n\to\infty}\dfrac{p}{n+1}=0$, 所以 $\sum\limits_{n=1}^{\infty}\dfrac{1}{n}$ 满足条件, 但级数发散. ■

5. 解答下列问题.

(1) 设正项级数 $\sum\limits_{n=1}^{\infty}a_n$ 收敛, 记 $r_n=\sum\limits_{k=n}^{\infty}a_k\ (n=1,2,\cdots)$, 讨论级数 $\sum\limits_{n=1}^{\infty}\dfrac{a_n}{r_n^p}$ 的敛散性.

(2) 设正项级数 $\sum\limits_{n=1}^{\infty}a_n$ 发散, 记 $S_n=\sum\limits_{k=1}^{n}a_k$. 讨论级数 $\sum\limits_{n=1}^{\infty}\dfrac{a_n}{S_n^p}$ 的敛散性.

解 (1) 由于正项级数 $\sum\limits_{n=1}^{\infty}a_n$ 收敛, 故 $\{r_n\}$ 单调递减且 $\lim\limits_{n\to\infty}r_n=0$.

(i) 当 $p\leqslant0$ 时, 存在 $N>0$, 当 $n>N$ 时有 $\dfrac{a_n}{r_n^p}=r_n^{-p}a_n\leqslant a_n$, 由比较判别法知级数收敛,

(ii) 当 $0<p<1$ 时, 记 $S=\sum\limits_{n=1}^{\infty}a_n$, 由于

$$\sum_{k=1}^{n}\frac{a_k}{r_k^p}=\sum_{k=1}^{n}\int_{r_{k+1}}^{r_k}\frac{1}{r_k^p}\mathrm{d}x\leqslant\sum_{k=1}^{n}\int_{r_{k+1}}^{r_k}\frac{1}{x^p}\mathrm{d}x<\int_0^S\frac{1}{x^p}\mathrm{d}x<+\infty,$$

即部分和数列单调递增有上界, 由级数收敛定义知级数收敛.

(iii) 当 $p \geqslant 1$ 时, 显然 $\dfrac{a_n}{r_n^p} \geqslant \dfrac{a_n}{r_n}$. 因为 $\lim\limits_{n\to+\infty} r_n = 0$, $\exists \varepsilon_0 = \dfrac{1}{2}$, 对 $\forall N > 0$, $\exists n_0 > N$, $\exists p_0 \in \mathbb{N}$ 使得 $\dfrac{r_{n_0+p_0+1}}{r_{n_0+1}} < \dfrac{1}{2}$, 故

$$\sum_{k=n_0+1}^{n_0+p_0} \frac{a_k}{r_k} \geqslant \frac{1}{r_{n_0+1}} \sum_{k=n_0+1}^{n_0+p_0} a_k = 1 - \frac{r_{n_0+p_0+1}}{r_{n_0+1}} > \frac{1}{2},$$

由 Cauchy 收敛准则知 $\sum\limits_{n=1}^{\infty} \dfrac{a_n}{r_n}$ 发散. 由比较判别法知 $\sum\limits_{n=1}^{\infty} \dfrac{a_n}{r_n^p}$ 发散. ■

(2) 由于正项级数 $\sum\limits_{n=1}^{\infty} a_n$ 发散, 故 $\{S_n\}$ 单调递增且 $\lim\limits_{n\to\infty} S_n = +\infty$.

(i) 当 $p \leqslant 0$ 时, 存在 $N > 0$, 当 $n > N$ 时, 有 $\dfrac{a_n}{S_n^p} = S_n^{-p} a_n \geqslant a_n$, 由比较判别法知级数发散.

(ii) 当 $0 < p \leqslant 1$ 时, 显然 $\dfrac{a_n}{S_n^p} \geqslant \dfrac{a_n}{S_n}$. 因为 $\lim\limits_{n\to+\infty} s_n = +\infty, \exists \varepsilon_0 = \dfrac{1}{2}$, 对 $\forall N > 0, \exists n_0 > N, \exists p_0 \in \mathbb{N}$ 使得 $\dfrac{s_{n_0}}{s_{n_0+p_0}} < \dfrac{1}{2}$, 故

$$\sum_{k=n_0+1}^{n_0+p_0} \frac{a_k}{s_k} \geqslant \frac{1}{s_{n_0+p_0}} \sum_{k=n_0+1}^{n_0+p_0} a_k = \frac{s_{n_0+p_0} - s_{n_0}}{s_{n_0+p_0}} = 1 - \frac{s_{n_0}}{s_{n_0+p_0}} > \frac{1}{2},$$

由 Cauchy 收敛准则知 $\sum\limits_{n=1}^{\infty} \dfrac{a_n}{s_n}$ 也发散. 由比较判别法知 $\sum\limits_{n=1}^{\infty} \dfrac{a_n}{S_n^p}$ 发散.

(iii) 当 $p > 1$ 时, 由于

$$\begin{aligned}\sum_{k=1}^{n} \frac{a_k}{S_k^p} &= \frac{a_1}{S_1^p} + \sum_{k=2}^{n} \frac{a_k}{S_k^p} = \frac{a_1}{S_1^p} + \sum_{k=2}^{n} \int_{S_{k-1}}^{S_k} \frac{1}{S_k^p} \mathrm{d}x \leqslant \frac{a_1}{S_1^p} + \sum_{k=2}^{n} \int_{S_{k-1}}^{S_k} \frac{1}{x^p} \mathrm{d}x \\ &< \frac{a_1}{S_1^p} + \int_{a_1}^{+\infty} \frac{1}{x^p} \mathrm{d}x < +\infty,\end{aligned}$$

即部分和数列单调递增有上界, 由级数收敛定义知级数收敛. ■

注 (1) 若正项级数 $\sum\limits_{n=1}^{\infty} a_n$ 发散, 则存在收敛于零的数列 $\{b_n\}$ 使得 $\sum\limits_{n=1}^{\infty} a_n b_n$ 发散.

(2) 若正项级数 $\sum\limits_{n=1}^{\infty} a_n\,(a_n > 0)$ 收敛, 则存在发散于正无穷大的数列$\{c_n\}$ 使得$\sum\limits_{n=1}^{\infty} a_n c_n$ 仍收敛.

例 5-1-3 解答下列问题.

1. 判断 $\sum\limits_{n=1}^{\infty} \dfrac{1}{n}\left(\sqrt{n^2+n+1} - \sqrt{n^2-n+1}\right)$ 的敛散性.

解 由于

$$a_n := \frac{1}{n}\left(\sqrt{n^2+n+1} - \sqrt{n^2-n+1}\right) = \frac{2}{\sqrt{n^2-n+1} + \sqrt{n^2+n+1}} \sim \frac{1}{n},$$

而 $\sum_{n=1}^{\infty}\frac{1}{n}$ 发散, 由比较判别法知 $\sum_{n=1}^{\infty}\frac{1}{n}\left(\sqrt{n^2+n+1}-\sqrt{n^2-n+1}\right)$ 发散. ■

2. 讨论 $\sum_{n=1}^{\infty}\left|\sin\left(\sqrt{n^2+1}\pi\right)\right|^p\ (p>0)$ 的敛散性.

解 由于

$$\left|\sin\left(\sqrt{n^2+1}\pi\right)\right|^p=\left|\sin\left(\sqrt{n^2+1}\pi-n\pi\right)\right|^p=\left|\sin\frac{\pi}{\sqrt{n^2+1}+n}\right|^p\sim\left(\frac{1}{n^p}\right).$$

由于 $\sum_{n=1}^{\infty}\frac{1}{n^p}:\begin{cases}收敛, & p>1,\\ 发散, & p\leqslant 1,\end{cases}$ 故 $\sum_{n=1}^{\infty}\left|\sin\left(\sqrt{n^2+1}\pi\right)\right|^p:\begin{cases}收敛, & p>1,\\ 发散, & p\leqslant 1.\end{cases}$ ■

3. 若 $\lim_{n\to\infty}\left(n^{pn\sin\frac{1}{n}}a_n\right)=1$. 判断 $\sum_{n=1}^{\infty}a_n$ 是否收敛? 并证明之.

解 当 n 充分大时, 有

$$0\leqslant n^{-pn\sin\frac{1}{n}}=\left(\frac{1}{n^p}\right)^{\frac{\sin\frac{1}{n}}{\frac{1}{n}}}\sim\frac{1}{n^p},$$

而

$$\sum_{n=1}^{\infty}\frac{1}{n^p}:\begin{cases}收敛, & p>1,\\ 发散, & p\leqslant 1,\end{cases}$$

由条件知 $\lim_{n\to\infty}\frac{a_n}{n^{-pn\sin\frac{1}{n}}}=1$, 由比较判别法知

$$\sum_{n=1}^{\infty}a_n:\begin{cases}收敛, & p>1,\\ 发散, & p\leqslant 1.\end{cases}$$ ■

4. 已知对任意自然数 n, 有 $u_n>0$ 且 $\lim_{n\to\infty}\frac{n^pu_n}{1-\cos\frac{\pi}{n}}=1$. 判断 $\sum_{n=1}^{\infty}u_n$ 的敛散性.

解 由于

$$1-\cos\frac{\pi}{n}=2\sin^2\frac{\pi}{2n}\sim\frac{\pi^2}{2n^2},$$

因此

$$1=\lim_{n\to\infty}\frac{n^pu_n}{1-\cos\frac{\pi}{n}}=\lim_{n\to\infty}\frac{u_n}{\frac{1}{n^{p+2}}}\frac{2}{\pi^2}.$$

而 $\sum_{n=1}^{\infty}\frac{1}{n^{p+2}}:\begin{cases}收敛, & p>-1,\\ 发散, & p\leqslant -1.\end{cases}$ 故 $\sum_{n=1}^{\infty}u_n:\begin{cases}收敛, & p>-1,\\ 发散, & p\leqslant -1.\end{cases}$

5. 判断下列级数的敛散性.

(1) $\sum_{n=1}^{\infty}\left[\frac{1}{n}-\ln\left(1+\frac{1}{n}\right)\right]$; (2) $\sum_{n=1}^{\infty}\left[\mathrm{e}-\left(1+\frac{1}{1!}+\frac{1}{2!}+\cdots+\frac{1}{n!}\right)\right]$.

解 (1) 记 $a_n:=\frac{1}{n}-\ln\left(1+\frac{1}{n}\right)$, 因为

$$\ln\left(1+\frac{1}{n}\right)=\frac{1}{n}-\frac{1}{2n^2}+o\left(\frac{1}{n^2}\right)\Longrightarrow a_n=\frac{1}{n}-\ln\left(1+\frac{1}{n}\right)=\frac{1}{2n^2}+o\left(\frac{1}{n^2}\right),$$

因此

$$\lim_{n\to+\infty}\frac{a_n}{\dfrac{1}{n^2}}=\frac{1}{2}.$$

而 $\sum\limits_{n=1}^{\infty}\dfrac{1}{2n^2}$ 收敛, 由比较判别法知 $\sum\limits_{n=1}^{\infty}\left[\dfrac{1}{n}-\ln\left(1+\dfrac{1}{n}\right)\right]$ 收敛.

(2) 因为

$$\mathrm{e}=1+\frac{1}{1!}+\frac{1}{2!}+\frac{1}{3!}+\cdots+\frac{1}{n!}+\frac{\mathrm{e}^{\theta}}{(n+1)!},\quad \theta\in(0,1),$$

所以

$$0<a_n=\mathrm{e}-\left(1+\frac{1}{1!}+\frac{1}{2!}+\cdots+\frac{1}{n!}\right)=\frac{\mathrm{e}^{\theta}}{(n+1)!}<\frac{\mathrm{e}}{n!},$$

而 $\sum\limits_{n=1}^{\infty}\dfrac{1}{n!}$ 收敛 (由比值判别法), 由比较判别法知 $\sum\limits_{n=1}^{\infty}\left[\mathrm{e}-\left(1+\dfrac{1}{1!}+\dfrac{1}{2!}+\cdots+\dfrac{1}{n!}\right)\right]$ 收敛. ■

6. 判断 $\sum\limits_{n=1}^{\infty}n\ln\left(1+\dfrac{1}{n}\right)$ 的敛散性.

解　由于 $\lim\limits_{n\to\infty}n\ln\left(1+\dfrac{1}{n}\right)=1$, 级数通项不趋于零, 故级数发散. ■

7. 讨论正项级数 $\sum\limits_{n=1}^{\infty}\left[1-\left(\dfrac{n-1}{n+1}\right)^k\right]^p$ $(p>0,k>0)$ 的敛散性.

证　记 $a_n=\left[1-\left(\dfrac{n-1}{n+1}\right)^k\right]^p$ $(n=1,2,\cdots)$. 由于

$$\begin{aligned}\left(\frac{n-1}{n+1}\right)^k&=\left(1-\frac{1}{n}\right)^k\left(1+\frac{1}{n}\right)^{-k}=\left[1-\frac{k}{n}+o\left(\frac{1}{n}\right)\right]\left[1-\frac{k}{n}+o\left(\frac{1}{n}\right)\right]\\&=1-\frac{2k}{n}+o\left(\frac{1}{n}\right)\quad(n\to\infty),\end{aligned}$$

得

$$a_n=\left[\frac{2k}{n}+o\left(\frac{1}{n}\right)\right]^p\sim\left(\frac{2k}{n}\right)^p,$$

由比较判别法得 $\sum\limits_{n=1}^{\infty}a_n:\begin{cases}\text{收敛}, & p>1,\\ \text{发散}, & p\leqslant 1.\end{cases}$ ■

8. 判断 $\sum\limits_{n=1}^{\infty}\ln\cos\dfrac{1}{n}$ 的敛散性.

解　(解一) 因为

$$\cos\frac{1}{n}=1-\frac{1}{2!}\frac{1}{n^2}+o\left(\frac{1}{n^2}\right),\quad \ln(1+x)\sim x\quad(x\to 0),$$

故

$$\ln\cos\frac{1}{n}=\ln\left(1-\frac{1}{2!}\frac{1}{n^2}+o\left(\frac{1}{n^2}\right)\right)\sim-\frac{1}{2!}\frac{1}{n^2}.$$

由比较判别法知级数 $\sum\limits_{n=1}^{\infty}\ln\cos\frac{1}{n}$ 收敛.

(解二) 因为 $0<\cos\frac{1}{n}<1$, 所以 $\ln\cos\frac{1}{n}<0$, 而

$$\lim_{x\to 0}\frac{\ln\cos x}{x^2}=\lim_{x\to 0}\left[-\frac{\frac{\sin x}{\cos x}}{2x}\right]=-\frac{1}{2}\Longrightarrow\lim_{n\to\infty}\frac{-\ln\cos\frac{1}{n}}{\frac{1}{n^2}}=\frac{1}{2}.$$

由比较判别法知 $\sum\limits_{n=1}^{\infty}\left[-\ln\cos\frac{1}{n}\right]$ 收敛, 故 $\sum\limits_{n=1}^{\infty}\ln\cos\frac{1}{n}$ 收敛. ■

9. 设 $a_n=\left(\sqrt[n]{n}-\sin\frac{1}{n}\right)^{n^2}$, 解答下列问题.

(1) 求 $\lim\limits_{n\to\infty}a_n$; (2) 判定级数 $\sum\limits_{n=1}^{\infty}a_n$ 的敛散性.

解 (1) 由于

$$\begin{aligned}\sqrt[n]{n}-\sin\frac{1}{n}&=\mathrm{e}^{\frac{\ln n}{n}}-\sin\frac{1}{n}=1+\frac{\ln n}{n}+o\left(\frac{\ln n}{n}\right)-\left[\frac{1}{n}-o\left(\frac{\ln n}{n}\right)\right]\\&=1+\frac{\ln n-1}{n}+o\left(\frac{\ln n}{n}\right),\end{aligned}$$

故

$$\begin{aligned}\lim_{n\to\infty}a_n&=\lim_{n\to\infty}\left[1+\frac{\ln n-1}{n}+o\left(\frac{\ln n}{n}\right)\right]^{n^2}\\&=\lim_{n\to\infty}\left\{\left[1+\frac{\ln n-1}{n}+o\left(\frac{\ln n}{n}\right)\right]^{\frac{n}{\ln n-1}}\right\}^{n(\ln n-1)}=+\infty.\end{aligned}$$

(2) 由于 $\lim\limits_{n\to\infty}a_n\neq 0$, 故级数 $\sum\limits_{n=1}^{\infty}a_n$ 发散. ■

10. 设正项级数 $\sum\limits_{n=1}^{\infty}a_n$ 收敛, 且 $\mathrm{e}^{a_n}=a_n+\mathrm{e}^{a_n+b_n}\ (n=1,2,\cdots)$. 判断 $\sum\limits_{n=1}^{\infty}b_n$ 的敛散性.

解 由于 $b_n=\ln(\mathrm{e}^{a_n}-a_n)-a_n$, 且 $\mathrm{e}^{a_n}=1+a_n+\frac{1}{2!}a_n^2+o\left(a_n^2\right)$, 故

$$\mathrm{e}^{a_n}-a_n=1+\frac{1}{2!}a_n^2+o\left(a_n^2\right). \tag{1}$$

又当 $x\to 0$ 时, $\ln(1+x)\sim x$, 结合 (1) 得

$$\ln(\mathrm{e}^{a_n}-a_n)\sim\frac{1}{2!}a_n^2, \tag{2}$$

又

$$a_n \geqslant 0 \text{且} \sum_{n=1}^{\infty} a_n \text{收敛} \Longrightarrow \sum_{n=1}^{\infty} a_n^2 \text{收敛}. \tag{3}$$

由 (2), (3) 式知 $\sum\limits_{n=1}^{\infty} b_n$ 收敛. ■

11. **讨论正项级数 $\sum\limits_{n=1}^{\infty} \dfrac{n^{n-2}}{\mathrm{e}^n n!}$ 的敛散性.**

解 记 $a_n = \dfrac{n^{n-2}}{\mathrm{e}^n n!}$. 对 $\forall n \geqslant 2$, 有

$$\frac{a_{n+1}}{a_n} = \frac{\left(1+\dfrac{1}{n}\right)^{n-2}}{\mathrm{e}} < \frac{\left(1+\dfrac{1}{n}\right)^{n-2}}{\left(1+\dfrac{1}{n}\right)^{n}} = \frac{\dfrac{1}{(n+1)^2}}{\dfrac{1}{n^2}} := \frac{b_{n+1}}{b_n},$$

其中 $b_n = \dfrac{1}{n^2}$ $(n = 2, 3, \cdots)$. 由此可得

$$\frac{a_n}{a_2} = \frac{a_n}{a_{n-1}} \cdot \frac{a_{n-1}}{a_{n-2}} \cdot \frac{a_{n-2}}{a_{n-3}} \cdot \cdots \cdot \frac{a_3}{a_2} < \frac{b_n}{b_{n-1}} \cdot \frac{b_{n-1}}{b_{n-2}} \cdot \frac{b_{n-2}}{b_{n-3}} \cdot \cdots \cdot \frac{b_3}{b_2} = \frac{b_n}{b_2} = \frac{4}{n^2},$$

从而

$$a_n < \frac{2}{\mathrm{e}^2} \cdot \frac{1}{n^2},$$

而 $\sum\limits_{n=1}^{\infty} \dfrac{1}{n^2}$ 收敛, 由比较判别法知 $\sum\limits_{n=1}^{\infty} \dfrac{n^{n-2}}{\mathrm{e}^n n!}$ 收敛. ■

思考 应用比值判别法、根值判别法及 Raabe 判别法能否判定级数的敛散性?

12. **讨论正项级数 $\sum\limits_{n=1}^{\infty} \dfrac{x^n n!}{n^n}$ 的敛散性, 其中 $x \geqslant 0$.**

解 记 $a_n = \dfrac{x^n n!}{n^n}$, 则

$$\frac{a_{n+1}}{a_n} = \frac{x}{\left(1+\dfrac{1}{n}\right)^n} \to \frac{x}{\mathrm{e}} \quad (n \to \infty),$$

由级数的比值判别法知, 当 $0 \leqslant x < \mathrm{e}$ 时收敛; 当 $x > \mathrm{e}$ 时发散. 下面讨论 $x = \mathrm{e}$ 时的敛散性:

$$\frac{a_{n+1}}{a_n} = \frac{\mathrm{e}}{(1+\frac{1}{n})^n} > \frac{\left(1+\dfrac{1}{n}\right)^{n-1}}{\left(1+\dfrac{1}{n}\right)^{n}} := \frac{\dfrac{1}{n+1}}{\dfrac{1}{n}} := \frac{b_{n+1}}{b_n},$$

而 $\sum\limits_{n=1}^{\infty} \dfrac{1}{n}$ 发散, 由比较判别法知 $x = \mathrm{e}$ 时级数发散. ■

思考 (1) 应用根值判别法及 Raabe 判别法能否判定级数在 $x=\mathrm{e}$ 时的敛散性?

(2) $\lim\limits_{n\to\infty}\dfrac{\mathrm{e}^n n!}{n^n}$ 是否存在? 若存在, 求此极限.

13. 设 $\sum\limits_{n=1}^{\infty}a_n$ 是收敛的正项级数. 证明:

(1) 当 $\alpha>\dfrac{1}{2}$ 时, 级数 $\sum\limits_{n=1}^{\infty}\dfrac{\sqrt{a_n}}{n^\alpha}$ 收敛;

(2) 证明 $\sum\limits_{n=1}^{\infty}n^{-\frac{n+1}{n}}$ 发散.

证 (1) 因为

$$0\leqslant\frac{\sqrt{a_n}}{n^\alpha}\leqslant\frac{1}{2}\left(a_n+\frac{1}{n^{2\alpha}}\right),$$

且 $\sum\limits_{n=1}^{\infty}a_n$ 与 $\sum\limits_{n=1}^{\infty}\dfrac{1}{n^{2\alpha}}$ 都收敛, 由比较判别法知 $\sum\limits_{n=1}^{\infty}\dfrac{\sqrt{a_n}}{n^\alpha}$ 收敛. ■

(2) 因为 $\lim\limits_{n\to\infty}\dfrac{n^{-\frac{n+1}{n}}}{\dfrac{1}{n}}=\lim\limits_{n\to\infty}\dfrac{1}{\sqrt[n]{n}}=1$, 而 $\sum\limits_{n=1}^{\infty}\dfrac{1}{n}$ 发散, 由比较判别法知 $\sum\limits_{n=1}^{\infty}n^{-\frac{n+1}{n}}$ 发散. ■

14. 设 $\{na_n\}$ 有界, 证明: (1) $\sum\limits_{n=1}^{\infty}a_n^2$ 收敛; (2) $\sum\limits_{n=1}^{\infty}\dfrac{a_n}{n^\varepsilon}\ (\varepsilon>0)$ 收敛.

证 (1) 由条件存在 $M>0$ 使得任意 $n\in\mathbb{N}$, 有 $|a_n|\leqslant\dfrac{M}{n}$, 即 $a_n^2\leqslant\dfrac{M^2}{n^2}$, 而 $\sum\limits_{n=1}^{\infty}\dfrac{M^2}{n^2}$ 收敛, 由比较判别法知 $\sum\limits_{n=1}^{\infty}a_n^2$ 收敛. ■

(2) 由条件存在 $M>0$ 使得任意 $n\in\mathbb{N}$, 有 $|a_n|\leqslant\dfrac{M}{n}$, 故 $\left|\dfrac{a_n}{n^\varepsilon}\right|\leqslant\dfrac{M}{n^{1+\varepsilon}}$, 而 $\sum\limits_{n=1}^{\infty}\dfrac{M}{n^{1+\varepsilon}}$ 收敛, 由比较判别法知 $\sum\limits_{n=1}^{\infty}\dfrac{a_n}{n^\varepsilon}$ 收敛. ■

思考 若 $\sum\limits_{n=1}^{\infty}a_n^2$ 收敛, 能否推出 $\{na_n\}$ 有界?

15. (1) 设 $a_n\geqslant0$, $\sum\limits_{n=1}^{\infty}a_n$ 收敛, 试问 $\sum\limits_{n=1}^{\infty}\sqrt{a_na_{n+1}}$ 是否收敛, 反之如何?

(2) 若 $\{a_n\}$ 单调且 $\sum\limits_{n=1}^{\infty}\sqrt{a_na_{n+1}}$ 收敛, 试问 $\sum\limits_{n=1}^{\infty}a_n$ 是否收敛?

证 (1) 因为

$$0\leqslant\sqrt{a_na_{n+1}}\leqslant\frac{1}{2}\left(a_n+a_{n+1}\right),$$

因此, 如果 $\sum\limits_{n=1}^{\infty}a_n$ 收敛, 由比较判别法知 $\sum\limits_{n=1}^{\infty}\sqrt{a_na_{n+1}}$ 收敛.

反之不一定成立, 如: $\sum\limits_{n=1}^{\infty}\dfrac{1+(-1)^n}{3}$, 则 $a_na_{n+1}\equiv 0$, 所以 $\sum\limits_{n=1}^{\infty}\sqrt{a_na_{n+1}}$ 收敛, 而 $a_n\not\to 0$, 故 $\sum\limits_{n=1}^{\infty}a_n$ 发散. ■

(2) 由于 $\sum\limits_{n=1}^{\infty}\sqrt{a_na_{n+1}}$ 收敛, 所以 $\lim\limits_{n\to\infty}a_na_{n+1}=0$, 由 $\{a_n\}$ 单调可知 $\{a_n\}$ 递减 $\Big($否则 $\sum\limits_{n=1}^{\infty}\sqrt{a_na_{n+1}}$ 通项不趋于零, 从而发散$\Big)$, 从而 $a_{n+1}\leqslant\sqrt{a_na_{n+1}}$, 由比较判别法知 $\sum\limits_{n=1}^{\infty}a_n$ 收敛. ■

16. 设级数 $\sum\limits_{n=1}^{\infty}a_n^4$ 收敛, 则 $\sum\limits_{n=1}^{\infty}a_nn^{-\frac{4}{5}}$ 收敛.

证　由 Young 不等式, $\left|a_nn^{-\frac{4}{5}}\right|\leqslant\dfrac{1}{4}a_n^4+\dfrac{3}{4}\left(n^{-\frac{4}{5}}\right)^{\frac{4}{3}}$, 而 $\sum\limits_{n=1}^{\infty}\dfrac{1}{n^{\frac{16}{15}}}$ 收敛, 由比较判别法知 $\sum\limits_{n=1}^{\infty}\left|a_nn^{-\frac{4}{5}}\right|$ 收敛, 从而原级数收敛. ■

17. 设正项级数 $\sum\limits_{n=1}^{\infty}a_n$ 发散, 判定下面级数的敛散性.

(1) $\sum\limits_{n=1}^{\infty}\dfrac{a_n}{1+n^2a_n}$;　　(2) $\sum\limits_{n=1}^{\infty}\dfrac{a_n}{1+a_n}$.

解　(1) 由于 $\dfrac{a_n}{1+n^2a_n}\leqslant\dfrac{1}{n^2}$, 且 $\sum\limits_{n=1}^{\infty}\dfrac{1}{n^2}$ 收敛, 由比较判别法知 $\sum\limits_{n=1}^{\infty}\dfrac{a_n}{1+n^2a_n}$ 收敛. ■

(2) (i) 若 $\{a_n\}$ 有界, 则存在 $M>0$ 使得 $0<a_n<M$, 从而 $\dfrac{a_n}{1+a_n}\geqslant\dfrac{a_n}{1+M}$, 而 $\sum\limits_{n=1}^{\infty}\dfrac{a_n}{1+M}=\dfrac{1}{1+M}\sum\limits_{n=1}^{\infty}a_n$ 发散, 由比较判别法知 $\sum\limits_{n=1}^{\infty}\dfrac{a_n}{1+a_n}$ 发散.

(ii) 若 $\{a_n\}$ 无界, 则存在 $\{a_{n_k}\}$ 使得 $\lim\limits_{k\to\infty}a_{n_k}=+\infty$, 故 $\lim\limits_{k\to\infty}\dfrac{a_{n_k}}{1+a_{n_k}}=1$, 由级数收敛的必要条件 (通项趋于零) 可知 $\sum\limits_{n=1}^{\infty}\dfrac{a_n}{1+a_n}$ 发散.

由 (i) 和 (ii) 知 $\sum\limits_{n=1}^{\infty}\dfrac{a_n}{1+a_n}$ 发散. ■

18. 设 $a_n>0$, 证明: 数列 $\{(1+a_1)(1+a_2)\cdots(1+a_n)\}$ 与级数 $\sum\limits_{n=1}^{\infty}a_n$ 同时敛散.

证　记 $A_n:=(1+a_1)(1+a_2)\cdots(1+a_n)$, 则 $\ln A_n=\sum\limits_{k=1}^{n}\ln(1+a_k)$, 从而

$$\{A_n\}\text{ 敛散}\Longleftrightarrow\{\ln A_n\}\text{ 敛散}\Longleftrightarrow\sum_{n=1}^{\infty}\ln(1+a_n)\text{ 敛散}.$$

若 $\sum\limits_{n=1}^{\infty}\ln(1+a_n)$ 收敛, 则 $\lim\limits_{n\to\infty}\ln(1+a_n)=0$, 从而 $\lim\limits_{n\to\infty}a_n=0$. 此时注意到

$\lim\limits_{n\to\infty}\dfrac{\ln(1+a_n)}{a_n}=1$, 由比较判别法知 $\sum\limits_{n=1}^{\infty}a_n$ 收敛.

若 $\sum\limits_{n=1}^{\infty}a_n$ 收敛, 则 $\lim\limits_{n\to\infty}a_n=0$. 此时注意到 $\lim\limits_{n\to\infty}\dfrac{\ln(1+a_n)}{a_n}=1$, 由比较判别法知 $\sum\limits_{n=1}^{\infty}\ln(1+a_n)$ 收敛, 从而 $\{(1+a_1)(1+a_2)\cdots(1+a_n)\}$ 收敛. ■

19. **设 $a_n>0\,(n=1,2,\cdots)$, 数列 $\{a_n\}$ 单调递减, $\sum\limits_{n=1}^{\infty}(-1)^n a_n$ 发散. 证明: $\sum\limits_{n=1}^{\infty}\left(\dfrac{1}{1+a_n}\right)^n$ 收敛.**

证 由条件知 $\lim\limits_{n\to\infty}a_n$ 存在, 记 $\lim\limits_{n\to\infty}a_n=a$, 则 $a\geqslant 0$.

若 $a=0$, 由 Leibniz 判别法知 $\sum\limits_{n=1}^{\infty}(-1)^n a_n$ 收敛, 这与假设矛盾, 故 $a>0$, 从而

$$\lim_{n\to\infty}\sqrt[n]{\left(\frac{1}{1+a_n}\right)^n}=\frac{1}{1+a}<1,$$

由根值判别法知 $\sum\limits_{n=1}^{\infty}\left(\dfrac{1}{1+a_n}\right)^n$ 收敛. ■

20. **设 $a_n>0\,(n=1,2,\cdots)$ 且对所有 $n\in\mathbb{N}$, $\dfrac{a_{n+1}}{a_n}\geqslant 1-\dfrac{1}{n}$ 成立. 证明: 级数 $\sum\limits_{n=1}^{\infty}a_n$ 发散.**

证 (证一) 由于 $\dfrac{a_{n+1}}{a_n}\geqslant 1-\dfrac{1}{n}$, 即 $na_{n+1}>(n-1)a_n$, 所以 $\{na_{n+1}\}$ 单调递增, 因此

(1) 若 $\{na_{n+1}\}$ 有上界, 则存在 $a>0$ 使得

$$\lim_{n\to\infty}na_{n+1}=a. \tag{1}$$

(2) 若 $\{na_{n+1}\}$ 无上界, 则

$$\lim_{n\to\infty}na_{n+1}=+\infty.$$

而 $\sum\limits_{n=1}^{\infty}\dfrac{1}{n}$ 发散, 故由 (1), (2) 及比较判别法知 $\sum\limits_{n=1}^{\infty}a_n$ 发散.

(证二) 由条件知

$$\frac{a_{n+1}}{a_n}\geqslant 1-\frac{1}{n}=\frac{\dfrac{1}{n}}{\dfrac{1}{n-1}},$$

而 $\sum\limits_{n=1}^{\infty}\dfrac{1}{n}$ 发散, 由比较判别法知 $\sum\limits_{n=1}^{\infty}a_n$ 发散. ■

思考 设 $a_n>0\,(n=1,2,\cdots)$. 若 $\dfrac{a_{n+1}}{a_n}\geqslant\left(1-\dfrac{1}{n}\right)^{\alpha}$ $(\alpha\leqslant 1)$ 能否推知级数 $\sum\limits_{n=1}^{\infty}a_n$ 发散? 若 $\dfrac{a_{n+1}}{a_n}\leqslant\left(1-\dfrac{1}{n}\right)^{\beta}$ $(\beta\leqslant 1)$ 能否推知级数 $\sum\limits_{n=1}^{\infty}a_n$ 收敛?

21. 设 $\varphi(x)$ 是 $(-\infty,+\infty)$ 上的连续周期函数, 周期为 1, 且 $\int_0^1 \varphi(x)\,\mathrm{d}x=0$, 函数 $f(x)$ 在 $[0,1]$ 上可微且有连续的一阶导数, 令 $a_n=\int_0^1 f(x)\varphi(nx)\,\mathrm{d}x, n=1,2,\cdots$. 证明:

(1) $\lim\limits_{n\to\infty} a_n=0$;　　(2) $\sum\limits_{n=1}^{\infty}|a_n|^p\ (p>1)$ 收敛.

证　(1) 令 $F(x)=\int_0^x \varphi(nt)\,\mathrm{d}t$, 记 $M_1=\max\limits_{[0,1]}|f'(x)|, M_2=\max\limits_{[0,1]}|\varphi(x)|$, 由 $\varphi(x)$ 周期为 1, 且 $\int_0^1 \varphi(x)\,\mathrm{d}x=0$ 得

$$F'(x)=\varphi(nx),\quad F(0)=0,\quad F(1)=\frac{1}{n}\int_0^n \varphi(u)\,\mathrm{d}u=0,$$

且

$$F(x)=\int_0^x \varphi(nt)\,\mathrm{d}t=\frac{1}{n}\int_0^{nx}\varphi(u)\,\mathrm{d}u=\frac{1}{n}\int_{[nx]}^{nx}\varphi(u)\,\mathrm{d}u\Longrightarrow|F(x)|\leqslant\frac{M_2}{n}.$$

因此

$$a_n=\int_0^1 f(x)F'(x)\,\mathrm{d}x=f(x)F(x)|_0^1-\int_0^1 F(x)f'(x)\,\mathrm{d}x=-\int_0^1 F(x)f'(x)\,\mathrm{d}x,$$

从而

$$|a_n|\leqslant M_1\int_0^1|F(x)|\,\mathrm{d}x\leqslant\frac{1}{n}M_1M_2.$$

所以 $\lim\limits_{n\to\infty}a_n=0$.

(2) 由结论 (1) 知

$$|a_n|^p\leqslant\frac{(M_1M_2)^p}{n^p},$$

由比较判别法知 $\sum\limits_{n=1}^{\infty}|a_n|^p\ (p>1)$ 收敛.　■

练习　判断级数的敛散性.

(1) $\sum\limits_{n=1}^{\infty}\left(\frac{1}{n^p}-\sin\frac{1}{n^p}\right)$;

(2) $\sum\limits_{n=1}^{\infty}\left[\frac{1}{n^p}-\ln\left(1+\frac{1}{n^p}\right)\right]$;

(3) 若存在 $N>0$, 当 $n>N$ 时, $a_n\leqslant c_n\leqslant b_n$, 且 $\sum\limits_{n=1}^{\infty}a_n$ 与 $\sum\limits_{n=1}^{\infty}b_n$ 都收敛, 则 $\sum\limits_{n=1}^{\infty}c_n$ 收敛. 若 $\sum\limits_{n=1}^{\infty}a_n$ 与 $\sum\limits_{n=1}^{\infty}b_n$ 有一个收敛一个发散结论是否成立?

(4) 判定下列级数的敛散性.

(i) $\sum_{n=1}^{\infty}\left(\sqrt[n]{n}-1\right)^{n}$；(ii) $\sum_{n=1}^{\infty}\left(\sqrt[n]{a}-1\right)$ $(a>0,a\neq 1)$；(iii) $\sum_{n=1}^{\infty}\left[\left(1+\frac{1}{n}\right)^{n}-\mathrm{e}\right]$.

(答案：(i)收敛；(ii)发散；(iii)发散)

(5) 判定 $\sum_{n=1}^{\infty}\left[\frac{\left(1+\frac{1}{n}\right)^{n}}{\mathrm{e}}\right]^{n}$ 的敛散性.(答案：发散)

例 5-1-4　解答下列问题.

1. (Raabe 判别法) 设 $\sum_{n=1}^{\infty}x_n\,(x_n\neq 0)$ 是正项级数, $\lim_{n\to\infty}n\left(\frac{x_n}{x_{n+1}}-1\right)=r$. 则

(1) 当 $r>1$ 时, 级数 $\sum_{n=1}^{\infty}x_n$ 收敛;

(2) 当 $r<1$ 时, 级数 $\sum_{n=1}^{\infty}x_n$ 发散.

证　(1) 当 $r>1$ 时, 取 $r>s>t>1$, 由条件知存在 $N>0$, 当 $n>N$ 时, 有

$$\frac{x_n}{x_{n+1}}>1+\frac{s}{n}>\left(1+\frac{1}{n}\right)^{t}. \tag{1}$$

事实上, 令 $f(x)=1+sx-(1+x)^{t}$, 则 $f(0)=0, f'(0)=s-t>0$, 故存在 $\delta>0$, 当 $0<x<\delta$ 时, 有 $1+sx>(1+x)^{t}$, 从而 (1) 式成立.

由 (1) 式知当 $n>N$ 时

$$n^{t}x_n>(n+1)^{t}x_{n+1},$$

即 $\{n^{t}x_n\}$ 单调递减, 故 $x_n\leqslant\frac{x_1}{n^{t}}$, 而 $\sum_{n=1}^{\infty}\frac{x_1}{n^{t}}$ 收敛, 由比较判别法知 $\sum_{n=1}^{\infty}x_n$ 收敛.

(2) 当 $r<1$ 时,

(证一) 由条件知 $\exists N>0$, 当 $n>N$ 时, 有

$$\frac{x_n}{x_{n+1}}<1+\frac{1}{n}=\frac{n+1}{n},$$

即 $\{nx_n\}$ 单调递增, 故 $x_n>\frac{x_1}{n}$, 而 $\sum_{n=1}^{\infty}\frac{x_1}{n}$ 发散, 由比较判别法知 $\sum_{n=1}^{\infty}x_n$ 发散.

(证二) 由条件知 $\exists N>0$, 当 $n>N$ 时, 有

$$\frac{x_n}{x_{n+1}}<1+\frac{1}{n}=\frac{n+1}{n}\Longrightarrow\frac{x_{n+1}}{x_n}>\frac{n}{n+1}=\frac{\frac{1}{n+1}}{\frac{1}{n}},$$

而 $\sum_{n=1}^{\infty}\frac{1}{n}$ 发散, 由比较判别法知 $\sum_{n=1}^{\infty}x_n$ 发散.　■

思考　举例说明 Raabe 判别法中, 当 $r=1$ 时无法确定级数敛散性.

2. 判断 $\sum_{n=1}^{\infty}\frac{n!}{(x+1)\cdot(x+2)\cdot(x+n)}\ (x>0)$ 的敛散性.

解 记 $a_n=\frac{n!}{(x+1)\cdot(x+2)\cdot(x+n)}$, 则

$$\lim_{n\to\infty}\frac{a_{n+1}}{a_n}=\lim_{n\to\infty}\frac{n+1}{x+n+1}=1,$$

即 Cauchy (根值) 和 D'Alembert (比值) 判别法都失效! 而

$$\lim_{n\to\infty}n\left(\frac{a_n}{a_{n+1}}-1\right)=\lim_{n\to\infty}n\frac{x}{n+1}=x,$$

故 $\sum_{n=1}^{\infty}\frac{n!}{(x+1)\cdot(x+2)\cdot(x+n)}:\begin{cases}\text{收敛}, & x>1,\\ \text{发散}, & x<1,\\ \text{发散}, & x=1\left(\text{因为此时}a_n=\dfrac{1}{n+1}\right).\end{cases}$ ■

3. 设 $a_n=\frac{(2n-1)!!}{(2n)!!}$, 解答下列问题.

(1) 求 $\lim_{n\to\infty}\frac{(2n-1)!!}{(2n)!!}$;

(2) 求 $\lim_{n\to\infty}\sqrt[n]{\frac{(2n-1)!!}{(2n)!!}}$;

(3) 判定级数 $\sum_{n=1}^{\infty}a_n^p\,(p\in\mathbb{N}^+)$ 及 $\sum_{n=1}^{\infty}\sqrt[n]{a_n}$ 的敛散性;

(4) 判断 $\sum_{n=1}^{\infty}\frac{(2n-1)!!}{(2n)!!}\frac{1}{2n+1}$ 的敛散性.

解 (1) 由于

$$\frac{(2n-1)!!}{(2n)!!}=\frac{1\cdot3\cdot5\cdot\ \cdots\ \cdot2n-1}{2\cdot4\cdot6\cdot\ \cdots\ \cdot2n}<\frac{2\cdot4\cdot6\cdot\ \cdots\ \cdot2n}{1\cdot3\cdot5\cdot7\cdot\ \cdots\ \cdot(2n+1)}=\frac{(2n)!!}{(2n+1)!!},$$

所以

$$\left(\frac{(2n-1)!!}{(2n)!!}\right)^2<\frac{(2n-1)!!}{(2n)!!}\cdot\frac{(2n)!!}{(2n+1)!!}=\frac{1}{2n+1}\longrightarrow\frac{(2n-1)!!}{(2n)!!}<\frac{1}{\sqrt{2n+1}},$$

故

$$\lim_{n\to\infty}a_n=\lim_{n\to\infty}\frac{(2n-1)!!}{(2n)!!}=0.$$

(2) 由于

$$\lim_{n\to\infty}\frac{a_{n+1}}{a_n}=1$$

及

$$\varliminf_{n\to\infty}\frac{a_{n+1}}{a_n}\leqslant\varliminf_{n\to\infty}\sqrt[n]{a_n}\leqslant\varlimsup_{n\to\infty}\sqrt[n]{a_n}\leqslant\varlimsup_{n\to\infty}\frac{a_{n+1}}{a_n},$$

得 $\lim\limits_{n\to\infty}\sqrt[n]{\dfrac{(2n-1)!!}{(2n)!!}}=1$.

(3) 由 Raabe 判别法知: (i) 当 $p\leqslant 2$ 时级数 $\sum\limits_{n=1}^{\infty}a_n^p$ 发散; (ii) 当 $p\geqslant 3$ 时级数 $\sum\limits_{n=1}^{\infty}a_n^p$ 收敛.

由于 $\lim\limits_{n\to\infty}\sqrt[n]{\dfrac{(2n-1)!!}{(2n)!!}}=1\neq 0$, 故 $\sum\limits_{n=1}^{\infty}\sqrt[n]{a_n}$ 发散. ■

(4) 记 $x_n=\dfrac{(2n-1)!!}{(2n)!!}\dfrac{1}{2n+1}$, 则

$$\lim_{n\to\infty}\frac{x_{n+1}}{x_n}=\lim_{n\to\infty}\frac{(2n+1)^2}{(2n+2)(2n+3)}=1\Longrightarrow\lim_{n\to\infty}\sqrt[n]{x_n}=1,$$

即 Cauchy (根值) 和 D'Alembert (比值) 判别法都失效! 而

$$\lim_{n\to\infty}n\left(\frac{x_n}{x_{n+1}}-1\right)=\lim_{n\to\infty}n\frac{6n+5}{(2n+1)^2}=\frac{3}{2}>1,$$

由 Raabe 判别法知 $\sum\limits_{n=1}^{\infty}\dfrac{(2n-1)!!}{(2n)!!}\dfrac{1}{2n+1}$ 收敛. ■

4. 判断 $\sum\limits_{n=1}^{\infty}\left[\dfrac{(2n)!!}{(2n+1)!!}\right]^p$ 的敛散性.

解 注意到 Wallis 等式

$$\lim_{n\to\infty}\left[\frac{(2n)!!}{(2n-1)!!}\right]^2\frac{1}{2n+1}=\frac{\pi}{2}\Longrightarrow\left[\frac{(2n)!!}{(2n-1)!!}\right]^2\sim\frac{\pi}{2}(2n+1),$$

故

$$\left[\frac{(2n)!!}{(2n+1)!!}\right]^p=\left[\left(\frac{(2n)!!}{(2n-1)!!}\right)^2\right]^{\frac{p}{2}}\frac{1}{(2n+1)^p}\sim\left(\frac{\pi}{2}\right)^{\frac{p}{2}}\frac{1}{(2n+1)^{\frac{p}{2}}},$$

因此,

$$\sum_{n=1}^{\infty}\left[\frac{(2n)!!}{(2n+1)!!}\right]^p:\begin{cases}\text{收敛}, & p>2,\\ \text{发散}, & p\leqslant 2.\end{cases}$$ ■

5. 设 $\alpha\in(0,1)$, $\{a_n\}$ 为正数列且满足

$$\lim_{n\to\infty}n^\alpha\left(\frac{a_n}{a_{n+1}}-1\right)=\lambda\in(0,+\infty),$$

求证: $\lim\limits_{n\to\infty}n^k a_n=0$, 其中 $k>0$.

证 (1) 因为 $\lambda\in(0,+\infty)$, 所以当 n 充分大时, 有 $\dfrac{a_n}{a_{n+1}}-1>0$, 即此时 $\{a_n\}$ 单调递减. 由单调有界定理知

$$\lim_{n\to\infty}a_n=a\geqslant 0.$$

由于

$$n^{\alpha}\left(\frac{a_n}{a_{n+1}}-1\right)a_{n+1}=n^{\alpha}\left(a_n-a_{n+1}\right)=\frac{a_n-a_{n+1}}{\dfrac{1}{n^{\alpha}}},$$

若 $a>0$, 则当 n 充分大时, 有

$$\frac{a_n-a_{n+1}}{\dfrac{1}{n^{\alpha}}}>\frac{\lambda a}{2}>0,$$

而 $\sum\limits_{n=1}^{\infty}\frac{1}{n^{\alpha}}$ 发散, 由正项级数比较判别法知 $\sum\limits_{n=1}^{\infty}(a_n-a_{n+1})$ 发散, 再由级数收敛定义知 $\{a_n\}$ 发散, 矛盾! 因此 $a=0$.

(2) 记 $b_n=n^k a_n$, 则

$$\begin{aligned}n^{\alpha}\left(\frac{b_n}{b_{n+1}}-1\right)&=n^{\alpha}\left[\left(\frac{n}{n+1}\right)^k\frac{a_n}{a_{n+1}}-1\right]\\&=n^{\alpha}\left[\left(\frac{n}{n+1}\right)^k\left(\frac{a_n}{a_{n+1}}-1\right)+\left(\frac{n}{n+1}\right)^k-1\right]\\&=\left(\frac{n}{n+1}\right)^k n^{\alpha}\left(\frac{a_n}{a_{n+1}}-1\right)+n^{\alpha}\left[\left(\frac{n}{n+1}\right)^k-1\right],\end{aligned}$$

而

$$\lim_{n\to\infty}\left(\frac{n}{n+1}\right)^k n^{\alpha}\left(\frac{a_n}{a_{n+1}}-1\right)=\lambda,$$

$$\lim_{n\to\infty}n^{\alpha}\left[\left(\frac{n}{n+1}\right)^k-1\right]=\lim_{n\to\infty}n^{\alpha}\left[-\frac{k}{n+1}+o\left(\frac{1}{n+1}\right)\right]=0,$$

所以

$$\lim_{n\to\infty}n^{\alpha}\left(\frac{b_n}{b_{n+1}}-1\right)=\lambda,$$

由 (1) 知 $\lim\limits_{n\to\infty}n^k a_n=0$. ■

例 5-1-5　解答下列问题.

1. 判断下列级数的敛散性.

(1) $\sum\limits_{n=2}^{\infty}\frac{1}{n^p\ln n}$;　(2) $\sum\limits_{n=2}^{\infty}\frac{1}{n(\ln n)^q}$;　(3) $\sum\limits_{n=10}^{\infty}\frac{1}{n(\ln n)^q\ln\ln n}$;　(4) $\sum\limits_{n=10}^{\infty}\frac{1}{n\ln n(\ln\ln n)^q}$.

解　(1) $\sum\limits_{n=2}^{\infty}\frac{1}{n^p\ln n}:\begin{cases}\text{收敛},\quad p>1,\text{因为}\dfrac{1}{n^p\ln n}<\dfrac{1}{n^p}\,(n\geqslant 3),\\ \text{发散},\quad p=1,\text{由 Cauchy 积分判别法},\\ \text{发散},\quad p<1,\text{因为}\dfrac{1}{n^p\ln n}>\dfrac{1}{n\ln n}.\end{cases}$

(2) 由 Cauchy 积分判别法知 $\sum_{n=2}^{\infty}\frac{1}{n(\ln n)^q}:\begin{cases}收敛, & q>1,\\ 发散, & q\leqslant 1.\end{cases}$

(3) $\sum_{n=10}^{\infty}\frac{1}{n(\ln n)^q\ln\ln n}:\begin{cases}收敛, & q>1,因为\frac{1}{n(\ln n)^q\ln\ln n}<\frac{1}{n(\ln n)^q},\\ 发散, & q=1,由\ \text{Cauchy}\ 积分判别法,\\ 发散, & q<1,因为\frac{1}{n(\ln n)^q\ln\ln n}>\frac{1}{n\ln n\ln\ln n}.\end{cases}$

(4) 由 Cauchy 积分判别法知 $\sum_{n=10}^{\infty}\frac{1}{n\ln n(\ln\ln n)^q}:\begin{cases}收敛, & q>1,\\ 发散, & q\leqslant 1.\end{cases}$ ■

思考 设 $a_n>0$ 且 $\sum_{n=1}^{\infty}a_n$ 收敛, 问是否存在 $\delta>0$ 使得 $\lim_{n\to\infty}n^{1+\delta}a_n$ 存在且有限?

2. 判断 $\sum_{n=2}^{\infty}\frac{1}{\ln n\ln\ln n}$ 的敛散性.

解 (解一) 令 $f(x)=\frac{1}{\ln x\ln\ln x}$, 显然 $f(x)$ 非负递减. 由于

$$\int_3^{+\infty}\frac{1}{\ln x\ln\ln x}\mathrm{d}x\xlongequal{\ln x=t}\int_{\ln 3}^{+\infty}\frac{\mathrm{e}^t}{t\ln t}\mathrm{d}t\geqslant 3\int_{\ln 3}^{+\infty}\frac{1}{t\ln t}\mathrm{d}t=+\infty.$$

由积分判别法知 $\sum_{n=1}^{\infty}\frac{1}{\ln n\ln\ln n}$ 发散.

(解二) 由于

$$\frac{1}{\ln n\ln\ln n}\geqslant\frac{1}{n\ln n\ln\ln n},$$

而 $\sum_{n=2}^{\infty}\frac{1}{n\ln n\ln\ln n}$ 发散, 由比较判别法知 $\sum_{n=2}^{\infty}\frac{1}{\ln n\ln\ln n}$ 发散. ■

注 也可以由

$$\lim_{n\to+\infty}\frac{\frac{1}{\ln n\ln\ln n}}{\frac{1}{\sqrt{n}}}=\lim_{n\to+\infty}\frac{\sqrt{n}}{\ln n\ln\ln n}=+\infty$$

得知级数发散.

3. 设 $\sum_{n=1}^{\infty}a_n^2$ 收敛, 证明 $\sum_{n=2}^{\infty}\frac{a_n}{\sqrt{n}\ln n}$ 绝对收敛.

证 由于

$$0\leqslant\left|\frac{a_n}{\sqrt{n}\ln n}\right|\leqslant\frac{1}{2}\left(a_n^2+\frac{1}{n\ln^2 n}\right).$$

由积分判别法知 $\sum_{n=1}^{\infty}\frac{1}{n\ln^2 n}$ 收敛, 又 $\sum_{n=1}^{\infty}a_n^2$ 收敛, 由比较判别法知 $\sum_{n=2}^{\infty}\left|\frac{a_n}{\sqrt{n}\ln n}\right|$ 收敛 $\left(从而\sum_{n=2}^{\infty}\frac{a_n}{\sqrt{n}\ln n}绝对收敛\right)$. ■

4. 判断 $\sum\limits_{n=2}^{\infty}\dfrac{1}{\ln n!}$ 的敛散性.

解　由于

$$\frac{1}{\ln n!}=\frac{1}{\ln 2+\ln 3+\cdots+\ln n}\geqslant\frac{1}{n\ln n},$$

由积分判别法知 $\sum\limits_{n=2}^{\infty}\dfrac{1}{n\ln n}$ 发散, 故 $\sum\limits_{n=1}^{\infty}\dfrac{1}{\ln n!}$ 发散. ■

5. 判断 $\sum\limits_{n=1}^{\infty}\dfrac{\sin\frac{1}{n}}{\ln n}$ 的敛散性.

解　记 $a_n=\dfrac{\sin\frac{1}{n}}{\ln n}$, 由于 $\lim\limits_{n\to\infty}\dfrac{a_n}{\frac{1}{n\ln n}}=1$, 且 $\sum\limits_{n=2}^{\infty}\dfrac{1}{n\ln n}$ 发散, 故 $\sum\limits_{n=1}^{\infty}\dfrac{\sin\frac{1}{n}}{\ln n}$ 发散. ■

例 5-1-6　解答下列问题.

1.设 $a_n=\left(1-\dfrac{p\ln n}{n}\right)^n$, 讨论 $\sum\limits_{n=1}^{\infty}a_n$ 的敛散性.

解　由于

$$\ln a_n=n\ln\left(1-\frac{p\ln n}{n}\right)\sim(-p\ln n)\Longrightarrow a_n\sim\frac{1}{n^p},$$

由比较判别法知 $\sum\limits_{n=1}^{\infty}a_n:\begin{cases}收敛, & p>1,\\ 发散, & p\leqslant 1.\end{cases}$ ■

注　对通项以乘积或方幂形式出现的级数, 常常对通项取对数然后判定敛散性. 在求极限、求导数运算中也常常先取对数再运算.

2. 设 $x>0$, 讨论 $\sum\limits_{n=1}^{\infty}\dfrac{1}{x^{\ln n}}$ 的敛散性.

证　(1) 当 $0<x\leqslant 1$ 时, $a_n:=\dfrac{1}{x^{\ln n}}\not\to 0$, 因此级数发散.

(2) 当 $x>1$ 时, 记 $a_n:=\dfrac{1}{x^{\ln n}}$, 由于

$$\ln a_n=-\ln n\ln x\Longrightarrow a_n=\mathrm{e}^{\ln n(-\ln x)}=\left(\mathrm{e}^{\ln n}\right)^{-\ln x}=\frac{1}{n^{\ln x}},$$

因此当 $x>\mathrm{e}$ 时, 级数收敛; 当 $x\leqslant\mathrm{e}$ 时, 级数发散.

综上所述

$$\sum_{n=1}^{\infty}\frac{1}{x^{\ln n}}:\begin{cases}收敛, & x>\mathrm{e},\\ 发散, & x\leqslant\mathrm{e}.\end{cases}\quad ■$$

3. 判断 $\sum\limits_{n=2}^{\infty}\dfrac{1}{(\ln n)^{\ln n}}$ 的敛散性.

证　记 $a_n:=\dfrac{1}{(\ln n)^{\ln n}}$, 由于

$$\ln a_n=\ln\frac{1}{(\ln n)^{\ln n}}=-\ln n\ln\ln n\Longrightarrow a_n=\mathrm{e}^{-\ln n\ln\ln n}=\frac{1}{n^{\ln\ln n}},$$

当 n 充分大时,有 $\ln\ln n>2$, 这样 $\dfrac{1}{(\ln n)^{\ln n}}<\dfrac{1}{n^2}$, 而 $\sum\limits_{n=2}^{\infty}\dfrac{1}{n^2}$ 收敛, 由比较判别法知 $\sum\limits_{n=2}^{\infty}\dfrac{1}{(\ln n)^{\ln n}}$ 收敛. ■

4. **设非常数函数** $f(x)\in C[0,1]$, $0\leqslant f(x)\leqslant 1$, **对任意** $n\in\mathbb{N}$, **令** $a_n=\left[\int_0^1 f(x)\,\mathrm{d}x\right]^{\frac{1}{n}}$. **证明: 级数** $\sum\limits_{n=1}^{\infty}(1-a_n)$ **发散.**

证　由于 $f(x)$ 非常值, 且 $0\leqslant f(x)\leqslant 1$, 所以 $\alpha:=\int_0^1 f(x)\,\mathrm{d}x\in(0,1)$, 从而 $\sum\limits_{n=1}^{\infty}(1-a_n)$ 为正项级数. 由于

$$1-a_n=1-\alpha^{\frac{1}{n}}=1-\mathrm{e}^{\frac{\ln\alpha}{n}}=-\frac{\ln\alpha}{n}+o\left(\frac{1}{n}\right)\sim-\frac{\ln\alpha}{n},$$

且 $\sum\limits_{n=1}^{\infty}\left[-\dfrac{\ln\alpha}{n}\right]$ 发散, 由比较判别法知 $\sum\limits_{n=1}^{\infty}(1-a_n)$ 发散. ■

5. (1) **设** $\sum\limits_{n=1}^{\infty}a_n$ **是正项级数,** $\lim\limits_{n\to\infty}\dfrac{\ln\frac{1}{a_n}}{\ln n}=p$, **则**

(i) **若** $p>1$, **则** $\sum\limits_{n=1}^{\infty}a_n$ **收敛;**　　(ii) **若** $p<1$, **则** $\sum\limits_{n=1}^{\infty}a_n$ **发散.**

(2) **判断** $\sum\limits_{n=1}^{\infty}\dfrac{1}{(\ln n)^{\ln\ln n}}$ **的敛散性.**

(3) **判断** $\sum\limits_{n=1}^{\infty}\dfrac{1}{(\ln\ln n)^{\ln n}}$ **的敛散性.**

解　(1) (i) 若 $p>1$, 对 $1<r<p$, 存在 $N>0$, 当 $n>N$ 时有

$$\frac{\ln\frac{1}{a_n}}{\ln n}>r\Longrightarrow\ln\frac{1}{a_n}>r\ln n\Longrightarrow a_n<\frac{1}{n^r},$$

而 $\sum\limits_{n=1}^{\infty}\dfrac{1}{n^r}$ 收敛, 由比较判别法知此时 $\sum\limits_{n=1}^{\infty}a_n$ 收敛;

(ii) 若 $p<1$, 对 $p<r<1$, 存在 $N>0$, 当 $n>N$ 时有

$$\frac{\ln\frac{1}{a_n}}{\ln n}<r\Longrightarrow\ln\frac{1}{a_n}<r\ln n\Longrightarrow a_n>\frac{1}{n^r},$$

而 $\sum\limits_{n=1}^{\infty}\dfrac{1}{n^r}$ 发散, 由比较判别法知此时 $\sum\limits_{n=1}^{\infty}a_n$ 发散. ■

(2) 记 $a_n=\dfrac{1}{(\ln n)^{\ln\ln n}}$, 则

$$\lim_{n\to\infty}\frac{\ln\frac{1}{a_n}}{\ln n}=\lim_{n\to\infty}\frac{[\ln(\ln n)]^2}{\ln n}=0,$$

故 $\sum_{n=1}^{\infty}\frac{1}{(\ln n)^{\ln(\ln n)}}$ 发散. ■

(3) 记 $a_n=\frac{1}{(\ln\ln n)^{\ln n}}$, 则

$$\lim_{n\to\infty}\frac{\ln\frac{1}{a_n}}{\ln n}=\lim_{n\to\infty}\frac{\ln n\,(\ln\ln\ln n)}{\ln n}=+\infty,$$

故 $\sum_{n=1}^{\infty}\frac{1}{(\ln n)^{\ln(\ln n)}}$ 收敛. ■

例 5-1-7 解答下列问题.

1. 判断下列级数是绝对收敛, 还是条件收敛, 并说明理由.

(1) $\sum_{n=1}^{\infty}\frac{(-1)^n}{n\sqrt[n]{n}}$; (2) $\sum_{n=1}^{\infty}\frac{(-1)^{n-1}}{n^{p+\frac{1}{n}}}$; (3) $\sum_{n=1}^{\infty}(-1)^n\sin\frac{x}{n}(x\neq 0)$; (4) $\sum_{n=1}^{\infty}\frac{(-1)^n}{(n^2+3n-2)^x}$;

(5) $\sum_{n=1}^{\infty}\sin\left(\sqrt{n^2+a^2}\pi\right)$; (6) $\sum_{n=1}^{\infty}\sin\left(n\pi+\frac{1}{\ln n}\right)$; (7) $\sum_{n=1}^{\infty}(-1)^n\frac{\arctan n}{\sqrt{n}}$;

(8) $\sum_{n=1}^{\infty}\frac{(-1)^n}{n^p\ln^q n}$.

解 (1) (i) 由于

$$\lim_{n\to\infty}\left|\frac{\frac{(-1)^n}{n\sqrt[n]{n}}}{\frac{1}{n}}\right|=\lim_{n\to\infty}\frac{1}{\sqrt[n]{n}}=1,$$

而 $\sum_{n=1}^{\infty}\frac{1}{n}$ 发散, 所以 $\sum_{n=1}^{\infty}\left|\frac{(-1)^n}{n\sqrt[n]{n}}\right|$ 发散.

(ii) 当 $n\geqslant 3$ 时, $\left\{\frac{1}{n\sqrt[n]{n}}\right\}$ 单调递减且 $\lim_{n\to\infty}\frac{1}{n\sqrt[n]{n}}=0$, 由 Leibniz 判别法知 $\sum_{n=1}^{\infty}\frac{(-1)^n}{n\sqrt[n]{n}}$ 收敛.

由 (i), (ii) 知 $\sum_{n=1}^{\infty}\frac{(-1)^n}{n\sqrt[n]{n}}$ 条件收敛.

注 $\sum_{n=1}^{\infty}\frac{(-1)^n}{n^q\sqrt[n]{n}}:\begin{cases}\text{绝对收敛}, & q>1,\\ \text{条件收敛}, & 0<q\leqslant 1,\\ \text{发散}, & q\leqslant 0\,(\text{因为通项不趋于零}).\end{cases}$

(2) (i) 当 $p\leqslant 0$ 时, 因通项不趋向零, 故级数发散.

(ii) 当 $p>1$ 时, $\left|\frac{(-1)^{n-1}}{n^{p+\frac{1}{n}}}\right|<\frac{1}{n^p}$, 由比较判别法知级数绝对收敛.

(iii) 当 $0<p\leqslant 1$ 时, 由 Leibniz 判别法知 $\sum_{n=1}^{\infty}\frac{(-1)^{n-1}}{n^p}$ 收敛, 又 $\left\{\frac{1}{n^{\frac{1}{n}}}\right\}$ 单调递增且有界 $(n\geqslant 3)$, 由 Abel 判别法知 $\sum_{n=1}^{\infty}\frac{(-1)^{n-1}}{n^{p+\frac{1}{n}}}$ 收敛. 而 $\lim_{n\to\infty}\left|\frac{\frac{(-1)^{n-1}}{n^{p+\frac{1}{n}}}}{\frac{1}{n^p}}\right|=1$, 而当 $0<p\leqslant 1$ 时,

$\sum\limits_{n=1}^{\infty}\dfrac{1}{n^p}$ 发散, 故 $\sum\limits_{n=1}^{\infty}\left|\dfrac{(-1)^{n-1}}{n^{p+\frac{1}{n}}}\right|$ 发散. 故当 $0<p\leqslant 1$ 时, 级数 $\sum\limits_{n=1}^{\infty}\dfrac{(-1)^{n-1}}{n^{p+\frac{1}{n}}}$ 条件收敛.

综上所述,

$$\sum_{n=1}^{\infty}\frac{(-1)^{n-1}}{n^{p+\frac{1}{n}}}:\begin{cases}\text{绝对收敛}, & p>1,\\ \text{条件收敛}, & 0<p\leqslant 1,\\ \text{发散}, & p\leqslant 0.\end{cases}$$

(3) (i) 由于 $\sin\dfrac{x}{n}$ 关于 x 是奇函数. 不妨设 $x>0$, 则存在 $N(x)>0$, 当 $n>N(x)$ 时, 有 $0<\dfrac{x}{n}<\dfrac{\pi}{2}$. 此时, $\sin\dfrac{x}{n}>0$, 且 $\left\{\sin\dfrac{x}{n}\right\}$ 单调递减且 $\lim\limits_{n\to\infty}\sin\dfrac{x}{n}=0$, 由 Leibniz 级数判别法知 $\sum\limits_{n=1}^{\infty}(-1)^n\sin\dfrac{x}{n}$ 收敛.

(ii) 由于 $\lim\limits_{n\to\infty}\dfrac{\left|(-1)^n\sin\dfrac{x}{n}\right|}{\dfrac{x}{n}}=1$, 而 $\sum\limits_{n=1}^{\infty}\dfrac{x}{n}$ 发散, 故 $\sum\limits_{n=1}^{\infty}\left|(-1)^n\sin\dfrac{x}{n}\right|$ 发散.

由 (i), (ii) 知结论成立.

(4) (i) 当 $\forall x>0$ 时, $\left\{\dfrac{1}{(n^2+3n-2)^x}\right\}$ 单调递减且 $\lim\limits_{n\to\infty}\dfrac{1}{(n^2+3n-2)^x}=0$, 由 Leibniz 级数判别法知 $\sum\limits_{n=1}^{\infty}\dfrac{(-1)^n}{(n^2+3n-2)^x}$ 收敛.

再考察是否绝对收敛. $\forall x>0$, $\lim\limits_{n\to\infty}\dfrac{\left|\dfrac{(-1)^n}{(n^2+3n-2)^x}\right|}{\dfrac{1}{n^{2x}}}=1$.

(ii) 当 $\forall x\leqslant 0$ 时, 由于通项不趋于零, 因此发散.

综上所述,

$$\sum_{n=1}^{\infty}\frac{(-1)^n}{(n^2+3n-2)^x}:\begin{cases}\text{绝对收敛}, & x>\dfrac{1}{2},\\ \text{条件收敛}, & 0<x\leqslant\dfrac{1}{2},\\ \text{发散}, & x\leqslant 0.\end{cases}$$

(5) (i) 由于

$$a_n=\sin\left(\sqrt{n^2+a^2}\pi\right)=(-1)^n\sin\left(\sqrt{n^2+a^2}\pi-n\pi\right)=(-1)^n\sin\frac{\pi a^2}{\sqrt{n^2+a^2}+n},$$

由 Leibniz 级数判别法知 $\sum\limits_{n=1}^{\infty}\sin\left(\sqrt{n^2+a^2}\pi\right)$ 收敛.

(ii) 由于 $|a_n|$ 与 $\dfrac{1}{n}$ 同阶, 由比较判别法知 $\sum\limits_{n=1}^{\infty}\left|\sin\left(\sqrt{n^2+a^2}\pi\right)\right|$ 发散.

由 (i), (ii) 知 $\sum\limits_{n=1}^{\infty}\sin\left(\sqrt{n^2+a^2}\pi\right)$ 条件收敛.

注　由比较判别法可知此级数是条件收敛. 在数列部分已经证明 $\lim\limits_{n\to\infty} a_n = 0$, 这里可以从级数收敛性得到通项 $\lim\limits_{n\to\infty} a_n = 0$.

(6) (i) 由于 $\sin\left(n\pi+\dfrac{1}{\ln n}\right)=(-1)^n\sin\dfrac{1}{\ln n}$, 由 Leibniz 级数判别法知 $\sum\limits_{n=1}^{\infty}\sin\left(n\pi+\dfrac{1}{\ln n}\right)$ 收敛.

(ii) 由于

$$\lim_{n\to\infty}\frac{\left|\sin\left(n\pi+\dfrac{1}{\ln n}\right)\right|}{\dfrac{1}{\ln n}}=\lim_{n\to\infty}\left|\frac{\sin\dfrac{1}{\ln n}}{\dfrac{1}{\ln n}}\right|=1,$$

而 $\sum\limits_{n=1}^{\infty}\dfrac{1}{\ln n}$ 发散, 由比较判别法知 $\sum\limits_{n=1}^{\infty}\left|\sin\left(n\pi+\dfrac{1}{\ln n}\right)\right|$ 发散.

由 (i), (ii) 知原级数是条件收敛.

(7) (i)(解一) 由于 $\{\arctan n\}$ 单调递增有界, 由 Leibniz 判别法知 $\sum\limits_{n=1}^{\infty}(-1)^n\dfrac{1}{\sqrt{n}}$ 收敛, 由 Abel 判别法知 $\sum\limits_{n=1}^{\infty}(-1)^n\dfrac{\arctan n}{\sqrt{n}}$ 收敛.

(解二) 令 $f(x)=\dfrac{\arctan x}{\sqrt{x}}$, 当 x 充分大时 $f'(x)<0$, 故当 n 充分大时 $\left\{\dfrac{\arctan n}{\sqrt{n}}\right\}$ 单调递减且 $\lim\limits_{n\to\infty}\dfrac{\arctan n}{\sqrt{n}}=0$, 由 Leibniz 判别法知 $\sum\limits_{n=1}^{\infty}(-1)^n\dfrac{\arctan n}{\sqrt{n}}$ 收敛.

(ii) 由于 $\left|(-1)^n\dfrac{\arctan n}{\sqrt{n}}\right|$ 与 $\dfrac{1}{\sqrt{n}}$ 同阶, 由比较判别法知 $\sum\limits_{n=1}^{\infty}\left|(-1)^n\dfrac{\arctan n}{\sqrt{n}}\right|$ 发散.

由 (i), (ii) 知原级数是条件收敛. ■

注　将通项改为 $(-1)^n\dfrac{\arctan n}{n^{\varepsilon}}$ $(\varepsilon>0)$ 结论也成立.

(8) (i) 当 $p>1$ 时, 对任意 $q\in\mathbb{R}$ 级数绝对收敛.

(ii) 当 $p=1$ 时, ① 若 $q>1$, 级数绝对收敛; ② 若 $q\leqslant 1$, 由于 x 充分大时, $\left(x^{-p}\ln^{-q}x\right)'<0$, 由 Leibniz 交错级数判别法知级数收敛, 对 $\sum\limits_{n=1}^{\infty}\dfrac{1}{n^p\ln^q n}$ 由积分判别法或者比较判别法知发散, 即 $q\leqslant 1$ 时条件收敛.

(iii) 当 $0<p<1$ 时, 由 Leibniz 交错级数判别法知级数收敛, 由比较判别法知级数不绝对收敛, 即 $0<p<1$ 时, 级数条件收敛.

(iv) 当 $p=0$ 时, $\sum\limits_{n=1}^{\infty}\dfrac{(-1)^n}{n^p\ln^q n}=\sum\limits_{n=1}^{\infty}\dfrac{(-1)^n}{\ln^q n}$, ① 若 $q>0$, 级数条件收敛; ② 若 $q\leqslant 0$ 时, 级数发散.

(v) 当 $p<0$ 时, 由于 $\lim\limits_{n\to\infty}\dfrac{1}{n^p\ln^q n}=+\infty$, 故级数发散. ■

2. 判断下列级数的敛散性.

(1) $\sum\limits_{n=1}^{\infty}\dfrac{(-1)^{[\sqrt{n}]}}{n^p}$; (2) $\sum\limits_{n=2}^{\infty}\dfrac{(-1)^n\sin n}{n}\ (p>0)$; (3) $\sum\limits_{n=1}^{\infty}\left(1+\dfrac{1}{2}+\dfrac{1}{3}+\cdots+\dfrac{1}{n}\right)\dfrac{\sin n\alpha}{n}$.

解　(1) 当 $k^2\leqslant n<(k+1)^2$ 时, $[\sqrt{n}]=k$, 对 $\sum\limits_{n=1}^{\infty}\dfrac{(-1)^{[\sqrt{n}]}}{n^p}$ 加括号后得到级数

$$\sum_{k=1}^{\infty}(-1)^k\left[\frac{1}{(k^2)^p}+\frac{1}{(k^2+1)^p}+\cdots+\frac{1}{(k^2+k-1)^p}+\frac{1}{(k^2+k)^p}+\cdots+\frac{1}{\left((k+1)^2-1\right)^p}\right],$$

记

$$a_k=\frac{1}{(k^2)^p}+\frac{1}{(k^2+1)^p}+\cdots+\frac{1}{(k^2+k-1)^p}+\frac{1}{(k^2+k)^p}+\cdots+\frac{1}{\left((k+1)^2-1\right)^p},$$

则

$$\frac{k}{(k^2+k-1)^p}+\frac{k+1}{\left((k+1)^2-1\right)^p}\leqslant a_k\leqslant\frac{k}{(k^2)^p}+\frac{k+1}{(k^2+k)^p},$$

而

$$a_k\leqslant\frac{k}{(k^2)^p}+\frac{k+1}{(k^2+k)^p}=\frac{1}{k^{2p-1}}+\frac{1}{k^p(k+1)^{p-1}}<\frac{2}{k^{2p-1}},$$

$$a_k\geqslant\frac{k}{(k^2+k-1)^p}+\frac{k+1}{\left((k+1)^2-1\right)^p}>\frac{k}{(k^2+k)^p}+\frac{k+1}{(k+1)^{2p}}>\frac{2}{(k+1)^{2p-1}},$$

即

$$\frac{2}{(k+1)^{2p-1}}<a_k<\frac{2}{k^{2p-1}},$$

故 (i) 当 $p>\dfrac{1}{2}$ 时, $\{a_k\}$ 单调且 $\lim\limits_{k\to\infty}a_k=0$, 由 Leibniz 交错级数判别法知 $\sum\limits_{k=1}^{\infty}(-1)^k a_k$ 收敛, 由于括号里面的项的符号相同, 从而原级数收敛;

(ii) 当 $p\leqslant\dfrac{1}{2}$ 时, $\sum\limits_{k=1}^{\infty}(-1)^k a_k$ 通项不趋于零, 从而发散, 故原级数发散. ■

(2) 由于

$$\sum_{n=1}^{\infty}\frac{(-1)^n\sin n}{n}=\sum_{n=1}^{\infty}\frac{\cos n\pi\sin n}{n}=\sum_{n=1}^{\infty}\frac{\sin n(1+\pi)}{2n}-\sum_{n=1}^{\infty}\frac{\sin n(\pi-1)}{2n},$$

由 Dirichlet 判别法知上式右边两级数均收敛, 故原级数收敛.

(3) (i) 当 $\alpha=0$ 时, 级数通项均为零, 显然收敛.

(ii) 当 $\alpha\neq 0$ 时, 由于 $\left\{\dfrac{1+\frac{1}{2}+\frac{1}{3}+\cdots+\frac{1}{n}}{n}\right\}$ 单调递减, 事实上,

$$\begin{aligned}&\frac{1+\frac{1}{2}+\frac{1}{3}+\cdots+\frac{1}{n}}{n}\cdot\frac{n-1}{1+\frac{1}{2}+\frac{1}{3}+\cdots+\frac{1}{n-1}}\\&=\left(1-\frac{1}{n}\right)\left(1+\frac{\frac{1}{n}}{1+\frac{1}{2}+\frac{1}{3}+\cdots+\frac{1}{n-1}}\right)\\&<\left(1-\frac{1}{n}\right)\left(1+\frac{1}{n}\right)=1-\frac{1}{n^2}<1.\end{aligned}$$

又

$$\lim_{n\to\infty}\frac{1+\frac{1}{2}+\frac{1}{3}+\cdots+\frac{1}{n}}{n}=0,$$

$$\left|\sum_{k=1}^{n}\sin k\alpha\right|\leqslant\frac{1}{\left|\sin\frac{\alpha}{2}\right|}.$$

由 Dirichlet 判别法知级数收敛. ■

3. **讨论级数** $\dfrac{1}{1^p}-\dfrac{1}{2^q}+\dfrac{1}{3^p}-\dfrac{1}{4^q}+\cdots+\dfrac{1}{(2n-1)^p}-\dfrac{1}{(2n)^q}+\cdots(p,q>0)$ **的敛散性.**

解　级数的通项为 $a_n=\begin{cases}-\dfrac{1}{n^q}, & n\text{ 为偶数},\\ \dfrac{1}{n^p}, & n\text{ 为奇数}.\end{cases}$

(i) 当 $p,q>1$ 时, $|a_n|\leqslant\dfrac{1}{n^{\min\{p,q\}}}$, 由比较判别法知级数绝对收敛.

(ii) 当 $0<p=q\leqslant 1$ 时, 由 Leibniz 判别法知级数条件收敛.

(iii) 当 $0<p<q\leqslant 1$ 时, 由比较判别法知 $\displaystyle\sum_{n=1}^{\infty}\left(\frac{1}{(2n-1)^p}-\frac{1}{(2n)^q}\right)$ 发散, 从而原级数发散 (若原级数收敛, 则任意加括号后仍然收敛, 矛盾);

类似地, 当 $0<q<p\leqslant 1$ 时, 由比较判别法知 $\displaystyle\sum_{n=1}^{\infty}\left(\frac{1}{(2n)^q}-\frac{1}{(2n+1)^p}\right)$ 发散, 从而原级数发散.

(iv) 当 $p>1,0<q\leqslant 1$ 或 $q>1,0<p\leqslant 1$ 时, 级数 $\displaystyle\sum_{n=1}^{\infty}\frac{1}{(2n-1)^p}$ 与 $\displaystyle\sum_{n=1}^{\infty}\frac{1}{(2n)^q}$ 一个收敛一个发散, 故原级数发散.

综上所述,

$$\text{原级数}\begin{cases}\text{绝对收敛}, & p,q>1,\\ \text{条件收敛}, & 0<p=q\leqslant 1,\\ \text{发散}, & \text{其他}.\end{cases}\qquad ■$$

4. **证明级数** $1+\frac{1}{\sqrt{3}}-\frac{1}{\sqrt{2}}+\frac{1}{\sqrt{5}}+\frac{1}{\sqrt{7}}-\frac{1}{\sqrt{4}}+\frac{1}{\sqrt{9}}+\frac{1}{\sqrt{11}}-\frac{1}{\sqrt{6}}+\cdots$ **发散到** $+\infty$.

证　我们已经知道若级数按某种方式加括号以后不收敛, 则原级数发散. 因此, 只要证明级数 $1+\frac{1}{\sqrt{3}}-\frac{1}{\sqrt{2}}+\frac{1}{\sqrt{5}}+\frac{1}{\sqrt{7}}-\frac{1}{\sqrt{4}}+\frac{1}{\sqrt{9}}+\frac{1}{\sqrt{11}}-\frac{1}{\sqrt{6}}+\cdots$ 按某方式加括号以后发散即可. 事实上, 令 $a_n=\frac{1}{\sqrt{4n-3}}+\frac{1}{\sqrt{4n-1}}-\frac{1}{\sqrt{2n}}$, 则 $a_n>\frac{1}{\sqrt{4n}}+\frac{1}{\sqrt{4n}}-\frac{1}{\sqrt{2n}}=\left(1-\frac{1}{\sqrt{2}}\right)\frac{1}{\sqrt{n}}>0$, 而 $\sum\limits_{n=1}^{\infty}\frac{1}{\sqrt{n}}$ 发散到 $+\infty$, 所以 $\lim\limits_{n\to\infty}s_{3n}=+\infty$.

又 $s_{3n+2}>s_{3n+1}>s_{3n}$, 故 $\lim\limits_{n\to\infty}s_{3n}=\lim\limits_{n\to\infty}s_{3n+1}=\lim\limits_{n\to\infty}s_{3n+2}=+\infty$, 即结论得证. ■

5. **举出一个发散的交错级数, 使其通项趋于零.**

解　分析　因为一个交错级数

$$a_1-a_2+a_3-a_4+\cdots+a_{2n-1}-a_{2n}+\cdots(a_n>0)$$

的部分和 $s_{2n}=\sum\limits_{k=1}^{n}a_{2k-1}-\sum\limits_{k=1}^{n}a_{2k}$, 为此构造一个级数使得 $\lim\limits_{n\to\infty}a_n=0$, 且 $\sum\limits_{k=1}^{\infty}a_{2k-1}$ 与 $\sum\limits_{k=1}^{\infty}a_{2k}$ 一个收敛一个发散. 令

$$1-\frac{1}{2}+\frac{1}{3^2}-\frac{1}{4}+\frac{1}{5^2}+\cdots+\frac{1}{(2n-1)^2}-\frac{1}{2n}+\cdots,$$

此级数满足题目条件. ■

注　此题目说明 Leibniz 级数判别法三个条件中缺少单调性不成立.

6. **设** $f(x)$ **在** $[-1,1]$ **上二次连续可微, 且有** $\lim\limits_{x\to0}\frac{f(x)}{x}=0$. **证明级数** $\sum\limits_{n=1}^{\infty}f\left(\frac{1}{n}\right)$ **绝对收敛.**

证　由 Taylor 公式得

$$f(x)=f(0)+f'(0)x+\frac{f''(0)}{2!}x^2+o\left(x^2\right).$$

因为 $\lim\limits_{x\to0}\frac{f(x)}{x}=0$, 所以 $f(0)=0,\ f'(0)=0$, 即

$$f(x)=\frac{f''(0)}{2!}x^2+o\left(x^2\right).$$

故

$$\lim_{n\to\infty}\frac{\left|f\left(\frac{1}{n}\right)\right|}{\frac{1}{n^2}}=\frac{1}{2!}\left|f''(0)\right|\neq+\infty.$$

而 $\sum\limits_{n=1}^{\infty}\frac{1}{n^2}$ 收敛, 故 $\sum\limits_{n=1}^{\infty}f\left(\frac{1}{n}\right)$ 绝对收敛. ■

7. 设偶函数 $f(x)$ 的二阶导数 $f''(x)$ 在 $x=0$ 的某邻域内连续，且 $f(0)=1, f''(0)=2$. 证明 $\sum_{n=1}^{\infty}\left[f\left(\frac{1}{n}\right)-1\right]$ 绝对收敛.

证 由条件知 $f'(x)$ 为奇函数，所以 $f'(0)=0$，故由 Taylor 公式得

$$f(x)=f(0)+f'(0)x+\frac{f''(0)}{2!}x^2+o\left(x^2\right)=1+x^2+o\left(x^2\right),$$

所以 $f\left(\frac{1}{n}\right)-1=\frac{1}{n^2}+o\left(\frac{1}{n^2}\right)$，从而 $\sum_{n=1}^{\infty}\left[f\left(\frac{1}{n}\right)-1\right]$ 绝对收敛. ■

注 若题目条件 $f''(0)=2$ 为非实质性条件，$f''(0)=b$ 结论也成立.

8. 设 $f(x)$ 是 $(-\infty,+\infty)$ 上可微函数，且满足：(i)$f(x)>0$; (ii)$|f'(x)|\leqslant m|f(x)|$，其中 $0<m<1$. $\forall a_0$，定义 $a_n=\ln f(a_{n-1}), n=1,2,\cdots$. 证明级数 $\sum_{n=1}^{\infty}(a_n-a_{n-1})$ 绝对收敛.

证 由于

$$|a_{n+1}-a_n|=|\ln f(a_n)-\ln f(a_{n-1})|=\left|\frac{f'(\xi_n)}{f(\xi_n)}(a_n-a_{n-1})\right|\leqslant m|a_n-a_{n-1}|$$

$$\Longrightarrow \frac{|a_{n+1}-a_n|}{|a_n-a_{n-1}|}\leqslant m<1,$$

由比值判别法 (D'Alembert) 知结论成立. ■

9. 证明：若 $\sum_{n=1}^{\infty}a_n$ 绝对收敛，则 $\sum_{n=1}^{\infty}a_n(a_1+a_2+\cdots+a_n)$ 也绝对收敛.

证 记 $s=\sum_{n=1}^{\infty}a_n$，因为 $\sum_{n=1}^{\infty}a_n$ 绝对收敛，所以

$$\lim_{n\to\infty}\frac{|a_n(a_1+a_2+\cdots+a_n)|}{|a_n|}=\lim_{n\to\infty}|a_1+a_2+\cdots+a_n|=|s|<+\infty.$$

由比较判别法知结论成立. ■

10. 已知 $\sum_{n=1}^{\infty}(a_n-a_{n-1})$ 绝对收敛，$\sum_{n=1}^{\infty}b_n$ 收敛，证明 $\sum_{n=1}^{\infty}a_nb_n$ 收敛.

证 由于 $\sum_{n=1}^{\infty}b_n$ 收敛，则对 $\forall\varepsilon>0,\exists N$，当 $n>N$ 时，对 $\forall p\in\mathbb{N}$ 有

$$\left|\sum_{k=n+1}^{n+p}b_k\right|<\varepsilon. \tag{1}$$

由 $\sum_{n=1}^{\infty}(a_n-a_{n-1})$ 绝对收敛，记 $\sum_{n=1}^{\infty}|a_n-a_{n+1}|=A$，则对 $\forall n\in\mathbb{N}$ 有 $\sum_{k=1}^{n}|a_{k+1}-a_k|\leqslant A$，故

$$\sum_{k=n+1}^{n+p}|a_{k+1}-a_k|\leqslant 2A\quad(\forall p\in\mathbb{N}). \tag{2}$$

由 $\sum\limits_{k=1}^{n+p-1}(a_{k+1}-a_k)=a_{n+p}-a_1$ 及 (2) 得

$$|a_{n+p}|\leqslant|a_1|+\sum_{k=1}^{n+p-1}|a_{k+1}-a_k|\leqslant|a_1|+A. \tag{3}$$

由 (1)—(3) 及 Abel 变换得, 对上述 $\varepsilon>0$ 及 N, 当 $n>N$ 时, 对 $\forall p\in\mathbb{N}$ 有

$$\begin{aligned}\left|\sum_{k=n+1}^{n+p}a_kb_k\right|&=\left|a_{n+p}\sum_{k=n+1}^{n+p}b_k-\sum_{k=n+1}^{n+p-1}(a_{k+1}-a_k)\sum_{i=n+1}^{k}b_i\right|\\&\leqslant\varepsilon\left(|a_{n+p}|+2A\right)\leqslant\varepsilon\left(|a_1|+3A\right),\end{aligned}$$

由 Cauchy 收敛准则知 $\sum\limits_{n=1}^{\infty}a_nb_n$ 收敛. ■

注 也可以用 Abel 变换及级数收敛定义判定.

11. 回答下列的问题.

(1) 若 $\sum\limits_{n=1}^{\infty}a_n$ 收敛, 试问 $\sum\limits_{n=1}^{\infty}a_n^2$ 是否收敛?

(2) 若 $\lim\limits_{n\to\infty}\dfrac{a_n}{b_n}=l\neq0$, 级数 $\sum\limits_{n=1}^{\infty}a_n$ 与 $\sum\limits_{n=1}^{\infty}b_n$ 是否同时敛散?

(3) 若 $\sum\limits_{n=1}^{\infty}a_n$ 收敛, 而 $\{b_n\}$ 满足 $b_n=o(a_n)\ (n\to\infty)$, 试问: 级数 $\sum\limits_{n=1}^{\infty}b_n^2$ 是否一定收敛?

解 (1) 不一定. 如:$\sum\limits_{n=1}^{\infty}\dfrac{(-1)^n}{\sqrt{n}}$. 若 $\sum\limits_{n=1}^{\infty}a_n$ 是正项级数, 结论成立.

(2) 不一定. 如: $\sum\limits_{n=1}^{\infty}\dfrac{(-1)^n}{\sqrt{n}}$, $\sum\limits_{n=1}^{\infty}\left(\dfrac{(-1)^n}{\sqrt{n}}+\dfrac{1}{n}\right)$.

若 $\sum\limits_{n=1}^{\infty}a_n$ 与 $\sum\limits_{n=1}^{\infty}b_n$ 都是正项级数, 则结论成立.

(3) 不一定. 如:$\sum\limits_{n=1}^{\infty}\dfrac{(-1)^n}{\sqrt{n}}$ 与 $\sum\limits_{n=1}^{\infty}\dfrac{1}{n}$. ■

注 此例说明 $\sum\limits_{n=1}^{\infty}|a_n|$ 收敛可得 $\sum\limits_{n=1}^{\infty}|a_ns_n|$ 收敛, 其中 $s_n=\sum\limits_{k=1}^{n}a_k$.

练习 (1) 级数 $\sum\limits_{n=2}^{\infty}\sin\left(n\pi+\dfrac{1}{n^\alpha\ln n}\right)$ 何时收敛, 何时发散, 何时绝对收敛?

(2) 讨论 $\sum\limits_{n=1}^{\infty}(-1)^n\dfrac{\arctan n}{n^p}$ 何时条件收敛, 何时绝对收敛, 何时发散?

(3) 设 $f(x)$ 在 $[-1,1]$ 上有定义, 且 $f(0)=0$, $f''(0)$ 存在, 证明级数 $\sum\limits_{n=1}^{\infty}f\left(\dfrac{1}{n}\right)$ 收敛的充分必要条件为 $f'(0)=0$.

(4) 设级数 $\sum_{n=1}^{\infty} a_n$ 的部分和序列 $S_n=\sum_{k=1}^{n} a_k\,(n=1,2,\cdots)$ 是有界序列, 级数 $\sum_{n=1}^{\infty}(b_n-b_{n+1})$ 绝对收敛, 且 $\lim_{n\to\infty} b_n=0$. 证明: 级数 $\sum_{n=1}^{\infty}a_nb_n$ 收敛. (提示: 用 Cauchy 收敛准则及 Abel 变换)

(5) 设 $\{a_n\}$ 是单调递减收敛于零的正数列, 级数 $\sum_{n=1}^{\infty}(-1)^n\dfrac{a_1+a_2+\cdots+a_n}{n}$ 是否收敛? 是否绝对收敛?

例 5-1-8　解答下列问题.

1. 设 $x_n=\dfrac{11\times 12\times 13\times\cdots\times(n+10)}{2\times 5\times 8\times\cdots\times(3n-1)}$. 求 $\lim_{n\to\infty} x_n$.

解　(解一) 由比值判别法知 $\sum_{n=1}^{\infty} x_n$ 收敛, 故 $\lim_{n\to\infty} x_n=0$.

(解二) 构造递推序列 $x_n=\dfrac{n+10}{3n-1}x_{n-1}<\dfrac{2}{3}x_{n-1}$, 然后应用单调有界定理或者两边夹定理即可. ■

2. 求极限 $\lim_{n\to\infty}\left(\dfrac{1}{p^{n+1}}+\dfrac{1}{p^{n+2}}+\cdots+\dfrac{1}{p^{2n}}\right)(p>1)$.

解　(解一) 因为 $\sum_{n=1}^{\infty}\dfrac{1}{p^n}$ 收敛, 由级数收敛的 Cauchy 收敛准则知

$$\lim_{n\to\infty}\left(\frac{1}{p^{n+1}}+\frac{1}{p^{n+2}}+\cdots+\frac{1}{p^{2n}}\right)=0.$$

(解二) 求和后再求极限. ■

3. 若 $\sum_{n=1}^{\infty} a_n$ 收敛, $a_n>0,\{a_n-a_{n+1}\}$ 单调下降, 则 $\{a_n\}$ 单调递减趋于零, 且

$$\lim_{n\to\infty}\left(\frac{1}{a_{n+1}}-\frac{1}{a_n}\right)=+\infty.$$

证　(i) 由 $\sum_{n=1}^{\infty} a_n$ 收敛知 $\lim_{n\to\infty} a_n=0$, 从而 $\lim_{n\to\infty}(a_n-a_{n+1})=0$. 再由 $\{a_n-a_{n+1}\}$ 单调下降得 $a_n-a_{n+1}\geqslant 0$, 即 $a_n\geqslant a_{n+1}$, 故 $\{a_n\}$ 单调递减. 故 $\{a_n\}$ 单调递减趋于零.

(ii) 由 $\sum_{n=1}^{\infty} a_n$ 收敛知

$$\lim_{n\to\infty}\sum_{k=n}^{\infty} a_k=0. \tag{1}$$

故由 (1) 式得

$$\begin{aligned}0\leqslant\frac{a_na_{n+1}}{a_n-a_{n+1}}&\leqslant\frac{a_n^2}{a_n-a_{n+1}}=\frac{1}{a_n-a_{n+1}}\sum_{k=n}^{\infty}\left(a_k^2-a_{k+1}^2\right)\\&\leqslant\sum_{k=n}^{\infty}\frac{a_k^2-a_{k+1}^2}{a_k-a_{k+1}}=\sum_{k=n}^{\infty}(a_k+a_{k+1})\to 0,\end{aligned}$$

即 $\lim\limits_{n\to\infty}\left(\dfrac{1}{a_{n+1}}-\dfrac{1}{a_n}\right)=+\infty$. ■

4. 证明: $p>1$, $\sum\limits_{n=1}^{\infty}\dfrac{1}{(n+1)\sqrt[p]{n}}<p$.

证　由于

$$\frac{1}{(n+1)\sqrt[p]{n}}=\int_{\frac{1}{n+1}}^{\frac{1}{n}}\left(\frac{1}{n}\right)^{-1+\frac{1}{p}}\mathrm{d}x<\int_{\frac{1}{n+1}}^{\frac{1}{n}}x^{-1+\frac{1}{p}}\mathrm{d}x,$$

故

$$\sum_{n=1}^{\infty}\frac{1}{(n+1)\sqrt[p]{n}}<\sum_{n=1}^{\infty}\int_{\frac{1}{n+1}}^{\frac{1}{n}}x^{-1+\frac{1}{p}}\mathrm{d}x=\int_0^1 x^{-1+\frac{1}{p}}\mathrm{d}x=p. \quad ■$$

5. 设级数 $\sum\limits_{n=1}^{\infty}a_n$ 条件收敛, 把这个级数的前 n 项和写成两项 $s_n=\sum\limits_{k=1}^{n}a_k=s_n^++s_n^-$, 其中 s_n^+ 和 s_n^- 分别是正项和负项之和. 证明 $\lim\limits_{n\to\infty}\dfrac{s_n^+}{s_n^-}$ 存在并求其值.

证　记 $s_n=\sum\limits_{k=1}^{n}a_k=s_n^++s_n^-$, 则 $\lim\limits_{n\to\infty}s_n$ 存在.

记 $\sigma_n=\sum\limits_{k=1}^{n}|a_n|=s_n^+-s_n^-$, 则 $\lim\limits_{n\to\infty}\sigma_n=+\infty$. 故

$$s_n^-=\frac{s_n^-+s_n^+-(s_n^+-s_n^-)}{2}=\frac{s_n}{2}-\frac{\sigma_n}{2}\to-\infty,$$

即

$$\lim_{n\to\infty}\frac{s_n^+}{s_n^-}=\lim_{n\to\infty}\left(\frac{s_n}{s_n^-}-1\right)=-1. \quad ■$$

6. 对于数项级数 $\sum\limits_{n=1}^{\infty}a_n$ 任意重排后是否保持收敛性和它的和数呢? 若不然, 一个收敛级数 $\sum\limits_{n=1}^{\infty}a_n$ 加上什么条件能保证重排得到的新级数仍然收敛且和数不变呢?

解　(1) 由 Leibniz 判别法或 Dirichlet 判别法知 $\sum\limits_{n=1}^{\infty}\dfrac{(-1)^{n-1}}{n}$ 条件收敛,

$$S=\sum_{n=1}^{\infty}\frac{(-1)^{n-1}}{n}=1-\frac{1}{2}+\frac{1}{3}-\frac{1}{4}+\frac{1}{5}-\frac{1}{6}+\frac{1}{7}-\frac{1}{8}+\frac{1}{9}-\cdots,$$

$$\begin{aligned}\frac{1}{2}S=\frac{1}{2}\sum_{n=1}^{\infty}\frac{(-1)^{n-1}}{n}&=\frac{1}{2}-\frac{1}{4}+\frac{1}{6}-\frac{1}{8}+\frac{1}{10}-\frac{1}{12}+\cdots\\&=0+\frac{1}{2}+0-\frac{1}{4}+0+\frac{1}{6}+0-\frac{1}{8}+0+\frac{1}{10}+0-\frac{1}{12}+\cdots.\end{aligned}$$

将上述两式右边对应项相加得到

$$\frac{3}{2}S=1+\frac{1}{3}-\frac{1}{2}+\frac{1}{5}+\frac{1}{7}-\frac{1}{4}+\frac{1}{9}+\frac{1}{11}-\frac{1}{6}+\cdots,$$

得到的此级数是原级数的重排 (新级数是两奇数的倒数和减去一偶数的倒数), 而原级数等于 S, 此级数等于 $\frac{3}{2}S$.

(2) 若 $\sum\limits_{n=1}^{\infty}a_n$ 绝对收敛, 则它的任意一个重排级数 $\sum\limits_{n=1}^{\infty}a_{f(n)}$ 绝对收敛, 且 $\sum\limits_{n=1}^{\infty}a_n=\sum\limits_{n=1}^{\infty}a_{f(n)}$.

第一步, 首先证明 $\sum\limits_{n=1}^{\infty}\left|a_{f(n)}\right|$ 收敛, 且 $\sum\limits_{n=1}^{\infty}|a_n|=\sum\limits_{n=1}^{\infty}\left|a_{f(n)}\right|$.

事实上, 记 $S_n'=\sum\limits_{k=1}^{n}\left|a_{f(k)}\right|$, 则 $\{S_n'\}$ 单调递增, 且 $S_n'=\sum\limits_{k=1}^{n}\left|a_{f(k)}\right|\leqslant\sum\limits_{n=1}^{\infty}|a_n|$, 由级数收敛定义知 $\sum\limits_{n=1}^{\infty}\left|a_{f(n)}\right|$ 收敛, 在 $S_n'=\sum\limits_{k=1}^{n}\left|a_{f(k)}\right|\leqslant\sum\limits_{n=1}^{\infty}|a_n|$ 中, 令 $n\to\infty$ 得

$$\sum_{n=1}^{\infty}\left|a_{f(n)}\right|\leqslant\sum_{n=1}^{\infty}|a_n|.$$

由于 $\sum\limits_{n=1}^{\infty}a_n$ 也是 $\sum\limits_{n=1}^{\infty}a_{f(n)}$ 的一个重排, 同理可得

$$\sum_{n=1}^{\infty}|a_n|\leqslant\sum_{n=1}^{\infty}\left|a_{f(n)}\right|.$$

由上述两个不等式知 $\sum\limits_{n=1}^{\infty}|a_n|=\sum\limits_{n=1}^{\infty}\left|a_{f(n)}\right|$.

第二步, 由第一步证明知 $\sum\limits_{n=1}^{\infty}\left|a_{f(n)}\right|$ 收敛, 从而 $\sum\limits_{n=1}^{\infty}a_{f(n)}$ 收敛, 下面证明 $\sum\limits_{n=1}^{\infty}a_n=\sum\limits_{n=1}^{\infty}a_{f(n)}$.

对 $\forall n\in\mathbb{N}$ 定义:

$$a_n^+=\begin{cases}a_n, & a_n>0,\\ 0, & a_n\leqslant 0,\end{cases}\qquad a_n^-=\begin{cases}-a_n, & a_n<0,\\ 0, & a_n\geqslant 0,\end{cases}$$

则

$$a_n^+\geqslant 0,\ a_n^-\geqslant 0;\quad a_n=a_n^+-a_n^-,\quad |a_n|=a_n^++a_n^-,$$

显然, 对任意 $n\in\mathbb{R}$, $a_n^+\leqslant|a_n|, a_n^-\leqslant|a_n|$, 由比较判别法知 $\sum\limits_{n=1}^{\infty}a_n^+$ 与 $\sum\limits_{n=1}^{\infty}a_n^-$ 均是收敛的正项级数, 由第一步的证明知

$$\sum_{n=1}^{\infty}a_n^+=\sum_{n=1}^{\infty}a_{f(n)}^+,\quad \sum_{n=1}^{\infty}a_n^-=\sum_{n=1}^{\infty}a_{f(n)}^-\Longrightarrow\sum_{n=1}^{\infty}a_n=\sum_{n=1}^{\infty}a_n^+-\sum_{n=1}^{\infty}a_n^-=\sum_{n=1}^{\infty}a_{f(n)}.\quad\blacksquare$$

7. (1) 设级数 $\sum_{n=1}^{\infty}\frac{(-1)^{n+1}}{n^{\alpha}}$, 证明: 当 $0<\alpha\leqslant\frac{1}{2}$ 时, 级数 $\sum_{n=1}^{\infty}\frac{(-1)^{n+1}}{n^{\alpha}}$ 与自身的 Cauchy 乘积级数 $\sum_{n=1}^{\infty}c_n$ 发散.

(2) 设级数 $\sum_{n=1}^{\infty}\frac{(-1)^{n+1}}{n}$, 证明: 级数 $\sum_{n=1}^{\infty}\frac{(-1)^{n+1}}{n}$ 与自身的 Cauchy 乘积级数 $\sum_{n=1}^{\infty}c_n$ 收敛.

(3) 两个级数 $\sum_{n=1}^{\infty}a_n$ 与 $\sum_{n=1}^{\infty}b_n$ 收敛时, 则它们的正方形乘积 $\sum_{n=1}^{\infty}d_n$ 收敛.

解 (1) 由于

$$c_n=\sum_{k=1}^{n}a_ka_{n+1-k}=\sum_{k=1}^{n}\frac{(-1)^{(k+1)+(n+1-k+1)}}{k^{\alpha}(n+1-k)^{\alpha}}=(-1)^{n+1}\sum_{k=1}^{n}\frac{1}{k^{\alpha}(n+1-k)^{\alpha}},$$

故

$$|c_n|=\sum_{k=1}^{n}\frac{1}{k^{\alpha}(n+1-k)^{\alpha}}\geqslant\sum_{k=1}^{n}\frac{1}{k^{\frac{1}{2}}(n+1-k)^{\frac{1}{2}}}\geqslant 2\sum_{k=1}^{n}\frac{1}{n+1}\geqslant\frac{2n}{n+1}\not\to 0,$$

从而此时级数 $\sum_{n=1}^{\infty}c_n$ 发散.

(2) 由于

$$c_n=\sum_{k=1}^{n}a_ka_{n+1-k}=\sum_{k=1}^{n}\frac{(-1)^{(k+1)+(n+1-k+1)}}{k(n+1-k)}=(-1)^{n+1}\sum_{k=1}^{n}\frac{1}{k(n+1-k)},$$

记 $u_n=\sum_{k=1}^{n}\frac{1}{k(n+1-k)}=\frac{2}{n+1}\sum_{k=1}^{n}\frac{1}{k}$, 则 $\sum_{n=1}^{\infty}c_n=\sum_{n=1}^{\infty}(-1)^{n+1}u_n$. 下面说明 $\{u_n\}$ 单调递减且给出 $\lim\limits_{n\to\infty}u_n$ 的值. 事实上,

$$\begin{aligned}\frac{u_n}{u_{n-1}}&=\frac{1+\frac{1}{2}+\frac{1}{3}+\cdots+\frac{1}{n}}{n+1}\cdot\frac{n}{1+\frac{1}{2}+\frac{1}{3}+\cdots+\frac{1}{n-1}}=\frac{n}{n+1}\left[1+\frac{\frac{1}{n}}{1+\frac{1}{2}+\frac{1}{3}+\cdots+\frac{1}{n-1}}\right]\\&<\frac{n}{n+1}\left[1+\frac{1}{n}\right]=1\Longrightarrow\{u_n\}\text{ 单调递减},\end{aligned}$$

$$\lim_{n\to\infty}u_n=\lim_{n\to\infty}\frac{\ln n}{n+1}\cdot\frac{\sum\limits_{k=1}^{n}\frac{1}{k}}{\ln n}=0.$$

由 Leibniz 交错级数判别法知 $\sum_{n=1}^{\infty}c_n=\sum_{n=1}^{\infty}(-1)^{n+1}u_n$ 收敛. ■

(3) 记 $S_n=\sum_{k=1}^{n}a_k$, $S'_n=\sum_{k=1}^{n}b_k$, $S''_n=\sum_{k=1}^{n}d_k$, 则

$$S''_n=S'_nS_n,$$

由级数收敛的定义及极限的四则运算法则知当 $\sum\limits_{n=1}^{\infty} a_n$ 与 $\sum\limits_{n=1}^{\infty} b_n$ 收敛时, 则 $\sum\limits_{n=1}^{\infty} d_n$ 也收敛, 且 $\sum\limits_{n=1}^{\infty} d_n = \sum\limits_{n=1}^{\infty} a_n \cdot \sum\limits_{n=1}^{\infty} b_n$. ■

二、 函数项级数

例 5-2-1 解答下列问题.

1. 在区间 $[0,1]$ 上证明

(1) 函数列 $\left\{\left(1+\dfrac{x}{n}\right)^n\right\}$ 一致收敛.

(2) 证明 $\{f_n(x)\}$ 一致收敛, 其中 $f_n(x) = \dfrac{1}{e^{\frac{x}{n}} + \left(1+\dfrac{x}{n}\right)^n}, n = 1, 2, \cdots$.

(3) 求极限 $\lim\limits_{n\to\infty} \displaystyle\int_0^1 \dfrac{1}{e^{\frac{x}{n}} + \left(1+\dfrac{x}{n}\right)^n} dx$.

证 (1) (证一) 由于任意 $x \in [0,1]$, $\lim\limits_{n\to\infty}\left(1+\dfrac{x}{n}\right)^n = e^x$, 且 $\left(1+\dfrac{x}{n}\right)^n$, $e^x \in C[0,1]$, $\left\{\left(1+\dfrac{x}{n}\right)^n\right\}$ 关于 n 单调递增. 由 Dini 定理得 $\left\{\left(1+\dfrac{x}{n}\right)^n\right\}$ 一致收敛于 e^x.

(证二) 记 $f(x) = e^x - \left(1+\dfrac{x}{n}\right)^n$, 则

$$f'(x) = \left(e^x - \left(1+\frac{x}{n}\right)^n\right)' = e^x - \left(1+\frac{x}{n}\right)^{n-1} > 0,$$

所以 $\forall x \in [0,1]$ 有

$$0 \leqslant e^x - \left(1+\frac{x}{n}\right)^n \leqslant e - \left(1+\frac{1}{n}\right)^n \longrightarrow 0 \quad (n\to\infty),$$

即

$$\lim_{n\to\infty}\sup_{x\in[0,1]}\left|e^x - \left(1+\frac{x}{n}\right)^n\right| = 0,$$

由一致收敛定义得 $\left\{\left(1+\dfrac{x}{n}\right)^n\right\}$ 一致收敛于 e^x.

(2) 由于 $\lim\limits_{n\to\infty} f_n(x) = \dfrac{1}{1+e^x}$, 且

$$\begin{aligned}0 \leqslant \left|\frac{1}{1+e^x} - f_n(x)\right| &= \left|\frac{e^{\frac{x}{n}} + \left(1+\frac{x}{n}\right)^n - 1 - e^x}{(1+e^x)\left(e^{\frac{x}{n}} + \left(1+\frac{x}{n}\right)^n\right)}\right| \leqslant \left|e^x - \left(1+\frac{x}{n}\right)^n\right| + |e^{\frac{x}{n}} - 1| \\ &\leqslant \left|e^x - \left(1+\frac{x}{n}\right)^n\right| + \left|e^{\frac{1}{n}} - 1\right|,\end{aligned}$$

结合 (1) 可知 $\{f_n(x)\}$ 一致收敛.

(3) 由 (2) 及函数列一致收敛性质得

$$\lim_{n\to\infty}\int_0^1 \frac{1}{e^{\frac{x}{n}}+\left(1+\frac{x}{n}\right)^n}dx=\int_0^1\frac{1}{1+e^x}dx=\int_0^1\frac{e^{-x}}{1+e^{-x}}dx$$

$$=-\ln\left(1+e^{-x}\right)=\ln 2-\ln\left(1+\frac{1}{e}\right). \quad ■$$

2.证明 $f_n(x)=nx(1-x)^n$ 在 $[0,1]$ 上收敛, 但非一致收敛.

证 显然, 对任意 $x\in[0,1]$, 有 $\lim\limits_{n\to\infty}f_n(x)=0$, 即 $f_n(x)=nx(1-x)^n$ 在 $[0,1]$ 上收敛. 而

$$\lim_{n\to\infty}\sup_{x\in[0,1]}|f_n(x)-0|\geqslant\lim_{n\to\infty}\left|f_n\left(\frac{1}{n}\right)-0\right|=\lim_{n\to\infty}\left(1-\frac{1}{n}\right)^n=e^{-1}\neq 0,$$

故 $f_n(x)=nx(1-x)^n$ 在 $[0,1]$ 上非一致收敛. ■

注 为了用定义判定函数列的收敛性, 一般先找出极限函数, 然后令 $[f_n(x)-f(x)]'=0$, 求出函数极值点.

3. 试讨论 $f_n(x)=\dfrac{x}{1+n^2x^2}$ 在 $\mathbb{R}$ 上的一致收敛性.

解 对任意 $x\in\mathbb{R}$, $\lim\limits_{n\to\infty}f_n(x)=0$. 而 $|f_n(x)-0|\leqslant\dfrac{|x|}{2n|x|}=\dfrac{1}{2n}$, 故

$$\lim_{n\to\infty}\sup_{x\in\mathbb{R}}|f_n(x)-0|=0,$$

所以 $f_n(x)=\dfrac{x}{1+n^2x^2}$ 在 $\mathbb{R}$ 上一致收敛于零. ■

4. (1) 证明 $\{x^n\}$ 在 $[0,1]$ 上不一致收敛.

(2) $f(x)$ 在 $[0,1]$ 上连续, 且 $f(1)=0$. 证明 $\{f(x)x^n\}$ 在 $[0,1]$ 上一致收敛.

证 (1)(证一) 显然 $\{x^n\}$ 的极限函数为 $g(x)=\begin{cases}0, & x\in[0,1),\\ 1, & x=1.\end{cases}$ 而 $g(x)$ 不连续, 由一致收敛性质知 $\{x^n\}$ 在 $[0,1]$ 上不一致收敛.

(证二) 事实上,

$$\lim_{n\to\infty}\sup_{[0,1]}|x^n-g(x)|\geqslant\lim_{n\to\infty}\left|\left(1-\frac{1}{n}\right)^n-0\right|=\frac{1}{e}\neq 0,$$

故 $\{x^n\}$ 在 $[0,1]$ 上不一致收敛.

(2) 因为 $f(x)$ 在 $x=1$ 点连续, 所以 $\forall\varepsilon>0,\exists\delta>0$, 当 $|x-1|<\delta$ 时, 有

$$|f(x)-f(1)|=|f(x)|<\varepsilon.$$

记 $M:=\max\limits_{[0,1]}|f(x)|$.

当 $M=0$ 时, 显然任意 $x\in[0,1]$, 有 $|f(x)x^n-0|<\varepsilon$.

当 $M>0$, 由于 $\lim\limits_{n\to\infty}(1-\delta)^n=0$, 即 $\forall\varepsilon>0,\exists N>0$, 当 $n>N$ 时, 有 $(1-\delta)^n<\dfrac{\varepsilon}{M}$, 从而 $\forall x\in[0,1-\delta]$ 有 $|f(x)x^n-0|<\varepsilon$.

总之, 当 $n>N$ 时, 任意 $x\in[0,1]$ 有 $|f(x)x^n-0|<\varepsilon$. ■

命题　若 $f(x)\in C[0,1]$, 则 $\{f(x)x^n\}$ 在 $[0,1]$ 上一致收敛的充要条件为 $f(1)=0$.

证　(i) 充分性由上题易知.

(ii) 下证必要性. 易知 $\{f(x)x^n\}$ 一致收敛于 $g(x)=\begin{cases}0, & x\in[0,1),\\ f(1), & x=1.\end{cases}$ 因为 $f(x)x^n\in C[0,1]$, 由一致收敛性质知 $g(x)\in C[0,1]$, 故 $f(1)=0$. ■

5. 试问 k 为何值时, $f_n(x)=xn^k\mathrm{e}^{-nx}$ 在 $[0,+\infty)$ 上一致收敛.

解　对任意 $x\in[0,+\infty)$, 有 $\lim\limits_{n\to\infty}f_n(x)=\lim\limits_{n\to\infty}\dfrac{xn^k}{\mathrm{e}^{nx}}=0$, 即函数列的极限函数为 $f(x)=0$.

由于

$$f_n'(x)=\mathrm{e}^{-nx}n^x[1-nx]\begin{cases}>0, & x<\dfrac{1}{n},\\ =0, & x=\dfrac{1}{n},\\ <0, & x>\dfrac{1}{n}.\end{cases}$$

所以 $x=\dfrac{1}{n}$ 是 $f(x)$ 的极大值点, 于是当 $k<1$ 时, 有

$$\lim_{n\to\infty}\sup_{[0,+\infty)}|f_n(x)-f(x)|=\lim_{n\to\infty}\sup_{[0,+\infty)}|f_n(x)|=\lim_{n\to\infty}\mathrm{e}^{-1}n^{k-1}=\begin{cases}0, & k<1,\\ \mathrm{e}^{-1}, & k=1,\\ +\infty, & k>1,\end{cases}$$

即当 $k<1$ 时, $\{f_n(x)\}=\{xn^k\mathrm{e}^{-nx}\}$ 在 $[0,+\infty)$ 上一致收敛, 当 $k\geqslant1$ 时非一致收敛. ■

6. 设 $f(x)$ 在 $[a,b]$ 上具有连续导函数 $f'(x)$ 及 $a<\beta<b$, 对每一个自然数 $n\geqslant\dfrac{1}{b-\beta}$, 定义函数 $f_n(x)=n\left[f\left(x+\dfrac{1}{n}\right)-f(x)\right]$. 证明: $\{f_n(x)\}$ 在 $[a,\beta]$ 上一致收敛于 $f'(x)$.

证　由 Lagrange 微分中值中值定理知 $f_n(x)=f'(x+\theta_n),\theta_n\in\left(0,\dfrac{1}{n}\right)$, 这样

$$|f_n(x)-f'(x)|=|f'(x+\theta_n)-f'(x)|.$$

因为 $f'(x)\in C[a,b]$, 所以 $f'(x)$ 在 $[a,b]$ 上一致连续, 即 $\forall\varepsilon>0,\exists\delta>0$, 对 $\forall x_1,x_2\in[a,b]$, 当 $|x_1-x_2|<\delta$ 时, 有

$$|f'(x_1)-f'(x_2)|<\varepsilon. \tag{1}$$

对上述 $\varepsilon>0,\exists N=\left[\dfrac{1}{\delta}\right]+1$, 当 $n>N$ 时, 对 $\forall x\in[a,\beta]$, 由 (1) 式得

$$|f_n(x)-f'(x)|=|f'(x+\theta_n)-f'(x)|<\varepsilon.\ ■$$

7. 设 (i) $f_n(x)$ 在 $[a,b]$ 上连续, $n=1,2,\cdots$; (ii) $\{f_n(x)\}$ 在 $[a,b]$ 上一致收敛于 $f(x)$. 证明: $\left\{\mathrm{e}^{f_n(x)}\right\}$ 在 $[a,b]$ 上一致收敛 $\mathrm{e}^{f(x)}$.

证 由 (i), (ii) 及函数列一致收敛的性质知 $f(x)\in C[a,b]$, 再由闭区间上连续函数的性质知存在 $M>0$ 使得 $\forall x\in[a,b]$ 有 $|f_n(x)|\leqslant M$, $|f(x)|\leqslant M$.

由 $g(x)=\mathrm{e}^x\in C[-M,M]$ 知 $g(x)$ 在 $[-M,M]$ 上一致连续, 即 $\forall\varepsilon>0,\exists\delta>0$, 对 $\forall y_1,y_2\in[-M,M]$, 当 $|y_1-y_2|<\delta$ 时, 有

$$|\mathrm{e}^{y_1}-\mathrm{e}^{y_2}|<\varepsilon. \tag{1}$$

由 $f_n(x)$ 在 $[a,b]$ 上一致收敛于 $f(x)$, 对上述 $\delta>0$, $\exists N>0$, 当 $n>N$ 时, 对 $\forall x\in[a,b]$ 有

$$|f_n(x)-f(x)|<\delta. \tag{2}$$

由 (1), (2) 式知对上述 $\varepsilon>0$, 存在 $N>0$, 当 $n>N$ 时, 对 $x\in[a,b]$ 有

$$\left|\mathrm{e}^{f_n(x)}-\mathrm{e}^{f(x)}\right|<\varepsilon,$$

即 $\left\{\mathrm{e}^{f_n(x)}\right\}$ 在 $[a,b]$ 上一致收敛 $\mathrm{e}^{f(x)}$. ■

8. 设在 $[a,b]$ 上 $\{f_n(x)\}$ 一致收敛于 $f(x)$, $\{g_n(x)\}$ 一致收敛于 $g(x)$. 若存在正整数列 $\{M_n\}$ 使得 $|f_n(x)|\leqslant M_n, |g_n(x)|\leqslant M_n, x\in[a,b], n=1,2,\cdots$. 证明:

(1) $\{f_n(x)\}$ 一致有界, $f(x)$ 有界.

(2) $\{f_n(x)g_n(x)\}$ 在 $[a,b]$ 上一致收敛于 $f(x)g(x)$.

证 由于

$$|f_n(x)g_n(x)-f(x)g(x)|\leqslant|f_n(x)||g_n(x)-g(x)|+|g(x)||f_n(x)-f(x)|, \tag{1}$$

为此只要证明 $\{f_n(x)\}$ 一致有界, $g(x)$ 有界即可.

先证 $\{f_n(x)\}$ 一致有界. 由于 $\{f_n(x)\}$ 在 $[a,b]$ 上一致收敛于 $f(x)$, 故 $\forall\varepsilon=1,\exists N>0$, 当 $n>N$ 时, 对 $\forall x\in[a,b]$ 有

$$|f_n(x)-f(x)|<1. \tag{2}$$

故

$$|f(x)|\leqslant|f_{N+1}(x)|+1\leqslant M_{N+1}+1,$$

即 $|f(x)|$ 有界, 由确界存在原理知 $|f(x)|$ 有上确界, 记 $M=\sup\limits_{[a,b]}|f(x)|$, 再由 (2) 式知当 $n>N$ 时有

$$|f_n(x)|\leqslant|f(x)|+1\leqslant M+1.$$

记 $G=\max\{M_1,M_2,\cdots,M_N,M+1\}$, 则 $\forall n\in\mathbb{N},\forall\in[a,b]$, 有

$$|f_n(x)|<G.$$

同 $f(x)$ 的有界性可以证明 $g(x)$ 有界.

由 (1) 式可得 $\{f_n(x)g_n(x)\}$ 在 $[a,b]$ 上一致收敛于 $f(x)g(x)$. ■

注 (i) 前面已经知道有限区间上一致连续函数的乘积一定一致连续, 在无限区间上不一定成立; (ii) 若 $f_n(x), g_n(x) \in C[a,b]$, 且分别一致收敛于 $f(x), g(x)$, 显然 $f_n(x)g_n(x)$ 在 $[a,b]$ 上一致收敛于 $f(x)g(x)$.

思考 若 $f_n(x), g_n(x)$ 在 $[a,b]$ 上分别一致收敛于 $f(x), g(x)$, 请问 $f_n(x)g_n(x)$ 是否在 $[a,b]$ 上一致收敛于 $f(x)g(x)$?

9. 设 $\{f_n(x)\}$ 为 $[a,b]$ 上的连续函数序列, 且在 $[a,b]$ 上一致收敛于 $f(x)$. 证明: 若 $f(x)$ 在 $[a,b]$ 上无零点, 则当 n 充分大时, $f_n(x)$ 也无零点, 并有 $\dfrac{1}{f_n(x)}$ 在 $[a,b]$ 上一致收敛于 $\dfrac{1}{f(x)}$.

证 (i) 由条件 $f_n(x) \in C[a,b]\,(n=1,2,\cdots)$ 且在 $[a,b]$ 上一致收敛于 $f(x)$, 则由一致收敛的性质有 $f(x) \in C[a,b]$. 由 $f(x) \in C[a,b]$ 及 $f(x)$ 在 $[a,b]$ 上无零点, 由连续函数的介值定理知 $f(x)$ 在 $[a,b]$ 上同号, 不妨设 $f(x) > 0$, 则 $m = \min\limits_{[a,b]} f(x) > 0$. $\forall \varepsilon = \dfrac{m}{2}, \exists N_1$, 当 $n > N_1$ 时, 对 $\forall x \in [a,b]$, 有 $|f_n(x) - f(x)| < \varepsilon$, 即

$$0 < \frac{m}{2} \leqslant f(x) - \frac{m}{2} < f_n(x) < f(x) + \frac{m}{2}, \tag{1}$$

即当 n 充分大时, $f_n(x)$ 也无零点.

(ii) 由函数列一致收敛定义知 $\forall \varepsilon > 0, \exists N > N_1$, 当 $n > N$ 时, 对 $\forall x \in [a,b]$ 有

$$|f_n(x) - f(x)| < \frac{m^2}{2}\varepsilon,$$

此时 $(n > N)$ 由 (1) 式有

$$\left|\frac{1}{f_n(x)} - \frac{1}{f(x)}\right| = \frac{|f_n(x) - f(x)|}{f_n(x)f(x)} < \varepsilon,$$

即 $\dfrac{1}{f_n(x)}$ 在 $[a,b]$ 上一致收敛于 $\dfrac{1}{f(x)}$. ■

10. 设 $f_n(x) \in R[a,b], n=1,2,\cdots$, 且 $f(x), g(x) \in R[a,b]$ 且 $\lim\limits_{n\to\infty}\displaystyle\int_a^b [f_n(t) - f(t)]^2\,\mathrm{d}t = 0$, 令 $h_n(x) = \displaystyle\int_a^x f_n(t)g(t)\,\mathrm{d}t, h(x) = \int_a^x f(t)g(t)\,\mathrm{d}t$. 则证明 $\{h_n(x)\}$ 在 $[a,b]$ 上一致收敛于 $h(x)$.

证 由 Hölder 不等式得

$$\begin{aligned}|h_n(x) - h(x)| &\leqslant \int_a^x |f_n(t) - f(t)||g(t)|\,\mathrm{d}t \leqslant \left(\int_a^x |f_n(t) - f(t)|^2\,\mathrm{d}t\right)^{\frac{1}{2}} \left(\int_a^x g^2(t)\,\mathrm{d}t\right)^{\frac{1}{2}} \\ &\leqslant \left(\int_a^b |f_n(t) - f(t)|^2\,\mathrm{d}t\right)^{\frac{1}{2}} \left(\int_a^b g^2(t)\,\mathrm{d}t\right)^{\frac{1}{2}}.\end{aligned} \tag{1}$$

由 $f_n(x), f(x), g(x) \in R[a,b]$, 故 $g^2(x) \in R[a,b]$, 再由 $\lim\limits_{n\to\infty}\int_a^b [f_n(t)-f(t)]^2\,\mathrm{d}t=0$ 及 (1) 式得 $\forall\varepsilon>0, \exists N>0$, 当 $n>N$ 时, 对 $\forall x\in[a,b]$ 有

$$|h_n(x)-h(x)|<\varepsilon,$$

即 $\{h_n(x)\}$ 在 $[a,b]$ 上一致收敛于 $h(x)$. ■

11. 设 $\{f_n(x)\}$ 在 $[a,b]$ 上有定义, 满足 Lipchitz 条件: $|f_n(x)-f_n(x')|\leqslant M|x-x'|, \forall n\in\mathbb{N}, \forall x,x'\in[a,b]$, 其中 $M>0$ 为一常数, 且逐点有 $f_n(x)\to f(x)\,(n\to+\infty)$. 证明:

(1) $f(x)$ 在 $[a,b]$ 上连续.

(2) $\{f_n(x)\}$ 在 $[a,b]$ 上一致收敛于 $f(x)$.

证 (1) $\forall\varepsilon>0, \exists\delta_1=\dfrac{\varepsilon}{M}$, 对 $\forall x,x'\in[a,b]$, 当 $|x-x'|<\delta$ 时, 有

$$|f_n(x)-f_n(x')|<M|x-x'|<\varepsilon,$$

令 $n\to\infty$, 由上式得

$$|f(x)-f(x')|\leqslant\varepsilon,$$

即 $f(x)$ 在 $[a,b]$ 上一致连续, 故 $f(x)$ 在 $[a,b]$ 上连续.

(2) 由 $f(x)$ 在 $[a,b]$ 上连续知 $\forall\varepsilon>0, \exists\delta>0$, 对 $\forall x_1,x_2\in[a,b]$, 当 $|x_1-x_2|<\delta$ 时, 有

$$|f(x_1)-f(x_2)|<\frac{\varepsilon}{3}. \tag{1}$$

将 $[a,b]$ 等分成 k 份 $a=a_0<a_1<a_2<\cdots<a_k=b$, 使得 $\dfrac{b-a}{k}<\min\left\{\dfrac{\varepsilon}{3M},\delta\right\}$.

因为 $\forall x\in[a,b]$, $f_n(x)\to f(x)$, 所以对上述 $\varepsilon>0, \exists N>0$, 当 $n>N$ 时, 有

$$|f_n(a_i)-f(a_i)|<\frac{\varepsilon}{3}\quad(i=1,2,\cdots,k). \tag{2}$$

当 $n>N$ 时, 对 $x\in[a,b]$, 存在 a_i 使得 $|x-a_i|<\dfrac{\varepsilon}{3M}$, 由 (1), (2) 式得

$$|f_n(x)-f(x)|\leqslant|f_n(x)-f_n(a_i)|+|f_n(a_i)-f(a_i)|+|f(x)-f(a_i)|<\varepsilon,$$

即 $\{f_n(x)\}$ 在 $[a,b]$ 上一致收敛于 $f(x)$. ■

注 此例说明定义在闭区间上函数列一致满足 Lipchitz 及逐点收敛条件, 则函数列就一致收敛. 此题的第一个结论也可以由第二个结论及一致收敛的性质而得到.

12. 对任意 $n\in\mathbb{N}$, $f_n(x)$ 在 $[a,b]$ 上单调递增, 且 $\{f_n(x)\}$ 收敛于连续函数 $f(x)$. 证明: $\{f_n(x)\}$ 在 $[a,b]$ 上一致收敛于函数 $f(x)$.

证 因为 $f(x)\in C[a,b]$, 所以 $f(x)$ 在 $[a,b]$ 上一致连续, 即 $\forall\varepsilon>0, \exists\delta>0$, 对 $\forall x_1,x_2\in[a,b]$, 当 $|x_1-x_2|<\delta$ 时, 有

$$|f(x_1)-f(x_2)|<\frac{\varepsilon}{3}. \tag{1}$$

将 $[a,b]$ 等分成 k 份使得 $\dfrac{b-a}{k}<\delta : a=a_0<a_1<a_2<\cdots<a_k=b$. 因为 $\forall x\in[a,b]$, $f_n(x)\to f(x)$, 所以对上述 $\varepsilon>0,\exists N>0$ 使得当 $n>N$ 时有

$$|f_n(a_i)-f(a_i)|<\frac{\varepsilon}{3}\quad(i=1,2,\cdots,k).\tag{2}$$

由 (2) 式, 此时 $(n>N)$ 对 $\forall x\in[a,b]$, 不妨设 $x\in[a_{i-1},a_i]$, 有

$$f(a_{i-1})-\frac{\varepsilon}{3}<f_n(a_{i-1})\leqslant f_n(x)\leqslant f_n(a_i)<f(a_i)+\frac{\varepsilon}{3},\tag{3}$$

令 $n\to\infty$ 得

$$f(a_{i-1})-\frac{\varepsilon}{3}<f(a_{i-1})\leqslant f(x)\leqslant f(a_i)<f(a_i)+\frac{\varepsilon}{3}.\tag{4}$$

由 (1), (3), (4) 式得

$$|f_n(x)-f(x)|\leqslant f(a_i)-f(a_{i-1})+\frac{2\varepsilon}{3}<\varepsilon,$$

即 $\{f_n(x)\}$ 在 $[a,b]$ 上一致收敛于函数 $f(x)$. ■

注　单调性是本质要求, 若函数列单调递减结论同样成立, 只要考虑 $\{-f_n(x)\}$ 即可. 此结果可视为 Dini 定理的推广.

13. 设 $f_n(x)=\displaystyle\sum_{k=1}^{n}\frac{1}{n}\cos\left(x+\frac{k}{n}\right),n=1,2,\cdots$. 证明: 在任意有限区间 $[a,b]\subset(-\infty,+\infty)$ 上 $\{f_n(x)\}$ 一致收敛.

证　由定积分的定义

$$\lim_{n\to\infty}f_n(x)=\lim_{n\to\infty}\sum_{k=1}^{n}\frac{1}{n}\cos\left(x+\frac{k}{n}\right)=\int_0^1\cos(x+t)\,\mathrm{d}t.$$

记 $f(x)=\displaystyle\int_0^1\cos(x+t)\,\mathrm{d}t$, 下证 $f_n(x)$ 在 $[a,b]$ 上一致收敛于 $f(x)$. 事实上,

$$f(x)=\int_0^1\cos(x+t)\,\mathrm{d}t=\sum_{k=1}^{n}\int_{\frac{k-1}{n}}^{\frac{k}{n}}\cos(x+t)\,\mathrm{d}t,$$

从而

$$\begin{aligned}|f_n(x)-f(x)|&=\left|\sum_{k=1}^{n}\frac{1}{n}\cos\left(x+\frac{k}{n}\right)-\sum_{k=1}^{n}\int_{\frac{k-1}{n}}^{\frac{k}{n}}\cos(x+t)\,\mathrm{d}t\right|\\&\leqslant\sum_{k=1}^{n}\int_{\frac{k-1}{n}}^{\frac{k}{n}}\left|\cos\left(x+\frac{k}{n}\right)-\cos(x+t)\right|\mathrm{d}t.\end{aligned}\tag{1}$$

对任意有限区间 $[a,b]\subset[-\infty,+\infty)$, 由于 $\cos(x+t)$ 连续, 所以在 $[a,b+1]$ 上一致连续, 即 $\forall\varepsilon>0,\exists\delta>0$, 对 $\forall x\in[a,b],\forall t_1,t_2\in[0,1]$, 当 $|t_1-t_2|<\delta$ 时, 有

$$|\cos(x+t_1)-\cos(x+t_2)|<\varepsilon.$$

因此, 对上述 $\varepsilon>0,\exists N>0$, 当 $n>N$ 时, 对 $\forall t\in\left[\frac{k-1}{n},\frac{k}{n}\right]$, 有 $\left|t-\frac{k}{n}\right|\leqslant\frac{1}{n}<\delta$, 从而有 $\left|\cos\left(x+\frac{k}{n}\right)-\cos\left(x+t\right)\right|<\varepsilon$, 代入 (1) 式有

$$|f_n(x)-f(x)|<\sum_{k=1}^{n}\int_{\frac{k-1}{n}}^{\frac{k}{n}}\varepsilon\mathrm{d}t=\varepsilon. \qquad \blacksquare$$

注 一般地, 若 $f(x)\in C(-\infty,+\infty)$, 且 $f_n(x)=\sum\limits_{k=0}^{n-1}\frac{1}{n}f\left(x+\frac{k}{n}\right)$, 证明: $\{f_n(x)\}$ 在任意有限区间 $[a,b]$ 上一致收敛.

练习 (1) 给定函数列 $f_n(x)=\dfrac{x(\ln n)^{\alpha}}{n^x}\,(n=2,3,\cdots)$. 试问 α 为何值时, $\{f_n(x)\}$ 在 $[0,+\infty)$ 上一致收敛.

(2) 设函数 $f(x)$ 在 $(-\infty,+\infty)$ 上具有连续导函数 $f'(x)$ 且

$$f_n(x)=\mathrm{e}^n\left[f\left(x+\mathrm{e}^{-n}\right)-f(x)\right].$$

证明: $\{f_n(x)\}$ 在任意有限区间 $[a,b]$ 上一致收敛于 $f'(x)$.

(3) 设 $f(x)$ 在 (a,b) 内有连续的导函数, 令 $f_n(x)=\dfrac{n}{2}\left[f\left(x+\dfrac{1}{n}\right)-f\left(x-\dfrac{1}{n}\right)\right]$. 证明: $\{f_n(x)\}$ 在 (a,b) 内闭一致收敛.

(4) 设函数 $f(x)=ax+b$, 其中 a,b 是实数, $0<a<1$. 记 $f_2(x)=f(f(x)),f_n(x)=f(f_{n-1}(x))\,(n=3,4,\cdots)$. 证明:

(i) $\{f_n(x)\}$ 在任意闭区间上一致收敛; (ii)$\{f_n(x)\}$ 在 $(-\infty,+\infty)$ 上不一致收敛. (提示: 求出 $f(x)$ 后, 按定义).

(5) 假设 $\{f_n(x)\},\{g_n(x)\}$ 在区间 I 上分别一致收敛于 $f(x),g(x)$, 试问: $\{f_n(x)g_n(x)\}$ 是否在区间 I 上一致收敛于 $f(x)g(x)$? 若不能, 加上什么条件可以保证结论成立.

(提示: 考察 $f_n(x)=\dfrac{1}{n}$, $g_n(x)=x$, $x\in(0,+\infty)$. 函数列如果有界则结论成立)

(6) 对于区间 $[0,1]$ 上的函数序列 $f_n(x)=n^{\alpha}x\mathrm{e}^{-nx}\,(n=1,2,\cdots)$, 试确定参数 α 的范围, 使得 $\{f_n(x)\}$ 在 $[0,1]$ 上一致收敛.

(提示: 用确界判别法, $\alpha<1$ 一致收敛; $\alpha\geqslant1$ 非一致收敛)

(7) (i) 设 $f(x)$ 在区间 I 上可导, 且 $f'(x)$ 在 I 上一致连续, 试问:

$$f_n(x)=n\left[f\left(x+\frac{1}{n}\right)-f(x)\right]\quad(n=1,2,\cdots)$$

在 I 上是否一致收敛?

(ii) 证明: $g_n(x)=n\left(\sqrt{x+\dfrac{1}{n}}-\sqrt{x}\right)\,(n=1,2,\cdots)$ 在 $(0,+\infty)$ 内闭一致收敛, 但在 $(0,+\infty)$ 上不一致收敛.

$\Bigg($提示: (i) 一致收敛, 用一致收敛定义、中值定理及一致连续性; (ii) 内闭一致收敛性用 (i) 的结果; $\left|g_n\left(\frac{1}{n}\right)-g\left(\frac{1}{n}\right)\right|\not\to0\Bigg)$.

例 5-2-2　解答下列问题.

1. 设 $f_n(x)$ 在 $[a,b]$ 上连续, 且 $\{f_n(b)\}$ 发散. 证明: $\{f_n(x)\}$ 在 $[a,b)$ 上不一致收敛.

证　假设 $\{f_n(x)\}$ 在 $[a,b)$ 上一致收敛, 由 Cauchy 收敛准则知 $\forall\varepsilon>0,\exists N>0$, 当 $n,m>N$ 时, 对 $\forall x\in[a,b)$ 有

$$|f_n(x)-f_m(x)|<\varepsilon. \tag{1}$$

由于 $f_n(x)$ 在 $[a,b]$ 上连续, 在 (1) 中令 $x\to b$ 得

$$|f_n(b)-f_m(b)|\leqslant\varepsilon. \tag{2}$$

由 (2) 式及 Cauchy 收敛准则得 $\{f_n(b)\}$ 收敛, 这与题设矛盾. ■

注　判断函数列非一致收敛, 除用定义外经常用反证法, 然后由 Cauchy 收敛准则或一致收敛的性质得出矛盾.

2. 设 $y_{n+1}(x)=\psi(x)+\varphi(y_n(x)), y_0(x)\equiv y_0, x\in(-\infty,+\infty)$, y_0 满足 $\psi(x_0)=y_0-\varphi(y_0)$, ψ 是连续有界函数, φ 满足 Lipchitz 条件: $|\varphi(y')-\varphi(y'')|\leqslant\alpha|y'-y''|\,(0<\alpha<1)$. 证明:

(1) $\{y_n(x)\}$ 在 $(-\infty,+\infty)$ 上一致收敛.

(2) 记 $\lim\limits_{n\to\infty}y_n(x)=y(x)$, 则 $y(x)$ 连续且 $y(x_0)=y_0$.

(3) 若再加上 ψ 是一致连续的, 则 $y(x)$ 也一致连续.

证　(1) 由于

$$\begin{aligned}|y_{n+p}-y_n|&=|\varphi(y_{n+p-1})-\varphi(y_{n-1})|\leqslant\alpha|y_{n+p-1}-y_{n-1}|\leqslant\alpha^2|y_{n+p-2}-y_{n-2}|\\&\leqslant\cdots\leqslant\alpha^n|y_p-y_0|.\end{aligned} \tag{1}$$

而

$$|y_p-y_0|\leqslant|y_p-y_{p-1}|+\cdots+|y_1-y_0|\leqslant\left(\alpha^{p-1}+\alpha^{p-2}+\cdots+1\right)|y_1-y_0|. \tag{2}$$

由 (1), (2) 式得

$$|y_{n+p}-y_n|\leqslant\left(\alpha^{n+p-1}+\cdots+\alpha^n\right)|y_1-y_0|. \tag{3}$$

因为 $\psi(x)$ 是连续有界函数, 故 $y_1(x)=\psi(x)+\varphi(y_0)$ 有界, 即存在 $M>0$ 使得

$$|y_1(x)-y_0|\leqslant M,\quad\forall x\in(-\infty,+\infty). \tag{4}$$

由 (3), (4) 式得

$$|y_{n+p}(x)-y_n(x)|\leqslant M\alpha^n\frac{1-\alpha^p}{1-\alpha}\to0\quad(n\to\infty),$$

即 $\forall\varepsilon>0,\exists N$, 当 $n>N$ 时, 对 $\forall x\in(-\infty,+\infty),\forall p\in\mathbb{N}$, 有

$$|y_{n+p}(x)-y_n(x)|<\varepsilon.$$

由 Cauchy 一致收敛准则知 $\{y_n(x)\}$ 在 $(-\infty,+\infty)$ 上一致收敛.

(2) 只要证明 $[a,b]\subset(-\infty,+\infty), y(x)\in C[a,b]$ 即可. 由 (1) $y_n(x)$ 在 $[a,b]$ 上一致收敛于 $y(x)$, 故只要证明 $y_n(x)\in C[a,b](n=1,2,\cdots)$. 事实上, $\forall x_0\in(-\infty,+\infty),\exists[a,b]\subset(-\infty,+\infty)$ 使得 $x_0\in[a,b]$. 由 $\psi(x)$ 的连续性得

$$\begin{aligned}|y_n(x)-y_n(x_0)| &= |\psi(x)+\varphi(y_{n-1}(x))-\psi(x_0)-\varphi(y_{n-1}(x_0))|\\ &\leqslant |\psi(x)-\psi(x_0)|+\alpha\,|y_{n-1}(x)-y_{n-1}(x_0)|\\ &\leqslant |\psi(x)-\psi(x_0)|+\alpha\,|\psi(x)-\psi(x_0)|+\alpha^2\,|y_{n-2}(x)-y_{n-2}(x_0)|\leqslant\cdots\\ &\leqslant (1+\alpha+\cdots+\alpha^{n-1})\,|\psi(x)-\psi(x_0)|+\alpha^n\,|y_0(x)-y_0(x_0)|\\ &= \frac{1-\alpha^n}{1-\alpha}\,|\psi(x)-\psi(x_0)|\longrightarrow 0\quad (x\to x_0),\end{aligned}$$

即 $y_n(x)\in C[a,b]$, 从而 $y(x)\in C[a,b]$, 由 x_0 的任意性知 $y(x)\in C(-\infty,+\infty)$.

(3) 对 $y_{n+1}(x)=\psi(x)+\varphi(y_n(x))$ 两边取 $n\to\infty$, 得 $y(x)=\psi(x)+\varphi(y(x))$, 故

$$|y(x_1)-y(x_2)|\leqslant|\psi(x_1)-\psi(x_2)|+\alpha\,|y(x_1)-y(x_2)|,$$

故

$$|y(x_1)-y(x_2)|\leqslant\frac{1}{1-\alpha}\,|\psi(x_1)-\psi(x_2)|,$$

再由 ψ 的一致连续性知 $y(x)$ 也一致连续. ■

3. 设可微函数列 $\{f_n(x)\}$ 在 $[a,b]$ 上收敛, $\{f_n'(x)\}$ 在 $[a,b]$ 上一致有界. 证明: $\{f_n(x)\}$ 在 $[a,b]$ 上一致收敛.

证　由条件 $\exists M>0$, 对 $\forall n,\forall x\in[a,b]$ 有 $|f_n'(x)|\leqslant M$. 故由 Lagrange 微分中值定理得 $\forall\varepsilon>0,\exists\delta=\dfrac{\varepsilon}{M},\forall x_1,x_2\in[a,b]$, 当 $|x_1-x_2|<\delta$ 时, 有

$$|f_n(x_1)-f_n(x_2)|=|f_n'(\xi)|\,|x_1-x_2|<\varepsilon,\quad\forall n\in\mathbb{N}.\tag{1}$$

将 $[a,b]$ 等分成 k 份 $a=a_0<a_1<a_2<\cdots<a_k=b$, 使得 $\dfrac{b-a}{k}<\dfrac{\varepsilon}{3M}$. 因为 $\{f_n(x)\}$ 在 $[a,b]$ 上收敛, 对上述 $\varepsilon>0,\exists N>0$, 使得当 $n>N$ 时, 对 $\forall p\in\mathbb{N}$ 有

$$|f_{n+p}(a_i)-f_n(a_i)|<\varepsilon\quad(i=1,2,\cdots,k).\tag{2}$$

当 $n>N$ 时, 对 $\forall x\in[a,b]$, 不妨设 $x\in[a_{i-1},a_i]$, 由 (1), (2) 式得

$$|f_{n+p}(x)-f_n(x)|\leqslant|f_{n+p}(x)-f_{n+p}(a_i)|+|f_{n+p}(a_i)-f_n(a_i)|+|f_n(a_i)-f_n(x)|<3\varepsilon,$$

即 $\{f_n(x)\}$ 在 $[a,b]$ 上一致收敛. ■

4. 证明 $\displaystyle\sum_{n=0}^{\infty}\frac{n}{1+n^3x}$ 在 $(0,1)$ 上收敛但非一致收敛.

证　(i) $\forall x_0\in(0,1)$, 有 $0<\dfrac{n}{1+n^3x_0}<\dfrac{n}{n^3x_0}=\dfrac{1}{n^2x_0}$, 而 $\displaystyle\sum_{n=1}^{\infty}\frac{1}{n^2x_0}$ 收敛, 由比较判别法知 $\displaystyle\sum_{n=0}^{\infty}\frac{n}{1+n^3x_0}$ 收敛. 由 x_0 的任意性知 $\displaystyle\sum_{n=0}^{\infty}\frac{n}{1+n^3x}$ 在 $(0,1)$ 上收敛.

(ii) 下证非一致收敛. $\exists\varepsilon_0=\dfrac{1}{2},\forall N>0,\exists n_0>N,\exists x_1=\dfrac{1}{n_0^2}$ 使得 $\dfrac{n_0}{1+n_0^3\left(\dfrac{1}{n_0^2}\right)}=\dfrac{n_0}{1+n_0}\geqslant\dfrac{1}{2}$, 即 $\dfrac{n}{1+n^3x}$ 在 $(0,1)$ 上非一致收敛于零, 由 Cauchy 一致收敛准则知 $\sum\limits_{n=0}^{\infty}\dfrac{n}{1+n^3x}$ 在 $(0,1)$ 上非一致收敛. ■

5. (1) 已知级数 $\sum\limits_{n=1}^{\infty}a_n$ 是发散的一般项级数. 证明 $\sum\limits_{n=1}^{\infty}\left(1+\dfrac{1}{n}\right)a_n$ 也是发散级数.

(2) 证明 $\sum\limits_{n=1}^{\infty}2^n\sin\dfrac{1}{3^nx}$ 在 $(0,+\infty)$ 内处处收敛但非一致收敛.

证　(1) 反证法. 若 $\sum\limits_{n=1}^{\infty}\left(1+\dfrac{1}{n}\right)a_n$ 收敛, 令 $b_n=\left(1+\dfrac{1}{n}\right)a_n, c_n=\dfrac{1}{1+\dfrac{1}{n}}$, 由 Abel 判别法知 $\sum\limits_{n=1}^{\infty}b_nc_n=\sum\limits_{n=1}^{\infty}a_n$ 收敛, 这与假设矛盾.

(2) 对 $\forall x_0\in(0,+\infty)$, 有

$$\left|2^n\sin\frac{1}{3^nx_0}\right|\leqslant 2^n\frac{1}{3^nx_0}=\left(\frac{2}{3}\right)^n\frac{1}{x_0}.$$

而 $\sum\limits_{n=1}^{\infty}\left(\dfrac{2}{3}\right)^n\dfrac{1}{x_0}$ 收敛, 由比较判别法知 $\sum\limits_{n=1}^{\infty}2^n\sin\dfrac{1}{3^nx}$ 在 $(0,+\infty)$ 内处处收敛.

下证非一致收敛. $\exists\varepsilon_0=1,\forall N,\exists n_0>N,\exists x_1=3^{-n_0}\dfrac{2}{\pi}$ 使得 $\left|2^{n_0}\sin\dfrac{1}{3^n\cdot x_1}\right|=2^{n_0}>\varepsilon_0$, 故 $2^n\sin\dfrac{1}{3^nx}$ 非一致收敛于零, 由 Cauchy 一致收敛准则知 $\sum\limits_{n=1}^{\infty}2^n\sin\dfrac{1}{3^nx}$ 在 $(0,+\infty)$ 内非一致收敛. ■

注　若级数通项改为 $2^n\sin\dfrac{1}{(2+\delta)^nx}(\delta>0)$ 可得到同样结论; 可以得到在 $[\alpha,+\infty)\,(\alpha>0)$ 上一致收敛.

6. (1) 证明 $\sum\limits_{n=1}^{\infty}\dfrac{1}{n}\left[\mathrm{e}^x-\left(1+\dfrac{x}{n}\right)^n\right]$ 在 $(0,+\infty)$ 上非一致收敛; (2) 在任何有限区间 $[a,b]$ 上一致收敛.

证　(1) 记 $u_n(x)=\dfrac{1}{n}\left[\mathrm{e}^x-\left(1+\dfrac{x}{n}\right)^n\right]$, 取 $x_n=n$, 则

$$\lim_{n\to\infty}u_n(x_n)=\frac{1}{n}\left[\mathrm{e}^n-2^n\right]=+\infty,$$

即 $\{u_n(x)\}$ 不一致收敛于零, 由 Cauchy 一致收敛准则知 $\sum\limits_{n=1}^{\infty}\dfrac{1}{n}\left[\mathrm{e}^x-\left(1+\dfrac{x}{n}\right)^n\right]$ 在 $(0,+\infty)$ 上非一致收敛.

(2) 设 $|a|,|b|\leqslant M$. 由于 $\forall x\in[a,b]$, $\left(1+\dfrac{x}{n}\right)^n$ 单调递增收敛到 e^x, 因此

$$0<\mathrm{e}^x-\left(1+\frac{x}{n}\right)^n<\left(1+\frac{x}{n}\right)^{n+1}-\left(1+\frac{x}{n}\right)^n=\left(1+\frac{x}{n}\right)^n\frac{x}{n}<\frac{x}{n}\mathrm{e}^x,$$

从而有

$$\frac{1}{n}\left[\mathrm{e}^x-\left(1+\frac{x}{n}\right)^n\right]\leqslant\frac{x}{n^2}\mathrm{e}^x\leqslant\frac{M}{n^2}\mathrm{e}^M,$$

由优级数判别法知 $\sum_{n=1}^{\infty}\frac{1}{n}\left[\mathrm{e}^x-\left(1+\frac{x}{n}\right)^n\right]$ 在任何有限区间 $[a,b]$ 上一致收敛. ■

7. 设 $u_n(x)\in C[a,b]$, $n=1,2,\cdots$, 且 $\sum_{n=1}^{\infty}u_n(x)$ 在 (a,b) 上一致收敛. 证明: (1) $\sum_{n=1}^{\infty}u_n(a)$, $\sum_{n=1}^{\infty}u_n(b)$ 均收敛; (2) $\sum_{n=1}^{\infty}u_n(x)$ 在 $[a,b]$ 上一致收敛.

证 (1) 由于 $\sum_{n=1}^{\infty}u_n(x)$ 在 (a,b) 上一致收敛, 由 Cauchy 一致收敛准则知 $\forall\varepsilon>0,\exists N$, 当 $n>N$ 时, 对 $\forall x\in(a,b),\forall p\in\mathbb{N}$ 有

$$|u_{n+1}(x)+u_{n+2}(x)+\cdots+u_{n+p}(x)|<\varepsilon. \tag{1}$$

因为 $u_n(x)\in C[a,b]$, 在 (1) 式中分别令 $x\to a^+,b^-$ 得

$$|u_{n+1}(a)+u_{n+2}(a)+\cdots+u_{n+p}(a)|<\varepsilon, \tag{2}$$

$$|u_{n+1}(b)+u_{n+2}(b)+\cdots+u_{n+p}(b)|<\varepsilon. \tag{3}$$

由 (2), (3) 式及 Cauchy 收敛准则得 $\sum_{n=1}^{\infty}u_n(a)$, $\sum_{n=1}^{\infty}u_n(b)$ 均收敛.

(2) 由 (1)—(3) 式及 Cauchy 一致收敛准则知 $\sum_{n=1}^{\infty}u_n(x)$ 在 $[a,b]$ 上一致收敛. ■

8. 设 $\sum_{n=1}^{\infty}u_n(x)$ 在 $[a,b]$ 上收敛, 且 $\exists M>0$, 对 $\forall n\in\mathbb{N},\forall x\in(a,b)$ 有 $\left|\sum_{k=1}^{n}u_k'(x)\right|\leqslant M$. 证明 $\sum_{n=1}^{\infty}u_n(x)$ 在 $[a,b]$ 上一致收敛.

证 **分析** $\forall\varepsilon>0$, 是否存在 N? 当 $n>N$ 时, $\forall p\in\mathbb{N},\forall x\in[a,b]$ 成立

$$\left|\sum_{k=n+1}^{n+p}u_k(x)\right|=\left|\sum_{k=n+1}^{n+p}[u_k(x)-u_k(x_i)]+\sum_{k=n+1}^{n+p}u_k(x_i)\right|<\varepsilon.$$

事实上, $\forall\varepsilon>0$, 取 $\delta=\frac{\varepsilon}{2M}$, 将 $[a,b]$ 等分成 m 份使得 $\frac{b-a}{m}<\delta: a=x_0<x_1<x_2<\cdots<x_m=b$. 由于 $\sum_{n=1}^{\infty}u_n(x_i)(i=1,2,\cdots,m)$ 收敛, 故 $\exists N>0$, 当 $n>N$ 时, $\forall p\in\mathbb{N}$, 有

$$\left|\sum_{k=n+1}^{n+p}u_k(x_i)\right|<\varepsilon\quad(i=1,2,\cdots,m),$$

故当 $n>N$ 时, 对 $\forall x\in[a,b]$, 不妨设 $x\in[x_{i-1},x_i]$ 有

$$\begin{aligned}\left|\sum_{k=n+1}^{n+p}u_k(x)\right|&\leqslant\left|\sum_{k=n+1}^{n+p}(u_k(x)-u_k(x_i))\right|+\left|\sum_{k=n+1}^{n+p}u_k(x_i)\right|\\&\leqslant\left|\sum_{k=n+1}^{n+p}u_k'(\xi)(x-x_i)\right|+\left|\sum_{k=n+1}^{n+p}u_k(x_i)\right|<2M\delta+\varepsilon=2\varepsilon,\end{aligned}$$

由 Cauchy 一致收敛准则知 $\sum\limits_{n=1}^{\infty}u_n(x)$ 在 $[a,b]$ 上一致收敛. ■

练习　证明 $\sum\limits_{n=1}^{\infty}\dfrac{\sin nx}{n}$ 在 $[0,\pi]$ 上非一致收敛; 在 $[\alpha,\pi]\,(0<\alpha<\pi)$ 上一致收敛.

例 5-2-3　解答下列问题.

1. 设 $k(x,t)$ 在 $D=[a\leqslant x\leqslant b;a\leqslant t\leqslant b]$ 上连续, $u_0(x)$ 在 $[a,b]$ 上连续, $\forall x\in[a,b]$. 令 $u_n(x)=\int_a^x k(x,t)\,u_{n-1}(t)\,\mathrm{d}t, n=1,2,\cdots$. 证明: $\{u_n(x)\}$ 在 $[a,b]$ 上一致收敛.

证　由条件知存在 $M>0$ 使得 $|k(x,t)|\leqslant M, |u_0(x)|\leqslant M, \forall(x,t)\in D, \forall x\in[a,b]$. 所以

$$|u_1(x)|=\left|\int_a^x k(x,t)\,u_0(t)\,\mathrm{d}t\right|\leqslant M^2(x-a)\leqslant M^2(b-a),$$

$$|u_2(x)|=\left|\int_a^x k(x,t)\,u_1(t)\,\mathrm{d}t\right|\leqslant M^3\int_a^x(t-a)\,\mathrm{d}t=\frac{M^3}{2!}(x-a)^2\leqslant\frac{M^3}{2!}(b-a)^2,$$

$$\cdots\cdots$$

$$|u_n(x)|\leqslant\frac{M^{n+1}}{n!}(b-a)^n,$$

因为 $\lim\limits_{n\to\infty}\dfrac{M^{n+1}}{n!}(b-a)^n=0$ $\left(\text{由比值判别法知级数 }\sum\limits_{n=1}^{\infty}\dfrac{M^{n+1}}{n!}(b-a)^n\text{ 收敛, 从而通项趋于零}\right)$, 故 $\{u_n(x)\}$ 在 $[a,b]$ 上一致收敛于零. ■

注　由优级数判别法可知 $\sum\limits_{n=1}^{\infty}u_n(x)$ 在 $[a,b]$ 上一致收敛.

2. 设 $f(x)$ 在 $[0,1]$ 上连续, $f_1(x)=f(x)$, $f_{n+1}=\int_x^1 f_n(t)\,\mathrm{d}t, \forall x\in[0,1], n=1,2,\cdots$. 证明: $\sum\limits_{n=1}^{\infty}f_n(x)$ 在 $[0,1]$ 上一致收敛.

证　由条件知 $\exists M>0$ 使得 $\forall x\in[0,1]$ 有 $|f(x)|\leqslant M$. 故

$$|f_2(x)|\leqslant\int_x^1|f_1(t)|\,\mathrm{d}t\leqslant M(1-x)\leqslant M,$$

$$|f_3(x)|\leqslant\int_x^1|f_2(t)|\,\mathrm{d}t\leqslant M\int_x^1(1-t)\,\mathrm{d}t\leqslant\frac{M(1-x)^2}{2!}\leqslant\frac{M}{2!},$$

$$\cdots\cdots$$

$$|f_n(x)|\leqslant\frac{M}{(n-1)!}(1-x)^{n-1}\leqslant\frac{M}{(n-1)!},$$

由于 $\sum\limits_{n=1}^{\infty}\dfrac{M}{(n-1)!}$, 由优级数判别法知 $\sum\limits_{n=1}^{\infty}f_n(x)$ 在 $[0,1]$ 上一致收敛. ■

注 结论可以改成绝对一致收敛; 可将条件 $f(x)\in C[0,1]$ 改成 $f(x)\in R[0,1]$.

3. 设 (i) $f(x)\in C(-\infty,+\infty)$; (ii) 当 $x\neq 0$ 时, $|f(x)|<|x|$; (iii) $f_1(x)=f(x), f_2(x)=f(f_1(x)),\cdots,f_n(x)=f(f_{n-1}(x))$. 证明: $\{f_n(x)\}$ 在 $[-A,A]$ 上一致收敛 (A 为正常数).

证 由条件 (i), 在 $|f(x)|<|x|$ 中令 $x\to 0$, 有 $f(0)=0$.

再结合条件 (ii) 知 $\forall x\in[-A,A]$ 有 $|f(x)|\leqslant|x|$, 故 $\forall\varepsilon>0$(不妨设 $\varepsilon<A$), 则

$$|f(x)|\leqslant|x|\leqslant\varepsilon,\quad x\in[-\varepsilon,\varepsilon]. \tag{1}$$

当 $x\in[-A,-\varepsilon]\cup[\varepsilon,A]$ 时有 $\left|\dfrac{f(x)}{x}\right|<1$. 再由 $\dfrac{f(x)}{x}\in C[-A,-\varepsilon]\cup[\varepsilon,A]$ 知存在 $q:0<q<1$ 使得

$$|f(x)|<q|x|<qA,\quad x\in[-A,-\varepsilon]\cup[\varepsilon,A]. \tag{2}$$

故

$$|f(x)|\leqslant\max\{\varepsilon,qA\}\quad(0<q<1),\quad\forall x\in[-A,A]. \tag{3}$$

对 $\forall x\in[-A,A]$:

若 $|f(x)|\leqslant\varepsilon$, 由 (1) 式有 $|f_2(x)|=|f(f(x))|\leqslant|f(x)|\leqslant\varepsilon$;

若 $|f(x)|\in[\varepsilon,A]$, 由 (2), (3) 式有 $|f_2(x)|=|f(f(x))|\leqslant q|f(x)|\leqslant q\max\{\varepsilon,qA\}$, 这样,

$$|f_2(x)|\leqslant\max\{\varepsilon,q^2A\}.$$

一般地, $\forall x\in[-A,A]$, 有

$$|f_n(x)|\leqslant\max\{\varepsilon,q^nA\}. \tag{4}$$

而 $q^nA\to 0\ (n\to\infty)$, 故对上述 $\varepsilon>0,\exists N>0$, 当 $n>N$ 时, 对 $\forall x\in[-A,A]$, 由 (4) 式有 $|f_n(x)|\leqslant\varepsilon$, 即 $\{f_n(x)\}$ 在 $[-A,A]$ 上一致收敛于零. ■

注 条件 (ii) 可改为当 $x\neq 0$ 时, $|f(x)|<\alpha|x|\,(0<\alpha\leqslant 1)$.

4. 证明 $\sum\limits_{n=1}^{\infty}\arctan\dfrac{2x}{x^2+n^3}$ 在 $(-\infty,+\infty)$ 上一致收敛.

证 (解一) 令 $\left(\arctan\dfrac{2x}{x^2+n^3}\right)'=0$ 得 $x=n^{\frac{3}{2}}$, 易知 $x=n^{\frac{3}{2}}$ 是 $\arctan\dfrac{2x}{x^2+n^3}$ 的极大值点, 而 $\arctan\dfrac{2n^{\frac{3}{2}}}{n^3+n^3}\sim\dfrac{1}{n^{\frac{3}{2}}}$ 且 $\sum\limits_{n=1}^{\infty}\dfrac{1}{n^{\frac{3}{2}}}$ 收敛, 由优级数判别法知 $\sum\limits_{n=1}^{\infty}\arctan\dfrac{2x}{x^2+n^3}$ 在 $(-\infty,+\infty)$ 上一致收敛.

(解二) 由 Taylor 公式易得 $|\arctan x|\leqslant|x|$, 即当 $x\geqslant 0$ 时, 有 $\arctan x\leqslant x$; 当 $x<0$ 时, 有 $x<\arctan x$. 故

$$\left|\arctan\frac{2x}{x^2+n^3}\right|\leqslant\frac{2|x|}{n^3+x^2}\leqslant\frac{2|x|}{2n^{\frac{3}{2}}|x|}=\frac{1}{n^{\frac{3}{2}}},$$

而 $\sum\limits_{n=1}^{\infty}\frac{1}{n^{\frac{3}{2}}}$ 收敛, 由优级数判别法知 $\sum\limits_{n=1}^{\infty}\arctan\frac{2x}{x^2+n^3}$ 在 $(-\infty,+\infty)$ 上一致收敛. ■

注 可以证明 $\sum\limits_{n=1}^{\infty}\arctan\frac{2x}{x^2+n^{\alpha}}$, 当 $\alpha>2$ 时, 在 $(-\infty,+\infty)$ 上一致收敛; 当 $\alpha\leqslant 2$ 时, 在 $(-\infty,+\infty)$ 上非一致收敛.

5. 证明 $\sum\limits_{n=1}^{\infty}x^2\mathrm{e}^{-nx}$ 在 $(0,+\infty)$ 内一致收敛.

证 (证一) 由于

$$x^2\mathrm{e}^{-nx}=\frac{x^2}{1+nx+\frac{1}{2!}n^2x^2+\cdots}<\frac{x^2}{\frac{1}{2!}n^2x^2}=\frac{2}{n^2},$$

而 $\sum\limits_{n=1}^{\infty}\frac{2}{n^2}$ 收敛, 由优级数判别法知 $\sum\limits_{n=1}^{\infty}x^2\mathrm{e}^{-nx}$ 在 $(0,+\infty)$ 内一致收敛.

(证二) 记 $u_n(x)=x^2\mathrm{e}^{-nx}$, 则

$$u_n'(x)=(2x-nx^2)\mathrm{e}^{-nx}\begin{cases}>0, & x\in\left(0,\dfrac{2}{n}\right),\\ =0, & x=\dfrac{2}{n},\\ <0, & x\in\left(\dfrac{2}{n},+\infty\right),\end{cases}$$

故 $x=\frac{2}{n}$ 是 $u_n(x)$ 的极大值点. 而 $u_n\left(\frac{2}{n}\right)=\frac{4}{n^2}\mathrm{e}^{-2}$, 且 $\sum\limits_{n=1}^{\infty}\frac{4}{n^2}\mathrm{e}^{-2}$ 收敛, 由优级数判别法知 $\sum\limits_{n=1}^{\infty}x^2\mathrm{e}^{-nx}$ 在 $(0,+\infty)$ 内一致收敛. ■

思考 当 α,β 为何值时, $\sum\limits_{n=1}^{\infty}x^{\alpha}\mathrm{e}^{-n^{\beta}x}$ 在 $(0,+\infty)$ 内一致收敛?

6. 设 $u_n(x)(n=1,2,\cdots)$ 是 $[a,b]$ 上的单调函数. 证明若 $\sum\limits_{n=1}^{\infty}u_n(a),\sum\limits_{n=1}^{\infty}u_n(b)$ 均绝对收敛, 则级数 $\sum\limits_{n=1}^{\infty}u_n(x)$ 在 $[a,b]$ 上绝对收敛且一致收敛.

证 不妨设 $u_n(x)$ 在 $[a,b]$ 上单调递增, 则 $\forall x\in[a,b]$, 有

$$u_n(a)\leqslant u_n(x)\leqslant u_n(b),\quad n=1,2,\cdots,$$

故

$$|u_n(x)|\leqslant\max\{|u_n(a)|,|u_n(b)|\}\leqslant|u_n(a)|+|u_n(b)|. \tag{1}$$

而 $\sum\limits_{n=1}^{\infty}|u_n(a)|,\sum\limits_{n=1}^{\infty}|u_n(b)|$ 均收敛, 由 (1) 式及优级数判别法知 $\sum\limits_{n=1}^{\infty}u_n(x)$ 在 $[a,b]$ 上绝对收敛且一致收敛. ■

7. 设一元函数 $f(x)$ 在 $x=0$ 的邻域内有二阶连续导数, $f(0)=0, 0<f'(0)<1$. 函数 $f_n(x)$ 是 f 的 n 次复合. 证明: 级数 $\sum\limits_{n=1}^{\infty} f_n(x)$ 在 $x=0$ 的邻域内一致收敛.

证 由条件知存在 $\delta>0$ 使得 $f''(x) \in C[-\delta,\delta]$. 由 Taylor 公式有

$$f(x)=f(0)+f'(0)x+\frac{f''(\xi)}{2!}x^2, \tag{1}$$

其中 ξ 介于 x 与 0 之间. 由 $f''(x) \in C[-\delta,\delta]$ 知存在 $M>0$ 使得

$$|f''(x)| \leqslant M, \quad \forall x \in [-\delta,\delta]. \tag{2}$$

由 (1), (2) 式及 $f(0)=0$ 有

$$|f(x)| \leqslant |x|\left(f'(0)+\frac{1}{2}M\delta\right). \tag{3}$$

由于 $0<f'(0)<1$ 可取 δ 充分小使得 $f'(0)+\frac{1}{2}M\delta=q<1$, 这时由 (3) 式得

$$|f(x)| \leqslant q|x|<\delta\,(0<q<1), \quad \forall x \in [-\delta,\delta]. \tag{4}$$

由 (4) 式及 $f(0)=0$ 知, 当 $|x|$ 充分小时, $|f(x)|<\delta$, 有

$$|f_2(x)|=|f(f(x))| \leqslant q|f(x)| \leqslant q^2|x| \leqslant q^2\delta, \cdots, |f_n(x)| \leqslant q^n|x| \leqslant q^n\delta. \tag{5}$$

而 $\sum\limits_{n=1}^{\infty} q^n\delta$ 收敛, 由 (5) 式及优级数判别法知级数 $\sum\limits_{n=1}^{\infty} f_n(x)$ 在 $x=0$ 的邻域内一致收敛. ■

8. (1) 证明函数列 $\left\{\left(1+\frac{x}{n}\right)^n \middle| n=1,2,\cdots\right\}$ 在 $x \in [0,1]$ 上对 n 单调递增.

(2) 证明 $\sum\limits_{n=1}^{\infty} \frac{(-1)^n(n+x)^n}{n^{n+1}}$ 在 $[0,1]$ 上一致收敛.

证 (1) (证一) 由于

$$\sqrt[n+1]{\left(1+\frac{x}{n}\right)^n}=\sqrt[n+1]{\left(1+\frac{x}{n}\right)^n \cdot 1} \leqslant \frac{n\left(1+\frac{x}{n}\right)+1}{n+1}=1+\frac{x}{n+1},$$

故

$$\left(1+\frac{x}{n}\right)^n \leqslant \left(1+\frac{x}{n+1}\right)^{n+1}.$$

(证二) 任意 $a \in [0,1]$, 令 $f(t)=\left(1+\frac{a}{t}\right)^t$, 易知 $f'(t)>0$, 故 $f(t)$ 在 $[1,+\infty)$ 上单调递增, 即 $\left\{\left(1+\frac{x}{n}\right)^n \middle| n=1,2,\cdots\right\}$ 在 $x \in [0,1]$ 上对 n 单调递增.

(2) 由于 $\frac{(-1)^n(n+x)^n}{n^{n+1}}=(-1)^n\frac{1}{n}\left(1+\frac{x}{n}\right)^n$, 且① $\sum\limits_{n=1}^{\infty}(-1)^n\frac{1}{n}$ 收敛; ② $\left(1+\frac{x}{n}\right)^n$ 对任意 $x \in [0,1]$ 关于 n 单调递增; ③ $\left(1+\frac{x}{n}\right)^n \leqslant \left(1+\frac{1}{n}\right)^n \leqslant$e. 由 Abel 判别法知 $\sum\limits_{n=1}^{\infty}\frac{(-1)^n(n+x)^n}{n^{n+1}}$ 在 $[0,1]$ 上一致收敛. ■

9. **证明函数项级数 $\sum_{n=1}^{\infty} \frac{a_n}{n^x}$ 在 $[1,+\infty)$ 上一致收敛的充分必要条件是 $\sum_{n=1}^{\infty} \frac{a_n}{n}$ 收敛.**

证 ($\Longrightarrow$) 由一致收敛定义即可.

($\Longleftarrow$) 由于

$$\sum_{n=1}^{\infty} \frac{a_n}{n^x} = \sum_{n=1}^{\infty} \frac{a_n}{nn^{x-1}},$$

由 Abel 判别法知级数一致收敛. ■

10. **证明级数 $\sum_{n=1}^{\infty}(-1)^n \frac{e^{x^2}+\sqrt{n}}{n^{\frac{3}{2}}}$ 在任何有界区间 $[a,b]$ 上一致收敛, 但在任意点 x_0 不绝对收敛.**

证 记 $a_n=(-1)^n$, $b_n=\frac{e^{x^2}+\sqrt{n}}{n^{\frac{3}{2}}}$, 由于① $\left|\sum_{k=1}^{n} a_k\right| \leqslant 1$; ② 任意 $x\in[a,b]$, $\left\{\frac{e^{x^2}+\sqrt{n}}{n^{\frac{3}{2}}}\right\}$ 关于 n 单调递减; ③ $\left|\frac{e^{x^2}+\sqrt{n}}{n^{\frac{3}{2}}}\right| \leqslant \frac{e^{c^2}+\sqrt{n}}{n^{\frac{3}{2}}} \to 0(n\to\infty)$, 其中 $c=\max\{|a|,|b|\}$, 故 $\left\{\frac{e^{x^2}+\sqrt{n}}{n^{\frac{3}{2}}}\right\}$ 一致趋于零. 由 Dirichlet 判别法知 $\sum_{n=1}^{\infty}(-1)^n\frac{e^{x^2}+\sqrt{n}}{n^{\frac{3}{2}}}$ 在任何有界区间 $[a,b]$ 上一致收敛.

下证不绝对收敛. 任意 $x_0\in[a,b]$, $\left|(-1)^n\frac{e^{x_0^2}+\sqrt{n}}{n^{\frac{3}{2}}}\right| = \frac{e^{x_0^2}}{n^{\frac{3}{2}}}+\frac{1}{n}$, 而 $\sum_{n=1}^{\infty}\frac{e^{x_0^2}}{n^{\frac{3}{2}}}$ 收敛, $\sum_{n=1}^{\infty}\frac{1}{n}$ 发散, 故 $\sum_{n=1}^{\infty}(-1)^n\frac{e^{x^2}+\sqrt{n}}{n^{\frac{3}{2}}}$ 在任意 x_0 点不绝对收敛. ■

11. **讨论函数项级数 $\sum_{n=1}^{\infty}\frac{(-1)^n}{1+nx}$ 在下面区间上的一致收敛性.**

(1) $[a,+\infty)\,(a>0)$; (2) $(0,+\infty)$.

解 (1) 由于 $\left|\sum_{k=1}^{n}(-1)^k\right| \leqslant 1$; $\left\{\frac{1}{1+nx}\right\}$ 对任意 $x\in[a,+\infty)$ 单调递减且 $\frac{1}{1+nx} \rightrightarrows 0$ $(n\to\infty)$, 由 Dirichlet 判别法知 $\sum_{n=1}^{\infty}\frac{(-1)^n}{1+nx}$ 在 $[a,+\infty)\,(a>0)$ 上一致收敛.

(2) (解一) $\left\{\frac{(-1)^n}{1+nx}\right\}$ 在 $(0,+\infty)$ 上不一致收敛于零. 事实上, $\exists\varepsilon_0=\frac{1}{2}$, 对 $\forall N>0$, $\exists n=N+1>N$, $\exists x_0=\frac{1}{N+1}$ 使得 $\left|\frac{(-1)^n}{1+(N+1)\frac{1}{N+1}}\right| = \frac{1}{2}>\varepsilon_0$. 故 $\sum_{n=1}^{\infty}\frac{(-1)^n}{1+nx}$ 在 $(0,+\infty)$ 上非一致收敛.

(解二) 假设 $\sum_{n=1}^{\infty}\frac{(-1)^n}{1+nx}$ 在 $(0,+\infty)$ 上一致收敛, 由于 $u_n(x)=\frac{(-1)^n}{1+nx}\in C[0,+\infty)$, 由一致收敛的 Cauchy 准则得 $\sum_{n=1}^{\infty}\frac{(-1)^n}{1+nx}$ 在 $x=0$ 点收敛, 而 $\sum_{n=1}^{\infty}u_n(0)=\sum_{n=1}^{\infty}(-1)^n$ 发散, 矛盾!
■

12. **试讨论函数项级数 $\sum_{n=1}^{\infty}(-1)^n(1-x)x^n$ 在区间 $[0,1]$ 上的**

(1) 一致收敛性;

(2) 绝对收敛性;

(3) 绝对一致收敛性.

解 (1) 令 $u_n(x)=(-1)^n$, $v_n(x)=(1-x)x^n\,(n=1,2,\cdots)$, 则 $\sum\limits_{k=1}^{n}u_k(x)$ 在 $[0,1]$ 上一致有界, 而 $v_n(x)$ 对固定的 x 关于 n 单调递减且 $v_n(x)\rightrightarrows 0\,(x\in[0,1])$, 由 Dirichlet 判别法知 $\sum\limits_{n=1}^{\infty}(-1)^n(1-x)x^n$ 在区间 $[0,1]$ 上一致收敛.

(2) 记 $S_n(x)=\sum\limits_{k=1}^{n}\left|(-1)^k(1-x)x^k\right|$, 则 $S_n(x)=\begin{cases}x-x^{n+1}, & x\in[0,1),\\ 0, & x=1,\end{cases}$ 注意到 $x\in[0,1)$, $\lim\limits_{n\to\infty}S_n(x)=x$, 故任意 $x\in[0,1]$ 时, $\sum\limits_{n=1}^{\infty}|(-1)^n(1-x)x^n|$ 在区间 $[0,1]$ 上收敛, 即级数绝对收敛.

(3)(解一) 记 $S_n(x)=\sum\limits_{k=1}^{n}\left|(-1)^k(1-x)x^k\right|$, 则 $\lim\limits_{n\to\infty}S_n(x)=x$, $x\in[0,1)$. 因此, 当 $x\in[0,1)$ 时, $|S_n(x)-S(x)|=x^{n+1}$, 而 $\{x^{n+1}\}$ 在 $[0,1)$ 上不一致收敛于零, 因此原级数在 $[0,1]$ 上非绝对一致收敛.

(解二) 因为 $u_n(x)=(1-x)x^n\in C[0,1]$, 且 $S(x)=\begin{cases}x, & x\in[0,1),\\ 0, & x=1,\end{cases}$ $\overline{\in}C[0,1]$, 由函数项级数一致收敛的性质知级数非绝对一致收敛. ■

练习 (1) 证明 $\sum\limits_{n=1}^{\infty}(-1)^n\dfrac{x^2+n}{n^2}$ 在任何有穷区间上一致收敛, 而在任何点都不绝对收敛.

(2) 分别举例说明 $\sum\limits_{n=1}^{\infty}u_n(x)$ 在 I 上一致收敛但非绝对收敛; 绝对收敛但非一致收敛. $\left(\text{如: }\sum\limits_{n=1}^{\infty}(-1)^{n-1}\dfrac{1}{n+x^2},\sum\limits_{n=1}^{\infty}\dfrac{x^2}{(1+x)^n}\text{ 在 }(0,1)\text{ 内}\right)$.

(3) 设 $f(x)$ 在 $[0,a]$ 上连续, $f_1(x)=f(x)$, $f_{n+1}(x)=\int_0^x f_n(t)\,\mathrm{d}t, \forall x\in[0,a], n=1,2,\cdots$. 证明: $\{f_n(x)\}$ 在 $[0,a]$ 上一致收敛.

(4) $\sum\limits_{n=1}^{\infty}x\mathrm{e}^{-nx}$ 在 $(0,+\infty)$ 内非一致收敛.

(5) 设数项级数 $\sum\limits_{n=1^{\infty}}|a_n|$ 收敛, $\{b_n\}$ 有界, 证明函数项级数 $\sum\limits_{n=1}^{\infty}b_n\sin a_n x$ 在 $(-\infty,+\infty)$ 内闭一致收敛.

(提示: $|b_n\sin a_n x|\leqslant Mx\,|a_n|$, 利用 Weierstrass 判别法)

(6) 设数项级数 $\sum\limits_{n=1}^{\infty}\dfrac{a_n}{n^{x_0}}\,(x_0\in\mathbb{R})$ 收敛, 证明:

$$\lim_{x\to x_0^+}\sum_{n=1}^{\infty}\frac{a_n}{n^x}=\sum_{n=1}^{\infty}\frac{a_n}{n^{x_0}}.$$

$\left(\text{提示: 由 Abel 判别法知} \sum_{n=1}^{\infty} \frac{a_n}{n^x} \text{ 在 } [x_0,+\infty) \text{ 上一致收敛}\right)$

例 5-2-4　解答下列问题.

1. 讨论下列级数在 $(0,1]$ 上的一致收敛性: (1) $\sum_{n=1}^{\infty} x^n \ln^2 x$;　(2) $\sum_{n=1}^{\infty} x^n \ln x$.

证　(1)(证一)(i) 令 $f_n(x) = \begin{cases} x^n \ln^2 x, & x \in (0,1], \\ 0, & x = 0. \end{cases}$ 则 $f_n(x) \in C[0,1], f_n(x) \geqslant 0$; (ii) 令 $S(x) = \begin{cases} \dfrac{x\ln^2 x}{1-x}, & x \in (0,1), \\ 0, & x = 0,1. \end{cases}$ 则 $S(x) \in C[0,1]$; (iii) $\sum_{n=1}^{\infty} x^n \ln^2 x$ 在 $[0,1]$ 上逐点收敛于 $S(x)$. 由 Dini 定理知 $f_n(x)$ 在 $[0,1]$ 上一致收敛于 $S(x)$, 故 $\sum_{n=1}^{\infty} x^n \ln^2 x$ 在 $(0,1]$ 上一致收敛.

(证二) 记 $f_n(x) = x^n \ln^2 x$, 易求得 $f_n(x)$ 的极大值点为 $x_n = \mathrm{e}^{-\frac{2}{n}}$, 且 $f_n(\mathrm{e}^{-\frac{2}{n}}) = \mathrm{e}^{-2}\dfrac{4}{n^2}$, 而 $\sum_{n=1}^{\infty} \dfrac{1}{n^2}$ 收敛, 由优级数判别法知 $\sum_{n=1}^{\infty} x^n \ln^2 x$ 在 $(0,1]$ 上一致收敛.

(2) 由于 $S(x) = \begin{cases} \dfrac{x\ln x}{1-x}, & x \in (0,1), \\ 0, & x = 1. \end{cases}$ 由 L'Hospital 法则知

$$\lim_{x\to 1^-} \frac{x\ln x}{1-x} = \lim_{x\to 1^-} -(\ln x - 1) = 1 \neq S(1),$$

故 $S(x)$ 在 $x=1$ 点不连续, 从而 $\sum_{n=1}^{\infty} x^n \ln x$ 在 $(0,1]$ 上非一致收敛.　■

思考　当 q 为何值时, $\sum_{n=1}^{\infty} x^n \ln^q x$ 在 $(0,1]$ 上一致收敛?

2. (1) 证明 $\sum_{n=1}^{\infty} x^n(1-x^n)$ 在 $[0,1]$ 上处处收敛但非一致收敛.

(2) 设 $f(x)$ 在 $(-\infty,+\infty)$ 内处处有任意阶导数, 且级数

$$\begin{aligned} &\cdots + f^{(n)}(x) + \cdots + f'(x) + f(x) + \int_0^x f(t_1)\mathrm{d}t_1 + \int_0^x \mathrm{d}t_2 \int_0^{t_2} f(t_1)\mathrm{d}t_1 \\ &+ \cdots + \int_0^x \mathrm{d}t_n \int_0^{t_n} f(t_{n-1})\mathrm{d}t_{n-1} \cdots \int_0^{t_2} f(t_1)\mathrm{d}t_1 + \cdots \end{aligned}$$

按两个方向在 $(-\infty,+\infty)$ 内一致收敛. 试求级数的和函数 $F(x)$.

证　(1) 由于

$$\sum_{n=1}^{\infty} x^n(1-x^n) = \sum_{n=1}^{\infty} x^n - \sum_{n=1}^{\infty} x^{2n}.$$

一方面, 任意 $x \in [0,1)$, $\sum_{n=1}^{\infty} x^n$, $\sum_{n=1}^{\infty} x^{2n}$ 均收敛, 故 $\sum_{n=1}^{\infty} x^n(1-x^n)$ 在 $[0,1)$ 上收敛. 另一方面 $x=1$ 时, $\sum_{n=1}^{\infty} x^n(1-x^n) = 0$. 故 $\sum_{n=1}^{\infty} x^n(1-x^n)$ 在 $[0,1]$ 上处处收敛.

下证非一致收敛. 由于

$$S(x)=\begin{cases}\dfrac{x}{1-x^2}, & x\in[0,1),\\ 0, & x=1,\end{cases}$$

易证 $S(x)$ 在 $x=1$ 点不连续, 故非一致收敛.

注　也可以先写出级数的部分和, 然后证明函数列非一致收敛.

(2) 由于 $f(x)$ 有各阶导数, 自然各阶导数都连续, 该级数逐项求导后极限仍是它自己, 因而也一致收敛, 由级数逐项求导性质有 $F'(x)=F(x)$, 即 $F(x)=Ce^x$, 令 $x=0$ 得 $c=f(0)+f'(0)+\cdots+f^{(n)}(0)+\cdots$. ■

练习　若级数 $\sum\limits_{k=1}^{\infty}\dfrac{\sin\left(\dfrac{xk\pi}{2014}\right)}{k^{\alpha}}$ 在 $(0,+\infty)$ 上一致收敛, 求 α 的取值范围?

例 5-2-5　解答下列问题.

1. 若 (i)$\{f_n(x)\}$ 在 $[a,b]\setminus\{x_0\}$ 上一致收敛于 $f(x)$; (ii) $\lim\limits_{x\to x_0}f_n(x)=a_n$. 则 $\lim\limits_{n\to\infty}a_n$ 与 $\lim\limits_{x\to x_0}f(x)$ 均存在且

$$\lim_{n\to\infty}a_n=\lim_{x\to x_0}f_n(x),$$

即

$$\lim_{n\to\infty}\lim_{x\to x_0}a_n=\lim_{x\to x_0}\lim_{n\to\infty}f_n(x).$$

证　由 (i) 知, $\forall\varepsilon>0$, $\exists N>0$, 当 $n>N$ 时, 对 $\forall p\in\mathbb{N}$, $\forall x\in[a,b]\setminus\{x_0\}$ 有

$$|f_{n+p}(x)-f_n(x)|<\varepsilon\Longrightarrow|a_{n+p}-a_n|=\lim_{x\to x_0}|f_{n+p}(x)-f_n(x)|\leqslant\varepsilon,$$

由 Cauchy 收敛准则知 $\lim\limits_{n\to\infty}a_n$ 存在, 记 $\lim\limits_{n\to\infty}a_n=A$.

下证 $\lim\limits_{x\to x_0}f(x)=A$. 事实上, 由 (i) 知 $\forall\varepsilon>0$, $\exists N>0$, 当 $n>N$ 时, 对 $\forall x\in[a,b]\setminus\{x_0\}$ 有

$$|f_{N+1}(x)-f(x)|<\varepsilon,\quad |a_{N+1}-A|<\varepsilon.$$

由 (ii) 知, 对上述 $\varepsilon>0$, $\exists\delta>0$, 当 $0<|x-x_0|<\delta$ 时, 有 $|f_{N+1}(x)-a_{N+1}|<\varepsilon$, 从而有

$$|f(x)-A|\leqslant|f_{N+1}(x)-f(x)|+|f_{N+1}(x)-a_{N+1}|+|a_{N+1}-A|<3\varepsilon.\ \blacksquare$$

2. 设函数列 $\{f_n(x)\}$ 在区间 $[a,b]$ 上可微, 且满足: (i) 存在 $x_0\in[a,b]$ 使得 $\{f_n(x_0)\}$ 上收敛; (ii) $\{f_n'(x)\}$ 在 $[a,b]$ 上一致收敛于 $g(x)$. 则

(1) 存在定义在 $[a,b]$ 上的函数 $f(x)$ 使得 $\{f_n(x)\}$ 在 $[a,b]$ 上一致收敛于 $f(x)$.

(2) $f(x)$ 在 $[a,b]$ 上可微且 $f'(x)=g(x)$, 即 $\lim\limits_{n\to\infty}f_n'(x)=\left(\lim\limits_{n\to\infty}f_n(x)\right)'$.

证　(1) 由于

$$\begin{aligned}|f_n(x)-f_m(x)|&\leqslant|[f_n(x)-f_m(x)]-[f_n(x_0)-f_m(x_0)]|+|f_n(x_0)-f_m(x_0)|\\&=|f_n'(\xi)-f_m'(\xi)|\,|x-x_0|+|f_n(x_0)-f_m(x_0)|\\&\leqslant|f_n'(\xi)-f_m'(\xi)|\,|b-a|+|f_n(x_0)-f_m(x_0)|.\end{aligned}$$

由 (i), (ii) 知 $\forall\varepsilon>0, \exists N>0$, 当 $m>n>N$ 时, 有

$$|f_n(x_0)-f_m(x_0)|<\frac{\varepsilon}{2}.$$

且 $\forall x\in[a,b]$,

$$|f_n'(x)-f_m'(x)|<\frac{\varepsilon}{3(b-a)}.$$

故有

$$|f_n(x)-f_m(x)|<\frac{\varepsilon}{3}+\frac{\varepsilon}{2}<\varepsilon,$$

由 Cauchy 一致收敛准则知存在定义在 $[a,b]$ 上的函数 $f(x)$ 使得 $\{f_n(x)\}$ 在 $[a,b]$ 上一致收敛于 $f(x)$.

(2) 对 $\forall x^*\in[a,b]$, 记

$$h_n(x):=\frac{f_n(x)-f_n(x^*)}{x-x^*}\quad(x\neq x^*).$$

则

$$\lim_{x\to x^*}h_n(x)=\lim_{x\to x^*}\frac{f_n(x)-f_n(x^*)}{x-x^*}=f_n'(x^*).$$

下证 $\{h_n(x)\}$ 在 $[a,b]\setminus\{x^*\}$ 上一致收敛. 事实上, $\forall\varepsilon>0, \exists N>0$, 当 $m>n>N$ 时, 对 $\forall x\in[a,b]$ 有

$$|f_n'(x)-f_m'(x)|<\varepsilon.$$

从而

$$|h_n(x)-h_m(x)|=\frac{1}{|x-x^*|}\left|[f_n(x)-f_m(x)]-[f_n(x^*)-f_m(x^*)]\right|<|f_n'(\xi)-f_m'(\xi)|<\varepsilon.$$

由一致收敛的极限交换定理知 $\lim\limits_{x\to x^*}\dfrac{f(x)-f(x^*)}{x-x^*}$ 存在, 且

$$g(x^*)\overset{\text{(ii)}}{=}\lim_{n\to\infty}f_n'(x^*)=\lim_{x\to x^*}\frac{f(x)-f(x^*)}{x-x^*}\Longrightarrow f'(x^*)\text{存在,}\quad\text{且 }f'(x^*)=g(x^*).\quad\blacksquare$$

3. 设函数列 $\{f_n(x)\}$ 满足:

(i) $f_n(x)\in C[a,b]$;

(ii) $\forall x\in[a,b]$, $\lim\limits_{n\to\infty}f_n(x)=f(x)$;

(iii) $\forall x\in[a,b]$, $f_n(x)$ 关于 n 单调,

则 $f\in C[a,b]\Longleftrightarrow\{f_n(x)\}$ 在 $[a,b]$ 上一致收敛于 $f(x)$.

证 ($\Longleftarrow$) 由一致收敛的连续性定理可得.

($\Longrightarrow$) 假设 $\{f_n(x)\}$ 在 $[a,b]$ 上非一致收敛于 $f(x)$, 则 $\exists\varepsilon_0>0$, 对 $\forall N>0, \exists n'>N, \exists x'\in[a,b]$, 使得

$$|f_{n'}(x')-f(x')|\geqslant\varepsilon_0.$$

特别地,

对 $\forall N_1=1$, $\exists n_1>N_1$, $\exists x_{n_1}\in[a,b]$, 使得 $|f_{n_1}(x_{n_1})-f(x_{n_1})|\geqslant\varepsilon_0$;

对 $\forall N_2=\max\{2,n_1\}$, $\exists n_2>N_2$, $\exists x_{n_2}\in[a,b]$, 使得 $|f_{n_2}(x_{n_2})-f(x_{n_2})|\geqslant\varepsilon_0$;

对 $\forall N_3=\max\{3,n_2\}$, $\exists n_3>N_3$, $\exists x_{n_3}\in[a,b]$, 使得 $|f_{n_3}(x_{n_3})-f(x_{n_3})|\geqslant\varepsilon_0$;

······

对 $\forall N_k=\max\{k,n_{k-1}\}$, $\exists n_k>N_k$, $\exists x_{n_k}\in[a,b]$, 使得

$$|f_{n_k}(x_{n_k})-f(x_{n_k})|\geqslant\varepsilon_0. \tag{1}$$

显然 $n_k\to+\infty(k\to\infty)$, 且 $\{x_{n_k}\}\subset[a,b]$, 由聚点原理知存在 $\{x_{n_k}\}$ 的收敛子列, 不妨把该子列仍记为 $\{x_{n_k}\}$, 则

$$\lim_{k\to\infty}x_{n_k}=x_0\in[a,b].$$

由条件 (ii) 知对 $\varepsilon=\dfrac{\varepsilon_0}{4}$, $\exists N>0$ 使得

$$|f_{N+1}(x_0)-f(x_0)|<\frac{\varepsilon_0}{4}. \tag{2}$$

再由 f_{N+1}, $f(x)$ 在 x_0 点连续知对上述 $\varepsilon=\dfrac{\varepsilon_0}{4}$, $\exists\delta>0$, 对 $\forall x\in U(x_0,\delta)\cap[a,b]$ 有

$$|f_{N+1}(x)-f_{N+1}(x_0)|<\varepsilon,\quad |f(x)-f(x_0)|<\varepsilon. \tag{3}$$

再由 $\lim\limits_{k\to\infty}x_{n_k}=x_0\in[a,b]$ 及条件 (iii)(不妨设关于 n 递增) 知存在 $n_k>N+1$ 使得 $x_{n_k}\in U(x_0,\delta)\cap[a,b]$ 且

$$f_{N+1}(x_{n_k})\leqslant f_{n_k}(x_{n_k})\leqslant f(x_{n_k}). \tag{4}$$

由 (1)—(4) 得

$$\begin{aligned}\varepsilon_0&\leqslant|f_{n_k}(x_{n_k})-f(x_{n_k})|\leqslant|f_{N+1}(x_{n_k})-f(x_{n_k})|\\&\leqslant|f_{N+1}(x_{n_k})-f_{N+1}(x_0)|+|f_{N+1}(x_0)-f(x_0)|+|f(x_{n_k})-f(x_0)|<3\varepsilon=\frac{3\varepsilon_0}{4},\end{aligned}$$

矛盾! ■

思考 将定理中的 $[a,b]$ 改为无限区间或者开区间, 结论是否成立? $\left(\text{考察例子 (i) } f_n(x)=\dfrac{x}{n},\ x\in(0,+\infty);\ \text{(ii) } f_n(x)=x^n,\ x\in(0,1).\right)$

4. 设连续函数列 $\{f_n(x)\}$ 在闭区间 $[a,b]$ 上一致收敛于 $f(x)$, 若 $x_n\in[a,b](n=1,2,\cdots)$, 且 $x_n\to x_0(n\to\infty)$. 证明 $\lim\limits_{n\to\infty}f_n(x_n)=f(x_0)$.

证 由于

$$|f_n(x_n)-f(x_0)|\leqslant|f_n(x_n)-f(x_n)|+|f(x_n)-f(x_0)|.$$

由条件知 $\forall\varepsilon>0,\exists N_1>0$, 当 $n>N_1$ 时, 对 $\forall x\in[a,b]$ 有

$$|f_n(x)-f(x)|<\varepsilon \quad 且 \quad f(x)\in C[a,b]. \tag{1}$$

因此, 对上述 $\varepsilon>0,\exists\delta>0$, 当 $|x-x_0|<\delta$ 时, 有

$$|f(x)-f(x_0)|<\varepsilon. \tag{2}$$

又因为 $\lim\limits_{n\to\infty}x_n=x_0$, 对上述 $\delta>0,\exists N_2$, 当 $n>N_2$ 时, 有 $|x_n-x_0|<\delta$, 故由 (2) 式得

$$|f(x_n)-f(x_0)|<\varepsilon. \tag{3}$$

对上述 $\varepsilon>0$, 取 $N=\max\{N_1,N_2\}$, 当 $n>N$ 时, 由 (1), (3) 式得

$$|f_n(x_n)-f(x_0)|\leqslant|f_n(x_n)-f(x_n)|+|f(x_n)-f(x_0)|<2\varepsilon. \quad ■$$

5. 设对每一个 n, $f_n(x)$ 在 $[a,b]$ 上有界, 且当 $n\to+\infty$ 时, $\{f_n(x)\}$ 在 $[a,b]$ 上一致收敛于 $f(x)$. 证明:(1) $f(x)$ 在 $[a,b]$ 上有界; (2) $\lim\limits_{n\to\infty}\sup\limits_{[a,b]}f_n(x)=\sup\limits_{[a,b]}f(x)=\sup\limits_{[a,b]}\lim\limits_{n\to\infty}f_n(x)$.

证　(1) 由于 $\{f_n(x)\}$ 在 $[a,b]$ 上一致收敛于 $f(x)$, 则对 $\forall\varepsilon>0,\exists N>0$, 当 $n>N$ 时, 对 $\forall x\in[a,b]$ 有

$$|f_n(x)-f(x)|<1.$$

故

$$|f(x)|<|f_{N+1}(x)|+1.$$

而 $f_{N+1}(x)$ 在 $[a,b]$ 上有界, 所以 $f(x)$ 在 $[a,b]$ 上有界.

(2) 只要证明第一个等式. 由于 $\{f_n(x)\}$ 在 $[a,b]$ 上一致收敛于 $f(x)$ 等价于

$$\lim_{n\to\infty}\sup_{[a,b]}|f_n(x)-f(x)|=0.$$

而

$$\left|\sup_{[a,b]}f_n(x)-\sup_{[a,b]}f(x)\right|\leqslant\sup_{[a,b]}|f_n(x)-f(x)|,$$

故 $\lim\limits_{n\to\infty}\sup\limits_{[a,b]}f_n(x)=\sup\limits_{[a,b]}f(x)$.　■

6. 设 $h(x),f_n'(x)\in C[a,b]$, $M>0$ 是常数, 且对 $\forall x,y\in[a,b],\forall n\in\mathbb{N}$, 有 $|f_n(x)-f_n(y)|\leqslant\dfrac{M}{n}|x-y|$. 证明 $\lim\limits_{n\to\infty}\displaystyle\int_a^b h(x)f_n'(x)\mathrm{d}x=0$.

证　只要证明 $f_n'(x)$ 在 $[a,b]$ 一致收敛于零即可. 若 $f_n'(x)$ 在 $[a,b]$ 一致收敛于零, 因为 $h(x)$ 有界 (因为 $h(x)\in C[a,b]$), 从而又 $h(x)f_n'(x)$ 在 $[a,b]$ 上一致收敛于零.

事实上, 因为 $\left|\dfrac{f_n(x)-f_n(y)}{x-y}\right|\leqslant\dfrac{M}{n}$, 令 $y\to x$ 得 $|f_n'(x)|\leqslant\dfrac{M}{n}$, 即 $f_n'(x)$ 在 $[a,b]$ 一致收敛于零.

再由 $h(x), f'_n(x) \in C[a,b]$, 由函数列一致收敛的性质得

$$\lim_{n\to\infty}\int_a^b h(x)f'_n(x)\mathrm{d}x = \int_a^b \lim_{n\to\infty}\left[h(x)f'_n(x)\right]\mathrm{d}x = 0. \quad ■$$

7. 设 $g(x), f_n(x) \in R[a,b], f_n(x) \geqslant 0$, 且任意 $c \in (a,b), \{f_n(x)\}$ 在 $[c,b]$ 上一致收敛于零, 且 $\lim\limits_{n\to\infty}\int_a^b f_n(x)\mathrm{d}x = 1$, $\lim\limits_{x\to a^+} g(x) = A$. 则 $\lim\limits_{n\to\infty}\int_a^b f_n(x)g(x)\mathrm{d}x = A$.

证 由于 $\lim\limits_{n\to\infty}\int_a^b f_n(x)\mathrm{d}x = 1$, 所以 $\lim\limits_{n\to\infty}\int_a^b Af_n(x)\mathrm{d}x = A$, 要证结论成立, 只要证明

$$\lim_{n\to\infty}\int_a^b [A-g(x)]\, f_n(x)\mathrm{d}x = 0.$$

而

$$\int_a^b [A-g(x)]\, f_n(x)\mathrm{d}x = \int_a^{a+\delta} [A-g(x)]\, f_n(x)\mathrm{d}x + \int_{a+\delta}^b [A-g(x)]\, f_n(x)\mathrm{d}x,$$

对 $\left|\int_a^{a+\delta} [A-g(x)]\, f_n(x)\mathrm{d}x\right|$ 可证当 δ 充分小时其值很小; 对 $\left|\int_{a+\delta}^b [A-g(x)]\, f_n(x)\mathrm{d}x\right|$ 应用 $\{f_n(x)\}$ 在 $[a+\delta, b]$ 上一致收敛于零可证明其值很小 (详细过程略). ■

8. 设函数列 $\{f_n(x)\}$ 满足: (i) $f_n(x) \in R[a,b] (n = 1, 2, \cdots)$; (ii) $\{f_n(x)\}$ 在 $[a,b]$ 上一致收敛于 $f(x)$. 则 $f(x) \in R[a,b]$.

证 因为 $\{f_n(x)\}$ 在 $[a,b]$ 上一致收敛于 $f(x)$, 所以 $\forall \varepsilon > 0, \exists N$, 使得对 $\forall x \in [a,b]$ 有

$$|f(x) - f_N(x)| < \frac{\varepsilon}{3(b-a)}. \tag{1}$$

由于 $f_N(x) \in R[a,b]$, 由可积的充要条件知对上述 $\varepsilon > 0, \exists \delta > 0$, 对 $[a,b]$ 的任意分法 T, 当 $\|T\| < \delta$ 时, 有

$$\sum_{i=1}^n \omega_i^{f_N}\Delta x_i < \frac{\varepsilon}{3}. \tag{2}$$

由 (1) 知对 $x_1, x_2 \in [x_{i-1}, x_i]$ 有

$$\begin{aligned}|f(x_1) - f(x_2)| &\leqslant |f(x_1) - f_N(x_1)| + |f_N(x_1) - f_N(x_2)| + |f_N(x_2) - f(x_2)| \\ &< \frac{2\varepsilon}{3(b-a)} + \omega_i^{f_N} \Longrightarrow \omega_i^f \leqslant \frac{2\varepsilon}{3(b-a)} + \omega_i^{f_N}.\end{aligned}$$

再由 (2) 得

$$\sum_{i=1}^n \omega_i^f\Delta x_i \leqslant \sum_{i=1}^n\left[\frac{2\varepsilon}{3(b-a)} + \omega_i^{f_N}\right]\Delta x_i < \varepsilon. \quad ■$$

9. (1) 可导的函数序列 $\{f_n(x)\}$ 在区间 I 上一致收敛, 试问: $\{f'_n(x)\}$ 是否也在 I 上一致收敛?

(2) 可导的函数序列 $\{f_n(x)\}$, 若 $\{f_n'(x)\}$ 在区间 I 上一致收敛, 试问:$\{f_n(x)\}$ 在 I 上是否一致收敛?

解 (1) 不一定. 例如, $f_n(x)=\dfrac{1}{n}\mathrm{e}^{-n^2x^2}$ 在 $(-\infty,+\infty)$ 上一致收敛于 0, 但导函数列不一致收敛.

(2) 不一定. 例如, $f_n(x)=\sin\dfrac{x}{n^2}$ 在 $(-\infty,+\infty)$ 上非一致收敛于 0, 但导函数列一致收敛. ■

练习 (1) 设函数列 $\{f_n(x)\}$ 在区间 I 上一致收敛于 $f(x)$, 且存在数列 $\{a_n\}$ 使得当 $x\in I$ 时, 有 $|f_n(x)|\leqslant a_n$. 证明: $f(x)$ 在 I 上有界.

(2) 设连续函数列 $\{f_n(x)\}$ 在 $[a,b]$ 上一致收敛于 $f(x)$, 且 $f(x)$ 在 $[a,b]$ 上无零点. 证明: 存在 $N>0$, 当 $n>N$ 时, $f_n(x)$ 在 $[a,b]$ 上也没有零点.

$\left(\text{提示: 不妨设 } f(x)>0, |f_n(x)|>f(x)-\dfrac{m}{2}, \text{其中 } m \text{ 为 } f(x) \text{ 在 } [a,b] \text{ 上的最小值.}\right)$

(3) 设 $\{f_n(x)\}$ 是 $[0,1]$ 上的连续函数序列, 且满足: $\forall x\in[0,1]$, $\lim\limits_{n\to\infty}f_n(x)=f(x)$, 试问:

(i) 若 $\{x_n\}$ 满足: $\lim\limits_{n\to\infty}x_n=x_0$, 是否成立 $\lim\limits_{n\to\infty}f_n(x_n)=f(x_0)$?

(ii) 若 $\{f_n(x)\}$ 一致收敛于 $f(x)$, 上面的结论是否成立?

$\left(\text{提示: 考察} f_n(x)=\begin{cases}1-nx, & 0\leqslant x<\dfrac{1}{n},\\ 0, & \dfrac{1}{n}\leqslant x\leqslant 1,\end{cases} \text{则} f(x)=\begin{cases}0, & x\in(0,1],\\ 1, & x=0.\end{cases} \text{(ii) 的结论成立.}\right)$

(4) 设函数列 $\{f_n(x)\}$ 在 $[0,1]$ 上连续, 且一致收敛于 $f(x)$. 证明:

$$\lim_{n\to\infty}\int_{\frac{1}{n}}^{1}f_n(x)\mathrm{d}x=\int_0^1 f(x)\mathrm{d}x.$$

(5) 设在 $[-1,1]$ 上定义的非负连续函数列 $\{f_n(x)\}$ 满足:

(i) 对 $\forall n\in\mathbb{N}$, $\displaystyle\int_{-1}^{1}f_n(x)\mathrm{d}x=1$;

(ii) 对 $\forall\delta>0$, $\{f_n(x)\}$ 在 $[-1,-\delta]\cup[\delta,1]$ 上一致收敛于 0;

(iii) $g(x)\in R[-1,1]$, 且在 $x=0$ 点连续. 证明:

$$\lim_{n\to\infty}\int_{-1}^{1}f_n(x)g(x)\mathrm{d}x=g(0).$$

例 5-2-6 解答下列问题.

1. 求极限 $\lim\limits_{x\to0^+}\sum\limits_{n=1}^{\infty}\dfrac{1}{2^n\cdot n^x}$.

证 记 $u_n(x)=\dfrac{1}{2^nn^x}$, 由于 $|u_n(x)|\leqslant\dfrac{1}{2^n}$, 任意 $x\in[0,1]$. 而 $\sum\limits_{n=1}^{\infty}\dfrac{1}{2^n}$ 收敛, 由优级数判别法知 $\sum\limits_{n=1}^{\infty}\dfrac{1}{2^n\cdot n^x}$ 在 $[0,1]$ 上一致收敛.

又 $u_n(x)\in C[a,b]$, 故 $s(x)=\sum_{n=1}^{\infty}\frac{1}{2^n\cdot n^x}\in C[a,b]$, 从而 $\lim_{x\to 0^+}s(x)=s(0)$, 即

$$\lim_{x\to 0^+}\sum_{n=1}^{\infty}\frac{1}{2^n\cdot n^x}=\sum_{n=1}^{\infty}\frac{1}{2^n}=1.\quad\blacksquare$$

2. **证明** (1) $\sum_{n=3}^{\infty}(-1)^{n+1}\sin\frac{1}{n}$ 收敛.

(2) $\lim_{x\to 0^+}\sum_{n=3}^{\infty}\frac{(-1)^{n+1}\sin\frac{1}{n}}{(\ln n)^x}=\sum_{n=3}^{\infty}(-1)^{n+1}\sin\frac{1}{n}$.

证 (1) 由 Leibniz 判别法知结论成立.

(2) 由于 (i) $\frac{(-1)^{n+1}\sin\frac{1}{n}}{(\ln n)^x}\in C[0,1]$; (ii) $\sum_{n=3}^{\infty}\frac{(-1)^{n+1}\sin\frac{1}{n}}{(\ln n)^x}$ 在 $[0,1]$ 上一致收敛. 事实上, $\sum_{n=3}^{\infty}(-1)^{n+1}\sin\frac{1}{n}$ 收敛; 任意 $x\in[0,1]$, $\frac{1}{(\ln n)^x}$ 关于 n 递减有界. 由 Abel 判别法知论断成立. 由级数一致收敛性质知 $s(x)=\lim_{x\to 0^+}\sum_{n=3}^{\infty}\frac{(-1)^{n+1}\sin\frac{1}{n}}{(\ln n)^x}\in C[0,1]$, 所以 $\lim_{x\to 0^+}s(x)=s(0)$, 即结论成立. $\blacksquare$

3. **设** $f(x)=\sum_{n=1}^{\infty}(-1)^{n+1}\frac{\mathrm{e}^{-nx}}{n}$. **求** (1)$f(x)$ **的连续范围**; (2) $f(x)$ **的可导范围**.

解 (1) (i)$\sum_{n=1}^{\infty}\frac{(-1)^{n+1}}{n}$ 收敛 (Leibniz 判别法知);

(ii) $\forall x\in[0,+\infty)$, e^{-nx} 关于 n 单调;

(iii) $|\mathrm{e}^{-nx}|\leqslant 1, \forall x\in[0,+\infty)$.

由 Abel 判别法知 $\sum_{n=1}^{\infty}(-1)^{n+1}\frac{\mathrm{e}^{-nx}}{n}$ 在 $[0,+\infty)$ 上一致收敛. 又 $(-1)^{n+1}\frac{\mathrm{e}^{-nx}}{n}\in C[0+\infty)$, 由级数一致收敛性质知 $f(x)\in C[0,+\infty)$.

而当 $x\in(-\infty,0)$ 时, 级数通项不趋于零, 从而发散.

(2) 由于 $\left((-1)^{n+1}\frac{\mathrm{e}^{-nx}}{n}\right)'=(-1)^n\mathrm{e}^{-nx}$. 当 $x=0$ 时, $\sum_{n=1}^{\infty}(-1)^n\mathrm{e}^{-nx}$ 发散. 下证可导范围为 $(0,+\infty)$. 事实上, 对 $\forall x_0\in(0,+\infty), \exists[a,b]\subset(0,+\infty)$ 使得 $x_0\in[a,b]$.

(i) $\sum_{n=1}^{\infty}(-1)^{n+1}\frac{\mathrm{e}^{-nx}}{n}$ 在 $[a,b]$ 上收敛;

(ii) $(-1)^n\mathrm{e}^{-nx}\in C[a,b]$;

(iii) 由于 $|(-1)^n\mathrm{e}^{-nx}|\leqslant\mathrm{e}^{-na}$, 而 $\sum_{n=1}^{\infty}\mathrm{e}^{-na}$ 收敛, 由优级数判别法知 $\sum_{n=1}^{\infty}(-1)^n\mathrm{e}^{-nx}$ 在 $[a,b]$ 上一致收敛. 由逐项求导定理知 $f(x)$ 在 x_0 点可导, 由 x_0 的任意性知可导范围为 $(0,+\infty)$. $\blacksquare$

4. **设** $\varphi_n(x)$ **满足**:(i)$\varphi_n(x)\in C[0,1]$, $\varphi_n(x)\geqslant 0$; (ii) $\lim_{x\to 1^-}\varphi_n(x)=\varphi_n(1)=1$; (iii)$\forall x\in[0,1]$, $\{\varphi_n(x)\}$ **单调下降. 若** $\sum_{n=1}^{\infty}a_n$ **收敛, 则** $\lim_{x\to 1^-}\sum_{n=1}^{\infty}a_n\varphi_n(x)=\sum_{n=1}^{\infty}a_n$.

证 由于 $\forall x \in [0,1]$, $\{\varphi_n(x)\}$ 关于单调下降有下界 (因为非负), 由 Abel 判别法知 $\sum\limits_{n=1}^{\infty} a_n\varphi_n(x)$ 在 $[0,1]$ 上一致收敛, 又 $a_n\varphi_n(x) \in C[0,1]$, 由一致收敛的连续性知

$$\lim_{x\to 1^-}\sum_{n=1}^{\infty} a_n\varphi_n(x)=\sum_{n=1}^{\infty}\lim_{x\to 1^-} a_n\varphi_n(x)=\sum_{n=1}^{\infty} a_n. \quad \blacksquare$$

5. **对任意** n, $u_n(x)$ **在** $(0,1)$ **上递增, 且** $u_n(x)\geqslant 0$, **若** $\sum\limits_{n=1}^{\infty} u_n(x)$ **在** $(0,1)$ **内逐点收敛且有上界, 则** $\sum\limits_{n=1}^{\infty} u_n(x)$ **在** $(0,1)$ **内一致收敛, 且** $\lim\limits_{x\to 1^-}\sum\limits_{n=1}^{\infty} u_n(x)=\sum\limits_{n=1}^{\infty}\lim\limits_{x\to 1^-} u_n(x)$.

证 由一致收敛级数的逐项求极限定理知, 只要证明 $\sum\limits_{n=1}^{\infty} u_n(x)$ 在 $(0,1)$ 内一致收敛, 且 $\lim\limits_{x\to 1^-} u_n(x)$ 存在即可.

(i) 先证 $\lim\limits_{x\to 1^-} u_n(x)$ 存在. 事实上, 由于 $u_n(x)\geqslant 0$, 记 $s(x)=\sum\limits_{n=1}^{\infty} u_n(x)$ 有上界, 则 $\exists M>0$ 使得 $u_n(x)\leqslant s(x)\leqslant M, \forall x\in[0,1], \forall n\in\mathbb{N}$. 再由 $u_n(x)(\forall n\in\mathbb{N})$ 单调递增, 故 $\lim\limits_{x\to 1^-} u_n(x)$ 存在.

(ii) 记 $a_n=\lim\limits_{x\to 1^-} u_n(x)$, 则 $a_n\geqslant 0$. 又

$$\sum_{k=1}^{n} u_k(x)\leqslant s(x)\leqslant M,$$

令 $x\to 1^-$ 得 $\sum\limits_{k=1}^{n} a_k\leqslant M$, 故 $\sum\limits_{n=1}^{\infty} a_n$ 收敛, 而 $0\leqslant u_n(x)\leqslant a_n$, 由优级数判别法知 $\sum\limits_{n=1}^{\infty} u_n(x)$ 在 $(0,1)$ 内一致收敛. $\blacksquare$

6. **证明** $f(x)=\sum\limits_{n=1}^{\infty}\dfrac{1}{n^x}$ **在** $(1,+\infty)$ **上无穷次可微.**

证 先证 $f(x)$ 在 $(1,+\infty)$ 上可微. 事实上, $\forall x_0\in(1,+\infty), \exists[a,b]\subset(1,+\infty)$ 使得 $x_0\in[a,b]$. 级数满足 (i) $\sum\limits_{n=1}^{\infty}\dfrac{1}{n^x}$ 在 $[a,b]$ 收敛; (ii) $\left(\dfrac{1}{n^x}\right)'=-\dfrac{\ln n}{n^x}\in C[a,b]$; (iii) $\left|-\dfrac{\ln n}{n^x}\right|\leqslant\dfrac{\ln n}{n^a}(a>1)$, 而 $\sum\limits_{n=1}^{\infty}\dfrac{\ln n}{n^a}(a>1)$ 收敛. 由优级数判别法知 $\sum\limits_{n=1}^{\infty}\left(\dfrac{1}{n^x}\right)'$ 在 $[a,b]$ 上一致收敛, 由函数项级数逐项求导定理得

$$f'(x)=-\sum_{n=1}^{\infty}\frac{\ln n}{n^x},\quad x\in[a,b],$$

特别地

$$f'(x_0)=-\sum_{n=1}^{\infty}\frac{\ln n}{n^{x_0}}.$$

再证 $\forall k\in\mathbb{N}$, 有

$$f^{(k)}(x)=\sum_{n=1}^{\infty}\frac{(-1)^k\ln^k n}{n^x}. \tag{1}$$

当 $k=1$ 时, 已经证明成立, 设 k 时成立, 即 (1) 式成立. 下证

$$f^{(k+1)}(x)=\sum_{n=1}^{\infty}\frac{(-1)^{k+1}\ln^{k+1} n}{n^x}.$$

事实上, $\left|\dfrac{(-1)^{k+1}\ln^{k+1} n}{n^x}\right|\leqslant\dfrac{\ln^{k+1}n}{n^a}(a>1)$, 而 $\sum\limits_{n=1}^{\infty}\dfrac{\ln^{k+1}n}{n^a}(a>1)$ 收敛, 由优级数比较判别法知 $\sum\limits_{n=1}^{\infty}\dfrac{(-1)^{k+1}\ln^{k+1} n}{n^x}$ 在 $[a,b]$ 上一致收敛, 且 $\dfrac{(-1)^{k+1}\ln^{k+1} n}{n^x}\in C[a,b]$, 由函数项级数逐项求导定理得结论成立. ■

7. 证明 $\sum\limits_{n=1}^{\infty}\dfrac{(-1)^{n-1}}{n}\dfrac{x^n}{1+x^n}$ 在 $(0,1)$ 上一致收敛于 $f(x)$ 且 $f(x)$ 具有连续导数.

证 (1) 由于 (i) $\sum\limits_{n=1}^{\infty}\dfrac{(-1)^{n-1}}{n}$ 收敛; (ii) $\forall x\in(0,1)$, $\dfrac{x^n}{1+x^n}=1-\dfrac{1}{1+x^n}$ 关于 n 单调递减; (iii) $\forall x\in(0,1)$, $\dfrac{x^n}{1+x^n}\leqslant 1$. 由 Abel 判别法知 $\sum\limits_{n=1}^{\infty}\dfrac{(-1)^{n-1}}{n}\dfrac{x^n}{1+x^n}$ 在 $(0,1)$ 上一致收敛.

(2) 记 $u_n(x)=\dfrac{(-1)^{n-1}}{n}\dfrac{x^n}{1+x^n}$. $\forall x_0\in(0,1)$, $\exists[a,b]\subset(0,1)$ 使得 $x_0\in[a,b]$, 由 (1) 知 (i) $\sum\limits_{n=1}^{\infty}\dfrac{(-1)^{n-1}}{n}\dfrac{x^n}{1+x^n}$ 在 $[a,b]$ 上收敛; (ii) $u_n'(x)=(-1)^{n-1}\dfrac{x^{n-1}}{(1+x^n)^2}\in C[a,b]$; (iii) $\sum\limits_{n=1}^{\infty}u_n'(x)$ 在 $[a,b]$ 上一致收敛, 事实上, $|u_n'(x)|\leqslant x^{n-1}\leqslant b^{n-1}$, 而 $\sum\limits_{n=1}^{\infty}b^{n-1}$ 收敛, 由优级数判别法知 $\sum\limits_{n=1}^{\infty}u_n'(x)$ 在 $[a,b]$ 上一致收敛. 由级数一致收敛的逐项求导性质和连续性得

$$f'(x)=\sum_{n=1}^{\infty}(-1)^{n-1}\frac{x^{n-1}}{(1+x^n)^2}\in C[a,b],$$

从而 $f'(x)$ 在 $x_0\in[a,b]$ 连续, 由 x_0 点的任意性知 $f'(x)\in(0,1)$. ■

8. 证明 (1) $\sum\limits_{n=1}^{\infty}n\mathrm{e}^{-nx}$ 在 $(0,+\infty)$ 收敛但非一致收敛.

(2) $f(x)=\sum\limits_{n=1}^{\infty}n\mathrm{e}^{-nx}$ 在 $(0,+\infty)$ 上连续.

(3) $f(x)=\sum\limits_{n=1}^{\infty}n\mathrm{e}^{-nx}$ 在 $(0,+\infty)$ 上无穷次可微.

证 (1) 对 $\forall x_0\in(0,+\infty)$, 当 n 充分大时有

$$\left|n\mathrm{e}^{-nx_0}\right|=\frac{n}{\mathrm{e}^{nx_0}}<\frac{n}{1+nx_0+\frac{1}{2!}(nx_0)^2+\frac{1}{3!}(nx_0)^3+\cdots}<\frac{3!}{x_0^3}\frac{1}{n^2},$$

由优级数判别法知 $\sum_{n=1}^{\infty} ne^{-nx_0}$ 在 $(0,+\infty)$ 上收敛.

下证非一致收敛. 事实上, $\exists\varepsilon_0=1, \forall N>0, \exists n_0>N, \exists x_{n_0}=\dfrac{1}{n_0}$ 使得 $n_0e^{-1}>1$, 即通项不一致收敛于零, 由 Cauchy 一致收敛准则知 $\sum_{n=1}^{\infty} ne^{-nx}$ 在 $(0,+\infty)$ 上非一致收敛.

(2) 对 $\forall x\in(0,+\infty), \exists[a,b]\subset(0,+\infty)$ 使得 $x\in[a,b]$, 这样当 n 充分大时有 $|ne^{-nx}|\leqslant ne^{-na}<\dfrac{3!}{a^3}\dfrac{1}{n^2}$, 由优级数判别法知 $\sum_{n=1}^{\infty} ne^{-nx}$ 在 $[a,b]$ 上一致收敛, 而 $ne^{-nx}\in C[a,b]$, 由一致收敛函数性质知 $f(x)\in C[a,b]$, 所以 $f(x)$ 在 x 点连续, 再由 x 的任意性知 $f(x)\in C(0,+\infty)$.

(3) $\forall x\in(0,+\infty), \exists[a,b]\subset(0,+\infty)$ 使得 $x\in[a,b]$. 级数满足① $\sum_{n=1}^{\infty} ne^{-nx}$ 在 $[a,b]$ 上收敛; ② $(ne^{-nx})'\in C[a,b]$; ③ $\sum_{n=1}^{\infty} -n^2e^{-nx}$ 在 $[a,b]$ 上一致收敛 (由优级数判别法). 由级数一致收敛的逐项求导定理得

$$f'(x)=\sum_{n=1}^{\infty} -n^2e^{-nx}, \quad x\in[a,b].$$

由数学归纳法知

$$f^{(k)}(x)=(-1)^k\sum_{n=1}^{\infty} n^{k+1}e^{-nx}, \quad x\in[a,b], k=1,2,\cdots,$$

再由 x 的任意性知结论成立. ■

三、 幂级数

例 5-3-1 解答下列问题.

1. 写出 $e^{\sin x}$ 在 $x=0$ 点展开的 Taylor 级数的前五项, 并指出级数的收敛域.

解 (解一) 由 Taylor 展式定义可得

$$e^{\sin x}=1+x+\frac{x^2}{2}-\frac{x^4}{8}-\frac{x^5}{15}+\cdots,$$

因为 e^x 的收敛区域为 $(-\infty,+\infty)$, 故该级数的收敛区域为 $(-\infty,+\infty)$.

(解二) 因为

$$\sin x=x-\frac{x^3}{3!}+\frac{x^5}{5!}+\cdots, \tag{1}$$

$$e^x=1+x+\frac{x^2}{2!}+\cdots+\frac{x^n}{n!}+\cdots. \tag{2}$$

由 (1), (2) 式得

$$e^{\sin x}=1+x+\frac{x^2}{2}-\frac{x^4}{8}-\frac{x^5}{15}+\cdots,$$

由于级数 (1), (2) 的收敛范围均为 $(-\infty,+\infty)$, 故该级数的收敛范围为 $(-\infty,+\infty)$. ■

2. 求 e^{2x-x^2} 到含有 x^5 的 Taylor 展开式.

解 因为

$$e^x=1+x+\frac{1}{2!}x^2+\frac{1}{3!}x^3+\frac{1}{4!}x^4+\frac{1}{5!}x^5+o(x^5),$$

所以

$$\begin{aligned}e^{2x-x^2}&=1+(2x-x^2)+\frac{(2x-x^2)^2}{2!}+\frac{(2x-x^2)^3}{3!}+\frac{(2x-x^2)^4}{4!}+\frac{(2x-x^2)^5}{5!}+o(x^5)\\&=1+2x+x^2-\frac{2}{3}x^3-\frac{5}{6}x^4-\frac{1}{15}x^5+o(x^5).\end{aligned}$$ ■

3. 求 $\dfrac{1}{(1-x^2)\sqrt{1-x^2}}$ 在 $x=0$ 处的 Taylor 级数.

解 由于

$$(1+x)^\alpha=1+\alpha x+\frac{\alpha(\alpha-1)}{2!}x^2+\cdots+\frac{\alpha(\alpha-1)\cdots(\alpha-n+1)}{n!}x^n+\cdots,$$

所以

$$\begin{aligned}&\frac{1}{(1-x^2)\sqrt{1-x^2}}=(1-x^2)^{-\frac{3}{2}}\\=&1-\frac{3}{2}(-x^2)+\frac{-\frac{3}{2}\left(-\frac{3}{2}-1\right)}{2!}(-x^2)^2+\cdots+\frac{-\frac{3}{2}\left(-\frac{3}{2}-1\right)\cdots\left(-\frac{3}{2}-n+1\right)}{n!}x^{2n}+\cdots\\=&\sum_{n=0}^{\infty}\frac{(2n+1)!!}{n!}\frac{1}{2^n}x^{2n}.\end{aligned}$$

收敛半径 $R=\lim\limits_{n\to\infty}\left|\dfrac{a_n}{a_{n+1}}\right|=1$, 收敛区域为 $(-1,1)$. ■

注 $(1+x)^\alpha$ 的幂级数收敛区域为 $\begin{cases}[-1,1], & \alpha\geqslant 0,\\ (-1,1], & -1<\alpha<0,\\ (-1,1), & \alpha\leqslant -1.\end{cases}$

4. 求级数 $f(x)=\ln\left(x+\sqrt{1+x^2}\right)$ 在 $x=0$ 处的幂级数的展开式.

解 因为

$$f'(x)=\frac{1}{\sqrt{1+x^2}}=(1+x^2)^{-\frac{1}{2}}=1-\frac{1}{2}x^2+\frac{1}{2}\cdot\frac{3}{4}x^4+\cdots+(-1)^n\frac{(2n-1)!!}{(2n)!!}x^{2n}+\cdots,$$

所以

$$\ln(x+\sqrt{1+x^2})=x-\frac{1}{2}\cdot\frac{1}{3}x^3+\cdots+(-1)^n\frac{(2n-1)!!}{(2n)!!}\frac{1}{2n+1}x^{2n+1}+\cdots\quad(|x|\leqslant 1).$$ ■

注 幂级数逐项积分和逐项收敛后半径不变, 但是收敛区域可能改变.

5. 将 $f(x)=\sum\limits_{n=1}^{\infty}\left(\dfrac{x}{1-x}\right)^n$ 展为 x 的幂级数.

解 显然要求 $\left|\dfrac{x}{1-x}\right|<1$, 即 $|x|<\dfrac{1}{2}$, 这时 $f(x)=\sum\limits_{n=1}^{\infty}\left(\dfrac{x}{1-x}\right)^n=\dfrac{x}{1-2x}$. 因为

$$\frac{x}{1-2x}=\frac{1}{2}\frac{2x}{1-2x}=\frac{1}{2}\sum_{n=1}^{\infty}(2x)^n=\sum_{n=1}^{\infty}2^{n-1}x^n \quad \left(|x|<\frac{1}{2}\right).$$

或者

$$\frac{x}{1-2x}=\frac{1}{2}\frac{2x}{1-2x}=\frac{1}{2}\left[\frac{2x-1}{1-2x}+\frac{1}{1-2x}\right]=-\frac{1}{2}+\frac{1}{2}\sum_{n=0}^{\infty}(2x)^n.$$

所以

$$f(x)=\sum_{n=1}^{\infty}2^{n-1}x^n=-\frac{1}{2}+\frac{1}{2}\sum_{n=0}^{\infty}(2x)^n \quad \left(|x|<\frac{1}{2}\right). \quad ■$$

练习 将 $f(x)=\ln x$ 按 $\dfrac{x-1}{x+1}$ 的幂展成幂级数.

例 5-3-2 解答下列问题.

1. 给定级数 $\sum\limits_{n=1}^{\infty}\dfrac{(2n-1)!!}{(2n)!!}(-x)^n$. 证明:

(1) $\dfrac{(2n-1)!!}{(2n)!!}<\dfrac{1}{\sqrt{2n+1}}$;

(2) 级数的收敛域为 $(-1,1]$;

(3) 在 $(-1,1]$ 上级数不一致收敛.

证 (1) 由于

$$\frac{(2n-1)!!}{(2n)!!}=\frac{1\cdot3\cdot5\cdot\ \cdots\ \cdot(2n-1)}{2\cdot4\cdot6\cdot\ \cdots\ \cdot2n}<\frac{2\cdot4\cdot6\cdot\ \cdots\ \cdot2n}{1\cdot3\cdot5\cdot\ \cdots\ \cdot(2n+1)}=\frac{(2n)!!}{(2n+1)!!},$$

故

$$\left[\frac{(2n-1)!!}{(2n)!!}\right]^2<\frac{(2n)!!}{(2n+1)!!}\frac{(2n-1)!!}{(2n)!!}=\frac{1}{2n+1}\Longrightarrow\frac{(2n-1)!!}{(2n)!!}<\frac{1}{\sqrt{2n+1}}.$$

(2) 令 $a_n=\dfrac{(2n-1)!!}{(2n)!!}$, 则 $R=\lim\limits_{n\to\infty}\left|\dfrac{a_n}{a_{n+1}}\right|=1$.

(i) 当 $x=1$ 时, 由 Leibniz 判别法知级数收敛;

(ii) 当 $x=-1$ 时, 由 Raabe 判别法知 $\lim\limits_{n\to\infty}n\left(\dfrac{a_n}{a_{n+1}}-1\right)=\dfrac{1}{2}<1$, 由 Raabe 判别法知级数发散.

故收敛区域为 $(-1,1]$.

(3) (证一) 由于级数通项 $u_n(x)=\dfrac{(2n-1)!!}{(2n)!!}(-x)^n\in C[-1,1]$, 而 $\sum\limits_{n=1}^{\infty}\dfrac{(2n-1)!!}{(2n)!!}(-x)^n$ 在 $x=-1$ 点发散, 由 Cauchy 一致收敛准则知 $\sum\limits_{n=1}^{\infty}\dfrac{(2n-1)!!}{(2n)!!}(-x)^n$ 在 $(-1,1]$ 上不一致收敛.

(证二) 设 $u_n(x)=\dfrac{(2n-1)!!}{(2n)!!}(-x)^n$, 则 $\exists\varepsilon_0=\dfrac{1}{8\mathrm{e}^2},\forall N,\exists n>N,\exists x_n=-\dfrac{n}{1+n}$ 使得

$$\begin{aligned}&\left|u_{n+1}\left(-\frac{n}{1+n}\right)+u_{n+2}\left(-\frac{n}{1+n}\right)+\cdots+u_{2n}\left(-\frac{n}{1+n}\right)\right|\\=&\frac{(2n+1)!!}{(2n+2)!!}\left(\frac{n}{1+n}\right)^{n+1}+\frac{(2n+3)!!}{(2n+4)!!}\left(\frac{n}{1+n}\right)^{n+2}+\cdots+\frac{(4n-1)!!}{(4n)!!}\left(\frac{n}{1+n}\right)^{2n}\\>&n\frac{(4n-1)!!}{(4n)!!}\left(\frac{n}{1+n}\right)^{2n}=n\left[\frac{(4n-1)!!}{(4n-2)!!}\frac{1}{4n}\left(\frac{n}{1+n}\right)^{2n}\right]\\>&n\left[\frac{1}{4n}\left(\frac{n}{1+n}\right)^{2n}\right],\end{aligned}$$

故当 n 充分大时, 有

$$\left|u_{n+1}\left(-\frac{n}{1+n}\right)+u_{n+2}\left(-\frac{n}{1+n}\right)+\cdots+u_{2n}\left(-\frac{n}{1+n}\right)\right|>\frac{1}{4}\left(\frac{n}{1+n}\right)^{2n}>\varepsilon_0.$$

由 Cauchy 一致收敛准则知在 $(-1,1]$ 上此级数不一致收敛. ■

2. 求幂级数 $\displaystyle\sum_{n=1}^{\infty}\frac{(-1)^n}{n!}\left(\frac{n}{\mathrm{e}}\right)^n x^n$ 的收敛半径.

解 $R=\lim\limits_{n\to\infty}\left|\dfrac{a_n}{a_{n+1}}\right|=\lim\limits_{n\to\infty}\left|\mathrm{e}\left(\dfrac{n}{n+1}\right)^n\right|=1.$ ■

3. 求 $\displaystyle\sum_{n=0}^{\infty}\frac{2^n(n+1)}{n!}$ 的和.

解 记 $f(x)=\displaystyle\sum_{n=0}^{\infty}\frac{(n+1)x^n}{n!}$, 显然收敛半径 $R=+\infty$. 由幂级数逐项求导性质知

$$f(x)=\left(\sum_{n=0}^{\infty}\frac{x^{n+1}}{n!}\right)'=\left(x\sum_{n=0}^{\infty}\frac{x^n}{n!}\right)'=(x\mathrm{e}^x)'=\mathrm{e}^x+x\mathrm{e}^x,$$

故

$$\sum_{n=0}^{\infty}\frac{2^n(n+1)}{n!}=f(2)=3\mathrm{e}^2.\ ■$$

4. 求无穷级数 $\displaystyle\sum_{n=1}^{\infty}\frac{(-1)^n}{n}$ 的值.

解 (解一) 因为

$$\ln(1+x)=x-\frac{x^2}{2}+\frac{x^3}{3}+\cdots+(-1)^n\frac{x^{n+1}}{n+1}+\cdots,\quad x\in(-1,1].$$

故

$$\sum_{n=1}^{\infty}\frac{(-1)^n}{n}=-\ln(1+x)|_{x=1}=-\ln 2.$$

(解二) 记 $f(x)=\sum_{n=1}^{\infty}\frac{(-1)^n}{n}x^n$, 此级数的收敛域为 $(-1,1]$, 由 Abel 定理知 $f(x)\in C(-1,1]$.

$$f'(x)=\sum_{n=1}^{\infty}(-1)^n x^{n-1}=-\frac{1}{1+x}\Longrightarrow f(x)=-\ln(1+x),\quad x\in(-1,1).$$

所以

$$\sum_{n=1}^{\infty}\frac{(-1)^n}{n}=\lim_{x\to1^-}f(x)=-\ln 2.\quad ■$$

5. 设 $f(x)=\sum_{n=1}^{\infty}\frac{x^n}{n^2}(0\leqslant x\leqslant 1)$. 证明当 $0<x<1$ 时,

$$f(x)+f(1-x)+\ln x[\ln(1-x)]=\frac{\pi^2}{6}.$$

证 易知 $\sum_{n=1}^{\infty}\frac{x^n}{n^2}$ 的收敛区域为 $[-1,1]$. 令 $F(x)=f(x)+f(1-x)+\ln x[\ln(1-x)]$, 则 $F(x)\in C\,(0,1)$, 且

$$F'(x)=f'(x)-f'(1-x)+\frac{\ln(1-x)}{x}-\frac{\ln x}{1-x}.\tag{1}$$

又

$$f'(x)=\sum_{n=1}^{\infty}\frac{x^{n-1}}{n}=\frac{1}{x}\sum_{n=1}^{\infty}\frac{x^n}{n}=\frac{1}{x}\int_0^x\sum_{n=1}^{\infty}t^{n-1}\mathrm{d}t=\frac{1}{x}\int_0^x\frac{1}{1-t}\mathrm{d}t=-\frac{\ln(1-x)}{x}.\tag{2}$$

$$f'(1-x)=-\frac{\ln x}{1-x}.\tag{3}$$

由 (1)—(3) 知 $F'(x)=0$, 故 $F(x)\equiv$ 常数. 而

$$\lim_{x\to1^-}F(x)=f(1)+f(0)+\lim_{x\to1^-}\ln x[\ln(1-x)]=\frac{\pi^2}{6}.$$

这里用到 $\sum_{n=1}^{\infty}\frac{1}{n^2}=\frac{\pi^2}{6}$ 及 $\lim_{x\to1^-}\ln x[\ln(1-x)]=0$(由 L'Hospital 法则), 故结论成立. ■

6. 设 $f(x)=\sum_{n=0}^{\infty}a_n x^n(a_n>0,n=0,1,\cdots)$ 的收敛半径为 $+\infty$, 且 $\sum_{n=1}^{\infty}a_n n!$ 收敛. 则

$$\int_0^{+\infty}\mathrm{e}^{-x}f(x)\mathrm{d}x=\sum_{n=1}^{\infty}a_n n!.$$

证

$$\int_0^{+\infty} \mathrm{e}^{-x} f(x)\mathrm{d}x = \int_0^{+\infty} \left(\mathrm{e}^{-x}\sum_{n=0}^{\infty} a_n x^n\right)\mathrm{d}x = \lim_{A\to+\infty}\int_0^A \left(\sum_{n=0}^{\infty} a_n \mathrm{e}^{-x} x^n\right)\mathrm{d}x$$

$$\overset{(1)}{=\!=} \lim_{A\to+\infty}\sum_{n=0}^{\infty} a_n \left(\int_0^A x^n \mathrm{e}^{-x}\mathrm{d}x\right)$$

$$\overset{(2)}{=\!=} \sum_{n=0}^{\infty} a_n \lim_{A\to+\infty}\int_0^A x^n \mathrm{e}^{-x}\mathrm{d}x$$

$$= \sum_{n=0}^{\infty} a_n \int_0^{+\infty} x^{(n+1)-1}\mathrm{e}^{-x}\mathrm{d}x = \sum_{n=0}^{\infty} a_n \Gamma(n+1) = \sum_{n=0}^{\infty} a_n n!.$$

对于 (1) 因为

$$\left|a_n x^n \mathrm{e}^{-x}\right| = \frac{a_n x^n}{1 + x + \dfrac{1}{2!}x^2 + \cdots + \dfrac{1}{n!}x^n + \cdots} < a_n n!,$$

由优级数判别法知 $\sum\limits_{n=0}^{\infty} a_n x^n \mathrm{e}^{-x}$ 在 $[0, A]$ 上一致收敛, 故可逐项积分.

对于 (2) 由于

$$\left|a_n \int_0^A x^n \mathrm{e}^{-x}\mathrm{d}x\right| \leqslant a_n \int_0^{+\infty} x^n \mathrm{e}^{-x}\mathrm{d}x = a_n n!,$$

由优级数判别法知 $\sum\limits_{n=0}^{\infty} a_n \int_0^A x^n \mathrm{e}^{-x}\mathrm{d}x$ 关于 A 在 $[0, +\infty)$ 上一致收敛, 故可逐项求极限. ■

练习 (1) 求级数 $\sum\limits_{n=1}^{\infty} \dfrac{n}{3^n}2^n$ 的和.

(2) (i) 求幂级数 $\sum\limits_{n=1}^{\infty} nx^{n-1}(|x| < 1)$ 的和; (ii) 求级数 $\sum\limits_{n=1}^{\infty} \dfrac{2n}{3^n}$ 的和.

(3) 求 $\sum\limits_{n=2}^{\infty} \left(1 + \dfrac{1}{n}\right)^{n(n+1)} x^n$ 的收敛区域.

例 5-3-3 解答下列问题.

1. 设 $a_n \geqslant 0, \sum\limits_{n=1}^{\infty} a_n$ 发散, 且 $\lim\limits_{n\to\infty} \dfrac{a_n}{a_1 + a_2 + \cdots + a_n} = 0$. 证明 $\overline{\lim\limits_{n\to\infty}} \sqrt[n]{a_n} = 1$.

证 (i) 因为 $a_n \geqslant 0, \sum\limits_{n=1}^{\infty} a_n$ 发散, 故

$$\frac{1}{R} = \overline{\lim_{n\to\infty}} \sqrt[n]{a_n} \geqslant 1.$$

(ii) 下证 $\overline{\lim\limits_{n\to\infty}} \sqrt[n]{a_n} \leqslant 1$. 事实上, 由

$$\lim_{n\to\infty} \frac{a_n}{a_1 + a_2 + \cdots + a_n} = \lim_{n\to\infty} \frac{S_n - S_{n-1}}{S_n} = 1 - \lim_{n\to\infty} \frac{S_{n-1}}{S_n} = 0 \Longrightarrow \lim_{n\to\infty} \frac{S_{n-1}}{S_n} = 1.$$

再由

$$\varliminf_{n\to\infty}\frac{S_{n+1}}{S_n}\leqslant\varliminf_{n\to\infty}\sqrt[n]{S_n}\leqslant\varlimsup_{n\to\infty}\sqrt[n]{S_n}\leqslant\varlimsup_{n\to\infty}\frac{S_{n+1}}{S_n}\Longrightarrow\lim_{n\to\infty}\sqrt[n]{S_n}=1.$$

故

$$\varlimsup_{n\to\infty}\sqrt[n]{a_n}\leqslant\lim_{n\to\infty}\sqrt[n]{S_n}=1.$$

由 (i), (ii) 知结论成立. ■

2. 设数列 $\{a_n\}$ 满足: $\varlimsup\limits_{n\to\infty}\sqrt[n]{|a_n|}=1$. 证明 $\varlimsup\limits_{n\to\infty}\sqrt[n]{|S_n|}=1$, 其中 $S_n=\sum\limits_{k=0}^{n}a_k$.

证　问题等价于$\sum\limits_{n=0}^{\infty}a_nx^n$ 的收敛半径$R=1$ 能否推出级数$\sum\limits_{n=0}^{\infty}(a_0+a_1+\cdots+a_n)x^n$ 的收敛半径 $\overline{R}=1$.

(i) 因为 $\varlimsup\limits_{n\to\infty}\sqrt[n]{|a_n|}=1$, 所以当 $|x|<1$ 时, $\sum\limits_{n=0}^{\infty}a_nx^n$ 收敛. 故

$$\sum_{n=0}^{\infty}S_nx^n=\sum_{n=0}^{\infty}x^n\cdot\sum_{n=0}^{\infty}a_nx^n=\sum_{n=0}^{\infty}(a_0+a_1+\cdots+a_n)x^n$$

也收敛, 故 $\overline{R}\geqslant 1$ 即 $\dfrac{1}{\overline{R}}=\varlimsup\limits_{n\to\infty}\sqrt[n]{|S_n|}\leqslant 1$.

(ii) 若 $\sum\limits_{n=0}^{\infty}S_nx^n$ 收敛, 则

$$\sum_{n=0}^{\infty}a_nx^n=(1-x)\sum_{n=0}^{\infty}S_nx^n$$

也收敛, 故 $\overline{R}\leqslant R$, 即

$$1=\varlimsup_{n\to\infty}\sqrt[n]{|a_n|}\leqslant\varlimsup_{n\to\infty}\sqrt[n]{|S_n|}.$$

由 (i), (ii) 可知结论成立. ■

注　此问题看似一个纯极限的问题, 用幂级数的知识将为解决此问题带来很大方便.

四、 Fourier 级数

例 5-4-1　解答下列问题.

1. (1) 将 $f(x)=\begin{cases}1, & x\in[-\pi,0),\\ 0, & x\in[0,\pi)\end{cases}$ 展开为 Fourier 级数;

(2) 写出 Fourier 级数的和函数;

(3) 说明 Fourier 级数在 $[-\pi,\pi)$ 上是否一致收敛;

(4) 由 Fourier 级数证明 $\dfrac{\pi}{4}=1-\dfrac{1}{3}+\dfrac{1}{5}+(-1)^k\dfrac{1}{2k+1}+\cdots$.

解　(1) 由于

$$a_0=\frac{1}{\pi}\int_{-\pi}^{\pi}f(x)\mathrm{d}x=1,\quad a_n=\frac{1}{\pi}\int_{-\pi}^{\pi}f(x)\cos nx\mathrm{d}x=0,$$

$$b_n=\frac{1}{\pi}\int_{-\pi}^{\pi}f(x)\sin nx\mathrm{d}x=\frac{(-1)^n-1}{n\pi}.$$

故

$$f(x)\sim\frac{1}{2}-\frac{2}{\pi}\left(\sin x+\frac{\sin 3x}{3}+\frac{\sin 5x}{5}+\cdots+\frac{\sin(2k+1)x}{2k+1}+\cdots\right).$$

(2) 和函数为 $\begin{cases}1, & x\in(-\pi,0),\\ \frac{1}{2}, & x=0,\pm\pi,\\ 0, & x\in(0,\pi).\end{cases}$

(3) 非一致收敛, 因为和函数不连续.

(4) 令 $x=\frac{\pi}{2}$, 则 (1) 中级数在 $x=\frac{\pi}{2}$ 为零, 即结论成立. ■

2. (1) 将 $f(x)=x, x\in[0,\pi]$ 分别展开为余弦级数和正弦级数;

(2) 写出 Fourier 级数的和函数;

(3) 证明 $\sum_{k=1}^{\infty}\frac{1}{(2k-1)^2}=\frac{\pi^2}{8}$;

(4) 求 $\cos x$ 全部零点的倒数的平方和.

解 (1)—(2) 为展成余弦级数, 将函数偶延拓. 这时

$$a_0=\frac{2}{\pi}\int_0^{\pi}x\mathrm{d}x=\pi,\quad a_n=\frac{2}{\pi}\int_0^{\pi}x\cos nx\mathrm{d}x=2\frac{(-1)^n-1}{n^2\pi},\quad b_n=0\quad(n=1,2,\cdots),$$

故

$$f(x)\sim\frac{\pi}{2}-\frac{4}{\pi}\left(\cos x+\frac{\cos 3x}{3^2}+\cdots+\frac{\cos(2k+1)x}{(2k+1)^2}+\cdots\right)=x,\quad x\in[0,\pi].$$

为展成正弦级数, 将函数奇延拓. 这时

$$a_n=0(n=0,1,\cdots),\quad b_n=\frac{2}{\pi}\int_0^{\pi}x\sin nx\mathrm{d}x=2\frac{(-1)^{n+1}}{n},$$

故

$$f(x)\sim 2\left(\sin x-\frac{\sin 2x}{2}+\cdots+(-1)^{n+1}\frac{\sin nx}{n}+\cdots\right)=\begin{cases}x, & x\in[0,\pi),\\ 0, & x=\pi.\end{cases}$$

(3) 在余弦级数中令 $x=0$, 有 $\sum_{k=1}^{\infty}\frac{1}{(2k-1)^2}=\frac{\pi^2}{8}$.

(4) 由于 $\cos x$ 的零点为 $\pm\frac{(2k-1)\pi}{2}$, 由 (3) 有

$$\sum_{k=1}^{\infty}\frac{1}{\left(\frac{(2k-1)\pi}{2}\right)^2}+\sum_{k=1}^{\infty}\frac{1}{\left(-\frac{(2k-1)\pi}{2}\right)^2}=\frac{8}{\pi^2}\sum_{k=1}^{\infty}\frac{1}{(2k-1)^2}=1.\quad ■$$

3. (1) 将 $f(x)=\begin{cases}0, & x\in[-1,0),\\ x^2, & x\in[0,1)\end{cases}$ 展开为 Fourier 级数;

(2) 证明 $\sum_{n=1}^{\infty}\frac{1}{n^2}=\frac{\pi^2}{6}$;

(3) 求 $\sin x$ 非零的零点的倒数的平方和.

解　(1) 记 $T=1$, 则

$$a_0=\frac{1}{T}\int_{-T}^{T}f(x)\mathrm{d}x=\int_0^1x^2\mathrm{d}x=\frac{1}{3},$$

$$a_n=\frac{1}{T}\int_{-T}^{T}f(x)\cos\frac{n\pi}{T}x\mathrm{d}x=\int_0^1x^2\cos n\pi x\mathrm{d}x=2\frac{(-1)^n}{n^2\pi^2},$$

$$b_n=\frac{1}{T}\int_{-T}^{T}f(x)\sin\frac{n\pi}{T}x\mathrm{d}x=\int_0^1x^2\sin n\pi x\mathrm{d}x=\frac{(-1)^{n+1}}{n\pi}+\frac{2[(-1)^n-1]}{n^3\pi^3},$$

故

$$f(x)\sim\frac{1}{6}+\frac{2}{\pi^2}\sum_{n=1}^{\infty}\left\{\frac{(-)^n}{n^2}\cos n\pi x+\frac{1}{\pi}\left[\frac{(-1)^{n+1}}{n}+\frac{2[(-1)^n-1]}{n^3\pi^2}\right]\sin n\pi x\right\}$$
$$=\begin{cases}0, & x\in(-1,0],\\ \frac{1}{2}, & x=\pm1,\\ x^2, & x\in(0,1).\end{cases}$$

(2) 在上述级数中令 $x=1$ 得 $\sum_{n=1}^{\infty}\frac{1}{n^2}=\frac{\pi^2}{6}$.

(3) $\sin x$ 非零的零点为 $\pm k\pi, k\in\mathbb{N}^+$, 由 (2) 得

$$\sum_{n=1}^{\infty}\left[\frac{1}{(n\pi)^2}+\frac{1}{(-n\pi)^2}\right]=\frac{2}{\pi^2}\sum_{n=1}^{\infty}\frac{1}{n^2}=\frac{1}{3}.\quad\blacksquare$$

4. 设 $f(x)$ 是以 2π 为周期的周期函数, 且 $f(x)=x, x\in(-\pi,\pi)$, 求 $f(x)$ 与 $|f(x)|$ 的 Fourier 级数, $f(x)$, $|f(x)|$ 的级数是否一致收敛?

解　(i) 先求 $f(x)$ 的 Fourier 级数.

$$a_n=0(n=0,1,\cdots);\quad b_n=\frac{2}{\pi}\int_0^{\pi}x\sin nx\mathrm{d}x=2\frac{(-1)^{n+1}}{n},$$

故

$$f(x)\sim2\sum_{n=1}^{\infty}\frac{(-1)^{n+1}}{n}\sin nx=\begin{cases}x, & x\in(-\pi,\pi),\\ 0, & x=\pm\pi.\end{cases}$$

(ii) 再求 $|f(x)|$ 的 Fourier 级数. 由于 $|f(x)|$ 是偶函数, 故级数为余弦级数.

$$a_0=\frac{2}{\pi}\int_0^{\pi}|f(x)|\mathrm{d}x=\frac{2}{\pi}\int_0^{\pi}x\mathrm{d}x=\pi,$$

$$a_n = \frac{2}{\pi}\int_0^{\pi} |f(x)|\cos nx\mathrm{d}x = \frac{2}{n^2\pi}[(-1)^n - 1], \quad b_n = 0,$$

故

$$|f(x)| \sim \frac{\pi}{2} + \sum_{n=1}^{\infty} \frac{2}{n^2\pi}[(-1)^n - 1]\cos nx = |x|, \quad x \in [-\pi, \pi].$$

(iii) 因为和函数在 $x = \pm\pi$ 不连续, 所以 $f(x)$ 的 Fourier 级数非一致收敛; 由优级数判别法知 $|f(x)|$ 的 Fourier 级数一致收敛. ■

例 5-4-2　解答下列问题.

1. 设 $f(x)$ 是 $(-\infty, +\infty)$ 上以 2π 为周期的具有 k 阶连续导函数的函数, a_n, b_n 是其 Fourier 系数, 证明

$$a_n = o\left(\frac{1}{n^k}\right), \quad b_n = o\left(\frac{1}{n^k}\right) \quad (n \to \infty).$$

证　由分部积分公式得

$$\begin{aligned}
a_n &= \frac{1}{\pi}\int_{-\pi}^{\pi} f(x)\cos nx\mathrm{d}x = \frac{1}{n\pi}\int_{-\pi}^{\pi} f(x)\mathrm{d}\sin nx = -\frac{1}{n\pi}\int_{-\pi}^{\pi} f'(x)\sin nx\mathrm{d}x \\
&= \frac{1}{n^2\pi}\int_{-\pi}^{\pi} f'(x)\mathrm{d}\cos nx = -\frac{1}{n^2\pi}\int_{-\pi}^{\pi} f''(x)\cos nx\mathrm{d}x = \cdots \\
&= \frac{1}{n^k\pi}\int_{-\pi}^{\pi} f^{(k)}(x)\cos\left(\frac{k\pi}{2} + nx\right)\mathrm{d}x.
\end{aligned}$$

由于 $f^{(k)}(x)$ 连续, 由 Riemann 引理知

$$\lim_{n\to\infty}\int_{-\pi}^{\pi} f^{(k)}(x)\cos\left(\frac{k\pi}{2} + nx\right)\mathrm{d}x = 0,$$

从而有 $a_n = o\left(\frac{1}{n^k}\right)$. 同理可得 $b_n = o\left(\frac{1}{n^k}\right)$. ■

注　Riemann 引理: 若 $f(x)$ 为可积函数, 则

$$\lim_{n\to\infty}\int_{-\pi}^{\pi} f(x)\cos nx\mathrm{d}x = 0, \quad \lim_{n\to\infty}\int_{-\pi}^{\pi} f(x)\sin nx\mathrm{d}x = 0.$$

2. 设函数 $f(x)$ 在 $[-\pi, \pi]$ 上可积, a_n, b_n 为 $f(x)$ 在 $[-\pi, \pi]$ 上的 Fourier 系数, 证明; $\sum\limits_{n=1}^{\infty} a_n b_n$ 收敛.

证　由 Bessel 不等式知 $\sum\limits_{n=1}^{\infty}(a_n^2 + b_n^2)$ 收敛, 且

$$\sum_{n=1}^{\infty}|a_n b_n| \leqslant \frac{1}{2}\sum_{n=1}^{\infty}(a_n^2 + b_n^2),$$

故 $\sum\limits_{n=1}^{\infty} a_n b_n$ 绝对收敛. ■

3. 设 $f(x)=\sum\limits_{n=1}^{\infty} a_n \cos nx$, 级数 $\sum\limits_{n=1}^{\infty} |a_n|$ 收敛, $\sum\limits_{n=1}^{\infty} b_n \sin nx$ 是 $f(x)$ 在区间 $[0,\pi]$ 上的正弦级数, 求 $b_n\ (n \geqslant 1)$.

解　对任意 $m,n>0$, 由于 $|a_m \cos mx \sin nx| \leqslant |a_m|$, 而 $\sum\limits_{n=1}^{\infty} |a_n|$ 收敛, 由优级数判别法知 $\sum\limits_{m=1}^{\infty} a_m \cos mx \sin nx$ 一致收敛, 由一致收敛函数项级数的性质得

$$
\begin{aligned}
b_n &= \frac{2}{\pi}\int_0^{\pi} f(x)\sin nx\mathrm{d}x = \frac{2}{\pi}\int_0^{\pi}\sum_{m=1}^{\infty} a_m \cos mx \sin nx\mathrm{d}x \\
&= \frac{2}{\pi}\sum_{m=1}^{\infty}\int_0^{\pi} a_m \cos mx \sin nx\mathrm{d}x = \frac{1}{\pi}\sum_{m=1}^{\infty}\int_0^{\pi} a_m[\sin(n-m)x+\sin(n+m)x]\mathrm{d}x \\
&= \frac{1}{\pi}\sum_{m=1}^{\infty} a_m \frac{2n[1-(-1)^{n+m}]}{n^2-m^2}. \quad ■
\end{aligned}
$$

4. 设 $f(x)$ 是以 2π 为周期的函数, 满足 α 阶 Hö lder 条件: $|f(x)-f(y)| \leqslant L|x-y|^{\alpha}, \alpha \in (0,1]$, 证明: $a_n = O\left(\dfrac{1}{n^{\alpha}}\right); b_n = O\left(\dfrac{1}{n^{\alpha}}\right)$, 其中 a_n, b_n 为 $f(x)$ 的 Fourier 系数.

证　因为 $f(x)$ 是以 2π 为周期的函数, 故

$$
a_n = \frac{1}{\pi}\int_{-\pi}^{\pi} f(x)\cos nx\mathrm{d}x \tag{1}
$$

$$
\xlongequal{x=t+\frac{\pi}{n}} \frac{1}{\pi}\int_{-\pi-\frac{\pi}{n}}^{\pi-\frac{\pi}{n}} f\left(t+\frac{\pi}{n}\right)\cos(nt+\pi)\mathrm{d}t = -\frac{1}{\pi}\int_{-\pi}^{\pi} f\left(x+\frac{\pi}{n}\right)\cos nx\mathrm{d}x. \tag{2}
$$

由 (1), (2) 式及条件得

$$
\begin{aligned}
|a_n| &= \left|\frac{1}{2\pi}\int_{-\pi}^{\pi}\left[f(x)-f\left(x+\frac{\pi}{n}\right)\right]\cos nx\mathrm{d}x\right| \\
&\leqslant \frac{1}{2\pi}\int_{-\pi}^{\pi}\left|f(x)-f\left(x+\frac{\pi}{n}\right)\right||\cos nx|\mathrm{d}x \\
&\leqslant \frac{1}{2\pi}L\left(\frac{\pi}{n}\right)^{\alpha}\int_{-\pi}^{\pi}|\cos nx|\mathrm{d}x \leqslant L\left(\frac{\pi}{n}\right)^{\alpha} \Longrightarrow a_n = O\left(\frac{1}{n^{\alpha}}\right).
\end{aligned}
$$

同理可证 $b_n = O\left(\dfrac{1}{n^{\alpha}}\right)$. ■

练习　(1) 设 $f(x) \in C[-\pi,\pi]$ 且满足 $f(-\pi)=f(\pi)$, $f(x)$ 有分段连续的导函数, 则 $f(x)$ 的 Fourier 系数满足: $a_n = o\left(\dfrac{1}{n}\right)$, $b_n = o\left(\dfrac{1}{n}\right)$.

(2) 设 $f(x)$ 在 $[-\pi,\pi]$ 上有连续的一阶导函数, a_n, b_n 是 $f(x)$ 在 $[-\pi,\pi]$ 上的 Fourier 系数. 证明: 存在 $M>0$ 使得 $|a_n| \leqslant \dfrac{M}{n}$, $|b_n| \leqslant \dfrac{M}{n}$.

(3) 设周期为 2π 的可积函数 $\varphi(x)$ 与 $\psi(x)$ 满足 $\varphi(-x)=-\psi(x)$, 给出 $\varphi(x)$ 的 Fourier 系数 a_n, b_n 与 $\psi(x)$ 的 Fourier 系数 α_n, β_n 的关系 $(a_n=-\alpha_n,\ b_n=\beta_n)$.

第 6 章 多元函数微分学

内 容 精 析

一、 多元函数的极限与连续

在实际问题中, 我们遇到更多的是多个自变量的函数. Malthus 的人口模型, 把人口数量的变化率近似地看成与人口总数量成正比, 得到了一个常微分方程模型, 解得的结果是人口的数量是时间的指数函数, 这个模型在短时间内能反映人口的变化, 但从长时间来看是很不合理的. 原因是人口的变化不仅与人口数量有关, 而且与其他很多因素 (如: 自然灾害、战争、突发事件等) 有关系. 从宏观到微观, 从自然界到社会中许多数学模型是偏微分方程数学模型, 偏微分方程中的函数就是多元函数, 所以, 我们要充分认识到多元函数的重要性. 多元函数是一元函数的推广, 因此保留着一元函数的许多性质, 但也由于自变量由一个增加到多个, 产生了某些新的内容, 我们要尤其注重这些新内容的理解和掌握.

(一) 平面点集的概念与几个定理

一元函数的定义域是实数轴的点集; 二元函数的定义域是坐标平面上的点集, 讨论多元函数之前, 首先要了解平面点集的一些基本概念和定理.

1^0 平面上任意一点 a 与平面点集 E 之间的关系必有下列三种情况之一: 内点、外点、边界点. 内点一定属于 E, 外点一定不属于 E, 边界点可能属于 E, 也可能不属于 E.

2^0 聚点是相对于孤立点而言的, 讲聚点就是为了下面讨论多元函数的极限作准备, 只有聚点才能讨论该点的极限. 一个点集的聚点可能不属于该点集, 而孤立点一定属于该点集.

3^0 几种特殊的平面点集: 开集、闭集 (注意点集不一定是开集或闭集, 还有“半开半闭”的点集)、区域 (开且连通的点集, 连通性条件在讨论某些问题时是至关重要的).

4^0 对应于实数系的几个基本定理, Euler 空间 $\mathbb{R}^n$ 中也有: 闭区域套定理、聚点定理、有限覆盖定理、Cauchy 收敛准则、致密性定理等.

(二) 多元函数的极限

1. 多元函数极限定义

设 f 为定义在 $D\subset\mathbb{R}^2$ 上的二元函数, p_0 为 D 的一个聚点, a 是一个确定的实数. 若 $\forall\varepsilon>0,\exists\delta>0$, 当 $p\in U^o(p_0,\delta)\cap D$ 时, 有 $|f(p)-a|<\varepsilon$, 则称 f 在 D 上当 $p\to p_0$ 时, 以 a 为极限, 记为 $\lim\limits_{p\to p_0}f(p)=a$.

注 (1) 当 p, p_0 分别用坐标 $(x,y),(x_0,y_0)$ 表示时, 也常记作 $\lim\limits_{(x,y)\to(x_0,y_0)}f(x,y)=a$.

(2) $p\in U^o(p_0,\delta)\cap D$ 可以用条件 $|x-x_0|<\delta,|y-y_0|<\delta,p\neq p_0$ 代替. 但却不能用 $0<|x-x_0|<\delta,0<|y-y_0|<\delta$ 代替.

(3) 对一元函数而言, $f(x)$ 在 x_0 点的左右极限均存在且相等 $\Longleftrightarrow$ $f(x)$ 在 x_0 点的极限

存在. 对多元函数就没这么简单了, 根据极限的定义要求当 p 从四面八方以任何方式沿任何路径趋于 p_0 时, 函数都趋于同一个极限. 这一要求给我们用定义求极限带来了一定困难, 同时为我们判断函数极限不存在提供方便, 因为若自变量沿着不同的两条曲线趋于某一点时, 函数的极限不存在或不同, 那么这个函数在该点的极限就一定不存在.

2. 多元函数的极限性质

极限的唯一性、局部保号性、局部有界性及极限的四则运算, 对多元函数仍然成立.

3. 累次极限与重极限的关系

重极限 $\lim\limits_{(x,y)\to(x_0,y_0)} f(x,y)$ 中, 两个自变量 x,y 要同时以任何方式趋于 x_0,y_0; 累次极限是首先固定一个变量对另外一个变量求极限, 得到的是固定变量的函数, 然后再对原来固定的变量求极限. 重极限和累次极限是两个不同的概念, 两者没有必然的蕴涵关系. 重极限与累次极限在一定条件下也有联系, 即下面的定理.

定理 1 若 $f(x,y)$ 在 (x_0,y_0) 点的重极限 $\lim\limits_{(x,y)\to(x_0,y_0)} f(x,y)$ 与累次极限 $\lim\limits_{x\to x_0}\lim\limits_{y\to y_0} f(x,y)$ 均存在, 则它们必相等.

由此定理可以得到: 若累次极限和重极限都存在则一定相等; 两个累次极限都存在但不相等, 则重极限一定不存在. 应用这个结果可以帮助判定重极限的不存在性.

关于累次极限和重极限的关系有下面的一般定理. 这个定理在微分学部分常用到, 因为偏导数本身就是极限问题.

定理 2 设二重极限 $\lim\limits_{(x,y)\to(x_0,y_0)} f(x,y)$ 存在 (可为无穷), 且 $\forall y \in \{y|0<|y-y_0|<b\}$, $\lim\limits_{x\to x_0} f(x,y)$ 也存在, 则 $\lim\limits_{y\to y_0}\lim\limits_{x\to x_0} f(x,y)$ 存在 (可为无穷), 且

$$\lim_{y\to y_0}\lim_{x\to x_0} f(x,y) = \lim_{(x,y)\to(x_0,y_0)} f(x,y).$$

问题 设二元函数 $f(x,y)$ 在 (x_0,y_0) 点附近有定义, 试回答 A, B, C, D 与重极限存在之间的关系, 并举例说明. A. 两个累次极限都存在且相等; B. 两个累次极限存在但不相等; C. 两个累次极限一个存在一个不存在; D. 两个累次极限都不存在. 上述的关系可以通过下面几个例子与上述定理而得到阐述.

A. $f(x,y)=\dfrac{xy}{x^2+y^2}, (x,y)\neq(0,0)$ 在 $(0,0)$ 点的两个累次极限存在且均为零, 但重极限不存在.

B. $f(x,y)=\dfrac{x-y}{x+y}, (x,y)\neq(0,0)$ 在 $(0,0)$ 点的两个累次极限都存在但不相等, 重极限不存在 (重极限的不存在性可由上述定理而得到).

C. $f(x,y)=x\sin\dfrac{1}{y}, (x,y)\neq(0,0)$ 在 $(0,0)$ 点的一个累次极限不存在, 另外一个累次极限为零, 重极限存在.

D. $f(x,y)=x\sin\dfrac{1}{y}+y\sin\dfrac{1}{x}, (x,y)\neq(0,0)$ 在 $(0,0)$ 点的两个累次极限都不存在, 重极限存在且为零.

4. 计算多元函数极限常用的方法

(1) 应用不等式、使用两边夹定理, 如:

$$\lim_{(x,y)\to(0,0)}\frac{\sin(x^3+y^3)}{x^2+y^2};\quad \lim_{(x,y)\to(0,0)}(x+y)\sin\frac{y}{x^2+y^2};$$

(2) 利用初等函数的连续性与极限的四则运算, 如: $\lim\limits_{(x,y)\to(1,0)}\dfrac{\ln(x+\mathrm{e}^y)}{\sqrt{x^2+y^2}}$;

(3) 利用初等变形, 特别指数函数形式常可先求其对数的极限, 如:

$$\lim_{(x,y)\to(0,0)}(x^2+y^2)^{x^2y^2};$$

(4) 变量替换化为已知的极限, 或利用极坐标变换化为一元函数的极限, 如:

$$\lim_{(x,y)\to(+\infty,+\infty)}\left(1+\frac{1}{xy}\right)^{x\sin y};\quad \lim_{(x,y)\to(0,0)}\frac{\sin(x^2+y^2)}{x^2+y^2};$$

5. 证明二元函数极限不存在的常用方法

(1) 证明沿两条不同路线的极限不同, 如: 令 $y=kx$ 或极坐标变换可证 $\dfrac{xy}{x^2+y^2}$ 在 $(0,0)$ 处重极限不存在.

(2) 证明某个特殊路径的极限不存在, 如: $\dfrac{x^2y^2}{x^3+y^3}$ 在 $(0,0)$ 处, 当 $y=-x$ 时分母为零, 因此可以考虑与 $y=-x$ 在 $(0,0)$ 处相切的高次曲线的路径的极限, 如: 令 $y=-x+x^3$.

(3) 两个累次极限均存在但不相等, 如: $\dfrac{x^6y^8}{(x^2+y^4)^5}$ 在 $(0,0)$ 处, (x,y) 沿 y 轴趋于 $(0,0)$ 的极限与沿 $y^2=x$ 路径的极限; $\dfrac{x^3-y^3}{x^3+y^3}$ 在 $(0,0)$ 处.

(三) 多元函数的连续性

1. 多元函数的连续定义

多元函数的连续定义与一元函数连续定义本质上是一样的, 即函数在某一点的极限等于该点的函数值. 对一元函数来说, 只要左右连续则函数连续; 对多元函数而言, 自变量要从四面八方各个方向沿着各条路径趋于某点时的极限都等于该点的函数值. 所以, 用定义判定多元函数的连续性要比一元函数复杂, 不过用定义否定多元函数的连续性要比一元函数简单, 只要找出某条路径的极限不等于该点的函数值就可以了.

2. 多元函数连续的性质

1^0 若多元函数在某一点连续, 则与一元函数一样, 可以得到局部有界性、局部保号性以及相应的四则运算.

2^0 复合函数的连续性.

3^0 连续映射将紧集映射成紧集; 将连通集映射成连通集.

在 Euler 空间 $\mathbb{R}^n$ 中, 紧集就是有界闭集.

在一元函数中讨论闭区间上连续函数的性质, 闭区间实质上是一维空间中的有界闭集, 顺理成章地应该讨论多元函数在高维空间中的有界闭集, 即紧集上的性质.

4^0 紧集上连续函数的性质.

(i) 有界性; (ii) 最大值和最小值; (iii) 一致连续性.

注 一维空间中的闭区间不仅是紧的 (有界闭), 而且还是连通的, 但紧集不一定是连通的, 所以在一般紧集上多元函数不能得到介值性.

5^0 多元连续函数在连通紧集上具有介值性.

3. 单个变量连续与连续的关系

由于多元函数的自变量不止一个, 自然就有多元函数的连续及对单个自变量连续的问题. 若 $f(x,y)$ 在 (x_0,y_0) 点连续, 显然当固定 $y=y_0$ 时, $f(x,y_0)$ 作为 x 的一元函数在 x_0 点连续. 同理, 当固定 $x=x_0$ 时, $f(x_0,y)$ 作为 y 的一元函数在 y_0 点连续. 但反过来, 多元函数对单个自变量都连续不能保证该函数的连续性, 例如: $\begin{cases} 1, & xy\neq 0, \\ 0, & xy=0 \end{cases}$ 在原点不连续. 但由于 $f(0,y)=f(x,0)\equiv 0$, 因此在原点处 f 对 x 和 y 分别连续.

注 尽管对单个自变量连续得不到多元函数的连续性, 但是在附加一些条件下, 能得到多元函数的连续性.

若 $f(x,y)$ 分别是单变量 x,y 的连续函数且满足下列条件之一, 则 $f(x,y)$ 为二元连续函数.

(1) $f(x,y)$ 对 x 连续且关于 y 是一致的 (特别地, $f(x,y)$ 关于其中一个变量满足 Lipchitz 条件).

(2) $f(x,y)$ 关于一个变量单调.

二、 多元函数偏导数与全微分

(一) 偏导数、全微分、方向导数与梯度

1. 偏导数的定义与几何意义

1^0 偏导数定义

$$f'_x(x_0,y_0)=\lim_{\Delta x\to 0}\frac{f(x_0+\Delta x,y_0)-f(x_0,y_0)}{\Delta x}.$$

注 (1) 函数 f 对一个自变量求偏导数, 是先把其他自变量看作常数, 从而变成一元函数的求导问题. 因此关于求导的一些基本法则, 对多元函数求偏导仍然适用.

(2) 用一句话概括偏导数的定义就是: 对应于某一个自变量改变的函数值的增量除以相应自变量的改变量的极限.

(3) 偏导数的定义给出了我们求某点偏导数或判断在某点偏导数是否存在的方法.

2^0 偏导数的几何意义.

$f'_x(x_0,y_0)$ 就是一元函数 $f(x,y_0)$ 在 $x=x_0$ 的导数, 就是曲线 $L:\begin{cases} x=x, \\ y=y_0, \\ z=f(x,y) \end{cases}$ 在 (x_0,y_0,z_0) $(z_0=f(x_0,y_0))$ 处的切线 T_x 对于 x 轴的斜率, 即 T_x 与 x 轴正向所成倾角 α 的正切 $\tan\alpha$.

2. 全微分的定义与几何意义

1^0 全微分定义.

若存在仅与 (x_0,y_0) 有关的常数, 不能依赖于 $\Delta x,\Delta y$ 的 A,B 使得

$$\Delta z=f(x_0+\Delta x,y_0+\Delta y)-f(x_0,y_0)=A\Delta x+B\Delta y+o(\sqrt{\Delta x^2+\Delta y^2}),$$

称 f 在 (x_0,y_0) 点可微, 并称关于 $\Delta x,\Delta y$ 的线性函数 $A\Delta x+B\Delta y$ 为 f 在 (x_0,y_0) 点的全微分, 记 $\mathrm{d}f(x_0,y_0)=A\Delta x+B\Delta y$.

注　(1) $o(\sqrt{\Delta x^2+\Delta y^2})$ 是 $\rho=\sqrt{\Delta x^2+\Delta y^2}$ 的高阶无穷小量, 也就是点 $(x_0+\Delta x,y_0+\Delta y)$ 到 (x_0,y_0) 距离的无穷小量. 正是因为 $\Delta z=f(x_0+\Delta x,y_0+\Delta y)-f(x_0,y_0)$ 和 $\mathrm{d}f(x_0,y_0)=A\Delta x+B\Delta y$ 相差一个 $\rho=\sqrt{\Delta x^2+\Delta y^2}$ 高阶无穷小量, 我们就可以用线性函数 $\mathrm{d}f(x_0,y_0)=A\Delta x+B\Delta y$ 近似地代替 $\Delta z=f(x_0+\Delta x,y_0+\Delta y)-f(x_0,y_0)$. 为了处理问题的方便, 有时将微分定义中的 $o(\sqrt{\Delta x^2+\Delta y^2})$ 写成 $\alpha\Delta x+\beta\Delta y$, 其中

$$\lim_{(\Delta x,\Delta y)\to(0,0)}\alpha=\lim_{(\Delta x,\Delta y)\to(0,0)}\beta=0.$$

(2) 一元函数可微的定义中, 要求 $\Delta y=f(x_0+\Delta x)-f(x_0)=A\Delta x+o(\Delta x)$, 其中 A 也只能依赖于 x_0 而不能依赖于 Δx, 且 $o(\Delta x)$ 也是 $(x_0+\Delta x)$ 到 x_0 距离的高阶无穷小量. 由此, 我们可以类似地定义 $n(n\geqslant 3)$ 个自变量函数的全微分.

(3) 我们经常用全微分的定义判断函数在某点是否可微. 一般先求出某点的偏导数 (若偏导数不存在, 则一定不可微), 然后考察

$$f(x_0+\Delta x,y_0+\Delta y)-f(x_0,y_0)-f'_x(x_0,y_0)\Delta x-f'_y(x_0,y_0)\Delta y$$

是否为 $\sqrt{\Delta x^2+\Delta y^2}$ 的无穷小量, 这就转化为极限问题了.

2^0 全微分的几何意义.

如果函数 f 在 (x_0,y_0) 点可微, 则曲面 $z=f(x,y)$ 在 (x_0,y_0,z_0) $(z_0=f(x_0,y_0))$ 处存在切平面:

$$z-z_0=f'_x(x_0,y_0)(x-x_0)+f'_y(x_0,y_0)(y-y_0).$$

当点 (x_0,y_0) 变为 $(x_0+\Delta x,y_0+\Delta y)$ 时, $\Delta z=f(x_0+\Delta x,y_0+\Delta y)-f(x_0,y_0)$ 是曲面的增量, 而全微分 $\mathrm{d}f(x_0,y_0)=A\Delta x+B\Delta y$ 是切平面的增量, 由可微的定义可知, 函数在某点可微就是在该点附近可以用切平面近似代替曲面. 有了几何解释以后, 就不难理解微分中为什么要求 A,B 不能依赖于 $\Delta x,\Delta y$ 而是要求 $\Delta z-\mathrm{d}z=o(\sqrt{\Delta x^2+\Delta y^2})$. 对一元函数而言, 如果函数在某点可微就是在该点附近可以用切线近似代替曲线. “以直代曲, 以简代繁”是数学中的重要思想, 过去我们学的 Taylor 展开的目的之一就是能用多项式在局部范围内近似代替复杂函数.

多元函数与一元函数相比, 因为自变量增加产生了许多新内容, 同时也要注意到一元函数与多元函数在某些问题上共同的本质.

3. 方向导数及其几何意义

我们知道函数 $z=f(x,y)$ 的偏导数 f'_x,f'_y 是函数 $z=f(x,y)$ 沿两个特殊方向的变化率, 要考虑函数沿其他特定方向的变化率, 为此要引进方向导数.

1^0 方向导数的定义.

设函数 $z=f(x,y)$ 在点 $P_0(x_0,y_0)$ 的某邻域内有定义, l 是通过 P_0 的任意一条有向直线, 其正向与 x 轴、y 轴的正向间的夹角分别为 α,β, 再设 $P(x_0+\Delta x,y_0+\Delta y)$ 是 l 上任意一点, 记 $\rho=\sqrt{\Delta x^2+\Delta y^2}$, 则 $\Delta x=\rho\cos\alpha,\Delta y=\rho\cos\beta$, 若

$$\lim_{\rho\to 0}\frac{f(x_0+\rho\cos\alpha,y_0+\rho\cos\beta)-f(x_0,y_0)}{\rho}\text{存在},$$

则称此极限为 $f(x,y)$ 在 P_0 点沿方向 l 的方向导数, 记 $\left.\dfrac{\partial f}{\partial l}\right|_{p_0}$.

注 若 f 在 P_0 存在关于 x 的偏导数, 当 l 为 x 轴正方向时, 方向导数恰好为 $\left.\dfrac{\partial f}{\partial l}\right|_{p_0}=\left.\dfrac{\partial f}{\partial x}\right|_{p_0}$; 当 l 为 x 轴负方向时, 方向导数恰好为 $\left.\dfrac{\partial f}{\partial l}\right|_{p_0}=-\left.\dfrac{\partial f}{\partial x}\right|_{p_0}$.

需要指出的是, 只是在假设 f 在 P_0 存在关于 x 的偏导数存在的前提下才成立. 否则, f 在 P_0 沿任何方向的方向导数存在也不能保证 f 在 P_0 偏导数的存在 (具体例子见 4). 方向导数的定义给出了我们求方向导数的一种方法.

类似地可以定义三元函数的方向导数.

2^0 方向导数的几何意义: 函数在某点沿某个方向的变化率.

4. 可微、偏导数存在、连续、方向导数之间的关系

1^0 可微一定连续, 可微偏导数一定存在, 可微方向导数也一定存在.

如果 f 在 (x_0,y_0) 处可微, 由微分和连续的定义可知 f 在 (x_0,y_0) 处是连续的, 即可微必连续, 这一点和一元函数是一致的.

若 f 在 (x_0,y_0) 处可微, 令 $\Delta y=0$, 由全微分的定义得

$$f(x_0+\Delta x,y_0)-f(x_0,y_0)=A\Delta x+o(\Delta x),$$

于是 $f'_x(x_0,y_0)=A$. 同理可得 $f'_y(x_0,y_0)=B$. 因此可微必可偏导.

可见, 连续且可偏导看成函数可微的必要条件.

若函数 $f(x,y)$ 在 $P_0(x_0,y_0)$ 点可微, 则对任一方向 $\boldsymbol{l}=(\cos\alpha,\cos\beta)$, f 在 (x_0,y_0) 的方向导数存在, 且

$$\frac{\partial f}{\partial \boldsymbol{l}}(x_0,y_0)=\frac{\partial f}{\partial x}(x_0,y_0)\cos\alpha+\frac{\partial f}{\partial y}(x_0,y_0)\cos\beta,$$

这可由全微分和方向导数的定义得到.

2^0 偏导数存在不一定连续, 方向导数也不一定存在, 从而不一定可微.

如: $f(x,y)=\begin{cases}\dfrac{xy}{x^2+y^2}, & (x,y)\neq(0,0),\\ 0, & (x,y)=(0,0),\end{cases}$ 由偏导数定义可知 $f'_x(0,0)=f'_y(0,0)=0$, 前面极限部分已经证明 $\lim\limits_{(x,y)\to(0,0)}\dfrac{xy}{x^2+y^2}$ 不存在, 从而不连续, 再由 (i) 可知 $f(x,y)$ 在 $(0,0)$ 点也不可微.

如: $f(x,y)=\begin{cases}1, & xy\neq 0,\\ x^2+y^2, & xy=0,\end{cases}$ 由偏导数的定义可知 $f'_x(0,0)=f'_y(0,0)=0$, 但是 $f(x,y)$ 沿 $\boldsymbol{l}=(\cos\alpha,\cos\beta)=(\cos\alpha,\sin\alpha)\left(\alpha\neq 0,\dfrac{\pi}{2},\dfrac{3\pi}{2},\pi,2\pi\right)$ 在 $(0,0)$ 点的方向导数不存在.

对单元函数而言, 可微和可导是等价的, 由上述讨论可知, 对多元函数可微和可偏导不等价. 可偏导并在一定附件条件下可得函数的可微, 即下面函数可微的充分条件.

定理　若函数 $z=f(x,y)$ 的偏导数在 (x_0,y_0) 的某邻域内存在, 且 f'_x,f'_y 在 (x_0,y_0) 处连续, 则函数 $f(x,y)$ 在 (x_0,y_0) 点可微.

3^0 连续函数的偏导数不一定存在, 方向导数也不一定存在, 从而不一定可微.

如: $f(x,y)=|x|+|y|$ 在 $(0,0)$ 点连续, 但偏导数不存在, 由 (1) 知其不可微.

如: $f(x,y)=\begin{cases}y\sin\dfrac{1}{x^2+y^2}, & x^2+y^2\neq 0,\\ 0, & x^2+y^2=0\end{cases}$ 在 $(0,0)$ 点连续, 由方向导数的定义知 $f(x,y)$ 在 $(0,0)$ 点的任何方向的方向导数不存在.

4^0 方向导数存在不一定连续, 偏导数也不一定存在, 从而不一定可微.

如: $f(x,y)=\begin{cases}1, & 0<y<x^2,\\ 0, & \text{其他},\end{cases}$ 由连续函数的定义可知此函数在 $(0,0)$ 点不连续 (当然不可微), 但始于原点的任何射线上都包含有原点的一段, 在此段上 f 的值恒为 0, 于是由方向导数的定义, 在原点的任何方向的方向导数都为 0.

如: $f(x,y)=\sqrt{x^2+y^2}$ 在 $(0,0)$ 点沿任何方向的方向导数都存在且相等, 但 $f'_x(0,0)$, $f'_y(0,0)$ 均不存在.

5. 梯度

1^0 梯度定义.

设 $f(x,y,z)$ 在点 $P_0(x_0,y_0,z_0)$ 存在对所有自变量的偏导数, 则称向量 $(f'_x(P_0),f'_y(P_0),f'_z(P_0))$ 为函数 f 在 P_0 的梯度, 记为

$$\mathrm{grad}f(P_0)=(f'_x(P_0),f'_y(P_0),f'_z(P_0)).$$

梯度就是将数量场映射成向量场的算子.

2^0 梯度的几何意义.

设 $\boldsymbol{l}=(\cos\alpha,\cos\beta,\cos\gamma)$, 则方向导数公式又可写成

$$\frac{\partial f}{\partial l}(P_0)=\mathrm{grad}f(P_0)\cdot\boldsymbol{l}=|\mathrm{grad}f(P_0)|\cos\theta,$$

其中 θ 为梯度向量与 $\boldsymbol{l}$ 的夹角. 这就是说, 当 f 在 P_0 点可微时, $\mathrm{grad}f(P_0)$ 就是 f 的值增长最快的方向, 且沿这一方向的变化率就是梯度的模 $|\mathrm{grad}f(P_0)|$; $-\mathrm{grad}f(P_0)$ 是方向导数取得最小值 $-|\mathrm{grad}f(P_0)|$ 的方向.

$\mathrm{grad}u=(u_x,u_y,u_z)$ 是数量场的等值面 $u(x,y,z)=c$ 的法线方向, 所以 $\mathrm{grad}u$ 与等值面正交. 今后我们求空间曲面 $F(x,y,z)=0$ 某点 P_0 的法线和切平面, 关键就是求曲面在 P_0 的法向量 $\mathrm{grad}F$, 所以梯度有重要的几何意义.

(二) 偏导数、全微分、方向导数和梯度的计算

1. 偏导数的计算

1^0 用定义计算某点的偏导数.

2^0 四则运算.

3^0 复合函数偏导数计算 —— 链式法则.

4^0 隐函数法等.

这里需要指出的是, 混合偏导数不一定相等, 但在一定条件下相等, 即为下面的定理.

定理 若 f''_{xy}, f''_{yx} 在 $U(P_0,\delta)$ 内存在, 且在 (x_0,y_0) 点连续, 则 $f''_{xy}(P_0)=f''_{yx}(P_0)$.

该定理反之不成立, 如: $f(x,y)=\begin{cases}(x^2+y^2)\sin\dfrac{1}{x^2+y^2}, & x^2+y^2\neq 0,\\ 0, & x^2+y^2=0\end{cases}$ 满足 $f''_{xy}(0,0)=f''_{yx}(0,0)$, 但是 f''_{xy}, f''_{yx} 在 $(0,0)$ 点不连续.

2. 全微分的计算

1^0 用定义.

2^0 利用一阶微分形式的不变性.

3^0 高阶微分公式

$$\mathrm{d}^k f(x,y)=\left(\mathrm{d}x\frac{\partial}{\partial x}+\mathrm{d}y\frac{\partial}{\partial y}\right)^k f(x,y).$$

3. 方向导数的计算

1^0 用定义.

2^0 计算公式

$$\frac{\partial f}{\partial l}(x_0,y_0)=\frac{\partial f}{\partial x}(x_0,y_0)\cos\alpha+\frac{\partial f}{\partial y}(x_0,y_0)\cos\beta.$$

4. 梯度的计算

$$\mathrm{grad}f(P_0)=(f'_x(P_0),f'_y(P_0),f'_z(P_0)).$$

(三) 微分方程的变量替换

微分方程的化简是偏微分方程的基本内容. 建立的偏微分方程数学模型可能比较复杂或者研究起来比较困难, 我们一般的方法是先将方程化成比较容易研究的形式. 化简方程一般采用两种途径.

1^0 对自变量的变量替换.

2^0 对未知函数和自变量同时作变换.

三、 Taylor 公式、隐函数定理

(一) Taylor 公式

我们已经学过一元函数的 Taylor 公式, 并且知道它有很多的应用. 事实上, 对多元函数同样有 Taylor 公式, 它也有许多重要应用. Taylor 公式的基本想法就是在某点附近, 利用一个函数各阶导数在该点的值构造出多项式逼近这个函数.

1. **二元函数的 Taylor 公式**

设 $f(x,y)$ 在点 (x_0,y_0) 的邻域 $U=O\left((x_0,y_0),\delta\right)$ 上具有 $k+1$ 阶连续偏导数, 那么对于 U 内的每一点 $(x_0+\Delta x,y_0+\Delta y)$ 都有

$$\begin{aligned}
&f\left(x_0+\Delta x,y_0+\Delta y\right)=f\left(x_0,y_0\right)+\left(\Delta x\frac{\partial}{\partial x}+\Delta y\frac{\partial}{\partial y}\right)f\left(x_0,y_0\right)\\
&+\frac{1}{2!}\left(\Delta x\frac{\partial}{\partial x}+\Delta y\frac{\partial}{\partial y}\right)^2 f\left(x_0,y_0\right)+\cdots+\frac{1}{k!}\left(\Delta x\frac{\partial}{\partial x}+\Delta y\frac{\partial}{\partial y}\right)^k f\left(x_0,y_0\right)\\
&+\frac{1}{(k+1)!}\left(\Delta x\frac{\partial}{\partial x}+\Delta y\frac{\partial}{\partial y}\right)^{k+1} f\left(x_0+\theta\Delta x,y_0+\theta\Delta y\right)\\
=&f\left(x_0,y_0\right)+\frac{1}{1!}\mathrm{d}f\left(x_0,y_0\right)+\cdots+\frac{1}{k!}\mathrm{d}^k f\left(x_0,y_0\right)+\cdots+\frac{1}{(k+1)!}\mathrm{d}^{k+1}f\left(x_0+\theta\Delta x,y_0+\theta\Delta y\right),
\end{aligned}$$

其中 $\theta\in(0,1)$ 且

$$\left(\Delta x\frac{\partial}{\partial x}+\Delta y\frac{\partial}{\partial y}\right)^k f\left(x_0,y_0\right)=\sum_{i=0}^{k}\mathrm{C}_k^i\frac{\partial^k}{\partial x^i\partial y^{k-i}}f\left(x_0,y_0\right)\Delta x^i\Delta y^{k-i}.$$

给定点 $(x_0+\Delta x,y_0+\Delta y)\in O$, 构造辅助函数 $\varphi(t)=f\left(x_0+t\Delta x,y_0+t\Delta y\right)$, 应用一元函数的 Taylor 公式, 将 $\varphi(t)$ 在 $t=0$ 点展开, 然后令 $t=1$ 即可.

由证明过程就不难理解余项中 $\Delta x,\Delta y$ 前的系数是同一个系数 θ.

2. **中值定理**

Taylor 公式中, 当 $k=0$ 时得到 U 上的微分中值定理

$$\begin{aligned}
&f(x_0+\Delta x,y_0+\Delta y)-f(x_0,y_0)\\
=&f'_x(x_0+\theta\Delta x,y_0+\theta\Delta y)\Delta x+f'_y(x_0+\theta\Delta x,y_0+\theta\Delta y)\Delta y,\quad 0<\theta<1.
\end{aligned}$$

3. **中值定理的应用**

如果 $f(x,y)$ 在某邻域内的一阶偏导数都为零, 则 $f(x,y)$ 在该邻域内一定为常数. 这个结果对一般多元函数仍然成立.

注　设 $f(x,y)$ 可微, l_1 与 l_2 是 $\mathbb{R}^2$ 上一组线性无关的向量. 若 $\dfrac{\partial f}{\partial l_i}=0(i=1,2)$, 则 $f(x,y)\equiv$ 常数.

4. **多元函数的 Taylor 公式**

设 $f(x_1,x_2,\cdots,x_n)$ 在点 $(x_1^0,x_2^0,\cdots,x_n^0)$ 附近具有 $k+1$ 阶的偏导数, 那么这点附近成立如下的 Taylor 公式:

$$\begin{aligned}
&f\left(x_1^0+\Delta x_1,x_2^0+\Delta x_2,\cdots,x_n^0+\Delta x_n\right)\\
=&f\left(x_1^0,x_2^0,\cdots,x_n^0\right)+\left(\sum_{i=1}^{n}\Delta x_i\frac{\partial}{\partial x_i}\right)f\left(x_1^0,x_2^0,\cdots,x_n^0\right)\\
&+\frac{1}{2!}\left(\sum_{i=1}^{n}\Delta x_i\frac{\partial}{\partial x_i}\right)^2 f\left(x_1^0,x_2^0,\cdots,x_n^0\right)+\cdots+\frac{1}{k!}\left(\sum_{i=1}^{n}\Delta x_i\frac{\partial}{\partial x_i}\right)^k f\left(x_1^0,x_2^0,\cdots,x_n^0\right)\\
&+\frac{1}{(k+1)!}\left(\sum_{i=1}^{n}\Delta x_i\frac{\partial}{\partial x_i}\right)^{k+1} f\left(x_1^0+\theta x_1,x_2^0+\theta x_2,\cdots,x_n^0+\theta x_n\right),\quad 0<\theta<1.
\end{aligned}$$

这个结果的证明和二元函数完全类似, 故对一般多元函数也有中值定理.

(二) 隐函数定理

1. 隐函数存在唯一性定理

若满足下列条件:

(1) 函数 $F(x,y)$ 在以 $P_0(x_0,y_0)$ 为内点的某一区域 $D\subset\mathbb{R}^2$ 上连续;

(2) $F(x_0,y_0)=0$(初始条件);

(3) 在 D 内存在连续的偏导数 $F'_y(x,y)$;

(4) $F'_y(x_0,y_0)\neq 0$,

则在点 P_0 的某邻域 $U(P_0)\subset D$ 内, 方程 $F(x,y)=0$ 唯一地确定了一个定义在区间 $(x_0-\alpha, x_0+\alpha)$ 上的函数 (隐函数) $y=f(x)$ 使得

(i) 当 $x\in(x_0-\alpha,x_0+\alpha)$ 时, 有 $(x,f(x))\in U(P_0)$, 且 $F(x,f(x))=0$, 以及 $y_0=f(x_0)$;

(ii) $f(x)$ 在 $(x_0-\alpha,x_0+\alpha)$ 内连续.

注　关于隐函数存在条件分析.

由于满足方程 $F(x,y)=0$ 的点集可看作曲面 $z=F(x,y)$ 与坐标平面 $z=0$ 的交集, 所以由 $F(x,y)=0$ 能确定一个函数, 至少要求该交集非空, 即存在点 $P_0(x_0,y_0)$ 使得 $F(x_0,y_0)=0$.

定理中的条件仅是充分的. 如方程 $y^3-x^3=0$ 在 $(0,0)$ 点不满足条件 (4)($F'_y(0,0)=0$), 但它仍能确定唯一的连续函数 $y=x$. 当然由于条件 (4) 的不满足, 往往导致定理结论的失效.

条件 (3), (4) 只是保证存在 P_0 的某一邻域, 在此邻域内 $F(x,y)$ 关于 y 是严格单调的. 对本定理证明的结论来说, 可以把条件 (3), (4) 减弱为“F 在 P_0 点某一邻域内关于 y 是严格单调的”, 采用条件 (3), (4), 只是为了应用中便于检验.

如果把条件 (3), (4) 改为 $F'_x(x,y)$ 连续, 且 $F'_x(x_0,y_0)\neq 0$, 这时结论是存在唯一的连续函数 $x=g(y)$.

2. 隐函数的可微性定理

设 $F(x,y)$ 满足隐函数存在唯一性定理中的条件 (1)—(4), 又设在 D 内存在连续的偏导数 $F'_x(x,y)$, 则由 $F(x,y)=0$ 所确定的隐函数 $y=f(x)$ 在其定义域 $(x_0-\alpha,x_0+\alpha)$ 内有连续的偏导数, 且

$$f'(x)=-\frac{F'_x(x,y)}{F'_y(x,y)}.$$

注　如果 $F'_x(x,y),F'_y(x,y)$ 都连续, 则 $F(x,y)$ 一定可微, 从而一定连续, 这样条件 (1) 就包含在 $F'_x(x,y),F'_y(x,y)$ 连续之中.

3. n 元隐函数定理

(1) 若函数 $F(x_1,x_2,\cdots,x_n,y)$ 在以点 $P_0(x_1^0,x_2^0,\cdots,x_n^0,y^0)$ 为内点的区域 $D\subset\mathbb{R}^{n+1}$ 上连续;

(2) $F(x_1^0,x_2^0,\cdots,x_n^0,y^0)=0$;

(3) 偏导数 $F'_{x_1},F'_{x_2},\cdots,F'_{x_n},F'_y$ 在 D 内存在且连续;

(4) $F'_y(x_1^0, x_2^0, \cdots, x_n^0, y^0) \neq 0$,

则在点 P_0 的某邻域 $U(P_0) \subset D$ 内, 方程 $F(x_1, x_2, \cdots, x_n, y) = 0$ 唯一地确定一个定义在 $Q_0(x_1^0, x_2^0, x_n^0)$ 的某邻域 $U(Q_0) \subset \mathbb{R}^n$ 内的 n 元连续函数 (隐函数) $y = f(x_1, x_2, \cdots, x_n)$ 使得:

(i) 当 $(x_1, x_2, \cdots, x_n) \in U(Q_0)$ 时,

$$(x_1, x_2, \cdots, x_n, f(x_1, x_2, \cdots, x_n)) \in U(P_0),$$

$$F(x_1, x_2, \cdots, x_n, f(x_1, x_2, \cdots, x_n)) \equiv 0;$$

$$y^0 = f(x_1^0, x_2^0, \cdots, x_n^0);$$

(ii) $y = f(x_1, x_2, \cdots, x_n)$ 在 $U(Q_0)$ 内连续;

(iii) $y = f(x_1, x_2, \cdots, x_n)$ 在 $U(Q_0)$ 内有连续偏导数：$f'_{x_1}, f'_{x_2}, \cdots, f'_{x_n}$, 且

$$f'_{x_1} = -\frac{F'_{x_1}}{F'_y}, f'_{x_2} = -\frac{F'_{x_2}}{F'_y}, \cdots, f'_{x_n} = -\frac{F'_{x_n}}{F'_y}.$$

注　条件 (1) 中 F 的连续性包含在条件 (3) 之中; 结论 (ii) 包含在 (iii) 之中.

4. 隐函数组定理

若 (1) $F(x, y, u, v)$ 与 $G(x, y, u, v)$ 在以点 $P_0(x_0, y_0, u_0, v_0)$ 为内点的区域 $V \subset \mathbb{R}^4$ 内连续;

(2) $F(x_0, y_0, u_0, v_0) = 0, G(x_0, y_0, u_0, v_0) = 0$ (初始条件);

(3) 在 V 内 F, G 具有一阶连续偏导数;

(4) $J(P_0) = \left.\dfrac{\partial(F, G)}{\partial(u, v)}\right|_{P_0} \neq 0$,

则在点 P_0 的某一邻域 $U(P_0) \subset V$ 内, 方程组 $\begin{cases} F(x, y, u, v) = 0, \\ G(x, y, u, v) = 0 \end{cases}$ 唯一确定了定义在点 $Q_0(x_0, y_0)$ 的某一邻域 $U(Q_0)$ 内的两个二元隐函数 $\begin{cases} u = f(x, y), \\ v = g(x, y), \end{cases}$ 使得

(i) 当 $(x, y) \in U(Q_0)$ 时,

$$(x, y, f(x, y), g(x, y)) \in U(P_0),$$

$$\begin{cases} F(x, y, f(x, y), g(x, y)) = 0, \\ G(x, y, f(x, y), g(x, y)) = 0, \end{cases}$$

$$u_0 = f(x_0, y_0), \quad v_0 = g(x_0, y_0);$$

(ii) $f(x, y), g(x, y)$ 在 $U(Q_0)$ 内连续;

(iii) $f(x, y), g(x, y)$ 在 $U(Q_0)$ 内有一阶连续偏导数, 且

$$\frac{\partial u}{\partial x}=-\frac{1}{J}\frac{\partial(F,G)}{\partial(x,v)},\quad \frac{\partial u}{\partial y}=-\frac{1}{J}\frac{\partial(F,G)}{\partial(y,v)};\quad \frac{\partial v}{\partial x}=-\frac{1}{J}\frac{\partial(F,G)}{\partial(u,x)},\quad \frac{\partial v}{\partial y}=-\frac{1}{J}\frac{\partial(F,G)}{\partial(u,y)},$$

其中 $J=\dfrac{\partial(F,G)}{\partial(u,v)}$.

注　条件 (1) 包含在条件 (3) 之中, 条件 (4) 的作用相当于隐函数定理中 $F_y'(P_0)\neq 0$ 的作用; 结论 (ii) 包含在 (iii) 之中.

结论 (3), 可以先对 $\begin{cases} F(x,y,f(x,y),g(x,y))=0, \\ G(x,y,f(x,y),g(x,y))=0 \end{cases}$ 关于 x 或者 y 分别求偏导数, 然后由 Gramer 法则而求得.

两个函数的结果可以直接推广到多个函数的情形, 这里就不再列出.

5. *反函数组定理*

设函数组

$$\begin{cases} u=u(x,y), \\ v=v(x,y) \end{cases} \tag{1}$$

及其一阶偏导数在以点 $P_0(x_0,y_0)$ 为内点的区域 $D\subset\mathbb{R}^2$ 上连续, 且

$$u_0=u(x_0,y_0),\quad v_0=v(x_0,y_0),\quad \left.\frac{\partial(u,v)}{\partial(x,y)}\right|_{P_0}\neq 0,$$

则在点 $\tilde{P}_0(u_0,v_0)$ 的某一邻域 $U(\tilde{P}_0)$ 内存在唯一的反函数组

$$\begin{cases} x=x(u,v), \\ y=y(u,v), \end{cases}$$

使得 $x_0=x(u_0,v_0), y_0=y(u_0,v_0)$, 且当 $(u,v)\in U(\tilde{P}_0)$ 时, 有

$$(x(u,v),y(u,v))\in U(P_0),$$

$$u\equiv u(x(u,v),y(u,v));\quad v\equiv v(x(u,v),y(u,v));$$

反函数组在 $U(\tilde{P}_0)$ 内存在连续的一阶偏导数, 且

$$\frac{\partial x}{\partial u}=\frac{\partial v}{\partial y}\Big/\frac{\partial(u,v)}{\partial(x,y)},\quad \frac{\partial y}{\partial u}=-\frac{\partial v}{\partial x}\Big/\frac{\partial(u,v)}{\partial(x,y)};\quad \frac{\partial x}{\partial v}=-\frac{\partial u}{\partial y}\Big/\frac{\partial(u,v)}{\partial(x,y)},\quad \frac{\partial y}{\partial v}=\frac{\partial u}{\partial x}\Big/\frac{\partial(u,v)}{\partial(x,y)}. \tag{2}$$

为得到求导数公式, 只要对方程组 (1) 两边关于 u 或者 v 求偏导数, 然后用 Cramer 法则解所得的方程组即可. 由上述求导公式 (2) 可以得到

$$\frac{\partial(u,v)}{\partial(x,y)}\cdot\frac{\partial(x,y)}{\partial(u,v)}=1.$$

这与一元反函数求导公式类似, 由此公式很方便地求出所需要的 Jacobi 行列式, 不必先求出反函数再求 Jacobi 行列式.

四、 几何应用与极值

(一) 几何应用

1. 空间曲线的切线与法平面

1^0 求空间曲线的切线与法平面关键是求出切向量的方向数 $\boldsymbol{\tau}=(\tau_1,\tau_2,\tau_3)$. 如果已知曲线上某点 $P_0(x_0,y_0,z_0)$ 的切向量的方向数 $\boldsymbol{\tau}=(\tau_1,\tau_2,\tau_3)$, 则

(i) 过 P_0 点的切线方程为

$$\frac{x-x_0}{\tau_1}=\frac{y-y_0}{\tau_2}=\frac{z-z_0}{\tau_3},$$

即

$$\boldsymbol{\tau}//(x-x_0,y-y_0,z-z_0).$$

(ii) 过 P_0 点的法平面的方程为

$$\tau_1(x-x_0)+\tau_2(y-y_0)+\tau_3(z-z_0)=0,$$

即

$$\boldsymbol{\tau}\cdot(x-x_0,y-y_0,z-z_0)=0.$$

2^0 曲线的几种形式及切向量的方向数的表示.

(1) 空间曲线以参数方程给出 $L:\begin{cases}x=x(t),\\ y=y(t),\\ z=z(t),\end{cases}$ $a\leqslant t\leqslant b$. 则在 t_0 点的切向量的方向数为 $\boldsymbol{\tau}=(x'(t_0),y'(t_0),z'(t_0))$, 参数 t_0 对应空间曲线上的点为 $P_0(x(t_0),y(t_0),z(t_0))$.

(2) 若曲线方程为 $y=f(x),z=g(x)$, 则可写成参数形式 $L:\begin{cases}x=x,\\ y=f(x),\\ z=g(x),\end{cases}$ 则过点 (x_0,y_0,z_0) 的切向量的方向数为 $\boldsymbol{\tau}=(1,f'(x_0),g'(x_0))$, 其中 $y_0=f(x_0),z=g(x_0)$.

(3) 空间曲线以两张曲面的交线 $L:\begin{cases}F(x,y,z)=0,\\ G(x,y,z)=0\end{cases}$ 给出, 其中 $P_0(x_0,y_0,z_0)\in L$, 且 Jacobi 矩阵 $\begin{pmatrix}F'_x & F'_y & F'_z\\ G'_x & G'_y & G'_z\end{pmatrix}$ 在 P_0 点满秩, 满秩的几何意义就是曲面 $F(x,y,z)=0$ 在 P_0 点的法向量 $\mathrm{grad}F|_{P_0}$ 与曲面 $G(x,y,z)=0$ 在 P_0 点的法向量 $\mathrm{grad}G|_{P_0}$ 不平行. 则曲线在 P_0 点的切向量的方向数为

$$\boldsymbol{\tau}=\mathrm{grad}F(P_0)\times\mathrm{grad}G(P_0)=\left(\frac{\partial(F,G)}{\partial(y,z)},\frac{\partial(F,G)}{\partial(z,x)},\frac{\partial(F,G)}{\partial(x,y)}\right).$$

2. 曲面的切平面与法线

1^0 求空间曲面的法线与切平面关键是求出法向量的方向数 $\boldsymbol{n}=(n_1,n_2,n_3)$. 如果已知曲线上某点 $P_0(x_0,y_0,z_0)$ 的法向量的方向数 $\boldsymbol{n}=(n_1,n_2,n_3)$, 则

(i) 过 P_0 点的法线方程为

$$\frac{x-x_0}{n_1}=\frac{y-y_0}{n_2}=\frac{z-z_0}{n_3},$$

即

$$\boldsymbol{n}//(x-x_0,y-y_0,z-z_0).$$

(ii) 过 P_0 点的切平面的方程为

$$n_1(x-x_0)+n_2(y-y_0)+n_3(z-z_0)=0,$$

即

$$\boldsymbol{n}\cdot(x-x_0,y-y_0,z-z_0)=0.$$

2^0 曲面的几种形式及法向量方向数的表示.

(1) 曲面用一般形式: $F(x,y,z)=0$ 给出, 则在 $P_0(x_0,y_0,z_0)$ 的法向量的方向数为

$$\boldsymbol{n}=(F'_x(P_0),F'_y(P_0),F'_z(P_0))=\mathrm{grad}F(P_0)=\nabla F(P_0).$$

(2) 曲面用显形式: $z=f(x,y)$ 给出, 写成一般形式 $F(x,y,z):=f(x,y)-z$, 则在 $P_0(x_0,y_0,z_0)$ 的法向量的方向数为

$$\boldsymbol{n}=(f'_x(x_0,y_0),f'_y(x_0,y_0),-1).$$

(3) 曲面参数形式: $\begin{cases}x=x(u,v),\\ y=y(u,v),\quad (u,v)\in D,\\ z=z(u,v),\end{cases}$ 其中 D 为 $\mathbb{R}^2$ 中的区域, 且 $\begin{pmatrix}x'_u & x'_v\\ y'_u & y'_v\\ z'_u & z'_v\end{pmatrix}$ 满秩. 则在 $P_0(x_0,y_0,z_0)(x_0=x(u_0,v_0),y_0=y(u_0,v_0),z_0=(u_0,v_0))$ 的法向量的方向数为

$$\boldsymbol{n}=\left(\frac{\partial(y,z)}{\partial(u,v)},\frac{\partial(z,x)}{\partial(u,v)},\frac{\partial(x,y)}{\partial(u,v)}\right)_{(u_0,v_0)}.$$

(二) 极值

1. 无条件极值

1^0 极值的定义.

多元函数极值定义类似于一元函数的极值定义. 极值是局部概念, 极大值对应“山峰”, 极小值对应“峡谷”, 最值是整体概念, 注意二者的关系.

2^0 极值的必要条件

若 x_0 为 f 的极值点, 且 f 在 x_0 点可偏导, 则它在 x_0 点的各个一阶偏导数都为零 (即为驻点), 即

$$f'_{x_1}(x_0)=f'_{x_2}(x_0)=\cdots=f'_{x_n}(x_0)=0.$$

注　①这个结论是一元函数的 Fermat 引理在多元函数情形的推广; ②驻点不一定是极值点, 例如, 马鞍面 $f(x,y)=xy$ 在点 $(0,0)$; 偏导数不存在的点也可能为极值点, 例如, $f(x,y)=|x|$ 在极小值点 $(0,y)$ 关于 x 的偏导数不存在, 即可能的极值点是驻点和偏导数不存在的点.

3^0 极值的充分条件.

设二元函数 f 在点 $P_0(x_0,y_0)$ 的某邻域 $U(P_0)$ 内有二阶连续偏导数, 且 P_0 是 f 的驻点, 记 Hesse 矩阵为

$$\boldsymbol{H}_f(P_0)=\begin{pmatrix} f''_{xx} & f''_{xy} \\ f''_{yx} & f''_{yy} \end{pmatrix}_{P_0}.$$

则 (i) 当 $\boldsymbol{H}_f(P_0)$ 是正定矩阵时, f 在 P_0 点取得极小值;

(ii) 当 $\boldsymbol{H}_f(P_0)$ 是负定矩阵时, f 在 P_0 点取得极大值;

(iii) 当 $\boldsymbol{H}_f(P_0)$ 是不定矩阵时, f 在 P_0 点不取极值;

(iv) 当 $\det \boldsymbol{H}_f(P_0)=0$, 不能确定 f 在 P_0 点是否取极值.

注　此结果的证明可利用 Taylor 公式. 一元函数的 Hesse 矩阵就是一阶矩阵 $f''_{xx}(x_0)$, 一元函数取得极值的充分条件和 Hesse 矩阵的正定性完全一致.

4^0 求多元函数极值的一般步骤.

第一步, 求出可能的极值点 (偏导数为零的点及偏导数不存在的点); 第二步, 用定义或者充分条件确定极值.

5^0 多元函数的最值.

就是区域内所有极值点的值和边界上最值进行比较, 从中找出 f 在整个区域上的最值. 求边界上的最值也并非容易的事情, 一般可结合条件极值处理, 我们一般只能在比较特殊的区域边界上才能做到.

完全类似地可以得到一般多元函数极值的必要条件和充分条件.

2. **条件极值**

目标函数 $y=f(x_1,x_2,\cdots,x_n)$ 在约束条件

$$\varphi_k(x_1,x_2,\cdots,x_n)=0,\quad k=1,2,\cdots,m\quad (m<n)$$

的极值.

一般步骤:

(i) 根据具体问题确定合理的目标函数 $f(x_1,x_2,\cdots,x_n)$;

(ii) 作出 Lagrange 函数

$$L(x_1,x_2,\cdots,x_n,\lambda_1,\cdots,\lambda_m)=f(x_1,x_2,\cdots,x_n)+\sum_{k=1}^{m}\lambda_k\varphi_k(x_1,x_2,\cdots,x_n);$$

(iii) 令

$$L_{x_1}=\cdots=L_{x_n}=0;\quad L_{\lambda_1}=\cdots=L_{\lambda_m}=0,$$

求得极值点;

(iv) 根据具体问题求得极值 (最值).

注　①为了求解问题方便, 有时将目标函数适当转化; ②求条件极值的难点就在于求极值点, 要根据约束条件, 采用灵活的方法.

典 型 例 题

一、 极限与连续

例 6-1-1　解答下列问题.

1. 求下列极限.

(1) $\lim\limits_{(x,y)\to(\infty,\infty)}\dfrac{|x|+|y|}{x^2+y^2}$;　(2) $\lim\limits_{(x,y)\to(0,0)}\left(x^2+y^2\right)^{x^2y^2}$;

(3) $\lim\limits_{(x,y)\to(0,0)}\dfrac{x^2+y^2}{|x|+|y|}$;　(4) $\lim\limits_{(x,y)\to(+\infty,+\infty)}\left(x^2+y^2\right)\mathrm{e}^{-(x+y)}$;

(5) $\lim\limits_{(x,y)\to(+\infty,+\infty)}\left(\dfrac{xy}{x^2+y^2}\right)^x$;　(6) $\lim\limits_{(x,y)\to(\infty,a)}\left(1+\dfrac{1}{x}\right)^{\frac{x^2}{x+y}}$.

解　(1) 由于

$$0\leqslant\frac{|x|+|y|}{x^2+y^2}\leqslant\frac{|x|}{x^2}+\frac{|y|}{y^2}=\frac{1}{|x|}+\frac{1}{|y|}\to 0,$$

故

$$\lim_{(x,y)\to(\infty,\infty)}\frac{|x|+|y|}{x^2+y^2}=0.$$

(2) 由于

$$\begin{aligned}\lim_{(x,y)\to(0,0)}\ln\left(x^2+y^2\right)^{x^2y^2}&=\lim_{(x,y)\to(0,0)}x^2y^2\ln\left(x^2+y^2\right)\\&=\lim_{(x,y)\to(0,0)}\frac{x^2y^2}{x^2+y^2}\left(x^2+y^2\right)\ln\left(x^2+y^2\right),\end{aligned}$$

且

$$0\leqslant\frac{x^2y^2}{x^2+y^2}\leqslant x^2+y^2\to 0,$$

$$\lim_{(x,y)\to(0,0)}\left(x^2+y^2\right)\ln\left(x^2+y^2\right)\xlongequal{x^2+y^2=t}\lim_{t\to 0}t\ln t=0,$$

故

$$\lim_{(x,y)\to(0,0)}\left(x^2+y^2\right)^{x^2y^2}=1.$$

(3) 类似于 (1) 知它的极限为 0.

(4) 因为

$$x^2+y^2\leqslant(x+y)^2,\quad 0\leqslant\left(x^2+y^2\right)\mathrm{e}^{-(x+y)}\leqslant(x+y)^2\,\mathrm{e}^{-(x+y)},$$

且

$$\lim_{(x,y)\to(+\infty,+\infty)}(x+y)^2\,\mathrm{e}^{-(x+y)}\xlongequal{x+y=t}\lim_{t\to+\infty}t^2\mathrm{e}^{-t}=0,$$

故

$$\lim_{(x,y)\to(+\infty,+\infty)}\left(x^2+y^2\right)\mathrm{e}^{-(x+y)}=0.$$

(5) 由于

$$0\leqslant\left(\frac{xy}{x^2+y^2}\right)^x\leqslant\left(\frac{1}{2}\right)^x\to 0,$$

故

$$\lim_{(x,y)\to(+\infty,+\infty)}\left(\frac{xy}{x^2+y^2}\right)^x=0.$$

(6) 事实上,

$$\lim_{(x,y)\to(\infty,a)}\left(1+\frac{1}{x}\right)^{\frac{x^2}{x+y}}=\lim_{(x,y)\to(\infty,a)}\left[\left(1+\frac{1}{x}\right)^x\right]^{\frac{x}{x+y}}=\mathrm{e}.\quad\blacksquare$$

2. 判断下列函数在 $(0,0)$ 处的极限是否存在.

(1) $f(x,y)=\dfrac{x^3+y^3}{x^2+y}$;　　(2) $f(x,y)=x^y\ (x>0,y>0)$.

证　(1) 因为

$$\lim_{(x,y)\xrightarrow{x=y}(0,0)}\frac{x^3+y^3}{x^2+y}=\lim_{x\to0}\frac{2x^3}{x^2+x}=0,$$

$$\lim_{(x,y)\xrightarrow{y=-x^2+x^3}(0,0)}\frac{x^3+y^3}{x^2+y}=\lim_{x\to0}\frac{x^3+\left(-x^2+x^3\right)^3}{x^3}=1,$$

即沿两种不同路径的极限不同, 故重极限不存在.

(2) 由于

$$\lim_{y\to0^+}\lim_{x\to0^+}x^y=0,\quad\lim_{x\to0^+}\lim_{y\to0^+}x^y=1,$$

即两种累次极限不同, 故重极限不存在.　■

注　证明重极限不存在常用方法: ① 沿两种不同路径的极限不同; ②沿特殊路径的极限不存在; ③两个累次极限不相等, 则重极限不存在.

3. 设 Ω 为 $\mathbb{R}^2$ 中的开集, $(x_0,y_0)\in\Omega$, $f(x,y)$ 为 Ω 上的函数, 且 (1) $\forall(x,y)\in\Omega$ 的 x, $\lim\limits_{y\to y_0} f(x,y)=g(x)$; (2) $\lim\limits_{x\to x_0} f(x,y)=h(y)$, 关于 $(x,y)\in\Omega$ 中的 y 一致成立. 证明

$$\lim_{x\to x_0}\lim_{y\to y_0} f(x,y)=\lim_{y\to y_0}\lim_{x\to x_0} f(x,y).$$

证 先证明 $\lim\limits_{x\to x_0} g(x)$ 存在. 事实上, 由于 $(x_0,y_0)\in\Omega$, 且 Ω 为开集, 所以存在 $\delta_1>0$ 使得 $\{(x,y)||x-x_0|<\delta_1,|y-y_0|<\delta_1\}\subseteq\Omega$. 由条件 (2) 知 $\forall\varepsilon>0,\exists\delta_2(\delta_2<\delta_1)$, 当 $x_1,x_2\in U^o(x_0,\delta_2)$, 对 $\forall y:|y-y_0|<\delta_1$ 有

$$|f(x_1,y)-f(x_2,y)|<\varepsilon,$$

令 $y\to y_0$, 由条件 (1) 有

$$|g(x_1)-g(x_2)|<\varepsilon.$$

由 Cauchy 收敛准则知 $\lim\limits_{x\to x_0} g(x)$ 存在, 记 $\lim\limits_{x\to x_0} g(x)=A$.

再证明 $\lim\limits_{y\to y_0} h(y)=A$. 事实上, 注意到

$$|h(y)-A|\leqslant|h(y)-f(x,y)|+|f(x,y)-g(x)|+|g(x)-A|,$$

对上述 $\varepsilon>0$, 由条件 (2) 及 $\lim\limits_{x\to x_0} g(x)=A$ 知当 x 与 x_0 充分接近时有

$$|h(y)-f(x,y)|<\frac{\varepsilon}{3},\quad |g(x)-A|<\frac{\varepsilon}{3},$$

对固定 x, 由条件 (1) 知 $\exists\delta>0$, 当 $0<|y-y_0|<\delta$ 时有

$$|f(x,y)-g(x)|<\frac{\varepsilon}{3},$$

即 $\forall\varepsilon>0$, $\exists\delta>0$, 当 $0<|y-y_0|<\delta$ 时有 $|h(y)-A|<\varepsilon$, 故 $\lim\limits_{y\to y_0} h(y)=A$. ■

4. 回答下述问题.

(1) 若 $\forall\theta\in[0,2\pi]$, $\lim\limits_{r\to 0} f(x_0+r\cos\theta,y_0+r\sin\theta)=A$, 问 $f(x,y)$ 在 (x_0,y_0) 点的二重极限是否一定存在? 并说明理由.

(2) 若 $\lim\limits_{r\to 0} f(x_0+r\cos\theta,y_0+r\sin\theta)=A$, 对 $\theta\in[0,2\pi]$ 一致成立, 问 $f(x,y)$ 在 (x_0,y_0) 点的二重极限是否一定存在? 若存在, 求其值.

解 (1) 不一定, 如: $f(x,y)=\dfrac{x^2y}{x^4+y^2},(x_0,y_0)=(0,0)$ (取 $y=kx^2$).

(2) 由极限定义可以证明 $\lim\limits_{(x,y)\to(x_0,y_0)} f(x,y)=A$. ■

5. 设 $f(x,y)$ 是 $D=\{(x,y)||x|\leqslant 1,|y|\leqslant 1\}$ 上的有界 k 次齐次函数 $(k\geqslant 1)$, 问

$$\lim_{(x,y)\to(0.0)}[f(x,y)+(x-1)\mathrm{e}^y]$$

是否存在? 若存在, 求其值.

解 因为 $f(x,y)$ 是 k 次齐次函数, 故对 $t\in\mathbb{R}$ 有

$$f(tx,ty)=t^k f(x,y),$$

因此

$$f(r\cos\theta,r\sin\theta)=r^k f(\cos\theta,\sin\theta).$$

又 $f(x,y)$ 有界, 故存在 $M>0$ 使得 $\forall(x,y)\in D$ 有

$$|f(x,y)|\leqslant M.$$

故当 $r\to 0$, 关于 $\theta\in[0,2\pi]$ 一致地有

$$|f(r\cos\theta,r\sin\theta)|=r^k\,|f(\cos\theta,\sin\theta)|\leqslant Mr^k\to 0,$$

于是

$$\lim_{(x,y)\to(0,0)}[f(x,y)+(x-1)\mathrm{e}^y]=-1. \quad ■$$

练习 (1) 函数 $f(x,y)=\dfrac{x^4y^4}{(x^3+y^6)^2}$ 在点 $(0,0)$ 的极限 $\lim\limits_{(x,y)\to(0,0)}f(x,y)$ 是否存在? 若存在, 则求其值.

提示 当 $(x,y)\overset{x=ky^2}{\longrightarrow}(0,0)$, 极限与 k 有关, 故上述极限不存在.

(2) 函数 $f(x,y)=\dfrac{(y^2-x)^2}{x^2+y^4}$ 在点 $(0,0)$ 的极限 $\lim\limits_{(x,y)\to(0,0)}f(x,y)$ 是否存在? 若存在, 则求其值.

提示 可考虑沿 $x=y^2, y=x$ 两个路径的极限.

例 6-1-2 解答下列问题.

1. 设 $f(x)\in C[a,b]; g(y)\in C[c,d]$, 令 $F(x,y)=\displaystyle\int_a^x f(s)\mathrm{d}s\int_c^y g(t)\mathrm{d}t, x\in[a,b], y\in[c,d]$. 试用 ε-δ 方法证明 $F(x,y)$ 在 $D=\{(x,y)|x\in[a,b],y\in[c,d]\}$ 内连续.

证 由于 $f(x)\in C[a,b]; g(y)\in C[c,d]$, 所以存在 $M>0$ 使得 $|f(x)|\leqslant M, |g(y)|\leqslant M$. 注意到

$$\begin{aligned}|F(x,y)-F(x_0,y_0)|&=\left|\int_a^x f(s)\mathrm{d}s\int_c^y g(t)\mathrm{d}t-\int_a^{x_0} f(s)\mathrm{d}s\int_c^{y_0} g(t)\mathrm{d}t\right|\\&\leqslant\left|\int_a^x f(s)\mathrm{d}s\int_c^y g(t)\mathrm{d}t-\int_a^{x_0} f(s)\mathrm{d}s\int_c^{y} g(t)\mathrm{d}t\right|\\&\quad+\left|\int_a^{x_0} f(s)\mathrm{d}s\int_c^y g(t)\mathrm{d}t-\int_a^{x_0} f(s)\mathrm{d}s\int_c^{y_0} g(t)\mathrm{d}t\right|\\&\leqslant\left|\int_{x_0}^x f(s)\mathrm{d}s\right|\left|\int_c^y g(t)\mathrm{d}t\right|+\left|\int_a^{x_0} f(s)\mathrm{d}s\right|\left|\int_{y_0}^y g(t)\mathrm{d}t\right|\\&\leqslant M^2(d-c)(x-x_0)+M^2(b-a)(y-y_0).\end{aligned}$$

记 $L=\max\{b-a,d-c\}$. $\forall(x_0,y_0)\in D,\forall\varepsilon>0,\exists\delta=\dfrac{\varepsilon}{2LM^2}$, 当 $|x-x_0|<\delta,|y-y_0|<\delta$ 时, 有

$$|F(x,y)-F(x_0,y_0)|\leqslant\varepsilon. \quad \blacksquare$$

注 题目条件可以将连续改为 Riemann 可积. 也可用四则运算证明: 由可变上限积分的性质知 $\displaystyle\int_a^x f(s)\mathrm{d}s,\int_c^y g(t)\mathrm{d}t$ 连续, 再由连续函数的四则运算知 $F(x,y)$ 连续.

2. 证明 $\sin(xy)$ 在 xOy 平面上不一致连续.

证 取 $(x_n',y_n')=\left(\sqrt{2n\pi},\sqrt{2n\pi}\right)$, $(x_n'',y_n'')=\left(\sqrt{2n\pi+\dfrac{\pi}{2}},\sqrt{2n\pi+\dfrac{\pi}{2}}\right)$, 显然 $|x_n'-x_n''|\to 0$, $|y_n'-y_n''|\to0\,(n\to+\infty)$. 但

$$|f(x_n',y_n')-f(x_n'',y_n'')|=1,$$

故非一致连续. $\blacksquare$

注 $\sin x^2$ 在 $\mathbb{R}$ 上不一致连续; $\sin^2 x$ 在 $\mathbb{R}$ 上一致连续.

3. 设 (i) 设 $\varphi(x)$ 在 $\mathbb{R}^n$ 上一致连续; (ii) $f(x)$ 在 $\mathbb{R}^n$ 上连续; (iii) $\lim\limits_{|x|\to+\infty}[f(x)-\varphi(x)]=0$. 证明: $f(x)$ 在 $\mathbb{R}^n$ 上一致连续.

证 第一步, 由条件 (iii) 知, $\forall\varepsilon>0,\exists R>0$ 当 $|x|>R$ 时有

$$|f(x)-\varphi(x)|<\frac{\varepsilon}{3}. \tag{1}$$

由 (i) 知, 对上述 $\varepsilon>0$, 存在 $\delta_1>0$, 对 $\forall x_1,x_2\in\mathbb{R}^n$, 当 $|x_1-x_2|<\delta_1$, 时有

$$|\varphi(x_1)-\varphi(x_2)|<\frac{\varepsilon}{3}. \tag{2}$$

由 (1), (2) 式得 $\forall x_1,x_2\,(|x_1|>R,|x_2|>R)$ 当 $|x_1-x_2|<\delta_1$ 时有

$$|f(x_1)-f(x_2)|\leqslant|f(x_1)-\varphi(x_1)|+|\varphi(x_1)-\varphi(x_2)|+|\varphi(x_2)-f(x_2)|<\varepsilon. \tag{3}$$

第二步, 由条件 (ii) 知 $f(x)$ 在 $|x|\leqslant R+1$ 上一致连续. 对上述 $\varepsilon>0$, 存在 $\delta_2>0$ 对 $\forall x_1,x_2\in\{x||x|\leqslant R+1\}$ 当 $|x_1-x_2|<\delta_2$ 时有

$$|f(x_1)-f(x_2)|<\varepsilon. \tag{4}$$

第三步, 对上述 $\varepsilon>0$, 取 $\delta=\min\{1,\delta_1,\delta_2\}$ 对 $\forall x_1,x_2\in\mathbb{R}^n$, 当 $|x_1-x_2|<\delta$ 时, 由 (3), (4) 式有

$$|f(x_1)-f(x_2)|<\varepsilon. \quad \blacksquare$$

注 在一元函数部分已经证明过类似的结果.

4. 设 $f(x,y)$ 分别是单变量 x,y 的连续函数; 若 $f(x,y)$ 满足下面条件之一,

(1) $f(x,y)$ 对 x 连续关于 y 是一致的;

(2) $f(x,y)$ 是其中一个变量的单调函数.

证明: $f(x,y)$ 是二元连续函数.

证　(1) 对 $\forall(x_0,y_0)\in D,\forall\varepsilon>0,\exists\delta_1>0$, 当 $|x-x_0|<\delta_1$ 时, 对 $\forall y$ 有

$$|f(x,y)-f(x_0,y)|<\frac{\varepsilon}{2}.$$

又因为 $f(x_0,y)$ 在 y_0 点连续, 对上述 $\varepsilon>0$, 存在 $\delta_2>0$, 当 $|y-y_0|<\delta_2$ 时, 有

$$|f(x_0,y)-f(x_0,y_0)|<\frac{\varepsilon}{2}.$$

取 $\delta=\min\{\delta_1,\delta_2\}$, 当 $|x-x_0|<\delta$, $|y-y_0|<\delta$ 时有

$$|f(x,y)-f(x_0,y_0)|\leqslant|f(x,y)-f(x_0,y)|+|f(x_0,y)-f(x_0,y_0)|<\varepsilon.$$

由 (x_0,y_0) 的任意性知 $f(x,y)$ 在 D 上连续.

(2) 不妨设 $f(x,y)$ 关于 y 单调递增. $\forall(x_0,y_0)\in D$, 因为 $f(x,y)$ 关于 y 连续, 所以 $\forall\varepsilon>0,\exists\delta_1>0$ 使得

$$|f(x_0,y_0\pm\delta_1)-f(x_0,y_0)|<\frac{\varepsilon}{4}. \tag{1}$$

又 $f(x,y)$ 关于 x 连续, 故对上述 $\varepsilon>0,\exists\delta_2>0$, 当 $|x-x_0|<\delta_2$ 时有

$$|f(x,y_0\pm\delta_1)-f(x_0,y_0\pm\delta_1)|<\frac{\varepsilon}{4}. \tag{2}$$

取 $\delta=\min\{\delta_1,\delta_2\}$, 当 $|x-x_0|<\delta$, $|y-y_0|<\delta$ 时有

$$f(x,y_0-\delta_1)-f(x_0,y_0)\leqslant f(x,y)-f(x_0,y_0)\leqslant f(x,y_0+\delta_1)-f(x_0,y_0),$$

故

$$|f(x,y)-f(x_0,y_0)|\leqslant\max\{|f(x,y_0-\delta_1)-f(x_0,y_0)|,|f(x,y_0+\delta_1)-f(x_0,y_0)|\}. \tag{3}$$

由 (1), (2) 式知当 $|x-x_0|<\delta$ 时, 有

$$\begin{aligned}&|f(x,y_0\pm\delta_1)-f(x_0,y_0)|\\ \leqslant&|f(x,y_0\pm\delta_1)-f(x_0,y_0\pm\delta_1)|+|f(x_0,y_0\pm\delta_1)-f(x_0,y_0)|<\frac{\varepsilon}{2}.\end{aligned} \tag{4}$$

由 (3), (4) 式知

$$|f(x,y)-f(x_0,y_0)|<\varepsilon.\quad\blacksquare$$

5. 设函数 $f(x,y)$ 在原点附近有定义, 令 $F(r,\theta)=f(r\cos\theta,r\sin\theta)(r\geqslant0,0\leqslant\theta\leqslant2\pi)$, 若 $F(r,\theta)$ 满足:

(1) $\forall\theta\in[0,2\pi],F(r,\theta)$ 对 r 连续;

(2) $\forall\varepsilon>0,\exists\delta>0$, 当 $|\theta-\theta'|<\delta$ 时, 对 $\forall r$, 有 $|F(r,\theta)-F(r,\theta')|<\varepsilon$, 则 $f(x,y)$ 在 $(0,0)$ 点连续.

证 由条件 (2) 知当 $|\theta_1-\theta_2|<\delta$ 时, 在每个圆周 $x^2+y^2=r^2$ 上, 对于点 $(x_1,y_1)=(r\cos\theta_1,r\sin\theta_1)$, $(x_2,y_2)=(r\cos\theta_2,r\sin\theta_2)$, 有

$$|F(r,\theta_1)-F(r,\theta_2)|=|f(r\cos\theta_1,r\sin\theta_1)-f(r\cos\theta_2,r\sin\theta_2)|<\frac{\varepsilon}{2}. \tag{1}$$

取 k 充分大, 将 $[0,2\pi]$ 分成 k 等份使得 $\dfrac{2\pi}{k}<\delta$, 由条件 (1), 沿径向 $\theta_i=\dfrac{2\pi}{k}i(i=0,1,\cdots)$. 对上述 $\varepsilon>0,\exists\delta_1>0$, 当 $0<r<\delta_1$ 时有

$$|f(x,y)-f(0,0)|=|f(r\cos\theta_i,r\sin\theta_i)-f(0,0)|<\frac{\varepsilon}{2}\quad(i=0,1,\cdots,k-1). \tag{2}$$

令 $\delta_2=\min\{\delta,\delta_1\}$, 则 $\forall(x,y)=(r\cos\theta,r\sin\theta)$, 当 $0<r=\sqrt{x^2+y^2}<\delta_2$ 时, 必有

$$|f(x,y)-f(0,0)|<\varepsilon,$$

事实上, 由于 $\theta\in[0,2\pi]$, 故 $\exists i\in\{0,1,\cdots,k-1\}$ 使得 $\theta\in[\theta_i,\theta_{i+1}]$, 即 $|\theta-\theta_i|<\delta$, 由 (1) 得

$$|f(r\cos\theta,r\sin\theta)-f(r\cos\theta_i,r\sin\theta_i)|<\frac{\varepsilon}{2}, \tag{3}$$

由 (2), (3) 式知此时 $\left(0<r=\sqrt{x^2+y^2}<\delta_2\right)$

$$\begin{aligned}|f(x,y)-f(0,0)|&\leqslant|f(r\cos\theta,r\sin\theta)-f(r\cos\theta_i,r\sin\theta_i)|\\&\quad+|f(r\cos\theta_i,r\sin\theta_i)-f(0,0)|<\varepsilon.\end{aligned}$$ ■

6. **设函数 $u=f(x,y,z)$ 在闭正方体 $D=[a,b;a,b;a,b]$ 上连续, 试证 $g(x,y)=\max\limits_{z\in[a,b]}f(x,y,z)$ 在正方形 $[a,b;a,b]$ 上连续.**

证 $\forall(x_0,y_0)\in[a,b;a,b]$. 因为 $f(x,y,z)\in C(D)$, 所以 $f(x,y,z)$ 在 D 上一致连续, 即 $\forall\varepsilon>0,\exists\delta>0$, 对 $\forall(x,y,z),(x',y',z')\in D$, 当 $|x-x'|<\delta,|y-y'|<\delta,|z-z'|<\delta$ 时有

$$|f(x,y,z)-f(x',y',z')|<\varepsilon.$$

特别地, 对 $\forall z\in[a,b]$, 当 $|x-x_0|<\delta,|y-y_0|<\delta$ 时有

$$|f(x,y,z)-f(x_0,y_0,z)|<\varepsilon,$$

即

$$f(x_0,y_0,z)-\varepsilon<f(x,y,z)<f(x_0,y_0,z)+\varepsilon.$$

固定 (x,y), 关于 z 在 $[a,b]$ 取最值有

$$g(x_0,y_0)-\varepsilon<g(x,y)<g(x_0,y_0)+\varepsilon,$$

即

$$|g(x,y)-g(x_0,y_0)|<\varepsilon.$$ ■

7. 设 $\mathbb{R}^n$ 为 n 维欧氏空间, A 是 $\mathbb{R}^n$ 的非空子集, 令 $f_A(x)=\inf\limits_{y\in A}\rho(x,y)=\rho(x,A)$. 证明: $f_A(x)$ 是 $\mathbb{R}^n$ 上的一致连续函数.

证　只要证明 $\forall\varepsilon>0,\exists\delta>0$, 对 $\forall x_1,x_2\in\mathbb{R}^n$, 当 $\rho(x_1,x_2)<\delta$ 时, 有

$$|f_A(x_1)-f_A(x_2)|<\varepsilon.$$

事实上, 因为 $\forall x_1,x_2\in\mathbb{R}^n,\forall z\in A$ 有

$$\rho(x_1,z)\leqslant\rho(x_1,x_2)+\rho(x_2,z),$$

由下确界定义得

$$\inf_{y\in A}\rho(x_1,y)\leqslant\rho(x_1,z)\leqslant\rho(x_1,x_2)+\rho(x_2,z),\quad\forall z\in A,$$

从而

$$\inf_{y\in A}\rho(x_1,y)\leqslant\rho(x_1,x_2)+\inf_{z\in A}\rho(x_2,z),$$

即

$$\inf_{y\in A}\rho(x_1,y)-\inf_{z\in A}\rho(x_2,z)\leqslant\rho(x_1,x_2),$$

亦即

$$\inf_{y\in A}\rho(x_1,y)-\inf_{y\in A}\rho(x_2,y)\leqslant\rho(x_1,x_2).\tag{1}$$

同理

$$\inf_{y\in A}\rho(x_2,y)-\inf_{y\in A}\rho(x_1,y)\leqslant\rho(x_1,x_2).\tag{2}$$

由 (1), (2) 得

$$\left|\inf_{y\in A}\rho(x_2,y)-\inf_{y\in A}\rho(x_1,y)\right|\leqslant\rho(x_1,x_2),$$

即 $\forall\varepsilon>0,\exists\delta>0$, 对 $\forall x_1,x_2\in\mathbb{R}^n$, 当 $\rho(x_1,x_2)<\delta$ 时, 有 $|f_A(x_1)-f_A(x_2)|<\varepsilon$. ■

练习　(1) 证明 $\cos(xy)$ 在 xOy 平面上不一致连续.

(2) 设函数 $f(x,y)$ 在 $D=\{(x,y):x^2+y^2\leqslant 1\}$ 上有定义, 若 $f(x,0)$ 在 $x=0$ 处连续, 且 $f'_y(x,y)$ 在 D 上有界, 则 $f(x,y)$ 在 $(0,0)$ 处连续.

(3) 若 (i) $f(x,y)$ 分别是单变量 x,y 的连续函数; (ii) $f(x,y)$ 关于其中一个变量满足 Lipchitz 条件. 证明: $f(x,y)$ 是二元连续函数.

(4) 设函数 $u=f(x,y,z)$ 在闭正方体 $D=[a,b;a,b;a,b]$ 上连续, 试证

$$\varphi(x)=\max_{z\in[a,b]}\left\{\min_{y\in[a,b]}f(x,y,z)\right\}$$

在 $[a,b]$ 上连续.

例 6-1-3　解答下列问题.

1. 设 $f(x,y)$ 在连通区域 D 内连续, 若 $(x_i,y_i)(i=1,2)$ 使得 $f(x_1,y_1)f(x_2,y_2)<0$, 则至少有一点 $(x_0,y_0)\in D$ 使得 $f(x_0,y_0)=0$.

证　记 $P_i=(x_i,y_i)(i=1,2)$. 因为 D 是连通区域, 故可用全在 D 中的折线将 P_1,P_2 连接起来.

若在折线的某结点处 $f(x,y)=0$, 则结论成立; 否则, $f(x,y)$ 在折线的某线段的两端点异号. 不妨设连接 P_1,P_2 的为直线段, 该直线段的方程为

$$L:\begin{cases} x=x_1+t(x_2-x_1), \\ y=y_1+t(y_2-y_1), \end{cases} \quad t\in[0,1].$$

记 $G(t)=f(x_1+t(x_2-x_1),y_1+t(y_2-y_1))$, 由条件知 $G(t)\in C[0,1]$, 且 $G(0)G(1)<0$, 由一元函数连续性介值定理知存在 $t_0\in(0,1)$ 使得 $G(t_0)=0$, 即存在 $P_0=(x_0,y_0)=(x_1+t_0(x_2-x_1),y_1+t_0(y_2-y_1))\in D$ 使得 $f(x_0,y_0)=0$. ■

注　将多元函数的某些问题化为一元函数是常用的方法, 例如, 多元函数的 Taylor 公式的证明即是如此. 区域本身就是连通开集, 题目中的连通条件可以省略的. 但是如果将区域改为开集, 连通性条件不可少. 也就是开集上的连续函数不一定具有介值性, 在一元函数中区间本身就已经包含连通了, 所以开区间上的连续函数具有介值性.

2. 设 $f(x)$ 在 $\mathbb{R}^n$ 上连续, 满足: (i) $x\neq 0$ 时, $f(x)>0$; (ii)$\forall x$ 与正常数 c, 有 $f(cx)=cf(x)$. 证明: 存在 $a>0,b>0$ 使得 $a\,|x|\leqslant f(x)\leqslant b\,|x|$.

证　令 $S=\{x||x|=1\}$, 显然 S 为有界闭区域. 因为 $f(x)$ 在 S 上连续, 由有界闭区域上连续函数的性质知存在 $x_1,x_2\in S$ 使得

$$f(x_1)=\max_{x\in S}f(x),\quad f(x_2)=\min_{x\in S}f(x).$$

记 $a=f(x_2),b=f(x_1)$.

当 $x=0$ 时, 由条件 (ii) 知 $f(0)=0$, 显然成立;

当 $x\neq 0$ 时, 则 $\dfrac{x}{|x|}\in S$, 由条件 (2) 得

$$a\leqslant f\left(\frac{x}{|x|}\right)\leqslant b,$$

即

$$a|x|\leqslant f(x)\leqslant b|x|. \quad ■$$

3. 设 f 为有界开集 E 上一致连续函数. 证明: f 在 E 上有界.

证　令 $F(p_0)=\begin{cases} f(p_0), & p_0\in E, \\ \lim\limits_{p\to p_0}f(p), & p_0\in\partial E. \end{cases}$ 则 F 在 $\overline{E}$ 上连续, 从而 F 有界, 即存在 $M>0$ 使得 $\forall p\in\overline{E}$, 有 $|F(p)|\leqslant M$, 从而 $\forall p\in E$, 有 $|f(p)|\leqslant M$. ■

注　有限开区间 (a,b) 内一致连续的函数也一定有界.

4. 设 $\boldsymbol{A}=(a_{ij})_{n\times n}$ 为正定矩阵, 则 $\exists\alpha>0,\ \beta>0$ 使得 $\forall(x_1,x_2,\cdots,x_n)\in\mathbb{R}^n$ 有

$$\alpha\sum_{i=1}^{n}x_i^2\leqslant\sum_{i,j=1}^{n}a_{ij}x_ix_j\leqslant\beta\sum_{i=1}^{n}x_i^2.$$

证　对 $\forall(x_1,x_2,\cdots,x_n)\neq(0,0,\cdots,0)$, 只要证明

$$\alpha\leqslant\sum_{i,j=1}^{n}a_{ij}\frac{x_i}{\sqrt{x_1^2+x_2^2+\cdots+x_n^2}}\frac{x_j}{\sqrt{x_1^2+x_2^2+\cdots+x_n^2}}\leqslant\beta.$$

记 $y_k=\dfrac{x_k}{\sqrt{x_1^2+x_2^2+\cdots+x_n^2}}(k=1,2,\cdots)$. 由于 n 元函数 $\sum\limits_{i,j=1}^{n}a_{ij}y_iy_j$ 在闭集 $y_1^2+y_2^2+\cdots+y_n^2=1$ 上连续, 且 $\boldsymbol{A}=(a_{ij})_{n\times n}$ 为正定矩阵, 记

$$\alpha=\min_{y_1^2+y_2^2+\cdots+y_n^2=1}\sum_{i,j=1}^{n}a_{ij}y_iy_j,\quad\beta=\max_{y_1^2+y_2^2+\cdots+y_n^2=1}\sum_{i,j=1}^{n}a_{ij}y_iy_j,$$

则 $\alpha>0,\beta>0$, 即有

$$\alpha\leqslant\sum_{i,j=1}^{n}a_{ij}\frac{x_i}{\sqrt{x_1^2+x_2^2+\cdots+x_n^2}}\frac{x_j}{\sqrt{x_1^2+x_2^2+\cdots+x_n^2}}\leqslant\beta.\quad\blacksquare$$

5. 设二元函数 $f(x,y)$ 在正方形 $[0,1]\times[0,1]$ 上连续, 记 $J=[0,1]$. 解答下述问题

(i) 试比较 $\inf\limits_{y\in J}\sup\limits_{x\in J}f(x,y)$ 与 $\sup\limits_{x\in J}\inf\limits_{y\in J}f(x,y)$ 的大小并证明之.

(ii) 给出使得 $\inf\limits_{y\in J}\sup\limits_{x\in J}f(x,y)=\sup\limits_{x\in J}\inf\limits_{y\in J}f(x,y)$ 成立的 (你认为最好) 的充分条件.

解　(i) 由于 $\forall(x,y)\in[0,1]\times[0,1]$, 有

$$\inf_{y\in J}f(x,y)\leqslant f(x,y)\leqslant\sup_{x\in J}f(x,y).$$

由于上确界是上界中的最小者, 故

$$\sup_{x\in J}\inf_{y\in J}f(x,y)\leqslant\sup_{x\in J}f(x,y).$$

再由下确界是下界中的最大者, 故

$$\sup_{x\in J}\inf_{y\in J}f(x,y)\leqslant\inf_{y\in J}\sup_{x\in J}f(x,y).$$

(ii) 若 $f\equiv$ 常数, 则结论成立.

若 $f(x,y)$ 关于一个变量单调结论成立. 下面仅以 $f(x,y)$ 关于 x 单调递增证明.

由 (i) 知

$$\sup_{x\in J}\inf_{y\in J}f(x,y)\leqslant\inf_{y\in J}\sup_{x\in J}f(x,y).$$

下面证

$$\inf_{y\in J}\sup_{x\in J}f(x,y)\leqslant\sup_{x\in J}\inf_{y\in J}f(x,y).$$

事实上, 因为 $f(x,y)$ 关于 x 递增, 对固定的 $y\in J$ 有

$$\sup_{x\in J}f(x,y)=f(1,y),$$

因为 $f(1,y)$ 关于 y 在 $[0,1]$ 连续, 所以由上式知存在 $y_0\in J$ 使得

$$f(1,y_0)=\min_{y\in J}f(1,y)=\inf_{y\in J}f(1,y)=\inf_{y\in J}\sup_{x\in J}f(x,y). \tag{1}$$

而

$$f(1,y_0)=\inf_{y\in J}f(1,y)\leqslant\sup_{x\in J}\inf_{y\in J}f(x,y). \tag{2}$$

由 (1), (2) 式知

$$\inf_{y\in J}\sup_{x\in J}f(x,y)\leqslant\sup_{x\in J}\inf_{y\in J}f(x,y).\quad\blacksquare$$

6. 设 $F\subset E$, 其中 $E\subset\mathbb{R}^n$ 为有界开区域, F 为闭区域, 证明: 存在开区域 $V\subset\mathbb{R}^n$ 使得 $F\subset V\subset\overline{V}\subset E\subset\mathbb{R}^n$.

证　由条件, 对 $\forall x_\lambda\in F\subset E$, 存在 $r_\lambda>0$ 使得圆型开区域 $U(x_\lambda,r_\lambda)$ 满足 $\overline{U}(x_\lambda,r_\lambda)\subset E$, 且 $\{U(x_\lambda,r_\lambda)\,|x_\lambda\in F\}$ 组成有界闭区域 F 的无限开覆盖, 由有限覆盖定理存在有限个子覆盖 $\{U(x_i,r_i)\,|i=1,2,\cdots,k\}\subset\{U(x_\lambda,r_\lambda)\,|x_\lambda\in F\}$ 覆盖有界区域 F.

记 $V=\bigcup\limits_{i=1}^{k}U(x_i,r_i)$, 则 $F\subset V\subset\overline{V}\subset E\subset\mathbb{R}^n$.

二、 偏导数与全微分

例 6-2-1　解答下列问题.

1. 试说明下述概念之间的关系, 并举例说明.

连续　　　　偏导数存在

可微

方向导数存在

解　(i) 连续 $\not\Longrightarrow$ ($\not\Longleftarrow$) 偏导数存在.

反例 1. $f(x,y)=\sqrt{x^2+y^2}$ 在 $(0,0)$ 连续但偏导数不存在;

反例 2. $f(x,y)=\begin{cases}\dfrac{xy}{x^2+y^2}, & (x,y)\neq(0,0),\\ 0, & (x,y)=(0,0)\end{cases}$ 在 $(0,0)$ 点偏导数存在但不连续.

(ii) 连续 $\not\Longrightarrow$ ($\Longleftarrow$) 可微.

反例 3. $f(x,y)=\sqrt{x^2+y^2}$ 在 $(0,0)$ 点连续但不可微;

由可微定义可知, 可微一定连续.

(iii) 可微 $\Longrightarrow$ ($\not\Longleftarrow$) 偏导数存在.

由可微定义可知, 可微偏导数一定存在;

反例 4. $f(x,y)=\begin{cases}\dfrac{xy}{\sqrt{x^2+y^2}}, & (x,y)\neq(0,0),\\ 0, & (x,y)=(0,0)\end{cases}$ 在 $(0,0)$ 点偏导数存在但不可微.

(iv) 方向导数存在 $\not\Longrightarrow$ ($\Longleftarrow$) 可微.

反例 5. $f(x,y)=\begin{cases}1, & 0<y<x^2, -\infty<x<+\infty,\\ 0, & 其他\end{cases}$ 在 $(0,0)$ 不连续, 所以不可微. 但始于原点的任何射线上都包含有原点的一段, 在此段上 $f(x,y)$ 的值恒为 0, 于是由方向导数的定义知在原点的任何方向上 $\boldsymbol{l}$ 有 $\dfrac{\partial f}{\partial \boldsymbol{l}}|_{(0,0)}=0$.

由可微定义可证明, 可微偏导数一定存在.

(v) 方向导数存在 $\not\Longrightarrow$ ($\not\Longleftarrow$) 偏导数存在.

反例 6. $f(x,y)=\sqrt{x^2+y^2}$ 在 $(0,0)$ 沿任何方向 $\boldsymbol{l}$ 的方向导数均为 1, 但在 $(0,0)$ 点的偏导数不存在 (当然也不可微);

反例 7. $f(x,y)=\begin{cases}x^2+y^2, & xy=0,\\ 1, & xy\neq 0\end{cases}$ 在 $(0,0)$ 处 $f'_x(0,0)=f'_y(0,0)=0$, 但在 $(0,0)$ 点沿方向 $\boldsymbol{l}=(\cos\alpha,\sin\alpha)\left(\alpha\neq 0,\dfrac{\pi}{2},\dfrac{3\pi}{2},\pi,2\pi\right)$ 的方向导数不存在.

(vi) 方向导数存在 $\not\Longrightarrow$ ($\not\Longleftarrow$) 连续.

反例 8. 同反例 5.

反例 9. $f(x,y)=\begin{cases}y\sin\dfrac{1}{x^2+y^2}, & x^2+y^2\neq 0,\\ 0, & x^2+y^2=0\end{cases}$ 在 $(0,0)$ 点连续, 但在 $(0,0)$ 任何方向的方向导数不存在. ■

2. f''_{xy},f''_{yx} 在 (x_0,y_0) 点连续与 $f''_{xy}(x_0,y_0)=f''_{yx}(x_0,y_0)$ 之间的关系. 并证明或举例说明.

解　(1) 若 f''_{xy},f''_{yx} 在 (x_0,y_0) 点连续, 则 $f''_{xy}(x_0,y_0)=f''_{yx}(x_0,y_0)$.

证　构造差商用微分中值定理 (见教材);

(2) 反之不成立, 如:

$$f(x,y)=\begin{cases}(x^2+y^2)\sin\dfrac{1}{x^2+y^2}, & x^2+y^2\neq 0,\\ 0, & x^2+y^2=0.\end{cases}$$

可以验证 $f''_{xy}(0,0)=f''_{yx}(0,0)$ 但 f''_{xy},f''_{yx} 在 $(0,0)$ 点不连续. ■

例 6-2-2　解答下列各题.

1. 讨论函数 $f(x,y)=\begin{cases}\dfrac{xy}{\sqrt{x^2+y^2}}, & (x,y)\neq(0,0),\\ 0, & (x,y)=(0,0)\end{cases}$ 在 $(0,0)$ 点是否连续, 偏导数是否

存在, 是否可微?

解　(1) 由于

$$0 \leqslant \left|\frac{xy}{\sqrt{x^2+y^2}}\right| \leqslant \sqrt{|xy|} \longrightarrow 0 \quad ((x,y) \longrightarrow (0,0)),$$

故 $f(x,y)$ 在 $(0,0)$ 点连续.

(2) 由偏导数定义可得 $f_x'(0,0) = f_y'(0,0) = 0$.

(3) 由于

$$\lim_{(x,y)\to(0,0)} \left|\frac{f(x,y)-f(0,0)-f_x'(0,0)x-f_y'(0,0)y}{\sqrt{x^2+y^2}}\right| = \lim_{(x,y)\to(0,0)} \frac{xy}{x^2+y^2}\text{不存在,}$$

故 $f(x,y)$ 在 $(0,0)$ 点不可微.

总之, $f(x,y)$ 在 $(0,0)$ 点连续、偏导数存在但不可微. ■

2.设 $f(x,y) = \begin{cases} x-y+\dfrac{xy^3}{x^2+y^4}, & (x,y) \neq (0,0), \\ 0, & (x,y) = (0,0), \end{cases}$ 判断 $f(x,y)$ 在原点 $(0,0)$ 是否连续, 沿任何方向导数是否存在, 是否可微?

证　(1) 由于

$$0 \leqslant |f(x,y)| \leqslant |x|+|y|+\frac{|xy^3|}{|2xy^2|} = |x|+\frac{3}{2}|y| \longrightarrow 0 \quad ((x,y) \longrightarrow (0,0)),$$

故在 $f(x,y)$ 在 $(0,0)$ 点连续.

(2) 沿任意方向 $\boldsymbol{l} = (\cos\theta, \sin\theta)$, 由于

$$\lim_{\rho\to 0} \frac{f(\rho\cos\theta, \rho\sin\theta)-f(0,0)}{\rho} = \cos\theta - \sin\theta,$$

故 $f(x,y)$ 在 $(0,0)$ 点沿任何方向导数存在.

(3) 由偏导数的定义可得 $f_x'(0,0) = 1, f_y'(0,0) = -1$, 且

$$\begin{aligned} \left|\frac{f(x,y)-f(0,0)-f_x'(0,0)x-f_y'(0,0)y}{\sqrt{x^2+y^2}}\right| &= \left|\frac{f(x,y)-x+y}{\sqrt{x^2+y^2}}\right| \\ &= \left|\frac{xy^3}{\sqrt{x^2+y^2}(x^2+y^4)}\right| \xrightarrow{x=ky^2,\ k>0} \frac{k}{1+k^2} \\ &\quad ((x,y) \longrightarrow (0,0)), \end{aligned}$$

故 $f(x,y)$ 在 $(0,0)$ 点不可微. ■

3. 设 $f(x,y) = \begin{cases} (x+y)^p \sin\dfrac{1}{\sqrt{x^2+y^2}}, & (x,y) \neq (0,0), \\ 0, & (x,y) = (0,0), \end{cases}$ 其中 $p \in \mathbb{N}_+$. 问 p 为哪些值时, 使得下面结论分别成立?

(1) $f(x,y)$ 在 $(0,0)$ 点连续;

(2) $f'_x(0,0), f'_y(0,0)$ 存在;

(3) $f'_x(x,y)$, $f'_y(x,y)$ 在 $(0,0)$ 点连续;

(4) $f(x,y)$ 在 $(0,0)$ 点可微.

解　(1) 要使

$$0 \leqslant |f(x,y)-f(0,0)| \leqslant |(x+y)^p| \longrightarrow 0 \quad ((x,y) \longrightarrow (0,0)),$$

只要 $p>0$ 即可, 故 $\forall p \in \mathbb{N}_+$, $f(x,y)$ 在 $(0,0)$ 点连续;

(2) 由于

$$\frac{f(0+x,0)-f(0,0)}{x} = x^{p-1}\sin\frac{1}{|x|},$$

故当 $p>1$ 时 $f'_x(0,0)=0, f'_y(0,0)=0$; 当 $p=1$ 时, $f'_x(0,0), f'_y(0,0)$ 均不存在.

(3) 由 (2) 可知, 仅要讨论 $p>1$ 的情形, 由于

$$f'_x(x,y) = \begin{cases} p(x+y)^{p-1}\sin\dfrac{1}{\sqrt{x^2+y^2}} - \dfrac{x(x+y)^p}{(x^2+y^2)^{\frac{3}{2}}}\cos\dfrac{1}{\sqrt{x^2+y^2}}, & x^2+y^2 \neq 0, \\ 0, & x^2+y^2=0, \end{cases}$$

$$f'_y(x,y) = \begin{cases} p(x+y)^{p-1}\sin\dfrac{1}{\sqrt{x^2+y^2}} - \dfrac{y(x+y)^p}{(x^2+y^2)^{\frac{3}{2}}}\cos\dfrac{1}{\sqrt{x^2+y^2}}, & x^2+y^2 \neq 0, \\ 0, & x^2+y^2=0. \end{cases}$$

(i) 当 $p>2$, 即 $p \geqslant 3$ 时,

$$\lim_{(x,y)\to(0,0)} p(x+y)^{p-1}\sin\frac{1}{\sqrt{x^2+y^2}} = 0,$$

由于 $(x+y)^2 \leqslant 2(x^2+y^2)$, 即 $x+y \leqslant \sqrt{2}(x^2+y^2)^{\frac{1}{2}}$, 故

$$\left|\frac{x(x+y)^p}{(x^2+y^2)^{\frac{3}{2}}}\cos\frac{1}{\sqrt{x^2+y^2}}\right| \leqslant \frac{|x|2^{\frac{p}{2}}(x^2+y^2)^{\frac{p}{2}}}{(x^2+y^2)^{\frac{3}{2}}} \to 0 \quad ((x,y)\to(0,0)),$$

所以 $p>2$ 时, $f'_x(x,y), f'_y(x,y)$ 在 $(0,0)$ 点连续.

(ii) 当 $p=2$ 时, 取 $(x_n,y_n)=\left(\dfrac{1}{\sqrt{2n\pi}}, \dfrac{1}{\sqrt{2n\pi}}\right) \to (0,0)\,(n\to\infty)$, 但

$$\frac{x_n(x_n+y_n)^p}{(x_n^2+y_n^2)^{\frac{3}{2}}}\cos\frac{1}{\sqrt{x_n^2+y_n^2}} \not\to 0 \quad (n \longrightarrow \infty),$$

且

$$p\,(x_n+y_n)^{p-1}\sin\frac{1}{\sqrt{x_n^2+y_n^2}} \longrightarrow 0 \quad (n \longrightarrow \infty),$$

由 Heine 定理可知

$$\lim_{(x,y)\to(0,0)} f'_x(x,y) \neq f'_x(0,0),$$

即 $f'_x(x,y)$ 在 $(0,0)$ 点不连续. 同理可证 $f'_y(x,y)$ 在 $(0,0)$ 点不连续.

(4) (i) 当 $p>2$ 时一阶偏导数连续, 故 $f(x,y)$ 在 $(0,0)$ 点可微.

(ii) 当 $p=1$ 时, 由于 $f'_x(0,0)$ 不存在, 从而不可微.

(iii) 当 $p=2$ 时, $f'_x(0,0)=f'_y(0,0)=0$, 且

$$\left|\frac{f(x,y)-f(0,0)-f'_x(0,0)x-f'_y(0,0)y}{\sqrt{x^2+y^2}}\right| \leqslant \left|\frac{(x+y)^2\sin\dfrac{1}{\sqrt{x^2+y^2}}}{\sqrt{x^2+y^2}}\right|$$
$$\leqslant \frac{2(x^2+y^2)}{\sqrt{x^2+y^2}}=2\sqrt{x^2+y^2}\to 0,\quad (x,y)\to(0,0),$$

即 $p=2$ 时也可微. 总之, $p\geqslant 2$ 时可微, 当 $p=1$ 时不可微. ■

4. 设 $f(x,y)=|x-y|\varphi(x,y)$, 其中 $\varphi(x,y)$ 在 $(0,0)$ 点连续,

(1) 给出 $f'_x(0,0), f'_y(0,0)$ 存在的充要条件;

(2) 在何条件下 $f(x,y)$ 在 $(0,0)$ 点可微.

解　(1) 由于

$$\frac{f(x,0)-f(0,0)}{x}=\frac{|x|\varphi(x,0)}{x},$$

由此可见, 当 $\varphi(0,0)=0$ 时, 有 $f'_x(0,0)=0, f'_y(0,0)=0$; 当 $\varphi(0,0)\neq 0$ 时, 有 $f'_x(0,0), f'_y(0,0)$ 不存在, 故

$$f'_x(0,0), f'_y(0,0)\text{存在} \Longleftrightarrow \varphi(0,0)=0.$$

(2) 由 (1) 知 $\varphi(0,0)\neq 0$ 时, $f(x,y)$ 在 $(0,0)$ 点不可微. 当 $\varphi(0,0)=0$ 时, 由于

$$(|x|+|y|)^2=x^2+y^2+2|x||y|\leqslant 2\left(x^2+y^2\right)\Longrightarrow |x|+|y|\leqslant\sqrt{2}\sqrt{x^2+y^2},$$

故

$$\left|\frac{f(x,y)-f(0,0)-f'_x(0,0)x-f'_y(0,0)y}{\sqrt{x^2+y^2}}\right|=\left|\frac{|x-y|\varphi(x,y)}{\sqrt{x^2+y^2}}\right|$$
$$\leqslant\frac{|x|+|y|}{\sqrt{x^2+y^2}}|\varphi(x,y)|\leqslant\sqrt{2}|\varphi(x,y)|\to 0,\quad (x,y)\to(0,0),$$

即 $\varphi(0,0)=0$ 时, $f(x,y)$ 在 $(0,0)$ 点可微. ■

例 6-2-3　解答下列问题.

1. 设 $f(t)\in C[0,1]$, 令 $u(x,y)=\displaystyle\int_0^1 f(t)|xy-t|\mathrm{d}t, (x,y)\in[0,1]\times[0,1]$, 求 u''_{xx}, u''_{yy}.

解　由于

$$u(x,y)=\int_0^{xy} f(t)(xy-t)\mathrm{d}t+\int_{xy}^1 f(t)(t-xy)\mathrm{d}t$$
$$=xy\int_0^{xy} f(t)\mathrm{d}t-\int_0^{xy} tf(t)\mathrm{d}t+\int_{xy}^1 tf(t)\mathrm{d}t-xy\int_{xy}^1 f(t)\mathrm{d}t,$$

故

$$\frac{\partial u}{\partial x}=y\int_0^{xy}f(t)\mathrm{d}t-y\int_{xy}^1 f(t)\mathrm{d}t,\quad \frac{\partial^2 u}{\partial x^2}=2y^2f(xy).$$

由 $u(x,y)$ 关于 x,y 的对称性知

$$\frac{\partial^2 u}{\partial y^2}=2x^2f(xy).\quad ■$$

2. 设 $z=z(x,y)$ 为由 $x^2+y^2+h^2(z)=1$ 所确定的隐函数, $h(z)$ 具有所需要的性质, 求 $\frac{\partial^2 z}{\partial x\partial y}$.

解　对 $x^2+y^2+h^2(z)=1$ 两边关于 x 求偏导数有

$$2x+2h(z)h'(z)\frac{\partial z}{\partial x}=0,$$

即

$$\frac{\partial z}{\partial x}=-\frac{x}{h(z)h'(z)}.$$

同理可得

$$\frac{\partial z}{\partial y}=-\frac{y}{h(z)h'(z)}.$$

故

$$\frac{\partial^2 z}{\partial x\partial y}=x\frac{h'^2(z)\frac{\partial z}{\partial y}+h(z)h''(z)\frac{\partial z}{\partial y}}{[h(z)h'(z)]^2}=-\frac{h'^2(z)+h(z)h''(z)}{[h(z)h'(z)]^3}xy.\quad ■$$

3. 设 $u(x,y)$ 的所有二阶偏导数均连续, 且 $u_{xx}-u_{yy}=0$, $u(x,2x)=x, u'_x(x,2x)=x^2$, 试求 $u''_{xx}(x,2x), u''_{xy}(x,2x), u''_{yy}(x,2x)$.

解　(解一) 由 $u(x,2x)=x$ 得 $u'_x(x,2x)+2u'_y(x,2x)=1$. 结合 $u'_x(x,2x)=x^2$ 得 $u'_y(x,2x)=\frac{1-x^2}{2}$, 从而有

$$u''_{yx}(x,2x)+2u''_{yy}(x,2x)=-x. \tag{1}$$

再由 $u'_x(x,2x)=x^2$ 得

$$u''_{xx}(x,2x)+2u''_{xy}(x,2x)=2x. \tag{2}$$

由 (1), (2) 式, $u_{xx}-u_{yy}=0$ 及 $u''_{xy}=u''_{yx}$ (因为二阶偏导数连续) 得

$$u''_{xy}(x,2x)=u''_{yx}(x,2x)=\frac{5}{3}x;\quad u''_{xx}(x,2x)=u''_{yy}(x,2x)=-\frac{4}{3}x.$$

(解二) 对 $u(x,2x)=x$ 两边关于 x 求一阶偏导数得

$$u'_x(x,2x)+2u'_y(x,2x)=1,$$

再关于 x 求一阶偏导数得

$$u''_{xx}(x,2x)+2u''_{xy}(x,2x)+2u''_{yx}(x,2x)+4u''_{yy}(x,2x)=0. \tag{1}$$

对 $u'_x(x,2x)=x^2$ 两边关于 x 求一阶偏导数得

$$u''_{xx}(x,2x)+2u''_{xy}(x,2x)=2x. \tag{2}$$

由 (1), (2) 式, $u_{xx}-u_{yy}=0$ 及 $u''_{xy}=u''_{yx}$ (因为二阶偏导数连续) 得

$$u''_{xy}(x,2x)=u''_{yx}(x,2x)=\frac{5}{3}x;\quad u''_{xx}(x,2x)=u''_{yy}(x,2x)=-\frac{4}{3}x. \quad \blacksquare$$

4. 设 $u=\begin{vmatrix} 1 & 1 & \cdots & 1 \\ x_1 & x_2 & \cdots & x_n \\ x_1^2 & x_2^2 & \cdots & x_n^2 \\ \vdots & \vdots & & \vdots \\ x_1^{n-1} & x_2^{n-1} & \cdots & x_n^{n-1} \end{vmatrix}$, 求 (1)$\sum\limits_{k=1}^{n}\dfrac{\partial u}{\partial x_k}$; (2)$\sum\limits_{k=1}^{n}x_k\dfrac{\partial u}{\partial x_k}$.

解　(1) 对 $\forall k\in\{1,2,\cdots,n\}$ 有

$$\frac{\partial u}{\partial x_k}=\begin{vmatrix} 1 & 1 & \cdots & 1 & \cdots & 1 \\ 0 & 0 & \cdots & 1 & \cdots & 0 \\ x_1^2 & x_2^2 & \cdots & x_k^2 & \cdots & x_n^2 \\ \vdots & \vdots & & \vdots & & \vdots \\ x_1^{n-1} & x_2^{n-1} & \cdots & x_k^{n-1} & \cdots & x_n^{n-1} \end{vmatrix}+\begin{vmatrix} 1 & 1 & \cdots & 1 & \cdots & 1 \\ x_1 & x_2 & \cdots & x_k & \cdots & x_n \\ 0 & 0 & \cdots & 2x_k & \cdots & 0 \\ \vdots & \vdots & & \vdots & & \vdots \\ x_1^{n-1} & x_2^{n-1} & \cdots & x_k^{n-1} & \cdots & x_n^{n-1} \end{vmatrix}+\cdots$$
$$+\begin{vmatrix} 1 & 1 & \cdots & 1 & \cdots & 1 \\ x_1 & x_2 & \cdots & x_k & \cdots & x_n \\ x_1^2 & x_2^2 & \cdots & x_k^2 & \cdots & x_n^2 \\ \vdots & \vdots & & \vdots & & \vdots \\ 0 & 0 & \cdots & (n-1)x_k^{n-2} & \cdots & 0 \end{vmatrix}.$$

故由行列式的性质得

$$\sum_{k=1}^{n}\frac{\partial u}{\partial x_k}=\begin{vmatrix}1 & 1 & \cdots & 1 & \cdots & 1\\ 1 & 1 & \cdots & 1 & \cdots & 1\\ x_1^2 & x_2^2 & \cdots & x_k^2 & \cdots & x_n^2\\ \vdots & \vdots & & \vdots & & \vdots\\ x_1^{n-1} & x_2^{n-1} & \cdots & x_k^{n-1} & \cdots & x_n^{n-1}\end{vmatrix}$$

$$+2\begin{vmatrix}1 & 1 & \cdots & 1 & \cdots & 1\\ x_1 & x_2 & \cdots & x_k & \cdots & x_n\\ x_1 & x_2 & \cdots & x_k & \cdots & x_n\\ \vdots & \vdots & & \vdots & & \vdots\\ x_1^{n-1} & x_2^{n-1} & \cdots & x_k^{n-1} & \cdots & x_n^{n-1}\end{vmatrix}+\cdots$$

$$+(n-1)\begin{vmatrix}1 & 1 & \cdots & 1 & \cdots & 1\\ x_1 & x_2 & \cdots & x_k & \cdots & x_n\\ x_1^2 & x_2^2 & \cdots & x_k^2 & \cdots & x_n^2\\ \vdots & \vdots & & \vdots & & \vdots\\ x_1^{n-2} & x_2^{n-2} & \cdots & x_k^{n-2} & \cdots & x_n^{n-2}\end{vmatrix}=0.$$

(2) 对 $\forall k\in\{1,2,\cdots,n\}$, 有

$$x_k\frac{\partial u}{\partial x_k}=\begin{vmatrix}1 & 1 & \cdots & 1 & \cdots & 1\\ 0 & 0 & \cdots & x_k & \cdots & 0\\ x_1^2 & x_2^2 & \cdots & x_k^2 & \cdots & x_n^2\\ \vdots & \vdots & & \vdots & & \vdots\\ x_1^{n-1} & x_2^{n-1} & \cdots & x_k^{n-1} & \cdots & x_n^{n-1}\end{vmatrix}$$

$$+\begin{vmatrix}1 & 1 & \cdots & 1 & \cdots & 1\\ x_1 & x_2 & \cdots & x_k & \cdots & x_n\\ 0 & 0 & \cdots & 2x_k^2 & \cdots & 0\\ \vdots & \vdots & & \vdots & & \vdots\\ x_1^{n-1} & x_2^{n-1} & \cdots & x_k^{n-1} & \cdots & x_n^{n-1}\end{vmatrix}+\cdots$$

$$+\begin{vmatrix}1 & 1 & \cdots & 1 & \cdots & 1\\ x_1 & x_2 & \cdots & x_k & \cdots & x_n\\ x_1^2 & x_2^2 & \cdots & x_k^2 & \cdots & x_n^2\\ \vdots & \vdots & & \vdots & & \vdots\\ 0 & 0 & \cdots & (n-1)x_k^{n-1} & \cdots & 0\end{vmatrix}.$$

故

$$\sum_{k=1}^{n} x_k \frac{\partial u}{\partial x_k} = \begin{vmatrix} 1 & 1 & \cdots & 1 & \cdots & 1 \\ x_1 & x_2 & \cdots & x_k & \cdots & x_n \\ x_1^2 & x_2^2 & \cdots & x_k^2 & \cdots & x_n^2 \\ \vdots & \vdots & & \vdots & & \vdots \\ x_1^{n-1} & x_2^{n-1} & \cdots & x_k^{n-1} & \cdots & x_n^{n-1} \end{vmatrix}$$

$$+2\begin{vmatrix} 1 & 1 & \cdots & 1 & \cdots & 1 \\ x_1 & x_2 & \cdots & x_k & \cdots & x_n \\ x_1^2 & x_2^2 & \cdots & x_k^2 & \cdots & x_n^2 \\ \vdots & \vdots & & \vdots & & \vdots \\ x_1^{n-1} & x_2^{n-1} & \cdots & x_k^{n-1} & \cdots & x_n^{n-1} \end{vmatrix} + \cdots$$

$$+(n-1)\begin{vmatrix} 1 & 1 & \cdots & 1 & \cdots & 1 \\ x_1 & x_2 & \cdots & x_k & \cdots & x_n \\ x_1^2 & x_2^2 & \cdots & x_k^2 & \cdots & x_n^2 \\ \vdots & \vdots & & \vdots & & \vdots \\ x_1^{n-1} & x_2^{n-2} & \cdots & x_k^{n-1} & \cdots & x_n^{n-1} \end{vmatrix} = \frac{n(n-1)}{2}u. \quad \blacksquare$$

5. 设 $u = f(z)$, 其中 z 为方程 $z = x + y\varphi(z)$ 所定义的隐函数, $f(z), \varphi(z)$ 均具有所需要的性质. 证明 Lagrange 公式

$$\frac{\partial^n u}{\partial y^n} = \frac{\partial^{n-1}}{\partial x^{n-1}}\left\{[\varphi(z)]^n \frac{\partial u}{\partial x}\right\}.$$

证　应用数学归纳法证明.

(1) 当 $n = 1$ 时, 由于 $z = x + y\varphi(z)$, 所以

$$\frac{\partial z}{\partial y} = y\varphi'(z)\frac{\partial z}{\partial y} + \varphi(z), \quad \frac{\partial z}{\partial x} = 1 + y\varphi'(z)\frac{\partial z}{\partial x},$$

即

$$\frac{\partial z}{\partial y} = \frac{\varphi(z)}{1 - y\varphi'(z)}, \quad \frac{\partial z}{\partial x} = \frac{1}{1 - y\varphi'(z)}.$$

故有

$$\frac{\partial u}{\partial y} = f'(z)\frac{\partial z}{\partial y} = \frac{f'(z)\varphi(z)}{1 - y\varphi'(z)}, \quad \frac{\partial u}{\partial x} = f'(z)\frac{\partial z}{\partial x} = \frac{f'(z)}{1 - y\varphi'(z)},$$

即

$$\frac{\partial u}{\partial y} = \varphi(z)\frac{\partial u}{\partial x}. \tag{1}$$

(2) 假设 $n-1$ 时成立, 即

$$\frac{\partial^{n-1}u}{\partial y^{n-1}}=\frac{\partial^{n-2}}{\partial x^{n-2}}\left\{[\varphi(z)]^{n-1}\frac{\partial u}{\partial x}\right\}.$$

下证 n 时成立, 事实上

$$\begin{aligned}\frac{\partial^{n}u}{\partial y^{n}}&=\frac{\partial}{\partial y}\left[\frac{\partial^{n-1}u}{\partial y^{n-1}}\right]=\frac{\partial}{\partial y}\left[\frac{\partial^{n-2}}{\partial x^{n-2}}\left\{[\varphi(z)]^{n-1}\frac{\partial u}{\partial x}\right\}\right]=\frac{\partial^{n-2}}{\partial x^{n-2}}\left[\frac{\partial}{\partial y}\left\{[\varphi(z)]^{n-1}\frac{\partial u}{\partial x}\right\}\right]\\&=\frac{\partial^{n-2}}{\partial x^{n-2}}\left[(n-1)[\varphi(z)]^{n-2}\varphi'(z)\frac{\partial z}{\partial y}\frac{\partial u}{\partial x}+[\varphi(z)]^{n-1}\frac{\partial^2 u}{\partial x\partial y}\right],\end{aligned}\tag{2}$$

$$\begin{aligned}&\frac{\partial^{n-1}}{\partial x^{n-1}}\left\{[\varphi(z)]^{n}\frac{\partial u}{\partial x}\right\}\overset{(1)}{=}\frac{\partial^{n-1}}{\partial x^{n-1}}\left\{[\varphi(z)]^{n-1}\frac{\partial u}{\partial y}\right\}\\=&\frac{\partial^{n-2}}{\partial x^{n-2}}\left[(n-1)[\varphi(z)]^{n-2}\varphi'(z)\frac{\partial z}{\partial x}\frac{\partial u}{\partial y}+[\varphi(z)]^{n-1}\frac{\partial^2 u}{\partial y\partial x}\right].\end{aligned}\tag{3}$$

由 (2), (3) 式只要证明

$$\frac{\partial z}{\partial x}\frac{\partial u}{\partial y}=\frac{\partial z}{\partial y}\frac{\partial u}{\partial x},\tag{4}$$

事实上, 由 $n=1$ 时的证明知

$$\frac{\partial u}{\partial y}=\varphi(z)\frac{\partial u}{\partial x},\quad \frac{\partial z}{\partial y}=\varphi(z)\frac{\partial z}{\partial x},$$

故 (4) 式成立. ■

练习　(1) 设 $u=x^2+y^2+z^2$, 其中 $z=f(x,y)$ 是由方程 $x^3+y^3+z^3=3xyz$ 所确定的隐函数, 求 u_x, u_{xy}.

(2) 设 $a,b\neq 0$, f 具有二阶连续偏导数, 且满足 $a^2\dfrac{\partial^2 f}{\partial x^2}+b^2\dfrac{\partial^2 f}{\partial y^2}=0$, $f(ax,bx)=ax$, $f'_x(ax,bx)=bx^2$. 求 $f''_{xx}(ax,bx), f''_{xy}(ax,bx), f''_{yy}(ax,bx)$.

(3) 设 $u=f(z)$, 其中 z 为由方程 $z=x+y\varphi(z)$ 所定义的为变量 x,y 的隐函数, 证明: $\dfrac{\partial^2 u}{\partial y^2}=\dfrac{\partial}{\partial x}\left\{[\varphi(z)]^2\dfrac{\partial u}{\partial x}\right\}$.

例 6-2-4　解答下列问题.

1. 试证关于齐次函数的 Euler 定理: 设 $f(x,y)$ 可微, 则 $f(x,y)$ 为 k 次齐次函数的充要条件为 $xf'_x(x,y)+yf'_y(x,y)=kf(x,y)$.

证　($\Longrightarrow$) 因为 $f(x,y)$ 为 k 次齐次函数, 即

$$f(tx,ty)=t^kf(x,y)\quad (t>0).$$

对上式两边关于 t 求导得

$$xf'_x(tx,ty)+yf'_y(tx,ty)=kt^{k-1}f(x,y),$$

在上式中令 $t=1$ 知结论成立.

($\Longleftarrow$) (证一) 只要证明

$$\varphi(t)\triangleq\frac{f(tx,ty)}{t^k}=f(x,y).$$

事实上, 由于 $\varphi(1)=f(x,y)$, 下面再证 $\varphi'(t)=0$ 即可. 由假设条件

$$\begin{aligned}\varphi'(t)&=\frac{[xf_1'(tx,ty)+yf_2'(tx,ty)]t^k-kt^{k-1}f(tx,ty)}{t^{2k}}\\&=\frac{[txf_1'(tx,ty)+tyf_2'(tx,ty)]t^{k-1}-kt^{k-1}f(tx,ty)}{t^{2k}}=0.\end{aligned}$$

(证二) 在 $xf_x'(x,y)+yf_y'(x,y)=kf(x,y)$ 中以 tx,ty 分别代替 x,y 得

$$txf_1'(tx,ty)+tyf_2'(tx,ty)=kf(tx,ty).$$

令 $\psi(t)=f(tx,ty)$, 由条件知

$$\begin{cases}t\psi'(t)=k\psi(t),\\\psi(1)=f(x,y).\end{cases}$$

解此常微分方程定解问题得

$$\psi'(t)-\frac{k}{t}\psi(t)=0\Longrightarrow(\psi(t)\mathrm{e}^{-k\ln t})'=0\Longrightarrow\psi(t)=C\mathrm{e}^{k\ln t}=Ct^k,$$

再由 $C=\psi(1)=f(x,y)$ 知结论成立. ■

2. **设二元函数 $f(x,y)$ 满足: (i) 具有一阶连续偏导数; (ii) $f(1,0)=f(0,1)$. 证明在单位圆周上, 至少有两点满足方程 $yf_x'(x,y)-xf_y'(x,y)=0$.**

证　单位圆的参数方程为

$$\Gamma:\begin{cases}x=\cos\theta,\\y=\sin\theta,\end{cases}\quad\theta\in[0,2\pi].$$

令

$$\varphi(\theta)=f(\cos\theta,\sin\theta),$$

由 (i) 知 $f(x,y)$ 可微, 当然连续. 所以 $\varphi(\theta)$ 在 $[0,2\pi]$ 上连续, 在 $(0,2\pi)$ 上可导.

由 (ii) 知

$$\varphi(0)=\varphi\left(\frac{\pi}{2}\right)=\varphi\left(2\pi\right),$$

由 Rolle 定理知 $\exists\theta_1\in\left(0,\frac{\pi}{2}\right)$, $\theta_2\in\left(\frac{\pi}{2},2\pi\right)$ 使得

$$\varphi'(\theta_1)=\varphi'(\theta_2)=0.\tag{1}$$

而

$$\varphi'(\theta) = -\sin\theta f'_x(\cos\theta, \sin\theta) + \cos\theta f'_y(\cos\theta, \sin\theta). \tag{2}$$

记 $(x_i, y_i) = (\cos\theta_i, \sin\theta_i) \in \Gamma (i = 1, 2)$, 由 (1), (2) 式得

$$yf'_x(x,y) - xf'_y(x,y) = 0. \quad ■$$

3. 设 $F(x,y,z)$ 有连续的一阶偏导数, 并满足不等式

$$yF'_x - xF'_y + F'_z \geqslant a > 0, \quad \forall (x,y,z) \in \mathbb{R}^3.$$

证明: 当动点 (x,y,z) 沿着曲线

$$\Gamma : \begin{cases} x = -\cos t, \\ y = \sin t, \\ z = t \end{cases} \qquad (t \geqslant 0)$$

趋于无穷远点时 (即 $t \to +\infty$), $F(x,y,z) \to \infty$.

证　令

$$\varphi(t) = F(-\cos t, \sin t, t),$$

由于 $F(x,y,z)$ 有连续的一阶偏导数, 注意到 $(x,y,z) = (-\cos t, \sin t, t) \in \Gamma$, 由 Taylor 公式得

$$\begin{aligned} \varphi(t) &= \varphi(0) + \varphi'(\xi)t = F(-1,0,0) + \left[(\sin tF'_x + \cos tF'_y + F'_z)|_{t=\xi}\right] t \\ &= F(-1,0,0) + t[yF'_x - xF'_y + F'_z]_{t=\xi} \\ &\geqslant F(-1,0,0) + at \to +\infty \quad (t \to +\infty). \quad ■ \end{aligned}$$

注　将多元化为一元函数讨论是常用的方法, 前面已经得到体现, 今后还会不断用到此方法.

练习　(1) 设 $f(x,y)$ 为 n 次齐次函数且 m 次可微, 证明:

$$\left(x\frac{\partial}{\partial x} + y\frac{\partial}{\partial y}\right)^m f(x,y) = n(n-1)\cdots(n-m+1)f(x,y).$$

提示　对 $f(tx,ty) = t^n f(x,y)$ 两端关于 t 求 m 阶导数并令 $t = 1$ 即可.

(2) 设 $f(x,y) = \sin\dfrac{y}{x}$, 求 $\left(x\dfrac{\partial}{\partial x} + y\dfrac{\partial}{\partial x}\right)^m f(x,y)$, 其中 $m \in \mathbb{N}_+$.

例 6-2-5　解答下列问题.

1. 设 f'_x, f'_y, f''_{yx} 在 $O(P_0, \delta)$ 内存在, 且 f''_{yx} 在 $P_0(x_0, y_0)$ 处连续, 证明: $f''_{xy}(x_0, y_0)$ 存在, 且 $f''_{xy}(x_0, y_0) = f''_{yx}(x_0, y_0)$.

证 第一步, 由于

$$
\begin{aligned}
f''_{xy}(x_0,y_0) &= \lim_{\Delta y\to 0}\frac{f'_x(x_0,y_0+\Delta y)-f'_x(x_0,y_0)}{\Delta y}\\
&= \lim_{\Delta y\to 0}\frac{1}{\Delta y}\left\{\lim_{\Delta x\to 0}\frac{f(x_0+\Delta x,y_0+\Delta y)-f(x_0,y_0+\Delta y)}{\Delta x}\right.\\
&\quad\left.-\lim_{\Delta x\to 0}\frac{f(x_0+\Delta x,y_0)-f(x_0,y_0)}{\Delta x}\right\}\\
&= \lim_{\Delta y\to 0}\lim_{\Delta x\to 0}\frac{w}{\Delta x\Delta y},
\end{aligned}\tag{1}
$$

其中

$$
w=f(x_0+\Delta x,y_0+\Delta y)-f(x_0,y_0+\Delta y)-f(x_0+\Delta x,y_0)+f(x_0,y_0).
$$

同理可证

$$
f''_{yx}(x_0,y_0)=\lim_{\Delta x\to 0}\lim_{\Delta y\to 0}\frac{w}{\Delta x\Delta y}.
$$

第二步, 证明 $\lim\limits_{(\Delta x,\Delta y)\to(0,0)}\dfrac{w}{\Delta x\Delta y}=f''_{yx}(x_0,y_0)$. 事实上, 令

$$
\varphi(y)=f(x_0+\Delta x,y)-f(x_0,y),
$$

则由微分中值定理得

$$
\begin{aligned}
\frac{w}{\Delta x\Delta y} &= \frac{1}{\Delta x\Delta y}\left[\varphi(y_0+\Delta y)-\varphi(y_0)\right]=\frac{1}{\Delta x}\varphi'_y(y_0+\theta_1\Delta y)\\
&= \frac{1}{\Delta x}\left[f'_y(x_0+\Delta x,y_0+\theta_1\Delta y)-f'_y(x_0,y_0+\theta_1\Delta y)\right]\\
&= f''_{yx}(x_0+\theta_2\Delta x,y_0+\theta_1\Delta y)\quad(0<\theta_1,\theta_2<1),
\end{aligned}
$$

再由 f''_{yx} 在 (x_0,y_0) 处连续得

$$
\lim_{(\Delta x,\Delta y)\to(0,0)}\frac{w}{\Delta x\Delta y}=f''_{yx}(x_0,y_0).\tag{2}
$$

第三步, 证明 $f''_{xy}(x_0,y_0)=f''_{yx}(x_0,y_0)$. 事实上, 因为设 f'_x 在 $O(P_0,\delta)$ 内存在, 则 Δy 充分小时, $\lim\limits_{\Delta x\to 0}\dfrac{w}{\Delta x}$ 存在, 由 (1), (2) 和重极限和累次极限的关系定理得

$$
f''_{xy}(x_0,y_0)=\lim_{\Delta y\to 0}\lim_{\Delta x\to 0}\frac{w}{\Delta x\Delta y}=\lim_{(\Delta x,\Delta y)\to(0,0)}\frac{w}{\Delta x\Delta y}=f''_{yx}(x_0,y_0).\quad\blacksquare
$$

2.设 f'_x,f'_y 在 (x_0,y_0) 的某邻域内存在, 且在 (x_0,y_0) 可微, 证明:

$$
f''_{xy}(x_0,y_0)=f''_{yx}(x_0,y_0).
$$

证　由可微与偏导数存在的关系知 $f''_{xy}(x_0,y_0)$, $f''_{yx}(x_0,y_0)$ 均存在, 下面只要证明

$$f''_{xy}(x_0,y_0)=f''_{yx}(x_0,y_0).$$

记

$$w=f(x_0+\Delta x,y_0+\Delta y)-f(x_0,y_0+\Delta y)-f(x_0+\Delta x,y_0)+f(x_0,y_0).$$

第一步, 令 $\varphi(y)=f(x_0+\Delta x,y)-f(x_0,y)$, 则由微分中值定理得

$$\begin{aligned}\frac{w}{\Delta x\Delta y}&=\frac{1}{\Delta x\Delta y}\left[\varphi(y_0+\Delta y)-\varphi(y_0)\right]=\frac{1}{\Delta x}\varphi'_y(y_0+\theta\Delta y)\\&=\frac{1}{\Delta x}\left[f'_y(x_0+\Delta x,y_0+\theta\Delta y)-f'_y(x_0,y_0+\theta\Delta y)\right]\quad(0<\theta<1).\end{aligned}\tag{1}$$

因为 $f'_y(x,y)$ 在 (x_0,y_0) 点可微, 故

$$\begin{aligned}f'_y(x_0+\Delta x,y_0+\theta\Delta y)=&f'_y(x_0,y_0)+f''_{yx}(x_0,y_0)\Delta x+f''_{yy}(x_0,y_0)\theta\Delta y\\&+o\left(\sqrt{(\Delta x)^2+(\theta\Delta y)^2}\right),\end{aligned}$$

$$f'_y(x_0,y_0+\theta\Delta y)=f'_y(x_0,y_0)+f''_{yy}(x_0,y_0)\theta\Delta y+o\left(\sqrt{(\theta\Delta y)^2}\right),$$

即有

$$f'_y(x_0+\Delta x,y_0+\theta\Delta y)-f'_y(x_0,y_0+\theta\Delta y)=f''_{yx}(x_0,y_0)\Delta x+o\left(\sqrt{(\Delta x)^2+(\theta\Delta y)^2}\right).\tag{2}$$

由 (1), (2) 式得

$$\frac{w}{\Delta x\Delta y}=f''_{yx}(x_0,y_0)+\frac{1}{\Delta x}o\left(\sqrt{(\Delta x)^2+(\theta\Delta y)^2}\right).\tag{3}$$

第二步, 令 $\psi(x)=f(x,y_0+\Delta y)-f(x,y_0)$, 由微分中值定理得

$$\begin{aligned}\frac{w}{\Delta x\Delta y}&=\frac{1}{\Delta x\Delta y}\left[\psi(x_0+\Delta x)-\psi(x_0)\right]=\frac{1}{\Delta y}\psi'_x(x_0+\eta\Delta x)\\&=\frac{1}{\Delta y}\left[f'_x(x_0+\eta\Delta x,y_0+\Delta y)-f'_x(x_0+\eta\Delta x,y_0)\right]\quad(0<\eta<1).\end{aligned}\tag{4}$$

因为 $f'_x(x,y)$ 在 (x_0,y_0) 点可微, 故

$$f'_x(x_0+\eta\Delta x,y_0+\Delta y)=f'_x(x_0,y_0)+f''_{xx}(x_0,y_0)\eta\Delta x+f''_{xy}(x_0,y_0)\Delta y+o\left(\sqrt{(\eta\Delta x)^2+(\Delta y)^2}\right),$$

$$f'_x(x_0+\eta\Delta x,y_0)=f'_x(x_0,y_0)+f''_{xx}(x_0,y_0)\eta\Delta x+o\left(\sqrt{(\eta\Delta x)^2}\right),$$

即有

$$f'_x(x_0+\eta\Delta x,y_0+\Delta y)-f'_x(x_0+\eta\Delta x,y_0)=f''_{xy}(x_0,y_0)\Delta y+o\left(\sqrt{(\eta\Delta x)^2+(\Delta y)^2}\right).\tag{5}$$

由 (4), (5) 式得

$$\frac{w}{\Delta x\Delta y}=f''_{xy}(x_0,y_0)+\frac{1}{\Delta y}o\left(\sqrt{(\eta\Delta x)^2+(\Delta y)^2}\right). \tag{6}$$

第三步, 在 (3), (6) 式中令 $\Delta x=\Delta y\to 0$ 得 $f''_{xy}(x_0,y_0)=f''_{yx}(x_0,y_0)$. ■

例 6-2-6　化简下列方程.

1. 将 Laplace 方程 $z_{xx}+z_{yy}=0$ 化成极坐标形式.

解　设 $z=z(x,y),\begin{cases}x=r\cos\theta,\\ y=r\sin\theta,\end{cases}$ 故

$$\begin{cases}\dfrac{\partial z}{\partial r}=\cos\theta\dfrac{\partial z}{\partial x}+\sin\theta\dfrac{\partial z}{\partial y},\\ \dfrac{\partial z}{\partial \theta}=-r\sin\theta\dfrac{\partial z}{\partial x}+r\cos\theta\dfrac{\partial z}{\partial y}.\end{cases}$$

解此方程组得

$$\begin{cases}\dfrac{\partial z}{\partial x}=\cos\theta\dfrac{\partial z}{\partial r}-\dfrac{1}{r}\sin\theta\dfrac{\partial z}{\partial \theta}=\left(\cos\theta\dfrac{\partial}{\partial r}-\dfrac{1}{r}\sin\theta\dfrac{\partial}{\partial \theta}\right)z,\\ \dfrac{\partial z}{\partial y}=\sin\theta\dfrac{\partial z}{\partial r}+\dfrac{1}{r}\cos\theta\dfrac{\partial z}{\partial \theta}=\left(\sin\theta\dfrac{\partial}{\partial r}+\dfrac{1}{r}\cos\theta\dfrac{\partial}{\partial \theta}\right)z.\end{cases}$$

故

$$\begin{aligned}\frac{\partial^2 z}{\partial x^2}&=\left(\cos\theta\frac{\partial}{\partial r}-\frac{1}{r}\sin\theta\frac{\partial}{\partial \theta}\right)\left(\cos\theta\frac{\partial z}{\partial r}-\frac{1}{r}\sin\theta\frac{\partial z}{\partial \theta}\right)\\&=\cos^2\theta\frac{\partial^2 z}{\partial r^2}+\frac{1}{r^2}\cos\theta\sin\theta\frac{\partial z}{\partial \theta}-\frac{1}{r}\sin\theta\cos\theta\frac{\partial^2 z}{\partial\theta\partial r}\\&\quad+\frac{1}{r}\sin^2\theta\frac{\partial z}{\partial r}-\frac{1}{r}\sin\theta\cos\theta\frac{\partial^2 z}{\partial r\partial\theta}+\frac{1}{r^2}\sin^2\theta\frac{\partial^2 z}{\partial\theta^2}+\frac{1}{r^2}\sin\theta\cos\theta\frac{\partial z}{\partial\theta},\end{aligned} \tag{1}$$

$$\begin{aligned}\frac{\partial^2 z}{\partial y^2}&=\left(\sin\theta\frac{\partial}{\partial r}+\frac{1}{r}\cos\theta\frac{\partial}{\partial \theta}\right)\left(\sin\theta\frac{\partial z}{\partial r}+\frac{1}{r}\cos\theta\frac{\partial z}{\partial \theta}\right)\\&=\sin^2\theta\frac{\partial^2 z}{\partial r^2}+\frac{1}{r}\sin\theta\cos\theta\frac{\partial^2 z}{\partial\theta\partial r}-\frac{1}{r^2}\sin\theta\cos\theta\frac{\partial z}{\partial \theta}\\&\quad+\frac{1}{r}\sin\theta\cos\theta\frac{\partial^2 z}{\partial r\partial\theta}+\frac{1}{r}\cos^2\theta\frac{\partial z}{\partial r}+\frac{1}{r^2}\cos^2\theta\frac{\partial^2 z}{\partial\theta^2}-\frac{1}{r^2}\sin\theta\cos\theta\frac{\partial z}{\partial\theta}.\end{aligned} \tag{2}$$

将 (1), (2) 式代入 $\Delta z=0$ 得

$$\frac{\partial^2 z}{\partial r^2}+\frac{1}{r}\frac{\partial z}{\partial r}+\frac{1}{r^2}\frac{\partial^2 z}{\partial \theta^2}=0. \quad ■$$

注　如果直接求 $\dfrac{\partial z}{\partial x},\dfrac{\partial z}{\partial y}$ 比较困难, 为此先求 $\dfrac{\partial z}{\partial r},\dfrac{\partial z}{\partial \theta}$, 然后解出 $\dfrac{\partial z}{\partial x},\dfrac{\partial z}{\partial y}$.

2. 假设 $x=u,y=\dfrac{u}{1+uv},z=\dfrac{u}{1+uw}$, 将方程 $x^2z_x+y^2z_y=z^2$ 化成 $w(u,v)$ 的方程.

解 (解一) 由已知得

$$w=w(u,v),\qquad \begin{cases} u=x, \\ v=\dfrac{1}{y}-\dfrac{1}{x}, \end{cases}\qquad z=\frac{x}{1+xw}, \tag{1}$$

故

$$\frac{\partial z}{\partial x}=\frac{(1+xw)-x\left[w+x\left(\dfrac{\partial w}{\partial u}\dfrac{\partial u}{\partial x}+\dfrac{\partial w}{\partial v}\dfrac{\partial v}{\partial x}\right)\right]}{(1+xw)^2}=\frac{1-x^2\dfrac{\partial w}{\partial u}-\dfrac{\partial w}{\partial v}}{(1+xw)^2}, \tag{2}$$

$$\frac{\partial z}{\partial y}=\frac{-x\left[x\left(\dfrac{\partial w}{\partial u}\dfrac{\partial u}{\partial y}+\dfrac{\partial w}{\partial v}\dfrac{\partial v}{\partial y}\right)\right]}{(1+xw)^2}=\frac{\dfrac{x^2}{y^2}\dfrac{\partial w}{\partial v}}{(1+xw)^2}=\frac{(1+xv)^2}{(1+xw)^2}\frac{\partial w}{\partial v}. \tag{3}$$

将 (1)—(3) 式代入方程得

$$-u^4\frac{\partial w}{\partial u}=0.$$

(解二) 由 $z=\dfrac{u}{1+uw}$ 得

$$\frac{\partial z}{\partial u}=\frac{(1+uw)-u\left(w+u\dfrac{\partial w}{\partial u}\right)}{(1+uw)^2}=\frac{1}{(1+uw)^2}-\frac{u^2}{(1+uw)^2}\frac{\partial w}{\partial u}, \tag{4}$$

$$\frac{\partial z}{\partial v}=\frac{-u^2\dfrac{\partial w}{\partial v}}{(1+uw)^2}=-\frac{u^2}{(1+uw)^2}\frac{\partial w}{\partial v}. \tag{5}$$

由 $x=u,y=\dfrac{u}{1+uv}$ 得

$$\frac{\partial z}{\partial u}=\frac{\partial z}{\partial x}\frac{\partial x}{\partial u}+\frac{\partial z}{\partial y}\frac{\partial y}{\partial u}=\frac{\partial z}{\partial x}+\frac{1}{(1+uv)^2}\frac{\partial z}{\partial y}, \tag{6}$$

$$\frac{\partial z}{\partial v}=\frac{\partial z}{\partial x}\frac{\partial x}{\partial v}+\frac{\partial z}{\partial y}\frac{\partial y}{\partial v}=-\frac{u^2}{(1+uv)^2}\frac{\partial z}{\partial y}. \tag{7}$$

由 (4)–(7) 式知

$$\begin{aligned}\frac{\partial z}{\partial y}&=\frac{(1+uv)^2}{(1+uw)^2}\frac{\partial w}{\partial v},\\ \frac{\partial z}{\partial x}&=-\frac{1}{(1+uw)^2}\frac{\partial w}{\partial v}+\frac{1}{(1+uv)^2}-\frac{u^2}{(1+uw)^2}\frac{\partial w}{\partial u}.\end{aligned}$$

代入原方程并注意到 $x=u,y=\dfrac{u}{1+uv},z=\dfrac{u}{1+uv}$ 得

$$-u^4\frac{\partial w}{\partial u}=0. \quad ■$$

练习 (1) 用关系 $u=x^2-y^2,v=2xy$ 将 $w_{xx}+w_{yy}=0$ 表示成 u,v 的方程.

(2) 设 $u=u(x,t)$ 满足 $u_{tt}-a^2u_{xx}=0$, a 为常数, 证明经过变换 $\xi=x-at,\eta=x+at$ 后, 函数 u 满足 $\dfrac{\partial^2 u}{\partial\xi\partial\eta}=0$.

三、 Taylor 公式、隐函数定理

例 6-3-1　解答下列各题.

1. (1) 若函数 $f(x,y)$ 在开区域 $D\subset\mathbb{R}^2$ 上的偏导数恒为 0, 问 $f(x,y)$ 在 D 内是否恒为常数? 并说明理由.

(2) 设 $f(x,y)$ 可微, $\boldsymbol{l}_1$ 与 $\boldsymbol{l}_2$ 是 $\mathbb{R}^2$ 上一组线性无关的向量. 若 $\dfrac{\partial f}{\partial \boldsymbol{l}_i}=0(i=1,2)$, 则 $f(x,y)\equiv$ 常数.

证　(1) 由多元函数的 Taylor 定理知 $f(x,y)$ 在 D 内为常数.

(2) 由方向导数定义及 (1) 易证. ■

2. 设 n 元函数 f 在 $\mathbb{R}^n$ 上具有连续的偏导数, 证明: 对 $\forall x=(x_1,x_2,\cdots,x_n),y=(y_1,y_2,\cdots,y_n)$ 成立下述 Hadamard 公式

$$f(y)-f(x)=\sum_{i=1}^{n}\int_0^1 (y_i-x_i)\frac{\partial f}{\partial x_i}(x+t(y-x))\,\mathrm{d}t.$$

证　事实上,

$$f(y)-f(x)=\int_0^1\frac{\mathrm{d}}{\mathrm{d}t}f\left(x+t(y-x)\right)\mathrm{d}t=\sum_{i=1}^{n}\int_0^1 (y_i-x_i)\frac{\partial f}{\partial x_i}(x+t(y-x))\,\mathrm{d}t. \quad ■$$

3. 设 $D\subset\mathbb{R}^n$ 为凸的有界闭区域, $f(x)$ 在 D 上具有连续一阶偏导数. 证明 $f(x)$ 在 D 上满足 Lipchitz 条件 (即 $\exists L>0,\forall x,y\in D$ 有 $|f(x)-f(y)|\leqslant L|x-y|$).

证　由已知条件知存在 $M>0$ 使得 $\forall x\in D$ 有 $|f'_{x_i}(x)|\leqslant M(i=1,2,\cdots)$.

因为 D 凸, 由 Taylor 公式知 $\forall x,y$, 存在 $x^*\in\overline{xy}\subset D$ 使得

$$|f(x)-f(y)|=\left|\sum_{i=1}^{n}\frac{\partial f}{\partial x_i}(x^*)(x_i-y_i)\right|\leqslant\sum_{i=1}^{n}\left|\frac{\partial f}{\partial x_i}(x^*)\right||(x_i-y_i)|\leqslant Mn|x-y|,$$

令 $L=Mn$ 知结论成立. ■

例 6-3-2　解答下列各题.

1. 设 f 在凸区域 D 上有连续的一阶偏导数, 则 f 在 D 内为凸函数的充要条件为 $\forall x,y\in D$, 有 $f(y)\geqslant f(x)+(y-x)\cdot\nabla f(x)$.

证　D 凸 $\Longleftrightarrow\forall\lambda\in[0,1]$ 有 $\lambda x+(1-\lambda)y\in D$.

f 在 D 内为凸函数 $\Longleftrightarrow\forall x,y\in D,\lambda\in[0,1]$ 有 $f(\lambda x+(1-\lambda)y)\leqslant\lambda f(x)+(1-\lambda)f(y)$.

$(\Longrightarrow)$ 因为 $f(x)$ 凸, 所以 $\forall x,y\in D,\forall\lambda\in(0,1)$, 有

$$f(\lambda y+(1-\lambda)x)\leqslant\lambda f(y)+(1-\lambda)f(x),$$

即

$$f(x+\lambda(y-x))-f(x)\leqslant\lambda f(y)-\lambda f(x). \tag{1}$$

因为 $f(x)$ 有一阶连续偏导数, 故可微, 从而有

$$f(x+\lambda(y-x))-f(x)=\nabla f(x)\cdot\lambda(y-x)+o\left(\lambda|y-x|\right), \tag{2}$$

将 (2) 代入 (1), 两边同除以 λ, 并令 $\lambda \to 0$ 得

$$f(y) \geqslant f(x) + (y-x) \cdot \nabla f(x).$$

($\Longleftarrow$) 对 $\forall x, y \in D, \forall \lambda \in [0,1]$, 记 $z = x + \lambda(y-x) = \lambda y + (1-\lambda)x$, 由条件知

$$f(x) \geqslant f(z) + (x-z) \cdot \nabla f(z), \tag{3}$$

$$f(y) \geqslant f(z) + (y-z) \cdot \nabla f(z). \tag{4}$$

(3) $\times(1-\lambda)+$(4)$\times\lambda$ 得

$$\begin{aligned}(1-\lambda)f(x) + \lambda f(y) &\geqslant (1-\lambda)f(z) + \lambda f(z) + [(1-\lambda)(x-z) + \lambda(y-z)] \cdot \nabla f(z)\\ &= f(z) = f((1-\lambda)x + \lambda y),\end{aligned}$$

即

$$f((1-\lambda)x + \lambda y) \leqslant (1-\lambda)f(x) + \lambda f(y),$$

所以 $f(x)$ 为凸函数. ■

注　此题的几何意义为凸函数的图像在过曲面上任意一点切平面的上方, 这和一元凸函数的结果非常类似; 在充分性证明中记 $z = y - \lambda(y-x) = \lambda x + (1-\lambda)y$ 也可以证明结论成立.

2. 设 $D \subset \mathbb{R}^n$ 为凸区域, $f(x) = f(x_1, x_2, \cdots, x_n)$ 在 D 上有二阶连续偏导数, 证明: $f(x)$ 在 D 内为凸函数的充要条件为 Hesse 矩阵 $\left(\dfrac{\partial^2 f}{\partial x_i \partial x_j}\right)_{i,j=1}^n$ 半正定.

证　($\Longrightarrow$) 反证法. 假设 $\left(\dfrac{\partial^2 f}{\partial x_i \partial x_j}\right)_{i,j=1}^n$ 非半正定, 则 $\exists x \in D, \exists y = \begin{pmatrix} y_1 \\ y_2 \\ \vdots \\ y_n \end{pmatrix}$ 使得

$$y^{\mathrm{T}} \left(\frac{\partial^2 f}{\partial x_i \partial x_j}\right) y = \sum_{i,j=1}^n \frac{\partial^2 f}{\partial x_i \partial x_j} y_i y_j < 0.$$

由 Taylor 公式

$$f(x + \lambda y) = f(x) + \lambda y \cdot \nabla f(x) + \frac{1}{2!}\lambda^2 \sum_{i,j=1}^n \frac{\partial^2 f(x)}{\partial x_i \partial x_j} y_i y_j + o(|\lambda y|^2),$$

当 λ 充分小时右端后两项的和为负, 故此时

$$f(x + \lambda y) \leqslant f(x) + \lambda y \cdot \nabla f(x),$$

这与 $f(x)$ 为凸函数矛盾.

($\Longleftarrow$) 对 $\forall x,y\in D$ 由 Taylor 公式知 $\exists\xi=x+\theta(y-x),\theta\in(0,1)$ 使得

$$\begin{aligned}f(y)&=f(x)+(y-x)\cdot\nabla f(x)+\frac{1}{2!}\left[(y_1-x_1)\frac{\partial}{\partial x_1}+\cdots+(y_n-x_n)\frac{\partial}{\partial x_n}\right]^2 f(\xi)\\&=f(x)+(y-x)\cdot\nabla f(x)+\frac{1}{2!}\sum_{i,j=1}^{n}\frac{\partial^2 f(\xi)}{\partial x_i\partial x_j}(y_i-x_i)(y_j-x_j)\\&\geqslant f(x)+(y-x)\cdot\nabla f(x),\end{aligned}$$

故 $f(x)$ 为凸函数. ■

3. 设 $D\subset\mathbb{R}^2$ 是凸区域, 函数 $f(x,y)$ 是 D 内的凸函数, 判断 $f(x,y)$ 在 D 内是否连续? 并证明你的结论.

证 对任意 $(x_0,y_0)\in D$, 存在 $\delta>0$ 使得 $E_\delta:=[x_0-\delta,x_0+\delta]\times[y_0-\delta,y_0+\delta]\subset D$. 由于函数 $f(x,y)$ 上 D 内的凸函数, 即 $\forall\lambda\in(0,1)$, $\forall(x_1,y_1)$, $(x_2,y_2)\in D$ 有

$$f(\lambda x_1+(1-\lambda)x_2,\lambda y_1+(1-\lambda)y_2)\leqslant\lambda f(x_1,y_1)+(1-\lambda)f(x_2,y_2).$$

特取 $y_1=y_2$ 有

$$\begin{aligned}f(\lambda x_1+(1-\lambda)x_2,y_1)&=f(\lambda x_1+(1-\lambda)x_2,\lambda y_1+(1-\lambda)y_2)\leqslant\lambda f(x_1,y_1)+(1-\lambda)f(x_2,y_2)\\&=\lambda f(x_1,y_1)+(1-\lambda)f(x_2,y_1),\end{aligned}$$

即 $f(x,y)$ 关于单变量 x 是凸的, 同理可证 $f(x,y)$ 关于单变量 y 也是凸的, 从而关于单变量连续.

由一元凸函数的性质对 $\forall(x,y)\in E_\delta$ 有

$$\frac{f(x_0,y)-f(x_0-\delta,y)}{\delta}\leqslant\frac{f(x,y)-f(x_0,y)}{x-x_0}\leqslant\frac{f(x_0+\delta,y)-f(x_0,y)}{\delta},$$

即

$$\left|\frac{f(x,y)-f(x_0,y)}{x-x_0}\right|\leqslant\left|\frac{f(x_0,y)-f(x_0-\delta,y)}{\delta}\right|+\left|\frac{f(x_0+\delta,y)-f(x_0,y)}{\delta}\right|.\tag{1}$$

同理对 $\forall(x,y)\in E_\delta$ 有

$$\left|\frac{f(x,y)-f(x,y_0)}{y-y_0}\right|\leqslant\left|\frac{f(x,y_0+\delta)-f(x,y_0)}{\delta}\right|+\left|\frac{f(x,y_0)-f(x,y_0-\delta)}{\delta}\right|.\tag{2}$$

由一元凸函数的等价条件及 $f(x_0,y),f(x_0\pm\delta,y)\in C[y_0-\delta,y_0+\delta]$, $f(x,y_0),f(x,y_0\pm\delta)\in C[x_0-\delta,x_0+\delta]$, 由 (1), (2) 式得存在常数 M_δ 使得

$$\left|\frac{f(x,y)-f(x_0,y)}{x-x_0}\right|\leqslant\left|\frac{f(x_0,y)-f(x_0-\delta,y)}{\delta}\right|+\left|\frac{f(x_0+\delta,y)-f(x_0,y)}{\delta}\right|\leqslant M_\delta,$$

且

$$\left|\frac{f(x,y)-f(x,y_0)}{y-y_0}\right|\leqslant\left|\frac{f(x,y_0+\delta)-f(x,y_0)}{\delta}\right|+\left|\frac{f(x,y_0)-f(x,y_0-\delta)}{\delta}\right|\leqslant M_\delta.$$

因此 $\forall(x,y)\in E_\delta$ 有

$$\Big|f(x,y)-f(x_0,y)\Big|\leqslant M_\delta\,|x-x_0|\,,\tag{3}$$

且

$$|f(x,y)-f(x,y_0)|\leqslant M_\delta\,|y-y_0|\,.\tag{4}$$

由 (3), (4) 式得 $\forall(x,y)\in E_\delta$ 有

$$|f(x,y)-f(x_0,y_0)|\leqslant|f(x,y)-f(x_0,y)|+|f(x_0,y)-f(x_0,y_0)|\leqslant M_\delta[|x-x_0|+|y-y_0|],$$

即

$$\lim_{(x,y)\to(x_0,y_0)}f(x,y)=f(x_0,y_0).\quad ■$$

例 6-3-3　解答下列各题.

1. **设 $F(x,y)$ 在点 (x_0,y_0) 的某邻域内有二阶连续偏导数, 且 $F(x_0,y_0)=0$, $F'_x(x_0,y_0)=0$, $F'_y(x_0,y_0)>0$, $F''_{xx}(x_0,y_0)<0$, 证明: 由方程 $F(x,y)=0$ 确定的 x_0 某邻域内的隐函数 $y=f(x)$ 在 x_0 处达到局部极小值.**

证　由于 $F(x,y)$ 在点 (x_0,y_0) 的某邻域内有二阶连续偏导数, 且 $F(x_0,y_0)=0$, $F'_y(x_0,y_0)>0$. 由隐函数存在定理可知由方程 $F(x,y)=0$ 唯一确定在 x_0 某邻域内的可微隐函数 $y=f(x)$.

下证 $y=f(x)$ 在 x_0 处达到局部极小值. 事实上, 由 $f'(x)=-\dfrac{F'_x(x,y)}{F'_y(x,y)}$ 并由 $F'_x(x_0,y_0)=0$ 得

$$f'(x_0)=-\frac{F'_x(x_0,y_0)}{F'_y(x_0,y_0)}=0.\tag{1}$$

且

$$f''(x)=-\frac{1}{F'^2_y}\left[[F''_{xx}+F''_{xy}f'(x)]F'_y-F'_x[F''_{xy}+F''_{yy}f'(x)]\right].\tag{2}$$

由 (1), (2) 式及 $F'_x(x_0,y_0)=0, F'_y(x_0,y_0)>0$, $F''_{xx}(x_0,y_0)<0$ 得

$$f''(x_0)=-\frac{1}{F'^2_y(x_0,y_0)}[F''_{xx}(x_0,y_0)F'_y(x_0,y_0)]>0.\tag{3}$$

由 (1), (3) 式知 $f(x)$ 在 x_0 点取得极小值. ■

2. **设函数 $f(x,y)$ 连续且在 $(0,1)$ 附近存在一阶连续偏导数, 且 $f'_y(0,1)\neq0$, $f(0,1)=0$, 证明: $f\left(x,\displaystyle\int_0^t\sin\tau\mathrm{d}\tau\right)=0$ 在 $\left(0,\dfrac{\pi}{2}\right)$ 附近确定一单值函数 $t=\varphi(x)$, 并求 $\varphi'(0)$.**

解　令

$$F(x,t)=f\left(x,\int_0^t\sin\tau\mathrm{d}\tau\right)=f(x,1-\cos t).$$

由条件知

(i) $F\left(0,\dfrac{\pi}{2}\right)=f(0,1)=0$; (ii) $F'_x=f'_x$, $F'_t=f'_y\sin t$ 连续; (iii)$F'_t\left(0,\dfrac{\pi}{2}\right)=f'_y(0,1)\neq 0$. 由隐函数定理在 $\left(0,\dfrac{\pi}{2}\right)$ 可由 $F(x,t)=f\left(x,\displaystyle\int_0^t\sin\tau\mathrm{d}\tau\right)=0$ 唯一地确定单值函数 $t=\varphi(x)$ 且 $\dfrac{\pi}{2}=\varphi(0)$, 且

$$\varphi'(0)=-\frac{F'_x\left(0,\dfrac{\pi}{2}\right)}{F'_t\left(0,\dfrac{\pi}{2}\right)}=-\frac{f'_x}{f'_y\sin t}\bigg|_{(0,\frac{\pi}{2})}=-\frac{f'_x(0,1)}{f'_y(0,1)}.\quad\blacksquare$$

3. **给定方程 $x^2+y+\sin(xy)=0$, 解答下列问题:**

(1) 说明在 $(0,0)$ 的充分小的邻域内, 此方程唯一地确定连续函数 $y=y(x)$ 使得 $y(0)=0$.

(2) 讨论函数 $y=y(x)$ 在 $x=0$ 附近的可微性与单调性.

(3) 在 $(0,0)$ 的充分小的邻域内, 此方程能否唯一地确定单值函数 $x=x(y)$ 使得 $x(0)=0$?

解 (1) 容易验证 $F(x,y)=x^2+y+\sin(xy)$ 在 $(0,0)$ 点满足隐函数定理条件, 故在 $(0,0)$ 某邻域内存在唯一连续隐函数 $y=y(x)$ 且 $y(0)=0$.

(2) 由隐函数可微性定理知 $y=y(x)$ 在 $x=0$ 附近可微且 $y'(x)=-\dfrac{2x+y\cos(xy)}{1+x\cos(xy)}$.

下面再探讨单调性. 由 $y'(x)=-\dfrac{2x+y\cos(xy)}{1+x\cos(xy)}$ 可知, 当 x,y 充分小时, y' 的符号决定于 $-[2x+y\cos(xy)]$ 的符号.

因为 $y(0)=0$ 且 $y'(0)=0$, 由 Taylor 定理知 $y(x)=y(0)+y'(0)x+o(x)$, 即有 $y(x)=o(x)$, 故 $|y\cos(xy)|\leqslant|y|=o(x)$, 这样在 $x=0$ 点附近 $y'(x)$ 的符号与 $-2x$ 的符号一致, 故

$$y'(x):\begin{cases}>0, & x<0,\\ =0, & x=0,\\ <0, & x>0\end{cases}\Longrightarrow y(x):\begin{cases}\text{递增}, & x<0,\\ \text{递减}, & x>0.\end{cases}$$

可见 $y(x)$ 在 $x=0$ 处取严格极大值.

(3) 由隐函数定理不能断定能否唯一地确定单值函数 $x=x(y)$ 使得 $x(0)=0$, 这是因为 $F'_x(0,0)=0$. 事实上, 由 (2) 知这种函数不存在. 因为 $y(x)$ 在 $x=0$ 点取得严格极大值, 故在 $(0,0)$ 充分小的邻域内, 当 $y<0$ 时, 至少有两个 x 与之对应, 当 $y>0$ 时无 x 与之对应. ■

4. **设函数 $f(x,y)$ 在 (x_0,y_0) 附近二次连续可微, 且 $f'_x(x_0,y_0)=0$, $f''_{xx}(x_0,y_0)>0$.**

(1) 证明存在 y_0 的邻域 $U(y_0,\delta)$ 使得 $\forall y\in U(y_0,\delta)$ 能求得 $f(x,y)$ 关于 x 的一个极小值 $g(y)$.

(2) 证明 $g'(y_0)=f'_y(x_0,y_0)$.

证 (1) 对 $\forall y$, 要求 $f(x,y)$ 关于 x 的极值点, 由极值的必要条件, 对应于 y 寻找 x 使得 $f'_x(x,y)=0$. 即求方程 $f'_x(x,y)=0$ 的隐函数 $x=x(y)$ 使得 $f'_x(x(y),y)=0$.

记 $H(x,y)=f'_x(x,y)$, 由条件知 $H(x_0,y_0)=0, H'_x(x_0,y_0)>0$ 且 H'_x,H'_y 连续. 由隐函数定理知 (x_0,y_0) 点附近存在唯一单值可微函数 $x=x(y)$ 使得 $x_0=x(y_0)$ 且

$$H(x(y),y)=f'_x(x(y),y)=0.\tag{1}$$

又因为 $f''_{xx}(x_0,y_0)>0$ 且 f'_{xx} 连续, 故在 (x_0,y_0) 的某邻域内

$$f''_{xx}(x(y),y)>0. \tag{2}$$

由 (1), (2) 式知 $f(x,y)$ 关于 x 在 $(x(y),y)$ 出取极小值, 记为 $g(y)=f(x(y),y)$.

(2) 下证 $g'(y_0)=f'_y(x_0,y_0)$. 事实上, 注意到 $f'_x(x_0,y_0)=0$ 有

$$\begin{aligned}g'(y_0)&=\lim_{\Delta y\to 0}\frac{g(y_0+\Delta y)-g(y_0)}{\Delta y}=\lim_{\Delta y\to 0}\frac{1}{\Delta y}[f(x(y_0+\Delta y),y_0+\Delta y)-f(x(y_0),y_0)]\\&=\lim_{\Delta y\to 0}\frac{1}{\Delta y}\{f'_x(x_0^*,y_0^*)[x(y_0+\Delta y)-x(y_0)]+f'_y(x_0^*,y_0^*)\Delta y\}=f'_y(x_0,y_0).\end{aligned}$$ ■

5.设空间曲线 C 的方程为 $x=f(t),y=\varphi(t),z=\dfrac{f'(t)}{\varphi'(t)},t\in(-1,1)$, 其中函数 $f(t),\varphi(t)$ 在 $(-1,1)$ 内具有二阶连续导数, 且导数处处不为 0, 而点集

$$E=\left\{(x,y,z)\middle|x=s^2+\frac{f'(t)}{\varphi'(t)}s+f(t),\ y=2s+\varphi(t),\ z=\frac{f'(t)}{\varphi'(t)},\ s,t\in(-1,1)\right\}.$$

证明: E 中与曲线 C 充分接近 (即 $|s|$ 充分小) 一些点组成一张连续曲面.

证　在 E 中

$$\begin{cases}x=s^2+\dfrac{f'(t)}{\varphi'(t)}s+f(t), & s,t\in(-1,1), \quad (1)\\ y=2s+\varphi(t), & s,t\in(-1,1), \quad (2)\\ z=\dfrac{f'(t)}{\varphi'(t)}, & s,t\in(-1,1). \quad (3)\end{cases}$$

令 $s=0$, 恰为曲线 C, 故 $C\subset E$.

只要证明当 $|s|$ 很小时, 由式 (1), (2) 即

$$(*)\begin{cases}F(x,y,s,t)=x-s^2-\dfrac{f'(t)}{\varphi'(t)}s-f(t)=0,\\ G(x,y,s,t)=y-2s-\varphi(t)=0,\end{cases}$$

唯一确定单值函数 $t=t(x,y)$, 代入 (3) 式即得 $z=z(x,y)$. 由此可见, 归结为 $(*)$ 满足隐函数组定理的条件. 当 (x,y,s,t) 取为 $p_0=(x_0,y_0,0,t_0)$, $\forall t_0\in(-1,1)$, 其中 $x_0=f(t_0),y_0=\varphi(t_0),z_0=\dfrac{f'(t_0)}{\varphi'(t_0)}$. 方程组满足

(i) $F(x,y,s,t),G(x,y,s,t)$ 在 p_0 点某邻域内有一阶连续偏导数;

(ii) $F(p_0)=0$, $G(p_0)=0$;

(iii) $\begin{vmatrix}F'_s & F'_t\\ G'_s & G'_t\end{vmatrix}=-f'(t_0)\neq 0.$

由隐函数组定理可由 $(*)$ 在 p_0 点邻域内确定唯一连续函数 $t=t(x,y)$, 再由 t_0 的任意性可知 E 中与曲线 C 充分接近 (即 $|s|$ 充分小) 的一些点组成一张连续曲面. ■

6.设 $f(x,y)$ 存在二阶连续偏导数, 且 $f''_{xx}f''_{yy}-(f''_{xy})^2\neq 0$, 证明: 变换

$$\begin{cases} u=f'_x(x,y), \\ v=f'_y(x,y), \\ w=-z+xf'_x(x,y)+yf'_y(x,y) \end{cases}$$

存在唯一逆变换

$$\begin{cases} x=g'_u(u,v), \\ y=g'_v(u,v), \\ z=-w+ug'_u(u,v)+vg'_v(u,v). \end{cases}$$

证 只要能证明

$$\begin{cases} x=g'_u(u,v), \\ y=g'_v(u,v), \end{cases}$$

然后代入 $w=-z+xf'_x(x,y)+yf'_y(x,y)$ 即可.

一方面, 对于

$$(*)\begin{cases} F(u,v,x,y)=u-f'_x(x,y)=0, \\ G(u,v,x,y)=v-f'_y(x,y)=0, \end{cases}$$

满足 (i) $F(u,v,x,y),G(u,v,x,y)$ 具有连续的偏导数;

(ii) $F(u,v,x,y)=0$, $G(u,v,x,y)=0$;

(iii) $\begin{vmatrix} F'_x & F'_y \\ G'_x & G'_y \end{vmatrix}=f''_{xx}f''_{yy}-(f''_{xy})^2\neq 0.$

由隐函数存在定理知可由 $(*)$ 确定隐函数组

$$\begin{cases} x=x(u,v), \\ y=y(u,v). \end{cases}$$

另一方面, 要证

$$\begin{cases} x=g'_u(u,v), \\ y=g'_v(u,v) \end{cases}$$

成立, 等价于求函数 $g(u,v)$ 使得

$$\mathrm{d}g(u,v)=x\mathrm{d}u+y\mathrm{d}v.$$

由

$$\begin{cases} u=f'_x(x,y), \\ v=f'_y(x,y), \end{cases}$$

知

$$\begin{aligned} x\mathrm{d}u + y\mathrm{d}v &= x\left(f''_{xx}\mathrm{d}x + f''_{xy}\mathrm{d}y\right) + y\left(f''_{yx}\mathrm{d}x + f''_{yy}\mathrm{d}y\right) \\ &= \left(xf''_{xx} + yf''_{yx}\right)\mathrm{d}x + \left(xf''_{xy} + yf''_{yy}\right)\mathrm{d}y \\ &= \frac{\partial}{\partial x}\left(xf'_x + yf'_y - f\right)\mathrm{d}x + \frac{\partial}{\partial y}\left(xf'_x + yf'_y - f\right)\mathrm{d}y. \end{aligned}$$

记

$$h(x,y) = xf'_x(x,y) + yf'_y(x,y) - f(x,y),$$

且 $g(u,v) = h(x(u,v), y(u,v))$, 再由一阶微分形式不变性得 $g(u,v)$ 即为所求的函数. ■

练习　(1) 已知函数 $F(x,y) = 2 - \sin x + y^3\mathrm{e}^{-y}$ 定义在全平面上, 证明由 $F(x,y) = 0$ 唯一确定了全平面上连续可微函数 $y = y(x)$.

(2) 设函数 $y = y(x)$ 由方程 $x = \int_0^{y-x} \sin^2\left(\frac{\pi t}{4}\right)\mathrm{d}t$ 确定, 求 $\left.\frac{\mathrm{d}y}{\mathrm{d}x}\right|_{x=0}$. (答案:$y'(0) = 3$)

四、 几何应用与极值

例 6-4-1　解答下列各题.

1. 证明两球面 $S_1: x^2 + y^2 + z^2 = 2ax$ 与 $S_2: x^2 + y^2 + z^2 = 2by (a > 0, b > 0)$ 正交.

证　只要证明两球面的法向量相互垂直即可. 事实上, 球面 S_1 在任一点的法向量的方向数为:$\boldsymbol{n}_1 = (x - a, y, z)$; 球面 S_2 在任一点的法向量的方向数为:$\boldsymbol{n}_2 = (x, y - b, z)$, 故在球面的任意交点处 (x,y,z) 有

$$\boldsymbol{n}_1 \cdot \boldsymbol{n}_2 = x^2 + y^2 + z^2 - ax - by = \frac{1}{2}(x^2 + y^2 + z^2 - 2ax) + \frac{1}{2}(x^2 + y^2 + z^2 - 2by) = 0,$$

即两球面正交. ■

2. 证明曲面 $F\left(\frac{z}{y}, \frac{x}{z}, \frac{y}{x}\right) = 0$ 的所有切平面都过某定点, 其中函数具有连续偏导数.

证　曲面上任一点 (x_0, y_0, z_0) 的法向量的方向数为

$$\begin{aligned} \boldsymbol{n} &= \nabla F(x,y,z)|_{(x_0,y_0,z_0)} = (F'_x, F'_y, F'_z)_{(x_0,y_0,z_0)} \\ &= \left(\frac{1}{z_0}F'_2 - \frac{y_0}{x_0^2}F'_3, \frac{1}{x_0}F'_3 - \frac{z_0}{y_0^2}F'_1, \frac{1}{y_0}F'_1 - \frac{x_0}{z_0^2}F'_2\right), \end{aligned}$$

因此过该点的切平面方程为

$$\left(\frac{1}{z_0}F'_2 - \frac{y_0}{x_0^2}F'_3\right)(x - x_0) + \left(\frac{1}{x_0}F'_3 - \frac{z_0}{y_0^2}F'_1\right)(y - y_0) + \left(\frac{1}{y_0}F'_1 - \frac{x_0}{z_0^2}F'_2\right)(z - z_0) = 0,$$

易知切平面过顶点 $(0,0,0)$. ■

3. 在马鞍面 $z = xy$ 上求一点, 使此点的法线与平面 $x + 3y + z = 9$ 垂直, 并写出此法线方程.

证　过马鞍面上 (x,y,z) 的法向量的方向数为 $\boldsymbol{n} = (y, x, -1)$; 平面 $x + 3y + z = 9$ 上任意点的法向量的方向数为 $(1,3,1)$. 要使结论成立当且仅当

$$\frac{y}{1} = \frac{x}{3} = \frac{-1}{1} \Longrightarrow x = -3, y = -1, z = 3,$$

故所求马鞍面上的点为 $(-3,-1,3)$, 过此点的法线方程为

$$(x+3)=\frac{1}{3}(y+1)=(z-3). \quad \blacksquare$$

4. **设曲线** $\Gamma:\begin{cases}F(x,y,z)=0,\\G(x,y,z)=0,\end{cases}$ $p_0(x_0,y_0,z_0)\in\Gamma$, **且** $J=\begin{pmatrix}F'_x & F'_y & F'_z\\G'_x & G'_y & G'_z\end{pmatrix}_{p_0}$ **满秩, 则曲线** Γ **在** p_0 **点的法平面就是由梯度** $\mathrm{grad}F(p_0)$ **和** $\mathrm{grad}G(p_0)$ **张成的过** p_0 **的平面.**

证 因为 $J=\begin{pmatrix}F'_x & F'_y & F'_z\\G'_x & G'_y & G'_z\end{pmatrix}_{p_0}$ 满秩, 因此 $\mathrm{grad}F(p_0)$ 与 $\mathrm{grad}G(p_0)$ 线性无关, 因此可以张成一个过 p_0 点的平面 π, 只要证明 Γ 在 p_0 点的切向量与 π 垂直, 即与 $\mathrm{grad}F(p_0)$ 和 $\mathrm{grad}G(p_0)$ 均垂直即可. 事实上, 由于曲线 Γ 在 p_0 点切向量的方向数为

$$\boldsymbol{\tau}=\left(\frac{\partial(F,G)}{\partial(y,z)},\frac{\partial(F,G)}{\partial(z,x)},\frac{\partial(F,G)}{\partial(x,y)}\right)\bigg|_{p_0},$$

故

$$\begin{aligned}\boldsymbol{\tau}\cdot\mathrm{grad}F(p_0)&=F'_x(p_0)\frac{\partial(F,G)}{\partial(y,z)}\bigg|_{p_0}+F'_y(p_0)\frac{\partial(F,G)}{\partial(z,x)}\bigg|_{p_0}+F'_z(p_0)\frac{\partial(F,G)}{\partial(x,y)}\bigg|_{p_0}\\&=\begin{vmatrix}F'_x(p_0) & F'_y(p_0) & F'_z(p_0)\\F'_x(p_0) & F'_y(p_0) & F'_z(p_0)\\G'_x(p_0) & G'_y(p_0) & G'_z(p_0)\end{vmatrix}=0.\end{aligned}$$

同理 $\boldsymbol{\tau}\cdot\mathrm{grad}G(p_0)=0$. 因此平面 π 就是曲线 Γ 在 p_0 点的法平面. $\blacksquare$

5. **从原点向单叶曲面** $\dfrac{x^2}{a^2}+\dfrac{y^2}{b^2}-\dfrac{z^2}{c^2}=1$ **的切平面引垂线, 求垂足的轨迹.**

解 设 (x_1,y_1,z_1) 是单叶曲面 $\dfrac{x^2}{a^2}+\dfrac{y^2}{b^2}-\dfrac{z^2}{c^2}=1$ 上任意一点, 则过此点的法向量的方向数为

$$\boldsymbol{n}=\left(\frac{x_1}{a^2},\frac{y_1}{b^2},-\frac{z_1}{c^2}\right),$$

故过此点的切平面 Γ 的方程为

$$\frac{x_1}{a^2}(x-x_1)+\frac{y_1}{b^2}(y-y_1)-\frac{z_1}{c^2}(z-z_1)=0,$$

即 (由于 (x_1,y_1,z_1) 满足双曲面方程)

$$\frac{xx_1}{a^2}+\frac{yy_1}{b^2}-\frac{zz_1}{c^2}=1,\quad (x,y,z)\in\Gamma. \tag{1}$$

过原点向此平面所引垂线的方程为 (设垂足为 (x,y,z))

$$\frac{x-0}{\frac{x_1}{a^2}}=\frac{y-0}{\frac{y_1}{b^2}}=\frac{z-0}{-\frac{z_1}{c^2}},$$

即

$$\frac{a^2x}{x_1}=\frac{b^2y}{y_1}=-\frac{c^2z}{z_1}. \tag{2}$$

我们的问题是: 当 (x_1,y_1,z_1) 沿单叶双曲面

$$\frac{x_1^2}{a^2}+\frac{y_1^2}{b^2}-\frac{z_1^2}{c^2}=1 \tag{3}$$

移动时, 求由方程 (1), (2) 所决定的垂足 (x,y,z) 的轨迹, 因此只要在 (1)—(3) 中消去 x_1,y_1,z_1, 求出 (x,y,z) 满足的方程即可.

令 (2) 式 $=\dfrac{1}{k}$, 则有

$$x_1=ka^2x,\quad y_1=kb^2y,\quad z_1=-kc^2z,$$

代入方程 (1), (3) 得

$$k(x^2+y^2+z^2)=1,\quad k^2(a^2x^2+b^2y^2-c^2z^2)=1,$$

从而有

$$(x^2+y^2+z^2)^2=ax^2+by^2-c^2z^2.\quad ■$$

6. 设 $a>b>c>0$ 为三个正数, 求证: $\mathbb{R}^3$ 中任意一点 $M(x,y,z)$ 处有三个二次曲面

$$\frac{x^2}{a^2-\lambda_i^2}+\frac{y^2}{b^2-\lambda_i^2}+\frac{z^2}{c^2-\lambda_i^2}=-1\quad (i=1,2,3)$$

(其中 $\lambda_1,\lambda_2,\lambda_3$ 互不相同), 它们通过 M 且相互垂直.

证　要使 $\lambda_i(i=1,2,3)$ 满足

$$\frac{x^2}{a^2-\lambda_i^2}+\frac{y^2}{b^2-\lambda_i^2}+\frac{z^2}{c^2-\lambda_i^2}=-1\quad (i=1,2,3),$$

即满足

$$\begin{aligned}F(\lambda^2)=&x^2(b^2-\lambda^2)(c^2-\lambda^2)+y^2(a^2-\lambda^2)(c^2-\lambda^2)+z^2(a^2-\lambda^2)(b^2-\lambda^2)\\&+(a^2-\lambda^2)(b^2-\lambda^2)(c^2-\lambda^2).\end{aligned}$$

$F(\lambda^2)$ 为 λ^2 的三次多项式, 且在区间 $[c,b],[b,a],[a,+\infty)$ 端点异号, 由代数基本定理和介值定理知有且三个不同的实根 $\lambda_i^2(i=1,2,3)$, 即任意一点 $M(x,y,z)$ 处有三个二次曲面.

下证它们两两相互垂直. 事实上, 在 (x,y,z) 处曲面的法向量的方向数为

$$\boldsymbol{n}_i=\left(\frac{2x}{a^2-\lambda_i^2},\frac{2y}{b^2-\lambda_i^2},\frac{2z}{c^2-\lambda_i^2}\right)\quad (i=1,2,3).$$

由于 $i \neq j$ 时, 有

$$\begin{aligned}
\boldsymbol{n}_i \cdot \boldsymbol{n}_j &= \frac{4x^2}{(a^2-\lambda_i^2)(a^2-\lambda_j^2)} + \frac{4y^2}{(b^2-\lambda_i^2)(b^2-\lambda_j^2)} + \frac{4z^2}{(c^2-\lambda_i^2)(c^2-\lambda_j^2)} \\
&= \frac{4}{\lambda_i^2-\lambda_j^2}\left[\left(\frac{x^2}{a^2-\lambda_i^2}+\frac{y^2}{b^2-\lambda_i^2}+\frac{z^2}{c^2-\lambda_i^2}\right)-\left(\frac{x^2}{a^2-\lambda_j^2}+\frac{y^2}{b^2-\lambda_j^2}+\frac{z^2}{c^2-\lambda_j^2}\right)\right] \\
&= \frac{4}{\lambda_i^2-\lambda_j^2}[(-1)-(-1)] = 0,
\end{aligned}$$

故结论成立. ■

练习 (1)设 $P_0(x_0,y_0,z_0)$ 是曲面 $F(x,y,z)=1$ 的非奇异点 (即 $(F'_x,F'_y,F'_z)_{P_0} \neq (0,0,0)$), F 在 $U(P_0)$ 可微, 且为 n 次齐次函数. 证明: 此曲面在 P_0 处的切平面方程为

$$xF'_x(P_0)+yF'_y(P_0)+zF'_z(P_0)=n.$$

(2) 设曲面 $S: z=x^2+2y^2$ 和平面 $\pi: 2x+2y+z=0$, 求与 π 平行的 S 的切平面方程. $\left(\text{答案}: 2x+2y+z+\dfrac{3}{2}=0\right)$

例 6-4-2 解答下列各题.

1. 证明函数 $f(x,y)=(1+\mathrm{e}^y)\cos x - y\mathrm{e}^y$ 有无穷多个极大值, 但无极小值.

证 令

$$\begin{cases} f'_x = -(1+\mathrm{e}^y)\sin x = 0, \\ f'_y = (\cos x - 1 - y)\mathrm{e}^y = 0, \end{cases}$$

得

$$(x_n,y_n)=(n\pi, \cos n\pi - 1) \quad (n=0,1,\cdots).$$

而

$$f''_{xx} = -(1+\mathrm{e}^y)\cos x, \quad f''_{yy} = (\cos x - 2 - y)\mathrm{e}^y, \quad f''_{xy} = -\mathrm{e}^y \sin x.$$

(1) 当 n 为偶数时: $(f''_{xx}f''_{yy}-f''^2_{xy})|_{(x_n,y_n)} = 2>0$, $f''_{xx}=-2$, 即

$$\boldsymbol{H}_f(x_n,y_n) = \begin{pmatrix} f''_{xx} & f''_{xy} \\ f''_{yx} & f''_{yy} \end{pmatrix}_{(x_n,y_n)}$$

负定, 故 $f(x,y)$ 在 $(2k\pi,0)(k=0,1,\cdots)$ 上取得极大值.

(2) 当 n 为奇数时: $(f''_{xx}f''_{yy}-f''^2_{xy})|_{(x_n,y_n)} = -(1+\mathrm{e}^{-2})<0$, 即

$$\boldsymbol{H}_f(x_n,y_n) = \begin{pmatrix} f''_{xx} & f''_{xy} \\ f''_{yx} & f''_{yy} \end{pmatrix}_{(x_n,y_n)}$$

既不正定也不负定, 故此时 (x_n, y_n) 不是极值点.

总之, 函数 $f(x,y)=(1+\mathrm{e}^y)\cos x - y\mathrm{e}^y$ 有无穷多个极大值, 但无极小值. ■

2. **求函数 $f(x,y,z)=x^4+y^4+z^4$ 在条件 $xyz=1$ 的极值, 该极值是极大值还是极小值, 为什么?**

解 记 $L(x,y,z,\lambda)=x^4+y^4+z^4+\lambda(zyz-1)$, 令

$$\begin{cases} L'_x = 4x^3+\lambda yz=0, \\ L'_y = 4y^3+\lambda xz=0, \\ L'_z = 4z^3+\lambda xy=0, \\ L'_\lambda = xyz-1=0. \end{cases}$$

前三个方程分别乘以 x,y,z, 并应用 $xyz=1$ 得 $x^4=y^4=z^4$, 再由 $xyz=1$ 得

$$(1,1,1),\quad (-1,1,-1),\quad (-1,-1,1),\quad (1,-1,-1),$$

在这些点上 $f(x,y,z)=3$.

下面用定义说明这些点均为极小值点, 由对称性, 只要说明其中一个即可. 如在点 $P_1(1,1,1)$. 事实上, 在 $xyz=1$ 上, $f(x,y,z)=x^4+y^4+\dfrac{1}{x^4y^4}$, 在 xOy 平面上, 以 $x=\dfrac{1}{2}, x=2, y=\dfrac{1}{2}, y=2$ 四条平行于坐标轴上的直线围成的矩形. 在矩形的边界上, $f(x,y,z)$ 的三项至少一项不小于 16, 故 $f\left(x,y,\dfrac{1}{xy}\right)\geqslant 8>3=f(P_1)$, 可见 $f\left(x,y,\dfrac{1}{xy}\right)$ 最小值只能在内部达到, 而在矩形内部只有一个驻点 $(1,1)$, 故 $(1,1)$ 是 $f\left(x,y,\dfrac{1}{xy}\right)$ 的极小值点. ■

3. **求 $f(x,y)=4x+xy^2+y^2$ 在圆域 $x^2+y^2\leqslant 1$ 上的最大值和最小值.**

解 由于 $f'_x(x,y)=4+y^2>0$, 故在圆内无极值点. 故最值只能在 $x^2+y^2=1$ 上达到.

(解一) 在 $x^2+y^2=1$ 上:

$$f(x,y)=4x+x(1-x^2)+(1-x^2)=1+5x-x^2-x^3 \triangleq \varphi(x),$$

由于 $\varphi'(x)=5-2x-3x^2=(5+3x)(1-x)\geqslant 0, x\in[-1,1]$, 由函数的单调性知 $\varphi(x)$ 在 $x=-1$ 达到最小, 在 $x=1$ 达到最大, 即 $f_{\max}=f(1,0)=4$, $f_{\min}(-1,0)=-4$.

(解二) 记 $L(x,y,\lambda)=4x+xy^2+y^2+\lambda(x^2+y^2-1)$, 令

$$(*)\begin{cases} L'_x = 4+y^2+2\lambda x=0, \\ L'_y = 2xy+2y+2\lambda y=0, \\ L'_\lambda = x^2+y^2-1=0. \end{cases}$$

由 $L'_y=0$ 知, 若 $y\neq 0$ 有 $\lambda=-(1+x)$, 这样使得 $(*)$ 中第一个方程无根, 故 $y=0$, 从而有 $x=\pm 1$, 故 $f_{\max}=f(1,0)=4$, $f_{\min}=f(-1,0)=-4$. ■

4. **求直线 $4x+3y=16$ 与椭圆 $18x^2+5y^2=45$ 之间的最短距离.**

解 (解一) 设直线 $4x+3y=k$ 与 $18x^2+5y^2=45$ 有且只有一个交点, 即二次方程

$$18x^2+5\left(\frac{k-4x}{3}\right)^2=45$$

只有一个根, 由此可得 $k=\pm 11$. 当 $k=11$ 时, $4x+3y=16$ 与 $4x+3y=11$ 之间的距离为 1; 当 $k=-11$ 时, $4x+3y=16$ 与 $4x+3y=-11$ 之间的距离为 $\dfrac{27}{5}$. 故直线 $4x+3y=16$ 与椭圆 $18x^2+5y^2=45$ 之间的最短距离为 1.

(解二) 化为求目标函数 $f(x,y)=\dfrac{|4x+3y-16|}{5}$ 在 $18x^2+5y^2=45$ 下的最小值, 由于目标函数中含有绝对值, 可求函数 $g(x,y)=\dfrac{(4x+3y-16)^2}{25}$ 的最小值. ■

5. **设 $a>0, a_i>0, i=1,2,\cdots,n$. 求 n 元函数 $f(x_1,\cdots,x_n)=x_1^{a_1}x_2^{a_2}\cdots x_n^{a_n}$ 在约束条件 $x_1+x_2+\cdots+x_n=a(x_i>0, i=1,2,\cdots,n)$ 的极值.**

解　作辅助函数

$$g(x_1,x_2,\cdots,x_n)=\ln f(x_1,x_2,\cdots,x_n)=a_1\ln x_1+a_2\ln x_2+\cdots+a_n\ln x_n,$$

因为 $\ln x$ 严格单调递增, 只要求得函数 $g(x_1,x_2,\cdots,x_n)$ 的极值就可得到 $f(x_1,x_2,\cdots,x_n)$ 的极值.

记

$$L(x_1,x_2,\cdots,x_n,\lambda)=a_1\ln x_1+a_2\ln x_2+\cdots+a_n\ln x_n-\lambda(x_1+x_2+\cdots+x_n-a),$$

令

$$\begin{cases} L'_{x_i}=\dfrac{a_i}{x_i}-\lambda=0(i=1,2,\cdots,n), \\ L'_\lambda=x_1+x_2+\cdots+x_n-a=0, \end{cases}$$

由此可得

$$\lambda=\frac{a_1+a_2+\cdots+a_n}{a},\quad x_i=\frac{a_i}{a_1+a_2+\cdots+a_n}a,$$

这样 $\left(\dfrac{a_1}{a_1+a_2+\cdots+a_n}a, \dfrac{a_2}{a_1+a_2+\cdots+a_n}a, \cdots, \dfrac{a_n}{a_1+a_2+\cdots+a_n}a\right)$ 是函数唯一极值点, 由问题本身可知此点为函数的最大值点, 最大值为

$$f_{\max}=\prod_{i=1}^{n}\left(\frac{a_i a}{a_1+a_2+\cdots+a_n}\right)^{a_i}. \ ■$$

6. **求平面 $x+y+z=0$ 与椭球面 $x^2+y^2+4z^2=1$ 相交成的椭圆面积.**

证　椭圆的面积公式为 πab, 其中 a,b 分别为椭圆两个半轴长. 因为椭圆中心为原点, 所以 a,b 分别为原点到椭圆的最大、最小距离.

问题化为: 求 $g(x,y,z)=\sqrt{x^2+y^2+z^2}$ 在 $\begin{cases} x+y+z=0, \\ x^2+y^2+4z^2=1 \end{cases}$ 下的最大、最小值, 为此只要求 $f(x,y,z)=x^2+y^2+z^2$ 的最大、最小值.

作函数 $L(x,y,z,\lambda,\mu)=x^2+y^2+z^2+\lambda(x+y+z)+\mu(x^2+y^2+4z^2-1)$, 令

$$\begin{cases} L'_x=2(1+\mu)x+\lambda=0,\\ L'_y=2(1+\mu)y+\lambda=0,\\ L'_z=2(1+4\mu)z+\lambda=0,\\ L'_\lambda=x+y+z=0,\\ L'_\mu=x^2+y^2+4z^2-1=0, \end{cases}$$

对上述方程组前三式分别乘以 x,y,z 相加并注意到后两式有

$$x^2+y^2+z^2=-\mu. \tag{1}$$

对上述方程组的前两式分别乘以 $1+4\mu$, 第三式乘以 $1+\mu$ 然后相加并注意到第四式得

$$3\lambda(1+3\mu)=0. \tag{2}$$

当 $\lambda\neq 0$ 时, 由 (2) 得 $\mu=-\dfrac{1}{3}$.

当 $\lambda=0$ 时, 由上述方程组得 $\mu=-1$ (否则可得 $x=y=0$, 再由三式得 $z=0$, 这与四式矛盾).

这样 $\mu=-\dfrac{1}{3}$, 或 $\mu=-1$, 再注意到 (1) 知椭圆的半短轴长为 1, 半长轴长为 $\dfrac{1}{\sqrt{3}}$, 故截得椭圆的面积为 $\dfrac{\pi}{\sqrt{3}}$. ■

思考　用投影方法解答此问题.

7. 设 V 是椭球面 $\dfrac{x^2}{a^2}+\dfrac{y^2}{b^2}+\dfrac{z^2}{c^2}=1$ 的切平面和三个坐标平面所围成的区域体积, 求 V 的最小值.

解　过椭球面 $\dfrac{x^2}{a^2}+\dfrac{y^2}{b^2}+\dfrac{z^2}{c^2}=1$ 上的点 (x,y,z) 的法向量为 $\boldsymbol{n}=\left(\dfrac{x}{a^2},\dfrac{y}{b^2},\dfrac{z}{c^2}\right)$, 从而过 (x,y,z) 的切平面的方程为

$$\frac{x}{a^2}(X-x)+\frac{y}{b^2}(Y-y)+\frac{z}{c^2}(Z-z)=0,$$

又 (x,y,z) 满足椭球面方程, 切平面方程可化简为

$$\frac{x}{a^2}X+\frac{y}{b^2}Y+\frac{z}{c^2}Z=1.$$

此平面在坐标轴上的截距分别为 $\dfrac{a^2}{x},\dfrac{b^2}{y},\dfrac{c^2}{z}$, 故切平面与三坐标平面所围成的几何体的体积为 $V=\dfrac{a^2b^2c^2}{6xyz}$.

要求体积的最小值, 只要求目标函数 $f(x,y,z)=xyz$ 在约束条件 $\dfrac{x^2}{a^2}+\dfrac{y^2}{b^2}+\dfrac{z^2}{c^2}=1$ 下的最大值. 作

$$L(x,y,z,\lambda)=xyz+\lambda\left(\frac{x^2}{a^2}+\frac{y^2}{b^2}+\frac{z^2}{c^2}-1\right),$$

令

$$
(*)\begin{cases} L'_x = yz + \lambda\dfrac{2x}{a^2} = 0 \\ L'_y = xz + \lambda\dfrac{2y}{b^2} = 0 \\ L'_z = xy + \lambda\dfrac{2z}{c^2} = 0 \\ L'_\lambda = \dfrac{x^2}{a^2} + \dfrac{y^2}{b^2} + \dfrac{z^2}{c^2} - 1 = 0 \end{cases} \Longrightarrow \lambda = -\frac{3}{2}xyz
$$

代入方程组 $(*)$ 可得

$$
\begin{cases} yz\left(1 - \dfrac{3x^2}{a^2}\right) = 0 \\ xz\left(1 - \dfrac{3y^2}{b^2}\right) = 0 \\ xy\left(1 - \dfrac{3z^2}{c^2}\right) = 0 \end{cases} \Longrightarrow \begin{cases} x = \dfrac{1}{\sqrt{3}}a, \\ y = \dfrac{1}{\sqrt{3}}b, \\ z = \dfrac{1}{\sqrt{3}}c, \end{cases}
$$

故

$$
f_{\max} = \frac{1}{3\sqrt{3}}abc,
$$

所以

$$
V_{\min} = \frac{\sqrt{3}}{2}abc. \quad ■
$$

8. **在椭球 $\dfrac{x^2}{a^2} + \dfrac{y^2}{b^2} + \dfrac{z^2}{c^2} = 1$ 内接长方体中, 求体积最大的一个的体积.**

解　由对称性, 只要求长方体在第一卦限部分的最大体积.

设 $p_0(x_0, y_0, z_0)$ 为第一卦限的长方体的顶点, 则 $V_1 = x_0y_0z_0$, 仿上题可知当$x_0 = \dfrac{a}{\sqrt{3}}$, $y_0 = \dfrac{b}{\sqrt{3}}, z_0 = \dfrac{c}{\sqrt{3}}$ 时,

$$
V_{1\max} = \frac{1}{3\sqrt{3}}abc,
$$

所以

$$
V_{\max} = \frac{8}{3\sqrt{3}}abc. \quad ■
$$

9. **设 $\boldsymbol{A} = (a_{ij})$ 是实对称矩阵. 求二次型 $\sum\limits_{i,j=1}^{n} a_{ij}x_ix_j$ 在 n 维球面 $x_1^2 + x_2^2 + \cdots + x_n^2 = 1$ 上的最大值与最小值.**

解　作

$$
L(x_1, x_2, \cdots, x_n, \lambda) = \sum_{i,j=1}^{n} a_{ij}x_ix_j - \lambda(x_1^2 + x_2^2 + \cdots + x_n^2 - 1).
$$

令

$$(P):\left\{\begin{array}{l}\dfrac{1}{2}L'_{x_k}=\sum\limits_{i=1}^{n}a_{ki}x_i-\lambda x_k=0(k=1,2,\cdots,n),\\ L'_\lambda=x_1^2+x_2^2+\cdots+x_n^2-1=0,\end{array}\right.$$

则

$$\sum_{i,k=1}^{n}a_{ik}x_ix_k-\lambda\sum_{k=1}^{n}x_k^2=0,$$

即在 n 维球面 $x_1^2+x_2^2+\cdots+x_n^2=1$ 上:

$$\sum_{i,j=1}^{n}a_{ij}x_ix_j=\lambda.$$

下面求 λ 的最大值和最小值. 由方程组 (P) 知, 在 n 维球面上存在点 $(x_1,x_2,\cdots,x_n)$ 使得 $Ax=\lambda x$, 即 λ 是 (a_{ij}) 的特征值. 故次型 $\sum\limits_{i,j=1}^{n}a_{ij}x_ix_j$ 在 n 维球面 $x_1^2+x_2^2+\cdots+x_n^2=1$ 上的最大值与最小值分别为 (a_{ij}) 特征值的最大者与最小者. ■

练习 (1) 求 $z=2x^2+y^2-8x-2y+9$ 在 $D:2x^2+y^2\leqslant 1$ 上最大值和最小值.

(2) 求两曲面 $x+2y=1$ 和 $x^2+2y^2+z^2=1$ 的交线上距原点的最近的点.

(3) 抛物面 $z=x^2+y^2$ 被平面 $x+y+z=1$ 所截成一椭圆, 求原点至该椭圆的最近、最远距离.

(4) 在曲面 $x^2+y^2+z^2=1$ 上求一点 $P_0(x_0,y_0,z_0)$ 且 $x_0\geqslant 0,y_0\geqslant 0,z_0\geqslant 0$ 使该点处切平面与坐标轴围成的四面体的体积最小.

(5) 在曲面 $x^2+y^2+\dfrac{z^2}{4}=1\,(x>0,y>0,z>0)$ 上求一点, 使该点切平面在三个坐标轴上截距的平方和最小.

(6) 求内接于半径为 a 的半球内最大长方体的体积.

例 6-4-3　解答下列各题.

1. 用条件极值的方法证明不等式

$$\frac{x_1^2+x_2^2+\cdots+x_n^2}{n}\geqslant\left(\frac{x_1+x_2+\cdots+x_n}{n}\right)^2\quad(x_k>0,k=1,2,\cdots,n).$$

证　令 $f(x_1,x_2,\cdots,x_n)=\dfrac{x_1^2+x_2^2+\cdots+x_n^2}{n}$, 设 $x_1+x_2+\cdots+x_n=r(r>0)$. 下面求 $f(x_1,x_2,\cdots,x_n)$ 在条件 $x_1+x_2+\cdots+x_n=r$ 下的极小值. 作

$$L(x_1,x_2,\cdots,x_n,\lambda)=\frac{x_1^2+x_2^2+\cdots+x_n^2}{n}+\lambda(x_1+x_2+\cdots+x_n-r),$$

令

$$\left\{\begin{array}{l}L'_{x_i}=\dfrac{2x_i}{n}+\lambda=0(i=1,2,\cdots)\\ L'_\lambda=x_1+x_2+\cdots+x_n-r=0\end{array}\right.\quad\Longrightarrow x_1=x_2=\cdots=x_n=\frac{r}{n}.$$

故

$$f(x_1,x_2,\cdots,x_n)\geqslant f_{\min}=\frac{r^2}{n^2},$$

即

$$\frac{x_1^2+x_2^2+\cdots+x_n^2}{n}\geqslant\left(\frac{x_1+x_2+\cdots+x_n}{n}\right)^2.\quad ■$$

2. **证明** $f(x,y)=yx^y(1-x)<\mathrm{e}^{-1}$, $0<x<1,0<y<+\infty$.

证　只要证明 $f(x,y)$ 在 $0<x<1,0<y<+\infty$ 上的最大值均小于 e^{-1} 即可.

显然, $f(x,y)$ 在 $0<x<1,0<y<+\infty$ 的边界上恒为零, 且在 $\{(x,y)|0<x<1,0<y<+\infty\}$ 内 $f(x,y)>0$, 令

$$\begin{cases}f'_x=yx^{y-1}(y-xy-x)=0\\ f'_y=x^y(1-x)(1+y\ln x)=0\end{cases}\Longrightarrow\begin{cases}y-xy-x=0\\ 1+y\ln x=0\end{cases}\Longrightarrow\begin{cases}y(1-x)=x,\\ x^y=\mathrm{e}^{-1},\end{cases}$$

因此在这些点上 $f(x,y)=x\mathrm{e}^{-1}<\mathrm{e}^{-1}$.　■

注　根据 $f(x,y)$ 的特点, 不需求出 x,y, 只要求出 $f(x,y)$ 的“部件”即可.

3. **证明** $t\geqslant1,s\geqslant0$, 时, 不等式 $ts\leqslant t\ln t-t+\mathrm{e}^s$ 成立.

证　只要证明 $f(s,t)=t\ln t-t+\mathrm{e}^s-ts$ 在 $D=\{(s,t):t\geqslant1,s\geqslant0\}$ 上的最小值为零即可.

(1) 在边界 $t=1(s\geqslant0)$ 上: $f(s,t)=-1+\mathrm{e}^s-s\triangleq\varphi(s)$. 由于 $\varphi'(s)=\mathrm{e}^s-1\geqslant0$, 且 $\varphi(0)=0$, 故 $f(s,t)\geqslant0$.

(2) 在边界 $s=0(t\geqslant1)$ 上: $f(s,t)=t\ln t-t+1\triangleq\psi(t)$. 由于 $\psi'(t)=\ln t\geqslant0(t\geqslant1)$ 且 $\psi(1)=0$, 故 $f(s,t)\geqslant0$.

(3) 令 $\begin{cases}f'_t=\ln t-s=0\\ f'_s=t-\mathrm{e}^s=0\end{cases}\Longrightarrow t=\mathrm{e}^s$ 在这些点上 $f(s,t)=0$.

总之, 函数 $f(s,t)$ 在 D 内的最小值为 0, 从而不等式成立.　■

注　常应用多元函数极值方法证明含有多个变量得不等式.

练习　(1) 设 $x+y=a\,(x,y>0)$,

(i) 求 $f(x,y)=\dfrac{x^n+y^n}{2}$ 的极值;　(ii) 证明 $\dfrac{x^n+y^n}{2}\geqslant\left(\dfrac{x+y}{2}\right)^n,n\in\mathbb{Z}^+$.

(2) 证明 $\sqrt[n]{x_1x_2\cdots x_n}\leqslant\dfrac{x_1+x_2+\cdots+x_n}{n}$, $x_i>0(i=1,2,\cdots,n)$.

第 7 章　含参变量积分

内 容 精 析

定积分、广义积分和数项级数在可积或收敛条件下表示的都是数. 函数列与函数项级数在收敛条件下表示函数, 而且在一致收敛的条件下可以得到和函数许多性质. 这部分, 我们讨论含参变量的常义积分 (定积分) 与含参变量的广义积分, 它们在可积或收敛条件下表示的是函数. 广义积分在一致收敛的条件下所表示的函数具有许多性质, 这一点和函数项级数非常类似.

我们已经知道, 广义积分和数项级数的敛散性在判别方法上非常类似, 当然它们也有一些区别, 例如, 数项级数收敛其通项一定趋向于零, 因此可以用通项不趋于零来否定数项级数的收敛性. 但对于广义积分而言, 广义积分收敛不能得到被积函数趋于零, 即使被积函数连续也得不到被积函数收敛于零, 甚至可以无界. 只有在某些较强的条件下 (如: 一致连续、单调或被积函数极限存在等) 才能得到被积函数趋于零.

含参变量广义积分和函数项级数在判别法上也非常类似, 在一致收敛的条件下得到的性质也极为相似. 但也要注意函数项级数一致收敛其通项一定一致趋于零, 对一致收敛的含参变量的广义积分一般得不到通项一致趋于零.

一、 含参变量常义积分

1. 含参变量常义积分的定义

设 $f(x,y)$ 是定义在矩形区域 $D=[a,b]\times[c,d]$ 的二元函数, 于是对任意固定的 $x\in[a,b]$, $f(x,y)$ 是 $[c,d]$ 上以 y 为自变量的一元函数. 如果 $f(x,y)$ 关于 y 在 $[c,d]$ 上 Riemann 可积, 则其积分值 $\displaystyle\int_c^d f(x,y)\mathrm{d}y$ 由 x 唯一确定, 记为 $I(x)$, 则有

$$I(x)=\int_c^d f(x,y)\mathrm{d}y,\quad x\in[a,b].$$

特别地, 当 $f(x,y)$ 在 $D=[a,b]\times[c,d]$ 上连续时, 对任意固定的 $x\in[a,b]$, $f(x,y)$ 是 $[c,d]$ 上的一元连续函数, 因此 Riemann 积分存在.

一般地, 设 $f(x,y)$ 为定义在区域 $G=\{(x,y)|a\leqslant x\leqslant b, c(x)\leqslant y\leqslant d(x)\}$ 二元函数, 其中 $c(x),d(x)$ 为定义在 $[a,b]$ 的连续函数, 若对于 $[a,b]$ 上每一个固定的 x, $f(x,y)$ 作为 y 的函数在闭区间 $[c(x),d(x)]$ 上可积, 则其积分值 $\displaystyle\int_{c(x)}^{d(x)} f(x,y)\mathrm{d}y$ 是 x 在 $[a,b]$ 上取值的函数, 记为 $F(x)$, 则有

$$F(x)=\int_{c(x)}^{d(x)} f(x,y)\mathrm{d}y,\quad x\in[a,b].$$

上述 $I(x), F(x)$ 确定了一个关于 x 的一元函数. 由于式中的 x 可以看成一个参变量, 所以称它们为含参变量 x 的积分. 同理可以定义含参变量 y 的积分. 它们统称为含参变量的常义 (正常) 积分, 也称为含参变量的定积分.

数学分析研究的主要对象是函数 (函数的表示有：显形式、隐形式、参数形式、极坐标形式、函数列与函数项级数形式), 这里的含参变量的常义 (正常) 积分与后面的含参变量的反常积分也是函数的表达方式. 在函数项级数部分, 只有函数列与函数项级数收敛时才表示一个确定的函数, 在函数列与函数项级数通项具有较好性质和一致收敛的条件下, 函数列的极限函数与级数的和函数具有良好的性质, 后面的含参变量的反常 (广义) 积分在被积函数具有较好的性质和一致收敛的条件下, 由广义积分确定的函数也具有较好的性质.

2. 含参变量常义积分的性质

1^0 (连续性) 若二元函数 $f(x,y)$ 在矩形区域 $D=[a,b]\times[c,d]$ 上连续, 则函数

$$I(x)=\int_c^d f(x,y)\mathrm{d}y$$

在 $[a,b]$ 上连续.

这一结果根据连续函数的定义和闭区域上连续函数一定一致连续而得到. 应用连续函数的定义, 这个结论可以写成如下的形式:

$$\lim_{x\to x_0} I(x)=I(x_0),$$

即

$$\lim_{x\to x_0}\int_c^d f(x,y)\mathrm{d}y=\int_c^d \lim_{x\to x_0} f(x,y)\mathrm{d}y.$$

此式表明定义在矩形区域上的连续函数, 其极限运算和积分运算的顺序可以交换.

推而广之, 若 $f(x,y)$ 关于 y 在 $[c,d]$ 上可积, 且 $f(x,y)$ 当 $x\to x_0$ 时关于 y 一致收敛于 $\varphi(y)$, 则 $\varphi(y)\in R[c,d]$ 且

$$\lim_{x\to x_0}\int_c^d f(x,y)\mathrm{d}y=\int_c^d \lim_{x\to x_0} f(x,y)\mathrm{d}y.$$

常遇到计算形如 $\lim\limits_{n\to\infty}\int_a^b f_n(x)\mathrm{d}x$ 的问题, 在函数项级数部分, 我们已经知道如果函数列 $\{f_n(x)\}$ 在 $[a,b]$ 一致收敛, 而且每一项都在 $[a,b]$ 上连续 (或可积), 则

$$\lim_{n\to\infty}\int_a^b f_n(x)\mathrm{d}x=\int_a^b \lim_{n\to\infty} f_n(x)\mathrm{d}x.$$

2^0 (可变积分限的连续性) 设二元函数 $f(x,y)$ 在区域 $G=\{(x,y)|a\leqslant x\leqslant b, c(x)\leqslant y\leqslant d(x)\}$ 上连续, 且 $c(x), d(x)$ 为 $[a,b]$ 上的连续函数, 则函数

$$F(x)=\int_{c(x)}^{d(x)} f(x,y)\mathrm{d}y$$

在 $[a,b]$ 上连续.

因为 $F(x)$ 的积分的上限和下限是函数, 令 $y=c(x)+t(d(x)-c(x))$, 将积分的上下限变为常数, 然后利用性质 1^0 立即可得其证明.

如果将这个结果写成极限的形式就是

$$\lim_{x\to x_0}F(x)=F(x_0),$$

即

$$\lim_{x\to x_0}\int_{c(x)}^{d(x)}f(x,y)\mathrm{d}y=\int_{\lim\limits_{x\to x_0}c(x)}^{\lim\limits_{x\to x_0}d(x)}\lim_{x\to x_0}f(x,y)\mathrm{d}y.$$

3^0 (可微性) 若函数 $f(x,y)$ 与偏导数 $f'_x(x,y)$ 都在矩形区域 $D=[a,b]\times[c,d]$ 上连续, 则

$$I(x)=\int_c^d f(x,y)\mathrm{d}y$$

在 $[a,b]$ 上可微, 且

$$\frac{\mathrm{d}}{\mathrm{d}x}\int_c^d f(x,y)\mathrm{d}y=\int_c^d f'_x(x,y)\mathrm{d}y.$$

这一结果只要根据导数的定义和 $f'_x(x,y)$ 在矩形区域 $D=[a,b]\times[c,d]$ 的一致连续性而得到.

这一性质可以帮助计算某些含参变量的常义积分, 先对参数求导可能导致积分比较简单, 积出来以后再对参变量积分. 有时候要先适当引入一个参数, 仿上述的方法求出积分后再令常数等于某特殊值或者对参数求在某点的极限.

4^0 (可变积分限的可微性) 若函数 $f(x,y)$ 与偏导数 $f'_x(x,y)$ 都在矩形区域 $D=[a,b]\times[c,d]$ 上连续, 且 $c(x),d(x)$ 为定义在 $[a,b]$ 上其值含于 $[c,d]$ 内的可微函数, 则函数

$$F(x)=\int_{c(x)}^{d(x)}f(x,y)\mathrm{d}y$$

在 $[a,b]$ 上可微, 且

$$F'(x)=\int_{c(x)}^{d(x)}f'_x(x,y)\mathrm{d}y+f(x,d(x))d'(x)-f(x,c(x))c'(x).$$

将 $F(x)$ 视为复合函数 $F(x)=H(x,c(x),d(x))$, 由复合函数的求导法则与可变上下限积分的求导法则即可得证, 也可以用导数定义及积分中值定理证明.

这一公式是一元微分学部分可变限积分求导公式的推广, 需要注意求导时公式的第一项千万不要漏掉.

5^0 (积分次序交换) 设 $f(x,y)$ 在 $D=[a,b]\times[c,d]$ 上连续, 则

$$\int_a^b\mathrm{d}x\int_c^d f(x,y)\mathrm{d}y=\int_c^d\mathrm{d}y\int_a^b f(x,y)\mathrm{d}x.$$

由性质 1^0 可知 $I(x)=\int_c^d f(x,y)\mathrm{d}y$ 在 $[a,b]$ 上连续, 从而可积; 同样 $J(y)=\int_a^b f(x,y)\mathrm{d}x$ 在 $[c,d]$ 上连续, 从而可积. 至于积分次序的可交换性, 既可以利用二重积分的次序可交换性而得到, 也可以将等式两边的 b 换成 t, 可得两边关于 t 的导函数相等, 并用 $t=a$ 时两边的值相等即可得到证明.

我们会发现同一个积分用不同的积分次序计算难易程度差别有时很大, 甚至按某种积分次序可能“积不出来”. 这一性质可以帮助我们简便地计算某些积分.

二、 含参变量的反常积分

我们已经知道反常积分有两种. 含参变量的反常积分也有两种: 无穷区间上的含参变量反常积分和无界函数的含参变量反常积分.

1. 含参变量反常积分的定义

设函数 $f(x,y)$ 定义在无界区域 $D=[a,b]\times[c,+\infty)$ 上, 若对任意固定的 $x\in[a,b]$, 反常积分

$$\int_c^{+\infty} f(x,y)\mathrm{d}y$$

都收敛, 则它的值是 x 在 $[a,b]$ 取值的函数, 记此函数为 $I(x)$, 则有

$$I(x)=\int_c^{+\infty} f(x,y)\mathrm{d}y,\quad x\in[a,b],$$

称上式为定义在 $[a,b]$ 上的含参变量 x 的无穷限反常积分.

如同反常积分和数项级数的关系那样 (它们的区别与联系在前面已经阐述过), 含参变量的反常积分和函数项级数在所研究的问题和论证方法上也极为相似.

2. 含参变量反常积分一致收敛的定义判别方法

1^0 定义.

若含参变量的反常积分 $\int_c^{+\infty} f(x,y)\mathrm{d}y$ 与函数 $I(x)$ 对 $\forall\varepsilon>0,\exists A>c$, 当 $A_1>A$ 时, 对 $\forall x\in[a,b]$, 有

$$\left|\int_c^{A_1} f(x,y)\mathrm{d}y-I(x)\right|<\varepsilon,$$

即

$$\left|\int_{A_1}^{+\infty} f(x,y)\mathrm{d}y\right|<\varepsilon,$$

则称含参变量反常积分在 $[a,b]$ 上一致收敛于 $I(x)$, 或简称含参变量反常积分在 $[a,b]$ 上一致收敛.

含参变量反常积分在 $[a,b]$ 上不一致收敛: $\exists\varepsilon_0>0,\forall A>c,\exists A_1>A,\exists x_0\in[a,b]$ 使得

$$\left|\int_{A_1}^{+\infty} f(x_0,y)\mathrm{d}y\right|\geqslant\varepsilon_0.$$

用定义判定是否一致收敛, 一般要计算出 $\int_A^{+\infty} f(x,y)\mathrm{d}y$, 而许多函数的积分是不容易计算出来的, 所以用定义判定有其不足之处.

2^0 Cauchy 准则.

含参变量反常积分 $\int_c^{+\infty} f(x,y)\mathrm{d}y$ 在 $[a,b]$ 上一致收敛的充要条件是 $\forall\varepsilon>0,\exists A>0$, 当 $A_1,A_2>A$ 时, 对 $\forall x\in[a,b]$ 有 $\left|\int_{A_1}^{A_2} f(x,y)\mathrm{d}y\right|<\varepsilon$.

含参变量反常积分 $\int_c^{+\infty} f(x,y)\mathrm{d}y$ 在 $[a,b]$ 上不一致收敛的充要条件是 $\exists\varepsilon_0>0,\forall A>0,\exists A_1,A_2>A,\exists x_0\in[a,b]$ 使得 $\left|\int_{A_1}^{A_2} f(x_0,y)\mathrm{d}y\right|\geqslant\varepsilon_0$.

注　一致收敛定义和 Cauchy 准则中 $[a,b]$ 可以改成点集 X.

3^0 Weierstrass 判别法.

如果存在函数 $F(y)$ 使得① $\forall(x,y)\in[a,b]\times[c,+\infty),|f(x,y)|\leqslant F(y)$; ② 反常积分 $\int_c^{+\infty} F(y)\mathrm{d}y$ 收敛, 则含参变量反常积分 $\int_c^{+\infty} f(x,y)\mathrm{d}y$ 关于 x 在 $[a,b]$ 上一致收敛.

4^0 Abel 判别法.

设 (i) $\int_c^{+\infty} f(x,y)\mathrm{d}y$ 在 $[a,b]$ 上一致收敛;

(ii) 对 $\forall x\in[a,b]$, $g(x,y)$ 为 y 的单调函数;

(iii) $g(x,y)$ 一致有界, 即存在正数 L 使得 $\forall(x,y)\in[a,b]\times[c,+\infty),|g(x,y)|\leqslant L$. 则 $\int_c^{+\infty} f(x,y)g(x,y)\mathrm{d}y$ 在 $[a,b]$ 上一致收敛.

5^0 Dirichlet 判别法.

设 (i) $\int_c^{A} f(x,y)\mathrm{d}y$ 一致有界, 即存在正数 L 使得 $\forall x\in[a,b],\forall A\in[c,+\infty)$, 有 $\left|\int_c^{A} f(x,y)\mathrm{d}y\right|\leqslant L$;

(ii) 对 $\forall x\in[a,b]$, $g(x,y)$ 关于 y 单调;

(iii) 当 $y\to+\infty$ 时, 对参变量 x, $g(x,y)$ 一致地收敛于零. 则 $\int_c^{+\infty} f(x,y)g(x,y)\mathrm{d}y$ 在 $[a,b]$ 上一致收敛.

这三个判别法只是将函数项级数的三个判别法中的 n 换成了 y, 求和换成了积分. 可以把这里的判别法称为“连续型”判别法, 函数项级数的判别法称为“离散型”判别法. 同时, 这里 Abel 判别法与 Dirichlet 判别法和广义积分收敛性判别法也类似, 只是将那里的收敛改为一致收敛, 有界改为一致有界, 原因就是多了一个参变量.

注　在上述三个判别法中 $[a,b]$ 可以改成点集 X.

6^0 含参变量反常积分和函数项级数的转化法.

含参变量反常积分 $\int_c^{+\infty} f(x,y)\mathrm{d}y$ 在 $[a,b]$ 上一致收敛的充要条件是: 对任一趋于 $+\infty$

的递增数列 $\{A_n\}$ (其中 $A_1=c$), 函数项级数

$$\sum_{n=1}^{\infty}\int_{A_n}^{A_{n+1}}f(x,y)\mathrm{d}y=\sum_{n=1}^{\infty}u_n(x)$$

在 $[a,b]$ 上一致收敛, 即 $S_n(x)=\displaystyle\int_c^{A_n}f(x,y)\mathrm{d}y$ 在 $[a,b]$ 上一致收敛.

有了这个关系, 我们就可以借助函数项级数简洁地得到含参变量反常积分的性质.

7^0 Dini 判别法.

设 (i) $f(x,y)$ 在 $[a,b]\times[c,+\infty)$ 上连续;

(ii) $f(x,y)$ 在 $[a,b]\times[c,+\infty)$ 上保持定号;

(iii) $I(x)=\displaystyle\int_c^{+\infty}f(x,y)\mathrm{d}y$ 在 $[a,b]$ 上连续,

则 $\displaystyle\int_c^{+\infty}f(x,y)\mathrm{d}y$ 在 $[a,b]$ 上一致收敛.

这里的 Dini 判别法与函数列、函数项级数的 Dini 判别法本质上是一致的. Dini 定理就是刻画如何由逐点收敛过渡到一致收敛. 由含参变量广义积分定义, 这里判别法的 (iii) 已经蕴涵着 $\displaystyle\int_c^{+\infty}f(x,y)\mathrm{d}y$ 在 $[a,b]$ 上逐点收敛.

我们讨论过广义积分和数项级数之间的关系, 利用它们的关系可以帮助我们方便地讨论广义积分和数项级数的敛散性. 大家自然会想到, 含参变量积分一致收敛性和函数项级数一致收敛性也应该有比较密切的关系. 这就是下面要讲的两者的关系定理.

3. 含参变量反常积分的性质

1^0 (连续性与积分次序交换) 设①$f(x,y)$在 $[a,b]\times[c,+\infty)$上连续; ②$I(x)=\displaystyle\int_c^{+\infty}f(x,y)\mathrm{d}y$ 在 $[a,b]$ 上一致收敛, 则

(1) $I(x)$ 在 $[a,b]$ 上连续. 即

$$\lim_{x\to x_0}I(x)=I(x_0),$$

即

$$\lim_{x\to x_0}\int_c^{+\infty}f(x,y)\mathrm{d}y=\int_c^{+\infty}\lim_{x\to x_0}f(x,y)\mathrm{d}y.$$

即极限号和积分号可以交换.

(2) 积分次序交换

$$\int_a^b\mathrm{d}x\int_c^{+\infty}f(x,y)\mathrm{d}y=\int_c^{+\infty}\mathrm{d}y\int_a^b f(x,y)\mathrm{d}x,$$

即积分次序可以交换. 积分交换次序定理可以帮助我们计算许多积分, 有时把被积函数化成某个函数的积分, 然后交换积分次序从而达到简化积分的目的.

要证 $I(x)$ 在某点 x_0 连续, 取 $[a,b]$ 使得 $x_0\in[a,b]$, 然后证明 $I(x)$ 在 $[a,b]$ 上一致收敛.

这个定理对应于函数项级数的逐项求极限和逐项积分定理.

但当 x 的取值范围为 $[a,+\infty)$ 时, 上述交换次序定理不一定成立. 但有下面的定理.

2^0 无穷区间积分交换定理.

设 (i) $f(x,y)$ 在 $[a,+\infty)\times[c,+\infty)$ 上连续;

(ii) $\int_a^{+\infty} f(x,y)\mathrm{d}x$ 关于 y 在任意闭区间 $[c,d]$ 上一致收敛, $\int_c^{+\infty} f(x,y)\mathrm{d}y$ 关于 x 在任意闭区间 $[a,b]$ 上一致收敛;

(iii) $\int_a^{+\infty}\mathrm{d}x\int_c^{+\infty}|f(x,y)|\mathrm{d}y$ 与 $\int_c^{+\infty}\mathrm{d}y\int_a^{+\infty}|f(x,y)|\mathrm{d}x$ 中有一个收敛,

则

$$\int_a^{+\infty}\mathrm{d}x\int_c^{+\infty} f(x,y)\mathrm{d}y=\int_c^{+\infty}\mathrm{d}y\int_a^{+\infty} f(x,y)\mathrm{d}x.$$

3^0 积分号下求导定理.

设 (i) $f(x,y), f'_x(x,y)$ 在 $[a,b]\times[c,+\infty)$ 上连续;

(ii) $I(x)=\int_c^{+\infty} f(x,y)\mathrm{d}y$ 关于 x 在 $[a,b]$ 上逐点收敛;

(iii) $\int_c^{+\infty} f'_x(x,y)\mathrm{d}y$ 关于 x 在 $[a,b]$ 上一致收敛,

则 $I(x)$ 在 $[a,b]$ 上可微, 且

$$I'(x)=\int_c^{+\infty} f'_x(x,y)\mathrm{d}y.$$

这个定理对应于函数项级数的逐项求导定理. 这个定理可以帮助计算比较复杂的积分, 对广义积分引入合适的参数, 积分号下求导, 得到比较容易计算的积分, 计算出积分后再对参数积分, 最后令参数等于一个数或趋于一个数得到所求积分值, 例如计算 Dirichlet 积分就是采用此方法. 顺便指出, 应用复变函数中的残数定理可以帮助我们计算一些比较复杂的积分.

要证 $I(x)$ 在某点 x_0 可导, 取 $[a,b]$ 使得 $x_0\in[a,b]$, 然后证明在 $[a,b]$ 上满足积分号下求导条件即可.

注　连续性与可微性都是逐点概念, 在证明上述定理中的连续性与可微性时可以将参数范围 $[a,b]$ 改成开区间和无限区间.

三、 Euler 积分

1. Euler 积分的两种类型

1^0 $\Gamma(s)=\int_0^{+\infty} x^{s-1}\mathrm{e}^{-x}\mathrm{d}x, s>0.$

2^0 $\mathrm{B}(p,q)=\int_0^1 x^{p-1}(1-x)^{q-1}\mathrm{d}x(p>0,q>0).$

Gamma 积分是含一个参变量的广义积分, 而 Beta 积分是含两个参变量的瑕积分, 它们表示的都是函数, 由此可见 Euler 积分是表示函数的很好的工具, 也是研究函数的有力工具. 它们对计算积分带来很大的方便.

2. Euler 积分的性质

1^0 Γ 函数的性质.

(i) 连续性与可微性. $\Gamma(s)$ 在 $s>0$ 上连续且可微, 且 $\Gamma^{(n)}(s)=\int_0^{+\infty}x^{s-1}\mathrm{e}^{-x}(\ln x)^n\mathrm{d}x$, 即 $\Gamma(s)\in C^{\infty}(0,+\infty)$.

(ii) 递推公式. $\Gamma(s+1)=s\Gamma(s), s>0$. 特别地, $\Gamma(n+1)=n!$.

(iii) 由于 $\forall s\in(0,+\infty)$, 有 $\Gamma(s)>0$, $\Gamma''(s)>0$, 因此 $\Gamma(s)$ 的图像位于 s 轴的上方且为严格下凸, 从而在 $(0,+\infty)$ 内至多存在唯一极小值点. 注意到 $\Gamma(1)=\Gamma(2)=1$, 因此存在唯一极小值点 $x_0\in(0,+\infty)$, 进而 $\Gamma(s)$ 在 $(0,x_0)$ 内严格递减, 在 $(x_0,+\infty)$ 内严格递增, $\Gamma'(x_0)=0$.

由于 $\lim\limits_{s\to0^+}\Gamma(s+1)=\Gamma(1)=1$, 因此

$$\lim_{s\to0^+}\Gamma(s)=\lim_{s\to0^+}\frac{\Gamma(s+1)}{s}=+\infty.$$

由于 $\Gamma(s)$ 在在 $(x_0,+\infty)$ 内严格递增, 且 $\lim\limits_{n\to\infty}\Gamma(n)=+\infty$, 因此

$$\lim_{s\to\infty}\Gamma(s)=+\infty.$$

(iv) Γ 函数的其他表示. $\Gamma(s)=2\int_0^{+\infty}t^{2s-1}\mathrm{e}^{-t^2}\mathrm{d}t$. 只要在 Γ 函数的定义中令 $x=t^2$ 即可, 这样变换的原因之一是希望能利用 $\int_0^{+\infty}\mathrm{e}^{-t^2}\mathrm{d}t=\frac{\sqrt{\pi}}{2}$ 较方便地计算广义积分. 由此公式可得

$$\Gamma\left(\frac{1}{2}\right)=2\int_0^{+\infty}\mathrm{e}^{-t^2}\mathrm{d}t=\sqrt{\pi}.$$

Γ 还有其他表示形式, 可参考有关教材, 这里不再列出.

(v) 余元公式. $\Gamma(s)\Gamma(1-s)=\frac{\pi}{\sin(\pi s)}$. 由此公式也很方便地得到

$$\Gamma\left(\frac{1}{2}\right)=2\int_0^{+\infty}\mathrm{e}^{-t^2}\mathrm{d}t=\sqrt{\pi}.$$

(vi) Legendre 公式. $\Gamma(s)\Gamma\left(s+\frac{1}{2}\right)=\frac{\sqrt{\pi}}{2^{2s-1}}\Gamma(2s)$.

上述 (ii), (iv)–(vi) 公式帮助我们计算一些比较复杂的积分.

2^0 B 函数的性质.

(i) 连续性与可微性. B 函数的连续性可由一致收敛的性质得到 (这里一致收敛是含有两个参变量). B 函数具有连续偏导数可由 Γ 函数与 B 函数关系得到, 由连续偏导数当然就是可微函数.

(ii) 对称性. $\mathrm{B}(p,q)=\mathrm{B}(q,p)$.

(iii) 递推公式.

$$\mathrm{B}(p,q)=\frac{q-1}{p+q-1}\mathrm{B}(p,q-1),\quad p>0,q>1;$$

$$\mathrm{B}(p,q)=\frac{p-1}{p+q-1}\mathrm{B}(p-1,q),\quad p>1,q>0;$$

$$\mathrm{B}(p,q)=\frac{(q-1)(p-1)}{(p+q-1)(p+q-2)}\mathrm{B}(p-1,q-1),\quad p>1,q>1.$$

(iv) B 函数的其他表示. 令 $x=\cos^2\varphi$ 得

$$B(p,q)=2\int_0^{\frac{\pi}{2}}\cos^{2p-1}\theta\sin^{2q-1}\theta\mathrm{d}\theta.$$

由此公式得到

$$\mathrm{B}\left(\frac{1}{2},\frac{1}{2}\right)=\pi.$$

令 $x=\dfrac{y}{1+y}$, 则 $1-x=\dfrac{1}{1+y}$, 因此

$$\mathrm{B}(p,q)=\int_0^{+\infty}\frac{y^{p-1}}{(1+y)^{p+q}}\mathrm{d}y.$$

令 $y=\dfrac{1}{t}$ 得

$$\begin{aligned}\mathrm{B}(p,q)&=\int_0^{+\infty}\frac{y^{p-1}}{(1+y)^{p+q}}\mathrm{d}y\\&=\int_0^{1}\frac{y^{p-1}}{(1+y)^{p+q}}\mathrm{d}y+\int_1^{+\infty}\frac{y^{p-1}}{(1+y)^{p+q}}\mathrm{d}y\\&=\int_0^{1}\frac{y^{p-1}}{(1+y)^{p+q}}\mathrm{d}y-\int_1^{0}\frac{t^{q-1}}{(1+t)^{p+q}}\mathrm{d}t=\int_0^{1}\frac{t^{p-1}+t^{q-1}}{(1+t)^{p+q}}\mathrm{d}t.\end{aligned}$$

$\mathrm{B}(p,q)$ 函数还有其他的表示形式, 这里不再列出.

(v) 余元公式. 由 Γ 函数余元公式及 Γ 函数与 B 函数关系即可得知: 当 $p+q=1$ 时, $\mathrm{B}(p,1-p)=\dfrac{\pi}{\sin(p\pi)}$.

公式 (iii)—(v) 对计算积分很方便, 特别是 (iv) 对计算被积函数是三角函数的高次幂的积分非常方便.

3^0 两种 Euler 积分的关系

$$\mathrm{B}(p,q)=\frac{\Gamma(p)\Gamma(q)}{\Gamma(p+q)}\quad(p>0,q>0).$$

由此关系式可由 Γ 函数的可微性得到 B 函数的可微性; 由 Γ 函数与 B 函数的余元公式可以得到另一个余元公式.

注　空间 $\mathbb{R}^n$ 中半径为 ρ 的球的体积为 $\dfrac{\pi^{\frac{n}{2}}}{\Gamma\left(\frac{n}{2}+1\right)}\rho^n$, 球面的面积为 $\dfrac{n\pi^{\frac{n}{2}}}{\Gamma\left(\frac{n}{2}+1\right)}\rho^{n-1}$.

典 型 例 题

一、 含参变量常义积分

例 7-1-1 求下列极限.

1. $\lim\limits_{\alpha\to 0}\int_0^{1+\alpha}\dfrac{\mathrm{d}x}{1+x^2+\alpha^2}$.

2. $\lim\limits_{n\to\infty}\int_0^{1}\dfrac{\mathrm{d}x}{1+\left(1+\dfrac{x}{n}\right)^n}$.

3. $\lim\limits_{y\to 0^+}\int_0^{1}\dfrac{\mathrm{d}x}{1+(1+xy)^{\frac{1}{y}}}$.

1. **解** 由参变量变限积分的连续性知

$$\lim_{\alpha\to 0}\int_0^{1+\alpha}\frac{\mathrm{d}x}{1+x^2+\alpha^2}=\int_0^1\frac{1}{1+x^2}\mathrm{d}x=\frac{\pi}{4}. \quad \blacksquare$$

2. **解** 由于 $f_n(x)=\dfrac{1}{1+\left(1+\dfrac{x}{n}\right)^n}\in C[0,1]$ 且关于 n 单调, $\lim\limits_{n\to\infty}f_n(x)=\dfrac{1}{1+\mathrm{e}^x}\in C[0,1]$. 由 Dini 定理 $\{f_n\}$ 在 $[0,1]$ 一致收敛于 $\dfrac{1}{1+\mathrm{e}^x}$. 由一致收敛的积分性质知

$$\lim_{n\to\infty}\int_0^1\frac{\mathrm{d}x}{1+\left(1+\dfrac{x}{n}\right)^n}=\int_0^1\frac{1}{1+\mathrm{e}^x}\mathrm{d}x=-\int_0^1\frac{1}{1+\mathrm{e}^{-x}}\mathrm{d}(1+\mathrm{e}^{-x})=\ln\frac{2\mathrm{e}}{1+\mathrm{e}}. \quad \blacksquare$$

3. **解** 令 $f(x,y)=\begin{cases}\dfrac{1}{1+(1+xy)^{\frac{1}{y}}}, & y\neq 0,\\ \dfrac{1}{1+\mathrm{e}^x}, & y=0.\end{cases}$ 则 $f(x,y)\in C([0,1]\times[0,1])$ 由含参变量正常积分的性质知

$$\lim_{y\to 0^+}\int_0^1\frac{\mathrm{d}x}{1+(1+xy)^{\frac{1}{y}}}=\int_0^1\frac{1}{1+\mathrm{e}^x}\mathrm{d}x=\ln\frac{2\mathrm{e}}{1+\mathrm{e}}. \quad \blacksquare$$

注 可以应用上述第 3 题的解答方法及 Heine 定理解答第 2 题.

例 7-1-2 计算下列积分.

1. $\int_0^1\dfrac{x^b-x^a}{\ln x}\mathrm{d}x\,(b>a>0)$.

解 由含参变量正常积分积分号交换定理知

$$\int_0^1\frac{x^b-x^a}{\ln x}\mathrm{d}x=\int_0^1\left(\left.\frac{x^y}{\ln x}\right|_a^b\right)\mathrm{d}x=\int_0^1\mathrm{d}x\int_a^b x^y\mathrm{d}y=\int_a^b\mathrm{d}y\int_0^1 x^y\mathrm{d}x$$
$$=\int_a^b\frac{1}{1+y}\mathrm{d}y=\ln\frac{1+b}{1+a}. \quad \blacksquare$$

2. $\int_0^1\sin\left(\ln\dfrac{1}{x}\right)\dfrac{x^b-x^a}{\ln x}\mathrm{d}x\,(b>a>0)$.

解　由于

$$\int_0^1 \sin\left(\ln\frac{1}{x}\right)\frac{x^b-x^a}{\ln x}\mathrm{d}x=\int_0^1\left[\sin\left(\ln\frac{1}{x}\right)\frac{x^y}{\ln x}\bigg|_a^b\right]\mathrm{d}x=\int_0^1\mathrm{d}x\int_a^b x^y\sin\left(\ln\frac{1}{x}\right)\mathrm{d}y$$
$$=\int_a^b\mathrm{d}y\int_0^1 x^y\sin\left(\ln\frac{1}{x}\right)\mathrm{d}x.$$

而

$$\int_0^1 x^y\sin\left(\ln\frac{1}{x}\right)\mathrm{d}x=\frac{1}{1+y}\int_0^1\sin\left(\ln\frac{1}{x}\right)\mathrm{d}x^{y+1}$$
$$=\frac{1}{1+y}x^{y+1}\sin\left(\ln\frac{1}{x}\right)\bigg|_0^1+\frac{1}{1+y}\int_0^1 x^y\cos\left(\ln\frac{1}{x}\right)\mathrm{d}x$$
$$=\frac{1}{1+y}\int_0^1 x^y\cos\left(\ln\frac{1}{x}\right)\mathrm{d}x$$
$$=\frac{1}{(1+y)^2}x^{y+1}\cos\left(\ln\frac{1}{x}\right)\bigg|_0^1-\frac{1}{(1+y)^2}\int_0^1 x^y\sin\left(\ln\frac{1}{x}\right)\mathrm{d}x,$$

即有

$$\int_0^1 x^y\sin\left(\ln\frac{1}{x}\right)\mathrm{d}x=\frac{1}{1+(1+y)^2},$$

故

$$\int_0^1\sin\left(\ln\frac{1}{x}\right)\frac{x^b-x^a}{\ln x}\mathrm{d}x=\arctan(1+b)-\arctan(1+a).\quad\blacksquare$$

3. $\displaystyle\int_0^{\frac{\pi}{2}}\ln\frac{1+a\sin x}{1-a\sin x}\frac{\mathrm{d}x}{\sin x}(0<a<1).$

解　由于

$$\int_0^{\frac{\pi}{2}}\ln\frac{1+a\sin x}{1-a\sin x}\frac{\mathrm{d}x}{\sin x}=\int_0^{\frac{\pi}{2}}\left[\frac{1}{\sin x}\ln\frac{1+y\sin x}{1-y\sin x}\bigg|_0^a\right]\mathrm{d}x=2\int_0^{\frac{\pi}{2}}\mathrm{d}x\int_0^a\frac{1}{1-y^2\sin^2 x}\mathrm{d}y$$
$$=2\int_0^a\mathrm{d}y\int_0^{\frac{\pi}{2}}\frac{1}{1-y^2\sin^2 x}\mathrm{d}x.$$

而

$$\int_0^{\frac{\pi}{2}}\frac{1}{1-y^2\sin^2 x}\mathrm{d}x=\int_0^{\frac{\pi}{2}}\frac{\csc^2 x}{\csc^2 x-y^2}\mathrm{d}x=-\int_0^{\frac{\pi}{2}}\frac{\mathrm{d}\cot x}{\cot^2 x+1-y^2}$$
$$=-\frac{1}{\sqrt{1-y^2}}\arctan\frac{\cot x}{\sqrt{1-y^2}}\bigg|_0^{\frac{\pi}{2}}=\frac{\pi}{2\sqrt{1-y^2}},$$

故

$$\int_0^{\frac{\pi}{2}}\ln\frac{1+a\sin x}{1-a\sin x}\frac{\mathrm{d}x}{\sin x}=\pi\int_0^a\frac{1}{\sqrt{1-y^2}}\mathrm{d}y=\pi\arcsin a.\quad\blacksquare$$

练习　计算

(1) $\int_0^1 \cos\left(\ln\frac{1}{x}\right)\frac{x^b-x^a}{\ln x}\mathrm{d}x(b>a>0)$.

(2) $\int_0^{\frac{\pi}{2}} \ln\frac{1+a\cos x}{1-a\cos x}\frac{\mathrm{d}x}{\cos x}(0<a<1)$.

例 7-1-3　计算积分.

1. $\int_0^{\pi} \ln(1+\theta\cos x)\mathrm{d}x(|\theta|<1)$.

解　记 $I(\theta)=\int_0^{\pi}\ln(1+\theta\cos x)\,\mathrm{d}x$, 则

$$I'(\theta)=\int_0^{\pi}\frac{\cos x}{1+\theta\cos x}\mathrm{d}x=\frac{\pi}{\theta}-\frac{1}{\theta}\int_0^{\pi}\frac{1}{1+\theta\cos x}\mathrm{d}x.$$

令 $t=\tan\frac{x}{2}$, 有

$$\begin{aligned}\int_0^{\pi}\frac{1}{1+\theta\cos x}\mathrm{d}x&=\int_0^{+\infty}\frac{2\mathrm{d}t}{1+t^2+\theta(1-t^2)}=\frac{2}{1+\theta}\int_0^{+\infty}\frac{\mathrm{d}t}{1+\dfrac{1-\theta}{1+\theta}t^2}\\&=\frac{2}{\sqrt{1-\theta^2}}\left[\arctan\sqrt{\frac{1-\theta}{1+\theta}}t\right]_0^{+\infty}=\frac{\pi}{\sqrt{1-\theta^2}}.\end{aligned}$$

故

$$I'(\theta)=\frac{\pi}{\theta}-\frac{\pi}{\theta\sqrt{1-\theta^2}}.$$

再对 θ 积分得

$$I(\theta)=\pi\ln(1+\sqrt{1-\theta^2})+C,$$

由于 $I(0)=0$ 得 $C=-\pi\ln 2$, 从而

$$I(\theta)=\pi\ln\frac{1+\sqrt{1-\theta^2}}{2}.\quad ■$$

2. $\int_0^{\frac{\pi}{2}}\ln(a^2\sin^2 x+b^2\cos^2 x)\mathrm{d}x(a^2+b^2\neq 0)$.

解　暂时设 $a,b>0$, 记 $I(t)=\int_0^{\frac{\pi}{2}}\ln(t^2\sin^2 x+b^2\cos^2 x)\mathrm{d}x$, 则

$$I'(t)=\int_0^{\frac{\pi}{2}}\frac{2t\sin^2 x}{t^2\sin^2 x+b^2\cos^2 x}\mathrm{d}x.$$

记

$$A=\int_0^{\frac{\pi}{2}}\frac{\sin^2 x}{t^2\sin^2 x+b^2\cos^2 x}\mathrm{d}x,\quad B=\int_0^{\frac{\pi}{2}}\frac{\cos^2 x}{t^2\sin^2 x+b^2\cos^2 x}\mathrm{d}x.$$

则

$$t^2A+b^2B=\frac{\pi}{2}, \tag{1}$$

$$A+B=\int_0^{\frac{\pi}{2}}\frac{1}{t^2\sin^2 x+b^2\cos^2 x}\mathrm{d}x=\int_0^{\frac{\pi}{2}}\frac{\mathrm{d}\tan x}{t^2\tan^2 x+b^2}=\frac{\pi}{2tb}. \tag{2}$$

由 (1), (2) 式得

$$A=\frac{\pi}{2}\frac{1}{t(t+b)}.$$

故 $I'(t)=2tA=\dfrac{\pi}{t+b}$, 这样

$$I(a)-I(b)=\int_b^a I'(t)\mathrm{d}t=\pi[\ln(a+b)-\ln(2b)],$$

易知 $I(b)=\pi\ln b$, 所以

$$I(a)=\pi\ln\frac{a+b}{2},$$

由此可得

$$\int_0^{\frac{\pi}{2}}\ln\left(a^2\sin^2 x+b^2\cos x^2\right)\mathrm{d}x=\pi\ln\frac{|a|+|b|}{2}. \quad \blacksquare$$

3. $I=\displaystyle\int_0^1\frac{\ln(1+x)}{1+x^2}\mathrm{d}x.$

解　(解一) 设 $I(\alpha)=\displaystyle\int_0^1\frac{\ln(1+\alpha x)}{1+x^2}\mathrm{d}x$, 则

$$I'(\alpha)=\int_0^1\frac{x}{(1+\alpha x)(1+x^2)}\mathrm{d}x.$$

因为

$$\frac{x}{(1+\alpha x)(1+x^2)}=\frac{1}{1+\alpha^2}\left(\frac{\alpha+x}{1+x^2}-\frac{\alpha}{1+\alpha x}\right),$$

故

$$I'(\alpha)=\frac{1}{1+\alpha^2}\left[\frac{\pi}{4}\alpha+\frac{1}{2}\ln 2-\ln(1+\alpha)\right].$$

这样

$$I(1)-I(0)=\int_0^1 I'(\alpha)\mathrm{d}\alpha=\frac{\pi}{4}\ln 2-I(1),$$

即

$$I=I(1)=\frac{\pi}{8}\ln 2.$$

(解二) 令 $x=\tan t$, 则

$$I=\int_0^{\frac{\pi}{4}}\ln(1+\tan t)\mathrm{d}t=\int_0^{\frac{\pi}{4}}\ln\frac{\cos t+\sin t}{\cos t}\mathrm{d}t=\int_0^{\frac{\pi}{4}}\ln\frac{\sqrt{2}\cos\left(\frac{\pi}{4}-t\right)}{\cos t}\mathrm{d}t$$
$$=\int_0^{\frac{\pi}{4}}\ln\sqrt{2}\mathrm{d}t+\int_0^{\frac{\pi}{4}}\ln\cos\left(\frac{\pi}{4}-t\right)\mathrm{d}t-\int_0^{\frac{\pi}{4}}\ln\cos t\mathrm{d}t.$$

而

$$\int_0^{\frac{\pi}{4}}\ln\cos\left(\frac{\pi}{4}-t\right)\mathrm{d}t\xlongequal{u=\frac{\pi}{4}-t}\int_0^{\frac{\pi}{4}}\ln\cos u\mathrm{d}u.$$

所以

$$I=\int_0^{\frac{\pi}{4}}\ln\sqrt{2}\mathrm{d}t=\frac{\pi}{8}\ln 2. \quad ■$$

练习　计算 $\int_0^{\pi}\ln\left(1-2a\cos x+a^2\right)\mathrm{d}x$.

例 7-1-4　解答下列各题.

1. 设 $F(y)=\int_a^b f(x)|y-x|\mathrm{d}x$, 其中 $a<b$, $f(x)$ 为可微函数, 求 $F''(y)$.

解　(i) 当 $y\in(a,b)$ 时,

$$F(y)=\int_a^b f(x)|y-x|\mathrm{d}x=\int_a^y f(x)(y-x)\mathrm{d}x+\int_y^b f(x)(x-y)\mathrm{d}x,$$

故

$$F'(y)=\int_a^y f(x)\mathrm{d}x-\int_y^b f(x)\mathrm{d}x,\quad F''(y)=2f(y).$$

(ii) 当 $y\geqslant b$ 时,

$$F(y)=\int_a^b f(x)(y-x)\mathrm{d}x,\quad F'(y)=\int_a^b f(x)\mathrm{d}x,\quad F''(y)=0.$$

(iii) 当 $y\leqslant a$ 时,

$$F(y)=\int_a^b f(x)(x-y)\mathrm{d}x,\quad F'(y)=-\int_a^b f(x)\mathrm{d}x,\quad F''(y)=0. \quad ■$$

2. 设 $F(r)=\int_0^{2\pi}\mathrm{e}^{r\cos\theta}\cos(r\sin\theta)\mathrm{d}\theta$, 求证: $F(r)=2\pi$.

证　(证一) 因为 $F(0)=2\pi$. 要证 $F(r)=2\pi$, 只要证明 $F(r)$ 为常数, 为此考虑 $F(r)$ 的导数.

$$F'(r)=\int_0^{2\pi}\frac{\partial}{\partial r}\left[\mathrm{e}^{r\cos\theta}\cos(r\sin\theta)\right]\mathrm{d}\theta=\int_0^{2\pi}\mathrm{e}^{r\cos\theta}\cos(\theta+r\sin\theta)\mathrm{d}\theta,$$

由此可得

$$F''(r)=\int_0^{2\pi}\mathrm{e}^{r\cos\theta}\cos(2\theta+r\sin\theta)\mathrm{d}\theta,$$

$$\cdots\cdots$$

$$F^{(n)}(r)=\int_0^{2\pi}\mathrm{e}^{r\cos\theta}\cos(n\theta+r\sin\theta)\mathrm{d}\theta\quad(n=0,1,\cdots),\tag{1}$$

故

$$F^{(n)}(0)=\int_0^{2\pi}\cos(n\theta)\mathrm{d}\theta=0.\tag{2}$$

由 (2) 及 Taylor 公式得

$$F(r)-F(0)=\sum_{k=1}^{n-1}\frac{F^{(k)}(0)}{k!}r^k+\frac{F^{(n)}(\theta_1 r)}{n!}r^n=\frac{F^{(n)}(\theta_1 r)}{n!}r^n,\quad 0<\theta_1<1.\tag{3}$$

由 (1) 知

$$\left|\frac{F^{(n)}(\theta_1 r)}{n!}r^n\right|\leqslant\frac{2\pi\mathrm{e}^r}{n!}r^n\to 0\quad(n\to\infty).\tag{4}$$

由 (3), (4) 式知 $F(r)=F(0)=2\pi$.

(证二) 记 $G(r)=\int_0^{2\pi}\mathrm{e}^{r\cos\theta}\sin(r\sin\theta)\mathrm{d}\theta$, 则

$$F(r)+\mathrm{i}G(r)=\int_0^{2\pi}\mathrm{e}^{r\cos\theta+\mathrm{i}r\sin\theta}\mathrm{d}\theta.$$

令 $z=\mathrm{e}^{\mathrm{i}\theta}$, 则 $\mathrm{d}\theta=\frac{1}{\mathrm{i}z}\mathrm{d}z$, 故由复变函数的 Cauchy 积分公式

$$F(r)+\mathrm{i}G(r)=\frac{1}{\mathrm{i}}\int_{|z|=1}\frac{\mathrm{e}^{rz}}{z}\mathrm{d}z=2\pi\mathrm{e}^{rz}|_{z=0}=2\pi.$$

所以

$$F(r)=\int_0^{2\pi}\mathrm{e}^{r\cos\theta}\cos(r\sin\theta)\mathrm{d}\theta=2\pi,\quad G(r)=\int_0^{2\pi}\mathrm{e}^{r\cos\theta}\sin(r\sin\theta)\mathrm{d}\theta=0.\ ■$$

注 ①上述 (4) 中极限为零是由于级数 $\sum\limits_{n=1}^{\infty}\frac{\mathrm{e}^r}{n!}r^n$ 收敛. ② 用复变函数中的积分定理、积分公式和留数定理计算一些实积分将带来很多方便.

3. 研究函数 $F(y)=\int_0^1\frac{yf(x)}{x^2+y^2}\mathrm{d}x$ 的连续性, 其中 $f(x)$ 是 $[0,1]$ 上的正的连续函数.

解 (i) 当 $y_0\neq 0$ 时, 存在 $\delta>0$ 使得 $0\notin[y_0-\delta,y_0+\delta]$, 由于 $g(x,y)=\frac{yf(x)}{x^2+y^2}\in C([0,1]\times[y_0-\delta,y_0+\delta])$, 由含参变量正常积分的连续性知 $F(y)$ 在 y_0 点连续.

(ii) 当 $y_0=0$ 时, 考察 $\lim\limits_{y\to 0^+}F(y)$. 因为 $f(x)\in C[0,1]$, 且 $f(x)>0$, 所以存在 $m>0$ 使得 $f(x)\geqslant m>0$, 这样 $y>0$ 时

$$F(y)\geqslant m\int_0^1\frac{y}{x^2+y^2}\mathrm{d}x=m\arctan\frac{x}{y}\bigg|_0^1=m\arctan\frac{1}{y}\to m\frac{\pi}{2}\neq F(0)=0\quad(y\to 0^+),$$

所以 $F(y)$ 在 $y_0=0$ 点不连续. ■

4. **已知** $f(x)\in C[-1,1]$, **求证** $\lim\limits_{y\to 0^+}\int_{-1}^1\frac{yf(x)}{x^2+y^2}\mathrm{d}x=\pi f(0)$.

证 由于此积分不一定满足积分号下求极限的条件, 所以不能直接将极限号与积分号交换. 为了证明上述等式, 注意到

$$\pi f(0)=\int_{-1}^1\frac{yf(0)}{x^2+y^2}\mathrm{d}x,\quad y>0.$$

因为 $f(x)$ 在 $x=0$ 点连续, 故 $\forall\varepsilon>0,\exists\delta_1>0$, 当 $x\in[-\delta_1,\delta_1]$ 时, 有

$$|f(x)-f(0)|<\varepsilon,$$

且存在 $M>0$, 对 $\forall x\in[-1,-\delta_1]\cup[\delta_1,1]$, 有

$$|f(x)-f(0)|\leqslant M.$$

这样 $\forall y>0$ 有

$$\begin{aligned}&\left|\int_{-1}^1\frac{yf(x)}{x^2+y^2}\mathrm{d}x-\pi f(0)\right|\leqslant\int_{-1}^1\frac{y|f(x)-f(0)|}{x^2+y^2}\mathrm{d}x\\&=\int_{-\delta_1}^{\delta_1}\frac{y|f(x)-f(0)|}{x^2+y^2}\mathrm{d}x+\int_{-1}^{-\delta_1}\frac{y|f(x)-f(0)|}{x^2+y^2}\mathrm{d}x+\int_{\delta_1}^1\frac{y|f(x)-f(0)|}{x^2+y^2}\mathrm{d}x\\&\leqslant\varepsilon\int_{-\delta_1}^{\delta_1}\frac{y}{x^2+y^2}\mathrm{d}x+2M\left[\arctan\frac{1}{y}-\arctan\frac{\delta_1}{y}\right]\\&\leqslant\varepsilon\int_{-1}^{1}\frac{y}{x^2+y^2}\mathrm{d}x+2M\left[\arctan\frac{1}{y}-\arctan\frac{\delta_1}{y}\right]\\&=\pi\varepsilon+2M\left[\arctan\frac{1}{y}-\arctan\frac{\delta_1}{y}\right].\end{aligned}\tag{1}$$

而

$$\lim_{y\to 0^+}\left[\arctan\frac{1}{y}-\arctan\frac{\delta_1}{y}\right]=0,$$

即对上述 $\varepsilon>0,\exists\delta>0$, 当 $0<y-0<\delta$ 时, 有

$$0<\left[\arctan\frac{1}{y}-\arctan\frac{\delta_1}{y}\right]<\varepsilon.\tag{2}$$

由 (1), (2) 知

$$\lim_{y\to 0^+}\int_{-1}^1\frac{yf(x)}{x^2+y^2}\mathrm{d}x=\pi f(0).\quad■$$

练习　(1) 设 $u(x)=\int_0^1 k(x,y)v(y)\mathrm{d}y$, 其中 $k(x,y)=\begin{cases} x(1-y), & x\leqslant y, \\ y(1-x), & x>y, \end{cases}$ 且 $v(y)$ 为 $[0,1]$ 上的连续函数, 求 $u''(x)$.

(2) 设 $u(x,y)$ 在 $\mathbb{R}^2$ 内有连续二阶偏导数, 且 $\Delta u=0$, 而 $u(x,y)$ 的一阶偏导数对任意固定的 y 是 x 的以 2π 为周期的函数, 证明 $f(y)=\int_0^{2\pi}[(u_x)^2-(u_y)^2]\mathrm{d}x\equiv$ 常数.

提示　用分部积分可证 $f'(y)=0$.

(3) 设 $f(x)=\int_0^1 \frac{\mathrm{e}^{-x^2(y^2+1)}}{y^2+1}\mathrm{d}y, g(x)=\left(\int_0^x \mathrm{e}^{-y^2}\mathrm{d}y\right)^2$, 证明 $x\geqslant 0, f(x)+g(x)=\frac{\pi}{4}$.

提示　注意到 $f(0)+g(0)=\frac{\pi}{4}$, 只要证明 $f'(x)+g'(x)=0$ 即可.

二、 含参变量的反常积分

例 7-2-1　解答下列问题.

1. 判定 $\int_0^{+\infty} x\mathrm{e}^{-\alpha x}\mathrm{d}x$ 在 $[\alpha_0,+\infty)(\alpha_0>0)$ 上的与 $(0,+\infty)$ 上的一致收敛性?

证　(1) 先证在 $[\alpha_0,+\infty)$ 上一致收敛.

(证一) 由于当 $A>0,\alpha>0$ 有

$$\int_A^{+\infty} x\mathrm{e}^{-\alpha x}\mathrm{d}x=-\frac{1}{\alpha}\int_A^{+\infty} x\mathrm{d}\mathrm{e}^{-\alpha x}=-\frac{1}{\alpha}x\mathrm{e}^{-\alpha x}\Big|_A^{+\infty}+\frac{1}{\alpha^2}\mathrm{e}^{-\alpha x}\Big|_A^{+\infty}$$
$$=\frac{1}{\alpha}A\mathrm{e}^{-Ax}+\frac{1}{\alpha^2}\mathrm{e}^{-Ax}\leqslant\frac{1}{\alpha_0}A\mathrm{e}^{-\alpha_0 A}+\frac{1}{\alpha_0^2}\mathrm{e}^{-\alpha_0 A}\to 0\quad (A\to+\infty),$$

即 $\forall\varepsilon>0,\exists A_0>0$, 当 $A>A_0$ 时, 对 $\forall x\in[\alpha_0,+\infty)$ 有

$$\left|\int_A^{+\infty} x\mathrm{e}^{-\alpha x}\mathrm{d}x\right|<\varepsilon,$$

由一致收敛定义知结论成立.

(证二) 因为 $\lim\limits_{x\to+\infty} x\mathrm{e}^{-\frac{\alpha_0}{2}x}=0$, 所以存在 A_0, 当 $A>A_0$ 时, 对 $\forall x\in[A_0,+\infty)$ 有

$$x\mathrm{e}^{-\alpha x}<x\mathrm{e}^{-\frac{\alpha_0}{2}x}\cdot\mathrm{e}^{-\frac{\alpha_0}{2}x}<\mathrm{e}^{-\frac{\alpha_0}{2}x},$$

而 $\int_0^{+\infty}\mathrm{e}^{-\frac{\alpha_0}{2}x}\mathrm{d}x$ 收敛, 由 Weierstrass 判别法知 $\int_0^{+\infty} x\mathrm{e}^{-\alpha x}\mathrm{d}x$ 在 $[\alpha_0,+\infty)(\alpha_0>0)$ 上一致收敛.

注　也可以用 Cauchy 收敛准则证明.

(2) 再证在 $(0,+\infty)$ 上非一致收敛.

(证一) 因为对 $\forall A>0,\alpha>0$ 有

$$\int_A^{+\infty} x\mathrm{e}^{-\alpha x}\mathrm{d}x=\frac{1}{\alpha}A\mathrm{e}^{-\alpha A}+\frac{1}{\alpha^2}\mathrm{e}^{-\alpha A}\to+\infty\quad(\alpha\to 0).$$

这样 $\exists\varepsilon_0=\frac{1}{\mathrm{e}},\forall A>0$ (不妨设 $A>1$), $\exists\alpha=\frac{1}{A}$ 使得

$$\int_A^{+\infty} x\mathrm{e}^{-\alpha x}\mathrm{d}x=2A^2\frac{1}{\mathrm{e}}>\varepsilon_0.$$

(证二) 应用 Cauchy 收敛准则及 $\alpha=0$ 时积分发散可证结论成立 (略). ■

注　(1) 类比含参变量积分, 函数项级数 $\sum\limits_{n=1}^{\infty} n\mathrm{e}^{-n\alpha}$ 在 $[\alpha_0,+\infty)(\alpha_0>0)$ 上一致收敛, 但在 $(0,+\infty)$ 上非一致收敛.

(2) 类似地可以讨论 $\int_0^{+\infty} x^{2014}\mathrm{e}^{-\alpha x}\mathrm{d}x$ 的一致收敛性.

2. 判定 $\int_0^{+\infty} x\mathrm{e}^{-xy}\mathrm{d}y$ 在 $(0,+\infty)$ 上的一致收敛性?

证　$\exists\varepsilon_0=\dfrac{1}{2\mathrm{e}}>0$, 对 $\forall A>0,\exists x_0=\dfrac{1}{A}\in(0,+\infty)$ 使得

$$\left|\int_A^{+\infty} x_0\mathrm{e}^{-x_0y}\mathrm{d}y\right|=\frac{1}{\mathrm{e}}>\varepsilon_0,$$

所以 $\int_0^{+\infty} x\mathrm{e}^{-xy}\mathrm{d}y$ 在 $(0,+\infty)$ 上非一致收敛. ■

注　类比含参变量积分, 函数项级数 $\sum\limits_{n=1}^{\infty} x\mathrm{e}^{-nx}$ 在 $(0,+\infty)$ 上非一致收敛 (因为和函数不连续).

3. 判断 $\int_0^{+\infty} \mathrm{e}^{-tu^2}\sin t\mathrm{d}u$ 在 $t\in[0,+\infty)$ 上一致收敛性?

证　当 $t\in(0,+\infty)$ 时, 令 $x=\sqrt{t}u$, 对 $A>0$ 得

$$\int_A^{+\infty} \mathrm{e}^{-tu^2}\sin t\mathrm{d}u=\frac{\sin t}{\sqrt{t}}\int_{\sqrt{t}A}^{+\infty} \mathrm{e}^{-x^2}\mathrm{d}x.$$

当 $t=0$ 时,

$$\int_0^{+\infty} \mathrm{e}^{-tu^2}\sin t\mathrm{d}u=0.$$

因为 $\lim\limits_{t\to0}\dfrac{\sin t}{\sqrt{t}}=0$, 所以 $\forall\varepsilon>0,\exists\delta>0$, 当 $t\in(0,\delta]$ 时有

$$\frac{\sqrt{\pi}}{2}\frac{\sin t}{\sqrt{t}}<\varepsilon. \tag{1}$$

又因为 $\int_0^{+\infty} \mathrm{e}^{-x^2}\mathrm{d}x=\dfrac{\sqrt{\pi}}{2}$, 故对上述 $\varepsilon>0$, 存在 $A_0>0$ 使得

$$\frac{1}{\sqrt{\delta}}\int_{\sqrt{\delta}A_0}^{+\infty} \mathrm{e}^{-x^2}\mathrm{d}x<\varepsilon. \tag{2}$$

这样, 对上述 $\varepsilon>0$, 存在 $A_0>0$, 当 $A>A_0$ 时, 有

$$\left|\int_A^{+\infty} \mathrm{e}^{-tu^2}\sin t\mathrm{d}u\right|=\begin{cases}\dfrac{\sin t}{\sqrt{t}}\displaystyle\int_{\sqrt{t}A}^{+\infty} \mathrm{e}^{-x^2}\mathrm{d}x, & t\in(0,+\infty),\\ 0, & t=0.\end{cases} \tag{3}$$

故当 $t=0$, 显然 (3) $<\varepsilon$; 当 $t\in(0,\delta]$ 时, 由 (1) 式知 (3) $<\varepsilon$; 当 $t\in(\delta,+\infty)$ 时, 由 (2) 式知 (3) 式 $<\varepsilon$.

即对上述 $\varepsilon>0$, 存在 $A_0>0$, 当 $A>A_0$ 时, 对 $\forall t\in[0,+\infty)$, 有

$$\left|\int_A^{+\infty}\mathrm{e}^{-tu^2}\sin t\mathrm{d}u\right|<\varepsilon,$$

因此 $\int_0^{+\infty}\mathrm{e}^{-tu^2}\sin t\mathrm{d}u$ 在 $t\in[0,+\infty)$ 上一致收敛. ■

4. **证明** $\int_0^{+\infty}\frac{\cos x^2}{x^p}\mathrm{d}x$ **关于** p **在** $(-1,1)$ **上内闭一致收敛.**

证　只要证明 $\forall[p_0,p_1]\subset(-1,1)$, $\int_0^{+\infty}\frac{\cos x^2}{x^p}\mathrm{d}x$ 在 $[p_0,p_1]$ 上一致收敛.

由于被积函数在 $x=0$ 点附近无界, 将原积分写成如下形式

$$\int_0^{+\infty}\frac{\cos x^2}{x^p}\mathrm{d}x=\int_0^1\frac{\cos x^2}{x^p}\mathrm{d}x+\int_1^{+\infty}\frac{\cos x^2}{x^p}\mathrm{d}x.$$

(i) 对于 $I_1=\int_0^1\frac{\cos x^2}{x^p}\mathrm{d}x$. 由于 $\left|\frac{\cos x^2}{x^p}\right|\leqslant\frac{1}{x^{p_1}}$ 且 $\int_0^1\frac{1}{x^{p_1}}\mathrm{d}x$ 收敛 (因 $p_1<1$), 由 Weierstrass 判别法知 $I_1=\int_0^1\frac{\cos x^2}{x^p}\mathrm{d}x$ 在 $[p_0,p_1]$ 上一致收敛.

(ii) 对于 $I_2=\int_1^{+\infty}\frac{\cos x^2}{x^p}\mathrm{d}x$. 令 $t=x^2$, 得

$$\int_1^{+\infty}\frac{\cos x^2}{x^p}\mathrm{d}x=\frac{1}{2}\int_1^{+\infty}\frac{\cos t}{t^{\frac{1}{2}(p+1)}}\mathrm{d}t.$$

由于 $\left|\int_1^A\cos t\mathrm{d}t\right|\leqslant 2(\forall A\in[1,+\infty))$ 即一致有界; $\frac{1}{t^{\frac{1}{2}(p+1)}}$ 关于 t 单调且 $\frac{1}{t^{\frac{1}{2}(p+1)}}\leqslant\frac{1}{t^{\frac{1}{2}(p_0+1)}}\to 0$, 即 $\frac{1}{t^{\frac{1}{2}(p+1)}}$ 一致趋于零. 由 Dirichlet 判别法知 $I_2=\int_1^{+\infty}\frac{\cos x^2}{x^p}\mathrm{d}x$ 在 $[p_0,p_1]$ 上一致收敛.

由 (i), (ii) 知结论成立. ■

5. **判定** $I(\alpha)=\int_0^{+\infty}\frac{\mathrm{e}^{-x}}{|\sin x|^\alpha}\mathrm{d}x$ **对** $\alpha\in[0,b](0<b<1)$ **是否一致收敛?**

证　由于

$$\begin{aligned}I(\alpha)&=\sum_{n=0}^{\infty}\int_{n\pi}^{(n+1)\pi}\frac{\mathrm{e}^{-x}}{|\sin x|^\alpha}\mathrm{d}x\xlongequal{x=t+n\pi}\sum_{n=0}^{\infty}\mathrm{e}^{-n\pi}\int_0^{\pi}\frac{\mathrm{e}^{-t}}{|\sin t|^\alpha}\mathrm{d}t\\&=\frac{1}{1-\mathrm{e}^{-\pi}}\int_0^{\pi}\frac{\mathrm{e}^{-t}}{|\sin t|^\alpha}\mathrm{d}t=\frac{1}{1-\mathrm{e}^{-\pi}}\left[\int_0^{\frac{\pi}{2}}\frac{\mathrm{e}^{-t}}{|\sin t|^\alpha}\mathrm{d}t+\int_{\frac{\pi}{2}}^{\pi}\frac{\mathrm{e}^{-t}}{|\sin t|^\alpha}\mathrm{d}t\right].\end{aligned}$$

对 $\int_0^{\frac{\pi}{2}}\frac{\mathrm{e}^{-t}}{|\sin t|^\alpha}\mathrm{d}t$: 由于 $\frac{\mathrm{e}^{-t}}{|\sin t|^\alpha}\leqslant\frac{1}{|\sin t|^b}$, 且 $\int_0^{\frac{\pi}{2}}\frac{1}{|\sin t|^b}\mathrm{d}t$ 收敛, 由 M 判别法知 $\int_0^{\frac{\pi}{2}}\frac{\mathrm{e}^{-t}}{|\sin t|^\alpha}\mathrm{d}t$ 一致收敛. 同理 $\int_{\frac{\pi}{2}}^{\pi}\frac{\mathrm{e}^{-t}}{|\sin t|^\alpha}\mathrm{d}t$ 也一致收敛. 故结论成立. ■

6. 设 $f(x,y)$ 在 $[a,+\infty)\times[c,d]$ 上连续; 对任意 $y\in[c,d)$, $\int_a^{+\infty} f(x,y)\mathrm{d}x$ 收敛; $\int_a^{+\infty} f(x,d)\mathrm{d}x$ 发散. 求证: $\int_a^{+\infty} f(x,y)\mathrm{d}x$ 在 $[c,d)$ 上非一致收敛.

证 (证一) 只要证明 $\exists\varepsilon_0>0$, 对 $\forall A_0>a, \exists A''>A'>A_0$, $y\in[c,d)$ 使得

$$\left|\int_{A'}^{A''} f(x,y)\mathrm{d}x\right|\geqslant\varepsilon_0.$$

因为 $\int_a^{+\infty} f(x,d)\mathrm{d}x$ 发散, 故 $\exists\varepsilon_0>0, \forall A_0, \exists A'', A'>A_0$ 使得

$$\left|\int_{A'}^{A''} f(x,d)\mathrm{d}x\right|\geqslant 2\varepsilon_0. \tag{1}$$

因为 $f(x,y)\in C([a,+\infty)\times[c,d])$, 从而在 $[A',A'']\times[c,d]$ 上一致连续, 所以对上述 $\varepsilon_0>0, \exists\delta>0$, 当 $|x'-x''|<\delta, |y'-y''|<\delta$ 时, 有

$$|f(x',y')-f(x'',y'')|<\frac{\varepsilon_0}{A''-A'},$$

从而当 $|y-d|<\delta$ 时, 有

$$\left|\int_{A'}^{A''}[f(x,y)-f(x,d)]\mathrm{d}x\right|<\varepsilon_0. \tag{2}$$

由 (1)–(2) 式得

$$\left|\int_{A'}^{A''} f(x,y)\mathrm{d}x\right|\geqslant\left|\int_{A'}^{A''} f(x,d)\mathrm{d}x\right|-\left|\int_{A'}^{A''}[f(x,y)-f(x,d)]\mathrm{d}x\right|\geqslant\varepsilon_0.$$

(证二) 反证法. 若一致收敛, 则 $\forall\varepsilon>0, \exists A_0>a$, 当 $A''>A'>A_0$ 时有

$$\left|\int_{A'}^{A''} f(x,y)\mathrm{d}y\right|<\varepsilon.$$

因为 $f(x,y)\in C([a,+\infty)\times[c,d])$, 在上式中令 $y\to d$ 得

$$\left|\int_{A'}^{A''} f(x,d)\mathrm{d}y\right|\leqslant\varepsilon,$$

由 Cauchy 收敛准则知 $\int_a^{+\infty} f(x,d)\mathrm{d}x$ 收敛, 这与题设矛盾. ■

注 函数项级数也有类似的结果.

7. 判断 $\int_0^1 \frac{1}{x^\alpha}\sin\frac{1}{x}\mathrm{d}x$ 关于 α 在 $(0,2)$ 上是否一致收敛?

证 令 $x=\frac{1}{t}$, 则

$$\int_0^1 \frac{1}{x^\alpha}\sin\frac{1}{x}\mathrm{d}x=\int_1^{+\infty}\frac{1}{t^{2-\alpha}}\sin t\mathrm{d}t.$$

(证一) 由于 $\frac{1}{t^{2-\alpha}}\sin t \in C([1,+\infty)\times[0,2])$. 对 $\forall\alpha\in[0,2)$, $\int_1^{+\infty}\frac{1}{t^{2-\alpha}}\sin t\mathrm{d}t$ 收敛, 且 $\alpha=2$ 时 $\int_1^{+\infty}\sin t\mathrm{d}t$ 发散. 由 Cauchy 收敛准则知 $\int_0^1\frac{1}{x^\alpha}\sin\frac{1}{x}\mathrm{d}x$ 关于 α 在 $(0,2)$ 上非一致收敛.

(证二) 由于 $\lim\limits_{n\to\infty}\frac{1}{\sqrt[n]{2n\pi+\frac{\pi}{2}}}=1$, 故存在 N_0, 当 $n>N_0>0$ 时有 $\frac{1}{\sqrt[n]{2n\pi+\frac{\pi}{2}}}>\frac{1}{2}$.

$\exists\varepsilon_0=\frac{\pi}{16}>0, \forall A>0, \exists A'=2n\pi+\frac{\pi}{4}>A, A''=2n\pi+\frac{\pi}{2}>A(n>N_0), \exists\alpha=2-\frac{1}{n}\in(0,2)$ 使得

$$\int_{A'}^{A''}\frac{1}{t^{2-\alpha}}\sin t\mathrm{d}t>\frac{\sqrt{2}}{2}\frac{\pi}{4}\frac{1}{\sqrt[n]{2n\pi+\frac{\pi}{2}}}>\frac{\sqrt{2}\pi}{16}>\varepsilon_0.$$

由 Cauchy 收敛准则知 $\int_0^1\frac{1}{x^\alpha}\sin\frac{1}{x}\mathrm{d}x$ 关于 α 在 $(0,2)$ 上非一致收敛. ■

8. 设 $f(x)$ 在 $t>0$ 时连续, 若积分 $\int_0^{+\infty}t^\lambda f(t)\mathrm{d}t$ 在 $\lambda=\alpha$ 和 $\lambda=\beta(\alpha<\beta)$ 时收敛. 证明: $\int_0^{+\infty}t^\lambda f(t)\mathrm{d}t$ 关于 λ 在 $[\alpha,\beta]$ 上一致收敛.

证　注意到

$$\int_0^{+\infty}t^\lambda f(t)\mathrm{d}t=\int_0^1 t^{\lambda-\alpha}t^\alpha f(t)\mathrm{d}t+\int_1^{+\infty}t^{\lambda-\beta}t^\beta f(t)\mathrm{d}t. \tag{1}$$

(i) 对于 $\int_1^{+\infty}t^{\lambda-\beta}t^\beta f(t)\mathrm{d}t$: 由于 $\int_0^{+\infty}t^\beta f(t)\mathrm{d}t$ 收敛, 由广义积分收敛定义知 $\int_1^{+\infty}t^\beta\cdot f(t)\mathrm{d}t$ 收敛 (当然关于 λ 一致收敛); 对 $\forall\lambda\in[\alpha,\beta], t^{\lambda-\beta}$ 关于 t 单调, 且 $|t^{\lambda-\beta}|\leqslant 1$, 即一致有界. 由 Abel 判别法知 $\int_1^{+\infty}t^\lambda f(t)\mathrm{d}t$ 一致收敛.

(ii) 对于 $\int_0^1 t^{\lambda-\alpha}t^\alpha f(t)\mathrm{d}t$: 由 $\int_0^{+\infty}t^\alpha f(t)\mathrm{d}t$ 收敛, 由广义积分收敛定义知 $\int_0^1 t^\alpha f(t)\mathrm{d}t$ 收敛 (当然关于 λ 是一致收敛); 对 $\forall\lambda\in[\alpha,\beta], t^{\lambda-\alpha}$ 关于 t 单调, 且 $|t^{\lambda-\alpha}|\leqslant 1$, 即一致有界. 由 Abel 判别法知 $\int_0^1 t^\lambda f(t)\mathrm{d}t$ 一致收敛.

由 (i), (ii) 及 (1) 式知结论成立. ■

练习　(1)设 $I(y)=\int_0^{+\infty}y\mathrm{e}^{-xy}\mathrm{d}x$, 证明:(i) $\forall b>a>0$, $I(y)$ 在 $[a,b]$ 上一致收敛;
(ii) $I(y)$ 在任意 $(0,b]$ 上非一致收敛.

(2) 证明 $\int_1^{+\infty}\mathrm{e}^{-\frac{1}{\alpha^2}(x-\frac{1}{\alpha})^2}\mathrm{d}x$ 在 $(0,1)$ 上一致收敛.

(3) 设 $f(x,y)$ 在 $[a,+\infty)\times[c,d]$ 上连续; $\int_a^{+\infty}f(x,y)\mathrm{d}x$ 在 $[c,d)$ 上一致收敛. 求证: $\int_a^{+\infty}f(x,d)\mathrm{d}x$ 收敛.

(4) 判断 $\int_0^1(1+x+\cdots+x^n)\left(\ln\frac{1}{x}\right)^{\frac{1}{2}}\mathrm{d}x(n=1,2,\cdots)$ 是否一致收敛.

提示　注意到

$$\left|(1+x+\cdots+x^n)\left(\ln\frac{1}{x}\right)^{\frac{1}{2}}\right| \leqslant \frac{1}{1-x}\left(\ln\frac{1}{x}\right)^{\frac{1}{2}}.$$

(5) 判断 $\int_0^{+\infty} x\sin x^4\cos(\alpha x)\mathrm{d}x$ 对 $\alpha\in[a,b]$ (有限区间) 是否一致收敛.

提示　$\forall A>0$, 有

$$\int_A^{+\infty} x\sin x^4\cos(\alpha x)\mathrm{d}x = -\frac{\cos\alpha x\cos x^4}{4x^2}\bigg|_A^{+\infty} - \int_A^{+\infty}\frac{\alpha\sin\alpha x\cos x^4}{4x^2}\mathrm{d}x - \int_A^{+\infty}\frac{\cos\alpha x\cos x^4}{2x^3}\mathrm{d}x.$$

例 7-2-2　解答下列问题.

1. 设 $f_n(x)=\dfrac{x}{1+n^3x^3}$, $x\in[0,+\infty)$, 证明:

(1) $f_n(x)$ 一致收敛于 $0, x\in[0,+\infty)$;　　(2) $\lim\limits_{n\to\infty}\int_0^{+\infty} f_n(x)\mathrm{d}x=0$.

证　(1)(证一) 由于 $\forall x\in[0,+\infty)$, 有

$$|f_n(x)-0| = \frac{1}{1+nx}\frac{x}{n^2x^2-nx+1} = \frac{1}{1+nx}\frac{x}{(nx-1)^2+nx} \leqslant \frac{1}{n}\to 0\quad(n\to+\infty).$$

所以 $f_n(x)$ 一致收敛于 $0, x\in[0,+\infty)$.

(证二) 由于 $f_n'(x)=\dfrac{1-2n^3x^3}{(1+n^3x^3)^2}$, 故

$$\forall n, f_n(x)\nearrow,\quad x\in\left[0,\sqrt[3]{\frac{1}{2n^3}}\right];\quad f_n(x)\searrow,\quad x\in\left[\sqrt[3]{\frac{1}{2n^3}},+\infty\right),$$

所以 $x_n=\sqrt[3]{\dfrac{1}{2n^3}}$ 是 $f_n(x)$ 的极大值点, 而 $f_n(x_n)\to 0$, 所以 $f_n(x)$ 一致收敛于 $0, x\in[0,+\infty)$.

(2) 由于 $x=0$ 不是 $f_n(x)$ 的瑕点, 且 $f_n(x)\leqslant\dfrac{1}{x^2}(x>0)$, 由 Weierstrass 判别法知 $\int_0^{+\infty} f_n(x)\mathrm{d}x$ 关于 n 一致收敛, 所以 $\forall\varepsilon>0, \exists A_0>0$, 当 $A>A_0$ 时, 对 $\forall n$ 有

$$\left|\int_A^{+\infty} f_n(x)\mathrm{d}x\right| < \frac{\varepsilon}{2}. \tag{1}$$

固定 $A(A>A_0)$, 由于 $f_n(x)$ 在 $[0,+\infty)$ 上一致收敛于 0, 对上述 $\varepsilon>0, \exists N$, 当 $n>N$ 时, 对 $x\in[0,A]$ 有

$$|f_n(x)-0| < \frac{\varepsilon}{2A}, \tag{2}$$

此时 $(n>N)$ 由 (1), (2) 式有

$$\left|\int_0^{+\infty} f_n(x)\mathrm{d}x\right| \leqslant \int_0^A |f_n(x)|\mathrm{d}x + \left|\int_A^{+\infty} f_n(x)\mathrm{d}x\right| < \varepsilon. \quad ■$$

注　含数列一致收敛的积分性质是在有限区间 $[a,b]$ 上的积分, 因此此题不能直接应用该性质.

2. 设 $\{f_n(x)\}$ 是 $[0,+\infty)$ 上连续函数序列, 满足 (i) 在 $[0,+\infty)$ 上, $|f_n(x)|\leqslant g(x)$, 且 $\int_0^{+\infty}g(x)\mathrm{d}x$ 收敛; (ii) 任意有限区间 $[0,A](A>0)$ 上, 序列 $\{f_n(x)\}$ 一致收敛于 $f(x)$. 证明:

$$\lim_{n\to\infty}\int_0^{+\infty}f_n(x)\mathrm{d}x=\int_0^{+\infty}f(x)\mathrm{d}x.$$

证　只要证明 $\forall\varepsilon>0,\exists N$, 当 $n>N$ 时有

$$\left|\int_0^{+\infty}f_n(x)\mathrm{d}x-\int_0^{+\infty}f(x)\mathrm{d}x\right|<\varepsilon.$$

由条件知 $|f(x)|\leqslant g(x),x\in[0,+\infty)$, 从而

$$\begin{aligned}\left|\int_0^{+\infty}f_n(x)\mathrm{d}x-\int_0^{+\infty}f(x)\mathrm{d}x\right|&\leqslant\int_0^{A}|f_n(x)-f(x)|\mathrm{d}x+\int_A^{+\infty}|f_n(x)|\mathrm{d}x+\int_A^{+\infty}|f(x)|\mathrm{d}x\\&\leqslant\int_0^{A}|f_n(x)-f(x)|\mathrm{d}x+\int_A^{+\infty}g(x)\mathrm{d}x+\int_A^{+\infty}g(x)\mathrm{d}x.\quad(1)\end{aligned}$$

因为 $\int_0^{+\infty}g(x)\mathrm{d}x$ 收敛, 故存在 A 使得

$$0\leqslant\int_A^{+\infty}g(x)\mathrm{d}x<\frac{\varepsilon}{3}.\tag{2}$$

又 $\{f_n(x)\}$ 在 $[0,A]$ 上一致收敛于 $f(x)$, 对上述 $\varepsilon>0,\exists N>0$, 当 $n>N$ 时有

$$|f_n(x)-f(x)|<\frac{\varepsilon}{3A}.\tag{3}$$

由 (1)—(3) 知结论成立. ■

3. 设对任意自然数 n, $f_n(x)\in C[a,+\infty)$; 反常积分 $\int_a^{+\infty}f_n(x)\mathrm{d}x$ 关于 n 一致收敛; 对 $\forall M>a$, 在 $[a,M]$ 上有 $f_n(x)$ 一致收敛于 $f(x)(n\to+\infty)$. 证明:

(1) $\int_a^{+\infty}f(x)\mathrm{d}x$ 收敛;　(2) $\lim\limits_{n\to\infty}\int_a^{+\infty}f_n(x)\mathrm{d}x=\int_a^{+\infty}f(x)\mathrm{d}x$.

证　(1) 由 Cauchy 收敛准则, 只要证明 $\forall\varepsilon>0,\exists A_0>0$, 当 $A''>A'>A$ 时, 有

$$\left|\int_{A'}^{A''}f(x)\mathrm{d}x\right|<\varepsilon.$$

事实上, 由于 $\int_a^{+\infty}f_n(x)\mathrm{d}x$ 关于 n 一致收敛, 所以对 $\forall\varepsilon>0,\exists A_0>0$, 当 $A''>A'>A$ 时, 对 $\forall n$ 有

$$\left|\int_{A'}^{A''}f_n(x)\mathrm{d}x\right|<\frac{\varepsilon}{2}.\tag{1}$$

又因为 $\forall M > a$, 在 $[a, M]$ 上有 $f_n(x)$ 致收敛于 $f(x)$, 所以在 $[A', A'']$ 上一致收敛, 即对上述 $\varepsilon > 0, \exists N > 0$, 对 $\forall x \in [A', A'']$ 有

$$|f_N(x) - f(x)| < \frac{\varepsilon}{2(A'' - A')}. \tag{2}$$

由 (1), (2) 式得

$$\left|\int_{A'}^{A''} f(x)\mathrm{d}x\right| \leqslant \int_{A'}^{A''} |f_N(x) - f(x)|\mathrm{d}x + \left|\int_{A'}^{A''} f_N(x)\mathrm{d}x\right| < \varepsilon.$$

(2) $\int_a^{+\infty} f_n(x)\mathrm{d}x$ 关于 n 一致收敛, 且 $\int_a^{+\infty} f(x)\mathrm{d}x$ 收敛, 所以对 $\forall\varepsilon > 0, \exists A_0 > 0$, 对 $\forall n$ 有

$$\left|\int_{A_0}^{+\infty} f_n(x)\mathrm{d}x\right| < \frac{\varepsilon}{3}, \quad \left|\int_{A_0}^{+\infty} f(x)\mathrm{d}x\right| < \frac{\varepsilon}{3}. \tag{3}$$

对上述固定的 A_0, 由条件知 $\{f_n(x)\}$ 在 $[a, A_0]$ 上一致收敛于 $f(x)$, 则对上述 $\varepsilon > 0, \exists N$, 当 $n > N$ 时, 对 $\forall x \in [a, A_0]$ 有

$$|f_n(x) - f(x)| < \frac{\varepsilon}{3(A_0 - a)}. \tag{4}$$

此时 $(n > N)$ 由 (3), (4) 式有

$$\left|\int_a^{+\infty} (f_n(x) - f(x))\mathrm{d}x\right| \leqslant \int_a^{A_0} |f_n(x) - f(x)|\mathrm{d}x + \left|\int_{A_0}^{+\infty} f_n(x)\mathrm{d}x\right| + \left|\int_{A_0}^{+\infty} f(x)\mathrm{d}x\right| < \varepsilon. \quad ■$$

4. **设** $\varphi(x), f(x)$ **是连续函数, 且当** $|x| > R(R > 0)$ **时,** $\varphi(x) = 0$, **证明:**

(1) $\varphi(x)f\left(\frac{x}{n}\right)$ **一致收敛于** $\varphi(x)f(0), -\infty < x < +\infty$;

(2) **若还有** $\int_{-\infty}^{+\infty} \varphi(x)\mathrm{d}x = 1$, **则** $\lim\limits_{n\to\infty} n\int_{-\infty}^{+\infty} \varphi(nx)f(x)\mathrm{d}x = f(0)$.

证　(1) 当 $|x| > R$ 时, 结论显然成立.

当 $|x| \leqslant R$ 时, 因为 $\varphi(x) \in C[-R, R]$, 所以存在 $M > 0$ 使得 $|\varphi(x)| \leqslant M, x \in [-R, R]$.

由于 $f(x)$ 在 $x = 0$ 点连续, 所以 $\forall\varepsilon > 0, \exists\delta > 0$, 当 $|x| < \delta$ 时有

$$|f(x) - f(0)| < \frac{\varepsilon}{M}.$$

取 $N = \left[\frac{R}{\delta}\right]$, 当 $n > N$ 时, 对 $\forall x \in [-R, R]$ 有

$$\left|\varphi(x)f\left(\frac{x}{n}\right) - \varphi(x)f(0)\right| \leqslant M\left|f\left(\frac{x}{n}\right) - f(0)\right| < \varepsilon.$$

(2) 令 $nx = t$ 并注意到 $|x| > R$ 时, $\varphi(x) = 0$ 得

$$n\int_{-\infty}^{+\infty} \varphi(nx)f(x)\mathrm{d}x = \int_{-\infty}^{+\infty} \varphi(t)f\left(\frac{t}{n}\right)\mathrm{d}t = \int_{-R}^{R} \varphi(t)f\left(\frac{t}{n}\right)\mathrm{d}t, \tag{1}$$

由 $\varphi(x)f\left(\frac{x}{n}\right)$ 一致收敛于 $\varphi(x)f(0), x\in\mathbb{R}$, 由函数列一致收敛的性质及 (1) 式得

$$\lim_{n\to\infty} n\int_{-\infty}^{+\infty}\varphi(nx)f(x)\mathrm{d}x=\lim_{n\to\infty}\int_{-R}^{R}\varphi(t)f\left(\frac{t}{n}\right)\mathrm{d}t=\int_{-R}^{R}\lim_{n\to\infty}\varphi(t)f\left(\frac{t}{n}\right)\mathrm{d}t$$
$$=f(0)\int_{-R}^{R}\varphi(t)\mathrm{d}t=f(0).\quad\blacksquare$$

例 7-2-3 解答下列问题.

1. 设 $f(x)$ 在 $[0,+\infty)$ 上连续有界, $F(y)=\int_0^{+\infty}\frac{f(x)}{x^2+y^2}\mathrm{d}x$, 证明: $F(y)$ 在 $y>0$ 上连续.

证 由于 $f(x)$ 在 $[0,+\infty)$ 上连续有界, 故存在 $M>0$ 使得 $\forall x\in[0,+\infty)$ 有 $|f(x)|\leqslant M$. 对 $\forall y_0\in(0,+\infty), \exists[a,b]\subset(0,+\infty)$ 使得 $y_0\in[a,b]$. 由于 (i) $\left|\frac{f(x)}{x^2+y^2}\right|\leqslant\frac{M}{x^2+a^2}$; (ii) $\int_0^{+\infty}\frac{M}{x^2+a^2}\mathrm{d}x$ 收敛, 由 Weierstrass 判别法知 $\int_0^{+\infty}\frac{f(x)}{x^2+y^2}\mathrm{d}x$ 关于 y 在 $[a,b]$ 上一致收敛.

又 $\frac{f(x)}{x^2+y^2}\in C([0,+\infty)\times[a,b])$, 由一致收敛的连续性定理知 $F(y)\in C[a,b]$, 从而在 y_0 点连续, 由 y_0 的任意性知 $F(y)$ 在 $(0,+\infty)$ 连续. ■

2. 确定函数 $F(\alpha)=\int_0^{+\infty}\frac{\ln(1+x^3)}{x^\alpha}\mathrm{d}x$ 的连续范围.

解 (1) 先求收敛范围.

由于

$$F(\alpha)=\int_0^{+\infty}\frac{\ln(1+x^3)}{x^\alpha}\mathrm{d}x=\int_0^{1}\frac{\ln(1+x^3)}{x^\alpha}\mathrm{d}x+\int_1^{+\infty}\frac{\ln(1+x^3)}{x^\alpha}\mathrm{d}x.$$

对于 $\int_0^{1}\frac{\ln(1+x^3)}{x^\alpha}\mathrm{d}x$: 由于

$$\frac{\ln(1+x^3)}{x^\alpha}\sim\frac{x^3}{x^\alpha}=\frac{1}{x^{\alpha-3}}\quad(x\to0^+),$$

故当且仅当 $\alpha<4$ 时 $\int_0^{1}\frac{\ln(1+x^3)}{x^\alpha}\mathrm{d}x$ 收敛.

对于 $\int_1^{+\infty}\frac{\ln(1+x^3)}{x^\alpha}\mathrm{d}x$: 是无穷限广义积分, 由于 $\lim\limits_{x\to+\infty}\frac{\ln(1+x^3)}{x^\delta}=0, \forall\delta>0$, 由比较判别法知当且仅当 $\alpha>1$ 时 $\int_1^{+\infty}\frac{\ln(1+x^3)}{x^\alpha}\mathrm{d}x$ 收敛.

这样 $\int_0^{+\infty}\frac{\ln(1+x^3)}{x^\alpha}\mathrm{d}x$ 的收敛范围为 $(1,4)$.

(2) 再证连续性.

$\forall\alpha_0\in(1,4), \exists[a,b]\subset(1,4)$ 使得 $\alpha_0\in[a,b]$.

对 $\forall x\in[0,1]$ 有 $\left|\dfrac{\ln(1+x^3)}{x^\alpha}\right|\leqslant\dfrac{\ln(1+x^3)}{x^b}$, 且 $\displaystyle\int_0^1\frac{\ln(1+x^3)}{x^b}\mathrm{d}x$ 收敛, 故 $\displaystyle\int_0^1\frac{\ln(1+x^3)}{x^\alpha}\mathrm{d}x$ 在 $[a,b]$ 上一致收敛.

对 $\forall x\in[1,+\infty)$ 有 $\left|\dfrac{\ln(1+x^3)}{x^\alpha}\right|\leqslant\dfrac{\ln(1+x^3)}{x^a}$, 且 $\displaystyle\int_1^\infty\frac{\ln(1+x^3)}{x^a}\mathrm{d}x$ 收敛, 故 $\displaystyle\int_1^{+\infty}\frac{\ln(1+x^3)}{x^\alpha}\mathrm{d}x$ 在 $[a,b]$ 上一致收敛.

这样 $F(\alpha)$ 在 $[a,b]$ 上一致收敛, 由一致收敛的连续性定理知 $F(\alpha)$ 在 $[a,b]$ 上连续, 从而在 α_0 点连续, 由 α_0 的任意性知 $f(\alpha)$ 在 $(1,4)$ 上连续性. ■

3. 设 $F(x)=\displaystyle\int_0^{+\infty}\mathrm{e}^{-y^2}\cos(xy)\mathrm{d}y$, **证明**: (1) $2F'(x)+xF(x)=0$; (2) 求 $F(x)$.

证 (1) 记 $f(x,y)=\mathrm{e}^{-y^2}\cos(xy)$, 则 $f'_x(x,y)=-y\mathrm{e}^{-y^2}\sin(xy)$. 显然

(i) $f(x,y),f'_x(x,y)\in C(\mathbb{R}\times[0,+\infty))$;

(ii) 对 $\forall x\in\mathbb{R},\forall y\in[0,+\infty)$, 有 $|f(x,y)|\leqslant\mathrm{e}^{-y^2},|f'_x(x,y)|\leqslant y\mathrm{e}^{-y^2}$;

(iii) $\displaystyle\int_0^{+\infty}\mathrm{e}^{-y^2}\mathrm{d}y,\int_0^{+\infty}y\mathrm{e}^{-y^2}\mathrm{d}y$ 均收敛.

由 Weierstrass 定理知 $\displaystyle\int_0^{+\infty}f(x,y)\mathrm{d}y,\int_0^{+\infty}f'_x(x,y)\mathrm{d}y$ 关于 x 在 $\mathbb{R}$ 上一致收敛.

由一致收敛的积分号下求导定理得

$$
\begin{aligned}
F'(x)&=\int_0^{+\infty}f'_x(x,y)\mathrm{d}y=\int_0^{+\infty}\left(-y\mathrm{e}^{-y^2}\right)\sin(xy)\mathrm{d}y=\frac{1}{2}\int_0^{+\infty}\sin(xy)\mathrm{d}\mathrm{e}^{-y^2}\\
&=\frac{1}{2}\sin(xy)\mathrm{e}^{-y^2}\Big|_0^{+\infty}-\frac{1}{2}\int_0^{+\infty}\mathrm{e}^{-y^2}x\cos(xy)\mathrm{d}y=-\frac{1}{2}x\int_0^{+\infty}\mathrm{e}^{-y^2}\cos(xy)\mathrm{d}y\\
&=-\frac{1}{2}xF(x),
\end{aligned}
$$

即

$$2F'(x)+xF(x)=0.$$

(2) 由

$$2F'(x)+xF(x)=0\Longrightarrow F'(x)+\frac{x}{2}F(x)=0\Longrightarrow\left(F(x)\mathrm{e}^{\frac{1}{4}x^2}\right)'=0,$$

因此

$$F(x)=C\mathrm{e}^{-\frac{1}{4}x^2}.$$

因为 $F(0)=\displaystyle\int_0^{+\infty}\mathrm{e}^{-y^2}\mathrm{d}y=\frac{\sqrt{\pi}}{2}$, 所以 $C=\dfrac{\sqrt{\pi}}{2}$, 故

$$F(x)=\frac{\sqrt{\pi}}{2}\mathrm{e}^{-\frac{1}{4}x^2}.\quad■$$

注 求解含参变量的广义积分常应用积分的性质得到一个常微分方程, 然后求解方程而得到.

4. 求 $\int_0^{+\infty}\frac{e^{-ax}-e^{-bx}}{x}(0<a<b)$.

解　因为 e^{-xy} 在 $[0,+\infty)\times[a,b]$ 上连续, $\int_0^{+\infty}e^{-xy}dy$ 关于 $x\in[a,b]$ 一致收敛, 由含参变量广义积分一致收敛的性质得

$$\int_0^{+\infty}\frac{e^{-ax}-e^{-bx}}{x}dx=\int_0^{+\infty}\left(\frac{1}{x}e^{-yx}\Big|_a^b\right)dx=-\int_0^{+\infty}\int_b^a e^{-xy}dxdy$$
$$=\int_a^b dy\int_0^{+\infty}e^{-xy}dx=\int_a^b\frac{1}{y}dy=\ln\frac{b}{a}.\quad ■$$

5. 已知 $\int_0^{+\infty}e^{-x^2}dx=\frac{\sqrt{\pi}}{2}$, 求 $\int_0^{+\infty}\frac{e^{-ax^2}-e^{-bx^2}}{x^2}dx(b>a>0)$.

解　因为 e^{-x^2y} 在 $[0,+\infty)\times[a,b]$ 上连续, $\int_0^{+\infty}e^{-x^2y}dx$ 关于 $y\in[a,b]$ 一致收敛, 由含参变量广义积分一致收敛的性质得

$$\int_0^{+\infty}\frac{e^{-ax^2}-e^{-bx^2}}{x^2}dx=\int_0^{+\infty}\left(\frac{1}{x^2}e^{-yx^2}\Big|_a^b\right)dx=-\int_0^{+\infty}\int_b^a e^{-x^2y}dxdy$$
$$=\int_a^b dy\int_0^{+\infty}e^{-x^2y}dx,\tag{1}$$

$$\int_0^{+\infty}e^{-yx^2}dx\overset{\sqrt{y}x=t}{=\!=\!=}\int_0^{+\infty}e^{-t^2}\frac{1}{\sqrt{y}}dt=\frac{\sqrt{\pi}}{2}\frac{1}{\sqrt{y}}.\tag{2}$$

由 (1), (2) 式得

$$\int_0^{+\infty}\frac{e^{-ax^2}-e^{-bx^2}}{x^2}dx=\sqrt{\pi}y^{\frac{1}{2}}|_a^b=\sqrt{\pi}(\sqrt{b}-\sqrt{a}).\quad ■$$

6. 若 (i) $f(x,y)\in C([a,+\infty)\times[c,+\infty))$;

(ii) $\int_a^{+\infty}f(x,y)dx$ 关于 $y\in[c,C]$ 一致收敛 $(c<C<+\infty)$, $\int_c^{+\infty}f(x,y)dy$ 关于 $x\in[a,A]$ 一致收敛 $(a<A<+\infty)$;

(iii) $\int_a^{+\infty}dx\int_c^{+\infty}|f(x,y)|dy$ 与 $\int_c^{+\infty}dy\int_a^{+\infty}|f(x,y)|dx$ 有一个存在.

证明:

$$\int_c^{+\infty}dy\int_a^{+\infty}f(x,y)dx=\int_a^{+\infty}dx\int_c^{+\infty}f(x,y)dy.$$

证　由 (iii), 不妨设 $\int_a^{+\infty}dx\int_c^{+\infty}|f(x,y)|dy$ 存在. 只要证明

$$\lim_{d\to+\infty}\int_c^d dy\int_a^{+\infty}f(x,y)dx=\int_a^{+\infty}dx\int_c^{+\infty}f(x,y)dy,$$

事实上, 由于 $\int_a^{+\infty}dx\int_c^{+\infty}|f(x,y)|dy$ 收敛, 所以 $\forall\varepsilon>0,\exists A>a$ 使得

$$\int_A^{+\infty} \mathrm{d}x \int_c^{+\infty} |f(x,y)| \mathrm{d}y < \frac{\varepsilon}{2}. \tag{1}$$

又因为 $\int_c^{+\infty} f(x,y)\mathrm{d}y$ 关于 x 在 $[a,A]$ 上一致收敛, 所以对上述 $\varepsilon>0$, $\exists D$, 当 $d>D$ 时, $\forall x\in[a,A]$ 有

$$\left|\int_d^{+\infty} f(x,y)\mathrm{d}y\right| < \frac{\varepsilon}{2(A-a)}. \tag{2}$$

故由 (1), (2) 式知, 当 $d>D$ 时有

$$\begin{aligned}
\Delta &= \left|\int_c^d \mathrm{d}y \int_a^{+\infty} f(x,y)\mathrm{d}x - \int_a^{+\infty} \mathrm{d}x \int_c^{+\infty} f(x,y)\mathrm{d}y\right| \\
&\leqslant \left|\int_c^d \mathrm{d}y \int_a^{+\infty} f(x,y)\mathrm{d}x - \int_a^{+\infty} \mathrm{d}x \int_c^{d} f(x,y)\mathrm{d}y\right| + \left|\int_a^{+\infty} \mathrm{d}x \int_d^{+\infty} f(x,y)\mathrm{d}y\right| \\
&= \left|\int_a^{+\infty} \mathrm{d}x \int_d^{+\infty} f(x,y)\mathrm{d}y\right| \\
&\leqslant \int_a^{A} \mathrm{d}x \left|\int_d^{+\infty} f(x,y)\mathrm{d}y\right| + \int_A^{+\infty} \mathrm{d}x \int_c^{+\infty} |f(x,y)|\mathrm{d}y < \varepsilon. \quad \blacksquare
\end{aligned}$$

练习　(1) 若 $\int_{-\infty}^{+\infty} |f(x)|\mathrm{d}x$ 存在, 证明: $g(\alpha)=\int_{-\infty}^{+\infty} f(x)\cos(\alpha x)\mathrm{d}x$ 在 $(-\infty,+\infty)$ 上一致连续.

(2) 设 $F(x)=\int_0^{+\infty} \frac{\sin xt}{1+t^2}\mathrm{d}t$, 证明:

(i) $F(x)$ 在 $[0,+\infty)$ 上连续;

(ii) $F(x)$ 在 $(0,+\infty)$ 上有连续偏导数.

(3) 证明 $F(x)=\int_{\mathrm{e}}^{+\infty} \frac{\cos t}{t^x}\mathrm{d}t$ 在 $(1,+\infty)$ 上连续.

(4) 求 $f(x)=\int_0^{+\infty} \mathrm{e}^{-t^2}\cos(2xt)\mathrm{d}t$, 已知 $f(0)=\frac{\sqrt{\pi}}{2}$.

三、 Euler 积分

例 7-3-1　解答下列各题

1. 计算 $I_k=\frac{1}{\sqrt{2\pi}}\int_{-\infty}^{+\infty} x^k \mathrm{e}^{-\frac{x^2}{2}}\mathrm{d}x$, k 为自然数.

解　(1) 当 $k=2n-1(n=1,2,\cdots)$ 时, 被积函数为奇函数, 故 $I_k=0$.

(2) 当 $k=2n(n=1,2,\cdots)$ 时, 令 $t=\frac{x^2}{2}$. 则

$$\begin{aligned}
I_k &= 2^{\frac{k+1}{2}}\frac{1}{\sqrt{2\pi}}\int_0^{+\infty} t^{\frac{k+1}{2}-1}\mathrm{e}^{-t}\mathrm{d}t = \frac{2^n}{\sqrt{\pi}}\Gamma\left(n+\frac{1}{2}\right) \\
&= \frac{2^n}{\sqrt{\pi}}\left(n-\frac{1}{2}\right)\left(n-\frac{3}{2}\right)\cdots\frac{1}{2}\Gamma\left(\frac{1}{2}\right) = (2n-1)!!. \quad \blacksquare
\end{aligned}$$

注　注意到 $\Gamma\left(\frac{1}{2}\right)=\sqrt{\pi}$.

2. 求 $\int_0^1 \frac{1}{\sqrt[n]{1-x^n}}\mathrm{d}x$.

解　令 $x^n=t$, 则 $x=\sqrt[n]{t}, \mathrm{d}x=\frac{1}{n}t^{\frac{1}{n}-1}\mathrm{d}t$, 故

$$\int_0^1 \frac{1}{\sqrt[n]{1-x^n}}\mathrm{d}x=\frac{1}{n}\int_0^1 t^{\frac{1}{n}-1}(1-t)^{(1-\frac{1}{n})-1}\mathrm{d}t=\frac{1}{n}\mathrm{B}\left(\frac{1}{n},1-\frac{1}{n}\right)=\frac{1}{n}\frac{\pi}{\sin\frac{\pi}{n}}. \quad ■$$

注　由此可得 $\lim\limits_{n\to\infty}\int_0^1 \frac{1}{\sqrt[n]{1-x^n}}\mathrm{d}x=1$.

3. 计算 $\int_0^{+\infty}\sqrt{t}\mathrm{e}^{-t}\mathrm{d}t$.

解　由 Euler 积分公式得

$$\int_0^{+\infty}\sqrt{t}\mathrm{e}^{-t}\mathrm{d}t=\int_0^{+\infty}t^{\frac{3}{2}-1}\mathrm{e}^{-t}\mathrm{d}t=\Gamma\left(\frac{3}{2}\right)=\frac{1}{2}\Gamma\left(\frac{1}{2}\right)=\frac{\sqrt{\pi}}{2}. \quad ■$$

4. 求 $\lim\limits_{n\to+\infty}\int_0^1(1-x^2)^n\mathrm{d}x$.

解 (解一)　令 $t=x^2$, 则

$$\int_0^1(1-x^2)^n\mathrm{d}x=\frac{1}{2}\int_0^1(1-t)^n t^{-\frac{1}{2}}\mathrm{d}t=\frac{1}{2}\int_0^1 t^{\frac{1}{2}-1}(1-t)^{(n+1)-1}\mathrm{d}t$$

$$=\frac{1}{2}\mathrm{B}\left(\frac{1}{2},n+1\right)=\frac{1}{2}\frac{\Gamma\left(\frac{1}{2}\right)n!}{\Gamma\left(n+\frac{3}{2}\right)}=\frac{2^n n!}{(2n+1)!!}=\frac{(2n)!!}{(2n+1)!!}.$$

由于

$$\frac{(2n)!!}{(2n+1)!!}=\frac{2}{3}\cdot\frac{4}{5}\cdot\cdots\cdot\frac{2n}{2n+1}<\frac{3}{4}\cdot\frac{5}{6}\cdot\cdots\cdot\frac{2n+1}{2n+2}=2\frac{(2n+1)!!}{(2n+2)!!},$$

故

$$\left[\frac{(2n)!!}{(2n+1)!!}\right]^2<\frac{(2n)!!}{(2n+1)!!}\cdot 2\frac{(2n+1)!!}{(2n+2)!!}=\frac{2}{2n+2},$$

从而

$$\frac{(2n)!!}{(2n+1)!!}<\sqrt{\frac{2}{2n+2}},$$

故

$$\lim_{n\to+\infty}\int_0^1(1-x^2)^n\mathrm{d}x=0.$$

(解二) 令 $x=\cos\theta$, 则

$$\int_0^1(1-x^2)^n\mathrm{d}x=\int_0^{\frac{\pi}{2}}\sin^{2n+1}\theta\mathrm{d}\theta=\frac{(2n)!!}{(2n+1)!!}\to 0\quad(n\to\infty),$$

即

$$\lim_{n\to+\infty}\int_0^1(1-x^2)^n\mathrm{d}x=0.$$

(解三) 对 $\forall\varepsilon>0$, 取 $\delta=\dfrac{\varepsilon}{2}$, 则

$$\int_0^1(1-x^2)^n\mathrm{d}x=\int_\delta^1(1-x^2)^n\mathrm{d}x+\int_0^\delta(1-x^2)^n\mathrm{d}x\leqslant(1-\delta^2)^n+\delta. \tag{1}$$

而 $\lim\limits_{n\to\infty}\left(1-\delta^{2n}\right)=0$, 即对上述 $\varepsilon>0$, 存在 N, 当 $n>N$ 时, 有

$$\left(1-\delta^2\right)^n<\varepsilon. \tag{2}$$

由 (1), (2) 式有 $\displaystyle\int_0^1(1-x^2)^n\mathrm{d}x<\frac{\varepsilon}{2}$, 即

$$\lim_{n\to+\infty}\int_0^1\left(1-x^2\right)^n\mathrm{d}x=0. \quad ■$$

5. **设** $a_n=\displaystyle\int_0^1 x^n\sqrt{1-x^2}\mathrm{d}x$, $n\in\mathbb{N}$. **求证**

(i) $a_n=\dfrac{n-1}{n+2}a_{n-2}$;　(ii) $a_n\leqslant a_{n-1}\leqslant a_{n-2}$;　(iii) $\lim\limits_{n\to\infty}\dfrac{a_n}{a_{n-1}}=1$.

解　(i) 令 $t=x^2$, 则 $x=\sqrt{t}, \mathrm{d}x=\dfrac{1}{2\sqrt{t}}\mathrm{d}t$, 因此

$$a_n=\frac{1}{2}\int_0^1 t^{\frac{n-1}{2}}(1-t)^{\frac{1}{2}}\mathrm{d}t=\frac{1}{2}\mathrm{B}\left(\frac{n+1}{2},\frac{3}{2}\right).$$

由 B 函数的性质

$$\mathrm{B}(p,q)=\frac{p-1}{p+q-1}\mathrm{B}(p-1,q)$$

得

$$a_n=\frac{1}{2}\frac{n-1}{n+2}\mathrm{B}\left(\frac{n-1}{2},\frac{3}{2}\right)=\frac{n-1}{n+2}a_{n-2}.$$

(ii) 由于

$$a_n=\int_0^1 x^n\sqrt{1-x^2}\mathrm{d}x\leqslant\int_0^1 x^{n-1}\sqrt{1-x^2}\mathrm{d}x=a_{n-1},$$

从而

$$a_n \leqslant a_{n-1} \leqslant a_{n-2}.$$

(iii) 由 (i) 得 $\dfrac{a_n}{a_{n-2}} = \dfrac{n-1}{n+2}$, 从而

$$\lim_{n\to\infty} \frac{a_n}{a_{n-2}} = 1. \tag{1}$$

由 (ii) 知

$$\frac{a_n}{a_{n-2}} \leqslant \frac{a_n}{a_{n-1}} \leqslant 1. \tag{2}$$

由 (1), (2) 式及两边夹定理知

$$\lim_{n\to\infty} \frac{a_n}{a_{n-1}} = 1. \quad \blacksquare$$

注　令 $x = \sin t$ 化为三角函数再证明也可以.

6. 已知 $0 \leqslant h \leqslant 1$, 正整数 $n \geqslant 3$. 证明:

$$\int_0^h (1-t^2)^{\frac{n-3}{2}} \mathrm{d}t \geqslant \frac{\sqrt{\pi}}{2} \frac{\Gamma\left(\dfrac{n-1}{2}\right)}{\Gamma\left(\dfrac{n}{2}\right)} h.$$

证　令 $t = h\sqrt{x}$, 则

$$\begin{aligned}
\int_0^h (1-t^2)^{\frac{n-3}{2}} \mathrm{d}t &= \int_0^1 (1-h^2x)^{\frac{n-3}{2}} \frac{h}{2\sqrt{x}} \mathrm{d}x \geqslant \int_0^1 (1-x)^{\frac{n-3}{2}} \frac{h}{2\sqrt{x}} \mathrm{d}x \\
&= \int_0^1 (1-x)^{\frac{n-1}{2}-1} \frac{h}{2\sqrt{x}} \mathrm{d}x = \frac{h}{2} \mathrm{B}\left(\frac{n-1}{2}, \frac{1}{2}\right) \\
&= \frac{h}{2} \frac{\Gamma\left(\dfrac{n-1}{2}\right)\Gamma\left(\dfrac{1}{2}\right)}{\Gamma\left(\dfrac{n}{2}\right)} = \frac{\sqrt{\pi}}{2} \frac{\Gamma\left(\dfrac{n-1}{2}\right)}{\Gamma\left(\dfrac{n}{2}\right)} h. \quad \blacksquare
\end{aligned}$$

第 8 章　多元函数积分学

内容精析

一、重积分

一元函数的积分包括定积分和反常积分. 重积分包括有界闭区域上的重积分与反常重积分, 我们主要讨论有界闭区域上的重积分.

1. 有界闭区域重积分的概念

重积分的定义和定积分类似: 分割、作和、求极限. 定义中有两个任意: 任意分、任意取. 定积分中的积分和为函数值乘以 Δx_i, 然后求和, 由此可知定积分是与积分路径有关的积分. 而重积分的积分和是函数值乘每个小区域的测度 $\Delta\sigma_i$ (二重积分), 或 ΔV_i (三重积分), 然后再求和.

最初引入定积分是为了计算曲边梯形的面积, 当被积函数为 1 时, 定积分就是区间的长度 (或长度的相反数). 重积分的引入是为了计算曲顶柱体的体积, 当被积函数为 1 时, 重积分就是积分区域的测度 (二重积分就是积分区域的面积, 三重积分就是积分区域的体积).

2. 可积理论

1^0 可积的必要条件: 可积函数一定有界.

2^0 可积的充分条件: 连续函数一定可积、不连续点只分布在有限个点 (定积分)、有限条光滑曲线 (二重积分) 或有限块光滑曲面上 (三重积分) 的函数一定可积.

3^0 可积的充要条件.

3. 重积分的性质

对被积函数的线性性质、积分区域的可加性、保序性、可积必绝对可积性、积分不等式、积分对函数乘积的封闭性、积分中值定理等.

4. 重积分的计算

1^0 化为累次积分.

(1) 矩形区域上重积分.

定理 1　设二元函数 $f(x,y)$ 在闭矩形 $\Omega=[a,b]\times[c,d]$ 上可积, 若积分 $h(x)=\int_c^d f(x,y)\mathrm{d}y$ 对 $\forall x\in[a,b]$ 存在, 则 $h(x)$ 在 $[a,b]$ 可积, 且有

$$\iint_{\Omega} f(x,y)\mathrm{d}x\mathrm{d}y=\int_a^b \mathrm{d}x\int_c^d f(x,y)\mathrm{d}y.$$

特别地, 若 $f(x,y)\in C([a,b]\times[c,d])$, 则

$$\iint_{\Omega} f(x,y)\mathrm{d}x\mathrm{d}y=\int_a^b \mathrm{d}x\int_c^d f(x,y)\mathrm{d}y.$$

这个结果说明二重积分可以化为累次积分, 每个累次积分就是定积分或含变量的正常积分, 用定积分的计算方法即可求得计算结果. 并不是所有的重积分都能化成累次积分, 如: 设 $D=[0,1]\times[0,1]$,

$$f(x,y)=\begin{cases}\dfrac{1}{p_x}+\dfrac{1}{p_y}, & x=\dfrac{q_x}{p_x},y=\dfrac{q_y}{p_y}\text{为既约分数},\\ 0, & \text{其他}.\end{cases}$$

仿一元函数中 Riemann 函数的可积性证明可得

$$\iint\limits_{\Omega} f(x,y)\mathrm{d}x\mathrm{d}y=0.$$

但它的累次积分不存在, 事实上, 由于 $\int_0^1 R(x)\mathrm{d}x=0$, 所以 $\forall x=\dfrac{q_x}{p_x}\in\mathbb{Q}$ (有理数), 有

$$\sum_{i=1}^{n} f(x,y_i)\Delta y_i=\begin{cases}0, & y_i\text{为无理数},\\ \dfrac{1}{p_x}, & y_i\text{为有理数},\end{cases}$$

故 $\int_0^1 f(x,y)\mathrm{d}y$ 不存在, 同理可证 $\int_0^1 f(x,y)\mathrm{d}x$ 也不存在.

这一结果可以推广到 $\mathbb{R}^n$ 中. 特别地, 当 $n=3$ 时, 记 $\Omega=[a,b]\times[c,d]\times[e,g],\Omega^*=[c,d]\times[e,g]$, 有

$$\iiint\limits_{\Omega} f(x,y,z)\mathrm{d}x\mathrm{d}y\mathrm{d}z=\int_a^b \mathrm{d}x\iint\limits_{\Omega^*} f(x,y,z)\mathrm{d}y\mathrm{d}z.$$

定理 2　设 $f(x_1,x_2,\cdots,x_n)$ 在 n 维矩形 $\Omega=[a_1,b_1]\times[a_2,b_2]\times\cdots\times[a_n,b_n]$ 上连续, 则

$$\int\cdots\int\limits_{\Omega} f(x_1,x_2,\cdots,x_n)\mathrm{d}x_1\cdots\mathrm{d}x_n=\int_{a_1}^{b_1}\mathrm{d}x_1\cdots\int_{a_{n-1}}^{b_{n-1}}\mathrm{d}x_{n-1}\int_{a_n}^{b_n} f(x_1,x_2,\cdots,x_n)\mathrm{d}x_n.$$

(2) 一般区域上重积分.

许多常见闭区域都可以分解为有限个除边界外无公共点的 x 型区域或 y 型区域, 因而只要解决 x 型区域或 y 型区域上的二重积分计算问题, 一般区域上二重积分的计算就解决了. 对同一个积分, 采用不同的积分次序积分的难易繁简程度可能相差较大, 根据具体问题要灵活选用适当的积分次序.

定理 3　设 $f(x,y)$ 在 x 型区域 $D=\{(x,y)|a\leqslant x\leqslant b,y_1(x)\leqslant y\leqslant y_2(x)\}$ 上连续, 其中 $y_1(x),y_2(x)$ 在 $[a,b]$ 上连续, 则

$$\iint\limits_{D} f(x,y)\mathrm{d}x\mathrm{d}y=\int_a^b \mathrm{d}x\int_{y_1(x)}^{y_2(x)} f(x,y)\mathrm{d}y.$$

类似地, 若 $f(x,y)$ 在 y 型区域 $D=\{(x,y)|x_1(y)\leqslant x\leqslant x_2(y),c\leqslant y\leqslant d\}$ 上连续, 其中 $x_1(y),x_2(y)$ 在 $[c,d]$ 上连续, 则

$$\iint\limits_{D} f(x,y)\mathrm{d}x\mathrm{d}y=\int_c^d \mathrm{d}y\int_{x_1(x)}^{x_2(x)} f(x,y)\mathrm{d}x.$$

投影法 (1+2)　在三维情形, 若 $f(x,y,z)$ 在 $\Omega=\{(x,y,z)|a\leqslant x\leqslant b,y_1(x)\leqslant y\leqslant y_2(x),z_1(x,y)\leqslant z\leqslant z_2(x,y)\}$ 上连续, 且 $z_i(x,y),y_i(x)(i=1,2)$ 都连续, 则

$$\iiint\limits_{\Omega}f(x,y,z)\mathrm{d}x\mathrm{d}y\mathrm{d}z=\iint\limits_{\Omega_{xy}}\mathrm{d}x\mathrm{d}y\int_{z_1(x,y)}^{z_2(x,y)}f(x,y,z)\mathrm{d}z=\int_a^b\mathrm{d}x\int_{y_1(x)}^{y_2(x)}\mathrm{d}y\int_{z_1(x,y)}^{z_2(x,y)}f(x,y,z)\mathrm{d}z.$$

截面法 (2+1)　利用类似的思想方法可以得到: 设 Ω 为限制在平面 $z=e$ 和 $z=g$ 之间的一个具有分片光滑边界的区域, 过 $z(e\leqslant z\leqslant g)$ 且与 xy 平面平行的平面截 Ω 成一个图形, 记这个图形在 xy 平面的投影为 Ω_z. 若 $f(x,y,z)$ 在 Ω 上连续, 则成立如下的公式:

$$\iiint\limits_{\Omega}f(x,y,z)\mathrm{d}x\mathrm{d}y\mathrm{d}z=\int_e^g\mathrm{d}z\iint\limits_{\Omega_z}f(x,y,z)\mathrm{d}x\mathrm{d}y.$$

2^0 利用对称性, 简化积分.

3^0 变量替换.

在定积分部分, 我们常用换元法计算定积分, 那里的换元主要是为了简化被积函数, 因为定积分的积分范围就是区间. 对重积分而言, 变量替换有着双重任务, 一方面要简化被积函数; 另一方面还要简化积分区域. 根据被积函数或者积分区域的特点灵活选取合适的变换, 还要准确确定变量变换后的变量范围.

正则变换　设变换 $T:\begin{cases}x=x(u,v),\\ y=y(u,v),\end{cases}$ $(u,v)\in D$, 将平面区域 D 变为 xy 平面上的区域 $T(D)$. 如果满足条件:

1^0 $x=x(u,v),y=y(u,v)$ 都在 D 上有一阶连续偏导数;

2^0 变换 T 是一一的;

3^0 $J(u,v)=\dfrac{\partial(x,y)}{\partial(u,v)}\neq 0,(u,v)\in D$. 则称变换 T 是正则变换.

正则变换的性质:

(i) T 将 D 的内点变成 $T(D)$ 的内点, 从而边界变成边界;

(ii) T 将 D 中的面积为零的曲线变成 $T(D)$ 中同类曲线.

利用正则变换的性质 (边界变成边界) 较容易确定变换中参数的范围.

定理 4　设 $f(x,y)$ 在有界闭区域 D 上可积, 变换 $T:\begin{cases}x=x(u,v),\\ y=y(u,v),\end{cases}$ $(u,v)\in D$ 为正则变换, D 为平面上按段光滑的封闭曲线所围成的区域. 则

$$\iint\limits_{T(D)}f(x,y)\mathrm{d}x\mathrm{d}y=\iint\limits_{D}f(x(u,v),y(u,v))|J(u,v)|\mathrm{d}u\mathrm{d}v.$$

Jacobi 行列式绝对值 $|J(u,v)|$ 几何意义为面积的伸缩系数.

这个变换公式, 可以推广到 n 维空间中的情形: 变换 T 在类似于上述定理的假设下, 有

$$\int_{T(\Omega)}f(y_1,y_2,\cdots,y_n)\mathrm{d}y_1\mathrm{d}y_2\cdots\mathrm{d}y_n=\int_{\Omega}f(y_1(x),y_2(x),\cdots,y_n(x))|J|\mathrm{d}x_1\mathrm{d}x_2\cdots\mathrm{d}x_n.$$

其中 $J=\left|\dfrac{\partial(y_1,y_2,\cdots,y_n)}{\partial(x_1,x_2,\cdots,x_n)}\right|$. 当 $n=3$ 时, $\left|\dfrac{\partial(y_1,y_2,\cdots,y_n)}{\partial(x_1,x_2,\cdots,x_n)}\right|$ 是体积的伸缩系数.

在定积分中, 换元积分公式为

$$\int_a^b f(x)\mathrm{d}x=\int_\alpha^\beta f(\varphi(t))\varphi'(t)\mathrm{d}t.$$

而重积分的变量替换后面是 Jacobi 行列式的绝对值, 而在定积分中却是 $\varphi'(t)$, 都是积分变换, 为什么一个是 Jacobi 行列式的绝对值, 另一个是变换的导数 $\varphi'(t)$ 呢? 请读者思考.

在应用积分变换时, 要注意: ①弄清楚变化前变量的范围; ②千万不能漏掉公式中 Jacobi 行列式的绝对值! 同时还要注意 $J(u,v)$ 和 $J(x,y)$ 互为倒数!

对于二重积分和三重积分, 有下面常用的变换.

(1) 二重积分.

(i) 极坐标变换: $\begin{cases}x=r\cos\theta,\\ y=r\sin\theta,\end{cases}$ $\theta\in[0,2\pi],r\in[0,+\infty)$, 此变换的 Jacobi 行列式为

$$\frac{\partial(x,y)}{\partial(r,\theta)}=r.$$

(ii) 广义极坐标变换: $\begin{cases}x=ar\cos\theta,\\ y=br\sin\theta,\end{cases}$ $\theta\in[0,2\pi],r\in[0,+\infty)$, 此变换的 Jacobi 行列式为

$$\frac{\partial(x,y)}{\partial(r,\theta)}=abr.$$

这种变换主要应用于积分区域或被积函数中含有 x^2+y^2 或 $\dfrac{x^2}{a^2}+\dfrac{y^2}{b^2}$ 等的积分. 根据积分区域和被积函数的特点, 可灵活选取合适的其他变换, 变换可能不唯一.

(2) 三重积分.

(i) 球面坐标变换: $\begin{cases}x=r\sin\varphi\cos\theta,\\ y=r\sin\varphi\sin\theta,\\ z=r\cos\varphi,\end{cases}$ $\varphi\in[0,\pi],\theta\in[0,2\pi],r\in[0,\infty)$, 此变换的 Jacobi 行列式为

$$\frac{\partial(x,y,z)}{\partial(r,\varphi,\theta)}=r^2\sin\varphi.$$

(ii) 广义球面坐标变换: $\begin{cases}x=ar\sin\varphi\cos\theta,\\ y=br\sin\varphi\sin\theta,\\ z=cr\cos\varphi,\end{cases}$ $\varphi\in[0,\pi],\theta\in[0,2\pi],r\in[0,\infty)$, 此变换的 Jacobi 行列式为

$$\frac{\partial(x,y,z)}{\partial(r,\varphi,\theta)}=abc\,r^2\sin\varphi.$$

(iii) 柱坐标变换: $\begin{cases} x = r\cos\theta, \\ y = r\sin\theta, \quad \theta\in[0,2\pi], r\in[0,\infty), z\in(-\infty,+\infty), \\ z = z, \end{cases}$ 此变换的 Jacobi 行列式为

$$\frac{\partial(x,y,z)}{\partial(r,\theta,z)} = r.$$

积分区域的投影 (定义域) 为圆或椭圆的一部分, 一般选取柱坐标变换; 积分区域为球 (椭球) 一部分一般选用球 (椭球) 变换. 当然变换的选取有时也根据被积函数的特点. 总之, 根据积分区域和被积函数的特点可灵活选取合适的其他变换.

二、 曲线积分

(一) 第一型曲线积分

1. 第一型曲线积分的定义及其物理背景

1^0 第一型曲线积分的定义.

定义简单概括为: 分割、作和、求极限. 定义中有两个任意: 任意分、任意取. 其积分和为 $\sum\limits_{i=1}^{n} f(\xi_i,\eta_i,\zeta_i)\Delta s_i$, 其中 Δs_i 为小弧段的长度从而是正的; 第一型曲线积分就是积分和的极限. 对第一型曲线积分有

$$\int_{\widehat{AB}} f\mathrm{d}s = \int_{\widehat{BA}} f\mathrm{d}s,$$

即第一型曲线积分与积分路径的方向无关.

而定积分的积分和是 $\sum\limits_{i=1}^{n} f(\xi_i)\Delta x_i$, 其中 Δx_i 是后面分点减去相邻的前面一个分点的差, Δx_i 可能为正也可能为负. 所以对定积分有

$$\int_a^b f(x)\mathrm{d}x = -\int_b^a f(x)\mathrm{d}x,$$

即定积分与积分路径方向有关.

2^0 物理背景: 第一型曲线积分描述曲线型细长构件的质量. 由此也能得到

$$\int_{\widehat{AB}} f\mathrm{d}s = \int_{\widehat{BA}} f\mathrm{d}s.$$

2. 第一型曲线积分的性质

第一型曲线积分的性质与定积分的性质非常类似: 被积函数线性性质、路径可加性、积分不等式、积分估计式等. 但与定积分的性质也有一些区别, 前面指出定积分与积分路径方向有关的积分, 而第一型曲线积分是与积分路径方向无关的积分.

3. 第一型曲线积分的计算

1^0 空间曲线的第一型积分.

(1) 若空间曲线由参数方程给出: $L:\begin{cases} x=x(t), \\ y=y(t), \\ z=z(t), \end{cases} t\in[\alpha,\beta]$, 则

$$\int_L f(x,y,z)\mathrm{d}s=\int_\alpha^\beta f(x(t),y(t),z(t))\sqrt{x'^2(t)+y'^2(t)+z'^2(t)}\mathrm{d}t.$$

在微分学部分已知 $\boldsymbol{\tau}=(x'(t),y'(t),z'(t))|_{t_0}$ 为空间曲线在 t_0 的切向量的方向数.

特别地, 若曲线 L 由 $y=y(x),z=z(x),x\in[a,b]$ 形式给出, 则

$$\int_L f(x,y,z)\mathrm{d}s=\int_a^b f(x,y(x),z(x))\sqrt{1+y'^2(x)+z'^2(x)}\mathrm{d}x.$$

若 $f\equiv1$, 上述公式即为空间曲线长度的计算公式.

(2) 若空间曲线是以两曲面的交线形式给出: $L:\begin{cases} F(x,y,z)=0, \\ G(x,y,z)=0, \end{cases}$ 对于这类积分, 一般采用对称法或写出曲线的参数方程等, 根据具体问题灵活处理 (如:Stokes 公式).

2^0 对平面曲线的第一型曲线积分.

(1) 若曲线 $L:\begin{cases} x=x(t), \\ y=y(t), \end{cases} t\in[\alpha,\beta]$, 则

$$\int_L f(x,y)\mathrm{d}s=\int_\alpha^\beta f(x(t),y(t))\sqrt{x'^2(t)+y'^2(t)}\mathrm{d}t.$$

特别地, 若曲线 $L:y=y(x),x\in[a,b]$, 则

$$\int_L f(x,y)\mathrm{d}s=\int_a^b f(x,y(x))\sqrt{1+y'^2(x)}\mathrm{d}x.$$

(2) 若曲线 $L:r=r(\theta),\theta\in[\alpha,\beta]$, 则

$$\int_L f(x,y)\mathrm{d}s=\int_\alpha^\beta f(r(\theta)\cos\theta,r(\theta)\sin\theta)\sqrt{r^2(\theta)+r'^2(\theta)}\mathrm{d}\theta.$$

若 $f\equiv1$, 上述公式即为平面曲线长度的计算公式, 这恰好是定积分内容中的弧长计算公式.

(3) 若曲线以隐函数形式给出, 一般写成参数形式处理. 如双扭线 $L:(x^2+y^2)^2=a^2(x^2-y^2)$ 的参数形式为

$$\begin{cases} x=a\sqrt{\cos2\theta}\cos\theta, \\ y=a\sqrt{\cos2\theta}\sin\theta, \end{cases} \qquad \theta\in\left[-\frac{\pi}{4},\frac{\pi}{4}\right]\cup\left[\frac{3\pi}{4},\frac{5\pi}{4}\right].$$

(二) 第二型曲线积分

1. 第二型曲线积分的定义及其物理背景

1^0 向量值函数 $\boldsymbol{f}(x,y,z)=(P(x,y,z),Q(x,y,z),R(x,y,z))$ 在曲线 L 上的第二型曲线积分可概括为: 分割、作和、求极限. 定义中有两个任意: 任意分、任意取. 注意到, 积分和为

$$\sum_{i=1}^{n}\left[P(\xi_i,\eta_i,\zeta_i)\Delta x_i+Q(\xi_i,\eta_i,\zeta_i)\Delta y_i+R(\xi_i,\eta_i,\zeta_i)\Delta z_i\right].$$

易知

$$\Delta x_i=\Delta s_i\cos(\boldsymbol{\tau},x),\quad \Delta y_i=\Delta s_i\cos(\boldsymbol{\tau},y),\quad \Delta z_i=\Delta s_i\cos(\boldsymbol{\tau},z)$$

分别表示弧段长 Δs_i 在 x, y, z 轴上的投影, $\boldsymbol{\tau}=(\cos(\boldsymbol{\tau},x),\cos(\boldsymbol{\tau},y),\cos(\boldsymbol{\tau},z))$ 为曲线上 (ξ_i,η_i,ζ_i) 点处的单位切向量.

由此可知, 第二型曲线积分与积分路径有关. 第二型曲线积分可写成

$$\begin{aligned}&\int_L P(x,y,z)\mathrm{d}x+Q(x,y,z)\mathrm{d}y+R(x,y,z)\mathrm{d}z\\=&\int_L\left[P(x,y,z)\cos(\boldsymbol{\tau},x)+Q(x,y,z)\cos(\boldsymbol{\tau},y)+R(x,y,z)\cos(\boldsymbol{\tau},z)\right]\mathrm{d}s\\=&\int_L \boldsymbol{f}\cdot\boldsymbol{\tau}\mathrm{d}s.\end{aligned}$$

此公式揭示了第一、第二型曲线积分的关系, 由此可见两种曲线积分可以相互转化.

2^0 第二型曲线积分的物理背景: 描述变力 $\boldsymbol{f}(x,y,z)=(P(x,y,z),Q(x,y,z),R(x,y,z))$, 沿曲线从始点到终点所做的功. 由此也能得到第二型曲线积分是与积分路径有关的积分.

2. 第二型曲线积分的性质

第二型曲线积分具有线性性、积分路径的可加性等性质.

3. 第二型曲线积分的计算

1^0 化为定积分.

(1) 若空间曲线由参数方程给出: $L:\begin{cases}x=x(t),\\y=y(t),\quad t\in[\alpha,\beta],\\z=z(t),\end{cases}$ 则

$$\begin{aligned}&\int_L P(x,y,z)\mathrm{d}x+Q(x,y,z)\mathrm{d}y+R(x,y,z)\mathrm{d}z\\=&\int_\alpha^\beta\left[P(x(t),y(t),z(t))x'(t)+Q(x(t),y(t),z(t))y'(t)+R(x(t),y(t),z(t))z'(t)\right]\mathrm{d}t.\end{aligned}$$

特别地, 若 $L:y=y(x),z=z(x),x\in[a,b]$, 则

$$\begin{aligned}&\int_L P(x,y,z)\mathrm{d}x+Q(x,y,z)\mathrm{d}y+R(x,y,z)\mathrm{d}z\\=&\int_a^b\left[P(x,y(x),z(x))+Q(x,y(x),z(x))y'(x)+R(x,y(x),z(x))z'(x)\right]\mathrm{d}x.\end{aligned}$$

(2) 若 $L:\begin{cases}F(x,y,z)=0,\\G(x,y,z)=0,\end{cases}$ 对于这类积分, 一般利用对称性、写出曲线的参数方程或 Stokes 公式等方法.

2^0 (Stokes 公式) 设光滑曲面 S 的边界 L 是按段光滑的连续曲线. 若函数 P, Q, R 在 S 及其边界上有连续的偏导数, 则

$$\oint_L P\mathrm{d}x+Q\mathrm{d}y+R\mathrm{d}z=\iint_S\left(\frac{\partial R}{\partial y}-\frac{\partial Q}{\partial z}\right)\mathrm{d}y\mathrm{d}z+\left(\frac{\partial P}{\partial z}-\frac{\partial R}{\partial x}\right)\mathrm{d}z\mathrm{d}x+\left(\frac{\partial Q}{\partial x}-\frac{\partial P}{\partial y}\right)\mathrm{d}x\mathrm{d}y$$

$$=\iint_S\left[\left(\frac{\partial R}{\partial y}-\frac{\partial Q}{\partial z}\right)\cos(\boldsymbol{n},x)+\left(\frac{\partial P}{\partial z}-\frac{\partial R}{\partial x}\right)\cos(\boldsymbol{n},y)+\left(\frac{\partial Q}{\partial x}-\frac{\partial P}{\partial y}\right)\cos(\boldsymbol{n},z)\right]\mathrm{d}S$$

$$=\iint_S\begin{vmatrix}\mathrm{d}y\mathrm{d}z & \mathrm{d}z\mathrm{d}x & \mathrm{d}x\mathrm{d}y\\ \dfrac{\partial}{\partial x} & \dfrac{\partial}{\partial y} & \dfrac{\partial}{\partial z}\\ P & Q & R\end{vmatrix}=\iint_S\begin{vmatrix}\cos(\boldsymbol{n},x) & \cos(\boldsymbol{n},y) & \cos(\boldsymbol{n},z)\\ \dfrac{\partial}{\partial x} & \dfrac{\partial}{\partial y} & \dfrac{\partial}{\partial z}\\ P & Q & R\end{vmatrix}\mathrm{d}S,$$

其中 S 的侧与 L 方向按右手法则确定, $\boldsymbol{n}$ 为曲面的单位外法向量, 此公式给出了曲线积分与曲面积分的关系. 此公式对计算曲线由 $L:\begin{cases}F(x,y,z)=0,\\ G(x,y,z)=0,\end{cases}$ 给出的曲线积分大有帮助.

Stokes 公式又可以写为

$$\iint_S \mathrm{rot}\boldsymbol{a}\mathrm{d}\boldsymbol{S}=\oint_L \boldsymbol{a}\cdot\mathrm{d}\boldsymbol{s},$$

其中 $\boldsymbol{a}=(P,Q,R), \mathrm{d}\boldsymbol{S}=\boldsymbol{n}\mathrm{d}S, \mathrm{d}\boldsymbol{s}=\boldsymbol{\tau}\mathrm{d}s$, 所以 Stokes 公式又称为**旋度定理**.

由 Stokes 公式, 我们得到关于空间曲线积分与路径无关性定理.

3^0 设 $\Omega\subset\mathbb{R}^3$ 为空间单连通区域. 若函数 P, Q, R 在 Ω 上有连续偏导数, 则下面各个条件等价:

(1) 对 Ω 内任意按段光滑的封闭曲线 L, 有 $\oint_L P\mathrm{d}x+Q\mathrm{d}y+R\mathrm{d}z=0$.

(2) 对 Ω 内任意按段光滑曲线 L, 曲线积分 $\int_L P\mathrm{d}x+Q\mathrm{d}y+R\mathrm{d}z$ 与路径无关.

(3) $P\mathrm{d}x+Q\mathrm{d}y+R\mathrm{d}z$ 是 Ω 内某一函数 $U(x,y,z)$ 的全微分, 即

$$\mathrm{d}U(x,y,z)=P\mathrm{d}x+Q\mathrm{d}y+R\mathrm{d}z.$$

(4) $\dfrac{\partial P}{\partial y}=\dfrac{\partial Q}{\partial x}, \dfrac{\partial Q}{\partial z}=\dfrac{\partial R}{\partial y}, \dfrac{\partial R}{\partial x}=\dfrac{\partial P}{\partial z}$ 在 Ω 内处处成立.

注　(i) 常应用 (4) 判定积分与路径是否有关, 若积分路径与积分路径无关, 就可以选择特殊的积分路径, 从而达到简化积分的目的;

(ii) 还常应用 (4) 判定与积分路径无关后, 求出原函数 $U(x,y)$, 然后用 $U(x,y)$ 在曲线终点的函数值减去始点的函数值就得所求曲线积分. 这种方法可以看成是定积分 Newton-Leibniz 公式的推广.

(iii) 求 $U(x,y)$ 常用积分法或微分法.

应用 Stokes 公式可以证明场论中的一重要结果.

命题　无旋场一定是有势场, 即若 $\mathrm{rot}\boldsymbol{a}=0$, 则存在函数 $u(x,y,z)$ (势函数) 使得 $\boldsymbol{a}=\mathrm{grad}u$.

当 S 是平面区域 $(z=0)$, 由 Stokes 公式可得到 Green 公式.

4^0 (Green 公式) 设 D 是平面上由光滑或分段光滑的简单闭曲线所围成的区域, 如果函数 $p(x,y)$, $Q(x,y)$ 在 $\overline{D}$ 上具有连续偏导数, 则

$$\oint_{\partial D} P\mathrm{d}x+Q\mathrm{d}y=\iint\limits_{D}\left(\frac{\partial Q}{\partial x}-\frac{\partial P}{\partial y}\right)\mathrm{d}x\mathrm{d}y=\iint\limits_{D}\begin{vmatrix}\dfrac{\partial}{\partial x} & \dfrac{\partial}{\partial y}\\ P & Q\end{vmatrix}\mathrm{d}x\mathrm{d}y$$
$$=\oint_{\partial D}[P(x,y)\cos(\boldsymbol{\tau},x)+Q(x,y)\cos(\boldsymbol{\tau},y)]\,\mathrm{d}s,$$

其中 ∂D 为区域 D 的边界曲线, 并取正向.

Green 公式给出了曲线积分与二重积分的关系, 由此公式我们可以将曲线积分化为重积分计算. 由 Green 公式, 得到下面关于曲线积分与路径无关的定理.

5^0 设 D 是平面上单连通区域, $P(x,y)$, $Q(x,y)$ 在 D 具有连续偏导数, 则下面的四个命题等价:

(1) 对 D 内任意一条光滑 (或分段光滑) 闭曲线 L 有 $\oint_L P\mathrm{d}x+Q\mathrm{d}y=0$.

(2) 曲线积分 $\int_L P\mathrm{d}x+Q\mathrm{d}y$ 与路径无关.

(3) $\exists D$ 上的可微函数 $U(x,y)$ 使得 $\mathrm{d}U=P\mathrm{d}x+Q\mathrm{d}y$, 即 $P\mathrm{d}x+Q\mathrm{d}y$ 是 $U(x,y)$ 的全微分.

(4) 在 D 内成立 $\dfrac{\partial P}{\partial y}=\dfrac{\partial Q}{\partial x}$.

注　(i) 常应用 (4) 判定积分与路径是否有关, 若积分路径与积分路径无关, 就可以选择特殊的积分路径, 从而达到简化积分的目的;

(ii) 还常应用 (4) 判定与积分路径无关后, 求出原函数 $U(x,y)$, 然后用 $U(x,y)$ 在曲线终点的函数值减去始点的函数值就得所求曲线积分. 这种方法可以看成是定积分 Newton-Leibniz 公式的推广.

(iii) 求 $U(x,y)$ 常用积分法或微分法.

6^0 Newton-Leibniz 公式.

7^0 利用对称性.

三、 曲面积分

(一) 第一型曲面积分

1. 第一型曲面积分的定义及其物理背景

1^0 第一型曲面积分的定义: 分割、作和、求极限. 定义中有两个任意: 任意分、任意取.

2^0 物理背景: 描述曲面块的质量.

2. 第一型曲面积分的性质

完全类似于第一型的曲线积分的性质.

3. 第一型曲面积分的计算

1^0 (化为重积分).

(1) 若曲面 $S: z=z(x,y),(x,y)\in D_{xy}$, 则

$$\iint\limits_{S} f(x,y,z)\mathrm{d}S=\iint\limits_{D_{xy}} f(x,y,z(x,y))\sqrt{1+z_x^2+z_y^2}\mathrm{d}x\mathrm{d}y.$$

特别地, 当 $f\equiv 1$, 上述公式为曲面面积的计算公式.

(2) 若曲面 $S:\begin{cases}x=x(u,v),\\ y=y(u,v),\\ z=z(u,v),\end{cases}\quad (u,v)\in D$, 则

$$\iint\limits_{S} f(x,y,z)\mathrm{d}S=\iint\limits_{D} f(x(u,v),y(u,v),z(u,v))\sqrt{EG-F^2}\mathrm{d}u\mathrm{d}v,$$

其中

$$E=x_u^2+y_u^2+z_u^2,\quad G=x_v^2+y_v^2+z_v^2,\quad F=x_ux_v+y_uy_v+z_uz_v.$$

直接计算可以得到

$$EG-F^2=\left[\frac{\partial(y,z)}{\partial(u,v)}\right]^2+\left[\frac{\partial(z,x)}{\partial(u,v)}\right]^2+\left[\frac{\partial(x,y)}{\partial(u,v)}\right]^2.$$

在微分学部分已知道 $\boldsymbol{n}=\left(\dfrac{\partial(y,z)}{\partial(u,v)},\dfrac{\partial(z,x)}{\partial(u,v)},\dfrac{\partial(x,y)}{\partial(u,v)}\right)\Bigg|_{(u_0,v_0)}$ 为空间曲面在 (u_0,v_0) 点的法向量. 在具体应用该公式时, 要准确地确定参数的范围.

特别地, 球面 $S:\begin{cases}x=R\sin\varphi\cos\theta,\\ y=R\sin\varphi\sin\theta,\\ z=R\cos\varphi,\end{cases}\quad \theta\in[0,2\pi],\varphi\in[0,\pi]$, 则

$$\begin{cases}E=(x_\varphi)^2+(y_\varphi)^2+(z_\varphi)^2=R^2,\\ G=(x_\theta)^2+(y_\theta)^2+(z_\theta)^2=R^2\sin^2\varphi,\\ F=x_\varphi x_\theta+y_\varphi y_\theta+z_\varphi z_\theta=0,\end{cases}$$

所以

$$\sqrt{EG-F^2}=R^2\sin\varphi.$$

特别地, $f\equiv 1$ 时, 上述公式就是曲面面积的计算公式.

2^0 利用对称性.

(二) 第二型曲面积分

1. 第二型曲面积分的定义及其物理背景

1^0 向量值函数 $\boldsymbol{f}(x,y,z)=(P(x,y,z),Q(x,y,z),R(x,y,z))$ 在曲线 L 上的第二型曲面积分可概括为: 分割、作和、求极限. 定义中有两个任意: 任意分、任意取. 其积分和为

$$\sum_{i=1}^{n}\left[P(\xi_i,\eta_i,\zeta_i)\Delta S_{i_{yz}}+Q(\xi_i,\eta_i,\zeta_i)\Delta S_{i_{zx}}+R(\xi_i,\eta_i,\zeta_i)\Delta S_{i_{xy}}\right].$$

易知

$$\Delta S_{i_{yz}} = \Delta S_i \cos(\boldsymbol{n}, x), \quad \Delta S_{i_{zx}} = \Delta S_i \cos(\boldsymbol{n}, y), \quad \Delta S_{i_{xy}} = \Delta S_i \cos(\boldsymbol{n}, z)$$

分别表示小曲面面积 ΔS_i 在 yz, zx, xy 平面上的投影. $\boldsymbol{n} = (\cos(\boldsymbol{n}, x), \cos(\boldsymbol{n}, y), \cos(\boldsymbol{n}, z))$ 为曲面上 (ξ_i, η_i, ζ_i) 点处的单位外法向量.

由此可知, 第二型曲面积分是与曲面的侧有关的积分. 第二型曲线积分可写成

$$\begin{aligned}
&\iint\limits_S P(x,y,z)\mathrm{d}y\mathrm{d}z + Q(x,y,z)\mathrm{d}z\mathrm{d}x + R(x,y,z)\mathrm{d}x\mathrm{d}y \\
=& \iint\limits_S \left[P(x,y,z)\cos(\boldsymbol{n},x) + Q(x,y,z)\cos(\boldsymbol{n},y) + R(x,y,z)\cos(\boldsymbol{n},z)\right]\mathrm{d}S \\
=& \iint\limits_S \boldsymbol{f}\cdot\boldsymbol{n}\mathrm{d}S.
\end{aligned}$$

此公式揭示了第一、第二型曲面积分的关系, 由此可见两种曲面积分可以相互转化.

2^0 第二曲面积分描述流体以速度 $\boldsymbol{v}(x,y,z) = (P(x,y,z), Q(x,y,z), R(x,y,z))$ 在单位时间内从曲面的负侧流向正侧的总流量. 由此也能得知第二曲面积分是与曲面的侧有关的积分.

2. 第二型曲面积分的性质

第二型曲面积分与第二型曲线积分的性质极为类似.

3. 第二型曲面积分的计算

1^0 化为二重积分.

(1) 若定向曲面 $S: z = z(x,y), (x,y)\in D_{xy}$, 则

$$\iint\limits_S R(x,y,z)\mathrm{d}x\mathrm{d}y = \pm\iint\limits_{D_{xy}} R(x,y,z(x,y))\mathrm{d}x\mathrm{d}y,$$

当曲面定向的外法方向 $\boldsymbol{n}$ 与 z 轴成锐角时 $(\cos(\boldsymbol{n},z)>0)$, 积分号前取“+”号; 当曲面定向的外方向方向 $\boldsymbol{n}$ 与 z 轴成钝角时 $(\cos(\boldsymbol{n},z)<0)$, 积分号前取“−”号.

类似地推出当光滑曲面 S 的方程为 $x = x(y,z), (y,z)\in D_{yz}$ 或者 $y = y(z,x), (z,x)\in D_{zx}$ 时的类似公式.

注 (i) 应用上述公式时, 首先要确定 D_{xy} 的范围, 也就是曲面在 xy (xz,yz) 平面的投影; (ii) 由于

$$\frac{\mathrm{d}y\mathrm{d}z}{\cos(\boldsymbol{n},x)} = \frac{\mathrm{d}z\mathrm{d}x}{\cos(\boldsymbol{n},y)} = \frac{\mathrm{d}x\mathrm{d}y}{\cos(\boldsymbol{n},z)},$$

其中 $\boldsymbol{n}$ 为曲面定向的外法方向. 因此

$$\iint\limits_S P(x,y,z)\mathrm{d}y\mathrm{d}z = \iint\limits_S P(x,y,z)\frac{\cos(\boldsymbol{n},x)}{\cos(\boldsymbol{n},y)}\mathrm{d}z\mathrm{d}x = \iint\limits_S P(x,y,z)\frac{\cos(\boldsymbol{n},x)}{\cos(\boldsymbol{n},z)}\mathrm{d}x\mathrm{d}y,$$

$$\iint\limits_S P(x,y,z)\mathrm{d}z\mathrm{d}x = \iint\limits_S P(x,y,z)\frac{\cos(\boldsymbol{n},y)}{\cos(\boldsymbol{n},x)}\mathrm{d}y\mathrm{d}z = \iint\limits_S P(x,y,z)\frac{\cos(\boldsymbol{n},y)}{\cos(\boldsymbol{n},z)}\mathrm{d}x\mathrm{d}y,$$

$$\iint\limits_S P(x,y,z)\mathrm{d}x\mathrm{d}y = \iint\limits_S P(x,y,z)\frac{\cos(\boldsymbol{n},z)}{\cos(\boldsymbol{n},x)}\mathrm{d}y\mathrm{d}z = \iint\limits_S P(x,y,z)\frac{\cos(\boldsymbol{n},z)}{\cos(\boldsymbol{n},y)}\mathrm{d}z\mathrm{d}x.$$

(2) 若定向曲面 $S:\begin{cases} x=x(u,v), \\ y=y(u,v), \quad (u,v)\in D, \\ z=z(u,v), \end{cases}$ 则由

$$(\cos(\boldsymbol{n},x),\cos(\boldsymbol{n},y),\cos(\boldsymbol{n},z)) = \pm\frac{1}{\sqrt{EG-F^2}}\left(\frac{\partial(y,z)}{\partial(u,v)},\frac{\partial(z,x)}{\partial(u,v)},\frac{\partial(x,y)}{\partial(u,v)}\right),$$

$$\mathrm{d}S = \sqrt{EG-F^2}\mathrm{d}u\mathrm{d}v$$

及第一型、第二型曲面积分的关系得

$$\begin{aligned}
&\iint\limits_S P(x,y,z)\mathrm{d}y\mathrm{d}z + Q(x,y,z)\mathrm{d}z\mathrm{d}x + Q(x,y,z)\mathrm{d}x\mathrm{d}y \\
=&\pm\iint\limits_D P(x(u,v),y(u,v),z(u,v))\frac{\partial(y,z)}{\partial(u,v)}\mathrm{d}u\mathrm{d}v + Q(x(u,v),y(u,v),z(u,v))\frac{\partial(z,x)}{\partial(u,v)}\mathrm{d}u\mathrm{d}v \\
&+Q(x(u,v),y(u,v),z(u,v))\frac{\partial(x,y)}{\partial(u,v)}\mathrm{d}u\mathrm{d}v,
\end{aligned}$$

上式中符号由曲面的侧及方向余弦 (或单位法向量) 的符号决定.

思考　上述积分公式中的 $\pm$ 如何确定?

注　有时将某些曲面 (如: 球面、椭球面) 化为参数形式计算面积分.

2^0 用 Gauss 公式化为三重积分. 设空间区域 V 由分片光滑的双侧封闭曲面 S 围成. 若 P,Q,R 在 V 上具有连续的偏导数, 则

$$\begin{aligned}
\iiint\limits_V \left(\frac{\partial P}{\partial x}+\frac{\partial Q}{\partial y}+\frac{\partial R}{\partial z}\right)\mathrm{d}x\mathrm{d}y\mathrm{d}z &= \iint\limits_S P\mathrm{d}y\mathrm{d}z + Q\mathrm{d}z\mathrm{d}x + R\mathrm{d}x\mathrm{d}y \\
&= \iint\limits_S [P\cos(\boldsymbol{n},x)+Q\cos(\boldsymbol{n},y)+R\cos(\boldsymbol{n},z)]\mathrm{d}S,
\end{aligned}$$

其中 S 取外侧.

简写为

$$\iiint\limits_V \mathrm{div}\boldsymbol{a}\mathrm{d}V = \iint\limits_S \boldsymbol{a}\cdot\mathrm{d}\boldsymbol{S},$$

其中 $\boldsymbol{a}=(P,Q,R), \mathrm{d}\boldsymbol{S}=\boldsymbol{n}\mathrm{d}S$, 所以我们又把 Gauss 公式称为**散度定理**.

注　若曲面不是封闭的, 可以适当补充成封闭曲面, 然后应用 Gauss 公式.

3^0 用 Stokes 公式化为曲线积分. Stokes 公式给出了曲线积分与曲面积分的关系, 多数情况下是将曲面化为曲线积分, 将曲线积分化为曲面积分比较少.

4^0 利用对称性.

思考 (1) 试标出定积分、重积分、曲线积分和曲面积分之间的关系?

重积分　　　　　　曲线积分

定积分

曲面积分

(2) Green 公式和 Gauss 公式都是描述区域上的积分与边界上积分的关系, Gauss 公式中区域上重积分的被积函数是各个函数偏导数的和, 而 Green 公式却不是, 这是为什么呢? 如果先将 Green 公式的曲线积分化为第一型曲线积分, 然后将第一型曲线积分中的切向余弦用法向余弦表示, 立即就可得到与 Gauss 公式“类似”的形式. Green 公式和 Gauss 公式本质上都是分部积分公式.

典型例题

一、重积分

例 8-1-1 解答下列问题.

1. 求 $\lim\limits_{n\to\infty}\sum\limits_{j=1}^{2n}\sum\limits_{i=1}^{n}\frac{2}{n^2}\left[\frac{2i+j}{n}\right]$, 其中 $[x]$ 为不超过 x 的最大整数部分.

解

$$\lim_{n\to\infty}\sum_{j=1}^{2n}\sum_{i=1}^{n}\frac{2}{n^2}\left[\frac{2i+j}{n}\right]=4\lim_{n\to\infty}\sum_{j=1}^{2n}\sum_{i=1}^{n}\left[2\frac{i}{n}+2\frac{j}{2n}\right]\left(\frac{1}{2n}\cdot\frac{1}{n}\right)$$
$$=4\iint\limits_{[0,1]\times[0,1]}[2(x+y)]\mathrm{d}x\mathrm{d}y=6. \quad ■$$

2. 设 $f(x,y)$ 在闭区域 $0\leqslant x\leqslant 1, 0\leqslant y\leqslant 1$ 上 (正常) 可积, 证明:

$$\lim_{n\to\infty}\prod_{i=1}^{n}\prod_{j=1}^{n}\left[1+\frac{1}{n^2}f\left(\frac{i}{n},\frac{j}{n}\right)\right]=\mathrm{e}^{\int_0^1\int_0^1 f(x,y)\mathrm{d}x\mathrm{d}y}.$$

证 由于

$$\mathrm{e}^{\int_0^1\int_0^1 f(x,y)\mathrm{d}x\mathrm{d}y}=\mathrm{e}^{\lim\limits_{n\to\infty}\sum\limits_{i=1}^{n}\sum\limits_{j=1}^{n}\frac{1}{n^2}f(\frac{i}{n},\frac{j}{n})},$$

$$\lim_{n\to\infty}\prod_{i=1}^{n}\prod_{j=1}^{n}\left[1+\frac{1}{n^2}f\left(\frac{i}{n},\frac{j}{n}\right)\right]=\mathrm{e}^{\lim\limits_{n\to\infty}\sum\limits_{i=1}^{n}\sum\limits_{j=1}^{n}\ln[1+\frac{1}{n^2}f(\frac{i}{n},\frac{j}{n})]}.$$

故只要证明

$$\lim_{n\to\infty}\left\{\sum_{i=1}^{n}\sum_{j=1}^{n}\ln\left[1+\frac{1}{n^2}f\left(\frac{i}{n},\frac{j}{n}\right)\right]-\sum_{i=1}^{n}\sum_{j=1}^{n}\frac{1}{n^2}f\left(\frac{i}{n},\frac{j}{n}\right)\right\}=0.$$

由于

$$|\ln(1+x)-x|<x^2 \quad \left(|x|<\frac{1}{2}\right). \tag{1}$$

由 $f(x,y)$ 在 $D=[0,1]\times[0,1]$ 上可积, 从而有界, 记 $M=\sup\limits_{D}|f(x,y)|<+\infty$. 当 n 充分大时, 有

$$\left|\frac{1}{n^2}f\left(\frac{i}{n},\frac{j}{n}\right)\right|<\frac{M}{n^2}<\frac{1}{2}. \tag{2}$$

由 (1), (2) 及重积分定义知

$$\begin{aligned}&\left|\sum_{i=1}^{n}\sum_{j=1}^{n}\ln\left[1+\frac{1}{n^2}f\left(\frac{i}{n},\frac{j}{n}\right)\right]-\sum_{i=1}^{n}\sum_{j=1}^{n}\frac{1}{n^2}f\left(\frac{i}{n},\frac{j}{n}\right)\right|\\ \leqslant&\sum_{i=1}^{n}\sum_{j=1}^{n}\left|\ln\left[1+\frac{1}{n^2}f\left(\frac{i}{n},\frac{j}{n}\right)\right]-\frac{1}{n^2}f\left(\frac{i}{n},\frac{j}{n}\right)\right|\\ \leqslant&\frac{1}{n^2}\left[\sum_{i,j=1}^{n}f^2\left(\frac{i}{n},\frac{j}{n}\right)\frac{1}{n^2}\right]\to 0 \quad (n\to\infty).\end{aligned}$$ ■

注　和定积分类似, 对重积分仍有: 若 $f(x,y)$ 可积, 则 $f^2(x,y)$ 可积.

3. 设二元函数 $f(x,y)$ 在 $D=\{(x,y)|a\leqslant x\leqslant b,c\leqslant y\leqslant d\}$ 上有定义, 并且 $f(x,y)$ 对于确定的 $x\in[a,b]$ 是对 $y\in[c,d]$ 上的单调递增函数; 对于确定的 $y\in[c,d]$ 是对 $x\in[a,b]$ 上的递增函数, 证明: $f(x,y)$ 在 D 上可积.

证　在 x 轴上将 $[a,b]$ 分成 n 等份, 在 y 轴上将 $[c,d]$ 分成 n 等份, 记分点为

$$a=x_0<x_1<\cdots<x_n=b,\quad c=y_0<y_1<\cdots<y_n=d,$$

这样, 将矩形区域 $D=[a,b]\times[c,d]$ 分成 n^2 个小矩形, 小矩形的面积为 $\dfrac{(b-a)(d-c)}{n^2}$. 只要证明

$$\sum_{i,j=1}^{n}\omega_{ij}\frac{(b-a)(d-c)}{n^2}\to 0\quad(n\to\infty).$$

由于 $f(x,y)$ 分别关于 x,y 递增, 故在小每个矩形上的振幅为 $\omega_{ij}=f(x_i,y_j)-f(x_{i-1},y_{j-1})$, 所以

$$\sum_{i,j=1}^{n}\omega_{ij}\frac{(b-a)(d-c)}{n^2}=\frac{(b-a)(d-c)}{n^2}\sum_{i,j=1}^{n}\left[f(x_i,y_j)-f(x_{i-1},y_{j-1})\right]. \tag{1}$$

由于 D 内部每个网点上, $f(x_i,y_i)$ 出现两个, 一正一负相互抵消, 只剩下边界网点 (除掉两个网点), 故

$$\begin{aligned}&\frac{(b-a)(d-c)}{n^2}\sum_{i,j=1}^{n}[f(x_i,y_i)-f(x_{i-1},y_{j-1})]\\=&\frac{(b-a)(d-c)}{n^2}\left[\sum_{i=1}^{n}[f(x_i,y_n)-f(x_0,y_{i-1})]+\sum_{i=1}^{n-1}[f(x_n,y_i)-f(x_i,y_0)]\right].\end{aligned}\tag{2}$$

由于 $f(x,y)$ 分别关于 x,y 递增, 所以

$$f(x_i,y_n)-f(x_0,y_{i-1})\leqslant f(x_n,y_n)-f(x_0,y_0),\quad f(x_n,y_i)-f(x_i,y_0)\leqslant f(x_n,y_n)-f(x_0,y_0).\tag{3}$$

由 (1)—(3) 式知

$$\begin{aligned}\sum_{i,j=1}^{n}\omega_{ij}\frac{(b-a)(d-c)}{n^2}&\leqslant\frac{(b-a)(d-c)}{n^2}(2n-1)[f(x_n,y_n)-f(x_0,y_0)]\\&<\frac{2(b-a)(d-c)}{n}[f(b,d)-f(a,c)]\to 0\quad(n\to\infty).\ \blacksquare\end{aligned}$$

注　闭区间上的一元单调函数定可积，此结果说明若矩形区域上的二元函数关于每个变量单调递增 (递减) 则函数可积.

思考　为什么采用特殊分法就能说明函数可积? 为什么不能从 (1) 式直接放大不等式?

例 8-1-2　计算下列各题.

1. 计算 $\displaystyle\iint\limits_{x^2+y^2\leqslant 5}\operatorname{sgn}(x^2-y^2+3)\mathrm{d}x\mathrm{d}y$.

解　由于 $\operatorname{sgn}(x^2-y^2+3)=\begin{cases}1, & x^2-y^2+3>0,\\ 0, & x^2-y^2+3=0,\\ -1, & x^2-y^2+3<0\end{cases}$ 及函数对称性, 将重积分化为累次积分得

$$\begin{aligned}&\iint\limits_{x^2+y^2\leqslant 5}\operatorname{sgn}(x^2-y^2+3)\mathrm{d}x\mathrm{d}y=4\iint\limits_{x^2+y^2\leqslant 5,x,y\geqslant 0}\operatorname{sgn}(x^2-y^2+3)\mathrm{d}x\mathrm{d}y\\=&4\left(\int_0^1\mathrm{d}x\int_0^{\sqrt{x^2+3}}\mathrm{d}y+\int_1^{\sqrt5}\mathrm{d}x\int_0^{\sqrt{5-x^2}}\mathrm{d}y-\int_0^1\mathrm{d}x\int_{\sqrt{x^2+3}}^{\sqrt{5-x^2}}\mathrm{d}y\right)\\=&6\ln 3+5\pi-20\arcsin\frac{1}{\sqrt5}.\ \blacksquare\end{aligned}$$

2. 计算 $\displaystyle\iint\limits_D[x+y]\mathrm{d}x\mathrm{d}y, D:0\leqslant x\leqslant 2;0\leqslant y\leqslant 2$, $[x]$ 表示不超过 x 的最大整数.

解　根据被积函数的特点将积分区域分为四部分, 由重积分对区域的可加性得

$$\iint\limits_D[x+y]\mathrm{d}x\mathrm{d}y=6.\ \blacksquare$$

3. 计算 $\displaystyle\iint_D |y^2-x|\mathrm{d}x\mathrm{d}y$, $D: 0\leqslant x\leqslant 1; -1\leqslant y\leqslant 1$.

解　分割积分区域, 然后化为累次积分得

$$\iint_D |y^2-x|\mathrm{d}x\mathrm{d}y=\int_{-1}^{1}\mathrm{d}y\int_0^{y^2}(y^2-x)\mathrm{d}x+\int_{-1}^{1}\mathrm{d}y\int_{y^2}^{1}(x-y^2)\mathrm{d}x=\frac{11}{15}. \quad ■$$

4. 计算 $\displaystyle\iint_{x^2\leqslant y\leqslant 4}\sqrt{[y-x^2]}\mathrm{d}x\mathrm{d}y$.

解　分割积分区域, 由重积分对区域的可加性得

$$\iint_{x^2\leqslant y\leqslant 4}\sqrt{[y-x^2]}\mathrm{d}x\mathrm{d}y=\frac{4}{3}\left(4+4\sqrt{3}-3\sqrt{2}\right). \quad ■$$

5. 计算 $\displaystyle\iint_D \sqrt{|y-x^2|}\mathrm{d}x\mathrm{d}y$, $D: |x|\leqslant 1, 0\leqslant y\leqslant 2$.

解　分割积分区域，然后化为累次积分得

$$\iint_D \sqrt{|y-x^2|}\mathrm{d}x\mathrm{d}y=\int_{-1}^{1}\mathrm{d}x\int_{x^2}^{2}\sqrt{y-x^2}\mathrm{d}y+\int_{-1}^{1}\mathrm{d}x\int_0^{x^2}\sqrt{x^2-y}\mathrm{d}y=\frac{\pi}{2}+\frac{4}{3}. \quad ■$$

6. 计算 $\displaystyle\int_0^1\mathrm{d}y\int_1^y(\mathrm{e}^{-x^2}+\mathrm{e}^x\sin x)\mathrm{d}x$.

解　由于

$$\int_0^1\mathrm{d}y\int_1^y(\mathrm{e}^{-x^2}+\mathrm{e}^x\sin x)\mathrm{d}x=-\int_0^1\mathrm{d}y\int_y^1(\mathrm{e}^{-x^2}+\mathrm{e}^x\sin x)\mathrm{d}x$$
$$=-\int_0^1\mathrm{d}x\int_0^x(\mathrm{e}^{-x^2}+\mathrm{e}^x\sin x)\mathrm{d}y=-\int_0^1(x\mathrm{e}^{-x^2}+x\mathrm{e}^x\sin x)\mathrm{d}x$$
$$=\frac{\mathrm{e}^{-1}-\mathrm{e}\sin 1}{2}. \quad ■$$

注　用累次积分计算重积分时, 不同累次顺序对积分的难易、繁简影响很大, 注意选择合适的积分次序.

7. 计算 $\displaystyle\int_1^2\mathrm{d}x\int_{\sqrt{x}}^{x}\sin\frac{\pi x}{2y}\mathrm{d}y+\int_2^4\mathrm{d}x\int_{\sqrt{x}}^{2}\sin\frac{\pi x}{2y}\mathrm{d}y$.

解　事实上,

$$\int_1^2\mathrm{d}x\int_{\sqrt{x}}^{x}\sin\frac{\pi x}{2y}\mathrm{d}y+\int_2^4\mathrm{d}x\int_{\sqrt{x}}^{2}\sin\frac{\pi x}{2y}\mathrm{d}y=\int_1^2\mathrm{d}y\int_y^{y^2}\sin\frac{\pi x}{2y}\mathrm{d}x=\frac{4}{\pi^2}\left(1+\frac{2}{\pi}\right). \quad ■$$

8. 设 $f(x)$ 连续, $D: |x|\leqslant\dfrac{A}{2}; |y|\leqslant\dfrac{A}{2}(A>0)$, 证明:

$$\iint_D f(x-y)\mathrm{d}x\mathrm{d}y=\int_{-A}^{A}f(t)\left(A-|t|\right)\mathrm{d}t.$$

证　由换元法并将累次积分交换次序得

$$\begin{aligned}\iint\limits_{D} f(x-y)\mathrm{d}x\mathrm{d}y &= \int_{-\frac{A}{2}}^{\frac{A}{2}} \mathrm{d}x \int_{-\frac{A}{2}}^{\frac{A}{2}} f(x-y)\mathrm{d}y = \int_{-\frac{A}{2}}^{\frac{A}{2}} \mathrm{d}x \int_{x-\frac{A}{2}}^{x+\frac{A}{2}} f(t)\mathrm{d}t \\ &= \int_{-A}^{0} \mathrm{d}t \int_{-\frac{A}{2}}^{t+\frac{A}{2}} f(t)\mathrm{d}x + \int_{0}^{A} \mathrm{d}t \int_{t-\frac{A}{2}}^{\frac{A}{2}} f(t)\mathrm{d}x \\ &= \int_{-A}^{0} f(t)(t+A)\mathrm{d}t + \int_{0}^{A} f(t)(A-t)\mathrm{d}t = \int_{-A}^{A} f(t)(A-|t|)\mathrm{d}t. \quad \blacksquare\end{aligned}$$

9. **设** $f(x) \in C[a,b]$, **证明:**

$$\iint\limits_{D} f(1-y)f(x)\mathrm{d}x\mathrm{d}y = \frac{1}{2}\left(\int_0^1 f(x)\mathrm{d}x\right)^2,$$

其中 $D: O(0,0)$, $A(0,1)$, $B(1,0)$ **为顶点的三角形区域.**

证　由于

$$\begin{aligned}&\iint\limits_{D} f(1-y)f(x)\mathrm{d}x\mathrm{d}y = \int_0^1 f(x)\mathrm{d}x \int_0^{1-x} f(1-y)\mathrm{d}y \xlongequal{t=1-y} \int_0^1 f(x)\mathrm{d}x \int_x^1 f(t)\mathrm{d}t \\ =& \int_0^1 f(x)\mathrm{d}x \int_x^1 f(y)\mathrm{d}y = \frac{1}{2}\left[\int_0^1 f(x)\mathrm{d}x \int_x^1 f(y)\mathrm{d}y + \int_0^1 f(x)\mathrm{d}x \int_x^1 f(y)\mathrm{d}y\right] \\ =& \frac{1}{2}\left[\int_0^1 f(x)\mathrm{d}x \int_x^1 f(y)\mathrm{d}y + \int_0^1 f(y)\mathrm{d}y \int_0^y f(x)\mathrm{d}x\right] \\ =& \frac{1}{2}\left[\int_0^1 f(x)\mathrm{d}x \int_x^1 f(y)\mathrm{d}y + \int_0^1 f(x)\mathrm{d}x \int_0^x f(y)\mathrm{d}y\right] \\ =& \frac{1}{2}\left(\int_0^1 f(x)\mathrm{d}x\right)^2. \quad \blacksquare\end{aligned}$$

10. **设** $f(x) \in C[0,a]$, **证明:**

$$2\int_0^a f(x)\mathrm{d}x \int_x^a f(y)\mathrm{d}y = \left[\int_0^a f(x)\mathrm{d}x\right]^2.$$

证　记 $F(x,y) = f(x)f(y)$, 显然 $F(x,y) = F(y,x)$, 故

$$\int_0^a \mathrm{d}y \int_0^y F(x,y)\mathrm{d}x = \int_0^a \mathrm{d}x \int_0^x F(y,x)\mathrm{d}y = \int_0^a \mathrm{d}x \int_0^x F(x,y)\mathrm{d}y.$$

所以

$$\begin{aligned}2\int_0^a f(x)\mathrm{d}x\int_x^a f(y)\mathrm{d}y &= 2\int_0^a \mathrm{d}x\int_x^a F(x,y)\mathrm{d}y\\&=\int_0^a \mathrm{d}x\int_x^a F(x,y)\mathrm{d}y+\int_0^a \mathrm{d}y\int_0^y F(x,y)\mathrm{d}x\\&=\int_0^a \mathrm{d}x\int_x^a F(x,y)\mathrm{d}y+\int_0^a \mathrm{d}x\int_0^x F(x,y)\mathrm{d}y\\&=\int_0^a \mathrm{d}x\int_0^a F(x,y)\mathrm{d}y=\int_0^a f(x)\mathrm{d}x\int_0^a f(y)\mathrm{d}y\\&=\left[\int_0^a f(x)\mathrm{d}x\right]^2. \quad ■\end{aligned}$$

注　上述三个题目均是应用化累次积分、交换积分次序和换元方法.

11. 证明 $\int_0^1\int_0^1 (xy)^{xy}\mathrm{d}x\mathrm{d}y=\int_0^1 y^y\mathrm{d}y$.

证　令 $xy=t$, 并注意到 $\lim\limits_{y\to 0}\ln y\int_0^y t^t\mathrm{d}t=0$, 有

$$\begin{aligned}\int_0^1\int_0^1 (xy)^{xy}\mathrm{d}x\mathrm{d}y&=\int_0^1 \mathrm{d}y\int_0^1 (xy)^{xy}\mathrm{d}x \xlongequal{xy=t} \int_0^1 \frac{1}{y}\mathrm{d}y\int_0^y t^t\mathrm{d}t\\&=\int_0^1\left[\int_0^y t^t\mathrm{d}t\right]\mathrm{d}\ln y=\ln y\int_0^y t^t\mathrm{d}t\Big|_0^1-\int_0^1 y^y\ln y\mathrm{d}y\\&=-\int_0^1 y^y\ln y\mathrm{d}y. \qquad (1)\end{aligned}$$

再由

$$\int_0^1 (y^y\ln y+y^y)\mathrm{d}y=\int_0^1 (y^y)'\mathrm{d}y=y^y|_0^1=0. \qquad (2)$$

由 (1), (2) 式知

$$\int_0^1\int_0^1 (xy)^{xy}\mathrm{d}x\mathrm{d}y=\int_0^1 y^y\mathrm{d}y. \quad ■$$

注　在 (1), (2) 式中应用了 $\lim\limits_{y\to 0+} y^y=1$ 与 $\lim\limits_{y\to 0+}\ln y\int_0^y t^t\mathrm{d}t=0$.

12. 设 $f(x)\in C[a,b]$, 试研究 $\int_a^b \mathrm{d}x\int_a^b [f(x)-f(y)]^2\mathrm{d}y$. 从而证明:

$$\left[\int_a^b f(x)\mathrm{d}x\right]^2\leqslant (b-a)\int_a^b f^2(x)\mathrm{d}x,$$

当且仅当 $f(x)$ 为常数时, 等号成立.

证 记 $D=[a,b]\times[a,b]$. 则

$$
\begin{aligned}
0 &\leqslant \int_a^b \mathrm{d}x \int_a^b [f(x)-f(y)]^2\,\mathrm{d}y = \iint_D [f(x)-f(y)]^2\,\mathrm{d}x\mathrm{d}y \\
&= \iint_D f^2(x)\mathrm{d}x\mathrm{d}y - 2\iint_D f(x)f(y)\mathrm{d}x\mathrm{d}y + \iint_D f^2(y)\mathrm{d}x\mathrm{d}y \\
&= 2(b-a)\int_a^b f^2(x)\mathrm{d}x - 2\left[\int_a^b f(x)\mathrm{d}x\right]^2, \qquad (1)
\end{aligned}
$$

即

$$
\left[\int_a^b f(x)\mathrm{d}x\right]^2 \leqslant (b-a)\int_a^b f^2(x)\mathrm{d}x.
$$

若 $f(x)$ 为常数时, 上述不等式等号显然成立.

若上述不等式等号成立, 则 $f(x)$ 为常数. 若不然, 存在 $x_0, y_0 \in [a,b]$ 使得 $f(x_0) \neq f(y_0)$, 由 $F(x,y) \triangleq f(x)-f(y)$ 的连续性知存在 $U((x_0,y_0),\delta)\cap D \subset D$ 使得任意 $(x,y) \in U((x_0,y_0),\delta)\cap D$ 使得 $|f(x)-f(y)|^2>0$, 这样 $\displaystyle\int_a^b \mathrm{d}x\int_a^b [f(x)-f(y)]^2\mathrm{d}y>0$, 由 (1) 式可得

$$
\left[\int_a^b f(x)\mathrm{d}x\right]^2 < (b-a)\int_a^b f^2(x)\mathrm{d}x
$$

矛盾. ■

注 由 Cauchy 积分不等式也可以证明此结果.

13. 使用二重积分证明: 设 $f(x)\in C[0,1]$, 且单调增加, $f(x)\neq 0$, 证明:

$$
\frac{\displaystyle\int_0^1 f^3(x)\mathrm{d}x}{\displaystyle\int_0^1 f^2(x)\mathrm{d}x} \leqslant \frac{\displaystyle\int_0^1 xf^3(x)\mathrm{d}x}{\int_0^1 xf^2(x)\mathrm{d}x}.
$$

证 只要证明

$$
I \triangleq \int_0^1 f^3(x)\mathrm{d}x \int_0^1 xf^2(x)\mathrm{d}x - \int_0^1 xf^3(x)\mathrm{d}x\int_0^1 f^2(x)\mathrm{d}x \leqslant 0.
$$

事实上, 记 $D=[0,1]\times[0,1]$.

$$
I = \iint_D yf^3(x)f^2(y)\mathrm{d}x\mathrm{d}y - \iint_D xf^3(x)f^2(y)\mathrm{d}x\mathrm{d}y = \iint_D f^3(x)f^2(y)(y-x)\mathrm{d}x\mathrm{d}y.
$$

同理

$$
I = \iint_D f^3(y)f^2(x)(x-y)\mathrm{d}x\mathrm{d}y.
$$

由于 $f(x)$ 单调递增, 所以 $(y-x)[f(x)-f(y)]\leqslant 0$, 故

$$2I=\iint\limits_D f^2(x)f^2(y)(y-x)(f(x)-f(y))\mathrm{d}x\mathrm{d}y\leqslant 0. \quad ■$$

14. 证明: $\left(\int_a^b f(x)\cos kx\mathrm{d}x\right)^2+\left(\int_a^b f(x)\sin kx\mathrm{d}x\right)^2\leqslant\left(\int_a^b |f(x)|\mathrm{d}x\right)^2$.

证　记 $D=[a,b]\times[a,b]$. 由于

$$\left(\int_a^b f(x)\cos kx\mathrm{d}x\right)^2=\iint\limits_D f(x)f(y)\cos kx\cos ky\mathrm{d}x\mathrm{d}y,$$

$$\left(\int_a^b f(x)\sin kx\mathrm{d}x\right)^2=\iint\limits_D f(x)f(y)\sin kx\sin ky\mathrm{d}x\mathrm{d}y.$$

故

$$\begin{aligned}\left(\int_a^b f(x)\cos kx\mathrm{d}x\right)^2+\left(\int_a^b f(x)\sin kx\mathrm{d}x\right)^2&=\iint\limits_D f(x)f(y)\cos k(x-y)\mathrm{d}x\mathrm{d}y\\&\leqslant\iint\limits_D |f(x)f(y)\cos k(x-y)|\mathrm{d}x\mathrm{d}y\\&\leqslant\iint\limits_D |f(x)||f(y)|\mathrm{d}x\mathrm{d}y=\left(\int_a^b |f(x)|\mathrm{d}x\right)^2. \quad ■\end{aligned}$$

注　此题是应用降积分次数化为累次积分.

练习　(1) $\int_0^1\int_0^1\left|xy-\frac{1}{4}\right|\mathrm{d}x\mathrm{d}y$.

(2) $\iint\limits_D |x-y^2|\mathrm{d}x\mathrm{d}y, D:\{(x,y)|x\in[0,1],y\in[-1,1]\}$.

(3) $\iint\limits_D |x^2+y^2-4|\mathrm{d}x\mathrm{d}y, D:x^2+y^2\leqslant 16$.

例 8-1-3　计算下列各题.

1. 设 m,n 为正数, 且 m,n 至少一个为奇数, 求 $\iint\limits_{x^2+y^2\leqslant a^2} x^my^n\mathrm{d}x\mathrm{d}y$.

解　(解一) 由于 m,n 至少一个为奇数, 所以 x^m,y^n 至少一个为奇函数, 故

$$I=\int_{-a}^a y^n\mathrm{d}y\int_{-\sqrt{a^2-y^2}}^{\sqrt{a^2-y^2}} x^m\mathrm{d}x=0.$$

(解二) 令 $T:\begin{cases}x=r\cos\theta,\\y=r\sin\theta,\end{cases}$ 则 $J=\dfrac{\partial(x,y)}{\partial(r,\theta)}=r$, 且

$$D':\{(\theta,r)|\theta\in[-\pi,\pi],r\in[0,a]\}\xrightarrow{T}D.$$

由积分变换公式得

$$I=\int_0^a r^{m+n+1}\mathrm{d}r\int_{-\pi}^{\pi}\sin^n\theta\cos^m\theta\mathrm{d}\theta.$$

(1) 若 n 为奇数, 则

$$\int_{-\pi}^{\pi}\sin^n\theta\cos^m\theta\mathrm{d}\theta=-\int_{-\pi}^{\pi}\sin^n t\cos^m t\mathrm{d}t\Longrightarrow\int_{-\pi}^{\pi}\sin^n\theta\cos^m\theta\mathrm{d}\theta=0.$$

(2) 若 n 为偶数且 m 为奇数, 则

$$\begin{aligned}\int_{-\pi}^{\pi}\sin^n\theta\cos^m\theta\mathrm{d}\theta&=\int_{-\pi}^{0}\sin^n\theta\cos^m\theta\mathrm{d}\theta+\int_0^{\pi}\sin^n\theta\cos^m\theta\mathrm{d}\theta\\&=\int_0^{\pi}\sin^n\theta\cos^m\theta\mathrm{d}\theta+\int_0^{\pi}\sin^n t\cos^m t\mathrm{d}t\,(\text{令}\theta=-t)\\&=\int_0^{\pi}\sin^n\theta\cos^m\theta\mathrm{d}\theta-\int_0^{\pi}\sin^n\tau\cos^m t\mathrm{d}t(\text{令}\tau=\pi-t)\\&=0.\end{aligned}$$

由 (1) 和 (2) 知,

$$I=\int_0^a r^{m+n+1}\mathrm{d}r\int_{-\pi}^{\pi}\sin^n\theta\cos^m\theta\mathrm{d}\theta=0.\quad ■$$

2. 设 $f(x)$ 为恒正的连续函数, 求 $I=\iint\limits_{x^2+y^2\leqslant r^2}\dfrac{af(x)+bf(y)}{f(x)+f(y)}\mathrm{d}x\mathrm{d}y$.

解　因为 $D:x^2+y^2\leqslant r^2$ 关于 x,y 对称, 所以

$$\begin{aligned}2I&=\iint\limits_{x^2+y^2\leqslant r^2}\frac{af(x)+bf(y)}{f(x)+f(y)}\mathrm{d}x\mathrm{d}y+\iint\limits_{x^2+y^2\leqslant r^2}\frac{af(y)+bf(x)}{f(y)+f(x)}\mathrm{d}x\mathrm{d}y\\&=\iint\limits_{x^2+y^2\leqslant r^2}(a+b)\mathrm{d}x\mathrm{d}y=(a+b)\pi r^2,\end{aligned}$$

故

$$I=\iint\limits_{x^2+y^2\leqslant r^2}\frac{af(x)+bf(y)}{f(x)+f(y)}\mathrm{d}x\mathrm{d}y=\frac{1}{2}(a+b)\pi r^2.\quad ■$$

3. 计算 $\iint\limits_D x(1+yf(x^2+y^2))\mathrm{d}x\mathrm{d}y$, D 是由 $y=x^3,y=1$ 与 $x=-1$ 所围成的区域, 且 $f(z)$ 连续.

解　$f(z)$ 连续, 故一定有原函数. 设 $F(z)$ 是 $f(z)$ 一个原函数, 则

$$\begin{aligned}
&\iint\limits_D x(1+yf(x^2+y^2))\mathrm{d}x\mathrm{d}y=\iint\limits_D x\mathrm{d}x\mathrm{d}y+\iint\limits_D xyf(x^2+y^2)\mathrm{d}x\mathrm{d}y\\
=&\int_{-1}^{1}x\mathrm{d}x\int_{x^3}^{1}\mathrm{d}y+\int_{-1}^{1}x\mathrm{d}x\int_{x^3}^{1}yf(x^2+y^2)\mathrm{d}y\\
=&-\frac{2}{5}+\frac{1}{2}\int_{-1}^{1}x\mathrm{d}x\int_{x^3}^{1}f(x^2+y^2)\mathrm{d}(x^2+y^2)\\
=&-\frac{2}{5}+\frac{1}{2}\int_{-1}^{1}xF(x^2+y^2)\Big|_{x^3}^{1}\mathrm{d}x\\
=&-\frac{2}{5}+\frac{1}{2}\int_{-1}^{1}x[F(x^2+1)-F(x^2+x^6)]\mathrm{d}x.
\end{aligned}\tag{1}$$

由于 $x[F(x^2+1)-F(x^2+x^6)]$ 是 x 的奇函数, 故

$$\int_{-1}^{1}x[F(x^2+1)-F(x^2+x^6)]\mathrm{d}x=0.\tag{2}$$

由 (1), (2) 式知

$$\iint\limits_D x(1+yf(x^2+y^2))\mathrm{d}x\mathrm{d}y=-\frac{2}{5}.\quad\blacksquare$$

例 8-1-4　计算下列各题.

1. 将下列积分化为单积分.

(1) $\iint\limits_D f(xy)\mathrm{d}x\mathrm{d}y,\ D:1\leqslant xy\leqslant 2, x\leqslant y\leqslant 2x.$

(2) $\iint\limits_D f(x+y)\mathrm{d}x\mathrm{d}y,\ D:|x|+|y|\leqslant 1.$

(3) $\iint\limits_D f\left(\dfrac{y}{x}\right)\mathrm{d}x\mathrm{d}y,\ D:\dfrac{1}{4}\leqslant x^2+y^2\leqslant x.$

解　(1) 令 $T:\begin{cases}u=xy,\\ v=\dfrac{y}{x},\end{cases}$ 则 $J=\dfrac{\partial(x,y)}{\partial(u,v)}=\dfrac{1}{\dfrac{\partial(u,v)}{\partial(x,y)}}=\dfrac{1}{2v}$, 且

$$D'=\{(u,v)|1\leqslant u\leqslant 2,1\leqslant v\leqslant 2\}\xrightarrow{T}D.$$

由积分变换公式得

$$\iint\limits_D f(xy)\mathrm{d}x\mathrm{d}y=\frac{1}{2}\iint\limits_{D'}f(u)\frac{1}{v}\mathrm{d}u\mathrm{d}v=\frac{1}{2}\int_1^2 f(u)\mathrm{d}u\int_1^2\frac{1}{v}\mathrm{d}v=\frac{1}{2}\ln 2\int_1^2 f(u)\mathrm{d}u.\quad\blacksquare$$

(2) 令 $T:\begin{cases}u=x+y,\\ v=x-y,\end{cases}$ 则 $J=\dfrac{\partial(x,y)}{\partial(u,v)}=\dfrac{1}{\dfrac{\partial(u,v)}{\partial(x,y)}}=-\dfrac{1}{2}$, 且

$$D'=\{(u,v)|-1\leqslant u\leqslant 1,-1\leqslant v\leqslant 1\}\xrightarrow{T}D.$$

由积分变换公式得

$$\iint_D f(x+y)\mathrm{d}x\mathrm{d}y=\iint_{D'} f(u)|J|\mathrm{d}u\mathrm{d}v=\frac{1}{2}\int_{-1}^{1} f(u)\mathrm{d}u\int_{-1}^{1}\mathrm{d}v=\int_{-1}^{1} f(u)\mathrm{d}u. \quad ■$$

(3) 令 $T:\begin{cases} x=r\cos\theta,\\ y=r\sin\theta,\end{cases}$ 则 $J=\dfrac{\partial(x,y)}{\partial(r,\theta)}=r$, 且

$$D'=\left\{(\theta,r)\middle|-\frac{\pi}{3}\leqslant\theta\leqslant\frac{\pi}{3},\frac{1}{2}\leqslant r\leqslant\cos\theta\right\}\xrightarrow{T}D.$$

由积分变换公式

$$\iint_D f\left(\frac{y}{x}\right)\mathrm{d}x\mathrm{d}y=\iint_{D'} f(\tan\theta)|J|\mathrm{d}r\mathrm{d}\theta=\int_{-\frac{\pi}{3}}^{\frac{\pi}{3}}\mathrm{d}\theta\int_{\frac{1}{2}}^{\cos\theta} f(\tan\theta)r\mathrm{d}r$$

$$=\int_{-\frac{\pi}{3}}^{\frac{\pi}{3}} f(\tan\theta)\frac{\cos^2\theta-\frac{1}{4}}{2}\mathrm{d}\theta. \quad ■$$

2. 计算 $\displaystyle\iint_D \frac{1}{(x^2+y^2)^2}\mathrm{d}x\mathrm{d}y$, $D: x^2+y^2=2x$ 内且 $x\geqslant 1$ 部分.

解　令 $T:\begin{cases} x=r\cos\theta,\\ y=r\sin\theta,\end{cases}$ 则 $J=\dfrac{\partial(x,y)}{\partial(r,\theta)}=r$, 且

$$D':\left\{(\theta,r)\middle|-\frac{\pi}{4}\leqslant\theta\leqslant\frac{\pi}{4},\frac{1}{\cos\theta}\leqslant r\leqslant 2\cos\theta\right\}\xrightarrow{T}D.$$

由积分变换公式得

$$\iint_D \frac{1}{(x^2+y^2)^2}\mathrm{d}x\mathrm{d}y=\iint_{D'}\frac{1}{r^4}|J|\mathrm{d}r\mathrm{d}\theta=\int_{-\frac{\pi}{4}}^{\frac{\pi}{4}}\mathrm{d}\theta\int_{\frac{1}{\cos\theta}}^{2\cos\theta}\frac{1}{r^4}r\mathrm{d}r$$

$$=\int_0^{\frac{\pi}{4}}\left(\cos^2\theta-\frac{1}{4\cos^2\theta}\right)\mathrm{d}\theta=\frac{\pi}{8}. \quad ■$$

3. 设常数 $a>0$, 求 $\displaystyle\iint_{x^2+y^2\leqslant ax} xy^2\mathrm{d}x\mathrm{d}y$.

解　令 $T:\begin{cases} x=\dfrac{a}{2}+r\cos\theta,\\ y=r\sin\theta,\end{cases}$ 则 $J=\dfrac{\partial(x,y)}{\partial(r,\theta)}=r$, 且

$$D':\left\{(\theta,r)\middle|0\leqslant\theta\leqslant 2\pi,0\leqslant r\leqslant\frac{a}{2}\right\}\xrightarrow{T}D.$$

由积分变换公式得

$$\iint_{x^2+y^2\leqslant ax} xy^2\mathrm{d}x\mathrm{d}y=\iint_{D'}\left(\frac{a}{2}+r\cos\theta\right)r^2\sin^2\theta|J|\mathrm{d}r\mathrm{d}\theta$$

$$=\int_0^{2\pi}\int_0^{\frac{a}{2}}\left(\frac{a}{2}+r\cos\theta\right)r^2\sin^2\theta r\mathrm{d}r\mathrm{d}\theta=\frac{a^5}{128}. \quad ■$$

注　若采用以原点为极点的坐标变换, 计算要复杂许多.

4. 计算 $\iint\limits_D (x+y)\mathrm{d}x\mathrm{d}y$, $D: x^2+y^2=x+y$ 所围成的区域.

解　令 $T:\begin{cases} x=\dfrac{1}{2}+r\cos\theta, \\ y=\dfrac{1}{2}+r\sin\theta, \end{cases}$ 则 $J=\dfrac{\partial(x,y)}{\partial(r,\theta)}=r$, 且

$$D':\left\{(\theta,r)\middle|0\leqslant\theta\leqslant 2\pi, 0\leqslant r\leqslant\frac{\sqrt{2}}{2}\right\}\xrightarrow{T}D.$$

由积分变换公式得

$$\begin{aligned}\iint\limits_D (x+y)\mathrm{d}x\mathrm{d}y &= \iint\limits_{D'}[r(\cos\theta+\sin\theta)+1]|J|\mathrm{d}r\mathrm{d}\theta \\ &= \int_0^{2\pi}\mathrm{d}\theta\int_0^{\frac{\sqrt{2}}{2}}[r(\cos\theta+\sin\theta)+1]\,r\mathrm{d}r\mathrm{d}\theta=\frac{\pi}{2}.\end{aligned}$$ ■

5. 求 $\iint\limits_D \dfrac{3x}{y^2+xy^3}\mathrm{d}x\mathrm{d}y$, D 是由平面曲线 $xy=1, xy=3, y^2=x, y^2=3x$ 所围成的有界闭区域.

解　令 $T:\begin{cases} u=xy, \\ v=\dfrac{y^2}{x}, \end{cases}$ 则 $J=\dfrac{\partial(x,y)}{\partial(u,v)}=\dfrac{1}{\dfrac{\partial(u,v)}{\partial(x,y)}}=\dfrac{1}{3v}$, 且

$$D'=\{(u,v)|1\leqslant u\leqslant 3, 1\leqslant v\leqslant 3\}\xrightarrow{T}D.$$

由积分变换公式得

$$\iint\limits_D \frac{3x}{y^2+xy^3}\mathrm{d}x\mathrm{d}y=\iint\limits_{D'}\frac{3}{v(1+u)}|J|\mathrm{d}u\mathrm{d}v=\int_1^3\frac{1}{v^2}\mathrm{d}v\int_1^3\frac{1}{1+u}\mathrm{d}u=\frac{2}{3}\ln 2.$$ ■

6. 计算 $\iint\limits_D \mathrm{e}^{\frac{x}{x+y}}\mathrm{d}x\mathrm{d}y$, $D:\{(x,y)|x+y\leqslant 1, x\geqslant 0, y\geqslant 0\}$.

解　令 $T:\begin{cases} x+y=v, \\ x=u, \end{cases}$ 即 $T:\begin{cases} x=u, \\ y=v-u, \end{cases}$ 则 $J=\dfrac{\partial(x,y)}{\partial(u,v)}=\begin{vmatrix} 1 & 0 \\ -1 & 1 \end{vmatrix}=1$, 且

$$D':\{(u,v)|0\leqslant v\leqslant 1,\ 0\leqslant u\leqslant v\}=\{(u,v)|0\leqslant u\leqslant 1,\ u\leqslant v\leqslant 1\}\xrightarrow{T}D.$$

由积分变换公式得

$$\iint\limits_D \mathrm{e}^{\frac{x}{x+y}}\mathrm{d}x\mathrm{d}y=\iint\limits_{D'}\mathrm{e}^{\frac{u}{v}}|J|\mathrm{d}u\mathrm{d}v=\int_0^1\mathrm{d}v\int_0^v\mathrm{e}^{\frac{u}{v}}\mathrm{d}u=\frac{1}{2}(\mathrm{e}-1).$$ ■

7. 计算 $\iint\limits_D \frac{(\sqrt{x}+\sqrt{y})^4}{x^2}\mathrm{d}x\mathrm{d}y$, D 是由 x 轴, $y=x$, $\sqrt{x}+\sqrt{y}=1$ 和 $\sqrt{x}+\sqrt{y}=2$ 所围成的有界区域.

解　令 $T:\begin{cases} u=\sqrt{x}+\sqrt{y}, \\ v=\dfrac{y}{x}, \end{cases}$ 则 $J=\dfrac{\partial(x,y)}{\partial(u,v)}=\dfrac{1}{\dfrac{\partial(u,v)}{\partial(x,y)}}=2\dfrac{x^2}{u}$, 且

$$D':\{(u,v)|1\leqslant u\leqslant 2, 0\leqslant v\leqslant 1\}\xrightarrow{T} D.$$

由积分变换公式

$$\iint\limits_D \frac{(\sqrt{x}+\sqrt{y})^4}{x^2}\mathrm{d}x\mathrm{d}y=\iint\limits_{D'}\frac{u^4}{x^2}|J|\mathrm{d}u\mathrm{d}v=2\iint\limits_{D'}u^3\mathrm{d}u\mathrm{d}v=2\int_0^1\mathrm{d}v\int_1^2 u^3\mathrm{d}u=\frac{15}{2}.\quad\blacksquare$$

8. 求 $\iint\limits_D \sqrt{\sqrt{x}+\sqrt{y}}\mathrm{d}x\mathrm{d}y$, D 由曲线 $\sqrt{x}+\sqrt{y}=1$ 与坐标轴所围成的区域.

解　令 $T:\begin{cases} \sqrt{x}=r^2\cos^2\theta, \\ \sqrt{y}=r^2\sin^2\theta, \end{cases}$ 则 $J=\dfrac{\partial(x,y)}{\partial(r,\theta)}=16r^7\sin^3\theta\cos^3\theta$, 且

$$D'=\left\{(r,\theta)\middle|0\leqslant\theta\leqslant\frac{\pi}{2}, 0\leqslant r\leqslant 1\right\}\xrightarrow{T} D.$$

由积分变换公式得

$$\iint\limits_D \sqrt{\sqrt{x}+\sqrt{y}}\mathrm{d}x\mathrm{d}y=\iint\limits_{D'}r|J|\mathrm{d}r\mathrm{d}\theta=16\int_0^{\frac{\pi}{2}}\mathrm{d}\theta\int_0^1 r^8\sin^3\theta\cos^3\theta\mathrm{d}r=\frac{4}{27}.\quad\blacksquare$$

9. 计算 $I=\iint\limits_{x^4+y^4\leqslant 1}(x^2+y^2)\mathrm{d}x\mathrm{d}y$.

解　记 $D_1=\{(x,y)|x^4+y^4\leqslant 1, x\geqslant 0, y\geqslant 0\}$. 则

$$\iint\limits_{x^4+y^4\leqslant 1}(x^2+y^2)\mathrm{d}x\mathrm{d}y=4\iint\limits_{D_1}(x^2+y^2)\mathrm{d}x\mathrm{d}y=8\iint\limits_{D_1}x^2\mathrm{d}x\mathrm{d}y.$$

令 $T:\begin{cases} u=x^2, \\ v=y^2, \end{cases}$ 则 $J=\dfrac{\partial(x,y)}{\partial(u,v)}=\dfrac{1}{\dfrac{\partial(u,v)}{\partial(x,y)}}=\dfrac{1}{4\sqrt{uv}}$, 且

$$D'=\{(u,v)|u^2+v^2\leqslant 1, u\geqslant 0, v\geqslant 0\}\xrightarrow{T} D_1.$$

由积分变换公式得

$$I=8\iint\limits_{D_1}x^2\mathrm{d}x\mathrm{d}y=8\iint\limits_{D'}\frac{u}{4\sqrt{uv}}\mathrm{d}u\mathrm{d}v=2\iint\limits_{D'}\sqrt{\frac{u}{v}}\mathrm{d}u\mathrm{d}v.$$

令 $T:\begin{cases} u = r\cos\theta, \\ v = r\sin\theta, \end{cases}$ 则 $J = \dfrac{\partial(u,v)}{\partial(r,\theta)} = r$, 且

$$D'' = \left\{(r,\theta)\middle|0 \leqslant r \leqslant 1, 0 \leqslant \theta \leqslant \frac{\pi}{2}\right\} \xrightarrow{T} D'.$$

由积分变换公式得

$$I = 2\iint\limits_{D'} \sqrt{\frac{u}{v}}\mathrm{d}u\mathrm{d}v = 2\iint\limits_{D''} r\cos^{\frac{1}{2}}\theta\sin^{-\frac{1}{2}}\theta\mathrm{d}\theta\mathrm{d}r$$
$$= 2\int_0^{\frac{\pi}{2}} \cos^{\frac{1}{2}}\theta\sin^{-\frac{1}{2}}\theta\mathrm{d}\theta\int_0^1 r\mathrm{d}r = \frac{1}{2}\mathrm{B}\left(\frac{3}{4},\frac{1}{4}\right) \xlongequal{\text{余元公式}} \frac{1}{2}\frac{\pi}{\sin\frac{\pi}{4}} = \frac{\pi}{\sqrt{2}}. \quad ■$$

10. **证明**:

$$\iint\limits_D f(ax+by+c)\mathrm{d}x\mathrm{d}y = 2\int_{-1}^1 \sqrt{1-u^2}f(u\sqrt{a^2+b^2}+c)\mathrm{d}u,$$

其中 $D: x^2+y^2 \leqslant 1, a^2+b^2 \neq 0$.

证　令 $T:\begin{cases} u = \dfrac{1}{\sqrt{a^2+b^2}}(ax+by), \\ v = \dfrac{1}{\sqrt{a^2+b^2}}(bx-ay), \end{cases}$ 则 $J = \dfrac{\partial(x,y)}{\partial(u,v)} = \dfrac{1}{\dfrac{\partial(u,v)}{\partial(x,y)}} = 1$, 且

$$D' = \{(u,v)|u^2+v^2 \leqslant 1\} \xrightarrow{T} D.$$

由积分变换公式得

$$\iint\limits_D f(ax+by+c)\mathrm{d}x\mathrm{d}y = \iint\limits_{D'} f(u\sqrt{a^2+b^2}+c)\mathrm{d}u\mathrm{d}v$$
$$= \int_{-1}^1 \mathrm{d}u\int_{-\sqrt{1-u^2}}^{\sqrt{1-u^2}} f(u\sqrt{a^2+b^2}+c)\mathrm{d}v$$
$$= 2\int_{-1}^1 \sqrt{1-u^2}f(u\sqrt{a^2+b^2}+c)\mathrm{d}u. \quad ■$$

注　变换 T 完全是根据要证明等式右端特点而确定的.

练习　(1) $\displaystyle\iint\limits_D \frac{x^2-y^2}{\sqrt{x+y+3}}\mathrm{d}x\mathrm{d}y, D = \{(x,y)||x|+|y| \leqslant 1\}$.

(2) $\displaystyle\iint\limits_D \cos\frac{x-y}{x+y}\mathrm{d}x\mathrm{d}y, D: x+y=1, x=0, y=0$ 所围成.

例 8-1-5　解答下列各题.

1. 求 $\displaystyle\lim_{r\to 0}\frac{1}{\pi r^2}\iint\limits_{x^2+y^2\leqslant r^2} f(x,y)\mathrm{d}x\mathrm{d}y$, 其中 $f(x,y)$ 为连续函数.

解 由积分中值定理得

$$\lim_{r\to 0}\frac{1}{\pi r^2}\iint\limits_{x^2+y^2\leqslant r^2} f(x,y)\mathrm{d}x\mathrm{d}y=\lim_{r\to 0}f(\xi,\eta)=\lim_{(\xi,\eta)\to(0,0)}f(\xi,\eta)=f(0,0). \quad \blacksquare$$

2. 求 $\lim\limits_{u\to+\infty}\dfrac{1}{2\pi}\displaystyle\int_0^u \mathrm{d}z\iint\limits_D \frac{\sin(z\sqrt{x^2+y^2})}{\sqrt{x^2+y^2}}\mathrm{d}x\mathrm{d}y$, $D: 1\leqslant x^2+y^2\leqslant 4$.

解 令 $T:\begin{cases} x=r\cos\theta, \\ y=r\sin\theta, \end{cases}$ 则 $J=\dfrac{\partial(x,y)}{\partial(r,\theta)}=r$, 且

$$D'=\{(r,\theta)|r\in[1,2],\theta\in[0,2\pi]\}\xrightarrow{T} D.$$

由积分变换公式得

$$\begin{aligned}\lim_{u\to+\infty}\frac{1}{2\pi}\int_0^u \mathrm{d}z\iint\limits_D \frac{\sin(z\sqrt{x^2+y^2})}{\sqrt{x^2+y^2}}\mathrm{d}x\mathrm{d}y&=\lim_{u\to+\infty}\frac{1}{2\pi}\int_0^u\mathrm{d}z\int_0^{2\pi}\mathrm{d}\theta\int_1^2\frac{\sin(zr)}{r}r\mathrm{d}r\\&=\lim_{u\to+\infty}\int_0^u\mathrm{d}z\int_1^2\sin(zr)\mathrm{d}r\\&=\int_0^{+\infty}\frac{\cos z-\cos(2z)}{z}\mathrm{d}z=\ln 2,\end{aligned}$$

这里用到 Froullani 公式 (见广义积分部分). ■

3. 设 $f(u)$ 具有连续导函数, 且 $\lim\limits_{u\to+\infty}f'(u)=A>0$, $D=\{(x,y)|x^2+y^2\leqslant R^2,x\geqslant 0,y\geqslant 0\}(R>0)$.

(1) 证明 $\lim\limits_{u\to+\infty}f(u)=+\infty$.

(2) 求 $I_R=\iint\limits_D f'(x^2+y^2)\mathrm{d}x\mathrm{d}y$.

(3) 求 $\lim\limits_{R\to+\infty}\dfrac{I_R}{R^2}$.

证 (1) 因为 $\lim\limits_{u\to+\infty}f'(u)=A>0$, 所以存在 $M>0$, 当 $u>M$ 时, 有 $f'(u)>\dfrac{A}{2}>0$, 由微分中值定理知当 $u>M$ 时,

$$f(u)=f(M)+f'(\xi)(u-M)>f(M)+\frac{A}{2}(u-M),\quad \xi\in(M,u),$$

故

$$\lim_{u\to+\infty}f(u)=+\infty.$$

思考 若 $f(u)$ 具有连续导函数, 且 $\lim\limits_{u\to+\infty}f'(u)=0$, 能否推出 $\lim\limits_{u\to+\infty}f(u)$ 存在且有限? 若 $f(u)$ 具有连续导函数, $\lim\limits_{u\to+\infty}f(u)$ 存在且有限, 能否推出 $\lim\limits_{u\to+\infty}f'(u)$ 存在? 若存在是否一定有限?

(2) 令 $T:\begin{cases} x=r\cos\theta, \\ y=r\sin\theta, \end{cases}$ 则 $J=\dfrac{\partial(x,y)}{\partial(r,\theta)}=r$, 且

$$D'=\left\{(r,\theta)\middle|0\leqslant\theta\leqslant\frac{\pi}{2},0\leqslant r\leqslant R\right\}.$$

由积分变换公式得

$$I_R=\int_0^{\frac{\pi}{2}}\mathrm{d}\theta\int_0^R f'(r^2)r\mathrm{d}r=\frac{\pi}{2}\frac{1}{2}f(r^2)\bigg|_0^R=\frac{\pi}{4}\left[f(R^2)-f(0)\right].$$

(3) 由 L'Hospital 法则得

$$\lim_{R\to+\infty}\frac{I_R}{R^2}=\lim_{R\to+\infty}\frac{\pi}{4}\frac{f(R^2)-f(0)}{R^2}=\frac{\pi}{4}\lim_{R\to+\infty}\frac{2Rf'(R^2)}{2R}=\frac{\pi}{4}A. \blacksquare$$

4. 求 $\dfrac{\mathrm{d}}{\mathrm{d}t}\displaystyle\iint\limits_{x^2+y^2\leqslant t^2}f(x,y)\mathrm{d}x\mathrm{d}y$, 其中 $f(x,y)$ 连续.

解　由极坐标积分变换公式及含参变量积分求导公式得

$$\begin{aligned}\frac{\mathrm{d}}{\mathrm{d}t}\iint\limits_{x^2+y^2\leqslant t^2}f(x,y)\mathrm{d}x\mathrm{d}y&=\frac{\mathrm{d}}{\mathrm{d}t}\left[\int_0^{2\pi}\mathrm{d}\theta\int_0^t f(r\cos\theta,r\sin\theta)r\mathrm{d}r\right]\\&=\int_0^{2\pi}tf(t\cos\theta,t\sin\theta)\mathrm{d}\theta. \blacksquare\end{aligned}$$

注　积分限上的参变量和被积函数中的参变量可通过合适的变换实现位置转变, 给处理问题带来许多方便.

5. 证明: $\displaystyle\iint\limits_D\left(\sqrt{|xy|}+|xy|\right)\mathrm{d}x\mathrm{d}y\leqslant\frac{3}{2}$, 其中 $D:|x|+|y|\leqslant1$.

证　由于 $\forall(x,y)\in D$, 有 $\sqrt{|xy|}\leqslant\dfrac{1}{2}(|x|+|y|)\leqslant\dfrac{1}{2}$, 故

$$\iint\limits_D\left(\sqrt{|xy|}+|xy|\right)\mathrm{d}x\mathrm{d}y\leqslant\iint\limits_D\left(\frac{1}{2}+\frac{1}{4}\right)\mathrm{d}x\mathrm{d}y=\frac{3}{4}\iint\limits_D\mathrm{d}x\mathrm{d}y=\frac{3}{2}. \blacksquare$$

6. 设 $f(x,y)$ 在 $D=[0,1]\times[0,1]$ 上连续, 且 $\displaystyle\iint\limits_D f(x,y)\mathrm{d}x\mathrm{d}y=0$, $\displaystyle\iint\limits_D xyf(x,y)\mathrm{d}x\mathrm{d}y=1$, 证明: 存在 $(\xi,\eta)\in D$ 使得 $|f(\xi,\eta)|\geqslant\dfrac{1}{A}$, 其中 $A=\displaystyle\int_0^1\int_0^1\left|xy-\frac{1}{4}\right|\mathrm{d}x\mathrm{d}y$.

证　由积分中值定理得

$$\begin{aligned}1&=\iint\limits_D\left(xy-\frac{1}{4}\right)f(x,y)\mathrm{d}x\mathrm{d}y\leqslant\iint\limits_D\left|xy-\frac{1}{4}\right||f(x,y)|\mathrm{d}x\mathrm{d}y\\&=|f(\xi,\eta)|\iint\limits_D\left|xy-\frac{1}{4}\right|\mathrm{d}x\mathrm{d}y=A\,|f(\xi,\eta)|,\end{aligned}$$

即存在 $(\xi,\eta)\in D$ 使得 $|f(\xi,\eta)|\geqslant\dfrac{1}{A}$. ■

7. 设 $f(x,y)\geqslant 0$, 在 $D:x^2+y^2\leqslant a^2$ 上有连续一阶偏导数, 在边界上的值为 0, 证明:

$$\left|\iint\limits_D f(x,y)\mathrm{d}x\mathrm{d}y\right|\leqslant\frac{1}{3}\pi a^3\max_{(x,y)\in D}\sqrt{f_x^2+f_y^2}.$$

证 记 $M=\max\limits_{(x,y)\in D}\sqrt{f_x^2+f_y^2}$. 对 $\forall(x,y)\in D$, 由原点向 (x,y) 引射线, 与圆周交于 (x_0,y_0), 由 Taylor 公式及 Schwarz 不等式有

$$\begin{aligned}f(x,y)&=f(x_0,y_0)+f_x'(\xi)(x-x_0)+f_y'(\xi)(y-y_0)\\&\leqslant\sqrt{f_x'^2(\xi)+f'^2(\xi)}\sqrt{(x-x_0)^2+(y-y_0)^2}\leqslant M(a-r),\quad r=\sqrt{x^2+y^2}.\end{aligned}$$

令 $T:\begin{cases}x=r\cos\theta,\\y=r\sin\theta,\end{cases}$ 则 $J=\dfrac{\partial(x,y)}{\partial(r,\theta)}=r$, 且

$$D'=\{(r,\theta)|0\leqslant\theta\leqslant 2\pi,0\leqslant r\leqslant a\}\xrightarrow{T}D.$$

由积分变换公式得

$$\left|\iint\limits_D f(x,y)\mathrm{d}x\mathrm{d}y\right|\leqslant M\int_0^{2\pi}\mathrm{d}\theta\int_0^a(a-r)r\mathrm{d}r=\frac{\pi}{3}a^3M.\quad ■$$

练习 (1) 设 $f(x,y)$ 在 $D=[0,\pi]\times[0,\pi]$ 上连续, 且恒取正值, 求 $\lim\limits_{n\to\infty}\iint\limits_D f^{\frac{1}{n}}(x,y)\cdot\sin x\mathrm{d}x\mathrm{d}y$.

(2) 设 $F(t)=\iiint\limits_{D_t}f(x,y,z)\mathrm{d}x\mathrm{d}y\mathrm{d}z$, 其中 f 为可微函数, $D_t=[0,t]\times[0,t]\times[0,t]$, 求 $F'(t)$.

例 8-1-6 计算下列积分.

1. 计算积分 $I=\iiint\limits_V\dfrac{1}{\rho^2}\mathrm{d}V$, 其中 ρ 为点 (x,y,z) 到 x 轴的距离, V 是一棱台, 六个顶点分别为 $A(0,0,1)$, $B(0,1,1)$, $C(1,1,1)$, $D(0,0,2)$, $E(0,2,2)$, $F(2,2,2)$.

解 任取 $z\in[1,2]$, 垂直于 z 轴的截面为等腰直角三角形 $D_z:=\{(x,y)|0\leqslant x\leqslant y,\ 0\leqslant y\leqslant z\}$, 由累次积分公式得

$$I=\iiint\limits_V\frac{1}{\rho^2}\mathrm{d}V=\int_1^2\mathrm{d}z\iint\limits_{D_z}\frac{1}{y^2+z^2}\mathrm{d}x\mathrm{d}y=\int_1^2\mathrm{d}z\int_0^z\mathrm{d}y\int_0^y\frac{\mathrm{d}x}{y^2+z^2}=\frac{1}{2}\ln 2.\quad ■$$

思考 能否用投影法计算此题?

2. 计算 $I=\iiint\limits_V(x+y+z)\mathrm{d}x\mathrm{d}y\mathrm{d}z$ 的值, 其中 V 是 $x+y+z=1$ 以及三个坐标轴所围成的区域.

解　(解一)(截面法) 由 x, y, z 的对称性知

$$
\begin{aligned}
I &= \iiint\limits_V (x+y+z)\mathrm{d}x\mathrm{d}y\mathrm{d}z = 3\iiint\limits_V z\mathrm{d}x\mathrm{d}y\mathrm{d}z = 3\int_0^1 z\mathrm{d}z \iint\limits_{D_z} \mathrm{d}x\mathrm{d}y \\
&= \frac{3}{2}\int_0^1 z(1-z)^2\mathrm{d}z = \frac{1}{8}.
\end{aligned}
$$

(解二)(投影法)

$$
I = \iiint\limits_V (x+y+z)\mathrm{d}x\mathrm{d}y\mathrm{d}z = \iint\limits_{D_{xy}} \mathrm{d}x\mathrm{d}y \int_0^{1-(x+y)} (x+y+z)\mathrm{d}z = \frac{1}{8}. \quad \blacksquare
$$

3. 计算 $I = \iiint\limits_V \sqrt{x^2+y^2+z^2}\mathrm{d}x\mathrm{d}y\mathrm{d}z$, V : 锥面 $z = \sqrt{x^2+y^2}$ 与 $z = 1$ 所围成的区域.

解　(解一)(截面法) 记 $D_z = \{(x,y)|x^2+y^2 \leqslant z^2\}$. 则

$$
I = \int_0^1 \mathrm{d}z \iint\limits_{D_z} \sqrt{x^2+y^2+z^2}\mathrm{d}x\mathrm{d}y.
$$

令 $T : \begin{cases} x = r\cos\theta, \\ y = r\sin\theta, \end{cases}$ 则 $J = \dfrac{\partial(x,y)}{\partial(r,\theta)} = r$, 且

$$
D_z' = \{(r,\theta)|\theta \in [0, 2\pi], r \in [0, z]\} \xrightarrow{T} D_z.
$$

由积分变换公式得

$$
\begin{aligned}
I &= \iiint\limits_{V'} r|J|\mathrm{d}r\mathrm{d}\varphi\mathrm{d}z = \int_0^1 \mathrm{d}z \int_0^{2\pi} \mathrm{d}\theta \int_0^z r\sqrt{r^2+z^2}\mathrm{d}r \\
&= 2\pi\int_0^1 \left[\frac{1}{3}(r^2+z^2)^{\frac{3}{2}}\Big|_0^z\right]\mathrm{d}z = \frac{\pi}{6}(2\sqrt{2}-1).
\end{aligned}
$$

(解二)(积分变换) 令 $T : \begin{cases} x = r\sin\varphi\cos\theta, \\ y = r\sin\varphi\sin\theta, \\ z = r\cos\varphi, \end{cases}$ 则 $J = \dfrac{\partial(x,y,z)}{\partial(r,\varphi,\theta)} = r^2\sin\varphi$, 且

$$
V' = \left\{(r,\varphi,\theta)\middle|\varphi \in \left[0, \frac{\pi}{4}\right], \theta \in [0, 2\pi], r \in \left[0, \frac{1}{\cos\varphi}\right]\right\} \xrightarrow{T} V.
$$

由积分变换公式得

$$
\begin{aligned}
I &= \iiint\limits_{V'} r|J|\mathrm{d}r\mathrm{d}\varphi\mathrm{d}\theta = \int_0^{2\pi} \mathrm{d}\theta \int_0^{\frac{\pi}{4}} \mathrm{d}\varphi \int_0^{\frac{1}{\cos\varphi}} r^3\sin\varphi\mathrm{d}r \\
&= \frac{\pi}{2}\int_0^{\frac{\pi}{4}} \frac{\sin\varphi}{\cos^4\varphi}\mathrm{d}\varphi = \frac{\pi}{6}(2\sqrt{2}-1). \quad \blacksquare
\end{aligned}
$$

练习　试用投影法、柱坐标变换计算该积分.

4. 计算 $I=\iiint\limits_{\Omega} x^2\sqrt{x^2+y^2}\mathrm{d}x\mathrm{d}y\mathrm{d}z$, Ω : 由曲面 $z=\sqrt{x^2+y^2}$ 与 $z=x^2+y^2$ 所围成的有界区域.

解　(解一)(投影法) Ω 在 xy 平面上的投影为 $D_{xy}: x^2+y^2\leqslant 1$. 故

$$I=\iint\limits_{D_{xy}}\mathrm{d}x\mathrm{d}y\int_{x^2+y^2}^{\sqrt{x^2+y^2}} x^2\sqrt{x^2+y^2}\mathrm{d}z \tag{1}$$

$$=\iint\limits_{D_{xy}}\left[\sqrt{x^2+y^2}-x^2-y^2\right]x^2\sqrt{x^2+y^2}\mathrm{d}x\mathrm{d}y. \tag{2}$$

令 $T:\begin{cases} x=r\cos\theta, \\ y=r\sin\theta, \end{cases}$ 则 $J=\dfrac{\partial(x,y)}{\partial(r,\theta)}=r$, 且

$$D'_{xy}=\{(r,\theta)|r\in[0,1],\theta\in[0,2\pi]\}\xrightarrow{T}D_{xy}.$$

由 (1) 及积分变换公式得

$$I=\iint\limits_{D'_{xy}}\left(r-r^2\right)r^2\cos^2\theta\cdot r|J|\mathrm{d}r\mathrm{d}\theta=\int_0^{2\pi}\mathrm{d}\theta\int_0^1(r-r^2)r^4\cos^2\theta\mathrm{d}r=\frac{\pi}{42}.$$

(解二)(积分变换) 令 $T:\begin{cases} x=r\cos\theta, \\ y=r\sin\theta, \\ z=z, \end{cases}$ 则 $J=\dfrac{\partial(x,y,z)}{\partial(r,\varphi,z)}=r$, 且

$$\Omega'=\{(r,\theta,z)|\theta\in[0,2\pi],r\in[0,1],z\in[r^2,r]\}\xrightarrow{T}V.$$

由积分变换公式得

$$I=\int_0^{2\pi}\cos^2\theta\mathrm{d}\theta\int_0^1\mathrm{d}r\int_{r^2}^{r} r^3|J|\mathrm{d}z=\frac{\pi}{42}.\quad ■$$

练习　试用截面法计算该积分.

5. 计算 $I=\iiint\limits_{V}\left(\dfrac{x^2}{a^2}+\dfrac{y^2}{b^2}+\dfrac{z^2}{c^2}\right)\mathrm{d}x\mathrm{d}y\mathrm{d}z$, V : 椭球面 $\dfrac{x^2}{a^2}+\dfrac{y^2}{b^2}+\dfrac{z^2}{c^2}=1$ 所围成的区域

解　(解一)(截面法) 椭球围成的区域为

$$V:\frac{x^2}{\left(1-\dfrac{z^2}{c^2}\right)a^2}+\frac{y^2}{\left(1-\dfrac{z^2}{c^2}\right)b^2}\leqslant 1,$$

故

$$\iiint\limits_{V}\frac{z^2}{c^2}\mathrm{d}x\mathrm{d}y\mathrm{d}z=\int_{-c}^{c}\frac{z^2}{c^2}\mathrm{d}z\iint\limits_{D_z}\mathrm{d}x\mathrm{d}y=\int_{-c}^{c}\frac{z^2}{c^2}\left(1-\frac{z^2}{c^2}\right)\pi ab\mathrm{d}z=\frac{4}{15}\pi abc.$$

同理

$$\iiint\limits_V \frac{x^2}{a^2}\mathrm{d}x\mathrm{d}y\mathrm{d}z = \iiint\limits_V \frac{z^2}{c^2}\mathrm{d}x\mathrm{d}y\mathrm{d}z = \frac{4}{15}\pi abc.$$

所以

$$I = \iiint\limits_V \left(\frac{x^2}{a^2}+\frac{y^2}{b^2}+\frac{z^2}{c^2}\right)\mathrm{d}x\mathrm{d}y\mathrm{d}z = \frac{4}{5}\pi abc.$$

(解二)(积分变换) 令 $T:\begin{cases} x = ar\sin\varphi\cos\theta, \\ y = br\sin\varphi\sin\theta, \\ z = cr\cos\varphi, \end{cases}$ 则 $J = \dfrac{\partial(x,y,z)}{\partial(r,\varphi,\theta)} = abcr^2\sin\varphi$, 且

$$V' = \{(r,\varphi,\theta)|\varphi\in[0,\pi],\theta\in[0,2\pi],r\in[0,1]\} \xrightarrow{T} V.$$

由积分变换公式得

$$I = \iiint\limits_{V'} r^4\sin\varphi\mathrm{d}r\mathrm{d}\varphi\mathrm{d}\theta = \int_0^{2\pi}\mathrm{d}\theta\int_0^{\pi}\mathrm{d}\varphi\int_0^1 r^4 abc\sin\varphi\mathrm{d}r = \frac{4}{5}\pi abc. \quad \blacksquare$$

练习　试用投影法、柱坐标变换计算该积分.

6. 计算 $I = \iiint\limits_{\Omega} z\mathrm{d}x\mathrm{d}y\mathrm{d}z$, $\Omega: x^2+y^2+z^2=4$ 与 $x^2+y^2=3z$ 所围成的几何体.

解　(解一)(投影法) 记 $D_{xy}=\{(x,y)|x^2+y^2\leqslant 3\}$, 则

$$I = \iint\limits_{D_{xy}}\mathrm{d}x\mathrm{d}y\int_{\frac{1}{3}(x^2+y^2)}^{\sqrt{4-x^2-y^2}} z\mathrm{d}z = \frac{1}{2}\iint\limits_{D_{xy}}\left[(4-x^2-y^2)-\frac{1}{9}(x^2+y^2)^2\right]\mathrm{d}x\mathrm{d}y.$$

令 $T:\begin{cases} x = r\cos\theta, \\ y = r\sin\theta, \end{cases}$ $J = \dfrac{\partial(x,y)}{\partial(r,\theta)} = r$, 且

$$D_{r\theta} = \left\{(r,\theta)|\theta\in[0,2\pi],r\in[0,\sqrt{3}]\right\} \xrightarrow{T} D_{xy}.$$

由积分变换公式得

$$I = \frac{1}{2}\int_0^{2\pi}\mathrm{d}\theta\int_0^{\sqrt{3}}\left[\frac{1}{9}r^4-(4-r^2)\right]r\mathrm{d}r = \frac{13}{4}\pi.$$

(解二)(积分变换) 令 $T:\begin{cases} x = r\cos\theta, \\ y = r\sin\theta, z = z, \end{cases}$ 则 $J = \dfrac{\partial(x,y,z)}{\partial(r,\theta,z)} = r$, 且

$$\Omega' = \left\{(r,\theta,z)\middle|\theta\in[0,2\pi],r\in[0,\sqrt{3}],z\in\left[\frac{r^2}{3},\sqrt{4-r^2}\right]\right\} \xrightarrow{T} \Omega.$$

由积分变换公式得

$$I=\iiint\limits_{\Omega} z\mathrm{d}x\mathrm{d}y\mathrm{d}z=\iiint\limits_{\Omega'} z|J|\mathrm{d}r\mathrm{d}\theta\mathrm{d}z=\int_0^{2\pi}\mathrm{d}\theta\int_0^{\sqrt{3}} r\mathrm{d}r\int_{\frac{r^2}{3}}^{\sqrt{4-r^2}} z\mathrm{d}z$$
$$=\frac{13}{4}\pi.\quad ■$$

练习 试用截面法计算该积分.

7. 求 $I=\iiint\limits_{\Omega} z^2\mathrm{d}V$, 其中 Ω 是 $x^2+y^2+z^2\leqslant a^2$, $x^2+y^2+(z-a)^2\leqslant a^2$ 的公共部分.

解 Ω 在 xy 平面的投影为 $D: x^2+y^2\leqslant\frac{3}{4}a^2$, 故

$$I=\iint\limits_{D}\mathrm{d}x\mathrm{d}y\int_{a-\sqrt{a^2-x^2-y^2}}^{\sqrt{a^2-x^2-y^2}} z^2\mathrm{d}z$$
$$=\frac{1}{3}\iint\limits_{D}\left[(a^2-x^2-y^2)^{\frac{3}{2}}-\left(a-\sqrt{a^2-x^2-y^2}\right)^3\right]\mathrm{d}x\mathrm{d}y.\tag{1}$$

令 $T:\begin{cases}x=r\cos\theta,\\ y=r\sin\theta,\end{cases}$ 则 $J=\dfrac{\partial(x,y)}{\partial(r,\theta)}=r$, 且

$$D'=\left\{(r,\theta)\middle|r\in\left[0,\frac{\sqrt{3}}{2}a\right],\theta\in[0,2\pi]\right\}\xrightarrow{T}D.$$

由 (1) 式及积分变换公式得

$$I=\frac{1}{3}\iint\limits_{D'}\left[(a^2-r^2)^{\frac{3}{2}}-\left(a-\sqrt{a^2-r^2}\right)^3\right]|J|\mathrm{d}r\mathrm{d}\theta$$
$$=\frac{2}{3}\pi\int_0^{\frac{\sqrt{3}}{2}a}\left[(a^2-r^2)^{\frac{3}{2}}-\left(a-\sqrt{a^2-r^2}\right)^3\right]r\mathrm{d}r=\frac{59}{480}\pi a^5.\quad ■$$

练习 试用截面法、柱坐标变换、球坐标变换计算该积分.

8. 计算 $I=\iiint\limits_{V}(x^2+y^2+z^2)\mathrm{d}x\mathrm{d}y\mathrm{d}z$, V: 椭圆锥面 $\dfrac{x^2}{a^2}+\dfrac{y^2}{b^2}=\dfrac{z^2}{c^2}$ 与 $z=c$ 所围成的区域.

解 只要求出 $\iiint\limits_{V}(x^2+y^2)\mathrm{d}x\mathrm{d}y\mathrm{d}z$ 和 $\iiint\limits_{V}z^2\mathrm{d}x\mathrm{d}y\mathrm{d}z$ 即可. 事实上, $\dfrac{x^2}{a^2}+\dfrac{y^2}{b^2}=\dfrac{z^2}{c^2}$ 可改写为

$$\frac{x^2}{\frac{a^2z^2}{c^2}}+\frac{y^2}{\frac{b^2z^2}{c^2}}=1,$$

所以

$$\iiint\limits_{V}z^2\mathrm{d}x\mathrm{d}y\mathrm{d}z=\int_0^c z^2\mathrm{d}z\iint\limits_{D_z}\mathrm{d}x\mathrm{d}y=\int_0^c z^2\pi\frac{abz^2}{c^2}\mathrm{d}z=\frac{1}{5}\pi abc^3.\tag{1}$$

又

$$\iiint\limits_V (x^2+y^2)\mathrm{d}x\mathrm{d}y\mathrm{d}z = \iint\limits_{D_{xy}} (x^2+y^2)\mathrm{d}x\mathrm{d}y \int_{c\sqrt{\frac{x^2}{a^2}+\frac{y^2}{b^2}}}^{c} \mathrm{d}z$$

$$= c\iint\limits_{D_{xy}} (x^2+y^2)\left(1-\sqrt{\frac{x^2}{a^2}+\frac{y^2}{b^2}}\right)\mathrm{d}x\mathrm{d}y, \tag{2}$$

其中 $D_{xy}: \frac{x^2}{a^2}+\frac{y^2}{b^2}=1$.

令 $T: \begin{cases} x = ar\cos\theta, \\ y = br\sin\theta, \end{cases}$ 则 $J=\frac{\partial(x,y)}{\partial(r,\theta)}=abr$, 且

$$D'=\{(r,\theta)|0\leqslant\theta\leqslant 2\pi, 0\leqslant r\leqslant 1\}\xrightarrow{T} D_{xy}.$$

由积分变换公式得

$$c\iint\limits_{D_{xy}} (x^2+y^2)\left(1-\sqrt{\frac{x^2}{a^2}+\frac{y^2}{b^2}}\right)\mathrm{d}x\mathrm{d}y$$

$$=c\int_0^1 \mathrm{d}r\int_0^{2\pi}(a^2r^2\cos^2\theta+b^2r^2\sin^2\theta)(1-r)abcr\mathrm{d}\theta$$

$$=\frac{1}{20}\pi abc(a^2+b^2). \tag{3}$$

由 (1)—(3) 得

$$I=\frac{1}{20}\pi abc\left(a^2+b^2+4c^2\right). \quad ■$$

注　用积分对被积函数的可加性, 分开被积函数分别用截面法和投影法计算.

9. 计算 $I=\iiint\limits_V xyz\mathrm{d}x\mathrm{d}y\mathrm{d}z$, 其中 $V: x\leqslant yz\leqslant 2x, y\leqslant zx\leqslant 2y, z\leqslant xy\leqslant 2z$.

解　令 $T: \begin{cases} u=\frac{yz}{x}, \\ v=\frac{zx}{y}, \\ w=\frac{xy}{z}, \end{cases}$ 则 $J=\frac{\partial(x,y,z)}{\partial(u,v,w)}=\frac{1}{\frac{\partial(u,v,w)}{\partial(x,y,z)}}=\frac{1}{4}$, 且

$$V'=\{(u,v,w)|u\in[1,2], v\in[1,2], w\in[1,2]\}\xrightarrow{T} V.$$

由积分变换公式得

$$I=\iiint\limits_V xyz\mathrm{d}x\mathrm{d}y\mathrm{d}z=\iiint\limits_{V'} uvw|J|\mathrm{d}u\mathrm{d}v\mathrm{d}w=\frac{1}{4}\int_1^2 u\mathrm{d}u\cdot\int_1^2 v\mathrm{d}v\cdot\int_1^2 w\mathrm{d}w=\frac{27}{32}. \quad ■$$

10.　求 $I=\iiint\limits_{\Omega} x^2y^2z\mathrm{d}x\mathrm{d}y\mathrm{d}z$, $\Omega: z=x^2+y^2, z=0, xy=1, xy=2, y=3x, y=4x$ 所围成.

解　由于

$$\Omega=\{(x,y,z)|0\leqslant z\leqslant x^2+y^2,(x,y)\in D\},$$

其中 D 是由 $xy=1,xy=2,y=3x,y=4x$ 所围成的区域. 故

$$I=\iiint\limits_{\Omega}x^2y^2z\mathrm{d}x\mathrm{d}y\mathrm{d}z=\iint\limits_{D}x^2y^2\mathrm{d}x\mathrm{d}y\int_0^{x^2+y^2}z\mathrm{d}z=\frac{1}{2}\iint\limits_{D}x^2y^2(x^2+y^2)^2\mathrm{d}x\mathrm{d}y. \tag{1}$$

令 $T:\begin{cases}u=xy,\\ v=\dfrac{y}{x},\end{cases}$ 则 $J=\dfrac{\partial(x,y)}{\partial(u,v)}=\dfrac{1}{\dfrac{\partial(u,v)}{\partial(x,y)}}=\dfrac{1}{2v}$, 且

$$D'=\{(u,v)|u\in[1,2],v\in[3,4]\}\xrightarrow{T}D.$$

由 (1) 及积分变换公式得

$$\begin{aligned}I&=\frac{1}{2}\iint\limits_{D'}u^2\left(uv+\frac{u}{v}\right)^2|J|\mathrm{d}u\mathrm{d}v=\frac{1}{4}\int_1^2u^4\mathrm{d}u\int_3^4\frac{1}{v}\left(v+\frac{1}{v}\right)^2\mathrm{d}v\\&=\frac{31}{40}\left(\frac{1015}{144}+4\ln\frac{4}{3}\right).\quad\blacksquare\end{aligned}$$

11. **计算** $I=\iiint\limits_{V}(y-z)\arctan z\mathrm{d}x\mathrm{d}y\mathrm{d}z$, **其中** V **是由曲面** $x^2+\dfrac{1}{2}(y-z)^2=R^2,z=0$, $z=h$ **所围成的几何体.**

解　(解一) 此积分的被积函数比较简单, 而积分区域较复杂. 关键是选取合适的变换简化积分区域.

令 $T:\begin{cases}x=u,\\ y-z=\sqrt{2}v,\\ z=w,\end{cases}$ 即 $\begin{cases}x=u,\\ y=\sqrt{2}v+w,\\ z=w,\end{cases}$ 则 $J=\dfrac{\partial(x,y,z)}{\partial(u,v,w)}=\begin{vmatrix}1&0&0\\0&\sqrt{2}&1\\0&0&1\end{vmatrix}=\sqrt{2}$, 且

$$V':\left\{(u,v,w)|0\leqslant w\leqslant h,u^2+v^2\leqslant R^2\right\}\xrightarrow{T}V.$$

由积分变换公式得

$$I=\iiint\limits_{V'}\sqrt{2}v\arctan w|J|\mathrm{d}u\mathrm{d}v\mathrm{d}w=2\int_0^h\arctan w\mathrm{d}w\iint\limits_{u^2+v^2\leqslant R^2}v\mathrm{d}u\mathrm{d}v=0,$$

这是因为, 由对称性或极坐标变换可知 $\iint\limits_{u^2+v^2\leqslant R^2}v\mathrm{d}u\mathrm{d}v=0$.

(解二) 令 $T:\begin{cases}x=r\cos\theta,\\ y=\sqrt{2}r\sin\theta+z,\end{cases}$ 则 $J=\sqrt{2}r$, 且

$$D'=\{(\theta,r)|\theta\in[0,2\pi],r\in[0,R]\}\xrightarrow{T}D.$$

由积分变换公式得

$$I=2\int_0^h \arctan z\mathrm{d}z\int_0^{2\pi}\sin\theta\mathrm{d}\theta\int_0^R r^2\mathrm{d}r=0. \quad \blacksquare$$

12. 设 $f(z)$ 连续, $D: x^2+y^2+z^2\leqslant 1$, 证明:

$$\iiint\limits_D f(z)\mathrm{d}x\mathrm{d}y\mathrm{d}z=\pi\int_{-1}^1 f(z)(1-z^2)\mathrm{d}z.$$

证　(证一)(截面法) 过 z 点平行于 xy 平面的截面为 $D_z: \dfrac{x^2}{1-z^2}+\dfrac{y^2}{1-z^2}\leqslant 1$. 则

$$\iiint\limits_D f(z)\mathrm{d}x\mathrm{d}y\mathrm{d}z=\int_{-1}^1 f(z)\mathrm{d}z\iint\limits_{D_z}\mathrm{d}x\mathrm{d}y=\pi\int_{-1}^1 f(z)(1-z^2)\mathrm{d}z.$$

(证二)(积分变换) 令 $T:\begin{cases}x=r\cos\theta,\\ y=r\sin\theta,\\ z=z,\end{cases}$ 则 $J=\dfrac{\partial(x,y,z)}{\partial(r,\theta,z)}=r$, 且

$$D'=\left\{(\theta,r,z)|\theta\in[0,2\pi],r\in[0,1],z\in\left[-\sqrt{1-r^2},\sqrt{1-r^2}\right]\right\}\xrightarrow{T}D.$$

由积分变换公式及积分次序交换定理得

$$\begin{aligned}\iiint\limits_D f(z)\mathrm{d}x\mathrm{d}y\mathrm{d}z&=\int_0^{2\pi}\mathrm{d}\theta\int_0^1\mathrm{d}r\int_{-\sqrt{1-r^2}}^{\sqrt{1-r^2}}f(z)r\mathrm{d}z=2\pi\int_{-1}^1\mathrm{d}z\int_0^{\sqrt{1-z^2}}f(z)r\mathrm{d}r\\&=\pi\int_{-1}^1 f(z)(1-z^2)\mathrm{d}z. \quad \blacksquare\end{aligned}$$

13. 计算 $I=\iiint\limits_V\cos(ax+by+cz)\mathrm{d}x\mathrm{d}y\mathrm{d}z$, 其中 $V: x^2+y^2+z^2\leqslant 1$, 且 a,b,c 为不全为零的常数.

解　此积分的积分区域非常简单, 而被积函数是三角函数和线性函数的复合. 关键是选取合适的变换简化被积函数.

将坐标系 $Oxyz$ 经过旋转后变成 $O\xi\eta\zeta$, 假设新坐标轴关于原坐标轴的方向余弦为

$O\xi: (\cos\alpha_1,\cos\beta_1,\cos\gamma_1)$,
$O\eta: (\cos\alpha_2,\cos\beta_2,\cos\gamma_2)$,
$O\zeta: (\cos\alpha_3,\cos\beta_3,\cos\gamma_3)$,　即　$T:\begin{pmatrix}\xi\\ \eta\\ \zeta\end{pmatrix}=\begin{pmatrix}\cos\alpha_1&\cos\beta_1&\cos\gamma_1\\ \cos\alpha_2&\cos\beta_2&\cos\gamma_2\\ \cos\alpha_3&\cos\beta_3&\cos\gamma_3\end{pmatrix}\begin{pmatrix}x\\ y\\ z\end{pmatrix}$,

显然 T 是正交变换, 所以

$$|J|=\left|\frac{\partial(x,y,z)}{\partial(\xi,\eta,\zeta)}\right|=1,$$

且

$$V'=\left\{(\xi,\eta,\zeta)|\xi^2+\eta^2+\zeta^2\leqslant 1\right\}\xrightarrow{T}V.$$

特取

$$(\cos\alpha_3,\cos\beta_3,\cos\gamma_3)=\left(\frac{a}{\sqrt{a^2+b^2+c^2}},\frac{b}{\sqrt{a^2+b^2+c^2}},\frac{c}{\sqrt{a^2+b^2+c^2}}\right).$$

记 $\lambda=\sqrt{a^2+b^2+c^2}$, 则由积分变换公式得

$$I=\iiint\limits_V \cos(ax+by+cz)\,\mathrm{d}x\mathrm{d}y\mathrm{d}z=\iiint\limits_{V'}\cos(\lambda\zeta)\mathrm{d}\xi\mathrm{d}\eta\mathrm{d}\zeta. \tag{1}$$

令 $\widetilde{T}:\begin{cases}\xi=r\cos\theta,\\ \eta=r\sin\theta,\\ \zeta=\zeta,\end{cases}$ 则 $J=\dfrac{\partial(\xi,\eta,\zeta)}{\partial(r,\theta,\zeta)}=r$, 且

$$V'':\left\{(r,\theta,\zeta)|\theta\in[0,2\pi],\gamma\in\left[0,\sqrt{1-\zeta^2}\right],\zeta\in[-1,1]\right\}\xrightarrow{\widetilde{T}}V'.$$

由积分变换公式及 (1) 得

$$\begin{aligned}I&=\int_{-1}^{1}\cos(\lambda\zeta)\mathrm{d}\zeta\int_0^{2\pi}\mathrm{d}\theta\int_0^{\sqrt{1-\zeta^2}}r\mathrm{d}r=2\pi\int_0^1(1-\zeta^2)\cos(\lambda\zeta)\mathrm{d}\zeta\\&=\frac{4\pi}{a^2+b^2+c^2}\left(\frac{\sin\sqrt{a^2+b^2+c^2}}{\sqrt{a^2+b^2+c^2}}-\cos\sqrt{a^2+b^2+c^2}\right).\quad\blacksquare\end{aligned}$$

思考　在计算积分 I 时, 是否可应用球坐标变换?

例 8-1-7　解答下列各题.

1. 设 V 是三维空间内一区域, V 在 x 轴、y 轴、z 轴投影长度分别为 $l_x,l_y,l_z,|V|$ 表示 V 的体积, 设 $(a,b,c)\in V$, 证明:

(1) $\left|\iiint\limits_V(x-a)(y-b)(z-c)\mathrm{d}x\mathrm{d}y\mathrm{d}z\right|\leqslant l_xl_yl_z|V|$.

(2) $\left|\iiint\limits_V(x-a)(y-b)(z-c)\mathrm{d}x\mathrm{d}y\mathrm{d}z\right|\leqslant \dfrac{1}{8}l_x^2l_y^2l_z^2$.

证　设 V 中 x,y,z 的变化范围分别为 $[x_1,x_2],[y_1,y_2],[z_1,z_2]$, 则

$$l_x=x_2-x_1,\quad l_y=y_2-y_1,\quad l_z=z_2-z_1.$$

(1) 由积分估计式得

$$\left|\iiint\limits_V(x-a)(y-b)(z-c)\mathrm{d}x\mathrm{d}y\mathrm{d}z\right|\leqslant\iiint\limits_V|x-a||y-b||z-c|\mathrm{d}x\mathrm{d}y\mathrm{d}z\leqslant l_xl_yl_z|V|.$$

(2) 事实上,

$$\begin{aligned}\left|\iiint\limits_V (x-a)(y-b)(z-c)\mathrm{d}x\mathrm{d}y\mathrm{d}z\right| &\leqslant \iiint\limits_V |x-a||y-b||z-c|\mathrm{d}x\mathrm{d}y\mathrm{d}z\\ &\leqslant \int_{x_1}^{x_2}\int_{y_1}^{y_2}\int_{z_1}^{z_2}|x-a||y-b||z-c|\mathrm{d}x\mathrm{d}y\mathrm{d}z\\ &= \int_{x_1}^{x_2}|x-a|\mathrm{d}x\int_{y_1}^{y_2}|y-b|\mathrm{d}y\int_{z_1}^{z_2}|z-c|\mathrm{d}z. \qquad (1)\end{aligned}$$

而

$$\begin{aligned}\int_{x_1}^{x_2}|x-a|\mathrm{d}x &= \int_{x_1}^{a}(a-x)\mathrm{d}x+\int_{a}^{x_2}(x-a)\mathrm{d}x=\frac{1}{2}[(a-x_1)^2+(x_2-a)^2]\\ &\leqslant \frac{1}{2}\left[(a-x_1)^2+2(a-x_1)(x_2-a)+(x_2-a)^2\right]=\frac{1}{2}(x_1-x_2)^2=\frac{1}{2}l_x^2. \qquad (2)\end{aligned}$$

同理

$$\int_{y_1}^{y_2}|y-b|\mathrm{d}y\leqslant\frac{1}{2}l_y^2,\quad \int_{z_1}^{z_2}|z-c|\mathrm{d}z\leqslant\frac{1}{2}l_z^2. \qquad (3)$$

由 (1)—(3) 式知结论成立. ■

2. 证明:

$$\int_0^x \mathrm{d}x_1\int_0^{x_1}\mathrm{d}x_2\int_0^{x_2}f(x_3)\mathrm{d}x_3=\frac{1}{2}\int_0^x f(t)(x-t)^2\mathrm{d}t,$$

其中 $f(x)$ 为连续函数.

证　令

$$F(x)=\int_0^x \mathrm{d}x_1\int_0^{x_1}\mathrm{d}x_2\int_0^{x_2}f(x_3)\mathrm{d}x_3,\quad G(x)=\frac{1}{2}\int_0^x f(t)(x-t)^2\mathrm{d}t,$$

则

$$F'(x)=\int_0^x \mathrm{d}x_2\int_0^{x_2}f(x_3)\mathrm{d}x_3,\quad F''(x)=\int_0^x f(x_3)\mathrm{d}x_3,\quad F'''(x)=f(x). \qquad (1)$$

$$G'(x)=\int_0^x f(t)(x-t)\mathrm{d}t,\quad G''(x)=\int_0^x f(t)\mathrm{d}t,\quad G'''(x)=f(x). \qquad (2)$$

令 $\varphi(x)=F(x)-G(x)$, 则 $\varphi'''(x)=0$, 由 (1), (2) 得 $\varphi''(x)=\varphi''(0)=0$, 从而 $\varphi'(x)=\varphi'(0)=0$, 故 $\varphi(x)=\varphi(0)=0$, 即 $F(x)=G(x)$. ■

例 8-1-8　解答下列问题.

1. 求曲线 $(x+2y)^2+(2x+3y)^2=8$ 所围区域 D 的面积.

解　令 $T:\begin{cases}u=x+2y,\\ v=2x+3y,\end{cases}$ 则 $J=\dfrac{\partial(x,y)}{\partial(u,v)}=\dfrac{1}{\dfrac{\partial(u,v)}{\partial(x,y)}}=1$, 且

$$D'=\{(u,v)|u^2+v^2\leqslant 8\}\xrightarrow{T}D.$$

由积分变换公式得

$$S=\iint\limits_{D}\mathrm{d}x\mathrm{d}y=\iint\limits_{D'}\mathrm{d}u\mathrm{d}v=8\pi.\quad\blacksquare$$

2. **求由曲线** $L:\left(\dfrac{x^2}{a^2}+\dfrac{y^2}{b^2}\right)^2=x^2+y^2$ **所围成的平面图形的面积.**

解　(解一) 记 L 围成的区域为 D, 则 D 的面积为

$$S=\iint\limits_{D}\mathrm{d}x\mathrm{d}y.$$

令 $T:\begin{cases}x=ar\cos\theta,\\ y=br\sin\theta,\end{cases}$ 则 $J=\dfrac{\partial(x,y)}{\partial(r,\theta)}=abr$, 且

$$D':\left\{(r,\theta)|\theta\in[0,2\pi],r\in\left[0,\sqrt{a^2\cos^2\theta+b^2\sin^2\theta}\right]\right\}\xrightarrow{T}D,$$

故

$$\begin{aligned}S&=ab\int_0^{2\pi}\mathrm{d}\theta\int_0^{\sqrt{a^2\cos^2\theta+b^2\sin^2\theta}}r\mathrm{d}r=\frac{1}{2}ab\int_0^{2\pi}(a^2\cos^2\theta+b^2\sin^2\theta)\mathrm{d}\theta\\&=\frac{1}{2}ab\pi(a^2+b^2).\end{aligned}$$

(解二) 记 L 围成的区域为 D, 由 Green 公式知 D 的面积为

$$S=\frac{1}{2}\oint_L -y\mathrm{d}x+x\mathrm{d}y.\tag{1}$$

令 $T:\begin{cases}x=ar\cos\theta,\\ y=br\sin\theta,\end{cases}$ $\theta\in[0,2\pi]$, 则 $r=\sqrt{a^2\cos^2\theta+b^2\sin^2\theta}$, 代入变换 T 得

$$\begin{cases}x=a\sqrt{a^2\cos^2\theta+b^2\sin^2\theta}\cos\theta,\\ y=b\sqrt{a^2\cos^2\theta+b^2\sin^2\theta}\sin\theta,\end{cases}\quad\theta\in[0,2\pi].$$

将积分 (1) 化为定积分得

$$S=\frac{1}{2}ab\int_0^{2\pi}\left[a^2\cos^2\theta+b^2\sin^2\theta\right]\mathrm{d}\theta=\frac{1}{2}ab\pi(a^2+b^2).\quad\blacksquare$$

3. **求由曲面** $z^2=\dfrac{x^2}{4}+\dfrac{y^2}{9}$ **和** $2z=\dfrac{x^2}{4}+\dfrac{y^2}{9}$ **所围成几何体的体积.**

解　几何体在 xOy 平面的投影为 $D:\dfrac{x^2}{4}+\dfrac{y^2}{9}\leqslant 4$. 应用二重积分可得几何体的体积为

$$V=\iint\limits_{D}\left[\sqrt{\frac{x^2}{4}+\frac{y^2}{9}}-\frac{1}{2}\left(\frac{x^2}{4}+\frac{y^2}{9}\right)\right]\mathrm{d}x\mathrm{d}y=6\int_0^{2\pi}\mathrm{d}\theta\int_0^2 r\left(r-\frac{1}{2}r^2\right)\mathrm{d}r=8\pi,$$

最后一步应用了椭圆极坐标变量替换. ■

4. 求椭球体 $\dfrac{x^2}{a^2}+\dfrac{y^2}{b^2}+\dfrac{z^2}{c^2}\leqslant 1$ 的体积.

解　(解一) 用二重积分.

(解二) 将三重积分化累次积分.

(解三) 三重积分的球坐标变换.

椭球体积为: $\dfrac{4}{3}\pi abc$. ■

5. 求曲面 $\left(x^2+y^2+z^2\right)^3=a^3xyz(a>0)$ 所围立体的体积.

解　所求体积为第一卦限体积的 4 倍. 记第一卦限的体积为 V_1, 则

$$V=4\iiint\limits_{V_1}\mathrm{d}x\mathrm{d}y\mathrm{d}z.$$

令 $T:\begin{cases}x=r\sin\varphi\cos\theta,\\ y=r\sin\varphi\sin\theta,\\ z=r\cos\varphi,\end{cases}$ 则 $J=\dfrac{\partial(x,y,z)}{\partial(r,\varphi,\theta)}=r^2\sin\varphi$, 且

$$V_1'=\left\{(r,\varphi,\theta)\middle|\varphi\in\left[0,\frac{\pi}{2}\right],\theta\in\left[0,\frac{\pi}{2}\right],r\in\left[0,a\sqrt[3]{\sin^2\varphi\cos\varphi\sin\theta\cos\theta}\right]\right\}\xrightarrow{T}V_1.$$

由积分变换公式得

$$V=4\int_0^{\frac{\pi}{2}}\mathrm{d}\varphi\int_0^{\frac{\pi}{2}}\mathrm{d}\theta\int_0^{a\sqrt[3]{\sin^2\varphi\cos\varphi\sin\theta\cos\theta}}r^2\sin\varphi\mathrm{d}r=\frac{a^3}{6}.\ \blacksquare$$

6. 求曲面 $\left(\dfrac{x}{a}\right)^{\frac{2}{5}}+\left(\dfrac{y}{b}\right)^{\frac{2}{5}}+\left(\dfrac{z}{c}\right)^{\frac{2}{5}}=1$ 所围空间区域的体积 V.

解　令 $T:\begin{cases}x=ar\sin^5\varphi\cos^5\theta,\\ y=br\sin^5\varphi\sin^5\theta,\\ z=cr\cos^5\varphi,\end{cases}$ 则 $J=\dfrac{\partial(x,y,z)}{\partial(r,\varphi,\theta)}=25abcr^2\sin^4\varphi\cos^4\varphi\sin^4\theta\cos^4\theta$,

且

$$V'=\{(r,\varphi,\theta)|r\in[0,1],\varphi\in[0,\pi],\theta\in[0,2\pi]\}\xrightarrow{T}V.$$

故

$$V=25abc\int_0^1r^2\mathrm{d}r\int_0^{\pi}\sin^4\varphi\cos^4\varphi\mathrm{d}\varphi\int_0^{2\pi}\sin^4\theta\cos^4\theta\mathrm{d}\theta=\frac{25}{4096}\pi abc.\ \blacksquare$$

7. 计算闭曲面 $\left(\dfrac{x^2}{a^2}+\dfrac{y^2}{b^2}+\dfrac{z^2}{c^2}\right)^2=\dfrac{x}{h}$ 所围之体积.

解　几何体位于 $x\geqslant 0$ 的四个卦限内, 由对称性知所求体积等于位于第一卦限体积的 4 倍.

令 $T:\begin{cases} x = ra\sin\varphi\cos\theta, \\ y = rb\sin\varphi\sin\theta, \\ z = rc\cos\varphi, \end{cases}$ 则 $J=\dfrac{\partial(x,y,z)}{\partial(r,\varphi,\theta)}=abcr^2\sin\varphi$, 代入方程得 $r^3=\dfrac{a}{h}\sin\varphi\cos\theta$.

故

$$V = 4\int_0^{\frac{\pi}{2}}\mathrm{d}\theta\int_0^{\frac{\pi}{2}}\mathrm{d}\varphi\int_0^{\sqrt[3]{\frac{a}{h}\sin\varphi\cos\theta}} abcr^2\sin\varphi\mathrm{d}r = \frac{\pi a^2bc}{3h}. \quad ■$$

8. **求曲面 $(x^2+y^2)^2+z^4=y$ 所围成的立体的体积.**

解　几何体位于 $y\geqslant 0$ 的四个卦限内, 由对称性知所求体积等于位于第一卦限体积的 4 倍.

令 $T:\begin{cases} x = r\sin\varphi\cos\theta, \\ y = r\sin\varphi\sin\theta, \\ z = r\cos\varphi, \end{cases}$ 则 $J=\dfrac{\partial(x,y,z)}{\partial(r,\varphi,\theta)}=r^2\sin\varphi$, 代入方程得 $r=\sqrt[3]{\dfrac{\sin\varphi\sin\theta}{\sin^4\varphi+\cos^4\varphi}}$.

故

$$\begin{aligned} V &= 4\int_0^{\frac{\pi}{2}}\mathrm{d}\theta\int_0^{\frac{\pi}{2}}\mathrm{d}\varphi\int_0^{\sqrt[3]{\frac{\sin\varphi\sin\theta}{\sin^4\varphi+\cos^4\varphi}}} r^2\sin\varphi\mathrm{d}r = \frac{4}{3}\int_0^{\frac{\pi}{2}}\sin\theta\mathrm{d}\theta\int_0^{\frac{\pi}{2}}\frac{\sin^2\varphi}{\sin^4\varphi+\cos^4\varphi}\mathrm{d}\varphi \\ &= \frac{4}{3}\int_0^{\frac{\pi}{2}}\frac{\sin^2\varphi}{\sin^4\varphi+\cos^4\varphi}\mathrm{d}\varphi = \frac{\sqrt{2}}{3}\pi. \end{aligned}$$

这里用到了积分

$$\begin{aligned} \int_0^{\frac{\pi}{2}}\frac{\sin^2\varphi}{\sin^4\varphi+\cos^4\varphi}\mathrm{d}\varphi &\xlongequal{t=\tan\varphi}\int_0^{+\infty}\frac{t^2}{1+t^4}\mathrm{d}t = \frac{1}{4}\int_0^{+\infty}\frac{\mathrm{d}t^4}{t(1+t^4)} \\ &= \frac{1}{4}\int_0^{+\infty}\frac{\mathrm{d}u}{u^{\frac{1}{4}}(1+u)} = \frac{1}{4}\mathrm{B}\left(\frac{1}{4},\frac{3}{4}\right) = \frac{1}{4}\frac{\pi}{\sin\frac{\pi}{4}} \\ &= \frac{\sqrt{2}}{4}\pi. \quad ■ \end{aligned}$$

9. **求 xz 平面上圆周 $(x-a)^2+z^2=b^2(0<b<a)$ 绕 z 轴一周所画闭曲面所围成的体积.**

解　(解一)(截面法) 由于

$$V = \{(x,y,z)|z\in[-b,b], (a-\sqrt{b^2-z^2})^2\leqslant x^2+y^2\leqslant(a+\sqrt{b^2-z^2})^2\},$$

故

$$\begin{aligned} V &= \iiint\limits_V \mathrm{d}x\mathrm{d}y\mathrm{d}z = \int_{-b}^{b}\mathrm{d}z\iint\limits_{D_z}\mathrm{d}x\mathrm{d}y = \pi\int_{-b}^{b}[(a+\sqrt{b^2-z^2})^2-(a-\sqrt{b^2-z^2})^2]\mathrm{d}z \\ &= 4a\pi\int_{-b}^{b}\sqrt{b^2-z^2}\mathrm{d}z \xlongequal{z=b\sin\theta} 4\pi ab^2\int_{-\frac{\pi}{2}}^{\frac{\pi}{2}}\cos^2\theta\mathrm{d}\theta = 2\pi^2ab^2. \end{aligned}$$

(解二) 所求体积为上半空间体积的两倍, 由旋转体的体积公式 (见定积分部分）知

$$V=2\left[2\pi\int_{a-b}^{a+b}x\sqrt{b^2-(x-a)^2}\mathrm{d}x\right]\xlongequal{u=x-a}4\pi\int_{-b}^{b}(u+a)\sqrt{b^2-u^2}\mathrm{d}u$$

$$=4\pi a\int_{-b}^{b}\sqrt{b^2-u^2}\mathrm{d}u\xlongequal{u=b\sin\theta}4\pi ab^2\int_{-\frac{\pi}{2}}^{\frac{\pi}{2}}\cos^2\theta\mathrm{d}\theta=2\pi^2ab^2.\quad\blacksquare$$

10. 求由半径为 a 的球面与顶点在球心顶角为 2α 的圆锥面所围成的区域的体积.

解　(解一)(投影法) 所围成的几何体在 xy 平面上的投影为

$$D_{xy}:x^2+y^2=\frac{a^2}{1+\cot^2\alpha}=a^2\sin^2\alpha.$$

故

$$V=\iiint\limits_V\mathrm{d}x\mathrm{d}y\mathrm{d}z=\iint\limits_{D_{xy}}\mathrm{d}x\mathrm{d}y\int_{\sqrt{x^2+y^2}\cot\alpha}^{\sqrt{a^2-x^2-y^2}}\mathrm{d}z$$

$$=\iint\limits_{D_{xy}}[\sqrt{a^2-x^2-y^2}-\sqrt{x^2+y^2}\cot\alpha]\mathrm{d}x\mathrm{d}y.\tag{1}$$

令 $T:\begin{cases}x=r\cos\theta,\\ y=r\sin\theta,\end{cases}$ 则 $J=\dfrac{\partial(x,y)}{\partial(r,\theta)}=r$, 且

$$D'=\{(r,\theta)|r\in[0,a\sin\alpha],\theta\in[0,2\pi]\}\xrightarrow{T}D_{xy}.$$

由 (1) 与积分变换公式得

$$V=\int_0^{2\pi}\mathrm{d}\theta\int_0^{a\sin\alpha}\left[\sqrt{a^2-r^2}-r\cot\alpha\right]r\mathrm{d}r=\frac{2}{3}\pi a^3(1-\cos\alpha).$$

(解二) 以球心为坐标原点建立坐标系, 且使得锥面关于 yz 平面对称. 则球面和锥面的方程分别为

$$x^2+y^2+z^2=a^2,\quad z=\sqrt{x^2+y^2}\cot\alpha.$$

记所围成的区域为 V. 令 $T:\begin{cases}x=r\sin\varphi\cos\theta,\\ y=r\sin\varphi\sin\theta,\\ z=r\cos\varphi,\end{cases}$ 则 $J=\dfrac{\partial(x,y,z)}{\partial(r,\varphi,\theta)}=r^2\sin\varphi$, 且

$$V'=\{(r,\varphi,\theta)|\varphi\in[0,\alpha],\theta\in[0,2\pi],r\in[0,a]\}\xrightarrow{T}V.$$

由积分变换公式得

$$V=\iiint\limits_V\mathrm{d}x\mathrm{d}y\mathrm{d}z=\iiint\limits_{V'}r^2\sin\varphi\mathrm{d}\theta\mathrm{d}\varphi\mathrm{d}r=\int_0^{2\pi}\mathrm{d}\theta\int_0^{\alpha}\mathrm{d}\varphi\int_0^1 r^2\sin\varphi\mathrm{d}r$$

$$=\frac{2}{3}\pi a^3(1-\cos\alpha).\quad\blacksquare$$

练习　试用截面法、柱坐标变换计算该题.

11. 设 $\boldsymbol{A}=(a_{ij})$ 对称正定, 求椭球面 $S:\sum_{i,j=1}^{3}a_{ij}x_ix_j=1$ 所围的体积.

解　因为 $\boldsymbol{A}$ 对称正定, 则存在可逆矩阵 $\boldsymbol{B}$ 使得 $\boldsymbol{B}^{\mathrm{T}}\boldsymbol{A}\boldsymbol{B}=\boldsymbol{E}$($\boldsymbol{E}$ 为单位矩阵). 作变换:

$$\begin{pmatrix} x_1\\ x_2\\ x_3\end{pmatrix}=\boldsymbol{B}\begin{pmatrix} y_1\\ y_2\\ y_3\end{pmatrix},$$

则

$$S:y_1^2+y_2^2+y_3^2=1,\quad 且\quad J=\frac{\partial(x_1,x_2,x_3)}{\partial(y_1,y_2,y_3)}=\det\boldsymbol{B}.$$

由积分换元公式得

$$\begin{aligned}V=&\iiint\limits_{\sum\limits_{i,j=1}^{3}a_{ij}x_ix_j\leqslant 1}\mathrm{d}x_1\mathrm{d}x_2\mathrm{d}x_3=\iiint\limits_{y_1^2+y_2^2+y_3^2\leqslant 1}|\det\boldsymbol{B}|\mathrm{d}y_1\mathrm{d}y_2\mathrm{d}y_3=\frac{4}{3}\pi|\det\boldsymbol{B}|\\ =&\frac{4}{3}\pi\,(\det\boldsymbol{A})^{-\frac{1}{2}},\end{aligned}$$

这里用到 $|\det\boldsymbol{B}|=(\det\boldsymbol{A})^{-\frac{1}{2}}$, 事实上, 由于 $\boldsymbol{B}^{\mathrm{T}}\boldsymbol{A}\boldsymbol{B}=\boldsymbol{E}$, 所以 $|\det\boldsymbol{B}|^2\det\boldsymbol{A}=1$, 即 $|\det\boldsymbol{B}|=(\det\boldsymbol{A})^{-\frac{1}{2}}$. ■

练习　计算由曲线 $(x^2+y^2)^2=2a^2(x^2-y^2)$ 所围成平面图形的面积.

二、 曲线积分

例 8-2-1　解答下列问题.

1. 计算 $\oint_L(x\sin y+y^3\mathrm{e}^x)\mathrm{d}s$, $L:x^2+y^2=1$.

解　(解一) 令 $L:\begin{cases}x=\cos\theta,\\ y=\sin\theta,\end{cases}\ \theta\in[0,2\pi]$, 则

$$I=\int_0^{2\pi}\left[\cos\theta\sin\sin\theta+\sin^3\theta\mathrm{e}^{\cos\theta}\right]\mathrm{d}\theta=0,$$

因为此积分关于 θ 为奇函数.

(解二) 因为 L 关于 x 轴对称, 且 $x\sin y+y^3\mathrm{e}^x$ 是 y 的奇函数, 故

$$\oint_L(x\sin y+y^3\mathrm{e}^x)\mathrm{d}s=0.\quad ■$$

2. 求曲线 $y=\ln(1-x^2),0\leqslant x\leqslant\frac{1}{2}$ 的弧长.

解　由弧长计算公式得

$$\begin{aligned}L&=\int_0^{\frac{1}{2}}\sqrt{1+\left(\frac{-2x}{1-x^2}\right)^2}\mathrm{d}x=\int_0^{\frac{1}{2}}\frac{1+x^2}{1-x^2}\mathrm{d}x\\ &=\int_0^{\frac{1}{2}}\left[-1+\frac{1}{1-x}+\frac{1}{1+x}\right]\mathrm{d}x=\ln 3-\frac{1}{2}.\quad ■\end{aligned}$$

3. 计算 $\int\limits_{ABC}\dfrac{\mathrm{d}x+\mathrm{d}y}{|x|+|y|}$, 其中 A,B,C 为三顶点 $A(1,0),B(0,1),C(-1,0)$ 连成的折线.

解　由于 $ABC=\overline{AB}+\overline{BC}$, 且

$$\overline{AB}: y=1-x, 0\leqslant x\leqslant 1;\ \overline{BC}: y=1+x, -1\leqslant x\leqslant 0.$$

故

$$\int_{ABC}\frac{\mathrm{d}x+\mathrm{d}y}{|x|+|y|}=\int_{\overline{AB}}\frac{\mathrm{d}x+\mathrm{d}y}{x+y}+\int_{\overline{BC}}\frac{\mathrm{d}x+\mathrm{d}y}{y-x}=\int_1^0(1-1)\mathrm{d}x+\int_0^{-1}(1+1)\mathrm{d}x=-2.$$ ■

4. 设 $L:\begin{cases}x^2+y^2+z^2=a^2,\\ x+y+z=0\end{cases}$ $(a>0)$, 求 $I=\oint_L(x^2+y)\mathrm{d}s$.

解　由对称性得

$$\oint_L x^2\mathrm{d}s=\oint_L y^2\mathrm{d}s=\oint_L z^2\mathrm{d}s;\quad \oint_L x\mathrm{d}s=\oint_L y\mathrm{d}s=\oint_L z\mathrm{d}s,$$

故

$$I=\oint_L(x^2+y)\mathrm{d}s=\frac{1}{3}\oint_L\left(x^2+y^2+z^2+x+y+z\right)\mathrm{d}s=\frac{a^2}{3}\oint_L\mathrm{d}s=\frac{2\pi a^3}{3}.$$ ■

5. 设函数 $f(u)$ 连续, C 为平面上逐段光滑的闭曲线, 证明

$$\oint_C f(x^2+y^2)(x\mathrm{d}x+y\mathrm{d}y)=0.$$

解　因为 $f(u)$ 连续, 故存在原函数 $F(u)$ 使得 $F'(u)=f(u)$. 而

$$\mathrm{d}F(x^2+y^2)=F'(x^2+y^2)(2x\mathrm{d}x+2y\mathrm{d}y)=2f(x^2+y^2)(x\mathrm{d}x+y\mathrm{d}y),$$

由积分与路径无关的条件得

$$\oint_C f(x^2+y^2)(x\mathrm{d}x+y\mathrm{d}y)=0.$$ ■

练习　(1) 计算 $\oint_C\sqrt{x^2+y^2}\mathrm{d}s, C: x^2+y^2=-2y$.

(2) 计算积分 $\int_L y\mathrm{d}s$, 其中 $L:\begin{cases}x=a(t-\sin t),\\ y=a(1-\cos t)\end{cases}$ 的第一摆.

(3) 设曲线 C 是圆周 $x^2+y^2=r^2$ 在第一象限内的部分, 计算积分 $\int_C xy\mathrm{d}s$.

(4) 计算曲线积分 $\oint_L\dfrac{xz^2}{x^2+y^2}\mathrm{d}s$, 其中 L 是螺旋线 $x=a\cos t, y=a\sin t, z=at(a>0)$ 对应于 $t=0, t=2\pi$ 两点间一段曲线弧.

例 8-2-2　解答下列问题.

1. 计算 $\int_{\widehat{AB}}(y^3+x)\mathrm{d}x-(x^3+y)\mathrm{d}y$, 其中 $A=(0,0)$, $B(a,0)$, $\widehat{AB}: x^2+y^2=ax(y\geqslant 0)$.

解　(1) 当 $a>0$ 时, 补充 $\overline{BA}$, 则 $\widehat{AB}+\overline{BA}$ 构成封闭曲线 C^-, 由 Green 公式得

$$\int_{\widehat{AB}}=\oint_{C^-}-\int_{\overline{BA}}=-\iint\limits_D(-3x^2-3y^2)\mathrm{d}x\mathrm{d}y-\int_{\overline{BA}}=\frac{3}{64}\pi a^4+\frac{1}{2}a^2.$$

(2) 当 $a<0$ 时, 补充 $\overline{BA}$, 则 $\widehat{AB}+\overline{BA}$ 构成封闭曲线 C^+, 由 Green 公式得

$$\int_{\widehat{AB}}=\oint_{C^+}-\int_{\overline{BA}}=\iint\limits_D(-3x^2-3y^2)\mathrm{d}x\mathrm{d}y-\int_{\overline{BA}}=-\frac{3}{64}\pi a^4+\frac{1}{2}a^2. \quad \blacksquare$$

注　此题也可先写出曲线的参数方程, 然后化为定积分.

2. 计算 $I=\int_{C^+}(-2x\mathrm{e}^{-x^2}\sin y)\mathrm{d}x+(\mathrm{e}^{-x^2}\cos y+x^4)\mathrm{d}y$, 其中 C^+ 为从点 $A(1,0)$ 到点 $B(-1,0)$ 的 $y=\sqrt{1-x^2}$.

解　记 $P=-2x\mathrm{e}^{-x^2}\sin y, Q=\mathrm{e}^{-x^2}\cos y+x^4$. 补充 $\overline{BA}: y=0, x\in[-1,1]$, 由 Green 公式得

$$I=\int_{C^+\overline{BA}}-\int_{\overline{BA}}=\iint\limits_D 4x^3\mathrm{d}x\mathrm{d}y-\int_{\overline{BA}}0\mathrm{d}x=\int_0^{\sqrt{1-x^2}}\mathrm{d}y\int_{-1}^1 4x^3\mathrm{d}x=0. \quad \blacksquare$$

注　若将此问题化为定积分计算, 会比较烦琐. 对一个问题要选择尽可能简便的方法.

3. 计算 $I=\oint_L\dfrac{x\mathrm{d}y-y\mathrm{d}x}{x^2+y^2}$, 其中 L 为不过原点的分段光滑闭曲线的正向.

解　设曲线 L 围成的区域为 D.

(1) 当原点不在 D 内. 记 $P(x)=\dfrac{-y}{x^2+y^2}, Q(x,y)=\dfrac{x}{x^2+y^2}$, 由于

$$\frac{\partial Q}{\partial x}=\frac{y^2-x^2}{(x^2+y)^2}=\frac{\partial P}{\partial y},$$

由 Green 公式

$$\oint_L\frac{x\mathrm{d}y-y\mathrm{d}x}{x^2+y^2}=\iint\limits_D\left(\frac{\partial Q}{\partial x}-\frac{\partial P}{\partial y}\right)\mathrm{d}x\mathrm{d}y=0.$$

(2) 当原点在 D 内. 以原点为圆心作以 ε 为半径的圆, 使得此圆 C_ε^O 及其内部含在 D 内, 在 $D_\varepsilon:=D\setminus\{(x,y)|x^2+y^2\leqslant\varepsilon^2\}$ 内由 Green 公式得

$$\oint_L\frac{x\mathrm{d}y-y\mathrm{d}x}{x^2+y^2}=\oint_{C_\varepsilon^O}\frac{x\mathrm{d}y-y\mathrm{d}x}{x^2+y^2}=\int_0^{2\pi}\frac{\varepsilon^2\cos^2\theta+a^2\sin^2\theta}{\varepsilon^2}=2\pi. \quad \blacksquare$$

4. 计算积分 $I=\int_C\mathrm{e}^x(\cos y\mathrm{d}x-\sin y\mathrm{d}y)$, 其中 C 是从坐标原点起, 经曲线 $y=x^2$ 到点 (a,a^2) 的路径.

解　(解一) 因为

$$\frac{\partial}{\partial x}(-\mathrm{e}^x\sin y)=-\mathrm{e}^x\sin y=\frac{\partial}{\partial y}(\mathrm{e}^x\cos y).$$

故积分与路径无关, 取特殊路径 $(0,0) \to (a,0) \to (a,a^2)$, 有

$$I=\int_0^a \mathrm{e}^x \mathrm{d}x-\int_0^{a^2} \mathrm{e}^a \sin y \mathrm{d}y=\mathrm{e}^a \cos a^2-1.$$

(解二) 因为

$$\frac{\partial}{\partial x}\left(-\mathrm{e}^x \sin y\right)=-\mathrm{e}^x \sin y=\frac{\partial}{\partial y}\left(\mathrm{e}^x \cos y\right).$$

故存在 $u(x,y)$ 使得

$$\mathrm{d}u=\mathrm{e}^x \cos y \mathrm{d}x-\mathrm{e}^x \sin y \mathrm{d}y. \tag{1}$$

下面求 $u(x,y)$. 由 (1) 知

$$u_x=\mathrm{e}^x \cos y \Longrightarrow u=\mathrm{e}^x \cos y+\varphi(y). \tag{2}$$

由 (1), (2) 知

$$u_y=-\mathrm{e}^x \sin y+\varphi'(y)=-\mathrm{e}^x \sin y \Longrightarrow \varphi(y)=\text{常数} \Longrightarrow u=\mathrm{e}^x \cos y+\text{常数}. \tag{3}$$

由 (3) 及 Newton-Leibniz 公式得

$$I=\int_C \mathrm{e}^x(\cos y \mathrm{d}x-\sin y \mathrm{d}y)=\mathrm{e}^x \cos y\Big|_{(0,0)}^{(a,a^2)}=\mathrm{e}^a \cos a^2-1. \quad \blacksquare$$

注　请化成定积分计算之, 或补充成封闭曲线然后用 Green 公式.

5. 求常数 λ, 使得曲线积分

$$\oint_L \frac{x}{y} r^\lambda \mathrm{d}x-\frac{x^2}{y^2} r^\lambda \mathrm{d}y=0 \quad \left(r=\sqrt{x^2+y^2}\right),$$

对上半平面内的任何光滑闭曲线 L 成立.

解　记 $P=\dfrac{x}{y} r^\lambda, Q=-\dfrac{x^2}{y^2} r^\lambda$. 由条件可知在上半平面内积分与路径无关, 所以

$$\frac{\partial P}{\partial y}=\frac{\partial Q}{\partial x},$$

即

$$x^3+x y^2=-\lambda\left(x^3+x y^2\right),$$

所以

$$\lambda=-1. \quad \blacksquare$$

练习　(1) 求积分 $I=\int_{\widehat{OA}}\left(y^2-\cos y\right) \mathrm{d}x+x \sin y \mathrm{d}y$, 其中 $\widehat{OA}$ 为沿 $y=\sin x, x \in[0, \pi]$ 的顺时针方向.

(2) 求曲线积分 $\oint_C \frac{x\mathrm{d}y - y\mathrm{d}x}{x^2+4y^2}$, 其中 C 为不过原点的简单光滑正向封闭曲线.

(3) 已知 C 是平面上不过原点的任意简单闭曲线, 问常数 a 等于何值时, 成立

$$\oint_C \frac{x\mathrm{d}x - ay\mathrm{d}y}{x^2+y^2} = 0.$$

例 8-2-3 解答下列问题.

1. 设 L 为逐段光滑的闭曲线, 计算

$$I = \oint_L [x\cos(\boldsymbol{n},x) + y\cos(\boldsymbol{n},y)]\mathrm{d}s,$$

其中 $\boldsymbol{n}$ 为 L 的外法线方向.

解 由于

$$\cos(\boldsymbol{n},x) = \cos(\boldsymbol{\tau},y), \quad \cos(\boldsymbol{n},y) = -\cos(\boldsymbol{\tau},x).$$

由第一、第二型曲线积分的关系及 Green 公式得

$$I = \oint_L [x\cos(\boldsymbol{n},x) + y\cos(\boldsymbol{n},y)]\mathrm{d}s = \oint_L -y\mathrm{d}x + x\mathrm{d}y = 2\iint_D \mathrm{d}x\mathrm{d}y = 2|D|,$$

其中 $|D|$ 为 L 所围成的区域的面积. ■

2. 设 L 为平面闭曲线, $\boldsymbol{l}$ 为任意固定方向, $\boldsymbol{n}$ 为曲线 L 的外法方向, 计算:

$$\oint_L \cos(\boldsymbol{l},\boldsymbol{n})\mathrm{d}s.$$

解 设 $\boldsymbol{l} = (a,b)$, 可设 $\boldsymbol{n} = (\cos(\boldsymbol{n},x), \cos(\boldsymbol{n},y))$, 则

$$\cos(\boldsymbol{l},\boldsymbol{n}) = \frac{a\cos(\boldsymbol{n},x) + b\cos(\boldsymbol{n},y)}{\sqrt{a^2+b^2}}.$$

又

$$\cos(\boldsymbol{n},x) = \cos(\boldsymbol{\tau},y), \quad \cos(\boldsymbol{n},y) = -\cos(\boldsymbol{\tau},x),$$

其中 $\boldsymbol{\tau}$ 为曲线 L 的切向量的方向数.

由 Green 公式得

$$\begin{aligned}\oint_L \cos(\boldsymbol{l},\boldsymbol{n})\mathrm{d}s &= \oint_L \left[\frac{a\cos(\boldsymbol{n},x)}{\sqrt{a^2+b^2}} + \frac{b\cos(\boldsymbol{n},y)}{\sqrt{a^2+b^2}}\right]\mathrm{d}s \\ &= \oint_L -\frac{b}{\sqrt{a^2+b^2}}\mathrm{d}x + \frac{a}{\sqrt{a^2+b^2}}\mathrm{d}y = 0.\end{aligned}$$ ■

3. 设 L 为平面上一条连续可微且没有重点的曲线,L 的起点为 $A(1,0)$, 终点为 $B(0,2)$ 且 L 全落在第一象限, 计算

$$I=\int_L \frac{\partial \ln r}{\partial \boldsymbol{n}}\mathrm{d}s,$$

其中 $\dfrac{\partial \ln r}{\partial \boldsymbol{n}}$ 表示 $\ln r$ 沿曲线法线正向 $\boldsymbol{n}$ 的方向导数,$r=\sqrt{x^2+y^2}$.

解　(解一) 由于

$$\cos(\boldsymbol{n},x)=\cos(\boldsymbol{\tau},y),\quad \cos(\boldsymbol{n},y)=-\cos(\boldsymbol{\tau},x).$$

由方向导数定义得

$$\frac{\partial \ln r}{\partial \boldsymbol{n}}=\frac{x}{x^2+y^2}\cos(\boldsymbol{n},x)+\frac{y}{x^2+y^2}\cos(\boldsymbol{n},y).$$

由第一、第二型曲线积分的关系得

$$\begin{aligned}\int_L \frac{\partial \ln r}{\partial \boldsymbol{n}}\mathrm{d}s&=\int_L\left[\frac{x}{x^2+y^2}\cos(\boldsymbol{n},x)+\frac{y}{x^2+y^2}\cos(\boldsymbol{n},y)\right]\mathrm{d}s\\&=\int_L -\frac{y}{x^2+y^2}\mathrm{d}x+\frac{x}{x^2+y^2}\mathrm{d}y.\end{aligned}$$

令 $P=-\dfrac{y}{x^2+y^2}$, $Q=\dfrac{x}{x^2+y^2}$, 易知

$$\frac{\partial P}{\partial y}=\frac{y^2-x^2}{(x^2+y^2)^2}=\frac{\partial Q}{\partial x}.$$

即积分与路径无关, 特取 $\overline{AB}:y=2-2x,x\in[0,1]$ 代替 L 得

$$I=2\int_0^1\frac{1}{5x^2-8x+4}\mathrm{d}x=\frac{\pi}{2}.$$

(解二) 令 $P=-\dfrac{y}{x^2+y^2}$, $Q=\dfrac{x}{x^2+y^2}$, 易知

$$\frac{\partial P}{\partial y}=\frac{y^2-x^2}{(x^2+y^2)^2}=\frac{\partial Q}{\partial x}.$$

故存在 $u(x,y)$ 使得

$$\mathrm{d}u(x,y)=-\frac{y}{x^2+y^2}\mathrm{d}x+\frac{x}{x^2+y^2}\mathrm{d}y.\tag{1}$$

下面求 $u(x,y)$. 由 (1) 知

$$u_x=-\frac{y}{x^2+y^2}\Longrightarrow u=-\arctan\left(\frac{x}{y}\right)+\varphi(y).\tag{2}$$

由 (1), (2) 知

$$u_y=\frac{x}{x^2+y^2}+\varphi'(y)=-\mathrm{e}^x\sin y\Longrightarrow\varphi(y)=\text{常数}\Longrightarrow u=-\arctan\left(\frac{x}{y}\right)+\text{常数}.\tag{3}$$

由 (3) 及 Newton-Leibniz 公式得

$$I=-\arctan\left(\frac{x}{y}\right)\bigg|_{(1,0)}^{(0,2)}=\frac{\pi}{2}. \quad \blacksquare$$

4. 假定 C 是一个有界平面区域 D 的边界, 并且是一条有连续切线方向的闭曲线, 分别就 (i) 和 (ii) 两种情况计算 $\oint_C \frac{\partial \ln r}{\partial \boldsymbol{n}}\mathrm{d}s$, 这里 r 表示动点到原点的距离, $\frac{\partial}{\partial \boldsymbol{n}}$ 表示沿 C 的外法方向的导数.

(i) 原点不在 D 内, 也不在 C 上; (ii) D 包含原点.

解 由于

$$\cos(\boldsymbol{n},x)=\cos(\boldsymbol{\tau},y),\quad \cos(\boldsymbol{n},y)=-\cos(\boldsymbol{\tau},x). \tag{1}$$

由方向导数公式得

$$\frac{\partial \ln r}{\partial \boldsymbol{n}}=\frac{x}{x^2+y^2}\cos(\boldsymbol{n},x)+\frac{y}{x^2+y^2}\cos(\boldsymbol{n},y). \tag{2}$$

由 (1), (2) 和第一、第二型曲线积分的关系得

$$\begin{aligned}\oint_C \frac{\partial \ln r}{\partial \boldsymbol{n}}\mathrm{d}s&=\oint_C\left[\frac{x}{x^2+y^2}\cos(\boldsymbol{n},x)+\frac{y}{x^2+y^2}\cos(\boldsymbol{n},y)\right]\mathrm{d}s\\&=\oint_C\left[\frac{x}{x^2+y^2}\cos(\boldsymbol{\tau},y)-\frac{y}{x^2+y^2}\cos(\boldsymbol{\tau},x)\right]\mathrm{d}s\\&=\oint_{C+}-\frac{y}{x^2+y^2}\mathrm{d}x+\frac{x}{x^2+y^2}\mathrm{d}y.\end{aligned} \tag{3}$$

(i) 若原点不在 D 内, 也不在 C 上. 由 (3) 式及 Green 公式得

$$\int_C \frac{\partial \ln r}{\partial \boldsymbol{n}}\mathrm{d}s=0.$$

(ii) 若 D 包含原点. 以 (0,0) 为中心, 作圆周 $C_\varepsilon: x^2+y^2=\varepsilon^2$ 使得 C_ε 在 D 内部, 由 Green 公式得

$$\int_C \frac{\partial \ln r}{\partial \boldsymbol{n}}\mathrm{d}s=\frac{1}{\varepsilon^2}\int_{C_\varepsilon^+}-y\mathrm{d}x+x\mathrm{d}y=2\pi. \quad \blacksquare$$

5. 设 L 为平面上逐段光滑的闭曲线, D 是 L 所围成的区域, $u=u(x,y)$ 在 $D\cup L$ 上有二阶连续偏导数. 证明

$$\oint_L \frac{\partial u}{\partial \boldsymbol{n}}\mathrm{d}s=\iint\limits_D\left(\frac{\partial^2 u}{\partial x^2}+\frac{\partial^2 u}{\partial y^2}\right)\mathrm{d}x\mathrm{d}y,$$

其中 $\boldsymbol{n}$ 为 L 的外法方向.

证 由于

$$\cos(\boldsymbol{n},x)=\cos(\boldsymbol{\tau},x),\quad \cos(\boldsymbol{n},y)=-\cos(\boldsymbol{\tau},y).$$

再由第一、第二型曲线积分的关系及 Green 公式, 得

$$\oint_L \frac{\partial u}{\partial \boldsymbol{n}}\mathrm{d}s = \oint_L [u_x\cos(\boldsymbol{n},x)+u_y\cos(\boldsymbol{n},y)]\mathrm{d}s = \oint_L [u_x\cos(\boldsymbol{\tau},y)-u_y\cos(\boldsymbol{\tau},x)]\mathrm{d}s$$

$$= \oint_L -u_y\mathrm{d}x+u_x\mathrm{d}y = \iint_D \left(\frac{\partial^2 u}{\partial x^2}+\frac{\partial^2 u}{\partial y^2}\right)\mathrm{d}x\mathrm{d}y = \iint_D \Delta u\mathrm{d}x\mathrm{d}y. \quad ■$$

6. 设 $f(x,y)$ 在闭曲线 C 所围成的区域 D 上连续且为调和函数, 则

$$\oint_C f\frac{\partial f}{\partial \boldsymbol{n}}\mathrm{d}s = \iint_D \left[\left(\frac{\partial f}{\partial x}\right)^2+\left(\frac{\partial f}{\partial y}\right)^2\right]\mathrm{d}x\mathrm{d}y,$$

其中 $\boldsymbol{n}$ 为 C 的外法线方向.

证　由于

$$\cos(\boldsymbol{n},x)=\cos(\boldsymbol{\tau},y),\quad \cos(\boldsymbol{n},y)=-\cos(\boldsymbol{\tau},x).$$

由第一、第二型曲线积分的关系及 Green 公式得

$$\oint_C f\frac{\partial f}{\partial \boldsymbol{n}}\mathrm{d}s = \oint_C [f\cdot f_x\cos(\boldsymbol{n},x)+f\cdot f_y\cos\cos(\boldsymbol{n},y)]\mathrm{d}s$$

$$= \oint_C [f\cdot f_x\cos(\boldsymbol{\tau},y)-f\cdot f_y\cos\cos(\boldsymbol{\tau},x)]\mathrm{d}s$$

$$= \oint_C -f\cdot f_y\mathrm{d}x+f\cdot f_x\mathrm{d}y$$

$$= \iint_D \left[\left(\frac{\partial f}{\partial x}\right)^2+\left(\frac{\partial f}{\partial y}\right)^2\right]\mathrm{d}x\mathrm{d}y + \iint_D f(f_{xx}+f_{yy})\mathrm{d}x\mathrm{d}y.$$

由于 f 调和, 即 $f_{xx}+f_{yy}=0$, 故

$$\oint_C f\frac{\partial f}{\partial \boldsymbol{n}}\mathrm{d}s = \iint_D \left[\left(\frac{\partial f}{\partial x}\right)^2+\left(\frac{\partial f}{\partial y}\right)^2\right]\mathrm{d}x\mathrm{d}y. \quad ■$$

7. 设 $P(x,y),Q(x,y)$ 在曲线段 L 上连续, l 为 L 的长度, 且 $M=\max\limits_{(x,y)\in L}\sqrt{P^2+Q^2}$.

(1) 证明 $\left|\int_L P\mathrm{d}x+Q\mathrm{d}y\right| \leqslant lM$.

(2) 利用上述不等式估计积分

$$I_R = \int_C \frac{(y-1)\mathrm{d}x+(x+1)\mathrm{d}y}{(x^2+y^2+2x-2y+2)^2},$$

其中 $\boldsymbol{\tau}C:(x+1)^2+(y-1)^2=R^2$ 的正向, 并求

$$\lim_{R\to+\infty}|I_R|.$$

解　(1) 由第一、第二型曲线积分的关系得

$$\int_L P\mathrm{d}x+Q\mathrm{d}y=\int_L [P\cos(\boldsymbol{\tau},x)+Q\cos(\boldsymbol{\tau},y)]\mathrm{d}s=\int_L [P\cos(\boldsymbol{\tau},x)+Q\sin(\boldsymbol{\tau},x)]\mathrm{d}s.$$

由 Schwarz 不等式得

$$|P\cos(\boldsymbol{\tau},x)+Q\sin(\boldsymbol{\tau},x)|\leqslant\sqrt{P^2+Q^2}.$$

故

$$\left|\int_L P\mathrm{d}x+Q\mathrm{d}y\right|\leqslant lM.$$

(2) 因为在 C 上:

$$P^2+Q^2=\frac{(x-1)^2+(y-1)^2}{(x^2+y^2+2x-2y+2)^4}=\frac{1}{R^6}\Longrightarrow|I_R|\leqslant\sqrt{\frac{1}{R^6}}\cdot 2\pi R\to 0\quad(R\to+\infty).\ \blacksquare$$

8. **设 Ω 为平面上具有光滑边界的有界区域, $u\in C^2(\Omega)\cap C^1(\bar{\Omega})$, 且 u 为非常值函数及 $u|_{\partial\Omega}=0$, 证明**

$$\iint_\Omega u\left(\frac{\partial^2 u}{\partial x^2}+\frac{\partial^2 u}{\partial y^2}\right)\mathrm{d}x\mathrm{d}y<0.$$

证　因为 u 为非常值函数, 所以 $(u_x)^2+(u_y)^2\not\equiv 0$, 再由 u_x,u_y 的连续性得

$$\begin{aligned}\iint_\Omega u\left(\frac{\partial^2 u}{\partial x^2}+\frac{\partial^2 u}{\partial y^2}\right)\mathrm{d}x\mathrm{d}y&=\int_{\partial\Omega}[uu_x\cos(\boldsymbol{n},x)+uu_y\cos(\boldsymbol{n},y)]\mathrm{d}s-\iint_\Omega(u_x^2+u_y^2)\mathrm{d}x\mathrm{d}y\\&=-\iint_\Omega[(u_x)^2+(u_y)^2]\mathrm{d}x\mathrm{d}y<0.\ \blacksquare\end{aligned}$$

注　上式就是多元函数的分部积分公式, 并试和一元函数的分部积分公式比较.

练习　(1)试用多元函数分部积分公式证明上述 5, 6 两题.

(2) 证明 $\lim\limits_{R\to+\infty}\oint_{x^2+y^2=R^2}\dfrac{y\mathrm{d}x-x\mathrm{d}y}{(x^2+xy+y^2)^2}=0.$

例 8-2-4　解答下列问题.

1. **计算** $I=\int_{L^-}y^2\mathrm{d}x+z^2\mathrm{d}y+x^2\mathrm{d}z$, **其中** $L:\begin{cases}x^2+y^2+z^2=R^2,\\x^2+y^2=Rx\end{cases}$ $(R>0,z\geqslant 0)$, L^- **为顺时针方向.**

解　(解一) L 变形为 $\begin{cases}x^2+y^2+z^2=R^2,\\\left(x-\dfrac{R}{2}\right)^2+y^2=\dfrac{R^2}{4},\end{cases}$ 所以 L 的参数方程为:

$$\begin{cases}x=\dfrac{R}{2}+\dfrac{R}{2}\cos\theta,\\y=\dfrac{R}{2}\sin\theta,\qquad\qquad\theta\in[0,2\pi].\\z=R\sin\dfrac{\theta}{2},\end{cases}$$

故

$$I=\int_{2\pi}^{0}\left[\left(\frac{R}{2}\sin\theta\right)^2\left(-\frac{R}{2}\sin\theta\right)+\left(R\sin\frac{\theta}{2}\right)^2\frac{R}{2}\cos\theta+R^2\left(\frac{1+\cos\theta}{2}\right)^2\frac{R}{4}\cos\frac{\theta}{2}\right]\mathrm{d}\theta$$
$$=\frac{\pi R^3}{4}.$$

(解二) 记 $P=y^2$, $Q=z^2$, $R=x^2$, 由 Stokes 公式得

$$\begin{aligned}I&=\oint_L P\mathrm{d}x+Q\mathrm{d}y+R\mathrm{d}z\\&=\iint_{S_{\text{下}}}\left(\frac{\partial R}{\partial y}-\frac{\partial Q}{\partial z}\right)\mathrm{d}y\mathrm{d}z+\left(\frac{\partial P}{\partial z}-\frac{\partial R}{\partial x}\right)\mathrm{d}z\mathrm{d}x+\left(\frac{\partial Q}{\partial x}-\frac{\partial P}{\partial y}\right)\mathrm{d}x\mathrm{d}y\\&=-2\iint_{S_{\text{下}}}z\mathrm{d}y\mathrm{d}z+x\mathrm{d}z\mathrm{d}x+y\mathrm{d}x\mathrm{d}y,\end{aligned}$$

其中 $S:z=\sqrt{R^2-x^2-y^2}$, $x^2+y^2\leqslant Rx$. 曲面 S 的外法方向余弦为

$$\cos\alpha=\frac{x}{R},\quad \cos\beta=\frac{y}{R},\quad \cos\gamma=\frac{z}{R}.$$

由第一、第二型曲面积分的关系得

$$\begin{aligned}I&=-2\iint_{S_{\text{下}}}z\mathrm{d}y\mathrm{d}z+x\mathrm{d}z\mathrm{d}x+y\mathrm{d}x\mathrm{d}y=2\iint_S[z\cos\alpha+x\cos\beta+y\cos\gamma]\,\mathrm{d}S\\&=\frac{2}{R}\iint_S[xz+xy+yz]\,\mathrm{d}S.\end{aligned}$$

由对称性 (曲面关于 xOz 平面对称) 可知

$$\iint_S xy\mathrm{d}S=\iint_S yz\mathrm{d}S=0.$$

由 $S:z=\sqrt{R^2-x^2-y^2}$, $x^2+y^2\leqslant Rx$, 将曲面积分化为重积分得

$$\begin{aligned}I&=\frac{2}{R}\iint_{x^2+y^2\leqslant Rx}x\sqrt{R^2-x^2-y^2}\sqrt{1+z_x^2+z_y^2}\mathrm{d}x\mathrm{d}y=2\iint_{x^2+y^2\leqslant Rx}x\mathrm{d}x\mathrm{d}y\\&=2\int_{-\frac{\pi}{2}}^{\frac{\pi}{2}}\mathrm{d}\theta\int_0^{R\cos\theta}r^2\cos\theta\mathrm{d}r=\frac{\pi R^3}{4},\end{aligned}$$

最后一步用到了重积分变量替换. ■

注　曲线 L 称为维维安尼曲线.

2. 计算 $I=\oint_L(y^2+z^2)\mathrm{d}x+(z^2+x^2)\mathrm{d}y+(x^2+y^2)\mathrm{d}z$, 其中 L 是曲面 $x^2+y^2+z^2=4x$ 与 $x^2+y^2=2x$ 的交线 $z\geqslant 0$ 的部分, 曲线的方向为从 z 轴上方向下看是顺时针方向.

解　记 $P=y^2+z^2$, $Q=z^2+x^2$, $R=x^2+y^2$, 由 Stokes 公式得

$$\begin{aligned}I&=\oint_L P\mathrm{d}x+Q\mathrm{d}y+R\mathrm{d}z\\&=\iint_{S_{下}}\left(\frac{\partial R}{\partial y}-\frac{\partial Q}{\partial z}\right)\mathrm{d}y\mathrm{d}z+\left(\frac{\partial P}{\partial z}-\frac{\partial R}{\partial x}\right)\mathrm{d}z\mathrm{d}x+\left(\frac{\partial Q}{\partial x}-\frac{\partial P}{\partial y}\right)\mathrm{d}x\mathrm{d}y\\&=2\iint_{S_{下}}(y-z)\mathrm{d}y\mathrm{d}z+(z-x)\mathrm{d}z\mathrm{d}x+(x-y)\mathrm{d}x\mathrm{d}y,\end{aligned}$$

其中 $S:z=\sqrt{4x-x^2-y^2}$, $x^2+y^2\leqslant 2x$. 球面的外法方向余弦为

$$\cos\alpha=\frac{x-2}{2},\quad \cos\beta=\frac{y}{2},\quad \cos\gamma=\frac{z}{2}.$$

由第一、第二型曲面积分的关系得

$$\begin{aligned}I&=-2\iint_S\left[(y-z)\frac{x-2}{2}+(z-x)\frac{y}{2}+(x-y)\frac{z}{2}\right]\mathrm{d}S\\&=-2\iint_S(z-y)\mathrm{d}S=-2\iint_S z\mathrm{d}S+2\iint_S y\mathrm{d}S.\end{aligned}$$

由对称性可知

$$\iint_S y\mathrm{d}S=0.$$

由 $S:z=\sqrt{4x-x^2-y^2}$, $x^2+y^2\leqslant 2x$, 将曲面积分化为重积分得

$$\begin{aligned}I&=-2\iint_S z\mathrm{d}S=-2\iint_{x^2+y^2\leqslant 2x}\sqrt{4x-x^2-y^2}\sqrt{1+z_x^2+z_y^2}\mathrm{d}x\mathrm{d}y\\&=-4\iint_{x^2+y^2\leqslant 2x}\mathrm{d}x\mathrm{d}y=-4\pi.\ \blacksquare\end{aligned}$$

思考　上述两题中, 由 Stokes 公式得到的第二型曲面积分为何化为第一型曲面积分计算?

3. 计算 $I=\oint_C y\mathrm{d}x+z\mathrm{d}y+x\mathrm{d}z$, 其中 C 是圆周 $x^2+y^2+\dfrac{z^2}{2}=2a(x+y), x+y=2a$, 方向为逆时针方向.

解　记 $P=y$, $Q=z$, $R=x$, 由 Stokes 公式得

$$\begin{aligned}I&=\oint_L P\mathrm{d}x+Q\mathrm{d}y+R\mathrm{d}z\\&=\iint_{S_{下}}\left(\frac{\partial R}{\partial y}-\frac{\partial Q}{\partial z}\right)\mathrm{d}y\mathrm{d}z+\left(\frac{\partial P}{\partial z}-\frac{\partial R}{\partial x}\right)\mathrm{d}z\mathrm{d}x+\left(\frac{\partial Q}{\partial x}-\frac{\partial P}{\partial y}\right)\mathrm{d}x\mathrm{d}y\\&=-\iint_{S_{外}}\mathrm{d}y\mathrm{d}z+\mathrm{d}z\mathrm{d}x+\mathrm{d}x\mathrm{d}y,\end{aligned}$$

其中 S 为平面 $x+y=2a$ 上的圆面.

由于 S 在 xy 平面投影的面积为零, 且 S 在 xz 平面、yz 平面的投影分别为椭圆面

$$D_{xz}:(x-a)^2+\frac{z^2}{2}=a^2,\quad D_{yz}:(y-a)^2+\frac{z^2}{2}=a^2.$$

故

$$I=-2\iint\limits_{D_{xz}}\mathrm{d}z\mathrm{d}x=-2\sqrt{2}\pi a^2,$$

这里用到椭圆的面积公式. ■

4.**设有力场 $\boldsymbol{F}=(x+2y+4,4x-2y,3x+z)$, 试求单位质量 M, 沿椭圆**

$$C:\begin{cases}(3x+2y-5)^2+(x-y+1)^2=a^2,\\ z=4\end{cases}\qquad(a>0)$$

移动一周 (从 z 轴正向看去为逆时针方向) 力 $\boldsymbol{F}$ 所做的功.

解　$\boldsymbol{F}$ 所做的功为

$$I=\int_C(x+2y+4)\mathrm{d}x+(4x-2y)\mathrm{d}y+(3x+z)\mathrm{d}z.$$

记 $P=x+2y+4$, $Q=4x-2y$, $R=3x+z$, 由 Stokes 公式得

$$\begin{aligned}I&=\oint_L P\mathrm{d}x+Q\mathrm{d}y+R\mathrm{d}z\\&=\iint\limits_{S_上}\left(\frac{\partial R}{\partial y}-\frac{\partial Q}{\partial z}\right)\mathrm{d}y\mathrm{d}z+\left(\frac{\partial P}{\partial z}-\frac{\partial R}{\partial x}\right)\mathrm{d}z\mathrm{d}x+\left(\frac{\partial Q}{\partial x}-\frac{\partial P}{\partial y}\right)\mathrm{d}x\mathrm{d}y\\&=\iint\limits_{S_上}-3\mathrm{d}z\mathrm{d}x+2\mathrm{d}x\mathrm{d}y,\end{aligned}$$

其中 S 为 C 所围成的平面 $z=4$ 上的椭圆面.

因为 S 在 $z=4$ 上, 所以 $\mathrm{d}z=0$, 从而

$$-3\iint\limits_{S_上}\mathrm{d}z\mathrm{d}x=0.$$

故由曲面积分和重积分的关系得

$$I=2\iint\limits_{S_上}\mathrm{d}x\mathrm{d}y=2\iint\limits_{(3x+2y-5)^2+(x-y+1)^2\leqslant a^2}\mathrm{d}x\mathrm{d}y.$$

令 $\begin{cases}u=3x+2y-5,\\ v=x-y+1,\end{cases}$ 则 $u^2+v^2\leqslant a^2$, 且 $\dfrac{\partial(u,v)}{\partial(x,y)}=-5\Longrightarrow|J|=\left|\dfrac{\partial(x,y)}{\partial(u,v)}\right|=\dfrac{1}{5}$, 所以

$$I=2\iint\limits_{u^2+v^2\leqslant a^2}\frac{1}{5}\mathrm{d}u\mathrm{d}v=\frac{2}{5}\pi a^2.\quad ■$$

思考　将以两个曲面交线给出曲线的第二型曲线积分化为定积分的难点是能否合理写出曲线的参数方程; 用 Stokes 公式关键在于计算所得到的第二型曲面积分. 试写 2—4 题中曲线参数方程, 然后化为定积分计算之.

5. 若 L 是平面 $x\cos\alpha+y\cos\beta+z\cos\gamma-p=0$ 上的闭曲线, 它所包围的区域的面积为 S, 求

$$I=\oint_L\begin{vmatrix}\mathrm{d}x & \mathrm{d}y & \mathrm{d}z\\ \cos\alpha & \cos\beta & \cos\gamma\\ x & y & z\end{vmatrix},$$

其中 L 以正向进行.

解　由 Stokes 公式及第一、第二型曲面积分关系得

$$\begin{aligned}I&=\oint_L(z\cos\beta-y\cos\gamma)\mathrm{d}x+(x\cos\gamma-z\cos\alpha)\mathrm{d}y+(y\cos\alpha-x\cos\beta)\mathrm{d}z\\&=2\iint_S\cos\alpha\mathrm{d}y\mathrm{d}z+\cos\beta\mathrm{d}z\mathrm{d}x+\cos\gamma\mathrm{d}x\mathrm{d}y=2\iint_S\left[\cos^2\alpha+\cos^2\beta+\cos^2\gamma\right]\mathrm{d}S\\&=2\iint_S\mathrm{d}S=2S.\ \blacksquare\end{aligned}$$

练习　计算 $\oint_L x^2y^3\mathrm{d}x+\mathrm{d}y+z\mathrm{d}z$, 其中 L 为 $y^2+z^2=1$, $x=y$ 所交椭圆的正向 (从轴的正向看为逆时针方向).

三、 曲面积分

例 8-3-1　解答下列问题.

1. 计算积分 $I=\iint_S(x^2+y^2)z\mathrm{d}S$, 其中 S 是上半球面 $x^2+y^2+z^2=R^2(z\geqslant 0)$ 含在柱面 $x^2+y^2=Rx$ 内部的部分.

解　由于 $S:z=\sqrt{R^2-x^2-y^2}$ 在 xy 平面上的投影为

$$D_{xy}:x^2+y^2\leqslant Rx,$$

故

$$I=\iint_{D_{xy}}(x^2+y^2)\sqrt{R^2-x^2-y^2}\sqrt{1+(z_x)^2+(z_y)^2}\mathrm{d}x\mathrm{d}y=R\iint_{D_{xy}}(x^2+y^2)\mathrm{d}x\mathrm{d}y.$$

令 $T:\begin{cases}x=r\cos\theta,\\ y=r\sin\theta,\end{cases}$ 则 $J=r$, 且

$$\left\{(\theta,r)\middle|\theta\in\left[-\frac{\pi}{2},\frac{\pi}{2}\right],r\in[0,R\cos\theta]\right\}\xrightarrow{T}D_{xy}.$$

由积分变换公式得

$$I = R\int_{-\frac{\pi}{2}}^{\frac{\pi}{2}} \mathrm{d}\theta \int_0^{R\cos\theta} r^3 \mathrm{d}r = \frac{3}{32}\pi R^5. \quad ■$$

练习　试用球面的参数表示形式计算此题.

2. 计算 $\iint\limits_S \sin x \sin y \sin z \mathrm{d}S$, 其中 $S: x^2+y^2+z^2=1$.

解　因为 S 关于 xy 平面对称, 而 $\sin x\sin y\sin z$ 是 z 的奇函数, 故

$$\iint\limits_S \sin x \sin y \sin z \mathrm{d}S = 0. \quad ■$$

3. 求球面 $x^2+y^2+z^2=a^2(a>0)$ 被平面 $z=\frac{a}{4}$ 和 $z=\frac{a}{2}$ 所夹部分的面积.

解　(解一) 记被平面 $z=\frac{a}{4}$ 和 $z=\frac{a}{2}$ 所夹部分为 S, 则它在 xy 平面上的投影为

$$D_{xy}: \frac{3}{4}a^2 \leqslant x^2+y^2 \leqslant \frac{15}{16}a^2,$$

故所求面积为

$$\begin{aligned} S &= \iint\limits_S \mathrm{d}S = \iint\limits_{D_{xy}} \sqrt{1+(z_x)^2+(z_y)^2}\mathrm{d}x\mathrm{d}y = \iint\limits_{D_{xy}} \frac{a}{\sqrt{a^2-x^2-y^2}}\mathrm{d}x\mathrm{d}y \\ &= \int_0^{2\pi}\mathrm{d}\theta \int_{\frac{\sqrt{3}a}{2}}^{\frac{\sqrt{15}a}{4}} \frac{a}{\sqrt{a^2-r^2}} r\mathrm{d}r = \frac{1}{2}\pi a^2. \end{aligned}$$

(解二) 所求部分球面的参数方程为

$$S: \begin{cases} x = a\sin\varphi\cos\theta, \\ y = a\sin\varphi\sin\theta, \\ z = a\cos\varphi, \end{cases} \qquad D_{\theta\varphi} = \left\{(\theta,\varphi)\middle|\theta\in[0,2\pi], \varphi\in\left[\arccos\frac{1}{2}, \arccos\frac{1}{4},\right]\right\},$$

且

$$\begin{cases} E = (x_\varphi)^2+(y_\varphi)^2+(z_\varphi)^2 = a^2, \\ G = (x_\theta)^2+(y_\theta)^2+(z_\theta)^2 = a^2\sin^2\varphi, \\ F = x_\varphi x_\theta + y_\varphi y_\theta + z_\varphi z_\theta = 0 \end{cases} \Longrightarrow \sqrt{EG-F^2} = a^2\sin\varphi.$$

故所求面积为

$$S = \iint\limits_{D_{\theta\varphi}} \sqrt{EG-F^2}\mathrm{d}\theta\mathrm{d}\varphi = \int_0^{2\pi}\mathrm{d}\theta \int_{\arccos\frac{3}{4}}^{\arccos\frac{1}{2}} a^2\sin\varphi\mathrm{d}\varphi = \frac{1}{2}\pi a^2. \quad ■$$

4. 证明积分公式

$$\iint\limits_D f(m\sin\varphi\cos\theta + n\sin\varphi\sin\theta + p\cos\varphi)\sin\varphi\mathrm{d}\theta\mathrm{d}\varphi = 2\pi\int_{-1}^{1} f\left(t\sqrt{m^2+n^2+p^2}\right)\mathrm{d}t,$$

其中 $D=\{(\theta,\varphi)|\theta\in[0,2\pi],\varphi\in[0,\pi]\}, m^2+n^2+p^2>0, f(t)$ 在 $|t|<\sqrt{m^2+n^2+p^2}$ 时为连续函数.

证 第一步, 设 $S: x^2+y^2+z^2=1$. 令 $T:\begin{cases} x=\sin\varphi\cos\theta, \\ y=\sin\varphi\sin\theta, \\ z=\cos\varphi, \end{cases}$ 易计算 $\sqrt{EG-F^2}=\sin\varphi$, 且

$$D=\{(\theta,\varphi)|\theta\in[0,2\pi],\varphi\in[0,\pi]\}\xrightarrow{T}S.$$

故

$$\iint\limits_D f(m\sin\varphi\cos\theta+n\sin\varphi\sin\theta+p\cos\varphi)\sin\varphi \mathrm{d}\theta\mathrm{d}\varphi=\iint\limits_S f(mx+ny+pz)\,\mathrm{d}S. \tag{1}$$

第二步, 将坐标系 $Oxyz$ 经过旋转后变成 $O\xi\eta\zeta$, 假设新坐标轴关于原坐标轴的方向余弦为

$$\begin{aligned} O\xi &: (\cos\alpha_1,\cos\beta_1,\cos\gamma_1) \\ O\eta &: (\cos\alpha_2,\cos\beta_2,\cos\gamma_2), \\ O\zeta &: (\cos\alpha_3,\cos\beta_3,\cos\gamma_3), \end{aligned}$$

即

$$T:\begin{pmatrix}\xi\\ \eta\\ \zeta\end{pmatrix}=\begin{pmatrix}\cos\alpha_1 & \cos\beta_1 & \cos\gamma_1\\ \cos\alpha_2 & \cos\beta_2 & \cos\gamma_2\\ \cos\alpha_3 & \cos\beta_3 & \cos\gamma_3\end{pmatrix}\begin{pmatrix}x\\ y\\ z\end{pmatrix}.$$

显然 T 是正交变换, 且

$$S'=\{(\xi,\eta,\zeta)|\xi^2+\eta^2+\zeta^2=1\}\xrightarrow{T}S.$$

特取

$$(\cos\alpha_3,\cos\beta_3,\cos\gamma_3)=\left(\frac{m}{\sqrt{m^2+n^2+p^2}},\frac{n}{\sqrt{m^2+n^2+p^2}},\frac{p}{\sqrt{m^2+n^2+p^2}}\right).$$

故

$$\iint\limits_S f(mx+ny+pz)\,\mathrm{d}S=\iint\limits_{S'} f\left(\sqrt{m^2+n^2+p^2}\zeta\right)\mathrm{d}S. \tag{2}$$

第三步, 令 $\begin{cases} \xi=\sqrt{1-t^2}\cos\omega, \\ \eta=\sqrt{1-t^2}\sin\omega, \\ \zeta=t, \end{cases}$ $D_{\omega t}=\{(\omega,t)|\omega\in[0,2\pi],t\in[-1,1]\}$, 则

$$\begin{cases} E_1=\dfrac{t^2}{1-t^2}\cos^2\omega+\dfrac{t^2}{1-t^2}\sin^2\omega+1=\dfrac{1}{1-t^2}, \\ G_1=(1-t^2)\sin^2\omega+(1-t^2)\cos^2\omega+0=1-t^2, \\ F_1=\dfrac{-t}{\sqrt{1-t^2}}\cos\omega\cdot(-\sqrt{1-t^2}\sin\omega)+\dfrac{-t}{\sqrt{1-t^2}}\sin\omega\cdot(\sqrt{1-t^2}\cos\omega)+0=0 \end{cases}$$

$$\Longrightarrow\sqrt{E_1G_1-F_1^2}=1.$$

故

$$\iint\limits_{S'} f\left(\sqrt{m^2+n^2+p^2}\zeta\right)\mathrm{d}S=\iint\limits_{D_{\omega t}} f\left(t\sqrt{m^2+n^2+p^2}\right)\mathrm{d}\omega\mathrm{d}t$$

$$=\int_0^{2\pi}\mathrm{d}\omega\int_{-1}^{1} f\left(t\sqrt{m^2+n^2+p^2}\right)\mathrm{d}t$$

$$=2\pi\int_{-1}^{1} f\left(t\sqrt{m^2+n^2+p^2}\right)\mathrm{d}t. \tag{3}$$

由 (1)—(3) 知结论成立. ■

5. **计算积分** $I=\iint\limits_{S}\dfrac{1}{\sqrt{x^2+y^2+(z-a)^2}}\mathrm{d}S$, **其中** $S:x^2+y^2+z^2=R^2, 0\leqslant a<+\infty, a\neq R$.

解　令 $\begin{cases} x=R\sin\varphi\cos\theta, \\ y=R\sin\varphi\sin\theta, \quad \theta\in[0,2\pi],\varphi\in[0,\pi], \\ z=R\cos\varphi, \end{cases}$ 则

$$\begin{cases} E=(x_\varphi)^2+(y_\varphi)^2+(z_\varphi)^2=R^2, \\ G=(x_\theta)^2+(y_\theta)^2+(z_\theta)^2=R^2\sin^2\varphi, \\ F=x_\varphi x_\theta+y_\varphi y_\theta+z_\varphi z_\theta=0, \end{cases}$$

所以

$$I=\int_0^{2\pi}\mathrm{d}\theta\int_0^{\pi}\frac{1}{\sqrt{R^2+a^2-2aR\cos\varphi}}R^2\sin\varphi\mathrm{d}\varphi=2\pi R^2\left[\frac{1}{aR}\sqrt{R^2+a^2-2aR\cos\varphi}\Big|_0^{\pi}\right]$$

$$=\begin{cases} 4\pi R, & R>a, \\ \dfrac{4\pi R^2}{a}, & R<a. \end{cases}$$ ■

6. **求球面** $x^2+y^2+z^2=r^2$ **上** $r-h\leqslant z\leqslant r(0\leqslant h\leqslant r)$ **的那一部分的重心.**

解　根据球面的对称性知, 重心坐标为 $(0,0,\bar{z})$, 其中

$$\bar{z}=\frac{\rho\iint\limits_{S}z\mathrm{d}S}{\rho\iint\limits_{S}\mathrm{d}S},$$

其中 $S:z=\sqrt{r^2-x^2-y^2}, D_{xy}=\{(x,y)|x^2+y^2\leqslant 2rh-h^2\}$, ρ 为密度. 而

$$\iint\limits_{S}z\mathrm{d}S=\iint\limits_{D_{xy}}\sqrt{r^2-x^2-y^2}\sqrt{1+z_x^2+z_y^2}\mathrm{d}x\mathrm{d}y=\iint\limits_{D_{xy}}r\mathrm{d}x\mathrm{d}y=\pi r(2rh-h^2),$$

$$\iint\limits_{S}\mathrm{d}S=\iint\limits_{D_{xy}}\sqrt{1+z_x^2+z_y^2}\mathrm{d}x\mathrm{d}y=\iint\limits_{D_{xy}}\frac{r}{\sqrt{r^2-x^2-y^2}}\mathrm{d}x\mathrm{d}y\xlongequal{\text{极坐标变换}}2\pi rh,$$

故 $\bar{z}=\dfrac{2r-h}{2}$, 所以重心坐标为 $\left(0,0,\dfrac{2r-h}{2}\right)$. ■

7. 具有质量的曲面 S 是半球面 $z=\sqrt{a^2-x^2-y^2}$ 在圆锥 $z=\sqrt{x^2+y^2}$ 里面的部分, 如果 S 上每一点的密度等于该点到 xOy 平面的距离的倒数, 求 S 的质量.

解　由于 S 在 xy 平面投影为 $D_{xy}: x^2+y^2\leqslant \dfrac{a^2}{2}$, 密度函数为

$$\rho=\frac{1}{z}=\frac{1}{\sqrt{a^2-x^2-y^2}},$$

故所求的质量为

$$\begin{aligned}M&=\iint\limits_S \frac{1}{z}\mathrm{d}S=\iint\limits_{D_{xy}}\frac{1}{\sqrt{a^2-x^2-y^2}}\sqrt{1+z_x^2+z_y^2}\mathrm{d}x\mathrm{d}y\\&=\iint\limits_{D_{xy}}\frac{1}{\sqrt{a^2-x^2-y^2}}\frac{a}{\sqrt{a^2-x^2-y^2}}\mathrm{d}x\mathrm{d}y=\iint\limits_{D_{xy}}\frac{a}{a^2-x^2-y^2}\mathrm{d}x\mathrm{d}y\\&\xlongequal{\text{极坐标变换}}2\pi a\ln 2.\end{aligned}$$ ■

练习　证明

$$\left|\iint\limits_S f(mx+ny+pz)\mathrm{d}S\right|\leqslant 4M\pi,$$

其中 $S: x^2+y^2+z^2=1, m^2+n^2+p^2=1, m,n,p$ 为常数, $f(t)$ 在 $|t|\leqslant 1$ 上连续可微, $f(1)=f(-1)=0, M=\max\limits_{t\in[-1,1]}|f'(t)|$.

提示

$$\iint\limits_S f(mx+ny+pz)\mathrm{d}S=\iint\limits_{\xi^2+\eta^2+\zeta^2=1}f(\zeta)\mathrm{d}S=2\pi\int_{-1}^1 f(t)\mathrm{d}t.$$

例 8-3-2　解答下列问题.

1. 计算 $\iint\limits_{S_上} yz\mathrm{d}z\mathrm{d}x$, 其中 S 为 $x^2+y^2+z^2=1$ 的上半部分.

解　(解一) 记 $S_1: y=\sqrt{1-x^2-z^2}, z\geqslant 0$; $S_2: y=-\sqrt{1-x^2-z^2}, z\geqslant 0$. 则

$$\begin{aligned}\iint\limits_{S_上} yz\mathrm{d}z\mathrm{d}x&=\iint\limits_{S_{1右}} yz\mathrm{d}z\mathrm{d}x+\iint\limits_{S_{2左}} yz\mathrm{d}z\mathrm{d}x\\&=\iint\limits_{D_{xz}} z\sqrt{1-x^2-z^2}\mathrm{d}z\mathrm{d}x-\iint\limits_{D_{xz}} z(-\sqrt{1-x^2-z^2})\mathrm{d}z\mathrm{d}x\\&=2\iint\limits_{D_{xz}} z\sqrt{1-x^2-z^2}\mathrm{d}z\mathrm{d}x\xlongequal{\text{极坐标变换}}2\int_0^\pi \mathrm{d}\theta\int_0^1 r^2\sqrt{1-r^2}\sin\theta\mathrm{d}r\\&=4\int_0^1 r^2\sqrt{1-r^2}\mathrm{d}r=\frac{\pi}{4}.\end{aligned}$$

(解二) 曲面 S 的方向余弦为

$$(\cos(\boldsymbol{n},x),\cos(\boldsymbol{n},y),\cos(\boldsymbol{n},z))=\left(\frac{x}{\sqrt{x^2+y^2+z^2}},\frac{y}{\sqrt{x^2+y^2+z^2}},\frac{z}{\sqrt{x^2+y^2+z^2}}\right),$$

其中 $\boldsymbol{n}$ 为上半球面的单位外法方向. 故

$$\iint\limits_{S_{上}} yz\mathrm{d}z\mathrm{d}x=\iint\limits_{S} yz\cos(\boldsymbol{n},y)\mathrm{d}S=\iint\limits_{S_{上}} yz\frac{\cos(\boldsymbol{n},y)}{\cos(\boldsymbol{n},z)}\mathrm{d}x\mathrm{d}y$$
$$=\iint\limits_{x^2+y^2\leqslant 1} y^2\mathrm{d}x\mathrm{d}y\xlongequal{\text{极坐标变换}}\int_0^{2\pi}\mathrm{d}\theta\int_0^1 r^3\sin^2\theta\mathrm{d}r=\frac{\pi}{4}.$$

(解三) 记 $S_0: x^2+y^2\leqslant 1$, 由 Gauss 公式得

$$\iint\limits_{S_{上}} yz\mathrm{d}z\mathrm{d}x+\iint\limits_{S_{0下}} yz\mathrm{d}z\mathrm{d}x=\iiint\limits_{V} z\mathrm{d}x\mathrm{d}y\mathrm{d}z.$$

而

$$\iint\limits_{S_{0下}} yz\mathrm{d}z\mathrm{d}x=0,$$

$$\iiint\limits_{V} z\mathrm{d}x\mathrm{d}y\mathrm{d}z\xlongequal{\text{球坐标变换}}\int_0^{2\pi}\mathrm{d}\theta\int_0^{\frac{\pi}{2}}\mathrm{d}\varphi\int_0^1(r\cos\varphi)(r^2\sin\varphi)\mathrm{d}r=\frac{\pi}{4},$$

故

$$\iint\limits_{S_{上}} yz\mathrm{d}z\mathrm{d}x=\frac{\pi}{4}.\quad \blacksquare$$

2. 求 $I=\iint\limits_{S} y^2z\mathrm{d}x\mathrm{d}y+xz\mathrm{d}y\mathrm{d}z+x^2y\mathrm{d}x\mathrm{d}z$, 其中 S 是 $z=x^2+y^2, x^2+y^2=1$ 和坐标面在第一卦限所围成的曲面的外侧.

解　记 $P=xz, Q=x^2y, R=y^2z$, 由 Gauss 公式得

$$I=\iiint\limits_{V}(x^2+y^2+z)\mathrm{d}x\mathrm{d}y\mathrm{d}z,$$

其中 $V: 0\leqslant z\leqslant x^2+y^2$, $D_{xy}=\{(x,y)|x^2+y^2\leqslant 1, x\geqslant 0, y\geqslant 0\}$. 故

$$I=\iint\limits_{D_{xy}}\mathrm{d}x\mathrm{d}y\int_0^{x^2+y^2}(x^2+y^2+z)\mathrm{d}z=\frac{3}{2}\iint\limits_{D_{xy}}(x^2+y^2)^2\mathrm{d}x\mathrm{d}y$$
$$\xlongequal{\text{极坐标变换}}\frac{3}{2}\int_0^{\frac{\pi}{2}}\mathrm{d}\theta\int_0^1 r^4\cdot r\mathrm{d}r=\frac{\pi}{8}.\quad \blacksquare$$

3. 计算积分 $I=\iint\limits_{S} x^2\mathrm{d}y\mathrm{d}z+y^2\mathrm{d}z\mathrm{d}x+z^2\mathrm{d}x\mathrm{d}y$, 其中 S 是球面 $x^2+y^2+z^2=R^2$ 的外侧 $(R>0)$.

解　由 Gauss 公式得

$$I=2\iiint\limits_{V}(x+y+z)\mathrm{d}x\mathrm{d}y\mathrm{d}z.$$

下面计算此三重积分:

(解一) 由对称性知

$$\iiint\limits_{V} x\mathrm{d}x\mathrm{d}y\mathrm{d}z=\iiint\limits_{V} y\mathrm{d}x\mathrm{d}y\mathrm{d}z=\iiint\limits_{V} z\mathrm{d}x\mathrm{d}y\mathrm{d}z=0,$$

故 $I=0$.

(解二) 令 $\begin{cases} x=r\sin\varphi\cos\theta, \\ y=r\sin\varphi\sin\theta, \\ z=r\cos\varphi, \end{cases}$ 则 $J=r^2\sin\varphi$, 由积分变换公式得

$$I=2\int_0^{2\pi}\mathrm{d}\theta\int_0^{\pi}\mathrm{d}\varphi\int_0^{R} r(\sin\varphi\cos\theta+\sin\varphi\sin\theta+\cos\varphi)\cdot r^2\sin\varphi\mathrm{d}r=0. \quad\blacksquare$$

4. 求 $I=\iint\limits_{S}(x-y+z)\mathrm{d}y\mathrm{d}z+(y-z+x)\mathrm{d}z\mathrm{d}x+(z-x+y)\mathrm{d}x\mathrm{d}y$, 其中 S 是

$$|x-y+z|+|y-z+x|+|z-x+y|=1$$

的外侧.

解　记 $P=x-y+z, Q=y-z+x, R=z-x+y$, 由 Gauss 公式得

$$I=3\iiint\limits_{V}\mathrm{d}x\mathrm{d}y\mathrm{d}z,$$

其中 V 为 $|x-y+z|+|y-z+x|+|z-x+y|=1$ 所围成的区域.

令 $\begin{cases} u=x-y+z, \\ v=y-z+x, \\ w=z-x+y, \end{cases}$ 则 V 变为 $V':|u|+|v|+|w|\leqslant 1$, 且

$$\frac{\partial(u,v,w)}{\partial(x,y,z)}=4\Longrightarrow\frac{\partial(x,y,z)}{\partial(u,v,w)}=\frac{1}{4},$$

由积分变换公式得

$$I=3\iiint\limits_{V}\mathrm{d}x\mathrm{d}y\mathrm{d}z=\frac{3}{4}\iiint\limits_{V'}\mathrm{d}u\mathrm{d}v\mathrm{d}w=1. \quad\blacksquare$$

5. 求积分 $I=\iint\limits_S x\mathrm{d}y\mathrm{d}z+\cos y\mathrm{d}z\mathrm{d}x+\mathrm{d}x\mathrm{d}y$, 其中 S 为 $x^2+y^2+z^2=1$ 的外侧.

解　由 Gauss 公式得

$$I=\iiint\limits_{x^2+y^2+z^2\leqslant 1}(1-\sin y)\mathrm{d}x\mathrm{d}y\mathrm{d}z=\iiint\limits_{x^2+y^2+z^2\leqslant 1}\mathrm{d}x\mathrm{d}y\mathrm{d}z-\iiint\limits_{x^2+y^2+z^2\leqslant 1}\sin y\mathrm{d}x\mathrm{d}y\mathrm{d}z$$

$$=\frac{4}{3}\pi-\iiint\limits_{x^2+y^2+z^2\leqslant 1}\sin y\mathrm{d}x\mathrm{d}y\mathrm{d}z. \tag{1}$$

由于 $x^2+y^2+z^2\leqslant 1$ 关于平面 $y=0$ (即 xOz 平面) 对称, 故有

$$\iiint\limits_{x^2+y^2+z^2\leqslant 1}\sin y\mathrm{d}x\mathrm{d}y\mathrm{d}z=0. \tag{2}$$

由 (1), (2) 得 $I=\frac{4}{3}\pi$. ■

6. 计算 $I=\iint\limits_S xz^2\mathrm{d}y\mathrm{d}z+(x^2y-z^2)\mathrm{d}z\mathrm{d}x+(2xy+y^2z)\mathrm{d}x\mathrm{d}y$, 其中 S 是半球面 $z=\sqrt{a-x^2-y^2}$, S 的侧是使其外法向量和 z 轴正向的夹角为锐角.

解　补充 xy 平面上的圆面 $S_0: x^2+y^2\leqslant a^2$, 则 $S_{\text{上}}\cup S_{0\text{下}}$ 构成封闭曲面 Σ 的外侧, 记 Σ 所围成的区域为 V. 则

$$I=\iint\limits_S=\iint\limits_{\Sigma_{\text{外}}}-\iint\limits_{S_{0\text{下}}}xz^2\mathrm{d}y\mathrm{d}z+(x^2y-z^2)\mathrm{d}z\mathrm{d}x+(2xy+y^2z)\mathrm{d}x\mathrm{d}y. \tag{1}$$

由 Gauss 公式得

$$\iint\limits_{\Sigma_{\text{外}}}=\iiint\limits_V(x^2+y^2+z^2)\mathrm{d}x\mathrm{d}y\mathrm{d}z=\iiint\limits_V(x^2+y^2+z^2)\mathrm{d}x\mathrm{d}y\mathrm{d}z$$

$$=\int_0^{2\pi}\mathrm{d}\theta\int_0^{\frac{\pi}{2}}\mathrm{d}\varphi\int_0^a r^4\sin\varphi\mathrm{d}r=\frac{2}{5}\pi a^5. \tag{2}$$

由对称性或极坐标变换得

$$\iint\limits_{S_{0\text{下}}}=-\iint\limits_{x^2+y^2\leqslant a^2}2xy\mathrm{d}x\mathrm{d}y=0. \tag{3}$$

由 (1)—(3) 式得 $I=\frac{2}{5}\pi a^5$. ■

练习　计算 $I=\iint\limits_\Sigma(y-z)\mathrm{d}y\mathrm{d}z+(z-x)\mathrm{d}z\mathrm{d}x+(x-y)\mathrm{d}x\mathrm{d}y$, 其中曲面 Σ 为球面 $x^2+y^2+z^2=2Rx$ 被柱面 $x^2+y^2=2rx\,(z>0,0<r<R)$ 所截部分, 定向取外侧.

例 8-3-3 证明下列各题.

1. 若 S 为封闭曲面, $\boldsymbol{l}$ 为任意固定方向, $\boldsymbol{n}$ 为曲面的外法方向, 计算 $\iint\limits_S \cos(\boldsymbol{n},\boldsymbol{l})\mathrm{d}S$.

解 设 $\boldsymbol{l}=(a,b,c)$, 可设 $\boldsymbol{n}=(\cos(\boldsymbol{n},x),\cos(\boldsymbol{n},y),\cos(\boldsymbol{n},z))$, 则

$$\cos(\boldsymbol{n},\boldsymbol{l})=\frac{a}{\sqrt{a^2+b^2+c^2}}\cos(\boldsymbol{n},x)+\frac{b}{\sqrt{a^2+b^2+c^2}}\cos(\boldsymbol{n},y)+\frac{c}{\sqrt{a^2+b^2+c^2}}\cos(\boldsymbol{n},z).$$

由第一、第二型曲面积分的关系及 Gauss 公式得

$$\iint\limits_S \cos(\boldsymbol{n},\boldsymbol{l})\mathrm{d}S=\iint\limits_S \frac{a}{\sqrt{a^2+b^2+c^2}}\mathrm{d}y\mathrm{d}z+\frac{b}{\sqrt{a^2+b^2+c^2}}\mathrm{d}z\mathrm{d}x+\frac{c}{\sqrt{a^2+b^2+c^2}}\mathrm{d}x\mathrm{d}y=0. \quad \blacksquare$$

2. 以 S 表示椭球面 $\dfrac{x^2}{a^2}+\dfrac{y^2}{b^2}+\dfrac{z^2}{c^2}=1$ 的上半部分 $(z\geqslant 0)$, λ,μ,ν 表示 S 的外法线的方向余弦, 计算曲面积分

$$\iint\limits_S z\left(\frac{\lambda x}{a^2}+\frac{\mu y}{b^2}+\frac{\nu z}{c^2}\right)\mathrm{d}S.$$

解 补充 xy 平面上的椭圆 S_0 与 S 构成封闭的曲面 S_1, 由于 $S_0: z=0$, 故

$$\iint\limits_{S_0} z\left(\frac{\lambda x}{a^2}+\frac{\mu y}{b^2}+\frac{\nu z}{c^2}\right)\mathrm{d}S=0.$$

由第一、第二型曲面积分关系及 Gauss 公式得

$$\begin{aligned}\iint\limits_S z\left(\frac{\lambda x}{a^2}+\frac{\mu y}{b^2}+\frac{\nu z}{c^2}\right)\mathrm{d}S&=\iint\limits_{S_1} z\left(\frac{\lambda x}{a^2}+\frac{\mu y}{b^2}+\frac{\nu z}{c^2}\right)\mathrm{d}S\\&=\iint\limits_{S_1}\frac{zx}{a^2}\mathrm{d}y\mathrm{d}z+\frac{zy}{b^2}\mathrm{d}z\mathrm{d}x+\frac{z^2}{c^2}\mathrm{d}x\mathrm{d}y\\&=\iiint\limits_V\left(\frac{1}{a^2}+\frac{1}{b^2}+\frac{2}{c^2}\right)z\mathrm{d}x\mathrm{d}y\mathrm{d}z.\end{aligned}$$

令 $\begin{cases}x=ar\sin\varphi\cos\theta,\\ y=br\sin\varphi\sin\theta,\\ z=cr\cos\varphi,\end{cases}$ 则 $J=abcr^2\sin\varphi$, 由积分变换公式得

$$\begin{aligned}&\iiint\limits_V\left(\frac{1}{a^2}+\frac{1}{b^2}+\frac{2}{c^2}\right)z\mathrm{d}x\mathrm{d}y\mathrm{d}z\\=&\int_0^{2\pi}\mathrm{d}\theta\int_0^{\frac{\pi}{2}}\mathrm{d}\varphi\int_0^1\left(\frac{1}{a^2}+\frac{1}{b^2}+\frac{2}{c^2}\right)\cdot cr\cos\varphi\cdot abcr^2\sin\varphi\mathrm{d}r\\=&\frac{\pi}{4}abc^2\left(\frac{1}{a^2}+\frac{1}{b^2}+\frac{2}{c^2}\right). \quad \blacksquare\end{aligned}$$

3. 设曲面 S 所围成的几何体的体积为 V, 则

$$V=\frac{1}{3}\oiint\limits_{S}(x\cos\alpha+y\cos\beta+z\cos\gamma)\,\mathrm{d}S,$$

其中 $\cos\alpha,\cos\beta,\cos\gamma$ 为曲面的外法方向余弦.

证　记曲面 S 所围成的几何体的体积为 Ω, 由第一、第二型曲面的关系及 Gauss 公式可得

$$\frac{1}{3}\oiint\limits_{S}(x\cos\alpha+y\cos\beta+z\cos\gamma)\,\mathrm{d}S=\frac{1}{3}\oiint\limits_{S_{外}}x\mathrm{d}y\mathrm{d}z+y\mathrm{d}z\mathrm{d}x+z\mathrm{d}x\mathrm{d}y=\iiint\limits_{\Omega}\mathrm{d}x\mathrm{d}y\mathrm{d}z=V. \quad ■$$

4. 记 $r=r(\theta,\varphi)$ 为分片光滑封闭曲面 S 的球坐标方程, 试证明: S 所围成的有界区域 V 的体积

$$V=\frac{1}{3}\oiint\limits_{S}r\cos\psi\mathrm{d}S,$$

其中 ψ 为曲面在动点的外法方向与径向所成的夹角.

解　设 $\boldsymbol{r}=(x,y,z)$ 为曲面的径向量, 则 $r=\sqrt{x^2+y^2+z^2}$. 曲面 S 的单位外法方向为

$$\boldsymbol{n}=(\cos(\boldsymbol{n},x),\cos(\boldsymbol{n},y),\cos(\boldsymbol{n},z)).$$

因此

$$\cos\psi=\frac{\boldsymbol{r}\cdot\boldsymbol{n}}{r}=\frac{x}{r}\cos(\boldsymbol{n},x)+\frac{y}{r}\cos(\boldsymbol{n},y)+\frac{z}{r}\cos(\boldsymbol{n},z),$$

由 Gauss 公式得

$$\begin{aligned}\frac{1}{3}\oiint\limits_{S}r\cos\psi\mathrm{d}S&=\frac{1}{3}\oiint\limits_{S}(y\cos(\boldsymbol{n},x)+\cos(\boldsymbol{n},y)+z\cos(\boldsymbol{n},z))\,\mathrm{d}S\\&=\iiint\limits_{V}\mathrm{d}x\mathrm{d}y\mathrm{d}z=V. \quad ■\end{aligned}$$

5. 设 u 在闭区域 $V:x^2+y^2+z^2\leqslant 1$ 上存在二阶连续偏导数, 且

$$\Delta u=u_{xx}+u_{yy}+u_{zz}.$$

证明

$$\iint\limits_{S}u\frac{\partial u}{\partial\boldsymbol{n}}\mathrm{d}S=\iiint\limits_{V}[(u_x)^2+(u_y)^2+(u_z)^2]\mathrm{d}x\mathrm{d}y\mathrm{d}z+\iiint\limits_{V}u\Delta u\mathrm{d}x\mathrm{d}y\mathrm{d}z,$$

其中 $\boldsymbol{n}$ 为球面 $S:x^2+y^2+z^2=1$ 的外法向量.

证　(证一) 因为

$$\frac{\partial u}{\partial\boldsymbol{n}}=u_x\cos(\boldsymbol{n},x)+u_y\cos(\boldsymbol{n},y)+u_z\cos(\boldsymbol{n},z).$$

由第一、第二型曲面积分的关系及 Gauss 公式得

$$\begin{aligned}\iint\limits_S u\frac{\partial u}{\partial \boldsymbol{n}}\mathrm{d}S &= \iint\limits_S u\left[u_x\cos(\boldsymbol{n},x)+u_y\cos(\boldsymbol{n},y)+u_z\cos(\boldsymbol{n},z)\right]\mathrm{d}S \\ &= \iint\limits_S u\left[u_x\mathrm{d}y\mathrm{d}z+u_y\mathrm{d}z\mathrm{d}x+u_z\mathrm{d}x\mathrm{d}y\right] \\ &= \iiint\limits_V \left[(u_x)^2+(u_y)^2+(u_z)^2\right]\mathrm{d}x\mathrm{d}y\mathrm{d}z+\iiint\limits_V u\left[x_{xx}+u_{yy}+u_{zz}\right]\mathrm{d}x\mathrm{d}y\mathrm{d}z \\ &= \iiint\limits_V \left[(u_x)^2+(u_y)^2+(u_z)^2\right]\mathrm{d}x\mathrm{d}y\mathrm{d}z+\iiint\limits_V u\Delta u\mathrm{d}x\mathrm{d}y\mathrm{d}z.\end{aligned}$$

(证二) 由多元函数分部积分公式

$$\begin{aligned}\iiint\limits_V u\Delta u\mathrm{d}x\mathrm{d}y\mathrm{d}z &= \iint\limits_S u[u_x\cos(\boldsymbol{n},x)+u_y\cos(\boldsymbol{n},y)+u_z\cos(\boldsymbol{n},z)]\mathrm{d}S \\ &\quad -\iiint\limits_V [(u_x)^2+(u_y)^2+(u_z)^2]\mathrm{d}x\mathrm{d}y\mathrm{d}z \\ &= \iint\limits_S u\frac{\partial u}{\partial \boldsymbol{n}}\mathrm{d}S-\iiint\limits_V [(u_x)^2+(u_y)^2+(u_z)^2]\mathrm{d}x\mathrm{d}y\mathrm{d}z,\end{aligned}$$

即结论成立. ■

6. **证明公式**

$$\iiint\limits_V \begin{vmatrix}\Delta u & \Delta v \\ u & v\end{vmatrix}\mathrm{d}x\mathrm{d}y\mathrm{d}z=\iint\limits_S \begin{vmatrix}\dfrac{\partial u}{\partial \boldsymbol{n}} & \dfrac{\partial v}{\partial \boldsymbol{n}} \\ u & v\end{vmatrix}\mathrm{d}S,$$

其中 V 为 S 所围成的区域, $\boldsymbol{n}$ 为 S 的外法向量, u,v 在 $V\cap S$ 上有二阶连续偏导数.

证　(证一) 由 Gauss 公式得

$$\begin{aligned}\iint\limits_S \begin{vmatrix}\dfrac{\partial u}{\partial \boldsymbol{n}} & \dfrac{\partial v}{\partial \boldsymbol{n}} \\ u & v\end{vmatrix}\mathrm{d}S &= \iint\limits_S \left[v\frac{\partial u}{\partial \boldsymbol{n}}-u\frac{\partial v}{\partial \boldsymbol{n}}\right]\mathrm{d}S \\ &= \iint\limits_S v[u_x\cos(\boldsymbol{n},x)+u_y\cos(\boldsymbol{n},y)+u_z\cos(\boldsymbol{n},z)]\mathrm{d}S \\ &\quad -\iint\limits_S u(v_x\cos(\boldsymbol{n},x)+v_y\cos(\boldsymbol{n},y)+v_z\cos(\boldsymbol{n},z))\mathrm{d}S \\ &= \iint\limits_S (vu_x-uv_x)\mathrm{d}y\mathrm{d}z+(vu_y-uv_y)\mathrm{d}z\mathrm{d}x+(vu_z-uv_z)\mathrm{d}x\mathrm{d}y \\ &= \iint\limits_V [vu_{xx}-uv_{xx}+vu_{yy}-uv_{yy}+vu_{zz}-uv_{zz}]\mathrm{d}x\mathrm{d}y\mathrm{d}z \\ &= \iint\limits_V [v\Delta u-u\Delta v]\mathrm{d}x\mathrm{d}y\mathrm{d}z=\iiint\limits_V \begin{vmatrix}\Delta u & \Delta v \\ u & v\end{vmatrix}\mathrm{d}x\mathrm{d}y\mathrm{d}z.\end{aligned}$$

(证二) 由多元函数分部积分公式可证. ■

7. (1) 设球缺的高度为 h, 球缺所在球的半径为 R, 证明球缺的体积为 $\dfrac{\pi}{3}(3R-h)h^2$, 球冠的面积为 $2\pi Rh$.

(2) 设球体 $(x-1)^2+(y-1)^2+(z-1)^2\leqslant 12$ 被平面 $P: x+y+z=6$ 所截得小球缺为 Ω. 记球缺上的球冠为 Σ, 方向指向球外, 计算积分

$$\iint\limits_{\Sigma} x\mathrm{d}y\mathrm{d}z+y\mathrm{d}z\mathrm{d}x+z\mathrm{d}x\mathrm{d}y.$$

解　(1) 不妨设球为 $x^2+y^2+z^2\leqslant R^2$, 球缺区域为 Ω, 由重积分的几何意义知球缺体积为

$$V=\iiint\limits_{\Omega}\mathrm{d}x\mathrm{d}y\mathrm{d}z.$$

下面计算上述积分.

(解一)(截面法)

$$\begin{aligned}V&=\iiint\limits_{\Omega}\mathrm{d}x\mathrm{d}y\mathrm{d}z=\int_{R-h}^{R}\iint\limits_{D_z}\mathrm{d}x\mathrm{d}y\mathrm{d}z=\int_{R-h}^{R}\pi(R^2-z^2)\mathrm{d}z\\&=\pi R^2h-\frac{1}{3}\pi r^2\left[R^3-(R-h)^3\right]\mathrm{d}z=\frac{\pi}{3}(3R-h)h^2.\end{aligned}$$

(解二)(投影法) 球缺在 xy 平面的投影区域为 $D_{xy}=\{(x,y)|x^2+y^2\leqslant 2Rh-h^2\}$, 由累次积分得

$$\begin{aligned}V&=\iiint\limits_{\Omega}\mathrm{d}x\mathrm{d}y\mathrm{d}z=\iint\limits_{Dxy}\mathrm{d}x\mathrm{d}y\int_{R-h}^{\sqrt{R^2-x^2-y^2}}\mathrm{d}z\\&=\iint\limits_{Dxy}\left[\sqrt{R^2-x^2-y^2}-(R-h)\right]\mathrm{d}x\mathrm{d}y=\int_0^{2\pi}\mathrm{d}\theta\int_0^{\sqrt{2Rh-h^2}}\left[\sqrt{R^2-r^2}-(R-h)\right]r\mathrm{d}r\\&=2\pi\int_0^{\sqrt{2Rh-h^2}}\left[\sqrt{R^2-r^2}-(R-h)\right]r\mathrm{d}r=\frac{\pi}{3}(3R-h)h^2.\end{aligned}$$

设球冠所在球面方程为 $x^2+y^2+z^2=R^2$, 不妨设球冠的方程为 $\Sigma: z=\sqrt{R^2-x^2-y^2}$, 球冠的定义域为 $D_{xy}=\{(x,y)|x^2+y^2\leqslant 2Rh-h^2\}$, 则球冠的面积为

$$\begin{aligned}S&=\iiint\limits_{\Sigma}\mathrm{d}S=\iint\limits_{D_{xy}}\sqrt{1+z_x^2+z_y^2}\mathrm{d}x\mathrm{d}y=\iint\limits_{D_{xy}}\frac{R}{\sqrt{R^2-x^2-y^2}}\mathrm{d}x\mathrm{d}y\\&=\int_0^{2\pi}\mathrm{d}\theta\int_0^{\sqrt{2Rh-h^2}}\frac{R}{\sqrt{R^2-r^2}}r\mathrm{d}r=2\pi Rh.\end{aligned}$$

(2) 设球缺的底面圆面为 Π, 选取方向为外侧, 由 Gauss 公式得

$$\iint\limits_{\Pi} x\mathrm{d}y\mathrm{d}z + y\mathrm{d}z\mathrm{d}x + z\mathrm{d}x\mathrm{d}y + \iint\limits_{\Sigma} x\mathrm{d}y\mathrm{d}z + y\mathrm{d}z\mathrm{d}x + z\mathrm{d}x\mathrm{d}y = \iiint\limits_{\Omega} 3\mathrm{d}x\mathrm{d}y\mathrm{d}z = 3V(\Omega),$$

即

$$\iint\limits_{\Sigma} x\mathrm{d}y\mathrm{d}z + y\mathrm{d}z\mathrm{d}x + z\mathrm{d}x\mathrm{d}y = \iiint\limits_{\Omega} 3\mathrm{d}x\mathrm{d}y\mathrm{d}z = 3V(\Omega) - \iint\limits_{\Pi} x\mathrm{d}y\mathrm{d}z + y\mathrm{d}z\mathrm{d}x + z\mathrm{d}x\mathrm{d}y. \tag{1}$$

由于圆面为 Π 的单位外法方向量为 $\boldsymbol{n} = -\left(\frac{1}{\sqrt{3}}, \frac{1}{\sqrt{3}}, \frac{1}{\sqrt{3}}\right)$, 由第一、二型曲面积分关系得

$$\iint\limits_{\Pi} x\mathrm{d}y\mathrm{d}z + y\mathrm{d}z\mathrm{d}x + z\mathrm{d}x\mathrm{d}y = -\frac{1}{\sqrt{3}} \iint\limits_{\Pi} (x+y+z)\,\mathrm{d}S = -2\sqrt{3}S(\Pi). \tag{2}$$

下面求出球缺的体积 $V(\Omega)$ 和球缺的底面面积 $S(\Pi)$. 由对称性可知球缺的顶点为 $(3,3,3)$, 球缺底面的圆心为 $(2,2,2)$, 因此球缺的高度 $h=\sqrt{3}$. 再由球的半径为 $R=2\sqrt{3}$, 因此球缺底面半径为 3. 所以

$$V(\Omega) = \frac{\pi}{3}(3R-h)\,h^2 = 5\pi\sqrt{3}, \quad S(\Pi) = \pi r^2 = 9\pi. \tag{3}$$

由 (1)—(3) 式得

$$\iint\limits_{\Sigma} x\mathrm{d}y\mathrm{d}z + y\mathrm{d}z\mathrm{d}x + z\mathrm{d}x\mathrm{d}y = 3V(\Omega) + 2\sqrt{3}S(\Pi) = 33\sqrt{3}\pi. \quad ■$$

注　计算第二型曲面积分时, 如果用球冠的显形式, 确定球冠的定义域困难; 若用球冠的参数形式, 参数范围难以确定. 用 Gauss 公式计算要补上球缺的圆底面, 转化为求球缺的体积. 计算圆底面积分时用底面的显形式难以确定定义域, 为此应用第一、二型曲面的关系转化为第一曲面积分, 利用被积函数的特点, 转化为求底面圆的面积.

练习　证明

$$\iiint\limits_{V} \frac{1}{r}\mathrm{d}x\mathrm{d}y\mathrm{d}z = \frac{1}{2}\iint\limits_{S} \cos(\boldsymbol{r},\boldsymbol{n})\mathrm{d}S,$$

其中 S 是包围 V 的曲面, $\boldsymbol{n}$ 是 S 的外法方向, $r=\sqrt{x^2+y^2+z^2}$, $\boldsymbol{r}=(x,y,z)$.

参 考 文 献

[1] 陈纪修, 於崇华, 金路. 数学分析. 2 版. 北京：高等教育出版社, 2004

[2] 华东师范大学. 数学分析. 4 版. 北京：高等教育出版社, 2010

[3] 伍胜健. 数学分析. 北京：北京大学出版社, 2009

[4] 裴礼文. 数学分析中的典型问题与方法. 2 版. 北京：高等教育出版社, 2006

[5] 李成章, 黄玉民. 数学分析. 2 版. 北京：科学出版社, 2007

[6] 陈传璋, 欧阳光中, 金福临. 数学分析. 3 版. 北京：高等教育出版社, 2007

[7] 赵慈庚, 蒋铎译. 数学分析原理. 北京：机械工业出版社, 2004

[8] 菲赫金哥尔茨. 数学分析原理 (9 版). 吴亲仁, 陆秀丽, 丁寿田译. 北京：高等教育出版社, 2013

[9] 周民强. 数学分析习题演练. 第一册. 2 版. 北京：科学出版社, 2010

[10] 周民强. 数学分析习题演练. 第二册. 2 版. 北京：科学出版社, 2010

[11] 周民强. 数学分析习题演练. 第三册. 2 版. 北京：科学出版社, 2012